AF557060

SAP® Data Warehouse Cloud

SAP PRESS

SAP PRESS ist eine gemeinschaftliche Initiative von SAP SE und der Rheinwerk Verlag GmbH. Unser Ziel ist es, Ihnen als Anwendern qualifiziertes SAP-Wissen zur Verfügung zu stellen. SAP PRESS vereint das Know-how der SAP und die verlegerische Kompetenz von Rheinwerk. Die Bücher bieten Ihnen Expertenwissen zu technischen wie auch zu betriebswirtschaftlichen SAP-Themen.

Damit Sie nach weiteren Titeln Ihres Interessengebiets nicht lange suchen müssen, haben wir eine kleine Auswahl zusammengestellt.

Marlene Knigge, Ruth Heselhaus
SAP BW/4HANA
1. Auflage 2021, 717 Seiten, geb.
ISBN 978-3-8362-7854-6
www.sap-press.de/5177

Abassin Sidiq
SAP Analytics Cloud
2., aktualisierte und erweiterte Auflage 2021, 472 Seiten, geb.
ISBN 978-3-8362-7715-0
www.sap-press.de/5135

Schulze et al.
SQL Data Warehousing mit SAP HANA
1. Auflage 2021, 560 Seiten, geb.
ISBN 978-3-8362-7817-1
www.sap-press.de/5167

Kästner et al.
SAP Data Intelligence
1. Auflage 2021, 611 Seiten, geb.
ISBN 978-3-8362-7724-2
www.sap-press.de/5138

Jana Aßmann, Andreas Dietz, Tonio Japing,
Steen Jensen, Alexander Kästner, Björn Rose,
Alexander Scivos

SAP® Data Warehouse Cloud

Das umfassende Handbuch

Liebe Leserin, lieber Leser,

SAP lanciert SAP Data Warehouse Cloud im Zuge der Cloud-first-Strategie als Nachfolger der On-Premise-Lösungen SAP BW und SAP BW/4HANA. Mithilfe des neuen Space-Konzepts und verschiedener Self-Service-Funktionen können die Endanwender*innen selbst Daten für Analysen aufbereiten und so effizient datengetriebene Entscheidungen treffen.

In diesem umfassenden Handbuch führen die Autor*innen Sie durch alle Funktionen und beschreiben detailliert die Arbeit mit SAP Data Warehouse Cloud. Sie zeigen Ihnen in praktischen Anleitungen und anhand vieler Schrittanleitungen und Screenshots, wie Sie Ihre SAP Data Warehouse Cloud verwalten. Auch die Arbeit mit Data Builder und Business Builder lernen Sie kennen. Außerdem finden Sie drei ausführliche Anwendungsszenarien, die verdeutlichen, wie die vorgestellten Funktionen in der Praxis zusammenspielen.

Wir freuen uns stets über Lob, aber auch über konstruktive kritische Anmerkungen, die uns helfen, unsere Bücher zu verbessern. Scheuen Sie sich nicht, mich zu kontaktieren. Ihre Fragen und Anmerkungen sind jederzeit willkommen.

Ihre Simone Bechtold
Lektorat SAP PRESS

simone.bechtold@rheinwerk-verlag.de
www.rheinwerk-verlag.de
Rheinwerk Verlag · Rheinwerkallee 4 · 53227 Bonn

Auf einen Blick

Wir hoffen, dass Sie Freude an diesem Buch haben und sich Ihre Erwartungen erfüllen. Ihre Anregungen und Kommentare sind uns jederzeit willkommen. Bitte bewerten Sie doch das Buch auf unserer Website unter **www.rheinwerk-verlag.de/feedback**.

An diesem Buch haben viele mitgewirkt, insbesondere:

Lektorat Simone Bechtold, Janina Schweitzer
Korrektorat Monika Klarl, Köln
Herstellung Stefanie Meyer
Typografie und Layout Vera Brauner
Einbandgestaltung Lisa Kirsch
Coverbild iStockphoto: 459994091 @ namiroz
Satz Typographie & Computer, Krefeld
Druck Beltz Grafische Betriebe, Bad Langensalza

Dieses Buch wurde gesetzt aus der TheAntiquaB (9,35/13,7 pt) in FrameMaker.
Gedruckt wurde es mit mineralölfreien Farben auf chlorfrei gebleichtem, FSC®-zertifiziertem Offsetpapier (90 g/m²).
Hergestellt in Deutschland.

Bibliografische Information der Deutschen Nationalbibliothek:
Die Deutsche Nationalbibliothek verzeichnet diese Publikation in der Deutschen Nationalbibliografie; detaillierte bibliografische Daten sind im Internet über *http://dnb.dnb.de* abrufbar.

ISBN 978-3-8362-9043-2

1. Auflage 2023

Informationen zu unserem Verlag und Kontaktmöglichkeiten finden Sie auf unserer Verlagswebsite **www.rheinwerk-verlag.de**. Dort können Sie sich auch umfassend über unser aktuelles Programm informieren und unsere Bücher und E-Books bestellen.

Inhalt

TEIL II Funktionen von SAP Data Warehouse Cloud

16 Szenario 2: Hybride Modellierung zur Erweiterung einer SAP-BW-Lösung 597

17 Szenario 3: Echtzeit-Datenanalyse und Reporting 641

Vorwort und Einleitung

Wir freuen uns, dass Sie Interesse an unserem Buch zum Thema SAP Data Warehouse Cloud haben. In diesem Vorwort wollen wir Ihnen kurz erläutern, warum wir dieses Buch geschrieben haben und was Sie hier erwartet.

Mit der Ankündigung von *SAP Data Warehouse Cloud* als neue strategische Data-Warehouse-Lösung von SAP wurden viele SAP-Kunden hellhörig. Insbesondere Kunden, die bereits den Schritt in Richtung SAP HANA in Verbindung mit SAP BW gegangen waren, fragen sich nun natürlich, welche Auswirkungen diese neue Software für ihre Unternehmen und ihre vorhandene Systemlandschaft hat. Aber auch alle anderen SAP-Kunden und Interessenten sind an Funktion und Leistungsumfang der neuen cloudbasierten Lösung sehr interessiert.

Wir Autor*innen sind selbst seit der ersten Stunde »am System live dabei« und wollen unsere Erfahrungen und Erkenntnisse aus aktuellen Projekten mit diesem Buch sehr gern mit Ihnen teilen. Kann man aber ein so dynamisches Produkt wie SAP Data Warehouse Cloud, das sich alle zwei Wochen ändert, überhaupt angemessen im Rahmen eines Buches beschreiben? Sind nicht alle Informationen recht schnell »legacy«, also veraltet?

Wir haben den Schritt gewagt und denken, unseren Leserinnen und Lesern einen wesentlichen Vorteil bieten zu können, indem wir mit diesem Buch grundlegende Konzepte vorstellen und anhand von Beispielen verständlich darstellen.

Natürlich ist uns bewusst, dass sich Software-as-a-Service stetig weiterentwickelt und Sie als Leser*in heute gegebenenfalls mit einer wesentlich aktuelleren Version arbeiten als die, die für dieses Buch technische Ausgangsbasis war. Aus diesem Grund haben wir uns mehr auf den roten Faden und weniger auf ein einzelnes Feature fokussiert.

Dieses Buch teilt sich in vier Teile auf:

In **Teil I**, »Einführung«, ordnen wir das neue Produkt in die Historie ein. Sie erfahren, auf welchen logischen Vorgängern SAP Data Warehouse Cloud aufsetzt und wie sich das Produkt heute darstellt. **Kapitel 1**, »Data Warehousing mit SAP im Wandel«, stellt hierzu historisch die relevanten SAP-Produkte sowie die bis dato aktuellen konzeptionellen Ansätze im SAP-Data-Warehouse-Umfeld dar. In **Kapitel 2**, »Einführung in SAP Data Warehouse Cloud«, erfolgt als Einstieg eine kurze Einführung in die wesentlichen Funktionalitäten von SAP Data Warehouse Cloud. **Teil I**

Teil II

In **Teil II**, »Funktionen von SAP Data Warehouse Cloud«, stellen wir Ihnen die Features aus einem überwiegend technisch orientierten Blickwinkel vor, wobei wir uns an den Menüpunkten orientieren. Dabei legen wir Ihnen die verschiedenen Einzelaufgaben und Lösungsoptionen dar. In **Kapitel 3**, »Verwaltung von Verbindungen, Dateien und Artefakten«, werden zunächst die grundlegenden Möglichkeiten zur Anbindung von Daten und Quellsystemen beschrieben. **Kapitel 4**, »Datenmodellierung mit dem Data Builder«, zeigt die sich hieraus ergebenden Modellierungsmöglichkeiten mit dem Data Builder auf. Diese bilden die Grundlagen für die in **Kapitel 5**, »Datenaufbereitung mit dem Business Builder«, beschriebene Datenaufbereitung. **Kapitel 6**, »Reporting mit SAP Analytics Cloud«, zeigt dann die Möglichkeiten für das Reporting mit dem Story Builder auf. In **Kapitel 7**, »Verwalten und Überwachen der Datenintegration«, werden die Möglichkeiten der Datenintegration beschrieben, die gemäß den Hinweisen in **Kapitel 8**, »Benutzer und Rollen«, zu Sicherheit und Berechtigungen benutzerbezogen eingerichtet werden können. In **Kapitel 9**, »Weitere Konfigurationen in SAP Data Warehouse Cloud«, finden Sie zusätzliche Konfigurationsmöglichkeiten, und **Kapitel 10**, »Transport von Artefakten«, beschäftigt sich mit dem Transport von Artefakten. In **Kapitel 11**, »Datenmodelle im Kontext von SAP BW und SAP BW Bridge«, finden Sie alle relevanten Informationen zur SAP BW Bridge, und wir zeigen Ihnen auf, wie Sie Datenmodelle aus SAP BW übernehmen können. In **Kapitel 12**, »Content-Netzwerk«, stellen wir das Content Network dar, und in **Kapitel 13**, »Data Marketplace und Data Sharing Cockpit«, beschreiben wir zum Ende dieses Buchteils den Data Marketplace und das Data Sharing Cockpit.

Teil III

In **Teil III**, »Einsatzszenarien für SAP Data Warehouse Cloud«, zeigen wir Ihnen anhand von praktischen Beispielen, wie Sie SAP Data Warehouse Cloud nutzen. Hierbei weiten wir den Blick, da bei diesen Szenarien eine Kombination mehrerer Features benötigt wird. In **Kapitel 14**, »Architekturen und Szenarien für den Einsatz von SAP Data Warehouse Cloud«, stellen wir zunächst die Szenarien vor. **Kapitel 15**, »Szenario 1: Self-Service«, stellt beispielhaft die Umsetzung eines Self-Service-Ansatzes mit SAP Data Warehouse Cloud vor. In **Kapitel 16**, »Szenario 2: Hybride Modellierung zur Erweiterung einer SAP-BW-Lösung«, werden die Möglichkeiten einer hybriden Datenmodellierung aufgezeigt, und **Kapitel 17**, »Szenario 3: Echtzeit-Datenanalyse und Reporting«, beschreibt beispielhaft die Umsetzung von Echtzeit-Datenanalysen.

Ausblick

Im abschließenden Ausblick in **Kapitel 18**, »Ausblick«, der naturgemäß etwas vage bleiben muss, geben wir Ihnen unsere Einschätzung der Rahmenbedingungen und Weiterentwicklung für den Einsatz von SAP Data Warehouse Cloud.

Wichtig ist uns als Autoren an dieser Stelle, Ihnen eine, aus unserer Sicht passende Kombination von funktionaler Darstellung und Beispielen aus der Praxis an die Hand zu geben. Es gibt insbesondere online sehr viele Quellen, die zu einer bestimmten Funktionalität oder Aufgabenstellung einen Post oder Ähnliches bieten, aber ein zusammenhängendes Grundwerk mit konkreten Beispielen zum Nachbauen sucht man vergebens.

Was dieses Buch leistet

Unser Buch bietet Ihnen eine erste Orientierung und soll für Sie ein Ratgeber auf Ihrem gemeinsamen Weg mit SAP Data Warehouse Cloud sein. Was können Sie genau erwarten?

- Sie erhalten einen Überblick der zum Stand Juli 2022 verfügbaren Funktionalitäten.
- Sie verstehen die Positionierung der in SAP Data Warehouse Cloud zum Stand Juli 2022 verfügbaren Objekte und Menüeinträge.
- Sie verstehen die zentralen Begriffe, die Ihnen bei der Arbeit in SAP Data Warehouse Cloud begegnen.
- Wir ordnen die wichtigen Funktionalitäten und Einstellungsmöglichkeiten und ihr Zusammenspiel für Sie ein.
- Wir führen Sie durch die grundsätzliche Nutzung der Funktionalitäten.
- Wir geben Ihnen Tipps und Hilfestellungen für eine eigene Umsetzung aus der Projekterfahrung der Autor*innen.
- Sie erhalten Beispiele für typische aktuelle Anforderungen aus der SAP-Business-Intelligence-Welt und für die Umsetzung mit SAP Data Warehouse Cloud.
- Wir geben Ihnen Anregungen, wie SAP Data Warehouse Cloud Ihr bestehendes Portfolio erweitern kann.
- Sie lernen einzuordnen, welche der bereits implementierten Modelle, beispielsweise im Bereich SAP BW, Sie weiterhin verwenden oder migrieren können und wie Sie mit SAP Data Warehouse Cloud alternative Implementierungsmöglichkeiten umsetzen.
- Sie erfahren in groben Linien die weitere Entwicklung von SAP Data Warehouse Cloud.

Unser Ziel ist es, Ihnen ein besseres Gefühl und konkrete Hilfestellung bei der Bewertung von eigenen Use Cases und Einsatzszenarien zu geben.

Wie die meisten Sachbücher können Sie das Buch von vorne nach hinten durchlesen oder gezielt einzelne Kapitel oder Abschnitte herausgreifen, die

Sie gerade für einen einzelnen Arbeitsschritt brauchen. Begriffe und Sachverhalte werden in der Regel dort erklärt, wo sie zum ersten Mal auftauchen. Um Ihnen das Auffinden der Details zu erleichtern, haben wir einige Querverweise auf andere Abschnitte eingefügt. Darüber hinaus finden Sie einen Index, in dem Sie die wichtigen Begriffe und Verweise auf die entsprechenden Buchseiten finden.

Grenzen dieses Buches

Wie jedes Produkt hat auch dieses Buch seine Grenzen. Allein schon aufgrund seines Umfangs möchten wir Sie auf Folgendes hinweisen:

- Es ist keine allgemeine Einführung zum Thema Cloud Computing oder Software-as-a-Service. Wir gehen von einem Grundverständnis dessen aus, was Sie von einer Public Cloud erwarten können.
- Auch wenn wir an einigen Stellen Hinweise zur Installation und Konfiguration einzelner Komponenten geben, ist es kein vollwertiger Installations- und Konfigurationsleitfaden. Wir gehen davon aus, dass Sie SAP Data Warehouse Cloud lauffähig installiert haben.
- Themen zur Finanzgestaltung und Lizenzierung und zur Arbeitsorganisation werden nicht angesprochen. Wir gehen davon aus, dass Sie sich bei den Herstellern direkt über Lizenzthemen informieren.
- Sie finden in einigen Fällen Screenshots oder eine Anleitung zum Durchklicken, aber aufgrund der Dynamik kann es sein, dass die Darstellung im System zum Zeitpunkt der Umsetzung in Ihrem Unternehmen von der Darstellung im Buch abweicht. Darüber hinaus kann es sein, dass die Darstellung in Ihrem Lizenzmodell oder in Ihrer Sprachversion abweicht.
- Zwar beschreiben wir umfassend die Funktionalität, setzen aber dem jeweiligen Thema angemessene Schwerpunkte, was die Detailtiefe angeht.
- Hinweise zur Verfügbarkeit oder Nicht-Verfügbarkeit und Empfehlungen beziehen sich immer auf die Software zum Zeitpunkt der Drucklegung des Buches. Es kann sein, dass Funktionalität, die als nicht verfügbar benannt ist, nachentwickelt wurde, wenn Sie das Buch lesen.
- Aussagen zu Limitierungen und Voraussetzungen der Funktionalität beziehen sich gleichfalls auf den Zeitpunkt der Drucklegung des Buches.
- Aussagen zur Weiterentwicklung sind kein Versprechen, sondern eher eine Darstellung der Absichtserklärung und Entwicklungstendenz des Herstellers SAP.

Weitere Hilfsmittel

Daher empfehlen wir Ihnen, bei Ihrer Arbeit ergänzend weitere Hilfsmittel einzusetzen. An einigen Stellen haben wir Hinweise zu Blogs, Links und SAP-Hinweisen eingearbeitet. Insbesondere empfehlen wir Ihnen als Ergänzung, folgende aktuelle Informationen zurate zu ziehen:

- die Anwendungshilfe von SAP (siehe *http://help.sap.com/dwc*) und die dort bereitgestellten Dokumente
- die integrierte Hilfe in SAP Data Warehouse Cloud
- SAP-Schulungen zum Thema SAP Data Warehouse Cloud
- die Produkt-Roadmap von SAP (siehe *https://www.sap.com/products/roadmaps.html*)

Wir denken, Ihnen mit dem vorliegenden Buch eine sehr gute Grundlage für das Erkunden der SAP Data Warehouse Cloud und für die tägliche Arbeit in SAP Data Warehouse Cloud zu liefern und wünschen Ihnen eine erfolgreiche und produktive Arbeit beim Umsetzen Ihrer Anforderungen.

Alexander Kästner & Alexander Scivos
im Namen des gesamten Autor*innenteams

TEIL I
Einführung

Kapitel 1
Data Warehousing mit SAP im Wandel

In diesem einführenden Kapitel beschreiben wir die Entwicklung der SAP-Software im Bereich Data Warehousing bis hin zum aktuellen Zeitpunkt und stellen Ihnen relevante Technologien und Konzepte vor.

In diesem Kapitel beschreiben wir die historische Entwicklung im Bereich Data Warehousing bis hin zur Markteinführung von *SAP Data Warehouse Cloud*. Entlang dieser Entwicklungsgeschichte stellen wir Ihnen die wichtigsten konzeptionellen Ansätze vor. Dazu gehören der Aufbau und die Strukturierung von Data-Warehouse-Architekturen sowie methodische und technologische Vorgehensweisen. Ein kurzer Blick zurück – die Anfänge von SAP Business Warehouse. In Abschnitt 1.1, »Technologische und konzeptionelle Entwicklungen«, sehen wir uns die grundsätzlichen Entwicklungen auf dem Weg zum modernen Data Warehousing an. Anschließend stellen wir Ihnen in Abschnitt 1.2, »Geänderte Rahmenbedingungen in Fachbereich und IT«, die sich schnell wandelnden Bedingungen vor, die Einfluss auf die Entwicklung eines Data Warehouse haben. Und schließlich überlegen wir in Abschnitt 1.3, »Die Zukunft: Data Warehousing in der Cloud«, wohin die Reise geht und was Fachbereiche und IT in Zukunft zu erwarten haben.

1.1 Technologische und konzeptionelle Entwicklungen

Dieser Abschnitt zeigt relevante technologische und konzeptionelle Aspekte für SAP-Data-Warehouse-Systeme auf und bildet hiermit die fachlich-technische Grundlage für die weiterführenden Kapitel. Begleiten Sie uns auf einem Streifzug durch die Geschichte des Data Warehousing. Auf diesem Weg stellen wir Ihnen alle wichtigen Meilensteine in der Entwicklung vor und ordnen diese ein.

1.1.1 Klassische BW-Strukturen – vom Enterprise Data Warehouse zum agilen Data Warehouse

Seit dem Jahr 1997 bietet SAP Lösungen für den Betrieb von Data-Warehouse-Systemen als Bestandteil des SAP-Produktportfolios an. Leistungsfähigkeit und Funktionsumfang der jeweiligen Lösungen haben sich natürlich allein schon aufgrund der technologischen Entwicklungen in der IT kontinuierlich weiterentwickelt. Daher lenken wir unseren Blick zunächst einmal auf die Anfänge dieser Entwicklung.

Beginn der Entstehungsgeschichte von SAP BW

Abbildung 1.1 zeigt in einem kurzen Abriss die historische Entwicklung des Softwaremoduls *SAP Business Warehouse* (SAP BW) mit den jeweiligen Versionen ab den Anfängen im Jahr 1998 bis hin zum Jahr 2016.

SAP BW 1.x .. 7.x on any DB	SAP BW 7.3 powered by SAP HANA	SAP BW 7.4 powered by SAP HANA	SAP BW 7.5 powered by SAP HANA	SAP BW/4HANA Starter Add-On	SAP BW/4HANA
	Performance-optimierung	Vereinfachung und Virtualisierung	Vereinfachung HANA-Plattform-Integration Big-Data-Szenarien	Nur für BW/4HANA-Kunden Voraussetzung: BW 7.5 SP4	Einführung BW/4HANA the next generation Data Warehouse On premise und Cloud
1998 -2011	2012	2013	2015		2016

Abbildung 1.1 Historie der SAP-BW-Versionen (Quelle: SAP)

Die Erfolgsgeschichte begann mit dem Namen *Business Information Warehouse* und setzte ihren Siegeszug im SAP-Umfeld von Version 1.x über die Versionen 2.x und 3.x fort. Alle Anwender*innen und Entwickler*innen können sich sicher an die eine oder andere »Tücke im System« erinnern. Der vertraute Zugriff in das SAP-Hilfesystem unter *https://help.sap.com* mit dem eigenen SAP-OSS-Benutzer oder die Suche nach Hinweisen im SAP Support Portal unter *https://support.sap.com* gehören ja irgendwie zum täglichen Brot in der Arbeit mit SAP-Systemen.

Erfolgsstory von SAP NetWeaver BW

Wir sprechen sicher vielen Leserinnen und Lesern aus der Seele, wenn wir die dann folgende Version 7.x als besondere Version beschreiben. Mit dieser Version sollte zunächst viel Neues zur Verfügung stehen. Hierzu gehörten flexiblere Datenflüsse und außerdem auch flexiblere Möglichkeiten für die Transformation von Daten. Konkret äußerte sich dies aber zumeist in Fehlermeldungen. Warum seitens des Herstellers zu diesem Zeitpunkt (im Jahr

2005) eine derart reifebedürftige Software an die Kunden ausgeliefert wurde, ist bislang noch nicht abschließend überliefert. Sie ist jedoch in Erinnerung geblieben – und vielen Benutzer*innen und Entwickler*innen über die Jahre dann doch ans Herz gewachsen. Der Name *SAP NetWeaver BW* für die Version 7.x steht nach den umfänglichen Startschwierigkeiten für eine Erfolgsstory der technischen Umsetzung von Data-Warehouse-Systemen innerhalb einer SAP-Systemlandschaft.

SAP BW powered by SAP HANA ab SAP BW 7.3

Vielen war der korrekte lange Name ein wenig zu sperrig und man blieb liebevoll bei SAP BW. Ab Version 7.3 untermauerte SAP das Business Warehouse mit der SAP-HANA-Datenbank als neuer Plattform. Technologisch betrachtet, war dies ein wesentlicher Schritt, weil durch den Einsatz von schnellem Arbeitsspeicher die sogenannte *In-Memory*-Architektur mit grundlegend neuen konzeptionellen Ansätzen für die Systemarchitektur von SAP BW möglich war.

Die Versionen SAP BW 7.4 und 7.5 verfügten nach und nach über immer mehr HANA-optimierte Funktionen. SAP BW konnte nun mit einer schnellen In-Memory-Datenbank wesentlich schneller und insbesondere auch flexibler Anforderungen umsetzen. Dies lag zum einen daran, dass das gesamte System zu großen Teilen selbst im schnellen Arbeitsspeicher der Hardware geladen war und nicht mehr auf den vergleichsweise langsamen klassischen Festplatten lag. Zum anderen waren immer mehr Funktionen auf das optimierte Zusammenspiel mit SAP HANA hin ausgerichtet. Als Beispiel können hier Berechnungen angeführt werden, die nicht mehr zeitaufwendig zwischen Datenbank und Anwendung übertragen, sondern direkt auf der (SAP-HANA-)-Datenbank prozessiert werden konnten. Man spricht seitdem vom sogenannten »BW on HANA«, d. h. einem SAP-BW-System mit SAP HANA als Grundlage.

Neue Code-Linie mit SAP BW/4HANA

2016 bescherte SAP seinen Kunden eine weitere wesentliche Neuerung: Ein speziell für die SAP-HANA-Technologie entwickeltes SAP-BW-System. Dies war insofern eine wesentliche Veränderung, weil mit dem neuen Produkt *SAP BW/4HANA* eine vollständig neue Code-Linie auf den Markt kam, die exklusiv für den Einsatz mit SAP HANA als Plattform entwickelt wurde.

Das Stichwort *exklusiv* ist in mehrfacher Hinsicht bedeutsam. Zunächst hieß dies im Umkehrschluss, dass andere Datenbankplattformen nicht mehr zugelassen und die Kunden somit zwangsläufig auf SAP HANA umgeleitet worden sind. Die Vorgängerversionen gaben dem Kunden bis dato noch die Möglichkeit, aus der Vielzahl der verfügbaren Datenbanken einen für das Unternehmen und die jeweiligen Anforderungen passenden Anbieter auszuwählen. Damit war aber dann Schluss, denn die Einführung einer Lizenzpflicht für das bislang nicht gesondert zu lizenzierende Modul, heizte zu diesem Zeitpunkt so manches Lizenzgespräch zwischen SAP-Vertrieb und Kunden substanziell an.

Zum Ende dieses zeitlichen Schnelldurchlaufs durch die Geschichte der SAP-BW-Releases lässt sich festhalten, dass mit dem aktuellen SAP-BW/4HANA-System ein ausgesprochen leistungsstarkes Produkt für SAP-Kunden verfügbar ist. Der Reifeprozess von den ersten Versionen einer technologischen Abbildung von Data-Warehouse-Konzepten wurde über die Jahre hinweg abgeschlossen. Die Software bietet heute vielfältige Möglichkeiten, auf konzeptionell unterschiedlichste Art und Weise ein Data-Warehouse-System zu implementieren.

1.1.2 Modellierungskonzepte

Beim Einsatz von SAP BW orientieren sich die Modellierungsansätze an der strukturierten Aggregation von Informationen für eine schnelle Ausführung von beispielsweise Berichten und Analysen. Die Anwendungsentwickler*innen versuchen hierzu – soweit möglich – Analyse- und Navigationspfade zu antizipieren und flankieren diese dann mit Datenaggregationen, die die benötigten Informationen vorberechnet enthalten. Wesentlicher Treiber für diese pyramidenförmige Schichtung von Daten innerhalb eines SAP-BW-Systems sind die technologischen Rahmenbedingungen der zugrundeliegenden IT-Server. Selbst schnelle Hochleistungsfestplatten können für große Datenanforderungen und komplexe Berechnungen nur bis zu einem gewissen Grad eine akzeptable Antwortzeit sicherstellen.

Layered Scalable Architecture (LSA)

Zur Lösung dieses Problems stellt SAP hierzu die *Layered Scalable Architecture* (LSA) als konzeptionellen Ansatz zur Verfügung (siehe Abbildung 1.2).

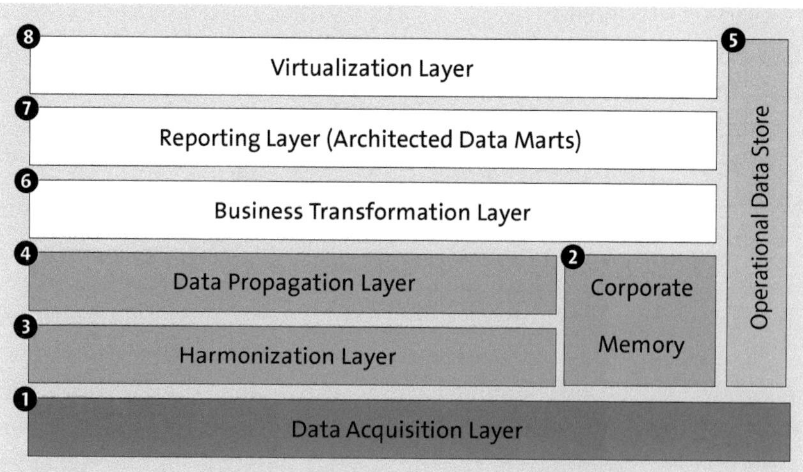

Abbildung 1.2 Aufbau der Layered Scalable Architecture (LSA)

LSA-Schichten

Unternehmen können diese SAP-BW-Architektur erfolgreich einsetzen, wenn die einzelnen Paradigmen je Element konsistent implementiert werden. Für die jeweiligen Schichten, die Sie in Abbildung 1.2 sehen, gelten dabei die folgenden Zielsetzungen (von unten nach oben):

❶ 1:1-Abbildung der Daten aus dem Quellsystem und temporärer Charakter

❷ Unternehmensgedächtnis auf granularer Ebene und langfristige Datenverfügbarkeit für zukünftige Anforderungen

❸ Datenharmonisierung und Qualitätssicherung

❹ Datenaufbereitung für Anwendungen, Corporate Governance und applikationsübergreifend miteinander kombinierbare Daten

❺ granulares, dem operativen System nahes Reporting, nahezu in Echtzeit

❻ Umsetzung von Geschäftslogik für spezifische Zwecke

❼ fertig für das Reporting aufbereitete Informationen

❽ Abstraktionsschicht für das Reporting

Die LSA-Architektur konnte sich lange Zeit als valide Architektur in den Implementierungen behaupten. Ziel der gesamten Architektur war es insbesondere, Ordnung und Transparenz in die Vielzahl der gesammelten und bereitgestellten Daten zu bringen.

Ein wichtiger Faktor soll an dieser Stelle ebenfalls genannt werden: die Leistungsfähigkeit, insbesondere im Hinblick auf schnelle Antwortzeiten für Endanwender einer Anwendung. Die Laufzeit von Berichten entscheidet am Ende des Tages über das Wohlwollen der Anwender*innen und somit auch über die Zukunft des Data Warehouse. Somit gibt es auch in der LSA die Notwendigkeit, optimal aufbereitete Daten für das Reporting zu speichern. Die Anzahl der zu selektierenden Datensätze – und damit die korrelierende Laufzeit des Berichts – muss minimiert werden.

SAP-HANA-Datenbank

Mit der Verfügbarkeit von SAP-HANA-Datenbanktechnologie änderte sich diese Notwendigkeit umfänglich. Auslöser war hier die Möglichkeit, endlich eine performante Virtualisierung bei der Modellierung von Anwendungen in SAP BW realisieren zu können. Zugegebenermaßen gab es schon in früheren Versionen technisch-konzeptionelle Ansätze, um zur Laufzeit unterschiedliche Datenquellen miteinander zu verbinden, nur in der Praxis waren zumeist lange Antwortzeiten das Ergebnis.

Beschleunigung der Datenbankoperationen

Die Leistungssteigerung dank der SAP-HANA-Datenbank äußert sich im Wesentlichen in zwei Bereichen:

- Beschleunigung der Datenbankoperationen (Berechnungen und Aggregationen von Datensätzen)
- Beschleunigung der Systemkomponenten

Der erste Punkt ist offensichtlich vorteilhaft für die Leistung des Gesamtsystems: Daten im Arbeitsspeicher können schnell, aber Datensätze, die von einer Festplatte gelesen werden, entsprechend weniger schnell prozessiert werden. Der zweite Aspekt ist aber ebenso spannend: Ein SAP-BW-System, das im Arbeitsspeicher selbst betrieben wird, ist für die Anwender*innen auch im Handling bei jedem Klick gefühlt schneller.

Insofern gibt es zunächst einmal positives Feedback aus dem Kundenumfeld. Seitens SAP wird insbesondere vertrieblich immer wieder auf die großen Leistungsvorteile der In-Memory-Technologie hingewiesen. In Summe steht dieser Technologiewechsel jedoch zunächst im Lichte eines simplen Datenbankwechsels.

Wettstreit mit anderen Datenbankanbietern

Sofern »nur die Datenbank« ausgewechselt werden muss, damit ein SAP-BW-System schneller wird, sind die Kunden offensichtlich grundsätzlich frei in der Wahl der präferierten Datenbank. Hieraus entwickelte sich ein regelrechter Wettstreit verschiedener Hersteller um die Gunst der SAP-BW-Kunden. SAP schränkte zum Markteintritt von SAP HANA zunächst sogar auch die zu verwendende Hardware ein, d. h., dass die Kunden zertifizierte Serversysteme einsetzen mussten, damit voller Support bzw. auch die volle Leistungsfähigkeit von SAP HANA durch SAP sichergestellt werden konnte. Hintergrund war hier der Wunsch seitens SAP, zu Beginn des Marktauftritts von SAP HANA möglichst wenig Fehlerquellen zuzulassen – man könnte meinen, es gäbe hier eine Lernkurve aus der SAP-BW-7.x-Historie.

Aspekte der Vereinfachung und Virtualisierung

Dies ist in Summe schon sehr gut, aber insbesondere die notwendige Abwärtskompatibilität für historisch gewachsene und gegebenenfalls auch nicht mehr ganz zeitgemäße Funktionen stehen augenscheinlich zukunftsgerichteten Konzepten entgegen. Die Version SAP BW 7.3 konnte zunächst primär mit Leistungssteigerungen aufwarten, aber mit Version 7.4 kamen vermehrt die Aspekte der Vereinfachung und Virtualisierung hinzu (siehe Abbildung 1.1). Insbesondere die Virtualisierung (bzw. die nunmehr durch schnelle Speicherzugriffe mögliche Virtualisierung!) bietet allen Kunden grundlegend neue konzeptionelle Ansätze im Bereich der Architektur und Modellierung von SAP-Data-Warehouse-Systemen und stellt einen wesentlichen Entwicklungsschritt dar.

LSA++

Nun also brachte SAP HANA im wahrsten Sinne des Wortes Flexibilität in die Systeme und Anwendungen. Dies war Grund genug für SAP, die Architekturempfehlungen und Richtlinien anzupassen. Die bis heute aktuelle SAP-BW-Architektur *Layered Scalable Architecture* ++ (LSA++) wurde geboren. Abbildung 1.3 zeigt die Grundelemente der neuen Referenzarchitektur und grundlegende Konzepte.

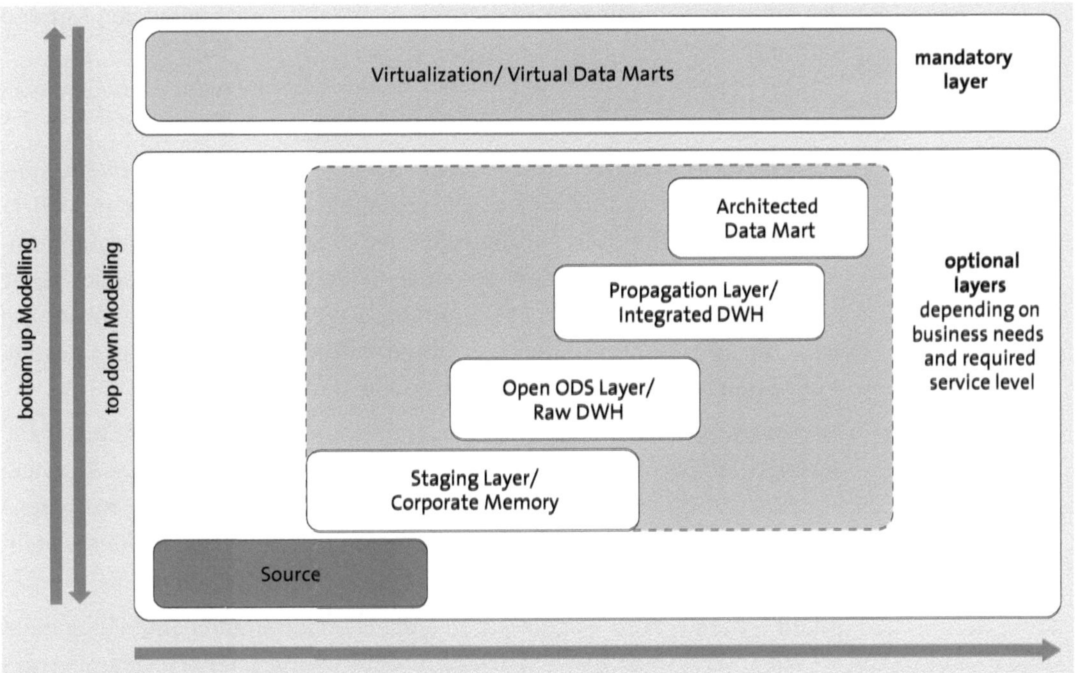

Abbildung 1.3 LSA++-Architektur (Quelle: SAP)

Basierend auf der Quelle gibt es nur noch eine verpflichtende Schicht für jede Anwendung. Der Grundgedanke basiert hier auf der Annahme, dass SAP-BW-Systeme auf der Basis der SAP-HANA-Technologie direktes Reporting auf den Quell- bzw. Eingangsdaten bereitstellen können. In der Praxis ist dies ein insbesondere im vertrieblichen Kontext beliebtes Argument, um die Komplexität bzw. im Umkehrschluss die Einfachheit von Anwendungen, basierend auf SAP-HANA-Technologie, hervorzuheben.

Ihnen erscheint dies eventuell von vornherein sehr ambitioniert formuliert – in der Praxis hat sich der Ansatz insbesondere in komplexen und im Hinblick auf die vorhandene Datenmenge voluminösen Umgebungen ebenfalls als nur eingeschränkt tauglich erwiesen. Ein Blick auf die sehr datenintensiven Anwendungen im Handelsumfeld unterstreicht diese Erfahrung.

Neue Flexibilität für Anwendungen

Der Grundgedanke der Virtualisierung der *Virtual Data Marts* in Verbindung mit den verschiedenen optionalen Schichten zeigt deutlich die neue Flexibilität für Anwendungen. Die optionalen Schichten werden lediglich in Abhängigkeit der fachlichen Anforderungen bzw. des gewünschten Servicelevels modelliert.

Ohne die leistungsstarke SAP-HANA-Technologie wären diese Ansätze überhaupt nicht denkbar. Denn tatsächlich hat sich dieser neue Freiraum in der Ausgestaltung als sehr erfolgreich erwiesen und ist bei vielen Kunden verbreitet.

Top-down-Ansatz

Grundsätzlich gelten für *Staging Layer, Corporate Memory, Propagation Layer* und *Architected Data Marts* ähnliche Paradigmen. Der Prozess der Modellierung wird durch diese Schichten sehr flexibel durch zwei unterschiedliche Entwicklungsrichtungen gestaltbar: Bei der Top-down-Entwicklung ergeben sich untergeordnete Elemente innerhalb einer einzelnen Anwendung durch die Definition eines übergeordneten Zielbildes. Dies könnte z. B. ein vorgegebener Datenraum für eine Reporting-Anforderung sein. Die Anwendungsentwickler*innen definieren auf der Basis des gewünschten Endergebnisses die notwendige Datengrundlagen.

Bottom-up-Ansatz

Alternativ – bzw. in iterativen Entwicklungsprozessen auch kombinierbar – verfolgt der Bottom-up-Ansatz eine entsprechend gegenläufige Entwicklungsrichtung. Hier sind die grundlegenden Datenelemente Ausgangspunkt für den maximal möglichen späteren Leistungsumfang der jeweiligen Anwendung.

An dieser Stelle wird klar, dass durch die Flexibilität auch eine völlig neue Art von Interaktion zwischen den Anforderungen aus dem Fachbereich und der Business-Intelligence-Abteilung möglich ist. Blickt man kritisch reflektierend auf die Historie von SAP BW zurück, hatte SAP BW den Hauch eines unflexiblen und geschlossenen Systems. Vor diesem Hintergrund erscheint die neue Freiheit in der Modellierung zwingend notwendig und stellt für SAP eine Chance dar, sich neu – und explizit positiv – zu positionieren.

Für Entwickler*innen und Anwender*innen begann also mit SAP-BW-Version 7.3, spätestens aber mit den Modulen 7.4 und 7.5, eine große Verbesserung im Hinblick auf erfahrene Leistung und Flexibilität. Dies äußerte sich z. B. in neuen, wesentlich granularen Anwendungsfällen.

Kundenbeispiel: Performance-Review

Ein uns gut in Erinnerung gebliebenes Beispiel ist ein SAP-BW-Performance-Review bei einem großen Handelsunternehmen in Deutschland. Der Auftrag war sehr eindeutig formuliert: »Wir haben unser SAP-BW-System mit einer teuren SAP-HANA-Datenbank ausgestattet, und das Reporting ist nicht schneller geworden. Warum ist dies nun so? Das System arbeitete normal und die notwendigen Parameter und Modellierungen wiesen keine Auffälligkeiten auf. Die Einführung von SAP HANA hatte aus Sicht des Kunden »... gefühlt nichts gebracht.« Wo also lag die Ursache für diese »Nicht-Verbesserung«?

Der exakte Blick auf das vorhandene Datenvolumen brachte Klarheit zur Sachlage: Der Kunde dachte, er könne im Geiste der mutmaßlichen Marketingversprechen das zukünftige Reporting hochgranular auf der Einzelbelegebene implementieren. Hierdurch wurde die Datenmenge sechsmal so hoch. Es waren also schlicht zu viele Datensätze im Datenmodell geladen, und die Antwortzeiten der Berichte bewegten sich im entsprechend zu erwartenden Bereich.

»Der Appetit kommt bekanntlich beim Essen« – und so hatte der Kunde im Geiste einer sehr schnellen und leistungsfähigen Systemumgebung versucht, den vermeintlich optimalen Nutzen aus seiner Investition zu ziehen, indem er den bisherigen Einsatzzweck erweiterte. Dadurch lag die Leistung in der Summe aber unverändert zum »Vor-HANA«-Betrachtungszeitraum. Der Unterschied lag in der viel größeren Datenmenge, die durch das System prozessiert wurde.

Architektur und Anwendungsdesign

Zufrieden war der Kunde mit diesem Ergebnis natürlich nicht, aber er konnte wichtige allgemeine Aspekte für Architektur und Anwendungsdesign von SAP BW in Verbindung mit SAP HANA ableiten:

- Eine SAP-HANA-Datenbank ist in der Lage, große Datenmengen performant zu prozessieren.
- Die LSA++-Architektur ist grundlegende Voraussetzung für eine erfolgreiche Implementierung.
- Am Ende entscheidet jedoch die konkrete Ausgestaltung einzelner Anwendungen, d. h. ein optimales Verhältnis zwischen der Anzahl der Datensätze und dem konkreten technischen Anwendungsdesign über die tatsächlich gefühlte Leistung für die Anwender*innen.

Diese Kundenerfahrung können Sie als kleines Beispiel für eine wichtige Entwicklung bei der Modellierung zeitgemäßer Data-Warehouse-Architekturen nehmen. Der Fokus der heutigen Anwendungen richtet sich mehr und mehr auf tiefe analytische Durchstiche auf sehr detaillierter Datenebene aus.

1.1.3 Ein leistungsstarkes Data Warehouse: SAP BW/4HANA

Für den erfolgreichen Einsatz von SAP-BW-Systemen sind folglich Architektur und Anwendungsdefinition von entscheidender Bedeutung. Richtig eingesetzt kann SAP HANA entscheidende Leistungsunterstützungen bieten. Die Versionen 7.4 und 7.5 läuteten in der Geschichte des Data Warehousing den Trend zu mehr Flexibilität und Agilität ein.

2016 wurden die Karten wieder neu gemischt: SAP brachte mit *SAP BW/4HANA* das erste, ausschließlich für und auf der Basis von SAP HANA entwickelte Anwendungsmodul auf den Markt.

Das über die Jahre weiterentwickelte SAP-BW-System hatte sich konzeptionell immer an den klassischen Datenbankmöglichkeiten orientiert und auch gängige Hersteller unterstützt. Die Entwicklungen mussten sehr unterschiedliche Datenbankversionen unterstützen, was generell nachvollziehbarerweise kein Garant für Innovationssprünge ist.

Dank der In-Memory-Technologie erwuchs mit SAP BW/4HANA die erste vollwertige Anwendung. Dies war aus Sicht der bisherigen Datenbankhersteller keine gute Nachricht – denn SAP BW/4HANA unterstützt nur SAP HANA als Datenbank und Plattform. Aus Sicht der Kunden war dies ebenfalls nicht zwingend erfreulich, denn die SAP-HANA-Plattform wurde zunehmend alternativlos, und der Wechsel auf die neue Technologie wurde mehr zu einer Frage des »Wann« statt eines »Ob«.

Zusätzliche Services auf der SAP-HANA-Plattform

Für Entwickler*innen hatte die Fokussierung auf eine Plattform jedoch wesentliche Vorteile: Ihnen war es nun möglich, ein optimales Zusammenspiel von Anwendung und Plattform zu finden. Neben der grundlegenden Befähigung des reinen Betriebs eines Business Warehouse stellte SAP HANA als Plattform zusätzliche Services zur Verfügung.

Einer der prominentesten Services ist z. B. die *Predictive Analytics Library* (PAL). Sie ist eine *Application Function Library* (AFL), die aus den in SAP HANA laufenden Anwendungen heraus mithilfe eines Programmieraufrufs genutzt werden kann. Technisch erfolgt dies mit *SAP HANA SQLScript*. Die Predictive Analytics Library bietet dem SAP-BW-System analytische Algorithmen, die über den herkömmlichen Einsatzbereich der klassischen Rechenoperationen im Business-Intelligence-Umfeld hinausgehen. Populäre Anwendungsfälle sind z. B. die Umsetzung von Warenkorbanalysen (»Kunden, die dieses Produkt kauften, kauften auch...«).

Ehrlicherweise sollte an dieser Stelle betont werden, dass bereits SAP BW on HANA grundlegend in der Lage war, z. B. die Predictive Analytics Library als Service zu nutzen. Mit SAP BW/4HANA wurden diese Möglichkeiten Stück für Stück weiter ausgebaut und das enge Zusammenspiel von Anwendung (SAP BW) und Plattform (SAP HANA) hat sich bis heute als sehr leistungsfähige und erfolgreiche Kombination etabliert.

SAP HANA Studio

Mit *SAP HANA Studio* wurde auch endlich eine zeitgemäße Entwicklungsoberfläche für SAP BW eingeführt. Abbildung 1.4 zeigt die übersichtliche Modellierung von Datenmodellen im SAP HANA Cockpit. Neben einer übersichtlichen Darstellung der verfügbaren Objekte können im Detail durch nebeneinander liegende, sichtbare Menüs Konfigurationen und Entwicklungen durchgeführt werden.

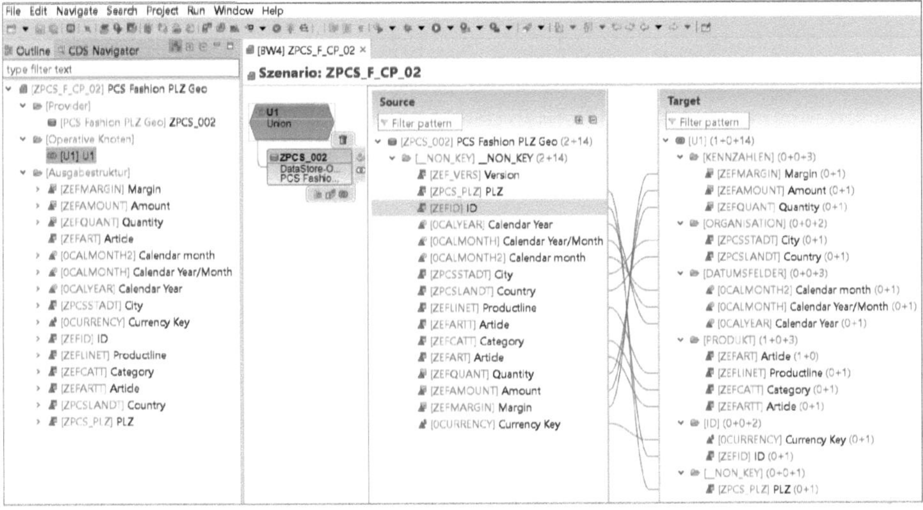

Abbildung 1.4 SAP HANA Studio

SAP Fiori

Das gute alte SAP GUI hatte somit nun bis auf wenige Funktionen ausgedient, und Eclipse entwickelte sich zur primären Entwicklungsumgebung. *Zeitgemäß* hieß seinerzeit für SAP, dass natürlich auch die UI-Lösung *SAP Fiori* eingesetzt werden musste. In diesem Fall wurde SAP Fiori die grundlegende Frontend-Technologie für die Administration von SAP BW/4HANA im Rahmen des *SAP BW/4HANA Cockpits* (siehe Abbildung 1.5).

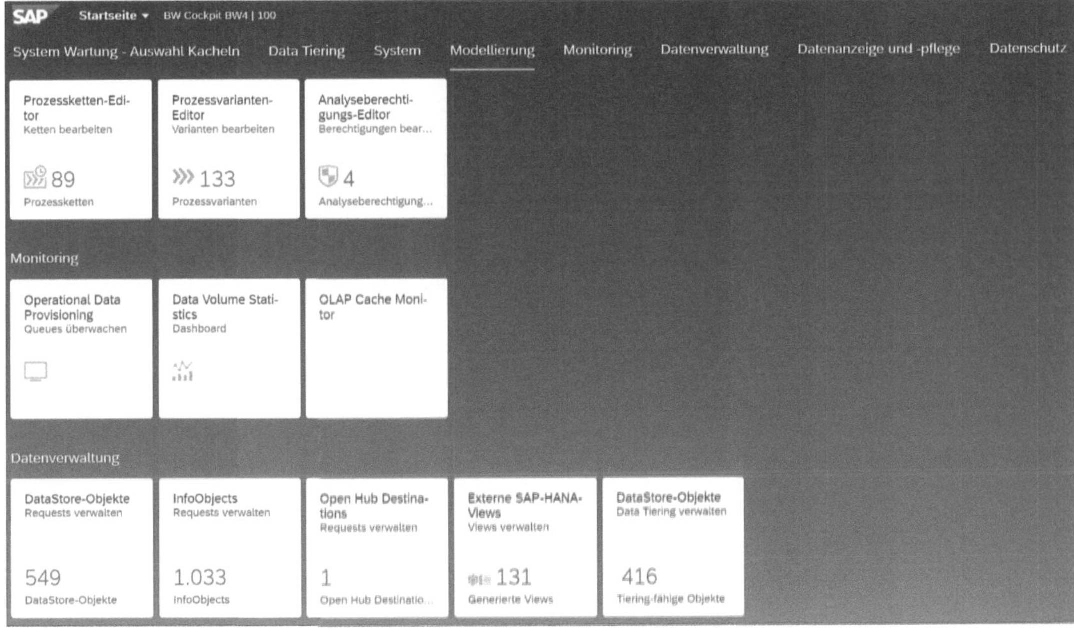

Abbildung 1.5 SAP BW/4HANA Cockpit: Startseite

Kachelorientierte Darstellung

Die kachelorientierte Darstellung von SAP-BW-Anwendungen war übersichtlich und unterschied sich vom Aussehen natürlich wesentlich von der antiquierten SAP-GUI-Oberfläche. Die Aufgaben der Apps waren auf die Administration und den Betrieb des SAP-BW/4HANA-Systems ausgelegt. Die Möglichkeit, auch über mobile Endgeräte z. B. die täglich laufende Datenbeschaffung ansehen zu können, war dann für große Kundensituationen flankierend nur eine kleine Randnotiz.

Das Zusammenspiel von SAP HANA Studio und SAP Fiori hat hier sicherlich einen wesentlichen Beitrag geleistet. Natürlich gab es auch in der ersten Version den Bedarf für Fehlerkorrekturen. Betrachtet man die vorhandene Gesamtfunktionalität aber aus einer übergeordneten Perspektive, kann man von einer sehr leistungsfähigen Data-Warehouse-Systemumgebung sprechen, die seinerzeit viele (sehr zufriedene) Kunden fand.

Der im vorstehenden Kundenbeispiel beschriebene Trend zu einer granularen Berichtserstellung hält weiter an. Der tatsächlich für ein SAP-BW/4HANA-System verfügbare Arbeitsspeicher ist aber natürlich durch die vorhandenen Systemressourcen limitiert. Eine uneingeschränkte granulare Datenbeschaffung ist somit nicht darstellbar bzw. denkbar.

Multi-Temperature-Konzept

Der Lösungsansatz von SAP für diese Speicherknappheit war so einfach wie genial: Warum sollte kostbarer Arbeitsspeicher verwendet werden, wenn man selten benötigte Daten auch in kostengünstige, aber dabei vergleichbar schnelle und persistente Datenbanken auslagern konnte? Das *Multi-Temperature-Konzept* war geboren und arbeitet bis heute wie in Tabelle 1.1 beschrieben.

Temparatur	Beschreibung
heiß	Wichtige und aktuelle Daten werden im schnellen Arbeitsspeicher vorgehalten.
warm	Daten mit geringerer Priorität werden auf den lokalen Ressourcen des Systems vorgehalten.
kalt	Historische Daten werden in günstige Datenbanken außerhalb des Systems verschoben.

Tabelle 1.1 Grundzüge des Multi-Temperature-Konzepts von SAP BW/4HANA

SAP BW/4HANA kann mit diesem Konzept auch automatisiert Daten auf der Anwendungsebene an den jeweils passenden Speicherort verschieben und entwickelte sich in dieser Hinsicht zu einer für zukünftige Anforderungen gerüsteten Lösung.

Big Data

Wenn ein System also mit großen Datenmengen umgehen kann, warum soll es dann nicht auch mit *sehr großen* Datenmengen umgehen können? *Big Data* ist in der letzten Dekade zu einem präsenten Schlagwort geworden, und die Integration von unterschiedlichen Datenquellen ist Gegenstand verschiedener tiefergehender Abhandlungen. Mehr zu diesem Thema finden Sie z. B. in »SAP Data Intelligence – Das umfassende Handbuch« von Kästner et. al. (1. Auflage, Rheinwerk Verlag, 2021).

Stetig wachsende Datenmengen

Die stetig wachsenden Datenmengen konnten in vielen Unternehmen nicht mehr in den limitierten lokalen Ressourcen gespeichert werden, sondern mussten mittels *Cloud Computing* flexibel und kostengünstig vorgehalten werden. Für ein SAP-Data-Warehouse-System ergab sich hieraus die Aufgabenstellung, auf diese neuen Datenquellen zuzugreifen und die benötigten Informationen in einer akzeptablen Zeit auf der notwendigen Granularitätsebene bereitzustellen.

1.2 Geänderte Rahmenbedingungen in Fachbereich und IT

Nach einem Abriss über die Geschichte des Data Warehousing sprechen wir in diesem Abschnitt über die Rahmenbedingungen im Fachbereich und skizzieren die sich hieraus ergebenden Anforderungen für SAP-Data-Warehouse-Systeme.

1.2.1 Kürzere Projektdurchlaufzeiten

Der Wandel in Bezug auf die große Menge der zur Analytik bereitstehenden Informationen trifft in den letzten Jahren auf einen weiteren Trend: eine steigende Agilität bei der Umsetzung von fachlichen Anforderungen in BI-Systemen. Konkret verkürzen sich die Umsetzungsphasen von Projekten, währenddessen parallel bereits neue fachliche Anforderungen formuliert werden. Doch welche Ursache hat das eigentlich?

Wasserfall-Projektmethodik

Wirft man einen Blick zurück auf die ersten Versionen von SAP BW, ist bis zur Einführung von SAP HANA eine gewisse Gleichartigkeit bei der Durchführung von Implementierungsprojekten zu beobachten: Projekte wurden zumeist im Rahmen eines sequenziellen Phasenmodells (*Wasserfall-Projektmethodik*) umgesetzt. Annahme dieses Modelles war, dass das gewünschte Ergebnis sowohl dem Fachbereich als auch der IT im Vorfeld des Projekts bekannt war und eindeutig formuliert werden konnte.

Diese Grundannahme war für alle Parteien sehr komfortabel. Man konnte die zu erwartenden Aufwände auf allen Seiten im Vorfeld grob skizzieren und gewann, zumindest in der Theorie, eine gewisse Sicherheit im Hinblick auf die zu erwartenden zeitlichen und finanziellen Aufwände.

Grundsätzlich ist dies ein valider Ansatz, und viele Projektierungen wurden auf diese Weise zur Zufriedenheit aller Parteien umgesetzt. Leider verblieben aber auch viele Projektvorhaben nicht im erwarteten Zeit- und Kostenrahmen und strapazierten die Toleranzgrenze der Unternehmen. Die Gründe hierfür sind vielfältig. Sie reichen von der tatsächlichen Leistungsfähigkeit der Software über die Güte der Implementierung bis hin zu sich im Projektverlauf verändernden fachlichen Anforderungen. Es ist somit nicht immer leicht, die genaue Ursache zu identifizieren, und oft führt eine Kombination unterschiedlicher Faktoren zu einem negativen Ergebnis.

Ein wesentlicher Aspekt ist jedoch an vielen Stellen beteiligt: eine immer stärker in den Vordergrund rückende Agilität fachlicher Anforderungen. Befeuert durch den technologischen Wandel werden immer neue Fragestellungen aus dem Unternehmensumfeld an die verantwortlichen Fachbereiche herangetragen, und die Umsetzung dieser Anforderungen muss in einem immer kürzeren Zeitraum erfolgen.

Agile Projektdurchführung

Diese grundlegende Veränderung ist in Abbildung 1.6 schematisch dargestellt. Neue methodische Konzepte für die Durchführung dynamischer Projekte sind notwendig, und die agile Projektdurchführung findet ihren Einzug in Business-Intelligence-Projekten.

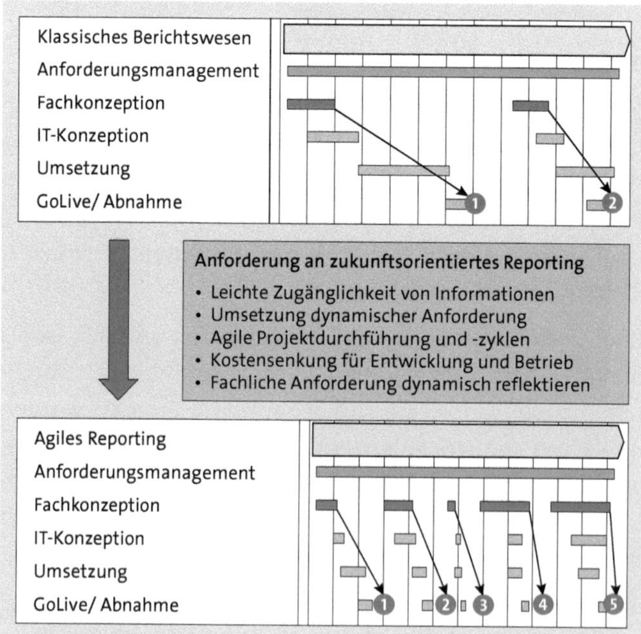

Abbildung 1.6 Wandel im Berichtswesen durch mehr Agilität

Die agile Vorgehensweise in Projekten ist dabei nicht neu. Neu ist nur der Einsatz dieser Methodik im Rahmen von SAP-BW-Projektvorhaben. Bislang galten diese Projekte als IT-fokussiert, aufwendig und nur langfristig planbar. Begründet wurde dies oftmals durch die von SAP vorgegebenen technischen Rahmenbedingungen. Beispielsweise waren technische Strukturen und Objekte im SAP-BW-Backend aufwendig zu konfigurieren und somit nicht für eine kurzfristige Veränderung der Aufgabenstellung geeignet. Diese oftmals vorgetragene Antwort der IT findet aber immer weniger Anklang – da helfen auch nicht die hier beschriebenen funktionalen Erweiterungen in SAP BW.

1.2.2 Vom Wasserfall zum agilen Projektvorgehen

Kurze Realisierungszeiträume

Heute gilt also: Fachliche Anforderungen müssen in sehr kurzen Zeiträumen realisiert werden. Hierbei nimmt der Fachbereich immer stärker eine aktive Rolle im Entwicklungsprozess ein und versucht, die im Hinblick auf den Leistungsumfang dynamischen Anforderungen gemeinsam mit der IT zu realisieren.

Dynamische Anforderungen und kurze Realisierungszeiträume – passt das zum etablierten Wasserfallmodell? Ihm die Eignung abzusprechen wäre ein hartes Urteil, aber offensichtlich führen insbesondere die kurzen Innovationszyklen der Unternehmen und ihr Umfeld zwangsläufig zu einer Reduktion der Halbwertszeiten bestehender Reporting-Systeme.

Diesen agilen Reporting-Anforderungen (siehe Abbildung 1.6) kann man bis heute mit einer agilen Projektmethodik begegnen. Zumindest wenn man davon ausgeht, dass nicht immer das gesamte Projektvorhaben im Detail vorausgeplant werden muss, sondern vielmehr inhaltlich abgrenzbare Teile des Projekts Schritt für Schritt angegangen werden. Eine wichtige Rahmenbedingung liegt hier in der Formulierung von kleinen, auf den Gesamtprojektverlauf ausgerichteten Arbeitspaketen. Die Umsetzung der gewünschten Funktionalität wird dadurch beherrschbarer, und insbesondere Verzögerungen oder Hindernisse haben keine unmittelbaren Auswirkungen auf ein großes Gesamtvorhaben, sondern können in ihrem direkten Umfeld flexibel bearbeitet werden.

So weit sind in der Theorie nun auch SAP-BW-Projekte flexibel aufgestellt, auch im Hinblick auf eine sich verändernde Anforderungslage. Die in diesem Kapitel bereits aufgeführten Vorteile der SAP-HANA-Datenbank bieten der agilen Projektmethodik eine flexible technologische Plattform. Die Möglichkeit der In-Memory-Datenbank, unterschiedliche Datenquellen zur

Laufzeit einer Abfrage in einer akzeptablen Antwortzeit zu verknüpfen, bildete die Grundlage für den langfristigen Erfolg der SAP-Produkte im BI-Umfeld.

1.2.3 Veränderung der Rollen von Fachbereich und IT

Führt man die sich verändernden äußeren Rahmenbedingungen für Unternehmen und die sich verändernden technologischen Rahmenbedingungen zusammen, lässt sich eine Veränderung bei der bislang gültigen Aufgaben- und Rollenverteilung für Fachbereiche und IT ablesen.

Wunsch nach mehr Flexibilität und Agilität

Wenden wir unseren Blick zunächst dem Fachbereich zu: Die Erfüllung des Wunsches nach mehr Flexibilität und Agilität bei der Erstellung von Berichten sowie bei der Integration zusätzlicher Informationen in Berichten und Analysen erscheint dank SAP HANA zum Greifen nahe.

Eine erfolgreiche Umsetzung lässt sich aber vornehmlich in Verbindung mit einer wesentlich aktiveren Rolle des Fachbereiches, z. B. bei der Strukturierung und Steuerung von Projektvorhaben, feststellen. So müssen sich dynamisch verändernde Anforderungen für das bestehende Unternehmens-Reporting zeitnah konkretisiert und im Dialog mit der IT umgesetzt werden. Dem Fachbereich obliegt eine zunehmend steuernde Funktion.

Business Intelligence Comptence Center

Diese Konkretisierung erfordert neben dem eigenen fachlichen Spezialwissen auch ein tiefergehendes Verständnis für technologische Zusammenhänge bei der Bereitstellung und Aufbereitung von Informationen. Dies ist eine organisatorische Herausforderung; daher etablieren viele Unternehmen ein zentral wirkendes *Business Intelligence Competence Center* (BICC). Ein solches BICC kann durch die zentrale Bereitstellung von Rahmenbedingungen und konkreten Arbeitsanweisungen in Form einer *Business Intelligence Governance* (BI Governance) die Bereitstellung von Geschäftsinformationen für Fachbereiche und Management maßgeblich positiv beeinflussen.

Das BICC wird organisatorisch vielerorts im Fachbereich angesiedelt und stellt einen wirkungsvollen Hebel für eine zeitnahe und nachhaltige Umsetzung fachlicher Anforderungen dar. Für die IT in den Unternehmen ist das BICC eine wesentliche Bereicherung, weil hier im Vergleich zum Fachbereich ein wesentlich ausgeprägteres Verständnis für die sich im Einsatz befindlichen Technologien vorhanden ist. Das BICC wirkt als Vermittler zwischen Fachbereich und IT und entwickelt sich zu einem zentralen Erfolgsfaktor für Unternehmen.

Was bedeuten aber diese prozessualen und organisatorischen Veränderungen für die Unternehmens-IT? Es lässt sich festhalten, dass die IT durch den technologischen Wandel einem kontinuierlichen Weiterentwicklungsprozess unterworfen ist – gewollt oder ungewollt. Auch SAP trägt dazu bei, dass bestehende Systeme aktualisiert bzw. abgelöst und durch Nachfolgeprodukte ersetzt werden müssen. Der Trend zu cloudbasierten Anwendungen beschleunigt diese Entwicklung noch einmal deutlich, weil sich dadurch Veränderungen in den vorhandenen Geschäftsprozessen ergeben. Insofern ist ein tiefergehendes Verständnis dieser Prozesse ein kritischer Erfolgsfaktor für die IT geworden.

1.2.4 Anforderungen an zukünftige Data-Warehouse-Systeme

Der Trend zu cloudbasierten Anwendungen hat zwangsläufig Einfluss auf die Produktpolitik von SAP für das etablierte SAP BW. Wie in den vorangegangenen Abschnitten skizziert, sind die technologischen und funktionalen Eigenschaften von SAP BW den zukünftigen Anforderungen nur eingeschränkt gewachsen. Natürlich gibt es aber auch viele zufriedene Kunden, die flexible und leistungsfähige Applikationen im produktiven Einsatz haben. Dies soll an dieser Stelle deutlich hervorgehoben werden. Denn tatsächlich entscheidet die konkrete Umsetzung über die Flexibilität und Güte einer Anwendung.

Zentrale Anforderungen an zukünftige Data-Warehouse-Tools

Mit Blick in die Zukunft lassen sich aus den veränderten Rollen für Fachbereich und IT zentrale Anforderungen an zukünftige Data-Warehouse-Tools ableiten. An dieser Stelle wollen wir keine Anforderungsliste für eine strukturierte Produktauswahl, sondern den Blick auf die Kernforderungen lenken. Die folgenden Punkte können als Grundgerüst für ein zukunftsfähiges Data-Warehouse-System angesehen werden:

- einfache Bedienbarkeit für Fachbereich und IT
- Unterstützung von Self-Service Business Intelligence
- cloudbasiertes Angebot für zukünftige Skalierbarkeit
- Nutzung aktueller Entwicklungstechnologien als Plattform
- flexible Schnittstellen zu On-Premise- und Cloud-Systemen
- Unterstützung von SAP S/4HANA

Bis auf die cloudbasierte Architektur erscheinen diese Anforderungen für das aktuelle Release von SAP BW/4HANA durchaus erfüllbar. Kunden mit gut funktionierenden SAP-BW-, SAP-BW-on-HANA- oder SAP-BW/4HANA-Systemen stellt sich die Frage, welchen Nutzen ein Wechsel in die Cloud hätte. Auch die langfristigen Wartungszusagen für SAP BW/4HANA lassen einen Systemwechsel unattraktiv erscheinen.

Auf den zweiten Blick erkennt man jedoch Schwachpunkte in SAP BW, die Kern langjähriger Kritik sind und die einen zeitgemäßen zukünftigen Betrieb zumindest schwierig machen. So stehen z. B. für SAP BW/4HANA unterschiedliche Entwicklungsumgebungen zur Verfügung, z. B. Eclipse oder die *SAP Web IDE*. In Verbindung mit unterschiedlichen Versionen müssen Sie in der Entwicklung genau hinsehen, auf welche Plattform Sie aktuell und zukünftig setzen möchten.

Core Data Services als neue Extraktionstechnologie

Auch für die Integration von Daten aus SAP S/4HANA sieht sich SAP BW aktuell gut gerüstet. Schon früh wurde hier die Extraktionstechnologie *Core Data Services* (CDS) unterstützt. Zum Zeitpunkt der Einführung von CDS Views – und den korrespondierenden BW-Extraktionsfunktionalitäten – erschloss sich nicht allen die fundamentale Veränderung, die hier Einzug hielt. Welche Möglichkeiten sich hierdurch ergeben, zeigen insbesondere die Praxiskapitel in diesem Buch im weiteren Verlauf auf.

In Summe betrachtet wird SAP BW schlechter dargestellt, als es eigentlich ist. Die Kritik mag an einigen Stellen berechtigt sein, aber die Leistungsfähigkeit der Software ist derart immens, dass auch in bestehenden Systemen getrost über eine Weiterentwicklung nachgedacht werden darf. Auch wenn Nachfolgeprodukte in der öffentlichen Wahrnehmung die übliche »Alles-wird-besser«-Botschaft transportieren, müssen sich diese Tools zunächst beweisen und auf den Funktions- und Leistungslevel der aktuellen SAP-BW-Versionen gelangen.

Hybride Architektur

Aber muss es immer eine »1-oder-0«-Entscheidung sein? Aus heutiger Sicht erscheint eine hybride Architektur durchaus als sinnvoll. Viele unserer Kunden blicken auf eine jahrelange Weiterentwicklung ihrer eigenen SAP-BW-Lösungen zurück. Haben diese keinen Bestand mehr und müssen sie »neu gebaut« werden? Oft lautet die klare Antwort: Nein! Denn »Never Change a Running System« gilt auch hier.

Diese Aussage ist aber mit einem sehr großen *Aber* verbunden. So sollten Sie nicht über die Dynamik der fachlichen Anforderungen und der schnellen technologischen (und konzeptionellen) Weiterentwicklung in der IT hinwegsehen. Daher ist die flankierende Adoption aktueller Lösungen ein vielversprechender Ansatz. Ausgangsbasis muss eine nachhaltig und langfristig ausgerichtete BI-Strategie sein, in deren Rahmen fachliche und funktionale Anforderungen explizit formuliert und als Grundlage für technologische Richtungsentscheidungen begriffen werden.

1.3 Die Zukunft: Data Warehousing in der Cloud

Wie es weitergeht

In diesem Abschnitt führen wir fachliche und technologische Anforderungen zusammen und geben Ihnen ein Ausblick auf zukünftige Lösungen im SAP-Umfeld.

1.3.1 Cloudbasierte Umgebungen und Servicemodelle

Blickt man auf die Historie von SAP BW zurück, klingt das Wort *Cloud* zunächst eher befremdlich. Klassische SAP-Systemlandschaften weisen seit jeher eine zwei- bzw. dreistufige Architektur auf. Vom Entwicklungssystem über die Qualitätssicherung bis hin zum Produktivsystem hat sich diese Reihenfolge fest in den IT-Landschaften etabliert. Mancherorts zwingen gesonderte regulatorische Anforderungen, beispielsweise im Bankenumfeld, sogar zur Nutzung einer vierstufigen SAP-BW-Systemlandschaft.

Lifecycle Management in mehrstufigen Landschaften

Das Lifecycle Management in solchen mehrstufigen Landschaften muss entsprechend organisiert werden, und es ist nicht verwunderlich, dass in diesen Umgebungen schon durch die Transportzeiten das Wort *Agilität* tendenziell eher »kleingeschrieben« wird. Eine wesentliche Motivation für diese Mehrstufigkeit war die Synchronisierung von SAP-BW- und SAP-ERP-Quellsystemen in parallel laufenden Entwicklungsprozessen. Unternehmen wollen – und müssen – aber zunehmend schneller auf fachliche Anforderungen reagieren und suchen nach einem Lösungsansatz für die strukturelle Komplexität von SAP-Data-Warehouse-Umgebungen.

Einen architektonischen Lösungsansatz bieten cloudbasierte Systemumgebungen. Zentrales Merkmal dieser Umgebungen ist die zeitnahe und bedarfsgerechte Nutzung von Rechenleistung und Ressourcen über das Internet. Dieser Ansatz reduziert insbesondere die Komplexität durch die Reduktion der bereitzustellenden Systeme und im Weiteren naturgemäß auch Folgeaufwendungen wie beispielsweise für die Wartung der Hard- und Software.

Servicemodelle für das Cloud Computing

Innerhalb des Cloud Computings gibt es unterschiedliche Servicemodelle: Bei *Infrastructure-as-a-Service* (IaaS) sowie *Platform-as-a-Service* (PaaS) obliegt die Installation und Administration spezifischer Applikationen überwiegend dem Kundenunternehmen, während die Hardware bzw. das Betriebssystem durch den Anbieter zur Verfügung gestellt werden. *Software-as-a-Service* (SaaS) bedeutet, dass auch die Applikation durch den Betreiber aktualisiert und gewartet wird.

Anbindung externer Applikationen

Hieraus ergeben sich neue Herausforderungen für die IT eines Unternehmens: Befanden sich bisherige Applikationen im unternehmenseigenen Netzwerk, beeinflusste dies auch die Verknüpfung unterschiedlicher Systeme. Mit der Anbindung externer cloudbasierter Applikationen gilt es daher, Applikationen über das Unternehmensnetzwerk hinaus miteinander kommunizieren zu lassen. Die Komplexität erhöht sich zusätzlich, wenn zwei oder mehr cloudbasierte Systeme untereinander sowie mit unternehmensintern verwalteten Systemen zusammenarbeiten sollen.

1.3.2 Erste Schritte in Richtung Cloud

Ausrichtung auf die Cloud

Der Trend zur Cloud wurde auch für SAP zu einem zentralen Bestandteil der strategischen Unternehmensentwicklung. Ein großer Schritt erfolgte mit der Akquisition von *SuccessFactors* im Jahr 2011. Der im Bereich Personalmanagement etablierte Anbieter von Cloud Computing war nur einer der Bausteine auf dem Weg in Richtung Cloud, stellte aber einen wesentlichen Meilenstein für die zukünftige Ausrichtung von SAP dar. Bislang fußte das Produktportfolio ja primär auf Softwareprodukten, die on-premise laufen.

Eine grundlegende Veränderung des Produktportfolios kann verständlicherweise nicht ausschließlich über die Akquisition von passenden Unternehmen erfolgen. So brachte SAP alsbald mit *SAP Analytics Cloud* eine bedeutende Eigenentwicklung im Bereich des Cloud Computings auf den Markt.

SAP Analytics Cloud als SaaS-Lösung

Diese neuartige Frontend-Software für die Analyse und Visualisierung von Unternehmensinformationen stellt bislang die prominenteste SaaS-Lösung aus dem Hause SAP dar. Für viele Kunden bedeutet dies eine Umstellung von einer mehrstufigen On-Premise-Systemlandschaft auf ein Cloud-System. Viele Kunden beließen es tatsächlich im Nachgang bei diesem einen System, regelten die Mehrstufigkeit durch technisch-organisatorische Maßnahmen innerhalb von SAP Analytics Cloud und freundeten sich mit der neuen Übersichtlichkeit in der Systemlandschaft an.

Mit SAP Analytics Cloud stellt SAP seine erste SaaS-Lösung im Bereich Business Intelligence bereit. Nach der Akquisition von *BusinessObjects* im Jahr 2008 hatte sich die Client-Server-Architektur von analytischen Frontends im Hause SAP weiter etabliert und zu weit verbreiteten komplexen Landschaften geführt. Dieser fundamentale Wechsel führte zu einem gewissen Misstrauen bei den Kunden, die oft nicht die erste Version einer neuen SAP-Software einsetzen wollten, sondern auf eine reifere Produktversion warteten. Dieses Verhalten hat natürlich eine Geschichte, die im SAP Support Portal bis heute weitergeschrieben wird.

Die SAP-Kunden hatten nun zum ersten Mal echte Berührung mit »Business Intelligence aus der Steckdose«, sprich mit vordefinierten Leistungsinhalten zu einem abgemachten Preis pro Nutzer*in. Einige Kunden adoptierten das Modell schnell und ließen sich vom anfänglich (im Vergleich zu bestehenden On-Premise-Lösungen) reduzierten Leistungsumfang nicht abschrecken. Die Software wurde mutmaßlich nicht direkt in Walldorf entwickelt. Denn sonst wäre mit Sicherheit insbesondere die Integration z. B. für SAP BW mit einem größeren Fokus vorangetrieben worden. Nachdem diese Mängel mittlerweile behoben worden sind, hat sich SAP Analytics Cloud zu Recht als wesentlicher Spieler auf dem Markt der Business-Intelligence-Software etabliert.

Cloud first auch im Backend

Rückwirkend betrachtet, war vielen an dieser Stelle noch nicht bewusst, wie grundlegend SAP die Ausrichtung hin zu »Cloud first« vollziehen würde. Insbesondere die gedankliche Erweiterung von SaaS auf den Kernbereich des Data Warehousing – also das Backend – war schwer vorstellbar. Ein Data Warehouse in der Cloud war bei der Konkurrenz bereits seit vielen Jahren Realität. Insbesondere große Anbieter von Big-Data-Plattformen (Hyperscaler) waren hier schon länger erfolgreich aktiv, und insofern würde dies keine bahnbrechende Neuerung für Kunden darstellen.

Auch ein SAP-BW-System in die Cloud zu bringen, war schon länger möglich – sowohl in die hauseigene *SAP HANA Enterprise Cloud* als auch in eine unternehmensspezifische private Cloud. Für viele Hosting-Kunden ist die genaue Abgrenzung sowieso schwer nachzuvollziehen –die physischen Systeme stehen nicht im Haus, aber z. B. beim SAP-Systemhaus um die Ecke. An dieser Stelle von einer Cloud-Lösung zu sprechen, ist formal zwar richtig, aber so manche IT-Verantwortlichen antworten hier nur mit einem freundlichen Lächeln.

SAP Data Warehouse Cloud als SaaS-Lösung

SAP schlug jedoch einen wesentlich konsequenteren Weg ein. Das Unternehmen stellte seinen Kunden eine Software-as-a-Service-Lösung für den Bereich Data Warehousing mit dem Namen *SAP Data Warehouse Cloud* zur Verfügung. Abbildung 1.7 zeigt das neue Paradigma: SAP-Kunden können per Webbrowser Data-Warehousing-Aktivitäten im Rahmen der SaaS-Lösung durchführen.

Im Hinblick auf die lange Historie von SAP BW stellt diese Entwicklung einen bahnbrechenden Meilenstein dar, weil mit SAP Data Warehouse Cloud die Vorzüge von cloudbasierten Lösungen in das Data Warehousing von SAP einziehen. Die Möglichkeit, kurzfristige Systemressourcen bereitzustellen und den Fachbereichen flexible Möglichkeiten für eine eigenverantwortliche fachlich-technische Arbeitserfüllung zu bieten, steht den Vorbehalten der Trägheit und der fehlenden Flexibilität nun in der Realität entgegen. Für die weitere Entwicklung im Marktumfeld wird SAP Data Warehouse Cloud sicherlich einen positiven Impuls zu mehr Kundenorientierung und Flexibilität geben.

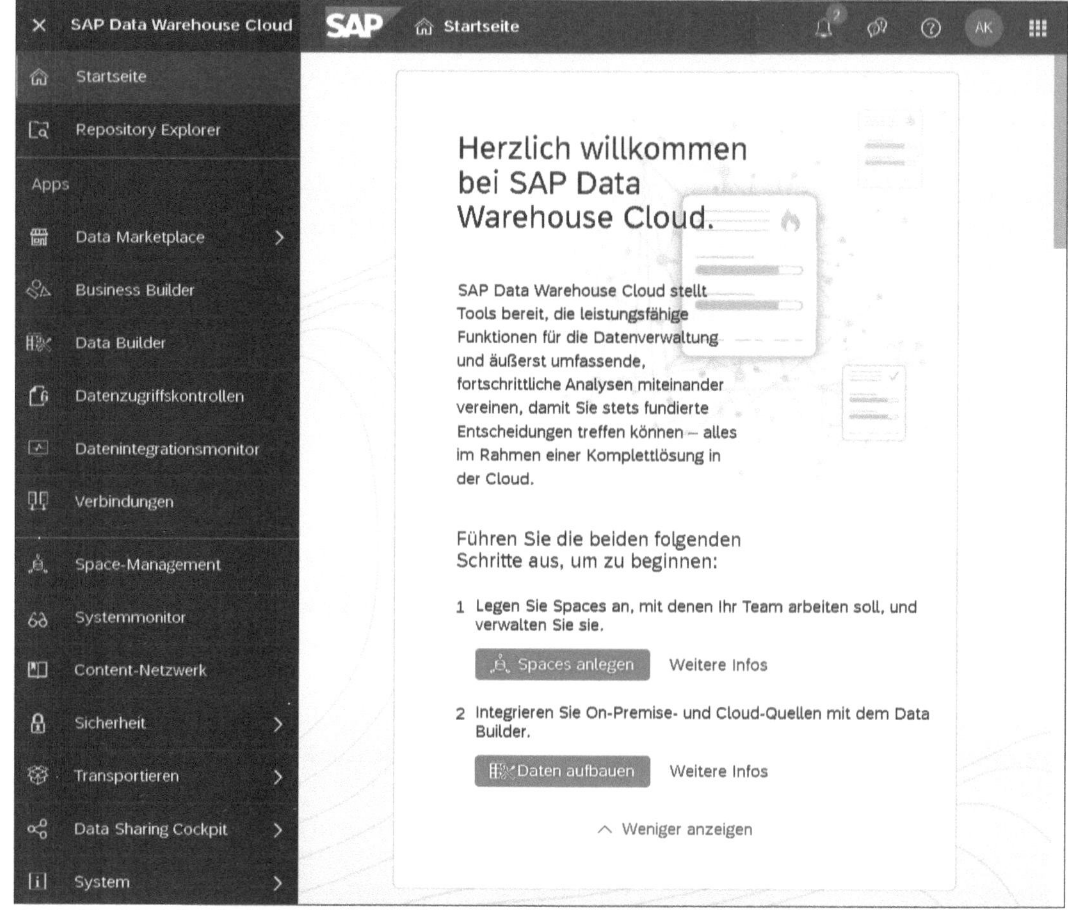

Abbildung 1.7 SAP Data Warehouse Cloud: Startseite

Umfangreiche Cloud-Lösungen durch SAP

SAP bietet nun also vollumfängliche Lösungen in der Cloud im Bereich Business Intelligence an: vom Frontend SAP Analytics Cloud bis zum aktuellen Produkt SAP Data Warehouse Cloud handelt es sich um ein umfängliches Leistungsangebot. Hier wurde ein wichtiger Schritt in der Unternehmensentwicklung vollzogen.

1.3.3 SAP Business Technology Platform

Abbildung von Unternehmensprozessen mit SAP BTP

Technisch betrachtet haben auch Cloud-Systeme einen Server. So weit ist man von der gewohnten internen Systemumgebung im Rechenzentrum nicht weg. Allerdings ist das Rechenzentrum in der Cloud nicht mehr exklusiv, sondern wird von mehreren Kunden gleichzeitig genutzt. Hierzu werden natürlich die unterschiedlichsten Funktionalitäten benötigt, damit der Betrieb reibungslos funktioniert.

Für die Orchestrierung dieser Funktionalitäten hat SAP mit der *SAP Business Technology Platform* (SAP BTP) eine leistungsfähige Cloud-Lösung zur Abbildung von Unternehmensprozessen geschaffen (siehe Abbildung 1.8).

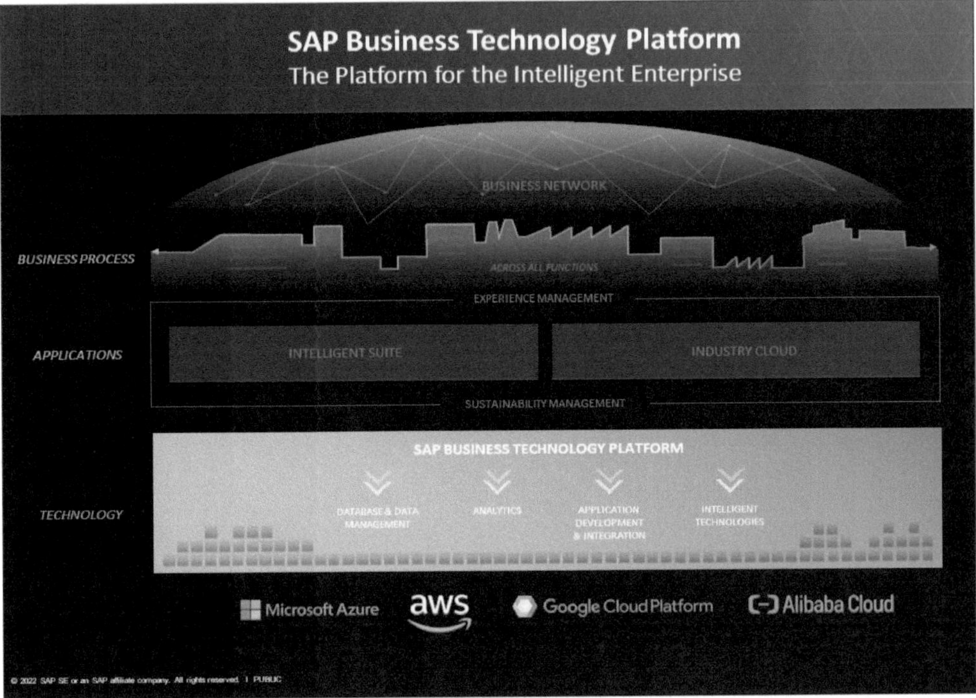

Abbildung 1.8 SAP Business Technology Platform (Quelle: SAP)

SAP BTP stellt Unternehmen umfangreiche Dienste und Funktionen bereit. Auf technologischer Ebene können die Kunden neben der Bereitstellung von klassischen Datenbankfunktionalitäten mithilfe von SAP BTP standardisierte Dienste, beispielsweise im Bereich Analytics, der Anwendungsentwicklung oder auch im Bereich der künstlichen Intelligenz (KI) nutzen. Diese Funktionen bilden die Grundlage für standardisierte SAP-Anwendungen sowie Eigenentwicklungen.

1.3.4 Neue Wege mit SAP Data Warehouse Cloud

Mit SAP Analytics Cloud stellte SAP seinen Kunden eine erste Unternehmensanwendung zur Verfügung, die auf der durch SAP BTP bereitgestellten Service- und Infrastruktur beruhte. Zu Anfang betrachteten viele Kunden, aber auch Entwickler*innen und SAP-Berater*innen, die neue Cloud-Technologie mit einem gesunden Maß an Skepsis. In der Praxis konnten Vorurteile bezüglich der IT-Sicherheit (»Sind meine Daten in der Cloud sicher?«)

mit der Zeit aufgelöst werden. Vorteile, beispielsweise eine automatisierte Aktualisierung der SaaS-Software, rückten in den Vordergrund. Kunden fanden mehr und mehr Gefallen an den transparenten Kosten für die Business-Intelligence-Software, und SAP schaffte es, immer mehr Kunden für die hauseigenen Cloud-Produkte zu begeistern.

Dieses Buch beschreibt einen wesentlichen weiteren Schritt im Bereich cloudbasierter Business-Intelligence-Software. Mit SAP Data Warehouse Cloud steht eine eigenständige Data-Warehouse-Lösung auf der Basis von SAP BTP zur Verfügung.

Kapitel 2
Einführung in SAP Data Warehouse Cloud

In diesem Kapitel lernen Sie die grundlegenden Bereiche und Funktionen von SAP Data Warehouse Cloud kennen. Sie erhalten einen Überblick, wie Sie einfach und agil Daten aus den Fachbereichen und der IT kombinieren, wie sich Ihnen neue Informationsquellen erschließen und wie Sie in einer neuen Form der Zusammenarbeit schnell auf neue Analyseanforderungen reagieren können.

Zu Beginn dieses Kapitels ordnen wir in Abschnitt 2.1, »Einordnung und Positionierung«, SAP Data Warehouse Cloud in das Produktportfolio von SAP im Bereich Business Intelligence im Hinblick auf weitere zentrale SAP-Produkte ein. Danach geben wir Ihnen in Abschnitt 2.2, »Grundlegende Funktionalitäten«, einen Einblick in die zentralen Funktionalitäten von SAP Data Warehouse Cloud. Abschnitt 2.3, »Überblick über Architektur und Modellierung«, beschäftigt sich mit der Architektur und Modellierung innerhalb von SAP Data Warehouse Cloud. In Abschnitt 2.4, »Grundkonzepte der Implementierung«, beschäftigen wir uns mit einigen weiteren Grundkonzepten, z. B. mit den Einsatzmöglichkeiten für den Data Builder und den Business Builder. Am Ende dieses Kapitels haben Sie einen grundlegenden Überblick, den Sie durch die Lektüre der weiterführenden Kapitel zielgerichtet detaillieren können.

2.1 Einordnung und Positionierung

In Kapitel 1, »Data Warehousing mit SAP im Wandel«, haben wir sowohl die aktuellen technologischen als auch die fachlichen Rahmenbedingungen für ein Data-Warehouse-System in der heutigen Zeit vorgestellt. Mit SAP Data Warehouse Cloud tritt nun eine neue Lösung von SAP für diese Aufgabenstellung an.

Gesamtarchitektur für Business Intelligence

Vor der technischen und funktionalen Einführung in das neue Tool erfolgt an dieser Stelle zunächst eine Einordnung in die SAP-Gesamtarchitektur im Business-Intelligence-Umfeld (BI-Umfeld). Wie es Abbildung 2.1 zeigt, ist

SAP Data Warehouse Cloud in ein übergreifendes SAP-Produktportfolio eingebettet, das von der Datenbereitstellung bis hin zu etwaigen Reporting- und Planungsanforderungen entsprechende Lösungen anbietet.

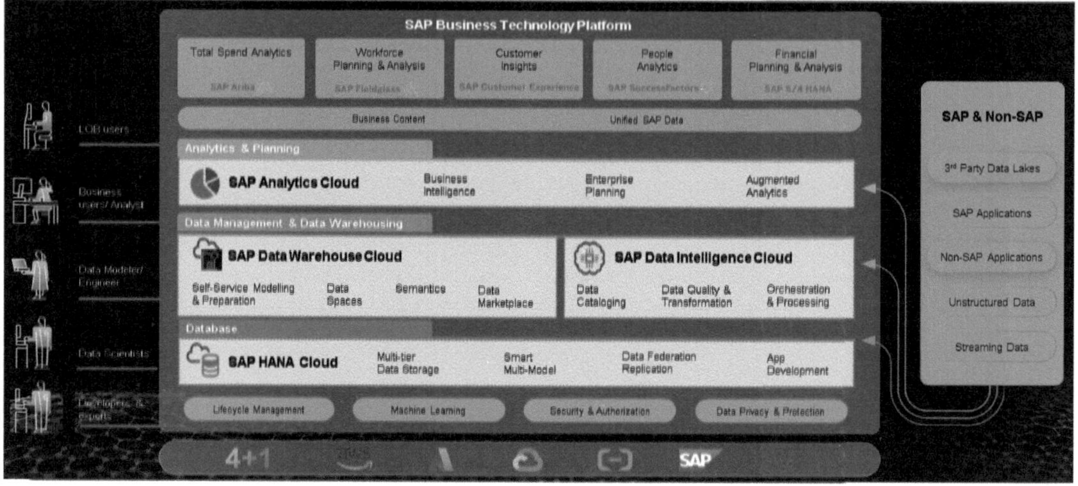

Abbildung 2.1 Übersicht der SAP-Data-Warehouse-Cloud-Funktionen (Quelle: SAP)

SAP Business Technology Platform

Die technologische Laufzeitumgebung für alle beteiligten Komponenten ist die *SAP Business Technology Platform* (SAP BTP). Diese cloudbasierte Plattform ist die strategische Systemumgebung für alle Benutzergruppen:

- Line-of-Business-Anwender*innen
- Business-Anwender*innen/-Analyst*innen
- Data Modelers/Data Engineers
- Data Scientists
- Entwickler*innen und Expert*innen

Analysen ermöglichen

Diesen Benutzergruppen stehen über die SAP BTP und über Nicht-SAP-Systeme Daten für analytische Zwecke zur Verfügung. Als Datenbank wird SAP HANA Cloud eingesetzt. Die bislang prominenteste Anwendung für Business Intelligence ist sicherlich SAP Analytics Cloud als Lösung für Reporting und Planung.

SAP Data Warehouse Cloud

Die strategische Lösung von SAP für Data Management und Data Warehousing ist Gegenstand dieses Buches: SAP Data Warehouse Cloud. In den folgenden Kapiteln stellen wir Ihnen die einzelnen Funktionalitäten im Detail vor. An dieser Stelle sei vorab insbesondere auf die Fähigkeiten im Bereich der eigenverantwortlichen Modellierung von Anforderungen (das sogenannte *Self-Service Modeling*) verwiesen. Zusätzlich sind Modellierung,

Extraktion und Aufbereitung die zentralen Funktionen dieser Data-Warehouse-Lösung.

SAP Data Intelligence Cloud

Für die Strukturierung und Administration der unternehmensweiten Datenflüsse bietet SAP mit *SAP Data Intelligence Cloud* ein cloudbasiertes Angebot. SAP Data Warehouse Cloud und SAP Data Intelligence Cloud bilden sozusagen das Rückgrat für persistente und virtuelle Datenzugriffe und sind als zentrale Systemkomponenten der gesamten SAP BTP positioniert.

Zentrale Rolle für Unternehmen

Ein ganzheitlicher Blick auf die SAP BTP zeigt deutlich, dass SAP Data Warehouse Cloud bereits heute eine zentrale Rolle im Gesamtproduktportfolio von SAP einnimmt. Mit Blick auf die weitere technologische Entwicklung – und hier insbesondere auf den rasanten Zuwachs an cloudbasierten Informationen – ist die Erwägung des Einsatzes von SAP Data Warehouse Cloud für Unternehmen eine strategisch wichtige Entscheidung.

2.2 Grundlegende Funktionalitäten

Nach dieser Einordnung von SAP Data Warehouse Cloud in das SAP-Produktportfolio stellen wir Ihnen im Folgenden die einzelnen Funktionen von SAP Data Warehouse Cloud für einen ersten Gesamtüberblick grob vor. Die Detailbeschreibungen folgen in Teil II, »Funktionen von SAP Data Warehouse Cloud«.

2.2.1 Startseite und Handhabung

Startbild

Die Nutzung von SAP Data Warehouse Cloud erfolgt mittels Internetbrowser, einfach und ohne aufwendige Softwareinstallation, auf einem lokalen Rechner. Im Hinblick auf die Vielfältigkeit der üblichen SAP-Frontends bzw. SAP-Entwicklungs-Tools erleichtert die Nutzung via Browser den Zugang und erhöht den Nutzungskomfort von SAP Data Warehouse Cloud sehr. Nach der erfolgreichen Anmeldung am System sehen Sie das Startbild (siehe Abbildung 2.2).

Anwender*innen und Entwickler*innen können von der Startseite aus alle wichtigen Funktionen erreichen. Ein im Hintergrund aktives Rollen- und Berechtigungskonzept sorgt dafür, dass nur die jeweils benötigten Funktionalitäten zur Verfügung stehen.

Die Funktionalitäten sind über eine Menüleiste auf der linken Bildseite bzw. am oberen Bildrand erreichbar. Zunächst werden links Miniaturschaltflächen dargestellt. Ein Klick auf die drei Balken am oberen linken Bildrand (das »Burger-Menü«) klappt das Menü nach rechts auf, und die zu den Schaltflächen gehörigen Namen werden dargestellt (siehe Abbildung 2.3).

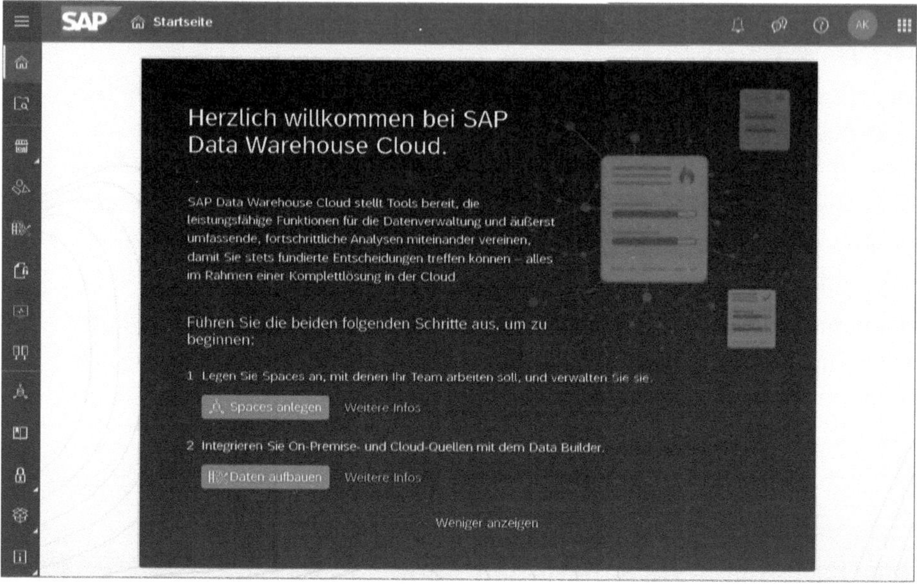

Abbildung 2.2 Startseite von SAP Data Warehouse Cloud

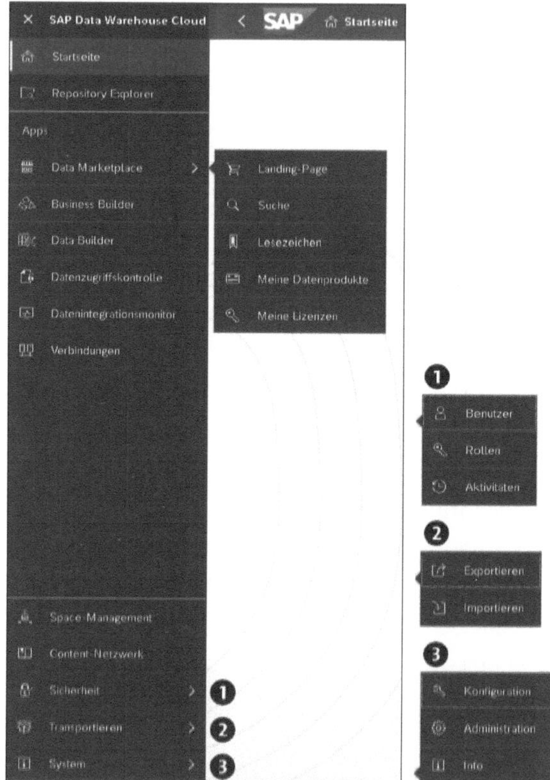

Abbildung 2.3 Übersicht: Funktionen der Navigationsleiste

Wir stellen die zur Verfügung stehenden Optionen jeweils ausführlich in den nachfolgenden Kapiteln dar. An dieser Stelle soll eine Kurzübersicht der einzelnen Funktionen einen ersten Einblick in den vielfältigen Leistungsumfang von SAP Data Warehouse Cloud geben. Die in Abbildung 2.3 dargestellten Menüpunkte werden in Tabelle 2.1 kurz beschrieben.

Verweis auf die korrespondierenden Buchkapitel

	Menüpunkt	Kurzbeschreibung/Funktion
	Startseite	Rückkehr zur Startseite
	Repository Explorer	Übersicht verfügbarer Objekte (siehe Kapitel 3, »Verwaltung von Verbindungen, Dateien und Artefakten«)
	Data Marketplace	Marktplatz für externe Datenprodukte (siehe Kapitel 13, »Data Marketplace und Data Sharing Cockpit«)
	Business Builder	Modellierung von Geschäftslogik für die Analyse von Informationen (siehe Kapitel 5, »Datenaufbereitung mit dem Business Builder«)
	Data Builder	Auf- und Vorbereitung und grundlegende Datenmodellierung (siehe Kapitel 4, »Datenmodellierung mit dem Data Builder«)
	Datenzugriffskontrolle	Administration von Datenberechtigungen (siehe Kapitel 8, »Benutzer und Rollen«)
	Datenintegrationsmonitor	Überwachung virtueller Datenabfragen und Datenreplikationen (siehe Kapitel 7, »Verwalten und Überwachen der Datenintegration«)
	Verbindungen	Administration von Systemverbindungen (siehe Kapitel 3, »Verwaltung von Verbindungen, Dateien und Artefakten«)
	Space Management	Administration der Sicherheitsbereiche (siehe Kapitel 3, »Verwaltung von Verbindungen, Dateien und Artefakten«)
	Content-Netzwerk	Importieren vordefinierter Inhalte (siehe Kapitel 12, »Content-Netzwerk«)
	Sicherheit	Administration von Benutzern, Rollen und Protokollierung von Aktivitäten (siehe Kapitel 8, »Benutzer und Rollen«)

Tabelle 2.1 Menüpunkte der Startseite

	Menüpunkt	Kurzbeschreibung/Funktion
	Transportieren	Exportieren und Importieren von Inhalten (siehe Kapitel 10, »Transport von Artefakten«)
	System	Konfiguration von Systemeinstellungen

Tabelle 2.1 Menüpunkte der Startseite (Forts.)

Individuelle Einstellungen

Am oberen rechten Bildrand befinden sich zusätzliche Möglichkeiten für die Nutzerinnen und Nutzer, um eigene Einstellungen vorzunehmen bzw. um zum weiterführenden Einstellungs- und Hilfesystem zu gelangen (siehe Abbildung 2.4).

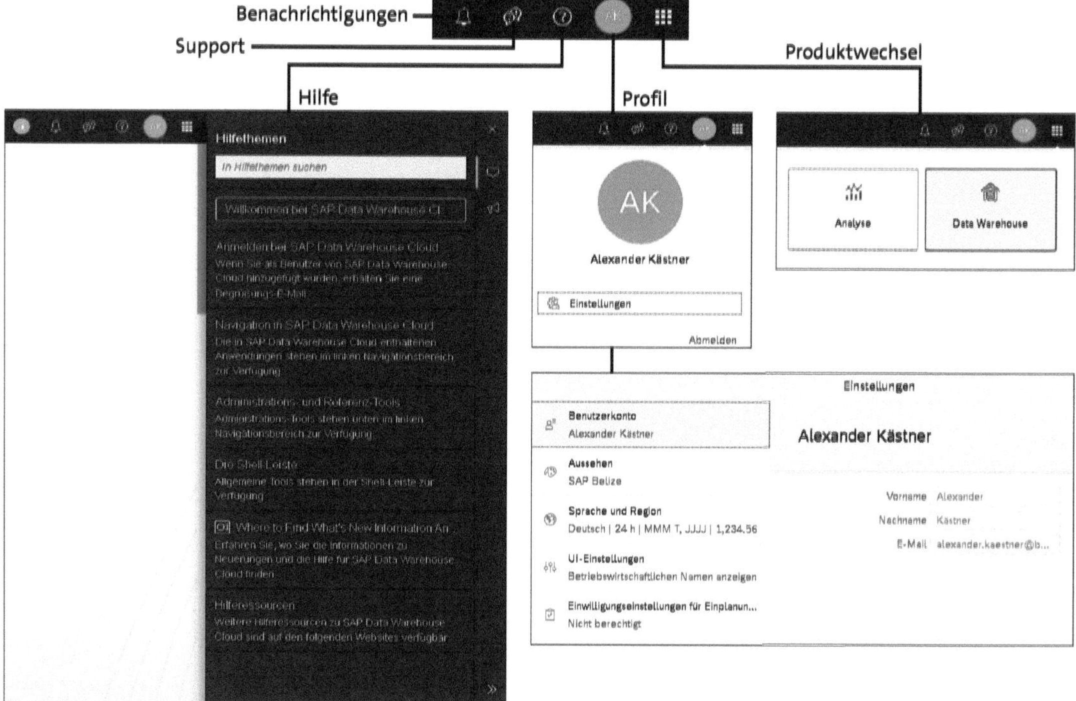

Abbildung 2.4 Benutzer- und Systemoptionen auf der Startseite

Der Menüpunkt (**Benachrichtigungen**) öffnet ein kleines Menü mit den für den Benutzer eingegangenen Benachrichtigungen über Systemereignisse. Ein Klick auf (**Support**) öffnet den Dialog für die Eingabe von Support-Informationen für die Unterstützung durch SAP. Über einen Klick auf (**Hilfe**) werden kontextspezifische Hilfeinformationen für die aktuelle Bilddarstellung eingeblendet. Profileinstellungen für den aktuell angemeldeten Benutzer können Sie durch einen Klick auf (**Profil**) anzeigen und verändern. Hier verbergen sich auch wichtige Einstellungen für die Anzeige von Daten im Reporting, wie z. B. die Konfiguration der Spracheinstellungen. Zusätzlich ist der Menüpunkt **(Produktwechsel)** verfügbar. Hier können Sie zwischen der Nutzung von Data-Warehouse-Aktivitäten und dem Story Builder wechseln.

Über das Startbild lassen sich alle Funktionen schnell erreichen. Die folgenden Abschnitte bieten eine Einführung in die jeweilige Funktionalität auf aggregierter Ebene. Eine umfassende Darstellung erfolgt in den entsprechenden Detailkapiteln.

2.2.2 Datenquellen und Verbindungen

Einsatzmöglichkeiten des Space-Konzepts

Grundlegendes Konzept von SAP Data Warehouse Cloud sind Nutzung und Einsatz der sogenannten *Spaces*. Kapitel 3, »Verwaltung von Verbindungen, Dateien und Artefakten«, beschreibt diese anforderungsbezogenen Sicherheitsbereiche in SAP Data Warehouse Cloud, die der Organisation und Administration von Datenmodellen und Datenflüssen dienen.

Spaces zuordnen

Für jeden Benutzer können mehrere Spaces gleichzeitig verfügbar sein. Systemadministrator*innen können die Spaces den verschiedenen Anwender*innen zuordnen und entsprechende Funktionsberechtigungen für die weitere Selbstorganisation vergeben. Des Weiteren können den Spaces Systemressourcen zugewiesen und in diesem Sinne auch eine Priorisierung von Anwendungen durchgeführt werden.

Die Anwender*innen können für fachbereichsbezogene Aufgaben in den ihnen zugeordneten Spaces Daten anbinden, Daten vorbereiten und entsprechende Datenflüsse modellieren. Abschnitt 3.2, »Space-Management«, führt konkret in die Konfiguration dieser zentralen Elemente von SAP Data Warehouse Cloud ein. Für die weiterführende Organisation von Objekten steht der *Repository Explorer* zu Verfügung (siehe Abbildung 2.5).

Zugriff auf Objekte

Mit dem Repository Explorer können Sie in Spaces organisierte Objekte durchsuchen, analysieren und auch anpassen. Des Weiteren können Sie über diesen Einstieg auch Objekte neu anlegen. In Abschnitt 3.3, »Repository Explorer« erfahren Sie alles über die zur Verfügung stehenden Einsatzmöglichkeiten und lernen detailliert die entsprechenden Such- und Filterfunktionen kennen, die das Arbeiten mit SAP Data Warehouse Cloud wesentlich erleichtern.

Mit Verbindungen Quellsysteme integrieren

Nach den ersten funktionalen und technischen Grundlagen führt Abschnitt 3.4, »Verbindungen« weiter in die konkrete Anbindung von Datenquellen ein. Mithilfe von Verbindungen können unterschiedliche Quellsysteme an SAP Data Warehouse Cloud angebunden werden.

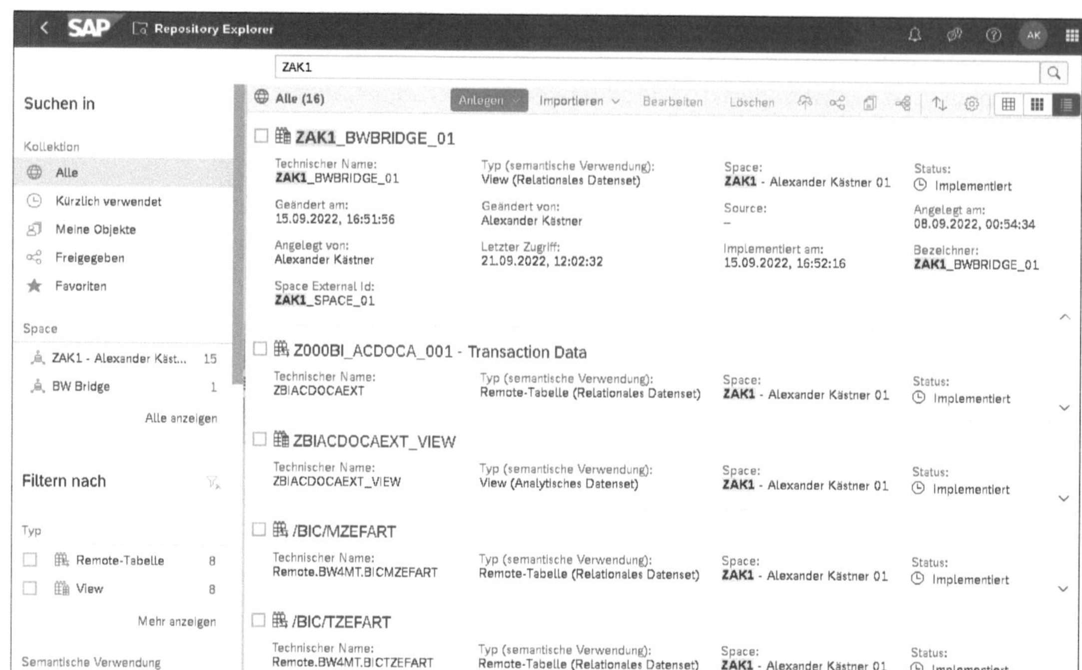

Abbildung 2.5 Repository Explorer

Im Wesentlichen werden zwei Verbindungstypen unterschieden: *lokale Verbindungen* und *SAP Open Connectors*. Mit lokalen Verbindungen können verschiedenste SAP- und Nicht-SAP-Quellsysteme lokal an den jeweiligen Tenant von SAP Data Warehouse Cloud angebunden werden. Abschnitt 3.4.2, »Lokale Verbindungen« zeigt hier, welche Verbindungen möglich sind und wie sie entsprechend konfiguriert werden. Insbesondere SAP-Datenquellen ermöglichen einen umfangreichen Zugriff auf wichtige Systeme wie SAP BW und SAP S/4HANA.

Eine zukunftsgerichtete Besonderheit stellt an dieser Stelle die Integration von Datenquellen aus der SAP BTP dar. Mithilfe der strategischen Integrationsplattform von SAP wächst die Anzahl der möglichen Datenquellen für SAP Data Warehouse Cloud weiter. Abschnitt 3.4.5, »SAP Open Connectors« zeigt, wie Sie diese Möglichkeiten erschließen können.

2.2.3 Entwicklung von Datenmodellen und Aufbereitung von Daten

Modellierungsmöglichkeiten

Nachdem in den ersten Kapiteln die grundlegenden Aspekte von SAP Data Warehouse Cloud erläutert und die ersten Schritte bei der Anbindung von Datenquellen vorgestellt worden sind, widmen wir uns in Kapitel 4, »Datenmodellierung mit dem Data Builder«, und in Kapitel 5, »Datenaufbereitung mit dem Business Builder«, den grundlegenden Modellierungsmöglichkeiten mit SAP Data Warehouse Cloud.

Kapitel 4, »Datenmodellierung mit dem Data Builder«, beginnt mit der grundlegenden Darstellung der Funktionalitäten und Modellierungsmöglichkeiten des Data Builders. Neben den zur Verfügung stehenden Objekttypen werden insbesondere auch die architektonischen Aspekte bei der Entwicklung von Datenflüssen betrachtet. Die Datenmodellierung wird im Data Warehousing oft als Königsdisziplin dargestellt. Insofern schenken wir den grundlegenden Möglichkeiten für die Datenbereitstellung und der Implementierung von Geschäftslogik mit SAP Data Warehouse Cloud besondere Aufmerksamkeit. Die Arbeit mit z. B. grafischen Views bzw. auch mit SQLScript unterscheidet sich wesentlich von vergleichbaren Arbeitsschritten in z. B. einem SAP-BW-System. Abschnitt 4.4, »Grafische Views« und Abschnitt 4.5, »SQL-Views«, zeigen die relevanten Aspekte Schritt für Schritt und bilden die Grundlage für die nachfolgenden Kapitel.

Datenmodellierung mit dem Data Builder

Die grundlegende Datenmodellierung mit dem Data Builder ist eher technisch orientiert und somit eine typische IT-Aufgabe. Der in den einführenden Kapiteln hergeleitete Bedarf flexibler Möglichkeiten für den Fachbereich wird durch den Business Builder abgebildet. Kapitel 5, »Datenaufbereitung mit dem Business Builder«, stellt diese wesentliche funktionale Neuerung für die Umsetzung von fachlichen Anforderungen im Detail vor.

Arbeit mit dem Business Builder

Ein wesentliches Kennzeichen des Data Builders ist die grafische Benutzeroberfläche. Das bedeutet, dass die Fachbereiche die entsprechenden Anforderungen auch ohne substanzielle Unterstützung der IT durchführen können. Wie dies im Detail aussieht, stellen wir in Abschnitt 5.1, »Navigation im Business Builder«, ausführlich dar.

2.2.4 Reporting

Visualisierung mit dem Story Builder

Nachdem wir ausführlich die Vor- und Aufbereitung von Informationen vorgestellt haben, zeigt Kapitel 6, »Reporting mit SAP Analytics Cloud«, die vorhandenen Visualisierungsmöglichkeiten mit dem Story Builder auf. SAP Data Warehouse Cloud hat tatsächlich keine eigene Visualisierungsumgebung, sondern nutzt SAP Analytics Cloud als Benutzerschnittstelle.

Kapitel 6, »Reporting mit SAP Analytics Cloud«, zeigt zunächst auf, wie Sie eine Integration der beiden cloudbasierten Lösungen grundlegend konfigurieren und welche vorbereitenden Einstellungen für die erfolgreiche Entwicklung von Berichten getätigt werden müssen. Nachdem die grundlegenden Vorbereitungen für eine Berichterstellung abgeschlossen sind, werden die einzelnen Schritte der Berichterstellung vorgestellt. Reporting kann wirklich einfach sein!

2.2.5 Betrieb und Administration

In Kapitel 7, »Verwalten und Überwachen der Datenintegration«, beschäftigen wir uns mit dem Betrieb und der Administration von SAP Data Warehouse Cloud. Nicht nur Datenmodellierung und Reporting, sondern auch umsichtig durchgeführte administrative Tätigkeiten liefern einen wichtigen Beitrag für eine erfolgreich eingesetzte Data-Warehouse-Systemumgebung.

Einstellungen mit dem Datenintegrationsmonitor

Zunächst stellt Abschnitt 7.1, »Überblick zu Datenintegrationsszenarien«, die möglichen Einstellungen des Datenintegrationsmonitors bei virtuellen Datenzugriffen sowie bei der Extraktion von Daten in das SAP-Data-Warehouse-Cloud-System vor (siehe Abbildung 2.6).

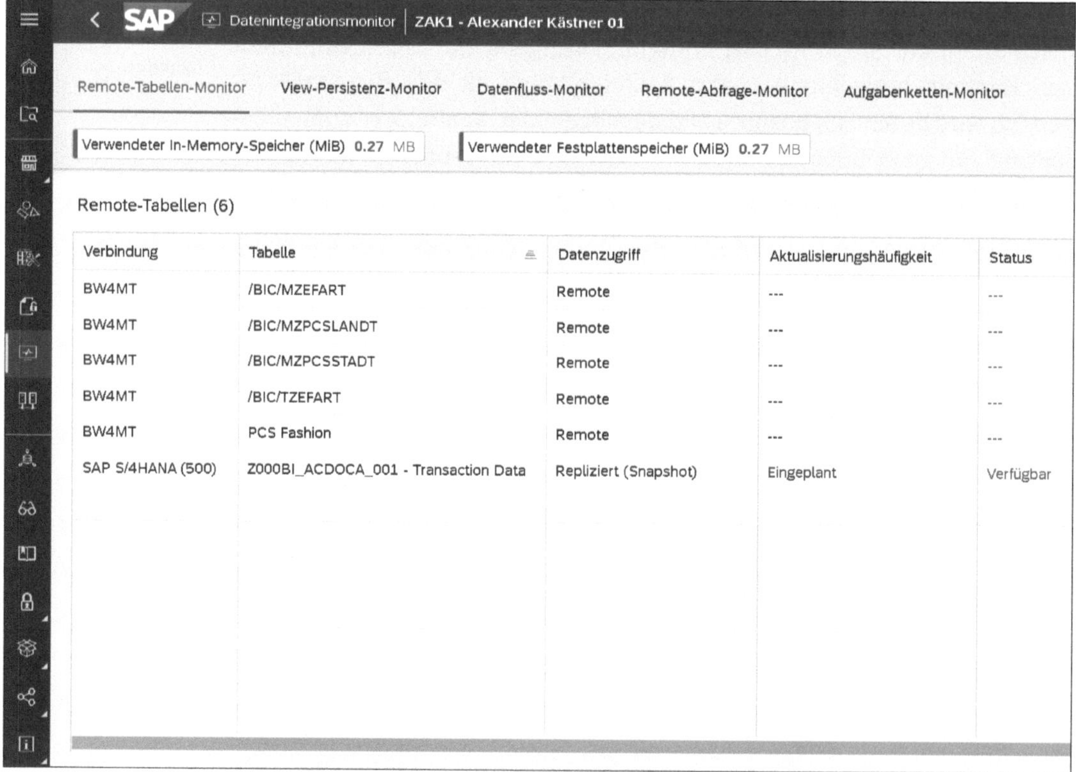

Abbildung 2.6 Datenintegrationsmonitor

Abschnitt 7.4, »Überwachung von Datenintegrationsaufgaben«, beschäftigt sich mit der Administration und Überwachung dieser unterschiedlichen

Datenanfragen an Quellsysteme von SAP Data Warehouse Cloud nebst deren Automatisierungs- und Optimierungsmöglichkeiten.

Sicherheitsfunktionen

Im Verlauf des Buches wurden bis hierhin die verschiedenen Möglichkeiten für die Entwicklung und Organisation von Objekten in SAP Data Warehouse Cloud für Frontend und Backend vorgestellt. In Kapitel 8, »Benutzer und Rollen«, werden dazu passend die entsprechenden Sicherheitsfunktionen vorgestellt, die sowohl funktional als auch inhaltlich die Zugriffe von Benutzern steuern bzw. auch protokollieren. Für die konkrete Umsetzung in der Praxis sind die folgenden Punkte anforderungsgerecht aufeinander abzustimmen:

- Benutzer
- Rollen
- Aktivitätsübersicht
- Datenzugriffskontrolle

Ebenso wie in vielen anderen Systemen ist nur eine optimale Kombination der relevanten Sicherheitsinstrumente Garant für eine erfolgreiche und sichere Implementierung. Kapitel 8, »Benutzer und Rollen«, stellt die hierzu relevanten Funktionen und Sicherheitskonzepte vor.

Weiterführende Systemkonfigurationen zeigen wir Ihnen in Kapitel 9, »Weitere Konfigurationen in SAP Data Warehouse Cloud«. Hier gehen wir tiefer auf den Bereich der Systemadministration mit den Themen Datenintegration, Tenant-Links, Sicherheit, Audit und Überwachung ein. Des Weiteren werden hier die Bereiche Überwachung, IP-Erlaubtliste, Aufgabenprotokolle und Datenbankzugriffe vorgestellt.

SAP BW Bridge

Ein besonders spannender Aspekt ist SAP BW Bridge. In der Systemkonfiguration werden hier grundlegende Einstellungen vorgenommen, aber der Themenbereich ist viel weiter gefasst und wird in Kapitel 11, »Datenmodelle im Kontext von SAP BW und SAP BW Bridge«, noch einmal detailliert aufgenommen. Hier erläutern wir die grundlegenden Konzepte von SAP BW Bridge und Übernahmemöglichkeiten für bestehende SAP-BW-Informationen und stellen Ihnen auf konzeptioneller und technischer Ebene Handlungsoptionen vor.

Transport von Artefakten

In den meisten produktiven Systemumgebungen für Data-Warehouse-Systeme gibt es klare Entwicklungsrichtlinien für die Weiterentwicklung der bestehenden Anwendungen. Zumeist gibt es mindestens eine Entwicklungsumgebung und eine Produktivumgebung. Hierbei entsteht natürlich der Bedarf, Entwicklungen strukturiert und qualitätsgesichert von einer Systemumgebung in die andere zu transportieren. Kapitel 10, »Transport von Artefakten«, beschäftigt sich mit dem Transport von Artefakten. Die hierzu notwendigen Import- und Exportfunktionalitäten werden vorgestellt und auch relevante Rahmenbedingungen für ein erfolgreiches Transportwesen erläutert.

Content-Netzwerk

In SAP Data Warehouse Cloud gibt es noch eine weitere Form für den Import von Datenmodellen: In Kapitel 12, »Content-Netzwerk«, zeigen wir Ihnen, wie Sie über das Content-Netzwerk vordefinierte Datenmodelle importieren können.

SAP bietet standardmäßig eigene Inhalte an. Ein Beispiel für den Einsatz von vordefinierten Datenmodellen auf Basis von SAP S/4HANA wird im Praxisteil des Buches in Kapitel 16, »Szenario 2: Hybride Modellierung zur Erweiterung einer SAP-BW-Lösung«, im Detail vorgestellt.

Data Marketplace

SAP Analytics Cloud bietet aber nicht nur die Möglichkeit, eigene Modelle zu definieren bzw. mit vorbereiteten Inhalten zu arbeiten; über den Data Marketplace können Sie flexibel zusätzliche Datenquellen anbinden (siehe Abbildung 2.7).

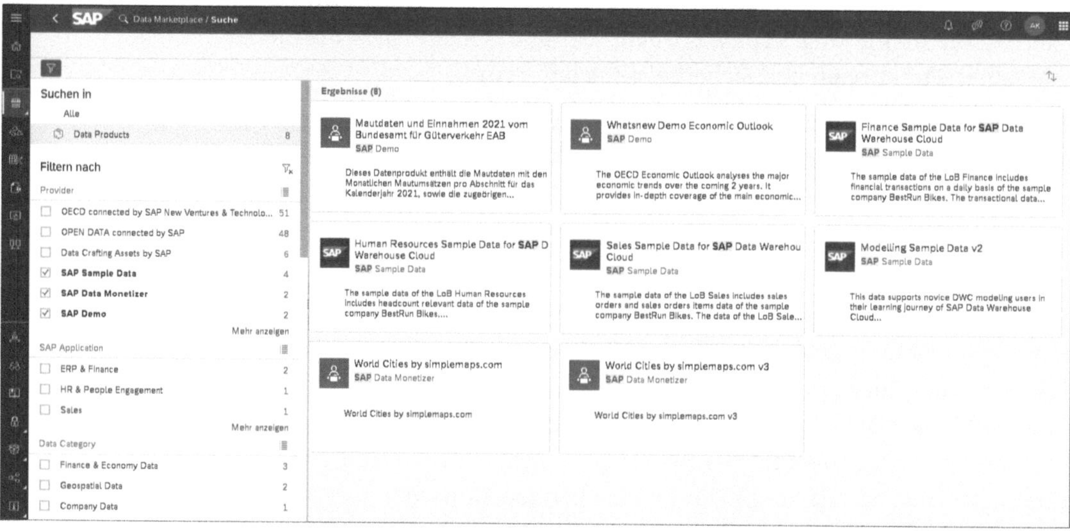

Abbildung 2.7 Data Marketplace

Diese sogenannten *Datenprodukte* sind teilweise kostenlos oder müssen käuflich erworben werden. Unterschiedliche Anbieter innerhalb des SAP-Ökosystems bieten Daten, Datenmodelle bzw. auch Integrationsmöglichkeiten global an. Noch nie war die Datenmodellierung einfacher! Kapitel 13, »Data Marketplace und Data Sharing Cockpit«, zeigt auf, wie die Arbeit mit Datenprodukten im Detail abläuft.

2.2.6 Praxisteil: Beispielszenarien für SAP Data Warehouse Cloud

Dieses Buch beinhaltet nicht nur die grundlegende Beschreibung der für den täglichen Einsatz notwendigen Funktionalitäten von SAP Data Warehouse Cloud, sondern bietet Ihnen auch weiterführende Beispiele für ausgewählte Szenarien aus der Data-Warehouse-Praxis.

Natürlich ist die Anzahl der denkbaren Einsatzszenarien sehr groß. Auf Basis unserer Projekterfahrungen und Kundenrezensionen haben wir uns im Rahmen dieses Buches für drei beispielhafte Szenarien entschieden.

Self-Service BI

Kapitel 15, »Szenario 1: Self-Service«, nimmt eine brandaktuelle Anforderung des Fachbereichs auf: Die Realisierung einer Self-Service-Business-Intelligence-Architektur. Ziel ist es hier, eine flexible, aber dennoch leistungsfähige BI-Architektur zu implementieren. Wir zeigen Ihnen, welche konzeptionellen und technologischen Aspekte hier zu berücksichtigen sind.

SAP BW

Viele, auf der SAP-BW-Technologie basierenden Data-Warehouse-Systeme versuchen, sich im Lichte der SAP-Data-Warehouse-Cloud-Markteinführung zu positionieren. Dies gilt insbesondere im Hinblick auf die Weiterverwendung der bestehenden Anwendungen. Kapitel 16, »Szenario 2: Hybride Modellierung zur Erweiterung einer SAP-BW-Lösung«, stellt ein hybrides Szenario vor, das SAP Data Warehouse Cloud und SAP BW zusammenführt. Funktionale Basis ist hier SAP BW Bridge, mit dessen Hilfe Sie bestehende SAP-BW-Systeme innerhalb bestimmter Rahmenbedingungen in die Public Cloud überführen und dort mit SAP Data Warehouse Cloud verbinden können.

Echtzeitanalysen

Den Abschluss des Praxisteils bildet ein Szenario, das ohne die Verfügbarkeit leistungsfähiger In-Memory-Datenbanken in der Vergangenheit vielfach nicht realisiert werden konnte: In Kapitel 17, »Szenario 3: Echtzeit-Datenanalyse und Reporting«, werden Echtzeitanalyse und Reporting konzeptionell erarbeitet und eine technologische Umsetzungsmöglichkeit mit SAP Data Warehouse Cloud auf Basis des SAP-Standard-Contents **SAP S/4HANA Sales and Distribution** vorgestellt.

2.3 Überblick über Architektur und Modellierung

In diesem Abschnitt erhalten Sie einen Überblick über Architektur und Modellierung in SAP Data Warehouse Cloud, also über den Aufbau und das Zusammenspiel mit Daten aus verschiedenen System- und Informationsquellen sowie die Integration von Reporting-Tools, beispielsweise SAP Analytics Cloud.

Der Überblick richtet sich an Sie in verschiedenen Rollen in Ihrem Unternehmen. Aus Sicht eines Fachbereichs möchten Sie Daten aus verschiedenen Prozessen und Systembereichen nutzen und mit Informationen aus Ihren eigenen Quellen kombinieren. Aus der Perspektive der IT betrachten Sie die Aspekte bei der Integration Ihrer eigenen Systeme sowie potenzieller Datenquellen von außerhalb. Unabhängig davon, in welchem Unternehmensbereich Sie arbeiten, ist zu klären, was bei Umstellungen bisheriger Implementierungen wichtig ist. Der Überblick über die Architektur hilft beiden Seiten, diese Möglichkeiten einzuschätzen und für die künftige Zusammenarbeit die Übergangspunkte für die weitere Abstimmung festzulegen.

Betrachten wir zunächst die grundlegende Architektur von SAP Data Warehouse Cloud in den Modellierungs- und Verbrauchsschichten, wie in Abbildung 2.8 dargestellt.

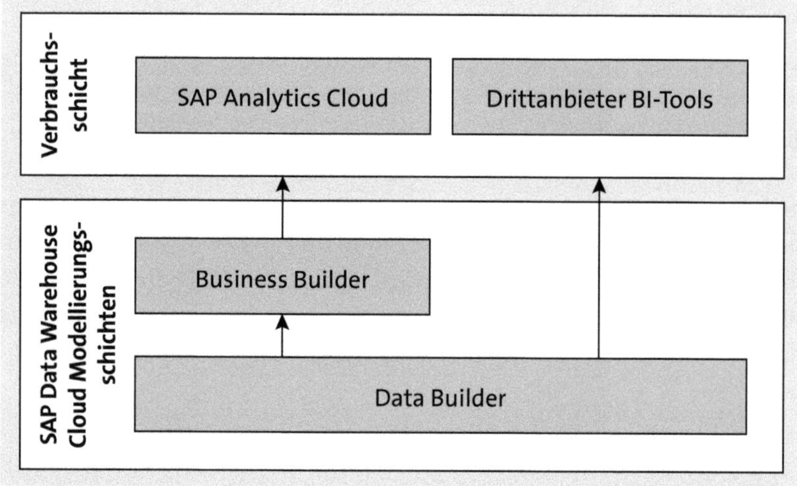

Abbildung 2.8 Grundlegende Architektur von SAP Data Warehouse Cloud (Quelle: SAP)

Verbrauchsschicht

Von oben betrachtet, sehen Sie zunächst die Verbrauchsschicht mit den Reporting-Tools. Der Begriff *Verbrauchsschicht* bedeutet, dass auf dieser Ebene die eigentliche Verwendung der Daten aus SAP Data Warehouse Cloud im Reporting stattfindet und die Daten in diesem Sinne »verbraucht« oder angewendet werden. Es handelt sich dabei um die analytische Schicht in der Gesamtarchitektur für Berichtsanforderungen. SAP Analytics Cloud bietet hier eine nahtlose Integration in der Verwendung aller darunterliegenden Geschäfts- und Datenmodelle von SAP Data Warehouse Cloud durch entsprechende Live-Datenzugriffe. Auch Drittanbieter-BI-Tools können hier eingebunden werden.

Modellierungsschichten

Unterhalb dieser Verbrauchsschicht finden Sie die Modellierungsschichten von SAP Data Warehouse Cloud. Sie sind in zwei große funktionale Ebenen unterteilt:

- *Data Builder*: Der Data Builder bildet die Ebene der technischen Informationsintegration aus Datenquellen und der Implementierung von Datenmodellen in gemeinsam genutzten oder auch inhaltlich getrennten Datenbereichen.
- *Business Builder*: Der Business Builder dient der Modellierung von Zusammenhängen der Geschäftsdaten aus Fachbereichssicht in einer von den technischen Datenmodellen des Data Builders getrennten abstrahierten Sicht.

[«]

Die Verbrauchsschicht verwendet Business und Data Builder

Die Reporting-Tools der Verbrauchsschicht können sowohl Artefakte des Business Builders als auch des Data Builders verwenden. Dies wird in Abbildung 2.8 durch die beiden Pfeile der Modellierungsschicht angedeutet, die jeweils auf die Verbrauchsschicht insgesamt verweisen und nicht ausschließlich auf eines der dortigen Tools.

Das heißt, dass Sie Views (also Datensichten) des Data Builders direkt mit SAP Analytics Cloud oder anderen Tools in der Verbrauchsschicht verwenden können. Eine andere Möglichkeit ist es, Datenmodelle im Business Builder weiter auszubauen und diese dann als Perspektiven in der Verbrauchsschicht einzusetzen. Alle dazu notwendigen Einstellungen und Schritte werden in Kapitel 4, »Datenmodellierung mit dem Data Builder«, und Kapitel 5, »Datenaufbereitung mit dem Business Builder«, ausführlich erklärt.

Business Builder

Diese Schichtung ermöglicht Ihnen eine neue Art der Zusammenarbeit zwischen Fachbereichen und IT. Zwischen den mitunter technisch orientierten Datenmodellen des Data Builders und der eigentlichen reinen Verbrauchsschicht im Reporting existiert in SAP Data Warehouse Cloud eine Ebene für die fachlich orientierten Anwendenden in Form des Business Builders. Die Datenmodelle des Data Builders integrieren Sie dort und setzen Sie in einen weiteren Geschäftszusammenhang. Sie können u. a. alle Bereiche von Stamm- und Bewegungsdaten auf fachliche Bezeichnungen hin anpassen, neue Kennzahlen berechnen, Berechtigungen verwalten und die verschiedenen Datenbereiche in Verbrauchsmodellen für Ihre Anforderungen zusammenführen und so gezielt für die nachfolgende Reporting-Verwendung vorbereiten. Die Art des Hinzufügens von Informationen und des Anpassens technischer Datenmodelle nennt man auch *fachlich-semantische Ergänzung*.

Data Builder

Im Data Builder laden Sie zusätzliche Informationen per Datei-Import in SAP Data Warehouse Cloud und ergänzen die dort vorhandenen Datenmodelle. Durch ein leicht anwendbares Konzept des Teilens von vorhandenen Artefakten geben Sie diese konsistent an andere Fachbereiche weiter und behalten gleichzeitig die volle Kontrolle über deren Inhalte und Struktur. Da Sie in Ihrem Unternehmen die Aufteilung dieser Bereiche und Inhalte selbstständig festlegen können, haben Sie einen hohen Freiheitsgrad über die gesamte Abbildung und in der Verteilung der damit verbundenen Verantwortung.

2.3.1 Der Tenant von SAP Data Warehouse Cloud

SAP Data Warehouse Cloud und alle darin enthaltenen Daten und Funktionen sind in einem sogenannten *Tenant* untergebracht. Der englische Begriff bedeutet übersetzt Mieter, Pächter, Besitzer oder Grundeigentümer. Dies ist in mehrfacher Hinsicht passend: Zunächst sind Sie Mieter eines bestimmten Teils eines SAP-HANA-Systems in der Cloud, während Sie als Pächter die darin enthaltenen Eigenschaften für die Mehrung Ihres Unternehmenserfolges einsetzen.

Isolierte Umgebung in der Cloud

Die in Ihrem Tenant enthaltenen Daten, und natürlich auch die entsprechend von Ihnen entwickelten Lösungsansätze, sind spezifisch für Ihren Tenant und Ihr Eigentum. Der Tenant von SAP Data Warehouse Cloud wurde für Sie speziell eingerichtet. Er steht im logischen Sinne für die Gesamtumgebung Ihrer Anwendung, also neben der Bereitstellung von Zugängen zu SAP Data Warehouse Cloud für deren Funktionalitäten und auch für deren Inhalte und Geschäftslogik. Im reinen technischen Sinne ist ein Tenant ein für Sie speziell bereitgestellter, isolierter SAP-HANA-Datenbankbereich in SAP HANA Cloud. Isoliert deshalb, weil es sich um Ihre Daten und Ihre Anwender*innen handelt, auf die nur Sie oder von Ihnen integrierte Systeme und eingerichtete Benutzer Zugriff haben. Abbildung 2.9 zeigt diesen Aufbau schematisch im generellen Zusammenspiel mit Datenquellen und SAP Analytics Cloud.

Abbildung 2.9 zeigt den Tenant mit zwei beispielhaft aufgeteilten Arbeitsbereichen (Space A und Space B), die Artefakte in ihren eigenen Modellierungsschichten aus Business Builder und Data Builder enthalten und eigene Datenquellen haben können. Diese und die darin enthaltenen Daten sind zunächst erst einmal unabhängig. Übergänge zwischen den Spaces können durch das Teilen von Artefakten erreicht werden. SAP Data Warehouse Cloud stellt ferner in Ihrem Tenant viele übergreifende Funktionen bereit, z. B. eine zentrale Konfiguration und Administration, Benutzer- und Rollenpflege und anderes.

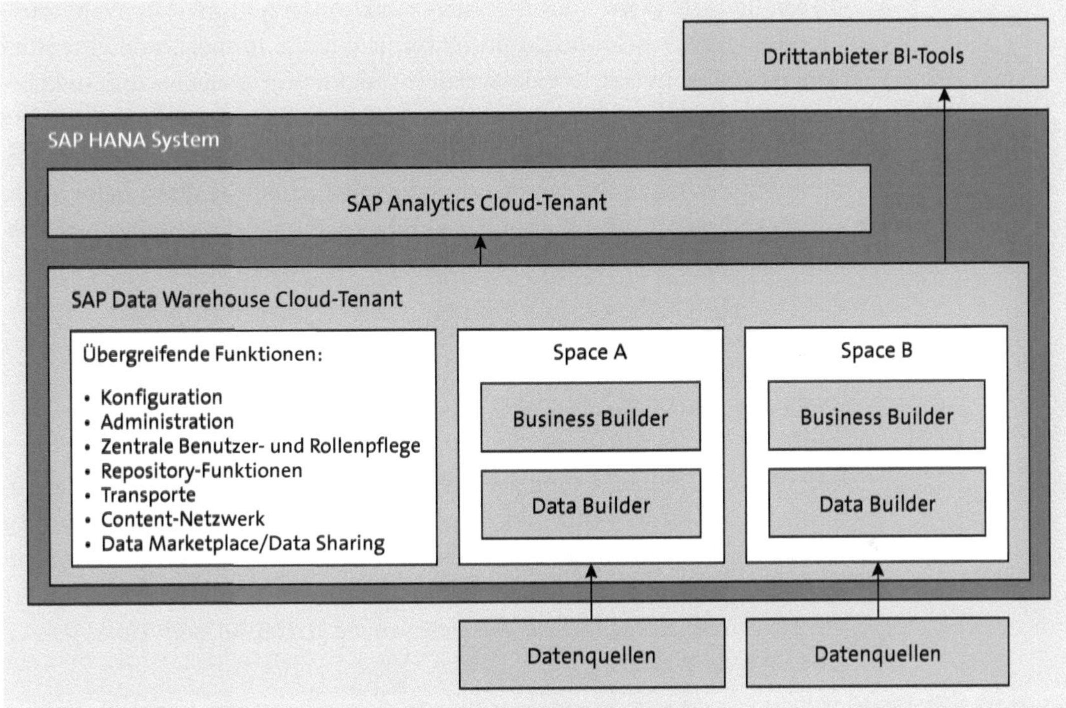

Abbildung 2.9 Tenant von SAP Data Warehouse Cloud im Überblick

Je nach Eigenschaften der Artefakte in Business Builder und Data Builder können diese im weiteren Verlauf in der Verbrauchsschicht mit SAP Analytics Cloud oder Drittanbieter-BI-Tools genutzt (konsumiert) werden. SAP Analytics Cloud basiert ebenfalls auf einem SAP-HANA-System und stellt einen eigenen Tenant dar, mit entsprechenden eigenen Artefakten und zentralen Funktionen. Drittanbieter-BI-Tools sind aus Sicht eines SAP-Tenants externe Anbindungen mit entsprechend eigenen Funktionen und Verwaltung.

[!]

Einordnung des Tenants im Buch

Wenn in den folgenden Kapiteln und Abschnitten von SAP Data Warehouse Cloud gesprochen wird, ist, wenn nicht anders erwähnt, der Tenant von SAP Data Warehouse Cloud gemeint und damit SAP Data Warehouse Cloud, inklusive dessen Artefakten und Funktionen für Konfiguration, Administration usw. Dies gilt sinngemäß auch für SAP Analytics Cloud.

Releasezyklen

Eine Grundeigenschaft cloudbasierter Systeme ist die hohe Weiterentwicklungsgeschwindigkeit, mit der neue Eigenschaften bereitgestellt werden. In diesen Releasezyklen führt SAP neue Funktionen für SAP Data Warehouse Cloud in einem zweiwöchigen Rhythmus ein, die immer Ihren gesamten Tenant bzw. grundsätzlich alle Kunden-Tenants zum gleichen Zeitpunkt betreffen. Daher ist es nicht ungewöhnlich, dass Sie nach einer Aktualisierung neue Funktionen oder Elemente in den verschiedenen Menübereichen finden. Dazu erhalten Sie jeweils eine entsprechende Meldung beim Login (siehe Abbildung 2.10). Klicken Sie auf die Meldung, um Detailinformationen zu den jeweiligen Erweiterungen eines Release zu erhalten.

Abbildung 2.10 Meldung zur Aktualisierung bei einem neuen Release

SAP stellt bei Aktualisierungen die entsprechende Kompatibilität sicher, sodass eine Weiternutzung Ihrer Artefakte stets gewährleistet ist. Näheres zu den Releasezyklen finden Sie auch in SAP-Hinweis 2984828. Die neuen Funktionen eines Release bzw. aller bisherigen Releases finden Sie unter *https://help.sap.com/doc/37d99a90eeb9469ba23212f5586766fb/cloud/de-DE/DWC_Whats_New.pdf*

2.3.2 Das Space-Konzept

Innerhalb Ihres Tenants von SAP Data Warehouse Cloud bilden Sie in der Regel sehr unterschiedliche inhaltliche Anwendungsbereiche ab, die gegebenenfalls nur für bestimmte Fachbereiche vorgesehen sind und auf die nur bestimmte Anwender*innen oder Entwickler*innen zugreifen sollen. So möchten Sie z. B. die Daten und Modelle des Fachbereichs Vertrieb von denen des Marketings unabhängig erstellen, aber in bestimmten Fällen Übergänge für die gemeinsame Nutzung von Inhalten schaffen. Um Ihnen eine Abgrenzung dieser Fachbereiche zu ermöglichen und die Nutzungsrechte der Daten und Funktionen spezifisch einrichten zu können, stellt Ihnen SAP Data Warehouse Cloud das *Space-Konzept* bereit.

Space als Arbeitsbereich

Ein *Space* ist ein Arbeitsbereich, in dem Daten und deren Datenmodelle sowie die Modelle des Business Builders erstellt werden. Alle Inhalte eines Space sind eindeutig und zunächst nur in dem jeweiligen Space vorhanden. Dies gilt für die Quellsystemverbindungen, also dafür, auf welche Datenquellen zugegriffen wird, und auch für die in der zentralen Benutzerpflege angelegten Anwender*innen, die Sie einem Space explizit zuordnen müssen.

Ein Space benötigt innerhalb Ihres Tenants von SAP Data Warehouse Cloud Platz auf der SAP-HANA-Datenbank und entsprechende Systemressourcen, die zur Nutzung der Inhalte und Funktionen notwendig sind. Daher weisen Sie dem Space durch entsprechende Einstellungen Datenbankspeicherplatz und Hauptspeicherressourcen zu. Da es in SAP Data Warehouse Cloud mehrere Spaces geben kann, konkurriert ein Space bezüglich der Ressourcen in Ihrem Tenant mit anderen Spaces. Es ist daher zu empfehlen, dass Sie die Zuweisung der Speicherkapazitäten in einem Gesamtkonzept abstimmen und bestimmte Spaces gegebenenfalls priorisieren. Abbildung 2.11 zeigt Ihnen in einer Übersicht beispielhafte Space-Eigenschaften und deren Zusammenspiel in einem Verbund von mehreren Spaces. Im unteren Teil der Darstellung sind die für einen Space spezifischen Eigenschaften aufgeführt. Im jeweils oberen Teil der Darstellung finden Sie Elemente, die von einem Space an andere Spaces weitergegeben (mit ihnen geteilt) werden können.

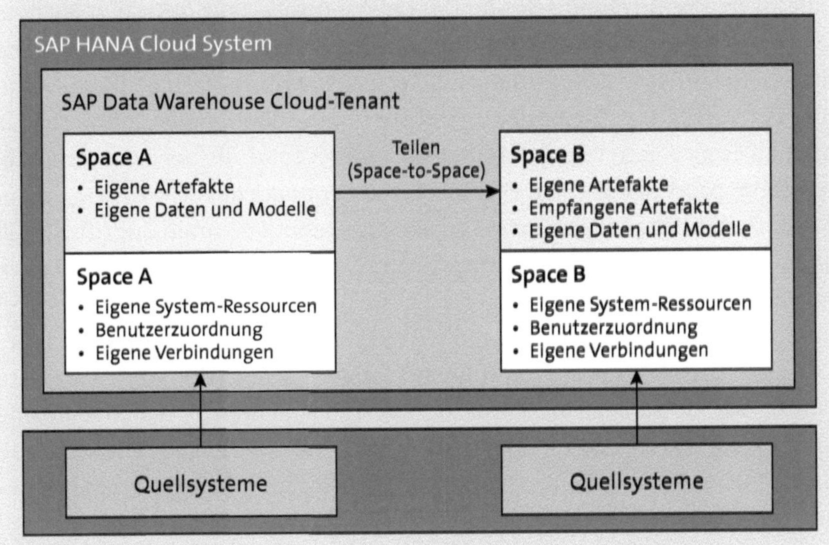

Abbildung 2.11 Eigenständige und geteilte Eigenschaften von Spaces

Artefakte teilen

Obwohl ein Space zunächst ein eigenständiger isolierter Arbeitsbereich ist, können Artefakte auch in anderen Spaces verwendet werden. Dazu gibt es das Konzept des Teilens zwischen den Spaces, das auch *Space-to-Space-Konzept* genannt wird. Dabei handelt es sich um einen einfachen, aber sehr mächtigen Ansatz zur Unterstützung von Konsistenz und Eindeutigkeit. Beispielsweise können Sie in einem Fachbereich fertig entwickelte und unternehmensweit gültige Inhalte und Artefakte freigeben und diese so in anderen Bereichen weiterverwenden. Hier wurden ausgewählte Artefakte aus Space A für Space B freigegeben. Im Ziel-Space können Sie die geteilten Objekte in weitere Artefakte einbinden.

Die Verantwortung für den technischen Aufbau und auch für die inhaltliche Zugriffseinschränkung verbleiben in der Verwaltung des teilenden Space (hier also Space A). Änderungen an den erstellten und geteilten Objekten können nur im Original-Space vorgenommen werden. Unabhängig von der Verteilung der Artefakte verbleibt also die Kontrolle immer beim Ersteller des Objekts. Artefakte, Daten und Modelle können geteilt werden, während die Systemressourcen, die Benutzerzuordnung und auch die Quellsystemverbindungen eigenständig sind. Space B verfügt hier ebenfalls über eigene Artefakte, Benutzerzuordnungen und Verbindungen, nutzt aber zusätzlich die geteilten Artefakte aus Space A.

Space als Datenbankschema

Aus technischer Sicht ist ein Space ein eigenes SAP-HANA-Datenbankschema in Ihrem Tenant von SAP Data Warehouse Cloud, das daher auch als *Space-Schema* bezeichnet wird. Tabellen und Inhalte eines SAP-HANA-Datenbankschemas stehen grundsätzlich zunächst nur innerhalb dieses Schemas zur Verfügung. Die Beziehungen der Inhalte zueinander definieren Sie mit den Funktionen von SAP Data Warehouse Cloud, die bei jeder Veränderung angepasst werden. Auf den Space und damit auf das SAP-HANA-Datenbankschema haben immer nur zugelassene Benutzer*innen Zugriff, die Sie entsprechend zuordnen müssen. Für die Datenbeschaffung und -integration definieren Sie Verbindungen zu bestimmten Quellen bzw. Quellsystemen. Durch das Teilen von Artefakten zwischen Spaces entsteht ein ganzes Geflecht von logischen Datenverbindungen innerhalb von SAP Data Warehouse Cloud. Weil die Anforderungen an abgegrenzte Arbeitsbereiche in SAP Data Warehouse Cloud perfekt zu den allgemeinen Eigenschaften eines SAP-HANA-Datenbankschemas passen, wird für jeden Space ein solches SAP-HANA-Datenbankschema erstellt.

2.4 Grundkonzepte der Implementierung

Nach der in Abschnitt 2.3, »Überblick über Architektur und Modellierung«, erklärten grundlegenden Architektur von SAP Data Warehouse Cloud erfahren Sie nun mehr über das Grundkonzept der Implementierung und die Anwendung.

Überblick über die Datenmodellierung

Durch den Zugriff auf Ihren Tenant von SAP Data Warehouse Cloud bzw. auf Ihr System können Sie Benutzer und Spaces einrichten, um Ihre Anwendungen zu erstellen. Aufgrund der Nutzung verschiedener Modelle müssen Sie noch das Einrichten der Tools der Verbrauchsebene berücksichtigen, z. B. SAP Analytics Cloud. Dieser Schritt wird hier nicht näher beleuchtet und als gegeben vorausgesetzt. Auch die Arbeit mit Drittanbieter-BI-Tools ist möglich.

In Abschnitt 2.3, »Überblick über Architektur und Modellierung«, wurde bereits schematisch auf die Modellierungsbereiche von SAP Data Warehouse Cloud eingegangen: auf Business Builder und Data Builder. Sie stellen sehr unterschiedliche Modellierungsmöglichkeiten bereit und haben gegebenenfalls unterschiedliche Adressaten in der An- und Verwendung.

2.4.1 Einsatzmöglichkeiten des Data Builders

Im Data Builder schaffen Sie mit Datenmodellen die inhaltliche Grundlage für Ihre Anwendungen, indem Sie verschiedene Datenquellen integrieren und nutzen. Dabei entscheiden Sie, ob Sie direkt und virtuell auf die Datenquellen zugreifen und dabei immer den neuesten Stand der Informationen aus dem Quellsystem verwenden möchten oder ob Sie die Inhalte in SAP Data Warehouse Cloud speichern, also persistieren möchten. Die Implementierungsschritte sind zum Teil sehr technisch, sodass für die initialen Schritte gegebenenfalls die IT erforderlich ist. In den Fachbereichen verwenden Sie jedoch einfache Funktionen, mit denen Sie Ihre Daten – häufig aus Office-Tools oder anderen Umgebungen – einfach hochladen. SAP Data Warehouse Cloud unterstützt Sie dabei, die Struktur der Informationen automatisch zu erkennen und entsprechende Tabellen im Data Builder anzulegen. Sie kombinieren Ihre lokalen Quellen anschließend mit den Daten aus anderen Systemverbindungen und schaffen so Ihr eigenes Datenmodell.

Artefakte des Data Builders

Zum besseren Verständnis des Data Builders und seinen Eigenschaften geben wir Ihnen einen Überblick über die verschiedenen Artefakte. In Abbildung 2.12 sind diese zunächst grob mit den Datenquellen und den Geschäftsentitäten und weiteren Artefakten des Business Builders verbunden. Auf den Business Builder kommen wir in Abschnitt 2.4.2, »Einsatzmöglichkeiten des Business Builders«, zu sprechen.

Im ersten Schritt verbinden Sie verschiedene Datenquellen mit einem Space in SAP Data Warehouse Cloud. Dies können SAP-Systeme sein, aber auch Quellen aus Google-, Microsoft- oder Amazon-Umgebungen, und nicht zuletzt auch Dateiquellen aus lokalen Daten Ihres Fachbereichs.

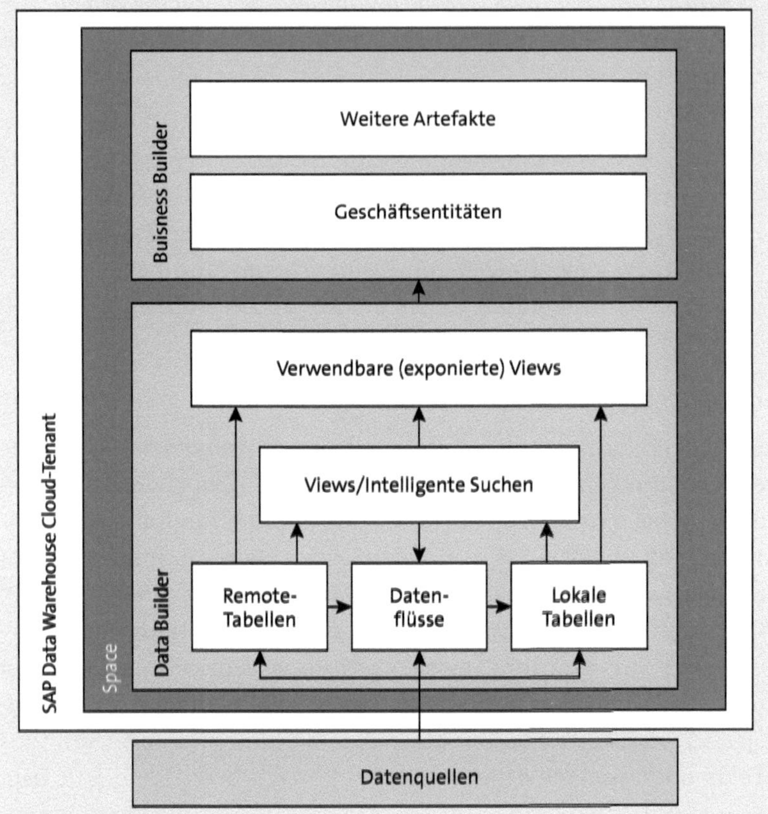

Abbildung 2.12 Aufbau des Data Builders und dessen Artefakte (Quelle: SAP)

Innerhalb des Data Builders nutzen Sie die Datenquellen zunächst im Zusammenspiel mit den folgenden Artefakten:

- *Remote-Tabellen*, mit denen Sie virtuell auf die Datenquellen zugreifen und immer den aktuellen Informationsstand nutzen.
- *Datenflüsse*, mit denen Sie existierende Remote-Tabellen und Views zusammenführen oder virtuell auf Datenquellen zugreifen. In Datenflüssen können Sie u. a. durch Hinzufügen von Python-Skripten Machine-Learning-Funktionen aufrufen.
- *Lokale Tabellen*, die Sie durch das Hochladen von eigenen Fachbereichsdaten, beispielsweise aus Office-Tools, anlegen und bereitstellen.

Diese Objekte können Sie auch untereinander verwenden, indem Sie Remote-Tabellen in einem Datenfluss verwenden und das Ergebnis in einer lokalen Tabelle speichern. Sie bilden so die Grundlage für die weitere Verwendung der Daten in nachfolgenden Implementierungen, z. B.:

- In *Views* als Sichten auf lokale oder Remote-Tabellen oder deren Kombination. Nutzen Sie die eingebauten Funktionen z. B. zur Ableitung neuer Informationen oder zur Berechnung neuer Kennzahlen.
- In *intelligente Suchen*, mit denen Sie in iterativen Verfahren nach Ähnlichkeiten oder Unschärfen in Ihren Daten suchen und diese anschließend nach eigenen Regeln harmonisieren.

Zudem können Sie die Ergebnisse von Views und intelligenter Suche speichern und als lokale Tabelle weiterverwenden.

Verwendbare Views

Eine wichtige Eigenschaft von Views ist, dass sie direkt in der Verbrauchsschicht verwendet werden können. Sie müssen dazu als Views mit Kennzahlen, sogenannten *analytischen Datensets*, definiert werden. Sind diese Voraussetzungen erfüllt, können Sie einen View für den Verbrauch *exponieren* und damit verwendbar machen, beispielsweise in Storys in SAP Analytics Cloud.

Weitere Artefakte im Data Builder

Es gibt noch weitere Artefakte im Data Builder, die der Automatisierung der Datenversorgung der persistenten Tabellen in SAP Data Warehouse Cloud sowie der Gesamtdarstellung von Datenmodellen dienen. Diese sind:

- *Aufgabenketten*: Mit Aufgabenketten planen Sie die Ausführungen von Views, Datenflüssen und intelligenten Suchen in einer definierten Reihenfolge, aufeinander aufbauend, ein.
- *Entity-Relationship-Modelle (ER-Modelle)*: ER-Modelle helfen Ihnen, Ihre gesamten Datenmodelle und deren Beziehungen übersichtlich darzustellen und Abhängigkeiten zu erkennen. Bei Erweiterungen ermöglichen sie einen direkten Aufruf der einzelnen Artefakte.

Tabellen und Views

Aufbauend auf den Remote-Tabellen und lokalen Tabellen erstellen Sie zusätzliche Sichten (Views), in denen Sie die einzelnen Quellen zusammenführen und kombinieren (Joins). Dazu stehen Ihnen umfangreiche Funktionen für Ableitungen und Neuberechnungen gemäß Ihren Geschäftsregeln zur Verfügung, die Sie vor allem in *grafischen Views* entwickeln können. Dabei handelt es sich um Views, die in einer grafischen Benutzeroberfläche erstellt werden. Sie wählen die verschiedenen Quellen aus einer grafischen Übersicht aus und führen sie zusammen, um anschließend neue Informationen mithilfe von vordefinierten Funktionen wie Datumsableitungen, mathematischen Funktionen oder komplexen Formeln zu berechnen. Da jeder grafische View eine Bezeichnung und einen technischen Namen hat, können Sie diese bei Bedarf auch, aufeinander aufbauend, weiter kombinieren. Für sehr komplexe Abfragen stehen Ihnen zusätzlich auch SQL-basierte Views (sogenannte *SQL-Views*) zur Verfügung. Wie es der Name schon andeutet, werden diese in SQL, der Structured Query Language, ausgeprägt, einer Datenbanksprache, für die Sie weitergehende Programmierkenntnisse benötigen.

Datenflüsse

Eine weitere Möglichkeit für das Durchführen von Berechnungen oder das Abbilden von Geschäftslogik sind *Datenflüsse*. Darin verwenden Sie ebenfalls bereits vorhandene Tabellen oder Views und erweitern diese um zusätzliche Quellen und Berechnungen. Die Besonderheit der Datenflüsse liegt aber in der Möglichkeit, Python-Skripte hinzuzufügen. Bei *Python* handelt es sich um eine höhere Programmiersprache, die sehr komplexe Datenveränderungen und -berechnungen erlaubt und über umfangreiche standardisierte Code-Bibliotheken verfügt. Sie wird in vielen Industrie-Anwendungen eingesetzt und verfügt über Funktionen im Bereich des Machine-Learnings (ML), die u. a. in SAP Data Intelligence verwendet werden. Wie bei SQL sind auch hier weitergehende Programmierkenntnisse erforderlich. Der Einsatz von Python ist optional. Da das Ergebnis der Implementierung eines Datenflusses immer in einer lokalen Tabelle in Ihrem Space abgelegt wird und der Datenfluss zusätzlich direkt als Job eingeplant werden kann, können Sie die Resultate regelmäßig berechnen und aktualisieren lassen.

Aufgabenketten

Alle Datenaktualisierungen oder regelmäßigen Berechnungen können Sie entweder einzeln einplanen oder in einer Aufgabenkette zusammenfassen. Dabei werden einzelne Artefakte, z. B. Views oder Datenflüsse, in einer strukturierten Reihenfolge hintereinander eingeplant. Sie können somit Abhängigkeiten der einzelnen Schritte untereinander berücksichtigen und diese, aufeinander aufbauend, ausführen.

Datenzugriffskontrollen

Neben der Ermittlung und Bereitstellung von Daten ist die Steuerung von Datenzugriffen mittels Berechtigungen ein wichtiger Aspekt in der gesamten Modellierung. Ziel ist es, unberechtigte Datenzugriffe zu verhindern und stattdessen Anwender*innen nur den Ausschnitt an Informationen zu ermöglichen, für den sie aktiv berechtigt wurden. Dazu entwickeln Sie zunächst sogenannte *Datenzugriffskontrollen*. Diese definieren Sie nicht im Data Builder selbst, sondern in einem von ihm getrennten gleichnamigen Menübereich. Diese Zugriffskontrollen werden immer in und für einen bestimmten Space angelegt und genutzt. Bei der Erstellung greifen Sie z. B. auf von Ihnen selbst bereitgestellte Steuertabellen zu, in denen Sie die Kombination von Benutzeridentifikation und den entsprechenden zugelassenen inhaltlichen Informationen (Ausprägungen) abgelegt haben. In der Datenzugriffskontrolle führen Sie diese Einstellungen zusammen und verwenden sie anschließend in Views, die bei der Ausführung nur die zugelassenen Daten zeilenweise herausfiltern (*Row-Level Security*).

Artefakte des Data Builders weiterverwenden

Die so entstandenen Views und Tabellen können Sie vielfältig in weiteren Artefakten des Data Builders weiterverwenden und so Ihre Datenmodelle gestalten. Im Übergang zum Business Builder entwickeln Sie dann aus der eher IT-orientierten Sicht eine Fachbereichssicht oder verwenden die exponierten Views direkt in der Verbrauchsschicht in den entsprechenden Reporting-Tools, z. B. in SAP Analytics Cloud.

2.4.2 Einsatzmöglichkeiten des Business Builders

Artefakte weiterverarbeiten

Um das Wissen über die Datenzusammenhänge darzustellen und Artefakte des Data Builders für die Verbrauchsschicht weiter vorzubereiten, benötigen Sie einen Weg, um die eher technisch ausgerichteten Datenmodelle in eine verständliche und leicht zu durchschauende fachliche Ebene zu überführen und weiterzuverwenden. Dabei möchten Sie im Fachbereich gerne selbst und unabhängig von der IT entscheiden, wie die verschiedenen Datenbereiche heißen (betriebswirtschaftliche Bezeichnungen) und welche Ausprägungen (Stammdaten, Dimensionen) für Sie von Bedeutung sind. Ferner möchten Sie zusätzliche Inhalte (Attribute) und Kennzahlen zu Ihren bisherigen Daten (Fakten) hinzufügen und dabei möglichst schnell mit wenigen Schritten Ihre Anforderungen selbst umsetzen (Self-Service). Bei der Umsetzung dieser Anforderungen hilft Ihnen der Business Builder, mit dem Sie einen hohen Freiheitsgrad in der Kombination der verschiedenen Artefakte aus dem Data Builder haben und sie jederzeit in einer betriebswirtschaftlichen Sicht erweitern können. Dazu steht Ihnen dort beispielsweise eine Versionsverwaltung zur Verfügung, mit der Sie die verschiedenen Entwicklungsstände organisieren und notfalls wiederherstellen können. Der Business Builder bietet sehr viele empfehlenswerte Eigenschaften für die Verwendung in der Verbrauchsschicht, z. B. in SAP Analytics Cloud, auf die wir nun weiter eingehen.

Artefakte des Business Builders

Der Business Builder greift vorhandene Datenmodelle des Data Builders auf und fügt diesen verschiedene Funktionen und Eigenschaften für die Verwendung in der Verbrauchsschicht hinzu. Abbildung 2.13 stellt Ihnen dazu den Aufbau des Business Builders und dessen Artefakte vor und zeigt gleichzeitig, wie diese im Zusammenspiel einzuordnen sind. Dabei ist auch die in Abschnitt 2.4.1, »Einsatzmöglichkeiten des Data Builders«, bereits erklärte Darstellung der Data-Builder-Artefakte enthalten.

Datenmodelle ausbauen

Nachdem Sie im Data Builder entsprechende Datenmodelle implementiert und mit Inhalten versorgt haben, bauen Sie diese im Business Builder weiter aus.

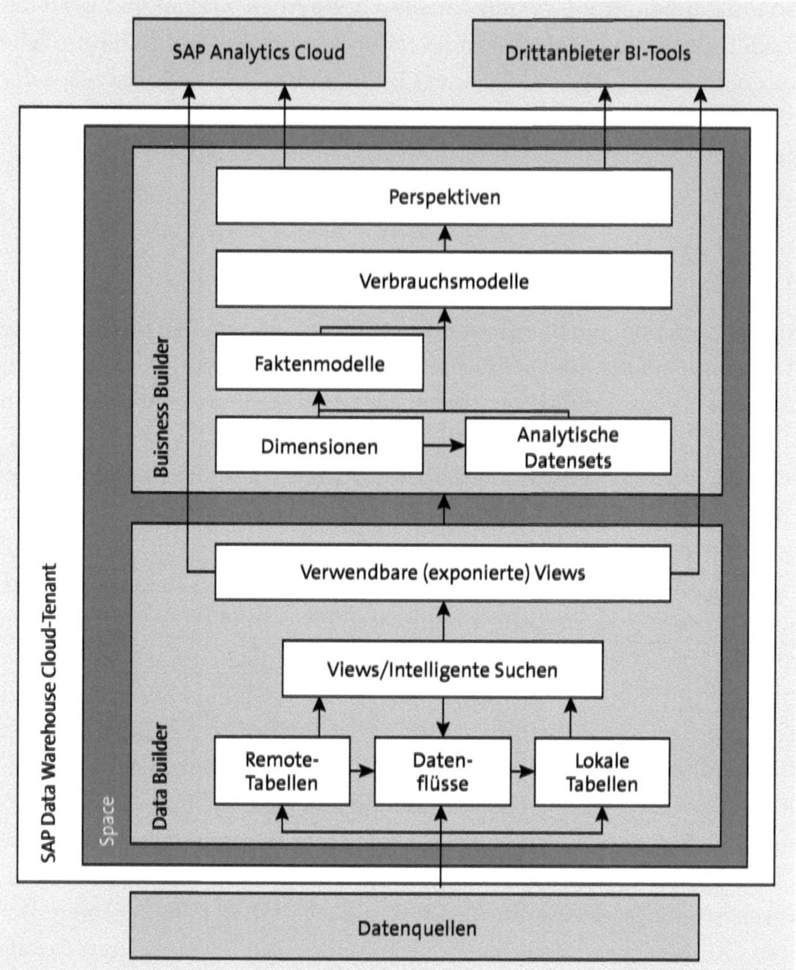

Abbildung 2.13 Aufbau des Business Builders und dessen Integration (Quelle: SAP)

Dazu gibt es zunächst zwei Grundelemente, die gemeinsam als Geschäftsentitäten bezeichnet werden:

- *Dimensionen*, die für Stammdaten bzw. für deren Ausprägungen stehen, z. B. Produkt, Kunde, Zeitangaben, Land, Verkaufsregionen oder weitere organisatorische Einheiten.
- *Analytische Datensets*, die aus Dimensionen oder anderen vorhandenen Datensets und entsprechenden Kennzahlen bestehen, wie z. B. Verkaufsmenge, Umsatz oder Kostenangaben. Durch ihre Struktur bilden Sie im analytischen Datenset einen eindeutigen betriebswirtschaftlichen Datenzusammenhang, der sich aus vorausgegangen Prozessen ergibt.

Diese Geschäftsentitäten sind die Informationseinzelteile, aus denen sich Ihre geschäftlichen Transaktionen zusammensetzen. Technisch gesehen basieren diese auf Artefakten des Data Builders, z. B. Remote-Tabellen, lokale Tabellen und alle Arten von Views. Sie enthalten oder zeigen Daten aus Vorsystemen oder zusätzlich hinzugefügte oder geladene Informationen aus Ihren Fachbereichsdaten. Diese Vielfalt der Verwendungsmöglichkeiten der Artefakte des Data Builders im Business Builder ist in Abbildung 2.13 durch einen Pfeil in der Verbindung der beiden Bereiche dargestellt.

Eigenschaften von Dimensionen

Im Business Builder können Sie in Dimensionen verschiedene Eigenschaften ergänzen, wie:

- Eine betriebswirtschaftliche Bezeichnung ändern, z. B. »Geschäftspartner« anstatt »Kunde«.
- Kennzahlen verändern, also Werte, die direkt im Zusammenhang mit der Dimension stehen.
- Attribute hinzufügen, das heißt weitere ausprägbare Informationen, wie z. B. die Adressangaben eines Geschäftspartners.
- Angaben zu Berechtigungen anpassen, die für diese Dimension speziell gelten sollen.
- Schlüsselinformationen definieren, die für die Eindeutigkeit der Dimension sorgen.

Zusätzlich steht Ihnen eine Versionsverwaltung für den Lebenszyklus von Informationen zur Verfügung, mit der Sie verschiedene inhaltliche Zustände unterscheiden und mit der Sie steuern, ob eine Dimension neu oder gegebenenfalls schon veraltet ist und nicht mehr verwendet werden soll.

Eigenschaften von analytischen Datensets

Im analytischen Datenset kombinieren Sie die Dimensionen mit weiteren Datenmodellen des Data Builders, indem Sie diese den Elementen des analytischen Datensets zuordnen und damit die bereits definierten Eigenschaften der Dimension weiternutzen. Veränderungen werden somit automatisch weitergereicht, wodurch Sie den Verwaltungsaufwand erheblich reduzieren. Sie können folgende weitere Eigenschaften eines analytischen Datensets nutzen:

- Sie können zusätzliche Kennzahlberechnungen vornehmen, die Sie aus Ihren bisherigen Informationen neu hinzufügen.
- Sie ändern die Eigenschaften von Attributen oder berechnen neue weitere Attribute.
- Sie definieren Eingabeparameter, die Sie für die spätere flexible Auswahl von Berichtsdaten bereitstellen wollen.

- Sie legen Schlüsselinformationen fest und bestimmen damit das Zusammenfassen von Kennzahlen und Attributen in der späteren Darstellung.
- Sie definieren Assoziationen, um Geschäftsentitäten in einen weiteren Zusammenhang zu setzen.
- Sie ordnen vorhandene Datenzugriffskontrollen in einem Berechtigungsszenario zu, um die Verwendung der Daten abzusichern.

Faktenmodelle

Im nächsten Schritt können Sie die einzelnen Geschäftsentitäten in einem *Faktenmodell* zusammenfassen, dass Sie in Abbildung 2.13 oberhalb der Dimension und dem analytischem Datenset sehen. Dabei stellen Sie aus logischer Sicht Bewegungsdaten aus einen analytischen Datenset in den Mittelpunkt und gruppieren um sie herum die verschiedenen Stammdaten als Dimensionen. Ein Faktenmodell ist somit eine bestimmte Zusammenfassung von Geschäftsentitäten, also von Bewegungs- und Stammdaten in einer neuen Einheit. In Abbildung 2.14 sind die Bestanteile eines Faktenmodells schematisch dargestellt.

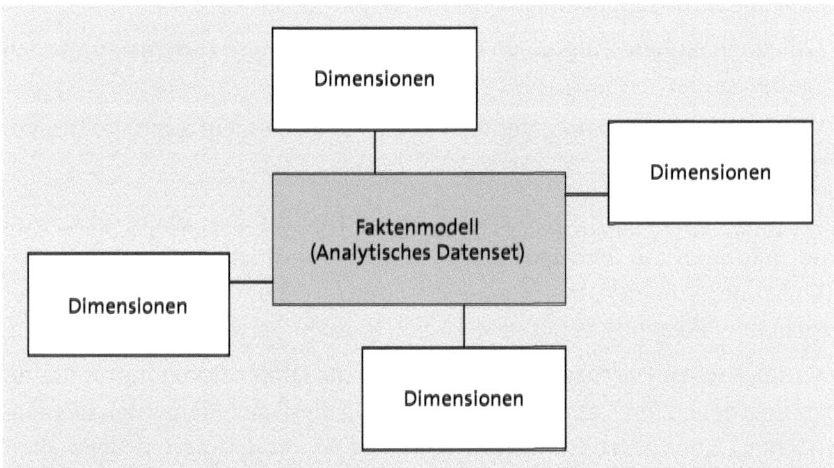

Abbildung 2.14 Bestandteile eines Faktenmodells

Auch in einem Faktenmodell können Sie weitere Eigenschaften hinzufügen und somit Ihre Anwendung weiterentwickeln. Dazu können Sie u. a. die folgenden Eigenschaften eines Faktenmodells verwenden:

- Die grafische Darstellung der verfügbaren Geschäftsentitäten
- Das weitere Berechnen und Ableiten von Kennzahlen und Attributen auf Basis aller nun verfügbaren Geschäftsentitäten
- Das Festlegen von Filtern als feste Einstellungen, mit denen Sie für Anwender*innen nur bestimmte Ausschnitte aus Ihren Dimensionen und analytischen Daten sichtbar machen

Faktenmodelle kombinieren

In einem Faktenmodell können Sie beliebig viele Dimensionen mit dem analytischen Datenset kombinieren, jedoch muss es natürlich eine betriebswirtschaftliche und eine technische Verbindung geben, die Sie entsprechend zuordnen müssen. Ferner können Sie jederzeit weitere Faktenmodelle in anderer Konstellation erstellen und auch direkt kombinieren (Faktenmodell auf Faktenmodell), um somit einen umfangreichen betriebswirtschaftlichen Zusammenhang zu erzeugen.

Verbrauchsmodelle und Perspektiven

Die bisherigen Artefakte bis hin zum Faktenmodell sind allesamt auf das Zusammenführen von Geschäftsinformationen ausgerichtet – mit starkem Fokus auf die betriebswirtschaftlichen Zusammenhänge, aber auch auf das Ergänzen von technischen Eigenschaften. Sie sind darauf ausgelegt, möglichst häufig wiederverwendet werden zu können, um eine ganzheitliche Konsistenz der inhaltlichen Aussagen zu unterstützen. Dennoch können Sie hier im Laufe der Entwicklungen recht viele Modelle bereitstellen. Dabei berücksichtigen Sie, dass es universelle und auch spezialisierte Faktenmodelle geben kann. Die universellen, nicht selten auch großen Modelle, haben Sie für eine breite Anwendung eingerichtet, um möglichst viele Analysen zentral zu ermöglichen. Diese Datenmodelle sind bislang noch nicht direkt in der Verbrauchsschicht, also in den Reporting-Tools wie SAP Analytics Cloud, verwendbar. Dazu richten Sie in einem weiteren Implementierungsschritt Verbrauchsmodelle und Perspektiven ein, um die universellen Modelle auf bestimmte Analyseanwendungen hin aufzuteilen.

Perspektiven

Während Sie in einem Verbrauchsmodell einen grundlegenden Ausschnitt z. B. aus einem Faktenmodell beschreiben, verwenden Sie *Perspektiven* für die Darstellung eines darauf aufbauenden spezialisierten Teilbereichs des Verbrauchsmodells, der für sich genommen für eine bestimmte betriebswirtschaftliche Analyse oder einen Einzelbericht steht. Perspektiven nutzen Sie anschließend direkt in der Verbrauchsschicht, beispielsweise in einer Story in SAP Analytics Cloud. Da Sie beliebig viele Perspektiven für ein Verbrauchsmodell erstellen können, ist es wichtig, diese entsprechend zu dokumentieren, damit die Anwender*innen im Reporting den betriebswirtschaftlichen Zusammenhang leicht erkennen können. Diese Möglichkeit der Dokumentation ist für Perspektiven besonders hervorzuheben. Dazu fügen Sie eine Beschreibung zur Erklärung des Geschäftszwecks hinzu, ergänzt um die Angaben zu den Verantwortlichkeiten in Fachbereich oder IT.

Zusammenspiel von Data Builder und Business Builder

Im Zusammenspiel der Funktionen zwischen Data Builder und Business Builder können Sie nun Ihre Anwendungen optimal gestalten. Wie in Abbildung 2.13 dargestellt, integrieren Sie im Data Builder Ihre Datenquellen aus Ihren Systemen und fügen Informationen aus den Fachbereichen durch einen einfachen Upload hinzu. Im Data Builder stellen Sie alle Quelldaten mit zentralen, sehr grundlegenden Eigenschaften bereit, führen diese in wiederverwendbaren Datenmodellen, z. B. in grafischen Views, zusammen und beschränken zusätzlich den Datenzugriff durch entsprechende Datenzugriffskontrollen.

Datenmodelle erweitern

Darauf aufbauend erweitern Sie sukzessive Ihre Datenmodelle im Business Builder aus einer betriebswirtschaftlichen Perspektive. Zunächst definieren Sie Geschäftsentitäten, zum einen Dimensionen als Stammdaten, zum anderen analytische Datensets als Bewegungsdaten, um diese dann in einem Faktenmodell zusammenzuführen. Damit entsteht eine Gesamtsicht, die Sie in Verbrauchsmodelle überführen und anschließend in Perspektiven für einzelne Analysen speziell ausprägen. In den Artefakten des Business Builders können Sie im Fachbereich eigenständig an vielen Stellen flexibel zusätzliche Ableitungen für Attribute und Berechnungen für Kennzahlen ergänzen. Damit sind später umfangreiche analytische Anwendungen möglich, die Sie in SAP Analytics Cloud und in Drittanbieter-BI-Tools verwenden können.

2.4.3 Datenbeschaffung und Integration

Nachdem Sie den grundlegenden Aufbau von SAP Data Warehouse Cloud bezüglich Tenants, Spaces und Funktionsbereichen des Data Builders und des Business Builders kennengelernt haben, erhalten Sie nun einen Überblick über die verschiedenen Datenbeschaffungswege und weitere Integrationswege. Darunter fallen zunächst:

- Alle grundsätzlichen Wege, um Daten aus Ihrem eigenen Systemumfeld nach SAP Data Warehouse Cloud zu übernehmen oder daraus zu exportieren
- Der Bezug von Daten aus öffentlichen Quellen wie dem Data Marketplace oder umgekehrt die Bereitstellung eigener Daten für die öffentliche Verwendung per Data Sharing

Ferner erhalten Sie einen Überblick über die Wege, Datenmodelle zwischen verschiedenen Tenants von SAP Data Warehouse Cloud auszutauschen oder Standarddatenmodelle aus dem *Business Content* zu übernehmen und für Ihre Zwecke einzusetzen. Abbildung 2.15 greift die bisherigen Elemente auf und erweitert die Darstellung auf das Gesamtbild der Architektur.

In Abbildung 2.15 ist SAP Data Warehouse Cloud als Ganzes im gekennzeichneten Hauptbereich dargestellt. Dies ist Ihr Tenant von SAP Data Warehouse Cloud mit allen Spaces und Funktionen von Business Builder und Data Builder und des Tenants von SAP BW Bridge.

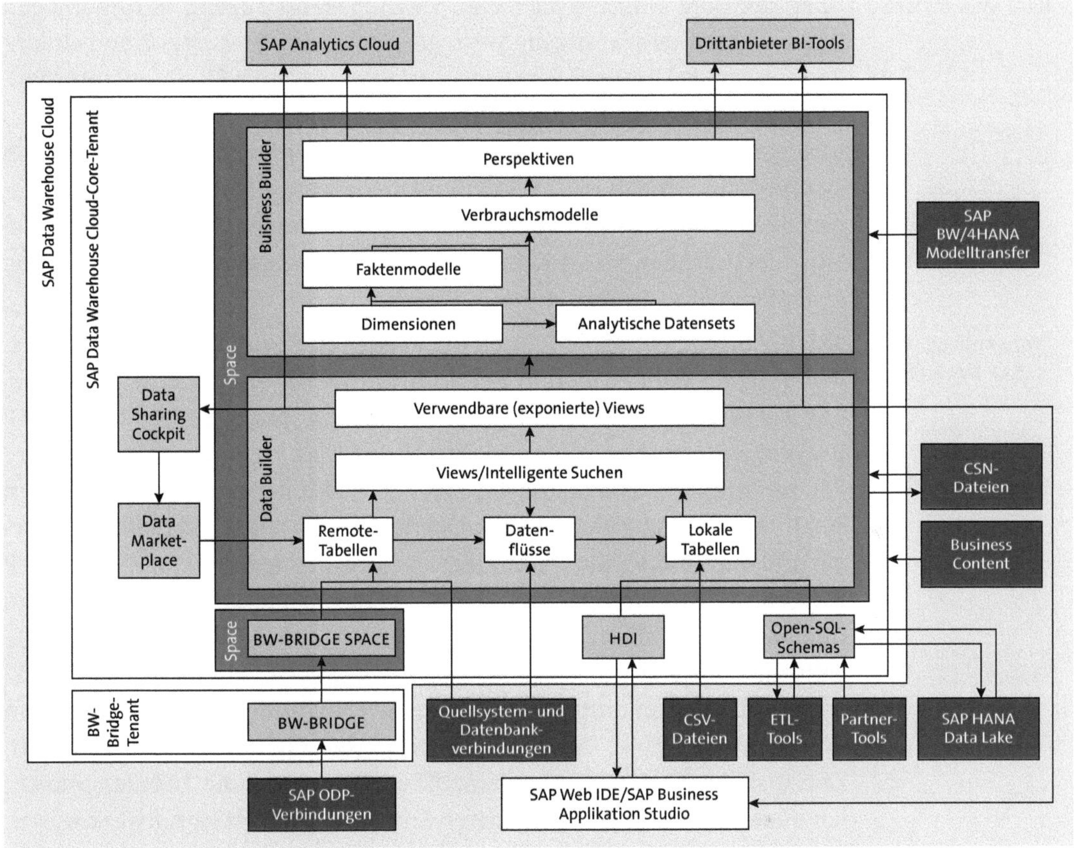

Abbildung 2.15 Gesamtarchitektur von SAP Data Warehouse Cloud (Quelle: SAP)

Außerhalb davon sehen Sie oben einerseits die Verbrauchsschicht mit den Reporting-Tools, wie SAP Analytics Cloud oder Drittanbieter-BI-Tools, und andererseits unten und rechts angeordnet verschiedene Quellsysteme, Daten- und Tool-Bereiche sowie Datenaustauschformate, die wir im Folgenden näher erläutern.

Data Sharing Cockpit

Über das *Data Sharing Cockpit* können Sie Informationen aus Ihrer SAP Data Warehouse Cloud öffentlich zugänglich machen. Sie legen dazu ein eigenes Anbieterprofil an und entscheiden, welche Daten Sie mit welcher Änderungshäufigkeit bereitstellen und ob Sie diese lizenzpflichtig anbieten möchten. Für die Bereitstellung der Informationen benutzen Sie verwendbare Views, für die Sie im Data Builder die Eigenschaft **Für Verbrauch exponieren** eingeschaltet haben. Views mit diesen Einstellungen sind vielseitig für externe Zugriffe verwendbar und bilden in diesem Fall die Grundlage für das öffentliche Teilen von Daten.

Data Marketplace

Über den *Data Marketplace* haben Sie umgekehrt Zugang zu öffentlichen Daten von Drittanbietern, die Sie in Ihre SAP Data Warehouse Cloud einbinden können. Bei lizenzpflichtigen Angeboten beachten Sie die entsprechenden Vertragsbedingungen des jeweiligen Anbieters. Wenn Ihnen die Daten bereitgestellt wurden, legen Sie zunächst entsprechende Remote-Tabellen an und verwenden diese anschließend in Views oder Datenflüssen. Sie können die Inhalte zusätzlich persistieren und weiterverwenden. Weitere Details hierzu finden Sie in Kapitel 13, »Data Marketplace und Data Sharing Cockpit«.

Verwendung von SAP BW Bridge

SAP BW Bridge ermöglicht Ihnen die Verwendung von SAP-BW-Funktionalitäten in der Public Cloud in Verbindung mit SAP Data Warehouse Cloud. SAP BW Bridge existiert dabei in einem eigenen speziellen Tenant von SAP BW Bridge, der fest zu Ihrem Tenant von SAP Data Warehouse Cloud gehört. Für die Datenintegration in SAP BW Bridge verbinden Sie Ihre Datenquellen aus Ihren SAP-Systemen mit der *Operational-Data-Provisioning-Technologie* und extrahieren die Daten über entsprechende Extraktoren nach SAP BW Bridge. Durch Implementieren von Transformationen bilden Sie Ihre Geschäftslogik innerhalb von SAP BW Bridge mithilfe von ABAP oder SQLScript ab und persistieren die Ergebnisse anschließend in geeigneten Objekten. Für die Verwendung der Daten aus SAP BW Bridge wird im Tenant von SAP Data Warehouse Cloud ein spezieller *SAP-BW-Bridge-Space* generiert. Dort erstellen Sie für den Datenzugriff wiederum Remote-Tabellen und teilen diese anschließend mit anderen Spaces. Das Teilen ist notwendig, weil der SAP-BW-Bridge-Space selbst keine weitere Modellierung erlaubt, sondern nur als Mittler zur Anbindung zwischen den verschiedenen Systembereichen fungiert. Die weitere Modellierung führen Sie entsprechend Ihren Anforderungen im Data Builder und Business Builder des jeweils nutzenden Space durch. Die genaue Integration und Funktionalität von SAP BW Bridge wird funktional in Kapitel 11, »Datenmodelle im Kontext von SAP BW und SAP BW Bridge«, und in einem Szenario in Kapitel 16, »Szenario 2: Hybride Modellierung zur Erweiterung einer SAP-BW-Lösung«, eingehend beschrieben.

Quellsystem- und Datenbankverbindungen

Für das direkte Einbinden Ihrer eigenen Systeme stellt Ihnen SAP Data Warehouse Cloud eine sehr umfangreiche Sammlung von Anschlussmöglichkeiten in Form von Verbindungstypen zur Verfügung. Sie können damit auf einfache Weise Ihre On-Premise- und cloudbasierten Systeme mit SAP Data Warehouse Cloud verbinden und so Ihre verschiedenen Datenbereiche zusammenführen. Im Überblick stehen Ihnen u. a. Verbindungstypen für die Integration der folgenden Quellsysteme und Datenbankverbindungen zur Verfügung:

- zahlreiche SAP-Systeme, wie SAP S/4HANA Cloud und SAP BW
- Microsoft-Azure- und Microsoft-SQL-Serverquellen
- Google Cloud Storage und Google BigQuery
- Amazon Athena, Amazon Redshift und Amazon Simple Storage Service
- Hadoop Distributed File System
- generische Verbindungstypen für JDBC und OData, sowie generisches SFTP

Wie in Abbildung 2.15 gezeigt, greifen Sie nach dem Einrichten der entsprechenden Verbindung entweder virtuell auf die Daten zu oder laden und persistieren sie in SAP Data Warehouse Cloud. Dazu übernehmen Sie zunächst die Quelltabellen in Ihrer Struktur durch das Anlegen einer Remote-Tabelle in Ihren Space und laden bei Bedarf Daten mithilfe von Datenflüssen in eine lokale Tabelle. Durch das Einplanen von Jobs aktualisieren Sie diese Tabellen regelmäßig und entscheiden, ob eine Tabelle als Snapshot komplett neu aufgebaut oder im Echtzeitverfahren permanent aktualisiert werden soll. Bei einer Replikation werden Veränderungen in den Quellsystemen in Echtzeit in Ihre Tabellen in SAP Data Warehouse Cloud übernommen und synchronisiert. Darauf aufbauend modellieren Sie entsprechend weitere Artefakte in Data Builder und Business Builder.

SAP HANA Deployment Infrastructure

Bei *SAP HANA Deployment Infrastructure* (HDI) handelt es sich um eine Kernfunktionalität der nativen Modellierung in SAP HANA 2.x, die besonders für die Entwicklung und Bereitstellung von SAP-HANA-Datenbankanwendungen ausgelegt ist. Dabei werden die Funktionalitäten durch *Design-Time-Objekte* entwickelt, die streng von den ausführbaren *Run-Time-Objekten* in der Datenbank getrennt und ihrerseits nach Projekten und Modulen separiert sind. Aus jedem Modul entsteht beim Deployment ein eigener, sogenannter *HDI-Container*, in dem die entsprechenden ausführbaren Objekte untergebracht sind. Container sind jeweils gegeneinander abgekapselt; einzelne Objekte aus anderen HDI-Containern oder Datenbankschemas können jedoch als Synonyme gezielt in einem Container integriert werden.

Design-Time-Objekte

Für die Entwicklung der Design-Time-Objekte stehen Ihnen verschiedene Umgebungen zur Verfügung. In Abbildung 2.15 sind dies z. B. die *SAP Web IDE* oder *SAP Business Application Studio*. Im Entwicklungsprozess können Sie Versionen der Design-Time-Objekte in einem Git Repository ablegen und verwalten. Durch die dem Containerprinzip angemessene automatisierte Benutzerverwaltung, durch containerspezifische Zugriffsrollen und durch die leichte Skalierbarkeit bei der Ausführung können einzelne Container leicht in die Zielumgebungen bzw. Systeme integriert werden. Aufgrund der Summe dieser Eigenschaften und weil systemseitig die benötigten technischen Benutzer generiert werden, spricht man hier von einer Infrastruktur.

Die Besonderheit der HDI für SAP Data Warehouse Cloud besteht darin, dass Sie HDI-Container direkt in einen Space integrieren können. Tabellen und Views des HDI-Containers stehen im Data Builder als Quellen zur Verfügung und können transparent in entsprechende Views eingebunden werden. Anders als bei Quellsystemanbindungen über Adapter stehen auf diese Weise nicht nur die Daten und Metadaten der Laufzeitobjekte, sondern auch SAP-HANA-native Entwicklungsartefakte in SAP Data Warehouse Cloud zur Verfügung und erweitern die Einsatzmöglichkeiten auf vielfältige Weise.

CSV-Datei-Importe

In vielen Teilen Ihres Unternehmens gibt es möglicherweise Datenbestände auf einzelnen Workstations, die für Ihre Applikationen von großer Bedeutung sind und die Sie in Ihre Modelle in SAP Data Warehouse Cloud integrieren wollen. Hierzu steht Ihnen ein *CSV-Datei-Import* zur Verfügung, mit dem Sie Daten in lokale Tabellen in SAP Data Warehouse Cloud laden. Sie können Ihre CSV-Dateien einfach als Vorlage für eine lokale Tabelle verwenden, da SAP Data Warehouse Cloud die Inhalte und Formate automatisch erkennt und notwendige Strukturen selbstständig anlegt. Wie in Abbildung 2.15 gezeigt, verwenden Sie so entstandene lokale Tabellen in der weiteren Modellierung in Views und kombinieren die Inhalte mit Ihren übrigen Daten.

Open-SQL-Schemas

Ein *Open-SQL-Schema* ist ein SAP-HANA-Datenbankschema, mit dem Sie SAP-HANA-native Datenbankobjekte wie z. B. Tabellen, Views und Prozeduren entwickeln können. Diese stehen für die weitere Integration in SAP Data Warehouse Cloud zur Verfügung und können den Funktionsumfang erweitern. Die Besonderheit eines Open-SQL-Schemas ist, dass es immer mit direktem Bezug zu einem Space erstellt wird, weshalb es nicht losgelöst davon betrachtet werden kann und bei Bedarf auf dessen Daten zugreift. In Abbildung 2.15 ist das Open-SQL-Schema zwar außerhalb des Space dargestellt, aber die Verbindung besteht zunächst nur zu den Artefakten des Data Builders eines Space. Beim Einrichten des Open-SQL-Schemas wird im Space ein Datenbankbenutzer definiert, der für die gesamte Kommunikation zwischen Space und Open-SQL-Schema verwendet wird und gleichzeitig für dessen Namen steht. An dieser Stelle unterscheidet sich das Open-SQL-Schema deutlich von einem HDI-Container, dessen gesamte Entwicklung und Infrastruktur außerhalb von SAP Data Warehouse Cloud bereitgestellt wird. Das Open-SQL-Schema ist hingegen ein reines Datenbankschema, das komplett innerhalb des Tenants von SAP Data Warehouse Cloud existiert.

Weitere Datenintegrationen mit Open-SQL-Schemas

Open-SQL-Schemas können aber nicht nur innerhalb von SAP Data Warehouse Cloud zusammen mit einem Space genutzt werden. *Open* im Namen deutet schon an, dass hier eine Offenheit für weitere Integrationen besteht. Bislang wurde durch die verschiedenen Integrationswege immer virtuell auf Quellsysteme zugegriffen, oder es wurden Daten in einen Space in SAP Data Warehouse Cloud geladen. Ein Open-SQL-Schema erlaubt nun aber auch den externen Zugriff durch ETL- oder Partnerwerkzeuge von außerhalb von SAP Data Warehouse Cloud, wie in Abbildung 2.15 dargestellt. Je nach Art des Werkzeugs werden Daten des Space über das Open-SQL-Schema gelesen oder in dessen Tabellen geschrieben und im Data Builder des Space weiterverwendet. Auch die Verwendung von SQL-Clients von Drittanbietern ist möglich. Ein direktes Schreiben in Tabellen des Space ist allerdings nicht erlaubt, sondern erfolgt immer über das Open-SQL-Schema.

SAP HANA Data Lake

Eine weitere Besonderheit eines Open-SQL-Schemas ist die Integration von *SAP HANA Cloud, Data Lake*. Dieses ermöglicht es Ihnen, sehr große Datenmengen in kostengünstigen Cloud-Speichern zu nutzen und bietet bei sehr großen Datenanfragen eine sehr gute Performanceunterstützung durch den Data-Lake-Server. Mithilfe von virtuellen Tabellen des Open-SQL-Schemas greifen Sie lesend oder schreibend auf SAP HANA Cloud, Data Lake zu und integrieren die Daten anschließend in Ihre Datenmodelle im Data Builder des zugehörigen Space.

SAP Business Content

Mit dem *SAP Business Content* stehen Ihnen in SAP Data Warehouse Cloud vorgefertigte Applikationsmodelle für verschiedene Branchen und Unternehmenssparten zur Verfügung, die Sie je nach Bedarf aktivieren können. Durch die einfache Übernahme und hohe Standardisierung erreichen Sie eine sehr schnelle Implementierung und Nutzung einer Anwendung, die Sie anschließend nach Ihren eigenen Anforderungen erweitern können. Beispiele für Business Content für verschiedene Unternehmensbereiche sind das Finanz-Reporting, das Supply Chain Management und der Vertrieb. Business-Content-Beispiele sind Lösungen für Branchen wie Automotive, Utility, Retail oder die Telekommunikation. Ferner gibt es einen speziellen Business Content für das Monitoring und die Systemüberwachung in SAP Data Warehouse Cloud selbst.

Der Space SAP_CONTENT

Der Business Content wird entweder von SAP oder von Drittanbietern entwickelt. Wie in Abbildung 2.15 dargestellt, wird er in den Tenant von SAP Data Warehouse Cloud importiert, genauer gesagt in den von SAP fest vorgegebenen Space `SAP_CONTENT`. Als Vorbereitung müssen Sie dazu lediglich vorab sicherstellen, dass die erforderlichen Systemverbindungen eingerichtet sind, auf denen die Datenmodelle basieren. Nähere Informationen dazu finden Sie in der jeweiligen Dokumentation des Business Contents bzw. in den Detailanweisungen beim eigentlichen Import.

Wenn Sie die Space-Einteilung in SAP Data Warehouse Cloud, z. B. aus fachlichen Gründen, selbst gestalten, ziehen Sie die importierten Modelle des Business Contents anschließend aus dem Space `SAP_CONTENT` vor der eigentlichen Nutzung in einen Space Ihrer Wahl um. Dazu exportieren Sie die Elemente über CSN-Dateien, z. B. im Data Builder, und importieren sie entsprechend in den Ziel-Space. Je nach ausgeliefertem Business Content für SAP Data Warehouse Cloud importieren Sie entsprechende Reporting-Modelle im Content-Netzwerk in SAP Analytics Cloud, die optimal auf die verwendete Gesamtlösung abgestimmt sind. Wenn Sie dann entsprechende Datenversorgungen vorgenommen haben, steht Ihnen bereits nach sehr kurzer Einführungszeit ein entsprechendes Reporting zur Verfügung. Da Sie alle importierten Artefakte in SAP Data Warehouse Cloud und SAP Analytics Cloud transparent in den jeweiligen Editoren oder Modellierungsbereichen einsehen können, sind beliebige eigene Erweiterungen oder Anpassungen möglich. Weitere Details zum Content-Netzwerk finden Sie in Kapitel 12, »Content-Netzwerk«.

Lizenzbedingungen beachten

SAP Business Content wird von SAP entwickelt und steht Ihnen zur freien Verfügung bereit. Bei Angeboten im Bereich des Drittanbieter-Business-Contents beachten Sie die jeweiligen Lizenzbedingungen des Anbieters.

CSN-Dateien

Bei CSN-Dateien (CSN ist die Abkürzung für Core Data Services Schema Notation) handelt es sich um ein Datenaustauschformat für Metadaten aus SAP Data Warehouse Cloud. Mit ihnen importieren bzw. übertragen Sie die strukturellen Informationen der Artefakte aus einem Space in einen anderen Space oder in einen anderen Tenant von SAP Data Warehouse Cloud. Dazu gibt es für alle Artefakte des Data Builders in einem Space, wie lokale Tabellen, Views und auch komplette ER-Modelle, die Möglichkeit eines Exports des jeweiligen Objekts in eine CSN-Datei, die dann zunächst auf Ihrer lokalen Workstation gespeichert wird. Die Datei enthält keine Dateninhalte, sondern lediglich alle notwendigen Metadaten zum jeweiligen Objekt. Die exportierte Datei können Sie anschließend im Data Builder von Ihrer lokalen Workstation in einen ausgewählten Space importieren. In Abbildung 2.15 sehen Sie, dass die Pfeile aus dem Kasten rechts für die CSN-Dateien für den Import auf die umrandete Darstellung eines Space zeigen und von einem Space in die CSN-Datei für einen Export. Weitere Details dazu erfahren Sie in Kapitel 4, »Datenmodellierung mit dem Data Builder«.

Transportanschluss

Für einen umfangreichen Austausch von Datenmodellen zwischen verschiedenen Tenants von SAP Data Warehouse Cloud stehen Ihnen zusätzlich noch Export und Import über den *Transportanschluss* in SAP Data Warehouse Cloud zur Verfügung. Sie wählen Artefakte in einem Schritt aus und übertragen sie. SAP Data Warehouse Cloud berücksichtigt auch Abhängigkeiten der einzelnen Objekte untereinander und fügt sie dem Export bei Bedarf automatisch hinzu. Beim Import werden die Artefakte Ihres Datenmodells im Ziel entsprechend angelegt. Die Details zur Verwendung der Transporte werden in Kapitel 10, »Transport von Artefakten«, erläutert.

SAP-BW/4HANA-Modelltransfer

Der *SAP-BW/4HANA-Modelltransfer* ist eine Funktion in SAP Data Warehouse Cloud, mit der Sie Reporting-Objekte Ihres SAP-BW/4HANA-Systems nach SAP Data Warehouse Cloud übertragen. Wie es Abbildung 2.15 zeigt, werden dabei die ausgewählten SAP-BW/4HANA-Objekte in äquivalente SAP-Data-Warehouse-Cloud-Artefakte im Business Builder umgesetzt und für die weitere Verwendung in der Verbrauchsschicht, z. B. mit SAP Analytics Cloud, vorbereitet.

Als Hintergrund dazu ist folgendes Szenario vorstellbar: Sie haben in Ihren bisherigen SAP-BW/4HANA-Systemen ein umfangreiches Reporting aufgebaut, das Sie nun mithilfe eines SAP-BW/4HANA-Modelltransfers in SAP Data Warehouse Cloud übernehmen und dort weiterentwickeln wollen. Dazu wählen Sie z. B. eine SAP-BW-Query aus, die mit allen notwendigen Abhängigkeiten umgesetzt wird. Je nach Aufbau der Query werden beispielsweise InfoObjects in Dimensionen, CompositeProvider in analytischen Datensets und Verbrauchsmodelle und Querys in Perspektiven umgesetzt. Da Ihre SAP-BW/4HANA-Entwicklungen in der Regel auf umfangreichen Einzelobjekten aufbauen, können Sie auf diese Weise erheblichen manuellen Aufwand beim Übergang in SAP Data Warehouse Cloud einsparen und gleichzeitig Ihre Anwendung konsistent übernehmen und entsprechend weiter ausbauen. Weitere Details zum SAP-BW/4HANA-Modelltransfer erfahren Sie in Kapitel 5, »Datenaufbereitung mit dem Business Builder«.

2.4.4 Empfehlungen für die Entwicklung

An dieser Stelle möchten wir darauf hinweisen, dass es auch für SAP Data Warehouse Cloud sehr empfehlenswert ist, Konventionen für die Bezeichnung von Artefakten festzulegen. SAP Data Warehouse Cloud hilft Ihnen dabei, die verschiedenen Elemente zu organisieren, jedoch sind häufig nicht alle Fälle Ihrer eigenen bisherigen Implementierungsregeln zu berücksichtigen, die hier gegebenenfalls einfließen sollen. SAP hat zur Orientierung Vorschläge in einem First-Guidance-Dokument zusammengefasst, die Ihnen helfen, Ihre Artefakte zu gliedern und schnell wieder zu finden. Beachten Sie dazu das Dokument unter *https://www.sap.com/documents/2021/09/8a0fc7ca-f67d-0010-bca6-c68f7e60039b.html*

Angepasste Bezeichnungen zur Vereinfachung

In diesem Buch werden aus Vereinfachungsgründen angepasste Bezeichnungen und technische Namen für die jeweiligen Artefakte verwendet. Sie dienen ausschließlich der besseren Erklärung und dem Verständnis der Darstellung.

2.5 Zusammenfassung

In diesem Kapitel haben Sie erfahren, wie sich SAP Data Warehouse Cloud in das SAP-Produktportfolio einordnet und welche umfangreichen Möglichkeiten es Ihnen bietet, modernes cloudbasiertes Data Warehousing für die schnelle Umsetzung von neuen Anforderungen einer breiten Anwenderschicht zugänglich zu machen. SAP Data Warehouse Cloud ist der Mittelpunkt für die Datenmodellierung und Datenintegration im Bereich Data Warehousing für SAP-Cloud-Produkte. Sie haben gelernt, dass SAP Data Warehouse Cloud die modernste SAP-HANA-Cloud-Datenbankumgebung für die Datenhaltung und Skalierbarkeit verwendet und sich nahtlos in die SAP-Produkte der SAP BTP einfügt, darunter SAP Analytics Cloud und SAP Data Intelligence Cloud.

Sie können ferner die grundsätzliche Architektur von SAP Data Warehouse Cloud erklären. Sie kennen die verschiedenen Modellierungsbereiche für die Entwicklung Ihrer Anwendungen und können zwischen dem Data Builder für die Datenintegration und Modellierung und dem Business Builder für die darauf aufbauende Erweiterung und Ergänzung von fachlicher Semantik unterscheiden. Ferner nutzen Sie Spaces, um eine Unabhängigkeit in der Entwicklung und Datenverwendung in Fachbereichen und IT zu erreichen, und teilen gezielt Artefakte zur Weiterverwendung zwischen verschiedenen Spaces.

Sie haben einen Überblick über die unterschiedlichen Datenquellen erhalten, die Sie mit SAP Data Warehouse Cloud verbinden können. Zu ihnen gehören beispielsweise SAP HANA Cloud, Data Lake für die Verwaltung und Verwendung sehr großer Datenmengen, Plattformen wie der Data Marketplace, auf dem Sie Marktdaten erwerben oder selbst anbieten können, oder die Integration besonderer Infrastrukturen wie HDI für SAP-HANA-native Entwicklungen und Datenquellen. Zusätzlich gibt es zahllose Adapter für externe Daten, z. B. aus Amazon-, Google- oder Microsoft-Plattformen und weitere generische Integrationsverfahren.

Die folgenden Kapitel in Teil II, »Funktionen von SAP Data Warehouse Cloud«, gehen auf die einzelnen Funktionen von SAP Data Warehouse Cloud detailliert ein. Sie lernen, wie Sie verschiedene Datenquellen integrieren, Datenmodelle aufbauen und für das Reporting nutzen und anschließend Artefakte zwischen verschiedenen Tenants von SAP Data Warehouse Cloud austauschen. Ferner erfahren Sie, wie Sie Benutzer einrichten und Berechtigungen steuern, die SAP-Data-Warehouse-Cloud-Konfiguration anpassen und wie Sie die verschiedenen Integrationswege überwachen und Benutzeraktivitäten kontrollieren können. Außerdem erfahren Sie, wie Sie externe Informationen über den Data Marketplace in Ihr Reporting einbinden oder selbst zum Anbieter von Daten werden.

TEIL II

Funktionen von SAP Data Warehouse Cloud

Kapitel 3
Verwaltung von Verbindungen, Dateien und Artefakten

Nutzen Sie die Möglichkeiten der Spaces in SAP Data Warehouse Cloud für die Integration von Datenquellen mit Verbindungen, und verschaffen Sie sich mit dem Repository Explorer einen Überblick über die Entwicklungsobjekte.

Wenn Sie sich in der Vergangenheit bereits für SAP Data Warehouse Cloud interessiert haben, sind Sie unweigerlich mit einer wesentlichen konzeptionellen Neuerung im Vergleich zu den bisherigen Data-Warehouse-Produkten von SAP in Berührung gekommen: die Aufteilung der Installation in Spaces. In Abschnitt 3.1, »Space-Konzept«, gehen wir zunächst auf dieses zentrale Konzept ein und zeigen Ihnen grundlegende Ansätze für die Organisation von Spaces. Darauf aufbauend beschreiben wir in Abschnitt 3.2, »Space-Management«, das Anlegen und Verwalten von Spaces im Bereich **Space-Management**.

Der Repository Explorer bildet den zentralen Katalog der analytischen Objekte eines Tenants. Seine Funktionen sind unerlässlich, um den Überblick zu behalten und einzelne Artefakte zu finden. Die Funktionen des Repository Explorers sind in Abschnitt 3.3, »Repository Explorer«, dargestellt.

Abschließend gehen wir in Abschnitt 3.4, »Verbindungen«, auf das Anlegen von Verbindungen für die Integration von Daten und Modellen in SAP Data Warehouse Cloud ein.

Dieses Kapitel bildet damit die Grundlage für Ihre Arbeit im System und das Verständnis der nachfolgenden Kapitel.

3.1 Space-Konzept

Eine der grundlegenden Neuerungen von SAP Data Warehouse Cloud ist die Arbeit mit sogenannten *Spaces*. Sie können als virtuelle Arbeitsumgebungen verstanden werden und erlauben die logische Trennung von Inhalten, z. B. nach Fachbereichen wie Marketing, Verkauf usw. Im Grunde bildet ein Space damit eine diskrete Modellierungsumgebung für Daten und Datenmodelle, die von dedizierten Anwenderinnen und Anwendern zu Auswertungszwecken herangezogen werden können.

Die gesamte Datenbereitstellung, -vorbereitung und -modellierung in SAP Data Warehouse Cloud erfolgt in Spaces. Sie bilden die zentralen Elemente. Das Space-Konzept erhält damit innerhalb von SAP Data Warehouse Cloud eine zentrale Bedeutung. In den folgenden Abschnitten beschreiben wir daher zunächst die Spaces als virtuelle Arbeitsumgebungen genauer, gefolgt von einer Zusammenfassung grundlegender Hinweise zum Aufbau eines Space-Konzepts für Ihr Unternehmen.

3.1.1 Virtuelle Arbeitsumgebungen

Spaces

Mit Spaces können Sie abgegrenzte Umgebungen anlegen, die die speziellen Anforderungen Ihres Unternehmens erfüllen. Spaces verfügen zu diesem Zweck über eine eigene Steuerung der Benutzerverwaltung und Datenzugriffskontrolle sowie über getrennte Daten- und Berichtsmodelle. So ist es z. B. möglich, einen eigenen Space für den Fachbereich Marketing anzulegen oder für den Anwendungsfall der Kampagnenplanung, an dem mehrere Fachbereiche zusammenarbeiten.

[i]

Was ist ein Space?

Ein Space ist ein von einem Administrator oder einer Administratorin angelegter eigenständiger Arbeitsbereich, in dem zugeordnete Mitglieder Daten importieren, vorbereiten und modellieren können.

Spaces werden von Data-Warehouse-Administrator*innen angelegt, die ihnen Festplatten- und In-Memory-Speicher zuweisen, ihre Priorität im Verhältnis zu anderen Spaces festlegen und beschränken können, wie viel Hauptspeicher und wie viele Threads die Ausführung der zugehörigen Anweisungen in Anspruch nehmen dürfen. Jedem Space können ein oder mehrere Space-Administrator*innen als Mitglieder hinzugefügt werden, die wiederum weitere Mitglieder zuordnen, Verbindungen zu Quellsystemen für die Datenbeschaffung herstellen, Daten mit Datenzugriffskontrollen sichern und andere Aspekte des Space verwalten können.

Eigenständiger Arbeitsbereich

Aus technischer Sicht wird für jeden Space ein eigenes SAP-HANA-Datenbankschema in Ihrem SAP-Data-Warehouse-Cloud-Tenant angelegt. Solche Schemas werden auch als *Space-Schemas* bezeichnet. Tabellen und Inhalte eines SAP-HANA-Datenbankschemas stehen grundsätzlich zunächst nur innerhalb des Space-Schemas zur Verfügung. Auf den Space und damit auf das SAP-HANA-Datenbankschema haben daher immer nur Benutzer Zugriff, die, wie oben beschrieben, von einem Space-Administrator oder einer Space-Administratorin zugeordnet wurden.

Artefakte teilen

So kann ein Tenant von SAP Data Warehouse Cloud in weitgehend unabhängige Arbeitsumgebungen für Fachbereiche, Projektteams oder Einzelpersonen aufgeteilt werden. Datenmodelle und -inhalte, die spaceübergreifend verwendet werden sollen, können jedoch mit einem oder mehreren Spaces innerhalb des gleichen Tenants geteilt werden, sodass sie dort für Modellierungen oder Auswertungen, z. B. durch andere Fachbereiche, zur Verfügung stehen. Somit müssen Inhalte nur einmal erstellt werden und stehen nach dem Teilen auch in normalerweise getrennten Arbeitsbereichen zur Verwendung zur Verfügung.

Durch das Teilen von Artefakten zwischen Spaces kann mit der Zeit ein ganzes Geflecht von logischen Datenverbindungen innerhalb von SAP Data Warehouse Cloud entstehen. Die Verantwortung für den technischen Aufbau und auch die inhaltliche Zugriffseinschränkung eines geteilten Artefakts verbleiben aber immer in der Verwaltung des teilenden Space. Änderungen an den erstellten und geteilten Objekten können nur dort vorgenommen werden. Unabhängig von der Verteilung der Artefakte verbleibt also die Kontrolle beim Ersteller bzw. der Erstellerin des Objekts.

Eine Sonderform des Teilens stellt die Funktion **Für den Verbrauch verfügbar machen** dar. Sie erlaubt das Exponieren von analytischen Artefakten, z. B. in SAP Analytics Cloud. Somit kann im Rahmen der Datenmodellierung entschieden werden, auf welche Artefakte eines Space analytische Applikationen zugreifen können.

Systemressourcen

Ein Space benötigt innerhalb Ihres SAP-Data-Warehouse-Cloud-Tenants Platz auf der SAP-HANA-Datenbank und entsprechende Systemressourcen, die zur Nutzung der Inhalte und Funktionen notwendig sind. Daher weisen Sie dem Space durch entsprechende Einstellungen Datenbankspeicherplatz und Hauptspeicherressourcen zu. Da es in SAP Data Warehouse Cloud mehrere Spaces geben kann, konkurriert ein Space bezüglich der Ressourcen in Ihrem Tenant mit anderen Spaces. Es ist daher zu empfehlen, dass Sie die Zuweisung der Speicherkapazitäten in einem Gesamtkonzept abstimmen und bestimmte Spaces gegebenenfalls priorisieren.

Die folgenden Abschnitte greifen einige zentrale Fragen bei der Entwicklung eines Space-Konzepts für Ihr Unternehmen auf. Weitere Informationen erhalten Sie im Dokument »SAP Data Warehouse Cloud First Guidance: Development Guidelines and Naming Conventions« auf den Seiten von SAP:

https://www.sap.com/documents/2021/09/8a0fc7ca-f67d-0010-bca6-c68f7e60039b.html.

3.1.2 Spaces für Administration und Berechtigungen

Da den Spaces innerhalb von SAP Data Warehouse Cloud eine zentrale Rolle zukommt, ist es wichtig, für das Anlegen von Spaces einige Vorüberlegungen anzustellen, selbst wenn Sie alle Daten und Modelle in einem einzigen Space zusammenfassen möchten. In der Regel gibt es einige sensible Bereiche, auf die nicht alle Anwenderinnen und Anwender Zugriff haben sollen:

- Audit-Logs und Aktivitäten der Anwenderinnen und Anwender
- Daten der Systemüberwachung
- Zugriffsberechtigungen für Geschäftsdaten

Diese eher für die Verwaltung interessanten Inhalte können in einem eigenen Space zusammengefasst oder auch auf mehrere Spaces aufgeteilt werden. So ist es z. B. denkbar, die Aufgaben aufzuteilen und parallel zum Space **Administration** einen eigenen Space **Berechtigungen** anzulegen, wenn diese Funktionen voneinander getrennt gehalten werden sollen.

Space für administrative Tätigkeiten

Für die Unterstützung administrativer Tätigkeiten steht im SAP Business Content das Paket **SAP Monitoring Content** zur Verfügung. Es bietet vorgefertigte Views innerhalb des mitgelieferten Space `Administration (SAP) [SAP_ADMIN]`, die die Überwachung von SAP Data Warehouse Cloud vereinfachen.

In Kapitel 12, »Content-Netzwerk«, erfahren Sie, wie Sie Inhalte des SAP Business Contents in Ihren Tenant importieren. Kapitel 9, »Weitere Konfigurationen in SAP Data Warehouse Cloud«, beschreibt, wie Sie zusätzliche Analysemöglichkeiten für Audit- und Überwachungsdaten z. B. im Space `SAP_ADMIN` verfügbar machen und so einen zentralen Einstieg für die Überwachung und Systemanalyse schaffen.

Space für Zugriffsberechtigungen

Zugriffsberechtigungen auf die Geschäftsdaten in Form von *Datenzugriffskontrollen* können, wie bereits erwähnt, entweder mit den Funktionen zu Auditierung und Überwachung innerhalb eines Administrations-Space oder in eigenen Berechtigungs-Spaces modelliert werden. In Kapitel 8, »Benutzer und Rollen«, stellen wir Ihnen unterschiedliche Ansätze vor, die wertvolle Ideen für den Aufbau der Spaces für die Berechtigungsverwaltung in Ihrer Organisation enthalten.

3.1.3 Eigene Spaces für die Integration von Quelldaten

Schichtenarchitektur

Bekannte Konzepte für die Modellierung in einem Data Warehouse führen in der Regel eine Schichtenarchitektur ein. Diese Schichten sind eine logische Gruppierung von Entwicklungsobjekten. Jede Schicht stellt dabei einen bestimmten Servicelevel innerhalb des Data Warehouse dar.

In SAP Data Warehouse Cloud kann dieser Ansatz z. B. für alle Aspekte der Integration von Quelldaten verwendet werden, indem als erste Schicht ein eigener Space zu diesem Zweck angelegt wird. Alle Quellverbindungen werden dann nur für diesen Space eingerichtet, und die Inhalte werden innerhalb von SAP Data Warehouse Cloud mit anderen Spaces geteilt. Dieses Vorgehen erlaubt es der IT, eine Eingangsschicht aufzubauen, die sowohl die Datenqualität als auch die Datenintegrität zentral sicherstellt und die Daten über die Verwendung von Datenzugriffskontrollen vor unberechtigtem Zugriff schützt.

[+]

Integrations-Spaces für Verbindungen

Verbindungen lassen sich bisher leider ebenso wenig transportieren wie die Informationen zum Teilen von Artefakten. Da Letztere einfacher im Zielsystem anzulegen sind, geht es momentan schneller, jede Verbindung nur einmal innerhalb eines Integrations-Space anzulegen und die Inhalte zu teilen.

Umrechnungskurse und Zeitdimensionen

Zentrale Inhalte, wie z. B. Umrechnungskurse für Beträge und Mengen, können ebenfalls in einen zentralen Integrations-Space geladen und von dort aus geteilt werden. Das Anlegen von Zeitdimensionen kann hingegen beim Anlegen eines Space direkt für diesen vorgenommen werden. Die in diesem Schritt generierten Tabellen benötigen nur wenig Speicher.

3.2 Space-Management

Den zentralen Einstieg für das Einrichten und die Verwaltung von Spaces bildet der Punkt **Space-Management** im unteren Bereich der Seitennavigation, wie in Abbildung 3.1 gezeigt. Der Hauptbereich auf der rechten Seite teilt sich in die Menüleiste ganz oben, in eine Zusammenfassung des Systemstatus und darunter in die Übersicht aller Spaces, auf die ein Anwender im Zentrum der Ansicht Zugriff hat.

Beim ersten Öffnen des Bereiches **Space-Management** werden, wie in Abbildung 3.1 gezeigt, alle Spaces, auf die Sie Zugriff haben, als Kacheln dargestellt. Alle nachfolgend beschriebenen Funktionen sind dann entweder direkt über die Menüleiste oder über die Schaltfläche [•••] (**Mehr**) an der Kachel eines Space verfügbar. Alternativ ist es möglich, die Spaces im Hauptbereich als tabellarische Übersicht zu organisieren. Mit der Anpassung des Layouts erfolgt eine Änderung der im Menü verfügbaren Befehle: Sobald die Tabellenansicht ausgewählt worden ist, können alle Funktionen aus der Menüleiste heraus ausgeführt werden, wie es in Abbildung 3.2 zu sehen ist.

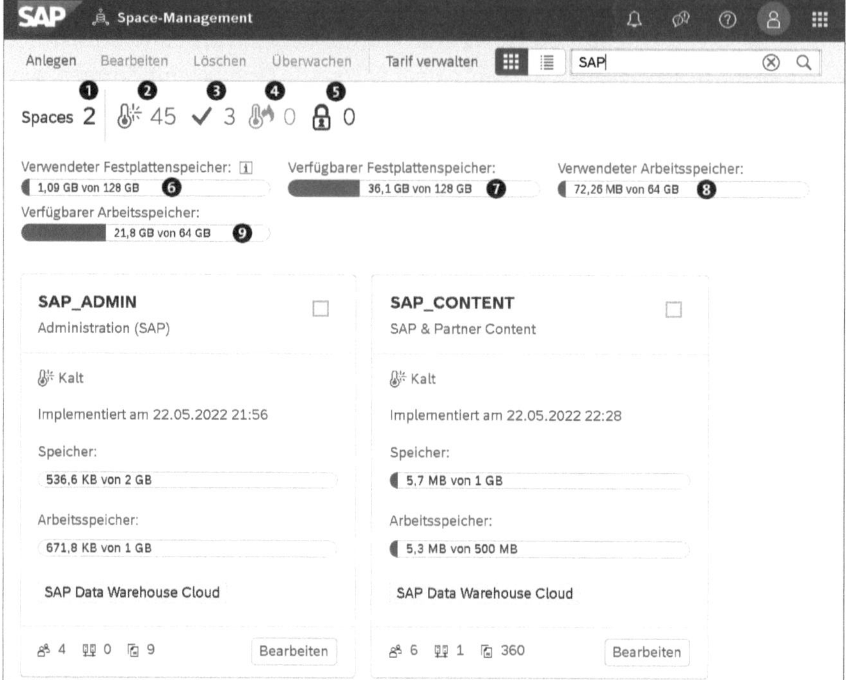

Abbildung 3.1 Space-Management: Übersicht im Kachellayout

Dies ist notwendig, da die Schaltfläche **Mehr** nur im Kachellayout zur Verfügung steht.

Abbildung 3.2 Space-Management: Menüleiste im Tabellenlayout

Tabellenlayout

Das Tabellenlayout bietet zwei Vorteile: Es können zum einen mehr Spaces gleichzeitig angezeigt werden, und zum anderen ist es nur im Tabellenlayout möglich, mehrere Spaces gemeinsam für das Löschen zu markieren. Wie bereits beschrieben, stehen aber alle Funktionen in beiden Layouts zur Verfügung:

- Das Anlegen von Spaces kann über die Schaltfläche **Anlegen** vorgenommen werden. Das System öffnet den zugehörigen Dialog für die Neuanlage eines Space. Weitere Informationen hierzu finden Sie in Abschnitt 3.2.1, »Spaces anlegen oder bearbeiten«.
- **Bearbeiten** öffnet die Konfigurationsansicht des ausgewählten Space und erlaubt Ihnen den Zugriff auf alle Einstellungen, wie in Abschnitt 3.2.1 beschrieben.

- **Überwachen** verzweigt in die Überwachungssicht des ausgewählten Space. Weitere Informationen zum Thema Überwachen erhalten Sie in Abschnitt 3.2.2.
- **Löschen** entfernt einen oder mehrere ausgewählte Spaces.
- Für den Fall, dass die Gesamtinstallation um Rechenleistung oder Speicherplatz verändert werden muss, kann ein Administrator oder eine Administratorin über die Menüschaltfläche **Tarif verwalten** direkt auf die Website von SAP Data Warehouse Cloud navigieren und dort die notwendigen Anpassungen vornehmen.
- Die Funktion 🔍 (**Suchen**) bietet eine Standardsuchfunktion innerhalb der Namen und der ID der Spaces. Bei der Eingabe von Suchbegriffen werden Vorschlagswerte angezeigt.

Unterhalb der Menüleiste werden im Hauptbereich alle Informationen zum Systemstatus zusammengefasst.

Im oberen Teil des Hauptbereichs sind die Eckdaten aller Spaces zusammengefasst, wie es in Abbildung 3.1 zu sehen ist. So haben Administrator*innen sofort einen Überblick über die gesamte Installation:

❶ Die Anzahl aller angezeigten Spaces. Sollte die Suchfunktion nicht verwendet werden, handelt es sich dabei um alle Spaces.

❷ Die Anzahl aller »kalten« Spaces, die 5 % oder weniger Speicher verwenden.

❸ Die Anzahl der »gesunden« Spaces, die zwischen 6 % und 90 % Speicher verwenden.

❹ Die Anzahl der »kritischen« Spaces, die über 90 % Speicher verwenden.

❺ Die Anzahl der gesperrten Spaces.

❻ Der insgesamt verwendete Festplattenspeicherplatz. Mit einem Klick auf ⓘ (**Info**) öffnet sich ein Fenster, das die aktuelle Speicherplatzverteilung anzeigt:

  - **Space-Daten**: Alle Daten, die in Spaces gespeichert sind.
  - **Audit-Protokolldaten**: Aufzeichnungen zu Lese- und Änderungsaktionen für Ihren Space. Wie Sie die Audit-Protokollierung aktivieren, erfahren Sie in Abschnitt 3.2.1.
  - **Sonstige Daten**: Daten in Datenbankbenutzergruppen-Schemas (für Details siehe Kapitel 9, »Weitere Konfigurationen in SAP Data Warehouse Cloud«) und SAP-HANA-Daten, wie z. B. Statistikschemas.
  - **Verwaltungsdaten**: In den Schemas `DWC_GLOBAL`, `DWC_GLOBAL_LOG` und `DWC_TENANT_OWNER` werden Daten, die zur Verwaltung des Tenants und

aller Spaces notwendig sind, gespeichert und unter **Verwaltungsdaten** zusammengefasst.

❼ Der insgesamt zugewiesene Festplattenspeicherplatz.

❽ Der insgesamt verwendete In-Memory-Speicher.

❾ Der insgesamt zugewiesene In-Memory-Speicher.

Im Hauptbereich der Ansicht werden jederzeit die selektierten Spaces im gewählten Layout gezeigt, wie in Abbildung 3.1 und in Abbildung 3.3 dargestellt.

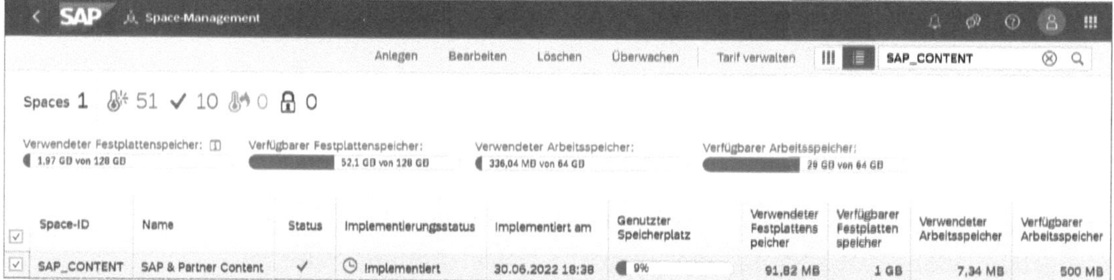

Abbildung 3.3 Space-Management: Übersicht im Tabellenlayout

Die wichtigsten, im Folgenden dargestellten Informationen zu jedem einzelnen Space gehen unmittelbar aus der Abbildung hervor:

- **Status**: Handelt es sich um einen »kalten«, »gesunden«, »kritischen« oder gesperrten Space?
- **Implementierungsstatus**: Zeitpunkt der letzten Implementierung
- **Verwendeter Festplattenspeicher** und **Verfügbarer Festplattenspeicher**
- **Verwendeter Arbeitsspeicher** und **Verfügbarer Arbeitsspeicher**
- Typ des Space: Derzeit können Sie nur Spaces vom Typ **Data Warehouse Cloud** anlegen. Bei der Verwendung von SAP BW Bridge zur Einbindung eines SAP Business Warehouse wird hier als Typ **SAP-BW-Brücke** angezeigt.
- Anzahl der zugeordneten Benutzer.
- Anzahl der eingerichteten Verbindungen.
- Anzahl der angelegten Modelle.

Über den Befehl **Bearbeiten**, der entweder direkt an der Kachel oder im Tabellenlayout über die Menüleiste verfügbar ist, hat ein Benutzer Zugriff auf alle Eigenschaften eines Space. Weitere Informationen hierzu erhalten Sie in Abschnitt 3.2.1.

3.2.1 Spaces anlegen oder bearbeiten

Das Anlegen eines neuen Space bildet die Grundlage für den Import und die Aufbereitung von Daten in SAP Data Warehouse Cloud. Zentrale Aspekte des Space, wie Speicher und Mitglieder, werden in diesem Schritt initial festgelegt, können aber nachträglich bearbeitet werden. Nach einem Klick auf **Anlegen** in der Menüleiste (siehe Abbildung 3.2) öffnet das System einen Dialog, in dem Sie zunächst den Namen und die ID des neuen Space festlegen, wie in Abbildung 3.4 gezeigt. Die ID ist nachträglich nicht mehr änderbar und sollte daher im Vorfeld, z. B. im Rahmen eines Space-Konzepts inklusive Namenskonvention, für Ihr Unternehmen erarbeitet werden.

Abbildung 3.4 Space-Management: Space anlegen

Namenskonventionen

Anregungen für die Zusammenstellung einer Namenskonvention können Sie dem Dokument »SAP Data Warehouse Cloud First Guidance: Development Guidelines and Naming Convention« entnehmen:
https://www.sap.com/documents/2021/09/8a0fc7ca-f67d-0010-bca6-c68f7e60039b.html

Sobald Sie Namen und ID Ihres Space festgelegt haben, führt Sie das System direkt zur Konfiguration der Space-Parameter. Diese Ansicht erhalten Sie auch, wenn Sie später einen bereits angelegten Space zum Bearbeiten öffnen: Zu Beginn wird eine Übersicht zu den allgemeinen Einstellungen des Space angezeigt. Diese fasst wesentliche Informationen zur Bezeichnung und zur Speicherzuordnung zusammen (siehe Abbildung 3.5).

Viele der hier zusammengefassten Eigenschaften des Space, wie **Space-Typ** oder **Implementierungsstatus**, haben wir bereits in Abschnitt 3.1, »Space-Konzept«, beschrieben; schlagen Sie bei Bedarf dort nach.

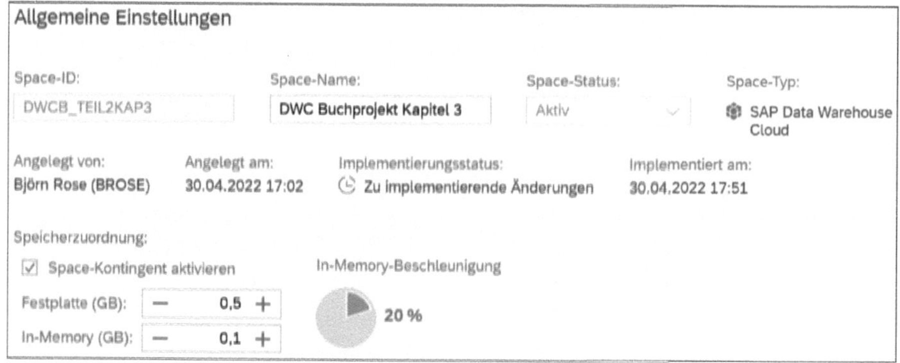

Abbildung 3.5 Space-Management: Allgemeine Einstellungen

Konfiguriert werden kann hier die **Speicherzuordnung**. Ist die Checkbox **Space-Kontingent aktivieren** ausgewählt, erhält ein Space-Administrator oder eine Space-Administratorin die Möglichkeit, den für den Space nutzbaren Speicher einzuschränken.

SAP HANA Cloud, Data Lake

Bei der Bestellung von SAP Data Warehouse Cloud haben Sie die Option, einen Data Lake zu buchen. Damit sind Sie in der Lage, zur Speicherung und Analyse großer Datenmengen eine günstigere Alternative zu nutzen.

Sollten Sie einen Data Lake lizenziert haben, erscheint im Bereich **Allgemeine Einstellungen** eine Checkbox, die es Ihnen erlaubt, den Space mit dem Data Lake zu verbinden (siehe Abbildung 3.5). Weitere Informationen zu SAP HANA Cloud, Data Lake erhalten Sie auf den Produktseiten und in der Online-Hilfe von SAP.

Speicherplatz

Stellen Sie sicher, dass Ihr Space über genügend Speicherplatz verfügt. Ein Space, dessen Speicherplatz nahezu vollständig belegt ist, wird gegebenenfalls gesperrt. In diesem Fall können die Benutzer nicht mehr mit ihrem Space arbeiten. Behalten Sie also den Status im Auge. Rot deutet auf einen Space hin, der viel Speicherplatz benötigt. Wenn der Speicherplatz knapp wird, löschen Sie nicht benötigte Daten in Ihrem Space oder ordnen dem Space mehr Speicherplatz zu.

Zugeordneter Speicher

Der zugeordnete Speicher aller Spaces wird vom System summiert und mit dem insgesamt verfügbaren Speicher abgeglichen. Es ist nicht möglich, mehr Speicher zuzuordnen als insgesamt verfügbar. Aus diesem Grund sollte die Speicherzuordnung immer möglichst niedrig sein.

Unterhalb der allgemeinen Einstellungen kann im Bereich **Workload-Klasse** die Space-Priorisierung angepasst werden. Damit entscheiden Sie, mit welcher Priorität Ihr Space im Vergleich zu anderen Spaces behandelt wird. Systemvorgänge haben immer die (höchste) Priorität 9. Für angelegte Spaces kann eine Priorität von 1 (niedrig) bis 8 (hoch) vergeben werden. Wenn ein Space Datenbankabfragen sendet oder Jobs startet, muss entschieden werden, welcher Job bzw. welche Abfrage zuerst verarbeitet werden soll. Abfragen aus wichtigen Spaces können vorrangig verarbeitet werden. Das heißt, dass sie schneller verarbeitet werden als Abfragen aus anderen Spaces.

Workload-Klasse

Parallel zur Priorität können im Bereich **Workload-Klasse** Einschränkungen beim Ressourcenverbrauch auf der Space-Ebene angewendet werden. So ist es möglich, die maximale Menge an Threads oder Speicher, die gleichzeitig im Space ausgeführte Anweisungen in Anspruch nehmen können, zu begrenzen.

Ressourcenverbrauch

Die Begrenzung der Anweisungs-Threads kann eingesetzt werden, um eine übermäßige parallele Verarbeitung im Gesamtsystem aufgrund zu vieler Jobs zu vermeiden. Die Begrenzung für den Anwendungsspeicher verhindert, dass die Ausführung von Anweisungen zu viel Speicher im Gesamtsystem verbraucht. Beide Grenzen können Sie als festen Wert oder als Prozentsatz angeben.

Durch die Einführung von Anweisungsgrenzen können Sie somit dazu beitragen, den Ressourcenverbrauch zwischen konkurrierenden Spaces auszugleichen. Beachten Sie dabei, dass Einschränkungen in diesem Bereich die Performance beeinträchtigen können.

Unter dem Bereich **Elemente** verbirgt sich die Zuordnung von Benutzern zu einem Space (siehe Abbildung 3.6). Über die Schaltfläche **Hinzufügen** können aus allen bereits angelegten Benutzern neue Benutzer für den Space ausgewählt werden. Über die Auswahl eines Benutzers und über einen Klick auf **Entfernen** entziehen Sie einem Benutzer die Zuordnung zum Space wieder.

Elemente

Abbildung 3.6 Space-Management: Elemente

Die Suchfunktion in der Elementzuordnung bietet die Möglichkeit, alle zugeordneten Benutzer nach Name oder Rolle zu durchsuchen. Somit ist es z. B. möglich, für den Space alle Benutzer zu finden, die Data-Warehouse-Integratoren sind.

Datenbankzugriff

Der Bereich **Datenbankzugriff** gruppiert Einstellungen für die Datennutzung, Datenbankbenutzer und SAP-HANA-Deployment-Infrastructure-Container (auch HDI-Container genannt).

Datennutzung

Standardmäßig sind alle neuen Views, die in einem Space angelegt werden, nicht für die Verwendung exponiert. SAP Analytics Cloud oder externe Analysewerkzeuge können somit nicht auf diese zugreifen. Modeler können diese Einstellung für einzelne Views überschreiben. Im Bereich **Datennutzung** kann dieses Verhalten für alle neuen Views eines Space geändert werden: Mit der Auswahl der Checkbox **Standardmäßig für den Verbrauch verfügbar machen** sind die Views ohne Zutun des Modelers exponiert und damit in Analysewerkzeugen verwendbar.

Datenbankbenutzer

Im Bereich **Datenbankbenutzer** legen Sie Benutzer an, um direkt auf der Datenbank zu arbeiten oder um externe Werkzeuge mit SAP Data Warehouse Cloud zu verbinden. Bei der Anlage wird für jeden neuen Datenbankbenutzer ein eigenes SQL-Schema, das *Open-SQL-Schema*, erstellt, auf das Sie über den Datenbank-Explorer zugreifen und so eine Verbindung zur zugrundeliegenden Datenbank von SAP HANA Cloud herstellen können.

Mit einem Klick auf **Anlegen** öffnen Sie den Dialog **Datenbankbenutzer anlegen** und können ein Suffix für den neuen Datenbankbenutzer festlegen. Der Benutzername setzt sich immer aus dem technischen Namen des Space, einem # und einem von Ihnen frei wählbaren Suffix zusammen. Abbildung 3.7 zeigt den Namen des im Rahmen der Benutzeranlage erzeugten Open-SQL-Schemas `DWCB_TEIL2KAP3#DWC` der identisch mit dem Namen des zugehörigen Datenbankbenutzers ist.

Kennwortrichtlinie aktivieren

Sollte ein Administrator oder eine Administratorin eine Kennwortrichtlinie für die Datenbankbenutzer Ihres Tenants festgelegt haben, können Sie beim Anlegen des Benutzers die Verwendung dieser Richtlinie aktivieren. Weitere Informationen hierzu finden Sie in Kapitel 9, »Weitere Konfigurationen in SAP Data Warehouse Cloud«.

Automated Predictive Library und Predictive Analysis Library

Datenbankbenutzer können auch die Funktionen der Machine-Learning-Bibliotheken *SAP HANA Automated Predictive Library* (APL) und *SAP HANA Predictive Analysis Library* (PAL) nutzen, wenn diese beim Anlegen für sie aktiviert wurden. So ist es möglich, vorgefertigte analytische Algorithmen und Data-Mining-Funktionen im Open-SQL-Schema zu nutzen. Weitere Informationen zu den Bibliotheken erhalten Sie online in den dazugehörigen Developer Guides von SAP.

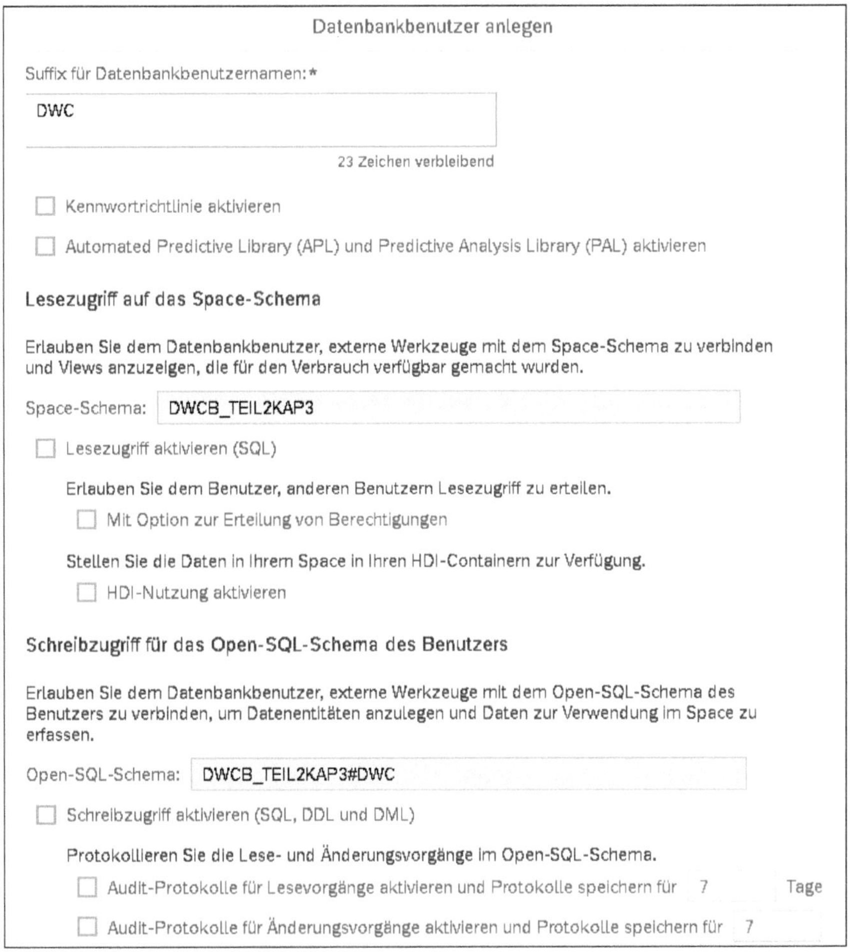

Datenbankbenutzer anlegen

Suffix für Datenbankbenutzernamen: *

DWC

23 Zeichen verbleibend

☐ Kennwortrichtlinie aktivieren

☐ Automated Predictive Library (APL) und Predictive Analysis Library (PAL) aktivieren

Lesezugriff auf das Space-Schema

Erlauben Sie dem Datenbankbenutzer, externe Werkzeuge mit dem Space-Schema zu verbinden und Views anzuzeigen, die für den Verbrauch verfügbar gemacht wurden.

Space-Schema: DWCB_TEIL2KAP3

☐ Lesezugriff aktivieren (SQL)

Erlauben Sie dem Benutzer, anderen Benutzern Lesezugriff zu erteilen.

☐ Mit Option zur Erteilung von Berechtigungen

Stellen Sie die Daten in Ihrem Space in Ihren HDI-Containern zur Verfügung.

☐ HDI-Nutzung aktivieren

Schreibzugriff für das Open-SQL-Schema des Benutzers

Erlauben Sie dem Datenbankbenutzer, externe Werkzeuge mit dem Open-SQL-Schema des Benutzers zu verbinden, um Datenentitäten anzulegen und Daten zur Verwendung im Space zu erfassen.

Open-SQL-Schema: DWCB_TEIL2KAP3#DWC

☐ Schreibzugriff aktivieren (SQL, DDL und DML)

Protokollieren Sie die Lese- und Änderungsvorgänge im Open-SQL-Schema.

☐ Audit-Protokolle für Lesevorgänge aktivieren und Protokolle speichern für 7 Tage

☐ Audit-Protokolle für Änderungsvorgänge aktivieren und Protokolle speichern für 7

Abbildung 3.7 Space Management: Datenbankbenutzer anlegen

Machine-Learning-Funktionalitäten

Für den Zugriff auf die Machine-Learning-Bibliotheken müssen Sie vorab den Skriptserver von SAP HANA Cloud aktivieren. Weitere Informationen hierzu finden Sie in SAP-Hinweis 2994416. Der Skriptserver lässt sich in der Testversion von SAP Data Warehouse Cloud bislang nicht aktivieren.

Lesezugriff aktivieren (SQL)

Der Zugriff auf Daten und Artefakte, die im SQL-Schema des Space gespeichert und für den Verbrauch verfügbar gemacht worden sind, ist dem Datenbankbenutzer direkt nach seiner Anlage nicht erlaubt. Sollten Sie mit den Daten aus Ihrem Space arbeiten wollen, ist es notwendig, dass Sie für den Datenbankbenutzer das Kennzeichen **Lesezugriff aktivieren (SQL)** setzen.

So ist es auch möglich, dass Sie Ihre Space-Daten für Drittanbieter-SQL-Tools, z. B. zu Analysezwecken, bereitstellen. Zusätzlich können Sie Daten, die im Space-Schema liegen, HDI-Clients zur Verfügung stellen.

Schreibzugriff aktivieren

Wenn Sie das Kennzeichen **Schreibzugriff aktivieren (SQL, DDL und DML)** setzen, richten Sie Berechtigungen ein, die es den Datenbankbenutzern erlauben, Objekte mithilfe der SQL Data Definition Language (DDL) anzulegen sowie Daten mithilfe der Data Manipulation Language (DML) zu erfassen oder zu ändern. So wird es auch möglich, Daten von Drittanbieter-SQL-Tools in das Schema Ihres Datenbankbenutzers aufzunehmen.

Das Info-Dialogfeld

Sobald Ihr Datenbankbenutzer angelegt ist, können Sie rechts in der Liste aller Benutzer das Info-Dialogfeld öffnen. Hier können Sie ein neues Kennwort für die Anmeldung an der Datenbank von SAP HANA Cloud anfordern. Dieses benötigen Sie z. B., um sich beim Öffnen des Datenbank-Explorers mit dem Datenbankbenutzer anzumelden.

Lese- und Änderungsvorgänge im Open-SQL-Schema des Datenbankbenutzers werden bei Bedarf protokolliert. Wählen Sie hierzu die gewünschten Einstellungen beim Anlegen oder Ändern des Datenbankbenutzers aus. Wie Audit-Protokolle ausgelesen werden, erfahren Sie in Kapitel 9, »Weitere Konfigurationen in SAP Data Warehouse Cloud«.

HDI-Container

Im Bereich **HDI-Container** des Bereichs **Datenbankzugriff** können Sie für den Space den Zugriff auf die Container Ihrer SAP HANA Deployment Infrastructure erlauben. Modeler sind dann in der Lage, HDI-Artefakte als Quelle für ihre Views zu verwenden. Zudem können HDI-Clients dann auf die Daten des Space zugreifen. Weitere Informationen zu HDI erhalten Sie in Kapitel 2, »Einführung in SAP Data Warehouse Cloud«.

Hieraus ergeben sich spannende Möglichkeiten für die Modellierung, wenn Calculation Views und andere Objekte in SAP Business Application Studio als Quellen für Views und Datenflüsse in SAP Data Warehouse Cloud verwendet werden oder Tabellen in SAP Business Application Studio als Ziele für die Datenflüsse in SAP Data Warehouse Cloud angelegt sind.

Verbindungen

Der Bereich **Verbindungen** enthält eine Verknüpfung zur Konfiguration der Verbindungen des ausgewählten Space. Details hierzu sind in Abschnitt 3.4, »Verbindungen«, beschrieben.

Zeitdaten

Im Bereich **Zeitdaten** legen Sie pro Space Zeittabellen und -dimensionen zur Verwendung in Ihren Modellen und Storys an. Auf diese Weise werden Informationen wie z. B. Jahre, Quartale und Monate verfügbar. Durch das Anlegen von Hierarchien in einer bestimmten Granularität können Sie in Zeitdimensionen auch Drilldowns in Ihren Storys durchführen.

[+]

Zeittabellen generieren

Alternativ zum Generieren von Zeittabellen in jedem Space ist es auch möglich, die Daten in einem zentralen Space zu generieren und zu teilen. Da es sich hier allerdings nicht um einen signifikanten Speicherverbrauch handelt, sollte davon abgesehen werden.

Auditing

Im Bereich **Auditing** können Sie Audit-Protokolle für Ihren Space aktivieren, sodass Lese- und Änderungsaktionen aufgezeichnet werden. Administrator*innen können dann analysieren, wer wann welche Aktion auf der Datenbank durchgeführt hat. Diese Protokolle beziehen sich nicht auf die Objekte der Datenbank-Zugriffsschemas, wie z. B. Open-SQL-Schemas. Weitere Informationen zur Auswertung von Audit-Protokollen erhalten Sie in Kapitel 9, »Weitere Konfigurationen in SAP Data Warehouse Cloud«. Dort gehen wir genauer auf die Einstellungen für die Auditierung ein.

Audit-Protokolle aufbewahren

Audit-Protokolle können eine große Menge Festplattenspeicherplatz beanspruchen. Es empfiehlt sich, die Aufbewahrungszeit so niedrig wie möglich zu wählen. Die Mindestaufbewahrungszeit liegt hier bei 7 Tagen und die maximale Mindestaufbewahrungszeit bei 10.000 Tagen.

3.2.2 Spaces überwachen

Mithilfe der Space-Überwachung behalten Sie den Speicherstatus Ihrer Spaces stets im Blick. Zum Öffnen der Überwachung wählen Sie den gewünschten Space in der Hauptansicht des **Space-Management** aus, oder Sie öffnen einen Space zum Bearbeiten und klicken rechts oben im Menü auf **Überwachen**.

Filter anwenden

In der Space-Überwachung können Sie den Speicherstatus des Space anzeigen. Dabei ist es möglich, nach Schema oder Tabellentyp (In-Memory bzw. Festplatte) zu filtern (siehe Abbildung 3.8).

Abbildung 3.8 Space-Management: Überwachen

Wenn keine Filter ausgewählt sind, zeigt die Hauptansicht den Gesamtverbrauch nach Schema und Tabellentyp als Donut- und als Balkengrafik.

Speicherplatzverbrauch

Für detailliertere Fragestellungen ist darunter in der Übersicht der Speicherverbrauch einzelner Tabellen als Balkengrafik dargestellt, aufgeteilt nach In-Memory- und Festplattenspeicher, gefolgt von einer Liste aller Tabellen, aus der neben den genannten Informationen auch die Anzahl der gespeicherten Datensätze hervorgeht. Mit diesen Übersichten können Sie die größten Speicherverbraucher im Handumdrehen ermitteln und weitere Maßnahmen zielgerichtet planen.

3.3 Repository Explorer

Übersicht

Der *Repository Explorer* bildet einen umfassenden Katalog der verfügbaren analytischen Ressourcen für das gesamte Unternehmen. Er bietet vielfältige Möglichkeiten, um Repository-Objekte über Such-, Filter- und Sortierfunktionen zu finden. Zudem können ausgewählte Objekttypen neu angelegt und bestehende Entwicklungen bearbeitet oder spaceübergreifend geteilt werden. Die Analyse von Objekten oder die Vorbereitung von Änderungen unterstützt der Repository Explorer mit einer Funktion zur Analyse der Auswirkungen und der Herkunft. Somit ist der Repository Explorer ein zentraler Einstiegspunkt für das Finden von, die Arbeit mit und die Analyse von Objekten aus allen Spaces, für die ein Anwender berechtigt ist.

In diesem Abschnitt beschreiben wir zunächst alle angebotenen Funktionen für das Finden von Entwicklungsobjekten und die Aufbereitung der Suchergebnisse. Im weiteren Verlauf erfolgt eine Beschreibung der Editierfunktionen und der Analysemöglichkeiten von Objekten.

3.3.1 Suchen, Filtern und Sortieren

Sie können den Repository Explorer über die Seitennavigation aufrufen. Beim Aufruf werden alle Objekte tabellarisch im Hauptbereich angezeigt (siehe Abbildung 3.9). Sollten Sie in vorherigen Navigationsschritten einen bestimmten Space ausgewählt haben, wird diese Auswahl mit dem Öffnen des Repository Explorers rückgängig gemacht und alle Objekte aus Spaces, in denen Sie Mitglied sind, werden angezeigt.

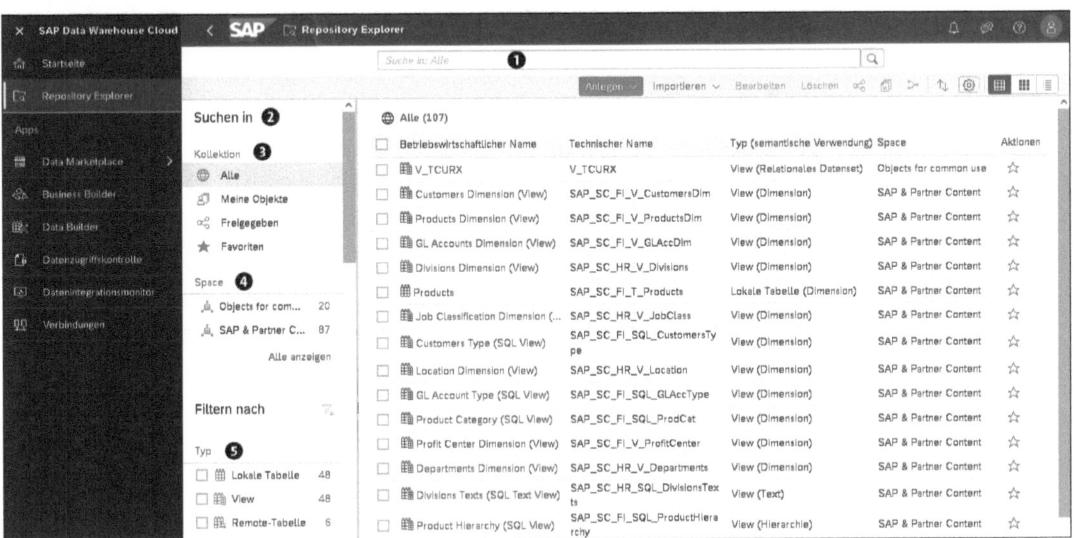

Abbildung 3.9 Repository Explorer: Übersicht

Im oberen Bereich der Ansicht bietet der Repository Explorer ein Suchfeld ❶ für das Finden von Entwicklungsobjekten. Suchbegriffe können ohne die Verwendung von dedizierten Platzhaltern direkt eingegeben werden, und

Suchfeld

das System ermittelt automatisch Vorschlagswerte. Nach der Bestätigung der Suche wird die Tabelle im Hauptbereich automatisch aktualisiert und zeigt nur noch relevante Objekte an.

Suchen in Kollektionen

Über die Auswahl im linken Bildbereich unter **Suchen in** ❷ können Sie den Suchbereich entweder auf einzelne Kollektionen oder auf Spaces einschränken. Die Verwendung von Kollektionen ❸ erlaubt die Reduzierung des Suchbereichs auf folgende Objekte:

- **Alle**: In der Standardansicht werden alle Objekte angezeigt, die ein Anwender oder eine Anwenderin sehen darf.
- **Meine Objekte:** Nur vom Anwender bzw. der Anwenderin angelegte Objekte werden angezeigt.
- **Freigegeben:** Objekte, die für die Verwendung in anderen Spaces freigegeben wurden, werden angezeigt.
- **Favoriten:** Vom Anwender bzw. der Anwenderin als Favorit gekennzeichnete Objekte werden angezeigt.

Favoriten

Im Repository Explorer ist es direkt möglich, einzelne Artefakte als Favoriten zu markieren. Hierzu klicken Sie in der Tabellenansicht in der Spalte **Aktionen** die Schaltfläche mit dem Sternsymbol an.

Suchen in Spaces

Unterhalb der Kollektionen werden bis zu fünf Spaces ❹ in der Reihenfolge Ihres letzten Besuchs aufgelistet. Ein Klick auf ein Element schränkt die Suche entsprechend ein. Sollte der gewünschte Space nicht dabei sein, können weitere Spaces durch einen Klick auf **Alle anzeigen** in einem Dialogfeld angezeigt und zur Fokussierung der Suche ausgewählt werden.

Filtern nach

Zusätzlich zur Auswahl des Suchbereichs bietet der Repository Explorer vordefinierte Filter ❺, um die im Anzeigebereich sichtbaren Objekte zu reduzieren. Einfach zu verwendende Checkboxes helfen Ihnen bei der schnellen Suche in den folgenden Filterkategorien:

- Typ
- Semantische Verwendung
- Status
- Teilen
- Für Verbrauch verfügbar machen
- Verbindung
- Geändert am

- Angelegt am
- Angelegt von
- Implementiert am

Innerhalb der Kategorien können gängige Filterwerte direkt per Auswahl der entsprechenden Checkbox aktiviert werden. Es ist möglich, in jeder Filterkategorie einen oder mehrere Werte auszuwählen. Dabei wirkt jeder in der gleichen Kategorie ausgesuchte Wert im Sinne einer ODER-Bedingung und in verschiedenen Kategorien ausgewählte Werte zusammen als UND-Bedingung.

Filterleiste

Nach der Anwendung von Filtern erscheint unterhalb der Menüleiste die Filterleiste, in der alle aktiven Filter zusammengefasst aufgeführt werden (siehe Abbildung 3.10). Um den gesamten Filter aufzuheben, klicken Sie rechts in der Leiste auf die Schaltfläche (**Filter zurücksetzen**).

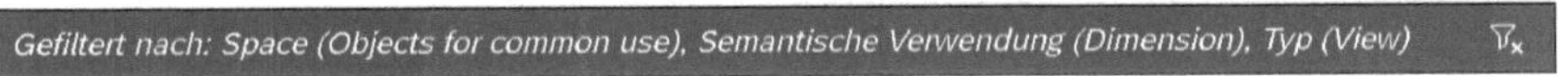

Abbildung 3.10 Repository Explorer: Filterleiste

Komplexere Selektionen

Für komplexere Selektionen öffnen Sie mit einem Klick auf **Mehr anzeigen** in einer der Filterkategorien ein Dialogfenster für erweiterte Filtermöglichkeiten. Abbildung 3.11 zeigt diese Ansicht für die Einschränkung des Implementierungsdatums.

Filter
Angelegt am
Angelegt von
Für Verbrauch verfügbar machen
Geändert am
Geändert von
Implementiert am
Semantische Verwendung
Status
Tag
Teilen
Typ
Verbindung
Verbindungstyp
Zugriff am

Implementiert am
Last seven days 9
Last two weeks 9
This month 9
This year 9
Last 3 years 29
Last 5 years 29
dd.MM.y - dd.MM.y

OK Abbrechen

Abbildung 3.11 Repository Explorer: Objekte filtern

Suchergebnisse darstellen

Über die Such- und Filterfunktionen gefundene Objekte werden üblicherweise in Tabellenform im Hauptbereich des Repository Explorers angezeigt. Über die im rechten Teil des Menüs hinterlegten Schaltflächen kann alternativ eine Darstellung der Ergebnisse als Raster oder Liste ausgewählt werden (siehe Abbildung 3.12).

Abbildung 3.12 Repository Explorer: Suchergebnisse darstellen

Weitere Optionen zur Visualisierung der Suchergebnisse bieten die Schaltflächen (**Sortieren**) und (**Spalten auswählen**). Erstere erlaubt sowohl die Änderung der Sortierrichtung als auch die Auswahl des Sortierkriteriums, während Letztere eine Anpassung der im Hauptbereich angezeigten Spaltenauswahl ermöglicht.

3.3.2 Editierfunktionen

Arbeit mit Entwicklungsobjekten

Der Repository Explorer bietet neben umfangreichen Such- und Filterfunktionen auch einen Einstieg für das direkte Arbeiten mit Entwicklungsobjekten. So wird es z. B. möglich, Fehlendes direkt anzulegen oder für Änderungen direkt in die Konfigurationsdialoge des Objekts zu verzweigen.

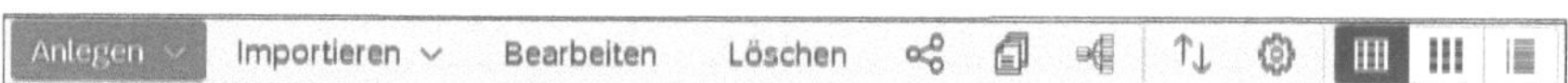

Abbildung 3.13 Repository Explorer: Menü

Alle verfügbaren Funktionen können über das Menü ausgewählt werden (siehe Abbildung 3.13):

- **Anlegen**: Erlaubt die Neuanlage von lokalen Tabellen, grafischen Views, SQL-Views, ER-Modellen, Datenflüssen, intelligenten Suchen und Datenzugriffskontrollen für einen ausgewählten Space.
- **Importieren**: Erlaubt den Import von Remote-Tabellen.
- **Bearbeiten**: Öffnet das im Hauptbereich ausgewählte Objekt im Editor.
- **Löschen**: Löscht eines oder mehrere im Hauptbereich ausgewählte Objekte, falls diese nicht mehr verwendet werden.
- (**Teilen**): Ausgewählte Objekte eines Space können für andere Spaces freigegeben oder die Freigabe einzelner Objekte kann verwaltet werden.
- (**Kopieren**): Dupliziert ein Objekt innerhalb eines Space.
- (**Analyse der Auswirkungen und der Herkunft**): Zeigt ein Diagramm der abhängigen Objekte.

Die Ausführung von Funktionen für das Anlegen, Importieren und Bearbeiten von Artefakten verzweigt auf die entsprechenden Dialoge und Editoren der Hauptbereiche **Data Builder** und **Datenzugriffskontrolle** aus der Seitennavigation. Alle Details zur Konfiguration der Objekte sind in den entsprechenden Kapiteln beschrieben.

[«]

Geplante Unterstützung für Business-Layer-Artefakte

Aktuell werden nur Data-Layer-Funktionen für das Anlegen, Importieren und Bearbeiten unterstützt. Die Unterstützung für Artefakte des Business Layers ist bereits geplant.

Teilen

Wenn ein Objekt für andere Spaces verfügbar gemacht werden soll, können Sie es im Repository Explorer einfach freigeben. Hierzu muss nur das zu teilende Objekt in der Hauptansicht markiert und über das Menü die Funktion (**Teilen**) ausgewählt werden. Anschließend öffnet sich ein Dialogfenster, in dem Sie den Space auswählen können, mit dem das Objekt geteilt werden soll (siehe Abbildung 3.14).

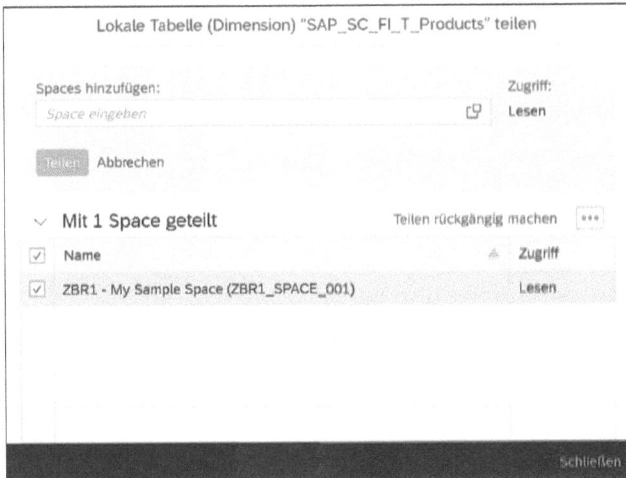

Abbildung 3.14 Repository Explorer: Teilen

Im Dialog **Teilen** ist es ebenfalls möglich, das Teilen eines Objekts rückgängig zu machen: Dafür öffnen Sie einfach den Bereich **Mit ? Space geteilt** und wählen einen oder mehrere Spaces aus, wie in Abbildung 3.14 gezeigt. Über **Teilen rückgängig machen** kann dann die Freigabe des Objekts ganz oder teilweise aufgehoben werden.

Kopieren

Die Funktion (**Kopieren**) aus dem Menü des Repository Explorers erlaubt es Ihnen, bestehende Objekte innerhalb eines Space unter einem anderem

Namen neu anzulegen, wie in Abbildung 3.15 gezeigt. Sobald ein einziges Element in der Hauptansicht markiert worden ist, ist die Funktion **Kopieren** im Menü auswählbar.

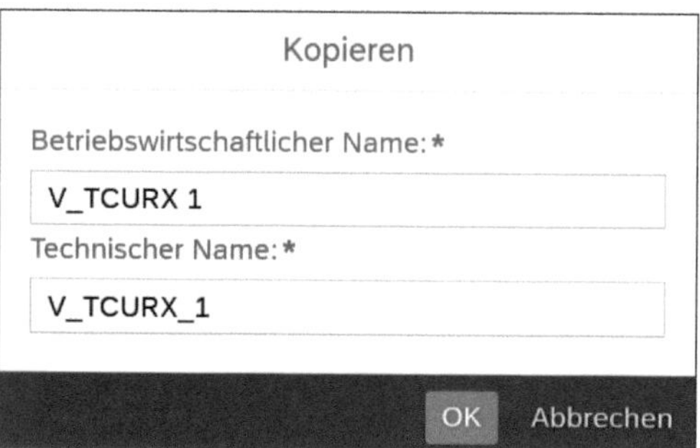

Abbildung 3.15 Repository Explorer: Kopieren

Nachdem der Kopiervorgang beendet worden ist, erscheint die Kopie unter neuem Namen im Status **Nicht Implementiert** in der Hauptansicht und kann weiterbearbeitet oder implementiert werden.

Das Teilen wird nicht kopiert oder transportiert

Die Eigenschaften zur Freigabe eines Objekts werden in die Kopie nicht mit übernommen. Kopierte Objekte müssen nach der Implementierung erneut geteilt werden, falls dies notwendig sein sollte. Dies gilt auch für Objekte, die transportiert worden sind.

3.3.3 Analyse der Auswirkungen und der Herkunft

Objekte analysieren

Die Analyse der Auswirkungen und Herkunft erlaubt eine umfangreiche Überprüfung der Verwendung eines Objekts in SAP Data Warehouse Cloud. Sie ist ein wichtiges Werkzeug zur Ermittlung der von einem Objekt abhängigen Elemente (Auswirkungen) und der von ihm benötigten Objekte (Herkunft).

Nach einem Klick auf **Analyse der Auswirkungen und der Herkunft** im Menü des Repository Explorers (siehe Abbildung 3.13) öffnet sich ein Diagramm, das alle Wechselwirkungen des im Hauptbereich zur Analyse ausgewählten Objekts zusammenfasst, wie in Abbildung 3.16 dargestellt:

- Die Auswirkungen werden oberhalb des analysierten Objekts zusammengefasst. Sie sind eine Übersicht aller Entwicklungs-objekte, die das Ausgangsobjekt direkt verwenden oder über Assoziationen referenzieren.

- Die Herkunft wird unterhalb dargestellt und zeigt eine grafische Zusammenfassung aller Entwicklungsobjekte, die das Ausgangsobjekt als Quelle verwendet oder auf die es über Assoziationen verweist.

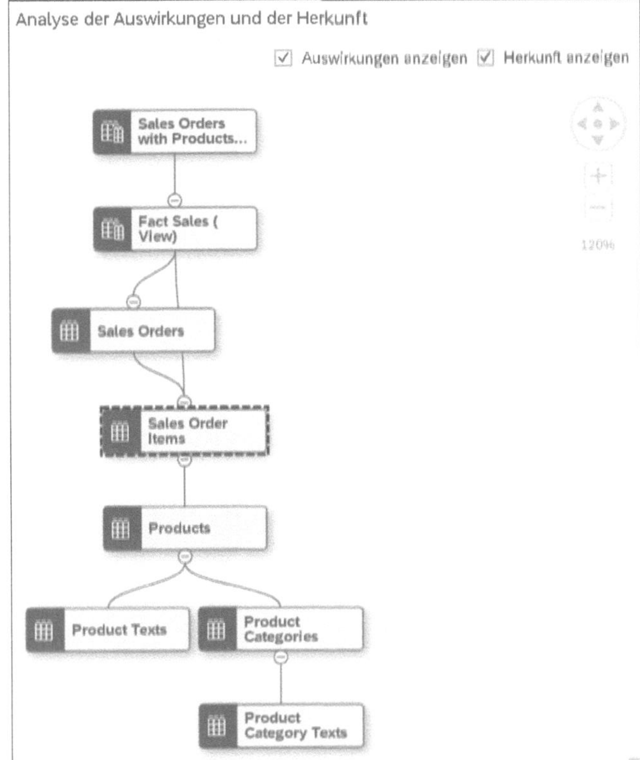

Abbildung 3.16 Analyse von Auswirkungen und Herkunft

Die Darstellungstiefe geht hier über einen reinen einstufigen Verwendungsnachweis hinaus: Es werden nicht nur die unmittelbaren, sondern auch alle weiteren Abhängigkeiten bis zur letzten Verwendung gezeigt. Somit können Sie die kompletten Auswirkungen von Veränderungen an einem Artefakt analysieren. Dies beantwortet z. B. Fragen wie »Was passiert, wenn ich die Tabelle xy erweitere?« umfassend, schnell und übersichtlich im Vorfeld einer Änderung.

3.4 Verbindungen

Über *Verbindungen* ist es in SAP Data Warehouse Cloud möglich, Daten aus einer Vielzahl von Quellen in einen Space zu integrieren. Dies umfasst sowohl Cloud- als auch On-Premise-Quellen von SAP und anderen Anbietern.

Lokale Verbindungen

In Version 2022.18.57 stehen insgesamt 30 *Verbindungstypen* für *lokale Verbindungen* zur Verfügung, die für die Integration von Daten aus verschiedenen SAP- und Nicht-SAP Quellen, wie z. B. Google BigQuery oder Microsoft Azure, verwendet werden können. Jeder einzelne Verbindungstyp stellt speziell auf die jeweilige Quelle zugeschnittene Funktionen bereit, die flexibel über die Konfiguration der Verbindungseigenschaften für das Herstellen einer Verbindung angepasst werden können. Kapitel 7, »Verwalten und Überwachen der Datenintegration«, enthält einen aktuellen Überblick zu den Datenintegrationsszenarien und damit auch eine Tabelle mit den aktuell verfügbaren Verbindungstypen.

SAP Open Connectors

Parallel zur Arbeit mit lokalen Verbindungen ist es möglich, in SAP Data Warehouse Cloud Verbindungen via *SAP Open Connectors* einzurichten. Hierbei handelt es sich um eine zentrale Komponente der SAP Integration Suite, die vorgefertigte und leicht konfigurierbare Verbindungstypen für die reibungslose Integration von Nicht-SAP-Cloud-Anwendungen bereitstellt, wie in Abschnitt 3.4.5, »SAP Open Connectors«, beschrieben.

[»]

Verbindungen pro Space anlegen oder zentrale Verbindungen teilen

Verbindungen können für jeden Space individuell angelegt und konfiguriert werden. So wirken sich Änderungen der Eigenschaften einer Verbindung nur auf den ausgewählten Space aus.

Alternativ kann es sinnvoll sein, Verbindungen für einen zentralen Space anzulegen und die Inhalte in einem zweiten Schritt mit weiteren Spaces zu teilen. Weitere Informationen hierzu finden Sie in Abschnitt 3.1.3, »Eigene Spaces für die Integration von Quelldaten«.

Die nachfolgenden Abschnitte beschreiben zunächst die Arbeitsumgebung für das Anlegen von Verbindungen, gefolgt von einem Abschnitt über lokale Verbindungen, inklusive eines Beispiels zur Konfiguration einer solchen, und anschließend die Verwendung von SAP Open Connectors für einen Space.

3.4.1 Übersicht

Verbindungen pflegen

Der Einstieg in die Pflege von Verbindungen ist über den entsprechenden Befehl im seitlichen Navigationsbereich möglich, wie in Abbildung 3.17 dargestellt. Sollten Sie noch keinen Space ausgewählt haben, wird Ihnen beim Klick auf (**Verbindungen**) ❶ zunächst eine Übersicht aller Spaces angezeigt, für die Ihr Benutzer berechtigt ist. Wählen Sie den Space aus, für den Sie eine Verbindung erstellen möchten. Alternativ kann dieser Bereich durch die entsprechende Schaltfläche im Management eines Space erreicht werden, wie in Abschnitt 3.2 gezeigt.

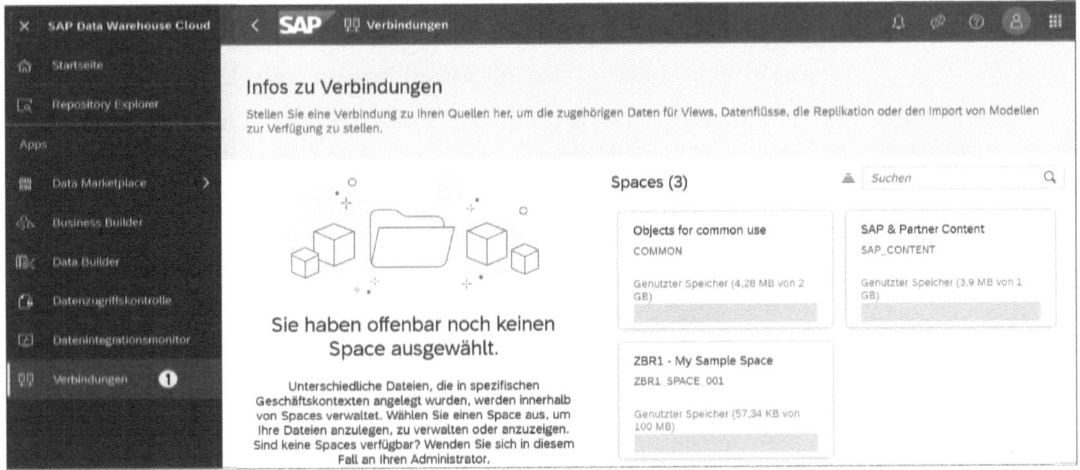

Abbildung 3.17 Verbindungen: kein ausgewählter Space

Verwaltung

Wenn Sie einen Space ausgewählt haben, zeigt das System den Bereich für die Verwaltung von Verbindungen, in dem Sie die Konfiguration von lokalen Verbindungen und SAP Open Connectors vornehmen können (siehe Abbildung 3.18).

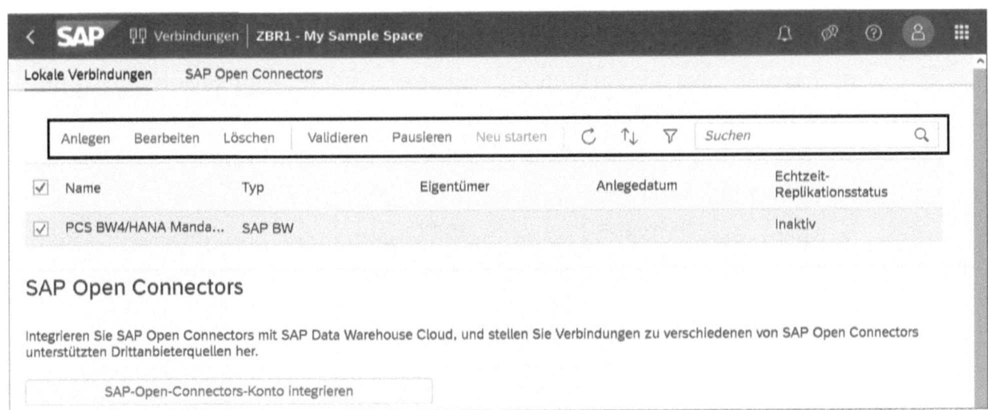

Abbildung 3.18 Verbindungen: Verbindungen verwalten

Editierfunktionen

Im oberen Bereich der Verbindungsverwaltung fasst das Menü alle Befehle für die Verwaltung von Verbindungen zusammen. Die Verwendung der Editierfunktionen **Anlegen** und **Bearbeiten** sind stark vom Typ der gewählten Verbindung abhängig und daher in Abschnitt 3.4.4, »Beispielverbindung: SAP S/4HANA, On-Premise-Version«, nur beispielhaft beschrieben. Lediglich die Löschfunktion ist für alle Verbindungen gleich aufgebaut: Nach der Auswahl der zu entfernenden Verbindung kann im Menü der Befehl **Löschen** angeklickt werden. Ein Dialogfenster fordert Sie dann zur Bestätigung auf. Bei einem Klick auf **Ja** löscht das System die ausgewählte Verbindung, wenn sie nicht mehr für den Zugriff auf Remote-Tabellen verwendet wird.

Verbindungen validieren

Parallel zu den Editierfunktionen stellt die Verbindungsübersicht eine Funktion für das Validieren einer angelegten Verbindung zur Verfügung. Bei einer erfolgreichen Prüfung erscheint die Meldung »Verbindung "<Verbindungsname>" ist gültig«. Darüber hinaus werden Sie über die Verfügbarkeit von unterstützten Funktionen informiert und erhalten Details zu Fehlern in der Verbindung.

Echtzeitreplikation pausieren/neu starten

Über die Schaltflächen **Pausieren** und **Neu starten** des Menüs können Sie die Echtzeitreplikation für Verbindungen, die über SAP HANA Smart Data Integration und den dazugehörigen Datenbereitstellungs-Agent eine Verbindung zu einer Quelle herstellen, pausieren oder pausierte Verbindungen wieder aktivieren.

In der Verbindungsübersicht wird der **Echtzeit-Replikationsstatus** für jede Verbindung angezeigt:

- **Nicht zutreffend**: Der Verbindungstyp unterstützt keine Echtzeitreplikation.
- **Aktiv**: Die Echtzeitreplikation wird unterstützt, und mindestens eine Tabelle wird repliziert.
- **Pausiert**: Für die Verbindung wurde die Echtzeitreplikation von mindestens einer Tabelle pausiert.
- **Inaktiv**: Für die Verbindung gibt es derzeit keine Tabelle, die über Echtzeitreplikation repliziert wird.
- **Nicht verbunden**: Die Verbindung verwendet einen Datenbereitstellungs-Agent, der sich derzeit im Status **Nicht verbunden** befindet.

Während der Wartung einer Quelle sollte die Echtzeitreplikation für die betreffenden Verbindungen pausiert werden. Dies gilt sowohl für aktive als auch für inaktive Verbindungen. Ist die Aktualisierung abgeschlossen, kann die Replikation neu gestartet werden. Gleiches trifft für Upgrades oder Patches des Datenbereitstellungs-Agent oder für Änderungen an seiner Konfiguration zu.

Verbindungen finden

Zeigt die Verbindungsübersicht eine Vielzahl von Verbindungen, kann es sinnvoll sein, die Darstellung einzuschränken:

- Über die Schaltfläche ⇅ (**Sortieren**) können Sie die Ergebnisliste nach einem anderen Kriterium oder in anderer Reihenfolge neu sortieren.

- Über die Schaltfläche [Filter-Symbol] (**Filtern**) können Sie die Ergebnisse nach vordefinierten Kategorien filtern.
- Über die Textsuche können Sie die Auswahl ebenfalls einschränken.

So ist sichergestellt, dass die Verbindungsverwaltung auch bei Spaces mit einer wachsenden Anzahl von Verbindungen effizient erfolgen kann.

3.4.2 Lokale Verbindungen

Lokale Verbindungen bieten verschiedene Funktionen in Abhängigkeit ihres Typs. Je nach Konfiguration ist es in diesem Zusammenhang möglich, eine Verbindung für eine oder mehrere unterstützte Funktionen zu verwenden. Grundlegend werden folgende Funktionen unterstützt:

- Remote-Tabellen
- Datenflüsse
- Modellimport

Remote-Tabellen

Durch die Funktion **Remote-Tabellen** eines Verbindungstyps wird die Erstellung von grafischen und SQL-Views sowie von Entity-Relationship-Modellen im Data Builder unterstützt. Je nach Verbindungstyp können Remote-Tabellen für den Direktzugriff auf die Quelldaten (Remote-Zugriff) oder zur Replikation der Quelldaten entweder im Snapshot-Verfahren oder in Echtzeit verwendet werden.

SAP Data Warehouse Cloud nutzt SAP HANA Smart Data Integration und den dazugehörigen *Datenbereitstellungs-Agent* als Gateway zu SAP Data Warehouse Cloud. Für das Anlegen von Verbindungen für Remote-Tabellen und zur View-Erstellung ist es notwendig, diesen zu installieren und mit SAP Data Warehouse Cloud zu verbinden. Weitere Informationen und Konfigurationstipps finden Sie in Kapitel 9, »Weitere Konfigurationen in SAP Data Warehouse Cloud«.

Ist eine Verbindung erfolgreich angelegt und implementiert worden, kann sie von allen Entwicklerinnen und Entwickler, die Zugriff auf den Space haben, über die Registerkarte **Quellen** z. B. im Editor für grafische Views des Data Builders gefunden werden. Auch können von dort aus alle Tabellen eingebunden werden, die über die Verbindung bereitgestellt werden.

Datenflüsse

Eine Vielzahl von Verbindungstypen erlaubt das Aktivieren von Datenflüssen. So ist es möglich, ein Quellobjekt aus einer Verbindung zu einem Datenfluss hinzuzufügen und die Daten nach Bedarf zu integrieren, zu transformieren und in einer Zieltabelle zu speichern.

Cloud Connector Für das Aktivieren von Datenflüssen in einem On-Premise-System muss die Anwendung Cloud Connector konfiguriert werden. Weitere Informationen und Konfigurationstipps finden Sie in Kapitel 9, »Weitere Konfigurationen in SAP Data Warehouse Cloud«.

Nachdem eine Verbindung für die Verwendung von Datenflüssen konfiguriert worden ist, ist es möglich, im Data Builder einen neuen Datenfluss mit der angelegten Verbindung als Quelle zu erstellen.

Modellimport Die Funktion des *Modellimports* ermöglicht die Integration von Metadaten und Daten aus einem unterstützenden SAP-System nach SAP Data Warehouse Cloud. Auf diesem Weg können Sie vorhandene Datenmodelle und Daten einbinden, ohne diese manuell neu aufbauen zu müssen. Um den Modellimport nutzen zu können, müssen Datenbereitstellungs-Agent und Cloud Connector eingerichtet sein.

Sobald alle Voraussetzungen für die Nutzung des Modellimports hergestellt sind, ist es auf der Einstiegsseite des Business Builders möglich, die Metadaten der Quelle über die Verbindung zu importieren. Details zum Vorgehen beim Modellimport entnehmen Sie Kapitel 5, »Datenaufbereitung mit dem Business Builder«.

Für das Herstellen von Verbindungen existieren gewisse Voraussetzungen: Diese können für alle 30 Verbindungstypen im Administrationsleitfaden eingesehen werden. Navigieren Sie dazu im SAP Help Portal zum Eintrag **SAP Data Warehouse Cloud • Administrationsleitfaden • Integrieren von Daten aus Quellen • Voraussetzungen für das Anlegen von Verbindungen**. Die Verbindungen mehrerer Spaces können einen gemeinsamen Datenbereitstellungs-Agent verwenden.

3.4.3 Verbindungen zu SAP-Partner-Tools

Die Vielzahl von Remote-Verbindungen, die standardmäßig in SAP Data Warehouse Cloud zur Verfügung stehen, kann um zusätzliche Datenquellen, die mittels Partner-Tools verbunden werden, erweitert werden.

Partner-Tools nutzen für die Datenübertragung an SAP Data Warehouse Cloud ein Open-SQL-Schema, das beim Anlegen der Verbindung innerhalb von SAP Data Warehouse Cloud generiert wird. Hierzu ist es notwendig, Informationen zu Host, Port und Anmeldeinformationen des Open-SQL-Schemas an das Partner-Tool zu übertragen. Gleichzeitig müssen die IP-Adresse(n) des Partner-Tools zur IP-Erlaubtliste in SAP Data Warehouse Cloud hinzugefügt werden. Weitere Informationen zur Pflege von IP-Erlaubtlisten erhalten Sie in Abschnitt 9.6, »IP-Erlaubtliste«.

Open-SQL-Schema anzeigen

Nachdem die Verbindung im Space von SAP Data Warehouse Cloud erstellt worden ist, können Sie sie im Data Builder verwenden, um z. B. einen View anzulegen. Das mittels Partnerverbindung angelegte Open-SQL-Schema wird im Gegensatz zu anderen Schemas dieser Art nicht direkt unter **Quellen**, sondern unter **Quellen • Verbindungen • Name der Partnerverbindung** angezeigt.

3.4.4 Beispielverbindung: SAP S/4HANA, On-Premise-Version

Der Bereich für das Anlegen lokaler Verbindungen kann durch einen Klick auf ❷ **Lokale Verbindungen** im Hauptbereich fokussiert werden, wie in Abbildung 3.19 gezeigt. Klicken Sie auf ❸ **Anlegen**, um den Assistenten für das Anlegen von Verbindungen zu öffnen.

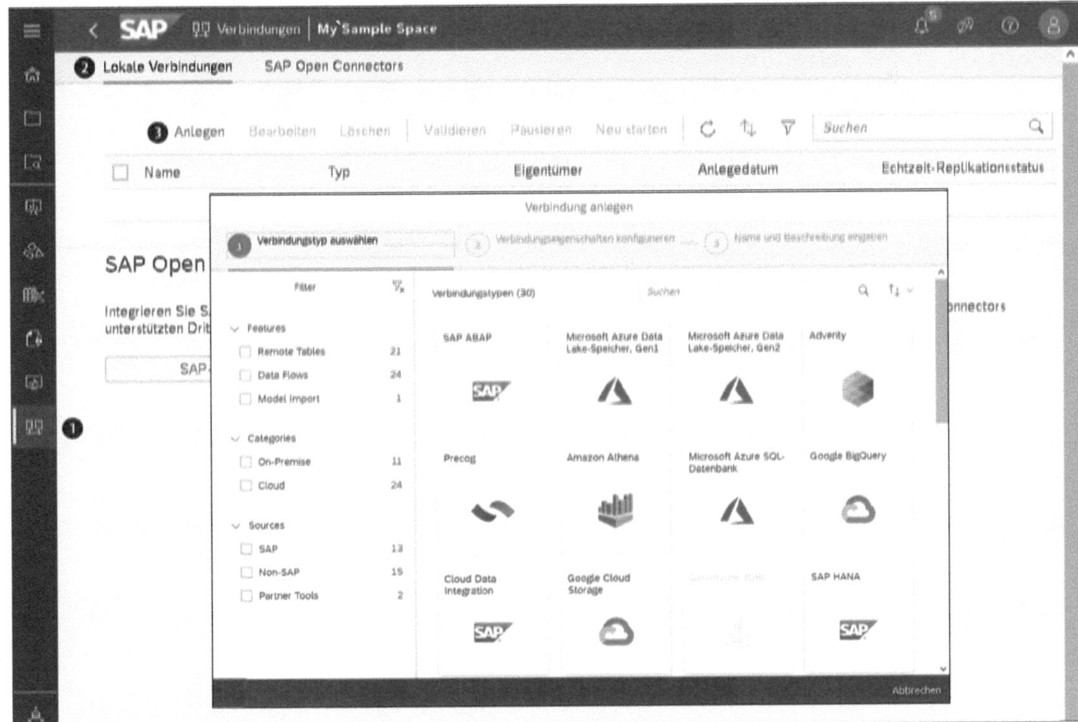

Abbildung 3.19 Verbindungen: Assistent für das Anlegen und den Verbindungstyp

Wählen Sie im ersten Schritt des Assistenten einen geeigneten Typ für Ihre Quelle aus den Kacheln für den Verbindungstyp aus. Über eine oder mehrere der folgenden Optionen können Sie den gewünschten Verbindungstyp schnell ausfindig machen:

- **Suchen**: Geben Sie im Suchfeld einen Suchbegriff ein, um nur Verbindungstypen mit diesem Begriff anzuzeigen.
- **Sortieren**: Verwenden Sie ⇅ (**Sortieren**), um die Liste alphabetisch auf- oder absteigend zu sortieren.
- **Filtern**: Verwenden Sie unter **Filter** einen der folgenden Filter:
  - Funktionen, die ein Verbindungstyp unterstützt (Remote-Tabellen, Datenflüsse, Modellimport)
  - Kategorien, zu denen die entsprechende Quelle gehört (On-Premise-Version, Cloud-Version)
  - Quellen, zu denen Sie eine Verbindung herstellen möchten (SAP-, SAP-fremde oder Partner-Tools)

Im Folgenden wird das Anlegen einer Verbindung vom Typ **S/4HANA On-Premise** exemplarisch gezeigt. Andere Verbindungen werden ähnlich angelegt.

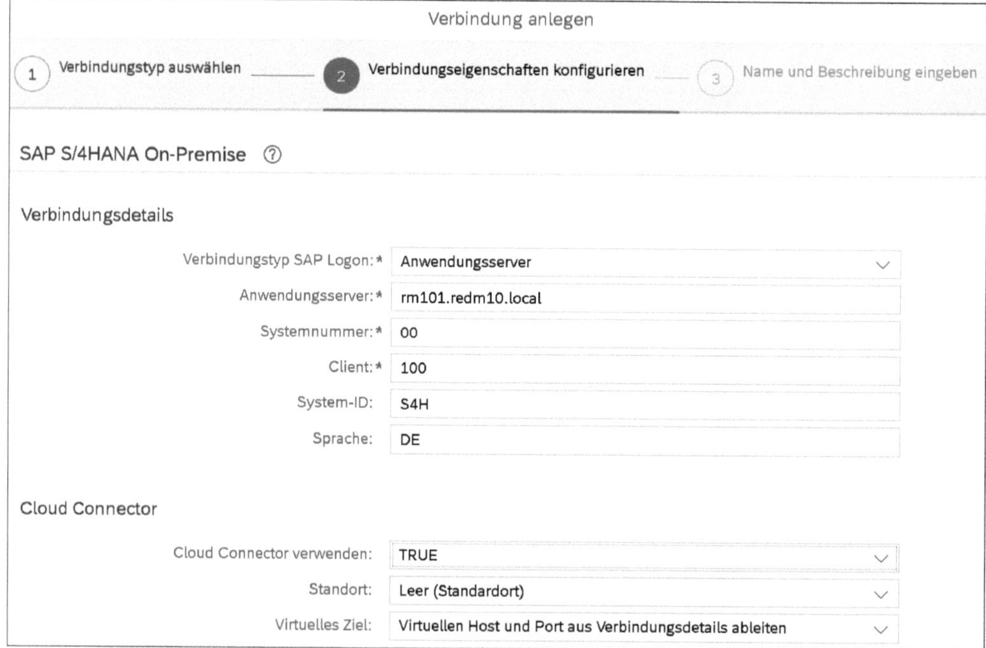

Abbildung 3.20 Verbindungen: Verbindungseigenschaften konfigurieren

Der Assistent zum Anlegen von Verbindungen fasst in Schritt 2 der Konfiguration der Verbindungseigenschaften alle notwendigen Eingaben für den ausgewählten Verbindungstyp zusammen (siehe Abbildung 3.20). Für das erfolgreiche Anlegen einer Verbindung werden nacheinander alle relevanten Informationen hinterlegt.

Verbindungsdetails

Unter **Verbindungsdetails** sind alle Informationen zusammengefasst, die die SAP Data Warehouse Cloud benötigt, um das Quellsystem eindeutig zu identifizieren. Da es sich in diesem Beispiel um ein SAP-System handelt, sind mindestens ein Anwendungsserver, ein Mandant und eine Systemnummer zu hinterlegen.

Verbindungsdetails

Alle Informationen zu den Verbindungsdetails können Sie auch dem SAP Logon entnehmen.

Cloud Connector

Für Verbindungstypen, die Datenflüsse unterstützen und eine Verbindung zu einer On-Premise-Quelle oder zu einer SAP-Cloud-Anwendung herstellen, die eine auf Cloud Data Integration basierende Verbindung verwendet, müssen Sie den Cloud Connector installieren und konfigurieren. Dies gilt u. a. für die folgenden Verbindungstypen: Cloud Data Integration, Generic OData, SAP ABAP, SAP Fieldglass, SAP HANA, SAP Marketing Cloud und SAP S/4HANA, On-Premise-Version.

Für den Zugriff auf Cloud-Datenquellen kann im Bereich **Cloud Connector** der Standort und das virtuelle Ziel hinterlegt werden. Unabhängig davon, ob der Cloud Connector konfiguriert ist oder nicht, werden Datenflüsse im Bereich **Funktionsumfang** als aktiviert angezeigt. Weitere Informationen zum Cloud Connector entnehmen Sie Kapitel 9, »Weitere Konfigurationen in SAP Data Warehouse Cloud«.

Anmeldeinformationen

Die Anmeldung an der Quelle erfolgt über die hinterlegten Anmeldeinformationen. Die besonderen Anforderungen für die Berechtigungen des verwendeten Benutzers werden in Kapitel 8, »Benutzer und Rollen«, beschrieben.

Funktionsumfang

Die meisten Verbindungstypen, die das Anlegen von Views und den Zugriff auf Daten oder die Replikation von Daten über Remote-Tabellen unterstützen, nutzen SAP HANA Smart Data Integration und den dazugehörigen Datenbereitstellungs-Agent. Im letzten Schritt der Konfiguration der Verbindungseigenschaften legen Sie den Funktionsumfang des Datenbereitstellungs-Agent für Ihren Space fest. Beachten Sie, dass die Remote-Tabellen zunächst deaktiviert sind und erst als aktiv gekennzeichnet werden, wenn ein Datenbereitstellungs-Agent ausgewählt wurde. Gleichzeitig erscheint die Option **Streaming Lesevorgang** unterhalb des ausgewählten Agent. Sollten Sie große ABAP-Tabellen streamen wollen, ohne dass Speicherprobleme auftreten, kann es sinnvoll sein, diese Option zu aktivieren und das ABAP-RFC-Streaming zu nutzen.

Datenbereitstellungs-Agent konfigurieren

Vor der Verwendung der Verbindung muss der Agent entsprechend eingerichtet werden. Weitere Informationen zur Konfiguration von Datenbereitstellungs-Agents in SAP Data Warehouse Cloud entnehmen Sie Kapitel 9, »Weitere Konfigurationen in SAP Data Warehouse Cloud«.

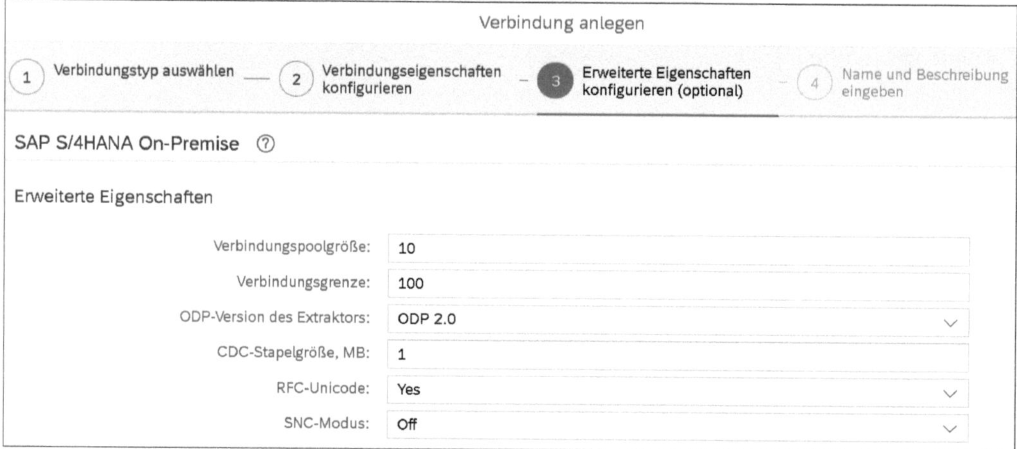

Abbildung 3.21 Verbindungen: erweiterte Eigenschaften konfigurieren

In den erweiterten Eigenschaften können optional die folgenden Parameter der Verbindung angepasst werden (siehe Abbildung 3.21):

- **Verbindungspoolgröße**: Hier ist die maximale Anzahl der zur Quelle offen gehaltenen Verbindungen hinterlegt. **0** bedeutet, dass nach jeder Datenanforderung alle aufgebauten Verbindungen wieder geschlossen werden.
- **Verbindungsgrenze**: Dies ist die Anzahl der maximal parallel genutzten Verbindungen zur Quelle.
- **ODP-Version des Extraktors**: Hier ist die verwendete ODP-Version angegeben (ODP 2.0 ist der Standardwert).
- **CDC Stapelgröße, MB**: Sie legt die Change-Data-Capture-Paketgröße fest (1 MB ist der Standardwert).
- **RFC-Unicode**: Falls die Quelle nicht Unicode verwendet, um über RFC zu kommunizieren, kann hier **No** ausgewählt werden. Anschließend muss die RFC-Zeichenkodierung angegeben werden.
- **SNC-Modus**: Aktivieren Sie die Secure Network Communication, indem Sie diese Einstellung auf **On** setzen und die notwendigen Eigenschaften pflegen.

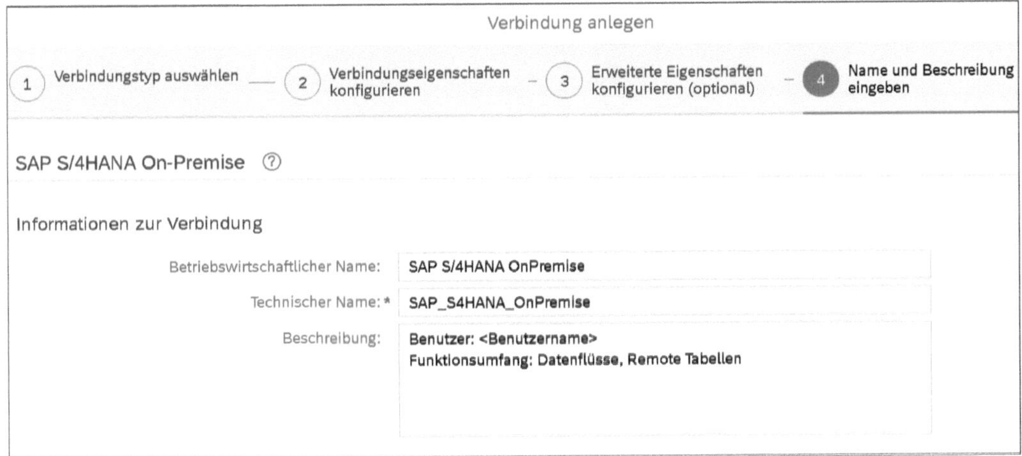

Abbildung 3.22 Verbindungen: Name und Beschreibung eingeben

Informationen zur Verbindung

Im letzten Schritt müssen für die neue Verbindung ein noch nachträglich änderbarer betriebswirtschaftlicher Name, ein nicht mehr änderbarer technischer Name und ein Beschreibungstext hinterlegt werden (siehe Abbildung 3.22). Letzterer wird immer zusammen mit allen technischen Informationen zur Verbindung in einem Dialog angezeigt. Eine Auflistung der vorgenommenen Einstellungen ist also nicht sinnvoll.

3.4.5 SAP Open Connectors

Zugriff auf Drittanbieter-Quellen

Mit SAP Open Connectors erhalten Sie Zugriff auf vorgefertigte, konfigurierbare Verbindungen für die einfache und nahtlose Integration von Nicht-SAP-Cloud-Anwendungen in SAP Data Warehouse Cloud. Über die SAP Business Technology Platform (SAP BTP) wird hierzu ein einheitlicher API-Layer bereitgestellt, der es Entwicklerinnen und Entwicklern erlaubt, losgelöst von der eigentlichen Technologie des Quellsystems Daten über eine standardisierte Umgebung zu integrieren. Mit derzeit mehr als 160 Verbindungen für den Zugriff auf einige der bekanntesten Drittanbieter-Applikationen ermöglicht SAP Open Connectors eine schnelle und einfache Anbindung relevanter Quellen.

Um in SAP Data Warehouse Cloud eine Verbindung zu einer Quelle via SAP Open Connectors herzustellen, klicken Sie im Bereich **Verbindungen** der Seitennavigation auf die Registerkarte **SAP Open Connectors** und wählen **SAP-Open-Connectors-Konto integrieren**, um das entsprechende Dialogfeld zu öffnen (siehe Abbildung 3.23).

Abbildung 3.23 Verbindungen: SAP-Open-Connectors-Konto integrieren

Unterkontoregion

Ihren Unterkontoinformationen für SAP BTP können Sie die SAP BTP Unterkontoregion entnehmen. Sie sollten Daten zu Anbieter, Region und Umgebung enthalten und zeigen, ob es sich um eine Testversion handelt oder nicht.

Nachdem Sie Ihren geheimen **Open-Connectors-Organisationsschlüssel** und den **Open-Connectors-Benutzerschlüssel** eingegeben haben, klicken Sie auf die Schaltfläche **OK**. Ihr SAP Open Connectors-Konto wird in SAP Data Warehouse Cloud integriert. Jetzt sind Sie in der Lage, Verbindungen vom Typ **Open Connectors** zu Datenquellen von Drittanbietern anzulegen, die über Ihr SAP-Open-Connectors-Konto verfügbar sind.

Weitere Informationen zur Einrichtung von Quellen direkt in SAP Open Connectors erhalten Sie in der Online-Dokumentation zu SAP Open Connectors: *https://help.openconnectors.ext.hana.ondemand.com*.

3.5 Zusammenfassung

In diesem Kapitel haben Sie einen ersten Eindruck einer grundlegenden Neuerung erhalten, die Sie mit SAP Data Warehouse Cloud nutzen können: die Spaces. Nach einer Zusammenfassung der Idee und einigen grundlegenden Überlegungen zum Aufbau eines Space-Konzepts für Ihr Unternehmen haben wir beschrieben, wie Sie Spaces in SAP Data Warehouse Cloud erfolgreich anlegen, verwalten und überwachen können.

Darüber hinaus ist Ihnen nun bekannt, wie Sie mithilfe des Repository Explorers den Überblick über alle analytischen Ressourcen Ihres Tenants behalten und wie Sie neue Verbindungen zu Datenquellen konfigurieren, sodass in den Spaces alle benötigten Informationen zur Verfügung stehen.

Im nächsten Kapitel erfahren Sie u. a., wie Sie innerhalb eines angelegten Space im Data Builder Modelle anlegen und für den Verbrauch in SAP Analytics Cloud verfügbar machen.

Kapitel 4

Datenmodellierung mit dem Data Builder

Eine zentrale Funktion von SAP Data Warehouse Cloud besteht darin, Daten aus mehreren bestehenden Verbindungen zu kombinieren und anzureichern. In diesem Kapitel lernen Sie dafür das ideale Werkzeug kennen: den Data Builder.

Die Basis jeder Analyse ist ein gut strukturiertes Datenmodell. Haben Sie bereits Quellsysteme als Verbindung an SAP Data Warehouse Cloud angebunden, und möchten Sie nun die benötigten Daten auswählen, kombinieren, harmonisieren und für Fachbereiche aufbereiten? Je nach Szenario und Ressourcenverfügbarkeit haben Sie dabei die folgenden unterschiedlichen Anforderungen:

- Sie möchten über einen View in Echtzeit lesend auf externe Daten zugreifen.
- Sie möchten Ihre Daten bei jeder Änderung der externen Tabelle zeitnah replizieren.
- Sie möchten zusätzliche Daten aus einer Textdatei in eine lokale Tabelle von SAP Data Warehouse Cloud laden.
- Sie möchten regelmäßig Daten transformieren und anreichern und das Ergebnis in eine lokale Tabelle von SAP Data Warehouse Cloud laden.
- Sie möchten Modelle aus SAP BW Bridge über SAP Data Warehouse Cloud zur Verfügung stellen.
- Sie möchten Umrechnungstabellen für Währungsumrechnungen aktualisieren.

Space-Konzept

In all diesen Fällen nutzen Sie den Data Builder zum Importieren oder Erstellen der Datenmodelle. Dazu wählen Sie auf der Startseite den Space aus, in dem Sie arbeiten möchten (siehe Abbildung 4.1). Wenn Sie bereits einen aktuellen Space ausgewählt haben, entfällt dieser Schritt. Sie können dann am oberen Bildrand neben dem SAP-Logo auf **Data Builder** klicken, um den Space zu wechseln.

Abbildung 4.1 Startseite des Data Builders: Space auswählen

Zentraler Vorteil

Auf der Startseite sind alle bereits erstellten Modelle des aktuellen Space mit den dazugehörigen Statusinformationen aufgeführt, z. B. wann das Objekt von wem implementiert wurde und ob es einen Laufzeitfehler hat.

Sie können je nach Quelle weitere Originaldaten über SAP BW Bridge, über im Space verfügbare Verbindungen, über HDI-Container, Dateien oder ein Open-SQL-Schema anbinden und in einem grafischen Editor, darauf aufbauend, Transformationen und Eigenschaften definieren. Darüber hinaus gibt es einen Editor für SQLScript-Code. Die fertiggestellten Views können Sie für den externen Zugriff, z. B. aus SAP Analytics Cloud, freischalten.

Wenn Ihre Kolleg*innen aus anderen Bereichen noch eine spezifische Anpassung benötigen, beispielsweise weitere Stammdaten und Texte, können Sie die freigeschalteten Modelle zunächst mit dem Business Builder erweitern und dann für SAP Analytics Cloud freigeben. Diese Beziehungen sind in Abbildung 4.2 schematisch und in Abbildung 4.3 anhand eines Beispiels dargestellt.

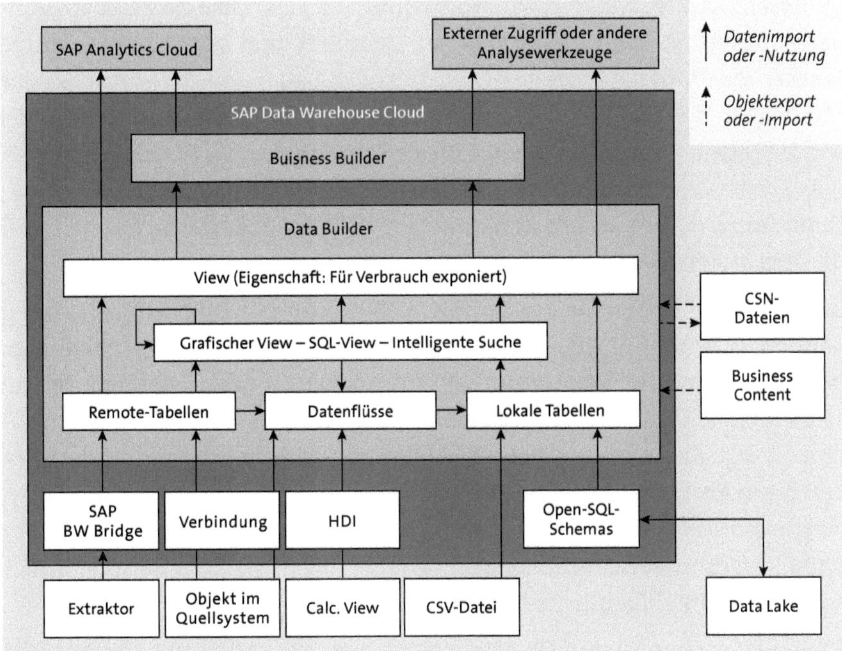

Abbildung 4.2 Architektur, vereinfacht nach SAP

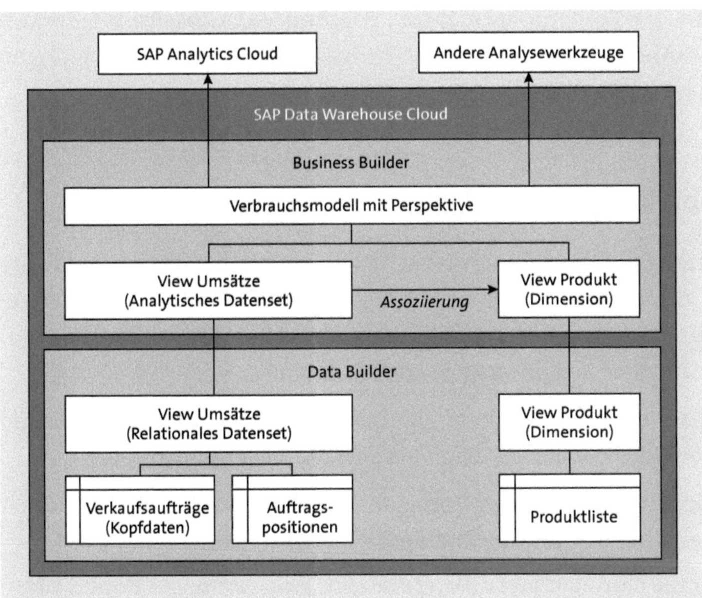

Abbildung 4.3 Beispiel für die Kombination verschiedener Views aus dem Data Builder, vereinfacht nach SAP

Weiterer Ablauf In diesem Kapitel erklären wir in Abschnitt 4.1, »Die Objekte des Data Builders«, zunächst die Objekttypen im Überblick und außerdem wichtige Werkzeuge für den Import von Objekten oder Daten und das Verwalten der Modelle. In Abschnitt 4.2, »Tabellen und Remote-Tabellen«, erfahren Sie, wie Sie Tabellen als eigenständige lokale Tabellen oder als Remote-Tabellen, die externe Quellen anbinden, definieren und füllen. In Abschnitt 4.3, »CSV-Datei-Import«, geht es um den Import von Daten über flache Dateien und die dort angebotenen einfachen Transformationen.

Anschließend lernen Sie die Optionen für komplexere Transformationen kennen: In Abschnitt 4.4, »Grafische Views«, lernen Sie Filter, Projektionen, Berechnungen und Verknüpfungen im grafischen Editor kennen. In Abschnitt 4.5, »SQL-Views«, erhalten Sie einen Eindruck von den Möglichkeiten, die SQL Ihnen bietet. Wenn Sie lieber mit Python programmieren, finden Sie in Abschnitt 4.6, »Datenflüsse«, eine gute Alternative, um die Daten zu transformieren und zu persistieren. Wenn Sie komplexe Regeln lieber ohne Programmiersprache anlegen wollen, folgen Sie dem Beispiel in Abschnitt 4.7, »Intelligente Suche«.

Schließlich gehen wir auf Objekte ein, die mehrere Entitäten betreffen. Wie Sie Beziehungen zwischen Objekten visualisieren, sehen Sie in Abschnitt 4.8, »Entity-Relationship-Modelle«, und wie Sie mehrere Aufgaben und deren Ausführung in eine Reihenfolge bringen, erfahren Sie in Abschnitt 4.9, »Aufgabenketten«. Abschließend finden Sie einige Hinweise zu Berechtigungen in Abschnitt 4.10, »Berechtigungen«.

4.1 Die Objekte des Data Builders

Anforderungen Für unterschiedliche Situationen stellt der Data Builder unterschiedliche Objekttypen zur Verfügung, die wir in diesem Abschnitt im Überblick gegenüberstellen. In den weiteren Abschnitten stellen wir Ihnen die einzelnen Objekttypen und ihre Funktionalität im Detail vor.

Wir nehmen an, dass der Fachbereich eine neue Anforderung hat, die Sie umsetzen möchten. Zunächst stellen Sie sich die folgenden Fragen:

1. Können Sie auf vorhandenen Vorlagen oder Quellen aufbauen, oder ist es einfacher, die Struktur neu anzulegen?
2. Wenn Sie eine Vorlage oder Quelle nutzen: Wie komplex ist die Datenqualität, und wie komplex sind die benötigten Änderungen?
3. Brauchen Sie die Daten zwingend persistent, oder können Sie vorerst virtuell auf vorhandene Daten zugreifen?

Aus den Antworten ergibt sich, welchen Objekttyp Sie benötigen. Wenn Sie z. B. eine Union (Vereinigungsmenge) aus zwei Objekten einer externen Verbindung abbilden möchten, legen Sie einen grafischen View mit zwei Remote-Tabellen als Quelle an. Die Modellierung starten Sie durch die Auswahl der zugehörigen Kachel (**Neue Tabelle**, **Neuer grafischer View**, **Neuer SQL-View**, **Neues Entity-Relationship-Modell**, **Neuer Datenfluss**, **Neue intelligente Suche** oder **Neue Aufgabenkette**) auf der Startseite des Data Builders (siehe Abbildung 4.4).

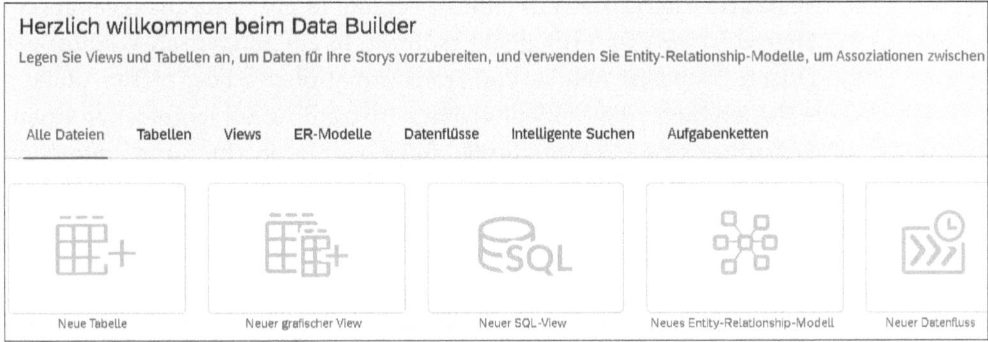

Abbildung 4.4 Mögliche zu erstellende Objekttypen im Data Builder

4.1.1 Objekttypen des Data Builders im Überblick

Tabellenarten

Folgende Objekte, also Objekttypen und zugehörige Hintergrundobjekte, können Sie im Data Builder nutzen:

- (**Lokale Tabelle**): Eine *lokale Tabelle* ist eine Tabelle, deren Struktur im Data Builder definiert ist. Sie können eine lokale Tabelle manuell völlig frei anlegen, als Ziel eines Datenflusses definieren oder durch Datei-Import generieren. Technisch ist es eine Tabelle in der SAP-HANA-Datenbank von SAP Data Warehouse Cloud, die im Schema des aktuellen Space liegt. Dort sind die Daten physisch gespeichert. Dies hat den Vorteil, dass der Zugriff sehr schnell und sicher ist.
- **Remote-Tabelle**: Eine *Remote-Tabelle* ist eine Referenz auf ein Objekt einer anderen Quelle, die wie eine Tabelle benutzt werden kann. Technisch gesehen handelt es sich dabei um eine virtuelle Tabelle im Schema des aktuellen Space. Beim Datenzugriffstyp **Remote** liegen die Daten physisch im Originalsystem. Dies hat den Vorteil, dass die Daten auf dem aktuellen Stand sichtbar sind und kein zusätzlicher bezahlter Speicherplatz in SAP Data Warehouse Cloud benötigt wird. Eine Alternative ist der Datenzugriffstyp **Repliziert**, über den die Daten in SAP Data Warehouse Cloud kopiert werden.

- **Replikatstabelle**: Eine *Replikatstabelle* ist die bei Replikation einer Remote-Tabelle automatisch im Hintergrund angelegte Zieltabelle im Schema des aktuellen Space, die die kopierten Daten speichert. Die Daten werden dann aus der Replikatstabelle gelesen. Je nach Modus wird ein stabiler Snapshot oder der neueste Stand gelesen.
- **(View)**: Ein *View* ist ein Objekt, das ähnlich einer Remote-Tabelle die Daten primär virtuell bereitstellt. Im Unterschied zur Remote-Tabelle kann ein View Transformationen in mehreren Schritten enthalten, die bei jedem Zugriff neu ausgeführt werden. Es gibt zwei Untervarianten: Ein *grafischer View* ermöglicht es Ihnen, in einem grafischen Editor per Drag & Drop eine Abfolge von Transformationen zu definieren, und ein *SQL-View* bietet die Flexibilität eines Programms. Sie schreiben in einem Texteditor eine *SQL-(Standard)abfrage* oder legen eine *Tabellenfunktion* an, also ein Programm.
- **Entität**: Der Begriff *Entität* wird in diesem Kapitel immer als Oberbegriff für lokale Tabellen, Remote-Tabellen und Views verwendet.
- **(Datenfluss)**: Ein *Datenfluss* ist ein Modell für die Übernahme von Daten in eine lokale Tabelle. Der Vorteil liegt darin, dass beim Laden der Daten Transformationen möglich sind. Sie nutzen beim Erstellen eines solchen Modells grafische und optional skriptbasierte Editoren.
- **(ER-Modell)**: Ein *ER-Modell* ist ein Modell der Beziehungen von Views und Tabellen, das Sie in einem grafischen Editor erstellen.
- **(Intelligente Suche)**: Eine *intelligente Suche* ist eine Abfolge von Regeln, um dazugehörige Informationen in Referenzobjekten exakt oder fehlertolerant zu finden. Außerdem können Sie Zuordnungen manuell festlegen. Sie erstellen sie in einem grafischen Editor.
- **Pairing-Tabelle**: Wenn Sie in einer intelligenten Suche (siehe auch Abschnitt 4.7, »Intelligente Suche«) eine Zuordnung manuell pflegen, werden die passenden zugeordneten Werte im Hintergrund in einer *Pairing-Tabelle* abgelegt, um bei jedem Vorkommen eines Wertes den passenden zugeordneten Wert zu verwenden.

Eine weitere Objektart, die Sie in einem grafischen Editor anlegen, ist **(Aufgabenkette)**, die Ihnen noch einmal in Abschnitt 4.1.5, »Datenimport«, begegnet.

4.1.2 Objekteigenschaften

Objektnamen

Unter den Eigenschaften der Objekte gibt es einige Einstellungen, die Sie bei jedem Objekt des Data Builders finden. Zu den allgemeinen Eigenschaften gehören zwei *Objektnamen*, die in Tabelle 4.1 miteinander verglichen werden.

	Betriebswirtschaftlicher Name	Technischer Name
Funktion	Hilft Benutzer*innen, ein Objekt zu finden. Dieser Name ist nicht zwingend, aber idealerweise eindeutig.	Kennzeichnet das Objekt eindeutig innerhalb des Space.
Format	Besteht aus einer beliebige Zeichenkette.	Enthält nur Zeichen vom Typ 0–9, vom Typ A–Z, vom Typ a–z oder vom Typ _ (Unterstrich).
Sprachabhängigkeit	Laut Roadmap geplant, derzeit in allen Sprachen gleich.	In allen Sprachen gleich.
Änderbarkeit	Ist jederzeit änderbar.	Ist vor dem Sichern des Objekts editierbar, nach dem Sichern aber nicht mehr änderbar.

Tabelle 4.1 Vergleich der Objektnamen

Technische Namen und Namenskonvention

Bei den technischen Namen für Modellierungsobjekte im Data Builder wird zwischen Groß- und Kleinschreibung unterschieden. Wir empfehlen, nur Großbuchstaben zu verwenden und einer zu Beginn festgelegten Namenskonvention zu folgen, die z. B. Testobjekte von produktiven Objekten unterscheidet und Verantwortungsbereiche abbildet.

Wenn Sie die technischen Namen eines Objekts ändern möchten, müssen Sie das Objekt unter einem anderen Namen speichern. Die Eigenschaft, geteilt zu sein, wird nicht mitkopiert; Sie müssen das neue Objekt teilen und das alte Objekt überall ersetzen, wo es verwendet wird. Danach können Sie das alte Objekt löschen. Weil es Remote-Tabellen nur einmal geben kann, müssen Sie eine Remote-Tabelle erst löschen und dann neu importieren.

Gründe für Kopien

Es kann sich als nützlich erweisen, vor einer kritischen Änderung eine Sicherheitskopie anzulegen. Dazu wählen Sie im Editor **Speichern unter** und setzen z. B. eine Nummer hinter den technischen Namen.

Entwurfszeitobjekte und implementierte Objekte

Ein nur gespeichertes Objekt ist ein reines Entwurfszeitobjekt , also eine Festlegung der Eigenschaften ohne dazugehörige verwendbare Datenbankobjekte. Wenn ein Objekt verwendet werden soll, müssen Sie es implementieren. Beim Implementieren legt das System die Laufzeitobjekte (Tabellen, Views, Prozeduren) in der Datenbank von SAP Data Warehouse Cloud an, die den gespeicherten Entwurfszeitobjekten, also der Objektdefinition entsprechen.

Mögliche Probleme bei der Implementierung

- Starten Sie eine Datenvorschau erst nach der Implementierung, da Sie sonst keine oder veraltete Informationen sehen. Die Implementierung dauert in der Regel eine Weile. Übersichtlicher als in den Informationsmeldungen sehen Sie im Repository Explorer oder in der Objektübersicht auf der Startseite des Data Builders, ob das Objekt tatsächlich implementiert worden ist.
- Sie können nur korrekt definierte Objekte implementieren. Typische Definitionsfehler ergeben sich durch inkompatible semantische Eigenschaften, fehlende Spalten oder inkompatible Datentypen. Dies kann passieren, wenn ein verwendetes Objekt geändert wurde.
- Wenn der aktuelle Space seine Speicherkapazität erreicht, wird er gesperrt, und Sie dürfen keine Objekte mehr implementieren, bis Sie Daten gelöscht oder die Speicherkapazität erhöht haben.

Auswirkungen auf die Objekte

Wenn Sie ein Objekt ändern, das bereits in einem anderen Objekt verwendet wird, werden Sie beim Speichern darauf hingewiesen. Sie können das Objekt dennoch mit der Änderung speichern und implementieren. Wenn das betreffende Objekt dadurch fehlerhaft wird, erhält es den Implementierungsstatus **Laufzeitfehler**. Bei der Bearbeitung sind Warnungen zu sehen, die Sie über die einzelnen Probleme informieren. In einigen Fällen kann der Data Builder die abhängigen Views anpassen, z. B. von Ebene zu Ebene das fehlende Feld ebenfalls entfernen, sodass Sie das betreffende Objekt aktivieren können.

Implementierungsstatus

Objekte können den folgenden Implementierungsstatus annehmen:

- **Nicht implementiert**: Das Objekt wurde noch nie implementiert; es gibt nur die Entwurfszeitversion, aber kein Datenbankobjekt.
- **Implementiert**: Das Objekt liegt in der Datenbank als Laufzeitversion vor, die der Entwurfszeitversion entspricht.
- **Zu implementierende Änderungen**: Die Entwurfszeitversion des Objekts enthält Änderungen, die Sie noch implementieren müssen, damit sie zur Laufzeit verfügbar sind.
- **Laufzeitfehler**: Die Implementierung ist fehlgeschlagen, oder ein benutztes Objekt wurde verändert, sodass die aktuelle Version nicht mehr verwendbar ist. Sie müssen Ihr Objekt anpassen und erneut implementieren.

Semantische Verwendung

Für Tabellen und Views legen Sie durch die besondere Eigenschaft **semantische Verwendung** fest, wie das Objekt benutzt wird und mit welchen anderen Entitäten Sie es kombinieren können. Tabelle 4.2 zeigt die Grundidee der verfügbaren Optionen für die semantische Verwendung und die Konsequenz für die Spaltenmodellierung.

Semantische Verwendung der Tabelle/des Views	Bedeutung, Semantik der Spalten
Relationales Datenset	Nutzen Sie diese Option für Objekte auf Zwischenebenen, die nicht direkt in Analysen integriert werden. Sie definieren keinen analytischen Zweck für die Spalten des Objekts. Optional können Sie einen Schlüssel aus einer oder mehreren Spalten definieren.
Dimension	Das Objekt zeigt die Stammdaten, beispielsweise das Datum mit Monat und Jahr oder eine Liste von Produkten mit ABC-Kategorie und Listenpreis. Sie definieren einen Schlüssel (eine oder mehrere Spalten), abhängige Attribute und optional Hierarchien.
Text	Das Objekt zeigt sprachspezifische Texte, beispielsweise Monatsnamen. Sie definieren einen Schlüssel aus Identifikator und Sprachkennzeichen und dazugehörige Textspalten.
Analytisches Datenset	Das Objekt zeigt Bewegungsdaten. Sie definieren Attribute und mindestens eine Kennzahl, die nach den Attributen ausgewertet wird.
Hierarchie	Der View zeigt Stammdaten mit einer Hierarchie, z. B. Mitarbeitende und ihre Vorgesetzten. Sie definieren genau eine Spalte als Schlüsselattribut (als unteres Element einer hierarchischen Beziehung) und eine Spalte, die das übergeordnete Element enthält.

Tabelle 4.2 Optionen der semantischen Verwendung von Tabellen und Views und die Semantik ihrer Spalten

Die Standardeinstellung ist **Relationales Datenset**. Wenn Sie mindestens eine Kennzahl mit einer bestimmten Aggregation definieren wollen, müssen Sie also zum semantischen Typ **Analytisches Datenset** wechseln. Wo Sie zuvor nur aufgelistete Spalten sehen konnten, sehen Sie nun die beiden Bereiche, **Kennzahlen** und **Attribute**. Details zur Spaltendefinition erhalten Sie in Abschnitt 4.2.1, »Lokale Tabellen«.

4.1.3 Hierarchien

Eigenschaften für eine rekursiv erzeugte Hierarchie

Wenn Sie bei der Entität (Tabelle oder View) den semantischen Typ **Hierarchie** auswählen, werden im Bereich **Allgemein** zwei weitere Eigenschaften eingeblendet (siehe Abbildung 4.5).

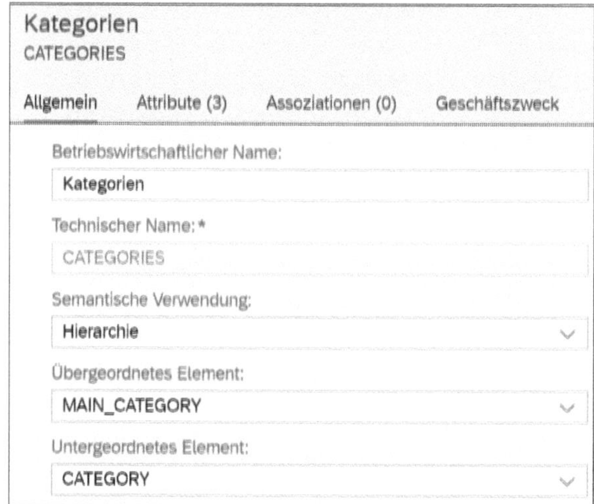

Abbildung 4.5 Eigenschaften zur Definition einer Hierarchie anhand des Beispiels »Tabelle«

Das Feld **Untergeordnetes Element** muss ein Schlüsselfeld sein. Im Feld **Übergeordnetes Element** wählen Sie die Spalte aus, die den jeweils übergeordneten Wert enthält; sie muss vom gleichen Datentyp sein. Die Hierarchie aus über- und untergeordneten Elementen wird rekursiv aufgebaut. Das bedeutet, dass die als übergeordnetes Element auftauchenden Werte wieder in der Spalte **Schlüssel** als untergeordnete Elemente für die nächste Hierarchiestufe gesucht werden, bis die Hierarchie komplett konstruiert ist.

Ebenenhierarchie

In einer Dimension können Sie alternativ eine *Ebenenhierarchie* mit einer festen Anzahl von Ebenen anlegen, die jeweils einem Attribut entsprechen. Klicken Sie dazu oberhalb der Eigenschaften der Entität (Tabelle oder View) auf die Schaltfläche (**Hierarchie**). Wie es Abbildung 4.6 zeigt, können Sie die Schaltfläche **+** und danach die Option **Ebenenhierarchie** auswählen ❶ und die gewünschten Spalten als Ebenen vom obersten bis hinunter zum Basiselement einfügen ❷. Schließen Sie das Dialogfeld, und implementieren Sie die Entität ❸.

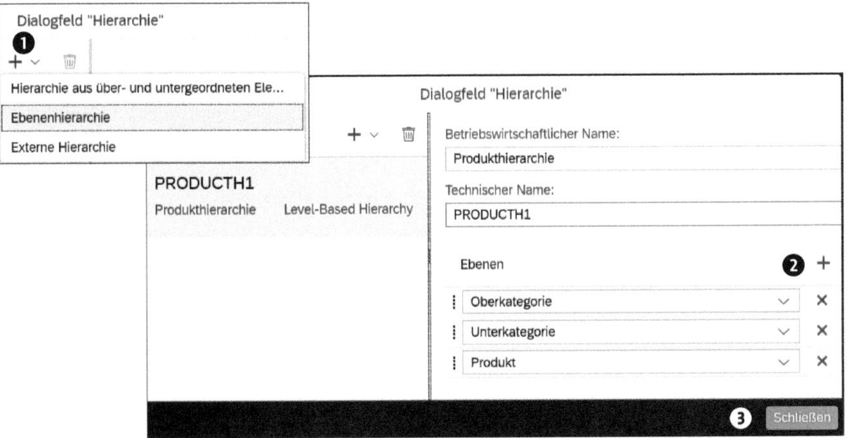

Abbildung 4.6 Ebenenhierarchie anlegen

Externe Hierarchie

Eine *externe Hierarchie* ist eine Assoziation zu einer Hierarchie-Entität im gleichen Space.

Einschränkungen

Rekursive, also aus über- und untergeordneten Elementen aufgebaute Hierarchien, sowie ebenenbasierte Hierarchien dürfen nicht im gleichen View oder in über Assoziationen verketteten Views vorkommen.

4.1.4 Objekte importieren

Werkzeuge für den Import

Sie müssen die Objekte, die Sie über eine Verbindung angebunden haben, nicht einzeln manuell definieren. Es gibt die folgenden Unterstützungswerkzeuge für den Import:

- **CSN-Import**
  Wenn Sie die Struktur einer Tabelle oder eines Views einschließlich Assoziationen wiederverwenden möchten, können Sie sie als CSN-Datei exportieren. CSN steht für *Core Data Services Schema Notation*. Eine solche Datei, die Sie im aktuellen Space importieren, kann aus einem anderen Space oder aus einer anderen SAP-Data-Warehouse-Cloud-Instanz stammen. Wählen Sie dazu, von der Startseite des Data Builders ausgehend, die Schaltfläche (**Importieren**) und anschließend **CSN-Datei importieren**. Die Datei enthält alle benötigten Objekte, z. B. alle Tabellen und Views eines ER-Modells und die in den Views verwendeten Objekte. Diese importieren Sie automatisch mit, wenn es sie im aktuellen Space noch nicht gibt. Wenn ein Objekt schon vorhanden ist, können Sie auswählen,

ob Sie es ersetzen oder den Import abbrechen möchten. CSN-Tabellen für Remote-Tabellen können Sie nur importieren, wenn eine Verbindung mit dem gleichen technischen Namen in Ihrem Space existiert und verwendet werden darf.

- **Quellbrowser**
  Der Quellbrowser (manchmal auch Quellbaum genannt) ist der links sichtbare Teilbereich in den Editoren für Datenflüsse, grafische Views, SQL-Views, ER-Modelle und intelligentes Suchen. Über den Quellbrowser finden Sie alle Objekte, die im aktuellen Space zur Verfügung stehen, z. B. mit dem Space geteilte Objekte, alle im Space verwendbaren Verbindungen und andere im Space verfügbaren Quellen. In einem ER-Modell fügen Sie Objekte hinzu, um sie zusammen in einem Diagramm zu visualisieren und für die Verwendung in anderen Editoren vorzubereiten. In den anderen Editoren fügen Sie die Objekte direkt als Quelle hinzu.
- **Importassistent**
  Der Importassistent ist ein Hilfsprogramm, mit dem Sie Remote-Tabellen, Tabellen für ein ER-Modelldiagramm (siehe Abschnitt 4.8, »Entity-Relationship-Modelle«) oder Tabellen für einen grafischen oder für einen SQL-View über eine bestehende Verbindung importieren können (siehe Abschnitt 4.4, »Grafische Views«). Der View ist vom Repository Explorer und von der Startseite des Data Builders über (**Importieren**) und dann über **Remote-Tabellen** aufrufbar. Beim Import werden Objekte in SAP Data Warehouse Cloud angelegt. Abbildung 4.2 und Tabelle 4.3 zeigen, wie die Art der beim Import erzeugten Objekte dabei von der Quelle abhängt. Mehr dazu erfahren Sie in Abschnitt 4.2.3, »Remote-Tabellen«.

Typ der Datenquelle bzw. des Imports	Erzeugte Objekte im Data Builder
Verbindung	Remote-Tabelle
(lokales) Open-SQL-Schema	lokale Tabelle
HDI-Container	lokale Tabelle
Partner-Tool	lokale Tabelle
Währungsumrechnung	Remote-Tabelle und View sowie Datenfluss und lokale (Ziel)tabelle
BW-Objekt von SAP BW Bridge	Remote-Tabelle

Tabelle 4.3 Beispiele: Datenquellen und über den Importassistenten angelegte Objekte

Alle erzeugten Objekte liegen im Repository und können von jedem Mitglied des Space auf der Startseite des Data Builders eingesehen und in den jeweiligen Editoren des Data Builders verwendet werden.

4.1.5 Datenimport

Integrationsaufgaben einplanen

Der Zugriff auf einen grafischen oder einen SQL-View kann aufgrund der Datenmenge oder der Komplexität des View-Modells sehr viel Zeit beanspruchen. Der Datenzugriff über eine Remote-Tabelle auf eine externe Quelle kann bei einer langsamen Verbindung lange dauern. Wenn Sie die Zugriffszeit beschleunigen möchten oder einen konstanten Snapshot der Daten statt dynamischer Änderungen benötigen, nutzen Sie die folgenden Werkzeuge:

- **(Datenintegrationsmonitor)**: Mit dem Datenintegrationsmonitor können Sie für einen View einen Snapshot laden und damit den View persistieren oder die persistenten Daten löschen und damit den View in den virtuellen Zugriff zurücksetzen. Weitere Informationen dazu finden Sie in Kapitel 7, »Verwalten und Überwachen der Datenintegration«.
- **(Aufgabenkette)**: Eine *Aufgabenkette* ist ein Objekt, in dem Sie mehrere Aufgaben, die sich auf Objekte beziehen, der Reihe nach ausführen können, z. B. erst eine Tabelle zu replizieren, danach einen daraus lesenden View zu persistieren und zuletzt einen Datenfluss auszuführen. Aufgabenketten konnten zum Zeitpunkt der Drucklegung dieses Buches keine Verzweigung und keine Bedingung enthalten; dies ist aber in Planung.
- **(Zeitplan)**: Ein *Zeitplan* ist eine definierte Einplanung von Datenintegrationsaufgaben, die regelmäßig zu einem bestimmten Datum oder zu einer bestimmten Uhrzeit ausgeführt werden, z. B. das Erzeugen von Snapshots für eine Remote-Tabelle oder das Ausführen eines Datenflusses. Sie können die Häufigkeit oder den Zeitraum begrenzen. Dazu nutzen Sie einen grafischen Auswahldialog, ein einfaches Formular oder direkt einen Cron-Ausdruck (siehe Abschnitt 7.3.2, »Cron-Ausdrücke«).

Weitere Information finden Sie in Kapitel 7, »Verwalten und Überwachen der Datenintegration«, und unter *https://help.sap.com/docs/SAP_DATA_WAREHOUSE_CLOUD/be5967d099974c69b77f4549425ca4c0/4cbf7c7fc6464-5bfa364332827557267.html*.

4.1.6 Die Objektübersicht auf der Startseite des Data Builders

Objektübersicht anpassen

Möchten Sie auf einen Blick sehen, welche Objekte Sie oder Ihre Kolleg*innen implementiert haben und wo sie verwendet werden? Auf der Startseite des Data Builders finden Sie eine Objektübersicht, ähnlich dem Repository Explorer (siehe Abbildung 4.7).

Am einfachsten fokussieren Sie sich auf einen Objekttyp, indem Sie auf den entsprechenden Auswahlbegriff (**Tabellen**, **Views**, **ER-Modelle**, **Datenflüsse**, **Intelligente Suchen**, **Aufgabenketten**) klicken. Über **Alle Dateien** heben Sie die Einschränkung wieder auf. Sie können die Liste nach den sichtbaren Kriterien Name, Typ (also Typ der Entität und semantische Verwendung), Status, Implementierungsdatum, Änderungsdatum und Änderer sortieren und filtern, indem Sie auf die jeweilige Spalte der Liste klicken. Als Filtertext können Sie Teile des Gesuchten mit oder ohne Wildcard-Zeichen (*) eingeben. Die Suche ist nicht case-sensitiv; Sie können die Spaltenreihenfolge durch Drag & Drop anpassen.

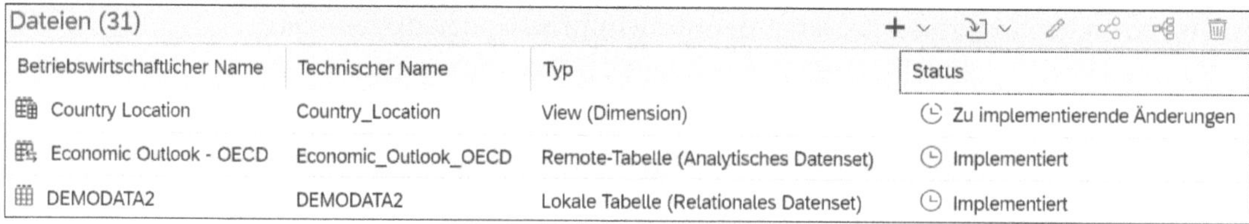

Dateien (31)

Betriebswirtschaftlicher Name	Technischer Name	Typ	Status
Country Location	Country_Location	View (Dimension)	Zu implementierende Änderungen
Economic Outlook - OECD	Economic_Outlook_OECD	Remote-Tabelle (Analytisches Datenset)	Implementiert
DEMODATA2	DEMODATA2	Lokale Tabelle (Relationales Datenset)	Implementiert

Abbildung 4.7 Startseite des Data Builders: Status der Modelle des aktuellen Space

Auswahl des angezeigten Namens

Objekte haben einen technischen und einen betriebswirtschaftlichen Namen (siehe Tabelle 4.1). Wenn der Platz nicht ausreicht, um beide Objektnamen anzuzeigen, können Sie über **Profil • Einstellungen • UI-Einstellungen** auswählen, ob Sie den betriebswirtschaftlichen oder den technischen Namen anzeigen möchten.

Kopieren und Implementieren

Die Funktionen zum Kopieren (**Sichern unter**) und **Implementieren** des Objekts sind hier nicht direkt verfügbar; dazu müssen Sie erst **Bearbeiten** auswählen.

Implementierungsstatus

Abbildung 4.8 zeigt, wie Sie sich Informationen über existierende Objekte im Überblick ansehen und ausgewählte Objekte löschen können.

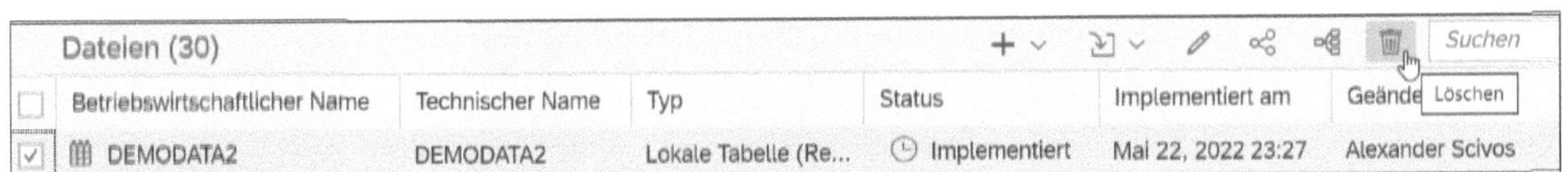

Abbildung 4.8 Überblick über die vorhandenen Objekte und die Löschen-Funktion

Für ein ausgewähltes Objekt haben Sie die folgenden Optionen: **Optionen**

- (**Bearbeiten**): Sie öffnen die Definition zum Ändern, Speichern und Implementieren.
- (**Teilen** bzw. **Teilen rückgängig machen**): Durch das Teilen mit einem anderen Space stellen Sie das Objekt dort für die Verwendung zur Verfügung, z. B. als Quelle in Views, Datenflüssen oder Business-Builder-Modellen.
- (**Analyse der Auswirkungen und der Herkunft**): Sie sehen als Diagramm, wo das Objekt verwendet wird und von welchen Objekten es selbst abhängt. Auch sehen Sie den Status (siehe Abbildung 4.9).

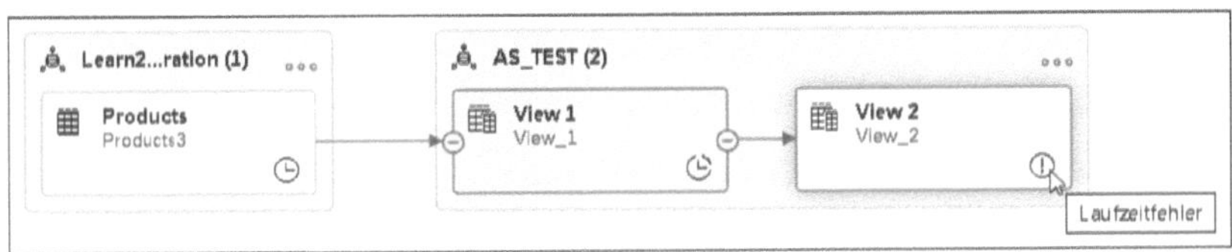

Abbildung 4.9 Bei der Anzeige der Auswirkungen und der Herkunft sehen Sie den Status, hier z. B. einen Laufzeitfehler.

- (**Löschen**): Durch das Löschen entfernen Sie die Definition und die dazugehörigen Laufzeitobjekte dauerhaft. Wenn abhängige Objekte existieren, werden diese aufgelistet, und Sie müssen den Löschvorgang abbrechen.

So teilen Sie ein Objekt: **Objekt teilen**

1. Wählen Sie ein oder mehrere Objekte aus, die Sie in Data Builder oder Repository Explorer teilen möchten. Alternativ können Sie ein Objekt im dazugehörigen Editor öffnen.
2. Klicken Sie auf (**Teilen**).
3. Geben Sie im Feld **Spaces hinzufügen** die Namen der Spaces ein, mit denen Sie die Objekte teilen möchten, oder klicken Sie auf (**Auswahlhilfe**), um die Spaces in einer Liste auszuwählen. Klicken Sie danach auf **Auswählen**.

4. Klicken Sie auf **Teilen**, um den anderen Spaces Lesezugriff auf die Objekte zu erteilen.
5. Klicken Sie auf **Schließen**, um das Dialogfeld **Teilen** zu schließen.

Teilen von Objekten

Sie können nur implementierte Objekte teilen. Rechte für den Space, mit dem Sie das Objekt teilen, benötigen Sie nicht. Wenn Sie das Objekt nicht mehr teilen möchten, expandieren Sie dazu die Liste **Teilen mit**, wählen die Spaces aus und klicken auf **Teilen rückgängig machen**. Achtung: Dadurch können abhängige Objekte fehlerhaft werden. Informieren Sie die Verantwortlichen der anderen Spaces, damit sie ihre dortigen Objekte anpassen.

4.2 Tabellen und Remote-Tabellen

Tabelleneditor und Dateneditor

Tabellen und Views sind die Basis Ihrer Modelle. Wenn Sie Daten für Ihre Modelle benötigen, können Sie diese in den meisten Fällen über eine Remote-Tabelle bereitstellen. Wir sehen uns in diesem Abschnitt die Details des Pflegedialogs, den Tabelleneditor, genauer an.

Was machen Sie aber, wenn die Verbindung zu den Quelldaten nicht auf Dauer zur Verfügung steht oder wenn die Anforderungen an die neue Tabelle stark abweichen? Dann sind Sie flexibler, wenn Sie eine neue leere lokale Tabelle in Ihrem Space anlegen und die Inhalte editieren oder hochladen.

4.2.1 Lokale Tabellen

Tabelle anlegen

Sie können von der Startseite des Data Builders aus eine lokale Tabelle definieren. Wählen Sie den gewünschten Space und dann die Kachel **Neue Tabelle** oder oberhalb der Objektübersicht die Schaltfläche **+** und anschließend [Tabelle] (**Tabelle hinzufügen**).

Benutzte Dialoge

Während der Tabellendefinition können Sie oben rechts zwischen den folgenden beiden Dialogen für die lokalen Tabellen wechseln:

- Im *Tabelleneditor* definieren Sie die Eigenschaften der Tabelle und der Felder.
- Im *Dateneditor* löschen, ändern und ergänzen Sie die Inhalte.

Manuelle Definition einer Tabelle

Wir bleiben zunächst im Tabelleneditor. Hier definieren Sie die Namen (siehe Tabelle 4.1), die *semantische Verwendung* (siehe Abschnitt 4.1.2, »Objekteigenschaften«) und die *Tabellenstruktur*, also eine Liste von Spalten mit ihren Eigenschaften. Gemäß der Logik aus Tabelle 4.2 in Abschnitt 4.1.2, »Objekteigenschaften«, hängt es von der Objekteigenschaft **Semantische Verwendung** ab, ob Sie Spalten als Attribute, Texte oder Kennzahlen definieren können.

Schlüsseldefinition

Sie können einen Schlüssel aus einem oder mehreren Attributen definieren. Jede Wertekombination des Schlüssels darf maximal in einer Zeile der Tabelle vorkommen. Ein Schlüssel ist generell optional, aber Pflicht für Dimensions-, Text- und Hierarchie-Entitäten und wenn Sie die Tabelle in einer intelligenten Suche verwenden (siehe Abschnitt 4.7, »Intelligente Suche«) oder manuell Daten erfassen möchten.

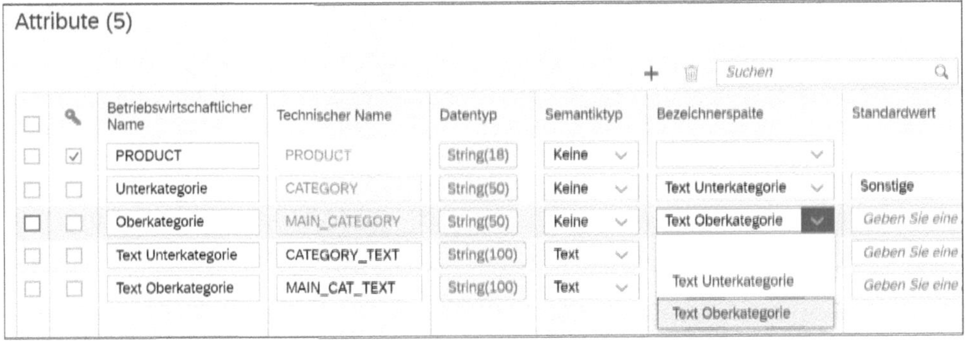

Abbildung 4.10 Beispiel für Attribute und deren Eigenschaften

Attribute anlegen

Im Bereich **Attribute** legen Sie über [+] (**Hinzufügen**) ein neues Attribut an (siehe Abbildung 4.10). Danach definieren Sie, ob es zum Schlüssel gehört und legen die zwei Namen, den Datentyp und optional den Semantiktyp fest. Durch den Semantiktyp wählen Sie eine Bedeutung für das Attribut aus, z. B. die folgende:

- **Mengeneinheit**
- **Währungscode**
- **Sprache**
- **Text**
- **Angelegt am** (im Kontext **Systemdatum**)
- **Längengrad** (im Kontext **Geolokation**)
- **Breitengrad** (im Kontext **Geolokation**)

Bezeichnerspalte

Einige Semantiktypen haben Konsequenzen für die Nutzung der Spalte. Nur wenn ein Attribut den Semantiktyp **Text** aufweist, können Sie es bei einer anderen Spalte als **Bezeichnerspalte** auswählen (siehe Abbildung 4.10), sodass im Report dessen Inhalt als Text zur Verfügung steht.

Vorlagen

Wenn Sie die Struktur eines existierenden Objekts als Vorlage nutzen möchten, empfehlen wir Ihnen, die lokale Tabelle nicht manuell, sondern über den Import einer CSV-Datei mit Daten (siehe Abschnitt 4.3), über den Import einer Struktur per CSN-Datei (siehe Abschnitt 4.1.4, »Objekte importieren«) oder als Ausgabetabelle eines Datenflusses (siehe Abschnitt 4.6, »Datenflüsse«) zu definieren. Eine auf diese Art erzeugte Tabellenstruktur können Sie manuell anpassen. Dies geht leichter in einem ER-Modell (siehe Abschnitt 4.8, »Entity-Relationship-Modelle«), weil Sie dort im Grafikeditor auf Funktionen zum Verschieben von Spalten zugreifen können.

Kennzahlen anlegen

Beim Anlegen oder Bearbeiten der Kennzahl legen Sie den Semantiktyp und eine der folgenden Aggregationsmethoden fest (siehe Abbildung 4.11):

- `SUM` (Summe)
- `COUNT` (Anzahl der Zeilen)
- `MIN` (Minimum)
- `MAX` (Maximum)
- `NONE` (keine Aggregation)

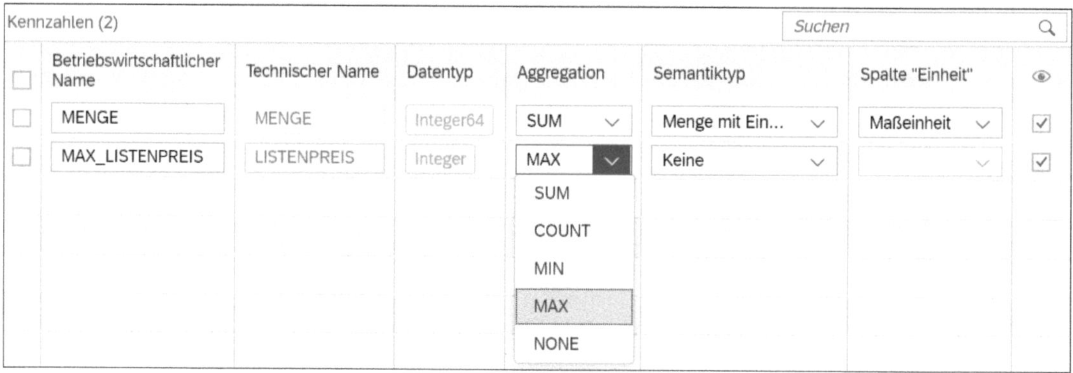

Abbildung 4.11 Kennzahlen definieren

Mengen- und Betragszahlen

Als Semantiktyp für Kennzahlen können Sie folgende Auswahlen treffen:

- **Menge mit Einheit**
- **Betrag mit Währung**
- **Keine**

Voraussetzung für den Semantiktyp **Menge mit Einheit** ist, dass Sie eine Attributspalte als Mengeneinheit definiert haben, die Sie auswählen können. Analoges gilt für Beträge. Darüber hinaus hängen bestimmte Funktionalitäten im Report und bei der Assoziation vom Semantiktyp ab.

Strukturanpassung

Der systemseitige Vorschlag für den Datentyp der Spalten, `String(100)` oder `Integer(64)`, ist in der Regel zu groß. Überlegen Sie rechtzeitig, welches Datenformat Sie nutzen werden, und passen Sie die Struktur einer Tabelle bereits an, *bevor* Sie die Daten laden oder das Objekt als Quelle oder in einer Assoziation verwenden.

Assoziationen anlegen

Wenn Sie in SAP Analytics Cloud zu einem Attribut Ihres Modells auf semantisch zusammenhängende Attribute, Texte oder Hierarchien zugreifen wollen, legen Sie unter **Assoziationen** Verweise auf andere Entitäten fest (siehe Abbildung 4.12). Der Data Builder schlägt dabei Zuordnungen auf der Basis der Spaltennamen vor. Sie wünschen typischerweise eine Zuordnung zum ersten Schlüsselelement, das den Semantiktyp **Keine** aufweist. Auch können Sie die Zuordnungen wieder löschen. Spalten verbinden Sie, indem Sie sie mit der Maus von einer Spalte der linken Liste auf eine Spalte in der rechten Liste ziehen.

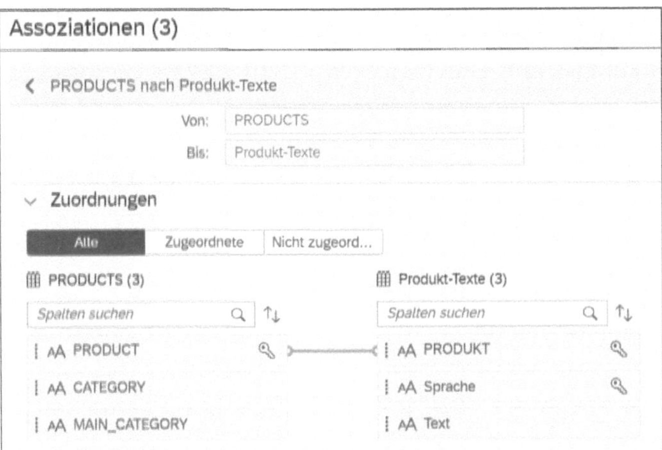

Abbildung 4.12 Zuordnung in einer Assoziation für Produkttexte

Typische Verwendungsfälle sind Dimensionen für ein analytisches Datenset, beispielsweise Geografie (Ort mit Region, Land, Bundesland) oder Zeit (Tag mit Jahr und Monat). Außerdem können Sie über Assoziationen Texte und Hierarchien integrieren.

Erlaubte Assoziationen

Welche Assoziationen Sie einrichten können, hängt wie folgt von der semantischen Verwendung der Start- und Zielentität ab:

- Von einem analytischen Datenset können Sie eine Assoziation nur zu Dimensionen anlegen, und Sie müssen bei der Zuordnung für jede Schlüsselspalte der Zieldimension jeweils ein Attribut im analytischen Datenset auswählen.
- Von einer Dimension können Sie eine Assoziation nur zu anderen Dimensionen, Textentitäten und Hierarchien zuordnen. Bei einer Dimension als Ziel müssen Sie bei der Zuordnung für jede Schlüsselspalte der Zieldimension ein Attribut der Quelldimension auswählen. Bei Textentitäten müssen Sie ein Textattribut in der Quelldimension auf die Identifikator-Schlüsselspalte der Zieltextentität abbilden. Bei Hierarchien müssen Sie das Schlüsselattribut in der (Quell)dimension auf die Schlüsselspalte des untergeordneten Attributs der Zielhierarchie abbilden.
- Eine Textentität darf nicht auf andere Entitäten verweisen.
- Eine Hierarchie verweist normalerweise nicht auf andere Entitäten.

Abhängige Objekte

Im Eigenschaftsdialog einer Entität unter **Abhängige Objekte** sehen Sie u. a. Objekte, die eine Assoziation zum aktuellen Objekt enthalten (siehe Abbildung 4.13). Wenn hinter **Abhängige Objekte** ein **(?)** steht, klicken Sie auf die Schaltfläche (**Aktualisieren**). Durch einen Klick auf die Zeile springen Sie in das aufgelistete Objekt.

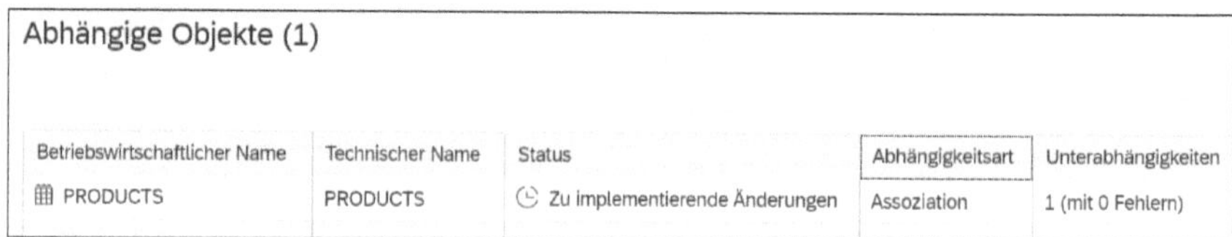

Abhängige Objekte (1)

Betriebswirtschaftlicher Name	Technischer Name	Status	Abhängigkeitsart	Unterabhängigkeiten
PRODUCTS	PRODUCTS	Zu implementierende Änderungen	Assoziation	1 (mit 0 Fehlern)

Abbildung 4.13 Abhängige Objekte

Darüber hinaus können Sie optional weitere Tabelleneigenschaften im Bereich **Geschäftszweck** mitgeben, die nur der Information dienen.

Datenspeicher-Einstellungen

Standardmäßig werden die Daten auf der Festplatte gespeichert. Für eine bessere Laufzeit beim Lesen und Schreiben empfehlen wir bei wichtigen Tabellen im Bereich **Tabellendienste** die Option **In-Memory-Speicher** einzuschalten, solange Sie keine Engpässe erwarten.

Zum Abschluss der Definition implementieren Sie die Tabelle, damit sie in der Datenbank im Schema des aktuellen Space generiert wird.

4.2.2 Daten laden

Daten editieren

Vermutlich soll Ihre Tabelle auch Daten beinhalten. Tabelleninhalte können Sie auf drei Arten ergänzen:

- Sie laden die Daten im Tabelleneditor per CSV-Upload.
- Sie verwenden die Tabelle als Ausgabetabelle eines Datenflusses und führen den Datenfluss aus oder planen ihn ein (siehe Abschnitt 4.6.4, »Der Datenfluss-Monitor«).
- Sie wechseln in den Dateneditor und löschen oder duplizieren vorhandene Zeilen, ergänzen neue Zeilen oder editieren Werte manuell. Denken Sie daran, Ihre Eingabe zu speichern. Solange Sie im Dateneditor sind, können Sie nicht die Struktur ändern, insbesondere auch nicht die Feldeigenschaften anpassen.

CSV-Upload

Für Massendaten wechseln Sie zurück in den Tabelleneditor, um die Tabelle mit Daten zu füllen. Abbildung 4.14 zeigt die durchzuführenden Schritte:

1. Starten Sie den Datenimport aus einer CSV-Datei, um eine Datei auszuwählen ❶.
2. Wählen Sie für jede Spalte der Datei eine Zielspalte der Tabelle aus. Dieser Schritt wird erleichtert, wenn Sie die erste Dateizeile als Spaltenkopf verwenden und die Datei passende Namen enthält ❷. Wenn die Inhalte passen, klicken Sie auf **Importieren**.
3. Danach können Sie die Datenvorschau einblenden ❸.

Wenn einzelne Schlüsselwerte, die Sie laden, doppelt vorkommen oder schon in der Tabelle enthalten sind, erhalten Sie eine Fehlermeldung. Wenn Sie die Daten komplett neu aufbauen wollen, können Sie bestehende Daten zuvor komplett löschen ❹, bevor Sie die Daten erneut importieren ❶.

Einschränkungen beim Füllen der Tabelle

Beachten Sie die folgenden Einschränkungen beim Füllen der Tabelle:

- Den Dateneditor können Sie nur nutzen, wenn die lokale Tabelle einen Schlüssel besitzt.
- Die Daten der Vorlage müssen der Tabellenstruktur entsprechen, insbesondere müssen die Reihenfolge und der Datentyp der Felder übereinstimmen.
- Datumsspalten müssen das Format JJJJ-MM-TT, JJJJ/MM/TT, JJJJ/MM-TT, JJJJ-MM/TT oder JJJJMMTT liefern, Zeitspalten: HH:MI:SS oder HH24:MI [:SS] und kombinierte Spalten JJJJ-MM-TT HH:MI:SS.

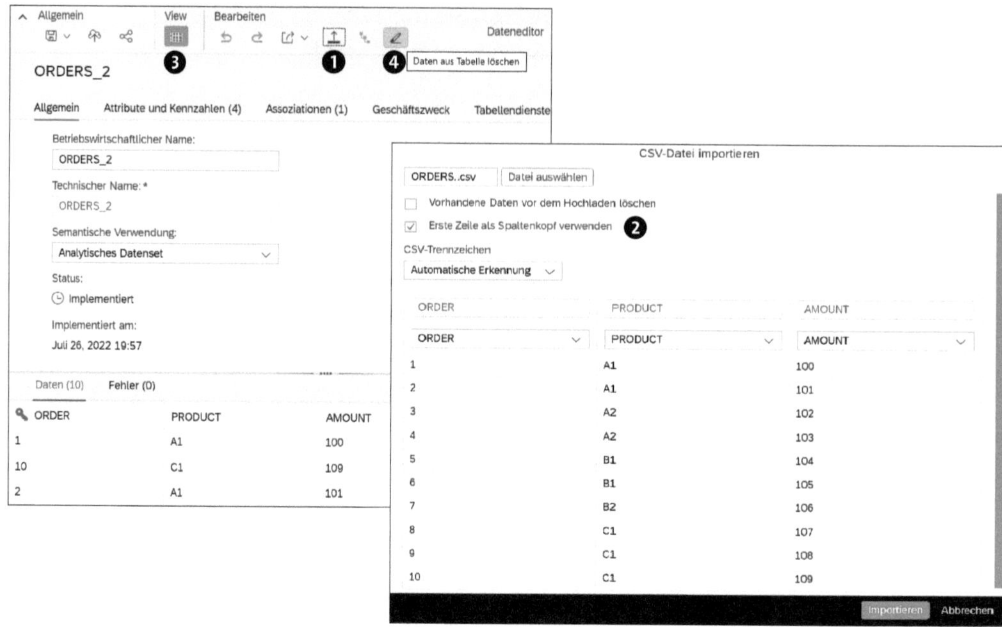

Abbildung 4.14 Lokale Tabelle: Daten importieren, ansehen und löschen

Datenvorschau

Für die Anzeige der geladenen Daten nutzen Sie die Schaltfläche (**Vorschau**).

Erweiterte Filteroptionen

In der Vorschau einer lokalen Tabelle können Sie Ihre Daten weiterfiltern:

1. Klicken Sie im entsprechenden Bereich auf die Schaltfläche (**Spalteneinstellungen**).
2. Klicken Sie auf **Filter**.
3. Wählen Sie eine Spalte, nach der gefiltert werden soll, eine Filteroption (**einschließen** oder **ausschließen**) und Werte. Sie können mehrere Filter hinzufügen.
4. Klicken Sie auf **OK**, um die Filter auf die Vorschau anzuwenden.

4.2.3 Remote-Tabellen

Remote-Tabellen anlegen

Wenn Sie auf ein Objekt in einer anderen Quelle zugreifen möchten, brauchen Sie eine Verbindung und darauf aufbauend eine Remote-Tabelle. Abbildung 4.15 zeigt die Vorgehensweise mittels Importassistent (vergleiche Abschnitt 4.1.4, »Objekte importieren«):

1. Wählen Sie in der Seitennavigation **Data Builder** und bei Bedarf einen Space aus.

2. Wählen Sie ⬚ (**Importieren**) und danach **Remote-Tabellen importieren**. Alle verfügbaren Verbindungen werden aufgeführt.
3. Wählen Sie die Verbindung aus, und klicken Sie auf **Nächster Schritt**.
4. Wählen Sie die Objekte aus, die Sie importieren möchten.
5. Wählen Sie **Nächster Schritt**. Sie erhalten eine Übersicht über die Objekte, die Sie importieren können. Bereits importierte Objekte werden erkannt und nicht erneut importiert.
6. Sie können sich pro Eintrag umentscheiden (mit einem Klick auf ☒), den technischen Namen und den betriebswirtschaftlichen Namen der zu importierenden Objekte anpassen oder die Namen übernehmen. Wählen Sie danach **Importieren und implementieren**.
7. Der Importstatus wird angezeigt. Wählen Sie **Schließen**.
8. Optional können Sie über einen Klick auf ⬚ (**Vorschau**) eine Datenvorschau starten.

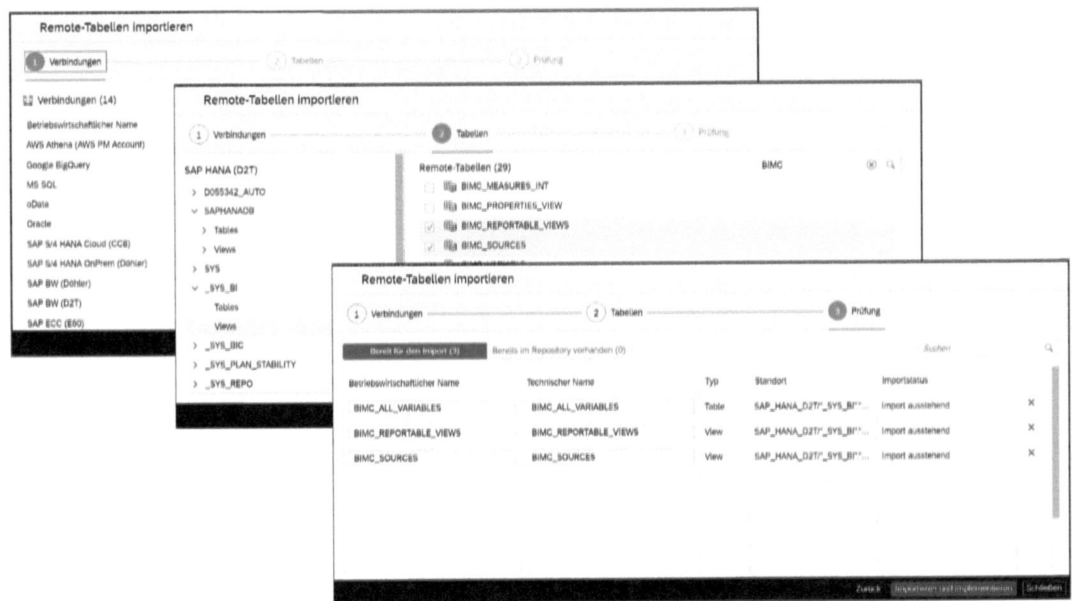

Abbildung 4.15 Der Importassistent: Schritte zum Erzeugen von Remote-Tabellen

Eigenschaften anpassen

Wenn Sie eine Remote-Tabelle erstellt haben, können Sie im Tabelleneditor die in Tabelle 4.1 (siehe Abschnitt 4.1.2, »Objekteigenschaften«) erklärten Objektnamen und die semantische Verwendung der Tabelle und ihrer Spalten ändern.

Hinweise zur Vorschaufunktion

Wenn Sie die Verbindung prüfen möchten, starten Sie mit einem Klick auf ⬚ (**Datenvorschau**). Die Vorschau einer Remote-Tabelle kann je nach Verbindung einige Zeit in Anspruch nehmen. Wir empfehlen daher, die Vorschau auf lokal replizierten Daten oder mit den Filteroptionen, die Sie von lokalen Tabellen her kennen, auszuführen. Außerdem bestehen die folgenden Einschränkungen:

- Bei einer ABAP-Verbindung sind nur die Filter = und IN verfügbar.
- Bei einer CDI-Verbindung (Cloud Data Integration) werden die Zeilen in den Kopfbereichen nicht berücksichtigt.

4.2.4 Datenreplikation

Optionen für den Datenzugriff

Auf der Registerkarte **Remote** im Tabelleneditor können Sie sehr einfach zwischen folgenden Anbindungsoptionen wählen und ohne Probleme hin- und her wechseln, sofern der Verbindungstyp diese Option unterstützt:

- **Virtueller Zugriff**: Remote-Zugriff ohne Replikation; dies ist die Standardeinstellung.
- **Vollständige Kopie des Datensets**: repliziert als Snapshot ohne Zeitplan.
- **Automatisierter, asynchroner Ladeprozess**: repliziert als Snapshot mit Zeitplan, siehe Abschnitt 4.2.5, »Per Zeitplan eingeplante Daten-Snapshots«.
- **Hochaktuelle Datenkopien**: repliziert als Echtzeit.

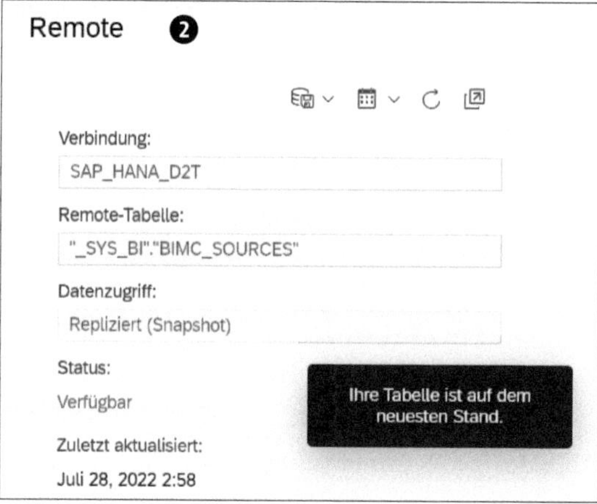

Abbildung 4.16 Remote-Tabelle: neuen Snapshot laden

Abbildung 4.16 zeigt, wie Sie vom Remote-Zugriff auf eine Replikation wechseln. Solange der Datenzugriff **Remote** ist, sind keine Informationen für **Status** und **Zuletzt aktualisiert** sichtbar. Wenn Sie die angebundenen Daten in einer Replikatstabelle persistieren wollen, klicken Sie auf die Schaltfläche (**Tabellenreplikation**) und anschließend auf **Neuen Snapshot laden** ❶. Der

Datenzugriff wird danach als **Repliziert (Snapshot)** angezeigt, der **Status** nach einem Klick auf die Schaltfläche (**Auffrischen**) als **Verfügbar**, und unter **Zuletzt aktualisiert** finden Sie den Zeitstempel ❷. Wenn Sie regelmäßige Aktualisierungen benötigen, wählen Sie, je nach den Möglichkeiten der Quelle, die Schaltfläche (**Tabellenreplikation**) und danach **Echtzeitzugriff aktivieren** oder (**Zeitplan anlegen**).

Beim Anlegen der Remote-Tabelle legt der Data Builder eine virtuelle Tabelle im aktuellen Space an. Jedoch werden die Replikatstabellen in einem eigenen Space aufbewahrt (siehe Abbildung 4.17).

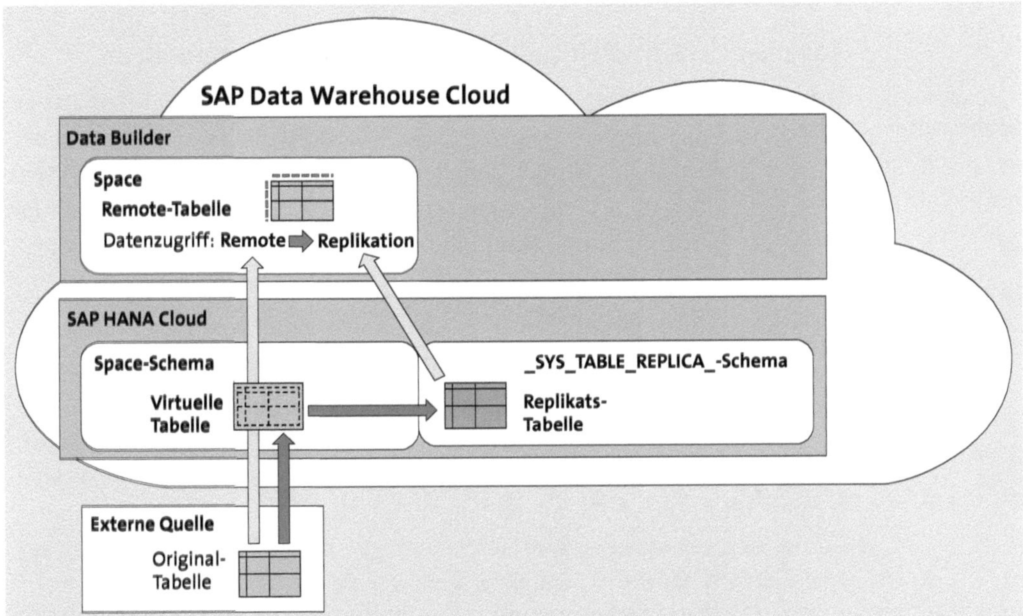

Abbildung 4.17 Beim Nutzen der Replikation wird eine zugehörige Replikatstabelle in einem dafür generierten Space angelegt.

Hinweise für die Datenreplikation

Beachten Sie die folgenden Voraussetzungen und Einschränkungen, die auch in der Online-Hilfe erläutert sind:

- Die Echtzeitreplikation ist nur für Verbindungstypen und Quellobjekte verfügbar, die die Übernahme von Datenänderungen nach SAP Data Warehouse Cloud in Echtzeit über die Änderungsdatenerfassung unterstützen. Beispiele dafür sind SAP-Business-Warehouse-Systeme, die eine Echtzeitreplikation für Standard-DataStore-Objekte oder für die erweiterte Stammdatenfortschreibung unterstützen, oder Datenbankverbindungen wie SAP HANA, Microsoft SQL Server oder Oracle, die eine Echtzeitreplikation für Tabellen über Datenbank-Trigger unterstützen.

- Eine parallele (gleichzeitige) Ausführung ähnlicher Aufgaben wird nicht unterstützt. Wenn Sie beispielsweise versuchen, eine Snapshot-Replikation zu starten, während eine andere Aufgabe Daten der gleichen Tabelle repliziert, erhalten Sie eine Benachrichtigung, und Ihre Aufgabe schlägt fehl. Sie müssen den aktuellen Lauf abbrechen oder abwarten, bis die laufende Replikation beendet ist, und dann die Aufgabe erneut starten.
- Wenn die Replikation zu viele Ressourcen benötigt, können Sie über die Schaltfläche ⧉ in den *Remote-Tabellen-Monitor* beim Datenintegrationsmonitor abspringen, über **Lauf abbrechen** die Datenübertragung stoppen und über **In Editor öffnen** wieder zurückkehren.

Außerdem haben wir einige Tipps, wie Sie die Laufzeit verbessern:

In-Memory-Speicher nutzen

Standardmäßig werden die replizierten Tabellendaten auf der Festplatte gespeichert. Sie können die Laufzeit beim Laden, Replizieren und Lesen verbessern, indem Sie im Bereich **Tabellendienste** die Option **In-Memory-Speicher** aktivieren. Beim Implementieren der Tabelle wird eine Kopie der Daten zur performanteren Nutzung in den In-Memory-Speicher geladen.

Daten partitionieren

Wenn der Arbeitsspeicher nicht ausreicht, führen größere Datenmengen zum Abbruch des Replikationslaufs. Über das Detailbild des Remote-Tabellen-Monitors können Sie Partitionen für Spalten anlegen, also Ihre Daten in kleinere handhabbare Teile aufschlüsseln. Wenn die Verbindung der Remote-Tabelle einen SDI-Adapter nutzt, wirkt die Partition für die Snapshot- und für die Echtzeitreplikation. Wenn die Verbindung der Remote-Tabelle einen SDA-Adapter verwendet. funktioniert die Partitionierung jedoch nicht für die Echtzeitreplikation.

Datenübernahme einschränken

Sie können die Laufzeit, den Ressourcenverbrauch und das Datenspeichervolumen über die entsprechenden Bereiche des Tabelleneditors auf die folgende Weise reduzieren:

- **Filter**
  Wenn Sie nur benötigte Zeilen übernehmen wollen, können Sie die Werte auf der Basis einzelner Spalten nach Einzelwert oder Intervall auswählen. Wir empfehlen Ihnen, Filter nur für Spalten zu definieren, die sich nach dem ersten Anlegen nicht ändern, am besten für Schlüsselspalten.
- **Spalten**
  Wenn Sie nur bestimmte Spalten benötigen, entfernen Sie die übrigen Spalten.

Spaltenauswahl und Filter

Beachten Sie dazu die folgenden Voraussetzungen und Einschränkungen:

- Die Remote-Tabelle wurde in Ihrem Space erfolgreich implementiert.
- Die Verbindung nutzt SDI ABAP oder SDI CDI sowie die Data-Provisioning-Agent-Version 2.54.1. oder höher.
- Sie besitzen die Berechtigung `DWC_DATAINTEGRATION.read` und die Rolle `DW INTEGRATOR`.
- Sie dürfen beim Anlegen der Filterbedingung nur vorhandene Werte auswählen.
- Mehrere Filterbedingungen für die gleiche Spalte werden immer mit `ODER` ausgewertet, und mehrere Filterbedingungen für verschiedene Spalten werden immer mit `UND` ausgewertet.
- Dynamische Filter wie »Letzte 3 Jahre« oder Filter als Ausschluss wie »Nicht aus Europa«, »nicht null« werden nicht unterstützt.
- Wenn Sie einen Filter für eine bestimmte Spalte implementiert haben, werden Datensätze mit dem Wert `NULL` in dieser Spalte nicht repliziert.
- Je nach Art der Verbindung können Filterbedingungen nur für bestimmte Datentypen definiert werden. Details finden Sie in der Online-Hilfe von SAP (siehe *https://help.sap.com/docs/SAP_DATA_WAREHOUSE_CLOUD/c8a54ee704e94e15926551293243fd1d/bd1ece5c9f78444c87708ef11eed0a31.html*)
- Beim Datentyp **Zeichenkette** aus einer ODP-Quelle werden von den Filterbedingungen nur die ersten 45 Zeichen ausgewertet.
- Schlüsselspalten und Spalten, auf die eine Partition, Filterbedingung, Assoziation oder Hierarchie definiert wurde, können Sie nicht weglassen.

4.2.5 Per Zeitplan eingeplante Daten-Snapshots

Automatische regelmäßige Replikation per Zeitplan

Wenn Sie die Daten nur alle 3 Tage oder einmal im Monat aktualisiert benötigen, können Sie im Bereich **Remote**, in dem Sie die Replikation einschalten, einen Zeitplan einrichten. Dadurch können Sie den Ressourcenverbrauch, aber meistens nicht das Datenvolumen reduzieren.

Hinweise für die Arbeit mit einem Zeitplan

Beachten Sie dazu die folgenden Voraussetzungen und Einschränkungen:

- Die Remote-Tabelle ist in Ihrem Space erfolgreich mit dem Datenzugriffstyp **Replizieren** im Modus **Snapshot** implementiert.
- Sie haben in Ihren Profileinstellungen die Einwilligung zur Ausführung Ihrer eingeplanten Aufgaben durch SAP Data Warehouse Cloud erteilt.
- Sie besitzen die Berechtigung `DWC_DATAINTEGRATION.read` und die Rolle `DW INTEGRATOR`.

Weitere Informationen finden Sie im SAP Help Portal unter dem Stichwort »Einplanen von Datenintegrationsaufgaben«.

4.2.6 Der Datenintegrationsmonitor

Replikationsstatus überwachen

Im Editor der Remote-Tabelle können Sie auf der Überblicksseite den Status überwachen. Alternativ können Sie über den seitlichen Navigationsbereich den Datenintegrationsmonitor aufrufen. Die folgenden Optionen für den aktuellen Status der Remote-Tabelle können vorhanden sein:

- --- (Initialzustand): Es wurden keine Daten geladen.
- **Wird geladen**: Das Laden eines neuen Snapshots wurde gestartet.
- **Verfügbar**: Ein Snapshot wurde geladen und ist in der Replikatstabelle verfügbar.
- **Wird initialisiert**: Die Aktivierung der Datenreplikation in Echtzeit wurde gestartet.
- **Aktiv**: Die Daten werden repliziert und in Echtzeit aktualisiert.
- **Fehler**: Ein neuer Snapshot konnte nicht geladen werden, die Echtzeitdatenreplikation konnte nicht aktiviert werden, oder die Daten werden in Echtzeit repliziert; es sind jedoch unerwartete Fehler im Remote-System aufgetreten.
- **Pausiert**: Die Echtzeitreplikation wurde angehalten.
- **Nicht verbunden**: Die Verbindung zum Datenbereitstellungs-Agent von SAP HANA Smart Data Integration wurde getrennt.

Tipp: Statistiken anlegen

Legen Sie Statistiken für Ihre Remote-Tabellen an, um die Ausführung föderierter Abfragen zu verbessern (siehe auch *https://help.sap.com/docs/SAP_DATA_WAREHOUSE_CLOUD/be5967d099974c69b77f4549425ca4c0/e4120bbb98e44994aa1e0b32ff3f209d.html?locale=de-DE*).

4.2.7 Effekte von Änderungen

Im Idealfall haben Sie einmal die Objekte eingerichtet und arbeiten stabil damit. Doch in der Praxis sind neue Anforderungen keine Seltenheit. Wie wirkt es sich aus, wenn die Struktur einer Tabelle oder die Quelle einer Remote-Tabelle geändert wird?

Bevor Sie nachträglich eine Spalte in einer bestehenden Tabelle hinzufügen, ändern oder löschen, können Sie die abhängigen Objekte im Bereich **Abhängige Objekte** prüfen. Um weitere Abhängigkeitsebenen anzuzeigen, suchen Sie im Repository Explorer nach Ihrem Objekt und klicken auf die Schaltfläche (**Analyse der Auswirkungen und der Herkunft**).

Remodellierung anhand eines Beispiels

Änderungen an Objekten, von denen andere Objekte abhängen, können Folgen haben, die Sie nur mit großem Aufwand korrigieren können. Nehmen wir z. B. an, Sie ändern die Länge der Spalte **Produkt** in der Tabelle `PRODUCTS` von `String(20)` auf `String(18)`, diese Spalte wird aber in einer Assoziation der Schlüsselspalte der Tabelle `ORDERS` verwendet, die Daten enthält. Beim Neu-Implementieren der Tabelle `PRODUCTS` erhalten Sie eine Warnung. Durch die Implementierung ändert sich die Produktdefinition in beiden Tabellen in `String(18)`, und die Tabelle `ORDERS` erhält den Status **Laufzeitfehler**. Weil die Tabelle `ORDERS` Daten enthält, dürfen Sie den Schlüssel nicht ändern, und die Implementierung schlägt fehl, auch wenn nur Produkte mit weniger als 18 Zeichen enthalten sind. Sie können am einfachsten die Tabelle `ORDERS` durch **Speichern unter** in eine Tabelle `ORDERS_2` kopieren, die Sie z. B. über einen Datenfluss mit den Daten aus `ORDERS` befüllen. Dann löschen Sie alle Inhalte in `ORDERS` und implementieren die Tabelle `ORDERS`. Durch einen zweiten Datenfluss mit der Quelle `ORDERS_2` wandeln Sie die Daten in das Produktformat `String(18)` um und schreiben in das Ziel `ORDERS`.

Tabelle 4.4 zeigt, welche Änderungen an Tabellen mit Daten erlaubt sind und wie sie sich auf abhängigen Objekten auswirken. Sie können beispielsweise ein Zeichenkettenformat vergrößern, aber nicht verkleinern, wenn dadurch Inhalte abgeschnitten würden.

Eine Matrix zur Konvertierfähigkeit finden Sie im *SAP HANA Cloud SQL Reference Guide* unter

https://help.sap.com/docs/HANA_CLOUD_DATABASE/c1d3f60099654ecfb3fe36ac93c121bb/46ff9650c7f44461a6146269c1e2a4c6.html?state=DRAFT&version=2022_1_QRC&q=conversion

Art der Änderung	Effekt auf Daten und abhängige Objekte
Tabelleneigenschaften ändern	Das Ändern des betriebswirtschaftlichen Namens und anderer Eigenschaften hat keine Auswirkungen.
Schlüssel ändern	Sie können den Schlüssel nur ändern, wenn die Tabelle keine Daten enthält. Abhängige Objekte, die darauf assoziieren, erhalten einen Laufzeitfehler.
Datenspalten hinzufügen	Die bestehenden Zeilen enthalten dann den Inhalt `NULL` (unbekannt) für neue Felder. Abhängige Objekte bleiben unverändert. Sie können die neuen Spalten manuell übernehmen.

Tabelle 4.4 Änderungen an einer Tabelle und Auswirkung auf die abhängigen Objekte

Art der Änderung	Effekt auf Daten und abhängige Objekte
Datenspalten entfernen	Alle abhängigen Objekte, die tatsächlich auf diese Spalte zugreifen, wechseln in den Status **Entwurfszeitfehler**, und Sie erhalten eine Warnmeldung. Diese Objekte müssen Sie manuell anpassen.
Datentyp der Felder ändern	Wenn die Tabelle Daten enthält, können Sie den Datentyp nur ändern, wenn die Inhalte konvertierfähig sind.

Tabelle 4.4 Änderungen an einer Tabelle und Auswirkung auf die abhängigen Objekte (Forts.)

Bei einer Remote-Tabelle wird die Replikatstabelle auf Basis der verwendeten Spalten erzeugt. Wenn diese in der Originalquelle nicht dauerhaft unter dem gleichen Namen existieren, kann es zu den in Tabelle 4.5 aufgelisteten Auswirkungen kommen.

Änderung in der Originalquelle	Effekt auf die Remote-Tabelle und Datenreplikation
Schlüsseländerung	Sie erhalten einen Laufzeitfehler bei der Replikation und eine Fehlermeldung beim Implementieren.
neue Nichtschlüsselfelder	Die Remote-Tabelle und Replikation nutzen weiterhin die alte Struktur. Sie können bei Bedarf manuell Felder hinzufügen.
andere Änderung der Struktur	Sie erhalten einen Laufzeitfehler bei der Replikation und eine Fehlermeldung beim Implementieren.

Tabelle 4.5 Auswirkung der Änderung der Originalquelle

[»]

Ändern der Originalquelle

Es gibt keine automatische Benachrichtigung, wenn sich die zugrundeliegende Tabelle in der Quelle ändert, insbesondere nicht bei einer Änderung des Schlüssels. Sie merken es z. B. durch einen Laufzeitfehler bei der Replikation. Auch wenn Sie manuell die Struktur ändern, können Sie die Remote-Tabelle nicht direkt erneut implementieren, solange die Replikatstabelle Daten enthält. Gehen Sie dann folgendermaßen vor:

1. Klicken Sie auf (**Aktualisieren**), um Änderungen aus der zugrundeliegenden Quelle zu importieren. Optional passen Sie manuell die Struktur und eventuell die Filterbedingungen an.

2. Wenn die Replikatstabelle Daten enthält, löschen Sie die replizierten Daten im Tabelleneditor im Bereich **Remote** oder über **Tabellenreplikation • Replizierte Daten entfernen**. Alternativ finden Sie diese Funktion über **Datenintegrationsmonitor • Remote-Tabellen-Monitor** nach der Auswahl Ihrer Tabelle.
3. Implementieren Sie die Remote-Tabelle.
4. Replizieren oder laden Sie die Daten neu. Anschließend können Sie die Änderungen unter **Benachrichtigungen** und die Daten per ▦ (**Datenvorschau**) prüfen.

[«]

Abhängigkeiten

Wenn Sie in Ihrer Remote-Tabelle Filter ändern oder durch Aktualisieren der Remote-Tabelle oder durch eine manuelle Anpassung die Spaltenauswahl anpassen, müssen Sie mit Auswirkungen auf die bereits vorhandenen abhängigen Objekte rechnen. Sie werden über diese Änderungen und Inkonsistenzen informiert, müssen aber die abhängigen Objekte manuell anpassen.

4.2.8 Währungsumrechnungstabellen

Tabelle generieren

Sie können Währungsumrechnungstabellen direkt in einem eigenen Space definieren und sie mit anderen Spaces teilen. Von der Startseite des Data Builders aus starten Sie die Generierung der Tabellen mit einem Klick auf die Schaltfläche **+** und anschließend auf **Währungsumrechnungs-Views** (siehe Abbildung 4.18).

Abbildung 4.18 Import von Währungsumrechnungsobjekten starten

Wenn Sie die Tabellen ohne Import von einer Verbindung anlegen möchten, wählen Sie die Option **Manuell**.

Tabellen importieren

Typischerweise liegen Ihnen diese Tabellen jedoch bereits in einem angebundenen Quellsystem vor, z. B. SAP S/4HANA, das Sie stattdessen auswählen (siehe Abschnitt 4.1.4, »Objekte importieren«). Voraussetzung für die Anbindung der Währungstabellen ist, dass dieses Quellsystem eine SAP-S/4HANA-Verbindung oder ABAP-Verbindung ist, der Verbindungsbenutzer Zugriff auf die Tabellen hat und die Übernahme von Remote-Tabellen und Datenflüssen eingeschaltet ist.

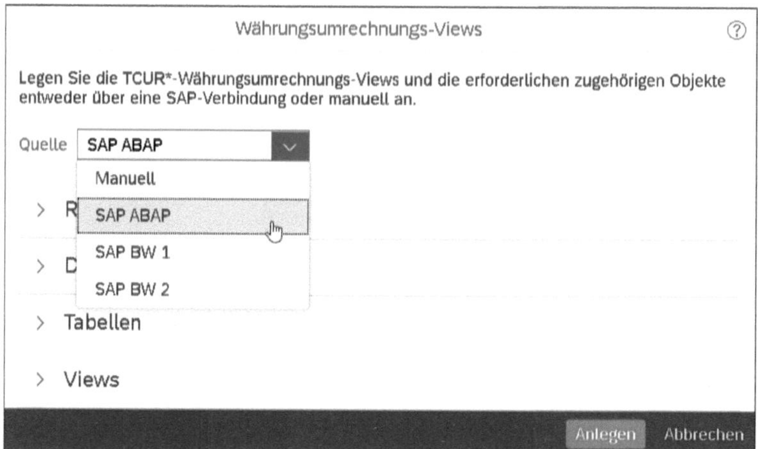

Abbildung 4.19 Quellsystem für die Währungstabellen auswählen

Dann gehen Sie wie folgt vor (siehe Abbildung 4.19):

1. Sie starten den Import über die Schaltfläche **+**.
2. Sie wählen die Verbindung.
3. Sie klicken auf **Anlegen**.

Beim Import von Währungstabellen werden nicht nur Remote-Tabellen, sondern auch Views, Replikatstabellen und Datenflüsse (siehe Tabelle 4.3) für die in Tabelle 4.6 aufgelisteten Tabellen erzeugt.

Tabellenname	Bedeutung
TCURC	Währungscodes (z. B. EUR, USD)
TCURN	Notierungen (z. B. $ für USD)
TCURV	Umrechnungskurstypen (z. B. M für Mittelkurs oder EZB für EZB-Referenzkurs)

Tabelle 4.6 Für die Währungsumrechnung benötigte Tabellen

Tabellenname	Bedeutung
TCURX	Dezimalstellen in Währungen
TCURR	Umrechnungskurse, also die Umtauschrate
TCURF	Umrechnungs(vor)faktoren
TCURT	Optional: Texte für Währungen

Tabelle 4.6 Für die Währungsumrechnung benötigte Tabellen (Forts.)

Am besten replizieren Sie diese Tabellen und planen die Datenflüsse ein, um den Zugriff zu beschleunigen. Damit stehen die Kurse im aktuellen Space zur Verfügung (siehe Abbildung 4.20).

Dateien (24)

Betriebswirtschaftlicher Name	Technischer Name	Typ	Status
Conversion Factors	SAP.CURRENCY.VIEW.TCURF	View (Relationales...	Implementiert
Conversion Factors	SAP.CURRENCY.TABLE.TCURF	Lokale Tabelle (Re...	Implementiert
Conversion Factors (CDS)	SAP.CURRENCY.DATAFLOW.TCURF	Datenfluss	Implementiert
Currency Code Names (CDS)	SAP.CURRENCY.DATAFLOW.TCURT	Datenfluss	Implementiert
Currency Codes	SAP.CURRENCY.VIEW.TCURC	View (Relationales...	Implementiert
Currency Codes	SAP.CURRENCY.TABLE.TCURC	Lokale Tabelle (Di...	Implementiert

Abbildung 4.20 Generierte Standardobjekte für die Währungsumrechnung

Wie Sie die Währungsumrechnung in grafischen Views nutzen, erfahren Sie in Abschnitt 4.4.8, »Währungsumrechnung«.

4.2.9 Zeittabellen

Zeittabellen generieren

Zeitmerkmale brauchen Sie in den allermeisten Kontexten. Wir empfehlen Zeittabellen und Zeit-Umrechnungstabellen und darauf aufbauende Views in einem zentralen Space für themenübergreifende Objekte zu generieren und sie dann mit anderen Spaces zu teilen.

Wählen Sie im seitlichen Navigationsbereich **Space-Management**, und bearbeiten Sie den zentralen Space. Unter **Zeitdaten** klicken Sie auf [+ Zeittabellen und -dimensionen anlegen]. Geben Sie nur die Jahre an, die Sie benötigen (siehe Abbildung 4.21).

Die erzeugten Tabellen (als relationale Datensets bzw. Text) und Views (als Dimensionen mit Hierarchien und Assoziation zum Text) werden auf der Startseite des Data Builders aufgeführt (siehe Abbildung 4.22).

Abbildung 4.21 Zeitdaten für bestimmte Jahre generieren

Da diese Objekte nicht änderbar sind und einige der Objekte viele Felder enthalten, empfehlen wir Ihnen, zusätzliche grafische Views mit den benötigten Spalten und Anpassungen anzulegen.

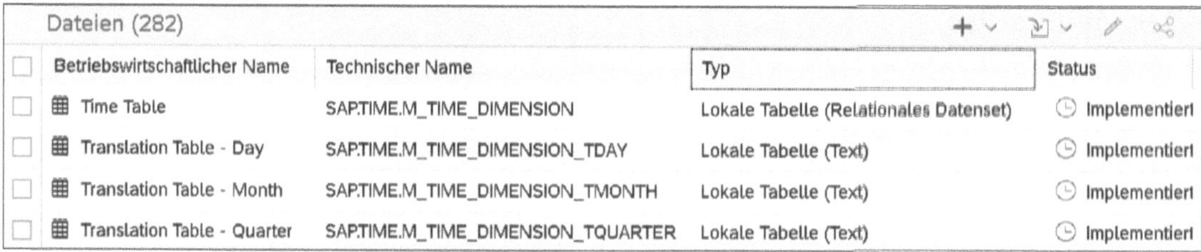

Dateien (282)

Betriebswirtschaftlicher Name	Technischer Name	Typ	Status
Time Table	SAP.TIME.M_TIME_DIMENSION	Lokale Tabelle (Relationales Datenset)	Implementiert
Translation Table - Day	SAP.TIME.M_TIME_DIMENSION_TDAY	Lokale Tabelle (Text)	Implementiert
Translation Table - Month	SAP.TIME.M_TIME_DIMENSION_TMONTH	Lokale Tabelle (Text)	Implementiert
Translation Table - Quarter	SAP.TIME.M_TIME_DIMENSION_TQUARTER	Lokale Tabelle (Text)	Implementiert

Abbildung 4.22 Standardzeittabellen

Hierarchie prüfen

Die Zeit-Views enthalten vordefinierte Ebenenhierarchien, die Sie im Seitenbereich durch einen Klick auf [Icon] (**Hierarchie**) ansehen können (siehe Abbildung 4.23).

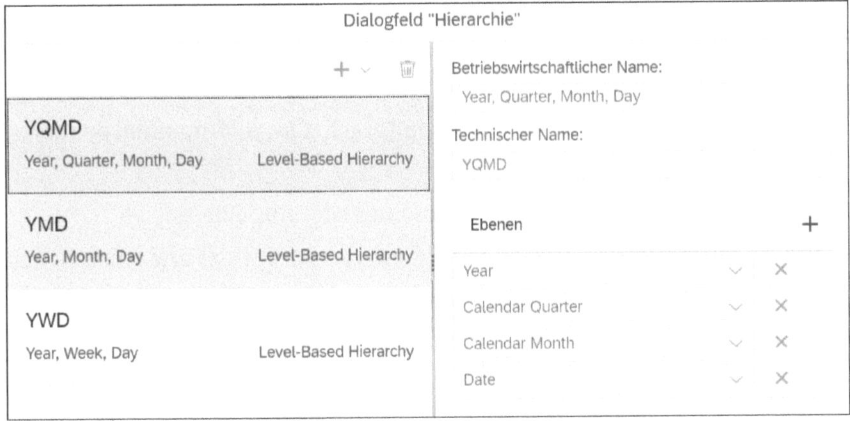

Abbildung 4.23 Hierarchien des Views für Date (SAP.TIME.VIEW_DIMENSION_DAY)

4.3 CSV-Datei-Import

Anwendungsfall für den CSV-Import

Möchten Sie kleine Tabellen samt Inhalt einfach in einem Space bereitstellen, ohne sich um die Felddefinition kümmern zu müssen? Vielleicht brauchen Sie Demo-Daten, Umrechnungstabellen, Plandaten, Werte zum Nachlesen oder spezielle Stammdaten, die nicht per Remote-Tabelle angebunden werden können. Oft liegen solche Daten bereits in einer Datei im CSV-Format vor, oder Sie können leicht eine CSV-Datei generieren. Dann können Sie einfach durch den Import der CSV-Datei eine lokale Tabelle generieren.

Transformation anlegen

	SALES_ORDER	DATE	PRODUCT	CURRENCY	NET_AMOUNT	TAXAMO...
1	100001	20220212	HT-1000	EUR	200	180
2	100001	20220312	HT-1001	$	180	162
3	100001	20220412	HT-1002	EUR	100	90
4	100001	20220512	HT-1000	$	90	81
5	100001	20220612	HT-1001	EUR	150	135
6	100001	20220712	HT-1002	$	130	117
7	100001	20220812	HT-1002	EUR	200	

Abbildung 4.24 Beispiel für den Vorschlag für eine Tabelle mit Daten, basierend auf der CSV-Datei ORDERS.csv

Eigenschaften beim Datenimport

Von der Startseite des Data Builders aus wählen Sie dazu (**Importieren**), anschließend **CSV-Datei importieren** und dann die Quelldatei aus. Sie können ein Trennzeichen auswählen, das für die Begrenzung zwischen den Spalten verwendet wird. Im Allgemeinen ist der Standardwert **Automati-**

sche Erkennung ausreichend. Wenn Sie angeben, dass die CSV-Datei eine Überschriftzeile enthält, nutzt der Data Builder sie beim CSV-Import, um die Feldnamen vorzuschlagen (siehe Abbildung 4.24).

Tabellen anpassen

Passen Sie die Struktur im Bereich **Details** rechts im Bild manuell an, bevor Sie die den Vorschlag anwenden:

- Sie können Felder umbenennen, löschen oder duplizieren.
- Über (**Details**) können Sie den Datentyp eines Feldes ändern, z. B. von Integer auf Date oder String.
- Sie können Schlüsselfelder definieren (siehe Abbildung 4.25).

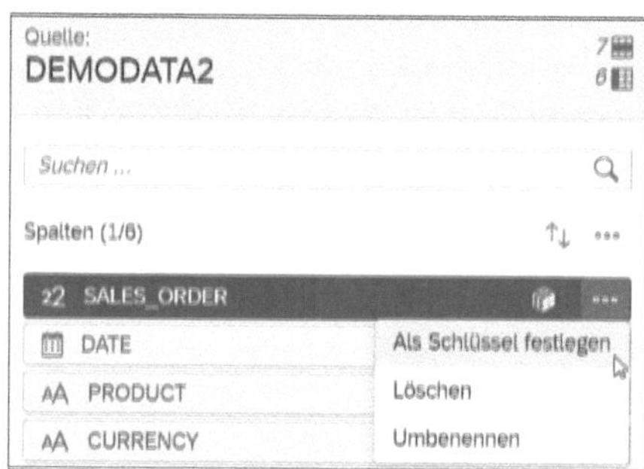

Abbildung 4.25 Schlüsselfelder beim CSV-Import definieren

Beachten Sie beim Import einer Datei:

- Die Dateierweiterung muss ***.csv** lauten.
- Die maximal erlaubte Dateigröße ist 200 MB.
- Erweiterte SAP-HANA-Datentypen, wie z. B. `ST_POINT`, werden nicht unterstützt.
- Bei der Übernahme einer Zahl als `hana.REAL` wird automatisch konvertiert, wenn das Format ungültig ist, was z. B. *1,100000023841858* statt *1,1* liefert.
- Wenn Inhalte nicht zum Datenformat passen, beispielsweise das ungültige Datum 20230229 (das wäre der 29.02.2023), wird dies als Problem markiert (siehe Abbildung 4.26).

Zeilen auslassen

Zur Lösung der letzten beiden Probleme können Sie den Datentyp der Spalte ändern, im Tabellenbereich den Inhalt der Zelle editieren oder die fehlerhaften Zeilen entfernen. Zum Entfernen wählen Sie einen oder mehrere inakzeptable Werte in einer Spalte aus und selektieren anschließend den Menüeintrag ... • **Zeilen mit "..." löschen** (siehe Abbildung 4.27) bzw. ... • **Ausgewählte Zeilen löschen**. Alternativ wählen Sie die erlaubten Werte aus und wählen den Menüeintrag ... • **Ausgewählte Zeilen beibehalten**.

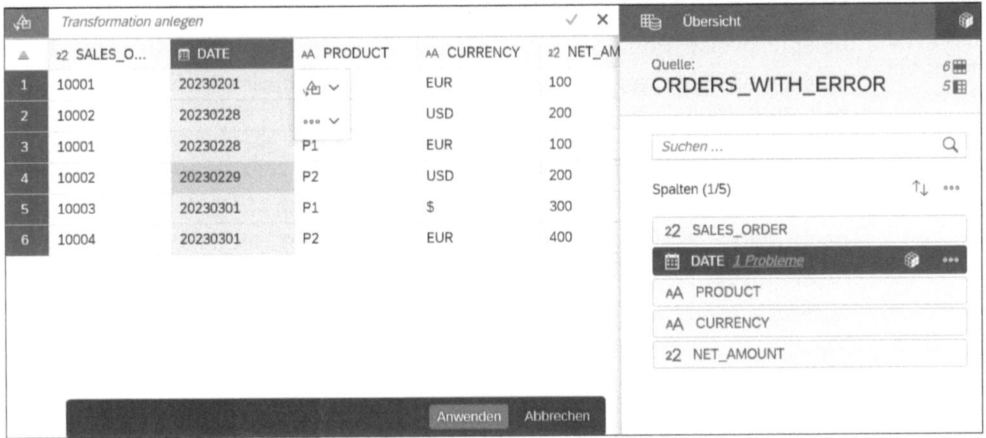

Abbildung 4.26 Erkanntes Datenproblem während des CSV-Imports

Abbildung 4.27 Ausgewählte Zeilen löschen

Werte ersetzen

Auch können Sie eine Ersetzungsfunktion nutzen, um bestimmte Werte zu ersetzen, wie es Abbildung 4.28 zeigt.

Abbildung 4.28 Bestehende Werte ersetzen

Einfache, wertebasierte Transformationen

Nicht immer sind die Werte in einer Quelle so aufgebaut wie gewünscht, beispielsweise wenn Sie Vornamen und Nachnamen gern in getrennten Spalten ablegen wollen, die Datei aber den kombinierten Namen in einer Zelle liefert.

Wenn eine Datenzelle einer Tabelle `NULL` anzeigt, bedeutet das, dass sie keinen Wert (auch nicht leer oder 0) enthält. Dies kann z. B. passieren, wenn Sie nachträglich Spalten ergänzen oder bei einem Join keine passende Zeile gefunden wird.

In diesen Fällen legen Sie Transformationen an, um den Namen zu splitten und `NULL`-Zellen mit Standardwerten zu füllen. Die Leiste **Transformation anlegen** bietet Ihnen dazu folgende hilfreiche Funktionen. Es erscheint eine Formel, die Sie anpassen müssen:

- *Ändern*: Sie wandeln den Text einer Spalte in Kleinbuchstaben (z. B. `Change [C_USER] to lowercase`) oder in Großbuchstaben (z. B. `Change [C_USER] to UPPERCASE`) um.
- *Ersetzen*: Es gibt vier Varianten, um Inhalte einer Spalte zu ersetzen:
  - In der der Variante `Replace all values` (statt `values` steht oft der Datentyp der Spalte) ersetzen Sie in einer Spalte jeden Zelleninhalt durch den konstanten Zielwert, unabhängig davon, was vorher dort stand. Um z. B. jeden Wert der Datumsspalte `C_DATE` mit dem 1. Januar 2023 zu initialisieren, verwenden Sie `Replace all dates in [C_DATE] with "01.01.2023"`.
  - In der der Variante `Replace cell` ersetzen Sie den Zelleninhalt nur dort durch den Zielwert, wo er exakt dem gesuchten Wert entspricht, und die anderen Zellen bleiben unverändert. Wenn Sie jede Zeile mit dem Inhalt 29.02.2023 durch 01.03.2023 ersetzen wollen, verwenden Sie `Replace date in [C_DATE] matching "29.02.2023" with "01.03.2023"`.
  - Mit `Replace content` ersetzen Sie case-sensitiv, also Groß- und Kleinschreibung beachtend, jedes Vorkommen einer Zeichenkette in den Zellen durch eine Zielzeichenkette. Um »str.« durch »straße« zu ersetzen, verwenden Sie `Replace content in [C_ADDRESS] matching "str. " with "straße"`. »Neue Str.« würde dabei nicht ersetzt.
  - Mit `Replace null` ersetzen Sie jede `NULL`-Zelle durch den Zielwert (z. B. `Replace null in [C_ADDRESS] with "Adresse unbekannt"`).
  - Hinter die Ersetzungsfunktion können Sie mit `WHERE` eine Bedingung setzen, denn dann greift die Ersetzung nur für passende Zeilen (wie in Abbildung 4.29). Um nur für die Niederlande »str.« durch »straat« zu ersetzen, verwenden Sie `Replace content in [C_ADDRESS] matching "str. " with "straat" WHERE [C_COUNTRY] matches "NL"`.

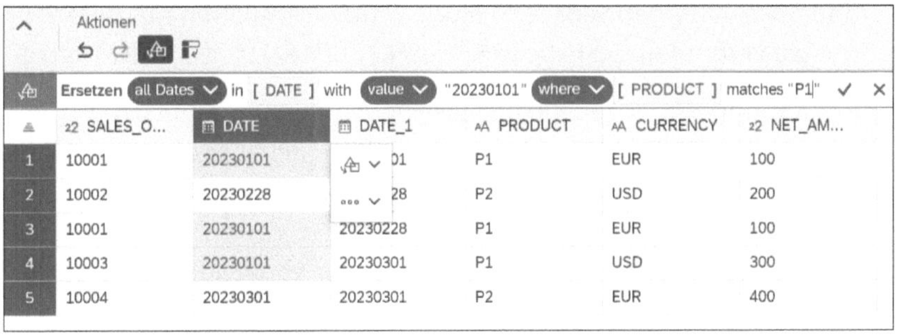
Aktionen
Ersetzen all Dates in [DATE] with value "20230101" where [PRODUCT] matches "P1"
SALES_O... DATE DATE_1 PRODUCT CURRENCY NET_AM...
1 10001 20230101 01 P1 EUR 100
2 10002 20230228 28 P2 USD 200
3 10001 20230101 20230228 P1 EUR 100
4 10003 20230101 20230301 P1 USD 300
5 10004 20230301 20230301 P2 EUR 400

Abbildung 4.29 Transformation auf Rohdaten anlegen

- *Extrahieren*: Sie übernehmen Textbestandteile, die einem Muster entsprechen, in eine separate Spalte. Sie können z. B. alles zwischen den (ersten) Klammern aus der Spalte `C_TEXT` übernehmen: `Extract everything between "(" and ")" from [ C_TEXT ]`. Wenn Sie »word« statt »everything« schreiben, werden ganze Wörter bis zum nächsten Leerzeichen extrahiert. Die Formel `Extract word containing "erst" from [C_TEXT]` liefert z. B. *erste, erstens, verstellen, zuerst*. Die folgende Formel extrahiert für die Spalte `C_NUMBER` die erste Zahl aus einer Zelle: `Extract before first "" from [ C_NUMBER ]`.
- *Filtern*: Sie löschen alle Zeilen, die in einer Spalte einen oder mehrere der aufgelisteten Werte (`Filter values in column [ C_VALIDITY ] matching "kann weg", "KANN WEG", "nicht gut"`) oder keinen der Werte enthalten (`Filter values in column [ C_VALIDITY ] not matching "gut", "gültig"`). Statt der Wertliste können Sie auch »null« für die `NULL`-Zellen angeben, z. B. `Filter values in column [ C_QUANTITY ] not matching "", NULL`. Bei numerischen Spalten können Sie Werte herausfiltern, die zwischen zwei bestimmten Werten liegen (z. B. löscht `Filter values in column [ C_QUANTITY ] between 5 and 7` Zeilen mit 5, 6 oder 7).
- *Teilen*: Sie teilen die Inhalte der aktuellen Spalte anhand eines Trennzeichens auf zwei (oder mehr) Spalten auf. Tragen Sie nach `on` das Trennzeichen ein und optional nach `repeat`, wie oft es angewendet werden soll. Wenn Sie z. B. zwei weitere Spalten, basierend auf dem Punkt als Trennzeichen, erzeugen wollen, verwenden Sie die Formel `Split [C_DATE] on "." repeat 2`.
- *Verketten*: Sie können an die Inhalte von Spalte S1 die Inhalte der entsprechenden Zeilen von Spalte S2 oder auch weiterer Spalten anhängen. Zwischen den Bestandteilen können Sie eine beliebige Zeichenkette als Separator einfügen. Tragen Sie in die dargestellte Formel die weiteren Spalten

und nach `using` den Separator ein, z. B. um drei Spalten mit dem Separator / zu verbinden: `Concatenate [C_USER], [C_EMAIL], [C_PHONE] using "/"`

Grenzen bei der Transfromation

Wie es Abbildung 4.29 zeigt, sehen Sie vor dem Ausführen in Grün eine Vorschau der neuen Werte. Sie können dann die Regel über die Schaltfläche ✓ ausführen oder über die Schaltfläche ✕ abbrechen. Komplexe Transformationen, beispielsweise Formeln, Joins oder gar ein Computerprogramm, sind in diesem Schritt nicht vorgesehen. Dafür verwenden Sie ein Python-Skript in einem Datenfluss.

Sie können allerdings mehrere Transformationen definieren und nacheinander umsetzen. Überlegen Sie dennoch gleich zu Beginn, welche Transformation Sie zuerst und welche Sie später ausführen müssen, wenn es auf die Reihenfolge ankommt.

Sie können den Erfolg in einem Protokoll nachlesen und dort einzelne Transformationen, deren Effekt Ihnen nicht gefällt, über die Schaltfläche ⊗ wieder rückgängig machen. Auch dafür gibt es eine Vorschau in Orange (siehe Abbildung 4.30, Spalte **UNDO**).

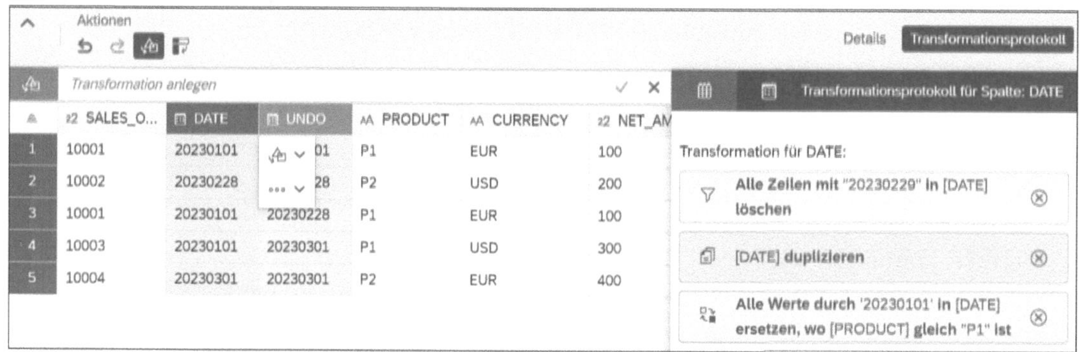

Abbildung 4.30 Protokoll der ausgeführten Transformationen und die UNDO-Funktion

CSV-Datei importieren

So gehen Sie vor, um eine CSV-Datei zu importieren und dabei Daten zu transformieren:

1. Klicken Sie im seitlichen Navigationsbereich auf **Data Builder**, und wählen Sie bei Bedarf einen Space aus.
2. Klicken Sie auf **Importieren • CSV-Datei importieren**.
3. Wählen Sie **Quelldatei auswählen** und danach die gewünschte Datei aus.
4. Überprüfen Sie die Optionen **Erste Zeile als Spaltenkopf verwenden** und **CSV-Trennzeichen**. Klicken Sie auf **Hochladen**, um die Datenvorschau zu öffnen.

5. Auf der Vorschauseite werden links eine Datenvorschau und rechts ein Seitenbereich mit den Eigenschaften der Datei oder Spalte angezeigt. Wenn Sie die Eigenschaften einer Spalte ändern wollen, bewegen Sie den Mauszeiger über eine Spalte in der Liste und klicken auf (**Details**).
6. Wenn Sie Spalten weglassen, Zeilen löschen oder Daten in Zellen ändern wollen, führen Sie Datenvorbereitungstransformationen aus.
7. Wenn Sie alle erforderlichen Transformationen und Validierungen durchgeführt haben, klicken Sie auf **Anwenden**.
8. Geben Sie einen betriebswirtschaftlichen und einen technischen Namen für die Tabelle ein, und klicken Sie auf **Implementieren**. Sie erhalten eine Benachrichtigung, wenn die Tabelle mit den transformierten Daten erfolgreich implementiert worden ist.

Prüfen Sie die neue Tabelle im Tabelleneditor. Einige Detailanpassungen können Sie nach dem Implementieren im Bereich **Spalten** vornehmen. Der Data Builder wählt meist überdimensionierte Datentypen. So wird z. B. bei Dezimalzahlen `hana.REAL` verwendet, und bei **String** sind es als Standard 5.000 Zeichen; die Anpassung können Sie im Tabelleneditor vornehmen (siehe Abschnitt 4.2.1, »Lokale Tabellen«).

Über die Funktion ⊞ (**Hinzufügen**) oberhalb der Feldliste fügen Sie weitere Zeilen hinzu. Die neu entstandenen Zellen müssen Sie füllen.

4.4 Grafische Views

Grafische Views sind das zentrale Objekt, um ein virtuelles Datenmodell zu erstellen. Als Datengrundlage dienen geteilte Objekte aus anderen Spaces, lokale oder Remote-Tabellen oder auch andere Views.

Sie können in einer intuitiven grafischen Oberfläche per Drag & Drop Quellen in einer festgelegten Reihenfolge miteinander verknüpfen, Filter setzen, Spalten entfernen oder umbenennen, berechnete Spalten anlegen, Daten aggregieren und Eigenschaften für Kennzahlen und andere Elemente Ihrer Ausgabestruktur festlegen. Diese Transformationen werden beim Zugriff als View jedes Mal ausgeführt.

4.4.1 Der grafische View-Editor

Bereiche im grafischen Editor

Wenn Sie einen View bearbeiten, sehen Sie folgende Bereiche, die Sie teilweise über den Funktionsleistenbereich **View** ein- oder ausschalten können (siehe Abbildung 4.31).

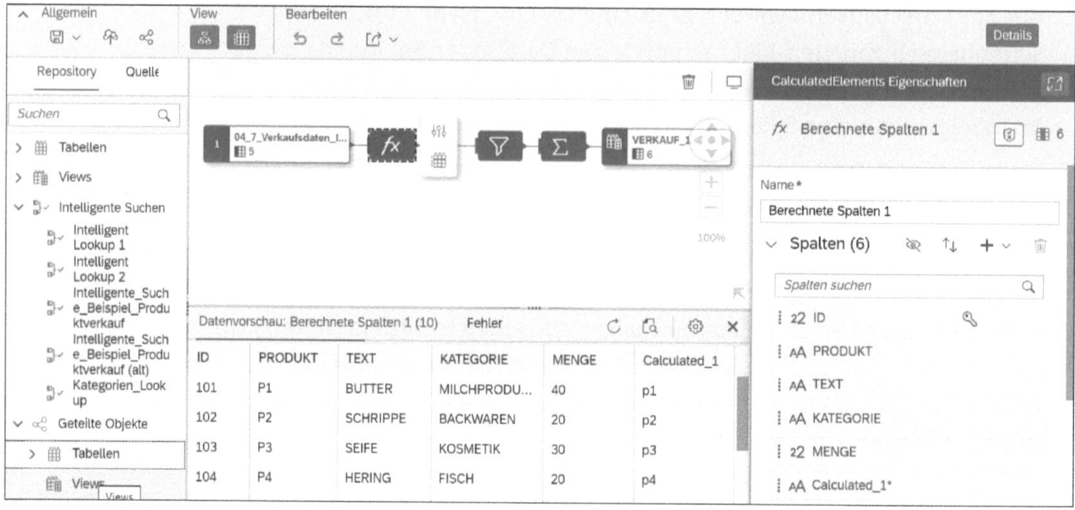

Abbildung 4.31 Bereiche des grafischen Views

Quellbrowser (Quellbaum)

Ganz links sehen Sie den *Quellbrowser* (auch Quellbaum genannt) mit zwei Unterbereichen:

- Im *Repository* sehen Sie bereits im aktuellen Space erstellte lokale Tabellen und Remote-Tabellen, Views, intelligente Suchen und in den aktuellen Space hineingeteilte Objekte.
- Unter *Quellen* finden Sie übersichtlich die externen Quellen aus den Verbindungen des aktuellen Space. Je nach Verbindung können die Quellobjekte nach Schema, Applikationskomponente oder alphabetisch aufgeteilt sein.

[»]

Besonderheit im Repository

Der View, den Sie aktuell bearbeiten, wird im Repository nicht aufgelistet, da Sie ihn nicht in sich selbst verwenden dürfen.

Diagramm

Der große Grafikbereich in der Mitte des Editors ist das *Diagramm*, in dem Sie die Logik des Views als miteinander verbundene *Knoten* erstellen. Sobald Sie ein erstes Objekt in das Diagramm einfügen, wird ein *Ausgabeknoten* angelegt. Dieser erhält zunächst Standardnamen (betriebswirtschaftlich **View1**, technisch `View_1`) und sollte beim Speichern umbenannt werden. Er repräsentiert die finale Ausgabestruktur, also die von außen sichtbaren Spalten und ihre Eigenschaften.

Quellsymbol

Die aufgenommenen Quellen werden als *Quellsymbol* im Diagramm visualisiert. Quellsymbole zeigen eine Nummer für die Quelle, den Namen und für grafische Informationen zur Anzahl der Spalten, Assoziationen oder Parameter an (siehe Abbildung 4.32).

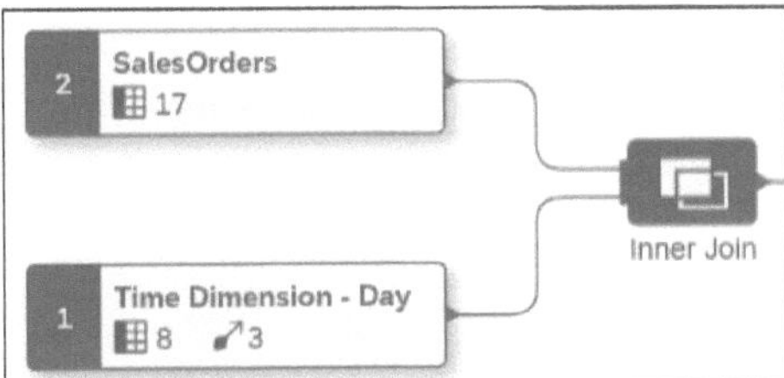

Abbildung 4.32 Quellen in einem grafischen View

Oben rechts können Sie auf **Details** klicken, um sich rechts den *Seitenbereich* anzeigen zu lassen. Wenn Sie ein Objekt im Diagramm anklicken, sehen Sie dort dessen Eigenschaften. Wenn Sie den Ausgabeknoten oder die Fläche anklicken, sehen Sie die Objekteigenschaften des Views, die in Abschnitt 4.1.2, »Objekteigenschaften«, erläutert sind.

Datenvorschau

Unter dem Diagramm öffnet sich bei Bedarf ein Bereich für die *Datenvorschau*.

Oberhalb des Diagramms sehen Sie, welchen Space und welches Objekt Sie aktuell sehen und darunter die *Funktionsleiste*. Sie können dort unter **View** einzelne Bereiche ein- oder ausschalten.

View anlegen

So legen Sie einen grafischen View an:

1. Klicken Sie im seitlichen Navigationsbereich auf **Data Builder**, wählen Sie bei Bedarf einen Space aus, und klicken Sie auf **Neuer grafischer View**, um den Editor zu öffnen. Es entsteht ein Ausgabeknoten **View 1** (siehe Abbildung 4.33).
2. Ziehen Sie eine Quelle aus dem Bereich **Quellbrowser** per Drag & Drop in den Bereich **Diagramm**. Ein Quellobjektknoten und der Ausgabeknoten erscheinen automatisch. Bei geteilten Objekten sehen Sie den Namen des Original-Space und den Original-Namen. Sie können zur Ansicht einen anderen Namen als Alias angeben.
3. (Optional) Ziehen Sie per Drag & Drop zusätzliche Quellen aus dem Quellbrowser auf einen vorhandenen Knoten, um einen Join oder eine Union anzulegen oder um ein Objekt zu ersetzen. Um eine Union anzulegen, ziehen Sie das Quellobjekt weiter auf das Wort **Union**. (Den Zweck dieser Knoten erläutert Tabelle 4.7.)
4. Klicken Sie auf einen Knoten im Diagramm, um zusätzlich einen der in Tabelle 4.7 mit * bezeichneten Knotentyp einzufügen. In Tabelle 4.7 mit * gekennzeichnete Knoten enthalten nur eine Quelle und können in ei-

nem grafischen View ohne Drag & Drop erzeugt werden. Mit ** gekennzeichnete Knoten kombinieren zwei Quellen und entstehen in einem grafischen View nur durch Drag & Drop.

Knotentyp	Benutzung
Filter*	Sie möchten nur Zeilen weitergeben, die einer Bedingung entsprechen. Verwenden Sie einen SQL-Ausdruck, wie er nach dem Wort `WHERE` einer SQL-Abfrage vorkommen kann.
Projektion*	Sie möchten Spalten umbenennen, neu anordnen oder ausschließen.
Berechnete Spalte*	Sie möchten neue Spalten mit einer Berechnung anlegen. Verwenden Sie einen SQL-Ausdruck, wie er im `SELECT`-Teil vorkommen kann.
Aggregation*	Sie möchten Datensätze verdichten und dabei Berechnungen vom Typ `SUM`, `COUNT`, `MIN` oder `MAX` auf Kennzahlen anwenden.
Join**	Sie möchten Datensätze aus zwei Quellen über ein oder mehrere gemeinsame Felder mit zusammenpassenden Inhalten kombinieren.
Union**	Sie möchten Datensätze aus zwei Quellen untereinander setzen und dabei Spalten identifizieren und eventuell Dubletten entfernen.

Tabelle 4.7 Arten von Knoten in einem grafischen View oder Datenfluss (*: kann beim Nachbarobjekt hinzugefügt werden, **: entsteht nur durch Drag & Drop)

5. Klicken Sie auf einen Knoten, um im Seitenbereich die Eigenschaften zu editieren. Sie können z. B. jederzeit den Namen ändern. Er muss eindeutig sein und darf nur alphanumerische Zeichen und Unterstriche enthalten.
6. Klicken Sie auf den Ausgabeknoten, um im Seitenbereich die Eigenschaften des Views zu editieren (siehe Abbildung 4.33).

Beispiel: Wenn der View von extern sichtbar sein soll, z. B. von SAP Analytics Cloud, schalten Sie die Eigenschaft **Für Verbrauch exponieren** ein, wie es in Abbildung 4.37 zu sehen ist.

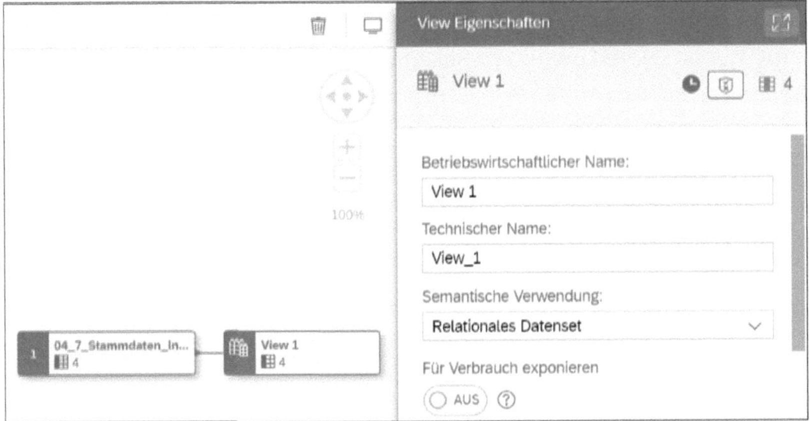

Abbildung 4.33 Die Situation eines grafischen Views nach dem Einfügen einer Quelle: es entsteht der Ausgabeknoten »View 1«

4.4.2 Filter-, Berechnungs-, Projektions- und Aggregationsknoten

Es stehen Ihnen verschiedene Funktionen, z. B. für das Filtern, zusätzliche Berechnungen oder Aggregationen zur Verfügung. Diese werden in grafischen Views säuberlich auf verschiedene Knoten aufgeteilt. Das hat den Vorteil, dass Sie die Reihenfolge dieser Aktionen eindeutig sehen. Zwischen zwei Knoten vom gleichen Funktionstyp muss immer mindestens eine Verknüpfung (Join oder Union) liegen. Eine Aggregation kann nur als letzte Operation vor einem Union-, Join- oder Ausgabeknoten verwendet werden.

Im Aggregationsknoten müssen Sie für mindestens eine Spalte mit numerischem Datentyp eine der Aggregationsfunktionen `MIN`, `MAX`, `SUM` oder `COUNT` auswählen. `KEINE` bei einer Spalte bedeutet, dass Sie noch nichts ausgewählt haben. Wenn eine Spalte nicht aggregiert werden soll, wählen Sie stattdessen `NONE`.

Daten verdichten

Wenn Sie die Daten verdichten wollen, müssen Sie die nicht benötigten Attribute in einem Projektionsknoten vor der Aggregation durch die Option **Spalte ausschließen** weglassen.

Wenn Sie eine Bedingung auf Einzelsätze anwenden wollen, verwenden Sie für die optimale Laufzeit möglichst weit vorn einen Knoten vom Typ **Filter**. Dort können Sie einen Ausdruck definieren, beispielsweise

`PRODUCT_ID BETWEEN 'P-03' AND 'P-05'`, um Zeilen mit Werten für `PRODUCT_ID` von P–03 bis P–05 (jeweils einschließlich) weiterzugeben. Zusätzlich können Sie auf dem Knoten **Aggregation** eine Bedingung definieren, die sich auf die aggregierte Datenmenge auswirkt, indem Sie einen Ausdruck im Bereich **Having** eintragen.

4.4.3 Verknüpfungen

Join-Knoten

Mit einem *Join-Knoten* erweitern Sie eine vorhandene Datenmenge, indem Sie Spalten aus einer anderen Datenmenge anbinden, z. B., um Kopfdaten zu einer Position hinzuzulesen. Dazu ziehen Sie ein Quellobjekt oder einen Knoten des Diagramms per Drag & Drop auf einen anderen Knoten im Diagramm und dann auf das Wort **JOIN** (siehe Abbildung 4.34).

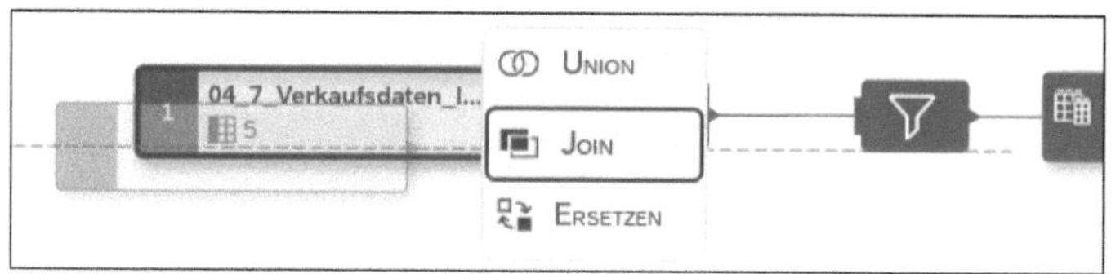

Abbildung 4.34 Join erzeugen

Zusätzlich entsteht dabei hinter dem neuen Join-Knoten ein Projektionsknoten, damit Sie dort Spalten entfernen oder umbenennen können.

Join-Definition

Wenn Sie den Join-Knoten auswählen, können Sie im Seitenbereich einen Join-Typ und einen Hinweis zur Eindeutigkeit von Daten und die Kardinalität angeben (siehe Tabelle 4.8). Die Zuordnung wird automatisch anhand der Spaltennamen und Datentypen erzeugt, aber Sie können nicht gewünschte Zuordnungen auch löschen und eigene Zuordnungen durch Drag & Drop hinzufügen. Abbildung 4.35 zeigt, wie der Eintrag **Kategorie** auf den Eintrag **Produktklasse** gezogen wird. Dadurch entsteht eine neue Zuordnung.

Die Ansicht der Spalten können Sie auf die bereits zugeordneten oder nicht zugeordneten einschränken. Zum Löschen markieren Sie den Link und wählen **Löschen**. Als **Join-Typ** wählen Sie einen der Werte aus Tabelle 4.8 aus.

Join-Typ	Bedeutung
Cross	Zu jeder Zeile der linken Datenmenge werden alle Zeilen der rechten Tabelle hinzugelesen.
Vollständig	Das Ergebnis erhält alle Zeilen der linken und der rechten Datenmenge, wobei Zeilen, die der Bedingung entsprechen, verknüpft werden.
Inner (Das ist der Standardwert.)	Das Ergebnis erhält nur Zeilen, die eine Entsprechung in beiden Tabellen haben.

Tabelle 4.8 Join-Typen

Join-Typ	Bedeutung
Left Outer	Das Ergebnis erhält die Zeilen der linken Tabelle (egal, ob sie eine Entsprechung in der rechten Tabelle haben) und die passenden Werte aus der rechten Tabelle (falls vorhanden, sonst NULL = unbekannter Wert).
Right Outer	Das Ergebnis erhält die Zeilen der rechten Tabelle (egal, ob sie eine Entsprechung in der linken Tabelle haben) und die passenden Werte aus der rechten Tabelle (falls vorhanden, sonst NULL = unbekannter Wert).

Tabelle 4.8 Join-Typen (Forts.)

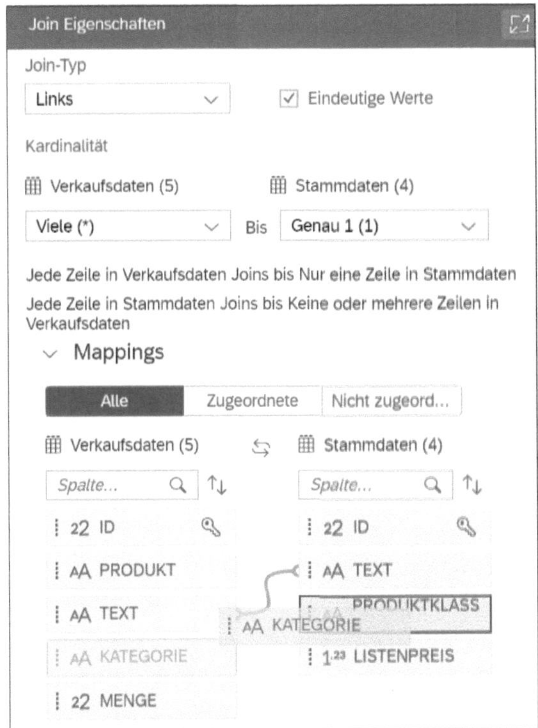

Abbildung 4.35 Eigenschaften des Joins und Anlegen von Zuordnungen: Kategorie auf Produktklasse ziehen

Union-Knoten

Mit einem *Union-Knoten* setzen Sie zwei oder mehr Datenmengen untereinander und bilden so die Vereinigungsmenge. Diese Datenmengen sollten im Wesentlichen spaltengleich sein, um zueinander zu passen. Ziehen Sie dazu im Diagramm das eine Objekte auf das andere, und klicken Sie dann weiter auf das Wort **Union**. Im Seitenbereich rechts unter **Zuordnungen** sehen Sie im linken Teil standardmäßig die Spalten des zuletzt abgelegten Quellobjekts und im rechten Teil die *Union-Spalten*. Diese Ausgabespalten des Union-Knotens werden initial aus den Quellspalten des Ziels generiert. Über (**Einstellungen**) können Sie alle oder einzelne ausgewählte Spalten der neuen Quelle als Union-Spalten hinzufügen oder alle oder einzelne rechts sichtbare Union-Spalten entfernen.

Zuordnungen von Quellspalten zu Union-Spalten werden nach Möglichkeit automatisch durch den Abgleich von Datentyp und Spaltennamen angelegt. Dabei wird aber z. B. `String(10)` nicht `String(20)` zugeordnet. Sie können solche Spalten mit kompatiblem Datentyp aber auch durch Drag & Drop selbst zuweisen.

Als Standard wird die Eigenschaft **Union All** verwendet. Das bedeutet, dass Duplikate aus den beiden Quellen übernommen werden. Wenn Sie diese Eigenschaft im Seitenbereich ausschalten, werden doppelte Zeilen entfernt. Diese Operation **Union** nimmt etwas mehr Zeit in Anspruch als **Union All**.

Mehrere Quellobjekte zusammenführen

Wenn Sie drei Objekte vereinigen wollen, ziehen Sie das dritte Objekt auf den Union-Knoten und erzeugen so eine Serie von Union-Knoten.

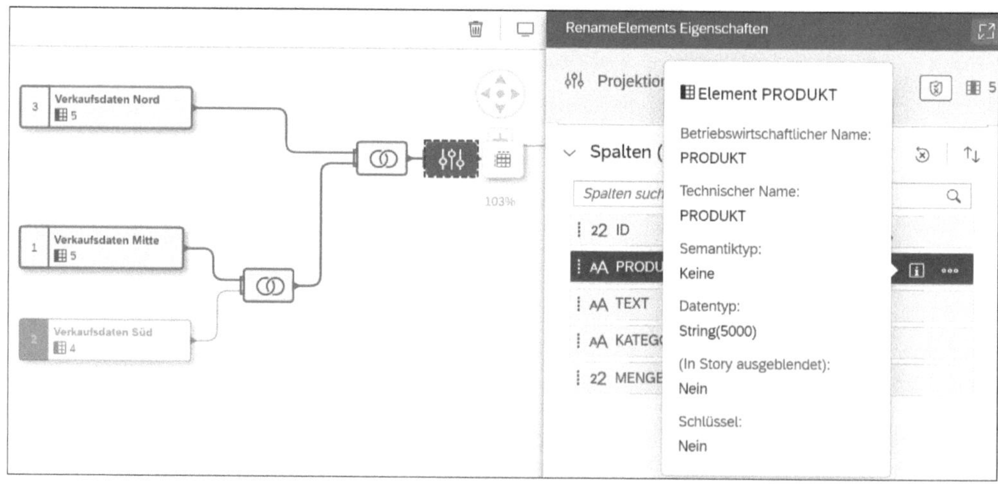

Abbildung 4.36 Informationen über eine Spalte im grafischen View

Technische Eigenschaften

Wenn Sie einen komplexen grafischen View mit vielen Elementen angelegt haben, ist es leicht, den Überblick zu verlieren. Zum Glück gibt es auf jedem Knoten die Möglichkeit, für jedes Element folgende Informationen einzusehen (siehe Abbildung 4.36):

- Im Seitenbereich unter Spalten finden Sie bei [i] die Namen, den Datentyp und andere Eigenschaften.
- Im Grafikbereich werden die Quellen und Knoten hervorgehoben, aus denen die Inhalte der Spalte stammen. So sehen Sie, wenn eine Zuordnung fehlt.

4.4.4 Der Ausgabeknoten und View-Eigenschaften

Eigenschaften bearbeiten

Auf dem Ausgabeknoten bearbeiten Sie die Eigenschaften des Views (siehe Abbildung 4.37). In der ersten Zeile sehen Sie das Symbol für den Implementierungsstatus, Warnungen, die Anzahl der Spalten und bei Dimensionen die Anzahl der Hierarchien. Außer den in Abschnitt 4.1.2, »Objekteigenschaften«, beschriebenen Eigenschaften, beispielsweise Spalten als Schlüssel festzulegen, gibt es folgende View-spezifische Optionen:

- Sie können Views persistieren, um die Laufzeit zu verbessern.
- Sie können Views für den Verbrauch exponieren.
- Sie können exponierte Views im Analysemodus ausführen, wodurch der Datenbank-Optimizer die OLAP-Datenbank-Engine bevorzugt, was die Performance bei Union-Operationen verbessern kann.
- Sie können die Reihenfolge der Spalten per Drag & Drop ändern.
- Sie können von Attributspalten Assoziationen zu anderen Views, z. B. für Texte oder Hierarchien, einrichten.
- Sie können Parameter anlegen (siehe Abschnitt 4.4.5, »Eingabeparameter«), die Sie in Ausdrücken bei Filtern oder berechneten Spalten verwenden können.
- Sie können eine Datenzugriffskontrolle einrichten (siehe Abschnitt 4.4.6, »Datenzugriffskontrolle«).

[«]

Für Verbrauch exponieren

Eine sehr wichtige zusätzliche Eigenschaft ist die Schaltfläche **Für Verbrauch exponieren** (siehe Abbildung 4.37). Sie muss aktiv sein, damit Ihr View bei einem externen Zugriff angezeigt wird, z. B. damit Analysewerkzeuge Ihren View verwenden können. Speziell für SAP Analytics Cloud müssen Sie zusätzlich den Typ des Views auf **Analytisches Datenset** setzen. Sie können dann bereits hier Assoziationen mit Dimensionen definieren. SAP Analytics Cloud kann auf Dimensionen und andere Entitäten zugreifen, auf die Ihr analytisches Datenset über Assoziationen verweist, selbst wenn diese nicht direkt verfügbar gemacht wurden.

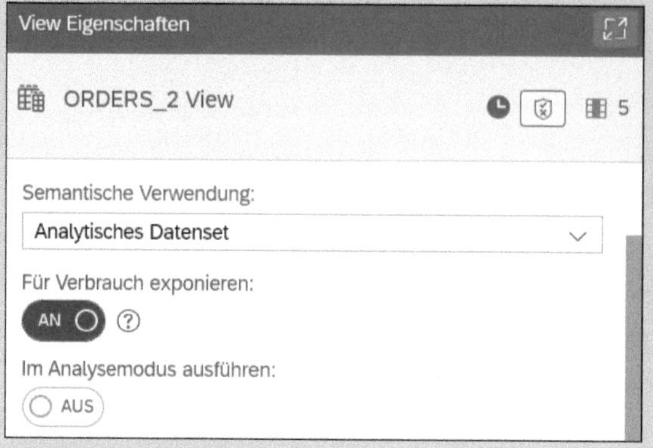

Abbildung 4.37 Eigenschaften eines für den Verbrauch exponierten Views

4.4.5 Eingabeparameter

Möchten Sie den Benutzern bei der Abfrage des Views in SAP Analytics Cloud mehr Einfluss geben? Legen Sie dafür im Seitenbereich des Ausgabeknotens einen *Eingabeparameter* mit beiden Namen, Datentyp und optional mit Standardwert an. Sie können einen Parameter mit dem Namen P1 und mit der Syntax :P1 in einem Filter, in einer Berechnung oder im Having-Teil eines Aggregationsknotens anstelle eines festen Wertes einbauen.

[!]

Eingabeparameter müssen verwendet werden

Wenn Sie einen Eingabeparameter angelegt haben, den Sie nirgends verwenden, erscheint eine Fehlermeldung. Sie müssen den Parameter verwenden oder löschen, denn sonst können Sie den View nicht implementieren.

In den folgenden Situationen muss der Wert beim Ausführen des Views zur Laufzeit versorgt werden:

- **View als Quelle in anderen Views**
  Wenn Sie einen View als Quelle in einem anderen grafischen oder SQL-View hinzufügen, müssen Sie jeden Eingabeparameter im Quell-View mit einem Wert oder einem Eingabeparameter im neuen View versorgen. Bei SQL-Views müssen Sie zusätzlich die Syntax anpassen.
- **Datenvorschau**
  Sie müssen einen Wert für jeden Eingabeparameter eingeben.

- **SAP Analytics Cloud**
  In einer Story, die diesen View verwendet, erscheint ein Dialogfeld **Variablen festlegen**. Dort geben die Benutzer*innen einen Wert ein, der anstelle eines festen Wertes als Filter oder in einer Berechnung verwendet wird.

[«]

Voraussetzung zum Verwenden von Views

Einen View mit Eingabeparameter können Sie nicht in einer intelligenten Suche und nicht als Ziel einer Assoziation verwenden (siehe Abschnitt 4.7, »Intelligente Suche«). Sie können Eingabeparameter nur in einem View anlegen, an den keine Datenzugriffskontrolle angehängt ist.

4.4.6 Datenzugriffskontrolle

Datenzugriff steuern

Wollen Sie kontrollieren, wer welche Daten in Ihrem Datenmodell sieht, sodass beispielsweise jede Person nur die Daten der eigenen Region sieht?

Dazu brauchen Sie zunächst eine andere Entität ohne Inputparameter, in der Sie die jeweils berechtigten Werte auflisten, z. B. Benutzer mit Organisation, Land und Region. Die Schlüsselspalte der Entität mit den berechtigten Werten muss die Benutzernamen exakt so auflisten, wie sie sich in SAP Data Warehouse Cloud anmelden, üblicherweise mit den E-Mail-Adressen. Für jede zu kontrollierender Kombination von Spalten, z. B. Land und Region, legen Sie, wie in Kapitel 8, »Benutzer und Rollen«, beschrieben, eine Datenzugriffskontrolle an, die aus der Entität mit den berechtigten Werten die für jeden Benutzernamen zugehörigen Filterkriterien liest.

Zugriffskontrolle integrieren

Für den zu kontrollierenden View müssen Sie noch angeben, welche Spalten auf welcher Grundlage zu prüfen sind:

1. Markieren Sie den Ausgabeknoten des zu kontrollierenden Views.
2. Im Unterbereich **Datenzugriffskontrollen** im Seitenbereich klicken Sie auf **+** (**Hinzufügen**), wählen die gewünschte Datenzugriffskontrolle aus und klicken auf **OK**.
3. In den Detaileigenschaften unter **Verknüpfen** ordnen Sie jeder in der Datenzugriffskontrolle definierten Ausgabespalte eine betreffende Spalte Ihres Views zu.
4. Sichern und implementieren Sie Ihren View. Testen Sie die Vorschau mit verschiedenen Benutzer*innen.

Wenn Sie die gleiche Rechtekontrolle für verschiedene Spalten anwenden müssen, z. B. für **Einkaufsregion** und **Verkaufsregion**, müssen Sie eine Kopie der Zugriffskontrolle anlegen, da Sie nicht zweimal die gleiche Zugriffskontrolle einbinden können.

4.4.7 Geokoordinaten

Wollen Sie den Ort eines Kunden oder einer Verkaufsstelle in SAP Analytics Cloud auf einer Landkarte darstellen, müssen Sie dazu in einem grafischen View Spalten für Geokoordinaten anlegen.

Voraussetzung für die Geokoordinaten

Die Voraussetzung dafür ist, dass Sie **Dimension** als **Semantische Verwendung** ausgewählt haben und Spalten definiert haben, die gültige Koordinatenwerte liefern (Datentyp String, Decimal oder Double). Denken Sie außerdem daran, die Eigenschaft **Für Verbrauch exponieren** einzuschalten, damit der View im Frontend auswählbar ist.

Gehen Sie danach wie folgt vor:

1. Fügen Sie einen Knoten vom Typ **Berechnete Spalte** in das Diagramm ein.
2. Klicken Sie im Seitenbereich auf **+** und dann auf ⦾ (**Geokoordinaten**), um eine Geospalte anzulegen, die zunächst **Standort** oder **Location** heißt und deren Namen Sie ändern können
3. Wählen Sie für die Eigenschaft **Referenzidentifikator (SRID)** einen Wert aus Tabelle 4.9.
4. Wählen Sie die Felder **Breitengrad** und **Längengrad**.
5. Vervollständigen, sichern und implementieren Sie den View.
6. Um den View in einem View vom Typ **Analytisches Datenset** zu verwenden, assoziieren Sie ihn.

SRID (Referenzidentifikator)	Bedeutung
0	zweidimensional
3857	Pseudo-Mercator-Projektion
4326 (Das ist der Standardwert.)	Erdoberfläche

Tabelle 4.9 Erlaubte SRID-Werte (Referenzidentifikatoren)

Die Ausgabe ist von Typ `ST_GEOMETRY(x)`, wobei x der Referenzidentifikator ist. Der Referenzidentifikator gibt an, welche Längeneinheit verwendet wird, ob die Daten als Punkte einer ebenen Fläche oder einer Kugeloberfläche zu verstehen sind und durch welche Projektion Punkte abgebildet werden. Stellen Sie sicher, dass das Auswertungswerkzeug diesen Datentyp versteht. Weitere Informationen finden Sie auf *help.sap.com* unter dem Stichwort »Spatial Reference Systems (SRS) and Spatial Reference Identifiers (SRID)«.

4.4.8 Währungsumrechnung

Haben Sie Beträge mit verschiedenen Währungen, und wollen Sie diese einheitlich darstellen? Dann müssen Sie dazu in einem grafischen View eine berechnete Spalte für die Währungsumrechnung anlegen.

Voraussetzung für die Währungsumrechnung

Die Voraussetzung dafür ist, dass die Tabellen, die in Tabelle 4.6 aufgelistet sind, im aktuellen Space verfügbar sind. Wenn Sie das Konzept nutzen, dass diese zentralen Tabellen in einem übergreifenden technischen Space (wie in Kapitel 3, »Verwaltung von Verbindungen, Dateien und Artefakten«, beschrieben) liegen, können Sie diese mit dem aktuellen Space teilen. Wenn die Tabellen extern verfügbar sind, können Sie sie auf der Startseite des Data Builders importieren (siehe Abschnitt 4.2.8, »Währungsumrechnungstabellen«).

So legen Sie eine Währungsumrechnung in Ihrem View an:

1. Fügen Sie einen Knoten vom Typ **Berechnete Spalte** im Diagramm ein.
2. Klicken Sie im Seitenbereich auf + und dann auf (**Währungsumrechnungsspalte**), um eine neue Spalte anzulegen, deren Namen Sie ändern können.
3. In den Bereichen **Währungseigenschaften** und **Konvertierungseigenschaften** definieren Sie die in Tabelle 4.10 erklärten Eigenschaften.
4. Ferner können Sie unter **Erweiterte Eigenschaften** Sonderfunktionen ermöglichen, z. B. für Sonderformate beim Datum.
5. Vervollständigen, prüfen, sichern und implementieren Sie den View.

Eigenschaft	Bedeutung
Quellbetrag	ID der Spalte mit dem Originalbetrag
Schritte	Wählen Sie auf jeden Fall **Umrechnen**. Zusätzlich können Sie auswählen: ▪ **Verschieben**: Sie verschieben die Dezimalstellen des Originalwerts von 2 auf den Wert aus Tabelle TCURX. ▪ **Runden**: Sie runden das Ergebnis auf die Anzahl der Ziffern aus Tabelle TCURX. ▪ **Zurückverschieben**: Sie ändern die Ausgabe der Zielwährung auf 2 Stellen.

Tabelle 4.10 Einstellungen bei einer Währungsumrechnung

Eigenschaft	Bedeutung
Quellwährung	Sie können die Originalwährung als **Festwert** (direkt als Konstante für alle Zeilen) oder als Referenz auf eine **Spalte** des Views definieren.
Zielwährung	Sie können die Zielwährung als **Festwert** (Direktangabe) oder als Referenz auf eine Spalte des Views festlegen oder sie auch als Eingabeparameter abfragen.
Referenzdatum	Sie können das Datum, dessen Kurs ausgelesen wird, als Festwert (Direktangabe) oder als Referenz auf eine Spalte des Views festlegen, oder Sie können einen Ausdruck mit SQL-Funktionen definieren, z. B. für den aktuellen Tag, oder Sie können das Datum als Eingabeparameter abfragen.
Client	Filter für die Mandantenspalte der `TCUR*`-Tabellen (dreistellige Ziffernfolge)
Umrechnungsart	Filter für die Umrechnungsartspalte der `TCURR`-Tabelle (z. B. EURX)
Fehlerbehandlung	Legen Sie fest, was passiert, wenn für eine Zeile keine Konvertierung möglich ist: ▪ **Bei Fehler abbrechen**: Der View bricht mit Fehlermeldung ab. ▪ **Auf NULL setzen**: Der betreffende Eintrag wird eine `NULL`-Zelle. ▪ **Nicht konvertieren**: Der Originalwert bleibt in Originalwährung erhalten.

Tabelle 4.10 Einstellungen bei einer Währungsumrechnung (Forts.)

Hinweise zur Währungsumrechnung

Als Alternative können Fortgeschrittene die SQL-Funktion `CONVERT_CURRENCY` verwenden, die ähnliche Optionen ermöglicht.

Beschränkung bei Space-übergreifender Nutzung

Views, die Spalten mit Währungsumrechnung enthalten, können zur Zeit der Drucklegung des Buches aus technischen Gründen nicht mit anderen Views geteilt werden. Wenn Sie also einen grafischen View in den Views des Business Builders in einem Space des Geschäftsbereichs verwenden, teilen Sie die Umrechnungstabellen und führen die eigentliche Berechnung im Business Builder aus.

4.4.9 Die Vorschaufunktion

Für jeden Knoten können Sie die Daten in einer Vorschaufunktion sehen. Wählen Sie dazu den Knoten, und klicken Sie dann rechts daneben auf [▦] (**Datenvorschau**). Es werden zunächst alle Spalten angezeigt, aber Sie können rechts über [⚙] (**Spalten**) die angezeigten Spalten auswählen. Die Auswahl gilt nur für diesen Knoten und nur innerhalb der gleichen Sitzung bis zum Speichern oder Schließen des Views.

Für jede der sichtbaren Spalten können Sie durch einen Klick auf die Spaltenüberschrift einen Dialog für die Sortierung und Filter öffnen. Als Filter können Sie Vergleiche (mit =, <, >, <=, >= oder !=) oder ein Muster angeben, das auf * endet.

Probleme beim Löschen des Filters

Wenn das Löschen des Filters nicht möglich ist, z. B. weil Ihr Muster nicht erlaubt ist, oder weil Sie die Sortierung aufheben wollen, aktualisieren Sie die Seite, oder Sie schließen und öffnen den View. Dadurch werden Filter, Sortierung und Spaltenauswahl zurückgesetzt.

Über [↗] (**Exportieren**) und dann **SQL-Vorschau** können Sie sich das entsprechende SQL-Statement anzeigen lassen (siehe Abbildung 4.38), es aber nicht editieren. Sie können es z. B. in einem SQL-Editor ausführen. Dies kann speziell dann sehr hilfreich sein, wenn Sie einen SQL-View anlegen (siehe Abschnitt 4.5, »SQL-Views«). Denn Sie können die Standardfunktionen erst grafisch modellieren und dann den kopierten SQL-Code als Ausgangspunkt für die Zusatzfunktionen in einem SQL-View nutzen.

SQL-Vorschau: VERKAUF_1

SQL Fehler

```
SELECT
  "04_7_IS_Verkaufsdaten"."ID" AS "ID",
  "04_7_IS_Verkaufsdaten"."PRODUKT" AS "PRODUKT",
  "04_7_IS_Verkaufsdaten"."TEXT" AS "TEXT",
  "04_7_IS_Verkaufsdaten"."KATEGORIE" AS "KATEGORIE",
  "04_7_IS_Verkaufsdaten"."MENGE" AS "MENGE",
  LOWER("04_7_IS_Verkaufsdaten"."PRODUKT") AS "PRODUKT_NEU"
FROM "04_7_IS_Verkaufsdaten"
WHERE "04_7_IS_Verkaufsdaten"."ID" > 100
```

Abbildung 4.38 Beispiel für die SQL-Vorschau

4.5 SQL-Views

SQL-Views ermöglichen Ihnen das Implementieren von komplexen Algorithmen, für die Sie mit grafischen Views gegebenenfalls keine vollständige Realisierung Ihrer Anforderung erreichen konnten. Wie die Bezeichnung es schon andeutet, wird dazu die Datenbankabfragesprache SQL (Structured Query Language) verwendet, für die Sie weitergehende Programmierkenntnisse benötigen. Anders als in der grafischen Modellierung bilden Sie also Ihre Geschäftslogik durch Codieren ab. Sie kombinieren einen SQL-View aber schlussendlich in der weiteren Datenmodellierung auf die gleiche Weise wie einen grafischen View oder persistieren die Ergebnisse einer Ausführung, z. B. durch Einplanen. Auch die Eigenschaften in den View-Einstellungen sind im Vergleich zu den grafischen Views im Wesentlichen identisch (siehe Abschnitt 4.4, »Grafische Views«). In diesem Abschnitt lernen Sie, wie Sie SQL-Views in SAP Data Warehouse Cloud erstellen und erfahren auch, dass es zwei grundsätzlich unterschiedliche Realisierungsmöglichkeiten gibt. Dies sind:

- *SQL-Standardabfragen*, bei denen Sie SELECT-Abfragen mit SELECT-Anweisungen verwenden. Eine SELECT-Abfrage kann dabei aus mehreren geschachtelten SELECT-Anweisungen als Unterabfragen bestehen.
- *SQL-Skript-Tabellenfunktionen*, bei denen Sie komplexe Konstrukte mit mehreren internen Tabellen, Variablen, Schleifen und Wenn-dann-Abfragen verwenden können.

Dazu erläutern wir beispielhaft das Vorgehen. Allerdings ist dieser Abschnitt keine Einführung in SQL oder in den gesamten SAP-HANA-SQL-Umfang. Dazu verweisen wir auf die im weiteren Verlauf angegebenen SAP-Leitfäden oder auch schon jetzt auf das Buch »SQLScript für SAP HANA«, Jörg Brandeis, Rheinwerk-Publishing, 2020, 2. Auflage.

Überblick über die SQL-Standardabfragen

Da Ihre SAP Data Warehouse Cloud auf Basis der SAP-HANA-Cloud-Umgebung läuft, basieren auch hier vorgenommene SQL-Standardabfragen auf der entsprechenden Version für SAP HANA Cloud und dem SAP HANA SQL Reference Guide (for SAP HANA Platform). Allerdings wird für die SQL-Standardabfragen ein reduzierter Funktionsumfang eingesetzt, der sich aus der Natur der Umgebung in SAP Data Warehouse Cloud ergibt. So steht Ihnen hier im Wesentlichen die SELECT-Anweisung zur Verfügung, mit der Sie Daten für Ihre beabsichtigte Anwendung zusammenführen und entsprechend anpassen. Sie können in den SQL-Views nur Daten lesen. Es sind keine SQL-Anweisungen erlaubt, die den Zustand der Datenbank verändern. Derartige Operationen für Datenveränderungen werden ausschließlich im Rahmen von Datenreplikationen aus Quellsystemen oder von Datenpersistierungen als Ergebnis von View-Ausführungen oder Datenflüssen vorgenommen, sind aber nicht im SQL-View als Anweisung verwendbar. Im Rahmen der SELECT-Abfragen können Sie aber alle verfügbaren Elemente der SELECT-Anweisung, wie Ausdrücke und Funktionen, sowie die üblichen Prädikate und Operatoren verwenden. Weitere Details zum Umfang der SELECT-Anweisung finden Sie im SAP-HANA-Datenbank-Referenzleitfaden unter *https://help.sap.com/docs/HANA_CLOUD_DATABASE/d1cb63c8dd8e4c35a0f18aef632687f0/28f2d64d4fab4e789ee0070be418419d.html?locale=en-US*, der gegenwärtig nur in einer englischsprachigen Version verfügbar ist.

SQL-Skript-Tabellenfunktionen

SQLScript stellt eine Erweiterung der bereits beschriebenen SQL-Referenz dar, mit der Sie, neben den SELECT-Abfragen und deren möglichen Verschachtelungen, auch ganze Skripte mit verschiedenen Einzelschritten implementieren können. Dazu prägen Sie den SQL-View als SQL-Skript-Tabellenfunktion aus. Dadurch können Sie Ihr SQL-Coding um Elemente wie Variablen mit Deklaration und Wertzuweisung sowie Schleifen und Wenn-dann-Konstruktionen ausbauen. Auch hier gelten allerdings die gleichen Beschränkungen wie bei der SQL-Standardabfrage hinsichtlich INSERT, UPDATE und DELETE, sodass auch hier das Ziel das Abbilden einer Geschäftslogik im Sinne einer SELECT-Anweisung ist. Weitere Details dazu finden Sie im SAP-Leitfaden von SAP HANA Cloud für die SAP-HANA-SQLScript-Referenz unter *https://help.sap.com/docs/HANA_CLOUD_DATABASE/d1cb63c8dd8e4c35a0f18aef632687f0/28f2d64d4fab4e789ee0070be418419d.html?locale=en-US*. Auch dieser Leitfaden ist gegenwärtig nur englischsprachig verfügbar.

Allgemeine SQL-Einschränkungen

Neben den schon erwähnten Einschränkungen können Sie in einem SQL-View auch keine anderen Funktionen mit dynamischem SQL generieren oder z. B. weitere SQL-Views erstellen oder Datenbankprozeduren erzeugen. Der Vollständigkeit halber sei auch erwähnt, dass der SQL-Funktionsumfang für SAP HANA Cloud an wenigen Stellen von dem Umfang für die SAP-HANA-On-Premise-Version abweicht. SAP begründet dies damit, dass einige Eigenschaften oder Charakteristika in SAP HANA Cloud irrelevant sind und daher nicht in den entsprechenden Funktionsumfang für die Cloud-Version aufgenommen wurden. Ferner wurden einige veraltete Funktionen weggelassen, die mitunter auch im bisherigen On-Premise-Umfeld seitens SAP als obsolet gekennzeichnet waren. In der Praxis der SQL-Views in SAP Data Warehouse Cloud dürften Sie hier aber nur extrem selten auf wirkliche Probleme stoßen, selbst wenn Sie versuchen sollten, SQL-Coding aus einem Ihrer SAP-Systeme zu übertragen. Weitergehende Informationen finden Sie in SAP-Hinweis 2868742.

4.5.1 Der SQL-View-Editor

Zum Erstellen eines SQL-Views klicken Sie im Data Builder auf die Kachel [SQL]. Der SQL-View-Editor wird geöffnet und zeigt Ihnen die initiale Übersicht, wie in Abbildung 4.39 dargestellt.

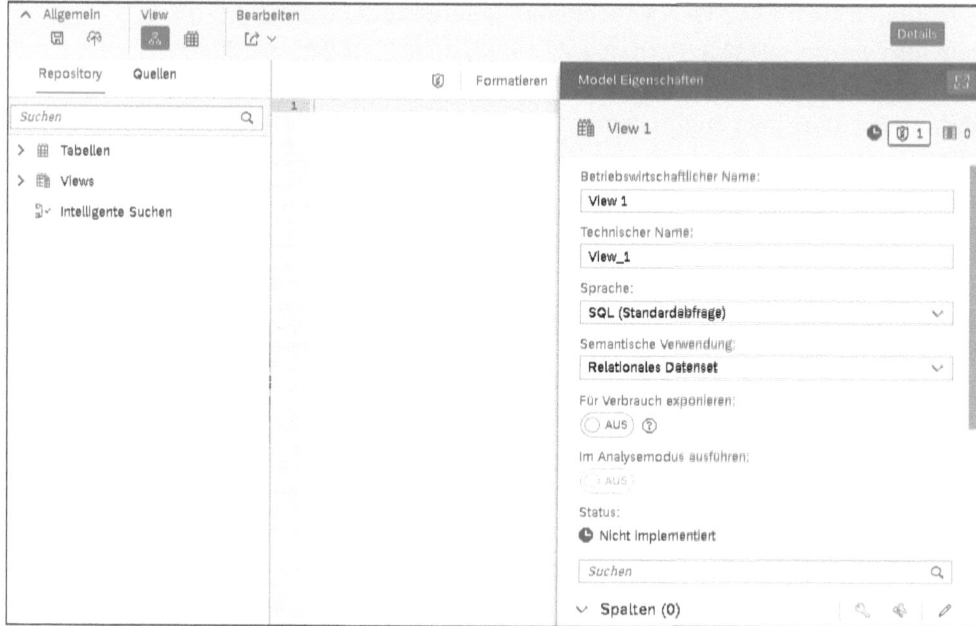

Abbildung 4.39 Bereiche des SQL-View-Editors

[»]

Validierungsmeldung

Lassen Sie sich in diesem noch initialen Zustand der Anzeige nicht durch das rote Symbol [1] (**Validierungsmeldung**) und die entsprechende Beschreibung irritieren. Sie besagen lediglich, dass zu diesem Zeitpunkt das Modell, also die bisherige Implementierung, noch leer ist und entsprechende Spalten für die Ergebnisausgabe des SQL-Views hinzugefügt werden sollen. Da dies durch Ihre weiteren Entwicklungsschritte erfolgt, handelt es sich um einen Hinweis, der im weiteren Verlauf verschwinden wird.

SQL-View bearbeiten

Wie beim grafischen View finden Sie auf der linken Seite den *Quellbaum* oder *Quellbrowser* zur Auswahl Ihrer Tabellen und Ihrer bisherigen Views. Anders als dort werden aber in den weiteren Schritten keine grafischen Knoten, sondern lediglich der technische Name des ausgewählten Objekts in das Coding übernommen. Darüber befinden sich die schon bekannten Schaltflächen für Sichern, Implementieren, Datenvorschau und, unter **Bearbeiten**, die Möglichkeit, Ihren SQL-View für einen Austausch mit anderen Spaces über das CSN-/JSON-Format zu exportieren.

Im rechten oberen Bereich finden Sie zwei Schaltflächen in der Funktionsleiste:

- Die Schaltfläche [icon] (**SQL validieren**) prüft das eingegebene Coding auf Syntaxfehler oder nicht vorhandene Objekte.
- Die Schaltfläche **Formatieren** formatiert das Coding automatisch nach einem von SAP festgelegten Schema.

Sprache einstellen

Auf der rechten Seite finden Sie das Eigenschaftenfenster, das im Wesentlichen dem grafischen View entspricht, bis auf eine signifikante Ausnahme, nämlich die Auswahl der Sprache. Die Standardeinstellung ist zunächst **SQL (Standardabfrage)**. Die Auswahlliste bietet Ihnen wahlweise auch die Umstellung auf **SQL-Skript (Tabellenfunktion)** an. Beide Implementierungsarten bieten einen unterschiedlichen Sprachumfang an, den Sie je nach Komplexität der Anforderung auswählen sollten.

[«]

Anpassungen beim Sprachwechsel

Ein Wechsel der verwendeten Sprache ist grundsätzlich in beide Richtungen möglich, aber in der Regel immer mit erheblichen Anpassungen des bereits verwendeten Codings und der Spaltenausgabe verbunden.

SQL validieren

Die in den Eigenschaften angezeigten Spalten als Ergebnis des SQL-Views ergeben sich aus den im SQL erzeugten Spalten der implementierten SELECT-Abfrage und deren Feldreihenfolge. Wenn Sie diese im Coding ändern, passen sich die angezeigten Spalten den Eigenschaften an. Sollte dies einmal nicht der Fall sein, klicken Sie auf die Schaltfläche [icon] (**SQL validieren**), über die die Anpassungen explizit vorgenommen werden. Die übrigen Eigenschaften verwenden Sie wie in Abbildung 4.39 dargestellt. Dies gilt auch für die Eingabeparameter, die allerdings je verwendeter Sprache mit unterschiedlicher Syntax eingesetzt werden. Näheres dazu erfahren Sie in den folgenden Abschnitten.

In der Bildmitte finden Sie schließlich den eigentlichen SQL-Editor für das Implementieren Ihrer Anforderung mit SQL oder SQLScript.

4.5.2 SQL-Standardabfragen erstellen

Wie schon einleitend beschrieben, verwenden Sie im Rahmen der SQL-Standardabfragen die SELECT-Anweisung bzw. deren Ausdrücke, Funktionen usw. Klicken Sie zum ersten Ausprobieren in die erste Zeile des Editors, und geben Sie den Text SELECT ein.

SQL Code Completion

Während Sie dies tun, zeigt SAP Data Warehouse Cloud automatisch vorhandene Syntax-Elemente entsprechend Ihres Eingabefortschritts an. Diese *Code Completion* (oder auch *Code Suggestion*) genannte Funktion unterstützt Sie bei der Eingabe und bietet Ihnen eine Auswahl möglicher Optionen an, die Sie entweder durch Klicken in der Liste oder durch Drücken der Tabulatortaste in den Editor übernehmen können. Abbildung 4.40 zeigt Ihnen beispielhaft eine solche Auswahl.

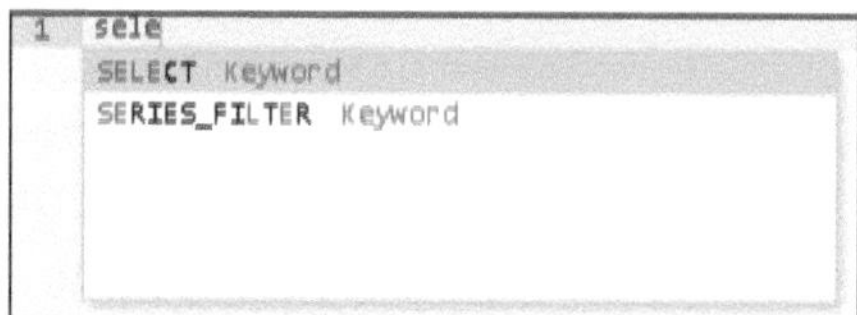

Abbildung 4.40 SQL Code Completion im Editor

Auf diese Weise vermeiden Sie Schreibfehler im Syntaxbild, erhöhen die Entwicklungsgeschwindigkeit durch kürzere Tippzeiten und erhalten überdies noch Hinweise auf nützliche weitere Ausdrücke oder Funktionen.

Ein erstes SELECT

Komplettieren Sie nun die weitere Eingabe zunächst durch den Text `select * from`. Nun übernehmen Sie eine Tabelle oder einen View aus dem links sichtbaren Quellbrowser. Im Beispiel verwenden wir Tabellen und Daten aus dem SAP-Demo-Fashion-Datenmodell. In Abbildung 4.41 sehen Sie, wie Sie die Tabelle **SalesOrders** per Drag & Drop nach rechts in den Editor übernehmen können.

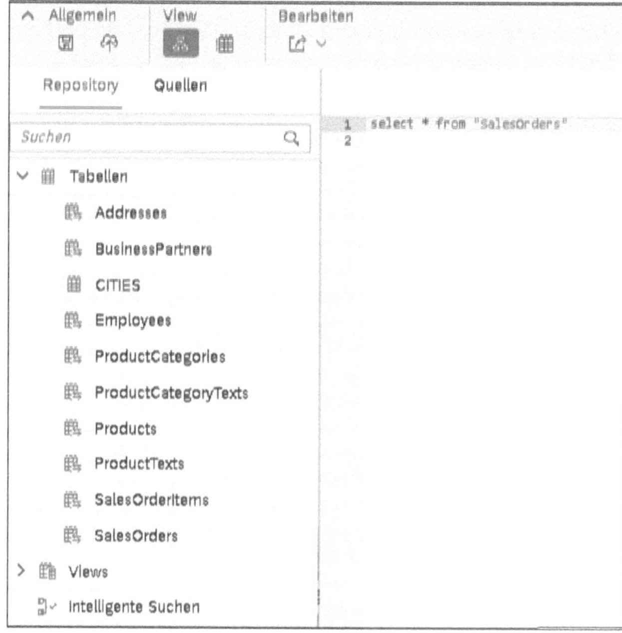

Abbildung 4.41 Tabelle SalesOrders in den Editor übernehmen

SQL validieren

Klicken Sie nun auf die Schaltfläche (**SQL validieren**) in der Funktionsleiste rechts, um die Eingabe auf etwaige Fehler hin zu überprüfen. Erscheinen Fehlermeldungen, müssen Sie diese vor jeder weiteren Operation erst korrigieren. Anschließend klicken Sie auf die Schaltfläche (**Datenvorschau ein- oder ausblenden**), um die Daten der Tabelle anzuzeigen. Dabei passiert implizit Folgendes:

- Die SQL-Abfrage wird nochmals validiert.
- In der bisherigen SQL-Anweisung werden alle Tabellenfelder in der Anzeige ergänzt bzw. expandiert.

Die ursprüngliche SQL-Abfrage

```
select * from "SalesOrders"
```

erscheint nun, wie in Listing 4.1 gezeigt.

```
select "SALESORDERID","CREATEDBY","CREATEDAT","CHANGEDBY","CHANGEDAT"
,"FISCVARIANT","FISCALYEARPERIOD","NOTEID","PARTNERID","SALESORG",
"CURRENCY","GROSSAMOUNT","NETAMOUNT","TAXAMOUNT","LIFECYCLESTATUS",
"BILLINGSTATUS","DELIVERYSTATUS" from "SalesOrders"
```

Listing 4.1 Die SQL-Abfrage zeigt alle Felder der Tabelle SalesOrders.

Bei korrekter Syntax werden die gefundenen Tabellenfelder als Spalten im rechten Tabellenfenster angezeigt und stellen damit den Ergebnisbereich des SQL-Views dar. Die 17 Felder der verwendeten Tabelle `SalesOrders` sehen dabei auszugsweise so aus, wie in Abbildung 4.42 gezeigt.

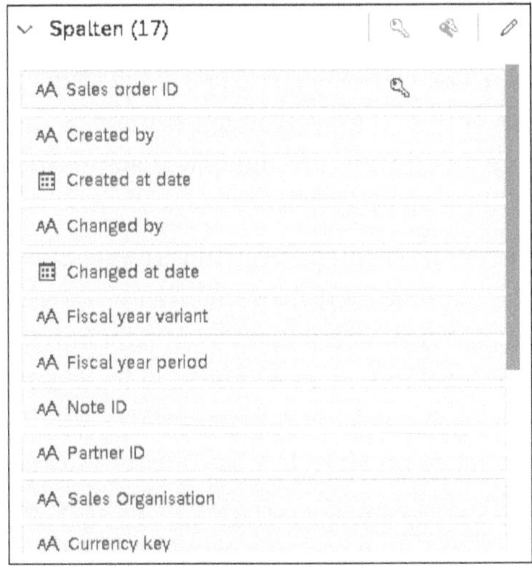

Abbildung 4.42 Spaltenanzeige der Tabelle SalesOrders in den View-Eigenschaften

Beachten Sie, dass die Reihenfolge der Felder von der Reihenfolge der Felder in der SQL-Anweisung abhängig ist und nur dort bei Bedarf geändert werden kann. Die Datentypen sowie weitere Informationen der Felder erhalten Sie durch einen Klick auf die Schaltfläche (**Info**) in den Spalten im rechten Eigenschaftsbereich des SQL-Views.

In der Datenvorschau werden nun die beispielhaften Inhalte angezeigt, wie in Abbildung 4.43 auszugsweise dargestellt.

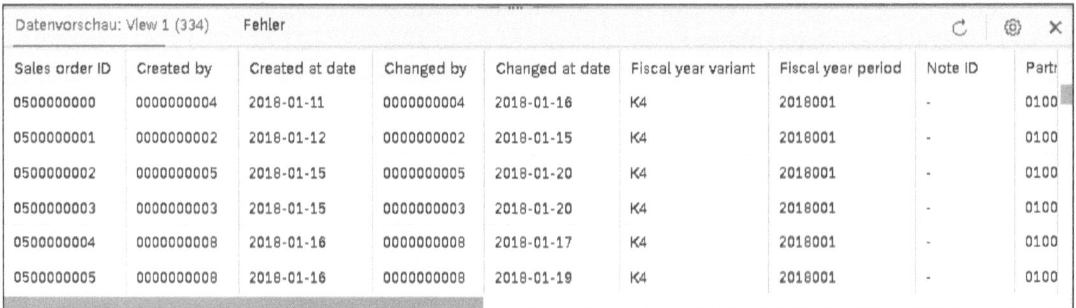

Datenvorschau: View 1 (334) Fehler

Sales order ID	Created by	Created at date	Changed by	Changed at date	Fiscal year variant	Fiscal year period	Note ID	Partı
0500000000	0000000004	2018-01-11	0000000004	2018-01-16	K4	2018001	-	0100
0500000001	0000000002	2018-01-12	0000000002	2018-01-15	K4	2018001	-	0100
0500000002	0000000005	2018-01-15	0000000005	2018-01-20	K4	2018001	-	0100
0500000003	0000000003	2018-01-15	0000000003	2018-01-20	K4	2018001	-	0100
0500000004	0000000008	2018-01-16	0000000008	2018-01-17	K4	2018001	-	0100
0500000005	0000000008	2018-01-16	0000000008	2018-01-19	K4	2018001	-	0100

Abbildung 4.43 Datenvorschau der SELECT-Anweisung für SalesOrders

[!]

Vorsicht bei einer Änderung der Tabellen

Wenn Sie die bisher gewählte Tabelle durch eine andere Tabelle ersetzen, verändert sich auch immer die Spaltenausgabe in den SQL-View-Eigenschaften und natürlich auch die Datenvorschau. Diese funktioniert auch, ohne dass Sie den SQL-View gesichert oder implementiert haben.

Sie können nun Ihre SELECT-Anweisung durch weitere Ausdrücke oder zusätzliche Join-Ergänzungen erweitern. Beachten Sie aber, dass Sie die Ergebnisfelder bei einer Verschachtelung von SQL-Anweisungen immer in der höchsten SELECT-Klausel der Abfrage ausführen, um die gewünschte Ausgabe des SQL-Views zu erzeugen.

Eingabeparameter verwenden

Durch Verwenden von Eingabeparametern können Sie auch Ihre SQL-Standardabfragen dynamischer gestalten und so den Anwender*innen mehr Einfluss auf die Ausführung geben, z. B. beim Filtern von Daten oder bei der Berechnung von Ergebnissen bei Kennzahlen. Dazu klicken Sie im Eigenschaftenfenster auf der rechten Seite im Bereich **Eingabeparameter** auf die Schaltfläche (**Eingabeparameter**). Im folgenden Pop-up-Fenster klicken Sie auf die Schaltfläche (**Hinzufügen**) und füllen dann die Felder für **Betriebswirtschaftlicher Name**, **Technischer Name** usw. aus, wie bespielhaft in Abbildung 4.44 gezeigt.

Abbildung 4.44 Eingabeparameter für die Sales Organisation anlegen

Beachten Sie dabei, dass der Datentyp und die Länge des Feldes mit dem Datentyp des Feldes übereinstimmen, auf das Sie den Eingabeparameter anwenden wollen. Prüfen Sie dies gegebenenfalls nochmals vorab in den angezeigten Spalten in den SQL-View-Eigenschaften oder in der verwendeten Datenquelle. Im Beispielfall ist dies der Datentyp String in der Länge 4. Optional können Sie dem Eingabeparameter zusätzlich einen Standardwert zuweisen.

SQL-Anweisung erweitern

Klicken Sie nun auf **OK**, und kehren Sie zum SQL-Editor zurück. Dort ergänzen Sie die bestehende SQL-Anweisung für die FROM-Klausel in der folgenden Weise:

```
FROM "SalesOrders" WHERE "SALESORG" = :EP_SALESORG
```

Diese Ergänzung besagt, dass das Feld SALESORG der Tabelle SalesOrders auf den Eingabeparameter :EP_SALESORG eingeschränkt werden soll. Der Doppelpunkt vor dem Parameternamen stellt die eigentliche Verbindung zum Eingabeparameter dar und ergänzt dann den ausgewählten Wert bei der Ausführung der SELECT-Anweisung (siehe Listing 4.2).

```
SELECT "SALESORDERID","CREATEDBY","CREATEDAT","CHANGEDBY","CHANGEDAT"
,"FISCVARIANT","FISCALYEARPERIOD","NOTEID","PARTNERID","SALESORG",
"CURRENCY","GROSSAMOUNT","NETAMOUNT","TAXAMOUNT","LIFECYCLESTATUS",
"BILLINGSTATUS","DELIVERYSTATUS"
FROM "SalesOrders" WHERE "SALESORG" = :EP_SALESORG
```

Listing 4.2 Die Anweisung sieht nun in Gänze etwa so aus.

Beachten Sie, dass hier aus Platzgründen auf eine Formatierung verzichtet wurde. Durch einen Klick auf die Schaltfläche **Formatieren** können Sie die Formatierung aber jederzeit anpassen bzw. aktualisieren.

Klicken Sie nun auf (**Implementieren**). Vergeben Sie dabei einen betriebswirtschaftlichen und technischen Namen für Ihren SQL-View. Anschießend klicken Sie erneut auf die Datenvorschau. Beim Ausführen des Views erscheint nun ein Pop-up-Fenster zur Eingabe des entsprechenden Parameterwertes. In der Folge wird die Abfrage entsprechend Ihrer Auswahl eingeschränkt. Erstellen Sie bei Bedarf weitere Eingabeparameter, und ergänzen Sie sie entsprechend in der `SELECT`- oder `WHERE`-Klausel Ihrer SQL-Anweisung.

4.5.3 SQL-Skript-Tabellenfunktionen erstellen

Scripting

Eine SQL-Skript-Tabellenfunktion ermöglicht Ihnen die Verwendung von erweiterten SQL-Elementen in der Abbildung Ihrer Anforderung im Vergleich zur SQL-Standardabfrage. Diese Erweiterungen bestehen u. a. aus Schleifenkonstrukten, Wenn-dann-Abfragen und gegebenenfalls notwendigen Datendeklarationen. Diese Form der Implementierung nennt man daher auch *Scripting*. Im Vergleich zu SQL-Standardabfragen mit vielen Unterabfragen können Sie diese hier in Einzelschritte aufteilen und damit häufig deutlich übersichtlicheres Coding erzeugen. Zum Beispiel können Sie das jeweilige Ergebnis einer `SELECT`-Anweisung zunächst in einer einzelnen Tabelle speichern, diese dann in weiteren `SELECT`-Anweisungen verwenden und so stufenweise ein Gesamtergebnis der Abfrage zusammenstellen.

Tabellenfunktionen

Der Begriff *Tabellenfunktion* bedeutet eigentlich, dass das Ergebnis des Skripts eine Tabelle ist. Das ist natürlich hier genau der Fall, jedoch gibt es in der SAP-HANA-Modellierung auch Funktionen, die nur einen einzigen Ergebniswert liefern, sogenannte *skalare Funktionen*. Der Begriff *skalar* bedeutet so viel wie Einzelwert oder Einzelgröße. In SAP Data Warehouse Cloud wurde auf diese Trennung verzichtet. Die Abbildung von Einzelwerten entspricht daher einer Tabellenfunktion mit einer Spalte und einer Zeile als Ergebnis.

SQL-Skript-Tabellenfunktion anlegen

Zum Anlegen einer SQL-Skript-Tabellenfunktion legen Sie im Data Builder einen neuen SQL-View an. Nach der Anzeige des SQL-Editors ändern Sie als Erstes die Sprache im Eigenschaftenfenster auf der rechten Seite von **SQL (Standardabfrage)** auf **SQL-Skript (Tabellenfunktion)**. Daraufhin wird im Editorbereich eine Kommentarzeile eingefügt, die einen Hinweis auf die anzuwendende Syntax enthält. Sie lautet:

```
/**
    * return select "Column1","Column2" from "table";
*/
```

Sie erkennen hier schematisch bereits die Beschreibung einer `SELECT`-Anweisung, die sich nicht von der `SELECT`-Anweisung einer SQL-Standardabfrage unterscheidet. Jedoch beginnt die Zeile mit dem Schlüsselwort `RETURN`. Dabei handelt es sich syntaktisch bereits um die Einleitung des eigentlichen Ausgabebereichs der Tabellenfunktion. Das hier erscheinende SELECT bestimmt die Felder in Art und Reihenfolge für die Spalten im rechten Eigenschaftsfenster. Abbildung 4.45 zeigt diese initialen Einstellungen im Gesamtüberblick. Auch hier können Sie die rote Validierungsmeldung erst einmal ignorieren.

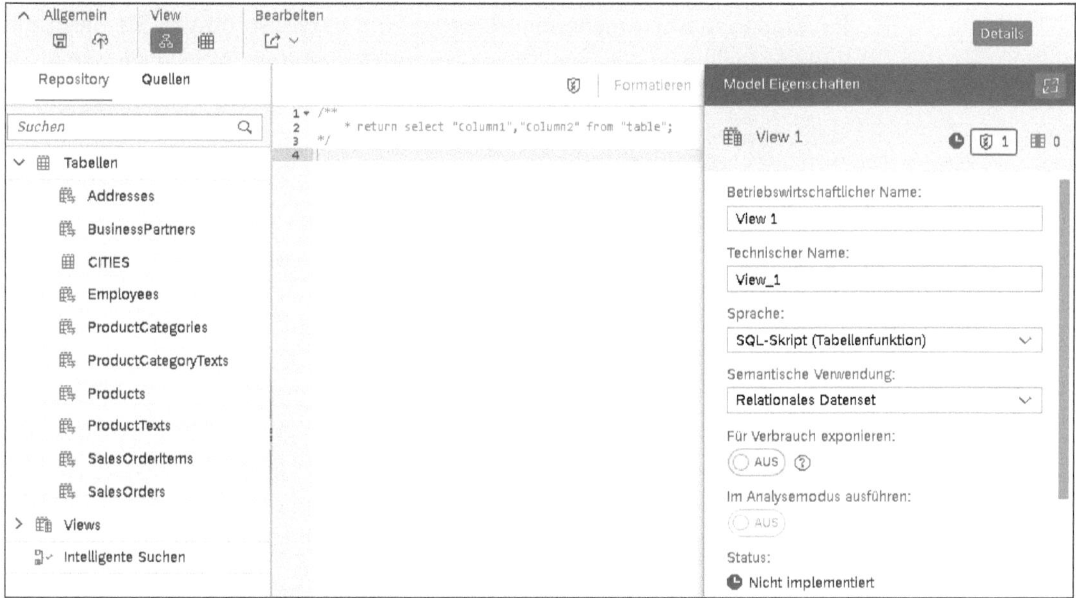

Abbildung 4.45 Initialer Aufruf eines neuen SQL-Views mit der Eigenschaft SQL-Skript (Tabellenfunktion)

Was die Tabellenfunktion ausmacht, ist die Möglichkeit, vor dem RETURN bereits SQLScript zu implementieren und erst dann nach dem RETURN das Ergebnis für die Ausgabetabelle zusammenzustellen.

Tabellenfunktion erstellen

Im Folgenden erstellen wir ein einfaches Beispiel einer Tabellenfunktion, bei dem es weniger darum geht, komplexe SELECT-Anweisungen aufzubauen, sondern die Handhabung im Editor zu verdeutlichen.

Erstellen Sie dazu eine erste SELECT-Anweisung. Verwenden Sie einzelne Felder der Tabelle SalesOrderItems. Beginnen Sie zunächst mit der Teileingabe SELECT * FROM, und ziehen Sie anschließend den Namen der Tabelle SalesOrderItems per Drag & Drop in die Zeile. Jede SELECT-Anweisung muss mit einem Semikolon enden. Die Zeile hat nun den folgenden Stand:

```
SELECT * FROM "SalesOrderItems";
```

Nun weisen Sie das Ergebnis der SELECT-Anweisung einer internen Tabelle zu. Sie wird im weiteren Verlauf entsprechend wiederverwendet:

```
LT01_SalesOrderItems = SELECT * FROM "SalesOrderItems";
```

Da aber nur bestimmte Felder der Tabelle `SalesOrderItems` genutzt werden sollen, wird nun das Sternchen in der `SELECT`-Klausel durch die gewünschten Einzelfelder ersetzt. Dabei unterstützt Sie wieder die Code Completion, die jeweils eine Liste von Feldern gemäß des Eingabefortschritts anzeigt. Wählen Sie einen entsprechenden Eintrag, und vervollständigen Sie dann die Zeile mit weiteren Feldern. Die gesamten Felder einer Tabelle werden auch beim Mouseover auf den Tabellennamen angezeigt. Die vollständige Zeile sieht nun folgendermaßen aus:

```
LT01_SalesOrderItems =
 select "SALESORDERID", "SALESORDERITEM", "PRODUCTID", "CURRENCY",
"GROSSAMOUNT", "NETAMOUNT" from "SalesOrderItems";
```

[!]

Umfang der Code Completion

Die Code Completion zeigt leider nicht nur die Felder der in der `SELECT`-Anweisung verwendeten Tabelle an, sondern alle Felder aller Tabellen und Views, die auf der linken Seite im Quellbrowser angezeigt werden. Dies kann sehr verwirrend sein. Kontrollieren Sie daher die gewünschten Felder immer wieder durch das Mouseover auf der eigentlich verwendeten Tabelle der `SELECT`-Anweisung.

Neben `SalesOrderItems` sollen nun noch Informationen aus der Produkttabelle verwendet werden. Dazu wird eine zweite interne Tabelle mit einer zusätzlichen `SELECT`-Anweisung erstellt. Diese lautet:

```
LT02_Products =
 select "PRODUCTID", "TYPECODE", "PRODCATEGORYID", "PRICE", "CURRENCY"
as "PRODUCT_CURRENCY" from "Products";
```

Tabellen verbinden

Im letzten Schritt werden nun beide internen Tabellen in einem Inner-Join verknüpft. Dazu erstellen Sie eine `SELECT`-Anweisung nach dem `RETURN`-Ausdruck und beenden die Zeilen mit einem abschließenden Semikolon. Dieser Teil der Tabellenfunktion hat den in Listing 4.3 gezeigten Aufbau.

```
return
    select  SOITM."SALESORDERID",
            SOITM."SALESORDERITEM",
            SOITM."PRODUCTID",
            SOITM."CURRENCY",
            SOITM."GROSSAMOUNT",
            SOITM."NETAMOUNT",
```

```
            PROD."TYPECODE",
            PROD."PRODCATEGORYID",
            PROD."PRICE",
            PROD."PRODUCT_CURRENCY"

    from :LT01_SalesOrderItems as SOITM

    inner join :LT02_Products as PROD

        on SOITM."PRODUCTID" = PROD."PRODUCTID"
;
```

Listing 4.3 Aufbau der SELECT-Anweisung

Beachten Sie auch den führenden Doppelpunkt vor den internen Tabellen, mit dem der Zugriff auf die darin enthaltenen Zwischenergebnisse eingeleitet wird. Dies erfolgt analog zu den Eingabeparametern, die Sie hier auf dieselbe Weise ansprechen können. Deren Definition und Verwendung wurden bereits exemplarisch in Abschnitt 4.4.5, »Eingabeparameter«, erklärt.

Das Ergebnis dieser Abfrage bestimmt nun auch die Spaltenausgabe im Eigenschaftsbereich des SQL-Views. Ergänzungen der Felder oder eine Änderung der Reihenfolge nehmen Sie immer in diesem Coding-Teil der Tabellenfunktion vor und nicht in den Eigenschaften selbst. Prüfen Sie nun die gesamte SQL-Implementierung durch einen Klick auf die Schaltfläche (**SQL validieren**). Implementieren Sie den View, und prüfen Sie die Ergebnisse mit der Datenvorschau, um die gewünschten Inhalte anzuzeigen.

Inkonsistenzen vermeiden

Bei der Veränderung der Ausgabespalten, z. B. durch Hinzufügen oder Löschen von Feldern, kann es zu Inkonsistenzen zwischen den Feldern der `SELECT`-Anweisung im `RETURN`-Bereich und schon vorhandenen Spalten in den Eigenschaften kommen. Um diese aufzulösen, klicken Sie auf die Schaltfläche (**Spalten bearbeiten**) und löschen alle vorhandenen Spalten der Ausgabe. Anschließend klicken Sie erneut auf (**SQL validieren**). Dadurch werden die Spalten der Ausgabe komplett neu ermittelt und eingefügt.

Felder prüfen

Prüfen Sie zusätzlich die Datentypen und Längenangaben der Felder über die Funktion **Spalten bearbeiten**. Es kommt vor, dass die Typisierung der Felder der Quelltabellen oder -Views nicht korrekt ist. Korrigieren Sie diese bei Bedarf manuell.

Der vollständige Aufbau des SQL-Skripts der Tabellenfunktion ist für die Darstellung des Gesamtzusammenhangs nochmals in Abbildung 4.46 dargestellt.

```
/**
    * return select "Column1","Column2" from "table";
*/
LT01_SalesOrderItems = select "SALESORDERID", "SALESORDERITEM", "PRODUCTID", "CURRENCY", "GROSSAMOUNT", "NETAMOUNT" from "SalesOrderItems";

LT02_Products = select "PRODUCTID", "TYPECODE", "PRODCATEGORYID", "PRICE", "CURRENCY" as "PRODUCT_CURRENCY" from "Products";

return
    select  SOITM."SALESORDERID",
            SOITM."SALESORDERITEM",
            SOITM."PRODUCTID",
            SOITM."CURRENCY",
            SOITM."GROSSAMOUNT",
            SOITM."NETAMOUNT",
            PROD."TYPECODE",
            PROD."PRODCATEGORYID",
            PROD."PRICE",
            PROD."PRODUCT_CURRENCY"

    from :LT01_SalesOrderItems as SOITM

    inner join :LT02_Products as PROD

        on SOITM."PRODUCTID" = PROD."PRODUCTID"
;
```

Abbildung 4.46 SQL-Skript der Tabellenfunktion im Überblick

Weitere Informationen

Das Beispiel verdeutlicht grundsätzlich, an welchen Stellen SQL-Anweisungen vor bzw. nach dem RETURN eingesetzt werden können. Selbstverständlich ist der Umfang der vor dem RETURN verwendbaren Konstrukte, beispielsweise für Datendeklarationen, für Variablen (DECLARE) oder für Schleifen (FOR, WHILE) wesentlich umfangreicher. Für weitere Details verweisen wir nochmals auf den nur in Englisch verfügbaren SAP-Leitfaden namens »SAP HANA SQL Reference Guide (for SAP HANA Platform)«, unter *https://help.sap.com/docs/HANA_CLOUD_DATABASE/d1cb63c8dd8e4c35a0f18aef632687f0/28f2d64d4fab4e789ee0070be418419d.html?locale=en-US* und auf das Buch »SQLScript für SAP HANA«, Jörg Brandeis, Rheinwerk-Publishing, 2020, 2. Auflage.

4.5.4 Debugging von SQL-Views

Mit Test-Views arbeiten

Es gibt in SAP Data Warehouse Cloud keinen direkten SQL-View-Debugger, mit dem z. B. Teilschritte einer Tabellenfunktion untersucht werden können. Wenn Sie dies dennoch für die Fehlersuche benötigen, weil die Implementierung nicht die von Ihnen erwarteten Ergebnisse liefert, können Sie im Data Builder entsprechende Test-Views erstellen. Dabei kopieren Sie entsprechende Coding-Passagen aus dem Original-SQL-View Schritt für Schritt in den Test-View und prüfen jeweils die Zwischenergebnisse mit der Datenvorschau. Schränken Sie dabei die Datenmenge gegebenenfalls zusätzlich durch hinzugefügte WHERE-Klauseln ein, oder verwenden Sie entsprechende Eingabeparameter zur weiteren Reduktion des Testbereichs.

4.5.5 Eingabeparameter bei verschachtelten Views

Sie können SQL-Views aufeinander aufbauen und so bestimmte Funktionsbereiche wiederverwendbar einsetzen. Dazu verwenden Sie in der jeweiligen SELECT-Anweisung den entsprechenden View und implementieren auf dem Ergebnis entsprechend weitere Funktionen. Wenn Sie zusätzlich Eingabeparameter in SQL-Standardfunktionen oder SQL-Skript-Tabellenfunktionen verwendet haben, müssen Sie die notwendigen Parameter beim Aufruf des SQL-Views entsprechend versorgen, da es sich um Pflichtangaben handelt. Dabei unterscheidet sich jedoch die Deklaration der Übergabe bei den beiden SQL-View-Typen.

Eingabeparameter bei SQL-Standardabfragen

Beim Aufruf von SQL-Standardabfragen in einen SQL-View übergeben Sie die Eingabeparameter in einer FROM-Klausel gemäß folgender Syntax:

```
SELECT <SELECT-Klausel>
FROM
"<SQL-Standardabfrage>"(<Feld A> : :<Eingabeparameter 1>
[, <Feld B> : :<Eingabeparameter 2>])
[WHERE-Klausel]
...
```

Beachten Sie dabei den Doppelpunkt zwischen dem Feld der SELECT-Klausel und dem Eingabeparameter.

Eingabeparameter bei SQL-Skript-Tabellenfunktionen

Bei einer SQL-Skript-Tabellenfunktion ist der Aufruf leicht abweichend:

```
SELECT <SELECT-Klausel>
FROM
"<SQL-Standardabfrage>"(<Feld A> => :<Eingabeparameter 1>
[, <Feld B> => :<Eingabeparameter 2>])
[WHERE-Klausel]
...
```

Beachten Sie in diesem Fall die Zeichenkombination => zwischen dem Feld der SELECT-Klausel und dem Eingabeparameter.

4.6 Datenflüsse

Datenfluss definieren

Ein *Datenfluss* dient dazu, Daten tiefgreifend zu transformieren und zu persistieren. Ein typisches Beispiel für einen Datenfluss sind die generierten Datenflüsse für Währungsumrechnungen (siehe Tabelle 4.3 und Abschnitt 4.4.8, »Währungsumrechnung«). In ihnen wird das Datum vom Spezialformat der Währungsumrechnungstabellen in ein SAP-HANA-Format umgewandelt und das Ergebnis persistiert (siehe Abbildung 4.47).

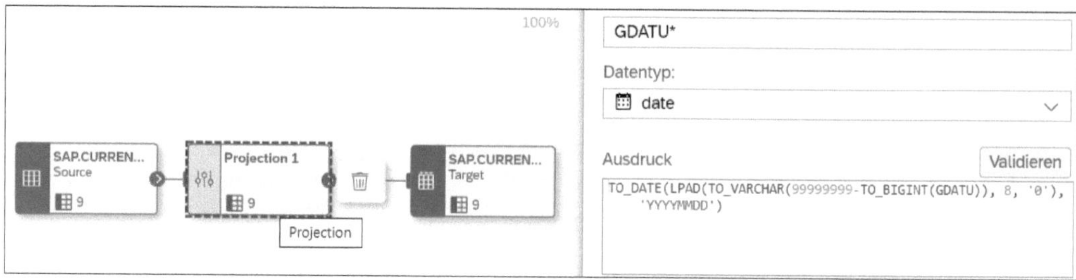

Abbildung 4.47 Datenfluss für die Umrechnung von Währungsumrechnungstabellen

4.6.1 Der grafische Editor für Datenflüsse

Quellen bearbeiten Sie können in einem grafischen Editor Quellen per Drag & Drop aus dem Quellbrowser hinzufügen, diese in einer definierten Reihenfolge miteinander verknüpfen, Filter setzen, Spalten entfernen, berechnete Spalten anlegen, Daten aggregieren und sogar Python-Skripte anwenden, bevor Sie das Ergebnis in die Zieltabelle schreiben.

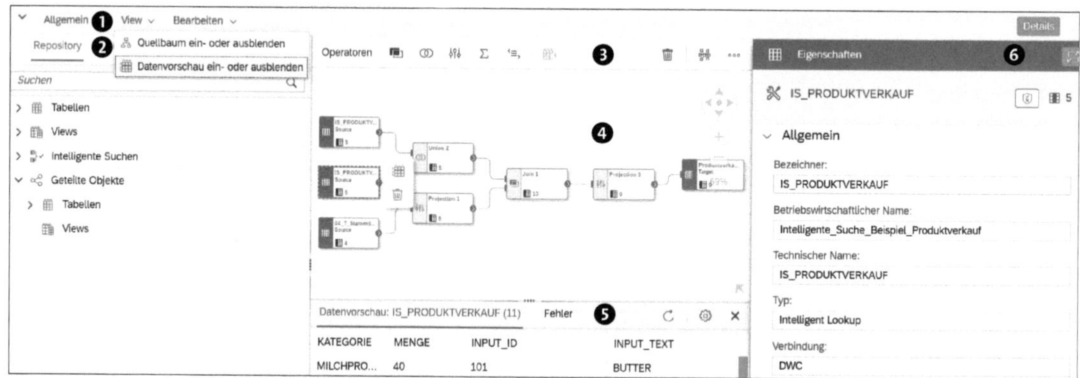

Abbildung 4.48 Bereiche des Editors für einen Datenfluss

Aufbau Der grafische Editor ist ähnlich wie der Editor für grafische Views aufgebaut (siehe Abschnitt 4.4, »Grafische Views«) und enthält die folgenden Bereiche (siehe Abbildung 4.48), wobei nur die Operatorenleiste spezifisch ist:

- Die Funktionsleiste oder Symbolleiste ❶ mit den folgenden Unterbereichen:
  - **Allgemein**: zum Speichern, Implementieren und Ausführen
  - **View**: zum Ein- und Ausblenden von Teilbereichen
  - **Bearbeiten**: zum Rückgängigmachen oder Wiederholen der letzten Änderungen und des Exports des Datenflusses als CSN-Datei
- Den Quellbrowser ❷ mit Repository und Quellen.

- Den Grafikbereich mit Operatorenleiste ❸ und Diagramm ❹.
- Den Vorschaubereich ❺ mit der Datenvorschau des markierten Objekts.
- Den Seitenbereich ❻ mit den Eigenschaften des markierten Objekts.

Über das Menü **View** blenden Sie Teilbereiche ein oder aus.

Layout anpassen

Sie definieren im Diagramm, durch welche Schritte eine Zieltabelle auf der Grundlage von einer oder mehreren Quellen befüllt wird. Sie können das Layout über die Windrose zentrieren, verschieben, mit + vergrößern, mit – verkleinern und durch (**Automatisches Layout**) und (**An die Bildschirmbreite anpassen**) optimieren.

4.6.2 Quelle, Ziel und Datenflusseigenschaften

Ein Datenfluss kann mehrere Quellen haben und schreibt immer in genau ein Ziel (siehe Abbildung 4.49). Als Quelle können Sie folgende Objekte verwenden:

- lokale Tabellen
- Remote-Tabellen
- Views ohne Eingabeparameter
- intelligente Suchen
- Dateien aus einer Verbindung

Als Ziel können Sie folgende Objekte verwenden:

- eine existierende lokale Tabelle
- eine neue Tabelle, die gemäß den Ausgabenfeldern des Knotens vor dem Ziel angelegt wird.

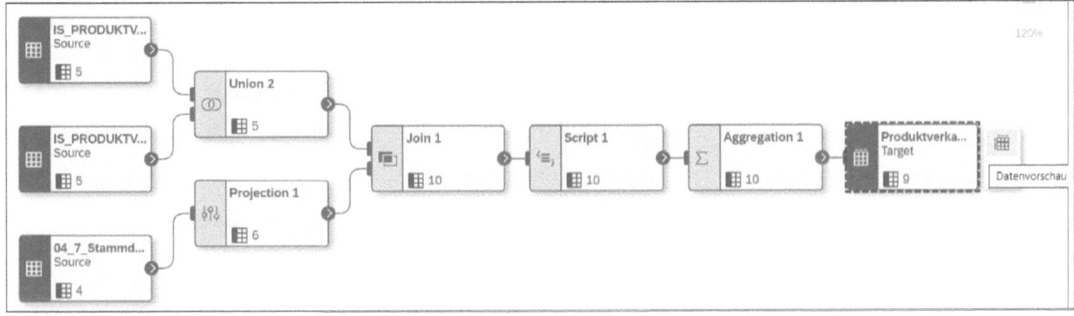

Abbildung 4.49 Beispiel für einen Datenfluss

Bei Quellen vom Typ **Datei** müssen Sie die in Tabelle 4.11 aufgelisteten Angaben im Seitenbereich korrekt angeben.

Quellen-Typ	Besondere Einstellungen
CSV-Datei	Geben Sie Spaltentrennzeichen, Texttrennzeichen, Zeichensatz und Escape-Zeichen im Bereich **CSV-Eigenschaften** an.
XLS- oder XLSX-Datei	Geben Sie das Arbeitsblatt, und falls nötig, die Kopfzeilen im Bereich **Excel-Eigenschaften** an.
JSON-Datei	Geben Sie Abflachungsebenen der Datei im Bereich **JSON-Eigenschaften** an.
Quelle über ABAP-CDS, SAP-SuccessFactors, CDI oder OData	(Optional) Geben Sie die Werte, die Sie auslesen möchten, im Bereich **Quellfilter** an.
lokale Tabelle	Geben Sie im Bereich **Verwendung** an, dass die Tabelle als Quelle verwendet wird.

Tabelle 4.11 Anforderungen an bestimmte Quellentypen

Bei Quellen vom Typ **CDI-Quelle** (Cloud Data Integration), **OData-Quelle** und **ABAP-CDS-Quelle** können Sie im Bereich **Quellfilter** die Rohdaten vor der Übernahme filtern. Die Filterbedingung ergibt sich, indem erst die erlaubten Werte für die gleiche Spalte mit `ODER` und dann Bedingungen für verschiedene Spalten mit `UND` kombiniert werden.

Delta-Verfahren

Bei Quellen vom Typ **ABAP-CDS-Quelle** können Sie in der CDS-Definition ein Delta-Verfahren definieren, indem Sie Annotationen einbauen. Dann sendet die Quelle nur die geänderten Datensätze, anstatt jedes Mal eine vollständige Datenmenge zu senden. Bei Quellen vom Typ **SuccssFactors-**, **OData-** und **CDI-Quelle** erreichen Sie einen vergleichbaren Effekt, wenn Sie manuell eine Filterbedingung für eine Spalte einrichten, die bei jeder Änderung einen höheren Wert enthält, normalerweise vom Typ `integer` oder `timestamp`. Als Vergleichswert geben Sie »$MAX_VALUE_<Spaltenname>« an, wobei <Spaltenname> der Name der Spalte in der Zieltabelle ist.

Hinweise zu den Quellen

Beachten Sie folgende Hinweise beim Auswählen einer Quelle:

- Views mit Eingabeparametern können Sie nicht als Quellen in einem Datenfluss verwenden.
- Beim Durchsuchen eines Remote-Dateispeichers wie Amazon Simple Storage Service, Google Cloud Storage oder Microsoft Azure Blob Storage können Sie nur Dateien vom Typ JSON/JSONL, CSV, ORC oder PARQUET

auswählen (siehe *https://help.sap.com/docs/SAP_DATA_WAREHOUSE_CLOUD/c8a54ee704e94e15926551293243fd1d/7b50e8e304244ced9ff1e62e2f2fe919.html*).

- Die Auswahl aus ABAP-SLT-Verbindungen wird nicht unterstützt.

Abbildung 4.50 Die Funktion »Verwenden als« und der Modus beim Schreiben in eine Zieltabelle in einem Datenfluss

Modus der Zieltabelle

Das Ziel hat eine besondere Eigenschaft, den *Modus* beim Schreiben in die Tabelle mit den folgenden Optionen (siehe Abbildung 4.50):

- **Anhängen**: Die aus dem Datenfluss gelieferten Daten werden als neue Datensätze in die Zieltabelle geschrieben. Diese Option ist sinnvoll, wenn eine Historie erhalten bleiben soll und jedes Mal neue Schlüsselwerte geliefert werden, z. B. weil der Schlüssel einen Zeitstempel enthält oder wenn die Quelle ein Delta-Verfahren liefert.
- Zusatzeigenschaft **Datensätze nach Primärschlüssel aktualisieren**: Wenn zum gelieferten Primärschlüssel schon ein Satz existiert, wird er überschrieben. Diese Option ist sinnvoll, wenn die Quelle ein Delta-Verfahren mit Neuzustand liefert und keine Historie gewünscht ist. Wenn diese Zusatzeigenschaft nicht ausgewählt ist, werden alle Quelldatensätze (einschließlich der Datensätze, die bereits in der Zieltabelle vorhanden sind) angehängt, was zu Fehlern aufgrund doppelter Schlüssel führen kann.
- **Kürzen**: Die vorhandenen Daten in der Zieltabelle werden gelöscht und durch die Daten aus dem Datenfluss ersetzt. Diese Option ist sinnvoll, wenn der Datenfluss kein Delta-Verfahren liefert und ein Snapshot ohne Historie gewünscht ist.
- **Löschen**: Löschen Sie bestimmte Datensätze in der Zieltabelle, basierend auf der Ausgabe des Datenflusses. Dabei werden nicht die Schlüsselfelder verglichen, sondern alle in der Zieltabelle zugeordneten Spalten. Wenn der Wert dieser Spalten mit dem Datensatz in der Zieltabelle übereinstimmt, wird er gelöscht. Es werden keine Daten in die Zieltabelle geschrieben. Dies ist sinnvoll, wenn der Datenfluss einen Filter für ein Löschkennzeichen enthält.

Eigenschaften des Datenflusses

Wenn Sie die Eigenschaften des Datenflusses sehen wollen, klicken Sie auf die weiße Fläche im Grafikbereich. Im Seitenbereich unter **Laufstatus** sehen Sie, ob dieser erfolgreich ausgeführt wurde. Sie können unter **Erweiterte Eigenschaften** festlegen, dass der Datenfluss bei einem Laufzeitfehler neu startet. Nutzen Sie diese Funktion mit Vorsicht, denn sie kann zu einer Datenverdopplung führen.

Eine dynamische Speicherzuordnung sollte nur vorgenommen werden, wenn Ihr Datenflusslauf aufgrund von unzureichendem Arbeitsspeicher Fehler aufweist, weil mehrere Datenflüsse zeitgleich laufen. Sie können damit vor einem Lauf eine große Menge an Ressourcen »buchen«: Der zu allokierende Speicher wird von der Engine auf der Basis der von Ihnen angegebenen Größenkategorie und der Komplexität der Operationen errechnet. Die Einstellung hat keine Auswirkung auf die tatsächlich benötigte Speichermenge.

4.6.3 Datentransformation

Tabellenverwendung

Wenn Sie eine lokale Tabelle auf den Grafikbereich ziehen, haben Sie kurz Zeit, um sie als Ziel zu definieren. Aufgenommene Objekte anderen Typs werden zur Quelle.

Tabellen als Quelle und/oder als Ziel

Jede lokale Tabelle kann Quelle oder Ziel sein, aber nicht beides im gleichen Datenfluss. Wenn Sie die Art der Verwendung ändern möchten, entfernen Sie sie aus dem Datenfluss und nehmen sie neu auf (siehe Abbildung 4.51), oder Sie ändern die Eigenschaft **Verwenden als** (siehe Abbildung 4.50). Dabei werden alle Eigenschaften zurückgesetzt.

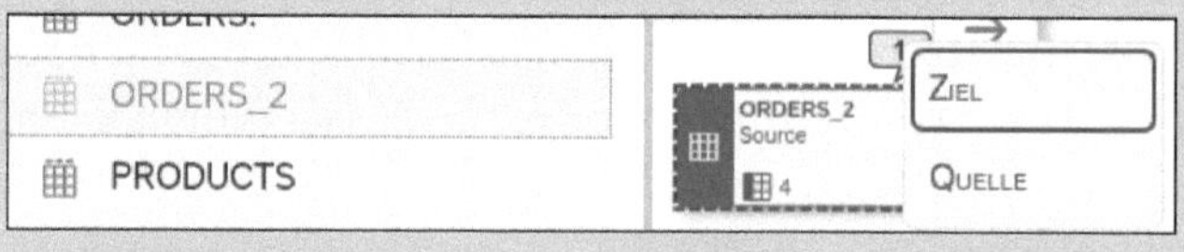

Abbildung 4.51 Tabelle in einen Datenfluss als Ziel einfügen

Verfügbare Knoten

Zwischen Quelle und Ziel können Sie Knoten in der benötigten Reihenfolge aufnehmen. Tabelle 4.7 und Abbildung 4.52 listen die verfügbaren Knotentypen auf. Im Unterschied zu den grafischen Views gibt es Icons für Join, Union und Skript.

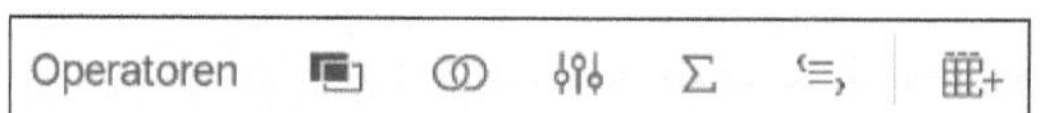

Abbildung 4.52 Im Datenfluss verfügbare Operatoren

Erleichtern nachträglicher Änderungen

Planen Sie die benötigten Spalten und die Reihenfolge der Schritte sorgfältig, bevor Sie mit der Modellierung anfangen. Denn wenn Sie nachträglich einen Teil ersetzen wollen, müssen Sie Verbindungen oder Knoten löschen, wodurch Eigenschaften verloren gehen. Wenn Sie eine Projektion einsetzen, können Sie dort später problemlos Filter und berechnete Spalten einfügen und den Datenfluss leichter umbauen.

Projektionsknoten

Nutzen Sie über die Schaltfläche die *Projektion*, um Spalten wegzulassen, Filter zu definieren, neu berechnete Spalten anzulegen, vorhandene Spalten umzubenennen oder Spalten zu duplizieren. Durch Umbenennen und durch das Anlegen von berechneten Spalten können Sie die Definition eines späteren Joins oder Union vorbereiten, weil dort die Zuordnung auf der Basis von Datentyp und Name vorgeschlagen wird.

Berechnete Spalte anlegen

Konvertieren Sie den Datentyp wie folgt in einer berechneten Spalte:

1. Klicken Sie bei den Eigenschaften im Seitenbereich **Spalten** oberhalb der Spaltenliste auf die Schaltfläche **+** und anschließend auf **Berechnete Spalte hinzufügen**.
2. Wählen Sie für die neue Spalte den passenden Namen und Datentyp.
3. In den Bereich **Ausdruck** tippen Sie die Formel. Wenn Sie z. B. einfach »TO_« eintippen, macht das System passende Vorschläge (siehe Abbildung 4.53). Alternativ können Sie die Liste der Funktionen auf Konvertierungsfunktionen einschränken und die gewünschte Funktion anklicken und analog Spalten übernehmen
4. Validieren Sie den Ausdruck, und kehren Sie zur Spaltenübersicht zurück.

Union-Knoten

Bei einem Union-Knoten, den Sie anlegen, indem Sie auf die Schaltfläche klicken und den Knoten ins Diagramm ziehen, kombinieren Sie jeweils zwei Vorgänger. Die Ausgabespalten des Unionknotens werden auf der Vorlage der Quellen erzeugt, wobei Spalten mit gleichem Namen und Datentyp identifiziert werden. Im Seitenbereich unter **Spalten** können Sie die Ausgabespalten umbenennen oder löschen. Unter **Zuordnungen** können Sie einzelne oder alle Spalten löschen und pro Quelle einzelne oder alle Spalten neu zuordnen.

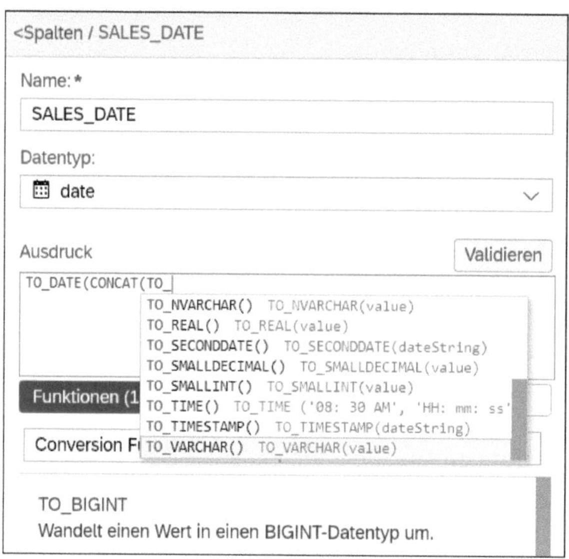

Abbildung 4.53 Berechnete Spalte mit Typkonvertierung

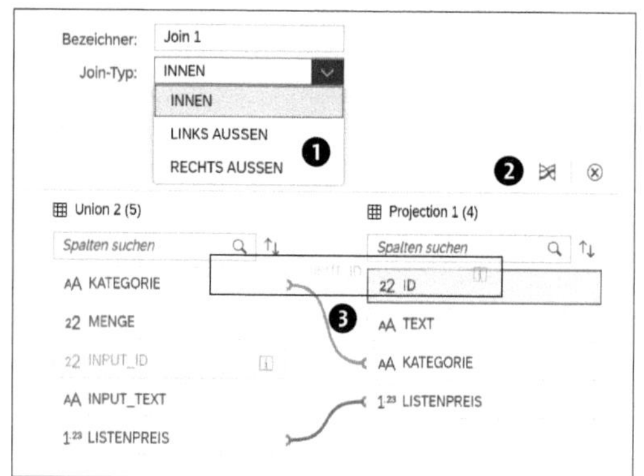

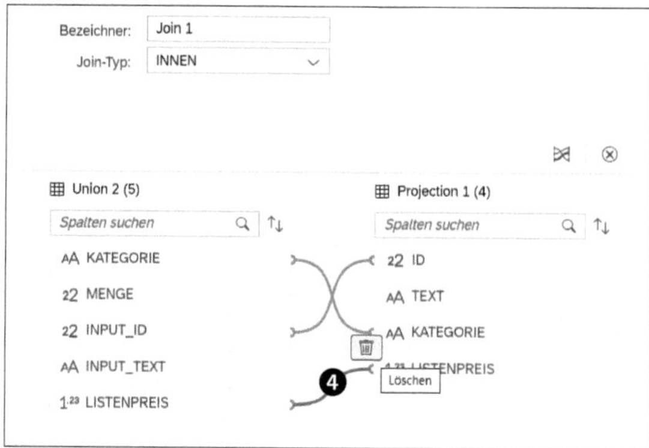

Abbildung 4.54 Join-Definition anpassen

Join-Knoten

Für einen Join-Knoten, den Sie über die Schaltfläche erreichen und ins Diagramm holen, definieren Sie im Seitenbereich unter **Join-Definition** (siehe Abbildung 4.54) erst den Join-Typ (❶, wählbar sind **INNEN**, **LINKS AUSSEN** oder **RECHTS AUSSEN**). Anschließend klicken Sie am einfachsten auf **Automatische Zuordnung** (❷, auf Basis der Datentypen und Namen) oder auf **Automatische Zuordnungen entfernen** (für ein manuelles Vorgehen). Fehlende Zuordnungen können Sie durch Drag & Drop erstellen ❸, und nicht gewünschte Zuordnungen können Sie markieren und löschen ❹.

Im Bereich **Erweiterte Eigenschaften** können Sie über **Join-Optimierung** und anschließend über **manuell** die Cache-Verwendung kontrollieren.

Empfohlene Vorgehensweise

Unsere Empfehlung lautet: Schalten Sie den Cache mit einem Rang zwischen 50 und 100 ein, wenn Sie später im Datenflussmonitor die Zwischenergebnisse kontrollieren möchten. Schalten Sie die Funktion später auf **Automatisch**.

Aggregationsknoten

Der Aggregationsknoten, den Sie über die Schaltfläche [Σ] erreichen und ins Diagramm holen, bietet nur eine Funktion: Sie definieren für einzelne Kennzahlen die Art der Aggregation (siehe Abbildung 4.55).

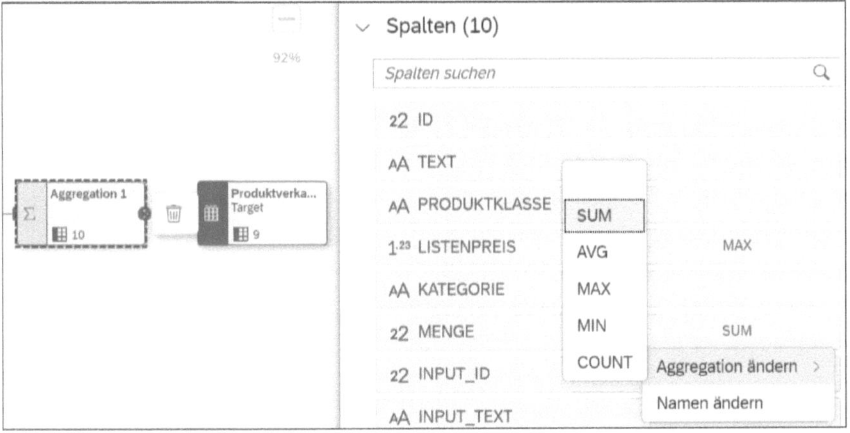

Abbildung 4.55 Aggregationsknoten

Skriptknoten

Der Skript-Knoten, den Sie über die Schaltfläche [Skript] erreichen und ins Diagramm holen, ermöglicht Ihnen eine komplexe Transformation der Datenlogik durch ein Programm. Zum Zeitpunkt der Drucklegung des Buches wurde nur die Sprache Python unterstützt. Per Default existieren als Ausgabespalten die Ausgabespalten des Vorgängerknotens, aber Sie können Ausgabespalten löschen und neue Spalten mit Namen und Datentyp anlegen. Weitere Informationen finden Sie unter *http://help.sap.com* und dort über die Eingabe »Skript Operator Python Reference«.

Tabelle hinzufügen

Den Operator [Tabelle] (**Tabelle hinzufügen**) können Sie nur benutzen, wenn noch keine Tabelle als Ziel verwendet wird. Wenn Sie die neue Tabelle einfügen, ist sie noch nicht implementiert. Bevor Sie den Datenfluss implementieren, müssen Sie die Zieltabelle im Seitenbereich über **Tabelle anlegen und implementieren** generieren.

Für eine Tabelle können Sie im Seitenbereich unter **Erweitert** die Anzahl der auf einmal verarbeiteten Zeilen begrenzen. Die angegebene Anzahl wird nur berücksichtigt, wenn die Eigenschaft **Stapelgröße steuern** aktiv (**AN**) ist und die Anzahl unter dem vom System generierten Wert liegt.

4.6.4 Der Datenfluss-Monitor

Datenfluss ausführen

Wie können Sie den Datenfluss ausführen und prüfen? Zunächst wählen Sie in der Funktionsleiste **Allgemein** und danach die Schaltfläche (**Ausführen**). Sie erhalten die Meldung »Der Datenflusslauf hat begonnen«. Alternativ können Sie den Datenfluss im Seitenbereich über die Schaltfläche in einen Zeitplan einplanen.

Wie finden Sie heraus, ob der Lauf erfolgreich war? Sie können ihn sich natürlich über die Datenvorschau der Zieltabelle ansehen. Doch wie finden Sie heraus, woran es liegt, wenn Sie nicht das erwartete Ergebnis sehen?

Wege zum Datenfluss-Monitor

Über den seitlichen Navigationsbereich öffnen Sie den Datenintegrationsmanager. Dort finden Sie auch einen Bereich zum Überwachen der Datenflüsse. Wollen Sie sich die Suche nach Ihrem Datenfluss ersparen und direkt aus dem Editor zu den Läufen des aktuellen Datenflusses abspringen, klicken Sie in den Grafikbereich, um im Seitenbereich die Eigenschaften Ihres Datenflusses zu sehen. Im Unterbereich **Laufstatus** finden Sie die Schaltfläche (**Datenflussmonitor**), die Sie direkt zum Protokoll der letzten Ausführung führt. Achtung! Es gibt eine ähnliche Schaltfläche (**An die Bildschirmbreite anpassen**), die nur die Diagrammgröße optimiert.

[»]

Hinweise zum Datenfluss-Monitor

Die Initialisierungszeit zum Ausführen eines Datenflusses dauert auch bei kleineren Datenübernahmen durchschnittlich 20 Sekunden, was zu einer längeren Laufzeit des Datenflusses führt.

Wenn ein View, aus dem Sie direkt oder indirekt Daten lesen wollen, eine Datenzugriffskontrolle durchführt, werden dort keine Daten gelesen. Dies führt zu falschen oder fehlenden Daten in der Ausgabe.

4.7 Intelligente Suche

Anwendungsbeispiel für die intelligente Suche

Haben Sie Daten aus verschiedenen Datenquellen, die einfach nicht ganz zusammenpassen? Wollen Sie z. B. teilweise abweichende Produktbezeichnungen aus zwei verschiedenen Geschäftskontexten miteinander in Verbindung bringen, die aus verschiedenen Quellen stammen? Idealerweise enthält eine Fremdschlüsselspalte einer Entität (View oder Tabelle) passende Daten zur eindeutigen Identifizierung eines Datensatzes in einer anderen Entität, die Sie in einem Join verwenden. Allerdings ist es keine Seltenheit, dass die Daten unvollständig oder unzuverlässig sind, vor allem, wenn eine der Entitäten von außerhalb Ihres Unternehmens stammt. Und wenn Sie keine Fremdschlüssel haben, müssen Sie alternative Wege gehen.

Im Folgenden sei die Idee an einem Beispiel erläutert (siehe Abbildung 4.56). Ihre Verkaufsdaten und Stammdaten nutzen unterschiedliche Schlüsselnummern für das gleiche Produkt, sodass Sie diese erst einander zuordnen müssen. Ihre beste Option ist der Produkttext, denn in diesen Spalten sind die Bezeichnungen für das gleiche Produkt teilweise identisch. Allerdings gibt es viele Fälle mit Abweichungen, z. B. »Parfüm« und »Parfume«, »H-Milch« und »haltbare Milch« oder »Brötchen« und »Schrippe«. Andererseits soll »Hering« als Fisch nicht mit »Hering« als Campingzubehör identifiziert werden.

[«]

Beispieldateien

Damit Sie das Beispiel nachbauen können, stellen wir Ihnen die Daten aus Abbildung 4.56 auf der Webseite zum Buch unter *https://www.rheinwerk-verlag.de/sap-data-warehouse-cloud-das-umfassende-handbuch* als CSV-Dateien bereit. Sie müssen die Daten zunächst als zwei Entitäten im aktuellen Space bereitstellen, z. B. als lokale Tabellen über den CSV-Import, wie in Abschnitt 4.3, »CSV-Datei-Import«, erläutert.

Stammdaten

ID	TEXT	PRODUKTKLASSE	PREIS
1	BUTTER	MILCHPRODUKTE	1.69
2	SAHNE	MILCHPRODUKTE	0.89
3	H-MILCH	MILCHPRODUKTE	1.19
4	HERING	FISCH	1.99
5	SCHOLLE	FISCH	5.99
6	BROETCHEN	BACKWAREN	0.50
7	MEHL	BACKZUTATEN	1.19
8	HERING	CAMPING	10.00
9	SEIFE	KOSMETIK	0.99
10	SPUELMITTEL	HAUSHALT	1.09
11	SPIELMATTE	HAUSHALT	24.00
12	PARFUME	LIFESTYLE	29.95

Verkaufsdaten

ID	PRODUKT	TEXT	KATEGORIE	MENGE
101	P1	BUTTER	MILCHPRODUKTE	40
102	P2	SCHRIPPE	BACKWAREN	20
103	P3	SEIFE	KOSMETIK	30
104	P4	HERING	FISCH	20
105	P5	HALTBARE MILCH	MILCHPRODUKTE	50
106	P6	PARFÜM	KOSMETIK	50
107	P7	MEHL	BACKWAREN	30
108	P8	SPÜLMITTEL	HAUSHALT	20
109	P7	MEHL	BACKWAREN	20
110	P8	SPÜLMITTEL	HAUSHALT	10

Abbildung 4.56 Beispiel für die intelligente Suche

Diese Aufgabe können Sie nicht mit klassischen Joins lösen. Eine SQL-Programmierung wäre zwar denkbar, aber sehr schwierig umzusetzen.

Intelligente Suche (Konzept)

Für diesen, gar nicht untypischen Fall bietet der Data Builder den Objekttyp **Intelligente Suche**. Damit können Sie in einer grafischen Oberfläche verschiedene Regeln in mehreren Stufen anwenden, um eine Paarung zu finden. Der typische Fall sieht so aus, dass Sie erst sehr strenge Kriterien an eine Zuordnung anlegen, beispielsweise eine exakte Übereinstimmung in mehreren Feldern wie bei einem klassischen Join, und im nächsten Schritt für die nicht zugeordneten Werte die Anforderungen reduzieren, z. B. weniger Felder exakt vergleichen oder den Vergleich durch eine fehlertolerante Suche ersetzen.

Konkretes Beispiel: Vorarbeit

Betrachten Sie das Beispiel der Daten in Abbildung 4.56. Sie müssen daran denken, bei beiden Entitäten einen Primärschlüssel anzulegen. Von der Startseite des Data Builders aus legen Sie dann eine neue intelligente Suche an. Es wird ein Template angezeigt (siehe Abbildung 4.57).

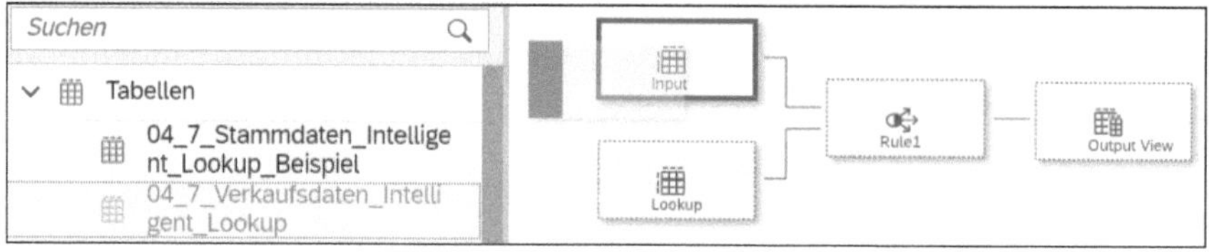

Abbildung 4.57 Template für eine neue intelligente Suche

Basisentitäten

Zunächst müssen Sie die Basis schaffen, indem Sie die *Eingabe-Entität* mit den Input-Daten, also im Beispiel die Tabelle mit den Verkaufsdaten, aus dem Quellbrowser auf den Knoten **Input**, und die *Lookup-Entität*, aus der Sie Spalten hinzulesen wollen, in unserem Beispiel die Stammdaten, auf den Knoten **Lookup** ziehen.

[»]

Probleme beim Einbinden der Basisentitäten

Beide Entitäten, die Sie für die Basis verwenden wollen, müssen einen Primärschlüssel besitzen. Wenn Sie später eine der Entitäten austauschen, werden alle Regeln und Zuordnungen gelöscht. Um flexibel zu bleiben, empfehlen wir daher, für die Eingabe- und Lookup-Entität jeweils einen neuen grafischen View mit Primärschlüsseldefinition anzulegen und zu verwenden.

Pairing

Sofort erscheinen Fehlermeldungen, weil Sie in der Eingabetabelle eine Pairing-Spalte und in der Lookup-Tabelle mindestens eine Rückgabespalte definieren müssen. Die Pairing-Spalte ist typischerweise eine Fremdschlüsselspalte, die zur Identifizierung einzelner Objekte dient, die durch die Lookup-Tabelle aufgelistet werden, z. B. die Produkt-ID. Wenn es keine Fremdschlüsselspalte gibt, könnten Sie den Schlüssel der Inputtabelle, also die Verkaufs-ID auswählen. In den Details des Input-Knotens ziehen Sie die Spalte in den Bereich **Pairing-Spalte** (siehe Abbildung 4.58).

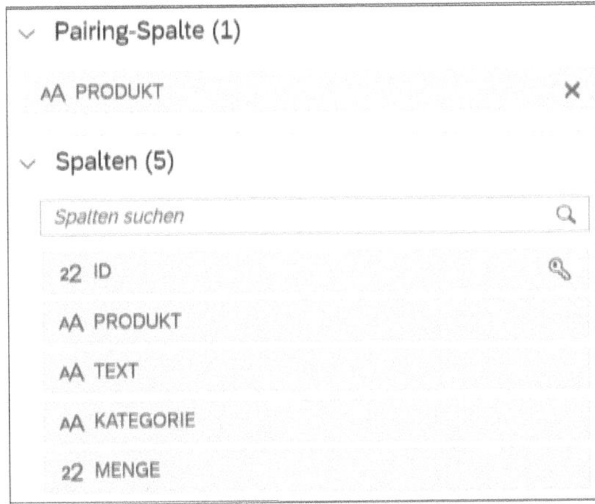

Abbildung 4.58 Intelligente Suche: Auswahl der Pairing-Spalte

Pairing-Spalte als berechnete Spalte

Es darf nur genau eine Pairing-Spalte pro intelligente Suche geben. Wenn es keine geeignete Spalte gibt, verwenden Sie als Eingabe-Entität einen grafischen View, indem Sie in einer berechneten Spalte, z. B. durch die Konkatenation mehrerer Spalten, eindeutige Werte erzeugen.

Rückgabespalten

Die *Rückgabespalten* aus der Lookup-Tabelle liefern die Werte, an denen Sie interessiert sind, z. B. TEXT und LISTENPREIS aus den Stammdaten für die Produkte. Nun fehlen nur noch die Regeln, wie Sie den passenden Rückgabewert finden.

Exakte Suche

Im ersten Schritt definieren Sie im Seitenbereich rechts eine Regel **Exakte Suche**, die die exakte Übereinstimmung beim Vergleich der Spalte TEXT der Verkaufstabelle mit der Spalte TEXT der Stammdaten und der Spalte KATEGORIE mit der Spalte PRODUKTKLASSE fordert (siehe Abbildung 4.59).

Testlauf

Bevor Sie weitere Regeln anlegen, können Sie die Regel testen, um einschätzen zu können, ob und welche weitere Regel Sie brauchen. Nach einem Klick auf die Schaltfläche (**Implementieren**) und (nach erfolgter Implementierung!) (**Ausführen**) sehen Sie eine Übersicht auf der Regel im Diagramm und die Details im Vorschaubereich unter **Daten** (siehe Abbildung 4.61): Immerhin 30 % der Verkäufe, nämlich 101 (Butter zu Milchprodukten), 103 (Seife zu Kosmetik) und 104 (Hering zu Fisch), können eindeutig zugeordnet werden. Vermutlich haben Sie gemerkt, dass die falsche Zuordnung (Hering zu Camping) diesen strengen Kriterien nicht genügt (siehe ❶ in Abbildung 4.60).

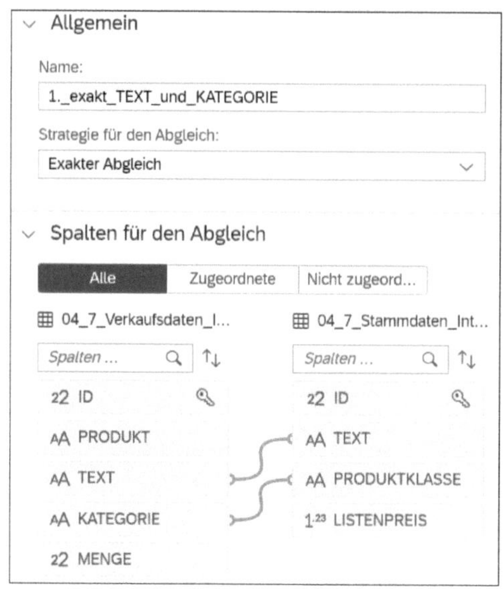

Abbildung 4.59 Intelligente Suche: Detaildefinition einer Regel für eine exakte Suche

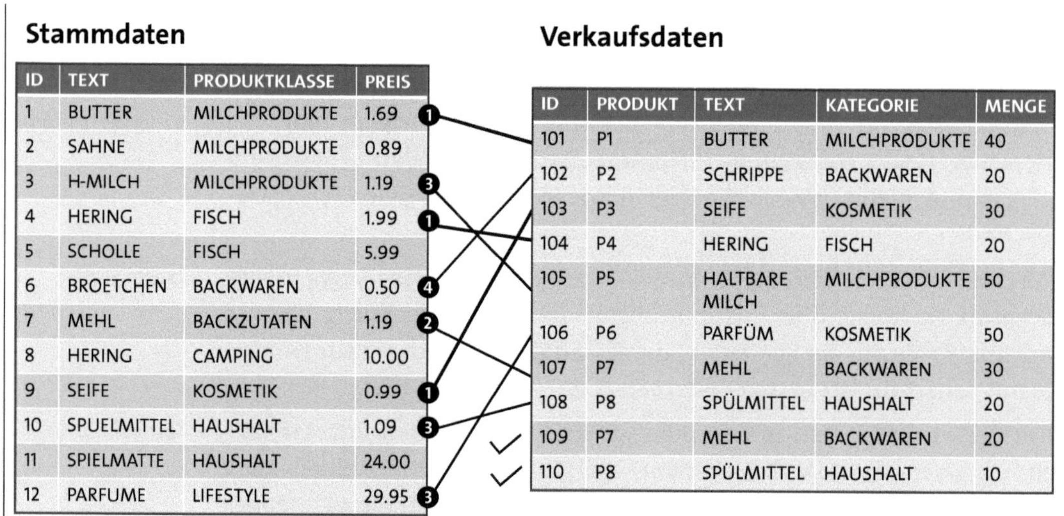

Stammdaten

ID	TEXT	PRODUKTKLASSE	PREIS	
1	BUTTER	MILCHPRODUKTE	1.69	1
2	SAHNE	MILCHPRODUKTE	0.89	
3	H-MILCH	MILCHPRODUKTE	1.19	3
4	HERING	FISCH	1.99	1
5	SCHOLLE	FISCH	5.99	
6	BROETCHEN	BACKWAREN	0.50	4
7	MEHL	BACKZUTATEN	1.19	2
8	HERING	CAMPING	10.00	
9	SEIFE	KOSMETIK	0.99	1
10	SPUELMITTEL	HAUSHALT	1.09	3
11	SPIELMATTE	HAUSHALT	24.00	
12	PARFUME	LIFESTYLE	29.95	3

Verkaufsdaten

ID	PRODUKT	TEXT	KATEGORIE	MENGE
101	P1	BUTTER	MILCHPRODUKTE	40
102	P2	SCHRIPPE	BACKWAREN	20
103	P3	SEIFE	KOSMETIK	30
104	P4	HERING	FISCH	20
105	P5	HALTBARE MILCH	MILCHPRODUKTE	50
106	P6	PARFÜM	KOSMETIK	50
107	P7	MEHL	BACKWAREN	30
108	P8	SPÜLMITTEL	HAUSHALT	20
109	P7	MEHL	BACKWAREN	20
110	P8	SPÜLMITTEL	HAUSHALT	10

Abbildung 4.60 Übersicht über die Zuordnungen

Weitere Regeln anlegen

Dennoch wurde für 70 % der Verkäufe keine Zuordnung und daher kein Listenpreis gefunden. Zum Glück können Sie beliebig viele Regeln hintereinander anlegen, um die jeweils nicht zugeordneten Sätze weiter zu behandeln (siehe Abbildung 4.62).

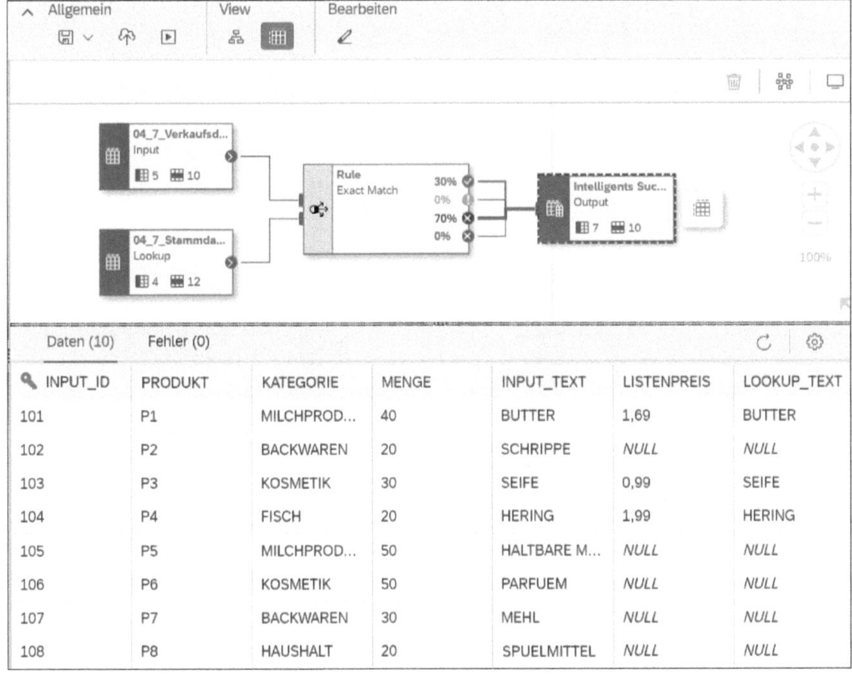

INPUT_ID	PRODUKT	KATEGORIE	MENGE	INPUT_TEXT	LISTENPREIS	LOOKUP_TEXT
101	P1	MILCHPROD...	40	BUTTER	1,69	BUTTER
102	P2	BACKWAREN	20	SCHRIPPE	*NULL*	*NULL*
103	P3	KOSMETIK	30	SEIFE	0,99	SEIFE
104	P4	FISCH	20	HERING	1,99	HERING
105	P5	MILCHPROD...	50	HALTBARE M...	*NULL*	*NULL*
106	P6	KOSMETIK	50	PARFUEM	*NULL*	*NULL*
107	P7	BACKWAREN	30	MEHL	*NULL*	*NULL*
108	P8	HAUSHALT	20	SPUELMITTEL	*NULL*	*NULL*

Abbildung 4.61 Ergebnis nach dem Lauf mit dem ersten Schritt der intelligenten Suche: erfolgte Ergänzung des passenden Listenpreises für drei Sätze

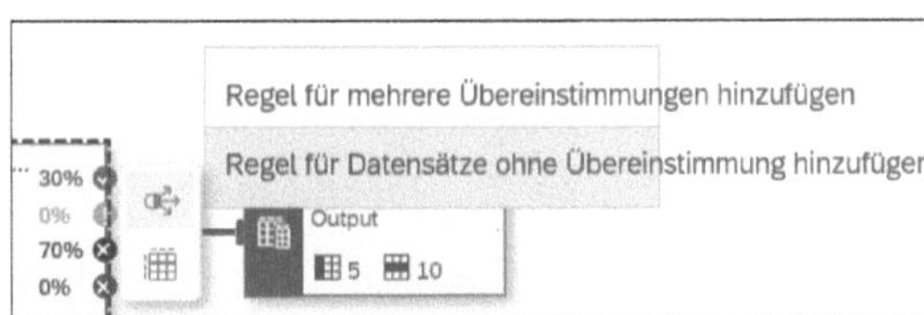

Abbildung 4.62 Optionen für das Einfügen einer weiteren Regel

Zuordnungen verfeinern

Im zweiten Schritt führen Sie mit diesen restlichen sieben Sätzen eine Regel aus, die eine exakte Übereinstimmung in der Spalte TEXT verlangt, aber keinen Vergleich der Produktklasse evaluiert. Weitere Übereinstimmungen, nämlich für Mehl, werden so erkannt (siehe die Zuordnungen ❷ in Abbildung 4.60). Mit den ersten beiden Schritten haben Sie 50 % der Verkäufe abgedeckt (siehe Abbildung 4.63).

Unscharfe Suche

Es fehlen aber noch 50 %. Die Idee ist, im dritten Schritt die fehlertolerante *unscharfe Suche* für TEXT zu nutzen, sodass auch ähnliche Texte gefunden werden. Durch den *Score* meldet das System die Passgenauigkeit. Je nach Score können Sie eine manuelle Prüfung verlangen. Die passenden Einstellungen im Seitenbereich zeigt Abbildung 4.64. Treffer mit einem Score zwischen 60 % und 90 % sollen manuell geprüft werden.

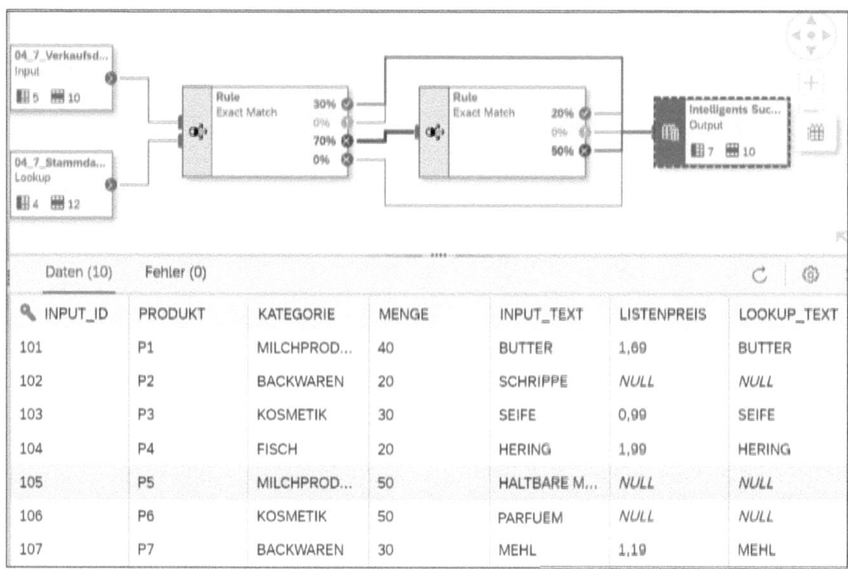

INPUT_ID	PRODUKT	KATEGORIE	MENGE	INPUT_TEXT	LISTENPREIS	LOOKUP_TEXT
101	P1	MILCHPROD...	40	BUTTER	1,69	BUTTER
102	P2	BACKWAREN	20	SCHRIPPE	NULL	NULL
103	P3	KOSMETIK	30	SEIFE	0,99	SEIFE
104	P4	FISCH	20	HERING	1,99	HERING
105	P5	MILCHPROD...	50	HALTBARE M...	NULL	NULL
106	P6	KOSMETIK	50	PARFUEM	NULL	NULL
107	P7	BACKWAREN	30	MEHL	1,19	MEHL

Abbildung 4.63 Ergebnis nach dem Lauf mit dem zweiten Schritt der intelligenten Suche: ergänzter Listenpreis für fünf Sätze

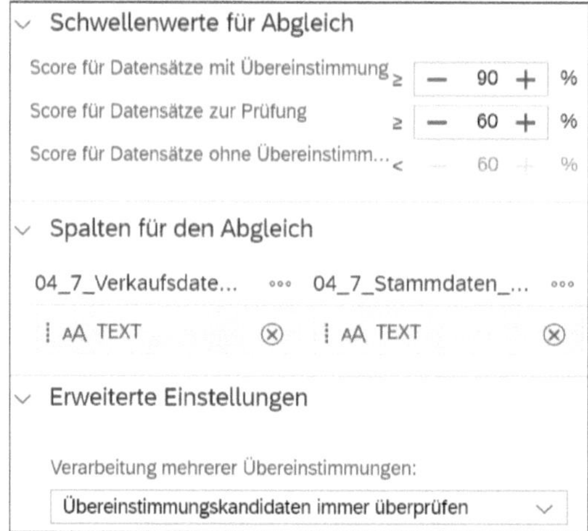

Abbildung 4.64 Intelligente Suche, Schritt 3: unscharfe Suche auf der Basis der Spalte TEXT definieren

Diese Suche wird nur noch für die offenen Posten durchgeführt.

Manuelle Zuordnung mit Vorschlag

Parfüm und H-Milch haben beim unscharfen Wortvergleich eine Bewertung von über 90 % erreicht und sind als grün eingestuft. Beim Spülmittel gibt es zwei Kandidaten: `SPUELMITTEL` oder `SPIELMATTE`.

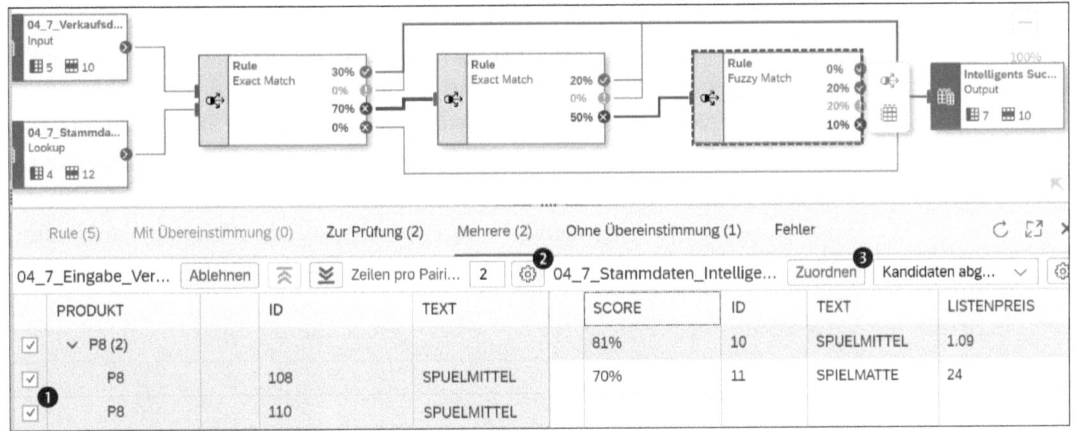

Abbildung 4.65 Ergebnis nach dem Lauf mit dem dritten Schritt der intelligenten Suche: erforderliche Prüfung

Wenn Sie den Wert manuell auswählen wollen, gehen Sie in den Vorschau-Unterbereich **Mehrere** für den Regelknoten (siehe Abbildung 4.65):

1. Die getroffene Entscheidung soll für alle Zeilen der IDs 108 und 110 gelten.
2. Um weitere Informationen zu sehen, blenden Sie weitere Spalten ein.
3. Die besser eingeschätzte Option SPUELMITTEL passt gut. Durch einen Klick auf **Zuordnen** bestätigen Sie die entsprechende Paarung.

3._Fuzzy_Search_Product (6) Mit Übereinstimmung (1) Zur Prüfung (2) Mehrere (1) Ohne Übereinstimmung (2) Fehler

04_7_Verkaufsdaten_Intelligent Ablehnen 04_7_Stammdaten_Intelligent_Lo Zuordnen Alle Datensätze

Kandidaten abgleichen

Alle Datensätze

ID	TEXT	ID	TEXT	
110	SPUELMITTEL	1	BUTTER	
		2	SAHNE	0.89
		3	H-MILCH	1.19
		4	HERING	1.99
		5	SCHOLLE	5.99

Abbildung 4.66 Intelligente Suche: freie Zuordnung ohne Einschränkung auf automatisch ermittelte Kandidaten

Inhalte löschen

Im Hintergrund wird die Zuordnung (❸ in Abbildung 4.60) in die Pairing-Tabelle eingetragen. Die Zuordnung wird automatisch für alle anderen Zeilen mit diesen Einträgen in der Pairing-Spalte ausgeführt. Durch [✎] (**Inhalte löschen**) löschen Sie nicht nur die abgeleiteten Daten für die gesamte intelligente Suche, sondern auch diese Einträge in der Pairing-Tabelle.

Achtung: Alle Einträge mit dem gleichen Eintrag in der Pairing-Spalte erhalten die gleiche Zuordnung. Wenn Sie als Pairing-Spalte nicht PRODUKT, sondern ID auswählen, wäre es alternativ möglich, die ID 108 mit SPIELMATTE und die ID 110 mit SPUELMITTEL oder mit einem anderen Eintrag zu identifizieren. Um den Wert frei auszuwählen, wählen Sie statt **Kandidaten abgleichen** die Dropdown-Option **Alle Datensätze** (siehe Abbildung 4.66). Um die Liste zu generieren, müssen Sie zusätzlich noch (**Auffrischen**) anklicken.

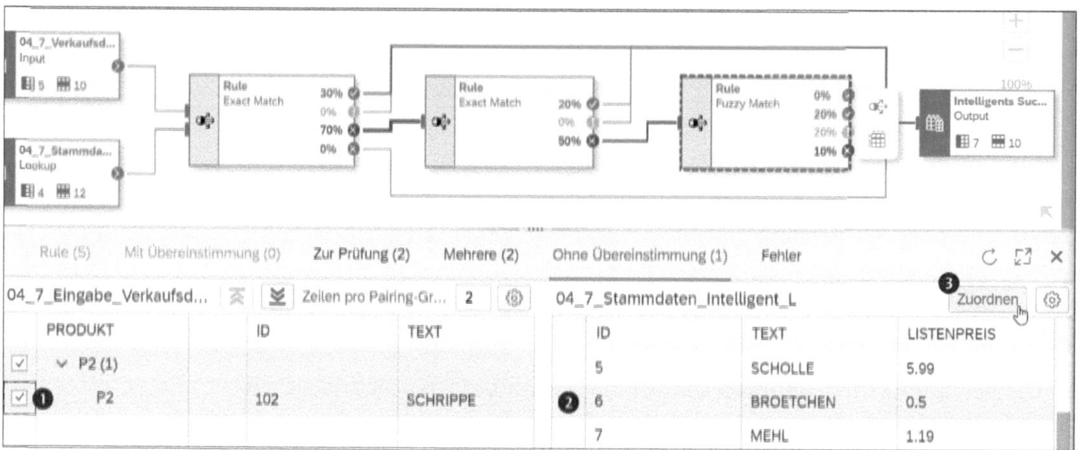

Abbildung 4.67 Intelligente Suche: manuelle Zuordnung als einzige Option

Manuelle Zuordnung ohne Vorschlag

Den nicht gefundenen Eintrag SCHRIPPE (❹ in Abbildung 4.60) können Sie im letzten Schritt im Unterbereich **Ohne Übereinstimmung** manuell zuordnen (siehe Abbildung 4.67):

1. Die getroffene Entscheidung soll hier für die Zeile mit der ID 102 gelten.
2. Sie wählen manuell den Eintrag aus den Stammdaten.
3. Durch einen Klick auf **Zuordnen** bestätigen Sie die neue Zuordnung.

Wenn Sie Berechnungen auf der Basis der hinzugelesenen Spalten benötigen, beispielsweise Menge × Preis, fügen Sie das Objekt als Quelle in einen übergeordneten View ein, in dem Sie eine berechnete Spalte anlegen.

Die Zuordnung für den Texteintrag **SCHRIPPE** gilt nicht für Datensätze mit anderer Produktnummer, wie es Abbildung 4.68 zeigt. Die Zuordnung ist nur für die bereits markierte ID-Nummer bekannt.

Bis auf die erste Regel können Sie vorhandene Regeln durch die [Entf]-Taste löschen.

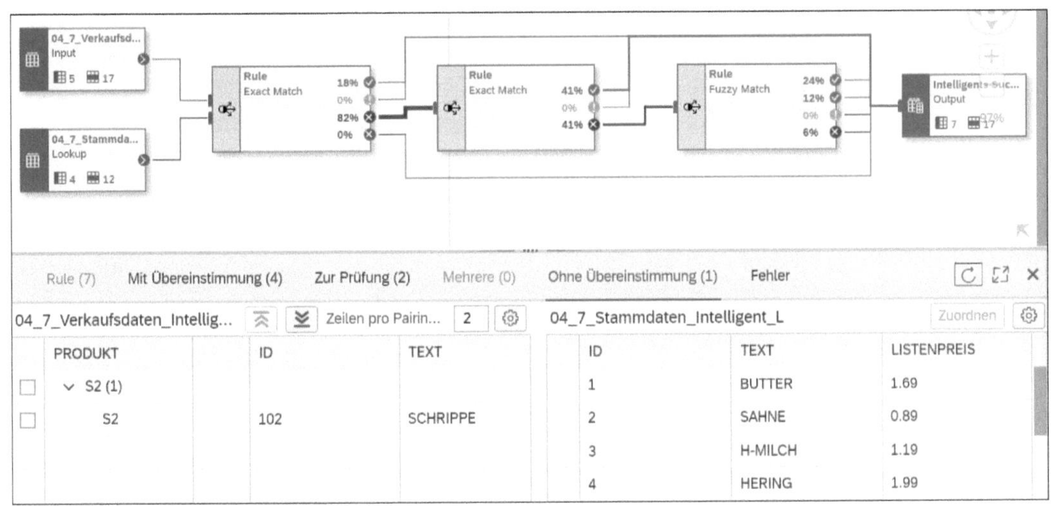

Abbildung 4.68 Suche für neue IDs erneut starten und Zuordnungen bestätigen

Weitere Anwendungsfälle

Sie müssen dieser Philosophie nicht streng folgen. In einem anderen Fall genügt vielleicht ein einziger Schritt mit einer unscharfen Suche, um alle Zuordnungen zu finden. In einem dritten Fall wollen Sie vielleicht unterschiedliche exakte Vergleiche nacheinander ausprobieren, z. B. im ersten Schritt Preis, Gewicht und Nährwerte und im zweiten Schritt Hersteller, Packungsgröße und Produktkategorie vergleichen.

Verwendung einer intelligenten Suche

Ein Objekt vom Typ **Intelligente Suche** hat immer den semantischen Typ **Relationales Datenset**. Es ist nicht möglich, Aggregationen, berechnete Spalten oder Assoziationen zu definieren. Um das Ergebnis anzureichern und in einer Analyse verfügbar zu machen, betten Sie es als Quelle in einen View ein.

Weitere Informationen zur intelligenten Suche finden Sie in folgendem Blog-Beitrag:

https://blogs.sap.com/2021/12/21/intelligent-lookup-faq/#HowDoesIntelligentLookupSolveTheDataHarmonizationProblem

4.8 Entity-Relationship-Modelle

Ein *Entity-Relationship-Modell* (ER-Modell) ist eine grafische Übersicht über mehrere Entitäten (Tabellen und Views) und ihre Beziehungen. Ein Beispiel sehen Sie in Abbildung 4.69.

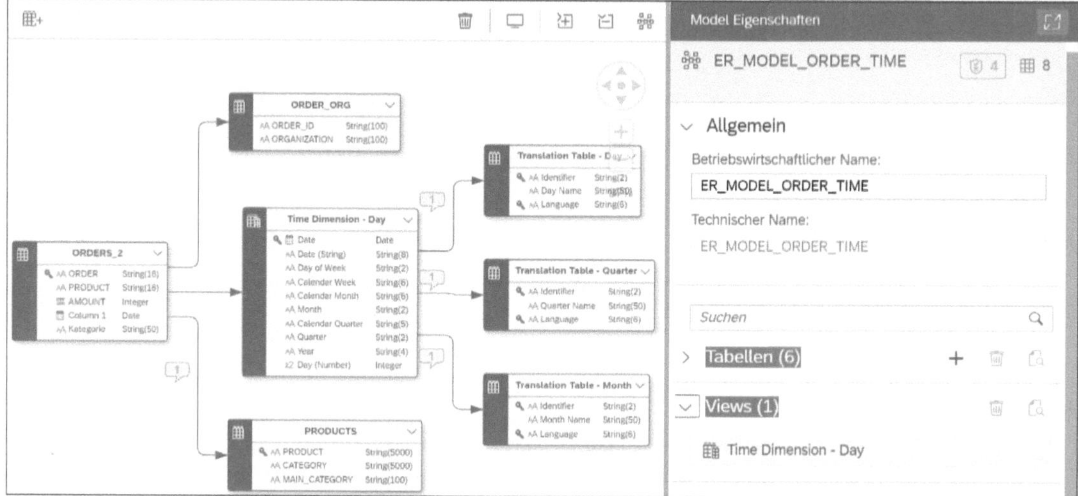

Abbildung 4.69 Beispiel für ein ER-Modell mit der Anzeige der assoziierten Objekte

Entitäten aufnehmen

Auf folgende Arten können Sie Entitäten aufnehmen:

- Entitäten aus dem Repository hinzufügen (Schaltfläche + oberhalb).
- Entitäten aus einer Verbindung importieren ( ).
- Entitäten aus einer CSN-Datei importieren ( ).
- Neue Entitäten direkt erstellen ( ).
- In den Space geteilte Objekte (Geteilte Objekte) im Quellbrowser aufnehmen.

Der Vorteil eines ER-Modells besteht darin, dass alle assoziierten Entitäten und die wegen Assoziationen abhängigen Entitäten mitsammeln können. Über und können Sie die Grafik optimieren.

Sie können eine Entität im Diagramm auswählen und im Seitenbereich ihre Eigenschaften ändern, vor allem den betriebswirtschaftlichen Namen und die semantische Verwendung.

Funktionen im Kontextmenü

Folgende Funktionen stehen über das Kontextmenü zur Verfügung, nachdem Sie eine Entität ausgewählt haben:

- (**Spalte hinzufügen**): Sie fügen der Tabelle eine Spalte hinzu.

- (**View aus Auswahl anlegen**): Sie erzeugen einen View auf der Basis der Tabelle. Optional können Sie das ER-Modell speichern, in den grafischen Editor abspringen (siehe Abschnitt 4.4 »Grafische Views«) und den View dort anpassen.
- (**Tabelle anlegen**): Wenn Sie eine Entität im Diagramm auswählen und auf **Tabelle erstellen** klicken, erzeugen Sie eine Assoziation von der ausgewählten Entität auf die neue Tabelle. Alternativ können Sie den Mauszeiger von der Entität auf die weiße Fläche ziehen. Die neue Tabelle können Sie bearbeiten, wie in Abschnitt 4.2.1, »Lokale Tabellen«, beschrieben.
- (**Assoziation anlegen**): Wenn Sie den Mauszeiger gedrückt halten und auf einer anderen Entität loslassen, erstellen Sie eine Assoziation von der ausgewählten Entität zur Zielentität (wenn dies nicht gelingt, beachten Sie den vorangehenden Hinweis).
- (**Zugehörige Entitäten hinzufügen**): Sie können Entitäten ermitteln, die über eine Assoziation direkt zur ausgewählten Entität gehören, und die eine Auswahl davon einfügen (siehe Abbildung 4.70). Die Suche dauert beim ersten Aufruf recht lang.
- (**In Tabellen-/Vieweditor öffnen**): Sie springen in den Editor zur Objektpflege.
- (**Datenvorschau**): Sie öffnen die Datenvorschau.

Zugehörige Entitäten hinzufügen für ORDERS_2

Suchen

☑	Betriebswirtschaftlicher Name	Technischer Name	Typ (semantische Verwendung)
☑	ORDER_ORG	ORDER_ORG	Lokale Tabelle
☑	PRODUCTS	PRODUCTS	Lokale Tabelle (Hierarchie)

Bereits im Diagramm vorhanden

Betriebswirtschaftlicher Name	Technischer Name	Typ (semantische Verwendung)
Time Dimension - Day	SAP.TIME.VIEW_DIMENSION_DAY	View (Dimension)

Abbildung 4.70 Zugehörige Objekte hinzufügen: Auswahldialog

Anwendungsfälle

Wie nutzen Sie ein ER-Modell bei der Modellierung? Im Tabelleneditor können Sie die Reihenfolge der Spalten einer Tabelle nicht ändern, aber im Kontextmenü einer Tabelle im ER-Modell finden Sie die Schaltflächen ▽ und △ zum Verschieben der ausgewählten Spalte.

View mit Zugriffskontrolle

Zum Anlegen eines Views mit Zugriffskontrolle erweist sich das ER-Modell als nützlich. Erzeugen Sie den benötigten neuen View auf Basis einer Tabelle durch **View aus Auswahl anlegen**, und binden Sie die Zugriffskontrolle in den neuen View ein (siehe Abschnitt 4.4.6, »Datenzugriffskontrolle«).

Ähnlich einfach legen Sie eine assoziierte Hierarchie zu einer Dimension an. Wählen Sie **View aus Auswahl anlegen**, und ergänzen Sie durch [icon] (**Spalte hinzufügen**) eine Spalte des gleichen Datentyps wie die Schlüsselspalte. Im Seitenbereich des Ausgabeknotens des View-Editors wählen Sie im Feld **Semantische Verwendung** die Option **Hierarchie** und die neue Spalte als **Übergeordnete Spalte** aus. Zeichnen Sie dann im Grafikbereich über [→] eine Verbindung, um die Assoziation anzulegen.

Sie können den gesamten Inhalt Ihres ER-Modells gemeinsam speichern und alle Objekte gemeinsam implementieren. Bringen Sie dafür aber etwas Geduld mit. Alle Benutzer des entsprechenden Space können anschließend die implementierten Entitäten als Quelle in Views und Datenflüssen verwenden.

4.9 Aufgabenketten

Überblick

Zum Zeitpunkt der Drucklegung des Buches war die Aufgabenkette ein junger Objekttyp. Sie nehmen eine Aufgabe auf, indem Sie das entsprechende Objekt in das Diagramm ziehen. Folgenden Objekttypen des Repositorys ist eine Aufgabe zugeordnet:

- *Remote-Tabelle*: Tabelle replizieren
- *View*: View persistieren
- *Datenfluss*: Datenfluss ausführen

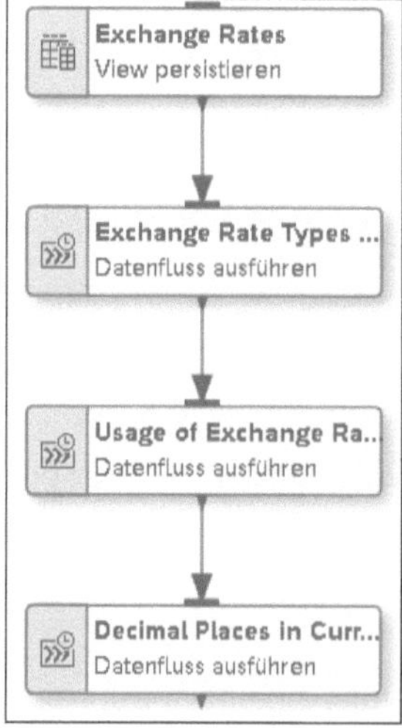

Abbildung 4.71 Aufgabenkette

Die Aufgaben werden am Ende angehängt (siehe Abbildung 4.71). Sie können allerdings die Reihenfolge der Aufgaben in der Kette ändern, indem Sie eine Aufgabe auf eine andere Aufgabe ziehen. Sie können von einer Aufgabe in das entsprechende Objekt abspringen.

Änderung der Aufgabenkette

Die Aufgabenliste planen Sie über einen Zeitplan ein (siehe Kapitel 7, »Verwalten und Überwachen der Datenintegration«).

Einplanung

4.10 Berechtigungen

Für alle Seiten und Editoren des Data Builders benötigen Sie eine zentrale Berechtigung **Data Builder im Data Warehouse** mit den Rechten **CRUD--S-**. Zum Beispiel benötigen Sie das Recht **Aktualisieren (U)** für den Zugriff auf den Dateneditor und das Recht **Anlegen (C)** zum Implementieren der Objekte. Diese Rechte sind in der Standardrolle **DW Modeler** enthalten.

Berechtigungskonzept

Zusätzlich benötigen Sie die Berechtigung **Lesen (R)** der Remote-Verbindung, von der Sie externe Objekte oder Daten anzeigen möchten. Wenn Sie eine intelligente Suche ausführen möchten, brauchen Sie die Berechtigung **Data Warehouse Data Integration** mit dem Recht **Aktualisieren (U)**.

Wenn Sie eine Datenzugriffskontrolle anlegen wollen, brauchen Sie für die Berechtigung **Datenzugriffskontrolle für Data Warehouse** das Recht **Anlegen (C)**, zum Anwenden das Recht **Lesen (R)**, zum Anzeigen das Recht **Aktualisieren (U)** und zum Löschen das Recht **Löschen (D)**.

Weitere Informationen finden Sie in Abschnitt 8.1.2, »Rollen anzeigen«, und unter *https://help.sap.com/docs/SAP_DATA_WAREHOUSE_CLOUD/9f804b8efa8043539289f42f372c4862/d7350c6823a14733a7a5727bad8371aa.html*.

4.11 Zusammenfassung

Sie haben in diesem Kapitel eine Fülle an Modellierungsmöglichkeiten kennengelernt. Viele der gewünschten Anforderungen können Sie mit grafischen Mitteln realisieren. Die zentralen Elemente sind Remote-Tabellen für die Übernahme vorhandener Werte, lokale Tabellen für Werte, die nach einer Transformation zwischengespeichert werden, und Views für eine mehrstufige Transformation, die zunächst nicht persistiert wird. Besonders komplexe Transformationen sind durch Datenflüsse und die intelligente Suche abbildbar. Zur Bereitstellung für das Reporting oder für den externen Zugriff bietet sich ein übergeordneter grafischer View an, in dem auch weitere Berechnungen oder Hierarchien möglich sind.

Im Data Builder bleiben die Daten für ein analytisches Datenset technisch von den Daten der Dimension getrennt, auch wenn es Assoziationen gibt, die die Kombinationsmöglichkeiten vordefinieren.

Diese Aufgaben sind eher in der IT eines Unternehmens zu sehen. Für den Fachbereich, der die assoziierten Daten integriert sehen und gezielt Felder für sein Berichtswesen auswählen möchte, gibt es ein weiteres Werkzeug, den Business Builder, den Sie im nächsten Kapitel kennenlernen.

Kapitel 5
Datenaufbereitung mit dem Business Builder

In diesem Kapitel lernen Sie den Business Builder in SAP Data Warehouse Cloud kennen. Mit ihm erstellen Sie zentrale Elemente wie Dimensionen, analytische Datensets, Faktenmodelle, Verbrauchsmodelle, Perspektiven und Berechtigungsszenarien. Der Business Builder beschreibt die semantische Schicht in SAP Data Warehouse Cloud und dient zur Umsetzung spezifischer Geschäftsszenarien.

Mit dem Business Builder erfüllt SAP einen lang gehegten Wunsch vieler Fachbereiche hinsichtlich SAP-orientierten Systemlandschaften: eine Plattform und die Möglichkeit, selbst verwaltete Arbeitsbereiche so zu gestalten, dass ein bereichsbezogenes Berichtswesen aufgebaut und erweitert werden kann. Dies ist nun in SAP Data Warehouse Cloud durch die Trennung von Datenschicht (*Data Builder*) und Business-Schicht (*Business Builder*) möglich. Die Business-Schicht repräsentiert hierbei die betriebswirtschaftliche Perspektive auf die Daten und somit letztlich den Blick der Fachbereiche. Die Idee der Trennung liegt in der inhärenten Dynamik in Datenmodellen begründet. So führen Systemaktualisierungen oder auch Änderungen in der Software zu konstantem Anpassungsbedarf während des Betriebs. Demgegenüber unterliegen fachliche Definitionen, beispielsweise für Kennzahlen, einer gewissen Konsistenz und Dauerhaftigkeit. Definitionen oder auch Berechnungen für Kennzahlen wie beispielsweise Umsatz, Gewinn oder auch Lagerbestand sind im zeitlichen Verlauf in hohem Maße beständig. Der Business Builder zielt daher darauf ab, den Fachbereichen ein Werkzeug zur eigenständigen Modellierung von Abfragen zur Verfügung zu stellen. Dies ist die Grundlage, um anschließend eigene Berichte, beispielsweise mittels SAP Analytics Cloud, (siehe Kapitel 6, »Reporting mit SAP Analytics Cloud«) zur Verfügung zu stellen.

Der Ansatz zur Trennung ermöglicht Unternehmen auch eine veränderte organisatorische Flexibilität und neue Rollenverständnisse: Während IT-orientierte Organisationseinheiten die angeforderten Datenmodelle bereitstellen und konsolidieren, können Anwender*innen aus den Fachbereichen autark in der Business-Schicht arbeiten. Zugleich obliegt es in diesem Ansatz verstärkt den Fachbereichen, die technischen Objekte der Datenschicht mit den Objekten der Business-Schicht zu verknüpfen.

Paradigmenwechsel

Dieser Paradigmenwechsel ist neu. Bisherige Data-Warehouse-Lösungen von SAP wie beispielsweise SAP Business Warehouse waren in aller Regel vollständig in den Händen der IT. Organisatorische Ansätze zur Integration der Fachbereiche in ein Data Warehouse begannen daher meist beim Erstellen, Bearbeiten und Löschen von Abfragen (*Querys*). Zugrundeliegende Definitionen globaler Kennzahlen waren hingegen bis dato überwiegend im Verantwortungsbereich der IT. Mit dem Business Builder werden Datenschicht und Business-Schicht nun auseinandergezogen. Gleichzeitig ist die Zusammenarbeit zwischen der IT und den Fachbereichen ohne Medienbrüche möglich. Des Weiteren ergeben sich damit Potenziale für Unternehmen, die Zusammenarbeit bereichsübergreifend durch das Teilen von erstellten Inhalten im Business Builder zu fördern. Der Paradigmenwechsel zeigt sich im Modellierungsansatz für die Business-Schicht auch daran, dass in der Konzeption eines Data Warehouse typischerweise mit Schichten gearbeitet wird. Aufbauend auf einer Eingangsschicht wird eine Struktur *bottom-up* definiert und aufgebaut. Beim Business Builder werden betriebswirtschaftliche Schichten *top-down* modelliert und dynamisch mit der Datenschicht verknüpft. Hierbei greift die Idee des *Re-Mappings*. So können bestehende betriebswirtschaftliche Schichten durch austauschbare Datenmodelle aus der Datenschicht beliefert werden.

Geschäftsentitäten

Die erforderlichen Objekte zum Erstellen, Bearbeiten und Implementieren eines Modells in der Business-Schicht stellt Ihnen der Business Builder zur Verfügung, dessen Navigation wir Ihnen in Abschnitt 5.1, »Navigation im Business Builder«, vorstellen. In der Vorgehensweise beginnen Sie mit Geschäftsentitäten (siehe Abschnitt 5.2, »Geschäftsentitäten«). Geschäftsentitäten werden in Faktenmodelle (siehe Abschnitt 5.3, »Faktenmodelle«) und Verbrauchsmodelle (siehe Abschnitt 5.4, »Verbrauchsmodelle«) eingebunden, die wiederum die Grundlage bilden, um das Modell der Business-Schicht im Berichtswesen einzubinden. In Abschnitt 5.5, »Perspektiven«, lernen Sie Perspektiven als Brücke zum Berichtswesen kennen. Hier definieren Sie eine Auswahl an Elementen zum Konsumieren in Berichtsanwendungen wie SAP Analytics Cloud (siehe Kapitel 6, »Reporting mit SAP Analytics Cloud«). Die Ergebnisse Ihrer Ausarbeitungen im Business Builder von SAP Data Warehouse Cloud können Sie in der Datenvorschau vorab evaluieren, die Sie in Abschnitt 5.6 kennenlernen.

Berechtigungsszenario

Neben dem Modell der Business-Schicht können Sie im Business Builder ein Berechtigungsszenario implementieren. Die Ausgestaltung von Berechtigungen ist traditionell als Stärke von SAP-Systemen anzusehen. Auch in SAP Data Warehouse Cloud können Sie spezifische Datensichtberechtigungen für unterschiedliche Anwendungsfälle definieren (siehe Abschnitt 5.7, »Berechtigungsszenario«).

Die Vorgehensweise zum Arbeiten mit dem Business Builder orientiert sich an den Anforderungen des Anwendungsfalls. So handelt es sich bei Geschäftsentitäten (Dimensionen und analytische Datensets) um zwingend erforderliche Elemente eines Modells in der Business-Schicht. Faktenmodelle sowie Berechtigungsszenarien sind hingegen optionale Objekte. Verbrauchsmodelle sind wiederum ebenfalls notwendige Objekte, um verwertbare Modelle in der Business-Schicht zu erstellen.

BW/4HANA-Modellübertragung

Eine weitere Funktionalität im Business Builder ist die sogenannte *BW/4HANA-Modellübertragung*. Hierbei handelt es sich um den Import von Datenmodellen aus einem SAP-BW/4HANA-System auf der Grundlage analytischer Querys in SAP Data Warehouse Cloud (siehe Abschnitt 5.8, »SAP-BW/4HANA-Modellübertragung«).

[«]

SAP-BW/4HANA-Modellübertragung

Zum Zeitpunkt der Drucklegung des Buches handelte es sich bei der BW/4HANA-Modellübertragung um ein exklusives Feature für SAP BW/4HANA.

Die Zusammenhänge und Abhängigkeiten in den Funktionalitäten im Business Builder sind in Abbildung 5.1 dargestellt.

Der Business Builder wird durch Objekte im Data Builder mit Inhalten versorgt (siehe Kapitel 4, »Datenmodellierung mit dem Data Builder«). Eine Stärke des Business Builders ist dabei die Möglichkeit, Quellartefakte aus dem Data Builder nachträglich neu zu verknüpfen. Quellartefakte müssen in Geschäftsentitäten überführt werden. Denn diese erfüllen die Funktion von Stamm- und Bewegungsdaten. Faktenmodelle sind in diesem Fall optional. Sie können untereinander verschachtelt werden und dienen dazu, wiederverwendbare Strukturen bereitzustellen. Verbrauchsmodelle sind als virtuelle Schnittstellen zu den Berichtsanwendungen verpflichtend. Berechtigungsszenarien werden an den Geschäftsentitäten angesetzt und dienen der Ausgestaltung von Datensichtberechtigungen.

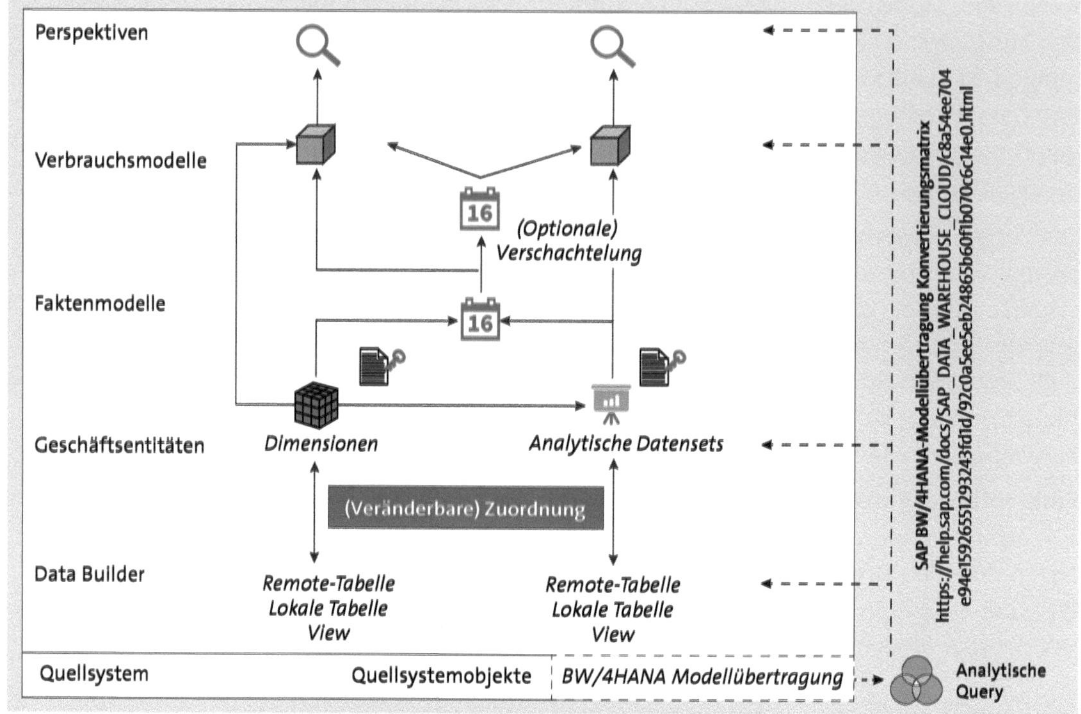

Abbildung 5.1 Zusammenhänge und Abhängigkeiten im Business Builder (Quelle: PCS Beratungscontor AG)

5.1 Navigation im Business Builder

Den Einstieg zum Business Builder finden Sie im Navigationsbereich von SAP Data Warehouse Cloud (siehe Abbildung 5.2).

Spaces Sie sehen eine Übersicht der verfügbaren Spaces, die Ihrem Benutzer zugeteilt wurden. Sollten Sie eine Meldung mit dem Hinweis »Sie wurden offenbar noch keinen Spaces zugeordnet« erhalten, wenden Sie sich an Ihre zuständige Systemadministration, sodass Ihr Benutzer den entsprechenden Spaces zugeordnet wird.

Infolge der Zuordnung erhalten Sie Zugriff auf einen oder mehrere Spaces (siehe Abbildung 5.3). Zu Beginn steht Ihnen typischerweise nur eine begrenzte Anzahl an Spaces zur Verfügung. Im Laufe der Zeit werden Sie eine Vielzahl an betriebswirtschaftlichen Anwendungsfällen abbilden und eine entsprechende Granularität realisieren wollen. Bei einer Vielzahl von Spaces können Sie daher auf- oder absteigend sortieren oder über das Suchfeld nach verfügbaren Spaces suchen.

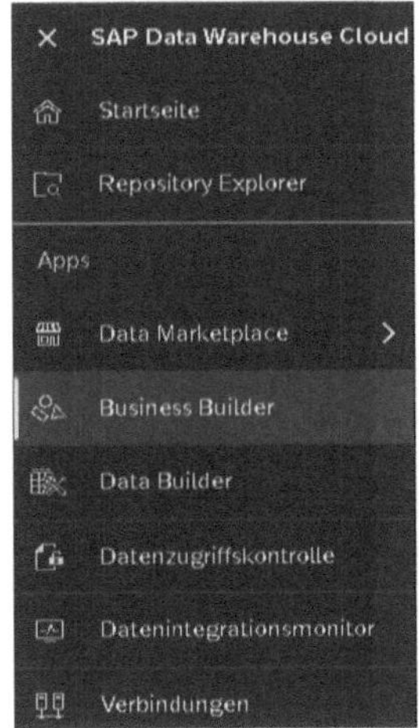

Abbildung 5.2 Navigationsbereich des Business Builders: Einstieg

Abbildung 5.3 Business Builder: Übersicht der Spaces

Mit der Auswahl eines Space steuern Sie fortan die verfügbaren Apps innerhalb dieses Space an. Hierzu sehen Sie im Menüband von SAP Data Warehouse Cloud den ausgewählten Space, hier beispielhaft **DWCB_Teil 2 - Kap 5** (siehe Abbildung 5.4). Würden Sie im Navigationsbereich in den Data Builder wechseln, befänden Sie sich weiterhin in dem zuvor ausgewählten Space. Mit der Auswahl eines Space erhalten Sie Zugriff auf die beinhalteten Objekte. Falls Sie also durch weitere Anwender*innen auf Spaces zugelassen wurden, können Sie daraufhin mit den beinhalteten Objekten arbeiten. Den ausgewählten Space finden Sie auch jeweils im Navigationspfad von SAP Data Warehouse Cloud (siehe Abbildung 5.4).

Abbildung 5.4 SAP Data Warehouse Cloud: Navigationspfad

Zugriff auf Spaces und Datenzugriffskontrollen

Der Zugriff auf einen Space bedeutet nicht implizit einen vollumfänglichen Datenzugriff. Sofern Datenzugriffskontrollen für Ihren Benutzer bestehen, können Sie mit den beinhalteten Objekten zwar arbeiten, sehen aber möglicherweise nicht alle Werteausprägungen (siehe Kapitel 8, »Benutzer und Rollen«).

Funktionen der Benutzeroberfläche

Mit dem Zugriff auf einen Space können Sie auf der Benutzeroberfläche im Business Builder folgende Funktionen nutzen (siehe Abbildung 5.5):

❶ nach Objekten suchen

❷ Objekte im Rahmen der Suche filtern und sortieren

❸ neue Objekte über die Schaltfläche hinzufügen

❹ neue Ordner erstellen, um Objekte zu sortieren sowie Objekte zwischen Ordnern über die Schaltfläche verschieben

❺ Modelle aus SAP BW/4HANA (siehe Abschnitt 5.8, »SAP-BW/4HANA-Modellübertragung«) übertragen sowie die Protokolle zu bisherigen Modellübertragungen über die Schaltfläche anzeigen

❻ ein Objekt durch dessen Auswahl und Anklicken der Schaltfläche bearbeiten

❼ Fakten- und Verbrauchsmodelle über die Schaltfläche duplizieren

❽ eines oder mehrerer Objekte durch das Auswählen und Löschen des markierten Objekts über die Schaltfläche löschen

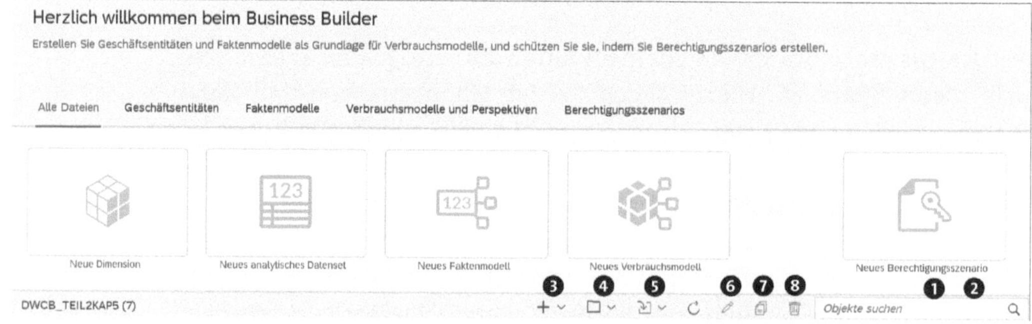

Abbildung 5.5 Benutzeroberfläche im Space des Business Builders

Die Unterteilung der verfügbaren Objekte im Business Builder erfolgt nach Registerkarten. So können Sie einerseits über **Alle Dateien** auf eine Gesamtliste der Objekte zugreifen oder über Registerkarten gezielt mit den folgenden Objekten arbeiten: **Geschäftsentitäten**, **Faktenmodelle**, **Verbrauchsmodelle und Perspektiven**, **Berechtigungsszenario**.

5.2 Geschäftsentitäten

Assoziationen

Geschäftsentitäten beschreiben betriebswirtschaftliche Informationen und bestehen aus Attributen und Kennzahlen. Während Kennzahlen quantifizierbar und somit messbar sind, handelt es sich bei Attributen um erklärende Felder, um den Kontext einer Kennzahl zu erläutern. Attribute sind in diesem Kontext das granular beschreibende Element zur Beschreibung betriebswirtschaftlicher Informationen. Im Business Builder gilt es, sogenannte *Assoziationen* zwischen diesen Attributen zu schaffen und somit logische Zusammenhänge zu definieren. Beispielsweise könnten die Attribute **Kunde** und **Stadt** in einem logischen Zusammenhang miteinander stehen, da die Stadt den Kundenstandort repräsentiert. Diese Vorgehensweise schafft einen ganzheitlichen Blick auf ein Modell in der Business-Schicht, um den unterschiedlichen Perspektiven auf einen Sachverhalt gerecht zu werden. Geschäftsentitäten in SAP Data Warehouse Cloud können zudem versioniert werden.

[«]

Versionierung von Geschäftsentitäten

Die *Versionierung* beschreibt die Erstellung unterschiedlicher Versionen und somit die Konfigurationen eines Objekts. So können Sie Geschäftsentitäten in Version A und Version B ausprägen. Zwischen diesen Versionen können Sie flexibel wechseln. Im Zuge der Implementierung können Sie daraufhin entscheiden, welche der definierten Eigenschaften für Ihren Anwendungsfall geeignet sind. Darüber hinaus bietet Ihnen die Versionierung die Kontrolle über den Status der Implementierung und somit die Bereitstellung innerhalb von SAP Data Warehouse Cloud. So können Sie einerseits die Version einer Geschäftsentität kontrollieren und andererseits die Implementierung eines Gesamtmodells steuern, in dem die Geschäftsentität verwendet wird.

Dimensionen und analytische Datensets

Geschäftsentitäten in SAP Data Warehouse Cloud unterteilen sich in Dimensionen (siehe Abschnitt 5.2.1) und analytische Datensets (siehe Abschnitt 5.2.2). Dimensionen beschreiben im Wesentlichen die Stammdatentabellen und können sowohl Attribute als auch Texte oder Kennzahlen enthalten. Als Eigenschaft müssen Stammdatentabellen einen Schlüssel aufweisen, der den jeweiligen Tabelleneintrag eindeutig identifiziert. Analytische Datensets benötigen zur Erstellung zusätzlich eine Kennzahl. So gesehen, sind analytische Datensets Faktentabellen. Es werden also eine oder mehrere Kennzahlen unter der Verwendung von Fremdschlüsseln einer oder mehrerer Dimensionen verarbeitet. Voraussetzung zur Erstellung von Geschäftsentitäten ist ein View oder eine Tabelle im Data Builder (siehe Kapitel 4, »Datenmodellierung mit dem Data Builder«).

5.2.1 Dimensionen

Attribute und Texte

Dimensionen sind im Wesentlichen Stammdatentabellen. Es kann sich hierbei sowohl um Attribute als auch um Texte handeln. Dabei besitzen Dimensionen einen eindeutigen Schlüssel. *Schlüssel* dienen dazu, einen Eintrag in einer Tabelle eindeutig zu identifizieren und übernehmen an dieser Stelle die Rolle eines Primärschlüssels. Sie sind zudem erforderlich, um Assoziationen zwischen den Dimensionen zu definieren. Zum Erstellen einer Dimension öffnen Sie zunächst den Navigationsbereich und wählen die Option **Business Builder** aus (siehe Abbildung 5.2). Entscheiden Sie sich für einen **Space** (siehe Abbildung 5.3), in dem Sie eine neue Dimension erstellen möchten. Wechseln Sie nun auf die Registerkarte **Geschäftsentitäten** (siehe Abbildung 5.6).

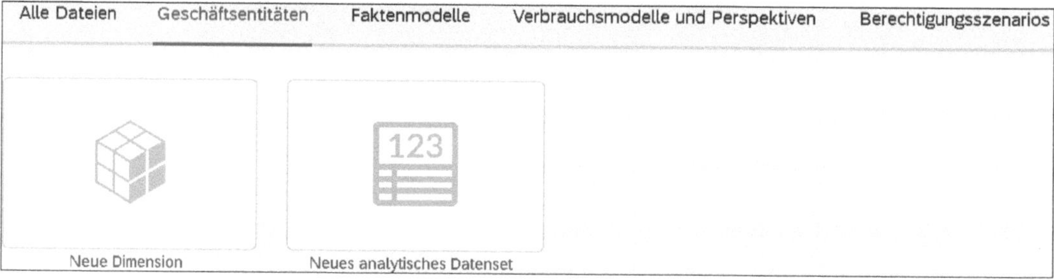

Abbildung 5.6 Registerkarte für Geschäftsentitäten im Business Builder

Eine neue Dimension erstellen

Klicken Sie auf die linke Kachel **Neue Dimension**. Im sich öffnenden Dialogfenster sehen Sie eine Übersicht der verfügbaren Datenentitäten (siehe Abbildung 5.7). Folgende Entitätstypen stehen Ihnen zur Verfügung:

- **Data Builder** (View oder Tabelle)
  - **View**
  - **Remote-Tabelle**
  - **Lokale Tabelle**

- **Business Builder**
  - **Dimension**
  - **Analytisches Datenset**: Bei diesem Typ werden Sie im Rahmen der Erstellung einer neuen Dimension aufgefordert, den Entitätstyp in **Analytisches Datenset** zu ändern.

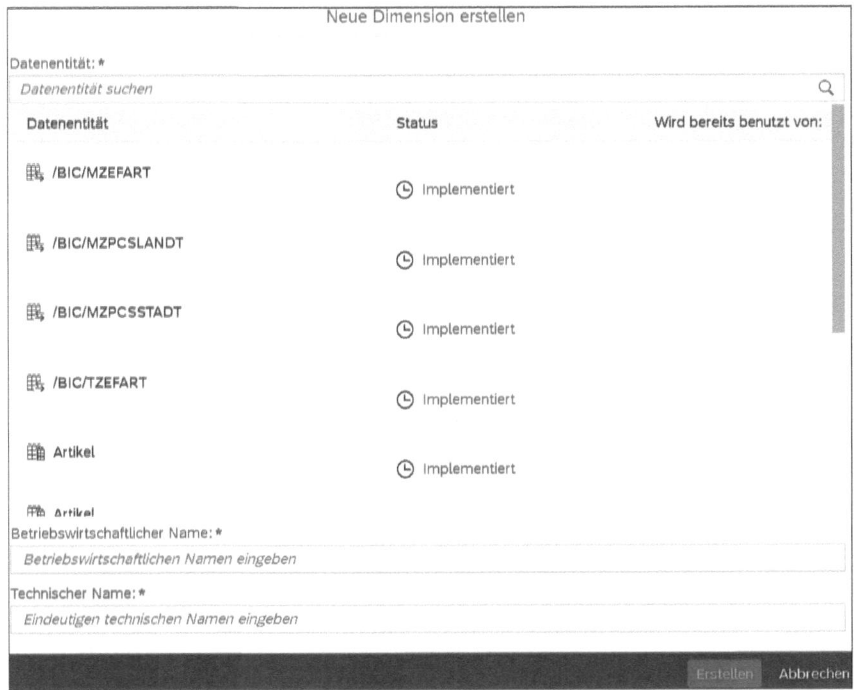

Abbildung 5.7 Übersicht der verfügbaren Datenentitäten beim Erstellen einer neuen Dimension im Business Builder

Duplikate vermeiden

Im Allgemeinen ist es empfehlenswert, bereits verwendete Entitäten zunächst im Rahmen des Modells wiederholt zu verwenden, anstatt eine neue Dimensionen zu erstellen. Dies begründet sich in den Stammdaten, die die Dimensionen typischerweise repräsentieren. So sollte es in Ihrem Unternehmen eine zentrale Definition von Stammdaten geben. Mit diesem Ansatz ist gewährleistet, dass keine Duplikate verwendet werden, beispielsweise doppelte Kundennamen. SAP Data Warehouse Cloud weist Sie zudem darauf hin, sollte eine der aufgelisteten Datenentitäten im Space bereits für eine bestehende Dimension verwendet werden (siehe Abbildung 5.8). Berücksichtigen Sie, dass dieser Hinweis nur für Geschäftsentitäten innerhalb eines Space und nicht übergreifend wirkt.

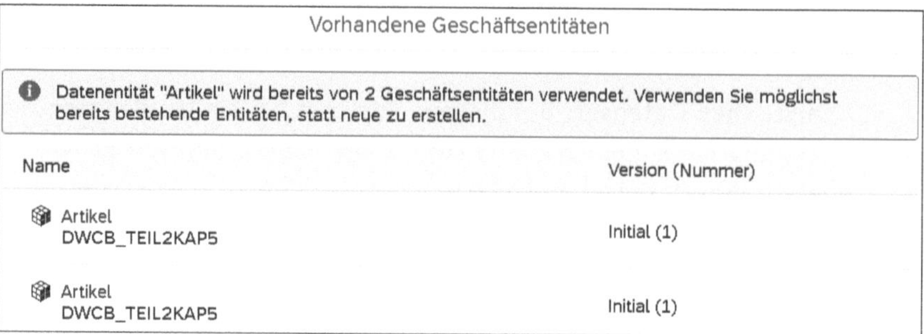

Abbildung 5.8 Bereits verwendete Datenentität beim Erstellen einer neuen Dimension

Betriebswirtschaftlicher Name und technischer Name

Im Rahmen eines Hinweises, dass eine Datenentität bereits verwendet wird, können Sie in die bestehende Dimension abspringen und somit prüfen, ob Sie auf bestehende Vorarbeiten zurückgreifen können (siehe Abbildung 5.8). Berücksichtigen Sie hierbei, dass Geschäftsentitäten versioniert werden können, um unterschiedliche Ausprägungen einer Dimension und deren Implementierung zu realisieren. Doppelte Dimensionen könnten daher für eine Unschärfe hinsichtlich dessen im Space sorgen, welcher Geschäftskontext sich jeweils dahinter verbirgt. Zudem erhöht sich dadurch der Prüfaufwand. Haben Sie eine Datenentität ausgewählt, müssen nun ein betriebswirtschaftlicher Name sowie ein technischer Name vergeben werden (siehe Abbildung 5.9). Während der betriebswirtschaftliche Name mit maximal 120 Zeichen nachträglich verändert werden kann, gilt dies für den maximal 30-stelligen technischen Namen nicht.

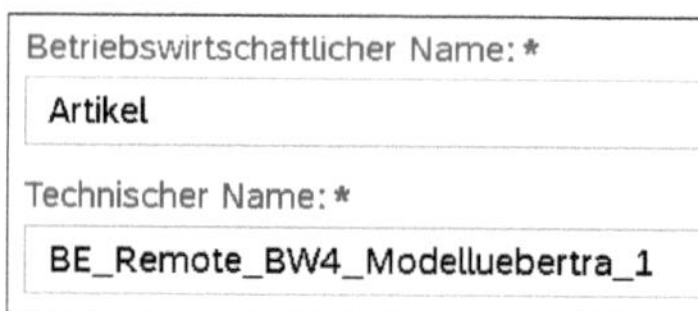

Abbildung 5.9 Betriebswirtschaftlichen und technischen Namen für eine neue Dimension vergeben

Klicken Sie auf **Erstellen**, um Ihre Auswahl zu bestätigen. Beim Verwenden einer Remote-Tabelle oder einer lokalen Tabelle gelangen Sie anschließend auf die Benutzeroberfläche zum Definieren Ihrer Dimension (siehe Abbildung 5.11). Sofern Sie einen View als Vorlage für eine neue Dimension genutzt haben, wird im aufkommenden Dialogfenster zunächst die Wiederverwendung des bestehenden Schlüssels abgefragt Abbildung 5.10).

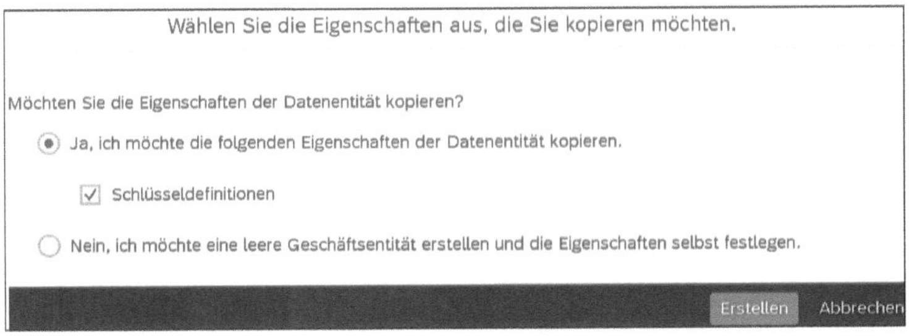

Abbildung 5.10 Abfrage zur Wiederverwendung bestehender Schlüsseldefinition eines Views beim Erstellen einer neuen Dimension

Schlüsseldefinition nicht übernehmen

Sollten Sie die Schlüsseldefinition nicht übernehmen wollen, verneinen Sie die Abfrage. In der nachfolgenden Benutzeroberfläche zum Erstellen einer neuen Dimension nach der Auswahl der Datenentität würden Sie daraufhin aufgefordert, über die Schaltfläche ⚠ 1 eine neue Schlüsseldefinition zu vergeben (siehe Abbildung 5.11). Bei der Auswahl einer Remote-Tabelle oder einer lokalen Tabelle gelangen Sie ebenfalls direkt auf die Benutzeroberfläche zum Erstellen einer neuen Dimension nach der Auswahl der Datenentität. Analog zu der Einstellung, dass bestehende Schlüsseldefinitionen nicht übernommen werden, müssen Sie auch hier entsprechende Schlüsseldefinitionen vornehmen. Andernfalls bliebe die Schaltfläche **Speichern** ausgegraut (siehe Abbildung 5.11).

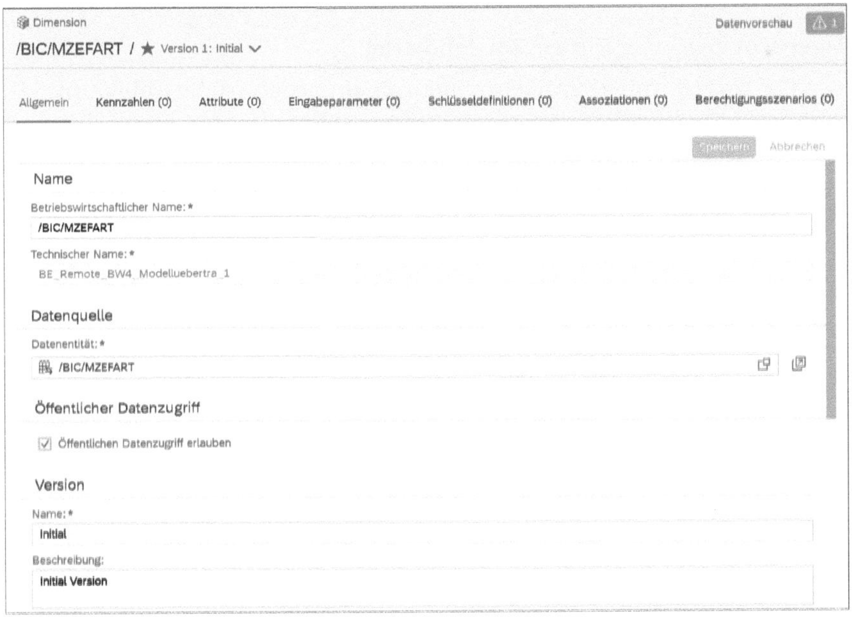

Abbildung 5.11 Benutzeroberfläche beim Erstellen einer neuen Dimension nach der Auswahl der Datenentität

Attribute übernehmen

Bei der Verwendung einer bestehenden Dimension als Entitätstyp werden Sie im sich öffnenden Dialogfenster gefragt, ob neben bestehenden Schlüsseldefinitionen auch beinhaltete Attribute übernommen werden sollen (siehe Abbildung 5.12).

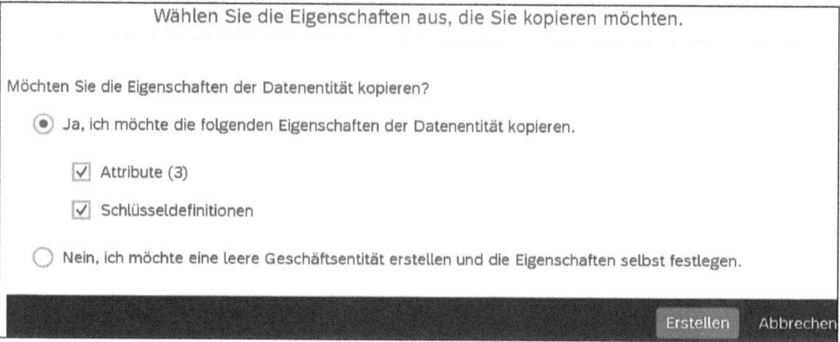

Abbildung 5.12 Abfrage zur Wiederverwendung von Schlüsseldefinitionen einer bestehenden Dimension beim Erstellen einer neuen Dimension

Namenskonvention für Dimensionen

Erarbeiten Sie eine Namenskonvention, die Sie unternehmensweit einsetzen können, um auf Anhieb eine Unterscheidung der Dimensionen zu ermöglichen.

Eigenschaften einer Dimension definieren

Eigenschaften einer neuen Dimension definieren

Auf der Benutzeroberfläche einer neuen Dimension (siehe Abbildung 5.11) definieren Sie innerhalb der gleichnamigen Registerkarten folgende Eigenschaften (siehe Abbildung 5.13):

- Allgemein
- Kennzahlen
- Attribute
- Eingabeparameter
- Schlüsseldefinitionen
- Assoziationen
- Berechtigungsszenarios

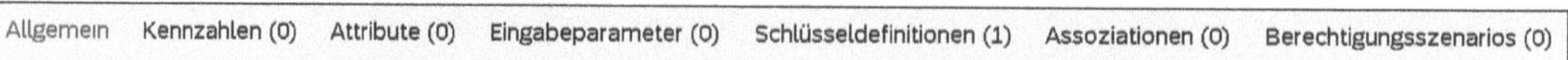

Abbildung 5.13 Registerkarten zum Definieren der Eigenschaften einer Dimension

Richten Sie Ihren Blick zunächst auf die Kopfzeile. Beim Erstellen einer neuen Dimension wird diese eingangs systemseitig als **Initial** definiert (siehe Abbildung 5.14). Diese Version können Sie nun weiterführend bearbeiten. Im weiteren Verlauf dieses Abschnitts werden Sie erfahren, wie Sie den Status der jeweiligen Version verändern können. Dies ermöglicht die Kennzeichnung, ob eine erstellte Dimension in Modellen bereits verwendet werden kann oder ob sie sich noch in Bearbeitung befindet.

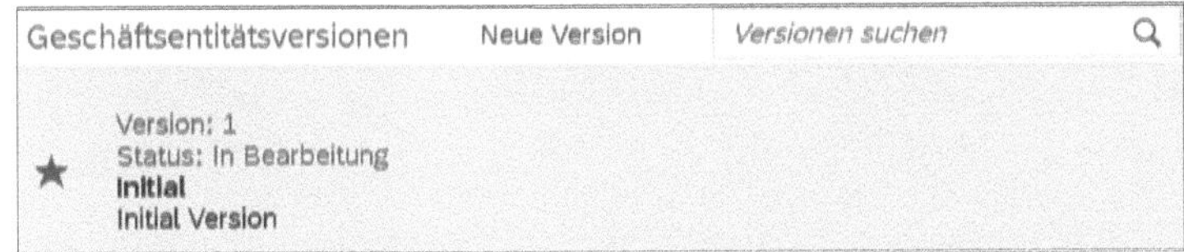

Abbildung 5.14 Initiale Version beim Erstellen einer neuen Dimension

Datenquelle einer Dimension

Sie beginnen mit der Registerkarte **Allgemein**. Beim Bearbeiten der Eigenschaften gilt, dass es sich bei mit einem Stern markierten Feldern um Pflichteinträge handelt, ohne deren Bearbeitung kein Speichern möglich ist. Nach dem zuvor definierten betriebswirtschaftlichen und technischen Namen finden Sie hier zunächst die zugeordnete Datenquelle einer Dimension. Mittels der Benutzeroberfläche können Sie über die Schaltfläche entweder in die verwendete Datenentität abspringen oder die Schaltfläche (**Wertehilfe**) verwenden. Die erneute Verknüpfung einer Datenquelle innerhalb einer bestehenden Dimension zu neuen Datenentitäten wird in Abschnitt 5.2.3, »Geschäftsentitäten neu verknüpfen«, vorgestellt.

Öffentlicher Datenzugriff

Über den öffentlichen Datenzugriff legen Sie fest, ob diese Dimension uneingeschränkt konsumiert werden darf, sodass keine Berechtigungsszenarien aktiv sind (siehe Kapitel 8, »Benutzer und Rollen«, sowie Abschnitt 5.7, »Berechtigungsszenario«), siehe Abbildung 5.15.

☑ Öffentlichen Datenzugriff erlauben

Abbildung 5.15 Ausgewählter öffentlicher Datenzugriff auf eine Dimension

Öffentlicher Datenzugriff

Typischerweise unterliegen die Modelle im Business Builder einer Beschränkung des Datenzugriffs. Die Logik des Datenzugriffs gilt es dabei im Unternehmen bedarfsgerecht zu definieren. So könnten geografische Eigenschaften wie Stadt oder Land relevant sein oder auch die Zuordnung zu internen Logiken wie Kostenstellen. Es ist daher empfehlenswert, vor dem Modellaufbau in den Fachbereichen zu diskutieren, wie die Berechtigungslogik ausgestaltet werden soll.

Status einer Version

Abschließend definieren Sie die Version. Neu erstellte Dimensionen erhalten standardmäßig den Namen **Initial** und die Beschreibung **Initial Version**; beide Inhalte können Sie bearbeiten. Mit der Versionierung von Dimensionen können Sie im weiteren Verlauf unterschiedlich ausgerichtete Modelle erstellen. Mit dieser Option steuern Sie indirekt auch die Versionierung des Gesamtmodells, das eine versionierte Dimension verwendet. Um den Überblick zu wahren, können Sie den Status einer Version definieren (siehe Abbildung 5.16). Jede Version kann einen eigenen Status aufweisen.

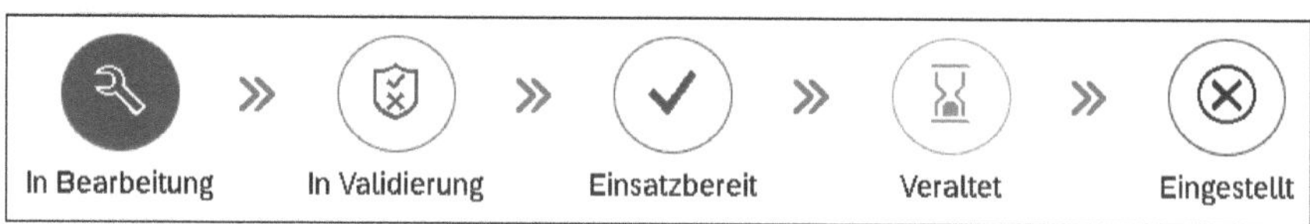

Abbildung 5.16 Status der Version einer Dimension

Status einer Dimension

Beim Erstellen einer neuen Dimension befindet sich die Dimension standardmäßig im Status **In Bearbeitung**. Der Status kann als Entwicklungsphase einer Version verstanden werden. Folgende Informationen stehen mit den verschiedenen Status in Verbindung:

- **In Bearbeitung**: Dieser Status signalisiert Anwender*innen, dass diese Dimension im Business Builder momentan noch nicht freigegeben ist. Des Weiteren hat noch keine Qualitätssicherung stattgefunden, sodass diese Dimension noch nicht frei genutzt werden sollte.
- **In Validierung**: Dieser Status beschreibt die Qualitätssicherung einer Dimension. Im Wesentlichen sollten hierbei die Einträge der Registerkarten evaluiert werden. Dies ist notwendig, um einerseits kontextrelevante Definitionen rund um eine Dimension zu prüfen und andererseits etwaige Berechtigungsszenarien sicherzustellen (siehe Abschnitt 5.7, »Berechtigungsszenario«).
- **Einsatzbereit**: Dieser Status deklariert die jeweilige Dimension als verwendungsfähig. So hat die jeweilige Dimension eine Qualitätssicherung durchlaufen; es wurden also semantische Zusammenhänge auf ihre Logik hin überprüft, und etwaige Berechtigungsszenarien wurden implementiert und auf die Dimension angewandt. Anwender*innen können diese Dimension folglich in ihren Modellen einsetzen.
- **Veraltet**: Dimensionen sind vermutlich technisch funktionsfähig, spiegeln jedoch nicht die aktuellen Anforderungen der Business-Schicht wider. Eine Dimension mit diesem Status sollte daher nicht mehr verwendet werden. Für diese Dimension ist eine Migration erforderlich. Hierbei

ergeben sich zwei Optionen: Entweder tauschen Sie die verwendete Dimensionen in Ihrem Modell gegen eine neue Version aus, oder Sie ersetzen die Datenquelle der verwendeten Dimension durch eine gültige Datenentität.

- **Eingestellt**: Dieser Status beschreibt, dass ein Austausch der verwendeten Dimension unumgänglich ist. Auch hier können Sie die Dimension durch eine andere Version ersetzen oder die bestehende Version durch eine neue Datenentität aktualisieren. Darüber hinaus kann in Erwägung gezogen werden, Versionen mit diesem Status zu löschen.

[+]

Status von Dimensionen

Es ist empfehlenswert, für die Versionierung von Dimensionen eine unternehmensweite Namenskonvention zu erarbeiten.

Dimension in analytisches Datenset umwandeln

Abschließend können Sie eine Dimension in ein analytisches Datenset umwandeln. Nutzen Sie hierzu die Schaltfläche **Dimension in analytisches Datenset umwandeln**. Ebenso können Sie analytische Datensets in Dimensionen umwandeln. Berücksichtigen Sie dabei, dass ein analytisches Datenset mindestens eine Kennzahl beinhalten muss. Diese Funktion kann immer dann erforderlich sein, wenn aus attributbezogenen Inhalten in Dimensionen eine Faktentabelle mit Kennzahlen und Schlüsseln gefordert ist.

Kennzahl für eine Dimension

Klicken Sie zunächst auf **Speichern**, und wechseln Sie anschließend auf die Registerkarte **Kennzahlen**. Klicken Sie auf die Schaltfläche [+] (**Hinzufügen**), um eine neue Kennzahl für eine Dimension zu erstellen. Vergeben Sie einen betriebswirtschaftlichen Namen; systemseitig wird automatisch ein technischer Name abgeleitet, den Sie nach Bedarf überschreiben können. Wählen Sie außerdem einen Kennzahltyp aus (siehe Tabelle 5.1).

Kennzahltyp	Beschreibung
Aggregation	Definieren Sie einen Aggregationstyp (**Summe, Durchschnitt, Anzahl, Maximum, Minimum**), mittels dessen Sie eine erforderliche Quellkennzahl aggregieren. Würden Sie beispielsweise **Minimum** auswählen, würde im Ergebnis der kleinste Wert aus der ausgewählten Quellkennzahl angezeigt.

Tabelle 5.1 Kennzahltypen in Dimensionen

Kennzahltyp	Beschreibung
Eingeschränkte Kennzahl	Eingeschränkte Kennzahlen referenzieren auf bestehende Kennzahlen. Folglich ist diese Option für eine Geschäftsentität nur verfügbar, wenn diese bereits Kennzahlen beinhaltet. Die Berechnung der referenzierten Kennzahl wird dabei übernommen. Darüber hinaus können Sie Einschränkungen auf Attribute der jeweiligen Geschäftsentität vornehmen. So könnten Sie beispielsweise den Preis als referenzierte Kennzahl verwenden und auf einen einzelnen Artikel einschränken: Diese eingeschränkte Kennzahl würde folglich nur den Preis für diesen einzelnen Artikel ausgeben.
Eindeutige Anzahl	Die Option **Eindeutige Anzahl** zählt, wie häufig eine Ausprägung in der Summe aller Ergebnisse für diese Geschäftsentität vorkommt. Hätten Sie also mehrfach die Ausprägung **Stadt** in den Ergebnissen, würde die eindeutige Anzahl als Zähler 1 zurückgegeben. Dies ist analog zum Befehl `DISTINCT` in SQL.
Berechnete Kennzahl	Berechnete Kennzahlen ermöglichen Berechnungen unter der Verwendung von Kennzahlen aus dieser Dimension. Hierzu können Sie einen Formeleditor verwenden und über die Schaltfläche ⧉ (**Eingabehilfe**) Kennzahlen aus dieser Dimension hinzufügen. Mittels der Rechenoperatoren +, -, /, x und Klammern können Sie daraufhin dynamische Berechnungen durchführen. Beim Tippen im Formeleditor werden zudem Kennzahlen vorgeschlagen (siehe Abbildung 5.17). Gültige Berechnungen werden mit der Meldung **Berechnungsformel ist gültig** kommentiert. Zudem können Sie Ausnahmeaggregationen definieren.
Fester Wert	Feste Werte beschreiben Konstanten und werden typischerweise zur weiteren Berechnung von Kennzahlen verwendet. So könnte beispielsweise ein Faktor erforderlich sein, mit dem Sie eine weitere Kennzahl verrechnen möchten.

Tabelle 5.1 Kennzahltypen in Dimensionen (Forts.)

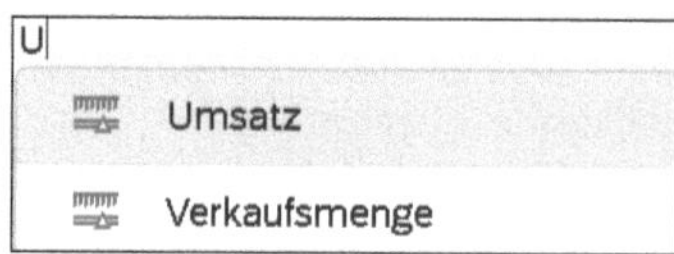

Abbildung 5.17 Vorgeschlagene Inhalte bei der Eingabe im Formeleditor

Ein Beispiel für eine berechnete Kennzahl sehen Sie in Abbildung 5.18.

Abbildung 5.18 Beispiel für eine Berechnung im Formeleditor

Währungen und Einheiten

Abschließend können Sie noch zwei Eigenschaften einer Kennzahl festlegen. Neben einer Währungseinheit können Sie Ihre Kennzahl auch als Mengeneinheit definieren (siehe Abbildung 5.19). Im Rahmen der Kennzahlen für Dimensionen können Sie in beiden Fällen einen konstanten Wert hinterlegen und eine Kennzahl so beispielsweise in EUR oder Stück definieren. Alternativ können Sie sowohl für Währungen als auch für Einheiten eine Feldreferenz aus den verfügbaren Attributen der Dimension hinterlegen. Darüber hinaus ist es möglich, importierte Währungsumrechnungen beispielsweise aus SAP S/4HANA zu importieren und hierzu zu verwenden (siehe Abschnitt 4.2.8, »Währungsumrechnungstabellen«).

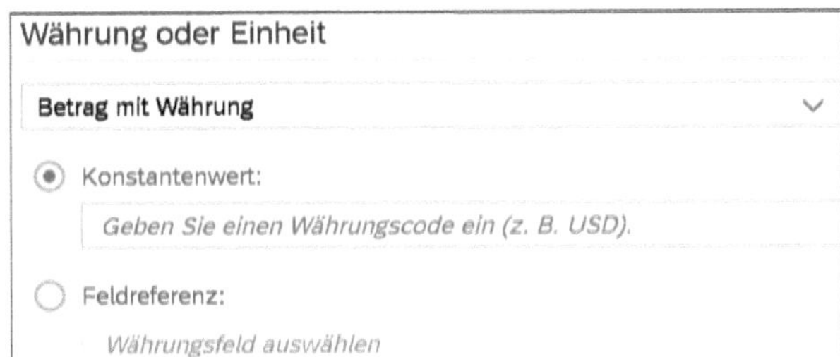

Abbildung 5.19 Feldreferenz für einen Betrag mit Währung für Dimensionen

Ausnahmeaggregationen in der Datenvorschau

Ausnahmeaggregationen waren zum Zeitpunkt der Drucklegung dieses Buches ausschließlich in Stories und Analytic Applications von SAP Analytics Cloud und nicht in der Datenvorschau verfügbar (siehe Kapitel 6, »Reporting mit SAP Analytics Cloud«).

Hilfskennzahl

Setzen Sie nun noch einen Haken in der Checkbox **Hilfskennzahl**, wird diese Kennzahl zur Berechnung verwendet, ist aber im weiteren Modell sowie in der späteren separaten Anzeige in Stories von SAP Analytics Cloud nicht sichtbar (siehe Kapitel 6, »Reporting mit SAP Analytics Cloud«). Dieses Vorgehen eignet sich insbesondere für feste Werte, die typischerweise Hilfskennzahlen sind und lediglich zur Berechnung weiterer Werte dienen.

Attribute

Wechseln Sie auf die Registerkarte **Attribute**. Sie erhalten eine Übersicht bereits erstellter Attribute zu der jeweiligen Dimension. Weitere Attribute können Sie gesammelt über die Schaltfläche hinzufügen. Sie erhalten daraufhin ein Auswahlfenster (siehe Abbildung 5.20).

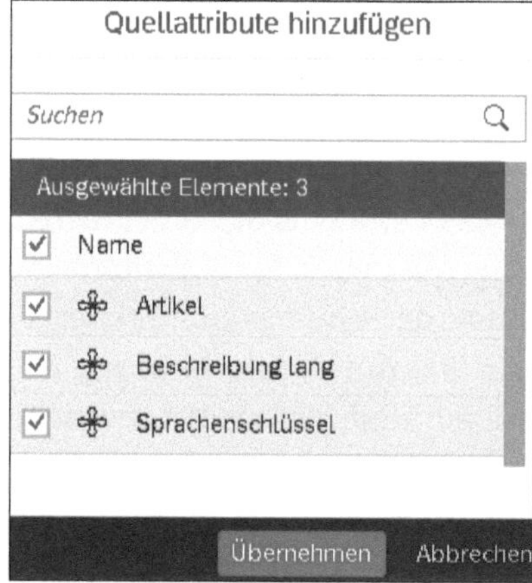

Abbildung 5.20 Mehrere Quellattribute beim Definieren der Attribute für eine neue Dimension hinzufügen

Attribute erstellen

Klicken Sie auf die Schaltfläche (**Hinzufügen**), um in die Benutzeroberfläche für die Erstellung eines neuen Attributs zu gelangen. Sie landen daraufhin auf der Benutzeroberfläche zur Erstellung eines Attributs für eine Dimension (siehe Abbildung 5.21).

Vergeben Sie unter der Verwendung einer Namenskonvention einen betriebswirtschaftlichen sowie einen technischen Namen. Unter **Attributtyp** sind Quellattribute sowie berechnete Attribute verfügbar (siehe Tabelle 5.2).

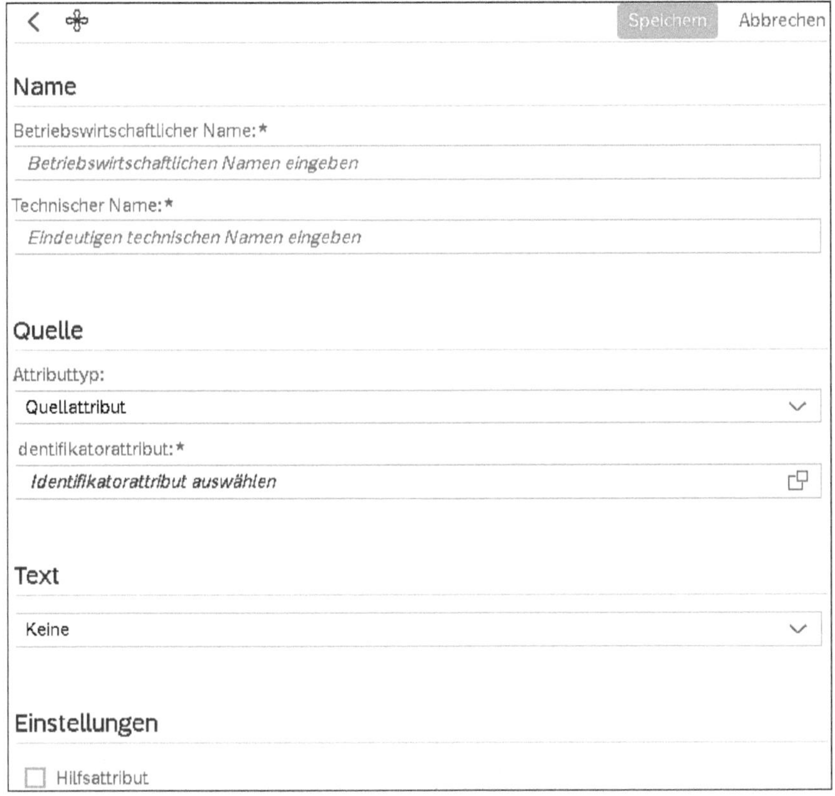

Abbildung 5.21 Benutzeroberfläche zur Erstellung eines Attributs für eine Dimension

Attributtyp	Beschreibung
Quellattribut	Quellattribute stammen aus dem zugrundeliegenden Datenmodell (siehe Abbildung 5.22).
Berechnetes Attribut	Für berechnete Attribute steht ein Formeleditor bereit. Zellreferenzen sind nicht möglich. Für die Einbindung vorhandener Attribute müssen diese zuvor der Dimension, für die ein berechnetes Attribut erstellt wird, hinzugefügt worden sein. Als Attributtyp können Sie zwischen einem Texttyp, einem Zahlentyp sowie einem Datums-/Uhrzeittyp wählen. Der Texttyp ist standardmäßig als NVARCHAR (Unicode-Zeichensatz), der Zahlentyp als DECIMAL und der Datums-/Uhrzeittyp als SECONDDATE (JJJJ-MM-TT HH:MM:SS) definiert.

Tabelle 5.2 Attributtypen in Dimensionen

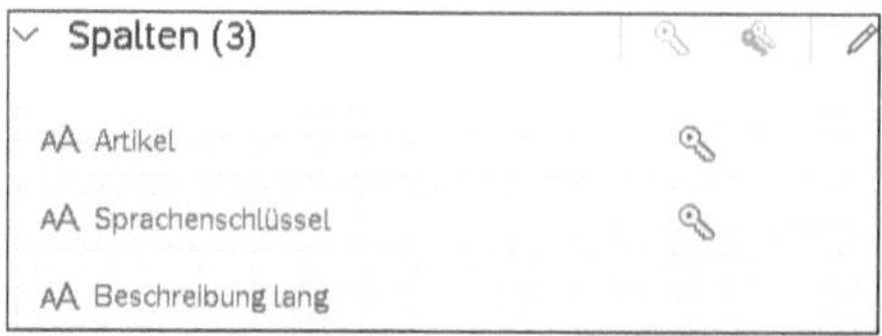

Abbildung 5.22 Spalten des Views zum Artikel, die somit als Quellattribute verfügbar sind

Texte

Quellattribute können Sie zusätzlich mit Texten versehen, um das Modell im Business Builder semantisch anzureichern. Hierzu stehen die Option **Text** und **Sprachabhängiger Text** zur Verfügung (siehe Abbildung 5.23).

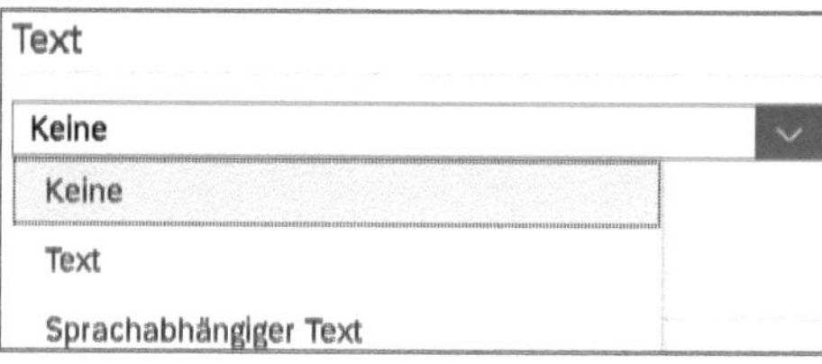

Abbildung 5.23 Texte für Attribute definieren

Textattribut und sprachabhängiger Text

Wenn Sie **Text** wählen, können Sie ein Attribut aus der Dimension als Textattribut zuordnen. Somit haben Sie in der Datenvorschau (siehe Abschnitt 5.6, »Datenvorschau«) die Optionen, ein Attribut als Text, als ID oder als Text *und* ID anzuzeigen. Dieser Ansatz ist empfehlenswert, da dadurch Tabellenplatz eingespart wird und die Darstellung beispielsweise in SAP Analytics Cloud (siehe Kapitel 6, »Reporting mit SAP Analytics Cloud«) dynamischer gestaltet werden kann. Wenn Sie **Sprachabhängiger Text** wählen, ist auf eine Texttabelle im Data Builder zu referenzieren (siehe Abschnitt 4.1.2, »Objekteigenschaften«). Standardmäßig wird für sprachabhängige Texte die Einstellung der Anwender*innen aus den persönlichen Einstellungen übernommen.

Hilfsattribut

Analog zur Hilfskennzahl können Sie ein Attribut als Hilfsattribut deklarieren. In der Folge kann dieses Attribut in der jeweiligen Dimension weiterverarbeitet werden, ist jedoch im Rahmen der Verbrauchsmodelle nicht separat auswählbar (siehe Abschnitt 5.4, »Verbrauchsmodelle«).

Eingabeparameter

Wechseln Sie auf die Registerkarte **Eingabeparameter**, um die nächste Eigenschaft einer Dimension zu definieren. Voraussetzung hierzu ist ein definierter Eingabeparameter in dem zugrundeliegenden View im Data Builder (siehe Kapitel 3, »Verwaltung von Verbindungen, Dateien und Artefakten«). Sofern Sie beim Erstellen einer Dimension die Auswahl **Eingabeparameter (1)** zum Übernehmen der bestehenden Eingabeparameter bestätigt haben (siehe Abbildung 5.24), erhalten Sie auf der Registerkarte **Eingabeparameter** eine Übersicht.

Ja, ich möchte die folgenden Eigenschaften der Datenentität kopieren.

Eingabeparameter (1)

Abbildung 5.24 Abfrage zum Übernehmen der Eingabeparameter eines Views beim Erstellen einer neuen Dimension

Eingabeparameter sind hilfreich, um einerseits die Ergebnismenge der Analysen einzugrenzen. So könnte es beispielsweise sein, dass eine Tabelle, die viele Kostenstellen enthält, zu unübersichtlich ist und nur einzelne Kostenstellen betrachtet werden sollen. Andererseits können Eingabeparameter in Fakten- und Verbrauchsmodellen eingefügt und daraufhin im Bericht ausgewählt werden. Ebenso denkbar ist ein Anwendungsfall, in dem Sie aus unterschiedlichen Währungs- oder Mengeneinheiten eine Auswahl treffen möchten. Mittels Eingabeparametern könnten Sie also beispielsweise einen Währungstyp hinterlegen und durch eine Eingabe steuern, welche Umrechnung dargestellt werden soll. Klicken Sie dazu auf einen vorhandenen Eingabeparameter aus der Liste. Auf der Benutzeroberfläche ist nun die Bearbeitung möglich. Nach Bedarf können Sie den betriebswirtschaftlichen sowie den technischen Namen bearbeiten. Unter **Herkunft des Eingabeparameters** definieren Sie den Eingabeparameter aus dem View. Es ist zudem obligatorisch, einen Standardwert zu vergeben. Über die Einstellungen zum Exponieren des Parameters für Fakten- und Verbrauchsmodelle kann dieser später verändert werden. Bestätigen Sie Ihre Eingaben mit **Speichern**. Abschließend gilt es festzulegen, ob die Eingabeparameter in späteren Fakten- und Verbrauchsmodellen (siehe Abschnitt 5.3 bzw. Abschnitt 5.4) exponiert und somit verfügbar gemacht werden sollen (siehe Abbildung 5.25).

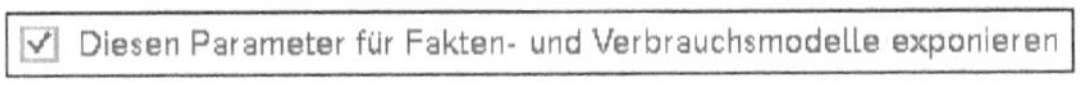

Diesen Parameter für Fakten- und Verbrauchsmodelle exponieren

Abbildung 5.25 Eingabeparameter exponieren

Eingabeparameter exponieren

Entscheiden Sie sich für diese Option, kann der Parameter in der späteren Datenvorschau von Fakten- und Verbrauchsmodellen verändert werden. Falls Sie einen Eingabeparameter in der Geschäftsentität nicht exponieren, wird in Fakten- und Verbrauchsmodellen in der Datenvorschau der definierte Standardwert für den Verbrauchsparameter verwendet.

[»]

Eingabeparameter und Eingabewerte

Zum Zeitpunkt der Drucklegung dieses Buches unterstützen Eingabeparameter nur Einzelwerte. Beabsichtigen Sie eine Mehrfachauswahl, verwenden Sie Story-Filter in den Stories von SAP Analytics Cloud (siehe Abschnitt 6.3.3, »Diagramme, Tabellen und Filter in einer Story hinzufügen«).

Schlüssel

Auf der Registerkarte **Schlüsseldefinitionen** definieren Sie zur eindeutigen Identifikation eines Datensatzes einen Schlüssel. Zwar ist es möglich, Dimensionen auch ohne Schlüssel anzulegen, aber typischerweise definieren Sie einen oder mehrere Schlüssel. Andernfalls sind Assoziationen nicht implementierbar, und der Aufbau eines vollumfänglichen, semantisch reichen Datenmodells ist nicht möglich. Sollten bereits Schlüssel definiert worden sein, finden Sie diese in der Übersicht. Zum Definieren neuer Schlüssel klicken Sie auf die Schaltfläche [+] (**Hinzufügen**). In der sich öffnenden Benutzeroberfläche definieren Sie zunächst einen betriebswirtschaftlichen Namen zur Verwendung durch die Anwender*innen. Im Bereich **Schlüsselfelder** legen Sie eine Auswahl aus Feldern fest, die den Schlüssel ausmachen sollen. Ziel ist in aller Regel ein Schlüssel, der Ihre Datensätze eindeutig identifiziert. Wählen Sie daher über die Schaltfläche [+] (**Hinzufügen**) ein oder mehrere Schlüsselfelder aus. Hierbei unterstützt Sie SAP Data Warehouse Cloud durch das *Verifizieren:* Die Kombination mehrerer Schlüsselfelder soll gewährleisten, dass alle Werte einer Dimension eindeutig identifiziert werden können. Im Zuge der Verifizierung meldet SAP Data Warehouse Cloud Ihnen zurück, ob die Prüfung erfolgreich war (siehe Abbildung 5.26). Eine gültige Verifizierung bedeutet, dass die gewählte Schlüsselkonfiguration technisch zulässig ist. Dieser Vorgang kann je nach Datenvolumen länger andauern. Bestätigen Sie die Auswahl abschließend mit **Speichern**.

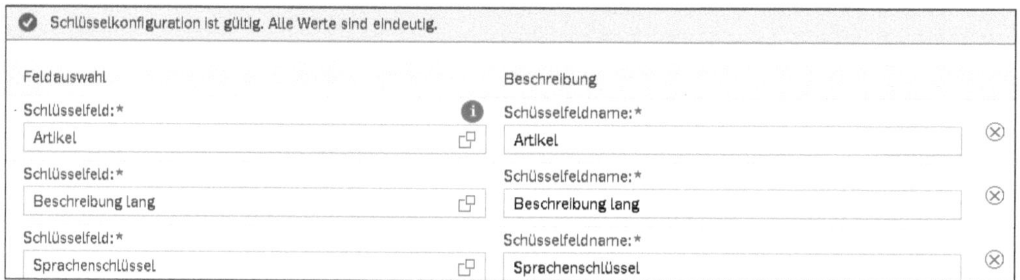

Abbildung 5.26 Gültige Schlüsselkonfiguration beim Bearbeiten der Schlüsselfelder einer Dimension

Assoziationen

Auf der Registerkarte **Assoziationen** definieren Sie semantische Zusammenhänge zwischen den Geschäftsentitäten innerhalb eines Space. Assoziationen erfordern zuvor definierte Schlüssel. Zunächst definieren Sie die Zielgeschäftsentität: Hiermit bestimmen Sie, auf welche weitere Entität die Dimension verweisen und mittels eines Fremdschlüssels zugreifen soll (siehe Abbildung 5.27). Hierzu steht die Schaltfläche (**Wertehilfe**) zur Verfügung, die die verfügbaren Objekte im Space zum Assoziieren auflistet.

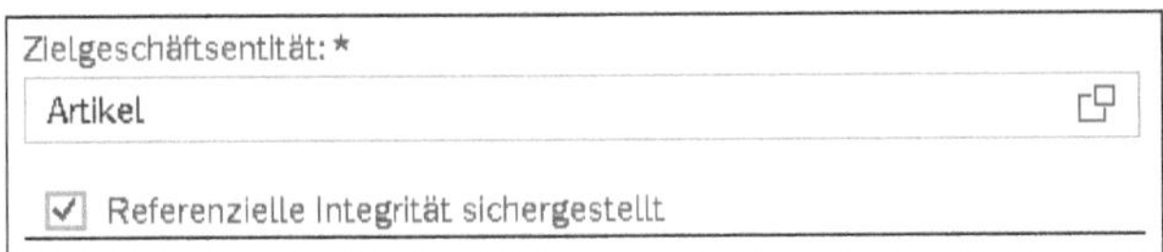

Abbildung 5.27 Zielgeschäftsentität und referenzielle Integrität

Referenzielle Integrität

Berücksichtigen Sie hierbei die referenzielle Integrität. Wählen Sie diese Option aus, geht SAP Data Warehouse Cloud bei der Verwendung der definierten Assoziation mit einer Zielgeschäftsentität davon aus, dass jeder Datensatz eine Zuordnung in der Zielgeschäftsentität über einen entsprechenden Fremdschlüssel aufweist. Ausprägungen eines Attributs eines Primärschlüssels müssen also ebenso als Ausprägungen eines gleichartigen Attributs im Fremdschlüssel vorhanden sein. Ist diese Eigenschaft in Ihren Primär- und Fremdschlüsseln sichergestellt, erhöht die Auswahl dieser Option die Abfragegeschwindigkeit. Sollte dies nicht gegeben sein, kann die Aktivierung der referenziellen Integrität unter Umständen zu fehlerhaften Abfrageergebnissen führen.

Zielschlüsselzuordnung

Nun definieren Sie die Zielschlüsselzuordnung mittels der Auswahl im Zielschlüssel (siehe Abbildung 5.28). Die verfügbaren Zielschlüssel orientieren sich an den definierten Schlüsseln der Zielgeschäftsentität. Sofern also mehrere Schlüssel in der Zielgeschäftsentität definiert sind, gilt es hier eine Auswahl zu treffen, welchen Schlüssel Sie ansprechen möchten. Anschließend definieren Sie die Zielschlüsselelemente. Sofern der ausgewählte Zielschlüssel zur Assoziation mehrere Zielschlüsselelemente aufweist, müssen alle Elemente verknüpft werden. Verwenden Sie die Schaltfläche (**Wertehilfe**), um ein Fremdschlüsselfeld auszuwählen.

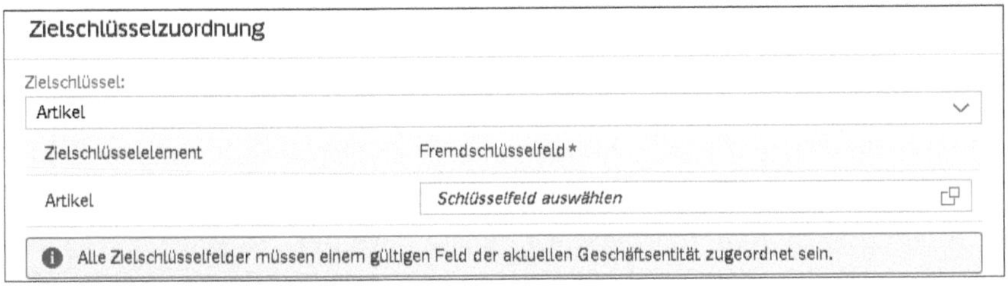

Abbildung 5.28 Zielschlüssel sowie Fremdschlüsselfeld zum Erstellen einer Assoziation auswählen

SAP Data Warehouse Cloud validiert daraufhin die Schlüsselzuordnung, prüft also die technische Zuordnung der Schlüsselfelder. Erhalten Sie die positive Rückmeldung aus Abbildung 5.29, ist die Assoziation über die Zielschlüsselzuordnung erfolgreich.

Validierung der Schlüsselzuordnung: 100 % von 211 Datensätzen finden eine Übereinstimmung in der ausgewählten Zielgeschäftsentität.

Abbildung 5.29 Erfolgreiche Validierung der Schlüsselzuordnung für Assoziationen von Dimensionen

Assoziationskontext

Optional können Sie einen Assoziationskontext vergeben. Hiermit unterstützen Sie die Anwender*innen, den Hintergrund der jeweiligen Assoziation nachzuvollziehen. So könnten spezifische Assoziationen möglicherweise nicht für alle Beteiligten im Space offensichtlich sein. Einen Assoziationskontext können Sie daher mit einem Namen versehen und zusätzlich eine Beschreibung der Assoziation ergänzen. Für den Titel sind 120 Zeichen verfügbar, und die Beschreibung ermöglicht bis zu 5.000 Zeichen. Bestätigen Sie den Assoziationskontext abschließend über die Schaltfläche **Speichern**.

Berechtigungsszenarien

Auf der Registerkarte **Berechtigungsszenarios** berufen Sie sich auf definierte Datenzugriffskontrollen (siehe Kapitel 8, »Benutzer und Rollen«). Berechtigungsszenarien dienen dazu, Datensichtberechtigungen zu definieren. Berechtigungsszenarien können in Geschäftsentitäten eingebunden und anschließend in Verbrauchsmodellen verwendet werden (siehe Abschnitt 5.4). Zum Einbinden eines Berechtigungsszenarios auf der Dimensionsebene müssen zuvor Berechtigungsszenarien im Space für die jeweilige Dimension definiert worden sein (siehe Abschnitt 5.7).

Im Business Builder nutzen Sie vorhandene Datenzugriffskontrollen, um Berechtigungsszenarien zu erstellen, zu bearbeiten und den jeweiligen Anwendungsfällen anzupassen. Ein typischer Anwendungsfall kommt aus dem Personalwesen. So sollen Führungskräfte nur die Mitarbeitenden sehen, denen sie als disziplinarische Vorgesetzte zugeordnet sind.

Neben dem Personalwesen ergeben sich weitere mögliche Anwendungsfälle: Beispielsweise könnten im Vertrieb unterschiedliche Vertriebsmitarbeiter*innen für unterschiedliche Unternehmensbereiche verantwortlich sein. Sensible Datensätze zu Margen oder auch Deckungsbeiträgen sollten nur den jeweiligen Verantwortlichen zugänglich sein. Implementierte Berechtigungsszenarien für diese Dimension werden aufgelistet. Für ein neues Berechtigungsszenario klicken Sie auf die Schaltfläche ⊞ (**Hinzufügen**), und über die Schaltfläche ⧉ (**Wertehilfe**) erhalten Sie eine Übersicht der verfügbaren Berechtigungsszenarien in diesem Space. Wählen Sie das gewünschte Berechtigungsszenario aus, und bestätigen Sie mit **Übernehmen**. Vergeben Sie nun noch einen Dateneinschränkungskontext, sofern dieser unter **Assoziationen** definiert worden ist. Sie erkennen hierbei die logische Verknüpfung der Themen. So haben Sie unter **Assoziationen** einen entsprechenden Assoziationskontext definiert, um den semantischen Hintergrund der Assoziation zu erläutern. Dieser steht Ihnen nun wiederum unter **Berechtigungsszenarios** zur Verfügung. Die Definition der Eigenschaften einer neuen oder vorhandenen Dimension haben Sie nun vollumfänglich bearbeitet. Mittels der Datenvorschau können Sie die Eingaben zur Dimension überprüfen, bevor Sie die Dimension in weitere Objekte einbinden (siehe Abschnitt 5.6, »Datenvorschau«).

5.2.2 Analytische Datensets

Bewegungsdaten

Analytische Datensets sind im Kern Faktentabellen, die aus Kennzahlen und Fremdschlüsseln bestehen. Mittels der Fremdschlüssel werden die Ausprägungen der unterschiedlichen Dimensionen angesprochen. Typischerweise handelt es sich bei analytischen Datensets um Bewegungsdaten.

Ein neues Analytisches Datenset erstellen

Öffnen Sie zum Erstellen eines analytischen Datensets zunächst im Navigationsbereich von SAP Data Warehouse Cloud den Business Builder (siehe Abbildung 5.2).

Nach der Auswahl eines Space wechseln Sie auf die Registerkarte **Geschäftsentitäten** und klicken **Neues analytisches Datenset** an (siehe Abbildung 5.6). Im sich öffnenden Dialogfenster können Sie entweder das Suchfeld oder eine Liste verwenden, um eine geeignete Datenentität auszuwählen (siehe Abbildung 5.30).

Datenentitäten

Verfügbare Datenentitäten zum Erstellen eines analytischen Datensets sind:

- **Data Builder (View oder Tabelle)**
  - **View**
  - **Remote-Tabelle**
  - **Lokale Tabelle**
- **Business Builder**
  - **Dimension**: Bei diesem Typ wird im Rahmen der Erstellung eines neuen analytischen Datensets zusätzlich abgefragt, ob der Entitätstyp auf **Analytisches Datenset** geändert werden soll.

- **Analytisches Datenset**: Bei diesem Typ wird im Rahmen der Erstellung eines neuen analytischen Datensets zusätzlich abgefragt, ob bestehende Kennzahlen und Attribute übernommen werden sollen.

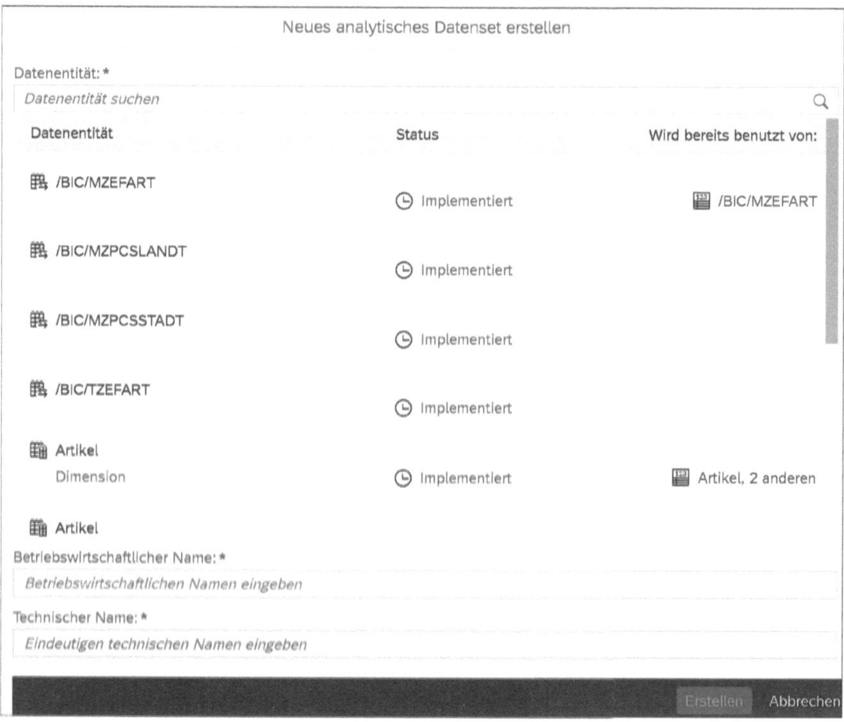

Abbildung 5.30 Übersicht der verfügbaren Datenentitäten beim Erstellen eines neuen analytischen Datensets im Business Builder

Wählen Sie eine Datenentität aus, und bestätigen Sie mit **Erstellen**. Im nächsten Dialogfenster wird abgefragt, ob bestehende Eigenschaften der Datenentität kopiert werden sollen (siehe Abbildung 5.31).

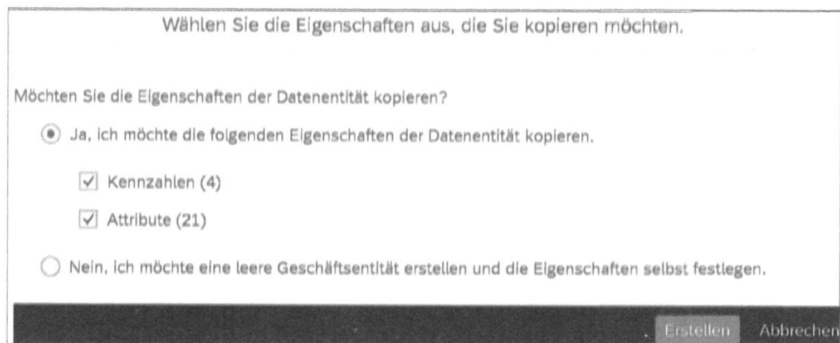

Abbildung 5.31 Abfrage zur Wiederverwendung bestehender Eigenschaften beim Erstellen eines neuen analytischen Datensets

Eigenschaften eines Analytischen Datensets definieren

Eigenschaften festlegen

Sie landen nun auf der Benutzeroberfläche zum Erstellen eines analytischen Datensets mit den Registerkarten **Allgemein**, **Kennzahlen**, **Attribute**, **Eingabeparameter**, **Schlüsseldefinitionen**, **Assoziationen** und **Berechtigungsszenarios** (siehe Abbildung 5.32).

Abbildung 5.32 Benutzeroberfläche zum Erstellen eines neuen analytischen Datensets nach der Auswahl der Datenentität

Verpflichtende Eingaben sind mit einem Stern markiert und erforderlich, um das Datenset speichern zu können. Vergeben Sie hier einen betriebswirtschaftlichen Namen; dieser kann nachträglich geändert werden. Hieraus wird automatisch der technische Name abgeleitet, der nicht nachträglich bearbeitet werden kann. Im Bereich **Datenquelle** definieren Sie die Datenentität. Über die Schaltfläche (**Wertehilfe**) erkennen Sie, dass sich die Datenentität nachträglich bearbeiten lässt. Damit folgen analytische Datensets der Idee des Business Builders, die Business-Schicht unabhängig von der Datenschicht bearbeiten zu können. Mit dem flexiblen Austausch von Datenentitäten können Sie zu einem späteren Zeitpunkt bereits erstellte Modelle wiederverwenden und erneut verknüpfen. Analog zu Dimensionen legen Sie auch für analytische Datensets den öffentlichen Datenzugriff fest. Wählen Sie diese Einstellung aus, ist ein uneingeschränkter Zugriff auf die Datensätze möglich. Typischerweise arbeiten Sie hier mit Berechtigungsszenarios, um die Datensichtberechtigungen spezifischer Anwendungsfälle abbilden zu können. Diese Einstellung können Sie nach Abschluss der Erstellung eines neuen analytischen Datensets in der Datenvorschau verproben (siehe Abschnitt 5.6).

Analog zur Versionierung der Dimensionen definieren Sie auch für analytische Datensets entsprechende Versionen. Beim Erstellen eines neuen Objekts wird standardmäßig die Version **Initial** und die Beschreibung **Initial Version** vergeben. Jede Version kann dabei einen unterschiedlichen Status aufweisen und somit einen unterschiedlichen Entwicklungsstand darstellen (siehe Abbildung 5.33).

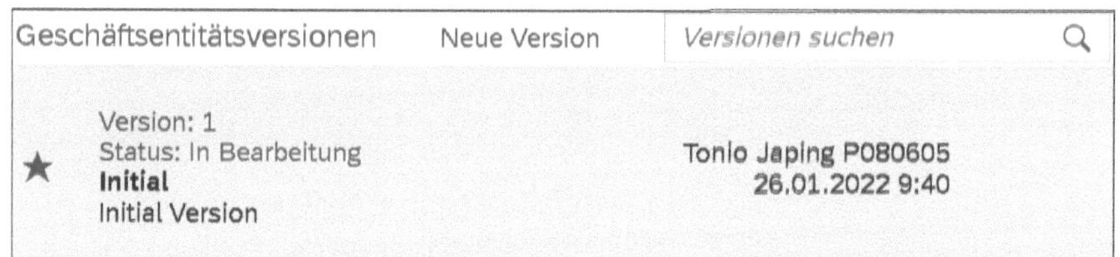

Abbildung 5.33 Initiale Version beim Erstellen eines neuen analytischen Datensets

Status einer Version

Mit dieser Einstellung steuern Sie indirekt auch die Versionierung des Gesamtmodells, das eine versionierte Dimension verwendet. Um den Überblick zu wahren, können Sie den Status einer Version definieren (siehe Abbildung 5.34).

Abbildung 5.34 Status einer Version für ein analytisches Datenset

Beim Erstellen eines analytischen Datensets befindet sich der Status standardmäßig **In Bearbeitung**:

- **In Bearbeitung**: Dieser Status signalisiert Anwender*innen, dass dieses analytische Datenset im Business Builder momentan noch nicht freigegeben ist. Des Weiteren hat noch keine Qualitätssicherung stattgefunden, sodass mit diesem Objekt noch nicht gearbeitet werden sollte.
- **In Validierung**: Dieser Status beschreibt die Qualitätssicherung eines analytischen Datensets. Im Wesentlichen sollten hierbei die Einträge der Registerkarten evaluiert werden. Dies ist notwendig, um einerseits kontextrelevante Definitionen rund um ein analytisches Datenset zu prüfen und andererseits etwaige Berechtigungsszenarien sicherzustellen.

- **Einsatzbereit**: Dieser Status deklariert das jeweilige analytische Datenset als verwendungsfähig. So wurde die Qualitätssicherung durchlaufen. Es wurden also semantische Zusammenhänge auf ihre Logik hin überprüft, Berechnungen von Kennzahlen evaluiert, und etwaige Berechtigungsszenarien sind implementiert und auf die Dimension angewandt. Anwender*innen können dieses analytische Datenset folglich in ihren Modellen einsetzen.
- **Veraltet**: Veraltete analytische Datensets können technisch funktionsfähig sein, spiegeln jedoch nicht die aktuellen Anforderungen der Business-Schicht wider. Für diese Dimension ist daher eine Migration erforderlich. Hierbei ergeben sich zwei Alternativen: Entweder tauschen Sie das verwendete analytische Datenset in Ihrem Modell gegen eine neue Version aus, oder Sie ersetzen die Datenquelle der verwendeten Dimension durch eine gültige Datenentität.
- **Eingestellt**: Dieser Status beschreibt, dass ein Austausch des verwendeten analytischen Datensets unumgänglich ist. Auch hier können Sie das analytische Datenset durch eine andere Version ersetzen oder die bestehende Version durch eine neue Datenentität aktualisieren. Darüber hinaus kann, wie auch bei den Dimensionen, in Erwägung gezogen werden, Versionen mit diesem Status zu löschen.

Versionierung

Mit der Versionierung analytischer Datensets nehmen Sie Einfluss auf die Versionierung des Gesamtmodells, da es sich typischerweise um Bewegungsdaten handelt.

Auf der Registerkarte **Kennzahlen** definieren Sie die Kennzahlen für das analytische Datenset. Die Vorgehensweise ist dabei analog zu den Dimensionen. Auch hier stehen Ihnen die Kennzahltypen gemäß Tabelle 5.1 zur Verfügung.

[«]

Versionierung analytischer Datensets und Kennzahlen

Analytische Datensets beschreiben das Fundament der Bewegungsdaten im Business Builder. Im weiteren Verlauf werden Sie in Faktenmodellen (siehe Abschnitt 5.3), in Verbrauchsmodellen (siehe Abschnitt 5.4) sowie in Perspektiven (siehe Abschnitt 5.5) auf analytische Datensets zurückgreifen. Bei der Definition dieser Kennzahlen ist es daher tendenziell empfehlenswert, allgemeingültige Kennzahlen festzulegen. So sollten in diesem Objekt vorrangig Standardkennzahlen wie Umsatz oder Kosten erfasst werden.

Die Handhabung für Attribute, Eingabeparameter, Berechtigungsszenarios, Schlüsseldefinitionen sowie Assoziationen ist analog zu den Dimensionen, weshalb wir hier lediglich auf den entsprechenden Abschnitt verweisen (siehe Abschnitt 5.2.1).

5.2.3 Geschäftsentitäten neu verknüpfen

Datenquellen austauschen

In SAP Data Warehouse Cloud können Sie die Geschäftsentitäten neu verknüpfen, also die Datenentität der Datenquelle einer Dimension oder eines analytischen Datensets austauschen. Hierzu kann es unterschiedliche Gründe geben: Beispielsweise könnte die Version der Geschäftsentität nicht mehr gültig sein. Die Vorgehensweise ist für Dimensionen und analytische Datensets identisch. Wählen Sie daher zunächst im Navigationsbereich den Business Builder (siehe Abbildung 5.2) und danach einen Space aus (siehe Abbildung 5.3). Auf der Registerkarte **Allgemein** gelangen Sie zum Bereich **Datenquelle**. Dieses Feld ist bereits befüllt (siehe Abbildung 5.35).

Abbildung 5.35 Datenentität einer Datenquelle in einer Geschäftsentität

Fehlermeldung

Klicken Sie auf die Schaltfläche (**Wertehilfe**), um eine Übersicht der verfügbaren Datenentitäten im Space zu erhalten. Wählen Sie die Datenentität aus, und bestätigen Sie die Auswahl mit **Übernehmen**. Sollten Sie eine Warnmeldung oder eine Fehlermeldung () erhalten, können die Ursachen unterschiedlich sein. Die Systemmeldungen unterstützen Sie hierbei. Beispielhaft zeigt Abbildung 5.36, dass für die neue Datenentität die definierten Schlüssel der Geschäftsentität nicht verfügbar sind. Darüber hinaus sind die Assoziationen nicht korrekt. Klicken Sie auf die Fehlermeldungen, um direkt auf die jeweilige Registerkarte zu wechseln.

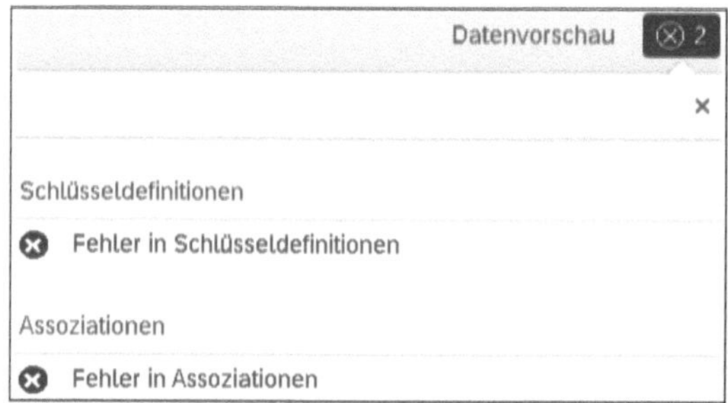

Abbildung 5.36 Beispiele für eine Fehlermeldung beim Austausch der Datenquelle einer Geschäftsentität

Fehler beheben

Auch in den definierten Kennzahlen können entsprechende Überarbeitungen erforderlich sein. Verwenden Sie in einem analytischen Datenset beispielsweise eingeschränkte Kennzahlen, und die referenzierte Kennzahl (siehe Tabelle 5.1) ist nicht Bestandteil der neuen Datenentität, erhalten Sie hierzu ebenfalls eine Fehlermeldung. Systemseitig unterstützt SAP Data Warehouse Cloud die Anwender*innen bei der Überarbeitung von Fehlermeldungen. So werden fehlerhafte Eigenschaften einer Geschäftsentität nach dem Austausch der Datenentität nicht verworfen. Stattdessen können Sie beispielsweise bestehende Schlüsseldefinitionen öffnen und die Feldauswahl überarbeiten.

In SAP Analytics Cloud ist die neue Verknüpfung im Business Builder bei der Verwendung der SAP-Data-Warehouse-Cloud-Live-Verbindung sofort verfügbar. Klicken Sie auf die Schaltfläche (**Aktualisieren**), um die neuen Daten anzuzeigen (siehe Kapitel 6, »Reporting mit SAP Analytics Cloud«).

5.3 Faktenmodelle

Einführung

Faktenmodelle beschreiben wiederverwendbare Gruppierungen von Kennzahlen, Attributen und Filtern, die gesammelt einen Anwendungsfall abbilden. Sie dienen dazu, analytische Datensets und Dimensionen zu sammeln, um wiederholt verwendete Fakten und Dimensionen sowie hinzugefügte Berechnungen über mehrere Geschäftsentitäten hinweg zusammenzuführen. In Abschnitt 5.2.2, »Analytische Datensets«, haben Sie erfahren, dass hierbei typischerweise Standardkennzahlen beschrieben werden, die einer gewissen Konsistenz und Unveränderlichkeit unterliegen. In Faktenmodellen vereinen Sie ebenfalls wiederholte Kennzahlen, die jedoch einer erhöhten Komplexität unterliegen können. Faktenmodelle können zudem ineinander verschachtelt werden, was diesen Objekten einen hohen Wiederverwertungswert verleiht. Für die Erstellung von Verbrauchsmodellen sind Faktenmodelle keine Voraussetzung; Sie könnten auch direkt in die Erstellung von Verbrauchsmodellen einsteigen. Ein Faktenmodell ist jedoch immer dann empfehlenswert, wenn Sie innerhalb eines Geschäftskontextes mehrere Anwendungsfälle abbilden möchten. Voraussetzung für die Erstellung von Faktenmodellen sind bestehende analytische Datensets, Dimensionen oder andere bereits bestehende Faktenmodelle.

Wann werden Faktenmodelle benötigt?

Für die weitere Modellierung im Business Builder sind Faktenmodelle keine zwingende Voraussetzung. So können Sie Verbrauchsmodelle auch ohne Faktenmodelle erstellen. Sollten Sie aber beabsichtigen, mehrere Verbrauchsmodelle zu erstellen, die im Kern jedoch identische berechnete Attribute sowie berechnete Kennzahlen beinhalten, ist es zu überlegen, diese Modellkomponenten in einem Faktenmodell vorzuhalten. So ist eine einheitliche Definition berechneter Attribute und Kennzahlen gewährleistet, und Sie fördern eine einheitliche Governance in SAP Data Warehouse Cloud.

Vorbereitung Öffnen Sie zum Erstellen eines Faktenmodells den Navigationsbereich von SAP Data Warehouse Cloud, und klicken Sie auf **Business Builder**. Wählen Sie einen Space aus, in dem Sie ein neues Faktenmodell erstellen möchten. Wechseln Sie auf die Registerkarte **Faktenmodelle**, erhalten Sie eine Übersicht bestehender Faktenmodelle und können zudem ein neues Faktenmodell erstellen (siehe Abbildung 5.37).

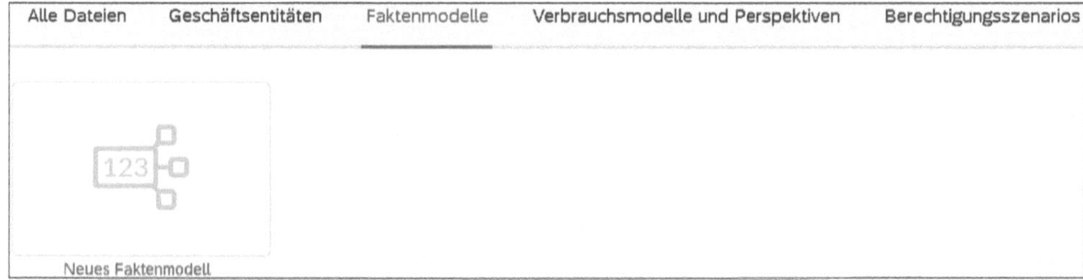

Abbildung 5.37 Registerkarte zu Faktenmodellen in einem Space im Business Builder

5.3.1 Ein neues Faktenmodell erstellen

Neues Faktenmodell Typischerweise wird zu Beginn der Umsetzungen im ausgewählten Space in SAP Data Warehouse Cloud noch kein Faktenmodell vorhanden sein. Klicken Sie daher auf **Neues Faktenmodell**. Vergeben Sie im Dialogfenster einen Namen gemäß Ihrer Namenskonvention und bestätigen Sie mit **Schritt 2** (siehe Abbildung 5.38). Es wird eine Übersicht der verfügbaren Objekte aus dem Business Builder zur Einbindung in das Faktenmodell bereitgestellt. Bei der Prävention von Fehlermeldungen können Namenskonventionen die Modellierung in SAP Data Warehouse Cloud unterstützen. Durch Präfixe in den Beschreibungen der Eigenschaften eines Objekts können Sie entsprechende Merkmale zur Unterscheidung setzen.

Alias Für die Einbindung können Dimensionen, analytische Datensets sowie bestehende Faktenmodelle genutzt werden. Spätestens im Zuge der Erstellung von Faktenmodellen lernen Sie den Vorteil von Ordnerstrukturen im Space zu schätzen. Aufgrund der möglichen Granularität von Modellen in SAP

Data Warehouse Cloud muss gewährleistet sein, dass bei der Erstellung jeglicher Objekte jeweils das korrekte Quellobjekt ausgewählt wird.

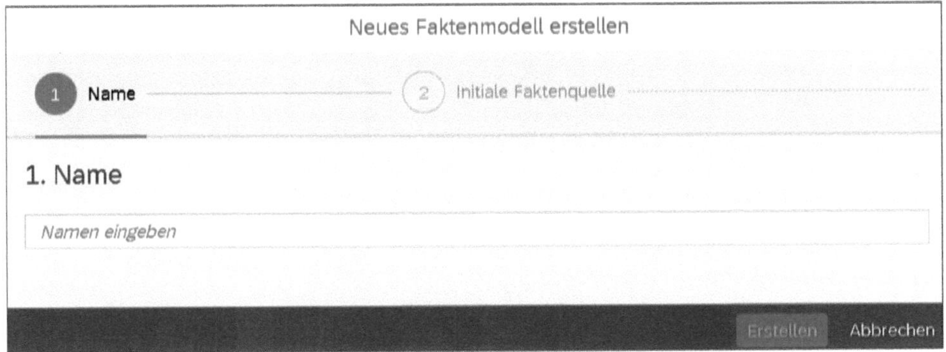

Abbildung 5.38 Dialogfenster zum Erstellen eines neuen Faktenmodells

Wählen Sie das hinzuzufügende Objekt aus, und bestätigen Sie mit **Schritt 3**. Sie können nun einen *Alias* definieren und so das Quellobjekt nach Bedarf namentlich spezifizieren. Der Alias wird daraufhin als Beschreibung für das Quellobjekt im Faktenmodell genutzt (siehe Abbildung 5.39).

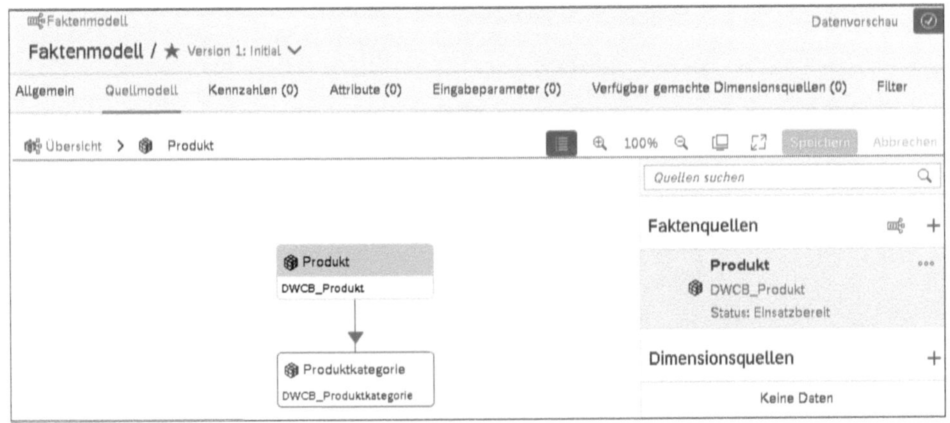

Abbildung 5.39 Quellmodell auf der Benutzeroberfläche in einem Faktenmodell

Fakten- und Dimensionsquellen

Bestätigen Sie die Eingaben zur Erstellung eines neuen Faktenmodells mit **Erstellen**, werden Sie initial zur Anzeige zum Quellmodell weitergeleitet (siehe Abbildung 5.39). Zunächst steht nun ein Faktenmodell mit einer neuen Faktenquelle zur Verfügung. Typischerweise fügen Sie weitere Fakten- und Dimensionsquellen hinzu. Im Bereich **Faktenquellen** stehen die verfügbaren Objekte des Business Builders zur Verfügung, und unter **Dimensionsquellen** stehen Ihnen die Quellen der eingebundenen Dimensionen zur Verfügung.

Fakten- und Dimensionsquellen in Faktenmodellen

Faktenquellen beschreiben die Objekte, die aus dem Space für das jeweilige Faktenmodell hinzugefügt werden können. Es kann sich hierbei um Dimensionen, um analytische Datensets sowie um andere Faktenmodelle handeln. Unter **Dimensionsquellen** finden Sie verknüpfte Eigenschaften der eingebundenen Faktenquellen. Haben Sie also beispielsweise eine Dimension als Faktenquelle eingebunden, können Sie unter **Dimensionsquellen** assoziierte Dimensionen der eingebundenen Dimension ebenfalls in das Faktenmodell einbinden. Abbildung 5.40 zeigt beispielhaft, dass bei der Einbindung einer Dimensionsquelle die Verknüpfung zwischen Dimension und Dimensionsquelle entsprechend zu pflegen ist, um somit auch die Assoziation abzubilden. Nach der Verknüpfung der Assoziation stehen daraufhin die Attribute der assoziierten Dimensionsquelle ebenfalls zur Verfügung, die Sie in Schritt 4 (siehe Abbildung 5.41) auswählen können.

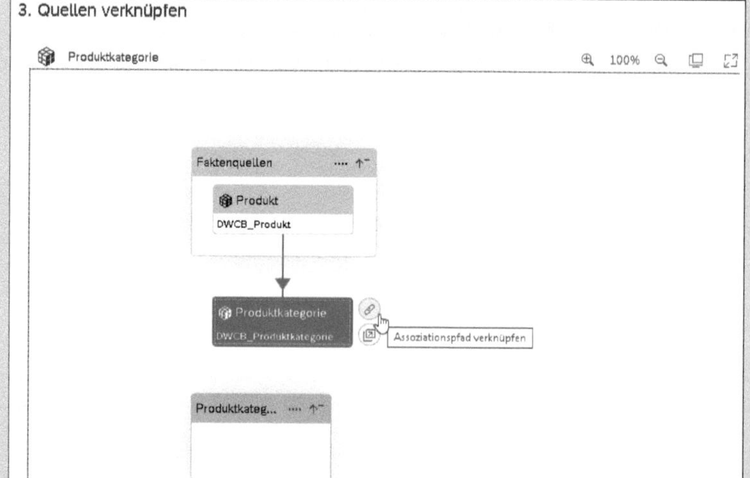

Abbildung 5.40 Assoziationspfad beim Hinzufügen einer Dimensionsquelle zu einem Faktenmodell verknüpfen

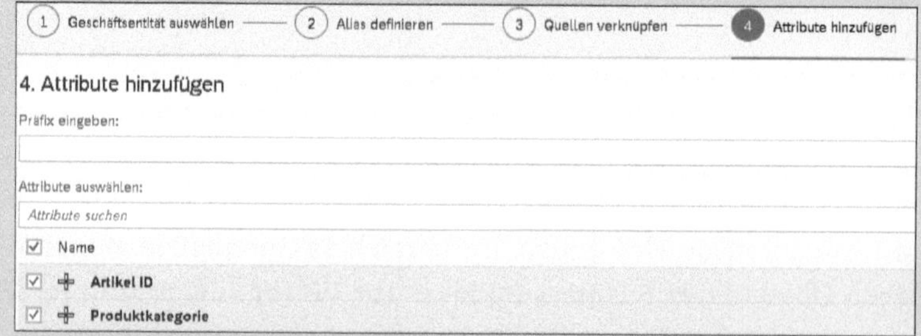

Abbildung 5.41 Verfügbare Attribute einer hinzugefügten assoziierten Dimensionsquelle für Faktenmodelle

Eindeutige technische Namen

Hinterfragen Sie beim Hinzufügen mehrerer Dimensionsquellen immer die Notwendigkeit. Typischerweise sind die Eigenschaften in der Faktenquelle, beispielsweise einer Dimension, bereits über eine Assoziation verfügbar. Faktenmodelle erfordern eindeutige technische Namen für die Attribute. Verwendet also ein Faktenquellattribut und ein Dimensionsquellattribut denselben technischen Namen, führt dies zu einem Fehler (siehe Abbildung 5.42) auf der Registerkarte **Attribute** mit einer Meldung in der Benutzeroberfläche namens **Fehler in Attribute**.

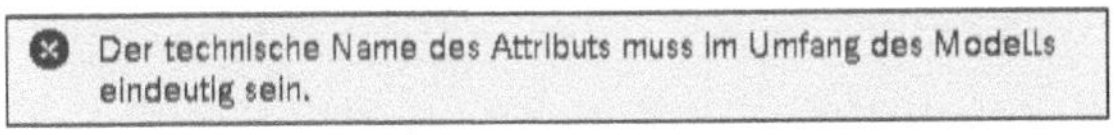

Der technische Name des Attributs muss im Umfang des Modells eindeutig sein.

Abbildung 5.42 Fehlermeldung zu doppelten technischen Namen in den Attributen eines Faktenmodells

5.3.2 Eigenschaften eines Faktenmodells definieren

Faktenmodelle konfigurieren

Die Idee von Faktenmodellen ist es, wiederverwendbare Zusammenstellungen aus Dimensionen, analytischen Datensets sowie Faktenmodellen bereitzustellen. Dabei wird eine Auswahl der beinhalteten Kennzahlen und Attribute ausgewählt. Deshalb wird beim Erstellen eines neues Modell initial nicht die Summe aller verfügbaren Quellkomponenten übernommen. Stattdessen müssen Sie nach dem Hinzufügen der erforderlichen Fakten- und Dimensionsquellen folgende Registerkarten nach Bedarf bearbeiten:

- Allgemein
- Kennzahlen
- Attribute
- Eingabeparameter
- Verfügbare gemachte Dimensionsquellen
- Filter

Auswahl der verfügbaren Kennzahlen

Unter **Allgemein** definieren Sie die Version sowie den Status des Faktenmodells. Es gelten die Ausführungen analog zu den Dimensionen sowie zu den analytischen Datensets. Auf der Registerkarte **Kennzahlen** können Sie eine Auswahl verfügbarer Kennzahlen vornehmen (siehe Abbildung 5.43).

Über die Schaltfläche ⊞ (**Neue Kennzahl**) können Sie nun weitere Kennzahlen hinzufügen. Im Wesentlichen sind alle Kennzahlentypen aus Tabelle 5.1 verfügbar, mit dem Unterschied, dass hier keine Aggregation genutzt werden kann.

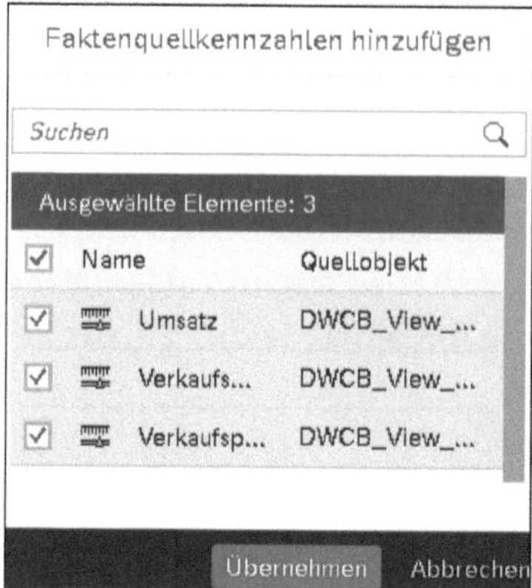

Abbildung 5.43 Verfügbare Faktenquellkennzahlen auswählen

Auf der Registerkarte **Attribute** können Sie ebenfalls auf die verfügbaren Attribute der Fakten- und Dimensionsquellen zugreifen (siehe Abbildung 5.44). Berücksichtigen Sie hierbei die Ausführungen zu Abbildung 5.42 bezüglich der technischen Namen.

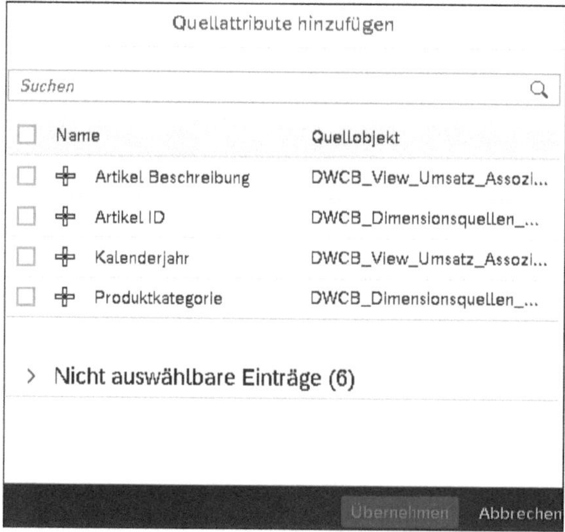

Abbildung 5.44 Verfügbare Quellattribute aus Fakten- und Dimensionsquellen auswählen

Für Faktenmodelle können Sie über die Schaltfläche ⊞ (**Hinzufügen**) eine neues Attribut hinzufügen. Die Definition von Attributen für Faktenmodelle unterscheidet sich von Dimensionen und analytischen Datensets. Die verschiedenen Attributtypen entnehmen Sie Tabelle 5.3. Die verfügbaren Funktionalitäten sind analog zu den Dimensionen.

Eingabeparameter

Auf der Registerkarte **Eingabeparameter** können Sie entsprechende Parameter nutzen. Voraussetzung ist, dass etwaige Eingabeparameter in eingebundenen Dimensionen oder analytischen Datensets als verfügbar für Fakten- und Verbrauchsmodelle definiert wurden (siehe Abschnitt 5.2.1 bzw. Abschnitt 5.2.2). Auch Faktenmodelle mit Eingabeparametern können wiederum ein Quellobjekt für weitere Faktenmodelle sein. Daher müssen Sie auch hier festlegen, ob der jeweilige Eingabeparameter exponiert werden soll. In diesem Zuge können Sie einen neuen Standardwert für einen Eingabeparameter definieren.

Attributtyp	Beschreibung
Dimensionsquellattribut	Dimensionsquellattribute verweisen auf Attribute einer Dimension im Faktenmodell.
berechnetes Attribut	Berechnete Attribute stellen einen Formeleditor bereit. Mittels SQL können Sie das Attributfeld befüllen. Zellreferenzen sind nicht möglich. Falls Sie hierbei auf verfügbare Attribute zurückgreifen wollen, müssen diese zuvor hinzugefügt worden sein. Als Attributtyp können Sie zwischen Texttyp, Zahlentyp sowie Datums-/Uhrzeittyp wählen. Der Texttyp ist standardmäßig als NVARCHAR definiert, der Zahlentyp als DECIMAL und Datums-/Uhrzeittyp als SECONDDATE.
Faktenquellenattribut/Attributzuordnung für Faktenquelle	Enthält das Faktenmodell eine Faktenquelle, können Sie ein Faktenquellattribut erstellen und auf die Attributdarstellung verfügbarer Attribute referenzieren. Sollte das Faktenmodell mehr als eine Faktenquelle beinhalten, können Sie Attribute über mehrere Faktenquellen hinweg verknüpfen. Sofern sich keine semantisch sinnvolle Verknüpfung definieren lässt, kann NULL oder eine Konstante eingetragen werden.

Tabelle 5.3 Attributtypen für Faktenmodelle

Dieser wird im aufbauenden Verbrauchsmodell übernommen (siehe Abschnitt 5.4.2, »Eigenschaften eines Verbrauchsmodells definieren«).

Verfügbar gemachte Dimensionsquellen

Auf der Registerkarte **Verfügbar gemachte Dimensionsquellen** können Sie auf die Attribute der Dimensionsquellen aus der Registerkarte **Quellmodell** zugreifen. Klicken Sie hierzu auf die Schaltfläche ⊞ (**Hinzufügen**), um eine neue Assoziation hinzuzufügen. Durch einen Klick auf die Schaltfläche ⧉ (**Wertehilfe**) erhalten Sie eine Übersicht der verfügbaren Geschäftsentitäten. Berücksichtigen Sie hierbei analog zu den Attributen die Notwendigkeit, Dimensionsquellen verfügbar zu machen. Enthält die Dimensionsquelle einen Vorgänger, der bereits als Assoziation exponiert ist, erhalten Sie einen entsprechenden Hinweis (siehe Abbildung 5.45).

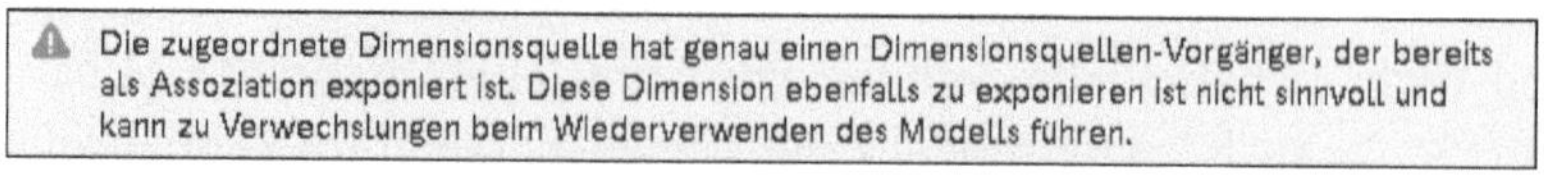

⚠ Die zugeordnete Dimensionsquelle hat genau einen Dimensionsquellen-Vorgänger, der bereits als Assoziation exponiert ist. Diese Dimension ebenfalls zu exponieren ist nicht sinnvoll und kann zu Verwechslungen beim Wiederverwenden des Modells führen.

Abbildung 5.45 Hinweis zum Exponieren von bereits als Assoziation im Faktenmodell verfügbaren Dimensionsquellen

Hieraus kann sich unter Umständen ergeben, dass bestehende Attribute der Dimensionen mit ähnlichen Beschreibungen in der Datenvorschau und somit in der späteren Verwendung in SAP Analytics Cloud verfügbar sind. Dies kann zu Unklarheiten bei den Anwender*innen hinsichtlich dessen führen, welches Attribut sie verwenden sollen. Nutzen Sie diese Option daher nach Notwendigkeit.

Filter

Auf der Registerkarte **Filter** können Sie Einschränkungen in den Ergebnissen aus diesem Datenset vornehmen. Einen Filter können Sie entweder einfach mittels Assistent (siehe Abbildung 5.62) oder erweitert mittels Formeleditor erstellen. Der Assistent führt Sie durch die Erstellung. Zunächst wählen Sie ein Element aus. Filter können Sie sowohl für Felder als auch für assoziierte Attribute festlegen. Unter **Verwendung eines Operators** definieren Sie abschließend, für welche Werte dieser Filter zutreffen soll.

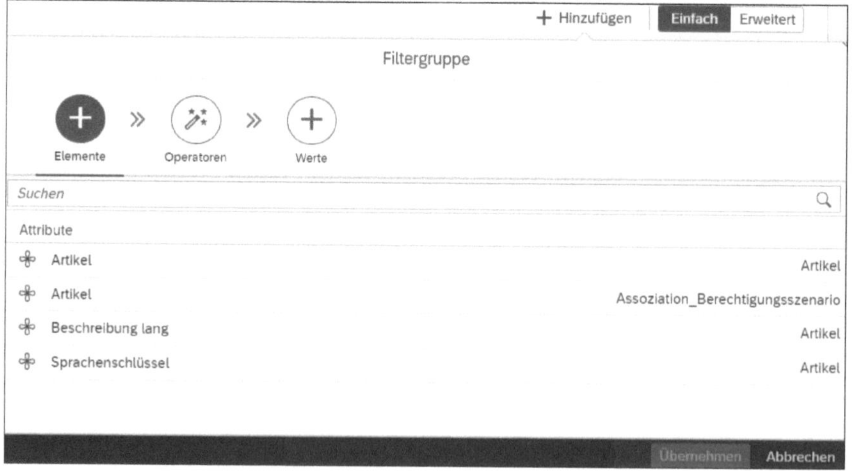

Abbildung 5.46 Assistent zum Erstellen eines einfachen Filters in der Datenvorschau

Im Formeleditor stehen Ihnen ebenfalls Operatoren zur Verfügung. Auch hier steht eine Unterstützung bereit. Sobald Sie in der Formelzeile Eingaben tätigen, erscheint ein Dialogfenster mit einer Wertehilfe (siehe Abbildung 5.47).

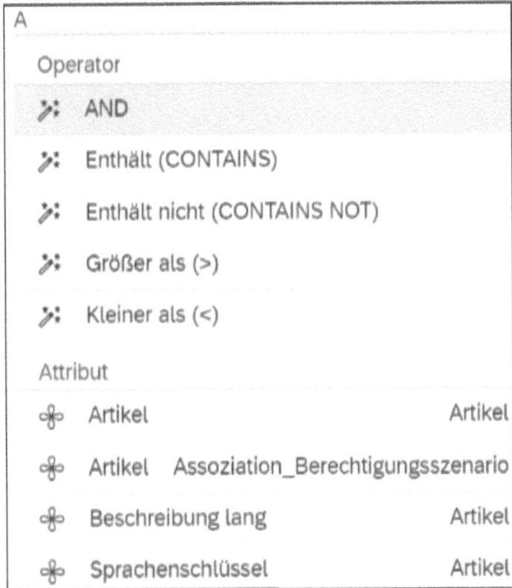

Abbildung 5.47 Wertehilfe im Formeleditor zum Erstellen eines erweiterten Filters in der Datenvorschau

5.4 Verbrauchsmodelle

Einführung

Verbrauchsmodelle beschreiben die Verknüpfung aus Fakten und Geschäftsentitäten auf der einen Seite sowie Applikationen zum Erstellen von Berichten auf der anderen Seite, beispielsweise per SAP Analytics Cloud. Verbrauchsmodelle sind also die Grundlage, um Daten zu konsumieren und in Berichten zu verwenden. Es handelt sich um eine virtuelle Schicht im Business Builder. Es werden also bei der Zusammenführung keine Daten persistiert. Voraussetzung für die Erstellung eines Verbrauchmodells sind bestehende Dimensionen, analytische Datensets oder Faktenmodelle. Die Notwendigkeit bestehender oder neuer Verbrauchsmodelle sollte sich dabei an konkreten geschäftlichen Anwendungsfällen orientieren. Analog zu Faktenmodellen gilt es auch bei Verbrauchsmodellen, die erforderlichen Dimensionen, Attribute und Kennzahlen zum Abrufen proaktiv freizuschalten, indem diese in einem Verbrauchsmodell hinzugefügt werden. Es werden also unterschiedliche Verbrauchsmodelle für unterschiedliche Szenarien erstellt und bedarfsorientiert mit Inhalten befüllt. Das Ziel sollte hier die Beantwortung eines Geschäftsfalls sowie einer Fragestellung sein, die sich durchaus wiederholen können.

Verbrauchsmodelle und vergleichbare Objekte von SAP

Verbrauchsmodelle sind vergleichbar mit den CompositeProvidern aus SAP Business Warehouse. In Verbrauchsmodellen werden Objekte im Business Builder virtuell zusammengeführt und zum Abrufen in unterschiedlichen Applikationen bereitgestellt.

Aussagekraft von Verbrauchsmodellen

Um die Aussagekraft von Verbrauchsmodellen zu unterstützen, werden typischerweise die Assoziationen der verwendeten Geschäftsentitäten ausgewiesen. Auf diese Assoziationen haben Sie daraufhin auch in den Verbrauchsmodellen Zugriff.

Vorgehensweise zur Bereitstellung von Verbrauchsmodellen

In der Modellierung von Verbrauchsmodellen kann es die Überlegung wert sein, nach Geschäftsbereich geordnet zentrale Verbrauchsmodelle bereitzustellen und diese als Vorlage zum Kopieren und Bereitstellen weiterer Verbrauchsmodelle zu verwenden. Wenn Inhalte komplex sind und wiederholt verwendet werden, handelt es sich möglicherweise um Inhalte für ein Faktenmodell (siehe Abschnitt 5.3), um diese zentralisiert bereitzustellen. In Verbrauchsmodellen können Sie daraufhin nach unterschiedlichen Geschäftslogiken die entsprechenden Verbrauchsmodelle bereitstellen, beispielsweise nach organisatorischer Zuordnung (Organisationseinheit) oder nach Logiken der internen Kostenrechnung (Kostenstellen).

Perspektiven

Verbrauchsmodelle können weiterführend in Perspektiven (siehe Abschnitt 5.5) vorselektiert werden, um diese anschließend zum Konsumieren in unterschiedlichen Berichtsanwendungen zu verwenden. Verbrauchsmodelle führen also Attribute und Kennzahlen zusammen, die daraufhin mittels Perspektiven für das Berichtswesen bereitgestellt werden.

5.4.1 Ein neues Verbrauchsmodell erstellen

Öffnen Sie zum Erstellen eines neuen Verbrauchsmodells den Navigationsbereich in SAP Data Warehouse Cloud. Öffnen Sie den Business Builder, und wählen Sie einen Space aus. Klicken Sie dann auf die Registerkarte **Verbrauchsmodelle und Perspektiven** (siehe Abbildung 5.48).

Klicken Sie auf **Neues Verbrauchsmodell**, und vergeben Sie einen Namen (siehe Abbildung 5.49). Bestätigen Sie Ihre Eingabe über die Schaltfläche **Schritt 2**.

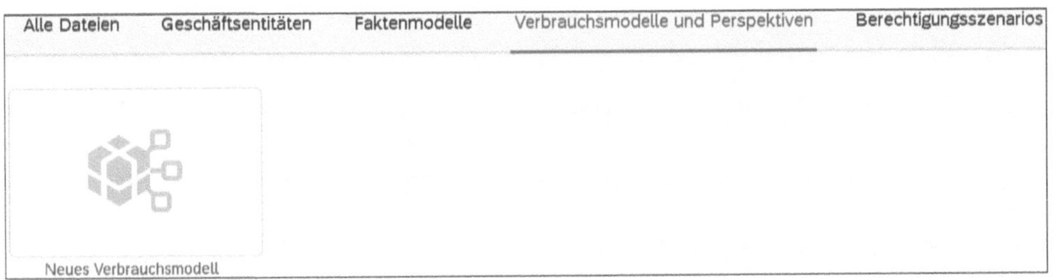

Abbildung 5.48 Registerkarte für Verbrauchsmodelle und Perspektiven im Space des Business Builders

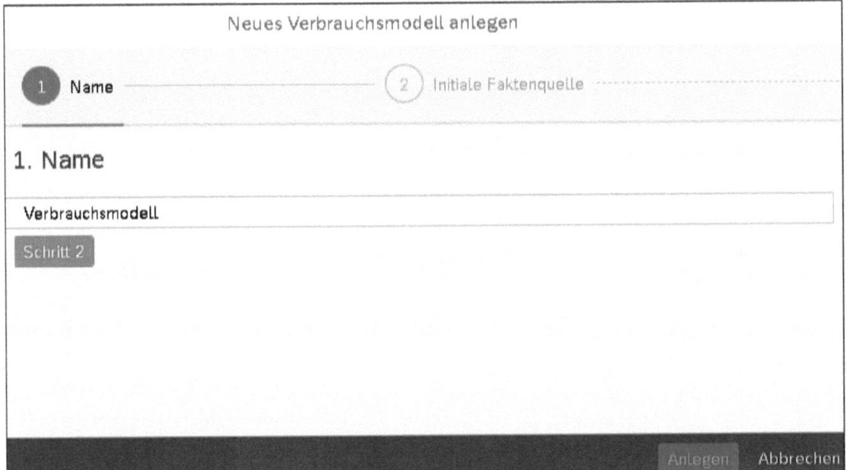

Abbildung 5.49 Verbrauchsmodell im Space des Business Builders benennen

Benutzeroberfläche für ein Verbrauchsmodell

In Schritt 2 können Sie daraufhin Dimensionen, analytische Datensets sowie Faktenmodelle für das Verbrauchsmodell auswählen. Bestätigen Sie Ihre Auswahl mit **Anlegen**. Sie werden daraufhin in die Benutzeroberfläche für das Verbrauchsmodell weitergeleitet.

5.4.2 Eigenschaften eines Verbrauchsmodells definieren

Verbrauchsmodelle haben Eigenschaften, die es zu definieren gilt. Die Handhabung der Registerkarten im Menü eines Verbrauchsmodells ist dabei analog zur Handhabung in den vorangehenden Abschnitten, beispielsweise bei den Faktenmodellen (siehe Abschnitt 5.3.2, »Eigenschaften eines Faktenmodells definieren«). Eine Übersicht der Registerkarten finden Sie in Abbildung 5.50.

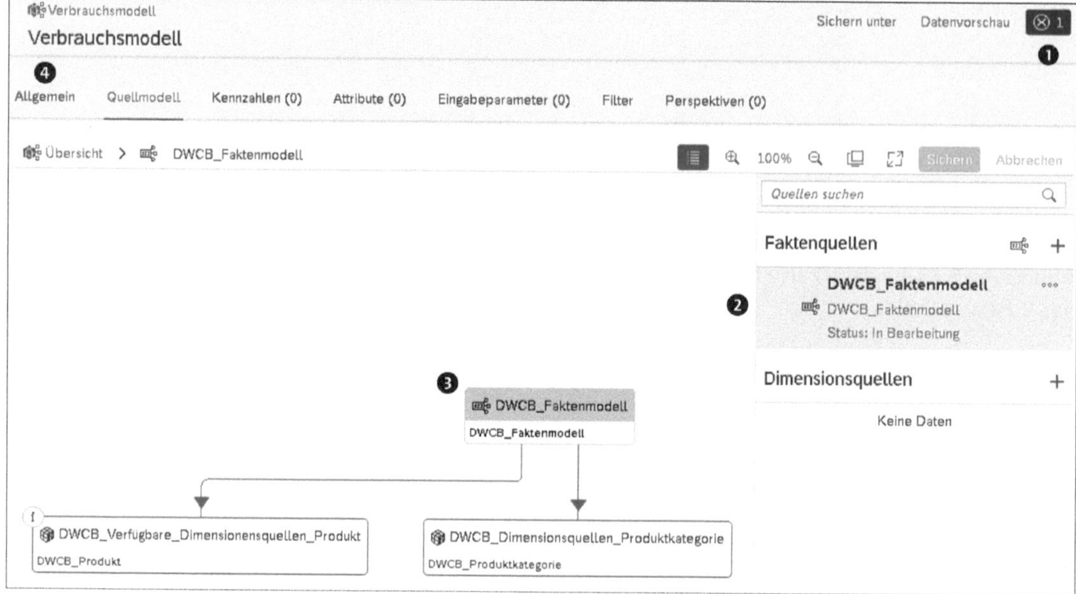

Abbildung 5.50 Benutzeroberfläche im Verbrauchsmodell

Folgende Bedienelemente können Sie in den Eigenschaften Ihres Verbrauchsmodells bearbeiten:

❶ Analog zu Geschäftsentitäten müssen Sie das Berechtigungsszenario definieren. Hierbei können Sie zwischen dem öffentlichen Datenzugriff und einem Berechtigungsszenario unterscheiden. Im Rahmen von Verbrauchsmodellen werden die definierten Berechtigungsszenarien für die Dimensionen auswählbar. Das Berechtigungsszenario definieren Sie auf der Registerkarte **Allgemein**.

❷ Analog zu den Faktenmodellen definieren Sie auch für Verbrauchsmodelle die Fakten- und Dimensionsquellen. So können Sie einerseits Faktenquellen hinzufügen und andererseits deren Dimensionsquellen ausweisen. Ein Beispiel sehen Sie in Abbildung 5.51. So ist **Produktkategorie** die assoziierte Dimensionsquelle von **Produkt**. Zusätzlich ist **Produkt** auch Teil des Faktenmodells. In der Folge können Sie die Quellassoziation der assoziierten Dimensionsquelle ebenfalls ausweisen.

❸ Im Hauptbereich finden Sie die eingebundenen Objekte im Verbrauchsmodell. Mittels Verknüpfungen werden die Assoziationen ausgewiesen. Abbildung 5.52 zeigt, wie Sie eingebundene Objekte aufklappen können, um die assoziierten Quellen auszuweisen. Klicken Sie hierzu auf (**Quelldiagramm anzeigen**).

❹ In der Kopfleiste finden Sie die Registerkarten für das Verbrauchsmodell.

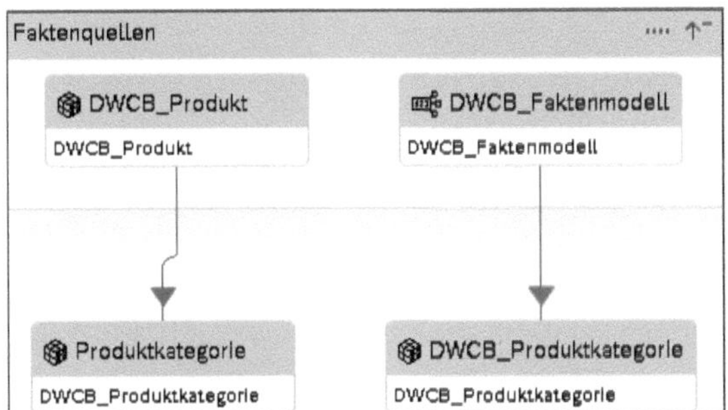

Abbildung 5.51 Beispiel zur doppelten Ausweisung der assoziierten Dimensionsquelle

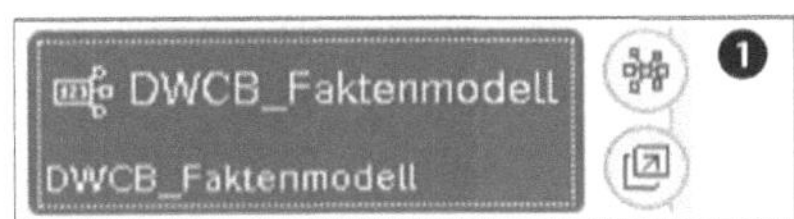

Abbildung 5.52 Drilldown in den Faktenquellen eines Verbrauchsmodells mittels Klick auf ❶

Folgende Registerkarten stehen Ihnen zur Bearbeitung eines Verbrauchsmodells zur Verfügung:

- Allgemein
- Quellmodell
- Kennzahlen
- Attribute
- Eingabeparameter
- Filter
- Perspektiven

Betriebswirtschaftlicher Name

Auf der Registerkarte **Allgemein** können Sie den betriebswirtschaftlichen Namen des Verbrauchsmodells bearbeiten und das Berechtigungsszenario definieren. Folgen Sie hierbei den Ausführungen zu Abbildung 5.50. Es muss mindestens der öffentliche Datenzugriff oder ein Berechtigungsszenario definiert werden. Diese Elemente können auch parallel verwendet werden. Bestätigen Sie die Auswahl mit **Sichern**.

Faktenquellkennzahlen

Auf der Registerkarte **Kennzahlen** können Sie über die Schaltfläche Faktenquellkennzahlen hinzufügen oder über die Schaltfläche (**Hinzufügen**) eine neue Kennzahl erstellen. Hierbei stehen Ihnen die Kennzahltypen **Eingeschränkte Kennzahl**, **Berechnete Kennzahl**, **Berechnete Kennzahl mit Ausnahmeaggregation** sowie **Fester Wert** zur Verfügung. Es gelten die Definitionen gemäß Tabelle 5.1. Eine Kennzahl können Sie als Hilfskennzahl definieren, sofern diese als Rechenhilfe dient und im späteren Berichtswesen nicht separat auswählbar sein soll.

Attribute

Unter **Attribute** können Sie über die Schaltfläche Dimensionsquellattribute hinzufügen oder über die Schaltfläche (**Hinzufügen**) ein neues Attribut erstellen. Die Handhabung zur Erstellung neuer Attribute ist dabei analog zu Tabelle 5.3. Auch für Verbrauchsmodelle können Sie Attribute als Hilfsattribute definieren.

Eingabeparameter

Auf der Registerkarte **Eingabeparameter** haben Sie Zugriff auf verfügbare Eingabeparameter aus den eingebundenen Faktenquellen. Klicken Sie auf die Schaltfläche (**Hinzufügen**), um Eingabeparameter zu erstellen. Bei der Erstellung haben Sie Zugriff auf die definierten Eingabeparameter der Faktenquellen. Initial wird hierbei der definierte Standardwert aus der Faktenquelle verwendet. Haben Sie also beispielsweise ein Faktenmodell mit einem definierten Eingabeparameter in ein Verbrauchsmodell eingebunden, wird dieser Standardwert auch im Verbrauchsmodell übernommen (siehe Abbildung 5.53). Diesen Wert können Sie für das Verbrauchsmodell ändern.

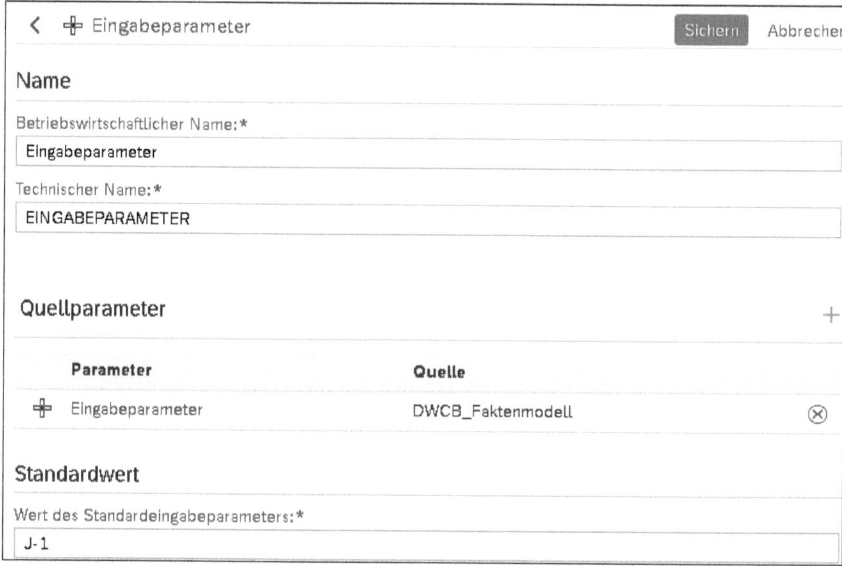

Abbildung 5.53 Eingabeparameter für ein Verbrauchsmodell im Business Builder erstellen

Filter

Auf der Registerkarte **Filter** wählen Sie aus, ob nur ein Auszug der verfügbaren Daten des Verbrauchmodells in der Perspektive angezeigt werden soll. Die Handhabung über den Modus **Einfach** oder **Erweitert** ist dabei analog zu Abschnitt 5.6, »Datenvorschau«.

[«]

Filter in Verbrauchsmodellen

Die Verwendung von Filtern in den Verbrauchsmodellen ähnelt der Idee der Festwerte-Filter in den Querys in SAP Business Warehouse. Filter schränken die verfügbare Ergebnismenge ein und werden in der Datenvorschau angezeigt. Es ist jedoch nicht möglich, diese Filter im Berichtswesen für die Anwender*innen zu verändern. Diese Art von Festwerte-Filtern ähnelt also Festwerte-Filtern ohne eingabebereite Variable.

Konzeptionell sollten Anwender*innen hierbei beachten, dass kein identischer Ersatz zum klassischen Design von Querys bereitgestellt werden soll. Vielmehr kann durch den granularen Aufbau eines Modells bis hin zum Verbrauchsmodell eine Vielzahl an Anwendungsfällen aus unterschiedlichen Geschäftskontexten bedient werden. Wissen Anwender*innen also bereits in der Modellierung, dass für bestimmte Attribute nur einzelne Ausprägungen relevant sind, sollten diese bereits in einer der vorangehenden Schichten gefiltert werden.

Speichern

Schließen Sie die Arbeiten durch einen Klick auf **Sichern** oder **Sichern unter** auf der jeweiligen Registerkarte ab, wenn Sie eine Variante des Verbrauchsmodells speichern möchten.

[«]

Abspeichern eines Verbrauchsmodells unter der Verwendung von »Sichern unter«

Zum Zeitpunkt der Drucklegung dieses Buches war es möglich, mehrere Verbrauchsmodelle mittels **Sichern unter** mit identischen technischen Namen zu speichern. Es wird kein Hinweis ausgegeben, dass der technische Name bereits in Verwendung ist. Berücksichtigen Sie diesen Umstand, und greifen Sie auf eine Namenskonvention zurück, um die Verbrauchsmodelle unterscheidbar zu gestalten.

5.5 Perspektiven

Perspektiven sind eine Ergebnismenge eines Verbrauchsmodells und können entweder den gesamten Inhalt eines Verbrauchsmodells oder Ausschnitte davon, also eine Untermenge widerspiegeln. Sie können mehrere Perspektiven für ein Verbrauchsmodell definieren. Daher werden Perspektiven lediglich im Rahmen eines Verbrauchsmodells erstellt und bearbeitet; sie verfügen über keine eigene Registerkarte im Business Builder. Zu den jeweiligen Perspektiven gelangen Sie über die Verbrauchsmodelle (siehe Abbildung 5.54).

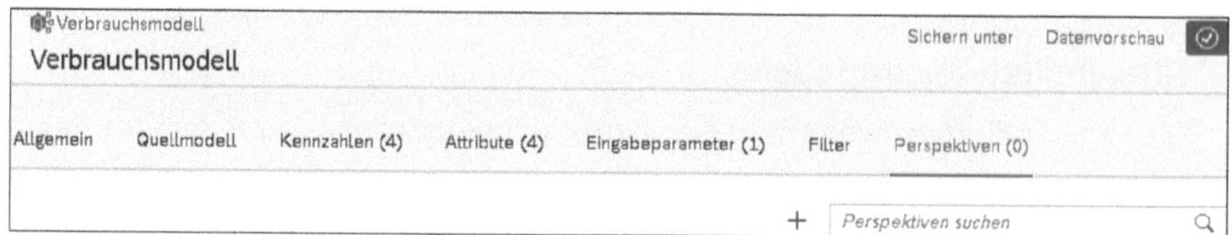

Abbildung 5.54 Registerkarte zu den Perspektiven in Verbrauchsmodellen

Perspektiven sind die Schnittstellen der Modelle in der Business-Schicht, um die Inhalte als konsumierbare Objekte in Berichtsanwendungen wie beispielsweise SAP Analytics Cloud bereitzustellen. Ein Verbrauchsmodell kann dabei mehrere Perspektiven beinhalten, während eine Perspektive stets nur eine eindeutige Beziehung zu einem einzelnen Verbrauchsmodell aufweist.

Perspektiven in der Datenvorschau

Perspektiven können Sie über zwei Wege erstellen. So können Sie im Rahmen der Datenvorschau eines Verbrauchsmodells die Funktion **Neue Version sichern** nutzen, um definierte Perspektivfelder, Kennzahlen sowie Einstellungen zur Anzeige zu übernehmen und hieraus eine Perspektive zu erstellen (siehe Abbildung 5.55).

Abbildung 5.55 Datenvorschau als neue Version sichern und somit als Perspektive speichern

Namen vergeben

Sie werden daraufhin in einem Dialogfenster aufgefordert, einen betriebswirtschaftlichen Namen für die Perspektive zu vergeben, woraus systemseitig ein technischer Name abgeleitet wird (siehe Abbildung 5.56). Den betriebswirtschaftlichen Namen können Sie nachträglich bearbeiten, nicht aber den technischen Namen.

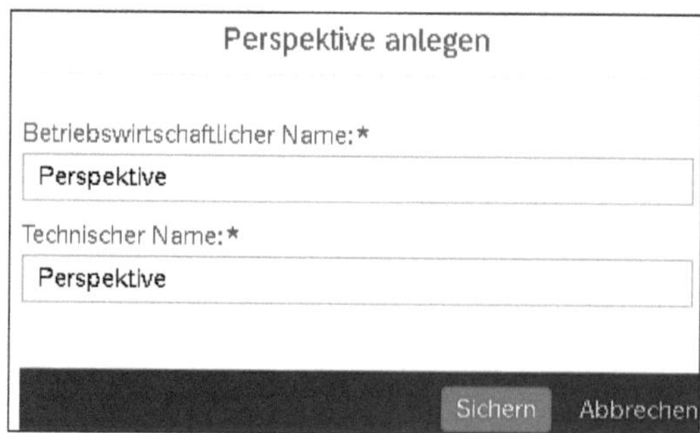

Abbildung 5.56 Betriebswirtschaftlichen und technischen Namen für eine Perspektive vergeben

Perspektiven im Verbrauchsmodell

Alternativ erstellen Sie Perspektiven über ein Verbrauchsmodell. Öffnen Sie hierzu den Navigationsbereich von SAP Data Warehouse Cloud. Wählen Sie einen Space aus, in dem sich das Verbrauchsmodell befindet, für das Sie eine Perspektive erstellen möchten. Wechseln Sie auf die Registerkarte **Verbrauchsmodelle und Perspektiven**, und wählen Sie ein Objekt aus der Liste aus (siehe Abbildung 5.48).

Geschäftszweck

Innerhalb eines Verbrauchsmodells finden Sie unter **Perspektiven** eine Übersicht zu den bestehenden Perspektiven. Klicken Sie auf die Schaltfläche ⊞ (**Hinzufügen**), um dem Verbrauchsmodell eine neue Perspektive hinzuzufügen. Vergeben Sie zunächst einen betriebswirtschaftlichen Namen; der technische Name wird daraufhin abgeleitet. Im Bereich **Geschäftszweck** können Sie der Perspektive einen semantischen Kontext verleihen und folgende Felder befüllen (siehe Abbildung 5.57):

❶ **Beschreibung**: Beschreiben Sie den Anwendungsfall der jeweiligen Perspektive, und unterstützen Sie die Anwender*innen dabei, die richtige Perspektive auszuwählen.

❷ **Zweck**: Als Zweck können Sie komprimiert die Inhalte der Beschreibung zusammenfassen und dezidiert den Anwendungsfall benennen.

❸ **Verantwortliches Team**: Die Zuständigkeit für die jeweilige Perspektive dokumentieren Sie in diesem Feld. Somit können die Anwender*innen bei Nachfragen direkt auf die Ansprechperson zugehen.

❹ **Tags**: Mit Tags verleihen Sie der Perspektive eine semantische Markierung.

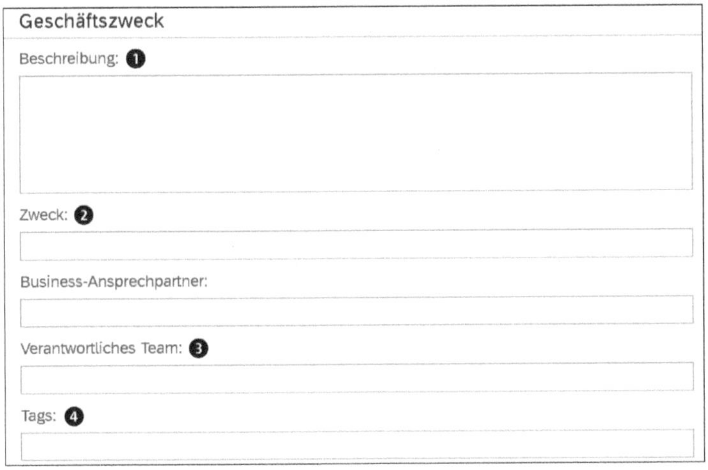

Geschäftszweck
Beschreibung: ❶
Zweck: ❷
Business-Ansprechpartner:
Verantwortliches Team: ❸
Tags: ❹

Abbildung 5.57 Geschäftszweck in einer Perspektive definieren

Beschreibung, Zweck und Tags können im Repository Explorer (siehe Kapitel 3, »Verwaltung von Verbindungen, Dateien und Artefakten«) durchsucht werden. Tags stehen Ihnen darüber hinaus im Repository Explorer als Filterkriterium zur Verfügung (siehe Abbildung 5.58).

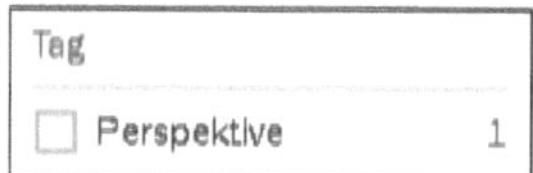

Abbildung 5.58 Tag im Repository Explorer

Berechtigungsszenario

Unter **Berechtigungsszenario** definieren Sie die Datensichtberechtigungen. Sofern das zugrundeliegende Verbrauchsmodell einen öffentlichen Datenzugriff zulässt (siehe Abschnitt 5.4.2, »Eigenschaften eines Verbrauchsmodells definieren«), können Sie diese Einstellung auch für eine Perspektive übernehmen. Andernfalls stehen Ihnen die aufgenommenen Berechtigungsszenarien des jeweiligen Verbrauchsmodells zur Verfügung. Sofern kein öffentlicher Datenzugriff zulässig ist, wird die Verwendung eines Berechtigungsszenarios verpflichtend.

Kennzahlen, Attribute und Eingabeparameter

Unter **Perspektivfelder** legen Sie die Kennzahlen und Attribute für die Perspektive fest. Klicken Sie hierzu auf ⊞ (**Hinzufügen**).

Für die Eingabeparameter werden die beinhalteten Varianten des Verbrauchsmodells aufgelistet. Markieren Sie Eingabeparameter, um diese in der Perspektive zu verwenden. Sie können zusätzlich den Standardwert bearbeiten.

Filter

Unter **Filter** definieren Sie spezifische Filter der Perspektive, die Sie zusätzlich zu den vorhandenen Verbrauchsmodellfiltern festlegen können.

Zeilenbegrenzung und Analysemodus

Analog zur Datenvorschau können Sie bei den Perspektiven die Zeilenbegrenzung festlegen; der Mindestwert muss dabei 1 sein. Zudem können Sie festlegen, die Perspektive im Analysemodus auszuführen. Dies kann eine Beschleunigung der Abfragen bewirken, setzt aber voraus, dass der zugrundeliegende View im Data Builder für den Verbrauch exponiert ist.

Implementieren

Bestätigen Sie die Einstellungen abschließend mit **Implementieren**; erst danach ist die Perspektive auch zum Abruf in den Berichtsanwendungen verfügbar.

5.6 Datenvorschau

Modellierungsergebnisse betrachten

Mit der *Datenvorschau* können Sie die Ergebnisse der Modellierung betrachten and verproben. Diese Funktion steht Ihnen für alle Objekte im Business Builder sowie zur Kombination dieser Objekte zur Verfügung.

Beim Öffnen wählen Sie zunächst die Version aus, für die Sie eine Datenvorschau ausführen möchten (siehe Abbildung 5.59).

[+]

Datenvorschau beim Modellieren

Es ist allgemein empfehlenswert, bei der Erstellung eigener Objekte im Business Builder der generellen Logik in SAP Data Warehouse Cloud zu folgen, indem Sie schichtweise Objekte erstellen und die Ergebnisse prüfen. Hierbei können Sie die Datenvorschau nutzen, um Zwischenergebnisse in den Dimensionen, in den analytischen Datensets sowie in den Faktenmodellen, Verbrauchsmodellen und Perspektiven zu überprüfen. Dies ist auch dann hilfreich, wenn bereits implementierte Modelle im Berichtswesen mit der Meldung zurückgegeben werden, dass Datensätze nicht passen würden. Durch die granulare Modellierung haben Sie Prüfmöglichkeiten auf unterschiedlichen Ebenen eines Modells und können den potenziellen Fehler im Modell leichter identifizieren. Möglicherweise liegt es an implementierten Berechtigungsszenarien auf der Dimensionsebene oder auch an den berechneten Kennzahlen im analytischen Datenset. Gehen Sie daher bei der Entwicklung von unten nach oben vor, und prüfen Sie die Zwischenergebnisse.

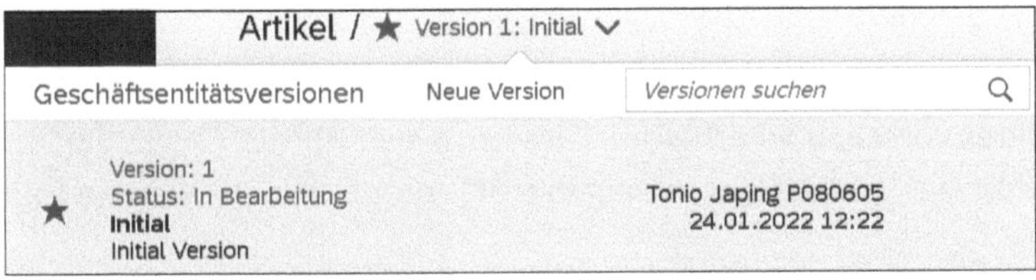

Abbildung 5.59 Version zur Datenvorschau einer Dimension auswählen

Linksbündig ist der Navigationsbereich zur Datenvorschau angeordnet (siehe Abbildung 5.60). Hier finden Sie eine Auswahl der verfügbaren Felder, Attribute sowie Assoziationen der Dimension.

Navigationsbereich

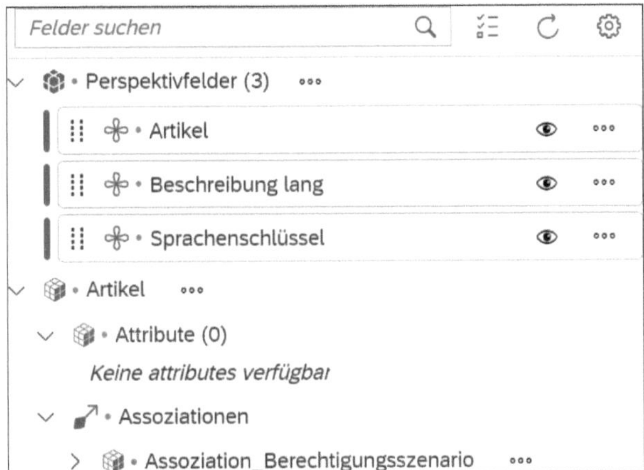

Abbildung 5.60 Navigationsbereich zur Datenvorschau

Einstellungen

Über die Schaltfläche ⚙ (**Einstellungen**) gelangen Sie in die Einstellungen zur Datenvorschau. Hier können Sie die folgenden Einstellungen vornehmen (siehe Abbildung 5.61):

- **Berechtigungsszenario**: Wählen Sie ein zuvor erstelltes Berechtigungsszenario für eine Dimension aus. Optional können Sie die Einstellung **Ohne Berechtigungsszenario (öffentlicher Zugriff)** wählen, die allerdings nur bei der Aktivierung des öffentlichen Datenzugriffs für diese Dimension verfügbar ist.
- **Aktualisierungsmodus**: Legen Sie fest, ob die Datenvorschau automatisch aktualisiert werden soll, sobald Sie Felder oder Attribute hinzufügen oder entfernen.
- **Zeilenbegrenzung**: Standardmäßig werden die ersten 1.000 Datensätze angezeigt. Verändern Sie diesen Parameter nach Bedarf. Dabei gilt, dass die Ladezeit bei umfangreicher Auswahl an angezeigten Feldern und Attributen entsprechend ansteigt.
- **Attributanzeige**: Legen Sie fest, ob für Attribute der Text, die ID oder beide Eigenschaften angezeigt werden sollen.
- **SQL-Anzeige**: Klicken Sie auf **SQL anzeigen**, um einen Einblick in das SQL für die Datenvorschau zu erhalten. Dies kann sich für die Anwender*innen als praktisch erweisen, wenn eigenes SQL programmiert werden soll.

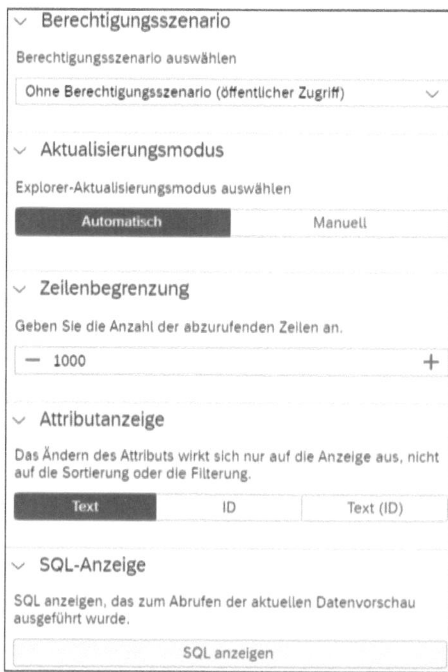

Abbildung 5.61 Einstellungen zur Datenvorschau

Filter definieren

Neben der Feldauswahl und den Einstellungen können Sie zudem Filter definieren. Ein Filter kann entweder über die Schaltfläche **Einfach** mittels Assistent oder über die Schaltfläche **Erweitert** mittels Formeleditor erstellt werden (siehe Abbildung 5.62). Der Assistent führt die Anwender*innen durch die Erstellung. Zunächst wählen Sie ein Element aus. Filter können Sie sowohl für Felder als auch für assoziierte Attribute festlegen. Unter der Verwendung eines Operators definieren Sie abschließend, für welche Werte dieser Filter zutreffen soll.

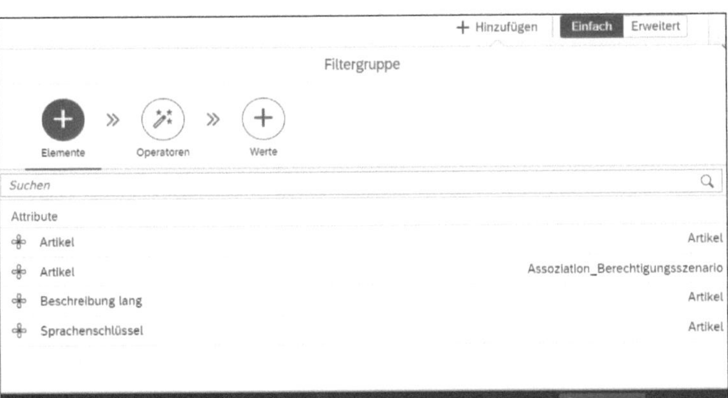

Abbildung 5.62 Assistent zum Erstellen eines einfachen Filters in der Datenvorschau

Im Formeleditor stehen Ihnen ebenfalls verschiedene Operatoren zur Verfügung. Auch hier steht eine Unterstützung bereit. Sobald sie in der Formelzeile Eingaben tätigen, erscheint ein Dialogfenster mit einer Wertehilfe (siehe Abbildung 5.63).

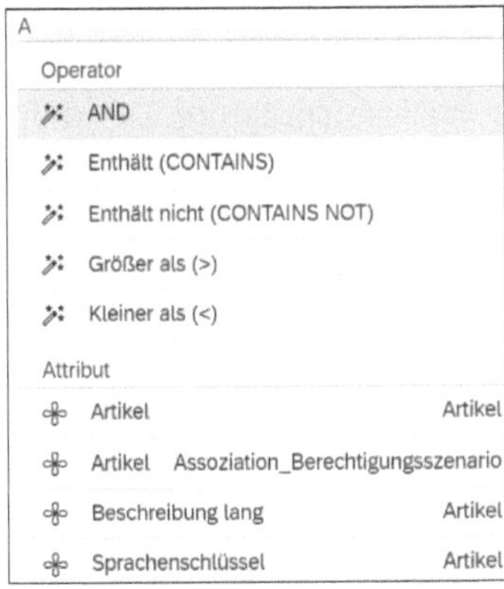

Abbildung 5.63 Wertehilfe im Formeleditor zum Erstellen eines erweiterten Filters in der Datenvorschau

Unter **Ergebnisse** sehen Sie den definierten Aufriss der hinzugefügten Felder unter der Berücksichtigung etwaiger Berechtigungsszenarien. Die dargestellten Spalten können Sie über die Schaltfläche [ooo] (**Kontextmenü**) bearbeiten (siehe Abbildung 5.64).

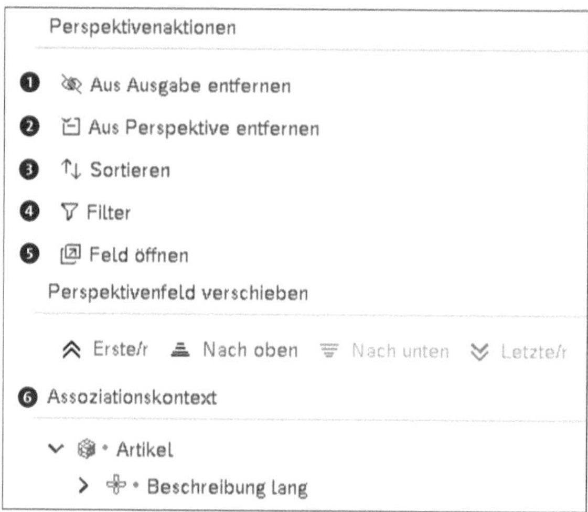

Abbildung 5.64 Kontextmenü für Spalten in den Ergebnissen einer Datenvorschau

Folgende Aktionen stehen hierbei zur Verfügung:

1. **Aus Ausgabe entfernen**: Mit dieser Option blenden Sie das jeweilige Feld aus. Es wird weiterhin unter den Perspektivenfeldern eingeblendet (siehe Abbildung 5.60).
2. **Aus Perspektive entfernen**: Das jeweilige Feld wird als Attribut im Navigationsbereich der Datenvorschau zurück in die Attribute verschoben.
3. **Sortieren**: Sortieren Sie das jeweilige Attribut auf- oder absteigend.
4. **Filter**: Filtern Sie das Attribut gemäß einer Werteausprägung. Der definierte Filter wird anschließend in der Filterleiste der Benutzeroberfläche zur Datenvorschau angezeigt.
5. **Feld öffnen**: Springen Sie in das jeweilige Feld; beispielsweise können Sie etwaige Assoziationen oder auch Berechtigungsszenarien prüfen.
6. **Perspektivenfeld verschieben**: Über **Links** und **Rechts** können Sie das jeweilige Feld in den Ergebnissen verschieben und so die Reihenfolge der Spalten festlegen.

Sollten Sie die Datenvorschau aus einem Verbrauchsmodell heraus öffnen, haben Sie durch das Aufklappen der Auswahl zusätzlich Zugriff auf die erstellten Perspektiven (siehe Abbildung 5.65).

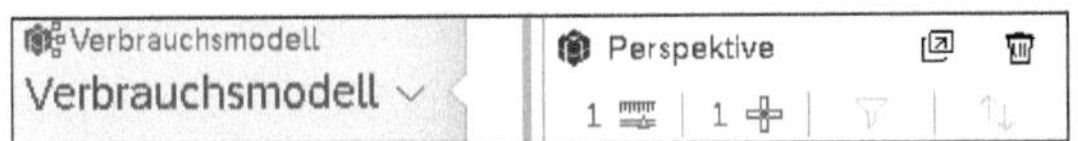

Abbildung 5.65 Zugriff auf das Verbrauchsmodell und dessen Perspektive in der Datenvorschau

5.7 Berechtigungsszenario

Wechseln Sie zum Erstellen eines Berechtigungsszenarios in den gewünschten Space, und öffnen Sie die Registerkarte **Berechtigungsszenarios** (siehe Abbildung 5.66).

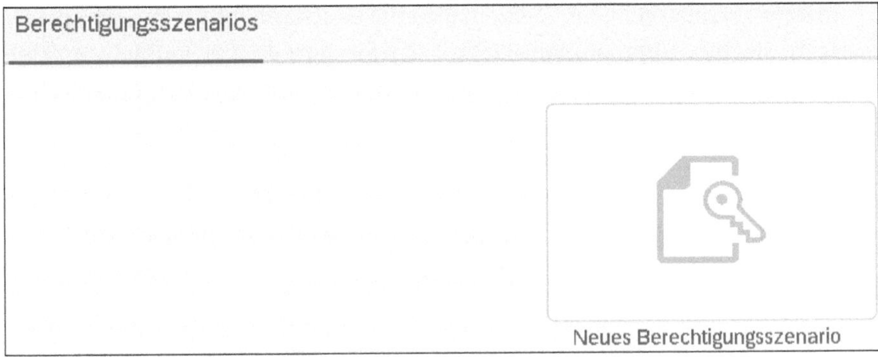

Abbildung 5.66 Neues Berechtigungsszenario im Space erstellen

Neues Szenario erstellen

Klicken Sie auf **Neues Berechtigungsszenario**. Im aufkommenden Dialogfenster werden die verfügbaren Objekte des Typs **Datenzugriffskontrolle** aufgelistet (siehe Abbildung 5.67). Zur Verwendung einer erstellten Datenzugriffskontrolle muss diese den Status **Implementiert** aufweisen.

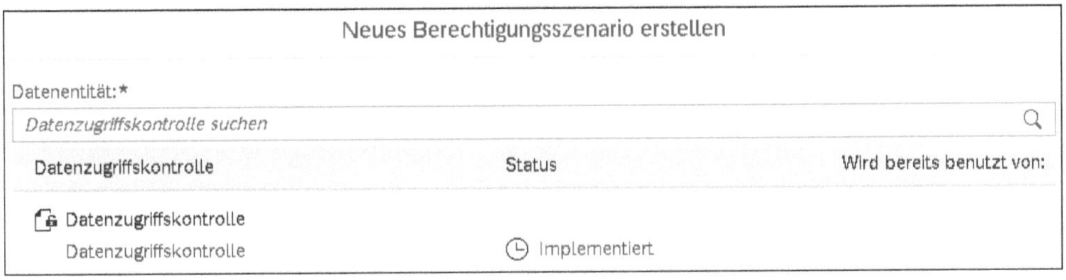

Neues Berechtigungsszenario erstellen

Datenentität:*

Datenzugriffskontrolle suchen

Datenzugriffskontrolle	Status	Wird bereits benutzt von:
Datenzugriffskontrolle Datenzugriffskontrolle	Implementiert	

Abbildung 5.67 Auswahl an verfügbaren Datenzugriffskontrollen im Space

Markieren Sie eine Datenzugriffskontrolle, und bestätigen Sie Ihre Auswahl mit **Erstellen**. Auf der Benutzeroberfläche müssen Sie einen betriebswirtschaftlichen Namen vergeben. Im Bereich **Quelle** können Sie für ein bereits erstelltes Berechtigungsszenario die verwendete Datenzugriffskontrolle über die Schaltfläche (**Wertehilfe**) verändern. Wechseln Sie auf die Registerkarte **Datenbeschränkungen**. Beim erstmaligen Erstellen erscheint eine Warnmeldung (⚠ 1), dass noch keine Datenbeschränkungen existieren. Ignorieren Sie die Meldung für den Moment, da Sie gerade im Begriff sind, eine solche Datenbeschränkung zu erstellen. Klicken Sie auf die Schaltfläche (**Hinzufügen**), um eine Zielgeschäftsentität für eine Datenbeschränkung hinzuzufügen. Im aufkommenden Dialogfenster erhalten Sie eine Übersicht der Geschäftsentitäten aus einem Space, für die Sie eine Datenbeschränkung definieren können.

Es lassen sich nur solche Geschäftsentitäten verwenden, die auch einen definierten Schlüssel haben. Wählen Sie eine Geschäftsentität aus, und bestätigen Sie mit **Übernehmen**. Definieren Sie aus dem Schlüssel der Zielgeschäftsentität das dazugehörige Fremdschlüsselfeld. Zur spezifischen Funktionsweise von Datenzugriffskontrollen lesen Sie Kapitel 8, »Benutzer und Rollen«. Über die Datenvorschau können Sie nun prüfen, ob das Berechtigungsszenario den gewünschten Effekt hat. Die technische Prüfung übernimmt SAP Data Warehouse Cloud und signalisiert Ihnen über das Icon , dass das Speichern erfolgreich war.

5.8 SAP-BW/4HANA-Modellübertragung

Einführung

Eine besondere Funktion SAP-orientierter Systemlandschaften in Verbindung mit SAP Data Warehouse Cloud bietet die *SAP-BW/4HANA-Modellübertragung*. Sofern ein Unternehmen über ein SAP-BW/4HANA-Quellsystem verfügt, kann dieses genutzt werden, um Modelle auf der Grundlage analytischer Querys in SAP Data Warehouse Cloud zu übertragen. Dabei werden die Daten physisch in SAP Data Warehouse Cloud importiert und anschließend repliziert. Querys bieten im Allgemeinen den Vorteil, dass sie meist einen spezifischen Anwendungsfall beschreiben und somit bereits einen Geschäftsfall abdecken. Mit der Modellübertragung ist es nun möglich, diese Vorarbeiten an SAP Data Warehouse Cloud zu übertragen. Somit können Metadaten und Daten übernommen werden, ohne sie manuell neu erstellen zu müssen. Die erforderlichen Objekte in SAP Data Warehouse Cloud im Data Builder und Business Builder werden automatisch generiert.

[«]

Importierte Objekte für die SAP-BW/4HANA-Modellübertragung

Die Konvertierung der Objekte bei der Modellübertragung ist in der SAP-Hilfe dokumentiert: *https://help.sap.com/docs/SAP_DATA_WAREHOUSE_CLOUD/c8a54ee704e94e15926551293243fd1d/92c0a5ee5eb24865b60f1b070c6c14e0.html*

Der Import erfolgt dabei mittels Remote-Tabellen. Importierte Modelle können daraufhin direkt für Berichte, beispielsweise mittels SAP Analytics Cloud, verwendet werden. Oder Sie entscheiden sich dazu, ein übertragenes Modell in SAP Data Warehouse Cloud um andere Modelle zu erweitern. Modellübertragungen werden nicht gekapselt importiert, sondern können auch mit den Funktionalitäten von SAP Data Warehouse Cloud weiterverarbeitet werden. Die Limitationen im Rahmen der Nutzung der SAP-BW/ 4HANA-Modellübertragung sind in SAP-Hinweis 2932647 dokumentiert.

5.8.1 Verbindung für SAP-BW/4HANA-Modellübertragung einrichten

Voraussetzung

Voraussetzung für die Modellübertragung ist eine aktive Verbindung von SAP Data Warehouse Cloud an ein SAP-BW/4HANA-Quellsystem per Live-Datenverbindung sowie ein konfigurierter Data Provisioning Agent.

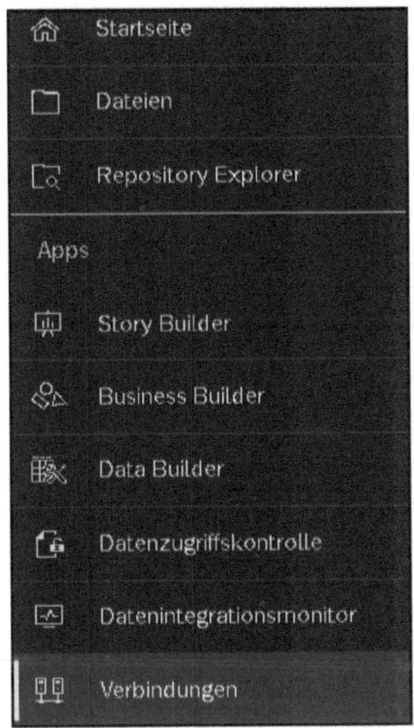

Abbildung 5.68 Einstieg in die Verbindungen des Navigationsbereichs von SAP Data Warehouse Cloud

Verbindung anlegen

Die Verbindung für eine SAP-BW/4HANA-Modellübertragung erstellen Sie spezifisch für einen Space. Spaces können eine zentrale Live-Datenverbindung von SAP Data Warehouse Cloud zu SAP BW/4HANA nutzen. Zur Nutzung der Modellübertragung muss aufbauend auf einer zentralen Verbindung die zusätzliche Verbindung für die SAP-BW/4HANA-Modellübertragung je Space erstellt werden. Öffnen Sie hierzu zunächst im Navigationsbereich die Verbindungen (siehe Abbildung 5.68). Wählen Sie einen Space aus, in dem Sie die Verbindung für eine SAP-BW/4HANA-Modellübertragung anlegen möchten. Sie werden daraufhin auf eine Benutzeroberfläche weitergleitet. Auf der Registerkarte **Lokale Verbindungen** erhalten Sie eine Übersicht bestehender Verbindungen für diesen Space. Klicken Sie auf **Anlegen**, um eine neue Verbindung für den Space einzurichten. Wählen Sie im aufkommenden Dialogfenster in der Liste verfügbarer Verbindungstypen die Kachel **SAP-BW/4HANA-Modellübertragung** aus (siehe Abbildung 5.69).

Abbildung 5.69 Symbol für die SAP-BW/4HANA-Modellübertragung in der Liste der verfügbaren Verbindungstypen

Validieren

Konfigurieren Sie die Verbindung entsprechend den erforderlichen Eingaben, und bestätigen Sie mit **Sichern** (siehe Abbildung 5.70).

Die Verbindung taucht nun in der Liste der verfügbaren Verbindungen auf. Klicken Sie auf **Validieren**, um die Verbindung zu prüfen. Markieren Sie hierzu die Verbindung (siehe Abbildung 5.71). Wenn die Verbindung als gültig zurückgegeben wird, ist sie aktiv.

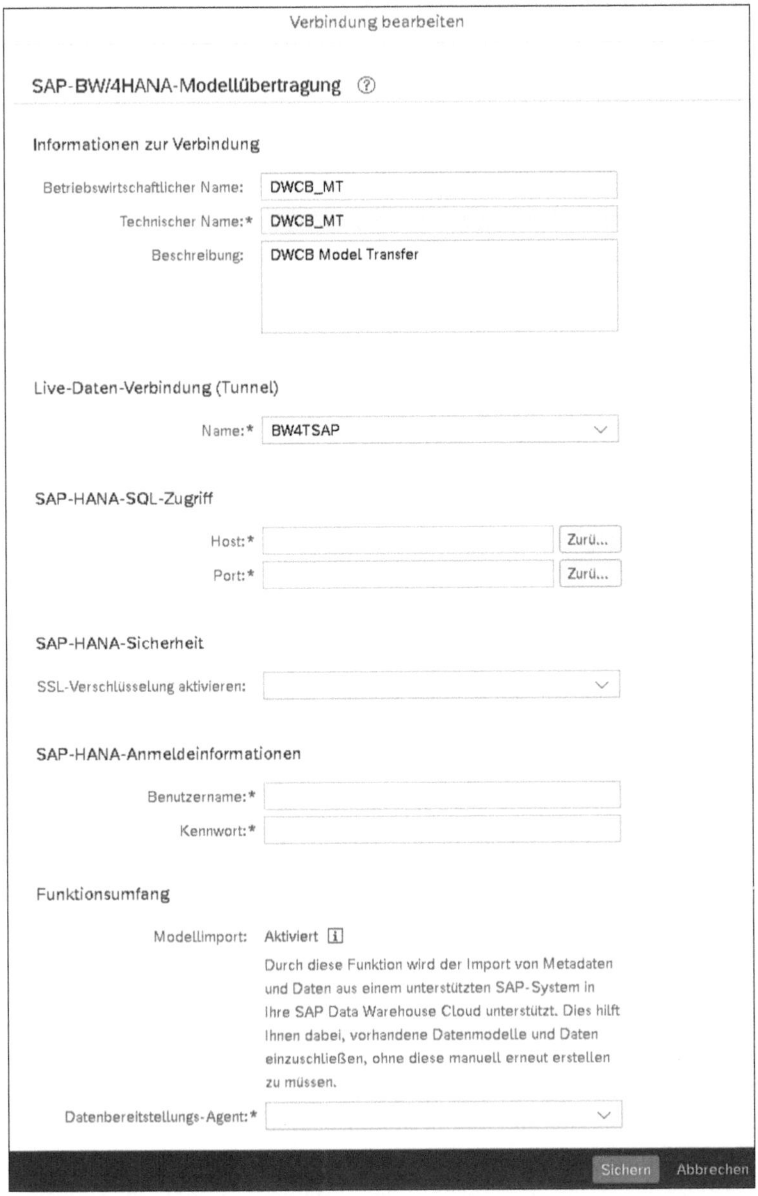

Verbindung bearbeiten

SAP-BW/4HANA-Modellübertragung

Informationen zur Verbindung

Betriebswirtschaftlicher Name: DWCB_MT
Technischer Name:* DWCB_MT
Beschreibung: DWCB Model Transfer

Live-Daten-Verbindung (Tunnel)

Name:* BW4TSAP

SAP-HANA-SQL-Zugriff

Host:* Zurü...
Port:* Zurü...

SAP-HANA-Sicherheit

SSL-Verschlüsselung aktivieren:

SAP-HANA-Anmeldeinformationen

Benutzername:*
Kennwort:*

Funktionsumfang

Modellimport: Aktiviert
Durch diese Funktion wird der Import von Metadaten und Daten aus einem unterstützten SAP-System in Ihre SAP Data Warehouse Cloud unterstützt. Dies hilft Ihnen dabei, vorhandene Datenmodelle und Daten einzuschließen, ohne diese manuell erneut erstellen zu müssen.

Datenbereitstellungs-Agent:*

Sichern Abbrechen

Abbildung 5.70 Verbindung für eine SAP-BW/4HANA-Modellübertragung bearbeiten

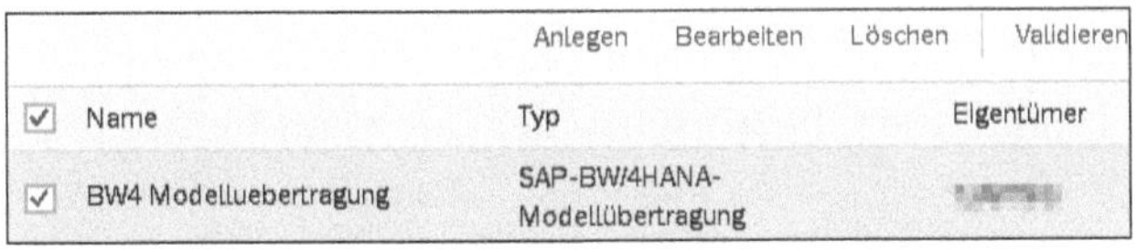

Anlegen Bearbeiten Löschen Validieren

Name	Typ	Eigentümer
BW4 Modelluebertragung	SAP-BW/4HANA-Modellübertragung	[illegible]

Abbildung 5.71 Verbindung in einem Space validieren

5.8.2 Analytische Query in SAP BW/4HANA freigeben

Analytische Querys müssen in SAP BW/4HANA freigegeben werden, bevor die Nutzung per Modellübertragung möglich ist. Dabei wird die Struktur aus Merkmalen und Kennzahlen übertragen.

RSDWC_QUERY

Öffnen Sie die Benutzeroberfläche für SAP BW/4HANA, und führen Sie Transaktion RSDWC_QUERY aus. Sie erhalten im folgenden Fenster der Benutzeroberfläche eine Auflistung bereits freigegebener Querys (siehe Abbildung 5.72).

	Query	Variante	Beschreibung	InfoProvider	Stat	Änderer	Geändert um	Angelegt von	Angelegt um
✓	PCS_BERATUNGSCONTOR_AG	PCS_BERATUNGSCONTOR_AG	PCS_BERATUNGSCONTOR_AG	ZTJ_PLCP	ACT	TJAPING	24.04.2022 13:37:59	TJAPING	24.04.2022 13:37:59

Abbildung 5.72 Markierte und freigegebene Query in Transaktion RSDWC_QUERY in SAP BW/4HANA

Die wesentlichen Funktionen sind in der Menüleiste aufgelistet (siehe Abbildung 5.73).

Abbildung 5.73 Menüleiste in Transaktion RSDWC_QUERY

❶ **Variante für SAP Data Warehouse Cloud-Verwendung anlegen**: Erstellen Sie eine Variante einer bestehenden Query in SAP BW/4HANA, um diese zur Modellübertragung freizugeben. Es ist möglich, mehrere Varianten derselben Query freizugeben und sie unterschiedlich zu konfigurieren. Freigegebene Querys können darüber hinaus nachträglich bearbeitet werden (siehe Abschnitt 5.8.4, »Parameter einer importierten analytischen Query nachträglich bearbeiten«).

❷ **Bearbeiten**: Bearbeiten Sie bestehende Varianten.

❸ **Löschen**: Löschen Sie bestehende Varianten.

❹ **Variablen zeigen**: Verfügen Querys über Variablen, müssen diese Werte der Variablen beim Importieren festgelegt werden. Allerdings können sie nachträglich noch verändert werden. Die Variable(n) einer Query können Sie hier anzeigen.

❺ **Variantendatenvorschau zeigen**: Sie können die ausgewählten Inhalte für die Zeilen und Spalten einer Query in einer Vorschau evaluieren. Beim Klicken springt das GUI in die browserbasierte Oberfläche von SAP BW/4HANA ab und stellt Ihnen die Vorschau der Query zur Verfügung.

Analytische Query freigeben

Klicken Sie auf **Variante für SAP Data Warehouse Cloud-Verwendung anlegen**, um eine analytische Query zur Modellübertragung freizugeben. Im erscheinenden Dialogfenster (siehe Abbildung 5.74) können Sie über die Schaltfläche ⧉ (**Wertehilfe**) Querys gemäß dem technischen Namen oder der Beschreibung durchsuchen. Ein Sternchen (*) fungiert als Platzhalter, sodass Sie beispielsweise Namensräume durchsuchen können (siehe Abbildung 5.74).

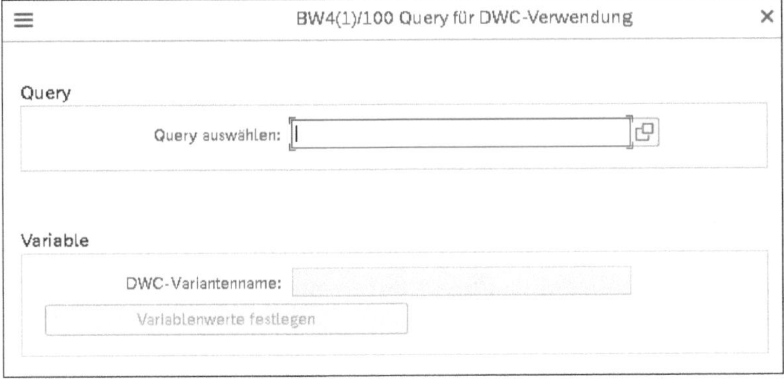

Abbildung 5.74 Query suchen und für die SAP-BW/4HANA-Modellübertragung auswählen

Query suchen und auswählen

Haben Sie eine Query gesucht und ausgewählt, bestätigen Sie Ihre Auswahl mit **OK**. Der technische Name der ausgewählten Query wird daraufhin in die Eingabemaske überführt (siehe Abbildung 5.75).

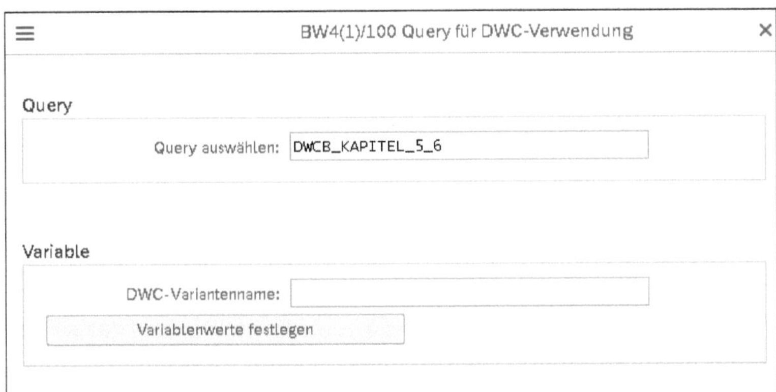

Abbildung 5.75 Ausgewählte Query für die SAP-BW/4HANA-Modellübertragung

Bestätigen Sie Ihre Auswahl, indem Sie ↵ drücken. Sie erhalten daraufhin einen Meldungstext, der auf etwaige Einschränkungen im Rahmen der Modellübertragung hinweist (siehe Abbildung 5.76).

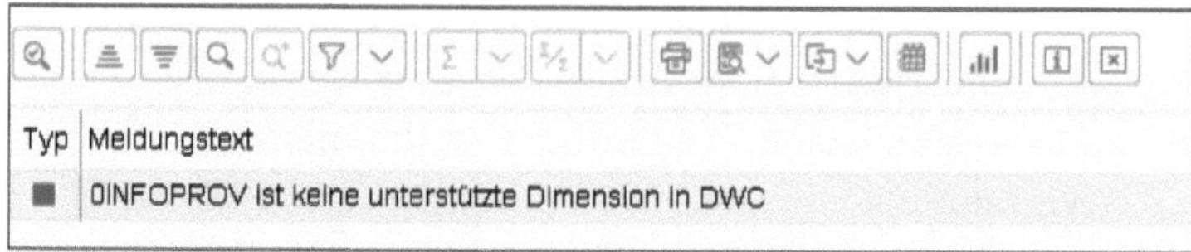

Abbildung 5.76 Meldungstext zur Kompatibilität für die SAP-BW/4HANA-Modellübertragung analytischer Querys

Variantenname

Vergeben Sie zunächst einen SAP-Data-Warehouse-Cloud-Variantennamen, unter dem die freigegebene analytische Query verfügbar sein wird.

Variablen für Querys in der SAP-BW/4HANA-Modellübertragung

Nichteingabebereite Variablen für Merkmale einer Query werden übernommen und sind nicht veränderbar. Eingabebereite Variablen einer Query werden im Rahmen der Modellübertragung mit Werten belegt, können aber nachträglich verändert werden (siehe Abschnitt 5.8.4, »Parameter einer importierten analytischen Query nachträglich bearbeiten«).

Variablenwerte festlegen

Sofern die ausgewählte Query über Variablen verfügt, können Sie diese über die Schaltfläche **Variablenwerte festlegen** definieren (siehe Abbildung 5.77). Dabei gilt, dass Querys mit obligatorischen Variablen erst freigegeben werden können, nachdem sie parametrisiert worden sind. Verfügt die Query über keine Variablen, ist das Feld ausgegraut.

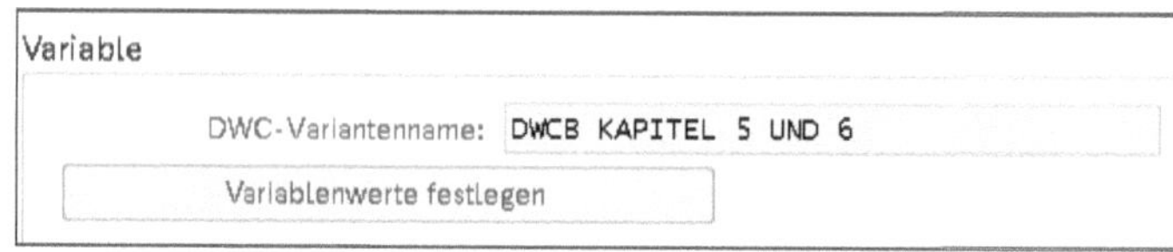

Abbildung 5.77 Variablenwerte festlegen für die SAP-BW/4HANA-Modellübertragung

Obligatorische Variablen definieren

Im sich öffnenden Dialogfenster definieren Sie die Werte für obligatorische Variablen, um die analytische Query freigeben zu können (siehe Abbildung 5.78). Obligatorische Variablen erkennen Sie am * in der Variablenbeschreibung. Für optionale Variablen können Sie nach Bedarf ebenfalls Werte für die Variable festlegen.

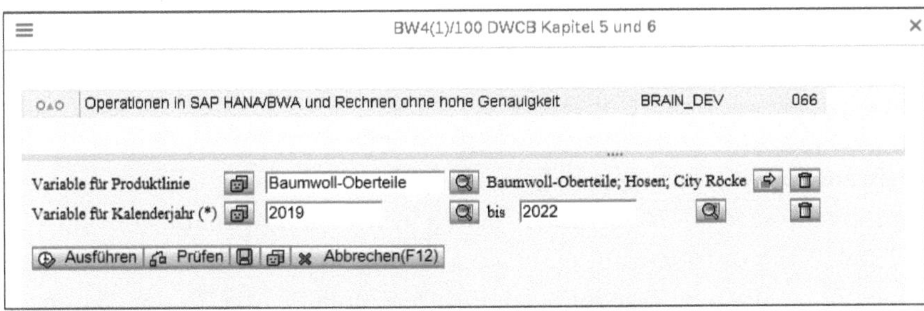

Abbildung 5.78 Ausgewählte Werte für eine optionale sowie eine obligatorische Variable in Transaktion RSDWC_QUERY in SAP BW/4HANA

Variablentyp

Haben Sie die erforderlichen Variablen definiert, können Sie die Konfiguration einer SAP-BW/4HANA-Query für die Verwendung in SAP Data Warehouse Cloud freigeben. Der Funktionsumfang ist dabei abhängig vom verwendeten Variablentyp.

[«]

Funktionsumfang der SAP-BW/4HANA-Modellübertragung

Zum Zeitpunkt der Drucklegung dieses Buches war es nicht möglich, Anzeigeeigenschaften wie beispielsweise Anzeigeattribute oder die Anzahl an Dezimalstellen einer Kennzahl zu übertragen.

Zudem wird die Modellübertragung von Querys nur auf der Grundlage von InfoProvidern vom Typ CompositeProvider unterstützt. Querys auf Planungsanwendungen, beispielsweise auf Aggregationsebenen, können nicht importiert werden.

Eine Übersicht unterstützter Funktionalitäten wird fortlaufend in SAP-Hinweis 2932647 dokumentiert.

Unterschiedliche Parametrisierungen von Variablen

Benötigen Sie unterschiedliche Parametrisierungen von Variablen, können Sie mehrere Varianten der identischen Query in Transaktion RSDWC_QUERY in SAP BW/4HANA generieren. Beispielsweise könnten Sie hierzu die gewohnte Namenskonvention verwenden, um unterschiedlichen Varianten von Querys semantischen Kontext zu verleihen. Hierbei könnte es auch eine Überlegung wert sein, einen eigenen Namensraum für Querys zu definieren, die spezifisch für Modellübertragungen gedacht sind.

5.8.3 Analytische Query aus SAP BW/4HANA importieren

Assistent für die Modellübertragung

Öffnen Sie zum Ausführen der SAP-BW/4HANA-Modellübertragung den Navigationsbereich von SAP Data Warehouse Cloud. Klicken Sie auf den Business Builder, und wählen Sie einen Space aus. In der Menüleiste unterhalb der Registerkarten finden Sie die Schaltfläche (**Importieren**). Öffnen Sie das Untermenü, und wählen Sie **Assistent für die Modellübertragung** aus. Im aufkommenden Dialogfenster wählen Sie die zu verwendende SAP-BW/4HANA-Verbindung aus (siehe Abbildung 5.79). Bestätigen Sie die Auswahl mit **Weiter**. Im nächsten Schritt werden Ihnen die verfügbaren Analyseabfragen zur Modellübertragung in SAP Data Warehouse Cloud aufgelistet. Nach der Auswahl einer Verbindung werden die zu erstellenden Objekte im Business Builder sowie im Data Builder bzw. in den Datenzugriffskontrollen aufgelistet (siehe Abbildung 5.80).

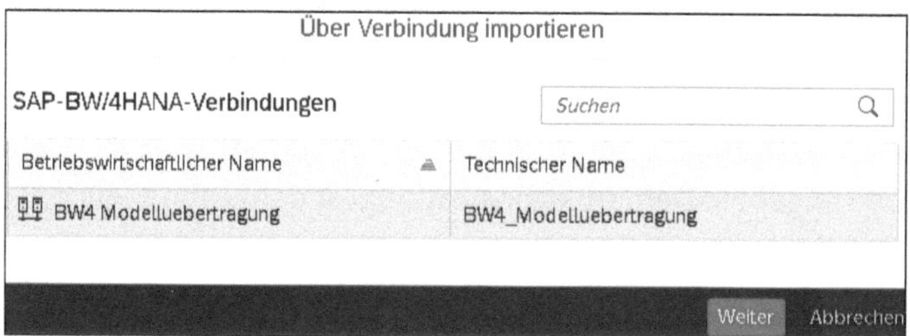

Abbildung 5.79 SAP-BW/4HANA-Verbindung für die Modellübertragung auswählen

Importstatus

Berücksichtigen Sie unbedingt die Warnmeldung aus Abbildung 5.80. Objekte mit identischen technischen oder betriebswirtschaftlichen Namen im Business Builder oder im Data Builder werden überschrieben. In der Spalte **Importstatus** wird aufgezeigt, welche Objekte hiervon betroffen sind.

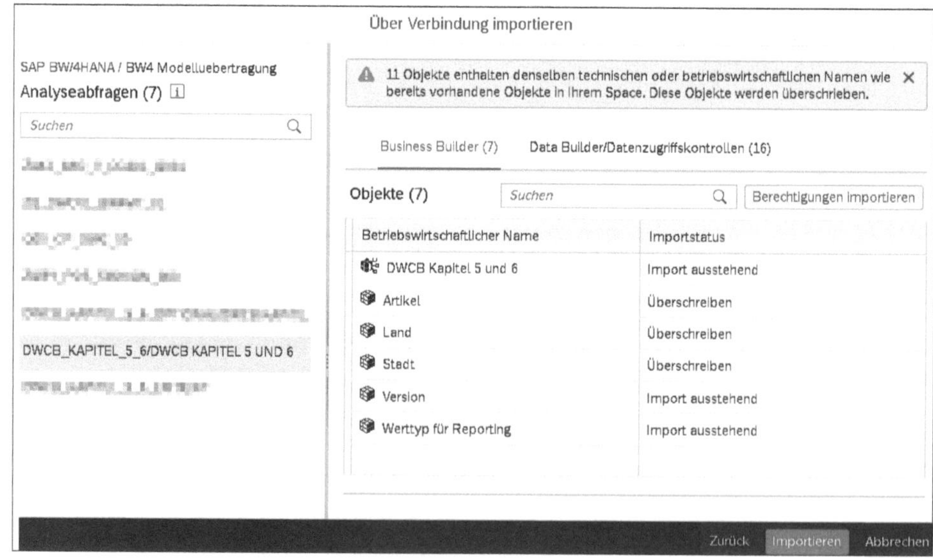

Abbildung 5.80 Objekte zum Importieren für Business Builder und Data Builder bzw. Datenzugriffskontrollen

Analytische Query importieren

Bestätigen Sie Ihre Auswahl über die Schaltfläche **Importieren**. SAP Data Warehouse Cloud importiert daraufhin die analytische Query. Die verwendeten Objekttypen der Query werden in Objekttypen von SAP Data Warehouse Cloud transformiert. Die Pendants für die Objekttypen aus SAP BW/4HANA werden im Data Builder (Remote-Tabellen) und Business Builder (Dimensionen, analytische Datensets, Verbrauchsmodelle, Perspektiven) generiert. Die korrespondieren Objekttypen finden Sie im SAP Help Portal auf der folgenden Seite:

https://help.sap.com/viewer/c8a54ee704e94e15926551293243fd1d/cloud/de-DE/92c0a5ee5eb24865b60f1b070c6c14e0.html

Protokolle

Nach Abschluss des Imports erhalten Sie eine Benachrichtigung im Kontextmenü von SAP Data Warehouse Cloud. Sobald die anschließende Implementierung ebenfalls abgeschlossen wurde, erhalten Sie eine weitere Benachrichtigung in SAP Data Warehouse Cloud. Darüber hinaus können Sie die Protokolle zu den bisherigen Modellübertragungen über die Schaltfläche (**Importieren**) im Untermenüpunkt einsehen.

Sie können nun mit den verfügbaren Funktionalitäten des Business Builders auf das importierte Modell der SAP-BW/4HANA-Modellübertragung zugreifen.

5.8.4 Parameter einer importierten analytischen Query nachträglich bearbeiten

Variablen bearbeiten

Parametrisierungen von Variablen können Sie nachträglich bearbeiten. Öffnen Sie hierzu erneut Transaktion RSDWC_QUERY, und markieren Sie, wie in Abbildung 5.72 gezeigt, eine Query und ihre jeweilige Variante, und klicken Sie auf (**Bearbeiten**). Durch einen Klick auf **Variablenwerte festlegen** können Sie bereits hinterlegte Werte für Variablen nachträglich bearbeiten. Nach Abschluss der Überarbeitungen bestätigen Sie die Änderungen mit **Aktualisieren**.

Aktualisierung von Variablen

Die Aktualisierung von Variablen erzielen Sie, indem Sie eine oder mehrere Query-Varianten markieren und auf (**Variante auffrischen**) klicken. Den Schritt zur Aktualisierung können Sie bei Bedarf automatisieren. Dies kann beispielsweise erforderlich sein, wenn im Rahmen des Imports auf Exits zurückgegriffen wird. Dieser Schritt ist auch erforderlich, falls Sie beispielsweise Variablen in der Query austauschen. Zum Verwenden der neuen Variablen müssen Sie zunächst eine Auffrischung durchführen. Führen Sie Transaktion SE38 auf der Benutzeroberfläche von SAP BW/4HANA aus, und starten Sie den Report `RSDWC_QUERY_VIEW_REFRESH` (siehe Abbildung 5.81).

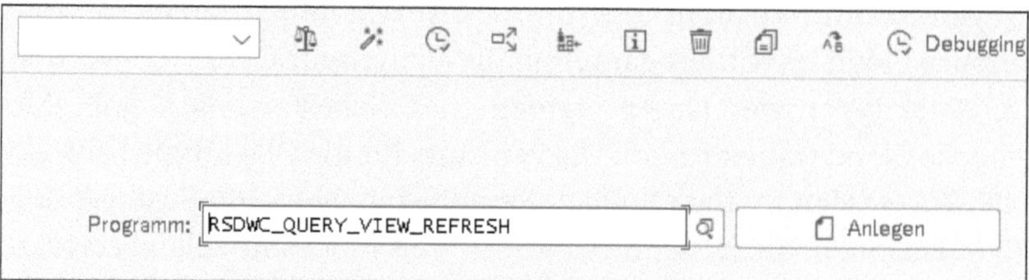

Abbildung 5.81 Programm zum nachträglichen Bearbeiten von Variablenwerten für die SAP-BW/4HANA-Modellübertragung

Führen Sie das Programm mit einem Klick auf (**Ausführen**) aus. Typischerweise werden Sie die Werte für Variablen je SAP-Data-Warehouse-Cloud-Query-Variante aktualisieren wollen. Ihnen werden folglich für eine Query auch mehrere Varianten zur Verfügung stehen. Achten Sie hierbei darauf, bei Überarbeitungen die korrekte Variante auszuwählen. Hierbei hilft eine stringente Namenskonvention, die unterschiedliche Parametrisierungen beschreibt.

Vorgehensweise bei der SAP-BW/4HANA-Modellübertragung

Query-Variablen werden bei der Modellübertragung nicht übernommen. Sie können nach dem Import stattdessen mit Eingabeparametern arbeiten (siehe Abschnitt 5.2.1, »Dimensionen«). Zudem ist es empfehlenswert, die Perspektive als Kopiervorlage zu nutzen. Denn andernfalls gehen anschließende Änderungen nach dem nächsten Import im Falle der Erweiterung eines CompositeProviders verloren.

Sie können entweder die Summe aller SAP-Data-Warehouse-Cloud-Query-Varianten aktualisieren und nach InfoProvider selektieren oder per SAP-Data-Warehouse-Cloud-Query-Variante auswählen ❶ (siehe Abbildung 5.82). Nach der Auswahl einer Query und einer Variante ❷ führen Sie mit der Option **Variablen auffrischen, CSN neu aufbauen** ❸ eine Auffrischung durch. Aktivieren Sie das Kennzeichen **Protokoll anzeigen** ❹, um die Verarbeitung zu prüfen. Bestätigen Sie die Auswahl über die Schaltfläche **Ausführen**. Die Variablen der ausgewählten SAP-Data-Warehouse-Cloud-Query-Varianten werden daraufhin aufgefrischt.

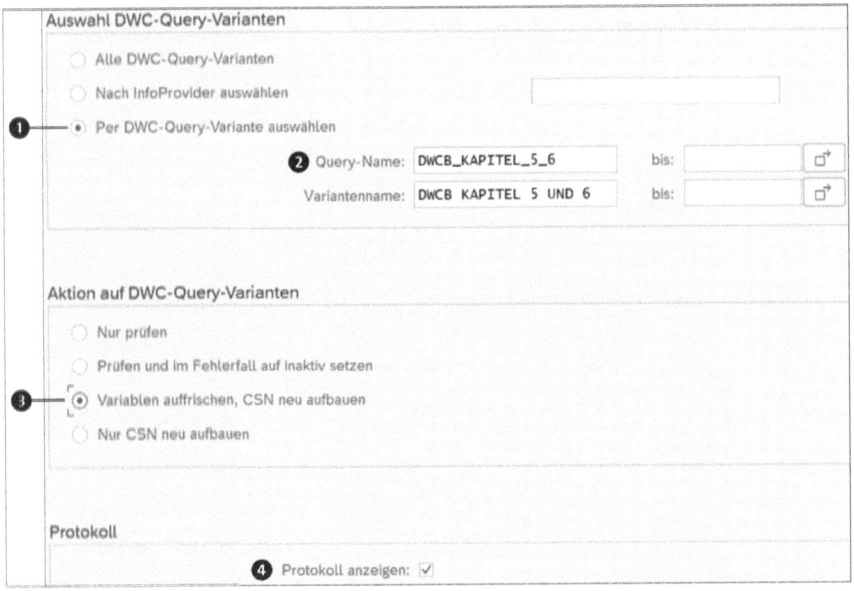

Abbildung 5.82 Variablen freigegebener Querys in SAP Data Warehouse Cloud

5.9 Zusammenfassung

Mit dem Business Builder verfügt SAP Data Warehouse Cloud über eine eigene Schicht, um die Semantik eines Datenmodells zu definieren, zu bearbeiten oder zu erweitern. Mittels Dimensionen definieren Sie typischerweise Stammdaten. Diese kombinieren Sie wiederum in analytischen Datensets zu Bewegungsdaten. Handelt es sich hierbei um wiederkehrende Strukturen, können Sie diese optional in Faktenmodellen verankern. Mit Verbrauchsmodellen schaffen Sie nun eine virtuelle Verknüpfung zu den Berichtsanwendungen. Der eigentliche Abruf von Inhalten in Berichtsanwendungen erfolgt dann in Perspektiven, die typischerweise einen Ausschnitt der Inhalte eines Verbrauchsmodells darstellen. Durch diesen modularen Ansatz können Sie die Datenmodelle dynamisieren und an den Anforderungen Ihrer Geschäftsfälle ausrichten. Im nächsten Kapitel lernen Sie, die Verbindung zu SAP Analytics Cloud einzurichten, um die Inhalte aus SAP Data Warehouse Cloud in ansprechende und aussagekräftige Berichtsanwendungen zu überführen.

Kapitel 6

Reporting mit SAP Analytics Cloud

In diesem Kapitel lernen Sie, die Anbindung zu SAP Analytics Cloud herzustellen. Unter der Verwendung erstellter Inhalte in SAP Data Warehouse Cloud können Sie nun in SAP Analytics Cloud eigene Berichte erstellen und somit Analysen durchführen.

6

SAP hat 2015 eine neue Applikation namens *SAP Cloud for Planning* eingeführt, um sich im wachsenden Cloud-Geschäft zu positionieren. Inzwischen nennt sich diese Applikation *SAP Analytics Cloud* und repräsentiert den aktuellen Entwicklungsstand: die Bereitstellung einer Plattform für das Berichtswesen, die Planung sowie Augmented Analytics.

On-premise und Cloud

Mit SAP Analytics Cloud erfolgte ein Paradigmenwechsel hin zu cloudbasierten Applikationslandschaften. Damit wandelten sich auch die unternehmensinternen Anforderungen und Herausforderungen in technologischer und fachlicher Hinsicht. Dies gilt auch für SAP Analytics Cloud. Somit folgt SAP im Frontend konsequent dem Ansatz *Cloud first*.

Vor dem Hintergrund der Betriebsmodelle von cloudbasierten Applikationen ist SAP Analytics Cloud als Software-as-a-Service (SaaS) einzuordnen. Aktualisierungen werden seitens SAP zentral gesteuert und eingespielt.

[«]

Releasezyklen für SAP-Cloud-Applikationen

SAP verwaltet seine Releasezyklen zentralisiert für eine Vielzahl von Cloud-Applikationen, u. a. auch SAP Analytics Cloud. Die Termine hierzu werden fortlaufend in SAP-Hinweis 2888562 dokumentiert.

Frontend

SAP Analytics Cloud ist als Pendant im Frontend zu SAP Data Warehouse Cloud anzusehen. Während SAP Data Warehouse Cloud unterschiedliche Datenmodellierungsszenarien ermöglicht, dient SAP Analytics Cloud dazu, diese Inhalte zur Auswertung in Form von Diagrammen und Tabellen bereitzustellen.

Live-Verbindung oder Importverbindung

Für die Quellsystemanbindung bietet SAP Analytics Cloud unterschiedliche Szenarien. Im Allgemeinen ist eine Verbindung zu SAP Analytics Cloud je nach Quellsystem entweder per *Live-Verbindung* oder per *Importverbin-*

dung möglich. Bei der Live-Verbindung werden die Daten des Quellsystems nicht dauerhaft in SAP Analytics Cloud gespeichert, sondern lediglich in Form von Tabellen oder Diagrammen zur Anzeige gebracht. Dabei werden Metadaten an SAP Analytics Cloud übertragen, beispielsweise also die Information, dass es sich um eine Dimension oder um eine Kennzahl handelt. Die Alternative zu einer Live-Verbindung ist die Importverbindung. Hierbei handelt es sich um die physische Replikation der ausgewählten Daten auf der zugrundeliegenden SAP-HANA-In-Memory-Datenbank von SAP Analytics Cloud.

[»]

Live-Verbindung oder Importverbindung

Bei der Entscheidung für eine Live- oder für eine Importverbindung gilt es zu berücksichtigen, dass die Funktionsumfänge nicht identisch sind. Limitationen der Live-Verbindung von SAP Analytics Cloud zu traditionellen Quellsystemen wie einem SAP Business Warehouse oder zu SAP S/4HANA dokumentiert SAP fortlaufend in SAP-Hinweis 2715030.

[»]

Live-Verbindung für SAP Data Warehouse Cloud und SAP Analytics Cloud

Die Verbindung zwischen SAP Data Warehouse Cloud und SAP Analytics Cloud war zum Zeitpunkt der Drucklegung dieses Buches ausschließlich per Live-Verbindung möglich. Den unterstützten Funktionsumfang dokumentiert SAP fortlaufend in SAP-Hinweis 2832606.

Die Verknüpfung zwischen SAP Data Warehouse Cloud sowie SAP Analytics Cloud folgt einer n:m-Beziehung. Mehrere Instanzen von SAP Data Warehouse Cloud können also mit mehreren Instanzen von SAP Analytics Cloud verknüpft werden. Die Integration der beiden Applikationen erfolgt dabei zweistufig. Zunächst sollten die Tenants verknüpft werden (siehe Kapitel 9, »Weitere Konfigurationen in SAP Data Warehouse Cloud«). Die Verknüpfung ermöglicht über einen *Produktschalter* einen direkten Absprung aus SAP Data Warehouse Cloud nach SAP Analytics Cloud. Im zweiten Schritt gilt es, aus SAP Analytics Cloud heraus eine Live-Verbindung zu Data Warehouse Cloud zu konfigurieren. Die Einrichtung der Verbindung erfolgt aus SAP Analytics Cloud heraus und bedarf typischerweise der Unterstützung der IT eines Unternehmens. In Abschnitt 6.1, »Verbindung mit SAP Data Warehouse Cloud«, wird die grundlegende Einrichtung der Verbindung zwischen SAP Data Warehouse Cloud und SAP Analytics Cloud erläutert. In der Navigation und Handhabung weist SAP Analytics Cloud zumindest optisch einige Gemeinsamkeiten auf; die Details in der grundsätzlichen Bedienung werden Ihnen in Abschnitt 6.2, »Navigation in SAP Analytics Cloud«, nähergebracht. Abschnitt 6.3, »Berichte in SAP Analytics Cloud erstellen«, führt Sie durch die zentralen Elemente zur Erstellung eigener Berichte mit Diagrammen und Tabellen und rundet somit die Grundlage ab, mittels der Sie eigene Inhalte aus SAP Data Warehouse Cloud nach SAP Analytics Cloud überführen können.

6.1 Verbindung mit SAP Data Warehouse Cloud

Verbindung herstellen

Für den Abruf von Inhalten aus SAP Data Warehouse Cloud zur Weiterverarbeitung in SAP Analytics Cloud ist eine Datenverbindung erforderlich. Klicken Sie zur Erstellung einer Live-Datenverbindung im Navigationsbereich von SAP Analytics Cloud auf **Verbindungen** (siehe Abbildung 6.1).

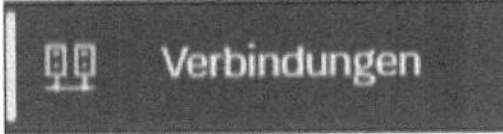

Abbildung 6.1 Verbindungen im Navigationsbereich von SAP Analytics Cloud

Verbindung hinzufügen

Initial landen Sie auf der Registerkarte **Verbindungen**, auf der Sie eine Übersicht bestehender Verbindungen einsehen können. Klicken Sie zum Erstellen einer neuen Verbindung auf die Schaltfläche ⊞ (**Hinzufügen**). Wählen Sie im sich öffnenden Dialogfenster unter dem Menüpunkt **Mit Live-Daten verbinden** ❶ den Verbindungstyp **SAP Data Warehouse Cloud** ❷ aus (siehe Abbildung 6.2).

Abbildung 6.2 Datenverbindung zwischen SAP Analytics Cloud und SAP Data Warehouse Cloud herstellen

Sie werden in ein Dialogfenster zur Erstellung einer neuen SAP-Data-Warehouse-Cloud-Live-Verbindung weitergeleitet (siehe Abbildung 6.3).

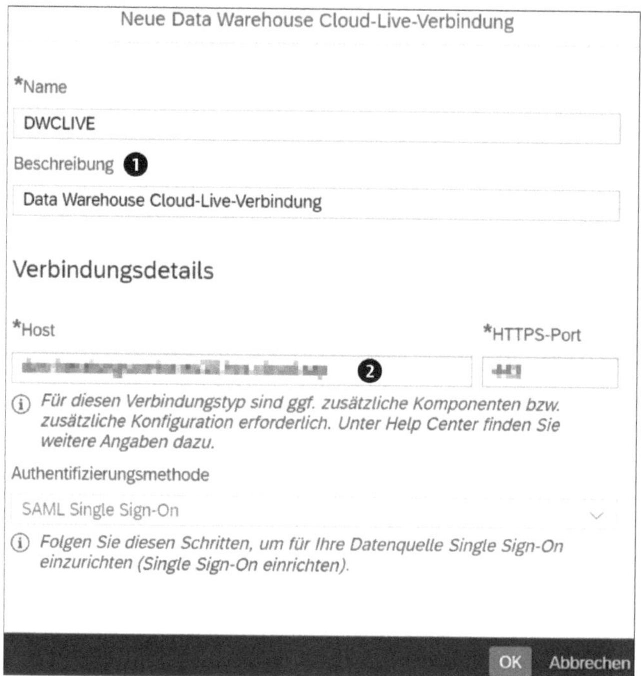

Abbildung 6.3 Neue Live-Verbindung in SAP Analytics Cloud konfigurieren

HTTPS-Port

Die Eingabe eines Namens sowie die Vornahme von Eingaben in allen anderen Felder, die mit * markiert sind, sind verpflichtend. Im Feld **Beschreibung** können Sie unter ❶ optional einen Eintrag vornehmen. Unter ❷ fügen Sie die URL zu SAP Data Warehouse Cloud ein und hinterlegen den **HTTPS-Port**. Bestätigen Sie Ihre Eingaben über die Schaltfläche **OK**. Sofern Sie nicht parallel in SAP Data Warehouse Cloud angemeldet sind, werden Sie danach aufgefordert, sich dort anzumelden. Die zuvor erstellte Verbindung wird nun in der Liste der erstellten Verbindungen aufgeführt.

Verbindung bearbeiten

Bereits erstellte Verbindungen können Sie nachträglich bearbeiten. Markieren Sie hierzu die zu bearbeitende Verbindung (siehe Abbildung 6.4). Wenn Sie anschließend auf die Schaltfläche (**Verbindung bearbeiten**) klicken, erscheint das bekannte Dialogfenster aus Abbildung 6.3. Beim Bearbeiten der Verbindung können Sie die Beschreibung, den Host sowie den HTTPS-Port nachträglich verändern. Der Name lässt sich hingegen nicht mehr bearbeiten.

Sie haben nun SAP Analytics Cloud mit SAP Data Warehouse Cloud verbunden und können fortan auf Inhalte zugreifen, sofern diese gemäß Abschnitt 5.2, »Geschäftsentitäten«, sowie gemäß Abschnitt 5.5, »Perspektiven«, zum Abruf freigegeben sind.

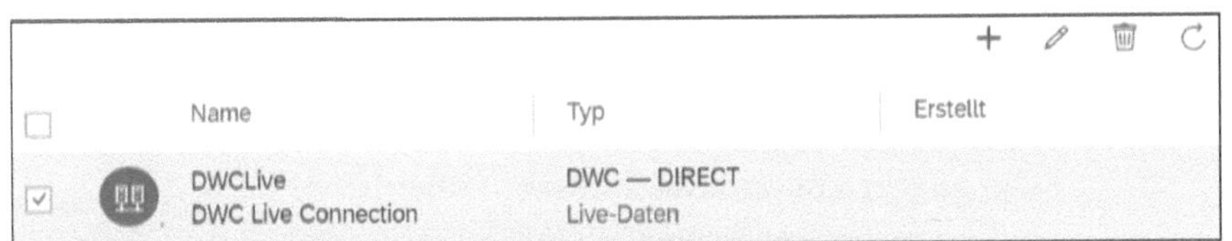

Abbildung 6.4 Verbindungen in SAP Analytics Cloud bearbeiten

6.2 Navigation in SAP Analytics Cloud

Profil

SAP Analytics Cloud wird als Applikation über einen Webbrowser bedient. Die von SAP empfohlenen Browser sind Google Chrome und Microsoft Edge. Nach der Anmeldung in SAP Analytics Cloud landen Sie auf der Startseite. In einem ersten Schritt ist es empfehlenswert, die hinterlegten Einstellungen im Profil zu bearbeiten. Mit einem Klick auf (**Profil**) sind die individuellen Einstellungen der Anwender*innen zu finden (siehe Abbildung 6.5).

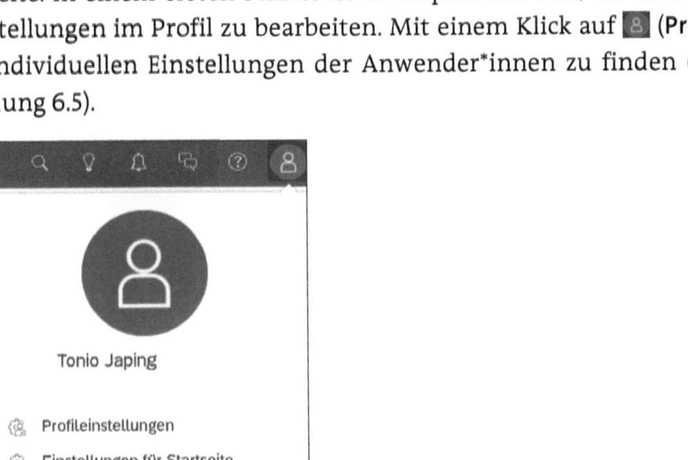

Abbildung 6.5 Optionen im Profil auf der Startseite von SAP Analytics Cloud

Profileinstellungen

In den Profileinstellungen lassen sich die Spracheinstellungen, die Zeitformate sowie weitere Individualisierungen vornehmen. Durch einen Klick auf (**Bearbeiten**) ist die Bearbeitung möglich. Die zentralen Funktionen sind folgende (siehe Abbildung 6.6):

❶ **Sprache**: Mit der **Sprache** wird die Systemsprache für SAP Analytics Cloud festgelegt. Entsprechend den Eingaben werden zum einen die Bedienelemente in der entsprechenden Zielsprache angezeigt. Zum anderen werden Standardfunktionalitäten für Berichte, beispielsweise Abweichungen in Berichten und Tabellen, in die jeweilige Zielsprache übersetzt.

❷ **Datenzugriffssprache**: Mit der Datenzugriffssprache wird die Sprache für die tatsächlichen Inhalte Ihrer Modelle festgelegt. Sofern ein Datenmodell sprachabhängige Texte unterstützt, lässt sich über die Datenzugriffssprache die angezeigte Sprache steuern. Dabei ist zu berücksichtigen, dass eine Datenzugriffssprache auch in Verbindungen zentral definiert werden kann.

❸ **Datumsformat/Uhrzeitformat**: Es stehen unterschiedliche Datumsformate und Uhrzeitformate zur Verfügung, die die Anwender*innen festlegen können.

❹ **Zahlenformat/Skalierungsformat**: Mit der Festlegung von Zahlenformat und Skalierungsformat wird die Darstellung von Diagrammen und Tabellen beeinflusst.

❺ **Währungsposition**: Analog zum Zahlen- und Skalierungsformat lässt sich festlegen, an welcher Stelle Währungseinheiten dargestellt werden sollen.

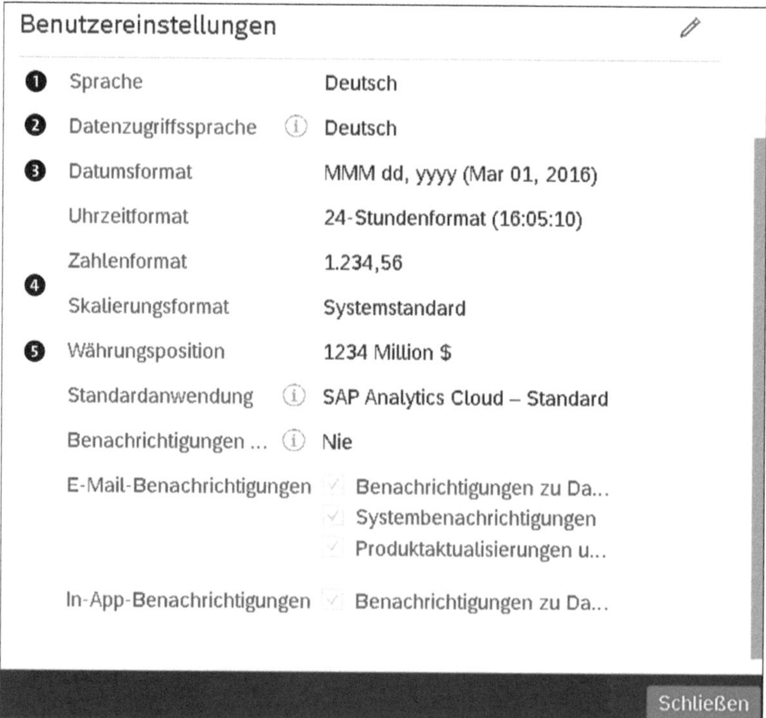

Abbildung 6.6 Zentrale Profileinstellungen im Profil von SAP Analytics Cloud

Mit **Sichern** werden die Eingaben bestätigt. Die Seite im Browser wird daraufhin aktualisiert und die Einstellungen sind fortan wirksam.

6.3 Berichte in SAP Analytics Cloud erstellen

Funktionsumfang in SAP Analytics Cloud

Die Funktionalitäten von SAP Analytics Cloud sind umfangreich: von der Planung über die Prognose bis zum Berichtswesen. Es ist im Rahmen dieses Buches nicht möglich, den gesamten Funktionsumfang von SAP Analytics Cloud zu beschreiben. Der Fokus dieses Abschnitts liegt daher auf der Einbindung von Datenmodellen aus SAP Data Warehouse Cloud in die Berichtsfunktionalitäten von SAP Analytics Cloud. Hierbei stehen drei wesentliche Funktionalitäten zur Verfügung (siehe Abbildung 6.7): Die App **Storys**, die wir Ihnen in Abschnitt 6.3.1, »Storys in SAP Analytics Cloud erstellen«, vorstellen, die App **Analytic Applications**, die nicht Bestandteil dieses Buches ist, und die App **Data Analyzer**, die in Verbindung mit SAP Data Warehouse Cloud nicht unterstützt wird.

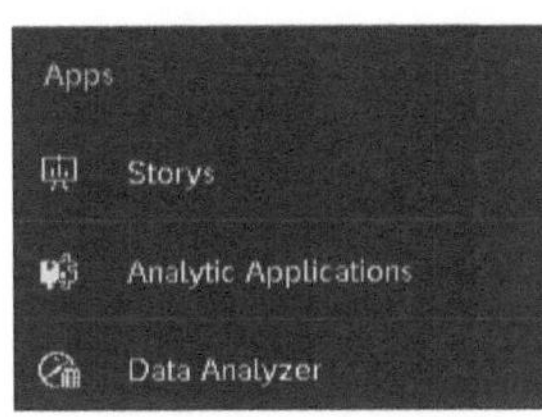

Abbildung 6.7 Apps zum Berichtswesen im Navigationsbereich von SAP Analytics Cloud

Storys

Storys beschreiben das Standardberichtswesen in SAP Analytics Cloud. Es stehen die wesentlichen Funktionalitäten wie Diagramme, Tabellen, Filter und dynamische Textfelder zur Verfügung. Der Vorteil für Unternehmen liegt darin, dass keine Kenntnisse in der Programmierung erforderlich sind. Anwender*innen folgen der Idee von »What You See Is What You Get«: Erstellte Diagramme und Tabellen sind direkt verfügbar und ermöglichen eine dynamische Berichtsentwicklung. Dies ermöglicht eine flexible Handhabung von Storys und führt zügig zu ersten Ergebnissen in der Berichtsentwicklung.

Data Analyzer

Während Storys die Aufgabe klassischer Berichte erfüllen, dient der Data Analyzer der explorativen, rein tabellarischen Datenanalyse. Anwender*innen können bei der Anzeige einer Datenquelle im Data Analyzer flexibel Kennzahlen und Dimensionen in die Zeilen und Spalten einer Tabelle hinzufügen. Die Optionen zur Formatierung sind reduziert; der Schwerpunkt dieser Funktionalität liegt in der tabellarischen Datenanalyse.

Analytic Applications

Für individuelle Einzelentwicklungen können in SAP Analytics Cloud sogenannte *Analytic Applications* genutzt werden. Durch den Einsatz von JavaScript können Berichte über die Standardfunktionalitäten einer Story hinaus mit Funktionalitäten angereichert werden. Neben Kenntnissen in

JavaScript sollten Anwender*innen auch ein erweitertes Verständnis für das Format der zugrundliegenden Daten haben. Analytic Applications sind ein mächtiges Werkzeug, um individuelle Anforderungen im Berichtswesen zu erfüllen. Beispielsweise könnten Berichtsanwender*innen anfordern, dass sich auf Knopfdruck der Aufbau eines Berichts verändert. Der Aufwand zur Erstellung von Analytic Applications ist höher als für Storys, der Funktionsumfang jedoch ebenso.

6.3.1 Storys in SAP Analytics Cloud erstellen

Storys

Der Einstieg zur Einbindung von Inhalten aus SAP Data Warehouse Cloud in eine Story in SAP Analytics Cloud erfolgt im Navigationsbereich von SAP Analytics Cloud unter **Storys** (siehe Abbildung 6.8).

Abbildung 6.8 Storys im Navigationsbereich von SAP Analytics Cloud

Abschnitte in Storys

Folgende Funktionalitäten stehen in der erscheinenden Ansicht zur Verfügung (siehe Abbildung 6.9):

❶ **Neu erstellen**: Berichte bestehen typischerweise aus mehreren Berichtsseiten. Mit **Flexibel** und **Grafikbereich** definieren Sie das Format einer einzelnen Berichtsseite, wobei im Rahmen eines Berichts mehrere Berichtsseiten unterschiedlichen Formats kombiniert werden können. Berichtsseiten im Format **Flexibel** passen sich automatisch an die Bildschirmauflösung und an den Browserzoom des Endgeräts an. Darüber hinaus ist dieses Format eine notwendige Bedingung, um Berichte für mobile Endgeräte bereitzustellen. Im Format **Grafikbereich** erstellen Sie hingegen pixelgenaue Berichtsseiten. **Flexibel** und **Grafikbereich** können sowohl Tabellen als auch Diagramme enthalten. **Raster** ist das einzige Format, in dem ausschließlich eine tabellarische Darstellung in Storys möglich ist.

❷ **Vorlagen**: In SAP Analytics Cloud können Sie Vorlagen verwenden. Einerseits werden hier bereits im Standard beispielhafte Vorlagen bereitgestellt, um Einblick in die Möglichkeiten zu erhalten; andererseits können Anwender*innen eigene Vorlagen umsetzen, in denen Sie bereits im Standard beispielsweise Richtlinien in der Farbgebung und in den verwendeten Schriftarten hinterlegen.

❸ **Letzte Dateien**: Hier finden Sie standardmäßig die zuletzt verwendeten Dateien aus dem Navigationsbereich **Storys**.

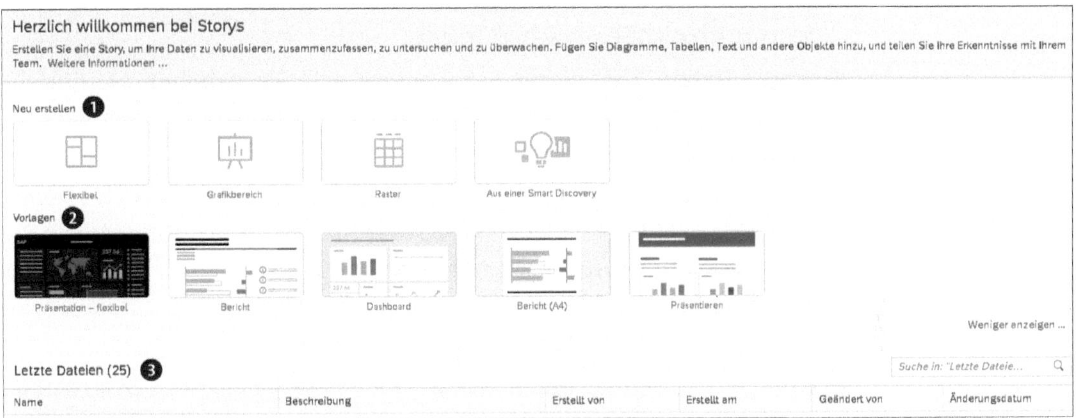

Abbildung 6.9 Übersicht zu Storys in SAP Analytics Cloud

Welches Format eignet sich für welchen Anwendungsfall?

Die Entscheidung für ein Format sollte sich an den Berichtsanforderungen orientieren. So ist es für mobile Endgeräte beispielsweise unerlässlich, das Format **Flexibel** zu wählen. Andere Formate werden auf mobilen Endgeräten nicht angezeigt. Darüber hinaus bietet Ihnen das Format **Flexibel** den Vorteil, dass es sich an die Bildschirmauflösung und den Browserzoom verschiedener Anwender*innen anpasst. Typischerweise unterscheiden sich die Einstellungen auf den Endgeräten unternehmensweit. Ein möglicher Nachteil dieses Formats ist, dass die automatisierte Anpassung des Berichts an die Bildschirmeinstellungen der Anwender*innen nicht gezielt gesteuert werden kann, sodass es zu Abweichungen in der Visualisierung der Berichte kommt. Das Format **Grafikbereich** bietet sich insbesondere an, wenn Sie pixelgenaue Berichte erstellen möchten und einen Standard an Endgeräten erwarten können. Der Vorteil des Formats **Grafikbereich** ist die Möglichkeit, Objekte gezielt zu platzieren, ohne dem Automatismus optimierter Darstellungen des Formats **Flexibel** erlegen zu sein. Objekte befinden sich somit also stets an der gleichen Stelle im Dashboard, unabhängig vom Endgerät. Das Format **Raster** bietet sich für Berichtsseiten an, die grundsätzlich nur als Tabellen in Storys verfügbar sein sollen.

Erstellung und Bearbeitung einer Story

Klicken Sie für einen Überblick der Funktionalitäten zunächst auf das Format **Flexibel** (siehe Abbildung 6.9). In der darauffolgenden Ansicht erstellen und bearbeiten Sie die Story. Folgende wesentlichen Funktionalitäten beim Erstellen einer Story in SAP Analytics Cloud stehen Ihnen zur Verfügung (siehe Abbildung 6.10):

❶ **Neue Story***: Beim Erstellen einer neuen Story wird diese initial als »Neue Story*« bezeichnet, wobei * in der Menüleiste darauf hinweist, dass diese Story noch nicht gespeichert wurde.

❷ **Story | Daten**: Über diesen Schalter wechseln Sie zwischen der Ansicht zum Hinzufügen und Entfernen von Datenquellen sowie der Ansicht zum Bearbeiten der Story hin und her.

❸ **Seite 1**: Berichte bestehen typischerweise aus mehreren Berichtsseiten, die wiederum unterschiedliche Formate haben können. Hier können Sie neue Seiten hinzufügen, bestehende Seiten duplizieren, löschen oder auch ihre Reihenfolge verändern. **Seite 1** ist dabei die Standardbeschreibung, Sie können die Benennung aber auch ändern.

❹ **Einfügen**: Anwender*innen können über diese Schaltfläche Diagramme, Tabellen und interaktive Elemente zur Bedienung des Berichts wie beispielsweise Filter hinzufügen. Mit einem Klick auf ⊞ (**Hinzufügen**) erhalten Sie eine Listenansicht zu den verfügbaren Elementen.

❺ **Daten**: Sie können eingebundene Datenquellen aktualisieren oder Ihre Eingabeaufforderungen bearbeiten. Verfügt das eingebundene Analysedatenset aus SAP Data Warehouse Cloud beispielsweise über Eingabeparameter, können Sie diese erneut über einen Linksklick auf die Schaltfläche {} (**Eingabeaufforderungen bearbeiten**) aufrufen.

❻ **Format | Anzeigen**: Unter **Format** können Sie Berichte im Format **Flexibel** simulieren, um deren Darstellung auf unterschiedlichen mobilen und stationären Endgeräten zu testen.

❼ **Mehr**: Über die Schaltfläche **Mehr** gelangen Sie zu weiteren Funktionalitäten im Rahmen der Erstellung und Bearbeitung einer Story.

❽ **Designer**: Das zentrale Bedienelement zum Bearbeiten von Diagrammen, Tabellen und weiteren Inhalten ist der **Designer**. Hier fügen Sie Kennzahlen und Dimensionen zu den Berichtselementen, sogenannten *Widgets*, hinzu oder entfernen diese auch wieder aus den erstellen Widgets.

❾ **Bearbeiten | Anzeigen**: Zum Bearbeiten einer Story müssen Sie zuvor den Modus zum Bearbeiten ausgewählt haben. Durch einen Linksklick auf **Anzeigen** wechseln Sie den zweiten Modus und erhalten somit einen Eindruck dessen, wie die Story aussehen wird.

Abbildung 6.10 Story in SAP Analytics Cloud erstellen und bearbeiten

Smart Discovery für SAP Data Warehouse Cloud

Zum Zeitpunkt der Drucklegung dieses Buches war das Format **Smart Discovery** in SAP Analytics Cloud für die Live-Datenverbindung mit SAP Data Warehouse Cloud nicht verfügbar.

6.3.2 Inhalte aus SAP Data Warehouse Cloud in SAP Analytics Cloud einbinden

Daten aus SAP Data Warehouse Cloud hinzufügen

Mit einem Klick auf die Schaltfläche **Daten** können Sie Daten hinzufügen (siehe Abbildung 6.10). Im sich öffnenden Dialogfenster werden Ihnen über drei Schaltflächen unterschiedliche Quellen zum Hinzufügen von Daten bereitgestellt. Wählen Sie zunächst die Schaltfläche (**Daten aus einer Datenquelle**), siehe Abbildung 6.11.

Abbildung 6.11 Daten in SAP Analytics Cloud aus einer Datenquelle hinzufügen

Klappen Sie nun den Unterpunkt **Mit Live-Daten verbinden** ❶ auf, und wählen Sie die Verbindung **SAP Data Warehouse Cloud** ❷ (siehe Abbildung 6.12).

Abbildung 6.12 Daten aus SAP Data Warehouse Cloud in SAP Analytics Cloud einbinden

Liste vorhandener Verbindungen

Wählen Sie im Dialogfenster Ihre gewünschte SAP-Data-Warehouse-Cloud-Verbindung aus, und bestätigen Sie danach Ihre Auswahl mit **OK** (siehe Abbildung 6.13).

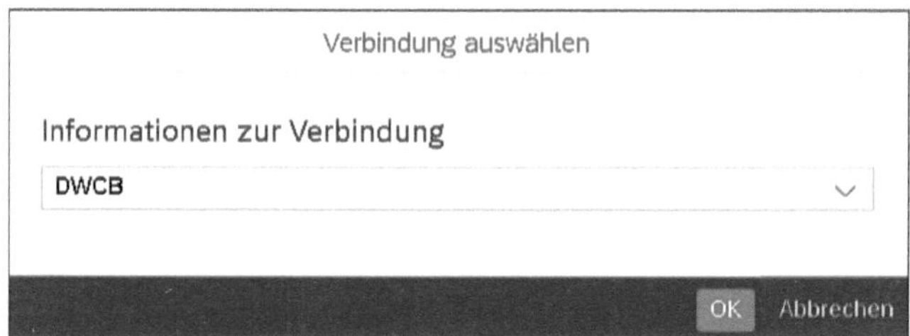

Abbildung 6.13 Verbindung zu SAP Data Warehouse Cloud auswählen

Wählen Sie den Space, aus dem Sie Inhalte in die Story einbinden möchten. Bestätigen Sie Ihre Auswahl mit **OK** (siehe Abbildung 6.14).

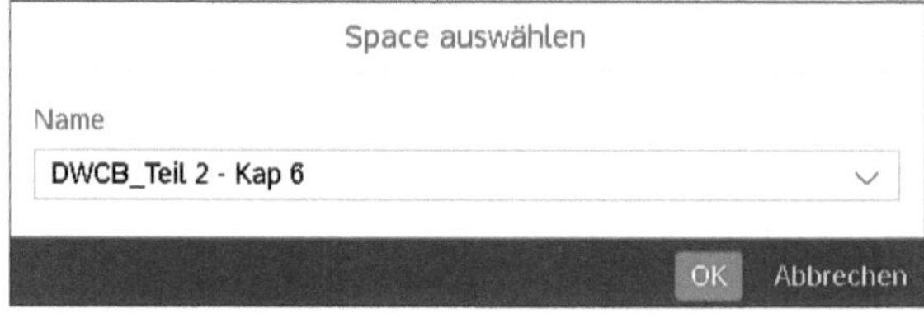

Abbildung 6.14 Space beim Hinzufügen einer Quelle auswählen

Analysedatenset

Im nächsten Dialogfenster wählen Sie das Analysedatenset aus, das Sie in eine Story einbinden möchten. Für die Anzeige und Sichtbarkeit von Objekten gelten die in Abschnitt 5.2.1, »Dimensionen«, sowie in Abschnitt 5.5,

»Perspektiven«, beschriebenen Voraussetzungen. Im Beispiel in Abbildung 6.15 ist eine Perspektive ausgewählt. Bestätigen Sie Ihre Auswahl mit **OK**.

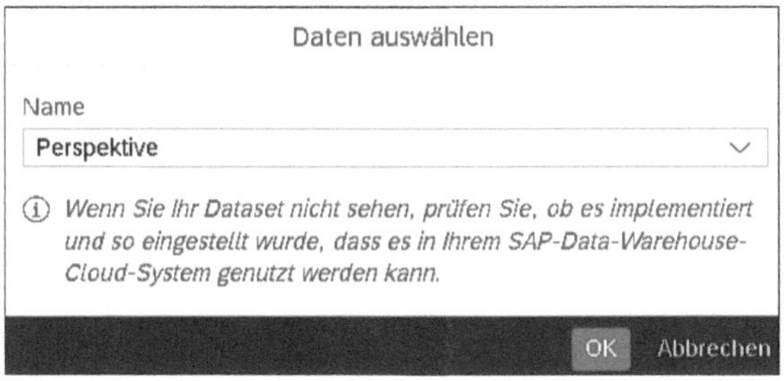

Daten auswählen
Name
Perspektive
Wenn Sie Ihr Dataset nicht sehen, prüfen Sie, ob es implementiert und so eingestellt wurde, dass es in Ihrem SAP-Data-Warehouse-Cloud-System genutzt werden kann.
OK
Abbrechen

Abbildung 6.15 Analysedaten beim Hinzufügen einer Quelle auswählen

[+]

Analysedatensets und die Zugehörigkeit zu einem Space

Bei der Anwendung einer Namenskonvention lässt sich aus dem Namen ablesen, welchem Space ein Analysedatenset zugeordnet ist. Darüber hinaus können Sie aber auch mit dem Mauszeiger auf ein Analysedatenset zeigen; der Name des zugeordneten Space wird daraufhin in einem Tooltip eingeblendet.

Sofern das eingebundene Analysedatenset über Eingabeparameter verfügt, werden Sie in einem Dialogfenster aufgefordert, eine Variable für diese Perspektive festzulegen. Darüber hinaus können Sie per Checkbox definieren, ob Anwender*innen künftig beim Öffnen der Story ebenfalls zum Festlegen einer Variable eines Eingabeparameters aufgefordert werden sollen (siehe Abbildung 6.16). Zusätzlich können Sie für den Eingabeparameter festlegen, dass das Auswahlfenster bei jedem Zugriff auf die Story erneut geöffnet werden soll. Aktivieren Sie hierzu das Kennzeichen **Beim Öffnen einer Story automatisch Eingabeaufforderung anzeigen** aus, und bestätigen Sie Ihre Auswahl über die Schaltfläche **Festlegen**.

Variablen festlegen für Perspektive
Beim Öffnen einer Story automatisch Eingabeaufforderung anzeigen
Eingabeparameter *
J-1
Festlegen
Abbrechen

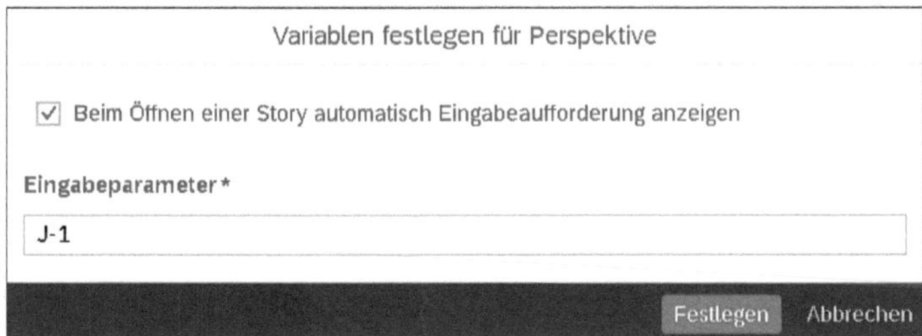

Abbildung 6.16 Variable für Eingabeparameter beim Einbinden eines Analysedatensets in eine Story festlegen

Neue Daten hinzufügen

Sie können mehrere Inhalte aus unterschiedlichen Spaces und Objekten in eine Story einbinden und kombinieren. Klicken Sie hierzu erneut auf die Schaltfläche **Daten** (siehe Abbildung 6.10), und wählen Sie dann die Schaltfläche (**Neue Daten hinzufügen**) aus.

6.3.3 Diagramme, Tabellen und Filter in einer Story hinzufügen

Diagramme und Tabellen hinzufügen

Beim Erstellen einer neuen Story im Format **Flexibel** werden standardmäßig zwei sogenannte *Lanes* (❶ und ❷) samt Textfeld für eine Überschrift nebeneinander vorbereitet (siehe Abbildung 6.17). Lanes können als Container verstanden werden, die entsprechend den Anzeigeeinstellungen des jeweiligen Endgeräts angeordnet werden, um die Inhalte darzustellen.

Abbildung 6.17 Zwei nebeneinanderliegende Lanes im Format »Flexibel«

Lanes

Vergeben Sie zunächst eine Überschrift für die Lanes, und befüllen Sie das linke Textfeld mit dem Text »Diagramm« und das rechte Textfeld mit dem Text »Tabelle«. Klicken Sie nun in die linke Lane ❶ (siehe Abbildung 6.17) und anschließend, wie in Abbildung 6.10 gezeigt, unter **Einfügen** auf die Schaltfläche (**Diagramm**), um ein neues Diagramm hinzuzufügen. Der Story wird daraufhin ein Diagramm hinzugefügt, allerdings noch ohne Inhalte.

Designer

Rechts ist nun die Schaltfläche **Designer** zu sehen, über die Sie den Designer ❶ ein- und ausblenden können (siehe Abbildung 6.18). Der Designer unterscheidet sich in die beiden farblich unterschiedlichen Bereiche **Builder** ❷ und **Format** ❸. Der Builder dient zur Gestaltung der Struktur von Widgets bzw. von Story-Elementen und ist blau hinterlegt. Unter **Format** (orange hinterlegt) können Sie die Gestaltung und Formatierung der Widgets bzw. der Story-Elemente vornehmen. Zur leichteren Orientierung in der Entwicklung ist der Rahmen des aktuell selektierten Widgets entsprechend farblich umrahmt. Im Beispiel in Abbildung 6.18 erkennen Sie den Rahmen des Diagramms ❹. In der Datenquelle ❺ finden Sie die zuvor ausgewählte Perspektive wieder, die automatisch in das Diagramm übernommen wird.

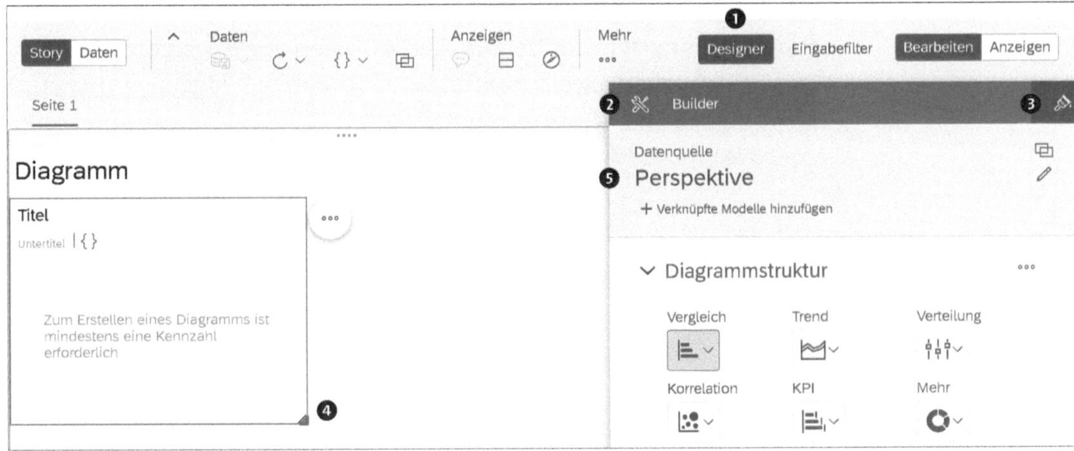

Abbildung 6.18 Zentrale Navigationselemente zum Bearbeiten eines Diagramms

Builder

Im Builder nehmen Sie im Wesentlichen die folgenden Einstellungen vor (siehe Abbildung 6.19):

❶ **Diagrammstruktur**: Hier definieren Sie das Layout eines Diagramms. SAP Analytics Cloud unterbreitetet den Anwender*innen, je nach beabsichtigter Analyse, einige Vorschläge. So können Sie beispielsweise nach einem Diagramm für einen Vergleich oder für eine Verteilung suchen.

❷ **Kennzahlen**: Fügen Sie mittels Linksklick auf **Weitere Kennzahl** die benötigten Kennzahlen hinzu. In der Auswahlliste können Sie die aus der Datenquelle bereitgestellten Kennzahlen auswählen oder eigene, nur für die Story gültige Berechnungen erstellen. Je nach Diagrammstruktur können oder müssen einzelne oder mehrere Kennzahlen hinzugefügt werden. Darüber hinaus können Sie Berechnungen mittels selbst definierter Kennzahlen durchführen, ohne die vorhandene Datenquelle bearbeiten zu müssen.

❸ **Dimensionen**: Fügen Sie durch einen Linksklick auf **Dimensionen hinzufügen** die gewünschten Dimensionen hinzu. Analog zu den Kennzahlen unterscheidet sich je nach Diagrammstruktur auch hier, ob einzelne oder mehrere Kennzahlen hinzugefügt werden können oder müssen.

❹ **Farbe**: SAP Analytics Cloud bietet eine breite Palette an Funktionalitäten, um individuelle optische Anforderungen eines Diagramms zu realisieren. So können Sie beispielsweise individuelle Farbpaletten definieren und so Diagramme einfärben.

❺ **Filter**: Definieren Sie Filter für Kennzahlen und Dimensionen, um in Diagrammen eine spezifische Auswahl an Daten zur Anzeige zu bringen. Diese Filter gelten jeweils nur für das ausgewählte Widget.

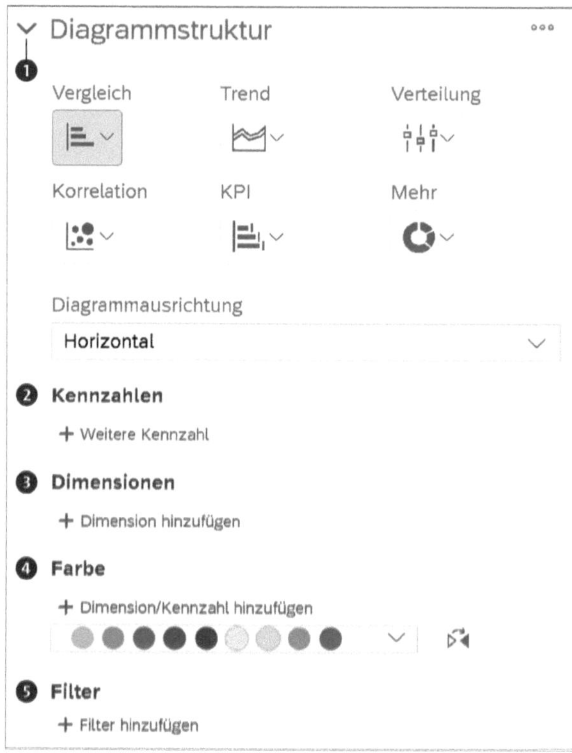

Abbildung 6.19 Zentrale Funktionalitäten im Builder einer Story

Die verfügbaren Elemente unter Builder und Format können je nach Widget variieren.

Explorer für Diagramme aktivieren

Mit der Aktivierung des Explorers können Anwender*innen in Diagrammen den definierten Datenraum der Datenquelle vollumfänglich analysieren und individuelle Kennzahlen und Dimensionen für ein Diagramm definieren. Aktivieren Sie den Explorer, können die Anwender*innen zur Laufzeit einer Story aus einem Diagramm in den sogenannten *Explorer-Modus* abspringen und Detailanalysen mithilfe weiterer Kennzahlen und Dimensionen durchführen.

Kennzahl hinzufügen

Klicken Sie nun auf **Weitere Kennzahl**, und wählen Sie die entsprechende(n) Kennzahl(en) aus (siehe Abbildung 6.20).

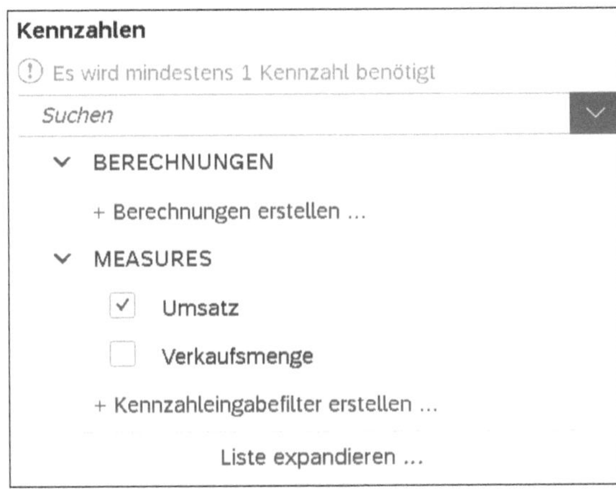

Abbildung 6.20 Umsatz als Kennzahl im Builder hinzufügen

Dimension hinzufügen

Klicken Sie auf **Dimension hinzufügen** (siehe Abbildung 6.19), werden die verfügbaren Dimensionen – und beim Aufklappen auch die dazugehörigen Attribute eingeblendet (siehe Abbildung 6.21).

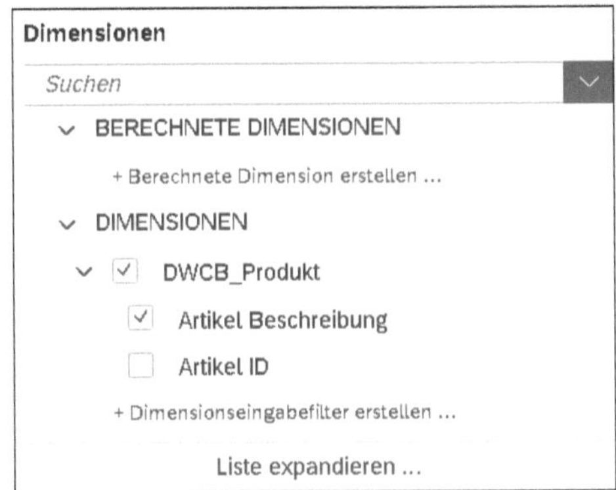

Abbildung 6.21 Dimensionen und deren Attribute im Builder

Format für Diagramm

Wechseln Sie zu **Format** (siehe Abbildung 6.18), können Sie das Layout eines Diagramms bearbeiten. Der Wechsel vom Builder in das Format wird farblich in Orange hervorgehoben. Dies weist Sie darauf hin, dass sich die hier vorgenommenen Bearbeitungen auf das Layout eines Diagramms beziehen. Unter **Format** nehmen Sie im Wesentlichen die folgende Einstellungen vor (siehe Abbildung 6.22):

❶ **Widget**: Hier können Sie für das Widget eine Hintergrundfarbe sowie einen Rahmen festlegen.

❷ **Boardroom-Eigenschaften**: Der Digital Boardroom ist eine optionale Funktionalität von SAP Analytics Cloud und für die Verwendung in Konferenzräumen gedacht, um mittels Touchscreen interaktiv durch einen Bericht zu navigieren.

❸ **Datenpunkte**: Legen Sie bei entsprechender Diagrammstruktur eine Füllfarbe für die Datenpunkte fest.

❹ **Schriftart**: Legen Sie Schriftart, -größe und -farbe fest.

❺ **Zahlenformat**: Nach Bedarf können Sie eine Skalierung je Kennzahl sowie die angezeigten Dezimalstellen festlegen.

❻ **Legende**: Legen Sie fest, an welcher Stelle die Legende eines Diagramms platziert werden soll.

❼ **Bezeichner**: Legen Sie fest, wie die Achsenbezeichner dargestellt werden sollen.

❽ **Achse**: Wählen Sie eine Farbe für die Achsenlinie.

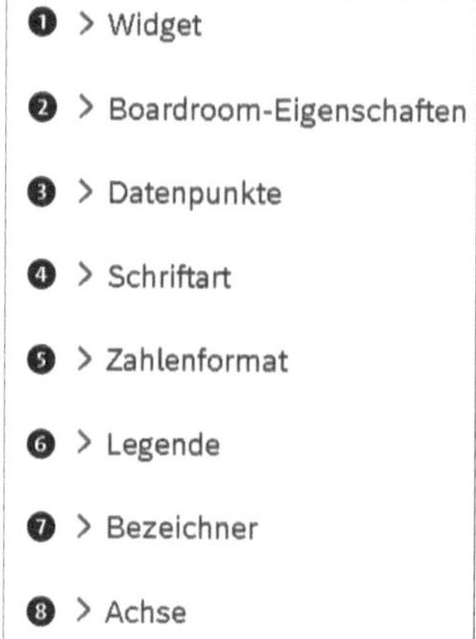

Abbildung 6.22 Zentrale Einstellungen unter »Format« im Designer

Tabelle

Sie können nicht nur Diagramme, sondern auch Tabellen zu Storys hinzufügen. Klicken Sie hierzu unter **Einfügen** auf die Schaltfläche (**Tabelle**), siehe Abbildung 6.10. Analog zu den Diagrammen wird beim Hinzufügen einer Tabelle rechtsbündig in der Story der Designer mit der Registerkarte **Builder** eingeblendet. Die Funktionalitäten im Builder für Tabellen ähneln denen für Diagramme, es wird jedoch in Zeilen und Spalten unterschieden.

Explorer aktivieren

Auch für Tabellen können Sie den Explorer freischalten. Diese Einstellung können Sie zentral für alle Widgets einer Story in den Story-Details vornehmen.

Format für Tabelle

Die Optionen für Tabellen unter **Format** fokussieren das Layout der Tabellenstruktur ❶, die Schriftart ❷ sowie spezifische Elemente bei der Verwendung eines SAP Digital Boardrooms ❸ (siehe Abbildung 6.23).

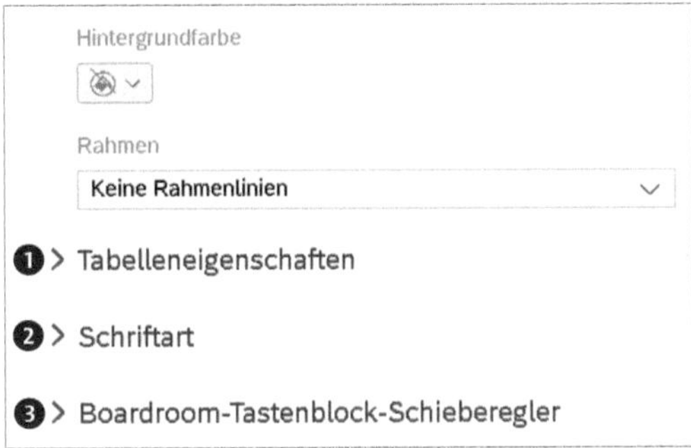

Abbildung 6.23 Einstellungen im Format einer Tabelle beim Erstellen einer Story

Filter

Über Diagramme und Tabellen hinaus sollte jede Story Berichtselemente beinhalten, um die Inhalte interaktiv zu bearbeiten. Eines der zentralen Elemente sind hierbei Filter. Mit Filtern definieren Sie die Ergebnismenge im Bericht und können so Dimensionen, Kennzahlen und Variablen bearbeiten und die Summe aller Ausprägungen einer angezeigten Dimension einschränken oder Kennzahlenberechnungen beeinflussen. In SAP Analytics Cloud wird zwischen *Story-Filtern* und *Eingabefiltern* unterschieden.

Eingabefilter und Story-Filter

Eingabefilter finden Sie im Menüband einer Story unter **Einfügen** ❶ (siehe Abbildung 6.24). Story-Filter müssen zunächst eingeblendet werden ❷, um diese anschließend unter ❸ zu erstellen, zu bearbeiten oder zu entfernen.

Abbildung 6.24 Filter beim Erstellen einer Story

Unterscheidung zwischen Filtern

Die Unterscheidung zwischen diesen Filtern liegt darin, ob sie nur für einzelne Berichtsseiten oder für die Summe aller Berichtsseiten wirken. Besteht ein Bericht aus mehreren Berichtsseiten, wirkt ein Eingabefilter lediglich auf der Seite, auf der er erstellt worden ist (siehe Abbildung 6.25). Story-Filter wirken hingegen seitenübergreifend und werden daher auch stets im Menüband einer Story eingeblendet (siehe ❸ in Abbildung 6.24).

Seite 1 Seite 2 ...

Abbildung 6.25 Mehrere Berichtsseiten in einer Story

6.4 Zusammenfassung

Mit SAP Analytics Cloud konsolidiert SAP unterschiedliche Berichtsanwendungen in einer Plattform. Anwender*innen können sowohl grafisches als auch tabellarisches Reporting in einer Anwendung umsetzen. Das Zusammenspiel mit SAP Data Warehouse Cloud erfolgt über die Live-Datenverbindung. Über die Auswahl bestimmen Sie ein Analysedatenset, das Inhalte aus SAP Data Warehouse Cloud in SAP Analytics Cloud darstellen soll. Diese Inhalte können Sie anschließend in Diagramme und Tabellen einbinden, die den Storys hinzugefügt werden können. Die intuitive Bedienung der Benutzeroberfläche in SAP Analytics Cloud ermöglicht Anwender*innen mit unterschiedlichen Voraussetzungen einen niedrigschwelligen Einstieg in die Berichterstellung. Dieser Ansatz ist in einer Linie mit SAP Data Warehouse Cloud zu sehen. Im Sinne des Fachbereichs soll es einen vereinfachten Einstieg in die Integration unterschiedlicher Datenquellen geben. Diese sollen ausgewertet werden können; der Schlüssel hierzu ist SAP Analytics Cloud. Für individuelle Eigenentwicklungen eignen sich darüber hinaus Analytic Applications. Mittels JavaScript können Anwender*innen so zusätzliche Funktionalitäten in einen Bericht integrieren und beispielsweise klickbasierte Funktionalitäten über Funktionsknöpfe bereitstellen.

Kapitel 7
Verwalten und Überwachen der Datenintegration

Sie erhalten in diesem Kapitel einen Überblick zu den Datenintegrationsszenarien und lernen, wie Sie Datenintegrationsaufgaben automatisieren und ihre Ausführung im Datenintegrationsmonitor überwachen.

SAP Data Warehouse Cloud als Teil der SAP Business Technology Platform (SAP BTP) stellt hochintegrierte Services und Komponenten bereit, um sich mit einer Vielzahl von Datenquellen und -zielen austauschen zu können.

Datenintegrationsmonitor

Für die Administration und Überwachung der virtuellen Abfragen und der Datenreplikation mit physischer Speicherung in SAP Data Warehouse Cloud stellt der *Datenintegrationsmonitor* verschiedene Werkzeuge bereit. Sie können die Häufigkeit und den Status von Datenladungen für jede Tabelle innerhalb eines Space überwachen. Zudem können Sie einsehen, wie viel Speicherplatz diese Tabellen belegen, Remote-Verbindungen analysieren und Details zu den Ladeläufen und Integrationsschritten abrufen.

In Abschnitt 7.1, »Überblick zu Datenintegrationsszenarien«, geben wir Ihnen ein Überblick zu den Möglichkeiten der Integration von Daten und zeigen auf, wie Sie Ihre Daten wiederum in anderen Systemen verfügbar machen können. In Abschnitt 7.2, »Verwalten der Datenintegration«, lernen Sie, wie Sie auf den Datenintegrationsmonitor zugreifen und welche Aufgabentypen Ihnen für die Verwaltung der Datenintegration zur Verfügung stehen. Wie Sie Einplanungen für Datenreplikationen vornehmen und diese verwalten können, zeigen wir in Abschnitt 7.3, »Datenintegrationsaufgaben einplanen«. Im letzten Abschnitt dieses Kapitels, Abschnitt 7.4, »Überwachung von Datenintegrationsaufgaben«, lernen Sie die Arten der Überwachung sowie Möglichkeiten zur Fehleranalyse und Optimierung der Datenintegration kennen.

7.1 Überblick zu Datenintegrationsszenarien

Einer der wichtigsten Aspekte eines Data Warehouse ist es, Informationen aus verschiedenen Quellen zu integrieren und eine unternehmensweit abgestimmte Sicht auf die Daten bereitzustellen. Eine Herausforderung in Unternehmen ist die Beschaffung von Informationen aus einer Reihe von heterogenen Quellen mit strukturierten oder unstrukturierten Daten, die für die Auswertungen relevant sind. Neben den unternehmensinternen operativen Anwendungen sind oft noch andere Quellsysteme wie Datenbank- und Dokumentensysteme oder webbasierte Informationssysteme Teil der komplexen Systemlandschaft.

Möglichkeiten der Datenintegration

SAP Data Warehouse Cloud verwendet verschiedene Technologien, um eine Vielzahl von Informationsquellen unterschiedlicher Anbieter flexibel einzubinden. Die folgenden Varianten stehen für die Integration und den Austausch von Daten mit anderen Systemen zur Verfügung:

- Verbindungen einrichten
- Datenbankbenutzer/Open-SQL-Schema einrichten
- SAP HANA Cloud, Data Lake einrichten
- SAP-SQL-Data-Warehousing-HDI-Container anbinden
- SAP BW Bridge einrichten

Das Einrichten und die Konfiguration der genannten Varianten werden vorwiegend im Space-Management vorgenommen und in Kapitel 3, »Verwaltung von Verbindungen, Dateien und Artefakten«, erläutert.

Integrationsfunktion in Spaces

Für die Anbindung von *SAP HANA Cloud, Data Lake* oder eines *SAP-BW-Bridge-Tenants* werden speziell dafür generierte eigene Spaces benötigt. Alle anderen Spaces können mit den Integrationsfunktionen der Verbindungen, des Datenbanknutzers und der HDI-Container arbeiten (siehe Abbildung 7.1).

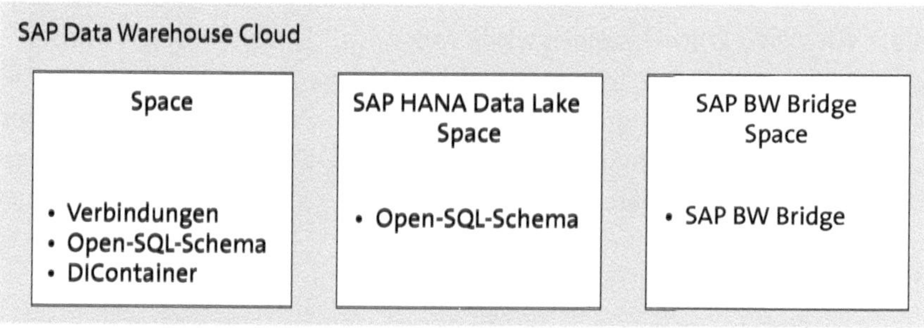

Abbildung 7.1 Integrationsfunktionen in Spaces

Nachfolgend finden Sie einen Überblick zu den möglichen Integrationsszenarien.

7.1.1 Daten über Verbindungen

Verbindungstypen zu SAP- und Nicht-SAP-Quellen

Verbindungen bieten Ihnen vielfältige Möglichkeiten, auf Daten aus verschiedenen Quellen zuzugreifen. In SAP Data Warehouse Cloud werden Verbindungstypen zu SAP-Quellen und Quellen anderer Anbieter für On-Premise- oder Cloud-Technologien wie z. B. Amazon, Google, Microsoft und Oracle bereitgestellt (siehe Tabelle 7.1). Insbesondere die generischen Technologien für die Integration von Dateien (generisches SFTP), webbasierten Informationen (generisches OData) oder SQL-basierten Datenbanken (generisches JDBC) erlauben die Erschließung der meisten Datenquellen.

SAP-Quellen	Nicht-SAP-Quellen	Dateiformate
SAP ABAP SAP BW SAP ECC SAP Fieldglass SAP HANA SAP HANA Cloud, Data Lake SAP Marketing Cloud SAP S/4HANA Cloud SAP S/4HANA, On-Premise-Version SAP SuccessFactors Cloud Data Integration SAP Open Connectors Modellübertragung in SAP BW/4HANA	Adverity Amazon Athena Amazon Redshift Amazon Simple Storage Service generisches OData generisches JDBC generisches SFTP Google BigQuery Google Cloud Storage Hadoop Distributed File System Microsoft Azure Blob Storage Microsoft Azure Data Lake Storage Gen1 Microsoft Azure Data Lake Storage Gen2 Microsoft Azure SQL-Datenbank Microsoft SQL Server Oracle Precog	JSON JSONL Parquet ORC CSV XLS XLSX

Tabelle 7.1 Überblick der Verbindungstypen

Die Verbindungstypen stellen bestimmte Funktionen der Datenintegration für Remote-Tabellen, Datenflüsse oder den Modellimport bereit (siehe Tabelle 7.2).

Verbindungstyp	Funktion
Remote-Tabellen	Remote-Tabellen werden beim Modellieren von grafischen und SQL-Views oder von Entity-Relationship-Modellen (ERM) beim Import von Tabellen aus Datenquellen implementiert. Die Objekte werden im Data Builder modelliert und implementiert. Je nach unterstützter Funktion ist es möglich, direkt auf die Quelldaten zuzugreifen (Remote-Zugriff), alle Daten zu kopieren (Snapshot oder eingeplante Replikation) oder Datenänderungen in Echtzeit zu replizieren.
Datenflüsse	Bei der Modellierung von Datenflüssen können Tabellen aus einer Quelle verwendet und die Ergebnisse der Verarbeitung im Datenfluss in einer Zieltabelle gespeichert werden. Die Objekte werden im Data Builder modelliert und implementiert.
Modellimport	Im Business Builder können Modelle und Daten aus einem unterstützenden SAP-System importiert werden.

Tabelle 7.2 Funktionen für Verbindungstypen

In Kapitel 3, »Verwaltung von Verbindungen, Dateien und Artefakten«, finden Sie einen Überblick zum Einrichten von Verbindungen sowie deren Verwaltung und Konfigurationsmöglichkeiten. In Kapitel 4, »Datenmodellierung mit dem Data Builder«, und in Kapitel 5, »Datenaufbereitung mit dem Business Builder«, stellen wir die Modellierungsmöglichkeiten und Objekte im Data und Business Builder vor.

In der SAP-Hilfe finden Sie eine aktuelle Liste der verfügbaren Verbindungstypen und der unterstützten Funktionen: *https://help.sap.com/docs/SAP_DATA_WAREHOUSE_CLOUD/be5967d099974c69b77f4549425ca4c0/eb85e157ab654152bd68a8714036e463.html?locale=de-DE.*

7.1.2 Daten über Datenbankbenutzer und Open-SQL-Schemas

Pull- vs. Push-Verfahren

Datenladeprozesse können über ein Push-Verfahren von außen initiiert werden, um Daten in SAP Data Warehouse Cloud zu schreiben. Während SAP Data Warehouse Cloud im Pull-Verfahren selbst der Initiator ist, ist im Push-Verfahren der Initiator ein externer Client, der die Daten in ein dediziertes Datenbankschema, das *Open-SQL-Schema*, schreibt.

Datenintegration mit dem Open-SQL-Schema

Die Konfiguration eines Open-SQL-Schemas wird in dem jeweiligen Space eingestellt und ist mit dem Einrichten eines Datenbanknutzers verbunden. Für den Datenbankbenutzer müssen Zugangsdaten hinterlegt und Schreibrechte zugewiesen werden. Für jeden Datenbankbenutzer wird ein eigenes Open-SQL-Schema innerhalb eines Space angelegt, wie in Kapitel 3, »Verwaltung von Verbindungen, Dateien und Artefakten«, erläutert.

Mit den Zugangsdaten des Datenbankbenutzers können Sie auf das Open-SQL-Schema zugreifen und beispielsweise die Möglichkeiten des *SAP HANA Database Explorers* nutzen, der im Lieferumfang von SAP Data Warehouse Cloud enthalten ist. Der SAP HANA Database Explorer unterstützt das Erstellen und Ausführen von HANA-SQL-Anweisungen sowie die Optionen zum Erstellen von Views, Stored Procedures, Triggern, Tasks und Funktionen.

Auch externe Werkzeuge wie *SAP Data Intelligence* oder *SAP Data Services* und Werkzeuge anderer Anbieter können sich mit dem von SAP Data Warehouse Cloud erstellten Open-SQL-Schema verbinden, um Daten zu integrieren (siehe Abbildung 7.2).

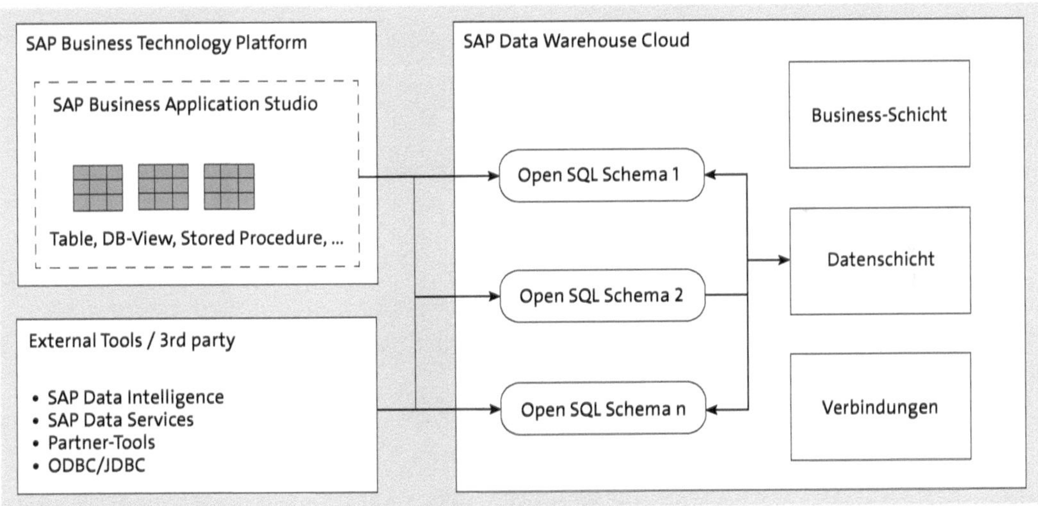

Abbildung 7.2 Integration von Daten im Open-SQL-Schema

Die direkte Integration des Open-SQL-Schemas in das Space-Management von SAP Data Warehouse Cloud ermöglicht die sofortige Nutzung der angelegten Quellobjekte im Data Builder. Sie können einem Space auch mehrere Open-SQL-Schemas mit jeweiligen Datenbankbenutzer zuweisen. Das Anlegen von Benutzern für Datenbankzugriffe mit den benötigten Berechtigungsprofilen beschreiben wir in Kapitel 9, »Weitere Konfigurationen in SAP Data Warehouse Cloud«.

7.1.3 Daten in und aus SAP HANA Cloud, Data Lake

Große Datenmengen mit SAP IQ verwalten

Für umfangreiche Data-Warehouse-Lösungen wie die Abbildung von Big-Data-Szenarien, dem Zusammenspiel mit Hyperscalern oder einem Data Lifecycle Management können Sie *SAP HANA Cloud, Data Lake* in die Cloud-Architektur einbinden. SAP HANA Cloud, Data Lake basiert auf *SAP IQ*, einem spaltenbasierten relationalen Datenbanksystem, das viele Unternehmen bereits für die Verwaltung großer Datenmengen nutzen. Sie können Daten anhand unternehmensspezifischer Kriterien kategorisieren, beispielsweise nach Datenvolumen, analytischen Anforderungen oder Performance, und nach einer Kosten-/Nutzenbetrachtung auf das passende Speichermedium verlagern.

In SAP Data Warehouse Cloud kann SAP HANA Cloud, Data Lake nahtlos integriert werden, um ein flexibles Datenmanagement für die jeweilige Datenkategorie zu ermöglichen (siehe Abbildung 7.3).

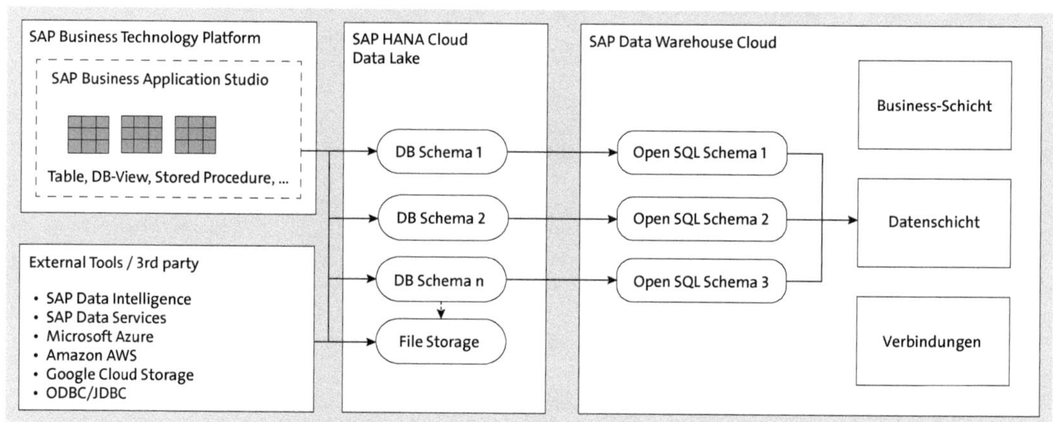

Abbildung 7.3 Integration aus SAP HANA Cloud, Data Lake

Die Daten innerhalb dieser beiden Systeme lassen sich für Analysen und das Reporting problemlos kombinieren.

Datenaustausch mit dem Open-SQL-Schema

Mit der Aktivierung von SAP HANA Cloud, Data Lake können Sie einen Space für die Integration des Data Lakes konfigurieren. Hierzu wird systemseitig ein eigenes Open-SQL-Schema in einem von Ihnen ausgewählten Space eingerichtet, das dann für den Datenaustausch zur Verfügung steht. Die im Data Lake angelegten virtuellen Tabellen können Sie anschließend im Data Builder aus dem verwendeten Open-SQL-Schema einbinden. Die Funktionen für die Nutzung der Data-Lake-API sind in der SAP-Hilfe ausführlich erläutert: *https://help.sap.com/docs/SAP_DATA_WAREHOUSE_CLOUD/be5967d099974c69b77f4549425ca4c0/e84545bd205b4f9f9c1731144c7d3075.html?locale=de-DE*

7.1.4 Daten aus dem HDI-Container von SAP SQL Data Warehousing

Hybride Modellierung und Nutzung von HDI-Containern

Nutzen Sie bereits native SAP-HANA-Entwicklungen, die in Containern in der *SAP HANA Deployment Infrastructure* (HDI) verwaltet werden, können Sie diese direkt in SAP Data Warehouse Cloud integrieren (siehe Abbildung 7.4).

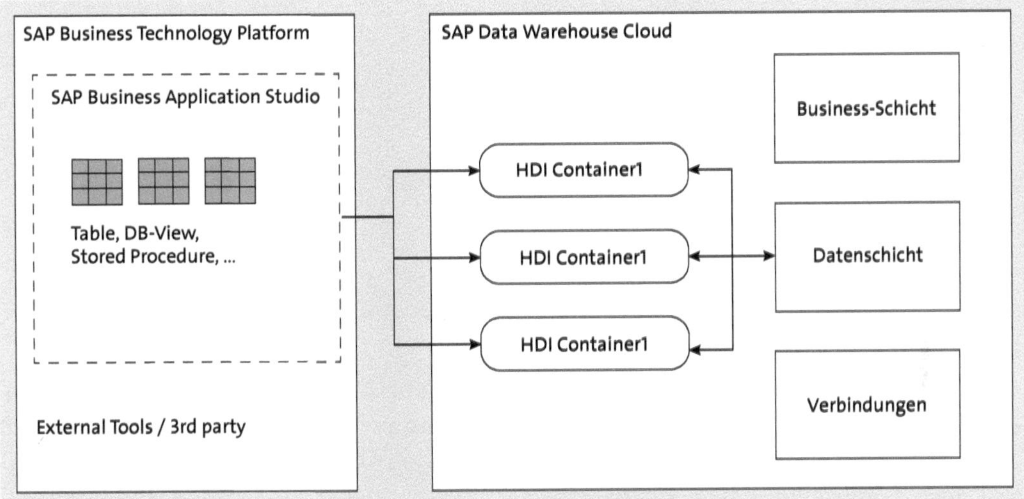

Abbildung 7.4 Integration von HDI-Containern

Artefakte mit HDI verwalten und bereitstellen

Die SAP HANA Deployment Infrastructure (HDI) bietet Services zur versionskontrollierten Verwaltung und Bereitstellung von Datenbankartefakten. Die in der SAP BTP erstellten HDI-Container können einem Space in SAP Data Warehouse Cloud, wie in Kapitel 3, »Verwaltung von Verbindungen, Dateien und Artefakten«, beschrieben, zugeordnet werden, auf deren Objekte und Daten ein sofortiger Zugriff möglich ist. Sie können diese dann für die weitere Datenmodellierung im Data Builder nutzen.

Space-Zuordnung

Jeder HDI-Container kann nur einem Space in SAP Data Warehouse Cloud hinzugefügt werden. Einem Space können wiederum mehrere HDI-Container zugeordnet werden.

Diese Integration ist für hybride Modellierungsszenarien interessant, um SAP SQL Data Warehousing mit eigenem Tool-Stack zu betreiben und die erstellten Artefakte wie Tabellen, Calculation Views und Flowgraphs in einer kombinierten Umgebung gemeinsam mit SAP Data Warehouse Cloud zu nutzen (siehe Abbildung 7.5).

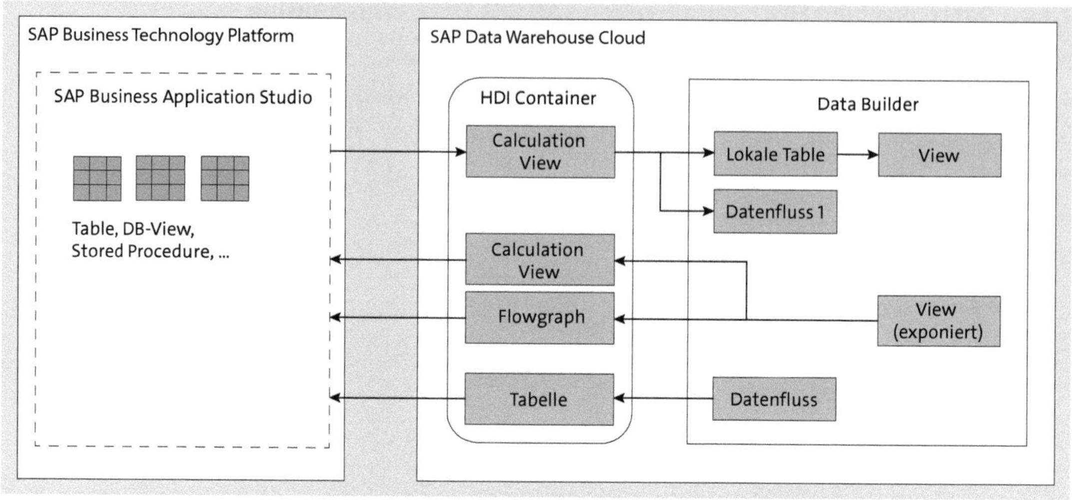

Abbildung 7.5 Hybride Modellierung mit SAP SQL Data Warehousing

SAP SQL Data Warehousing aktivieren

Für den gemeinsamen Datenzugriff und Datenaustausch ist es erforderlich, *SAP SQL Data Warehousing* für den Tenant von SAP Data Warehouse Cloud zu aktivieren. Für die Aktivierung ist ein SAP-Ticket über einen S-User notwendig. Das kundeneigene SAP-BTP-Konto wird dann mit der von SAP verwalteten SAP-HANA-Cloud-Instanz verbunden, die wiederum die Instanz von SAP Data Warehouse Cloud betreibt.

7.1.5 Daten aus SAP BW Bridge

SAP BW Bridge

Viele Unternehmen nutzen bereits SAP BW und haben darin komplexe Datenmodelle und BI-Anwendungen erstellt. Mit *SAP BW Bridge* können SAP-BW-Modelle teilweise in SAP BW Bridge konvertiert werden und bestimmte Funktionen von SAP BW in der Cloud verwendet werden (siehe Abschnitt 11.4, »SAP BW Bridge«). Es ist möglich, die konvertierten Modelle über einen eigens dafür eingerichteten Space in SAP Data Warehouse Cloud zu importieren (siehe Abbildung 7.6). Funktional stehen für die Integration Remote-Tabellen bereit.

Sie finden in Kapitel 11, »Datenmodelle im Kontext von SAP BW und SAP BW Bridge«, eine detaillierte Beschreibung zum Einsatz von SAP BW Bridge.

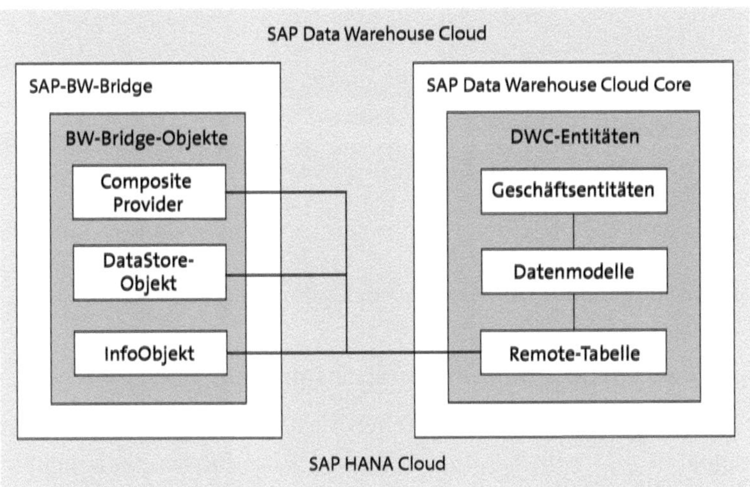

Abbildung 7.6 Integration aus SAP BW Bridge, vereinfacht nach SAP

7

7.2 Verwalten der Datenintegration

Remote-Abfragen vs. Replikationsverfahren

Für die Datenintegration und ihre Verwaltung stehen Ihnen verschiedene Technologien und Funktionen zur Verfügung. Insbesondere die Möglichkeiten der Remote-Abfragen und Replikationsverfahren erläutern wir in diesem Abschnitt genauer.

Über den Datenintegrationsmonitor können Sie die Datenreplikation für Remote-Tabellen ausführen, Datenquellen in Datenflüsse einbinden und in Tabellen persistieren sowie persistente Views anlegen.

Technologien für die Datenintegration

Für die Integration von Daten werden die Technologien *SAP HANA Smart Data Access*, *SAP HANA Smart Data Integration* und *SAP Cloud Connector* verwendet. Im Folgenden erfahren Sie, welche Verbindungstypen und damit einhergehenden Integrationsmöglichkeiten für Remote-Tabellen, Datenflüsse und Modellimporte verfügbar sind.

Typische Aufgaben und die dafür notwendigen Berechtigungen sehen Sie in Tabelle 7.3.

Aufgabe	Rolle/Zugriffsrecht	Berechtigung
manuelles Ausführen von Replikationen oder Persistieren von Views	DWC_DATAINTEGRATION	Aktualisieren

Tabelle 7.3 Berechtigung für das Verwalten der Datenintegration

Aufgabe	Rolle/Zugriffsrecht	Berechtigung
Einplanen von Ausführungen	DWC_DATAINTEGRATION	Ausführen
Hinzufügen neuer View-Persistenzen oder Einrichten von Partitionen	DW_DATABUILDER	Lesen

Tabelle 7.3 Berechtigung für das Verwalten der Datenintegration (Forts.)

7.2.1 Aufgabentypen im Datenintegrationsmonitor

Mit dem Datenintegrationsmonitor greifen Sie auf alle Funktionen zu, die Sie benötigen, um Datenintegrationsaufgaben auszuführen, einzuplanen und zu überwachen. Der Aufruf erfolgt über die entsprechende Schaltfläche im Hauptnavigationsmenü (siehe Abbildung 7.7).

Abbildung 7.7 Menüpunkt »Datenintegrationsmonitor«

Bereiche des Datenintegrationsmonitors

Nach dem Aufruf des Datenintegrationsmonitors wählen Sie zunächst den Space aus, für den Sie den Monitor verwenden möchten. Anschließend öffnet sich ein Dashboard, das in fünf Bereiche unterteilt ist, in denen Sie Einstellungen zu den unterschiedlichen Aufgabentypen vornehmen können (siehe Abbildung 7.8):

- Remote-Tabellen-Monitor
- View-Persistenz-Monitor
- Datenfluss-Monitor
- Remote-Abfrage-Monitor
- Aufgabenketten-Monitor

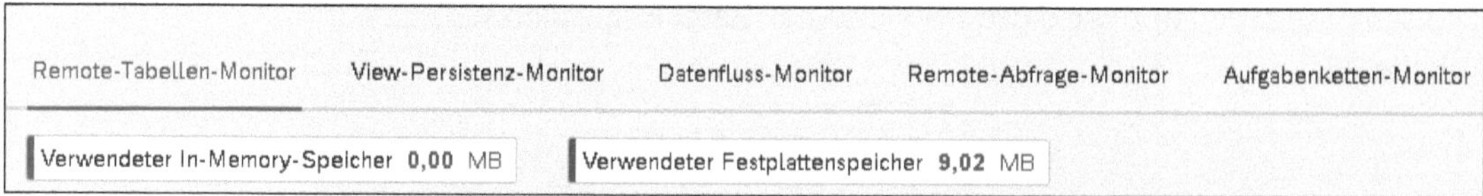

Abbildung 7.8 Die fünf Bereiche des Datenintegrationsmonitors

Remote-Tabellen-Monitor

Über die Funktionen des *Remote-Tabellen-Monitors* steuern und überwachen Sie die Replikation von Daten aus Remote-Tabellen in lokale Datenkopien im Datenbankschema Ihres Space. Sie nehmen Einplanungen vor und können einstellen, ob Sie Datensets vollständig kopieren oder inkrementell laden möchten.

View-Persistenz-Monitor

Über die Funktionen des *View-Persistenz-Monitors* können Sie die im Data Builder angelegten Views persistieren, überwachen und einplanen, um Abfragen und die Weiterverarbeitung performanter zu gestalten.

Datenfluss-Monitor

Über die Funktionen des *Datenfluss-Monitors* steuern und überwachen Sie die Ausführung von Datenflüssen, die Sie im Data Builder von Data Warehouse Cloud angelegt haben. Hierdurch wird die Logik, die mit Operatoren im Datenfluss definiert ist, durchlaufen, und die Zieltabelle des Datenflusses wird mit Daten gefüllt.

Remote-Abfrage-Monitor

SAP Data Warehouse Cloud erlaubt für viele Quellsysteme einen direkten Lesezugriff bzw. Remote-Abfragen, ohne dass eine Persistenzschicht erforderlich ist, also die Daten in SAP HANA Cloud gespeichert werden müssen. Die Remote-Abfragen können im Remote-Abfrage-Monitor überwacht und analysiert werden. So können Sie den Ablauf der Kommunikation zwischen SAP Data Warehouse Cloud und dem Remote-Quellsystem verfolgen und auch das Laufzeitverhalten besser analysieren.

Aufgabenketten-Monitor

Für die Automatisierung von Integrations- und Ladeprozessen in einem Data Warehouse sind oftmals Abhängigkeiten der Prozesse untereinander zu berücksichtigen, um sicherzustellen, dass ein Prozess B erst nach erfolgreichem Durchlauf von Prozess A ausgeführt wird. Ein Beispiel hierzu sind Ladevorgänge für Stammdaten (z. B. Materialstamm) und Bewegungsdaten (z. B. Verkaufsbelege). Stammdaten werden in der Regel geladen und qualitätsgesichert, bevor die Bewegungsdaten geladen werden, die auf die Stammdaten referenzieren.

In SAP Data Warehouse Cloud können Sie solche Abhängigkeiten über Aufgabenketten abbilden, die Sie im Datenintegrationsmonitor im Bereich **Aufgabenketten-Monitor** überwachen und einplanen.

In Abschnitt 7.2.1, »Aufgabentypen im Datenintegrationsmonitor«, stellen wir Ihnen die verschiedenen Monitore noch einmal detailliert vor.

7.2.2 Replizieren von Daten

Beim Anlegen einer Remote-Tabelle wird zunächst standardmäßig live auf die Daten der Quelle zugegriffen; es werden also keine Daten in SAP Data Warehouse Cloud gespeichert.

Datenreplikationen einrichten

Wenn eine Replikation der Daten in Ihrem Szenario erforderlich ist, können Sie diese im Remote-Tabellen-Monitor für Verbindungstypen einrichten, die die Replikation unterstützen. Gründe für die Speicherung von Daten in

SAP Data Warehouse Cloud können beispielsweise die Performance des Datenzugriffs oder die Historisierung von Datenzuständen zu einem bestimmten Zeitpunkt sein.

Verbindungstypen für Remote-Tabellen

Beim Einrichten der Replikation in den Optionen der Remote-Tabelle wird eine Verbindung zu SAP Data Warehouse Cloud auf der Grundlage einer *SAP HANA Remote Source* hergestellt. Diese verwendet ihrerseits einen verfügbaren Adapter für SAP HANA Smart Data Integration oder SAP HANA Smart Data Access, um eine Verbindung zu den Quellsystemen herzustellen. In Tabelle 7.4 sind die relevanten Verbindungstypen für Remote-Tabellen aufgeführt. Die Verbindungstypen, die die Echtzeitreplikation unterstützen, sind mit einem * am Ende gekennzeichnet.

SAP-Quellen	Nicht-SAP-Quellen
SAP ABAP* SAP BW* SAP BW/4HANA* SAP ECC* SAP Fieldglass* SAP HANA* SAP HANA Cloud, Data Lake SAP Marketing Cloud* SAP S/4HANA Cloud* SAP S/4HANA, On-Premise-Version* SAP SuccessFactors Cloud Data Integration*	Amazon Athena Amazon Redshift Google BigQuery Microsoft Azure SQL-Datenbank* Microsoft SQL Server* Oracle* generisches JDBC generisches OData

Tabelle 7.4 Verbindungstypen für Remote-Tabellen (*echtzeitfähig)

Replikationsverfahren

Für die Replikation von Daten stehen Ihnen die folgenden Verfahren zur Verfügung:

- Snapshot-Replikation
- Echtzeitreplikation

Die *Snapshot-Replikation* kopiert den vollständigen Datensatz aus der Datenquelle in SAP Data Warehouse Cloud. Die *Echtzeitreplikation* basiert auf der Unterstützung von *Change Data Capturing* (CDC).

Change Data Capturing

Beim Change-Data-Capturing-Verfahren können nach einer initialen Datenbeladung Änderungen an den Datensätzen verfolgt werden. Dadurch werden in die Folgebeladungen nur neue und veränderte Datensätze geladen, und es müssen nicht alle Daten erneut repliziert werden. Dies spart Zeit und Ressourcen und bietet die Möglichkeit von Datenreplikationen in Echtzeit.

[«]

Verfügbarkeit des CDC-Verfahrens

Nicht alle Verbindungstypen sind für das CDC-Verfahren geeignet. Prüfen Sie insbesondere bei sehr großen Quelldatenmengen, ob das Verfahren verfügbar ist und die Laufzeiten zur Anfertigung einer vollständigen Replikation zu Ihrem Anwendungsszenario passen. Die SAP-Hilfe bietet einen guten Überblick zu den jeweiligen Verfahren: *https://help.sap.com/docs/SAP_DATA_WAREHOUSE_CLOUD/be5967d099974c69b77f4549425ca4c0/eb85e157ab654152bd68a8714036e463.html?locale=de-DE*

Echtzeitreplikation

Voraussetzung für die Echtzeitreplikation ist die Möglichkeit, Datenänderungen zu erkennen, also die Unterstützung von Change Data Capturing. Im Folgenden zeigen wir Ihnen, wie Sie die Replikationsverfahren aktivieren.

Wählen Sie im Datenintegrationsmonitor auf der Registerkarte **Remote-Tabellen-Monitor** eine Remote-Tabelle aus, für die Sie eine Datenreplikation einstellen möchten. Wählen Sie im Menüpunkt **Tabellenreplikation** das gewünschte Verfahren (**Neuen Snapshot laden** oder **Echtzeitzugriff aktivieren**), siehe Abbildung 7.9.

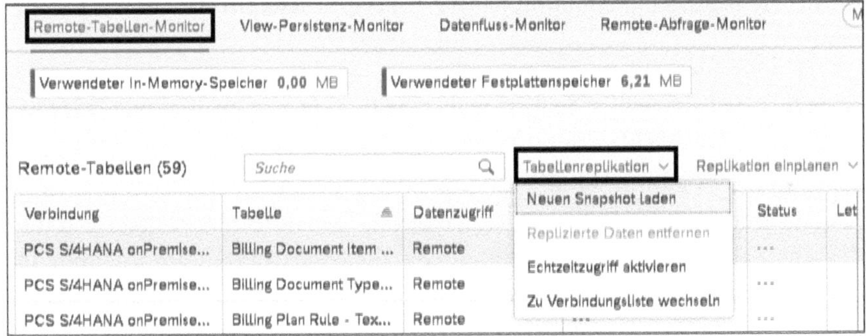

Abbildung 7.9 Tabellenreplikation für Remote-Tabellen einstellen

Nach der Aktivierung des Replikationsverfahrens werden die benötigten Aktionen im Hintergrund ausgeführt. Die Fertigstellung der Replikation wird in der Spalte **Status** angezeigt. Es wird eine Replikationstabelle in SAP HANA Cloud angelegt, in der die Daten gespeichert werden. Ist die Aktivierung abgeschlossen, erhalten Sie eine Benachrichtigung (siehe Abbildung 7.10).

Im Monitor wird die Tabelle nun mit der Art des Datenzugriffs angezeigt. In unserem Beispiel wird **Repliziert (Echtzeit)** und ein aktiver Satus angezeigt (siehe Abbildung 7.11).

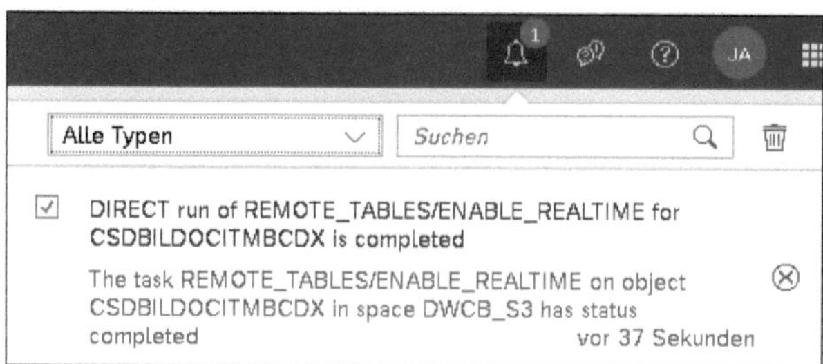

Abbildung 7.10 Benachrichtigung zur Aktivierung der Replikation

Tabelle	Datenzugriff	Aktualisierungshäufigkeit	Status	Verwendeter Festplat...	Letzte Aktualisierung
Billing Document Item ...	Repliziert (Echtzeit)	Echtzeit	Aktiv	0,1	04.07.2022 15:49

Abbildung 7.11 Status nach der Aktivierung der Replikation

Sobald Sie eine Replikation eingerichtet und durchgeführt haben, greifen Abfragen innerhalb von SAP Data Warehouse Cloud nicht mehr auf die Datenquelle zurück, sondern auf die lokal replizierten Daten.

Replikation löschen

Auch ist es möglich, die Replikation rückgängig zu machen. Wählen Sie dafür im Menüpunkt **Tabellenreplikation** die Option **Replizierte Daten entfernen**.

7.2.3 Datenintegration in Datenflüssen

Verbindungstypen für Datenflüsse

Datenflüsse bieten Ihnen die Möglichkeit, Daten aus verschiedenen Quellen zu laden und ETL-Prozesse (Extrahieren, Transformieren, Laden) zu modellieren. Sowohl strukturierte als auch halbstrukturierte Daten können integriert und über Standardtransformationen und benutzerdefinierte Logiken weiterverarbeitet werden. Dies ist insbesondere interessant für Szenarien, die Datenquellen mit großen Datenmengen auswerten wollen oder komplexe Datentransformationen erfordern. Die Ergebnisse nach dem Durchlauf des Datenflusses werden persistiert und können so bestmöglich für performante Analysen und das Reporting genutzt werden. Nicht jede Datenquelle kann in einen Datenfluss eingebunden werden. Die verfügbaren Quellen für Datenflüsse sind in Tabelle 7.5 aufgeführt.

Datenquelle als Remote-Tabelle integrieren

Steht ein Verbindungstyp nicht für Datenflüsse zur Verfügung, prüfen Sie die Möglichkeit, eine Datenquelle als Remote-Tabelle zu integrieren und diese dann im Datenfluss zu verwenden.

SAP-Quellen	Nicht-SAP-Quellen
SAP ABAP SAP BW SAP BW/4HANA SAP ECC SAP Fieldglass SAP HANA SAP HANA Cloud, Data Lake SAP Marketing Cloud SAP S/4HANA Cloud SAP S/4HANA, On-Premise-Version SAP SuccessFactors Cloud Data Integration SAP Open Connectors	Amazon Redshift Amazon Simple Storage Service Google Cloud Storage Hadoop Distributed File System Microsoft Azure Blob Storage Microsoft Azure Data Lake Storage Gen1 Microsoft Azure Data Lake Storage Gen2 Microsoft Azure SQL-Datenbank Microsoft SQL Server Oracle generisches OData generisches SFTP

Tabelle 7.5 Verbindungstypen für Datenflüsse

7.2.4 Datenintegration über Modellimport

Für bestimmte SAP-Datenquellen können Sie vorhandene Modelle mit den zugehörigen Metadaten und Daten in SAP Data Warehouse Cloud integrieren. Dies ermöglicht eine Wiederverwendung von bereits erstellten Objekten und kann den Modellierungsaufwand deutlich verringern. Beim Datenimport werden Objekte im Data Builder und im Business Builder generiert. Die Daten werden über Remote-Tabellen direkt aus den SAP-Systemen abgerufen.

Verbindungstypen für den Modellimport

Der Modellimport ist für die in Tabelle 7.6 aufgeführten Verbindungstypen möglich.

Verbindungstyp	Kategorie	Quelle
SAP S/4HANA Cloud	Cloud	SAP
Modellübertragung in SAP BW/4HANA	on-premise	SAP

Tabelle 7.6 Verbindungstypen für den Modellimport

7.3 Datenintegrationsaufgaben einplanen

Integrations- und Verarbeitungsprozesse müssen in der Regel kontinuierlich wiederholt werden, um eine aktuelle Sicht auf die Daten zu erhalten. Für das Betreiben eines Data Warehouse ist es erforderlich, solche Prozesse automatisieren zu können. Durch die Einplanung erreichen Sie eine regelmäßige, automatische Ausführung von Datenintegrationsaufgaben.

Die Ausführungsparameter für die Einplanung sind für alle Aufgabentypen identisch; daher sind die folgenden Bereiche auch für alle Aufgabentypen gültig.

Berechtigungen für Einplanungen

Damit Sie eine Einplanung vornehmen können, benötigen Sie für den Space, für den Sie die Einplanung vornehmen möchten, die Berechtigungsrolle **DW Integrator**. Für die Einplanung eines Datenflusses benötigen Sie ebenfalls entsprechende Berechtigungen, die in den Standardberechtigungsrollen **DW Viewer** oder **DW Modeler** abgedeckt sind.

Die automatische Ausführung der Datenintegrationsaufgabe findet unter Ihrem Benutzernamen statt. Die Einplanung erfolgt stets in der koordinierten Weltzeit UTC (also MEZ +1).

Damit die Ausführung stattfinden kann, müssen Sie die Jobeinplanungskomponente von SAP Data Warehouse Cloud dazu berechtigen, Aufgaben in Ihrem Namen auszuführen. Die Einwilligung können Sie in Ihren Profileinstellungen im Bereich **Einwilligungseinstellungen für Einplanungen** erteilen oder zurückziehen.

[»]

Gültigkeit der Einwilligung

Die Einwilligung ist 12 Monate gültig und muss daher regelmäßig von Ihnen erneuert werden. Sie erhalten 10 Tage vor Ablauf der Einwilligung eine Warnmeldung im Datenintegrationsmonitor.

Sofortausführung

Sie können jede Datenintegrationsaufgabe manuell sofort ausführen. Diese Funktion ist sowohl aus dem jeweiligen Bearbeitungsbild der Aufgabe als auch aus dem Datenfluss-Monitor heraus erreichbar.

Die Sofortausführung verwenden Sie für Ladevorgänge, die Sie nicht regelmäßig oder im Rahmen Ihrer Modellierungstätigkeiten zu Testzwecken durchführen. Für regelmäßige Ladevorgänge, die automatisch stattfinden sollen, verwenden Sie die in den folgenden Abschnitten dargestellten Einplanungen.

7.3.1 Einfache Zeitpläne

Um eine Aufgabe mit einem einfachen Zeitplan einzuplanen, gehen Sie wie folgt vor:

1. Rufen Sie den Datenintegrationsmonitor auf.
2. Wählen Sie Ihren Space aus.
3. Öffnen Sie den jeweiligen Monitor für das Objekt, für das Sie eine Aufgabe einplanen möchten.
4. Markieren Sie das Objekt in der tabellarischen Übersicht.
5. Das Menü mit den Einplanungsoptionen befindet sich bei allen einplanbaren Objekttypen rechts oben; wählen Sie dort die Aktion zur Einplanung aus.

Aktionen im Einplanungsmenü

Je nach Objekttyp heißen das Einplanungsmenü und die Aktion etwas unterschiedlich (siehe Tabelle 7.7).

Objekt	Aktion
Remote-Tabelle	**Replikation einplanen • Snapshot-Zeitplan anlegen**
View-Persistenz	**Einplanen • Zeitplan anlegen**
Datenfluss	**Einplanen • Zeitplan anlegen**

Tabelle 7.7 Benennung des Einplanungsmenüs

Nach der Auswahl der Aktion erhalten Sie einen Dialog, in dem Sie die einfache Planung vornehmen können (siehe Abbildung 7.12).

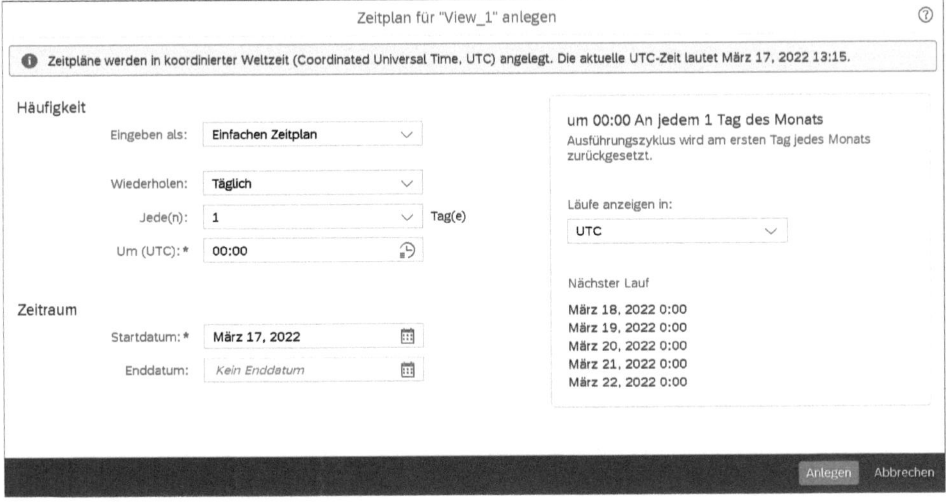

Abbildung 7.12 Einfacher Zeitplan

Sie können die folgenden Einstellungen vornehmen:

- Ausführungshäufigkeit: **Stündlich**, **Täglich**, **Wöchentlich**, **Monatlich**
- Ausführungsintervall: der Wert, mit dem Sie die Einplanung je nach Häufigkeit näher spezifizieren können:
  - **Stündlich**: jede n-te Stunde
  - **Täglich**: jeden n-ten Tag
  - **Wöchentlich**: Angabe des Wochentags bzw. der Wochentage, an denen die Ausführung stattfinden soll
  - **Monatlich**: jeden n-ten Monat, mit Angabe des Ausführungstages von 1 bis 28
- Beginn-Uhrzeit: Uhrzeit, zu der die Ausführung starten soll
- Ausführungszeitraum: Start- und Enddatum (optional) der Ausführung

Beispiele für Einplanungen

In Abbildung 7.13 sehen Sie ein Beispiel, in dem die Ausführung ab dem 10. März 2022 täglich morgens um 4 Uhr durchgeführt wird.

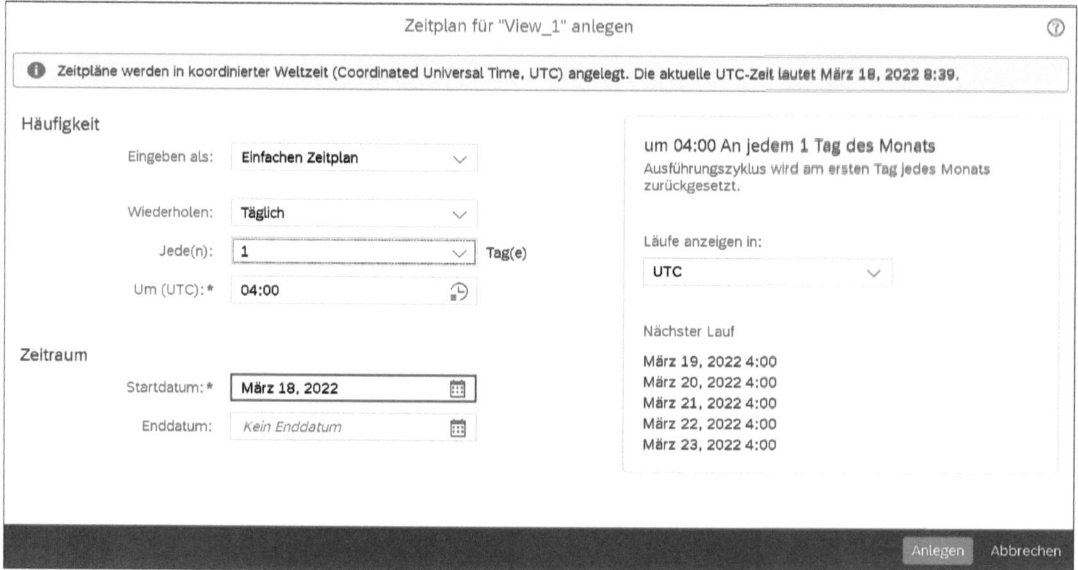

Abbildung 7.13 Einfache Einplanung täglich um 4:00 Uhr morgens

In Abbildung 7.14 wurde eine Ausführung an drei Wochentagen (Montag, Mittwoch und Freitag) jeweils um 8 Uhr morgens gewählt. Das Startdatum ist wieder der 10. März 2022. Rechts sehen Sie eine Liste, in der die nächsten Läufe aufgeführt sind. Beachten Sie auch hier, dass die Zeitangaben in der koordinierten Weltzeit (UTC) vorgenommen wurden.

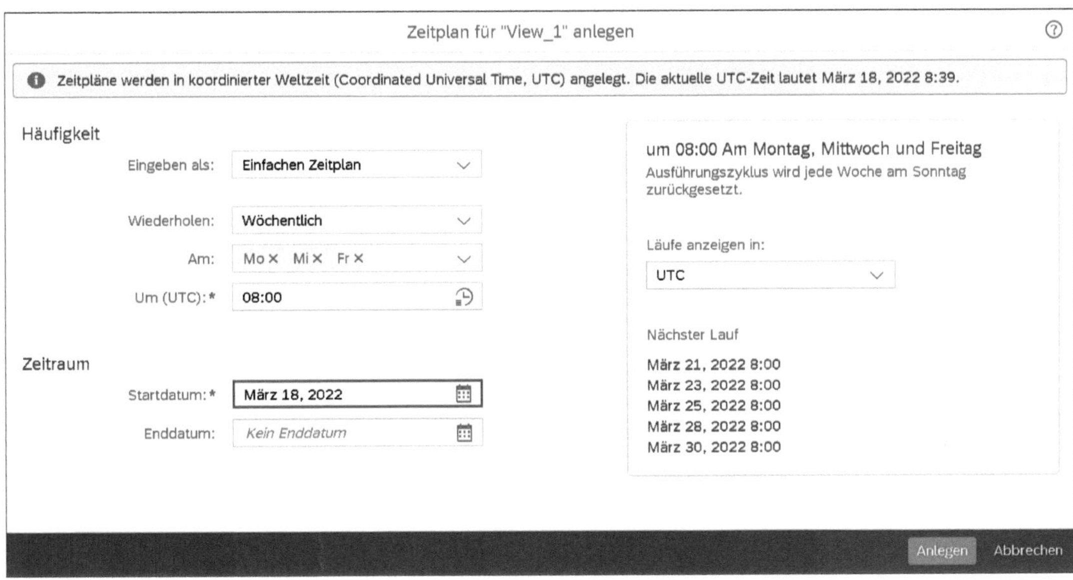

Abbildung 7.14 Einfache Einplanung an ausgewählten Wochentagen

Wählen Sie die Schaltfläche **Anlegen**, um die Einplanung an die Jobeinplanungskomponente von SAP Data Warehouse Cloud zu übergeben. Die Aufgabe wird nun automatisch regelmäßig im definierten Einplanungsintervall ausgeführt.

7.3.2 Cron-Ausdrücke

Einplanung mit Cron-Ausdrücken

Mithilfe einer speziellen Syntax für Zeitinformationen, den sogenannten *Cron-Ausdrücken* (abgeleitet von griechisch *chronos* = die Zeit), können Sie Zeitpläne für die Einplanung von Datenintegrationsaufgaben definieren, die über die Möglichkeiten der einfachen Einplanung hinausgehen.

Sie legen dazu im Rahmen der Unix-Cron-Notation die Häufigkeit der Aufgabenausführung fest. Dazu wählen Sie im Einplanungsdialog für die Aufgabe die Option **Cron-Ausdruck** und hinterlegen den gewünschten Zeitplan (siehe Abbildung 7.15). Speichern Sie den Zeitplan anschließend, indem Sie auf die Schaltfläche **Sichern** klicken.

Zulässige Cron-Operatoren

Sie können Cron-Ausdrücke für die Zeiteinheiten **Minute**, **Stunde**, **Tag (Monat)** – für einen bestimmten Tag im Monat (z. B. immer am 4. Tag eines Monats) –, **Monat** und **Tag (Woche)** – für einen bestimmten Tag in der Woche (z. B. immer sonntags) – angeben. Bei den Feldern sind unterschiedliche Untermengen von Cron-Ausdrücken zulässig (siehe Tabelle 7.8):

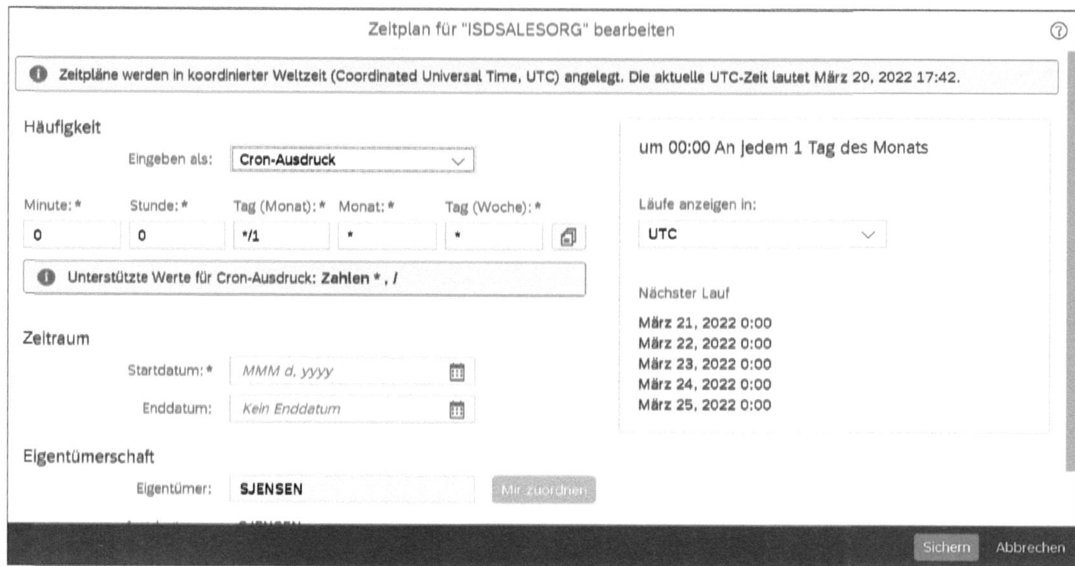

Abbildung 7.15 Einplanung mit Cron-Ausdruck

Zeiteinheit	Zulässige Cron-Operatoren
Minute	0-59
Stunde	0-23 * , - /
Tag (Monat)	1-31 * , - /
Monat	1-12 * , - /
Tag (Woche), 0 = Sonntag	0-6 * , - /

Tabelle 7.8 Cron-Ausdrücke für Zeiteinheiten

[!]

Begrenzung der Häufigkeit der Ausführung

Da Sie für die Zeiteinheit **Minute** lediglich einen numerischen Wert ohne weitere Operatoren angeben können, kann eine Aufgabe maximal stündlich eingeplant werden; eine häufigere Ausführung ist nicht vorgesehen.

Funktion der Cron-Operatoren

Tabelle 7.9 gibt Ihnen eine Kurzübersicht über die Funktion der verschiedenen Cron-Operatoren.

Cron-Operator	Funktion
0-59	Ganze Zahl, die den genauen Zeitpunkt innerhalb des Zeiteinheitenfeldes definiert. Beispiel: 20 im Feld **Minute** und 8 im Feld **Stunde** bedeutet eine Einplanung um 8:20 Uhr.
, (Komma)	Wird zur Auflistung mehrerer Zahlen innerhalb eines Feldes verwendet. Beispiel: 0 im Feld **Minute** und 8,10,12 im Feld **Stunde** bedeutet eine Einplanung um 08:00, 10:00 und 12:00 Uhr.
- (Bindestrich)	Wird zur Definition eines Zahlenintervalls innerhalb eines Feldes verwendet. Beispiel: 0 im Feld **Minute** und 8-12 im Feld **Stunde** bedeutet eine Einplanung um 08:00, 09:00, 10:00, 11:00 und 12:00 Uhr.
* (Stern)	Steht für »jede/jeden«. Beispiel: * im Feld **Tag** heißt »jeden Tag«.
/ (Schrägstrich)	Gibt den Schrittwert an und ermöglicht somit das Überspringen von Werten, die sich aus * und - (Intervallen) ergeben. Beispiel: */6 im Feld **Stunde** heißt »alle 6 Stunden«, startend mit 0, also 00:00, 06:00, 12:00 und 18:00 usw.

Tabelle 7.9 Cron-Operatoren

Beispiele für Zeitpläne

Sie können die Operatoren innerhalb eines Feldes miteinander kombinieren und die Operatoren jedes Feldes unabhängig von denen der anderen Felder festlegen. Somit können Sie, im Vergleich zur einfachen Einplanung, komplexere Einplanungsszenarien abbilden. Tabelle 7.10 können Sie Beispiele für unterschiedliche Zeitpläne entnehmen.

Ausdruck	Beschreibung
0 * * * *	stündlich zur vollen Stunde, jeden Tag
30 7 * * 1-5	montags bis freitags um 07:30 Uhr
0 8-16/2 * * 1	montags ab 8:00 Uhr alle 2 Stunden bis 16:00 Uhr
0 8,12,15 * * 1-5	montags bis freitags um 08:00 Uhr, 12:00 Uhr und 15:00 Uhr
0 0 1 * *	um Mitternacht bei Monatswechsel

Tabelle 7.10 Beispiele für Zeitpläne mit Cron-Ausdrücken

[»]

Zeitangaben überprüfen

Beachten Sie, dass die Einplanung grundsätzlich in UTC erfolgt. Wenn Sie die lokale Sommer-/Winterzeit berücksichtigen möchten, müssen Sie den Zeitplan zum Zeitpunkt der Zeitumstellung ändern.

7.3.3 Relative Einplanung

Aufgabenketten einplanen

Mit Aufgabenketten können Sie für Aufgaben oder Prozesse eine Reihenfolge definieren, in der sie nacheinander ausgeführt werden. So müssen Sie nicht jeden dieser Prozesse einzeln starten. In einer Aufgabenkette können Sie in definierter Reihenfolge die Replikation von Remote-Tabellen, das Persistieren von Views oder die Ausführung von Datenflüssen in einem Batch einplanen. Die Aufgabenkettenfunktion bietet bisher nur die Möglichkeit, lineare Abläufe zu definieren, aber noch keine Optionen für Verzweigungen oder Bedingungen.

Die Aufgabenketten legen Sie im Data Builder an, was wir bereits in Kapitel 4, »Datenmodellierung mit dem Data Builder«, beschrieben haben. Im Datenintegrationsmonitor haben Sie auf der Registerkarte **Aufgabenketten-Monitor** die Möglichkeit, die in Ihrem Space verfügbaren Aufgabenketten für die Ausführung einzuplanen (siehe Abbildung 7.16).

Abbildung 7.16 Aufgabenketten einplanen

Die Einplanungsoptionen umfassen die bereits beschriebenen Möglichkeiten vom einfachen Zeitplan bis hin zu komplexen Cron-Ausdrücken. Alternativ starten Sie die Aufgabenkette über die Option **Ausführen** direkt.

7.4 Überwachung von Datenintegrationsaufgaben

Für den gesicherten Betrieb und die Systemstabilität sind für die Analyse und Überwachung der verschiedenen Informationsflüsse, Aufgaben und

Ausführungsprozesse verschiedene Werkzeuge erforderlich. Welche Werkzeuge Ihnen zur Verfügung stehen, zeigen wir Ihnen in diesem Abschnitt.

Aufgaben im Datenintegrationsmonitor überwachen

Für die Administration und Überwachung von Datenreplikationen aus den unterschiedlichen Datenquellen stellt der Datenintegrationsmonitor umfangreiche Informationen und Protokolldaten zur Verfügung. Das Dashboard des Datenintegrationsmonitors zeigt Details über die Speichernutzung innerhalb des Space sowie erweiterte Informationen zu den gespeicherten Tabellen und Ladeläufen. Diese Informationen werden für Fehleranalysen und Optimierungen benötigt und dienen der Transparenz über Datenverbindungen und die dazugehörigen Ladeaktionen.

In Abschnitt 7.2, »Verwalten der Datenintegration«, haben Sie die verschiedenen Aufgabentypen für eine Datenintegration bereits kennengelernt. Daten können virtuell eingebunden oder repliziert und damit persistiert werden. Die Verbindungen, Datenabrufe und persistierten Objekte können Sie in den jeweiligen Monitoren überwachen und weiter analysieren.

Nachfolgend erläutern wir Ihnen die Monitoring-Möglichkeiten und stellen Ihnen die verschiedenen Funktionen in den Bereichen des Dashboards vor.

7.4.1 Datenintegrationsmonitor-Dashboard

Jeder Bereich im Datenintegrationsmonitor-Dashboard stellt spezifische Informationen für die Überwachung von Objekten und zugehörigen Aktionen bereit.

Remote-Tabellen-Monitor

Remote-Tabellen überwachen

Im Remote-Tabellen-Monitor erhalten Sie einen Überblick über die im Space verwendeten Remote-Tabellen und deren Eigenschaften (siehe Abbildung 7.17).

Remote-Tabellen (7) — Suche — Tabellenreplikation — Replikation einplanen

Verbindung	Tabelle	Datenzugriff	Aktualisierung...	Status	Letzte Aktualisie...	Nächster Lauf	Verwendeter In-...	Verwendeter Fe..
PCS S/4HANA onPremise...	Billing Document Ite...	Repliziert (Echtzeit)	Echtzeit	Aktiv	04.19.2022 23:42		0	2,91
PCS S/4HANA onPremise...	Data Extraction for Bi...	Remote	---	---			0	0,06
PCS S/4HANA onPremise...	Distribution Channel ...	Remote	Eingeplant	---			0	0,01
PCS S/4HANA onPremise...	Major Product - Mast...	Remote	---	---			0	0
PCS S/4HANA onPremise...	Materialstamm	Remote	---	---			0	0,19
PCS S/4HANA onPremise...	Materialtexte	Remote	---	---			0	0,01
PCS S/4HANA onPremise...	Sales Organization - ...	Repliziert (Snapshot)	Eingeplant	Verfügbar	06.28.2022 2:00		0	0,05

Abbildung 7.17 Remote-Tabellen-Monitor

In Tabelle 7.11 finden Sie die Details der Einstellungen in einer tabellarischen Ansicht.

Spalte	Information
Verbindung	Name der Verbindung
Tabelle	Name der Remote-Tabelle
Datenzugriff	Art des Datenzugriffs: ■ **Remote**: direktes Lesen aus der Quelle (Föderation) ■ **Repliziert**: Speicherung der Daten in SAP Data Warehouse Cloud
Aktualisierungshäufigkeit	Häufigkeit der Datenreplikation mit den folgenden Ausprägungen: ■ **Keine**: Für die Tabelle ist kein Zeitplan definiert. ■ **Eingeplant**: Für die Tabelle ist ein Zeitplan definiert. ■ **Echtzeit**: Für die Tabelle ist die Echtzeitreplikation eingerichtet.
Status	Status der Remote-Tabelle mit den folgenden Ausprägungen: ■ ---: Initialzustand ■ **Wird geladen**: Das Laden eines neuen Snapshots wurde gestartet. ■ **Verfügbar**: Der Snapshot wurde geladen und ist verfügbar. ■ **Wird initialisiert**: Die Aktivierung der Datenreplikation in Echtzeit wurde gestartet. ■ **Aktiv**: Die Daten werden repliziert und in Echtzeit aktualisiert. ■ **Fehler**: Die Aktion **Snapshot** oder die Aktion **Echtzeitdatenreplikation** konnte nicht aktiviert oder repliziert werden. ■ **Pausiert**: Die Echtzeitreplikation wurde angehalten. ■ **Nicht verbunden**: Die Verbindung zum Datenbereitstellungs-Agent von SAP HANA Smart Data Integration wurde getrennt.
Letzte Aktualisierung	Zeitstempel, wann die Daten zuletzt erfolgreich aktualisiert wurden.
Neuer Lauf	Nächster eingeplanter Lauf, wenn ein Zeitplan festgelegt worden ist.

Tabelle 7.11 Remote-Tabellen-Monitor: Details

Spalte	Information
Verwendeter In-Memory-Speicher (MB)	Belegter Speicherplatz in MB des In-Memory-Speichers.
Verwendeter Festplattenspeicher (MB)	Belegter Speicherplatz in MB der Festplatte.

Tabelle 7.11 Remote-Tabellen-Monitor: Details (Forts.)

Details filtern

Sie können die Details in der Liste filtern und sortieren, um die benötigten Informationen leichter zu finden. Klicken Sie dazu auf die Tabellenüberschrift der jeweiligen Spalte, die Sie verändern möchten (siehe Abbildung 7.18).

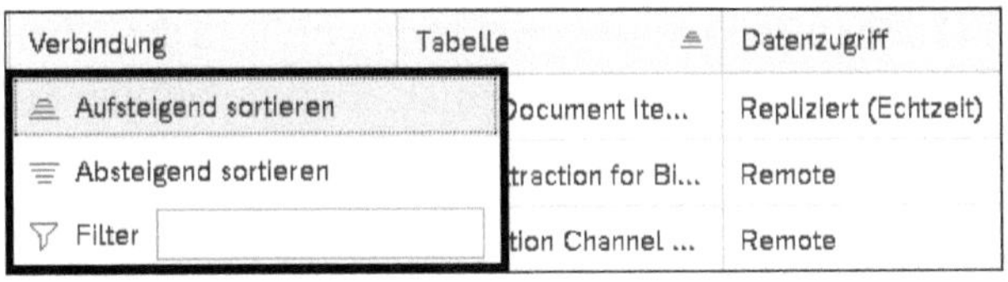

Abbildung 7.18 In den Monitorbereichen filtern und sortieren

So können Sie beispielshalber schnell die Datenbeladungen mit den längsten Laufzeiten anzeigen oder nach den Tabellen mit der größten Speicherplatzbelegung sortieren.

Weitere Informationen abrufen

Ausgehend von der Tabellenübersicht können Sie durch Klicken auf das Drilldown-Symbol auf der rechten Seite der Liste weitere Informationen abrufen (siehe Abbildung 7.19).

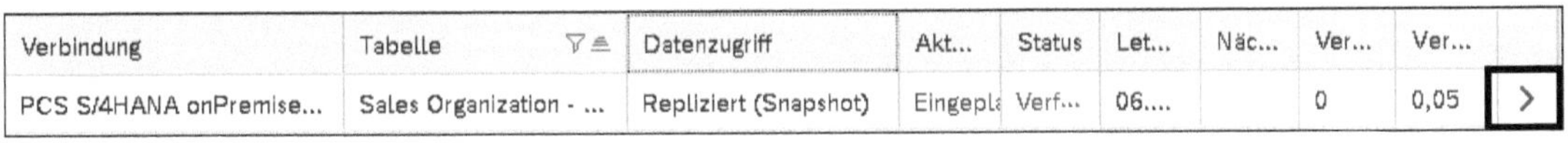

Abbildung 7.19 Drilldown zu den Laufdetails

Auf diese Weise können Sie nachvollziehen, wie oft eine Tabelle geladen wurde und welchen Status die Tabelle zu einem Beladungszeitpunkt hat (siehe Abbildung 7.20).

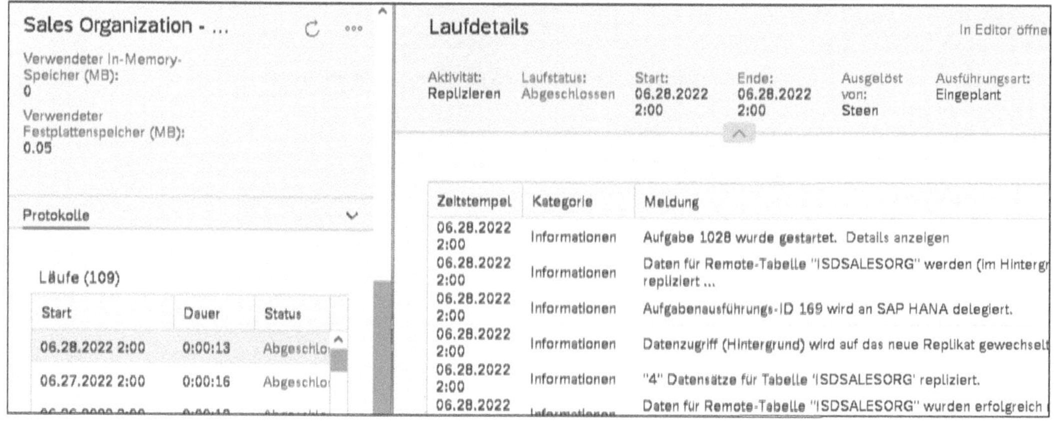

Abbildung 7.20 Laufdetails

Über den Menüpunkt **In Editor öffnen** oben rechts springen Sie in die Tabellendefinition und -bearbeitung des Data Builders ab. Zudem können Sie weitere Details zu den technischen Bezeichnern für Tabellen und Aufgaben über die Option **Details anzeigen** einsehen. Im oberen linken Bereich rufen Sie weitere Informationen zur Einplanung über die Option **Scheduled** ab und wechseln über einen weiteren Link mit dem Namen der Verbindung in die Administration der Verbindung.

View-Persistenz-Monitor

View-Persistenzen überwachen

Der View-Persistenz-Monitor zeigt eine Übersicht der lokal gespeicherten Views (siehe Abbildung 7.21).

Abbildung 7.21 Persistierte Views überwachen

Im Dashboard werden einige Details angezeigt, die in Tabelle 7.12 erläutert werden.

Spalte	Information
Name	Name des persistierten Views
Datenzugriff	Art des Datenzugriffs mit den folgenden Ausprägungen: ▪ **Persistiert**: Der View ist persistiert und kann sofort verwendet werden. ▪ **Virtuell**: Auf den View wird ohne Zwischenpersistenz direkt zugegriffen.
Aktualisierungshäufigkeit	Häufigkeit der lokalen Speicherung mit den folgenden Ausprägungen: ▪ **Keine**: Es ist keine Einplanung definiert. ▪ **Eingeplant**: Ein Zeitplan wurde definiert.
Zuletzt aktualisiert	Zeitstempel der letzten Aktualisierung.
Nächster Lauf	Zeitpunkt des nächsten eingeplanten Laufs.
Verwendeter In-Memory-Speicher (MB)	Belegter Speicherplatz in MB des In-Memory-Speichers.
Verwendeter Festplattenspeicher (MB)	Belegter Speicherplatz in MB der Festplatte.
Status	Status des Views mit folgenden Ausprägungen: ▪ **Verfügbar**: Der persistierte View ist verfügbar. ▪ **Wird geladen**: Der persistierte View wird zum aktuellen Zeitpunkt angelegt oder aktualisiert. ▪ **Fehler**: Bei der Übernahme der Daten tritt ein Fehler auf.

Tabelle 7.12 Details zum View-Persistenz-Monitor

Datenfluss-Monitor

Datenflüsse überwachen

Im Datenfluss-Monitor sind die Zieltabellen der Datenflüsse, die innerhalb des Space im Data Builder angelegt wurden, mit den jeweiligen Tabellendetails aufgelistet. Sie können den Status und Zeitpunkte der Ausführungen überwachen und analysieren (siehe Abbildung 7.22).

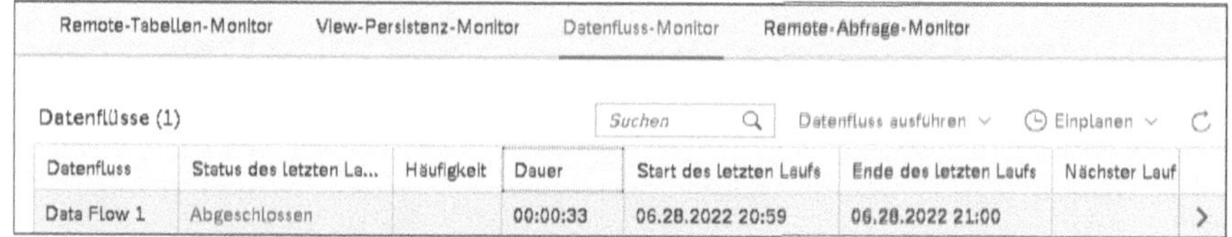

Abbildung 7.22 Details im Datenfluss-Monitor

Ein Datenfluss kann komplexe Datentransformationsschritte und viele verschiedene Operationen enthalten. Daher stehen über den Drilldown zu den Laufdetails zusätzliche Informationen und Optionen zur gezielten Analyse der einzelnen Verarbeitungsschritte zur Verfügung.

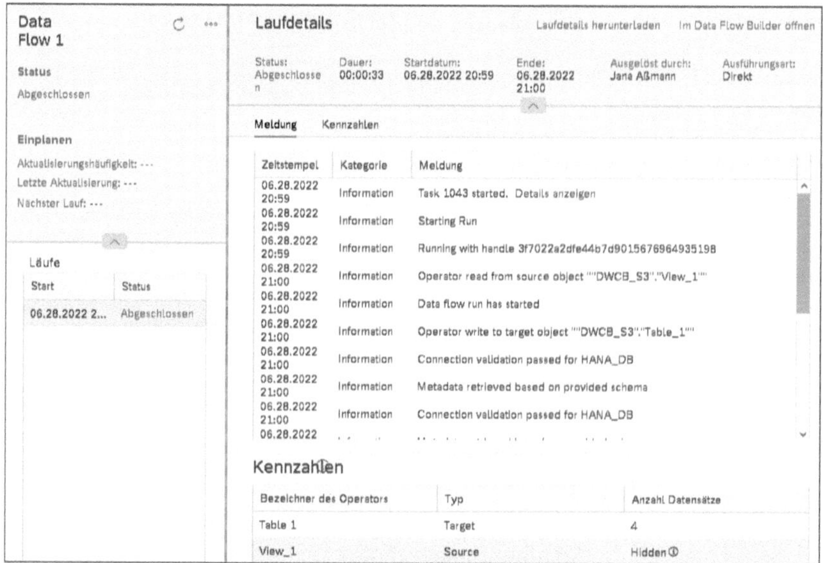

Abbildung 7.23 Laufdetails zur Datenflussausführung

In den Laufdetails wird im rechten Bereich die Prozessabfolge zu einem Datenlauf dargestellt, in dem die einzelnen Operationen erkennbar sind (siehe Abbildung 7.23). Die ausführlichen Laufdetails können Sie über den Menüpunkt **Laufdetails herunterladen** oben rechts in einer **.json**-Datei sichern. In der Datei finden Sie alle Prozessschritte und technischen Informationen für weiterführende Analysen. Über die Option **Im Data Flow Builder öffnen** gelangen Sie in die Bearbeitungssicht des Datenflusses.

Remote-Abfrage-Monitor

Remote-Abfragen überwachen

Der Remote-Abfrage-Monitor liest SAP-HANA-Laufzeitdaten einschließlich Statistiken und Statusinformationen zur Ausführung von SQL-Anweisungen aus und stellt die letzten 100 Anweisungen dar (siehe Abbildung 7.24).

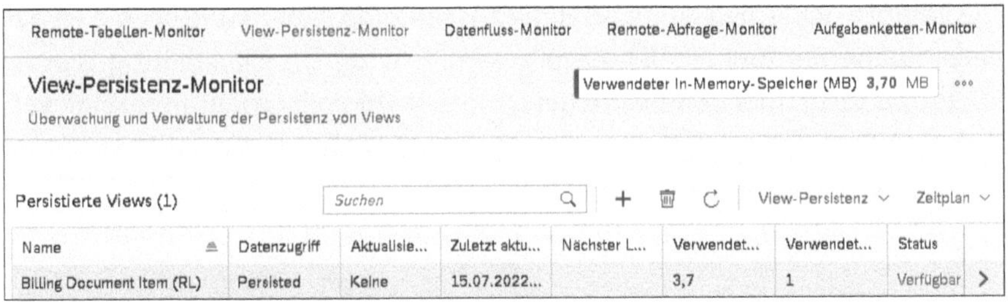

Remote-Tabellen-Monitor View-Persistenz-Monitor Datenfluss-Monitor Remote-Abfrage-Monitor Aufgabenketten-Monitor

View-Persistenz-Monitor
Überwachung und Verwaltung der Persistenz von Views

Verwendeter In-Memory-Speicher (MB) 3,70 MB

Persistierte Views (1) Suchen View-Persistenz Zeitplan

Name	Datenzugriff	Aktualisie...	Zuletzt aktu...	Nächster L...	Verwendet...	Verwendet...	Status
Billing Document Item (RL)	Persisted	Keine	15.07.2022...		3,7	1	Verfügbar

Abbildung 7.24 Remote-Abfrage-Monitor

Sie können den Ablauf der Kommunikation zwischen SAP Data Warehouse Cloud und den verbundenen Remote-Quellsystemen überwachen und das Laufzeitverhalten bei der Ausführung von Abfragen weiter analysieren. Die verfügbaren Informationen sehen Sie in Tabelle 7.13.

Spalte	Beschreibung
Verbindung	Name der Verbindung
Startzeit	Startzeit der Anweisung
Endzeit	Endzeit der Anweisung
Laufzeitanweisung	Dauer der Anweisung
Zeilen	Anzahl der Zeilen, die von der Anweisung verarbeitet wurden
Status	Status der Anweisung mit den folgenden Ausprägungen: ▪ **Geschlossen**: Die Anweisung wurde ohne Fehler abgeschlossen. ▪ **Wird ausgeführt**: Die Anweisung wird gerade ausgeführt. ▪ **Fehler**: Die Anweisung kann nicht abgeschlossen werden.
Remote-SQL-Anweisung	Ausgehende Anweisung an das verbundene Remote-Quellsystem.
Anweisungs-ID	ID der Anweisung, die aus SAP HANA stammt.
SQL-Anweisung wird ausgeführt	Anweisung, die derzeit ausgeführt wird.
Transaktion	Remote-Quellen-Transaktion

Tabelle 7.13 Informationen im Remote-Abfrage-Monitor

Die **Remote-SQL-Anweisung** zeigt die ausgehende Anweisung an, die an das verbundene Remote-Quellsystem gesendet wird. Die Darstellung ist verkürzt und kann über den Aufruf der Option **Mehr** vollständig angezeigt werden. Es öffnet sich ein separates Fenster mit einer formatierten Darstellung der SQL-Anweisung (siehe Abbildung 7.25).

Vollständige Remote-SQL-Anweisung

```
SELECT "ISDSALESORG$VT"."SALESORGANIZATION", "ISDSALESORG$VT"
    ."SALESORGANIZATIONCURRENCY", "ISDSALESORG$VT"."COMPANYCODE",
    "ISDSALESORG$VT"."INTERCOMPANYBILLINGCUSTOMER", "ISDSALESORG$VT"
    ."ARGENTINADELIVERYDATEEVENT" FROM "ABAP_CDS.ISDSALESORG$P"
    "ISDSALESORG$VT"
```

Abbildung 7.25 Remote-SQL-Anweisung

Diese Anweisungs-ID wird aus der SAP-HANA-Datenbank gelesen und kann für detaillierte Analysen im SAP HANA Cockpit verwendet werden.

Ansicht personalisieren

Sie können die Anzeige des Monitors personalisieren und nur die für Sie relevanten Elemente einbinden. Gehen Sie in die Einstellungen, markieren Sie die Spalten, die Sie anzeigen möchten, und entfernen Sie die ungewünschten Spalten (siehe Abbildung 7.26). Die Reihenfolge der Spalten können Sie per Drag & Drop anpassen.

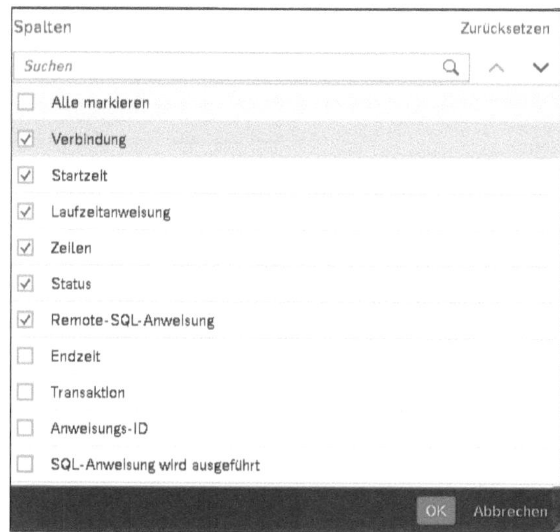

Abbildung 7.26 Einstellungen im Remote-Abfrage-Monitor

Aufgabenketten-Monitor

Aufgabenketten überwachen

Im Bereich des Aufgabenketten-Monitors sehen Sie, welche Aufgabenketten im Space verfügbar sind und welche aktuell ausgeführt werden oder bereits ausgeführt wurden. Sie können die Details zu den in Tabelle 7.14 aufgeführten Eigenschaften einsehen.

Eigenschaft	Beschreibung
Name der Aufgabenkette	technischer Name der Aufgabenkette
Status des letzten Laufs	Status der Aufgabenkette nach dem letzten Lauf mit den folgenden Ausprägungen: ▪ **Abgeschlossen**: Die Aufgabenkette wurde ohne Fehler abgeschlossen. ▪ **Wird ausgeführt**: Die Aufgabenkette wird gerade ausgeführt. ▪ **Fehler**: Die Aufgabenkette kann nicht abgeschlossen werden.
Häufigkeit	Zeigt mit den folgenden Werten an, ob eine Aufgabenkette eingeplant ist: ▪ **Keine**: Es ist kein Zeitplan hinterlegt. ▪ **Eingeplant**: Ein definierter Zeitplan liegt vor.
Dauer	Dauer der Ausführung der Aufgabenkette
Start des letzten Laufs	Datum und Uhrzeit des Starts des letzten Laufs
Ende des letzten Laufs	Datum und Uhrzeit des Endes des letzten Laufs
Nächster Lauf	Zeitpunkt des nächsten eingeplanten Laufs

Tabelle 7.14 Informationen im Aufgabenketten-Monitor

Protokolldetails

In den Protokolldetails finden Sie weitere Informationen zur Überwachung und Analyse der Ausführungen (siehe Abbildung 7.27).

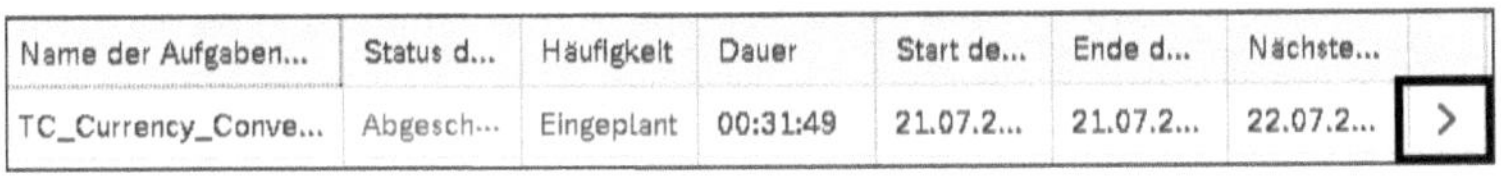

Name der Aufgaben...	Status d...	Häufigkeit	Dauer	Start de...	Ende d...	Nächste...	
TC_Currency_Conve...	Abgesch...	Eingeplant	00:31:49	21.07.2...	21.07.2...	22.07.2...	>

Abbildung 7.27 Protokolldetails der Aufgabenkette aufrufen

Sie sehen die Status der letzten Ausführungen ❶, die Laufzeitdetails ❷ und die Meldungen zu den einzelnen Ausführungen ❸ (siehe Abbildung 7.28).

Hilfreich ist hier die Übersicht der Reihenfolge der einzelnen untergeordneten Aufgaben mit den dazugehörigen Status- und Protokollinformationen.

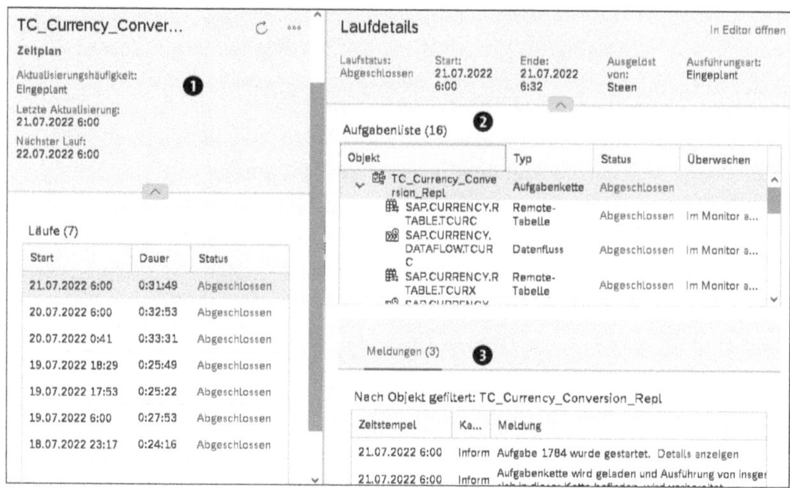

Abbildung 7.28 Protokolldetails der Aufgabenkette

7.4.2 Zentraler Zugriff auf Monitoring-Informationen

In einem Data Warehouse werden zahlreiche Objekte, Prozessabläufe mit verschiedenen Aufgaben und Zeitpläne für Einplanungen angelegt. Für die Administrator*innen ist es erforderlich, dass alle Objekte und Ausführungspläne auch über verschiedene Spaces übergreifend eingesehen und überwacht werden können.

Überwachungs-Views

In SAP Data Warehouse Cloud werden für diese Aufgaben spezielle Systemtabellen und Überwachungs-Views bereitgestellt, die Informationen zu Protokoll- und Statistikdaten zentral aufbereiten. Die Einrichtung von Spaces für die Nutzung der Überwachungs-Views wird in Abschnitt 9.5, »Überwachung«, beschrieben.

Zentrales Monitoring

Richten Sie für ein zentrales Monitoring möglichst einen eigenen Space ein, der von Ihren Administrator*innen verwaltet und eingesehen werden kann (siehe Abbildung 7.29).

Alle dem zentralen Monitoring Space zugeordneten Benutzer, in der Regel Administrator*innen mit Modellierungsberechtigungen, haben anschließend im Data Builder die Möglichkeit, auf die Protokoll- und Statistikdaten zuzugreifen.

Im SAP-Content steht zusätzlich der Space `SAP_ADMIN` bereit, der bereits vorkonfigurierte Überwachungs-Views ausliefert und mit der Aktivierung des Contents verfügbar ist. Die Aktivierung von SAP-Content ist in Kapitel 12, »Content-Netzwerk«, beschrieben.

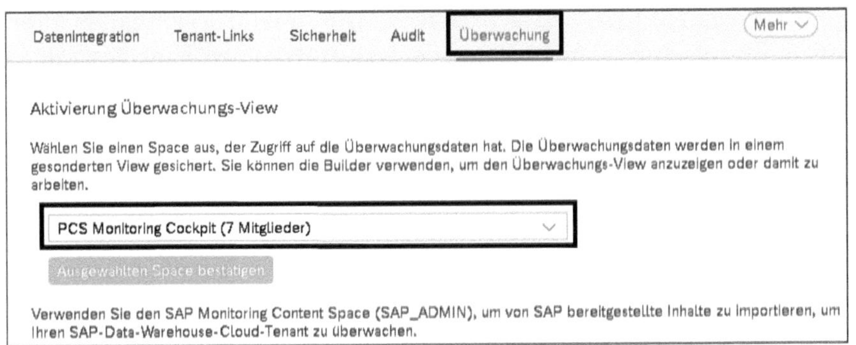

Abbildung 7.29 Monitoring Space für Überwachungs-Views

Welche Daten und Views Ihnen für das Monitoring zur Verfügung stehen, ist in Tabelle 7.15 dargestellt.

Art der Views	Schema	Präfix/Suffix	Beschreibung
Überwachungs-View	SYS	M_	Laufzeitdaten, einschließlich Statistiken und Statusinformationen zu SQL-Anweisungen
Statistikservice-View	_SYS_STATISTICS	GLOBAL_, HOST_, STATISTICS_	Informationen vom Statistikdienst zur Analyse des Systemverhaltens
Überwachungs-View	DWC_GLOBAL	_V_EXT	Informationen zu Einplanungen, Protokollen, Meldungen und Sperrungen

Tabelle 7.15 Datenbank und Überwachungs-Views

SAP-HANA-Datenbank

Die SAP-HANA-Datenbank enthält eine Reihe von Views, die Laufzeitdaten, einschließlich Statistiken und Statusinformationen in Bezug auf die Ausführung von SQL-Anweisungen, liefern. Diese Views sind nützlich für die Überwachung, Fehlerbehebung und Optimierung von Ressourcennutzung und Laufzeiten.

SQL-Abfragen analysieren

Folgende Views bieten gute Ansätze, um beispielsweise aufwendige SQL-Abfragen zu analysieren:

- M_EXPENSIVE_STATEMENTS
- M_EXPENSIVE_STATEMENT_EXECUTION_LOCATION_STATISTICS

Die Tabellen und Views aus dem Schema _SYS_STATISTICS enthalten Informationen, die vom Statistikdienst der SAP-HANA-Datenbank gesammelt werden. Sie können diese Informationen verwenden, um das Systemverhalten im Laufe der Zeit zu analysieren. Der Statistikdienst als Teil der internen Überwachungsinfrastruktur der SAP-HANA-Datenbank sammelt kontinuierlich Informationen über Status, Leistung und Ressourcennutzung von allen Komponenten der SAP-HANA-Datenbank und wertet diese aus.

Überwachungs-Views

Im Schema DWC_GLOBAL stehen zudem die folgenden vorkonfigurierten Überwachungs-Views zur Verfügung:

- SPACE_SCHEMAS_V_EXT (Space-IDs und Datenbankschemas)
- TASK_SCHEDULES_V_EXT (Objekte mit festgelegtem Zeitplan)
- TASK_LOGS_V_EXT (Protokoll der Aufgabenausführung)
- TASK_LOG_MESSAGES_V_EXT (Meldungen)
- TASK_LOCKS_V_EXT (Sperrungen)

Die Views finden Sie nach der Aktivierung des Monitoring Space in den oben beschriebenen Schemas im Data Builder (siehe Abbildung 7.30).

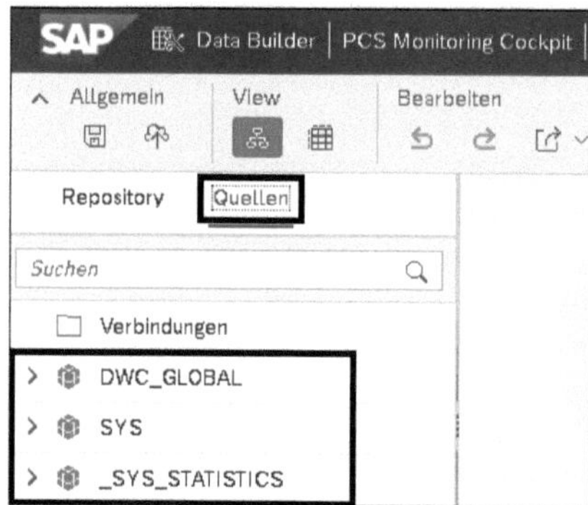

Abbildung 7.30 Quellen im Monitoring Space

Sie können auf alle Tabellen und Views in den Schemas zugreifen und sich eigene Abfragen für die Analyse und Auswertung von Systemstatus, Nutzung und Laufzeitverhalten erstellen.

Eine einfache Auswertung von aufwendigen SQL-Abfragen auf Basis des Views M_EXPENSIVE_STATEMENTS zeigt Abbildung 7.31. Der View gibt Auskunft darüber, wer wann welche SQL-Abfragen ausgeführt hat, wie lange die Laufzeit war und wie viele Zeilen verarbeitet wurden.

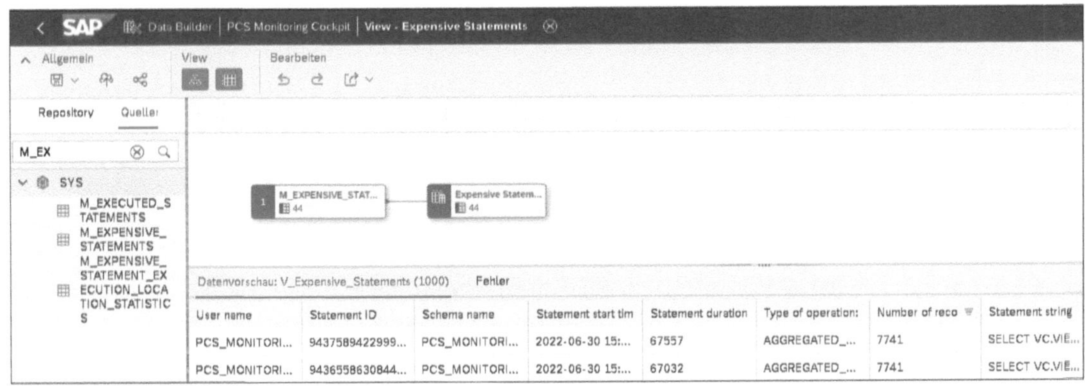

Abbildung 7.31 Auswertung aufwendiger SQL-Abfragen

Die bereitgestellten Informationen der Überwachungsinfrastruktur der SAP-HANA-Datenbank sind sehr vielschichtig und komplex. Daher sollten Sie insbesondere die vorkonfigurierten Überwachungs-Views aus dem SAP-Content ins Auge fassen. Dazu ist, wie in Abschnitt 9.5, »Überwachung«, beschrieben, in der Konfiguration eine Aktivierung notwendig, und Sie müssen das Paket **Technical Content: Task Monitoring** aus dem SAP-Content importieren. Eine Anleitung für den Import von Content finden Sie in Kapitel 12, »Content-Netzwerk«.

Monitoring Views

Die vorkonfigurierten Monitoring Views basieren auf den `V_EXT-HANA`-Views und stellen kombinierte Auswertungen für die wichtigsten Monitoring-Aufgaben bereit. Im Space `SAP_ADMIN` finden Sie die Views vom Typ **Analytisches Datenset** im Bereich des Data Builders (siehe Abbildung 7.32).

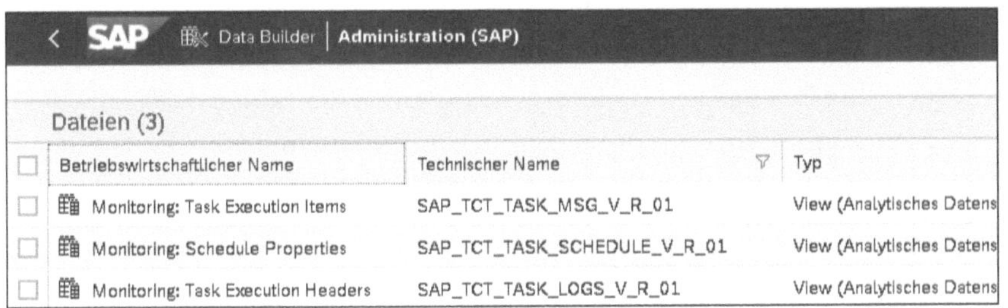

Abbildung 7.32 Monitoring Views des SAP-Contents

Tabelle 7.16 gibt Ihnen einen Überblick, auf welche Datenbank-Views die vorkonfigurierten Monitoring Views zugreifen und welche Informationen dargestellt werden.

Monitoring View	Art der Information	Datenbank-Views
SAP_TCT_TASK_LOGS_V_R_01	Aufgabenausführung, Status, Dauer, Zeitplan, Sperrstatus	TASK_LOCKS_V_EXT, TASK_SCHEDULES_V_EXT, TASK_LOGS_V_EXT
SAP_TCT_TASK_SCHEDULE_V_R_01	Zeitplaneigenschaften	TASK_SCHEDULES_V_EXT
SAP_TCT_TASK_MSG_V_R_01	Meldungen zur Aufgabenausführung, Fehlercode	TASK_LOG_MESSAGES_V_EXT, TASK_LOGS_V_EXT

Tabelle 7.16 Eigenschaften der Monitoring Views

Die Monitoring Views wurden als SQL-Views angelegt und so vorbereitet, dass sie in einer Story von SAP Analytics Cloud verwendet und weiter angereichert werden können. In der Definition der SQL-Views SAP_TCT_TASK_LOGS_V_R_01 und SAP_TCT_TASK_MSG_V_R_01 muss die Konstante für url_host in Ihrer Instanz von SAP Data Warehouse Cloud geändert werden, damit die Navigation zwischen SAP Data Warehouse Cloud und SAP Analytics Cloud ermöglicht wird. Öffnen Sie dazu die Views im Data Builder, und aktualisieren Sie den URL-Host entsprechend:

```
/* -- Enable jump from SAC report to DWC detailed view
-- URL Pattern: 'https://(URL_HOST)(URL_PATH)(OBJECT_ID)' */
'<my-dwc-system>.hcs.cloud.sap' URL_HOST,
```

[»]

Anpassung von SAP-Content-Überwachungs-Views

Sie sollten nicht direkt die Content-Objekte anpassen, da diese von SAP erweitert und im Zuge von Updates aktualisiert werden können. Dabei würden benutzerdefinierte Änderungen überschrieben. Kopieren Sie am besten die Views, oder überführen Sie sie in einen nutzereigenen Space für das zentrale Monitoring.

7.4.3 Fehlermeldungen und Bearbeitungsmöglichkeiten

Bei der Integration von Daten können Fehler auftreten. Die Ursachen dafür können vielfältig sein. Nachfolgend zeigen wir Ihnen einige typische Probleme und Fehler auf sowie Möglichkeiten, um diese zu analysieren und zu beheben.

Inaktive Verbindungen zu Datenquellen

Inaktive Verbindungen zu Datenquellen

Es kann vorkommen, dass bereits eingerichtete Verbindungen auf **Inaktiv** gesetzt werden, wenn beispielsweise Zertifikate fehlen oder abgelaufen sind. Überprüfen Sie in der SAP-Hilfe (SAP-Hinweis 3138841) die aktuellen Voraussetzungen, und aktualisieren Sie die Zertifikate.

Reparieren von Aufgabenprotokollen

Aufgabenprotokolle reparieren

Während der Datenbeladung, z. B. beim Laden von Snapshots, kann es vorkommen, dass sich der Status nicht ändert und eine Aufgabe nicht korrekt abgeschlossen wird. Wechseln Sie in solchen Fällen in die Detailansicht des betroffenen Objekts, und prüfen Sie, ob die Aufgabe als **Gesperrt** angezeigt wird. Die Aufgabe kann fehlgeschlagen sein (nicht immer aus bekannten Gründen), und der Status wird nicht korrekt aktualisiert. Da eine parallele Ausführung von Aufgaben nicht unterstützt wird, können Sie die Aufgabe auch nicht erneut starten. Liegt eine Sperrung vor, können Sie diese im Protokoll über die Option **Sperre aufheben** deaktivieren (siehe Abbildung 7.33).

Abbildung 7.33 Sperre aufheben

Der Status der Aufgabe wird dann auf **Fehlgeschlagen** gesetzt, und Sie können die Beladung bzw. das Persistieren erneut starten.

Timeout bei Snapshot-Beladungen in Remote-Tabellen

Timeout bei Snapshot-Beladungen in Remote-Tabellen

Bei einer großen Anzahl geplanter Snapshots können Ladevorgänge fehlschlagen. Wenn parallel und kurz hintereinander viele Snapshot-Ladungen von Remote-Tabellen geplant sind und es eine große Anzahl von abhängigen Objekten gibt, kann es zu Problemen in der Verarbeitung auf der Datenbank kommen. Um eine konstante Verfügbarkeit der Daten während der Beladung zu gewährleisten, wird ein Mechanismus verwendet, bei dem die Daten in eine Schattentabelle geladen werden, die erst nach Abschluss der Ladung zur neuen replizierten Tabelle der Remote-Tabelle umgeschaltet wird. Während des Wechsels, wenn auch die Konsistenz des Modells geprüft wird, werden alle abhängigen Objekte gesperrt. Bei einer hohen Komplexität kann das dazu führen, dass Objekte bis zu einigen Minuten gesperrt sind. Alle nachfolgenden Ladeläufe warten, und es kann zu einem Rückstau kommen. Nach 30 Minuten werden die Aufgaben abgebrochen und aufgrund des Timeout-Parameters für HANA-Sperren auf **Fehlschlagen** gesetzt.

Um solche Probleme zu vermeiden, sollten Sie die Lasten von abhängigen Objekten mit hoher Komplexität am besten verteilen. Die Objektabhängigkeiten können Sie in der Systemtabelle `object_dependencies` einsehen oder die SQL-Anweisungen `HANA_Objects_ObjectDependencies` und `HANA_Objects_ObjectDependencies_Hierarchy` für eine detaillierte Analyse nutzen.

Eine andere Möglichkeit ist es, zentral genutzte Views mit vielen Abhängigkeiten darüber zu persistieren. Die Kette der Abhängigkeiten kann so unterbrochen werden, ebenso die Zeit für Konsistenzprüfungen.

View-Persistenz – »Out of Memory«

Nicht ausreichende Speicherressourcen

Die Verarbeitung komplexer Anweisungen kann zu einem hohen Speicherverbrauch in der Datenbank führen. Um die Daten zu persistieren, werden alle Daten, die vom View bereitgestellt werden, gespeichert. Bei komplexen Views werden auch Zwischenergebnisse im Speicher abgelegt und für nachfolgende Verarbeitungsschritte verwendet, was zusätzliche Ressourcen verbraucht. Übersteigt der Speicherbedarf während der Laufzeit die Menge an verfügbaren Speicherressourcen, wird die Ausnahme **Out of Memory** ausgelöst.

Versuchen Sie stets, die Datenmenge einzugrenzen und schon auf der Datenbankebene durch das Setzen von Filtern nur die tatsächlich relevante Menge abzufragen. Auch die Aktivierung von Statistiken, was im nächsten Abschnitt beschrieben wird, kann zu einer Optimierung der Abfrage und zu geringerem Speicherverbrauch führen. Der Speicherverbrauch für eine Abfrage kann auch durch das Persistieren zugrundeliegender Tabellen reduziert werden. Weitere Lösungsansätze finden Sie in SAP-Hinweis 3139720.

7.4.4 Durchführen von Optimierungen

Ressourcenverbrauch kontrollieren

Für das Data Warehousing gibt es eine Auswahl geeigneter Techniken, um die Leistung und Nutzung von Ressourcen bestmöglich ins Gleichgewicht zu bringen. Sie können die Performance von Abfragen und Aktualisierungen durch gezielte Maßnahmen kontinuierlich verbessern und für die Daten entsprechend ihren Kosten und Nutzen eine passende Speicherstrategie umsetzen. Dafür nutzen Sie beispielsweise Optimierungstechniken wie Selektion, Replikation, Partitionierung und Parallelverarbeitung. Wir stellen Ihnen die Techniken im Folgenden vor.

Datenladevorgänge einschränken

Daten filtern

Um die Menge an zu übertragenden Daten möglichst gering zu halten, sollten Sie Filter auf Remote-Tabellen anwenden. Bei großen Datenmengen kann das Laden ohne Einschränkung sehr lange dauern und zu Speicherspitzen führen. Laden Sie nur die relevanten Daten, kann das den Speicherbedarf deutlich reduzieren und beeinflusst zudem die Ladeperformance positiv. Den Filter legen Sie im Tabelleneditor des Data Builders in der Definition der jeweiligen Remote-Tabelle an. Sie können neben der Filterung auch unnötige Spalten entfernen, um die Datenmenge weiter zu verkleinern.

Die Filterfunktion hat Limitierungen, da nicht jede Datenquelle Filter unterstützt und bestimmte Spaltendefinitionen es nicht zulassen. Tabelle 7.17 zeigt die Einschränkungen auf.

Datenquelle	Einschränkung
Spalte	SAP-HANA-Datenquellen unterstützen die folgenden Datentypen nicht: ▪ Datums-/Uhrzeittypen: DATE, TIME, TIMESTAMP, SECONDDATE ▪ numerische Typen: TINYINT, SMALLINT, INT, BIGINT, DECIMAL (p,s) ▪ Zeichenfolgen: NVARCHAR ODP-Datenquellen unterstützen Filter nur für: ▪ Spalten, die die WHERE-Klausel der SELECT-Anweisung unterstützen ▪ Spalten, die kleiner oder gleich 45 Zeichen sind SAP-Smart-Data-Integration-CDI-Datenquellen unterstützen Filter nur für die folgenden Datentypen: ▪ NVARCHAR, DATE, BOOLEAN, INTEGER, BIGINT
Operator	Der Filter unterstützt nur das Einschließen von Bedingungen, und Sie können mit dem Operator **Gleich** oder **Zwischen** arbeiten. Filterbedingungen für eine Spalte werden als ODER-Bedingung definiert, während Filter für eindeutige Spalten als UND-Bedingung angewendet werden.
Wert	Es dürfen nur vorhandene Werte ausgewählt werden: ▪ Keine dynamischen Filter wie »Letzte 3 Jahre«. ▪ Für Spalten mit Filterwerten werden Datensätze mit Nullwerten nicht repliziert.

Tabelle 7.17 Limitierung der Filterfunktion für Remote-Tabellen

Die gesetzten Filterbedingungen können Sie im Remote-Tabellen-Protokoll für jeden Ladevorgang einsehen. Möchten Sie Filterbedingungen ändern, sind vorab die replizierten Daten zu löschen und nach der Filteränderung wieder neu zu replizieren.

Partitionierung und parallele Prozesse

Partitionierung und parallele Prozesse

Bei der Verarbeitung größerer Datenmengen kann es erforderlich werden, den Ladevorgang zu optimieren, um Ladefehler und -dauer zu minimieren. Lange Laufzeiten können dazu führen, dass die Datenreplikation aufgrund von Speichermangel abgebrochen wird.

Sie haben die Möglichkeit, für große Datenbestände eine Partitionierung des Replikats durchzuführen und somit eine Parallelisierung von Datenabfragen zu erreichen. Gehen Sie dafür in das Remote-Tabellen-Protokoll (siehe Abbildung 7.34).

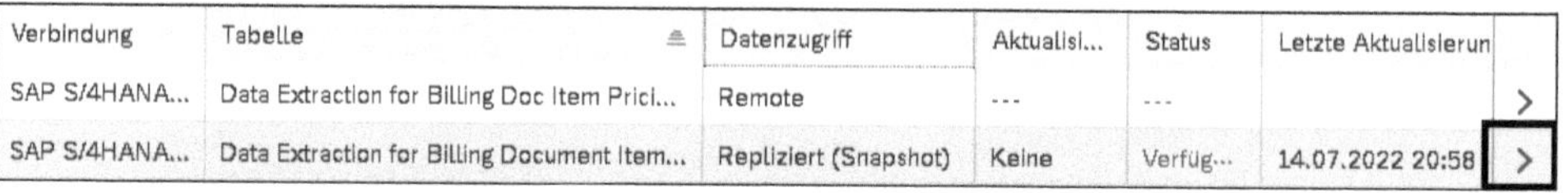

Verbindung	Tabelle	Datenzugriff	Aktualisi...	Status	Letzte Aktualisierun	
SAP S/4HANA...	Data Extraction for Billing Doc Item Prici...	Remote	---	---		>
SAP S/4HANA...	Data Extraction for Billing Document Item...	Repliziert (Snapshot)	Keine	Verfüg...	14.07.2022 20:58	>

Abbildung 7.34 Remote-Tabellen-Protokoll aufrufen

Im linken unteren Bereich erscheint der Menüpunkt **Partitionen**, in dem sie auf die Schaltfläche **Partitionen definieren** klicken (siehe Abbildung 7.35).

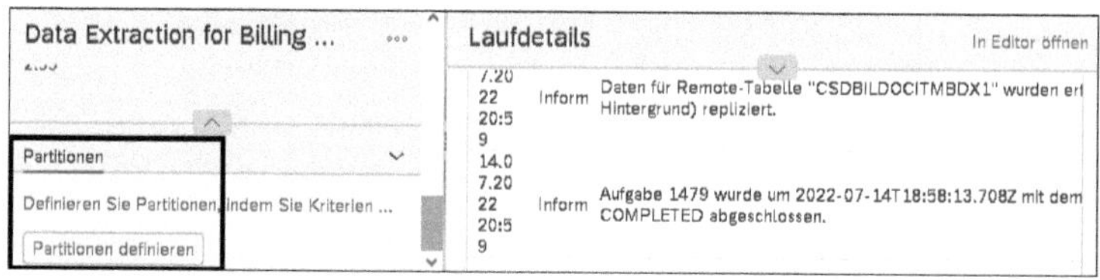

Abbildung 7.35 Partitionen für Remote-Tabellen anlegen

Es öffnet sich ein Konfigurationsmenü, in dem Sie die Einstellungen für die Partitionen und die Anzahl paralleler Prozesse festlegen (siehe Abbildung 7.36). Speichern Sie die Definition über die Schaltfläche **Save**.

Definitionen bearbeiten

Sie können diese Definition nachträglich bearbeiten, um beispielsweise weitere Partitionen hinzuzufügen, Unter- und Obergrenzen zu verändern oder Partitionen wieder zu löschen. Haben Sie die Definition gesichert, wird diese beim nächsten Lauf berücksichtigt. In den Laufdetails des Protokolls können Sie die Umstellung auf die Partitionen prüfen und sehen, wie viele Datensätze in die jeweiligen Partitionen repliziert wurden (siehe Abbildung 7.37). Alle außerhalb der definierten Partitionen liegenden Datensätze werden in die Partition **Sonstige** repliziert.

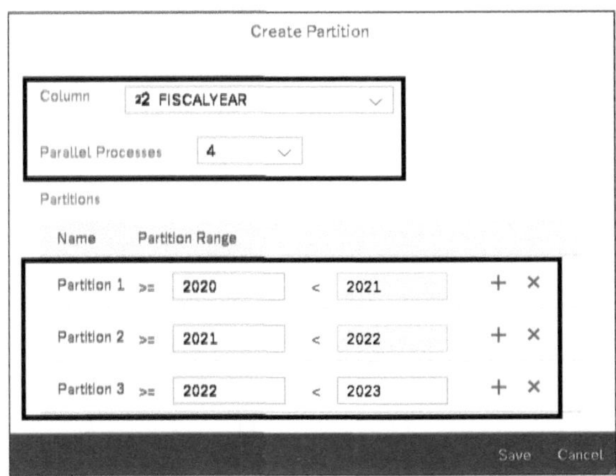

Abbildung 7.36 Partitionierung einstellen

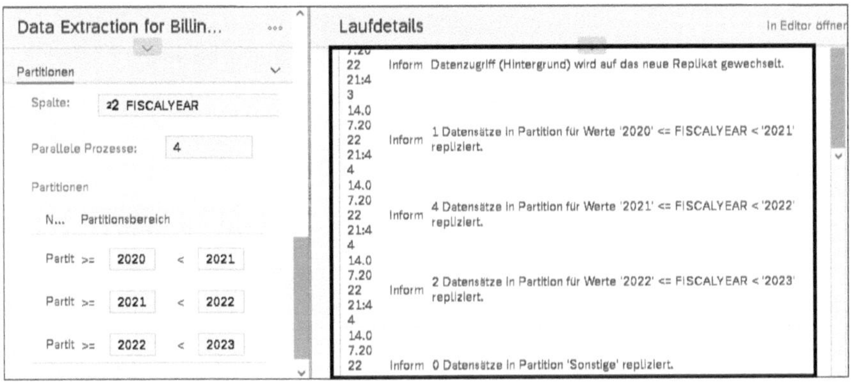

Abbildung 7.37 Laufdetails zur Replikation mit Partitionierung

Einschränkungen bei der Partitionierung

Es gibt Einschränkungen für die Partitionierungsfunktion in Abhängigkeit der genutzten Integrationstechnik: Ist die Remote-Tabelle über SAP HANA Smart Data Integration mit der Datenquelle verbunden, kann die Partitionierung sowohl für die Snapshot- als auch die Echtzeitreplikation eingesetzt werden. Mit SAP HANA Smart Data Access funktioniert die Partitionierung nicht für die Echtzeitreplikation. Es gibt weitere Limitierungen, die Sie berücksichtigen sollten. In Tabelle 7.18 werden diese entlang der Einstellungen aufgelistet.

Einstellung	Einschränkung
Parallele Prozesse	In Verbindung mit SAP HANA Smart Data Access sind keine parallelen Prozesse möglich.

Tabelle 7.18 Einschränkungen in der Partitionierung

Einstellung	Einschränkung
Spalte	Dies sind die unterstützten Datentypen: ■ Datums-/Uhrzeittypen: DATE, TIME, TIMESTAMP, SECONDDATE ■ numerische Typen: TINYINT, SMALLINT, INT, BIGINT, DECIMAL (p,s) ■ Zeichenfolgen: NVARCHAR In Verbindung mit SAP HANA Smart Data Access: ■ Partitionen nur für Schlüsselspalten In Verbindung mit SAP HANA Smart Data Integration »ODP«: ■ Nur Spalten, die die WHERE-Klausel der SELECT-Anweisung unterstützen ■ Nur Spalten, die kleiner oder gleich 45 Zeichen sind
Partitionen	Negative Werte sind für Partitionsgrenzen numerischer Spalten nicht gültig. Die Untergrenze muss niedriger sein als die Obergrenze. Die Bereiche dürfen sich nicht überschneiden.

Tabelle 7.18 Einschränkungen in der Partitionierung (Forts.)

Anlegen von Statistiken für Remote-Tabellen

SAP HANA SQL Optimizer

Beim Zugriff auf Remote-Tabellen verwendet SAP Data Warehouse Cloud den *SAP HANA SQL Optimizer*, der die SQL-Abfragen optimiert aufbaut. Mit dem Einschalten der Datenstatistiken für Remote-Tabellen kann der SQL Optimizer diese für die Entscheidungsfindung heranziehen, um eine optimale Performance bei der Abfrage der Daten zu erzielen.

Einschränkungen für SAP-HANA-Smart-Data-Integration-Adapter

Für die folgenden Adapter können keine Statistiken angelegt werden:

- Adapter für SAP HANA Smart Data Integration Cloud Data Integration: Cloud Data Integration (CDI), SAP Marketing Cloud, SAP S/4HANA Cloud
- ABAP-Adapter für SAP HANA Smart Data Integration: SAP ABAP, SAP BW, SAP ECC, SAP S/4HANA, On-Premise-Version

Beachten Sie, dass die Statistik nur verfügbar ist, wenn der Datenzugriff **Remote** ist. Sobald die Daten repliziert worden sind, ist die Statistikfunktion nicht mehr verfügbar. Um die Statistikfunktion zu aktivieren, gehen Sie in die Detailsicht der Remote-Tabelle (siehe Abbildung 7.38).

Statistik anlegen

Im linken Fensterbereich finden Sie im Menüpunkt **Statistik** die Option **Statistik anlegen** (siehe Abbildung 7.39).

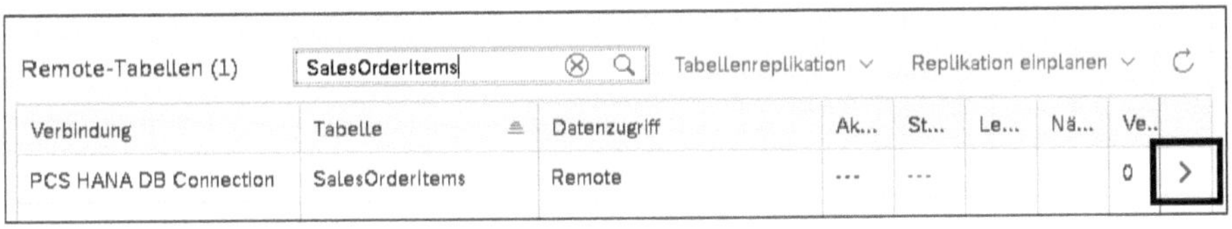

Remote-Tabellen (1) | SalesOrderItems | Tabellenreplikation | Replikation einplanen

Verbindung	Tabelle	Datenzugriff	Ak...	St...	Le...	Nä...	Ve...	
PCS HANA DB Connection	SalesOrderItems	Remote	---	---			0	>

Abbildung 7.38 Detailsicht der Remote-Tabelle aufrufen

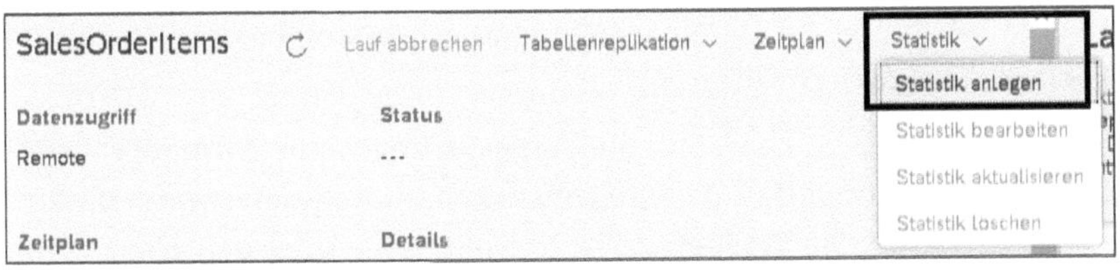

SalesOrderItems | Lauf abbrechen | Tabellenreplikation | Zeitplan | Statistik

Statistik anlegen
Statistik bearbeiten
Statistik aktualisieren
Statistik löschen

Datenzugriff	Status
Remote	---
Zeitplan	Details

Abbildung 7.39 Menüpunkt »Statistik« in der Detailsicht

Wählen Sie einen geeigneten Datenstatistikobjekttyp aus. In unserem Beispiel wählen wir den Typ **Record Count** (Anzahl Datensätze, siehe Abbildung 7.40).

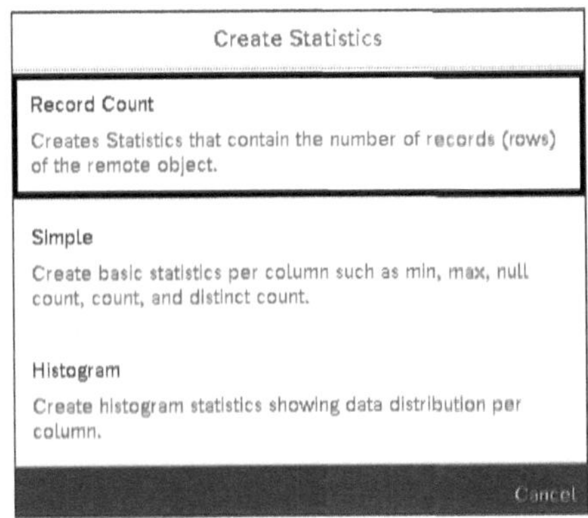

Abbildung 7.40 Statistik für Remote-Tabelle anlegen

Den Meldungen können Sie entnehmen, ob das Anlegen des Statistikobjekts abgeschlossen ist (siehe Abbildung 7.41).

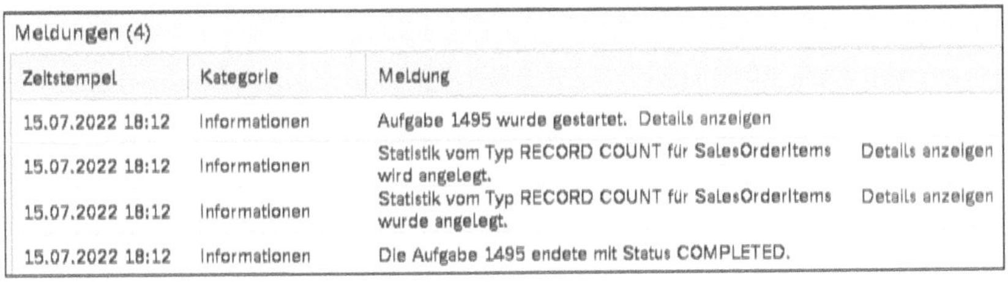

Meldungen (4)

Zeitstempel	Kategorie	Meldung	
15.07.2022 18:12	Informationen	Aufgabe 1495 wurde gestartet. Details anzeigen	
15.07.2022 18:12	Informationen	Statistik vom Typ RECORD COUNT für SalesOrderItems wird angelegt.	Details anzeigen
15.07.2022 18:12	Informationen	Statistik vom Typ RECORD COUNT für SalesOrderItems wurde angelegt.	Details anzeigen
15.07.2022 18:12	Informationen	Die Aufgabe 1495 endete mit Status COMPLETED.	

Abbildung 7.41 Angelegte Statistik

Objekttypen

Die drei Typen des Datenstatistikobjekts unterscheiden sich in der Art und Anzahl der zu ermittelnden statistischen Werte. Diese sind unterschiedlich arbeitsintensiv und können zu einer hohen Last im Quellsystem führen. Der einfachste Objekttyp ist **Record Count (Anzahl Datensätze)**, der die Anzahl der Zeilen in einer Quelltabelle berechnet. Mit dem Typ **Simple (Einfach)** werden Werte wie das Minimum und Maximum, die Anzahl ohne Null und die eindeutige Anzahl ermittelt. Der Typ **Histogram (Histogramm)** erhebt eine Schätzung zur Datenverteilung. Diese letzten beiden Typen sind komplexer und ressourcenintensiver.

Der Einsatz von Statistiken ist für die Verbesserung der Performance für Remote-Abfragen sinnvoll und sollte sehr bewusst eingesetzt werden. Wird die Systemlast im Quellsystem zu hoch, sollten Sie über den Einsatz von Replikationsverfahren nachdenken.

Persistieren von Views und Replikation

Weiterverarbeitung beschleunigen

Erstellte Views können eine komplexe Logik enthalten, die bei der Ausführung zeitintensiv ist. Sie haben die Möglichkeit, diese Views zu persistieren. Abfragen, die die Ergebnisse dieser Views anzeigen oder weiterverarbeiten, können so beschleunigt werden, da die definierte View-Logik nicht zum Zeitpunkt der Abfrage durchlaufen werden muss. Stattdessen wird die Logik einmalig beim Erzeugen der View-Persistenz durchlaufen, und das Ergebnis wird als Datenbestand gespeichert.

Um einen View zu persistieren, klicken Sie auf die Schaltfläche mit dem Plussymbol (**View hinzufügen**), siehe Abbildung 7.42.

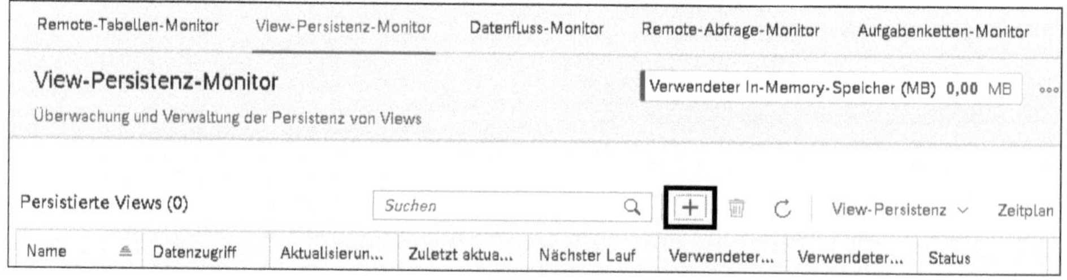

Abbildung 7.42 View-Persistenz anlegen

Im nächsten Dialogfeld sehen Sie die Liste der in Ihrem Space verfügbaren Views. Wählen Sie einen zu persistierenden View aus, und bestätigen Sie mit **OK** (siehe Abbildung 7.43).

Der ausgewählte View wird nun im Persistenz-Monitor angezeigt. Gehen Sie auf den Menüpunkt **View-Persistenz**, und wählen Sie den Eintrag **Neuen Snapshot laden** (siehe Abbildung 7.44).

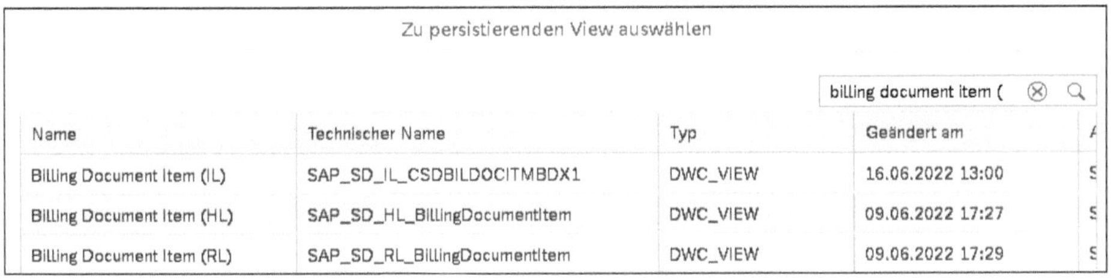

Zu persistierenden View auswählen

billing document item (

Name	Technischer Name	Typ	Geändert am
Billing Document Item (IL)	SAP_SD_IL_CSDBILDOCITMBDX1	DWC_VIEW	16.06.2022 13:00
Billing Document Item (HL)	SAP_SD_HL_BillingDocumentItem	DWC_VIEW	09.06.2022 17:27
Billing Document Item (RL)	SAP_SD_RL_BillingDocumentItem	DWC_VIEW	09.06.2022 17:29

Abbildung 7.43 View zum Persistieren auswählen

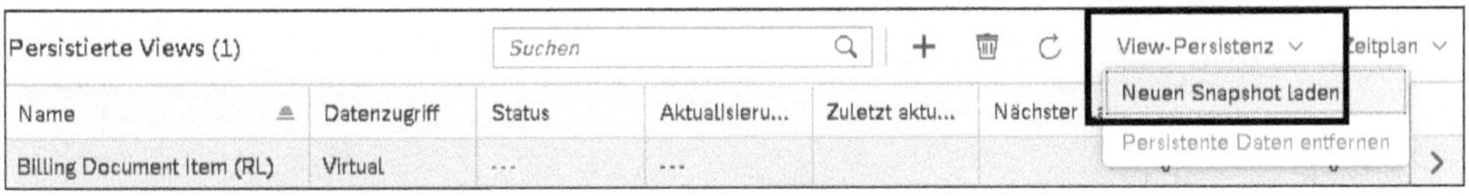

Persistierte Views (1) — Suchen — View-Persistenz — Zeitplan

Neuen Snapshot laden

Persistente Daten entfernen

Name	Datenzugriff	Status	Aktualisieru...	Zuletzt aktu...	Nächster
Billing Document Item (RL)	Virtual	...	...		

Abbildung 7.44 Snapshot für persistierten View laden

Wenn diese Option angeklickt wird, wird automatisch eine Tabelle in der SAP-HANA-Cloud-Datenbank mit der gleichen Datenstruktur wie der Struktur des Views erstellt. Nach der Erfolgsmeldung klicken Sie auf das Aktualisierungssymbol, und der Status der Ansicht ändert sich in **Verfügbar** (siehe Abbildung 7.45).

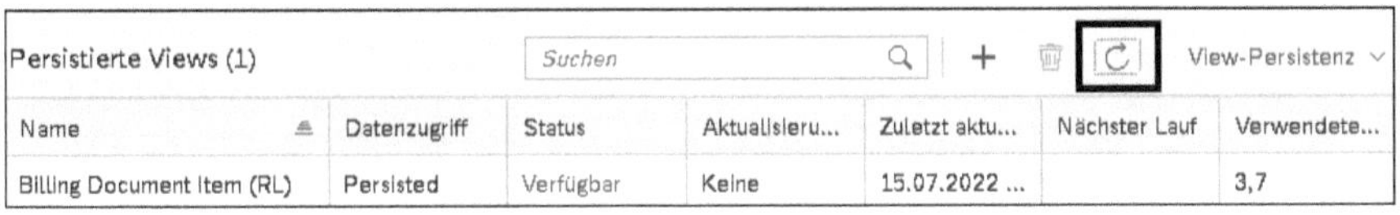

Persistierte Views (1) — Suchen — View-Persistenz

Name	Datenzugriff	Status	Aktualisieru...	Zuletzt aktu...	Nächster Lauf	Verwendete...
Billing Document Item (RL)	Persisted	Verfügbar	Keine	15.07.2022 ...		3,7

Abbildung 7.45 Angelegter persistierter View

Die View-Persistenz ist nun verfügbar, und Abfragen greifen auf den erzeugten Datenbestand zurück.

Persistenz rückgängig machen

Es ist möglich, das Persistieren des Views mit der Option **Persistierte Daten entfernen** rückgängig zu machen, sodass der View dann wieder zur Laufzeit der Abfrage ausgeführt wird.

Im View-Persistenz-Monitor haben Sie auch die Möglichkeit, einen Zeitplan für die Aktualisierung eines persistierten Views zu erstellen oder manuell einen neuen Snapshot zu laden. Die Einplanungsoptionen sind in Abschnitt 7.3, »Datenintegrationsaufgaben einplanen«, detailliert dargestellt.

Neben der View-Persistenz kann auch die Persistenz von Daten aus Remote-Tabellen durch regelmäßige Replikation die Abfrage-Performance positiv beeinflussen. Ob Sie sich für die Persistenz eines Views oder von Remote-Tabellen entscheiden, hängt von Ihren Anforderungen an die Leistungs- und Datenspeicherung ab. Remote-Tabellen werden immer als exakte Kopien der Datenquelle repliziert. Beim Persistieren eines Views werden hingegen nur die Daten physisch gespeichert, die im Ergebnis der View-Logik enthalten sind.

Persistenz und Implementierung

Wenn ein View mit Persistenz verändert wird oder andere abhängige Views erneut implementiert werden, wird die Persistenz gelöscht und der Datenzugriff zurück in virtuell geändert. In diesem Fall müssen Sie die Aktualisierung der Persistenz erneut starten, oder Sie warten bis zum nächsten eingeplanten Lauf.

Tracing für aufwendige SQL-Abfragen

Schwellenwerte festlegen

In der Konfiguration von SAP Data Warehouse Cloud können Sie das Tracing für ressourcen- und zeitintensive SQL-Abfragen aktivieren und eigene Kriterien für Schwellenwerte der zu protokollierenden Abfragen festlegen (siehe Abbildung 7.46).

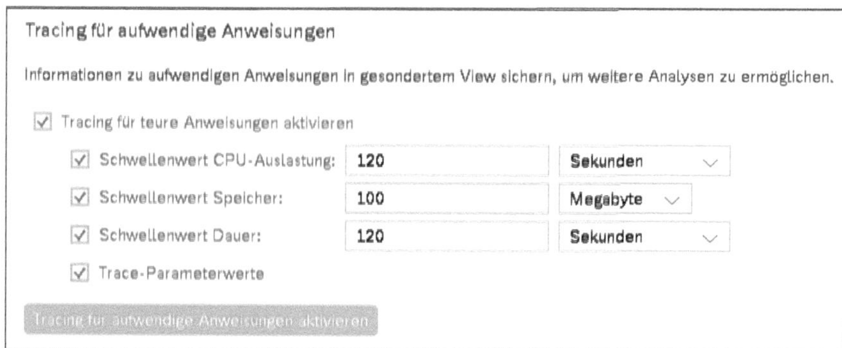

Abbildung 7.46 Tracing für aufwendige Anweisungen

Aufwendige Anweisungen sind einzelne SQL-Anweisungen, deren Ausführungszeit und/oder Ressourcenbedarf den konfigurierten Schwellenwert überschreiten. Der Trace zeichnet Informationen über diese Anweisungen für weitere Analysen auf.

Aus diesen Informationen können Sie die Zusammenhänge zwischen einer aufwendigen Anweisung und dem auslösenden Prozess bzw. einer definierten Aufgabe erkennen und prüfen. Für jede Aufgabe wird eine Reihe von Sitzungsvariablen angelegt, die Sie für weitere Analysen nutzen können. Für Aufgaben, die in SAP Data Warehouse Cloud gestartet wurden, wird die Variable `$$DWC_PROCEDURE_RUN$$` hinzugefügt. Sie können beispielsweise die bereits erwähnten Views `M_EXPENSIVE_STATEMENTS` und `TASK_LOGS_V_EXT` nutzen, um gezielt alle aufwendigen Anweisungen, die sich auf direkte oder geplante Ausführungen beziehen, auszugeben. Haben Sie einen eigenen Space für die Überwachung angelegt, können Sie die benötigten Objekte aus dem Space `SAP_ADMIN` mit Ihrem Überwachungs-Space teilen. Gehen Sie wie folgt vor, um im Data Builder einen eigenen View für die Auswertung aufzubauen (siehe Abbildung 7.47):

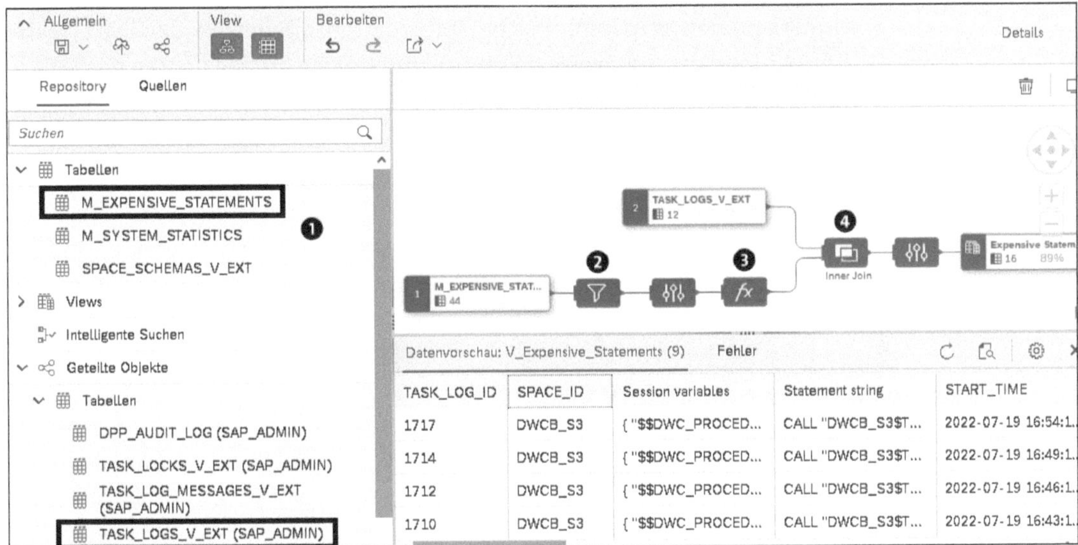

Abbildung 7.47 Tracing aufwendiger Abfragen auswerten

❶ Ziehen Sie die beiden Tabellen `M_EXPENSIVE_STATEMENTS` und `TASK_LOGS_V_EXT` als Quellobjekte heran.

❷ Setzen Sie einen Filter auf das Feld `SESSION_VARIABLES`: `SESSION_VARIABLES LIKE '%$$DWC_PROCEDURE_RUN$$%'`.

❸ Legen Sie eine neue berechnete Spalte `Task_Log_ID` vom Typ Integer an: `substr_before(substr_after(SESSION_VARIABLES, '"$$DWC_PROCEDURE_RUN$$": "'), '"')`

❹ Verbinden Sie die beiden Quellen mit einem Inner-Join mit Verknüpfung über das Feld `Task_Log_ID`.

So kombinieren Sie die Informationen zu Speicher- und Laufzeitzahlen der aufwendigen Anweisungen mit den Informationen aus der Aufgabenprotokollansicht. Das Beispiel soll die Möglichkeiten aufzeigen, die Administrator*innen für die Überwachung zur Verfügung stehen. Es ist empfehlenswert, frühzeitig ein gezieltes Monitoring einzurichten, um rechtzeitig Engpässe bei der Ressourcen-Nutzung oder auch hohe Laufzeiten zu erkennen, die Auswirkungen zu bewerten und Maßnahmen zur Optimierung zu ergreifen.

7.5 Zusammenfassung

Sie haben in diesem Kapitel einen Überblick zu den verschiedenen Integrationsszenarien erhalten, welche Informationsquellen in der Data Warehouse Cloud genutzt werden können und welche Möglichkeiten des Datenaustauschs zu anderen Komponenten in Ihrer unternehmensweiten Systemlandschaft verfügbar sind. Wir haben Ihnen die Funktionen für die Verwaltung der Datenintegration aufgezeigt und erläutert, wie Sie die Ladeprozesse durch Einplanungsoptionen automatisieren können. Zur Überprüfung, Analyse und Optimierung der dafür genutzten Artefakte, Modelle und Aufgaben haben Sie die Möglichkeiten der Überwachung im Datenintegrationsmonitor kennengelernt.

Kapitel 8
Benutzer und Rollen

In diesem Kapitel erfahren Sie, wie SAP Data Warehouse Cloud die Benutzer und deren Zugriffe auf das System verwaltet. Wir zeigen Ihnen, wie Sie Benutzer einrichten, Rollen erstellen und zuweisen und welche relevanten Analysefunktionen Ihnen für die Überwachung von Benutzeraktivitäten zur Verfügung stehen. Darüber hinaus erfahren Sie, wie Sie durch Datenzugriffskontrollen Anwenderinnen und Anwender berechtigen, genau die Daten zu sehen, die sie sehen dürfen.

SAP Data Warehouse Cloud zeichnet sich durch eine hohe Systemoffenheit hinsichtlich der Integration von Datenquellen und eine schnelle und leichte Weiterverwendung der Analyseinhalte aus. Aus Perspektive der Unternehmenssicherheit muss diese Offenheit durch eine konsistente Benutzerverwaltung und Berechtigungssteuerung flankiert sein, um jede Form von unberechtigtem Datenzugriff zu verhindern, sowohl von extern als auch in SAP Data Warehouse Cloud selbst.

Dafür stellt Ihnen SAP Data Warehouse Cloud eine leicht anzuwendende Benutzer- und Rollenverwaltung bereit, die von SAP mit umfangreich vorkonfiguriertem *Rollen-Content* ausgeliefert wird. Diese behandeln wir in Abschnitt 8.1, »Rollen verstehen und verwalten«. In Abschnitt 8.2, »Benutzer einrichten und pflegen«, erfahren Sie dann, wie Sie Benutzer einrichten und Rollen zuweisen, um ihnen die Nutzung von SAP Data Warehouse Cloud zu erschließen. In der Rolle einer Administrator*in benötigen Sie zusätzliche Funktionen zur Überwachung von SAP-Data-Warehouse-Cloud-internen Aktivitäten und von Datenzugriffen. In Abschnitt 8.3, »Aktivitäten in SAP Data Warehouse Cloud überwachen«, erfahren Sie, welche Protokolle das System dazu automatisch erstellt und wie Sie diese auswerten können.

Alle genannten Funktionen finden Sie im Menübereich **Sicherheit**, wie in Abbildung 8.1 gezeigt, mit den Unterpunkten **Benutzer**, **Rollen** und **Aktivitäten**.

Auch wenn die Struktur des Hauptmenüs von SAP Data Warehouse Cloud mit dem Eintrag **Benutzer** beginnt, möchten wir die Standardrollen und de-

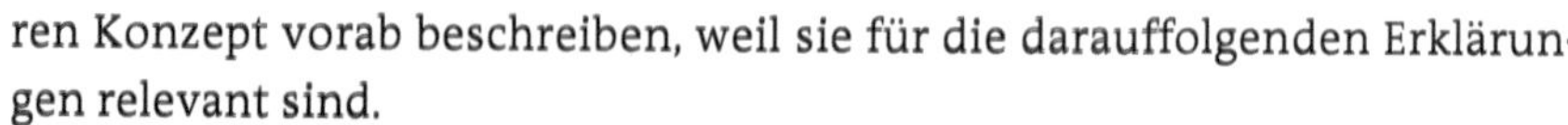

ren Konzept vorab beschreiben, weil sie für die darauffolgenden Erklärungen relevant sind.

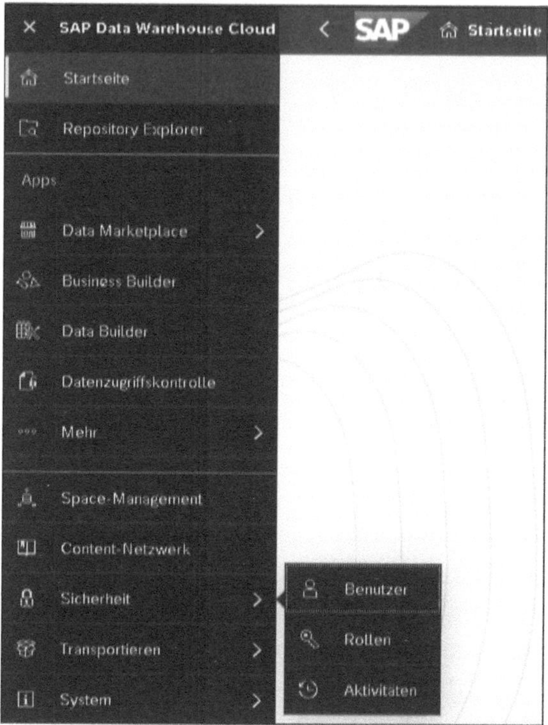

Abbildung 8.1 Hauptmenü für Sicherheit und Datenzugriffskontrolle

Datenzugriffskontrollen

Neben den durch Rollen getrennten reinen funktionalen Berechtigungen sind inhaltliche Berechtigungen von großer Bedeutung, da hierdurch gesteuert wird, welche Reporting-Informationen die Anwender*innen tatsächlich sehen dürfen. Dazu können Sie *Datenzugriffskontrollen* implementieren, die in Abschnitt 8.4, »Datenzugriffskontrolle«, beschrieben werden. Sie werden in der Entwicklung in SAP Data Warehouse Cloud definiert, wirken aber vor allem nach außen und beschränkten die inhaltliche Anzeige in Reporting-Applikationen, z. B. in SAP Analytics Cloud. Die notwendigen Einstellungen dazu werden im Hauptmenü unter **Datenzugriffskontrolle** erstellt.

8.1 Rollen verstehen und verwalten

SAP liefert SAP Data Warehouse Cloud von Beginn an mit einem Standardrollenkonzept aus, das hinreichend genau abgestimmt ist, um Benutzer bedarfsgerecht einzurichten. Das heißt, dass durch die Zuweisung von Rollen zu Anwender*innen Funktionen von SAP Data Warehouse Cloud für das benötigte Arbeitsumfeld fokussiert verfügbar gemacht oder eingeschränkt werden können. Bei Beschränkungen der Rechte werden den Anwender*innen Anzeigeelemente häufig erst gar nicht angezeigt, was die Benutzeroberfläche sehr übersichtlich macht. Für Sie als Administrator*in ist es daher wichtig, das Grundkonzept der bereitgestellten Rollen und deren Auswirkungen zu verstehen, um diese korrekt vergeben zu können oder im Bedarfsfall durch Weiterentwicklung zu verändern.

8.1.1 Überblick über das Rollenkonzept

Einführung

Die Standardrollen können in zwei grundsätzliche Bereiche eingeteilt werden:

- Administratorrollen für die Systempflege und die Entwicklung, praktisch ohne oder mit nur sehr wenigen Beschränkungen
- Nutzer- oder Modelliererrollen, die sich auf bestimmte Entwicklungsbereiche und deren Funktionen konzentrieren

Da sich sehr feingliedrige Abstufungen etablieren lassen, ist es interessant, zunächst einmal das Ineinandergreifen oder Überlappen der Rollen darzustellen, um dann weiter in die Details zu gehen. Abbildung 8.2 ermöglicht hierzu einen ersten Überblick.

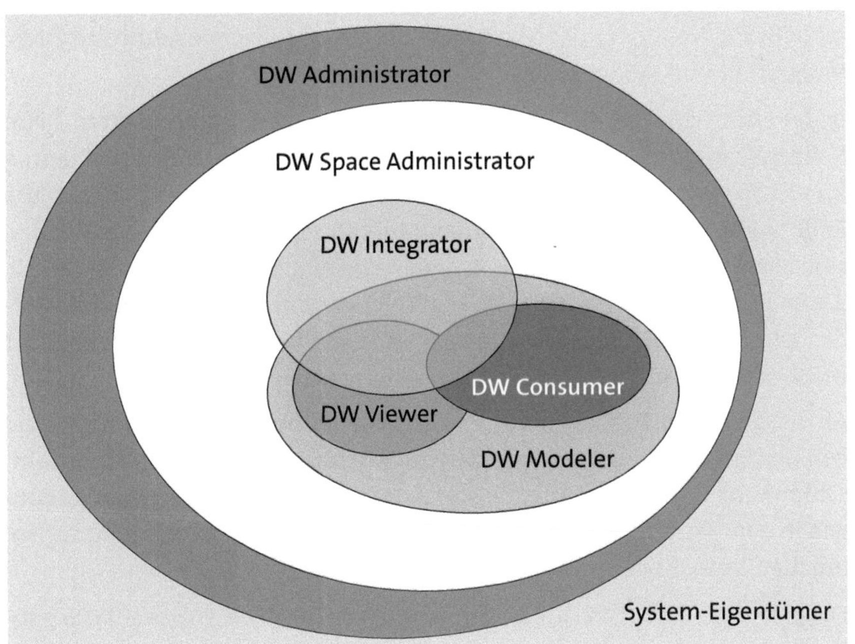

Abbildung 8.2 Rollenumfang und funktionale Überlappung

Die Darstellung zeigt, wie sich der Umfang der Rechte einer jeweiligen Rolle im Verhältnis zu anderen Rollen verhält und erklärt in den Überlappungen der Ellipsen auch, dass Rollen zum Teil gleiche Funktionalitäten ausgeprägt haben. Das heißt, anstatt Gemeinsamkeiten streng getrennt abzubilden, wurden diese im Standard zusammengefasst, um die Anzahl der Rollen überschaubar zu halten.

Weitgehende Administrationsrechte

Von außen nach innen betrachtet sehen Sie, dass die Person mit der Rolle **System-Eigentümer** alle Rechte in SAP Data Warehouse Cloud besitzt. Sie kann beispielsweise Systemerweiterungen wie die SAP BW Bridge-Integration initiieren oder Änderungen an den Sicherheitseinstellungen von SAP Data Warehouse Cloud vornehmen. Es gibt immer nur einen Systemeigentümer, der »Kraft seiner Position« alle Rechte besitzt und dessen Rolle an sich nicht geändert werden kann. Die Rollenzuweisung zum eigentlichen Benutzer erfolgt initial durch SAP beim Einrichten von SAP Data Warehouse Cloud entsprechend einer oder einem von Ihnen gemeldeten Anwender*in. Ein Wechsel des Systemeigentümers ist in einem besonderen Verfahren der Benutzerzuordnung geregelt. Näheres dazu erfahren Sie in Abschnitt 8.2, »Benutzer einrichten und pflegen«.

Darauf folgt die Rolle **DW Administrator**, die sehr umfängliche Rechte in SAP Data Warehouse Cloud hat. Der Data-Warehouse-Administrator hat praktisch keinerlei Einschränkungen in der Modellierung und Administration und kann alle Artefakte aller Spaces einsehen und verändern. Diese Rolle schließt alle weiteren Rollen komplett ein, also die zentrale Administration, Integration und Modellierung.

In der Hierarchie der Rechte folgt die Rolle **DW Space Administrator**. Diese Rolle fokussiert sich auf die gesamtheitliche Integration und Modellierung innerhalb von bestimmten Spaces, für die Sie eine Zuordnung haben. Diese Rolle schließt die anderen untergeordneten Rollen ein. Ausgeschlossen sind allerdings Änderungen an zentralen Einstellungen der Spaces, wie z. B. die Speicherzuordnung, die zwar angezeigt wird, aber nicht verändert werden kann. Auch die Benutzerpflege in SAP Data Warehouse Cloud ist nicht möglich und wird im Hauptmenü überhaupt nicht aufgeführt.

Diversifikation von Aufgaben

Ab dieser Rechtestufe diversifizieren sich die Rollen auf bestimmte Aufgaben der Entwicklung innerhalb der zugewiesenen Spaces, bis hin zur Einschränkung der reinen Nutzung von Artefakten. Vorhandene Überlappungen in den weiteren Rollen wurden dabei bewusst von SAP vorgenommen, um die Übersicht der Aufteilung zu erleichtern.

Dabei legt die Rolle **DW Integrator** beispielsweise einen Fokus auf die Integration von neuen Datenquellen aus unterschiedlichen Systemen für zugewiesene Spaces. Die Rolle **DW Integrator** darf neue Quellen aus dem Data Marketplace anlegen, hat aber keine Berechtigungen, um Datenmodelle zu entwickeln.

Die Rolle **DW Modeler** hat hingegen genau dort ihren Schwerpunkt: Mit dieser Rolle dürfen Sie alle Modellierungen im Data Builder und im Business Builder gestalten. Sie können alle integrierten Daten verwenden, aber keine neuen Quellen einbinden.

Rollen mit eingeschränkten Rechten

Da es nun auch Anwender*innen von SAP Data Warehouse Cloud gibt, die vorhandene Artefakte nur nutzen und nicht modellieren sollen, gibt es für diesen Fall zwei weitere abgestufte Rollen. Sie stehen zwar am unteren Ende der Rechtehierarchie, aber sie erfüllen einen ganz bestimmten Zweck.

Die Rolle **DW Viewer** darf, wie es der Name schon andeutet, Artefakte der zugewiesenen Spaces in SAP Data Warehouse Cloud nur einsehen, z. B. im Data Builder und im Business Builder. Ferner können Sie in dieser Rolle Monitoring-Aufgaben übernehmen, indem Sie den Status der Datenquellen im Datenintegrationsmonitor prüfen.

Die Rolle **DW Consumer** ist als rein nutzende Rolle der SAP-Data-Warehouse-Cloud-Artefakte ausgelegt, mit der Sie Verbrauchsmodelle aus dem Business Builder in Reporting-Tools verwenden dürfen. Dazu weisen Sie zunächst die Rolle den Benutzer-IDs in SAP Data Warehouse Cloud zu. Anschließend melden sich Benutzer*innen in den jeweiligen Analyseanwendungen, beispielsweise in SAP Analytics Cloud, an und konsumieren die Verbrauchsmodelle und Daten aus den zugeordneten Spaces von SAP Data Warehouse Cloud von außen. Die Rolle **DW Consumer** meldet sich also nie direkt dort an und erhält bei einem Anmeldeversuch sogar eine Fehlermeldung.

Rollen ändern

Die genannten SAP-Standardrollen sind grundsätzlich nicht änderbar. Bei Bedarf können Sie sie aber als Vorlagen kopieren und erweitern oder die Rechte anschließend entsprechend Ihrer gewünschten Einteilung reduzieren.

8.1.2 Rollen anzeigen

Rolleneinteilung nach Lizenztypen

Sie rufen die Rollenverwaltung aus dem Hauptmenü über **Sicherheit • Rollen** auf. Es erscheint ein Bild, in dem die vorhandenen Rollen grob in die Lizenztypen **Business Intelligence** und **Data Warehouse Cloud** eingeteilt sind. Das heißt, dass jede Rolle für einen bestimmten funktionalen Bereich von SAP Data Warehouse Cloud vorgesehen ist. Dabei bezieht sich der Lizenztyp **Data Warehouse Cloud** auf alle Funktionsbereiche von SAP Data Warehouse Cloud, wie etwa Data Builder, Business Builder, Space Management usw.

Obsoleter Lizenztyp »Business Intelligence«

Durch den Wegfall des Story Builders als eingebettete SAP-Analytics-Cloud-Funktionalität im Februar 2022 sind auch die Rollen des Lizenztyps **Business Intelligence** in SAP Data Warehouse Cloud obsolet und werden hier nicht näher beschrieben. Da die Darstellung dieses Lizenztyps in der Rollenverwaltung aber noch für unbestimmte Zeit vorhanden ist, wird der Lizenztyp hier grundsätzlich erwähnt. Die Funktionen des Story Builders werden komplett durch SAP Analytics Cloud ersetzt und haben daher keine direkte Relevanz mehr für SAP Data Warehouse Cloud. Für die Nutzung von SAP Analytics Cloud gelten sie nach wie vor, sind aber nicht Teil dieser Darstellung. Weitere Details dazu finden Sie in Kapitel 5, »Datenaufbereitung mit dem Business Builder«.

Durch die Zuweisung von Rollen zu einem Benutzer wird die Anzahl der verfügbaren Lizenzen entsprechend verändert. Weitere Details dazu finden Sie in Abschnitt 8.2, »Benutzer einrichten und pflegen«.

Innerhalb der Lizenztypen werden die einzelnen Rollen mit ihrer Bezeichnung, einem kurzen Erklärungstext und einem Hinweis auf die Anzahl der bereits zugeordneten Benutzer dargestellt. Abbildung 8.3 zeigt exemplarisch die Kategorie **Data Warehouse Cloud** mit den dazugehörigen Standardrollen.

Abbildung 8.3 Rollenanzeige für die Kategorie »Data Warehouse Cloud«

Zur Anzeige der Details einer Standardrolle klicken Sie auf den jeweiligen Titel der Rolle, z. B. **DW Administrator**. Die im folgenden Bild erscheinende Anzeige der Details der Rolleneinstellungen besteht aus den folgenden zwei grundsätzlichen Teilen:

- *Berechtigungstypen*, die in den Zeilen aufgeführt sind.
- *Berechtigungen*, die in den Spalten erscheinen.

Berechtigungstypen

Die Berechtigungstypen in den Zeilen sind eine Verfeinerung der gesamten System- und Entwicklungsbereiche in SAP Data Warehouse Cloud, für die

Berechtigungen vergeben werden können. Einige erinnern an die Hauptmenübereiche, wie die folgenden Berechtigungstypen:

- Rolle
- Benutzer
- Data Builder für Data Warehouse
- Business Builder für Data Warehouse

Andere Berechtigungstypen ermöglichen eine Berechtigungssteuerung auf einer darunterliegenden Ebene, wie die folgenden Typen:

- Geschäftsentität für Data Warehouse
- Verbrauchsmodell für Data Warehouse

Für die in den Spalten der Anzeige aufgeführten Berechtigungen erklärt Ihnen Tabelle 8.1 im Überblick die Details der Ausprägungen.

Berechtigung	Bedeutung
Anlegen	Anlegen eines neuen Objekts innerhalb eines Berechtigungstyps, z. B. Benutzer, Rollen, Spaces oder Verbindungen
Lesen	Anzeigen von Informationen
Aktualisieren	Aktualisieren von vorhandenen Objekten oder deren Teilen, z. B. Benutzer, Geschäftsentität oder auch technische Einstellungen der Systemverbindungen
Löschen	Löschen eines Objekts
Ausführen	Ausführen von Objekten, z. B. Aktionen zur Data-Warehouse-Cloud-Datenintegration
Bearbeiten	Bearbeiten eines Objekts, z. B. Verbindungen
Teilen	Teilen von Elementen, z. B. Tabellen eines Space im Data Builder
Verwalten	Ansehen von bestimmten Elementen oder Informationen, auch übergreifender Art

Tabelle 8.1 Übersicht der Berechtigungen in der Rollenpflege

Die Berechtigung »Verwalten«

Laut SAP-Dokumentation bezieht sich die Berechtigung **Verwalten** z. B. auch auf das Einsehen von Informationen in der Space-Verwaltung. Hierzu konnten bislang keine konkreten Beispiele identifiziert werden.

Unterschiede zwischen den Berechtigungen

Der Unterschied zwischen **Aktualisieren** und **Bearbeiten** erklärt sich näher durch die Gegenüberstellung des Begriffs **Lesen**, der die reine Anzeige einer Information erlaubt. **Bearbeiten** ermöglicht hingegen generell die Veränderung eines Objekts, während in einigen Fällen eine Systeminformation durch besondere Funktionen explizit aktualisiert werden kann, z. B. ein Data Provisioning Agent (DPA) in der Konfiguration. Weitere Informationen dazu finden Sie in Kapitel 3, »Verwaltung von Verbindungen, Dateien und Artefakten«.

Da die Eigenschaften der Berechtigungstypen in den Zeilen von SAP vordefiniert wurden und auch nicht in allen Fällen eine Auswahl sinnvoll ist, bleiben einige Spalten leer. Die aktivierten Berechtigungen einer Rolle sind dann in der jeweiligen Checkbox markiert.

8.1.3 Rollen anlegen, kopieren und anpassen

Berechtigungen individualisieren

Wenn Sie eigene Rollen erstellen möchten, um Berechtigungen abweichend zum Standard zu konfigurieren, stehen Ihnen gleich mehrere Wege zur Verfügung: Sie können eine bestehende Rolle als Vorlage kopieren und anpassen oder mit einer leeren Fassung beginnen und diese nach und nach ausbauen. Unabhängig davon, welchen Ansatz Sie wählen, ist ein sehr intensiver Test der Einstellungen ratsam, damit Sie den gewünschten Zweck erzielen. Dies gilt insbesondere dann, wenn Sie Benutzer*innen laufende Einstellungen entziehen wollen, da damit sofortige Nutzungseinschränken verbunden sind. Da die SAP-Rollen selbst nicht geändert werden können, sondern beim Anlegen einer neuen Rolle immer nur als Vorlage dienen, können Sie jederzeit wieder auf den ausgelieferten Originalzustand der Vergabe bei einer Anwenderin oder einem Anwender zurückwechseln.

Test-User nutzen

Um Rollen zu testen, ist es empfehlenswert, einen besonderen Test-User mit einer freien E-Mail-Adresse einzurichten. Diesem Test-User weisen Sie zunächst nur eine einzelne zu testende Rolle zu und probieren die gewünschten Funktionen aus und umgekehrt dazu auch die Funktionen, die nicht verwendet werden dürfen. Für weitere Rollentests tauschen Sie die Rolle aus und setzen den Test entsprechend fort. Erst anschließend kombinieren Sie weitere Rollen. Für die Dokumentation können Sie das in Abbildung 8.2 verwendete Diagramm schematisch erweitern und behalten so einfacher den Überblick.

Rollen anlegen oder aus einer Vorlage kopieren

Für das Anlegen einer neuen Rolle rufen Sie die Rollenverwaltung über den Menüpfad **Sicherheit • Rollen** auf. Im erscheinenden Bild wählen Sie entweder aus dem Funktionsmenü die Schaltfläche ⊞ (**Rolle hinzufügen**) oder aus dem Bereich **Data Warehouse Cloud** die Schaltfläche [+Neue Rolle anlegen] aus. Daraufhin erscheint das in Abbildung 8.4 gezeigte Pop-up-Fenster.

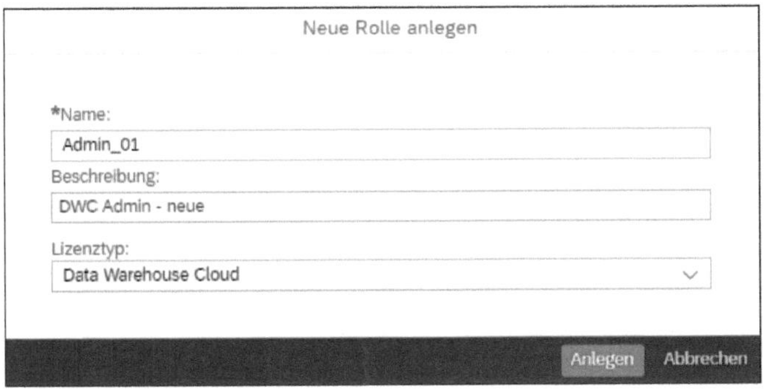

Neue Rolle anlegen

*Name:
Admin_01
Beschreibung:
DWC Admin - neue
Lizenztyp:
Data Warehouse Cloud
Anlegen Abbrechen

Abbildung 8.4 Neue Rolle anlegen

Geben Sie der Rolle einen Namen und eine Beschreibung. Der Name ist obligatorisch. Er kann Groß- und Kleinbuchstaben sowie Zahlen und Unterstriche enthalten und darf maximal 20 Zeichen lang sein. Wählen Sie den Lizenztyp **Data Warehouse Cloud**, falls dieser nicht vorbelegt sein sollte, und klicken Sie anschließend auf **Anlegen**.

Im erscheinenden Pop-up-Fenster wählen Sie aus der Liste den Eintrag **Leer**, wenn Sie eine Rolle vollständig neu anlegen wollen, oder Sie wählen aus den angezeigten Rollen einen Eintrag als Vorlage aus, z. B. **DW Administrator**. Wenn Sie mit einer leeren Rolle begonnen haben, können Sie nachträglich eine Vorlage über die Schaltfläche (**Vorlage auswählen**) übernehmen. Schon vorgenommene Einstellungen werden dann allerdings überschrieben und müssen gegebenenfalls wiederholt werden.

Berechtigungen festlegen

Die weiteren Einstellungen können Sie nun in der tabellarischen Anzeige durchführen. Je nach zuvor erfolgter Auswahl sind die Checkboxen vorbelegt. Aktivieren oder deaktivieren Sie die entsprechenden Kombinationen nach Ihren Vorstellungen. In Abbildung 8.5 wurden beispielsweise die Berechtigungen für das Löschen von Elementen im Data Builder für Data Warehouse und weitere Zeilen in der entsprechenden Spalte **Löschen** deaktiviert, während die Markierungen in der Spalte **Anlegen** weiterhin aktiviert sind. Die Anwenderin oder der Anwender mit der zugewiesenen Rolle kann also Elemente in den Funktionsbereichen anlegen, aber nicht löschen.

Name	Anlegen	Lesen	Aktualisieren	Löschen
Globales Anwendungslesezeichen	☐	☐	☐	☐
Bereiche	☑ Data Warehouse Cloud	☑ Data Warehouse Cloud	☑ Data Warehouse Cloud	☐ Data Warehouse Cloud
Bereichsdateien	☑ Data Warehouse Cloud	☑ Data Warehouse Cloud	☑ Data Warehouse Cloud	☐ Data Warehouse Cloud
Remote-Verbindung für Data Warehouse	☑ Data Warehouse Cloud	☑ Data Warehouse Cloud	☑ Data Warehouse Cloud	☐ Data Warehouse Cloud
Data Builder für Data Warehouse	☑ Data Warehouse Cloud	☑ Data Warehouse Cloud	☑ Data Warehouse Cloud	☐ Data Warehouse Cloud
Business-Katalog für Data Warehouse	☑ Data Warehouse Cloud	☑ Data Warehouse Cloud	☑ Data Warehouse Cloud	☐ Data Warehouse Cloud
Business Builder für Data Warehouse	☑ Data Warehouse Cloud	☑ Data Warehouse Cloud	☑ Data Warehouse Cloud	☐ Data Warehouse Cloud

Abbildung 8.5 Berechtigungen einer neuen Rolle ändern

Unzulässige Kombinationen

In der Pflege der Rollen gibt es eventuell Kombinationen, die nicht auswählbar sind, da sie nicht dem gewählten Lizenztyp entsprechen. Dies ist im Hintergrund von SAP festgelegt und nicht änderbar. Ein Beispiel sind Einträge, die mit dem Zusatz **Planning Professional** versehen sind. Im Zusammenhang mit dem Lizenztyp **Business Intelligence** werden diese in SAP Analytics Cloud eingestellt und hier lediglich angezeigt. Sie erkennen an dieser Stelle die enge Verbindung zwischen SAP Data Warehouse Cloud und SAP Analytics Cloud. Rufen Sie gegebenenfalls die Rollenpflege in SAP Analytics Cloud auf, und passen Sie die Einträge dort wie gewünscht an.

Sichern Sie zum Abschluss Ihre Einstellungen über die Schaltfläche (**Speichern**) in der Funktionsleiste, und wählen Sie anschließend den Menüeintrag **Sichern**. Die neue Rolle erscheint dann in der Rollenübersicht unter dem Lizenztyp **Data Warehouse Cloud** im Bereich **Benutzerdefinierte Rollen**, wie in Abbildung 8.6 gezeigt.

Abbildung 8.6 Neue Rolle in der Rollenübersicht anzeigen

Die neue Rolle kann nun in der Benutzerpflege verwendet werden. Klicken Sie auf den Eintrag **Benutzer zuordnen**, wenn Sie die Rolle einem Benutzer zuordnen wollen. Die dazu erforderlichen weiteren Schritte sind in Abschnitt 8.2, »Benutzer einrichten und pflegen«, beschrieben.

8.1.4 Weitere Einstellungen und Aktivitäten der Rollenpflege

Rollen löschen

Es ist generell zu empfehlen, SAP Data Warehouse Cloud im Rahmen der Governance sauber und konsistent zu halten. Dazu gehört auch, dass nicht mehr benötigte benutzerdefinierte Rollen gelöscht werden. Vor dem Löschen müssen Sie Benutzerzuordnungen entfernen. Anderenfalls erhalten Sie beim Löschversuch eine Fehlermeldung. SAP-Standardrollen sind hingegen Teil der Systemauslieferung und können, auch wenn Sie sie nicht verwenden, weder gelöscht noch verändert werden.

Zum Löschen einer benutzerdefinierten Rolle rufen Sie die Rollenpflege im Hauptmenü **Sicherheit • Rollen** auf. Navigieren Sie in der Anzeige in den Bereich **Benutzerdefinierte Rollen**. Bewegen Sie dann den Mauszeiger auf den entsprechenden Rolleneintrag. Jetzt ist die Checkbox zum Markieren der Rolle sichtbar. Klicken Sie auf die Checkbox, und markieren Sie diese, wie in Abbildung 8.7 gezeigt.

Abbildung 8.7 Rolle zum Löschen markieren

Erst jetzt ist die Schaltfläche (**Löschen**) in der Funktionsleiste aktiviert. Klicken Sie auf diese Schaltfläche, und bestätigen Sie die Warnmeldung nochmals durch einen Klick auf **Löschen**, wie in Abbildung 8.8 gezeigt. Sie erhalten eine Meldung, wenn die Rolle erfolgreich gelöscht werden konnte.

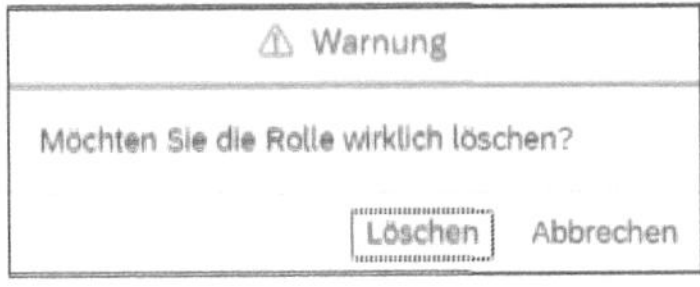

Abbildung 8.8 Sicherheitsabfrage vor dem Löschen einer Rolle

Benutzerzuordnung zu einer Rolle prüfen

Wenn Sie feststellen möchten, welche Benutzer*innen einer Rolle bereits zugeordnet sind, können Sie dies auf unterschiedliche Weise tun. Die einfachste Variante ist es, die Benutzerpflege über den Menüpfad **Sicherheit • Benutzer** aufzurufen und in das Suchfeld der Funktionsleiste die Bezeichnung der Rolle oder eines Teilnamens einzugeben, z. B. »DW Consumer«. Die Benutzerliste wird anschließend durch diese Filtereingabe so reduziert, dass nur noch die entsprechenden Benutzer*innen mit der jeweiligen Zuordnung aufgeführt werden.

Möchten Sie die Suche mit einer umfangreicheren Zuordnungsänderung verbinden, rufen Sie den Menüpfad **Sicherheit • Rollen** auf und wählen eine entsprechende Benutzerrolle aus. In der Funktionsleiste der angezeigten Rollenpflege wird die Anzahl der bereits zugeordneten Benutzer rechts oben angezeigt, z. B. [20 Benutzer]. Klicken Sie auf den Eintrag, um im folgenden Bild die Liste der zugeordneten Benutzer zu erhalten. Wie in Abbildung 8.9 gezeigt, erscheinen auf der rechten Seite die zugeordneten Benutzer, die Sie durch Demarkieren des Eintrags auf der linken Seite verändern können.

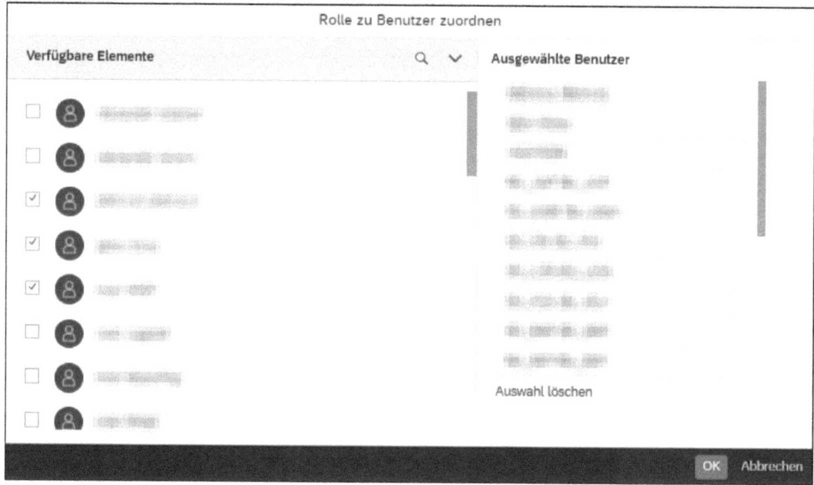

Abbildung 8.9 Rollenzuordnung zu den Benutzern ändern

Klicken Sie auf **OK**, um die Zuordnungsänderung abzuschließen. Näheres zur Benutzerpflege finden Sie in Abschnitt 8.2, »Benutzer einrichten und pflegen«.

8.2 Benutzer einrichten und pflegen

Nachdem wir uns einen Überblick über Rollen verschafft haben, lernen Sie in diesem Abschnitt die grundlegenden Elemente und Funktionen der Benutzerpflege kennen, die anschließend anhand eines praktischen Beispiels geübt werden.

8.2.1 Einführung in die Benutzerpflege

Die schnelle Einrichtung und Nutzung von SAP Data Warehouse Cloud drückt sich auch in der Einfachheit der Benutzereinrichtung und -verwaltung aus. Die notwendigen Schritte werden in einer übersichtlichen Tabellendarstellung vorgenommen, die einen guten direkten Vergleich der Inhalte und Parameter untereinander zu bereits existierenden Benutzereinträgen erlaubt. Benutzer können in einer Einzelpflege individuell eingerichtet oder auch durch den Import einer CSV-Datei als Massenanlage übernommen werden. Wir beginnen zunächst mit der Einzelpflege.

Einzelpflege eines Benutzers

Um einen Benutzer einzurichten, folgen Sie im Hauptmenü links dem Pfad **Sicherheit • Benutzer**. Im Bereich **Benutzer** erscheint die tabellarische Benutzerpflege. Sie enthält insgesamt nur wenige Spalten, die im Wesentlichen der Identifikation des Anwenders bzw. der Anwenderin und der Rollenzuweisung dienen. Aus den zugewiesenen Rollen werden zur Information die darauf bezogenen Lizenzen angezeigt. Sie werden nicht direkt gepflegt, sondern von SAP Data Warehouse Cloud bei der Rollenzuweisung zum Benutzer automatisch abgeleitet.

8

Funktionen der Benutzerpflege

Für die Pflege von Benutzerdaten stehen zunächst einmal die grundlegenden Funktionen für die Neuanlage, das Sichern und das Löschen zur Verfügung. SAP Data Warehouse Cloud bietet darüber hinaus einige Sonderfunktionen für das initiale Anlegen und die direkte Kommunikation mit dem neuen Benutzer an. Zusätzlich gibt es eine Funktion für die Zuweisung einer *Benutzer-ID* als Systemeigentümer (siehe Abschnitt 8.1.1, »Überblick über das Rollenkonzept«). Ergänzt werden die Funktionen um die Möglichkeit, mittels CSV-Datei-Import mehrere Benutzer gleichzeitig anzulegen und alle Benutzerdaten für das Backup oder zu Austauschzwecken zu exportieren.

Muss-Informationen bei der Benutzeranlage

Für das initiale Anlegen ist zunächst nur die Eingabe von Benutzer-ID, Nachname und E-Mail-Adresse als obligatorische Information erforderlich. Alle anderen Angaben können später ergänzt werden.

Anmeldung auch ohne Rolle möglich

Obwohl Sie sich mithilfe dieser Angaben zu diesem Zeitpunkt bereits in SAP Data Warehouse Cloud anmelden können, ist noch keine weitere Aktivität möglich, weil dazu mindestens eine Rolle zugewiesen sein muss.

Die Übersicht in Tabelle 8.2 erklärt Ihnen zunächst die Bedeutung der Inhalte der Benutzerpflege.

Spalte der Benutzerpflege	Bedeutung
Benutzer-ID	Interne technische Benutzer-ID mit max. 20 Zeichen, bestehend aus Großbuchstaben, Zahlen und Unterstrichen.

Tabelle 8.2 Übersicht der Inhalte der Benutzerpflege

Spalte der Benutzerpflege	Bedeutung
Vorname	Vorname des Benutzers
Nachname	Nachname des Benutzers
Anzeigename	Der Anzeigename wird zunächst automatisch aus Vornamen und Nachnamen vorgeschlagen, kann aber im Zuge des Anlegens manuell verändert werden. Er wird an verschiedenen Stellen der Anzeige des Benutzernamens, z. B. in der eigenen Profilpflege, angezeigt.
E-Mail	Gültige E-Mail-Adresse.
Manager	Vorgesetze*r der Anwenderin bzw. des Anwenders. Dies muss eine bereits in SAP Data Warehouse Cloud bestehende Benutzer-ID sein.
Rollen	Zuweisung einer oder mehrerer vorhandener Benutzerrollen.
Lizenzen	Anzeige der durch die Rollenzuweisung abgeleiteten Lizenzen.

Tabelle 8.2 Übersicht der Inhalte der Benutzerpflege (Forts.)

Benutzer-ID

Die technische Benutzer-ID dient der internen Verwendung in SAP Data Warehouse Cloud, z. B. für die Anzeige in Zuordnungen zu Artefakten oder in Protokollen. Je nach Systemlandschaft wird diese auch in SAP Analytics Cloud und in SAP BW Bridge verwendet.

E-Mail-Adresse verwenden

Die E-Mail-Adresse wird u. a. für folgende Zwecke verwendet:

- Beim Anlegen eines Benutzers wird automatisch eine Einladungsnachricht an die E-Mail-Adresse versendet, mit deren Hilfe der erste Login erfolgt.
- Nach der ersten Anmeldung und der Passwortvergabe melden Sie sich künftig immer wieder mit dieser E-Mail-Adresse an.

Abbildung 8.10 zeigt hierzu eine typische Einladungsnachricht.

Wenn Sie eine solche E-Mail erhalten, klicken Sie auf **Anmelden** und geben ein Passwort ein. Die angegebene URL verweist auf SAP Data Warehouse Cloud Ihres Unternehmens oder Ihres Organisationsbereichs. Speichern Sie die URL für die nächsten Aufrufe in Ihren Browserfavoriten.

Manager auswählen

Das Hinzufügen eines Eintrags in der Spalte **Manager** der Benutzerpflege ist optional, kann aber hilfreich sein, um administrative Prozesse außerhalb von SAP Data Warehouse Cloud zu unterstützen, z. B. Workflow-Tools und deren Freigabeverfahren.

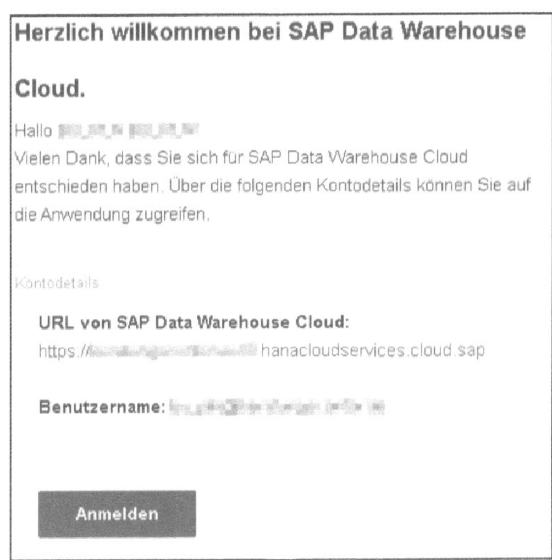

Abbildung 8.10 E-Mail-Nachricht zur ersten Anmeldung in SAP Data Warehouse Cloud

Die Besonderheit ist hier, dass sich der Eintrag auf eine bereits existierende Benutzer-ID bezieht. Daher können Sie den Eintrag aus einer Liste auswählen. Klicken Sie dazu auf das die Schaltfläche (**Wertehilfe**) innerhalb der jeweiligen Zeile in der Spalte **Manager** des zu pflegenden Benutzers. Daraufhin wird Ihnen eine Liste der im System vorhandenen Benutzer-IDs analog zu Abbildung 8.11 angezeigt.

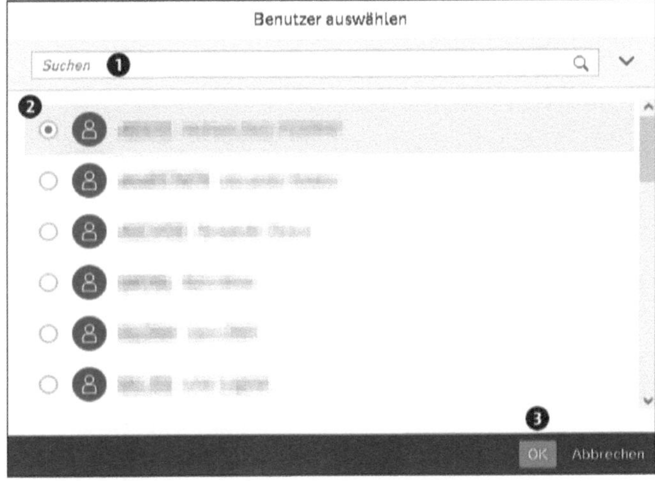

Abbildung 8.11 Benutzer zur Pflege der Spalte »Manager« auswählen

Um einen Manager zuzuweisen, gehen Sie wie folgt vor:

❶ Sie können einen Namen oder einen Teilnamen in das Suchfeld eingeben. Dies ist besonders bei langen, bereits vorhandenen Benutzerlisten hilfreich. Das System sucht standardmäßig nach passenden Einträgen für die Benutzer-ID, den Vornamen oder Namen. Ändern oder korrigieren Sie Ihren Eintrag, falls die Ergebnisliste leer bleibt. Generische Platzhalter wie ein Sternchen oder Ähnliches sind nicht sinnvoll bzw. werden als Bestandteil des Namens interpretiert und führen in der Regel zu einer leeren Liste. Es reicht aber, einen Teil eines Namens in das Suchfeld einzugeben.

❷ Wählen Sie den gewünschten Benutzereintrag aus der Liste aus, indem Sie ihn markieren oder auf den Radiobutton ◉ klicken.

❸ Schließen Sie die Eingabe mit einem Klick auf **OK** ab. Der gewünschte Eintrag wird nun in die Benutzerstammdaten übernommen.

Verwendete Lizenzen anzeigen

In der Spalte **Lizenzen** der Benutzerpflege listet das System die Lizenzen auf, die durch die Zuweisung der Rollen abgeleitet werden. Die Zuordnung erfolgt automatisch, je nachdem, welche Rolle zugewiesen wird. Je nach der Anzahl der verfügbaren Lizenzen im jeweiligen Bereich wird eine Meldung mit Hinweis auf das mögliche Überschreiten der zulässigen Maximalanzahl erzeugt. Tabelle 8.3 zeigt eine Übersicht der wesentlichen Lizenzen.

Lizenzbezeichnung	Beschreibung
Data Warehouse Cloud	Entsteht durch die Rollenvergabe zu Kernfunktionen wie Systemadministration, Daten-Modellierung, Datenintegration oder der reinen Nutzung dieser Artefakte als Konsument.
Business Intelligence	Entsteht durch die Rollenvergabe im Umfeld des Business Builders.
System	Entsteht im Zusammenhang mit der Vergabe der Rolle **Systemeigentümer**. Diese wird zu Beginn der Systemeinrichtung exakt einem Benutzereintrag zugeordnet.

Tabelle 8.3 Übersicht der Lizenzen und deren Verwendung

Lizenztyp »Business Intelligence« obsolet

Durch den Wegfall des Story Builders als eingebettete SAP-Analytics-Cloud-Funktionalität im Februar 2022 sind die Rollen des Lizenztyps **Business Intelligence** in SAP Data Warehouse Cloud obsolet. Gleichwohl wird der Lizenztyp, je nach Systemstand und Weiterentwicklung in SAP Data Warehouse Cloud, noch angezeigt. Die Art der Zuweisung und deren Inhalte werden hier nicht weiter beschrieben.

8.2.2 Anlegen und Pflegen eines Benutzers

Legen Sie nun beispielhaft einen Benutzer an, dem die Rolle **DW Modeler** zugewiesen werden soll. Dazu verwenden Sie aus dem Hauptmenü auf der linken Seite den Pfad **Sicherheit • Benutzer**. In der Übersicht der Benutzerpflege befinden sich rechts oberhalb der Tabellenanzeige die Funktionsschaltflächen für das Anlegen und die Verwaltung von Benutzern, wie in Abbildung 8.12 dargestellt.

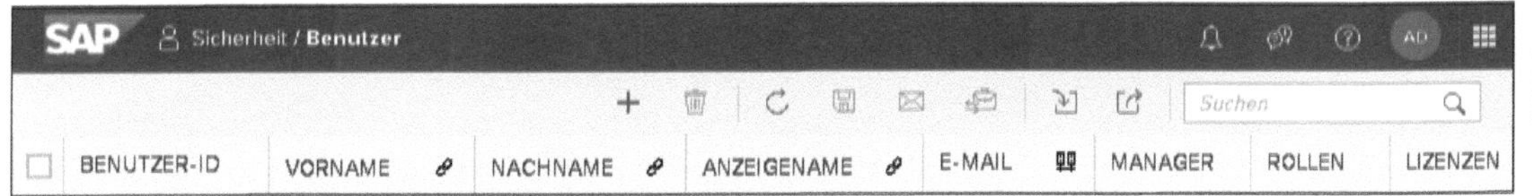

Abbildung 8.12 Funktionsleiste der Benutzerpflege

Klicken Sie auf die Schaltfläche ⊞ (**Neu**), um einen neuen Eintrag zu erstellen. Das System erstellt eine neue leere Zeile am Ende der bestehenden Benutzerliste und springt direkt in die Zelle in der Spalte **Benutzer-ID**.

Verwenden Sie beispielhaft die Benutzer-ID »MMUSTERMANN« und tragen Sie die Angaben aus der Übersicht in Tabelle 8.4 ein.

Spalte der Benutzerpflege	Eintrag
Benutzer-ID	MMUSTERMANN
Vorname	Max
Nachname	Mustermann
Anzeigenname	Wird automatisch aus Vornamen + Nachnamen gebildet.
E-Mail	max.mustermann@dummy.org
Rollen	Folgen Sie den Schritten für die Rollenauswahl für einen Benutzer.

Tabelle 8.4 Beispieleinträge für die Benutzeranlage

Rollenauswahl für einen Benutzer

Klicken Sie nun auf die Schaltfläche (**Wertehilfe**) in der Spalte **Rollen**. Es erscheint ein Fenster für die Auswahl der Rollen. Klicken Sie auf die Schaltfläche (**Suchen**), siehe Abbildung 8.13.

Verfügbare Rollen

Abbildung 8.13 Verfügbare Rollen suchen

Im erscheinenden Suchfeld geben Sie den Text »DW Modeler« ein ❶. (siehe Abbildung 8.14). Es wird Ihnen die entsprechende Rolle angezeigt. Markieren Sie die Checkbox ❷, und klicken Sie dann auf **OK** ❸.

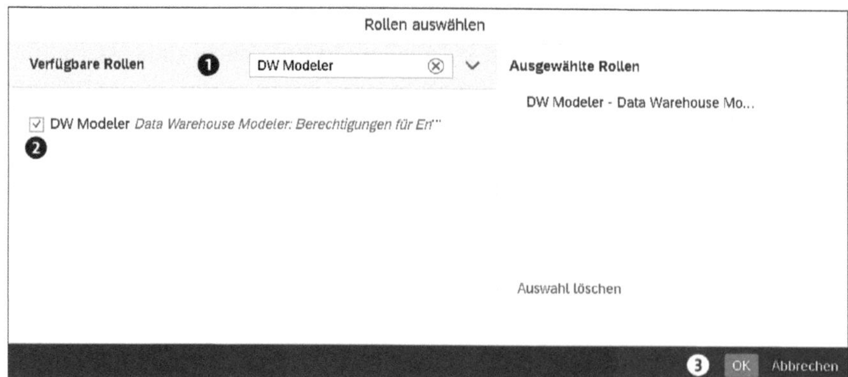

Abbildung 8.14 Rolle auswählen

Benutzer sichern

Klicken Sie nun zum Sichern der neuen Benutzer-ID auf (**Sichern**) in der Funktionsleiste im Bild rechts oben, wie in Abbildung 8.15 gezeigt.

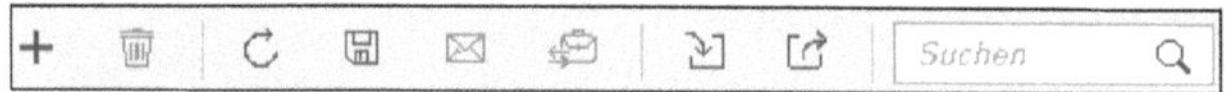

Abbildung 8.15 Funktionsleiste: Benutzer sichern

[»]

Verwendung von Benutzer-IDs

Bevor sich ein Benutzer erstmalig an SAP Data Warehouse Cloud anmeldet, erscheint neben der E-Mail-Adresse das Sanduhr-Symbol, das automatisch nach dem ersten Login des jeweiligen Benutzers verschwindet. Auf diese Weise können Sie erkennen, ob angelegte Benutzer-IDs auch wirklich verwendet werden.

Bildschirmanzeige auffrischen

Wenn Sie im Rahmen der Benutzeranlage gleichzeitig mehrere Einträge bearbeitet oder andere Benutzer-IDs verändert haben, ist es sinnvoll, die angezeigten Einträge zu aktualisieren. Dazu wählen Sie aus der Funktionsleiste im Bild rechts oben die Schaltfläche (**Aktualisieren**). Alle neu angelegten Benutzer-IDs werden nun alphabetisch sortiert angezeigt und können leicht gefunden werden.

Benutzer suchen

Bei einer hohen Anzahl vorhandener Benutzer-IDs kann die Suche nach einem einzelnen Eintrag durch Verwenden des Suchfeldes vereinfacht werden. Geben Sie dazu, wie in Abbildung 8.16 gezeigt, einen (Teil)namen, beispielsweise »max«, in das Suchfeld ein.

Abbildung 8.16 Benutzer über eine Suchfeldeingabe suchen

Suche verfeinern

Es werden Ihnen automatisch die gefundenen Benutzer-IDs angezeigt, die Sie von hier aus direkt pflegen können. Wird Ihnen eine leere Liste angezeigt, gibt es keinen Eintrag für die ausgewählte Suchangabe. Ändern Sie Ihre Angabe entsprechend, während sich die Anzeige automatisch anpasst. Um wieder alle Einträge ungefiltert zu erhalten, löschen Sie das Suchfeld mithilfe der Schaltfläche (**Zurücksetzen**) innerhalb des Suchfeldes.

Suche nach Rollen

Da sich die Suche hier auf alle Spalten der Benutzerpflege bezieht, können Sie so auch z. B. über die Eingabe von »DW Modeler« alle Benutzer-IDs finden, denen die Rolle **DW Modeler** zugeordnet ist. Die Suchangabe wirkt also wie ein Filter auf die gesamte Anzeige.

Einladungs-E-Mail erneut senden

Sollte es nachträglich notwendig werden, eine Anwenderin oder einen Anwender erneut per E-Mail zu benachrichtigen, können Sie dies über die Schaltfläche (**Einladungs-E-Mail erneut senden**) in der Funktionsleiste tun. Die entsprechende Einladungsnachricht wird erneut versendet.

Benutzer löschen

Um eine Benutzer-ID zu löschen, sind mehrere Schritte erforderlich (siehe Abbildung 8.17).

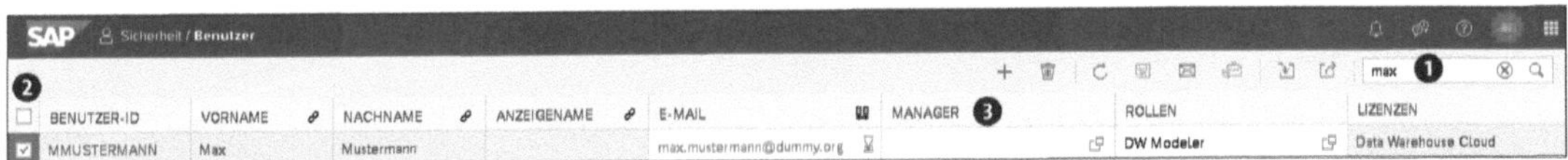

Abbildung 8.17 Benutzer löschen

1. Suchen Sie den Eintrag mithilfe des Suchfeldes, z. B. »max«.
2. Markieren Sie den Eintrag in der Auswahlspalte ganz links in der Benutzerpflege mit einem Häkchen.
3. Klicken Sie nun auf die Schaltfläche (**Löschen**) in der Funktionsleiste rechts oben. Diese ist nur aktiv, wenn Sie mindestens einen Eintrag in der Auswahlspalte markiert haben.

Es erscheint eine Sicherheitsabfrage, wie in Abbildung 8.18 gezeigt. Klicken Sie auf **Löschen**, um den Eintrag endgültig zu löschen. Aktualisieren Sie nach dem Löschen gegebenenfalls die Bildschirmanzeige mit (**Aktualisieren**).

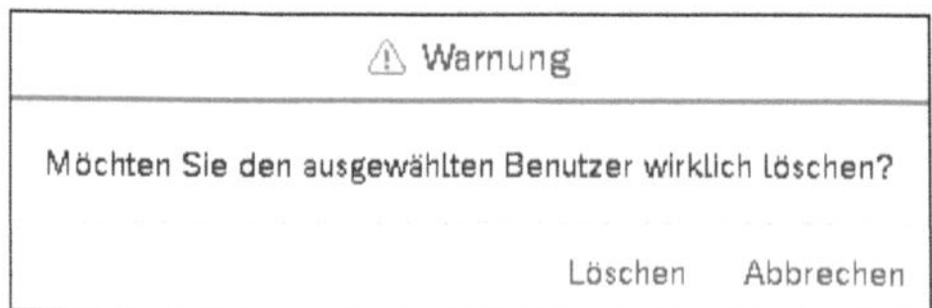

Abbildung 8.18 Warnung beim Löschen eines Benutzers

8.2.3 Benutzeranlage durch Datei-Import

Benutzermassenanlage

SAP Data Warehouse Cloud bietet die Möglichkeit, mehrere Benutzer in einem Schritt in einer Benutzermassenanlage einzurichten. Dazu wird eine CSV-Datei mit den notwendigen Informationen außerhalb von SAP Data Warehouse Cloud erzeugt und anschließend importiert.

Die Struktur der CSV-Datei entspricht dabei dem tabellarischen Aufbau der Benutzerverwaltung, bis auf die Spalte **Lizenzen**, die durch die zugewiesenen Rollen automatisch ermittelt und immer nur angezeigt wird. Tabelle 8.5 zeigt den exemplarischen Aufbau mit bespielhaften Angaben.

Spalte der Benutzerpflege	Eintrag
Benutzer-ID	MMUSTERMANN
Vorname	Max
Nachname	Mustermann
Anzeigename	Max Mustermann
E-Mail	*max.mustermann@dummy.org*
Rollen	»<Rolle-1>, <Rolle-2>«

Tabelle 8.5 Beispielstruktur der CSV-Datei für die Benutzeranlage

Wir empfehlen Ihnen, die CSV-Datei mit einer Kopfzeile entsprechend den genannten Spalten der Benutzerpflege zu versehen, damit später eine leichtere Zuordnung der Spalten beim Import erfolgen kann.

Struktur der Spalte Rollen

Die Spalte **Rollen** stellt eine Besonderheit dar, da hier Mehrfachzuordnungen möglich sind. Dies erfordert bei der Schreibweise der Einträge in die Importdatei eine Maskierung mit Anführungszeichen. Das heißt, dass der Inhalt für die Spalte **Rollen** mit expliziten Anführungszeichen beginnen und enden muss. Außerdem müssen die Ausprägungen der Rollen der internen technischen Schreibweise entsprechen, die sich allerdings deutlich von der normal lesbaren Form der Anzeige unterscheidet. Tabelle 8.6 erklärt Ihnen dazu die Übersetzung der im Bild angezeigten Rollenbezeichnungen und deren technischen Namen für einen Import per Datei.

Anzeigename der Rolle	Interner technischer Name der Rolle
DW Administrator	`Data_Warehouse_Cloud_Administrator`
DW Consumer	`Data_Warehouse_Cloud_Consumer`
DW Integrator	`Data_Warehouse_Cloud_Integrator`
DW Modeler	`Data_Warehouse_Cloud_Modeler`
DW Space Administrator	`Data_Warehouse_Cloud_Space_Administrator`
DW Viewer	`Data_Warehouse_Cloud_Viewer`

Tabelle 8.6 Rollennamen und deren technischen Bezeichnungen

Struktur der Importdatei

Dem internen technischen Rollennamen muss für die oben genannten Rollen in der Importdatei zusätzlich das Präfix `sap.dwc:` vorangestellt werden. Ein vollständiger Eintrag für die Rolle des DW Administrators lautet demnach:

```
"sap.dwc:Data_Warehouse_Cloud_Administrator"
```

Die Anführungszeichen gehören zum Eintrag. Sollen mehr als eine Rolle zugewiesen werden, erfolgt die Trennung innerhalb der einleitenden und abschließenden Anführungszeichen durch ein Semikolon. Sollen also z. B. die Rollen **DW Integrator** und **DW Modeler** vergeben werden, lautet der Eintrag in der Importdatei:

```
"sap.dwc:Data_Warehouse_Cloud_Integrator;sap.dwc:Data_Warehouse_
Cloud_Modeler"
```

Achten Sie dabei auf eine lückenlose Schreibweise der Einträge ohne trennende Leerzeichen, da ansonsten beim Import eine allgemeine Fehlermeldung erzeugt wird. Behalten Sie die Anführungszeichen zu Beginn und am Ende des Eintrags bei. Daneben weisen Fehlermeldungen in der Regel auf eine inkorrekte Schreibweise der technischen Rollennamen oder nicht vorhandene Semikola zur Trennung bei mehreren Rolleneinträgen hin.

Datei-Import für die Benutzeranlage

Wir importieren nun beispielhaft eine CSV-Datei für das Anlegen mehrerer Benutzer. Voraussetzung ist, dass eine entsprechend formatierte CSV-Datei außerhalb von SAP Data Warehouse Cloud erstellt wurde und in einem lokalen Workstation-Verzeichnis bereitliegt. Die Beispieldatei enthält in unserem Fall zwei Einträge mit unterschiedlichen Benutzer-IDs für »Anna Musterfrau« und »Max Mustermann«.

Um den Datei-Import durchzuführen, gehen Sie wie folgt vor:

1. Klicken Sie in der Funktionsleiste der Benutzerpflege auf die Schaltfläche (**Benutzer importieren**), und wählen Sie anschließend den Menüeintrag **Benutzer aus Datei importieren**, wie in Abbildung 8.19 gezeigt.

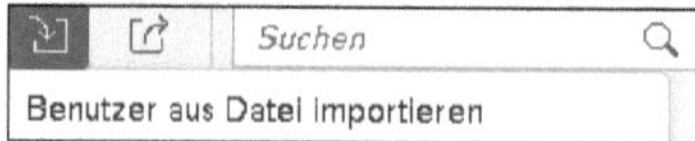

Abbildung 8.19 Menüeintrag »Benutzer aus Datei importieren« wählen

2. Klicken Sie im folgenden Pop-up-Fenster auf die Schaltfläche **Quelldatei auswählen** ❶, um Ihre Importdatei auszuwählen (siehe Abbildung 8.20).

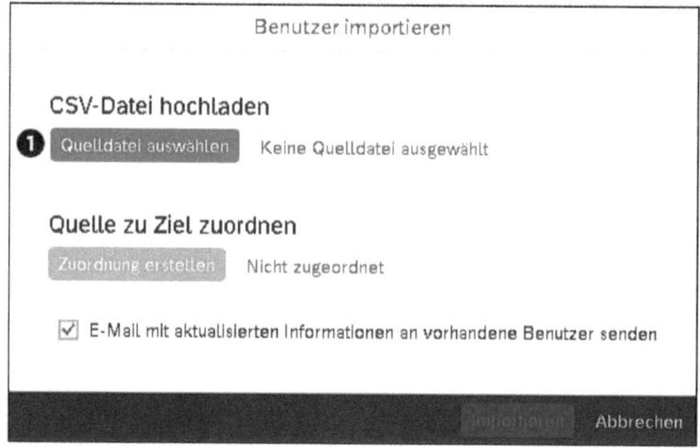

Abbildung 8.20 Quelldatei auswählen

3. Wählen Sie Ihre Quelldatei für den Import aus Ihrem Workstation-Verzeichnis aus. Der Name Ihrer Quelldatei wird anschließend entsprechend angezeigt (siehe Abbildung 8.21).

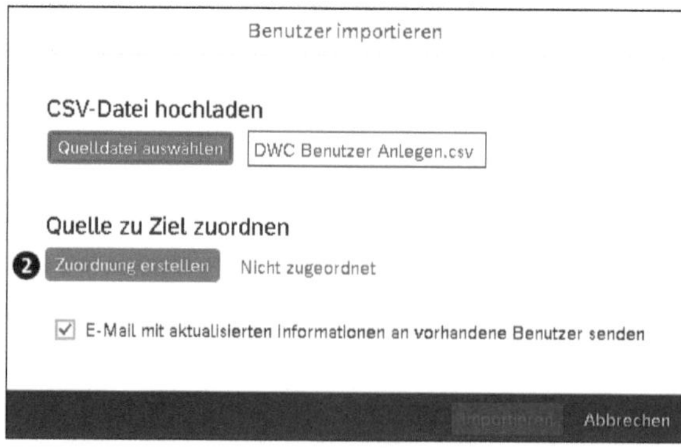

Abbildung 8.21 Ausgewählte Quelldatei für den Benutzerimport

4. Da Sie Ihre Quelldatei sowohl mit als auch ohne Überschriften sowie in der Benennung der Spalten und Trennzeichen flexibel formatieren können, ist eine strukturelle Zuordnung zu den Zielspalten der Benutzerpflege in SAP Data Warehouse Cloud erforderlich. Klicken Sie dazu auf die Schaltfläche **Zuordnung erstellen** ❷.
5. Im nächsten Schritt können Sie die Zuordnungsoptionen entsprechend Ihrem Quelldateiformat wählen. Da die im Beispiel verwendete Quelldatei eine Kopfzeile mit den Spaltennamen der Benutzerpflege enthält, muss diese beim Import übersprungen werden. Ferner wurde als Trennzeichen der Spalten ein Semikolon verwendet. Diese Einstellungen werden in den Zuordnungsoptionen geändert, wie in Abbildung 8.22 für die **Kopfzeile** ❶ und das **Trennzeichen** ❷ ausgewählt. Je nach Formatierung Ihrer Quelldatei ändern Sie Zeilentrenntrennzeichen und Texttrennzeichen, um die Spaltenerkennung zu komplettieren.

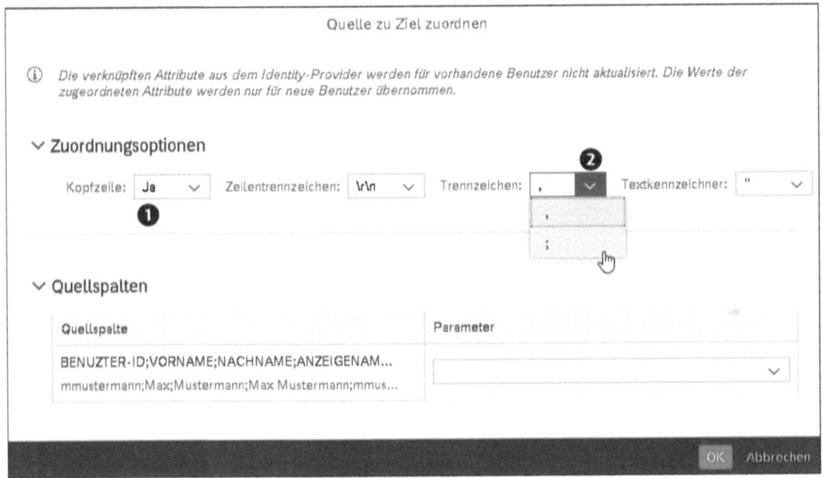

Abbildung 8.22 Zuordnungsoptionen beim Import der Benutzerdatei

6. Für die Beispieldatei erkennt SAP Data Warehouse Cloud nach der Änderung der Zuordnungsoptionen die Struktur der Quelldatei korrekt und listet die Spalten entsprechend untereinander auf.

In Abbildung 8.23 sind die Bezeichnungen der Spalten der Quelldatei aus der Kopfzeile zusammen mit Teilen der jeweils erkannten Inhalte untereinander dargestellt. Die Spalte **Manager** war zwar in der Datei vorhanden, aber leer. Daher erscheint hier nur ein Semikolon ohne weitere Inhalte.

Quellspalte und Zielspalte

Auf der rechten Seite ordnen Sie für jede aufgeführte Spalte der Quelldatei eine Zielspalte der Benutzerpflege aus, in die der Inhalt übernommen werden soll ❶. In der Abbildung ist dies bereits für alle Quellspalten durchgeführt worden. Da in diesem Fall bereits bei der Erstellung der Importdatei die Bezeichnungen in der Kopfzeile der Quelldatei entsprechend den Spalten der Benutzerpflege gewählt worden sind, ist die Korrektheit der Zuordnung leicht zu überprüfen.

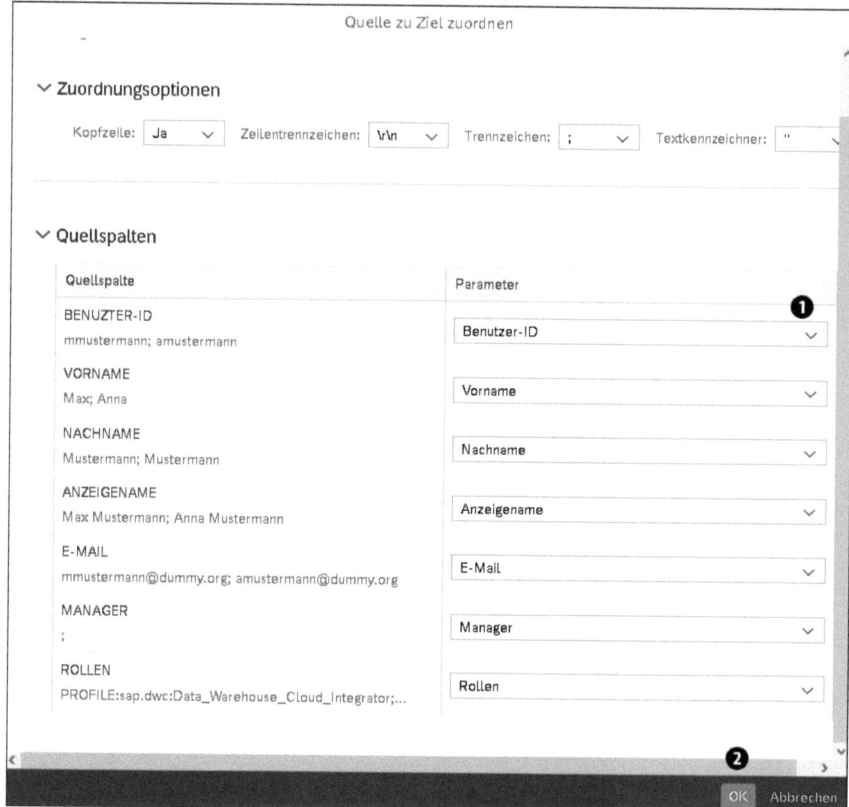

Abbildung 8.23 Zuordnung der Spalten der Quelldatei überprüfen

Klicken Sie auf die Schaltfläche **OK**, und kehren Sie zum vorangehenden Pop-up-Fenster zurück ❷. Der Status der Zuordnung von Quelle zu Ziel hat sich nun in **Zugeordnet** geändert (siehe Abbildung 8.24). Gleichzeitig ist nun die Schaltfläche **Importieren** aktiv.

Die Checkbox für den Versand einer E-Mal an die Anwender*innen belassen wir aktiv. Dadurch erhalten alle neuen Anwender*innen eine entsprechende E-Mail für den Login. Klicken Sie auf die Schaltfläche **Importieren**, damit die Benutzerdaten übernommen werden. Aktualisieren Sie anschließend die Anzeige mit ↻ (**Aktualisieren**).

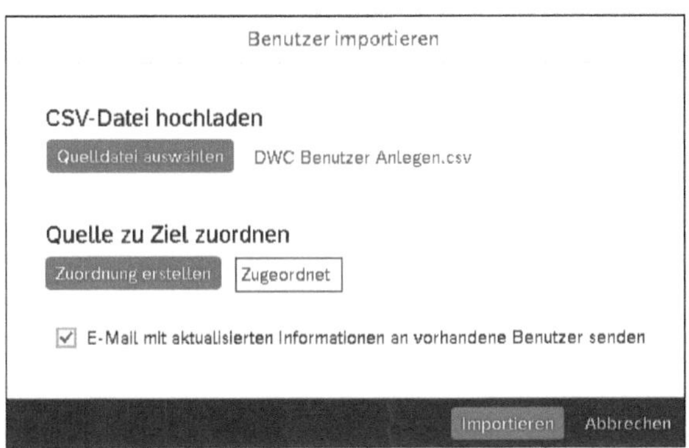

Abbildung 8.24 Für den Benutzerimport zugeordnete Quelle und zugeordnetes Ziel

Im Beispielfall werden nun zwei neue Benutzereinträge angezeigt, die über das Suchfeld mit der Eingabe »Muster« als Teil des Namens »Mustermann« gefunden werden können. Abbildung 8.25 zeigt auszugsweise die neuen Benutzereinträge nach dem Import.

SAP Sicherheit / **Benutzer**

	BENUTZER-ID	VORNAME	NACHNAME	ANZEIGENAME	E-MAIL	
☐	AMUSTERFRAU	Anna	Musterfrau	Anna Musterfrau	amustermann@dummy.org	
☐	MMUSTERMANN	Max	Mustermann	Max Mustermann	mmustermann@dummy.org	

Abbildung 8.25 Neue Benutzereinträge nach dem Import der Quelldatei

Benutzerdaten aktualisieren

Mit einem Import von Benutzerdaten können Benutzer-IDs auch aktualisiert werden, jedoch sind Änderungen an den Benutzerdaten nur für die Spalten E-Mail, Manager und Rollen möglich.

Bei der Aktualisierung fungieren die übrigen Spalten wie **Benutzer-ID**, **Name**, **Vorname** und **Anzeigename** quasi wie Schlüssel einer Datei, die sich nicht ändern dürfen. Anderenfalls wird eine neue Benutzer-ID angelegt.

Änderungen am Systemeigentümer

Die Benutzer-ID des Systemeigentümers kann nicht mittels Datei-Import verändert oder gar angelegt werden. Der Import bricht folglich immer mit einer Fehlermeldung ab. Die Pflege des Systemeigentümers ist ausschließlich über die entsprechende Funktion direkt in der Benutzerpflege möglich, siehe dazu auch Abschnitt 8.2.4, »Besonderheiten des Systemeigentümers«.

Als Ergebnis des Datei-Imports können sich nun die beispielhaft angelegten Benutzer in SAP Data Warehouse Cloud anmelden und die Plattform entsprechend ihren Rollen nutzen.

Benutzerdaten exportieren

Zu Sicherungszwecken oder für den Benutzeraustausch können die vorhandenen Benutzerdaten auch aus SAP Data Warehouse Cloud exportiert werden. In der Funktionsleiste klicken Sie dazu auf (**Exportieren**). Abbildung 8.26 zeigt exemplarisch das folgende Pop-up-Fenster, in dem die von SAP Data Warehouse Cloud erzeugte Datei **users.csv** auf der lokalen Workstation gespeichert werden kann.

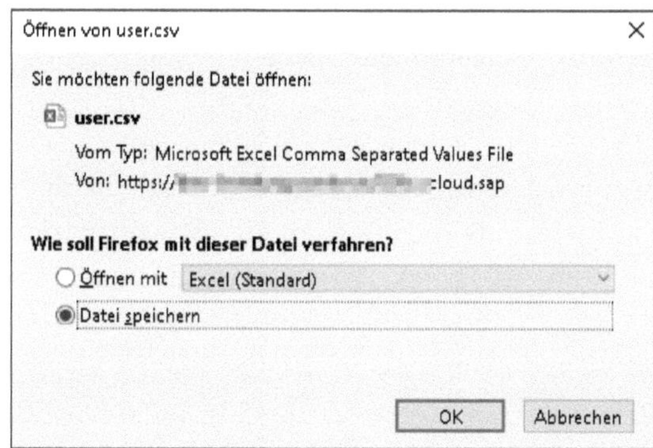

Abbildung 8.26 Benutzerdaten exportieren: Exportdatei speichern

8.2.4 Besonderheiten des Systemeigentümers

Jeder Tenant von SAP Data Warehouse Cloud verfügt immer über genau eine Person mit der Rolle des Systemeigentümers, die bei der Bereitstellung von SAP Data Warehouse Cloud eingerichtet wird. Diese Person dient als Hauptansprechpartner für das System, z. B. bei Erweiterungen der Umgebung bei der Integration eines SAP-BW-Bridge-Tenants.

Der Systemeigentümer hat genau eine gleichnamige Rolle, die mit dem Lizenztyp **System** angezeigt wird. Der Systemeigentümer als Benutzer hat implizit die vollen Berechtigungen, wie sie auch durch die Vergabe der Rolle **DW Administrator** zuordenbar sind und kann daher Aktivitäten ohne jegliche Einschränkung durchführen.

Um den Systemeigentümer zu bestimmen bzw. diesen später auf eine andere Benutzer-ID zu übertragen, gehen Sie folgendermaßen vor (siehe Abbildung 8.27):

❶ Suchen Sie zunächst eine vorhandene Benutzer-ID für den neuen Systemeigentümer durch eine entsprechende Eingabe im Suchfeld in der Funktionsleiste.

❷ Markieren Sie die Benutzer-ID in der Spalte , und klicken Sie in der Funktionsleiste auf die Schaltfläche (**Als Systemeigentümer zuordnen**).

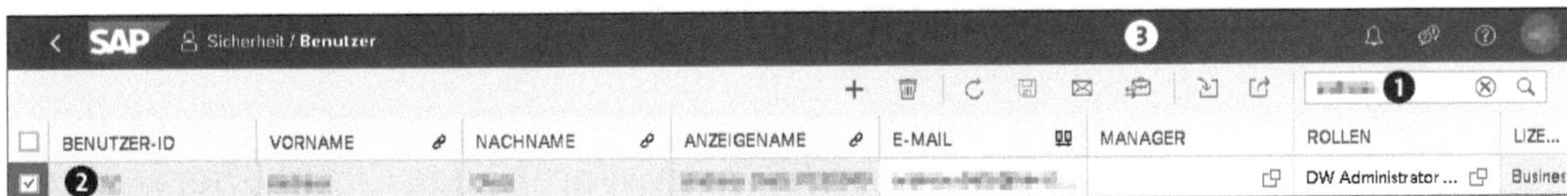

Abbildung 8.27 Systemeigentümer auswählen und zuweisen

Abbildung 8.28 zeigt das erscheinende Pop-up-Fenster.

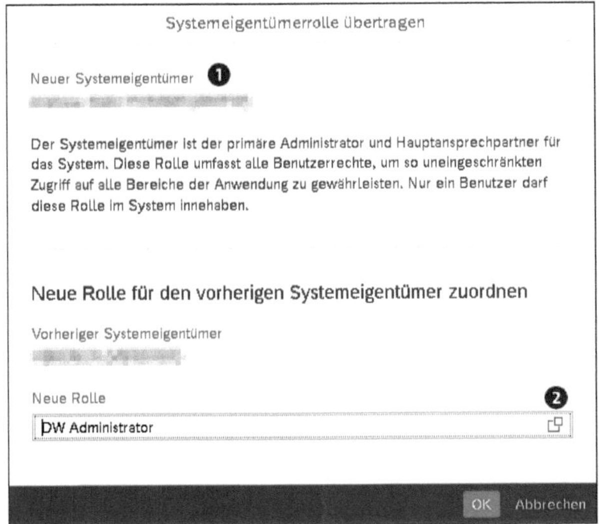

Abbildung 8.28 Systemeigentümer übertragen

❶ Der Name des neuen Systemeigentümers wird zur Kontrolle angezeigt.

❷ Da es keinen zweiten Systemeigentümer geben kann, muss gleichzeitig der bisherigen Benutzer-ID eine neue Rolle zugewiesen werden. Diese wählen Sie durch einen Klick auf die Schaltfläche (**Wertehilfe**) aus. Im Beispiel ist für den bisherigen Systemeigentümer die neue Rolle **DW Administrator** auswählt. Um den Systemeigentümer endgültig zu übertragen, klicken Sie auf die Schaltfläche **OK**.

Die Rolle des Systemeigentümers ist nun der neuen Benutzer-ID zugewiesen und die Spalten **Rollen** und **Lizenzen** wurden, wie in Abbildung 8.29 gezeigt, entsprechend aktualisiert.

ROLLEN	LIZENZEN
Systemeigentümer	System

Abbildung 8.29 Die aktualisierten Spalten »Rollen« und »Lizenzen«

8.3 Aktivitäten in SAP Data Warehouse Cloud überwachen

Protokolle auswerten

SAP Data Warehouse Cloud zeichnet Aktivitäten im System in automatischen Protokollen auf. Dies umfasst reine funktionale Informationen über das Erstellen, Aktualisieren oder Löschen von Artefakten sowie wann und von wem diese Aktivitäten durchgeführt wurden. Die Protokolle umfassen keine inhaltlichen Datenbereiche, also welche Daten von einer Anwenderin oder einem Anwender in einem Funktionsbereich oder im Reporting aufgerufen oder geladen wurden. Als Administrator*in wollen Sie diese Aktivitätenprotokolle einsehen und auswerten. Dazu rufen Sie die Übersicht über den Menüpfad **Sicherheit • Aktivitäten** auf. Zum Aufzeichnen von inhaltlichen Änderungen benötigen Sie übrigens Funktionen der Auditierung, die in Kapitel 9, »Weitere Konfigurationen in SAP Data Warehouse Cloud«, näher beschrieben sind.

8.3.1 Aufbau der Aktivitätsübersicht

Die protokollierten Aktivitäten werden in einer tabellarischen Übersicht angezeigt, in der Sie Inhalte direkt suchen oder filtern können. Tabelle 8.7 erklärt dazu den Aufbau und die grundsätzliche Bedeutung der Aktivitäten.

Spalte der Aktivitätsübersicht	Bedeutung
Objekttyp	Der Objekttyp stellt den Typ eines SAP-Data-Warehouse-Cloud-Objekts dar, der von einer Aktivität betroffen war. Beispiele sind: ■ Benutzer oder Rolle ■ Systeminformation ■ Geschäftsentität für das Data Warehouse

Tabelle 8.7 Aufbau der Aktivitätsübersicht

Spalte der Aktivitätsübersicht	Bedeutung
Dateiname	Der Dateiname beschreibt oder klassifiziert den Objekttyp im engeren Sinne. Beispiele sind: ■ **users.csv** (zum Export von Benutzerdaten) ■ SAP_CONTENT (Name eines SAP-Standard-Space beim Aktivieren von Content) ■ Artikel (als Geschäftsentität) Die Angabe kann auch leer sein, wird dann aber in der Regel durch den Objektnamen weiter beschrieben.
Objektname	Der Objektname beschreibt das konkrete Objekt, das von einer Aktivität bearbeitet wurde. Zusammen mit Objekttyp und Dateinamen lässt dies eine eindeutige Identifikation des Objekts zu. Beispiele sind: ■ <Benutzer-ID> einer Anwenderin oder eines Anwenders ■ saveSpace (wenn ein Space gesichert wurde)
Beschreibung	Die Beschreibung erklärt die Aktivität, die für das Objekt ausgeführt wurde. Beispiele sind: ■ **Space deployed** (wenn ein Space implementiert wurde) ■ **Removing the users** (wenn die Benutzerzuordnung zu einem Space entfernt wurde)
Benutzername	Benutzer-ID des Benutzers, der die Aktivität ausgeführt hat
Aktivität	Definition, welche Aktivität ausgeführt wurde. Beispiele sind: ■ **Ausführen** ■ **Erstellen** ■ **Lesen** ■ **Löschen** ■ **Implementieren** ■ **Zuordnen**

Tabelle 8.7 Aufbau der Aktivitätsübersicht (Forts.)

Spalte der Aktivitätsübersicht	Bedeutung
Status	Der Status beschreibt, wie die Aktivität letztlich endete. Hier sind die folgenden Ausprägungen möglich: ■ **Erfolgreich** ■ **Fehlgeschlagen** ■ **Nicht zulässig** ■ **Unbekannt** ■ **Unzureichende Berechtigung** Der Status **Unbekannt** bedeutet, dass das Ende einer Aktivität nicht genau erfasst werden konnte. Hier ist durchaus eine genaue Klärung der Aktivität zu empfehlen, weil es sich tatsächlich um einen völlig unbekannten Vorgang handeln könnte, dessen Auswirkung undefiniert ist.
Zeitstempel	Zeitpunkt, an dem die Aktivität durchgeführt wurde. Das Format entspricht einer technischen Darstellung im Format `Jahr.Monat.Tag Stunde.Minute.Sekunde`

Tabelle 8.7 Aufbau der Aktivitätsübersicht (Forts.)

8.3.2 Aktivitäten analysieren

Suchen und filtern

Da das Aktivitätenprotokoll sehr schnell sehr umfangreich werden kann, gibt es einfach anzuwendende Such- und Filtermöglichkeiten, um einzelne Aktivitäten zu analysieren. Dazu finden Sie in der Anzeige rechts oben die Funktionsleiste (siehe Abbildung 8.30).

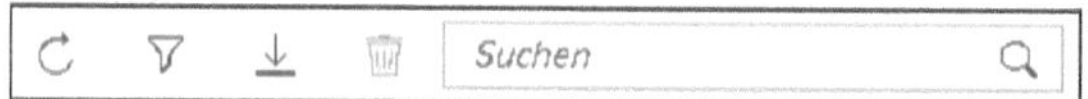

Abbildung 8.30 Funktionsleiste in der Aktivitätenanzeige

Klicken Sie bei Bedarf auf die Schaltfläche (**Aktualisieren**), um die Anzeige auf den neuesten Stand zu bringen und die neuesten Protokolleinträge anzuzeigen.

Aktivitäten durchsuchen

In das Suchfeld können Sie (Teil)begriffe eingeben, die Sie im Aktivitätenprotokoll suchen möchten. Die Suche erstreckt sich auf alle vorhandenen, und nicht nur auf die soeben angezeigten Einträge. Wird Ihnen eine leere Liste angezeigt, gibt es keinen Eintrag für die ausgewählte Suchangabe. Die Eingabe von Platzhaltern ist nicht zulässig, da diese als Bestandteil des Namens interpretiert werden und in der Regel zu einer leeren Liste führen. Es reicht aber, einen Teil eines Begriffs in das Suchfeld einzugeben. Ändern

Sie Ihre Angaben entsprechend, während sich die Anzeige automatisch aktualisiert. Um wieder alle Einträge ungefiltert zu sehen, löschen Sie die Eingaben im Suchfeld mithilfe der Schaltfläche ⊗ (**Zurücksetzen**).

Aktivitäten filtern

Durch einen Klick auf die Schaltfläche ▽ (**Filter**) können Sie die Suche auf bestimmte Spalten eingrenzen und durch eine Kombination der Filter das Aktivitätenprotokoll gezielt untersuchen. Es erscheint zunächst ein Pop-up-Fenster, wie es in Abbildung 8.31 zu sehen ist.

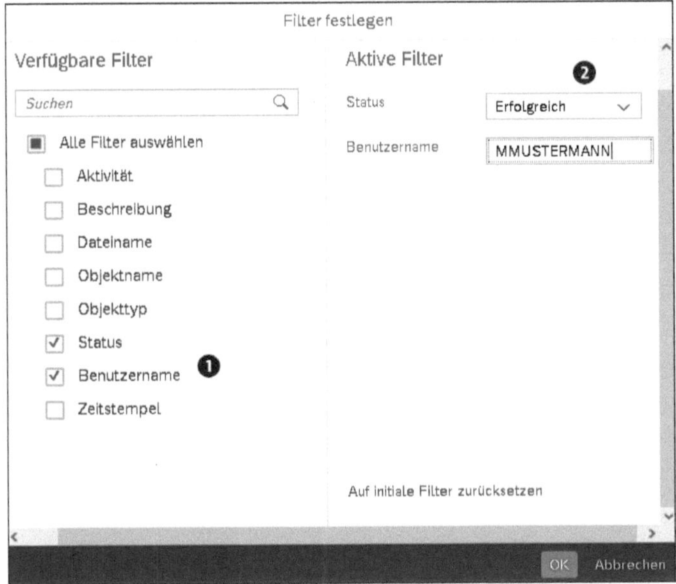

Abbildung 8.31 Filter in der Aktivitätenanzeige auswählen

❶ Im Beispiel markieren Sie zunächst die gewünschten Filter auf der linken Seite.

❷ Verfeinern Sie diese dann auf der rechten Seite. Den Filter für **Status** können Sie gezielt aus einer Liste von Ausprägungen auswählen, während Sie den Benutzernamen entsprechend eingeben müssen. Klicken Sie auf **OK**, um die Filter anzuwenden.

Um die Filter zurückzusetzen, klicken Sie erneut auf ▽ (**Filter**) und anschließend auf **Auf initiale Filter zurücksetzen**.

Protokolldaten exportieren

Falls Ihnen die Analyse in der Anzeige der Aktivitäten innerhalb von SAP Data Warehouse Cloud nicht ausreicht, können Sie die Inhalte auch exportieren. Dazu klicken Sie in der Funktionsleiste auf ⤓ (**Download-Optionen**). Daraufhin erscheint ein Pop-up-Fenster (siehe Abbildung 8.32).

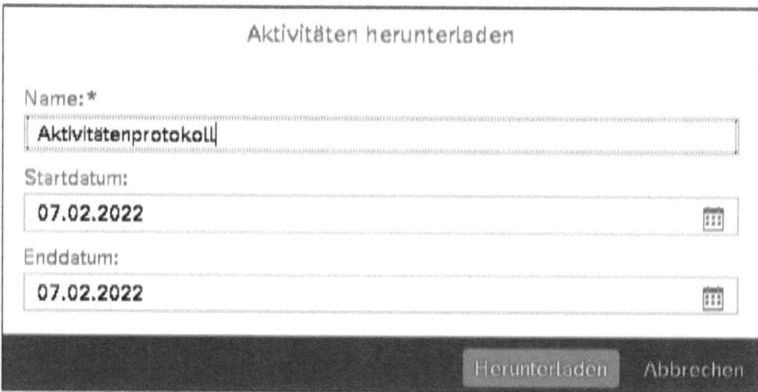

Abbildung 8.32 Aktivitäten herunterladen: Dateiname und Datum

Vergeben Sie im Feld **Name:** einen Dateinamen, unter dem der Download gespeichert werden soll. Passen Sie bei Bedarf das Start- und Enddatum über einen Klick auf die Schaltfläche (**Kalender**) an. Anschließend klicken Sie auf **Herunterladen** und speichern die Datei für weitere Analysen auf Ihrer lokalen Workstation.

Aktivitätenprotokoll löschen

Das automatische Aufzeichnen der Vorgänge in SAP Data Warehouse Cloud im Aktivitätenprotokoll benötigt Speicherplatz in Ihrem Tenant von SAP Data Warehouse Cloud. Da es gegebenenfalls nicht notwendig ist, die Protokolle länger als eine von Ihnen festgelegte Frist aufzubewahren, sollten sie unbedingt regelmäßig gelöscht werden. Diese Aufgabe kann allerdings nur durch den Systemeigentümer ausgeführt werden. In dieser Rolle verwenden Sie den Menüpfad **Sicherheit • Aktivitäten**. In der Funktionsleiste der Anzeige des Aktivitätenprotokolls ist die Schaltfläche (**Löschen**) aktiv, die für alle anderen Benutzerrollen inaktiv ist. Klicken Sie auf diese Schaltfläche, um zur Auswahl des Löschzeitraums zu gelangen. Wie es in Abbildung 8.33 dargestellt ist, ist zunächst der Eintrag mit **Alle** vorbelegt. Klicken Sie auf die Auswahl, um einen anderen Zeitraum, z. B. **Älter als drei Monate**, auszuwählen.

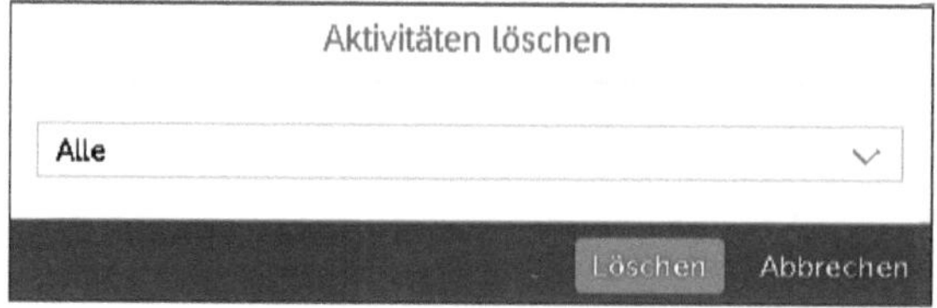

Abbildung 8.33 Zeitraum für das Löschen des Aktivitätenprotokolls auswählen

Mit dem Eintrag **Bestimmter Bereich** können Sie ein individuelles Start- und Enddatum auswählen. Zum Starten des Löschvorgangs klicken Sie anschließend auf **Löschen**.

Erfolg des Löschvorgangs prüfen

Es erscheint leider keine direkte Meldung darüber, ob der Löschvorgang wirklich ausgeführt wurde und ob er erfolgreich war. Sie können dies dennoch überprüfen, indem Sie in der Anzeige des Aktivitätenprotokolls auf den ältesten Eintrag springen. Werden keine Einträge mehr entsprechend Ihrer Löschauswahl angezeigt, wurde der Löschvorgang erfolgreich durchgeführt. Ferner finden Sie auch einen Hinweis auf die erfolgreiche Ausführung in den neuesten Einträgen des Aktivitätenprotokolls selbst. Dort wird unter dem Objekttyp **Aktivitätenprotokoll** in der Beschreibung der Löschzeitraum angegeben, und der Status des Eintrags (**Erfolgreich**) wird nun angezeigt.

8.4 Datenzugriffskontrolle

Row-Level Security

Unter einer *Datenzugriffskontrolle* wird die Möglichkeit verstanden, inhaltliche Zugriffe auf Daten durch selbst erstellte Berechtigungen zu steuern und diese an geeigneten Stellen in Ihren Daten- und Business-Modellen zuzuordnen (assoziieren). Beim Reporting-Zugriff auf diese Modelle werden dann nur die Inhalte anzeigt, für die eine entsprechende Berechtigung existiert. Dieser Ansatz, bei dem nur erlaubte Daten gelesen und alle anderen Daten auf der Zeilenebene ausgefiltert werden, wird auch *Row-Level Security* genannt. In den nachfolgenden Abschnitten geben wir Ihnen zunächst einen konzeptionellen Überblick über die verschiedenen Ansätze und erklären Ihnen dann, wie Datenzugriffskontrollen erstellt und eingesetzt werden.

8.4.1 Konzeptionelle Einführung

Aufgabenteilung festlegen

Datenzugriffskontrollen werden während der Implementierung von Datenmodellen erstellt, bedürfen aber in ihrem Design einer engen Abstimmung mit den Fachbereichen, da neben den inhaltlichen Abgrenzungen auch zu klären ist, an welchen Stellen die IT und oder der Fachbereich in der Entwicklung selbst Einfluss nehmen, um den administrativen Prozess schlank und anpassungsfähig zu halten. Hier sind einerseits die Aspekte des Self-Service und damit der Unabhängigkeit der Fachbereiche zu berücksichtigen, genauso wie andererseits die Gesamtsicherheit der Datenzugriffe, die klassischerweise durch IT-Ressourcen sichergestellt wird. Beiden Anforderungen wird in SAP Data Warehouse Cloud durch eine funktionale Trennung der Entwicklung in Data Builder und Business Builder begegnet, in denen beide Gruppen sich ergänzende Artefakte erstellen und verwenden können.

Bestandteile einer Datenzugriffskontrolle

Eine Datenzugriffskontrolle besteht zunächst aus zwei Teilen:

- Aus einer *Tabelle*, in der die inhaltliche Verbindung einer Benutzeridentifikation und der zu berechtigenden Dimension bzw. deren Ausprägungen als Zeilen hinterlegt sind.
- Aus der *Definition der Datenzugriffskontrolle* selbst, die aus der Tabelle die Spalten für die Anwender*innen und die Dimension identifiziert und diese Verbindung unter einem technischen Namen für die weitere multiple Verwendung zusammenfasst.

Datenzugriffskontrollen werden in einem bestimmten Space definiert und können anschließend im Data Builder in Views und im Business Builder bei Geschäftsentitäten eingesetzt werden. Weitere Details dazu finden Sie in Abschnitt 8.4.4, »Verwenden der Datenzugriffskontrollen im Business Builder«.

Space-Konzept

Es ist wichtig, das Erstellen der Datenzugriffskontrollen und die inhaltliche Ausprägung durch die darunterliegenden Tabellen entsprechend zu verwalten und unberechtigte Änderungen an diesen Artefakten zu verhindern. Dies ist notwendig, weil sonst Entwickler*innen mit entsprechenden funktionalen Berechtigungen in einem Space Einfluss auf die Verwendung der Datenzugriffskontrolle nehmen können, was möglicherweise aus der Perspektive der Systemsicherheit nicht gewünscht ist und nur einzelnen Personen vorbehalten sein sollte. Um dies zu erreichen, ist es möglich, die Entwicklung von Datenzugriffskontrollen von der späteren Verwendung im Data Builder und Business Builder eines Space zu entkoppeln und in einen anderen Space auszulagern, der nur mit speziellen funktionalen Rollen eingerichtet oder geändert werden kann. Durch Einbinden der Datenzugriffskontrolle in Views und anschließendes Teilen, ausgehend vom Space der Definition, ist dann eine Weiterverwendung in verschiedenen fachlichen Spaces universell möglich, sodass das Erstellen und das Verwenden berechtigungstechnisch aus funktionaler Sicht getrennt ablaufen.

Ein-Space-Konzept

Bei einer einfachen Integration von Datenzugriffskontrollen liegen diese und die erforderlichen Berechtigungstabellen für die inhaltliche Zuordnung von Anwender*innen und Dimensionen zusammen in einem Space mit allen anderen Geschäftsdatentabellen. Wie in Abbildung 8.34 dargestellt, werden Berechtigungstabellen in den Datenzugriffskontrollen verwendet. Für die Geschäftsdaten wird ein View erstellt, der dann die Datenzugriffskontrolle assoziiert und damit die Berechtigungsprüfung vornimmt.

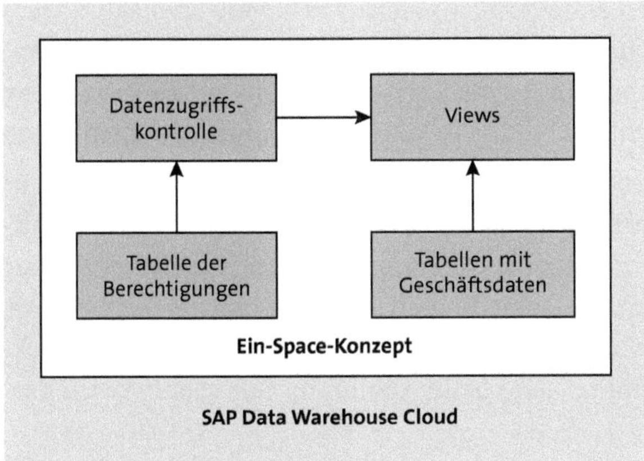

Abbildung 8.34 Ein-Space-Konzept für die Datenzugriffskontrolle

Das Ein-Space-Konzept ermöglicht eine inhaltlich vollständig korrekte Zugriffssteuerung, jedoch sind neben der Rolle **DW Administrator** auch die Rollen **DW Space Administrator** und **DW Modeler** dazu berechtigt, diese einzusehen und zu verändern (siehe hierzu auch Abschnitt 8.1, »Rollen verstehen und verwalten«). Der Vorteil ist, dass sich solche Szenarien schnell aufbauen lassen, jedoch auch viele verschiedene Rollen Zugriff und Änderungsmöglichkeiten haben, was gegebenenfalls nicht gewünscht ist.

Zwei-Space-Konzept

Zur Verbesserung der Gesamtsicherheit können die Tabellen für die inhaltlichen Berechtigungen und deren Verwaltung in einem von der Definition der Datenzugriffskontrolle getrennten Space untergebracht werden, wie es in Abbildung 8.35 schematisch dargestellt ist.

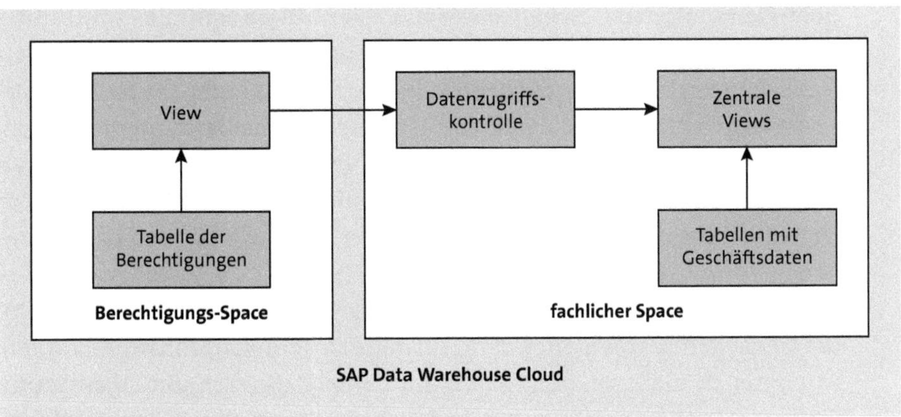

Abbildung 8.35 Zwei-Space-Konzept für die Datenzugriffskontrolle

Höhere Sicherheit

Die Tabelle der Berechtigungen wird gegebenenfalls noch durch einen View gekapselt und dann mit den fachlichen Spaces geteilt. Erst dort wird die Datenzugriffskontrolle selbst erstellt und in Views weiterverwendet bzw. assoziiert. Damit besteht zwar eine Abhängigkeit bezüglich der Bereitstellung notwendiger Artefakte, aber die Entwicklungssicherheit und die inhaltliche Verwaltung sind durch unterschiedliche Rollen und Zugriffsmöglichkeiten voneinander getrennt, was die Gesamtsicherheit deutlich erhöht.

Drei-Space-Konzept

Für die weitere Optimierung der Sicherheit können zusätzlich die Berechtigungstabellen mit ihren inhaltlichen Ausprägungen und die Definition der Datenzugriffskontrolle in unterschiedlichen Spaces organisiert werden. Als dritte Stufe werden dann alle fachlichen Daten von den zentralen Entwicklungen getrennt durchgeführt. Dies ist in Abbildung 8.36 schematisch dargestellt.

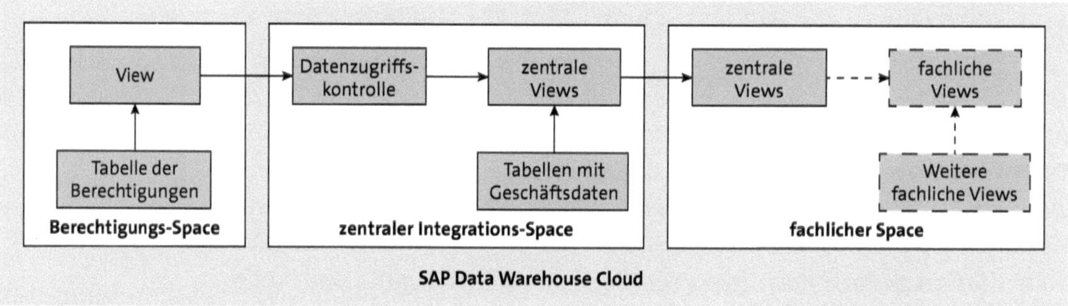

Abbildung 8.36 Drei-Space-Konzept für die Datenzugriffskontrolle

Aufwendig, aber sicher!

Die Berechtigungstabelle liegt im Berechtigungs-Space und wird wiederum durch einen View gekapselt. Dieser wird mit dem zentralen Integrations-Space geteilt. Dort wird die Datenzugriffskontrolle erstellt und über zentrale Views mit den Geschäftsdaten assoziiert. Diese zentrale Entwicklung stellt die inhaltlichen Datenzugriffe sicher und wird anschließend mit den fachlichen Spaces geteilt, die dann keinerlei Einfluss mehr auf die Berechtigungsausprägungen und deren Eigenschaften für die Datenzugriffe haben, sondern diese nur noch nutzen können. Im Entwicklungs- und Verwaltungsprozess haben dann nur Personen mit der Rolle **DW Administrator** Zugriff auf den Berechtigungs-Space. Weiter abgestuft können Data-Warehouse-Administrator*innen und auch zugelassene Data Warehouse Modeler auf den zentralen Integrations-Space zugreifen und Modelle entwickeln. Die fachlichen Spaces greifen dann auf diese sicherheitstechnisch fertig vorbereiteten Modelle zu, ohne selbst auf deren Definition und Ausprägung Einfluss zu nehmen. Sie können lediglich mit weiteren eigenen fachlichen Daten kombiniert werden. Diese dreistufige Trennung ist in der Entwicklung etwas aufwendiger, erhöht aber die Sicherheit in der Entwicklung nochmals signifikant.

Zugriffskontrollen qualitativ prüfen

Unabhängig vom verwendeten Ansatz der Abstufung durch Spaces wird Ihnen empfohlen, die korrekte Verwendung der Datenzugriffskontrollen durch qualitätssichernde Maßnahmen zu überprüfen. Beachten Sie dazu, dass Datenzugriffskontrollen nicht für sich allein wirksam sind. Da sie nicht geteilt werden können, müssen sie innerhalb des Space, in dem sie implementiert wurden, in Artefakten des Data Builders und/oder des Business Builders assoziiert werden. Anderenfalls greifen die Einstellungen nicht, und die Daten werden uneingeschränkt angezeigt.

8.4.2 Datenzugriffskontrollen erstellen

Beispielszenario

Als Beispiel für die Einführung in Datenzugriffskontrollen sollen Umsatzdaten nach Regionen und Warengruppen mit geeigneten Berechtigungen versehen werden. Dazu erstellen Sie im Data Builder im Space `DWCB_DEMO_DAC` eine Beispieltabelle `DAC_Demo_Umsatzdaten` mit der in Tabelle 8.8 dargestellten Struktur durch das Hochladen einer CSV-Datei.

Betriebswirtschaftlicher Name	Technischer Name	Datentyp
Region	`Region`	`String(20)`
Warengruppe	`Warengruppe`	`String(10)`
Umsatz	`Umsatz`	`Integer(64)`
Währung	`Währung`	`String(3)`

Tabelle 8.8 Struktur der Tabelle »DAC_Demo_Umsatzdaten«

Zum Anlegen der Tabellen gehen Sie im Hauptmenü auf den Eintrag **Data Builder** und wählen Ihren Space aus. Klicken Sie dann auf ⊞ (**CSV-Datei hochladen**), und wählen Sie die entsprechende Beispieldatei aus. Näheres zum Hochlanden von CSV-Dateien erfahren Sie in Kapitel 4, »Datenmodellierung mit dem Data Builder«.

Für die Berechtigungsprüfung nach Regionen wurde eine weitere Tabelle im gleichen Space mit dem Namen `Auth_Regionen` durch Hochladen angelegt. Diese hat die in Tabelle 8.9 dargestellte Struktur.

Die Benutzer-ID wurde gemäß den Einstellungen im Cloud Identity Provider, mit E-Mail-Adressen ausgeprägt. Zum Nachvollziehen des Beispiels müssen Sie in der Datei Ihre jeweilige(n) E-Mail-Adresse(n) verwenden, da darüber Ihr Benutzer in der Berechtigungsprüfung automatisch erkannt wird.

Betriebswirtschaftlicher Name	Technischer Name	Datentyp
Benutzer-ID	`Benutzer-ID`	String (50)
Region	`Region`	String (20)

Tabelle 8.9 Struktur der Tabelle »Auth_Regionen«

Im weiteren Prozessverlauf wird nun eine Datenzugriffskontrolle auf Basis der Tabelle `Auth_Regionen` erstellt und anschließend in einem View mit der Tabelle `DAC_Demo_Umsatzdaten` assoziiert, wodurch die Berechtigungsprüfung bei jeder Verwendung des Views ausgeführt wird.

Datenzugriffskontrolle erstellen

Zum Erstellen von Datenzugriffskontrollen verwenden Sie den Eintrag **Datenzugriffskontrollen** aus dem Hauptmenü und wählen anschließend einen für Sie zugelassenen Space aus. Im Beispiel wird ein dafür speziell angelegter Space `DWCB_DEMO_DAC` mit der Bezeichnung **DWC Buch – Demo DAC** verwendet, den Sie vorab gleichlautend oder ähnlich anlegen können. Näheres zum Anlegen von Spaces erfahren Sie in Kapitel 3, »Verwaltung von Verbindungen, Dateien und Artefakten«. Daraufhin erscheint ein Einstiegsbild für das Anlegen der Datenzugriffskontrolle (siehe Abbildung 8.37).

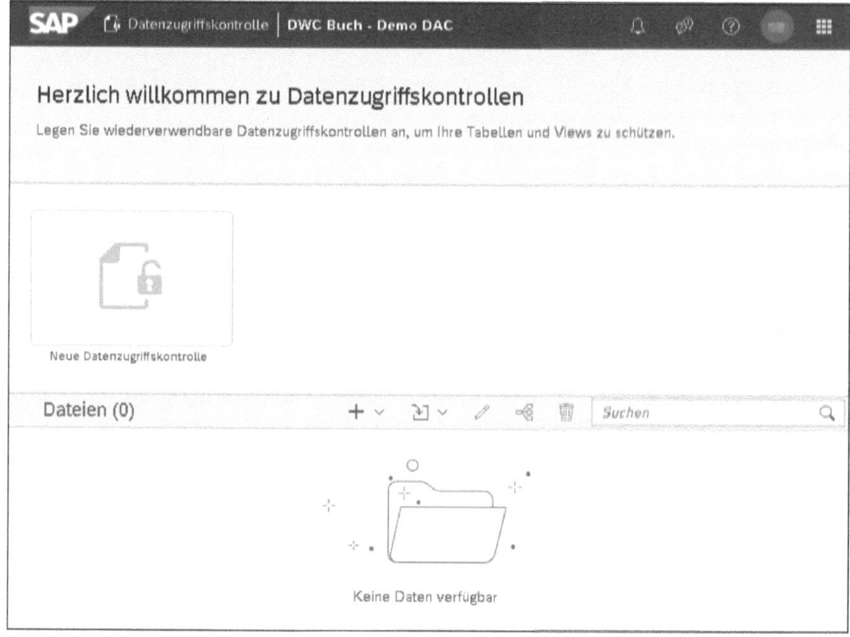

Abbildung 8.37 Einstiegsbild der Datenzugriffskontrollen

Klicken Sie auf die Schaltfläche [+], und wählen Sie **Neue Datenzugriffskontrolle**. Im folgenden Bild wird die Datenzugriffskontrolle definiert. Wie es Abbildung 8.38 zeigt, müssen dazu diverse Informationen ausgewählt bzw. gepflegt werden. Die mit einem Sternchen gekennzeichneten Felder sind obligatorisch auszufüllen. Solange diese nicht komplettiert sind, erscheint oben rechts ein Meldungszeichen, z. B. in der Form [2], mit den entsprechenden Fehlermeldungen.

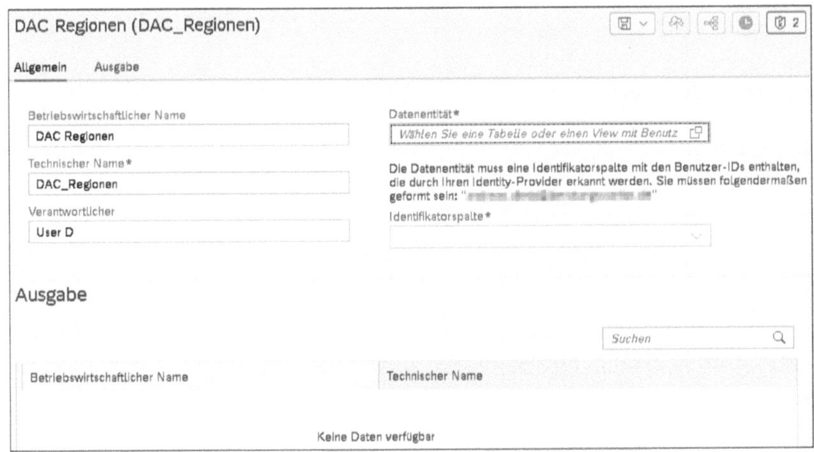

Abbildung 8.38 Datenzugriffskontrolle anlegen

Zugriffskontrolle konfigurieren

Komplettieren Sie zunächst die Angaben durch die Eingabe des Textes »DAC Regionen« im Feld **Betriebswirtschaftlicher Name** und die Eingabe von »DAC_Regionen« im Feld **Technischer Name**. Da im Beispiel die Umsatzdaten nach Regionen berechtigt werden sollen, wurde die Bezeichnung entsprechend gewählt. Die Abkürzung DAC steht dabei für *Data Access Control*, also für die Datenzugriffskontrolle. Der Text ist natürlich frei wählbar. Der technische Name kann 30 Zeichen in Groß-/Kleinschreibung umfassen und ist nachträglich als einzige Angabe nicht änderbar. Geben Sie zusätzlich einen Namen im Feld **Verantwortlicher** an, der als Ansprechperson für die Einstellung fungiert. Anschließend klicken Sie auf die Schaltfläche [ ] (**Wertehilfe**) im Feld **Datenentität**, um eine Tabelle oder einen View mit den Identifikationsdaten für die Benutzer auszuwählen. Daraufhin wird die Liste der im Space vorhandenen Datenobjekte mit ihrem Typ aufgelistet (siehe Abbildung 8.39).

Im Beispielfall wird die Tabelle mit dem Namen `Auth_Regionen` und dem entsprechenden technischen Namen verwendet. Wenn Sie auf den Eintrag klicken, werden die Spalten der Tabelle im Bereich **Verfügbare Spalten** angezeigt. Wie in Abbildung 8.39 dargestellt, gibt es hier nur zwei Spalten, nämlich **Benutzer-ID** und **Region**.

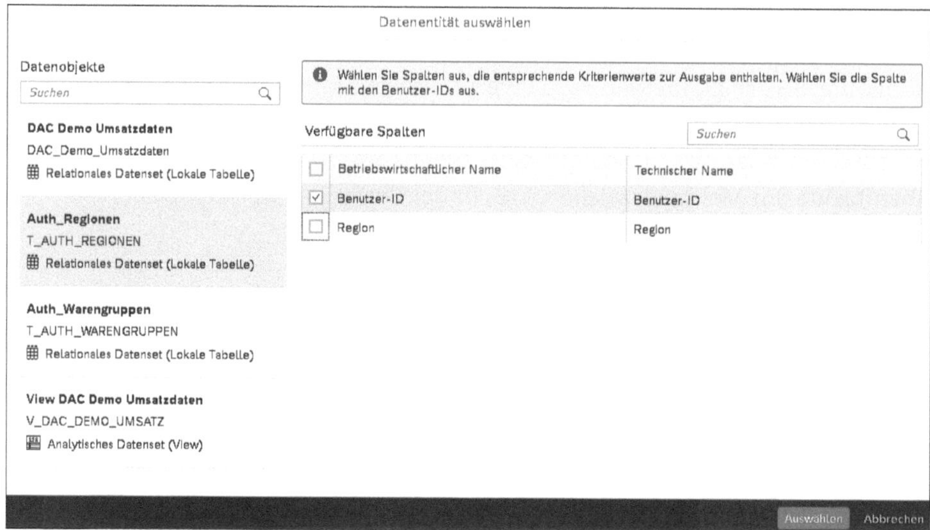

Abbildung 8.39 Datenentität für die Datenzugriffskontrolle auswählen

Eine Meldung oberhalb der Spalten fordert Sie auf, für die weitere Definition eine Spalte als Kriterium für die spätere Prüfung der Datenzugriffe auszuwählen. Das heißt, dass es sich um die Spalte handelt, die später in Ihren Daten zur Beschränkung der Selektion verwendet werden soll. In diesem Fall ist es die Spalte **Region**. Die Meldung verweist fälschlicherweise auf die Auswahl einer Benutzer-ID, doch diese wird erst im nächsten Schritt wichtig. Klicken Sie auf die nun aktive Schaltfläche **Auswählen**, über die Sie die Angaben übernehmen.

Danach kehren Sie zurück zum vorangehenden Bild. Dort ist nun die Datenentität ausgewählt, und die zuvor markierte Spalte zur Ausgabe wird im Bereich **Ausgabe** angezeigt. Nun muss nur noch die Identifikationsspalte der Datenentität für die Benutzeridentifikation ausgewählt werden. Im Beispiel ist dies die Spalte **Benutzer-ID** der Tabelle `Auth_Regionen`, wie in Abbildung 8.40 gezeigt.

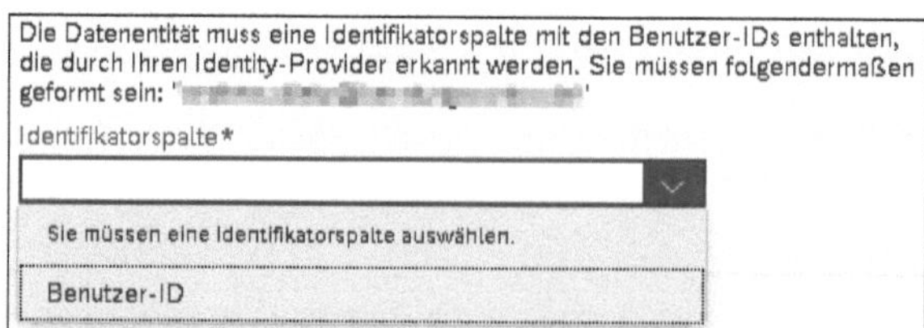

Abbildung 8.40 Identifikatorspalte auswählen

Identifikationsspalte pflegen

Der dazugehörige Text oberhalb der Auswahl erklärt das entsprechende Format, in dem die Ausprägungen der Identifikationsspalte gepflegt sein müssen, in diesem Fall als E-Mail-Adresse. Die Formatierung ist von den Einstellungen in Ihrem Cloud Identity Provider abhängig und kann verschiedene Formate annehmen. Den weiteren Hintergrund zum Cloud Identity Provider finden Sie in Kapitel 9, »Weitere Konfigurationen in SAP Data Warehouse Cloud«. Wählen Sie den Eintrag **Benutzer-ID** aus, und überprüfen Sie alle Angaben in der Übersicht (siehe Abbildung 8.41). Anschließend sichern und implementieren Sie die Datenzugriffskontrolle durch einen Klick auf die Schaltfläche (**Speichern**) bzw. (**Implementieren**). Dabei müssen Sie nochmals den betriebswirtschaftlichen und technischen Namen bestätigen oder ihn nochmals ändern.

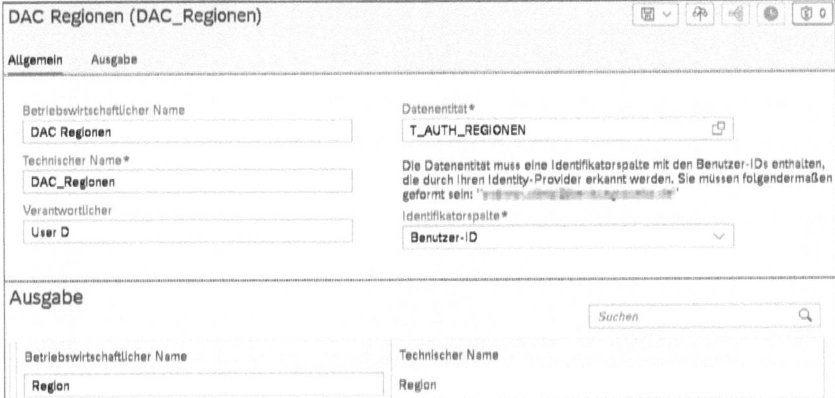

Abbildung 8.41 Datenzugriffskontrollen prüfen und implementieren

Nach dem Implementieren können Sie die Datenzugriffskontrolle in weiteren Modellierungsschritten verwenden. Sie erscheint nun im Übersichtsbereich (siehe Abbildung 8.42).

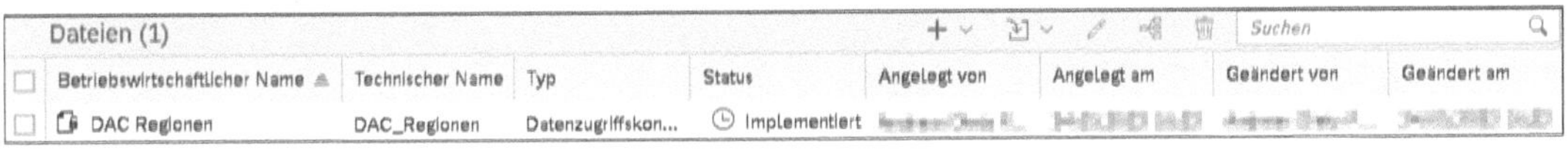

Dateien (1)

Betriebswirtschaftlicher Name	Technischer Name	Typ	Status	Angelegt von	Angelegt am	Geändert von	Geändert am
DAC Regionen	DAC_Regionen	Datenzugriffskon...	Implementiert				

Abbildung 8.42 Übersicht der Datenzugriffskontrolle nach dem Implementieren

Ändern, analysieren und löschen

Wenn Sie einen Eintrag in der Übersicht markieren, stehen Ihnen weitere Funktionen in der Funktionsleiste zur Verfügung. Über die Schaltfläche (**Bearbeiten**) können Sie eine Datenzugriffskontrolle ändern. Bis auf den technischen Namen sind alle Einstellungen anpassbar. Beachten Sie dabei den möglichen Änderungsbedarf an abhängigen Objekten in SAP Data Warehouse Cloud. Diese finden Sie, indem Sie auf die Schaltfläche (**Analyse der Auswirkungen und Herkunft**) klicken. Es erscheint eine Grafik in einem neuen Bild, wie in Abbildung 8.43 gezeigt, die alle Vorgängerobjekte der Datenzugriffskontrolle sowie die abhängigen Nachfolgeobjekte, soweit zu diesem Zeitpunkt vorhanden, zeigt.

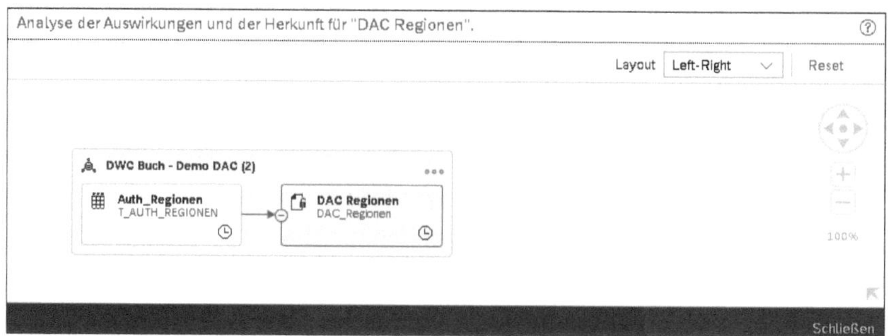

Abbildung 8.43 Auswirkungen und Herkunft anzeigen

Grafische Darstellung der Zugriffskontrollen

Diese Übersicht hilft enorm beim Verständnis der Datenzugriffskontrolle und wird mit jeder weiteren Verwendung des Objekts in einem neuem Aufruf aktualisiert. Wenn Sie auf ein Element klicken, z. B. auf `Auth_Regionen`, erscheint oberhalb des Eintrags ein kleines Navigationsmenü in der Form [i] [⧉], mit dem Sie die Details anzeigen ([i]) oder das Objekt in einer neuen Browserregisterkarte für die weitere Bearbeitung öffnen können ([⧉]). Die weiteren Navigationselemente, die sehr intuitiv zu bedienen sind, dienen der Ausrichtung und Anordnung der Elemente sowie dem Vergrößern, Verkleinern oder Verschieben der Anzeige. Näheres dazu erfahren Sie in Kapitel 3, »Verwaltung von Verbindungen, Dateien und Artefakten«.

Über die Schaltfläche [🗑] (**Löschen**) können Sie eine Datenzugriffskontrolle schließlich komplett entfernen. Beachten Sie dabei, dass keine Abhängigkeiten existieren dürfen. Prüfen Sie diese gegebenenfalls wiederum vorher über die Schaltfläche [⧉] und die entsprechend angezeigten Analyse.

8.4.3 Verwenden der Datenzugriffskontrollen im Data Builder

Damit Datenzugriffskontrollen wirksam sind, müssen sie nach der Erstellung in demselben Space ihrer übrigen Entwicklungen in weiteren Artefakten assoziiert werden. Das nachfolgende Beispiel zeigt Ihnen exemplarisch, wie die Assoziation im Data Builder in einem View erfolgt und inwieweit die Datenanzeige dadurch eingeschränkt ist. Lesen Sie Abschnitt 8.4.4 für die weitere Verwendung von Datenzugriffskontrollen im Business Builder.

Assoziation in einem grafischen View

Unter *Assoziation* wird in diesem Fall die Zuweisung einer Datenzugriffskontrolle in einem grafischen View verstanden. Dadurch wird das Ergebnis eines Views der darin definierten Berechtigungsprüfung unterzogen. Das heißt, dass zunächst alle Join- oder Union-Schritte sowie die darin enthaltenen Filter angewendet und Berechnungen ausgeführt werden. Im letzten Schritt werden dann unberechtigte, also unzulässige Daten durch die Datenzugriffskontrolle ausgefiltert.

Zunächst wählen Sie im Hauptmenü den Bereich **Data Builder** und anschließend einen Space aus, z. B. DWCB_DEMO_DAC, analog zu Abschnitt 8.4.2, »Datenzugriffskontrollen erstellen«. Klicken Sie anschließend auf die Schaltfläche (**Neuer graphischer View**). Öffnen Sie dann auf der linken Seite den Bereich **Tabellen**, und ziehen Sie den Eintrag **DAC Demo Umsatzdaten** nach rechts in die Mitte des Bearbeitungsbereichs. Wie in Abbildung 8.44 gezeigt, wird die Tabelle automatisch mit einem Ausgabebereich angelegt, der im Beispielfall alle vier Felder der Tabelle **DAC Demo Umsatzdaten** enthält (siehe Abbildung 8.44).

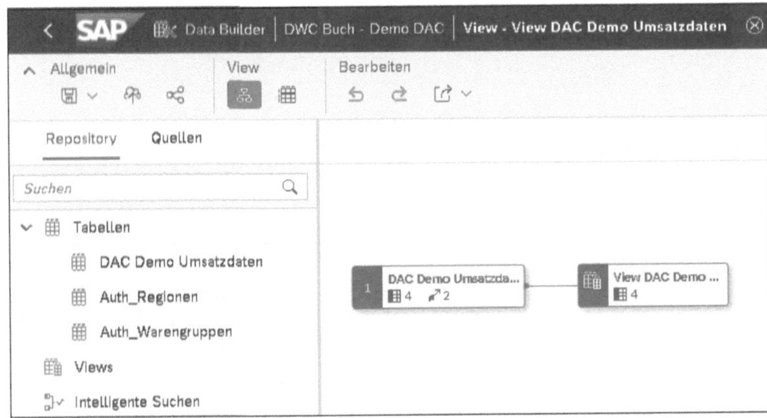

Abbildung 8.44 View auf Basis einer Tabelle erstellen

Klicken Sie anschließend auf den Knoten **View 1**, sodass die Details der Eigenschaften des Views auf der rechten Seite anzeigt werden. Ändern Sie die Eigenschaften darin folgendermaßen (siehe Abbildung 8.45):

1. Geben Sie eine Bezeichnung in das Feld **Betriebswirtschaftlicher Name** ein, beispielsweise »View DAC Demo Umsatzdaten«.
2. Geben Sie einen Namen in das Feld **Technischer Name** ein, z. B. »V_DAC_DEMO_UMSATZ«.
3. Ändern Sie die den Eintrag im Feld **Semantische Verwendung** durch die Auswahl **Analytisches Datenset** im Dropdown-Menü.
4. Verschieben Sie das Feld **Umsatz** vom Bereich **Attribute** in den Bereich **Kennzahlen**.

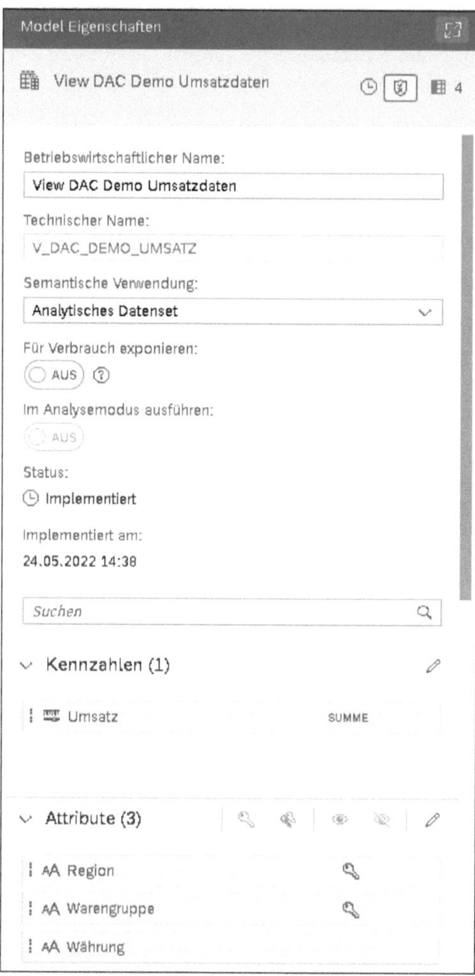

Abbildung 8.45 Eigenschaften des Views pflegen

Implementieren Sie den View durch einen Klick auf (**Implementieren**). Zur Anzeige der Daten klicken Sie auf den rechten Knoten **View DAC Demo Umsatzdaten**. Im dann erscheinenden Kontextmenü klicken Sie auf (**Datenvorschau**). Im unteren Bildbereich erscheinen nun die Daten der Tabelle **DAC Demo Umsatzdaten** noch völlig uneingeschränkt, wie in Abbildung 8.46 gezeigt, da bislang noch keine Datenzugriffskontrolle verwendet wurde.

Datenzugriffskontrolle hinzufügen

Diese ergänzen Sie, indem Sie in den Eigenschaften des Views eine Datenzugriffskontrolle hinzufügen. Klicken Sie dazu nochmals auf den Knoten **View DAC Demo Umsatzdaten**, und scrollen Sie in den Eigenschaften auf der rechten Seite nach unten bis zum Bereich **Datenzugriffskontrolle**. Klicken Sie nun auf (**Beschränkung der Datenzugriffskontrolle anlegen**).

Datenvorschau: V_DAC_DEMO_UMSATZ (9) Fehler

Region	Warengruppe	Umsatz	Währung
DE-Nord	WG1	47000	EUR
DE-Nord	WG2	51000	EUR
DE-Süd	WG1	41000	EUR
DE-Süd	WG2	34000	EUR
DE-Ost	WG1	33000	EUR
DE-Ost	WG2	41000	EUR
DE-Ost	WG3	39000	EUR
DE-West	WG1	42000	EUR
DE-West	WG3	43000	EUR

Abbildung 8.46 Daten der Tabelle »DAC Demo Umsatzdaten« im View

Es erscheint eine Liste der im Space verfügbaren Datenzugriffskontrollen mit ihrem betriebswirtschaftlichen und technischen Namen, wie es beispielhaft in Abbildung 8.47 zu sehen ist.

Abbildung 8.47 Datenzugriffskontrolle auswählen

Klicken Sie auf den gewünschten Eintrag, hier **DAC Regionen**, und bestätigen Sie Ihre Auswahl mit **OK**. Die Anzeige kehrt zurück auf das vorangehende Bild der Modelleigenschaften. Verknüpfen Sie nun das Feld des Views, für das der Zugriff beschränkt werden soll, mit der Datenzugriffskontrolle. Im Beispiel ist dies das Feld **Region**, das im View und in der Datenzugriffskontrolle gleich benannt ist. Klicken Sie auf das linke Feld **Region**, und ziehen Sie eine Verknüpfung auf das rechte Feld **Region**, wie in Abbildung 8.48 gezeigt.

Klicken Sie dann noch auf den Link **<View DAC Demo Umsatzdaten>** im oberen Bereich der Modelleigenschaften, und implementieren Sie den View erneut durch einen Klick auf (**Implementieren**). Klicken Sie anschließend auf (**Aktualisieren**) im Bereich der Datenvorschau, oder rufen Sie diese erneut auf. Da nun die Datenzugriffskontrolle für Sie als ausführenden Benutzer greift, werden Ihnen nun nur noch die zulässigen Daten angezeigt, wie es in Abbildung 8.49 zu sehen ist.

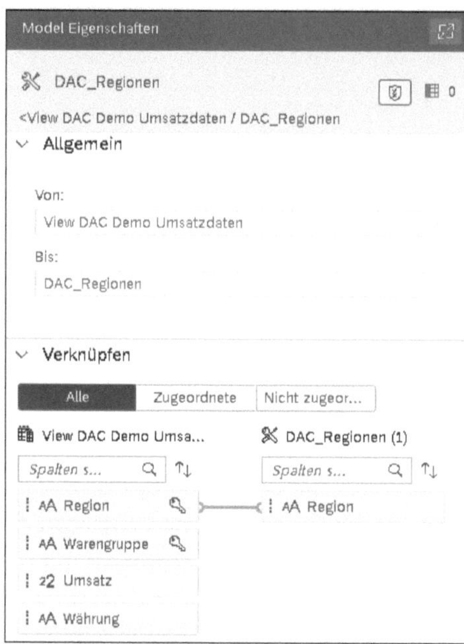

Abbildung 8.48 Feld des Views mit der Datenzugriffskontrolle verknüpfen

Im Beispiel sind dies anstatt der ursprünglich neun Datensätze ohne Beschränkung nur noch fünf Datensätze mit assoziierter Datenzugriffskontrolle.

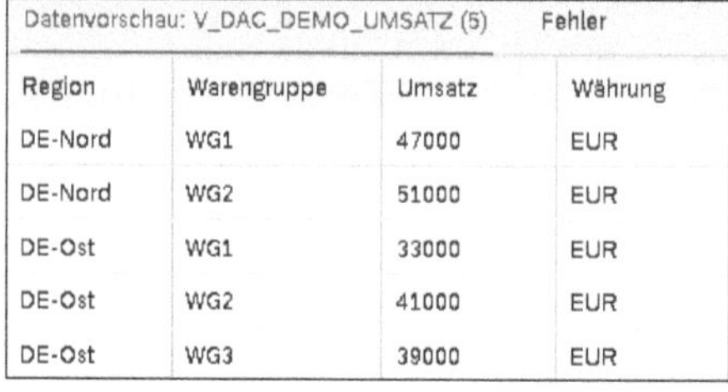

Datenvorschau: V_DAC_DEMO_UMSATZ (5) Fehler

Region	Warengruppe	Umsatz	Währung
DE-Nord	WG1	47000	EUR
DE-Nord	WG2	51000	EUR
DE-Ost	WG1	33000	EUR
DE-Ost	WG2	41000	EUR
DE-Ost	WG3	39000	EUR

Abbildung 8.49 Daten der Tabelle »DAC Demo Umsatzdaten« mit assoziierter Datenzugriffskontrolle

8.4.4 Verwenden der Datenzugriffskontrollen im Business Builder

Voraussetzungen

Im Folgenden lernen Sie die Einbindung vorhandener Datenzugriffskontrollen im Business Builder kennen. Abhängig vom konzeptionellen Ansatz (siehe Abschnitt 8.4.1, »Konzeptionelle Einführung«) ergeben sich unterschiedliche Ansätze im Business Builder. Allen gemeinsam sind die Voraussetzungen, dass entsprechende Datenzugriffskontrollen erstellt (siehe Abschnitt 8.4.2), implementiert (siehe Kapitel 5, »Datenaufbereitung mit dem

Business Builder«) und in die relevanten Views eingebunden wurden (siehe Abschnitt 8.4.3, »Verwenden der Datenzugriffskontrollen im Data Builder«).

Die Ausführungen zur Konzeption eines stufenartigen Aufbaus von Datenzugriffskontrollen (siehe Abschnitt 8.4.1, »Konzeptionelle Einführung«) sind relevant, da sonst ausgearbeitete Datensichtberechtigungen ungewollt ausgehebelt werden könnten. Beispielsweise könnte es vorkommen, dass ein View für den Verbrauch exponiert ist (siehe Kapitel 4, »Datenmodellierung mit dem Data Builder«) und somit in SAP Analytics Cloud konsumiert werden kann. Falls nun eine Datensichtberechtigung erst in einem angehängten View angesetzt wird, würde durch den direkten Konsum jegliche Datensichtberechtigung umgangen.

Berechtigungsszenario

Die Einbindung von Datenzugriffskontrollen erfolgt im Business Builder. Öffnen Sie diesen über den Navigationsbereich von SAP Data Warehouse Cloud. Wählen Sie einen Space aus, beispielsweise `DWCB_DEMO_DAC` analog zu Abschnitt 8.4.2, »Datenzugriffskontrollen erstellen«. Datenzugriffskontrollen werden in Form von Berechtigungsszenarien eingebunden. Wählen Sie die Registerkarte **Berechtigungsszenario**, und klicken Sie auf die Kachel **Neues Berechtigungsszenario** (siehe Abbildung 8.50).

Abbildung 8.50 Neues Berechtigungsszenario erstellen

Datenzugriffskontrolle auswählen

Im aufkommenden Dialogfenster werden nun verfügbare Datenzugriffskontrollen im Space angezeigt. Durch die Auswahl einer Datenzugriffskontrolle wird diese blau hinterlegt (siehe Abbildung 8.51).

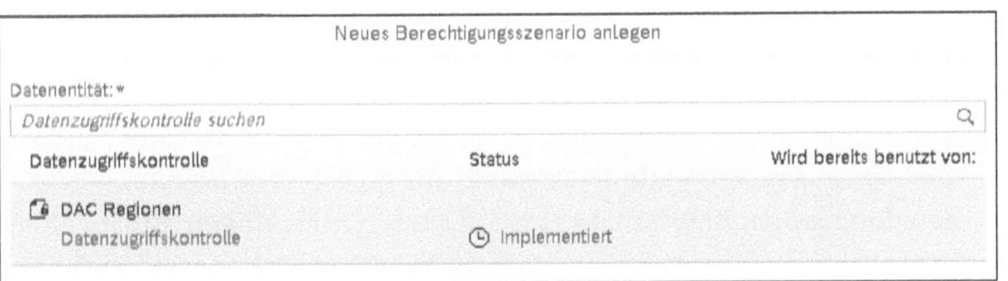

Abbildung 8.51 Verfügbare Datenzugriffskontrolle beim Erstellen eines neuen Berechtigungsszenarios

Konfiguration zum Berechtigungsszenario

Für die Beschreibung wird die Angabe aus der Datenzugriffskontrolle übernommen, während für den technischen Namen ein Alias generiert wird. Lediglich die Beschreibung können Sie im Nachgang noch bearbeiten. Mit einem Klick auf **Anlegen** wird das Berechtigungsszenario im Space generiert. Sie befinden sich nun in der Konfiguration zum Berechtigungsszenario (siehe Abbildung 8.52). Zunächst sollten Sie einen Blick auf den Implementierungsstatus des Berechtigungsszenarios werfen. **Ausschließlich Implementiert** bedeutet, dass eine Datenzugriffskontrolle für ein Berechtigungsszenario auch verwendet werden kann.

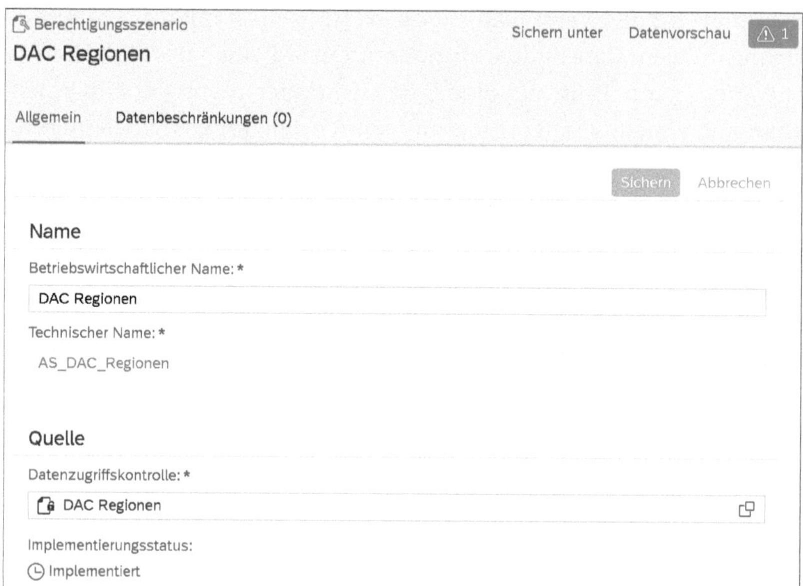

Abbildung 8.52 Berechtigungsszenario konfigurieren

Datenbeschränkungen

Darüber hinaus können Sie an der Konfiguration erkennen, dass Datenzugriffskontrollen innerhalb eines Berechtigungsszenarios ausgewechselt werden können. Relevant ist nun die Registerkarte **Datenbeschränkungen**, auf die Sie bei neu erstellten Berechtigungsszenarien auch durch eine Warnung hingewiesen werden (⚠ 1 in Abbildung 8.52). Folgende Schritte sind daraufhin durchzuführen (siehe Abbildung 8.53):

❶ Das Szenario kann erst dann aktiv wirken, wenn auch eine entsprechende Zielgeschäftsentität definiert wurde. Datenbeschränkungen werden durch einen Klick auf die Schaltfläche ⊞ (**Hinzufügen**) hinzugefügt. Datenbeschränkungen in einem Berechtigungsszenario werden für Geschäftsentitäten in einem Space definiert. Im erscheinenden Dialogfenster können Sie daher Geschäftsentitäten auswählen.

❷ Des Weiteren ist es notwendig, einen Zielschlüssel auszuwählen. Sollte die verwendete Geschäftsentität beispielsweise um mehrere Schlüsseldefinitionen verfügen (siehe Kapitel 5, »Datenaufbereitung mit dem Business Builder«), gilt es hier, einen Zielschlüssel auszuwählen.

❸ Zum Zielschlüsselfeld muss ein korrespondierendes Fremdschlüsselfeld festgelegt werden. Dies ist erforderlich, um im Rahmen der Datenbeschränkungen die Beziehung zwischen der Zielgeschäftsentität und der Datenzugriffskontrolle herzustellen. Das Zielschlüsselelement folgt aus der Schlüsseldefinition der Geschäftsentität, während der Fremdschlüssel aus der Datenzugriffskontrolle stammt.

❹ Sind alle Eingaben erfolgt, können Sie auf **Sichern** klicken.

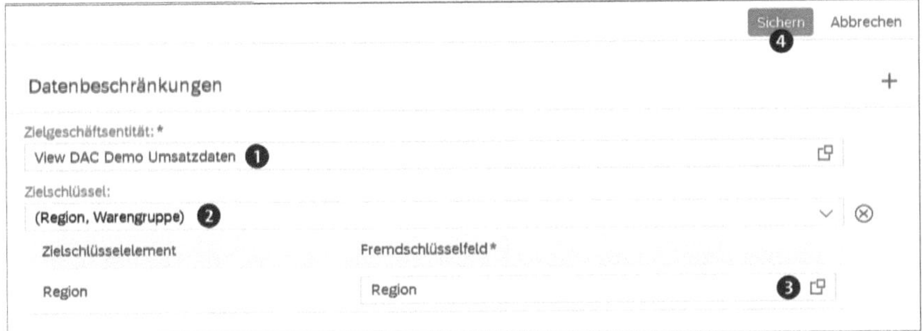

Abbildung 8.53 Erforderliche Schritte zum Festlegen der Datenbeschränkungen in einem Berechtigungsszenario

Mit der Erstellung eines Berechtigungsszenarios ist der erste notwendige Schritt für dessen Verwendung im Business Builder abgeschlossen.

Wofür eignen sich Berechtigungsszenarien im Business Builder?

Es stellt sich die berechtigte Frage, warum Berechtigungsszenarien im Business Builder erforderlich sind, wenn doch Datenzugriffskontrollen im Data Builder bereits anforderungsorientierte Datensichtberechtigungen ermöglichen. Zunächst sei gesagt, dass die Verwendung von Berechtigungsszenarien als optional anzusehen ist. Sind sich IT und Fachbereich über die Ausgestaltung von Datenzugriffskontrollen in Views einig, kann es durchaus denkbar sein, Berechtigungsszenarien nicht zu verwenden. Ein Blick in die mehrstufige Ausgestaltung von Datenzugriffskontrollen in Verbindung mit einem oder mehreren Spaces würde das zulassen. Einflussfaktoren auf die Abwägung zur Nutzung von Berechtigungsszenarien im Business Builder können beispielsweise die erforderliche Granularität von Datensichtberechtigungen, der Freiheitsgrad der Fachbereiche, die Kapazität der IT sowie das Rollenkonzept innerhalb von SAP Data Warehouse Cloud sein. Zusammengefasst lässt sich als Daumenregel sagen, dass Berechtigungsszenarien tendenziell immer dann erforderlich sind, wenn es gilt, Datenzugriffskontrollen zu verfeinern oder deren Administration in den zu konsumierenden Space zu verlagern.

Öffentlicher Datenzugriff

Im zweiten Schritt muss das erstellte Berechtigungsszenario in eine Geschäftsentität eingefügt werden. Zum Auswählen einer Geschäftsentität steht Ihnen die Registerkarte **Berechtigungsszenarios** zur Verfügung. Über einen Klick auf die Schaltfläche ⊞ (**Hinzufügen**) fügen Sie ein zuvor erstelltes Berechtigungsszenario hinzu. Mit einem Klick auf **Sichern** schließen Sie diesen Schritt ab. In der Auflistung der Berechtigungsszenarien lässt sich erkennen, dass Geschäftsentitäten mehrere Berechtigungsszenarien mit sich führen können. Die Auswirkungen werden im Folgenden erläutert. Zunächst ist jedoch ein Blick auf das Kennzeichen **Öffentlicher Datenzugriff** auf der Registerkarte **Allgemein** erforderlich. Sofern diese Option gesetzt ist, werden etwaige Berechtigungsszenarien im Rahmen des Business Builders außer Kraft gesetzt; dies zeigt sich bereits in der Datenvorschau (siehe Abschnitt 5.6, »Datenvorschau«). Wenn ein Objekt im Business Builder sowohl einen öffentlichen Datenzugriff verwendet und parallelen Berechtigungsszenarien unterliegt, kann in der Datenvorschau die Sicht zwischen diesen beiden Sichten verprobt werden (siehe Abbildung 8.54). Es gilt, dass sofern kein öffentlicher Datenzugriff für eine Geschäftsentität zugelassen ist, ein Berechtigungsszenario in der Konsequenz hinterlegt werden muss.

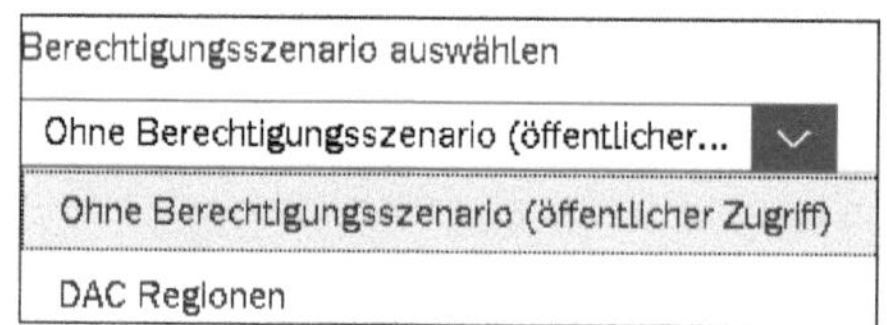

Abbildung 8.54 Berechtigungsszenario in der Datenvorschau auswählen

Steuerung von Berechtigungsszenarien

Faktenmodelle (siehe Abschnitt 5.3, »Faktenmodelle«) ermöglichen keine Steuerung von Berechtigungsszenarien, und Verbrauchsmodelle sind wiederum zweistufig in der Integration von Berechtigungsszenarien. Beim Erstellen eines Verbrauchsmodells (siehe Abschnitt 5.4.1 »Ein neues Verbrauchsmodell erstellen«) definieren Sie das initiale Quellobjekt im Business Builder, beispielsweise eine Geschäftsentität.

Verbrauchsmodell auswählen

Die eingebundenen Berechtigungsszenarien der Quellgeschäftsentitäten können Sie nun grundsätzlich in einem Verbrauchsmodell zur Verfügung stellen. Wechseln Sie hierzu im Business Builder auf die Registerkarte **Verbrauchsmodelle und Perspektiven**. Erstellen Sie ein neues Verbrauchsmodell, oder wählen Sie ein bestehendes Verbrauchsmodell aus. Über einen Klick auf die Schaltfläche ⊞ erhalten Sie eine Auswahl der verfügbaren Berechtigungsszenarien im Rahmen der verwendeten Geschäftsentitäten. Sie können mehrere Berechtigungsszenarien in einem Verbrauchsmodell zur Verfügung stellen. Auch hier steht Ihnen die Datenvorschau zur Verfügung, um auf der Ebene des Verbrauchsmodells etwaige Datensichtberechtigungen zu verproben. Im Rahmen der gleichnamigen Registerkarte können Sie eine neue Perspektive erstellen oder eine bestehende Perspektive auswählen. In einer Perspektive können eben jene Berechtigungsszenarien zugewiesen werden, die im zugrundeliegenden Verbrauchsmodell hinzugefügt wurden.

Berechtigungsszenarien und deren Auswirkungen in Berichtsanwendungen

Typischerweise werden in Berichtsanwendungen wie SAP Analytics Cloud vorrangig Perspektiven aus SAP Data Warehouse Cloud eingebunden. In der Folge sind die definierten Berechtigungsszenarien in Perspektiven, die mit der Ausprägung **Datensichtberechtigungen** für Berichtskonsument*innen bereitgestellt werden, eine zentrale Stellschraube.

8.5 Berechtigungsübernahme aus SAP BW

Weiterverwendung von SAP-BW-Analyseberechtigungen

Dieser Abschnitt wendet sich insbesondere an Leserinnen und Leser, die in Ihrem Umfeld ein SAP-BW-System verwenden und die dort bereits umfassende Analyseberechtigungen eingerichtet haben. Diese vorhandenen Berechtigungseinstellungen möchten Sie nach SAP Data Warehouse Cloud übernehmen und konsistent auf die aus SAP BW integrierten InfoProvider anwenden. Als Anwender*in von SAP Data Warehouse Cloud und entsprechenden Reporting-Tools greifen Sie auf die SAP-BW-Daten zu und verwenden dabei immer die dort vorhandenen aktuellen Daten und Berechtigungseinstellungen. Da dieser Zugriff auf die BW-Berechtigungen immer virtuell, also remote erfolgt, wird auch einfach von *Remote-Berechtigungen* gesprochen.

Für die Integration eines solchen Szenarios stellt Ihnen SAP BW eine Transaktion zur Verfügung, mit der Sie in einem ersten Schritt bestehende Analyseberechtigungen für die Weiterverwendung in SAP Data Warehouse Cloud vorbereiten. In einem zweiten Schritt generieren Sie daraus in SAP Data Warehouse Cloud Datenzugriffskontrollen und notwendige Views für den abgesicherten Zugriff auf vorhandene Remote-Tabellen der integrierten SAP-BW-InfoProvider. Auf diese Weise können Sie mit geringem Aufwand bestehende Einstellungen Ihres bisherigen SAP-BW-Systems in SAP Data Warehouse Cloud weiterverwenden und eine Datenzugriffskontrolle auf Zeilenbasis (Row-Level Security) sicherstellen, analog zu den schon in Abschnitt 8.4, »Datenzugriffskontrolle«, ausgeführten Prinzipien.

Übersicht des Ablaufs

Abbildung 8.55 zeigt Ihnen den Ablauf der Schritte für die Bereitstellung von Datenzugriffskontrollen in SAP Data Warehouse Cloud auf Basis der SAP-BW-Analyseberechtigungen.

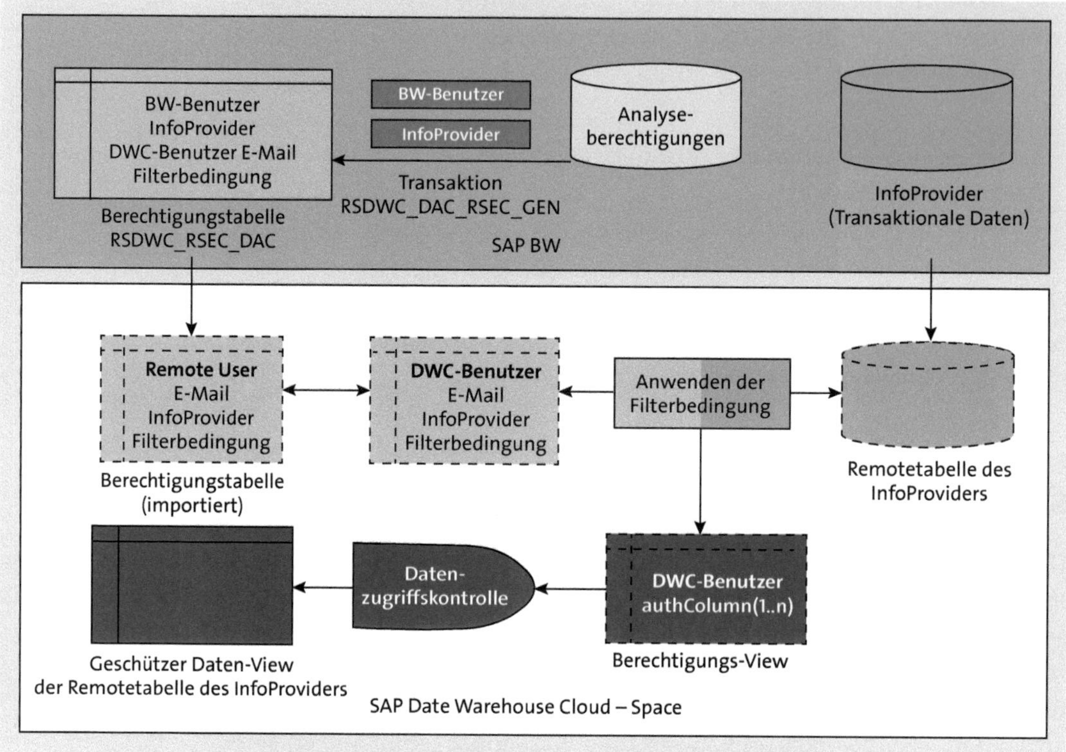

Abbildung 8.55 Übersicht des schematischen Ablaufs der Integration (Quelle: SAP)

Im SAP BW befinden sich Ihre existierenden InfoProvider sowie die Analyseberechtigungen für bestehende BW-Benutzer. Mithilfe der Transaktion RSDWC_DAC_RSEC_GEN wählen Sie die gewünschten InfoProvider und BW-Benutzer aus, für die Sie in SAP Data Warehouse Cloud Datenzugriffskontrollen erstellen wollen. Die Transaktion wandelt die BW-Analyseberechtigungen in ein für SAP Data Warehouse Cloud direkt verwendbares SQL-Metaformat um und legt die ermittelten Filterbedingungen inklusive der Benutzeridentifikation für SAP BW und SAP Data Warehouse Cloud in einer speziellen BW-Berechtigungstabelle RSDWC_RSEC_DAC ab.

Alle weiteren Schritte in SAP Data Warehouse Cloud beziehen sich nun auf Ihren speziellen Ziel-Space. In diesem Ziel-Space haben Sie die gewünschten InfoProvider aus SAP BW als Remote-Tabelle integriert. Als Nächstes übernehmen Sie die Berechtigungstabelle RSDWC_RSEC_DAC aus SAP BW als

Remote-Tabelle in SAP Data Warehouse Cloud. Für jeden dort enthaltenen InfoProvider werden bei diesem Vorgang in SAP Data Warehouse Cloud jeweils folgende Artefakte erzeugt:

- Ein Berechtigungs-View, der die Berechtigungen für einen InfoProvider in SAP BW bei jeder Verwendung aktuell remote ausliest.
- Eine Datenzugriffskontrolle, die den Berechtigungs-View für die Berechtigungsprüfung verwendet.
- Ein (geschützter) Daten-View der Remote-Tabelle des InfoProviders für das Lesen der transaktionalen Daten unter Berücksichtigung der Datenzugriffskontrolle.

Tabelle 8.10 zeigt einen Überblick und erklärt auch die Namensgebung, sodass Sie die Artefakte im Space wiederfinden.

Artefakt in SAP Data Warehouse Cloud	Verwendung	Name
Berechtigungs-View (Typ SQL-Skript-View, Data Builder)	Lesen der (Remote-) BW-Berechtigungen für einen InfoProvider bzw. dessen Remote-Tabelle in SAP Data Warehouse Cloud.	<Remote-Tabelle des InfoProviders> mit Suffix »_P« In der Bezeichnung wird der Zusatz `Permission Script` hinzugefügt.
Datenzugriffskontrolle	Verwendet den Berechtigungs-View zur Bestimmung der Filterbedingungen.	<Remote-Tabelle des InfoProviders> mit Suffix »_D« In der Bezeichnung wird der Zusatz `Permissions` hinzugefügt.
Geschützter Daten-View (Typ SQL-Skript-View, Data Builder)	Selektiert die Daten der Remote-Tabelle des InfoProviders unter Berücksichtigung der Filterbedingung aus der Datenzugriffskontrolle.	<Remote-Tabelle des InfoProviders> mit Suffix »_V« In der Bezeichnung wird der Zusatz `Protected` hinzugefügt.

Tabelle 8.10 Übersicht der generierten Artefakte für die Remote-Berechtigungen eines InfoProviders

[!]

Technische Namen können nicht geändert werden

Sie können die von SAP Data Warehouse Cloud erzeugten Namen der Artefakte nicht ändern, da hier unter anderem SQL-Skript mit entsprechenden Bezügen untereinander erzeugt wird. Greifen Sie hier auch nicht nachträglich ein, da der Funktionsverlust gegebenenfalls zu unberechtigt angezeigten Daten führen kann.

Bei jeder Ausführung des geschützten Daten-Views in Ihrer Reporting-Anwendung werden die Berechtigungen des SAP-BW-Systems als Filterbedingung aktuell berücksichtigt. Die im Daten-View definierte Datenzugriffskontrolle erhält vom Berechtigungs-View die erlaubten Spalten und deren Filterbedingung. Dazu bestimmt der Berechtigungs-View die Filterbedingung für den SAP-Data-Warehouse-Cloud-Benutzer und den definierten InfoProvider über die importierte Berechtigungstabelle. Die gefundene Filterbedingung wird an den geschützten Daten-View übergeben, der diese dann für die eigentliche Selektion der Daten verwendet. Auf diese Weise entsteht ein abgesicherter Zugriff auf Zeilenbasis (Row-Level-Security) auf die entfernt liegenden Daten des SAP BW, der die Analyseberechtigungen der dortigen Einstellungen in SAP Data Warehouse Cloud berücksichtigt.

Voraussetzungen für den Einsatz

Grundsätzlich können Sie SAP-BW-Analyseberechtigungen sowohl von einem SAP-BW/4HANA-System als auch von einem SAP-BW-on-HANA-System in SAP Data Warehouse Cloud replizieren. Je nach Systemstand müssen Sie gegebenenfalls Hinweise einspielen, um zum Beispiel die notwendigen Tabellen und Programme bereitzustellen oder um erforderliche Berechtigungsobjekte für die Ausführung in den Benutzerstammdaten der Administrator*innen oder Entwickler*innen zu ergänzen. Beachten Sie dazu die Erläuterungen im Hinweiskasten.

Einführung in das Beispielszenario

Im Beispielszenario wird ein CompositeProvider ZSDIV001 eines SAP-BW/4HANA-Quellsystems verwendet. Dieser enthält genau ein DSO mit dem Namen PSDIV002 mit Rechnungsinformationen als Bewegungsdaten. Der Datenfluss ist in Abbildung 8.56 dargestellt.

Abbildung 8.56 Datenfluss der InfoProvider im Überblick

Der CompositeProvider und das DSO enthalten ein berechtigungsrelevantes InfoObject ZCOMPCODE (Buchungskreis). Abbildung 8.57 zeigt die Ausgabestruktur der Felder des CompositeProviders im Überblick im entsprechenden Editor in der Eclipse-Anzeige.

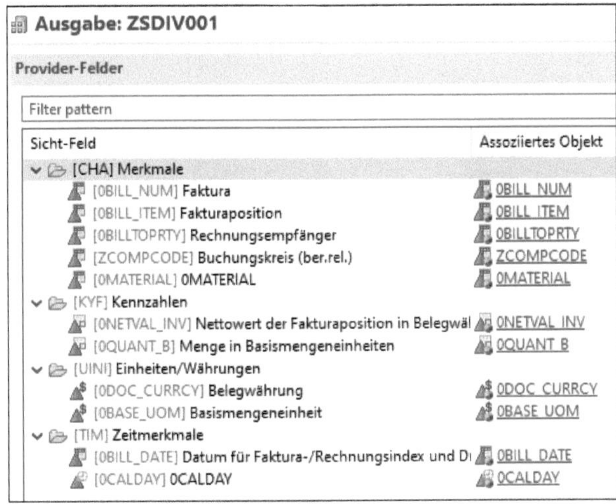

Abbildung 8.57 Ausgabefelder des CompositeProviders

Abbildung 8.58 zeigt für den späteren Vergleich alle Inhalte des InfoProviders in der Anzeige mit SAP Analysis für Microsoft Office. Sie sehen hier Rechnungspositionen für die zwei Buchungskreise 1000 und 2000 des InfoObjects ZCOMPCODE (**Buch.Kreis(ber.rel.)**). Die Bezeichnung enthält die Abkürzung **(ber.rel.)** als Hinweis auf die Berechtigungsrelevanz des Buchungskreises.

	A	B	C	D	E	F	G	H	I
1								Nettowert	Menge in BME
2	Faktura	Position	Rechnungsempf.	Buch.Kreis(ber.rel.)	0MATERIAL		Fakturadatum	EUR	ST
3	90000000	10	2	1000	M1000	M1000	26.06.2020	150,00	1
4	90000001	10	2	1000	M1000	M1000	24.02.2021	150,00	1
5	90000002	20	2	1000	M1000	M1000	24.02.2021	150,00	1
6	90000003	30	2	1000	M1000	M1000	24.02.2021	150,00	1
7	90000004	10	2	2000	M1000	M1000	25.02.2021	150,00	1
8	90000005	10	2	2000	M1000	M1000	20.04.2022	750,00	5
9	90000006	10	2	2000	M1000	M1000	20.04.2022	150,00	1

Abbildung 8.58 Anzeige aller Daten des InfoProviders in SAP Analysis für Microsoft Office

Zur Einschränkung der Datenanalyse wurden für das InfoObject ZCOMPCODE in Transaktion RSECADMIN zwei Analyseberechtigungen mit Einzelwerten jeweils für die Ausprägungen 1000 und 2000 definiert. Abbildung 8.59 zeigt dazu beispielhaft die Analyseberechtigung für das InfoObject ZCOMPCODE = 1000.

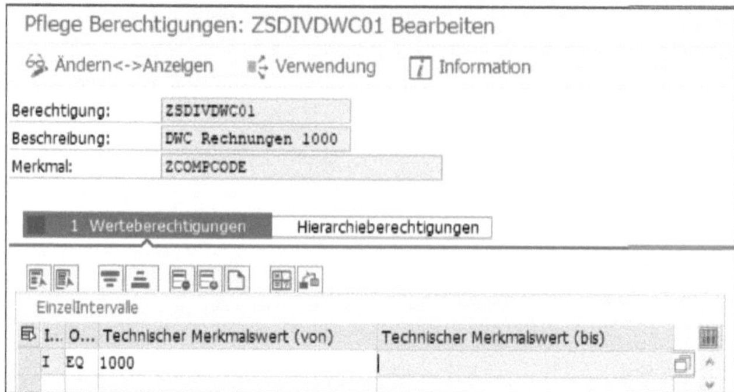

Abbildung 8.59 Analyseberechtigung für das InfoObject ZCOMPCODE

Im SAP-BW-System gibt es einen Benutzer BUDWH, dem die Analyseberechtigung für Buchungskreis 1000 über eine entsprechende Rolle zugewiesen ist. Dieser Benutzer darf in SAP BW also nur Daten für Buchungskreis 1000 und nicht für Buchungskreis 2000 sehen.

Um die Daten des CompositeProviders ZSDIV001 in SAP Data Warehouse Cloud zu integrieren, wurde dieser unter dem gleichen Namen im Data Builder für einen Space als Remote-Tabelle angelegt, wie in Abbildung 8.60 dargestellt. Nähere Details zum Anlegen von Remote-Tabellen mit dem Data Builder finden Sie in Abschnitt 4.2.3, »Remote-Tabellen«.

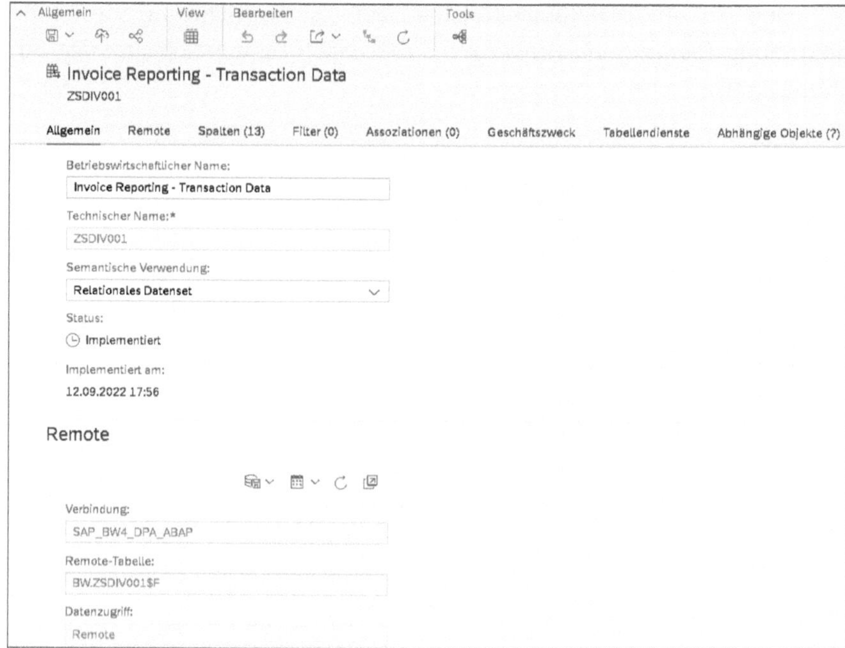

Abbildung 8.60 Remote-Tabelle des CompositeProviders ZSDIV001 in SAP Data Warehouse Cloud

Vorbereiten der SAP-BW-Analyseberechtigungen

Starten Sie in SAP BW die Transaktion RSDWC_DAC_RSEC_GEN, um die SAP-BW-Analyseberechtigung für die weitere Verwendung in SAP Data Warehouse Cloud vorzubereiten. Abbildung 8.61 zeigt den Startbildschirm der Transaktion mit ausgefülltem **BW-Benutzer** »BUDWH« und **BW-InfoProvider** »ZSDIV001«.

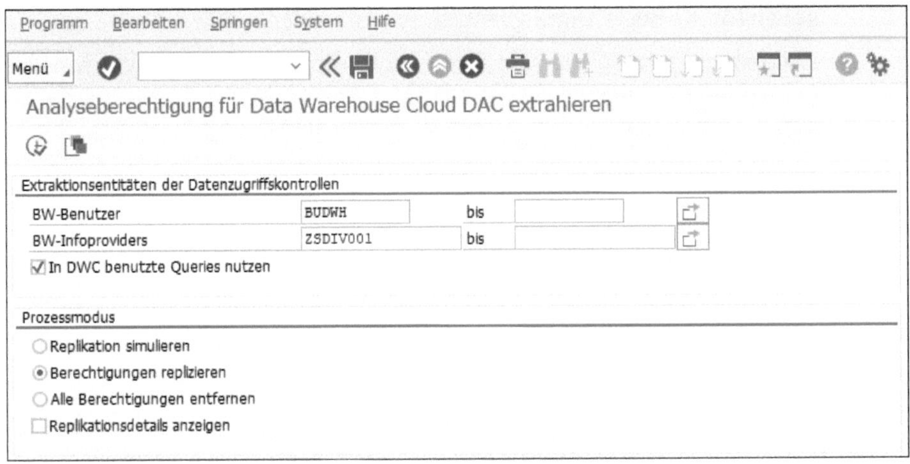

Abbildung 8.61 Start der Transaktion RSDWC_DAC_RSEC_GEN

Die Bezeichnung der Transaktion enthält das Kürzel DAC, das für *Data Access Control* (engl.: Datenzugriffskontrolle) steht. Ferner wird der Begriff *extrahieren* verwendet, der andeutet, dass die Analyseberechtigungen des SAP BW gelesen werden. In diesem Zusammenhang wird auch von *Replikation* gesprochen, der in den weiteren Optionen des Transaktionsbildschirms verwendet wird. Beide Bezeichnungen bedeuten nicht anderes, als dass die gefundenen Analyseberechtigungen in die SAP-BW-Berechtigungstabelle RSDWC_RSEC_DAC geschrieben werden. Wie in Abbildung 8.61 zu sehen, sind die Selektionselemente der Transaktion in zwei Bereiche eingeteilt:

- **Extraktionsentitäten der Datenzugriffskontrolle**, mit denen der Umfang der zu verwendenden SAP-BW-Benutzer und InfoProvider definiert wird.
- **Prozessmodus**, der verschiedene Ausführungsoptionen ermöglichet.

Die Extraktionsentitäten verwenden Sie, um einen oder mehrere SAP-BW-Benutzer in den Vorgang einzuschließen. Des Weiteren geben Sie die gewünschten InfoProvider für die Bearbeitung an. Die Option **In DWC benutzte Queries nutzen** ermöglicht optional den Einschluss von analytischen SAP-BW/4HANA-Querys in die Berechtigungsextraktion, für die eine Freigabe einer SAP-BW/4HANA-Modellübertragung mit Transaktion RSDWC_QUERY vorgenommen wurde. Dies erweitert den Umfang der analysierten SAP-BW-InfoProvider bei der vorzunehmenden Berechtigungsextraktion. Die Option steht allerdings nur in SAP-BW/4HANA-Systemen zur Verfügung. Näheres zur SAP-BW/4HANA-Modellübertragung erfahren Sie auch in Abschnitt 5.8.2, »Analytische Query in SAP BW/4HANA freigeben«. Der Prozessmodus bietet Ihnen folgende Optionen:

- **Replikation simulieren**, mit der Sie zunächst prüfen können, welche Angaben für die Berechtigungsextraktion gefunden werden.
- **Berechtigungen replizieren** entspricht, im Gegensatz zur Simulation, der echten Ausführung. Dabei werden die gefundenen Ergebnisse in die Tabelle RSDWC_RSEC_DAC geschrieben.
- **Alle Berechtigungen entfernen** löscht alle bisherigen Einträge der Tabelle RSDWC_RSEC_DAC.
- Das Kennzeichen **Replikationsdetails anzeigen** zeigt Ihnen am Ende der Bearbeitung eine Liste der erzeugten Berechtigungsinhalte.

Aktivieren Sie das Kennzeichen **Replikationsdetails anzeigen**. Klicken Sie auf (**Ausführen**), um die Berechtigungen zu replizieren. Die Anzeige der Details der Ausführung im Beispielszenario ist in Abbildung 8.62 dargestellt.

Analyseberechtigung für Data Warehouse Cloud DAC extrahieren

Benutzer	DWC Benutzeridentifikation	Id	InfoProvider	DAC Filter für InfoObject	DAC Filterbasiert auf Feldnamen
BUDWH	budwh@[illegible] de		ZSDIV001	"ZCOMPCODE" IN ('1000')	"/BIC/ZCOMPCODE" IN ('1000')

Abbildung 8.62 Detailanzeige nach Ausführen der Replikation

Die Spalte **Benutzer** enthält den SAP-BW-Benutzernamen BUDWH, der in der Spalte **DWC Benutzeridentifikation** mit einer E-Mail-Adresse eingetragen ist. Die E-Mail-Adresse wird den Benutzerstammdaten des BW-Benutzers entnommen und muss mit der E-Mail-Adresse der Benutzer-ID in SAP Data Warehouse Cloud übereinstimmen.

[!]

Verwenden Sie einheitliche E-Mail-Adressen in den Benutzerstammdaten

Die E-Mail-Adressen in den Benutzerstammdaten von SAP BW im Vergleich zur SAP Data Warehouse Cloud werden von der Transaktion nicht überprüft. Eine einheitliche Verwendung muss durch eine konsistente systemübergreifende Stammdatenpflege sichergestellt werden. Bei fehlender Übereinstimmung kann später die Datenzugriffskontrolle keinen Eintrag und damit keine Filterbedingung für die Datenselektion in der Berechtigungstabelle finden. Alle Datenoperationen im Zusammenhang mit dem Daten-View des InfoProviders werden somit immer eine leere Menge anzeigen.

In der Detailanzeige zur Replikation finden Sie ferner den InfoProvider und die Filterbedingungen, jeweils in einer Spalte für ein SAP-BW-InfoObject und für ein SAP-BW-Feld, für das zusätzlich das Präfix /BIC/ hinzugefügt wird. Beide Spalten zeigen die Filterbedingungen, in diesem Fall in der Syntax einer SQL-WHERE-Klausel für eine SQL-SELECT-Anweisung als IN-Liste, bei der die Einzelwerte in Klammern dargestellt sind (vgl. hier **IN (›1000‹)** in beiden angezeigten Spalten). Der Grund liegt in der SAP-BW-Analyseberechtigung, die ebenfalls als Einzelwerte definiert ist (siehe Abbildung 8.59) und für den ausgewählten Benutzer den Eintrag für Buchungskreis 1000 für das berechtigungsrelevante InfoObject ZCOMPCODE gefunden hat. Werden in der Analyseberechtigung mehrere Einzelwerte eingetragen, erweitert sich die Liste auch hier. Ähnliches gilt für die Verwendung von Von-Bis-Werten in der Analyseberechtigung, die als BETWEEN <Wert A> AND <Wert B> dargestellt werden. Bei der Verwendung von SAP-BW-Hierarchien in den Analyseberechtigungen wird die Hierarchiestruktur in die jeweiligen Einzelwerte aufgeschlüsselt und in der Replikation wiederum als IN-Liste dargestellt.

In SAP Data Warehouse Cloud erfolgt die Prüfung bei unveränderter Integration des InfoProviders über den Eintrag in der Spalte **DAC Filterbasiert auf Feldnamen**.

Berechtigungen in SAP Data Warehouse Cloud importieren

Wechseln Sie nun in SAP Data Warehouse Cloud in den Menübereich **Datenzugriffskontrollen**. In der Funktionsleiste klicken Sie auf die Schaltfläche (**Berechtigungen importieren**). Darauf erscheint ein Popup, wie in Abbildung 8.63 dargestellt, wo Sie die Verbindung auswählen müssen.

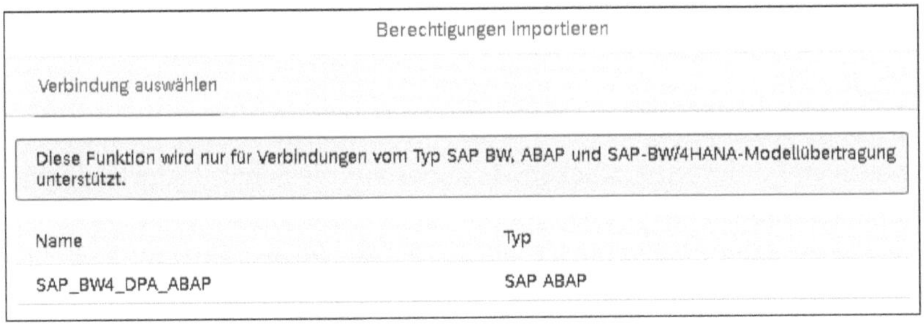

Berechtigungen importieren

Verbindung auswählen

Diese Funktion wird nur für Verbindungen vom Typ SAP BW, ABAP und SAP-BW/4HANA-Modellübertragung unterstützt.

Name	Typ
SAP_BW4_DPA_ABAP	SAP ABAP

Abbildung 8.63 Verbindung zum Berechtigungsimport auswählen

Die aufgeführte Erklärung weist Sie darauf hin, dass für den Berechtigungsimport nur bestimmte Verbindungstypen verwendet werden können. Der Grund hierfür ist, dass es sich hierbei um SAP-BW- beziehungsweise ABAP-spezifische Funktionsaufrufe im Quellsystem handelt und nicht um eine Datenbankverbindung. Richten Sie entsprechende Verbindungstypen für Ihren Space vorab ein. Anderenfalls erhalten Sie eine Fehlermeldung, dass kein passender Verbindungstyp gefunden wurde.

Klicken Sie auf einen passenden Eintrag und anschließend auf die Schaltfläche Weiter. Es erscheint ein Bildschirm, auf dem Sie die SAP-BW-Berechtigungstabelle RSDWC_RSEC_DAC importieren und dabei einen betriebswirtschaftlichen und technischen Namen für die Remote-Tabelle in SAP Data Warehouse Cloud vergeben müssen. In Abbildung 8.64 wurden diese Felder bereits ausgefüllt, es wurden Name und Bezeichnung der Berechtigungstabelle aus SAP BW weiterverwendet. Das ist ein Vorschlag, bei dem jederzeit ersichtlich ist, auf welche exakte Quelltabelle referenziert wird.

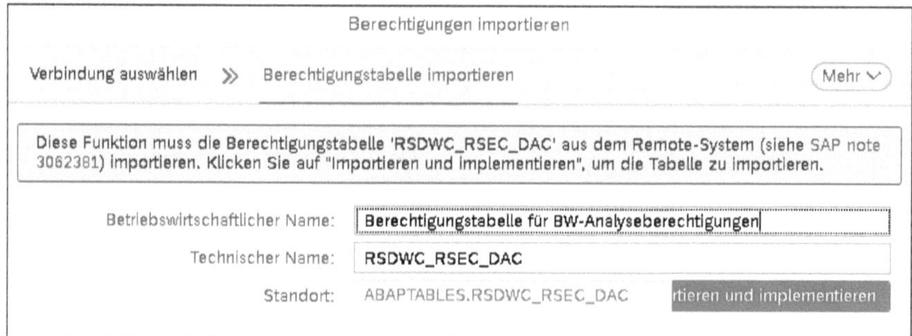

Abbildung 8.64 Angaben zum Import der Berechtigungstabelle

SAP-Hinweis 3062381 erklärt Voraussetzungen für Import

Wie in Abbildung 8.64 gezeigt, wird auf dem Bildschirm auf SAP-Hinweis 3062381 verwiesen, der die Voraussetzungen für einen Berechtigungsimport erklärt. Näheres hierzu erfahren Sie unter *https://launchpad.support.sap.com/#/notes/3062381*.

Das in Abbildung 8.64 rechts oben zu sehende Untermenü Mehr hat derzeit keine aktiven Funktionen. Klicken Sie daher auf die Schaltfläche **Importieren und Implementieren**, die auf dem Bildschirm nur teilweise mit ihrer Bezeichnung zu sehen ist. Dadurch wird der Import der SAP-BW-Berechtigungstabelle gestartet. Nach Beendigung des Imports erscheint der Bildschirm, wie in Abbildung 8.65 gezeigt.

Info-Meldung ignorieren

Beim Import der Berechtigungstabelle kann es vorkommen, dass die in Abbildung 8.65 gezeigte grünlich unterlegte Info-Meldung erscheint. Das ist beispielsweise dann der Fall, wenn Sie nach einem ersten Import Ergänzungen vornehmen, weil neue Berechtigungen für neue InfoProvider ergänzt werden sollen. Sie können den Hinweis an dieser Stelle bei der weiteren Bearbeitung ignorieren.

Abbildung 8.65 Berechtigungstabelle importiert

Klicken Sie auf **Weiter**, um zum nächsten Bildschirm zu gelangen, wie in Abbildung 8.66 dargestellt.

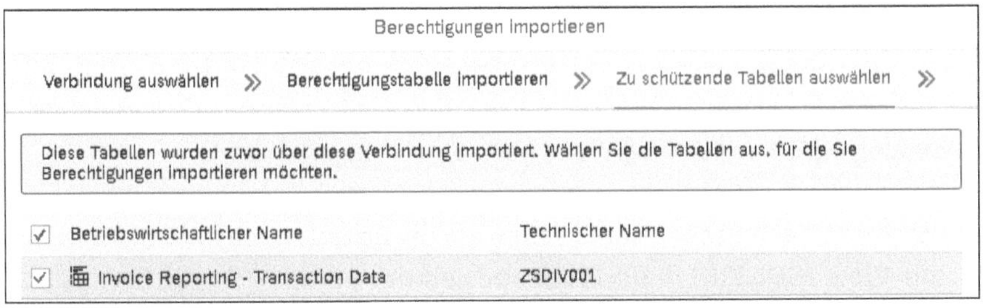

Abbildung 8.66 Zu schützende Tabellen für den Import auswählen

Der dargestellte Eintrag verweist auf den CompositeProvider ZSDIV001. Die aufgeführte Meldung und die darunter erscheinenden Einträge bedeuten hier zweierlei:

1. Die InfoProvider wurden vorab aus SAP BW in SAP Data Warehouse Cloud unter dem gleichen technischen Namen importiert und somit bekannt gemacht. Diese Voraussetzung muss erfüllt sein. Ohne den technisch gleichen Namen würden die InfoProvider hier nicht aufgeführt.
2. In SAP BW enthalten die InfoProvider berechtigungsrelevante InfoObjects und es wurden entsprechende Analyseberechtigungen definiert. Ohne ein korrektes Customizing in SAP BW würden die InfoProvider hier ebenfalls nicht aufgeführt.

Wählen Sie die gewünschten Einträge wie in Abbildung 8.66 dargestellt durch Aktivieren der Auswahlkästen aus und klicken Sie auf **Weiter**. SAP Data Warehouse Cloud ermittelt nun die zu generierenden Artefakte und zeigt sie auf einem weiteren Bildschirm, wie in Abbildung 8.67 dargestellt. Dieser zeigt im Bereich **Data Builder** zunächst die notwendigen Views für den InfoProvider ZSDIV001 beziehungsweise dessen Remote-Tabelle in SAP

Data Warehouse Cloud und verweist damit darauf, dass es sich um Modellierungsartefakte des Data Builders handelt.

Abbildung 8.67 Anzulegende Views beim Berechtigungsimport

In der Spalte **Technischer Name** sehen Sie die Erweiterung für den Berechtigungs-View ZSDIV001_P und hier speziell das Suffix »_P« für Permission Script. Ferner sehen Sie den geschützten Daten-View **ZSDIV001_V** mit der Erweiterung _V, also den in der Modellierung zu verwendenden View. Beide Einträge sind in der Spalte **Aktion/Status** mit **Anlegen** aufgeführt, da es sich um das erste Anlegen der Artefakte handelt.

Wechseln Sie nun in den Bereich **Datenzugriffskontrollen**. Wie in Abbildung 8.68 dargestellt, sehen Sie dort die zu erstellende Datenzugriffskontrolle für das zu integrierende Objekt.

Abbildung 8.68 Anzulegende Datenzugriffskontrolle beim Berechtigungsimport

In der Spalte **Technischer Name** sehen Sie die Erweiterung für die anzulegende Datenzugriffskontrolle ZSDIV001_D, das Suffix »_D« steht für Datenzugriffskontrolle. Der erklärende Text auf beiden Bildschirmen beschreibt nochmals die Funktionen der anzulegenden Objekte. Klicken Sie auf Importieren und implementieren, um den Import zu starten und die Artefakte direkt zu implementieren. Dieser Vorgang kann, je nach Umfang der ausgewählten Artefakte, mehrere Minuten dauern. Bei erfolgreichem Abschluss wechselt die Anzeige in der Spalte **Aktion/Status** auf **Angelegt**. Klicken Sie zum Abschluss auf **Fertigstellen**. Die Anzeige kehrt zurück zur Übersicht der Datenzugriffskontrollen Ihres Space.

8

Prüfen des Berechtigungs-Views

Prüfen Sie nun die implementierten Artefakte. Beginnen Sie im Data Builder Ihres Space mit der Anzeige des Berechtigungs-Views. Je nach Anzahl der dort vorhanden Artefakte suchen Sie diesen durch die bespielhafte Eingabe »ZSDIV001_P« im Suchfeld ZSDIV001_P und klicken anschließend in der Liste auf den gefundenen Eintrag. Da es sich um einen View vom Typ SQL-View handelt, öffnet sich der SQL-Editor und zeigt entsprechendes SQL-Coding, wie in Abbildung 8.69 dargestellt. Die Eigenschaften des Views sehen Sie auf der rechten Seite.

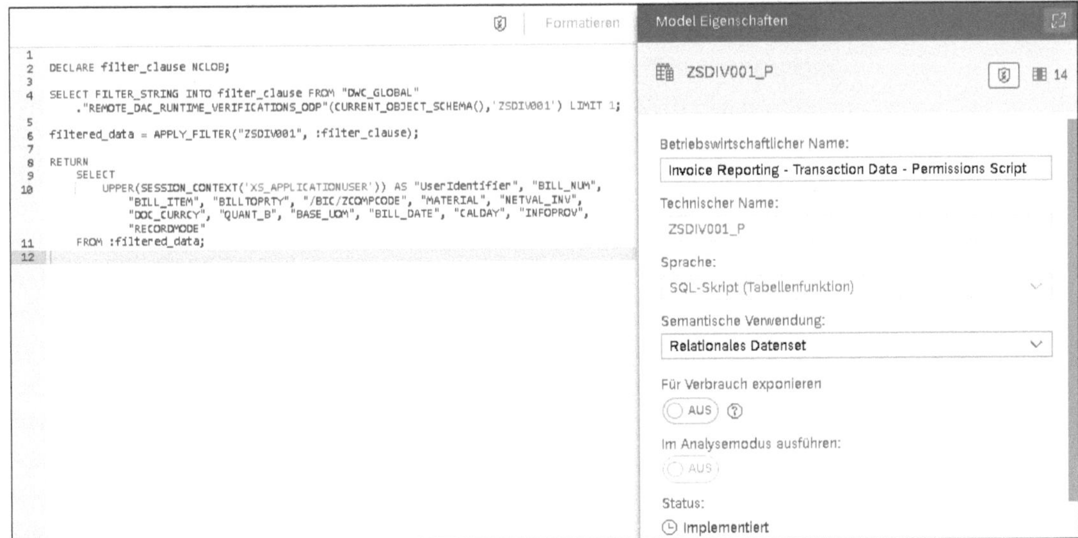

Abbildung 8.69 Details des Berechtigungs-Views im Data Builder

Der SQL-View wird in der Sprache **SQL-Skript (Tabellenfunktion)** implementiert. Das heißt, dass hier mehrere SQL-Anweisungen in einem Ausführungsblock enthalten sind. Sie erzeugen eine Ausgabetabelle als Relationales Datenset mit den Spalten, wie sie in der RETURN-Anweisung aufgeführt sind. Die wesentlichen Schritte des SQL-Views sind:

- Die Zeile `SELECT FILTER_STRING INTO filter_clause` ... ermittelt über einen Remote-Zugriff die Filterbedingungen in SAP BW für den jeweiligen Benutzer von SAP Data Warehouse Cloud. Im vorliegenden Fall wird dort der Eintrag `"/BIC/ZCOMPCODE" IN ('1000')` für den Benutzer BUDWH@<E-Mail> gefunden (siehe hierzu Abbildung 8.62 und den dortigen Eintrag in der Spalte **DAC Filterbasiert auf Feldnamen**).
- Die Zeile `filtered_data = APPLY_FILTER` ... ermittelt aus der zugrundeliegenden Remote-Tabelle des InfoProviders die für den Benutzer BUDWH@<E-Mail> zulässigen Spalten und Daten für die spätere Abgrenzung als Filterbedingung im Daten-View.
- Die abschließenden Zeilen `RETURN SELECT` ... `FROM :filtered_data;` bilden die Ausgabe des Berechtigungs-Views inklusive des Benutzers BUDWH@<E-Mail>.

Weitere Details zum Umgang mit SQL-Views finden Sie in Abschnitt 4.5.1, »Der SQL-View-Editor«. Dort finden Sie auch Hinweise, wie Sie die einzelnen Zeilen für die aufgeführte Analyse ausführen können.

Prüfen der Datenzugriffskontrolle

Wechseln Sie nun in den Hauptmenübereich **Datenzugriffskontrolle**, um die Verwendung des Berechtigungs-Views in den dortigen Einstellungen zu prüfen. Suchen Sie dazu im Suchfeld den beispielhaft den Eintrag »ZSDIV001_D« ZSDIV001_D und klicken Sie auf den gefundenen Eintrag in der Liste. Der Bildschirm zeigt die Details der Datenzugriffskontrolle, wie in Abbildung 8.70 dargestellt. Die Felder des Berechtigungs-Views ZSDIV001_P sind hier ausschnittsweise bis zum Feld **/BIC/ZCOMPCODE** aufgeführt.

Abbildung 8.70 Details der Datenzugriffskontrolle

Beachten Sie dabei die generische Bezeichnung der **User Identifier** im Feld **Identifikatorspalte** für den Benutzer. Diese generische Spalte erscheint in der Form in jeder vom Berechtigungsimport angelegten Datenzugriffskontrolle auf die gleiche Weise.

Prüfen des geschützten Daten-Views

Wechseln Sie zurück in den Data Builder Ihres Space und suchen Sie den geschützten Daten-View ZSDIV001_V im Suchfeld mit [ZSDIV001_V]. Klicken Sie auf den gefundenen Eintrag in der Liste. Da es sich auch hier um einen SQL-View handelt, wird wieder der SQL-Editor aufgerufen und zeigt das SQL-Coding zusammen mit den View-Eigenschaften an, wie in Abbildung 8.71 dargestellt.

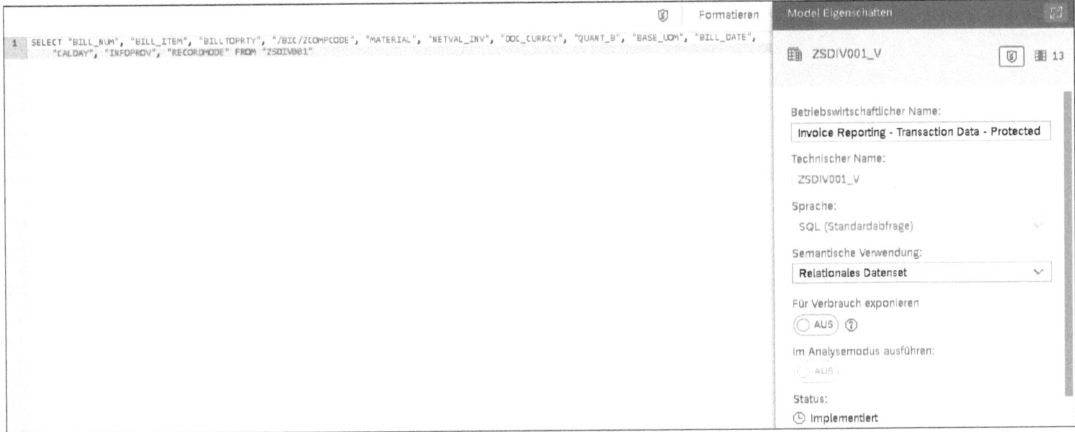

Abbildung 8.71 Details des geschützten Daten-Views

Der SQL-View ist in der Sprache SQL (Standardabfrage) implementiert. Das heißt, dass hier eine einzige SQL-Abfrage verwendet wird, die im Beispiel auch nur eine SELECT-Anweisung zum Lesen der Felder der Remote-Tabelle ZSDIV001 des gleichnamigen InfoProviders in SAP BW enthält. Die aufgeführten Felder bilden die Ausgabe der Ergebnistabelle des Relationalen Datensets. Diese SELECT-Anweisung für sich genommen würde die Daten ungefiltert lesen. Zur korrekten Begrenzung der Datenanzeige ist deshalb in den Eigenschaften die Datenzugriffskontrolle aufgeführt, wie in Abbildung 8.72 dargestellt. Scrollen Sie zur Anzeige der Zuordnung im Eigenschaftenfenster auf der rechten Seite bis zum entsprechenden Eintrag.

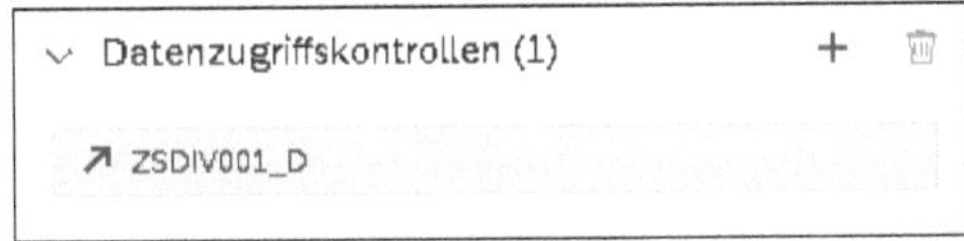

Abbildung 8.72 Anzeige der Datenzugriffskontrolle in den View-Eigenschaften

Der Eintrag zeigt hier beispielhaft auf den technischen Namen der Datenzugriffskontrolle ZSDIV001_D. Weitere Details zum Umgang mit SQL-Views finden Sie in Abschnitt 4.5.1, »Der SQL-View-Editor«.

Prüfen Sie nun die Ausgabe des Daten-Views auf die korrekte Verwendung der Berechtigungen. Im Beispiel ist dies der Benutzer BUDWH@<E-Mail>. Klicken Sie dazu im Menü auf . Der Bildschirm zeigt im unteren Bereich die gefundenen und die durch die Datenzugriffskontrolle gefilterten Daten der Quelle an, wie in Abbildung 8.73 dargestellt.

Datenvorschau: Invoice Reporting - Transaction Data - Protected (4)   Fehler

Faktura	Fakturaposition	Rechnungsempfänger	Buchungskreis (ber.rel	0MATERIAL	Nettowert der Faktura	Belegwährung	Menge in Basismenge	Basism
0090000000	000010	0000000002	1000	M1000	150.00	EUR	1.000	ST
0090000001	000010	0000000002	1000	M1000	150.00	EUR	1.000	ST
0090000002	000020	0000000002	1000	M1000	150.00	EUR	1.000	ST
0090000003	000030	0000000002	1000	M1000	150.00	EUR	1.000	ST

Abbildung 8.73 Datenvorschau im Daten-View mit Datenzugriffskontrolle

Da der Benutzer BUDWH in SAP BW nur auf den Buchungskreis 1000 im InfoObject ZCOMPCODE berechtigt ist, werden nur die entsprechenden Daten angezeigt. Zum Vergleich ist in Abbildung 8.74 dasselbe Ergebnis des Benutzers in SAP Analysis für Microsoft Office angezeigt.

	A	B	C	D	E	F	G	H	I
1								Nettowert	Menge in BME
2	Faktura	Position	Rechnungsempf.	Buch.Kreis(ber.rel.)	0MATERIAL		Fakturadatum	EUR	ST
3	90000000	10	2	1000	M1000	M1000	26.06.2020	150,00	1
4	90000001	10	2	1000	M1000	M1000	24.02.2021	150,00	1
5	90000002	20	2	1000	M1000	M1000	24.02.2021	150,00	1
6	90000003	30	2	1000	M1000	M1000	24.02.2021	150,00	1

Abbildung 8.74 Datenanzeige zum Vergleich in SAP Analysis für Microsoft Office

Die angezeigten Inhalte stimmen aufgrund der korrekten Verwendung der Berechtigungen in SAP Data Warehouse Cloud in beiden Fällen überein. Die Implementierung der SAP-BW-Analyseberechtigungen in SAP Data Warehouse Cloud filtert somit auf inhaltlich gleiche Weise die Datenanzeige, wie entsprechende Analyse-Tools in SAP BW. Der Berechtigungsimport generiert entsprechende Artefakte in SAP Data Warehouse Cloud automatisch und sorgt für ein konsistentes Filtern der notwendigen Inhalte. Aufgrund der hohen Tool-Unterstützung ist eine komplette Implementierung in sehr kurzer Zeit erreichbar.

Aktualisieren der Berechtigungstabelle im SAP BW

Da sich Analyseberechtigungen in SAP BW häufig ändern, müssen auch die Metadaten in der SAP-BW-Berechtigungstabelle RSDWC_RSEC_DAC periodisch aktualisiert werden. Änderungen betreffen zum Beispiel folgende Bereiche:

- Neue Benutzer in SAP BW und in SAP Data Warehouse Cloud
- Gelöschte oder inaktive Benutzer
- Änderungen an den SAP-BW-Analyseberechtigungen selbst, zum Beispiel als Erweiterung oder Einschränkung der Berechtigung einzelner Benutzer

Für das Aktualisieren der SAP-BW-Berechtigungstabelle verwenden Sie das SAP-BW-Programm RSDWC_DAC_RSEC_EXTRACT, das hinter Transaktion RSDWC_DAC_RSEC_GEN steckt und das den entsprechenden Selektionsbildschirm definiert (siehe hierzu Abbildung 8.61). Wir empfehlen, das Programm einmal im Prozessmodus **Alle Berechtigungen entfernen** einplanen, um z. B. gelöschte Benutzer zu entfernen. Anschließend planen Sie es ein zweites Mal im Prozessmodus **Berechtigungen replizieren** ein, um die SAP-BW-Analyseberechtigungen der gewünschten Benutzer und InfoProvider zu übertragen. Diese abgestufte Einplanung können Sie z. B. mit einer speziellen SAP-BW-Prozesskette vornehmen und so die Berechtigungen für SAP Data Warehouse Cloud entsprechend aktualisieren.

Anpassen der Benutzeridentifikation

Im Verlauf der Erläuterungen in diesem Abschnitt wurden die Benutzer-IDs in SAP BW und in SAP Data Warehouse Cloud erwähnt. Dabei gehen wir davon aus, dass ein SAP-BW-Benutzer über die in seinen Stammdaten eingetragene E-Mail-Adresse in SAP Data Warehouse Cloud mit einem gleichlautenden Eintrag der E-Mail-Adresse in den dortigen Benutzerdaten angelegt wird. Da Benutzer in SAP Data Warehouse Cloud aber aufgrund unterschiedlicher Einstellungen im Cloud Identity Provider nicht zwingend über ihre E-Mail-Adresse identifiziert werden müssen, kann es bei der Überleitung zwischen den beiden Systemen zu Abweichungen der Benutzer-IDs kommen. Eine Zuordnung über die E-Mail-Adresse ist dann nicht mehr möglich, sodass Sie spezielle Ableitungen erstellen müssen. Für das Implementieren derartiger Regeln steht Ihnen in SAP BW das BAdI RSDWC_DAC_RSEC_USER_UPDATE zur Verfügung. Wie in SAP-Hinweis 3062381 unter *https://launchpad.support.sap.com/#/notes/3062381* angedeutet, wird im BAdI eine interne Tabelle in der Kombination des SAP-BW-Benutzers (BW-USERID) und der zugeordneten SAP-Data-Warehouse-Cloud-Benutzer-ID (USERIDENTIFIER) gefüllt. Sie können z. B. eigene Zuordnungstabellen oder DSOs in SAP BW benutzen und so eine Überleitung der Benutzerkennungen erzeugen. Dazu benötigen Sie zusätzliche ABAP-Entwicklungskenntnisse. Eine Implementierung derartiger Benutzerüberleitungen kann nur in SAP BW und nicht in SAP Data Warehouse Cloud erfolgen. Beachten Sie beim Einsatz des BAdIs, dass bei der Verwendung alle notwendigen Benutzer zugeordnet werden müssen.

8.6 Zusammenfassung

Sie kennen nun die wesentlichen Funktionen der Benutzeranlage und -verwaltung in SAP Data Warehouse Cloud. Sie können Benutzer individuell einrichten oder mittels Datei-Upload viele Benutzer gleichzeitig anlegen oder ändern. Dazu kennen Sie den Unterschied der verschiedenen Standardrollen und sind in der Lage, diese zielgerichtet Benutzern zuzuordnen oder durch Kopieren und Verändern neuen Nutzungsbedingungen anzupassen. Darüber hinaus können Sie funktionale Aktivitäten von Benutzern in den Aktivitätsprotokollen von SAP Data Warehouse Cloud nachvollziehen.

Zur Begrenzung von Datenanzeigen und -verwendungen wissen Sie außerdem, wie Sie Datenzugriffskontrollen anlegen. Sie können dazu erforderliche lokale Tabellen anlegen und darin Benutzer-IDs und die Prüffelder für spätere Selektionsbeschränkung pflegen sowie die lokalen Tabellen in Datenzugriffskontrollen einbinden. Diese assoziieren Sie in Views des Data Builders, sodass unzulässige Daten auf der Zeilenebene ausgefiltert werden. Anschließend haben Sie erfahren, wie Sie die Datenzugriffskontrollen in Geschäftsentitäten im Business Builder zuordnen und so die Anzeigebeschränkungen weiter verfeinern können. Außerdem können Sie bestehende SAP-BW-Analyseberechtigungen in SAP Data Warehouse Cloud importieren und dabei für Ihre Datenquellen automatische Datenzugriffskontrollen und geschützte Daten-Views erstellen. Auf diese Weise übernehmen Sie existierende Einstellungen aus vorgelagerten SAP-BW-Systemen und sparen viel Zeit bei der Implementierung.

Für weitergehende Informationen zu Benutzern und Rollen konsultieren Sie die SAP-Standarddokumentation im SAP Help Portal unter *https://help.sap.com/docs/SAP_DATA_WAREHOUSE_CLOUD/9f804b8efa80435392-89f42f372c4862/3740dacbc2794f33bb5d8d42216cc3bc.html*

Dort finden Sie z. B. auch Hinweise auf die notwendigen Berechtigungen aus Sicht der Applikationen von SAP Data Warehouse Cloud, wie sie im Hauptmenü aufgeführt sind (Rollen und Berechtigungen nach App).

Kapitel 9

Weitere Konfigurationen in SAP Data Warehouse Cloud

Die Pflege der zentralen Eigenschaften Ihres SAP-Data-Warehouse-Cloud-Tenants ist eine wesentliche Voraussetzung für die Datenintegration und Modellierung. In diesem Kapitel beleuchten wir die Konfiguration und Administration des Systems und bieten Ihnen sowohl Hintergrundinformationen als auch Hinweise und Tipps zu den Einstellungen.

Die umfangreichen Möglichkeiten, mit SAP Data Warehouse Cloud Datenintegrations-, Data-Warehouse- und Analysefunktionen für Ihre Organisation zu nutzen, werden vor der Freigabe für die Anwender*innen von Administrator*innen konfiguriert. Nach der initialen Einrichtung obliegt Ihnen dann die Verwaltung, Wartung und Überwachung der Multi-Cloud-Lösung, damit Datenimport, Datenvorbereitung und Datenmodellierung für Analysen jederzeit hochverfügbar ausgeführt werden können.

Wesentliche Werkzeuge zur Unterstützung der Administration von SAP Data Warehouse Cloud sind unter dem Menüeintrag **System** in der Seitennavigation zusammengefasst. Die vorgenommenen Einstellungen gelten für alle Spaces innerhalb des Tenants gleichermaßen. In diesem Kapitel beleuchten wir die Bereiche **Konfiguration** und **Administration** näher.

Die Konfiguration der Datenintegration ist in Abschnitt 9.1, »Datenintegration«, beschrieben. Nach einer kurzen Einordnung von Cloud Connector und Datenbereitstellungs-Agent beschreiben wir in diesem Abschnitt die Einrichtung einer Live-Datenverbindung für den Import von Modellen. Der Aktivierung und Wartung von Datenbereitstellungs-Agents, die via SAP HANA Smart Data Integration Verbindungen zu On-Premise-Systemen aufbauen, widmen wir einen eigenen Abschnitt. Abschließend stellen wir dar, wie Sie Treiberdateien für den Zugriff auf Nicht-SAP-Quelldatenbanken über ODBC in SAP Data Warehouse Cloud hochladen.

In Abschnitt 9.2, »Tenant-Links«, erläutern wir, wie Sie die Kachel **Analyse** in der Produktzentrale verfügbar machen und so den Wechsel zwischen SAP Analytics Cloud und SAP Data Warehouse Cloud für die Anwender*innen vereinfachen.

In Abschnitt 9.3, »Konfiguration der Sicherheit«, erfahren Sie, wie Sie Serverzertifikate für den Aufbau einer sicheren SSL-/TLS-basierten Verbindung zu Quellsystemen, die weder Datenbereitstellungs-Agent noch Cloud Connector verwenden, hochladen können und die Kennwortrichtlinie für Zugriffsbenutzer festlegen.

Ist für einen oder mehrere Spaces die Aufzeichnung von Lese- und Änderungsaktionen aktiviert, können Sie mit den Informationen aus Abschnitt 9.4, »Audit«, auf diese zugreifen oder sie löschen, um Speicherplatz freizugeben. Wege zur Analyse von Speicher- oder CPU-Verbrauch sind in Abschnitt 9.5, »Überwachung«, beschrieben.

Informationen zu den Sicherheitseinstellungen finden Sie in Abschnitt 9.6, »IP-Erlaubtliste«, in dem wir beschreiben, wie Sie vertrauenswürdige IPs für die Verbindung von Clients oder des Cloud Connectors aus Ihrem lokalen Netzwerk mit SAP Data Warehouse hinterlegen.

In Abschnitt 9.7, »Aufgabenprotokolle«, erfahren Sie, wie Sie nicht mehr benötigte Protokolle zur Ausführung von Datenflüssen oder Replikationen von Remote-Tabellen löschen, um so Speicherplatz auf Ihrem Tenant freizugeben.

Abschnitt 9.8, »Datenbankzugriffe«, beschreibt das Anlegen von Datenbankanalysebenutzern für die Analyse von Problemen, die mit den Standardfunktionen zu Audit und Überwachung nicht gelöst werden können. Zudem erfahren Sie, wie Sie Datenbankbenutzergruppen anlegen und so direkt in SQL auf der SAP-HANA-Datenbank arbeiten können.

Hinweise zur Konfiguration Ihres Tenants und des Tenants für SAP BW Bridge erhalten Sie in Abschnitt 9.9, »Tenant Configuration und SAP BW Bridge«. In Abschnitt 9.10, »Systemkonfiguration«, erfahren Sie, wie weitere Tenant-Parameter gepflegt werden.

Die Einrichtung des Cloud Connectors in SAP Data Warehouse Cloud und die Konfiguration verschiedener Standorte ist in Abschnitt 9.11, »Konfiguration der Datenquelle«, beschrieben.

Abschnitt 9.12, »Administration der Sicherheit«, umfasst Einstellungen für die Benutzerauthentifizierung über den Identity Provider (IdP).

Für die Arbeit mit BI-Applikationen von Drittanbietern zeigen wir Ihnen in Abschnitt 9.13, »App-Integration«, wie Sie deren Authentifizierung via OAuth in SAP Data Warehouse Cloud für den Datenzugriff einrichten. Zum Abschluss des Kapitels erfahren Sie in Abschnitt 9.14, »Benachrichtigungen«, wie Sie bei Systemereignissen sowie bei Verbindungs- und Performancebeeinträchtigungen Ihre Administrator*innen und Anwender*innen informieren.

9.1 Datenintegration

Technologien

Die Übertragung von Metadaten, Modellen und Daten nach SAP Data Warehouse Cloud über lokale Verbindungen von Remote-Datenquellen basiert grundlegend auf zwei Technologien: auf dem Cloud Connector und auf sogenannten Datenbereitstellungs-Agents, die verschiedene Adapter für die Quellintegration via SAP HANA Smart Data Integration anbieten. Je nach Quelle und gewünschtem Verbindungstyp müssen beide konfiguriert sein, um den vollen Umfang von SAP Data Warehouse Cloud nutzen zu können. Derzeit werden 30 verschiedene Typen unterstützt. Eine aktuelle Übersicht finden Sie z. B. im SAP Help Portal für SAP Data Warehouse Cloud auf der Seite »Vorbereiten der Konnektivität für Verbindungen«. Dort sind auch genaue Hinweise zu den für eine Verbindung notwendigen Technologien und Konfigurationsschritten hinterlegt. Im Folgenden geben wir Ihnen zunächst einen kurzen Überblick, sowohl über den SAP Cloud Connector als auch über den Datenbereitstellungs-Agent, und damit Hintergrundwissen, das es Ihnen erlaubt, das Einrichten der Technologien zielführend vorzunehmen. Im weiteren Verlauf dieses Kapitels erfahren Sie dann, welche Schritte zur Konfiguration in SAP Data Warehouse Cloud erforderlich sind.

Cloud Connector

Der *Cloud Connector* dient als Verbindung zwischen Applikationen der SAP Business Technology Platform (SAP BTP) und On-Premise-Systemen, wie in Abbildung 9.1 dargestellt. Verbindungen zu On-Premise-Quellen, die für Datenflüsse, für den Modellimport aus SAP BW/4HANA oder für die Verbindung zu Remote-Tabellen via SAP HANA Smart Data Access verwendet werden sollen, erfordern, dass der SAP Cloud Connector als Verknüpfung zwischen SAP Data Warehouse Cloud und der Quelle fungiert.

Der Cloud Connector wird innerhalb Ihrer On-Premise-Systemlandschaft installiert und läuft als Service in Ihrem gesicherten Netzwerk. Durch seine Funktion als Reverse Proxy ist es möglich, dass Sie die Investitionen in bestehende Systeme, wie z. B. SAP BW/4HANA, in SAP BTP veröffentlichen und damit in SAP Data Warehouse Cloud nutzen können.

Die grundlegende Einrichtung des Cloud Connectors in SAP Data Warehouse Cloud ist in Abschnitt 9.11, »Konfiguration der Datenquelle«, beschrieben. Um alle Funktionen nutzen zu können, ist es notwendig, dass Sie sogenannte *Tunnel* anlegen, wie im folgenden Abschnitt 9.1.1 gezeigt.

Datenbereitstellungs-Agent

Für die meisten Verbindungen von SAP Data Warehouse Cloud zu Remote-Quellen werden SAP HANA Smart Data Integration und der zugehörige *Datenbereitstellungs-Agent* (DPA) verwendet.

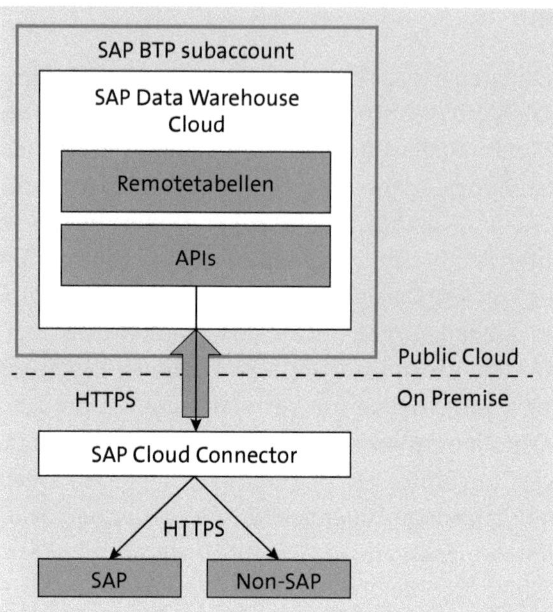

Abbildung 9.1 Cloud via Cloud Connector mit On-Premise-Applikationen verbinden (Quelle: SAP)

Dabei handelt es sich um einen Service, der innerhalb Ihres Netzwerks ausgeführt wird und Datenbereitstellungs-Adapter für die Verbindung zu verschiedenen Remote-Quellen hostet (siehe Abbildung 9.2). Somit werden Datenföderations- und Datenreplikationsszenarios sowohl für Ihre On-Premise-Remote-Quellen als auch für Ihre Cloud-Remote-Quellen ermöglicht. Der Datenbereitstellungs-Agent fungiert dabei als Brücke zu SAP Data Warehouse Cloud und stellt eine sichere Verbindung zwischen der Datenbank Ihres SAP-Data-Warehouse-Cloud-Tenants und den Remote-Quellen her. Zusammen mit dem Datenbereitstellungsserver ist seine Verwendung für alle Verbindungen von SAP Data Warehouse Cloud via SAP HANA Smart Data Integration erforderlich.

Installation und Einrichtung

Über den Datenbereitstellungs-Agent kommunizieren die vorinstallierten Datenbereitstellungs-Adapter mit dem Datenbereitstellungsserver in Bezug auf Konnektivität, Metadatensuche und Datenzugriff. Der Datenbereitstellungs-Agent stellt über Java Database Connectivity (JDBC) eine Verbindung mit SAP Data Warehouse Cloud her. Der Agent muss auf einem lokalen Host in Ihrem Netzwerk installiert und für die Verwendung mit SAP Data Warehouse Cloud konfiguriert werden. Im Anschluss erfolgt das Einrichten in Ihrem Tenant.

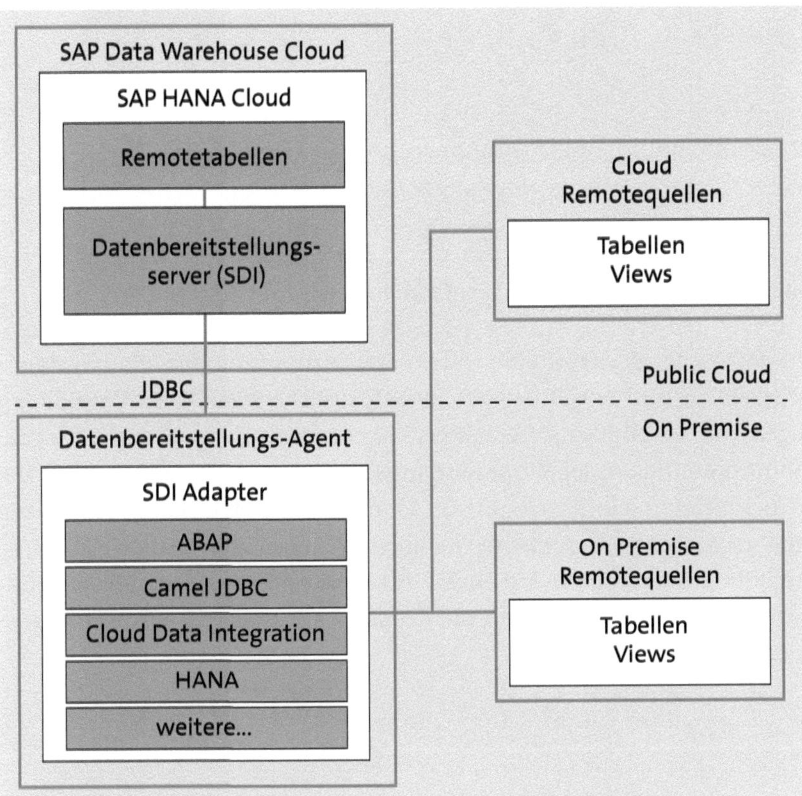

Abbildung 9.2 Datenintegration mit dem Datenbereitstellungs-Agent konfigurieren (Quelle: SAP)

Weitere Informationen für die Installation in Ihrem Netzwerk finden Sie im SAP Help Portal für SAP Data Warehouse Cloud unter »Datenbereitstellungs-Agent installieren«. Informationen zur Konfiguration erhalten Sie in Abschnitt 9.1.2, »On-Premise-Agents«.

9.1.1 Live-Datenverbindungen

Der SAP-BW/4HANA-Modellimport erfolgt über eine HTTP-Verbindung von SAP Data Warehouse Cloud zum On-Premise-Quellsystem via Cloud Connector. Damit diese HTTP-Anfragen über eine sichere Verbindung an ein verbundenes SAP-BW/4HANA-System gestellt werden können, benötigen Sie eine Live-Datenverbindung vom Typ **Tunnel**, die Sie in der Konfiguration der Datenintegration anlegen können. Informationen zur Administration des SAP-Data-Warehouse-Cloud-Tenants für die Verwendung des Cloud Connectors erhalten Sie in Abschnitt 9.11, »Konfiguration der Datenquelle«.

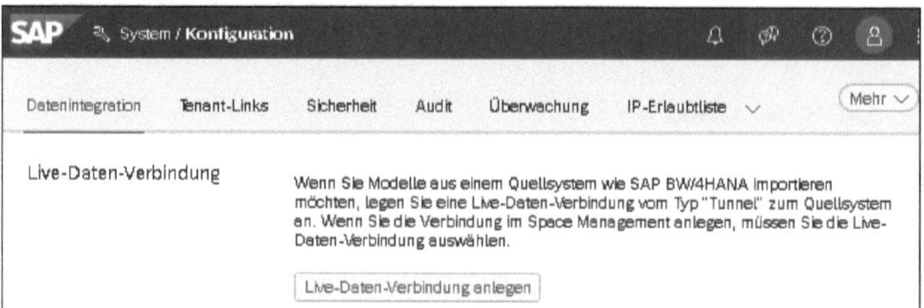

Abbildung 9.3 Datenintegration konfigurieren: Live-Datenverbindung

Live-Datenverbindung anlegen

Wählen Sie zum Anlegen einer Live-Datenverbindung den Pfad **System • Konfiguration** und anschließend die Schaltfläche **Live-Daten-Verbindung anlegen**, wie in Abbildung 9.3 gezeigt. SAP Data Warehouse Cloud öffnet daraufhin einen Dialog, der alle bereits angelegten Verbindungen u. a. mit Namen, Beschreibung und Typ auflistet. Ist noch keine Live-Datenverbindung für das gewünschte On-Premise-Quellsystem angelegt, können Sie über [+] (**Verbindung hinzufügen**) den Dialog für die Konfiguration einer Live-Datenverbindung öffnen und dort die Art des On-Premise-Quellsystems auswählen (siehe Abbildung 9.4).

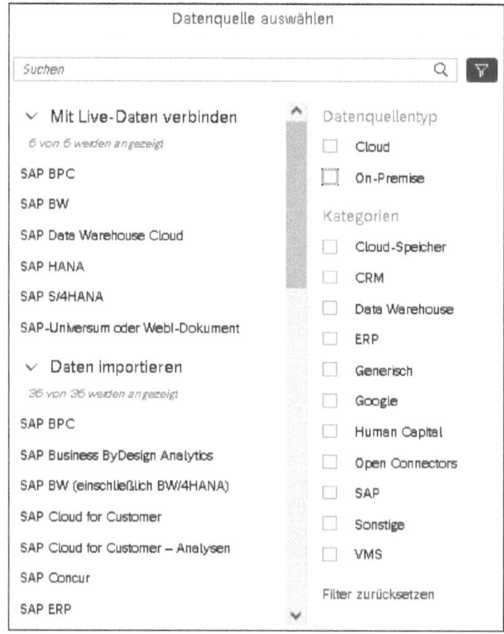

Abbildung 9.4 Datenquelle für die Live-Datenverbindung auswählen

Datenquellen filtern

Der Dialog für die Auswahl der Art der Datenquelle unterstützt neben einer Suche auch verschiedene Filter. So können Sie die Optionen auf der linken

Seite reduzieren, indem Sie im Bereich **Datenquellentyp** z. B. die Option **On-Premise** auswählen.

Haben Sie die Art der Datenquelle bestimmt, führt Sie SAP Data Warehouse Cloud zu einem Dialog, in dem Sie Namen und Beschreibung Ihrer neuen Verbindung hinterlegen und im Feld **Verbindungstyp** im Bereich **Verbindungsdetails** die Option **Tunnel** auswählen (siehe Abbildung 9.5).

Neue BW-Live-Verbindung

*Name

BW4T

Beschreibung

Tunnel zum System BW4 (DE)

Verbindungsdetails

Verbindungstyp

Tunnel

Durch die Aktivierung des Tunneling werden Daten aus der verbundenen Quelle stets über den SAP Cloud Platform Cloud Connector übertragen. Dieser Verbindungstyp kann später nicht mehr geändert werden.

Abbildung 9.5 Live-Datenverbindung konfigurieren

Live-Datenverbindung freigeben

Im weiteren Verlauf der Konfiguration hinterlegen Sie die Standort-ID, die den Standort des Cloud Connectors für das verwendete Unterkonto angibt (siehe Abschnitt 9.11, »Konfiguration der Datenquelle«), sowie weitere Informationen zu Quellsystem und Authentifizierungsmethode. Wählen Sie zum Abschluss **Diese Anmeldedaten für alle Benutzer in diesem System sichern**, damit alle Benutzer des Systems die Live-Datenverbindung verwenden können.

Sichern Sie die Verbindung. Nun ist sie im Assistenten zum Anlegen von Verbindungen von SAP Data Warehouse Cloud für die Modellübertragungsverbindung von SAP BW/4HANA zur Auswahl verfügbar.

Live-Datenverbindung für SAP Analytics Cloud

Obwohl SAP Analytics Cloud und SAP Data Warehouse Cloud eng miteinander verbunden sind, können Sie hier derzeit keine Live-Datenverbindungen für die Bereitstellung von Daten für Storys konfigurieren. Diesen Schritt müssen Sie in Ihrem Tenant von SAP Analytics Cloud durchführen.

9.1.2 On-Premise-Agents

Datenbereitstellungs-Agents verwalten

Im Bereich **On-Premise-Agents** auf der Registerkarte **Datenintegration** können Sie die Datenbereitstellungs-Agents verwalten, über die SAP Data Warehouse Cloud Datenverbindungen zu On-Premise-Quellen via SAP HANA Smart Data Integration herstellt. Sie sind eine wesentliche Voraussetzung für viele Verbindungstypen, die beim Anlegen von lokalen Verbindungen für Spaces ausgewählt werden können (siehe Abschnitt 3.4, »Verbindungen«).

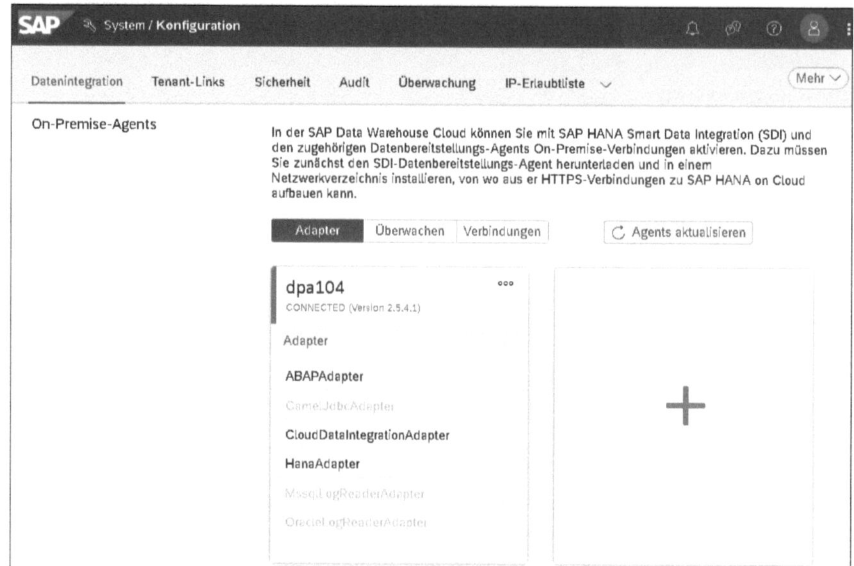

Abbildung 9.6 Datenintegration mit dem On-Premise-Agent konfigurieren

Bereits konfigurierte Datenbereitstellungs-Agents werden in der Ansicht als Kachel dargestellt (z. B. **dpa104** in Abbildung 9.6). Welchen Inhalt die Kachel anzeigt, können Sie individualisieren: Initial werden die Adapter angezeigt, die ein Agent unterstützt.

On-Premise-Agents überwachen

Nach einem Klick auf **Überwachen** ändert sich der Inhalt für alle Kacheln: Es werden nun der freie und der belegte physische Auslagerungsspeicher auf dem Server des Datenbereitstellungs-Agents angezeigt. Zusätzlich können Sie die Anzahl der angelegten und der aktiven Echtzeitreplikationsverbindungen einsehen. In diesem Zusammenhang bedeutet *aktive Echtzeitreplikation*, dass für die Verbindung mindestens eine Tabelle über die Echtzeitreplikation repliziert wird.

Nach der Auswahl von **Verbindungen** zeigen die Kacheln alle für den Datenbereitstellungs-Agent angelegten Verbindungen und deren Echtzeitreplikationsstatus. Mit einem Klick auf eine der Verbindungen werden weitere Details wie Typ und Ansprechpartner sichtbar.

Befehle für den Datenbereitstellungs-Agent

Über die Schaltfläche [∘∘∘] (**Menü**) einer Kachel können Sie die folgenden Befehle für den ausgewählten Datenbereitstellungs-Agent ausführen:

- **Bearbeiten**: Öffnet die Agent-Einstellungen mit Informationen zur SAP-HANA-Verbindung, zum Protokollzugriff und zu den aktivierten Adaptern. Diesen Befehl beschreiben wir im Folgenden noch einmal genauer.
- **Aktualisieren**: Aktualisiert die Statusinformationen zum Agent.
- **Protokolle prüfen**: Auch diesen Befehl stellen wir Ihnen im Folgenden detaillierter vor.
- **Löschen**: Entfernt die bestehende Registrierung des Datenbereitstellungs-Agent und löscht ihn somit.
- **Alle Verbindungen pausieren**: Pausiert alle Verbindungen des Datenbereitstellungs-Agent. Dies ist insbesondere empfehlenswert, wenn Sie Änderungen an seiner Konfiguration vornehmen möchten.
- **Alle Verbindungen neu starten**: Startet alle pausierten Verbindungen neu, z. B., nachdem Sie die Änderungen am Agent abgeschlossen haben.
- **Senden von Benachrichtigungen konfigurieren**: Sie können konfigurieren, dass automatisch Benachrichtigungen versendet werden sollen, wenn sich der Status des Datenbereitstellungs-Agent ändert.

Neuen Datenbereitstellungs-Agent verbinden

Möchten Sie einen neuen Datenbereitstellungs-Agent verbinden, wählen Sie das die Schaltfläche [+] (**Hinzufügen**). Nachdem Sie einen eindeutigen Namen für die Agent-Registrierung eingegeben haben, öffnet sich das Dialogfenster **Agent-Einstellungen**. Es enthält alle Informationen, die für die Konfiguration des in Ihrem lokalen Netzwerk installierten Datenbereitstellungs-Agent benötigt werden:

- Name des Agent
- HANA-Server (Hostname)
- HANA-Port
- HANA-Benutzername für Agent Messaging
- HANA-Benutzerkennwort für Agent Messaging

Weitere Informationen zur Verbindung des lokal installierten Datenbereitstellungs-Agent über die Kommandozeile mit SAP HANA erhalten Sie im SAP Help Portal unter »Datenbereitstellung-Agent verbinden und konfigurieren«.

Datenbereitstellungs-Adapter

Um Ihren Datenbereitstellungs-Agent für die Verbindung zu On-Premise-Datenquellen nutzen zu können, müssen Sie die für Ihr Szenario notwendigen Datenbereitstellungs-Adapter registrieren, nachdem Sie den Datenbereitstellungs-Agent in SAP Data Warehouse Cloud konfiguriert haben. Falls Sie hierzu Adapter von Drittanbietern verwenden, achten Sie unbedingt darauf, dass Sie alle notwendigen Bibliotheken heruntergeladen, installiert und lizenziert haben (siehe Abschnitt 9.1.3, »Treiber von Drittanbietern«).

Die Registrierung von Datenbereitstellungs-Adaptern erfolgt direkt in der Konfiguration des zugehörigen Datenbereitstellungs-Agent. Klicken Sie unter **System • Konfiguration • Datenintegration** im Bereich **On-Premise-Agents** auf die Schaltfläche [...] und dann auf [✎] (**Bearbeiten**).

Adapter auswählen

Im unteren Bereich der Agent-Einstellungen können Sie dann die gewünschten Adapter aus der folgenden Liste auswählen:

- ABAP Adapter
- Camel JDBC Adapter
- Cloud Data Integration Adapter
- HANA Adapter
- MS SQL Log Reader Adapter
- ORACLE Log Reader Adapter

Nach dem Sichern sind die Adapter in SAP Data Warehouse Cloud registriert und für das Anlegen von Verbindungen zu unterstützten On-Premise-Quellen verfügbar.

Protokolldateien

Bei Bedarf können Sie die Datenbereitstellungs-Agents direkt aus SAP Data Warehouse Cloud überwachen und Probleme analysieren. Hierzu werden über einen Datenbereitstellungs-Agent-Datei-Adapter Protokolldateien des Agent gelesen und zu Auswertungszwecken in der Datenbank von SAP Data Warehouse Cloud gespeichert.

Diese Funktion lässt sich aktivieren, indem Sie in den Agent-Einstellungen (über [...] (**Menü**) und **Bearbeiten**) den Wert für den Protokollzugriff auf **TRUE** setzen. Über das Menü zum Datenbereitstellungs-Agent kann dann der Befehl **Protokolle prüfen** ausgeführt werden. Folgende Protokolle können Sie einsehen:

- das Adapter-Framework-Protokoll zur Überwachung der Statistikinformationen zum Agent
- das Adapter-Framework-Trace-Protokoll für die Analyse und zum Debuggen von Problemen des Datenbereitstellungs-Agent

Konfigurationshinweise für den Datenbereitstellungs-Agent

Für den Zugriff aus SAP Data Warehouse Cloud muss der Datenbereitstellungs-Agent-Datei-Adapter vorab am Datenbereitstellungs-Agent konfiguriert werden. Weitere Informationen finden Sie im Installation and Configuration Guide der Dokumentation zu SAP HANA Smart Data Integration und SAP HANA Smart Data Quality.

9.1.3 Treiber von Drittanbietern

Treiber hochladen

SAP Data Warehouse Cloud unterstützt über ODBC auch den Zugriff auf Nicht-SAP-Datenbanken. Damit diese Datenbanken als Quellen für Datenflüsse verwendet werden können, müssen Sie im Vorfeld die notwendigen Treiberdateien nach SAP Data Warehouse Cloud hochladen. Wählen Sie hierzu aus der Seitennavigation **System • Konfiguration**, und öffnen Sie die Registerkarte **Datenintegration**. Abbildung 9.7 zeigt den Bereich für das Hochladen.

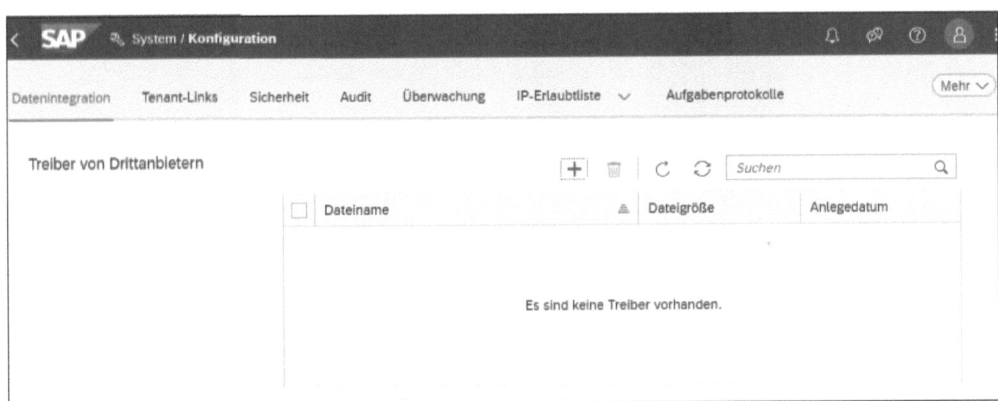

Abbildung 9.7 Treiber von Drittanbietern hochladen

Wählen Sie die Schaltfläche (**Hochladen**), und nutzen Sie im folgenden Dialogfeld die Option **Durchsuchen**, um die Treiberdatei zu finden und auszuwählen.

Lizenzmodell des Treiberanbieters beachten

Einige Treiber müssen vor ihrer Verwendung oder nach Ablauf einer bestimmten Frist für die Verwendung lizenziert werden. Informieren Sie sich vorab genau über das Lizenzmodell des Treiberanbieters.

Treiber löschen

Für den Fall, dass Ihre Lizenzvereinbarung abgelaufen ist oder Sie einen Treiber aktualisieren möchten, können Sie ihn in der Liste der Treiber auswählen und via [Papierkorb-Symbol] (**Löschen**) aus SAP Data Warehouse Cloud entfernen.

9.2 Tenant-Links

Die in SAP Data Warehouse Cloud für den Verbrauch exponierten analytischen Artefakte lassen sich zur weiteren Verwendung einfach in SAP Analytics Cloud konsumieren. Der Wechsel zwischen den beiden Tenants kann für die Anwender*innen vereinfacht werden, indem die Produktzentrale rechts oben in der Shell-Leiste aktiviert wird. Abbildung 9.8 zeigt die Produktzentrale mit der Kachel **Analyse**, die den Absprung in SAP Analytics Cloud erlaubt. Mit einem Klick auf die Kachel **Data Warehouse** gelangen Sie zurück zu SAP Data Warehouse Cloud.

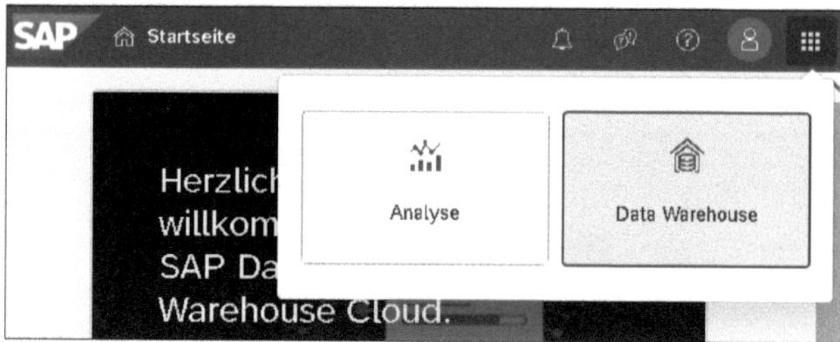

Abbildung 9.8 Verknüpfungen in der Produktzentrale

Verbindung zu SAP Analytics Cloud

Die Verknüpfung eines Tenants von SAP Analytics Cloud mit dem Tenant von SAP Data Warehouse Cloud für einen einfachen Wechsel zwischen den Tenants wird im Konfigurationsmenü des Bereichs **System** vorgenommen (siehe Abbildung 9.9).

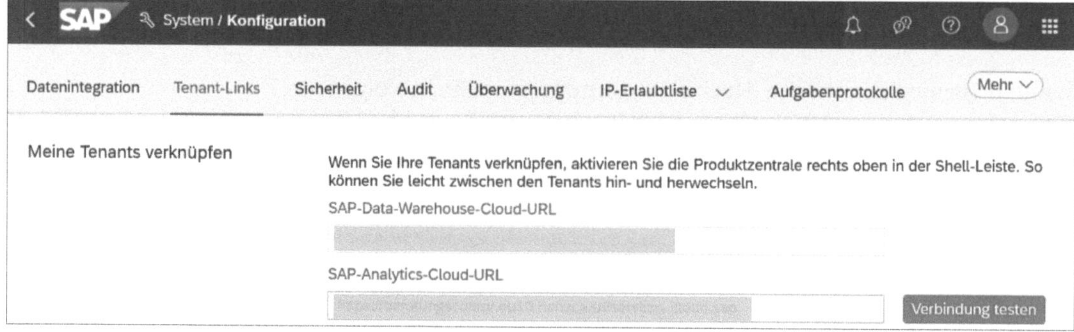

Abbildung 9.9 Tenant-Links konfigurieren

Auf der Registerkarte **Tenant-Links** sind die Einträge zur Tenant-Verknüpfung zu finden. Um den Absprung aus SAP Data Warehouse Cloud nach SAP Analytics Cloud zu ermöglichen, müssen Sie im Feld **SAP-Analytics-Cloud-URL** eine solche angeben. Das Feld **SAP-Data-Warehouse-Cloud-URL** ist vorbefüllt und kann nicht bearbeitet werden. Anschließend ist die Kachel **Analyse in der Produktzentrale** sichtbar (siehe Abbildung 9.8).

Durch einen Klick auf **Verbindung testen** prüfen Sie die Gültigkeit der hinterlegten SAP-Analytics-Cloud-URL. Ein erfolgreicher Test wird durch die Meldung »Verbindung funktioniert« signalisiert.

9.3 Konfiguration der Sicherheit

SAP Data Warehouse Cloud ist so ausgelegt, dass zum Schutz vor Angriffen die höchsten Sicherheitsstandards erfüllt werden. Dafür wurden bestehende SAP-Methoden, die Sie bei der Umsetzung Ihrer Sicherheitsanforderungen und -konzepte im Hinblick auf den Schutz Ihrer Daten in der Systemlandschaft unterstützen, in SAP Data Warehouse Cloud übernommen.

Grundsätzlich wird empfohlen, alle verwendeten Netzwerkkommunikationskanäle zu verschlüsseln, sofern nicht andere Sicherheitsmaßnahmen einen Angriff ausschließen. SAP Data Warehouse Cloud unterstützt Sie dabei auf verschiedenen Wegen.

Kommunikation mit der SAP-HANA-Datenbank

Die Kommunikation mit SAP HANA von einem Client, der JDBC/ODBC unterstützt, erfolgt ausschließlich über verschlüsselte Verbindungen zur Datenbank. Die technischen Benutzer, die für diese Verbindung erforderlich sind, legen Sie im Space-Management an. Sie melden sich an SAP Data Warehouse Cloud via Standardauthentifizierung an und erhalten in diesem Zuge Vollzugriff auf das OpenSQL-Schema des Space, für den die technischen Benutzer angelegt wurden.

Kommunikation für Modellierung und Administration

Die Kommunikation für die Modellierung und Administration über die Webbenutzeroberfläche von SAP Data Warehouse Cloud kann von Fachanwender*innen und Administrator*innen verwendet werden, die sich über einen Identity Provider authentifizieren. Weitere Informationen zur Verwendung des Identity-Authentication-Service-Tenants von SAP BTP als Identity Provider oder Proxy für Ihren eigenen Identity Provider zum Hosten Ihrer Benutzer finden Sie in Abschnitt 9.12, »Administration der Sicherheit«, oder in der SAP-Dokumentation zum Thema SAP Identity Management.

Kommunikation via Befehlszeile

Die Kommunikation via Befehlszeilenschnittstelle nutzt HTTPS mit dem Tenant von SAP Data Warehouse Cloud. Verbindungen werden über das

Verschlüsselungsprotokoll TLS/SSL geschützt. Die Einrichtung von TLS/SSL beschreiben wir im Folgenden.

9.3.1 SSL-/TLS-Zertifikate

Wollen Sie für einen Space einen Verbindungstyp verwenden, der Remote-Tabellen unterstützt, aber weder Datenbereitstellungs-Agent noch Cloud Connector verwendet, können Sie eine sichere SSL-/TLS-basierte Verbindung zum Quellsystem einrichten. Hierzu müssen Sie in SAP Data Warehouse Cloud ein entsprechendes Serverzertifikat hochladen. Dieses erhalten Sie auf der Webseite des Anbieters, der die Zertifikate für das anzubindende Quellsystem verwaltet.

Verbindungen und Zertifikate

Sie können Verbindungen für Quellen anlegen, für die ein Zertifikat erforderlich ist, ohne das erforderliche Zertifikat hochgeladen zu haben. Die Validierung einer Verbindung ohne gültiges Serverzertifikat schlägt jedoch fehl, und die Verwendung der Verbindung ist nicht möglich.

Für das Hochladen des Zertifikats verwenden Sie in SAP Data Warehouse Cloud den Pfad **System • Konfiguration** und wählen die Registerkarte **Sicherheit** (siehe Abbildung 9.10). Mit einem Klick auf die Schaltfläche [+] (**Hinzufügen**) öffnet sich ein Dialog zum Hochladen der Zertifikatsdatei.

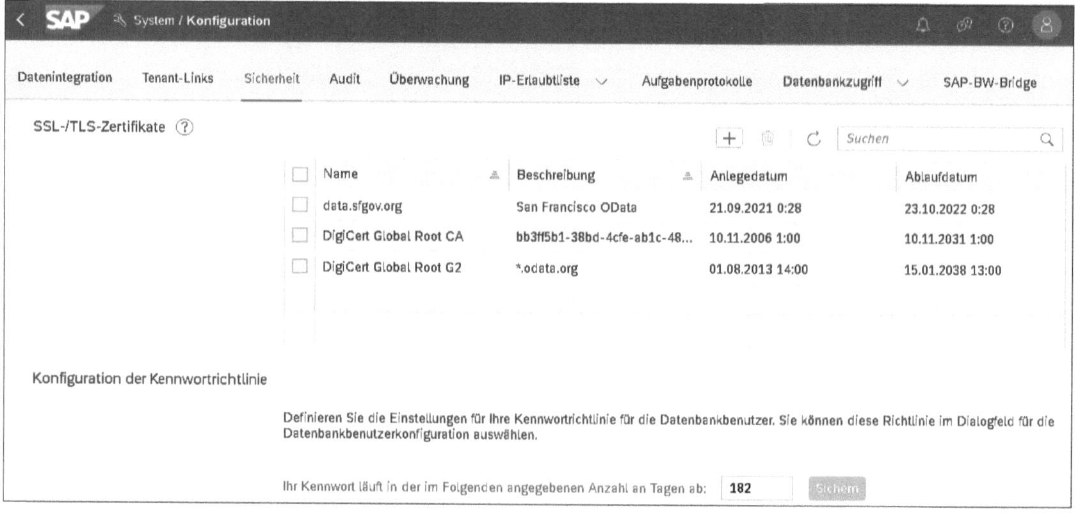

Abbildung 9.10 Übersicht der SSL-/TLS-Zertifikate

[«]

Unterstützte Zertifikate

Es werden nur X.509-Base64-kodierte Zertifikate unterstützt. Die allgemeine Dateinamenserweiterung für die Zertifikate lautet **.pem** (Privacy-enhanced Electronic Mail). Darüber hinaus werden die Dateinamenserweiterungen **.crt** und **.cer** unterstützt.

Ein oder mehrere erforderliche Zertifikate

Für einige Quellen wie z. B. Amazon Athena wird möglicherweise mehr als ein Zertifikat benötigt. Sobald alle erforderlichen Zertifikatdateien hochgeladen sind, können Sie eine sichere Verbindung zu Ihren externen Systemen aufbauen.

9.3.2 Konfiguration der Kennwortrichtlinie

Space-Administrator*innen können Datenbankbenutzer in ihren Spaces erstellen, um sowohl Lese- als auch Schreibvorgänge auf den Open-SQL-Schemas zu erlauben, die auf dem Space-Schema basieren. So ist es z. B. möglich, ETL-Tools das Lesen und Schreiben auf diesen Schemas zu gestatten. Details zum Anlegen von Datenbankbenutzern durch Space-Administrator*innen erfahren Sie in Abschnitt 3.2.1, »Spaces anlegen oder bearbeiten«.

Laufzeit der Kennwörter

Für diese Datenbankbenutzer kann bei der Anlage die Kennwortrichtlinie aktiviert werden. Sie muss vorab von einem Data-Warehouse-Administrator oder einer Data-Warehouse-Administratorin auf der Registerkarte **Sicherheit**, zu erreichen über **System • Konfiguration**, festgelegt werden. Die Kennwortrichtlinie bewirkt, dass Datenbankbenutzerkennwörter nach einer bestimmten Anzahl von Tagen ablaufen. In Abbildung 9.10 wurden hier beispielsweise 182 Tage angegeben.

9.4 Audit

Audit-Views

In SAP Data Warehouse Cloud können Space-Administrator*innen für ihre Spaces das Schreiben von Audit-Protokollen aktivieren, sodass Lese- und Änderungsaktionen vom System aufgezeichnet werden (siehe Abschnitt 3.2.1, »Spaces anlegen oder bearbeiten«, für Details zur Konfiguration). Die so generierten Aufzeichnungen sind sensible Informationen, die von den Mitgliedern eines Space nicht angezeigt werden können. Um diese Protokolle auszuwerten, müssen Sie einen dedizierten Space festlegen, der Zugriff auf sogenannte *Audit-Views* erhält. Die Audit-Protokolle können nur in diesem Space angezeigt und analysiert werden.

SAP Monitoring Content

Über das Content-Netzwerk kann der SAP Monitoring Content (Data Integration Tasks) importiert werden. Wenn Sie dem zugehörigen Space SAP_ADMIN Zugriff auf die Audit-Protokolle erlauben, wie wir es im Folgenden zeigen, sind Auditierung und Überwachung in einem Space abgebildet.

Audit-View-Aktivierung

Um einem Space Zugriff auf die Audit-Protokolle einzuräumen, wechseln Sie zu **System • Konfiguration** und wählen die Registerkarte **Audit**. Im Bereich **Audit-View-Aktivierung** können Sie den Space auswählen, in dem die Audit-Protokolle verfügbar gemacht werden sollen (siehe Abbildung 9.11).

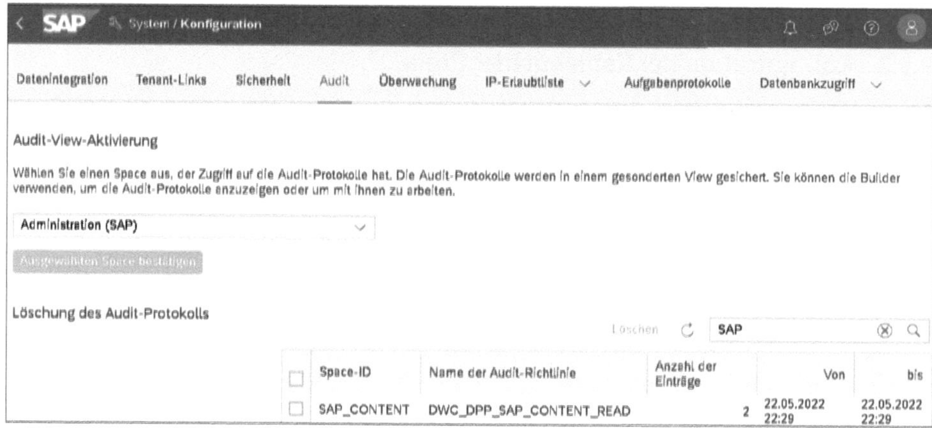

Abbildung 9.11 Auditierung konfigurieren

Nachdem Sie dem gewünschten Space Zugriff auf die Audit-Protokolle gegeben haben, können Sie im Data Builder einen oder mehrere der folgenden Tabellen aus dem Schema DWC_AUDIT_READER als Quellen nutzen:

- DPP_AUDIT_LOG: Diese Tabelle enthält die Audit-Protokolleinträge.
- AUDIT_LOG_OVERVIEW: Diese Tabelle enthält die Audit-Richtlinien (Lese- oder Änderungsvorgänge) und die Anzahl der Audit-Protokolleinträge.
- ANALYSIS_AUDIT_LOG: Diese Tabelle enthält die Audit-Protokolleinträge für die Datenbankanalysebenutzer.

Abbildung 9.11 zeigt im Bereich **Löschung des Audit-Protokolls** die Spalte **Name der Audit Richtlinie**. Dieser Name folgt folgender Konvention:

- *Lesezugriffe:* DWC_DPP_<SPACE_NAME>_READ
- *Modelländerungen*: DWC_DPP_<SPACE_NAME>_CHANGE

Mit dem hier angezeigten Namen können Sie die Einträge in den Audit-Protokollen (Spalte AUDIT_POLICY_NAME) filtern, um die Daten auf den für Sie relevanten Space einzuschränken, wie in Abbildung 9.12 dargestellt.

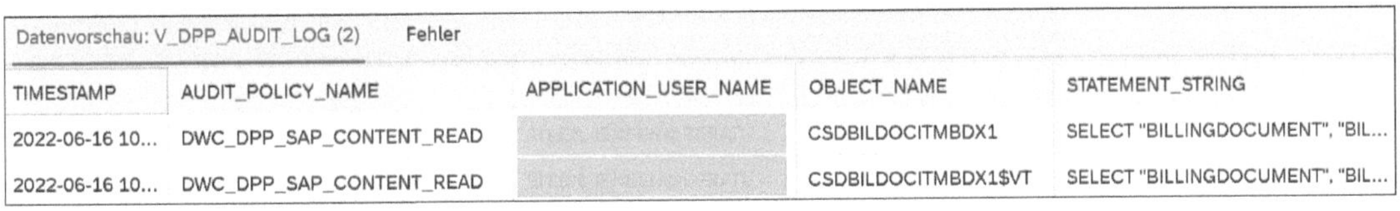

Datenvorschau: V_DPP_AUDIT_LOG (2) Fehler

TIMESTAMP	AUDIT_POLICY_NAME	APPLICATION_USER_NAME	OBJECT_NAME	STATEMENT_STRING
2022-06-16 10...	DWC_DPP_SAP_CONTENT_READ		CSDBILDOCITMBDX1	SELECT "BILLINGDOCUMENT", "BIL...
2022-06-16 10...	DWC_DPP_SAP_CONTENT_READ		CSDBILDOCITMBDX1$VT	SELECT "BILLINGDOCUMENT", "BIL...

Abbildung 9.12 Audit-Protokolleinträge filtern

Weitere Informationen zur Arbeit mit dem Data Builder entnehmen Sie Kapitel 4, »Datenmodellierung mit dem Data Builder«.

Audit-Protokoll löschen

Audit-Protokolle belegen unter Umständen viel Speicherplatz in Ihrem Tenant, insbesondere dann, wenn in der Konfiguration des Space eine lange Aufbewahrungszeit festgelegt wurde. Sie können Audit-Protokolle bei Bedarf per Hand löschen, wodurch Speicherplatz freigegeben wird. Wählen Sie hierzu, wie in Abbildung 9.11 dargestellt, im Bereich **Löschung des Audit-Protokolls** einen Space aus, und klicken Sie auf **Löschen**. Der sich öffnende Dialog erlaubt die Auswahl eines Zeitpunktes, bis zu dem die Protokolleinträge entfernt werden sollen. Sobald Sie den Löschvorgang bestätigt haben, gibt das System den Speicherplatz frei.

9.5 Überwachung

Performanceanalyse

Während im Bereich **Auditierung** der Inhalt von Lese- und Änderungsvorgängen im Fokus steht, dient der Bereich **Überwachung** vorrangig der Performanceanalyse. Über **System • Konfiguration** erreichen Sie die Registerkarte **Überwachung**, auf der Sie alle zur Verfügung stehenden Funktionen zur Überwachung von Speicher- und CPU-Verbrauch aktivieren und konfigurieren können.

9.5.1 Aktivieren der Überwachungs-Views

Ebenso wie bei den Audit-Informationen können Daten, die im Rahmen der Überwachung Ihres Tenants aufgezeichnet wurden, sensible Informationen enthalten. Daher sind die Überwachungs-Views, die zur Auswertung der bereitgestellten Überwachungsinformationen herangezogenen werden können, standardmäßig nicht für alle Benutzer in SAP Data Warehouse Cloud zugänglich.

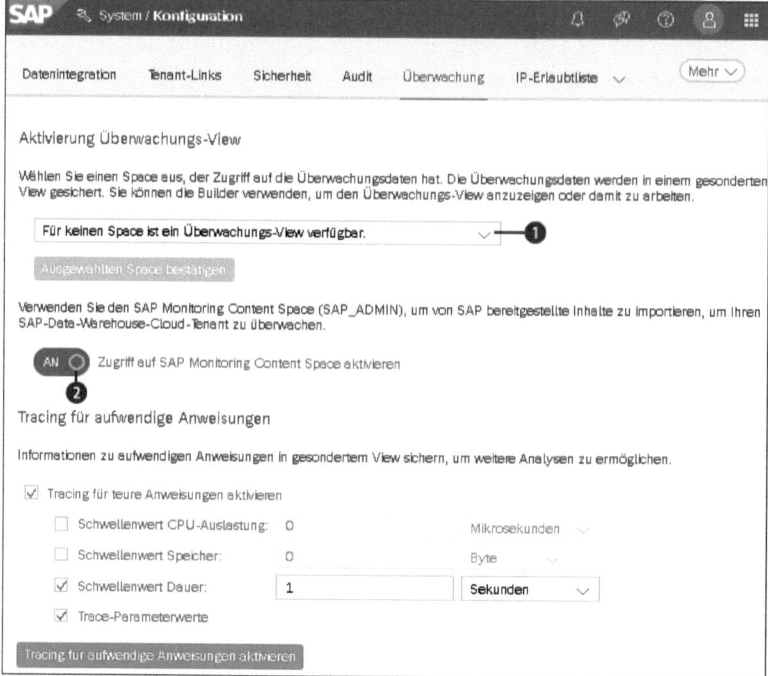

Abbildung 9.13 Überwachung konfigurieren

Als Data-Warehouse-Administrator oder Data-Warehouse-Administratorin können Sie bis zu zwei Spaces für den Zugang zu Überwachungsdaten festlegen, wie in Abbildung 9.13 gezeigt:

1. Über die Dropdown-Auswahl können Sie einen beliebigen Space festlegen, in dem auf die Überwachungs-Views zugegriffen werden kann.
2. Falls Sie sich entschieden haben, den SAP-Monitoring-Content-Space `SAP_ADMIN` aus dem Content-Netzwerk zu importieren, können Sie die Überwachungs-Views zusätzlich oder ausschließlich für diesen aktivieren.

Überwachungsprotokolle im Data Builder öffnen

Benutzer, die den ausgewählten Spaces zugeordnet sind und über Modellierungsberechtigungen verfügen, können im Data Builder mit den bereitgestellten Views für Überwachungsdaten arbeiten. Je nach benötigter Information stehen Views im Bereich **Quellen** in unterschiedlichen Schemas zur Verfügung:

- Die Überwachungs-Views sind im Schema `SYS` angelegt und beginnen mit `M_`, wie z. B.: `M_EXPENSIVE_STATEMENTS`.
- Statistikservice-Views sind im Schema `_SYS_STATISTICS` enthalten.

- Views für das Überwachen von Aufgaben, Protokollen und Zeitplänen sind im Schema `DWC_GLOBAL` verfügbar.
- Zusätzlich werden weitere Views direkt im Space `SAP_Admin` bereitgestellt.

Weitergehende Informationen zum zentralen Zugriff auf Überwachungsinformationen finden Sie in Kapitel 7, »Verwalten und Überwachen der Datenintegration«.

9.5.2 Tracing für aufwendige Anweisungen

Views konfigurieren

Der Bereich **Tracing für aufwendige Anweisungen** erlaubt die Konfiguration der im vorangehenden Abschnitt erwähnten Views zu diesem Thema. SQL-Abfragen, deren Ausführung einen oder mehrere von Ihnen festgelegte Schwellenwerte überschreitet, werden entsprechend aufgezeichnet (siehe Abbildung 9.13):

- **Schwellenwert CPU-Auslastung**: Wenn dieser Wert auf 0 gesetzt ist, werden alle SQL-Anweisungen verfolgt.
- **Schwellenwert Speicher**: Wenn dieser Wert auf 0 gesetzt ist, werden alle SQL-Anweisungen verfolgt.
- **Schwellenwert Dauer**: Wenn dieser Wert auf 0 gesetzt ist, werden alle SQL-Anweisungen verfolgt.
- **Trace-Parameterwerte**: In SQL-Anweisungen können Feldwerte als Parameter angegeben werden (mit einem Fragezeichen in der Syntax). Wenn diese Parameterwerte nicht erforderlich sind, wählen Sie diese Option nicht aus. Dadurch reduzieren Sie die Menge der verfolgten Daten.

Weitere Informationen zum zentralen Zugriff auf Überwachungsinformationen haben wir in Kapitel 7, »Verwalten und Überwachen der Datenintegration«, erläutert.

9.6 IP-Erlaubtliste

Der Zugriff auf die Datenbank Ihres SAP-Data-Warehouse-Cloud-Tenants ist aus Sicherheitsgründen auf einen von Ihnen festgelegten Bereich von IP-Adressen beschränkt: Nur Clients, die in der IP-Erlaubtliste eingetragen sind, können erfolgreich eine Verbindung aufbauen. Dieses Verfahren wird auch *Whitelisting* genannt. Hierzu müssen Sie die externe IPv4-Adresse des Clients angeben, der sich direkt mit der Datenbank von SAP Data Warehouse Cloud verbinden soll.

Über **System • Konfiguration** stehen auf der Registerkarte **IP-Erlaubtliste** zwei Ansichten zur Auswahl:

- **Vertrauenswürdige IPs** für die Konfiguration von Clients aus Ihrem lokalen Netzwerk, die Sie mit der Datenbank von SAP Data Warehouse Cloud verbinden möchten.
- **Vertrauenswürdige Cloud-Connector-IPs**, falls Sie einen Cloud Connector für die Föderation und Replikation von On-Premise-Systemen verwenden möchten.

Die Anzahl der pflegbaren IP-Bereiche, die in die IP-Erlaubtlisten aufgenommen werden können, ist derzeit auf 41 vertrauenswürdige IPs und 45 vertrauenswürdige Cloud-Connector-IPs begrenzt. Fassen Sie daher, falls möglich, einzelne IPs zu Bereichen zusammen.

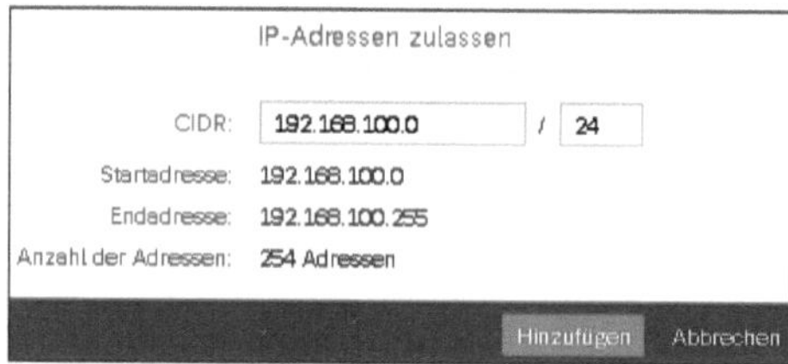

Abbildung 9.14 IP-Adressen zulassen

CIDR-Suffix

IP-Bereiche können über ein sogenanntes *Classless Inter-Domain Routing Suffix* (CIDR-Suffix) angegeben werden, wie in Abbildung 9.14 gezeigt. Sollten Sie eine Netzwerk-Firewall mit einem Proxy verwenden, müssen Sie hier die öffentliche IPv4-Adresse Ihres Proxys angeben.

Die ausgehende IP-Adresse für Ihren Tenant finden Sie über den seitlichen Navigationsbereich (zu erreichen über **System • Info**) im Bereich **Mehr**.

9.7 Aufgabenprotokolle

Aufgabenprotokolle werden immer dann geschrieben, wenn eine Aufgabe zu Datenflüssen oder Remote-Tabellen in SAP Data Warehouse Cloud ausgeführt wird. So sind Sie in der Lage, nachträglich zu überprüfen, ob z. B. die Replikation einer Remote-Tabelle erfolgreich ausgeführt wurde. Auf die Aufgabenprotokolle können Sie zugreifen, indem Sie zum Detailbild **Datenintegrationsmonitor** einer Aufgabe navigieren. Weitere Informationen hierzu finden Sie in Kapitel 7, »Verwalten und Überwachen der Datenintegration«.

Den Speicherverbrauch aller Aufgabenprotokolle in Ihrem Tenant können Sie über **System • Konfiguration** auf der Registerkarte **Aufgabenprotokolle** einsehen (siehe Abbildung 9.15).

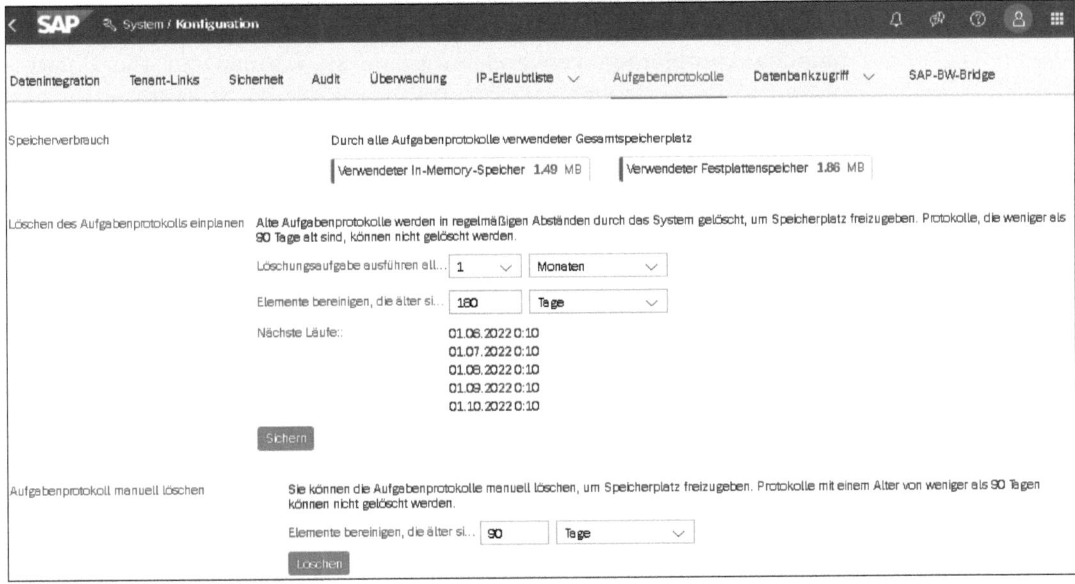

Abbildung 9.15 Aufgabenprotokolle konfigurieren

Löschen hinauszögern

In SAP Data Warehouse Cloud ist mit der Inbetriebnahme Ihres Tenants standardmäßig auch das Löschen des Aufgabenprotokolls eingeplant. Sie können die Parameter nach Ihren Bedürfnissen anpassen, falls es notwendig ist. Dabei ist es aber nicht möglich, das automatisierte Löschen der Protokolle komplett abzustellen. Faktisch gelingt dies jedoch, indem Sie einen sehr langen Aufbewahrungszeitraum wählen.

Aufgabenprotokolle können viel Speicherplatz belegen. Wenn Sie den Speicherverbrauch sofort reduzieren möchten, bietet das System an, alte Protokolle zu löschen. Im Bereich **Aufgabenprotokoll manuell löschen** im unteren Bereich der Ansicht können Sie festlegen, bis zu welchem Zeitpunkt die Protokolle von der Datenbank entfernt werden sollen. Aufzeichnungen zu den Aufgabenausführungen, die jünger als 90 Tage alt sind, können nicht entfernt werden. Nach einem Klick auf **Löschen** wird der belegte Speicherplatz freigegeben.

9.8 Datenbankzugriffe

Datenbankanalysebenutzer anlegen

Im Bereich **Datenbankzugriffe** der Systemkonfiguration legen Sie Datenbankanalysebenutzer und Datenbankbenutzergruppen an. Erstere sind Benutzer mit einem erweiterten Berechtigungsprofil, die für die Analyse von Datenbankproblemen verwendet werden. Sie können auf alle Überwachungs-Views von SAP HANA Cloud sowie sämtliche Metadaten von SAP Data Warehouse Cloud zugreifen und haben Zugang zu den Daten aller Spaces, einschließlich sensibler Daten. Es wird daher empfohlen, Datenbankanalysebenutzer nur anzulegen, wenn die Möglichkeiten der Auditierungs- und Überwachungsfunktionen aus Abschnitt 9.4, »Audit«, und Abschnitt 9.5, »Überwachung«, für Ihre Zwecke nicht ausreichen. Zudem sollte der Gültigkeitszeitraum auf eine konkrete Analyseaufgabe beschränkt sein. Nur Benutzer mit der Rolle **DW Administrator** können Datenbankanalysebenutzer anlegen.

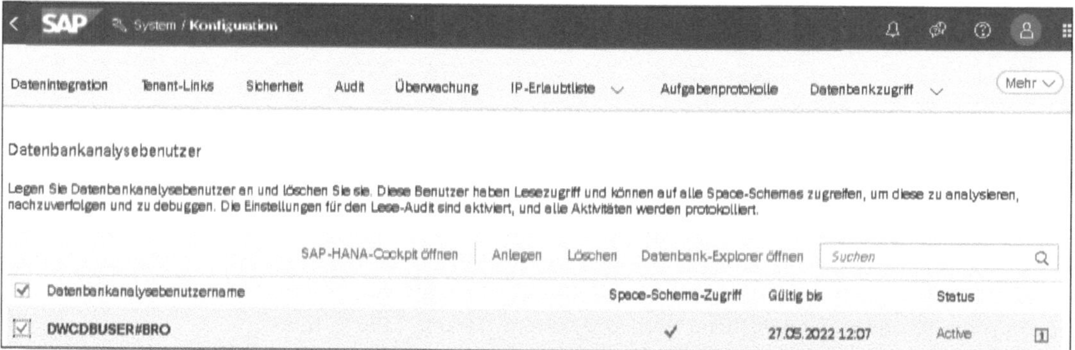

Abbildung 9.16 Datenbankanalysebenutzer konfigurieren: Übersicht

Für Datenbankanalysebenutzer können Sie direkt aus der in Abbildung 9.16 gezeigten Ansicht über die Schaltfläche **SAP-HANA-Cockpit öffnen** oder über die Schaltfläche **Datenbank-Explorer öffnen** in das SAP HANA Cockpit oder in den Datenbank-Explorer abspringen, nachdem Sie den gewünschten Benutzer in der Liste markiert haben. Auf diese Weise haben Sie Zugriff auf Werkzeuge, die Ihnen eine umfangreiche Analyse und gegebenenfalls auch Korrekturen auf der Ebene der SAP-HANA-Datenbank erlauben. Weitere Informationen finden Sie in der SAP-Online-Hilfe unter den Stichworten »SAP HANA Cockpit« und »SAP HANA Database Explorer«.

Alle Aktionen des Datenbankanalysebenutzers werden protokolliert und sind über den View `ANALYSIS_AUDIT_LOG` des Schemas `DWC_AUDIT_READER` in dem Space einsehbar, der für den Zugriff auf Audit-Protokolle festgelegt wurde. Weitere Informationen zum Auditing finden Sie in Abschnitt 9.4, »Audit«.

Datenbankbe-nutzer-gruppen

Datenbankbenutzergruppen sind isolierte Umgebungen, die das direkte Arbeiten auf der zugrundeliegenden Datenbank von SAP HANA Cloud mit SQL erlauben. Während die Datenbankanalysebenutzer also weitergehende Möglichkeiten der Detailanalyse auf der Datenbank bieten, können Sie über Datenbankbenutzergruppen alle Möglichkeiten zur Modellierung auf der Datenbank nutzen. Wenn Sie über die Rolle **DW Administrator** verfügen, können Sie unter **System • Konfiguration** auf der Registerkarte **Datenbankzugriff • Datenbankbenutzergruppen** neue Gruppen anlegen (siehe Abbildung 9.17).

Der Name einer Datenbankbenutzergruppe beginnt immer mit dem für diese Gruppen reservierten Präfix DWCDBGROUP#. Beim Anlegen der Gruppe kann die Data-Warehouse-Administratorin oder der Data-Warehouse-Administrator aber ein eigenes Suffix für deren Identifikation ergänzen. Für jede Gruppe wird automatisch ein Administrator oder eine Administratorin angelegt. Wie es in Abbildung 9.17 zu sehen ist, vergibt das System den Namen des zur Gruppe gehörigen Administrators oder der Administratorin selbstständig, indem es das Suffix #ADM an den Namen der Datenbankbenutzergruppe anhängt.

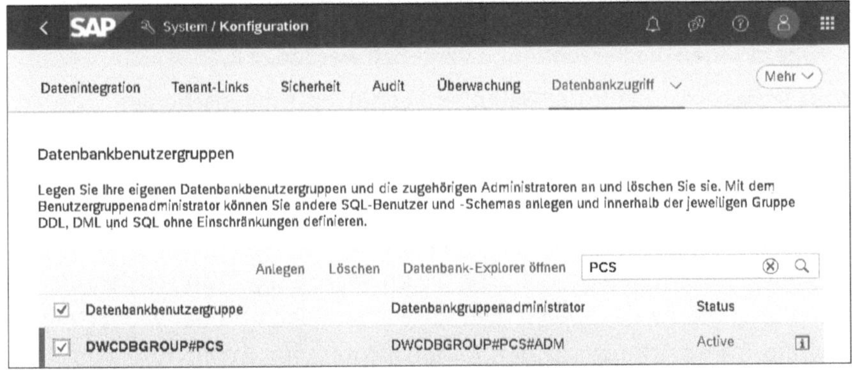

Abbildung 9.17 Datenbankbenutzergruppen konfigurieren

Als Datenbankgruppenadministrator oder -administratorin können Sie eine Verbindung zur Datenbank von SAP HANA Cloud herstellen und im SAP-HANA-Datenbank-Explorer andere Benutzer, Schemas und Rollen anlegen. Wählen Sie hierzu einfach die gewünschte Datenbankbenutzergruppe aus, und klicken Sie auf **Datenbank-Explorer öffnen** (siehe Abbildung 9.17). Nach erfolgreicher Anmeldung können Benutzer und Administrator*innen dieser Gruppen im Datenbank-Explorer direkt in ihren Schemas Datenentitäten anlegen und Daten aufnehmen. Sie haben jedoch keine Berechtigungen für den Zugriff auf die Schemas in SAP Data Warehouse

Cloud und stellen somit im Gegensatz zu Datenbankanalysebenutzern kein Sicherheitsrisiko dar.

Möchten Sie Daten aus bestehenden Spaces in Ihrem Schema verwenden oder Daten aus Ihrem Schema für einen Space bereitstellen, haben Sie die Möglichkeit, einem Space Lese- oder Schreibberechtigungen für das Datenbankbenutzergruppenschema insgesamt oder auch nur einzelne Objekte zu erteilen. Verwenden Sie hierzu in der SQL-Konsole des SAP-HANA-Datenbank-Explorers die Prozedur GRANT_PRIVILEGE_TO_SPACE wie folgt:

```
CALL "DWC_GLOBAL"."GRANT_PRIVILEGE_TO_SPACE" (
    OPERATION => <operation>,
    PRIVILEGE => <privilege>,
    SCHEMA_NAME => <schema name>,
    OBJECT_NAME => <object name>,
SPACE_ID => <space ID>);
```

Dabei sind die angegebenen Parameter je nach Bedarf festzulegen:

- <operation>: GRANT oder REWOKE für das Erteilen oder Entziehen von Rechten.
- <privilege>: SELECT, INSERT, UPDATE oder DELETE, je nachdem, für welche Operationen die Berechtigung vergeben werden soll.
- <schema name>: Name des Datenbankbenutzergruppenschemas.
- <object name>: Ist kein Name angegeben und bleibt die Angabe leer (' '), werden alle Objekte im Schema berechtigt.
- <space ID>: ID des Space, dem Sie die Berechtigungen erteilen möchten.

Anschließend können Datenflüsse, die im Space ausgeführt werden, die Tabellen im Schema als Quellen oder Ziele auswählen und Daten übertragen. Weitere Informationen zu den Möglichkeiten zur Arbeit mit dem SAP-HANA-Datenbank-Explorer erhalten Sie online z. B. im SAP HANA Administration Guide oder im SAP Developer Center.

9.9 Tenant Configuration und SAP BW Bridge

Flexible Tenant Configuration (FTC)

Bei der ersten Anmeldung an Ihren Tenant von SAP Data Warehouse Cloud wird Ihnen eine Meldung angezeigt, die Sie darauf hinweist, dass zunächst die Konfiguration des Mandanten abgeschlossen werden muss. Die Meldung enthält einen Link, mit dem Sie direkt auf die Registerkarte für die Tenant-Konfiguration über **System • Konfiguration** geleitet werden. Hier können Sie die erworbenen Kapazitätseinheiten, wie benötigt, innerhalb Ihres Tenants in Form von Speicher und Rechenleistungsblöcken zuweisen. Bis diese Konfigurationsschritte abgeschlossen sind, können Sie ausschließlich Verwaltungsfunktionen ausführen. Das Anlegen von z. B. Spaces ist jedoch nicht möglich.

[«]

Erweiterung der FTC geplant

Aktuell steht die *Flexible Tenant Configuration* (FTC) nur für produktive Tenants zur Verfügung. Bis zur Ausweitung auf Test- und Entwicklungs-Tenants werden diese direkt mit der Mindestanzahl an Kapazitätseinheiten bereitgestellt. So können Sie sofort mit ihnen arbeiten, ohne den Schritt zur Konfiguration ausführen zu müssen.

Parameter festlegen

Bei der Größenkonfiguration wählen Sie im wesentlichen Speicher und Rechenleistungsblöcke getrennt voneinander aus. Beide Parameter sind jedoch voneinander abhängig, und ihre Werte müssen sich innerhalb der von SAP erlaubten Kombinationen bewegen:

- **Storage**: Wählen Sie die Größe des Festplattenspeicherplatzes in Schritten von 256 GB aus.
- **Compute Blocks**: Wählen Sie die Anzahl der Rechenleistungsblöcke aus. Jeder Block stellt zwischen 60 und 64 GB Arbeitsspeicher zur Verfügung.
- **Memory**: Dies ist der auf Basis der Rechenleistungsblöcke berechnete verfügbare Arbeitsspeicher.
- **Data Lake Storage**: Falls ein Data Lake für Ihre Region verfügbar ist, können Sie hier die Größe in Schritten von 5 GB festlegen. Weitere Informationen zum Data Lake erhalten Sie in Kapitel 2, »Einführung in SAP Data Warehouse Cloud«.
- **SAP BW Bridge Storage**: Falls die SAP BW Bridge in Ihrer Region verfügbar und Teil Ihrer Lizenz ist, können Sie hier den verfügbaren Speicher einstellen. Dieser Schritt ist eine wesentliche Voraussetzung für den Abschluss der Bridge-Konfiguration, die im weiteren Verlauf dieses Abschnitts beschrieben ist.
- **Allocated CUs**: Hier sehen Sie die Summe der insgesamt vergebenen Kapazitätseinheiten.

In der Online-Hilfe zu SAP Data Warehouse Cloud erhalten Sie weitere Informationen zu den aktuell unterstützten Größen für Ihren Tenant.

Sollten Sie zu Beginn nicht alle Kapazitätseinheiten zugewiesen oder zusätzliche Kapazitätseinheiten erworben haben, können Sie die verbleibenden Einheiten verwenden, um die Größe der verschiedenen Ressourcen zu erhöhen. Derzeit ist es jedoch nicht möglich, die Größenkonfiguration Ihres Tenants zu verringern. Diese Funktion ist auf der Roadmap für das letzte Quartal 2022 vorgesehen.

SAP BW Bridge bereitstellen

Wenn die Größenkonfiguration für Ihren Tenant abgeschlossen ist oder Sie einen vorkonfigurierten Tenant erhalten haben, kann der Systemeigentümer bzw. die -eigentümerin die Bereitstellung (Provisionierung) der SAP BW Bridge starten. Hierzu sind die folgenden Schritte erforderlich:

1. Navigieren Sie über die Seitennavigation zu **System • Konfiguration**. Dort sollte die Registerkarte **SAP BW Bridge** rechts angezeigt werden. Für den Fall, dass sie nicht vorhanden ist, müssen Sie den SAP-BW-Bridge-Cloud-ABAP-Service für Ihren Tenant anfordern, indem Sie über ServiceNow eine SAP-Meldung mit der Komponente DWC-BWB öffnen. Hinterlegen Sie in dieser Meldung die URL Ihres SAP-Data-Warehouse-Cloud-Tenants. Sobald die Bearbeitung der Meldung abgeschlossen ist, können Sie mit dem Anlegen Ihrer SAP-BW-Bridge-Instanz fortfahren.
2. Auf der Registerkarte **SAP-BW-Bridge** wird die Option angezeigt, Ihren SAP-BW-Bridge-Tenant bereitstellen zu lassen. Wählen Sie **Create**, um den Dialog für das Anlegen des SAP-BW-Bridge-Systems zu öffnen. In diesem Schritt wird sowohl der Bridge-Tenant als auch der Space angelegt, der mit dem Tenant verbunden ist.

   Sollte die Schaltfläche **Create** nicht zur Verfügung stehen oder nicht verwendet werden können, müssen Sie gegebenenfalls Ihre Lizenz erweitern. Weitere Informationen hierzu erhalten Sie in SAP-Hinweis 3140001.
3. Geben Sie im Dialog den Namen und die Beschreibung für den Space an, über den Ihre Installation von SAP Data Warehouse Cloud auf SAP BW Bridge zugreifen wird, wie in Abbildung 9.18 gezeigt. Die zur Verfügung stehenden Speichereinheiten werden in der FTC festgelegt und können in diesem Schritt nicht mehr angepasst werden.
4. Sobald Sie die Eingaben mit einem Klick auf **Anlegen** bestätigt haben, wird der SAP-BW-Bridge-Tenant im Hintergrund angelegt. In der Übersicht wird nun der Status **create requested** angezeigt.

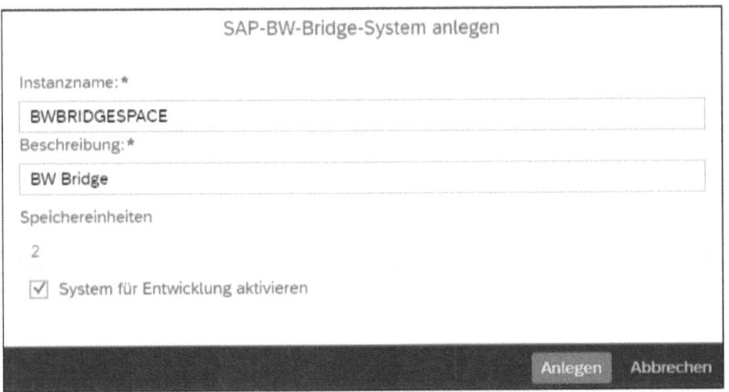

Abbildung 9.18 SAP-BW-Bridge-System anlegen

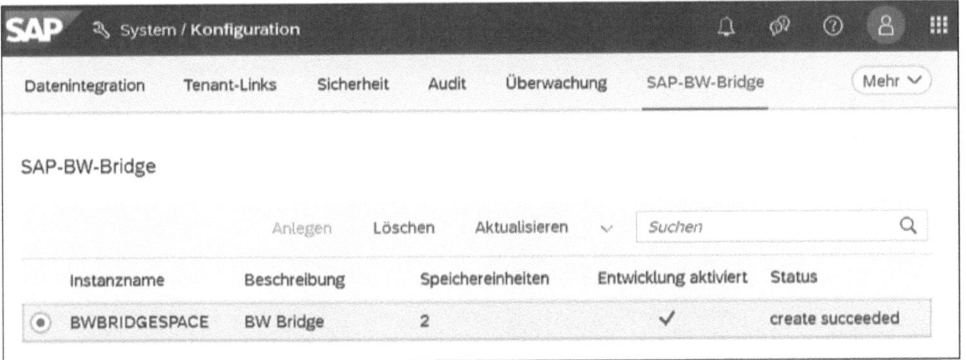

Abbildung 9.19 Tenant anlegen

5. Das Anlegen des SAP-BW-Bridge-Tenants dauert nach offizieller Angabe von SAP circa zwei bis drei Stunden. Die Erfahrung hat bisher gezeigt, dass es bei der Bereitstellung auch zu Laufzeiten von mehr als 6 Stunden kommen kann.
6. Von Zeit zu Zeit können Sie den Status dieses Vorgangs überprüfen, indem Sie auf **Aktualisieren** klicken. Solange der Vorgang läuft, wird der Status **create in progress** angezeigt.
7. Sobald Ihr SAP-BW-Bridge-Tenant erfolgreich angelegt worden ist, ändert sich der Status in **create succeeded** (siehe Abbildung 9.20). Der SAP-BW-Bridge-Space und die Verbindung zum Tenant sind nun ebenfalls verfügbar und im Space-Management sichtbar. SAP-Hinweis 3134262 enthält weitere Informationen hierzu, falls bei der Bereitstellung des Bridge-Tenants Fehler auftreten sollten.
8. Zum Abschluss der Konfiguration müssen Sie als Systemeigentümer den SAP-BW-Bridge-Space im Space-Management öffnen und dem Space die gewünschten Benutzer zuordnen.

SAP-BW-Bridge-Cockpit

Das SAP-BW-Bridge-Cockpit für die Verwaltung der Installation können Sie im Datenintegrationsmonitor öffnen, wenn Sie den Space von SAP BW Bridge auswählen und **SAP-BW-Bridge-Cockpit öffnen** anklicken. Bei erfolgreicher Installation werden Sie jetzt automatisch am Cockpit angemeldet. Falls dem nicht so ist, erhalten Sie weitere Informationen in SAP-Hinweis 3156000. Weitere Informationen zur Arbeit mit SAP BW Bridge finden Sie in Kapitel 11, »Datenmodelle im Kontext von SAP BW und SAP BW Bridge«.

9.10 Systemkonfiguration

Die Systemkonfiguration bietet Ihnen eine Oberfläche für die Pflege von Parametern für Ihren Tenant (siehe Abbildung 9.20).

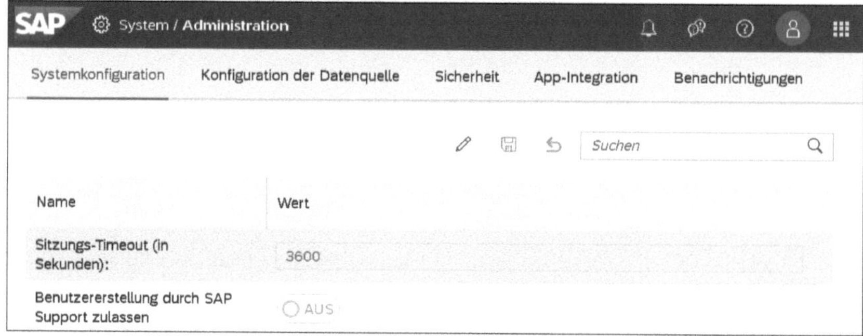

Abbildung 9.20 Systemkonfiguration administrieren

Zurzeit (Stand: Herbst 2022) können Sie hier die Timeout-Dauer für Anwendersitzungen einstellen. Bei der Auslieferung ist diese auf 3.600 Sekunden (1 Stunde) eingestellt und kann von Ihnen zwischen 300 und 43.200 Sekunden angepasst werden. Darüber hinaus haben Sie die Möglichkeit, dem SAP-Support die Benutzererstellung zu erlauben. Support-Mitarbeitende sind dann in der Lage, selbstständig Benutzer in Ihrem Tenant anzulegen.

Gegebenenfalls werden hier im Laufe der Weiterentwicklung von SAP Data Warehouse Cloud weitere Tenant-Parameter pflegbar.

9.11 Konfiguration der Datenquelle

Cloud Connector

SAP Data Warehouse Cloud bietet Ihnen vielfältige Möglichkeiten zur Integration unterschiedlicher Datenquellen. Wie in Abschnitt 9.1, »Datenintegration«, beschrieben, kann für die Anbindung von SAP-On-Premise-Systemen der *Cloud Connector* erforderlich sein, wenn Sie folgende Funktionen in SAP Data Warehouse Cloud verwenden möchten:

- Datenflüsse
- Modellimport (Der Cloud Connector ist für die Live-Datenverbindung vom Typ **Tunnel** erforderlich; weitere Informationen hierzu erhalten Sie in Abschnitt 9.1.1.)
- Remote-Tabellen via SAP HANA Smart Data Access

Bevor Sie den Cloud Connector in SAP Data Warehouse Cloud konfigurieren können, müssen die folgenden Voraussetzungen erfüllt sein:

- Eine aktuelle Version des Cloud Connectors ist in Ihrem On-Premise-Netzwerk installiert.
- Ein Konto für die SAP BTP ist für die verantwortliche Person Ihrer Organisation angelegt.

Weitere Informationen zur Installation des Cloud Connectors und zum Einrichten eines Kontos finden Sie in der Dokumentation zur SAP BTP (siehe *https://help.sap.com/docs/BTP*).

Konto für die SAP BTP

Sobald alle Voraussetzungen für die Einrichtung des Cloud Connectors in SAP Data Warehouse Cloud erfüllt sind, können Sie auf der Registerkarte **Konfiguration der Datenquelle**, zu erreichen über im Bereich **System • Administration**, das Konto für die SAP BTP (Ihre SAP-Cloud-Platform-ID) hinterlegen. Anschließend werden die Kontoinformationen, die für den Abschluss der Installation des Cloud Connectors benötigt werden, angezeigt.

Live-Datenquellen

Für erweiterte Funktionen von SAP Data Warehouse Cloud, wie z. B. den Import von SAP-BW/4HANA-Modellen, müssen Informationen aus Ihren On-Premise-Systemen über den Cloud Connector durch das SAP-Netzwerk geleitet werden. Um diese Funktionen zu verwenden, müssen Sie im Bereich **Live-Datenquellen** erlauben, dass die Daten auf sichere Weise Ihr Netzwerk verlassen dürfen.

[«]

Weitere Konfigurationsschritte für den Modellimport

Damit der Modellimport erfolgreich durchgeführt werden kann, müssen Sie die Konfiguration im Bereich **On-Premise-Datenquellen** abschließen und zusätzlich eine Live-Datenverbindung vom Typ **Tunnel** anlegen, wie in Abschnitt 9.1.1 beschrieben.

On-Premise-Datenquellen

Der Cloud Connector erlaubt mehrere verbundene Cloud-Connector-Instanzen (Cloud-Agents), die jeweils Verbindungen zu On-Premise-Datenquellen Ihrer On-Premise-Systemlandschaft aufbauen können. Diese Cloud-Agents können im Bereich **On-Premise-Datenquellen** als Standorte hinzugefügt werden. Pflegen Sie einen Eintrag pro Standort-ID und aktivieren Sie, falls es für die gewünschte Datenquelle notwendig ist, den Agent, um die Daten über den Cloud Connector zu übertragen.

Auf die konfigurierten Standorte können Sie zugreifen, wenn Sie z. B. beim Anlegen von Verbindungen zu einem SAP-S/4HANA-System die Option **Cloud Connector verwenden** auswählen.

9.12 Administration der Sicherheit

SAP Cloud Identity

Auf der Registerkarte **Sicherheit**, zu erreichen über **System • Administration**, wird das für die Benutzeranmeldung an SAP Data Warehouse Cloud verwendete Authentifizierungsverfahren konfiguriert. Als Standard ist hier *SAP Cloud Identity* vorgesehen. Dabei handelt es sich um einen SAP-Service, der die Authentifizierung für cloudbasierte Applikationen von SAP via Identity Authentication zentral bereitstellt (siehe Abbildung 9.21).

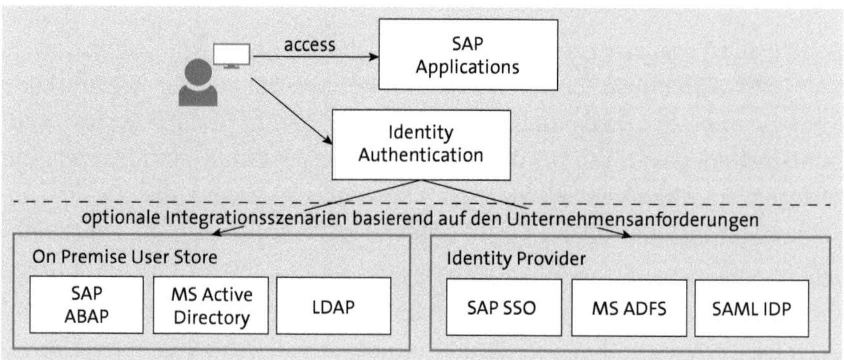

Abbildung 9.21 Identity Authentication zur Administration der Sicherheit (Quelle: SAP)

SAP Identity Authentication kann selbst als *Identity Provider* (IdP) konfiguriert sein, auf On-Premise-User-Stores wie Microsoft Active Directory zugreifen oder als Proxy für einen bestehenden Identity Provider fungieren und integriert sich somit in gängige Unternehmensszenarios. Für den Fall, dass Sie bereits SAP-Cloud-Lösungen einsetzen, ist SAP Cloud Identity möglicherweise schon vorkonfiguriert und kann auch für SAP Data Warehouse Cloud eingesetzt werden. Weitere Informationen zum Service SAP Cloud Identity können Sie z. B. dem SAP Help Portal oder den SAP-Community-Seiten unter *https://community.sap.com/topics/cloud-identity-services* entnehmen.

Single Sign-On einrichten

Alternativ zu SAP Cloud Identity können Sie Single Sign-On (SSO) für SAP Data Warehouse Cloud über einen benutzerdefinierten Identity Provider einrichten, der SAML 2.0 unterstützt. Dies ist insbesondere interessant, wenn Sie bereits einen Identity Provider zentral in Ihrem Unternehmen betreiben, der auch für SAP Data Warehouse Cloud verwendet werden kann. Die Identifikation von Anwender*innen kann dann z. B. bereits unmittelbar mit der Anmeldung am Betriebssystem erfolgen. Durch den Einsatz von Zertifikaten erfolgt die weitere Authentifizierung meist im Hintergrund und erhöht so deutlich den Anwendungskomfort. Die für die Konfiguration in SAP Data Warehouse Cloud notwendigen Schritte sind direkt auf der Registerkarte **Sicherheit**, erreichbar über **System • Administration**, ausführlich beschrieben und können dort von Ihnen ausgeführt werden.

[«]

Systemeigentümer

Die Administration der Sicherheit in SAP Data Warehouse ist nur dem Benutzer möglich, der als Systemeigentümer festgelegt ist. Wie Sie die Systemeigentümerrolle übertragen, können Sie Abschnitt 8.2.4, »Besonderheiten des Systemeigentümers«, entnehmen.

9.13 App-Integration

BI-Tools von Drittanbietern

SAP Analytics Cloud ist nahtlos in SAP Data Warehouse Cloud integriert und daher eine naheliegende Wahl als BI-Client. Ihre für den Verbrauch verfügbar gemachten Views und Perspektiven können Sie so im Handumdrehen für den Entwurf von Diagrammen, Dashboards und andere analytische Artefakte verwenden. Alternativ ist es jedoch auch möglich, mit BI-Clients von Drittanbietern auf die analytischen Ressourcen von SAP Data Warehouse Cloud zuzugreifen (siehe Abbildung 9.22).

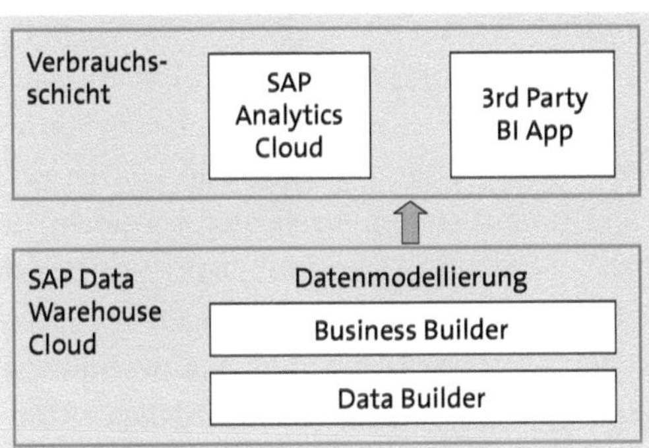

Abbildung 9.22 BI-Clients von Drittanbietern (Quelle: SAP)

Wie bereits in Abschnitt 9.3, »Konfiguration der Sicherheit«, beschrieben, haben die Sicherheit und der Schutz Ihrer Daten in SAP Data Warehouse Cloud einen hohen Stellenwert. BI-Applikationen von Drittanbietern müssen sich daher unter Verwendung des *OAuth*-Protokolls als Client oder Relying Party bei SAP Data Warehouse Cloud authentifizieren. Dies ist nur möglich, wenn sie zuvor als OAuth-Clients in SAP Data Warehouse Cloud konfiguriert worden sind.

OAuth-Clients

Benutzer mit der Rolle **DW Administrator** können OAuth-Clients über **System • Administration** und dort auf der Registerkarte **App-Integration von SAP Data Warehouse Cloud** verwalten. Im Bereich **OAuth-Clients** sehen Sie zunächst die Berechtigungs- und Token-Service-URLs, die von Client-Entwickler*innen für die Authentifizierung benötigt werden:

- die URL für die Berechtigung
- die Token-URL
- die OAuth2SAML-Token-URL
- die OAuth2SAML-Benutzergruppe

Im Anschluss sehen Sie die Auflistung der bereits konfigurierten Clients. Hier können Sie die Details zu bestehenden Clients einsehen und bei Bedarf neue OAuth-Clients hinzufügen. Das Vorgehen zum Anlegen von OAuth-Clients ist unterschiedlich, je nachdem, in welcher Umgebung SAP Data Warehouse Cloud gehostet wird. Details zum Anlegen neuer OAuth-Clients in SAP-Systemen oder in SAP-fremden Rechenzentren und zur Autorisierung von OAuth-Clients für den API-Zugriff können Sie der SAP-Online-Hilfe unter dem Stichwort »OAuth-Clients verwalten« entnehmen.

Vertrauenswürdige Identity Provider

Wollen Sie einer Drittanbieter-Anwendung den Zugriff auf Inhalte aus SAP Data Warehouse Cloud erlauben, ohne dass sich die Benutzer bei einer vorhandenen SAML-Assertion über einen Drittanbieter-Identity-Provider erneut anmelden müssen, können Sie den Workflow »SAML-Inhaber-Assertion für OAuth 2.0« verwenden. Hierzu ist es notwendig, über **System • Administration** und dort auf der Registerkarte **App-Integration** einen vertrauenswürdigen Identity Provider hinzuzufügen. Im Dialog vergeben Sie einen eindeutigen Namen für die Verwendung in SAP Data Warehouse Cloud und hinterlegen anschließend den maximal 36-stelligen Provider-Namen sowie das Unterschriftenzertifikat des Drittanbieter-Anwendungsservers. Achten Sie darauf, dass SAP Data Warehouse Cloud und die Drittanbieter-Anwendung für die Verwendung desselben Identity Providers konfiguriert sind.

Vertrauenswürdige Ursprungsadressen

Für den Verbrauch exponierte analytische Artefakte können in Client-Anwendungen eingebettet werden, wenn Sie die Adresse, bei denen Ihre Client-Anwendung gehostet wird, im Bereich **Vertrauenswürdige Ursprungsadressen** hinterlegen. SAP Analytics Cloud bietet in diesem Kontext eine Live-Verbindung zu SAP Data Warehouse Cloud. Bevor Sie diese nutzen können, müssen Sie zunächst die URL von SAP Analytics Cloud in SAP Data Warehouse Cloud als vertrauenswürdige Ursprungsadresse hinzufügen.

9.14 Benachrichtigungen

Sollte es zu Einschränkungen der Servicequalität oder gar zu Unterbrechungen in der Servicebereitstellung kommen, kann SAP Data Warehouse Cloud ausgewählte Empfänger*innen automatisch per E-Mail darüber informieren und eine Meldung für Benutzer ausgeben, die gerade z. B. eine Story in SAP Analytics Cloud anzeigen.

Die entsprechenden Einstellungen können Sie auf der Registerkarte **Benachrichtigungen**, zu erreichen über **System • Administration**, vornehmen, wie in Abbildung 9.23 gezeigt.

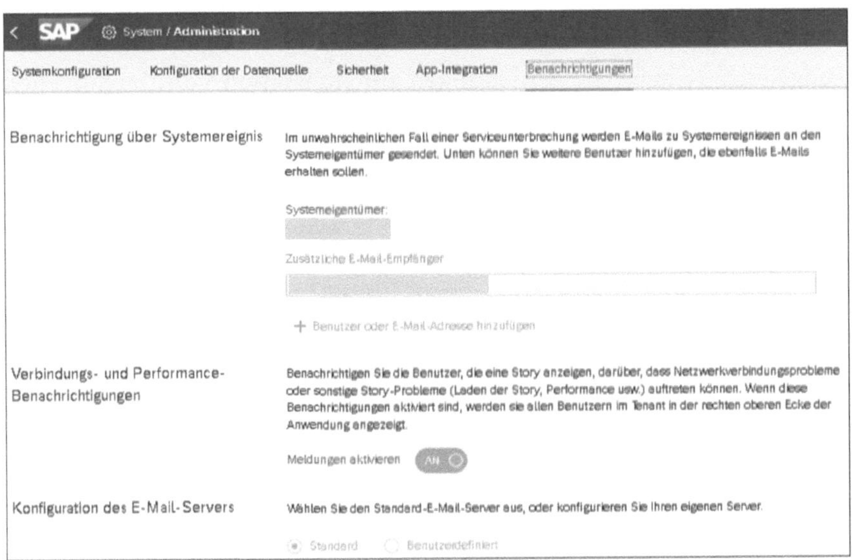

Abbildung 9.23 Benachrichtigungen administrieren

Benachrichtigung bei Störungen

Im Bereich **Benachrichtigung über Systemereignis** hinterlegen Sie alle E-Mail-Empfänger*innen, die automatisch Informationen zu Systemereignissen erhalten sollen. Dies reduziert die Reaktionszeit bei Störungen und sorgt im besten Fall dafür, dass Administrator*innen an der Wiederherstellung der Servicequalität arbeiten können, bevor die Anwenderinnen und Anwender von den Störungen betroffen sind.

Benachrichtigung bei Performance-problemen

Im Bereich **Verbindungs- und Performance-Benachrichtigungen** lässt sich die Bereitstellung von Benachrichtigungen für Nutzer*innen von analytischen Applikationen aktivieren. In der rechten oberen Bildecke werden dann z. B. Nachrichten zu Netzwerk- oder Performanceproblemen angezeigt, während Ihre Anwender*innen SAP-Analytics-Cloud-Storys verwenden.

SAP Data Warehouse Cloud versendet alle E-Mails über den systemeigenen Standard-E-Mail-Server. Sollten Sie hier einen eigenen Server verwenden wollen, können Sie diese Information im Bereich **Konfiguration des E-Mail-Servers** hinterlegen. Neben den notwendigen Angaben zu Host und Authentifizierung müssen Sie hier eine Absenderadresse hinterlegen. Nach erfolgreicher Konfiguration werden die E-Mails zu den Systemereignissen über den benutzerdefinierten Server versendet.

9.15 Zusammenfassung

In diesem Kapitel haben Sie die zentralen Funktionen zur Konfiguration und zur Administration Ihres SAP-Data-Warehouse-Cloud-Tenants kennengelernt. Neben den Einstellungen zur Integration von Datenquellen wurden auch solche beleuchtet, die für die Weiterverwendung von Daten in BI-Clients von Drittanbietern erforderlich sind. Darüber hinaus haben Sie erfahren, wie Sicherheitsmechanismen für die Anmeldung von Anwender*innen oder für die Verbindung zu unterschiedlichen Systemen eingerichtet wird. Für die Überwachung, Wartung und Verwaltung des Systems haben wir Ihnen Funktionen vorgestellt, die Sie in die Lage versetzen, Ihren Tenant effizient und effektiv zu administrieren.

Kapitel 10

Transport von Artefakten

Wenn SAP Data Warehouse Cloud nicht nur aus einem zentralen Tenant besteht, benötigen Sie ein Verfahren, mit dem Sie Artefakte zwischen den verschiedenen Systemen oder Tenants verteilen können. In diesem Kapitel erfahren Sie, welche Methoden SAP Data Warehouse Cloud für den Export und Import Ihrer Artefakte bereitstellt und wie Sie diese verwalten können.

Transporte sind Pakete von technischen Informationen, die zwischen verschiedenen Systembereichen, also zwischen den SAP-Data-Warehouse-Cloud-Tenants verschoben und damit an anderer Stelle weiterverwendet werden können. Damit ist es beispielsweise möglich, Ihre Artefakte in einem Entwicklungsbereich (dem Entwicklungs-Tenant) zu entwerfen, um sie dann in einem Testbereich (dem Test-Tenant) für den späteren Einsatz zu verifizieren. Erst nach Abschluss der Tests werden sie dann in den produktiven Bereich (den Produktiv-Tenant) übernommen und angewendet. Dieser mehrstufige Ansatz einer Systemlandschaft wird in vielen IT-Systembereichen verwendet und kann auch für SAP Data Warehouse Cloud etabliert werden. Abbildung 10.1 verdeutlicht schematisch eine solche Tenant-Kombination, bei der Artefakte, vom Entwicklungs-Tenant ausgehend, in die anderen Tenants transportiert werden.

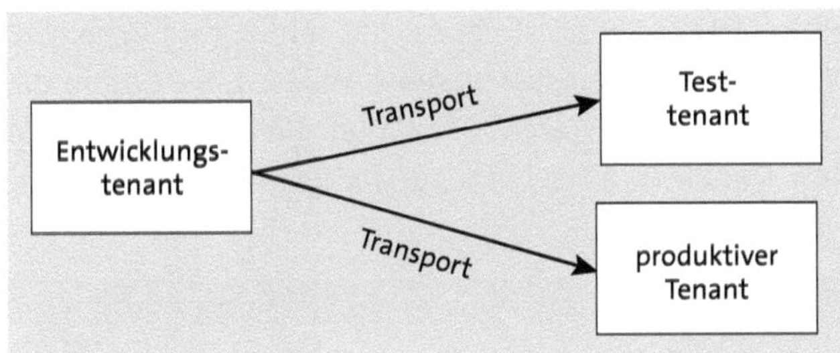

Abbildung 10.1 Mögliche Gesamtsystemlandschaft in SAP Data Warehouse Cloud

Schritte eines Transportvorgangs

Für einen *Transportvorgang* benötigen Sie im ersten Schritt Funktionen, mit denen Sie Ihre entwickelten Artefakte für einen Transport zusammenstellen können. Dieser *Export* genannte Vorgang benötigt ein Ziel, in das die

Inhalte des Transports übertragen werden. Außerdem können Sie zusätzliche Informationen als Dokumentation hinterlegen und sogar Zugriffsrechte vergeben, um die Art und Weise der Übernahme in das Ziel zu steuern.

Im zweiten Schritt übernehmen Sie einen Transport in Ihren Ziel-Tenant von SAP Data Warehouse Cloud, indem Sie die Paketinhalte mittels der dortigen Importfunktion integrieren. Je nach vergebenen Rechten beim Export können Sie Änderungen beim *Importvorgang* vornehmen, z. B., indem Sie zunächst nur Teile übernehmen, um dann Stück für Stück den Import abzuschließen.

Vorüberlegungen zu Transporten

Das Thema Transporte scheint auf den ersten Blick lediglich den Verteilungsprozess von Artefakten in SAP Data Warehouse Cloud zu umfassen. Bei näherer Betrachtung ergeben sich aber viele Fragen, z. B. nach den Voraussetzungen für Transporte. Auch die Regelwerke, mit denen Sie einen optimalen Betrieb gewährleisten, sind hier interessant. Abschnitt 10.1, »Überblick der Transporte«, gibt Ihnen zunächst einen ausführlichen Überblick und klärt die Voraussetzungen für Transporte. In Abschnitt 10.2, »Export von Artefakten«, beschreiben wir detailliert den Export von Artefakten. Im Anschluss sehen wir uns in Abschnitt 10.3, »Import von Artefakten«, das Gegenstück des gesamten Vorgangs an, nämlich den Import.

10.1 Überblick der Transporte

Generelle Voraussetzungen

Damit Sie Transporte durchführen können, sind verschiedene Voraussetzungen notwendig. Zunächst müssen Sie einen oder mehrere Ziel-Tenants aus Ihrer Systemlandschaft kennen, in die Sie die Artefakte transportieren wollen. Die Identifikation des Tenants erfolgt mittels seiner jeweiligen URL für den Zugriff, die Sie dann im Transport angeben müssen. Sie finden die URL im Ziel-Tenant von SAP Data Warehouse Cloud über den Menüpfad **System • Konfiguration**. Der Eintrag erscheint auf der Registerkarte **Tenant-Links** (siehe Abbildung 10.2).

Abbildung 10.2 Tenant-Link im Systembereich »Konfiguration« ermitteln

Kopieren Sie den Eintrag unter **SAP-Data-Warehouse-Cloud-URL**, und tragen Sie die URL beim Export an entsprechender Stelle ein. Details dazu erläutern wir in Abschnitt 10.2, »Export von Artefakten«.

Da es sich beim Transport um einen systemübergreifenden Vorgang handelt, benötigen Sie bei dessen Durchführung die Rechte eines Data-Warehouse-Administrators oder einer Data-Warehouse-Administratorin für den Export sowohl im Quell-Tenant als auch im Ziel-Tenant. Wenn Ihr Entwicklungsprozess durch verschiedene Benutzerrollen getrennt ist (z. B. die Standardrollen **DW Modeler** und **DW Integrator** in Abschnitt 8.1.1, »Überblick über das Rollenkonzept«), benötigen Sie für die Durchführung eines Transports immer die Unterstützung einer zweiten Person als Data-Warehouse-Administrator oder Data-Warehouse-Administratorin. Dies muss kein Nachteil in der Abwicklung sein, sondern kann auch bewusst zur Qualitätssicherung eingesetzt werden.

Transportierbare und nichttransportierbare Artefakte

Grundsätzlich können Sie alle Artefakte des Data Builders in SAP Data Warehouse Cloud transportieren. Im Business Builder ist das bislang nicht vorgesehen. Weitere Ausnahmen von Transporten sind beispielsweise:

- Benutzer-IDs
- Spaces bzw. deren Systemverbindungen
- das Teilen von Artefakten zwischen Spaces
- Dateninhalte Ihrer lokalen Tabellen

Benutzer-IDs und deren Zuordnungen müssen in jedem Tenant von SAP Data Warehouse Cloud direkt angelegt werden. Ein Grund dafür ist, dass die Zuweisung von Rollen abweichen kann. Die erforderlichen Aktivitäten und Eingriffe sind nur manuell möglich. Allerdings können Sie Benutzer mittels Datei-Import im **.csv**-Format übernehmen Näheres dazu finden Sie in Abschnitt 8.2.3, »Benutzeranlage durch Datei-Import«.

Wenn Sie die einzelnen Artefakte eines Space transportieren, muss der Space bereits vorab unter gleichem Namen im Ziel-Tenant angelegt worden sein, da der Space selbst nicht transportiert wird. Der Hintergrund ist, dass die Attribute des Space in den verschiedenen Tenants abweichen können, z. B. die Zuweisung der Speicherzuordnung oder die Priorisierung der Workload-Klasse. Auch die Verbindungen zu Quellsystemen sind spezifisch für die jeweilige Umgebung. Diese Einstellungen können Sie daher nur von Hand im jeweiligen SAP-Data-Warehouse-Cloud-Tenant vornehmen.

Entwicklungs-Artefakte vs. Daten

Transporte umfassen Artefakte, die durch Implementierungen entstanden sind. Es werden keine Dateninhalte an sich transportiert, da sie ihre Quelle in Internetressourcen, Ihren eigenen Quellsystemen oder in selbst erstellten Dateien haben, deren Daten jeweils aktuell im jeweiligen Tenant von SAP Data Warehouse Cloud importiert bzw. versorgt werden. Daraus entstandene Tabellen bzw. ihre entsprechenden Definitionen, z. B. im Data Builder, sind transportierbar, da sie im Entwicklungsprozess weiterverwendet wurden.

Entwurfszeitobjekt vs. Laufzeitobjekt

Der Unterschied und die Funktion von Entwurfszeitobjekten und Laufzeitobjekten wurden bereits in Abschnitt 4.1.2 »Objekteigenschaften«, beschrieben. Durch Transporte werden ausschließlich die *Metadaten* der *Entwurfszeitobjekte* transportiert. Erst beim Import werden dann im Ziel-Tenant durch das Implementieren *Laufzeitobjekte* erzeugt. Sie können das Implementieren beim Import automatisch oder nachträglich dediziert in Einzelschritten vornehmen. Näheres hierzu erfahren Sie in Abschnitt 10.3, »Import von Artefakten«.

Hauptmenü der Transporte

Administrativ gesehen, können verschiedene Personen mit der Benutzerrolle **DW Administrator** Transporte vornehmen. Alle Exporte und Importe werden an zentraler Stelle in SAP Data Warehouse Cloud administriert und können entsprechend eingesehen werden. Abbildung 10.3 zeigt dazu den Hauptmenüpunkt für das Transportieren, zusammen mit den Untermenüs für das Exportieren und Importieren.

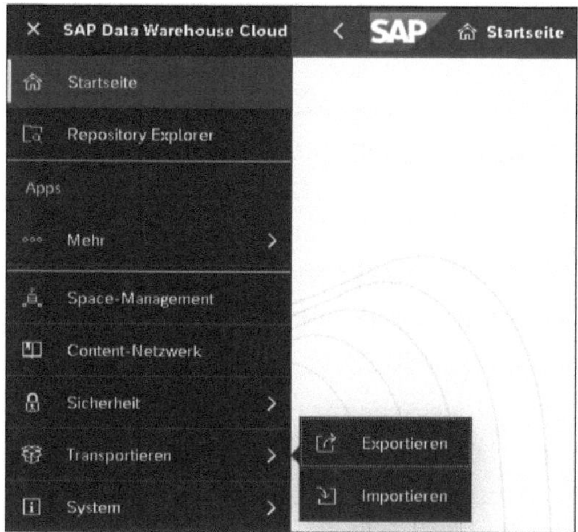

Abbildung 10.3 Menübereich »Transportieren«

Zentrale Einstellungen für Transporte

Wenn Sie mehrere SAP-Data-Warehouse-Cloud-Tenants einsetzen, werden die Artefakte der Entwicklung durch Transporte häufig in alle Tenants verteilt. Es kann aber eventuell notwendig sein, diese anders zu organisieren und stattdessen festzulegen, Transporte aus bestimmten Tenants generell *nicht* zu importieren. Damit können Sie Ihre Tenants z. B. so organisieren, dass Inhalte der Entwicklungs-Tenants nur in bestimmte Test-Tenants übertragen werden können, nicht aber direkt in den produktiven Tenant. Solche Einstellungen werden selbst nicht transportiert und müssen in jedem einzelnen Tenant vorgenommen werden. Sie erreichen diese zentralen Einstellungen auf zwei verschiedenen Menüwegen:

- über **Transportieren • Exportieren • Meine Inhalte**
- über **Transportieren • Importieren**

Anschließend klicken Sie in jedem Fall auf die Schaltfläche (**Einstellungen**). Daraufhin erscheint das Bild für die zentralen Einstellungen (siehe Abbildung 10.4).

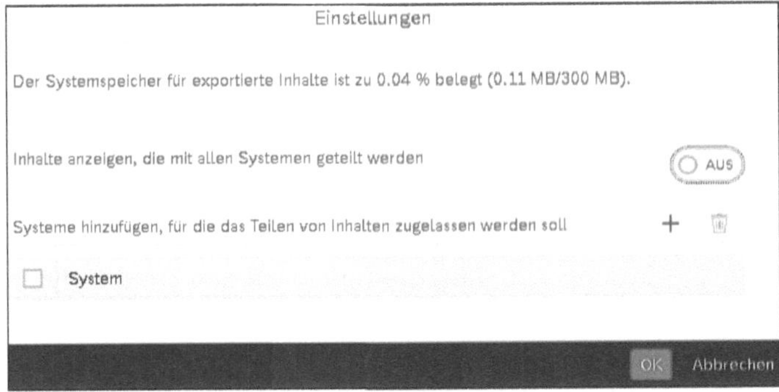

Abbildung 10.4 Zentrale Einstellungen für Transporte

Zunächst wird hier informativ der Füllgrad des für Transporte zur Verfügung stehenden Systemspeichers genannt, der hier auf 300 MB beschränkt ist. Durch das Löschen von nicht mehr benötigten Transporten geben Sie Speicherplatz frei, um einen Überlauf oder Probleme bei der Administration der Transporte zu vermeiden.

Positivliste

Sie legen fest, ob die Inhalte von anderen Systemen geteilt, also zugelassen werden, oder ob es dazu Ausnahmen geben soll. Sie können die Systeme in eine *Erlaubtliste* aufnehmen und damit explizit bestimmen, woher Ihr Tenant Transporte akzeptiert. Belassen Sie dazu den Schalter inaktiv, und klicken Sie direkt auf die Schaltfläche (**Hinzufügen**), um die entsprechende URL einzufügen.

Negativliste

Wenn Sie hingegen Quellen ausschließen wollen, aktivieren Sie zunächst den Schalter . Der Erklärungstext darunter ändert sich und besagt nun, dass die Einträge der Systemliste blockiert werden. Sie erzeugen also eine *Negativliste*. Klicken Sie auf **OK**, um die Einstellungen zu speichern.

10.2 Export von Artefakten

Sie rufen die Funktionen zum Exportieren von Artefakten über das Hauptmenü unter **Transportieren • Exportieren** auf. Dadurch gelangen Sie in das Bild, dessen Kopfbereich Sie in Abbildung 10.5 sehen.

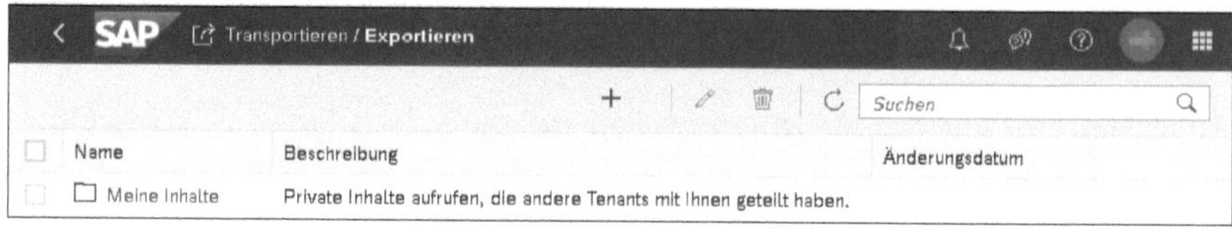

Abbildung 10.5 Einstiegsbild für den Export von Artefakten

Die Elemente des Einstiegsbildes

In der Spalte **Name** erscheint zunächst nur der Eintrag **Meine Inhalte.** Dabei handelt es sich um einen Hauptordner, der die Exportinhalte aufnimmt. In der Bezeichnung **Meine Inhalte** bedeutet »Meine« nicht, dass es sich um Ihre persönlichen Inhalte als Anwender*in handelt, sondern der Begriff steht gesamtheitlich für die Inhalte Ihres SAP-Data-Warehouse-Cloud-Tenants. Ähnliches gilt für die Spalte **Beschreibung** und den Text »Private Inhalte aufrufen, die andere Tenants mit Ihnen geteilt haben«, denn beim Exportieren handelt es sich im Gesamtvorgang um die Bereitstellung als Ausgangspunkt der Verteilung.

Exporte organisieren

Klicken Sie auf **Meine Inhalte**, um in das nächste Bild zu gelangen. An dieser Stelle stehen Ihnen mehrere Funktionen in der Funktionsleiste zur Verfügung, z. B. die Schaltfläche (**Ordner**). Ordner helfen Ihnen bei der Organisation der verschiedenen Transporte, da Sie mit ihnen übersichtlich die verschiedenen Einzeltransporte trennen bzw. gruppieren können. Die Namen und die Struktur der Ordner werden später beim Import auch in einem Ziel-Tenant angelegt und ermöglichen einen sehr einfachen Überblick über die ausgetauschten Inhalte.

Namenskonvention für Ordner

Das SAP-System nimmt keine automatische Nummerierung oder Bezeichnungsvergabe für Ordner oder Transporte vor. Das bedeutet viel Freiheit bei der Einteilung, verlangt aber auch einen gewissen selbstorganisatorischen Überbau, um nicht den Überblick zu verlieren. Da die Artefakte in SAP Data Warehouse Cloud im Wesentlichen an die fachlich ausgerichteten Spaces gebunden sind, ist zumindest eine Einteilung der Ordner nach deren technischen oder betriebswirtschaftlichen Namen sinnvoll (Beispiel: **Space Sales, Space Finance** usw.).

Legen Sie nun einen Ordner an, indem Sie auf die Schaltfläche ☐ (**Neuen Ordner anlegen**) klicken. Es erscheint ein Pop-up-Fenster, in dem Sie einen Ordernamen und eine optionale Beschreibung angeben (siehe Abbildung 10.6).

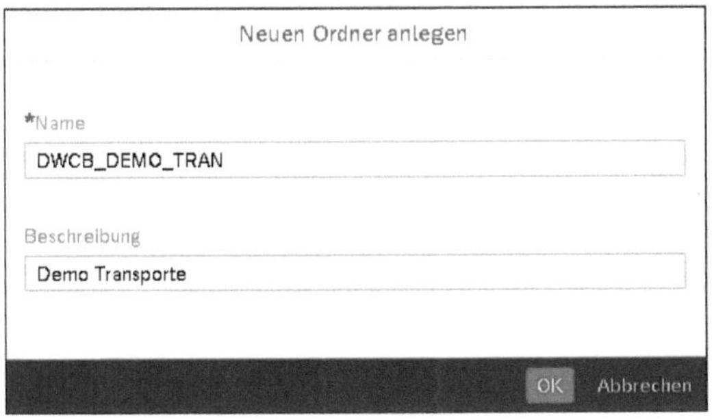

Neuen Ordner anlegen

*Name

DWCB_DEMO_TRAN

Beschreibung

Demo Transporte

OK Abbrechen

Abbildung 10.6 Neuen Ordner für Exporte anlegen

Anschließend klicken Sie auf **OK**, um den Ordner anzulegen. Klicken Sie im nächsten Bild auf den soeben angelegten Ordner, hier **DWCB_DEMO_TRAN**. Für weitere Unterteilungen können Sie mit der Schaltfläche ☐ (**Neuen Ordner anlegen**) zusätzliche Ordner anlegen und damit die Aufteilung verfeinern. Zum Erstellen eines Transports klicken Sie auf die Schaltfläche ⊞ (**Neuer Export**). Es folgen nun drei Schritte:

- das Auswählen des Inhalts für den Export
- das Festlegen der Paketeigenschaften
- das abschließende Prüfen und Exportieren

Inhalte für den Export auswählen

Im Schritt **Inhalte auswählen** werden Ihnen zunächst die Objekte vom Typ **Space** angezeigt. Es sind alle Spaces aufgelistet, für die Sie als Data-Warehouse-Administrator oder Data-Warehouse-Administratorin zugelassen sind. Abbildung 10.7 zeigt eine solche Liste beispielhaft. Im Suchfeld können Sie die Liste bei Bedarf einschränken.

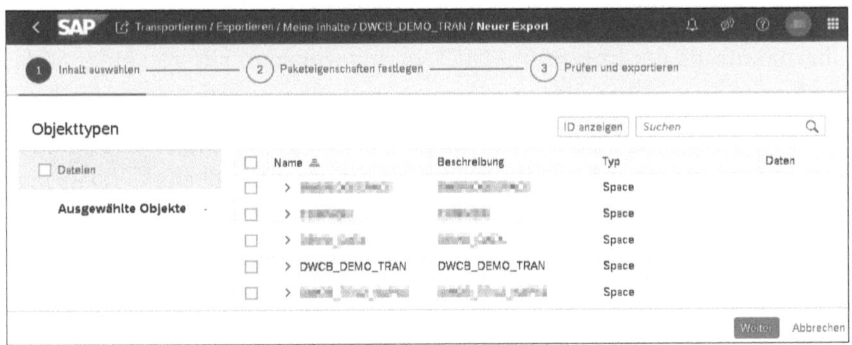

Abbildung 10.7 Übersicht der Spaces bei der Auswahl der Inhalte

Durch eine Klick auf die Schaltfläche in der Spalte **Name** können Sie die Inhalte Ihres gewünschten Space anzeigen, hier den Ordner **DWCB_DEMO_TRAN**. Die Liste umfasst alle transportierbaren Artefakte mit deren technischen Namen, Bezeichnung und dem Objekttyp. Sie können die einzelnen Elemente der Liste durch Markieren der Checkbox auswählen. Dabei hilft Ihnen SAP Data Warehouse Cloud, indem die Abhängigkeiten der einzelnen Artefakte ermittelt und notwendige Ergänzungen automatisch vorgenommen werden. Dadurch ist sichergestellt, dass der Transport in sich konsistent und anwendungsfähig ist. Wenn Sie die Checkbox für den Eintrag eines Space markieren, exportieren Sie damit alle entsprechenden Artefakte, wie in Abbildung 10.8 dargestellt.

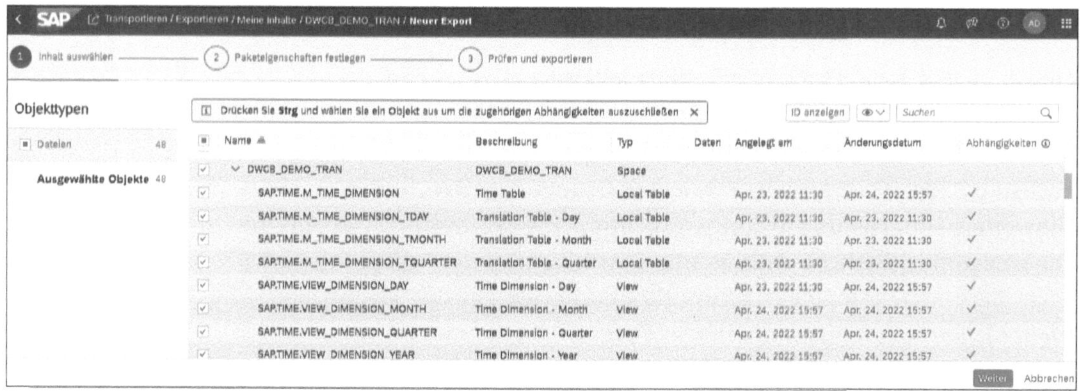

Abbildung 10.8 Ausgewählte Inhalte anzeigen

Auf der linken Seite wird zusätzlich angezeigt, wie viele Objekte die Auswahl umfasst. Klicken Sie auf **Weiter**, um im nächsten Schritt die Paketeigenschaften festzulegen.

Paketeigenschaften festlegen

Im folgenden Bild **Paketeigenschaften festlegen** geben Sie einen Paketnamen sowie eine kurze und eine detaillierte Beschreibung des Inhalts ein (siehe Abbildung 10.9). Diese Dokumentation wird auch beim späteren Import angezeigt und erlaubt ein besseres Verständnis des Inhalts vor der Übernahme, da der Import im Ziel-Tenant gegebenenfalls von einer anderen Person ausgeführt wird.

Nun ist noch der Ziel-Tenant festzulegen, in den die exportierten Artefakte importiert werden sollen. Dazu klicken Sie auf die Schaltfläche (**Ziele hinzufügen**) im Bereich **Teilen** des Bildes. Im in Abbildung 10.10 dargestellten Pop-up-Fenster wählen Sie im jeweiligen Dropdown-Menü einen Zieltyp und eine Landscape aus.

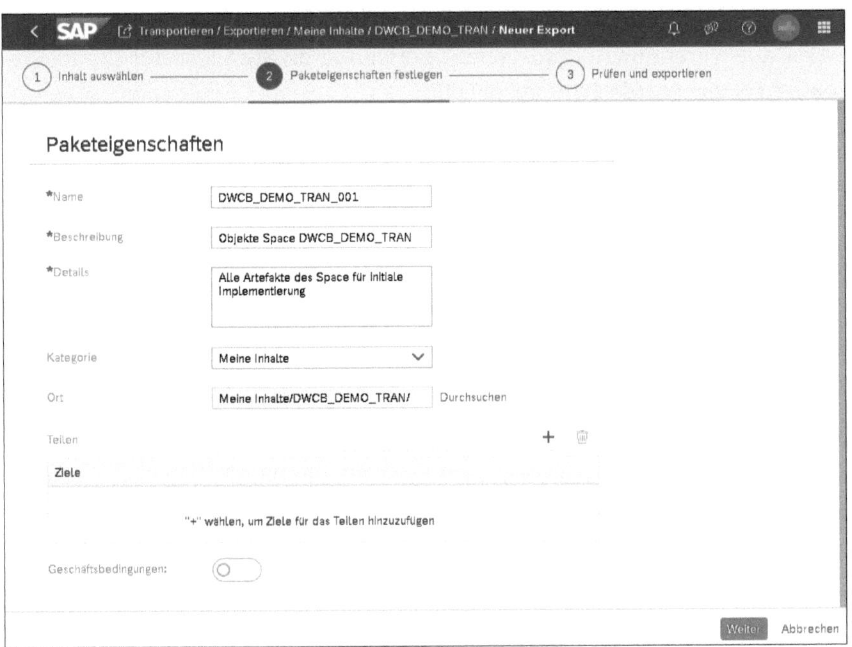

Abbildung 10.9 Inhalte in den Paketeigenschaften dokumentieren

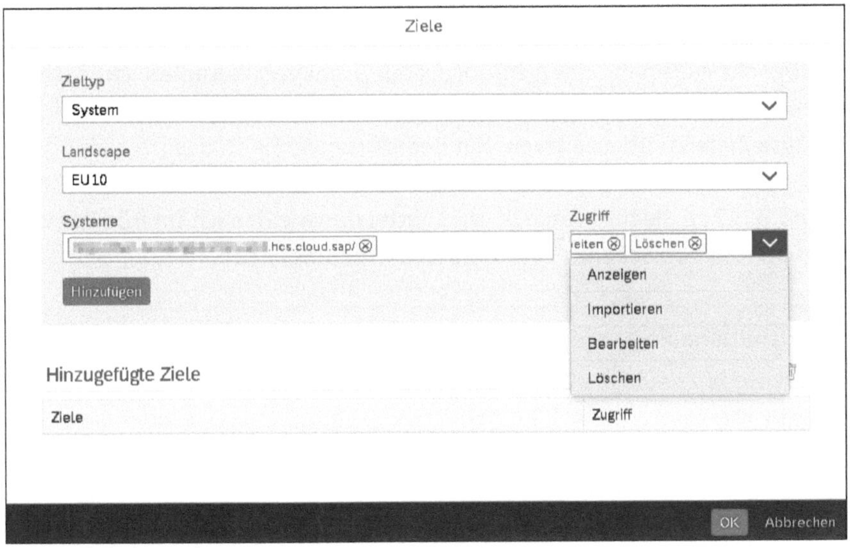

Abbildung 10.10 Ziele für den Export auswählen

Zieltyp und Landscape

Der Zieltyp ist entweder ein System, das durch die Angabe der Ziel-URL identifiziert wird oder ein Kunde. Der Kunde steht für Ihre SAP-ERP-Kunden-ID. Wenn Sie diese Möglichkeit auswählen und Ihre Kunden-ID eintragen, wird das Paket an alle darunter vorhandenen SAP-Data-Warehouse-Cloud-

10

Tenants in einer *Landscape* übertragen. Die Landscape stellt den für Ihren SAP-Data-Warehouse-Cloud-Tenant verwendeten Standort der Cloud-Systeme dar; hier wurde **EU10** ausgewählt.

[!]

Keine Transporte zwischen Landscapes

Es ist nicht möglich, Transporte von einer Landscape in eine andere Landscape vorzunehmen. Dieser Umstand ist von Beginn an bei der Planung Ihrer Standorte und Infrastruktur von Bedeutung, da zum Zeitpunkt der Drucklegung des Buches keine Aufhebung dieser Beschränkung bekannt war.

Tragen Sie nun die URL Ihres Ziel-Tenants in das Feld **Systeme** ein. Sie finden diese URL in SAP Data Warehouse Cloud über den Menüpfad **System • Konfiguration • Tenant-Links** im Eintrag **SAP-Data-Warehouse-Cloud-URL**. Anschließend wählen Sie im Transportbereich, wie in Abbildung 10.10 gezeigt, in der Dropdown-Box unter **Zugriff** die Rechte aus, die beim späteren Import angewendet werden dürfen. Standardmäßig sind dabei **Anzeigen** und **Importieren** vorbelegt, mit denen sich die gleichnamigen Funktionen anwenden lassen. Sie können diese bei Bedarf um **Bearbeiten** oder **Löschen** ergänzen. **Bearbeiten** bedeutet, dass Sie beim Import einzelne Einträge ändern und das Paket erneut exportieren können. Das Recht **Löschen** ermöglicht es Ihnen, einen importierten Transport komplett zu löschen. Klicken Sie anschließend auf **Hinzufügen**, um den Eintrag in die Liste **Hinzugefügte Ziele** zu übernehmen. Bei Bedarf tragen Sie in das freigewordene Feld **Systeme** weitere URLs ein und ergänzen die Zugriffsrechte entsprechend. Klicken Sie dann auf **OK**, und aktivieren Sie danach im Bild **Paketeigenschaften** den Schalter neben **Geschäftsbedingungen**.

Geschäftsbedingungen erlauben

Durch das Erlauben der Geschäftsbedingungen gewähren Sie SAP das Recht, die Transportinhalte innerhalb der Landscape an das oder die entsprechenden Empfängersystem(e) von SAP Data Warehouse Cloud weiterzuleiten. Ohne das Akzeptieren der Geschäftsbedingungen wird der Transport nicht ausgelöst, sondern verbleibt im Exportbereich des Quell-Tenants. Näheres zu den Geschäftsbedingungen erfahren Sie von Ihrem SAP-Vertrieb.

Klicken Sie auf **Weiter**, um in das nächste Bild **Prüfen und exportieren** zu gelangen.

Prüfen und exportieren

In diesem Schritt werden noch einmal die wesentlichen Inhalte des Exports zusammengefasst (siehe Abbildung 10.11).

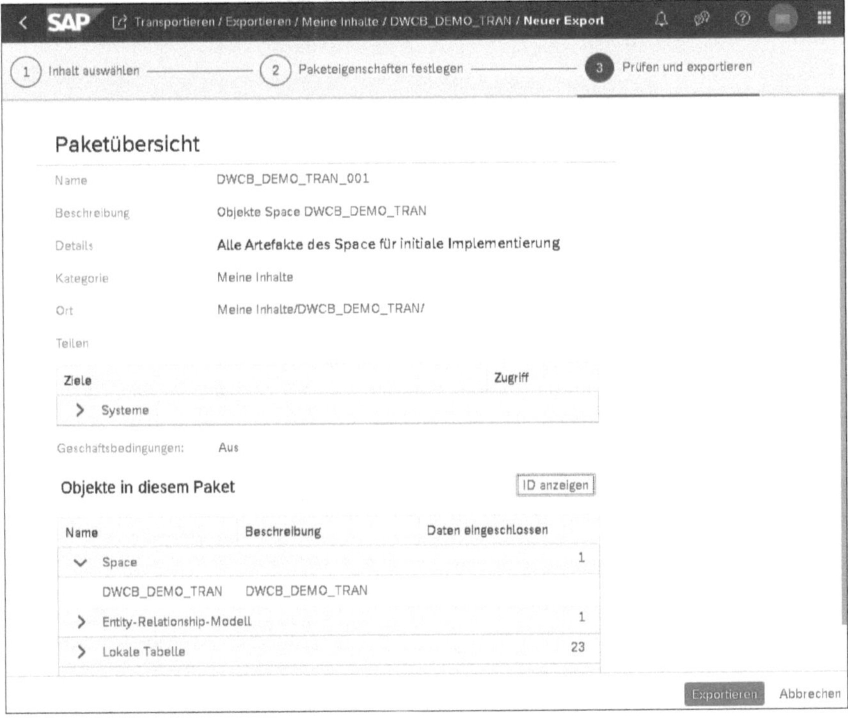

Abbildung 10.11 Exportinhalte prüfen

Es werden noch einmal der Name des Transports (des Pakets) und dessen Dokumentation angezeigt. Die Detailangaben lassen sich jeweils durch einen Klick auf die Schaltfläche > öffnen und schließen. Sie finden die Objekte Ihres Exports und ihre Anzahl im Bereich **Objekte in diesem Paket**. Die Schaltfläche **ID anzeigen** ergänzt die technischen Namen der Artefakte zusätzlich um ihre interne technische Typisierung in SAP Data Warehouse Cloud. Dies ist in der Regel das Präfix `sap.dwc.` gefolgt vom Objekttyp, z. B. `space` usw.

Export starten

Klicken Sie auf **Exportieren**, um den Export zu starten. In Abhängigkeit der Paketgröße kann dieser Vorgang einige Minuten dauern. Klicken Sie in der Funktionsleiste des Bildes rechts oben auf die Schaltfläche (**Benachrichtigungen**), um den aktuellen Fortschritt zu kontrollieren.

Export kontrollieren und anpassen

Wenn der Export abgeschlossen ist, erscheint das Paket in der Gesamtübersicht. Öffnen Sie dazu den Menübereich **Transportieren • Exportieren** und dann den Hauptordner **Meine Inhalte**. Klicken Sie auf den verwendeten Ordner, hier **DWCB_DEMO_TRAN**, und aktualisieren Sie gegebenenfalls die

Inhalte durch einen Klick auf (**Aktualisieren**). Das erzeugte Paket erscheint in der Übersicht, zusammen mit Paketnamen, Beschreibung und Angaben dazu, von welchem Tenant und wann das Paket geteilt wurde (siehe Abbildung 10.12).

Abbildung 10.12 Übersicht der Pakete nach dem Export

Pakete verändern

Von dieser Übersicht aus können Sie das Paket nachträglich verändern und erneut exportieren. Dazu markieren Sie den gewünschten Eintrag in der Checkbox und klicken auf (**Details bearbeiten**). Es öffnet sich das schon bekannte Bild mit der Auswahl der Artefakte als ersten Schritt. Hier können Sie allerdings nur noch Einträge entfernen, aber keine mehr hinzufügen. Dazu aktivieren Sie den Schalter neben **Inhalt ändern** und deaktivieren die Checkbox der nicht mehr zu berücksichtigenden Einträge. Die Konsistenz der Artefakte muss aber gewahrt bleiben und wird von SAP Data Warehouse Cloud entsprechend überprüft. Klicken Sie auf **Weiter**, um die Paketeigenschaften zu ändern, indem Sie z. B. die Dokumentation ergänzen oder weitere Ziele hinzufügen. Klicken Sie nochmals auf **Weiter**, um im letzten Schritt den gesamten Export zu prüfen und dann auf **Exportieren**, um den Export erneut auszuführen. Wenn Sie anschließend das Bild auffrischen, wird das Änderungsdatum entsprechend aktualisiert.

Eventuell möchten Sie das Paket an sich nicht verändern, sondern es nur an ein weiteres Ziel senden. Dazu markieren Sie das gewünschte Paket mit der Auswahlbox, klicken auf (**Teilen**) und fügen im folgenden Bild ein weiteres Ziel hinzu. Anschließend exportieren Sie das Paket, wie in den vorangehenden Abschnitten beschrieben.

Exportierte Transporte löschen

Wie in Abschnitt 10.1, »Überblick der Transporte«, erwähnt, ist es aufgrund des begrenzten Speicherplatzes des Transportbereichs von 300 MB gegebenenfalls erforderlich, veraltete Transporte zu löschen. Dazu navigieren Sie zunächst in den jeweiligen Ordner. Sortieren Sie die Einträge durch einen Klick auf die Spalte **Änderungsdatum**, um alte Einträge in der Liste besser identifizieren zu können. Im Suchfeld können Sie die Einträge durch die Eingabe von Begriffen weiter einschränken. Die Bildschirmanzeige aktualisiert sich automatisch. Markieren Sie die zu löschenden Einträge in der Checkbox. Dies können einzelne Pakete oder auch ganze Ordner sein. Klicken Sie anschließend auf [icon] (**Löschen**), um das betreffende Paket oder den Ordner dauerhaft zu entfernen.

10.3 Import von Artefakten

Beim Import von Artefakten in SAP Data Warehouse Cloud werden die Inhalte Ihrer ursprünglich exportierten Transportpakete aus einem Quell-Tenant in einen Ziel-Tenant übernommen und implementiert. Anschließend stehen Ihnen alle beabsichtigten Änderungen für die weitere Verwendung zur Verfügung.

Überlegungen vor einem Import

Die für die Durchführung notwendigen Schritte erklären wir Ihnen in diesem Abschnitt. Bevor Sie jedoch den Import durchführen, sind möglicherweise die folgenden Fragen von Bedeutung:

- Wann wird der Import durchgeführt?
- Laufen aktuell Datenversorgungen für die betroffenen Spaces des Imports?
- Welche Abhängigkeiten hat der Import?

In der Regel empfiehlt es sich, Importe nur zu betriebsarmen Zeiten (z. B. nachts oder am Wochenende) durchzuführen, damit die Anwender*innen bei der täglichen Arbeit möglichst nicht gestört werden. Dasselbe gilt für laufende Prozesse der Datenversorgungen aus Quellsystemen, auf die sich Abhängigkeiten zu Inhalten der Paketimporte negativ auswirken könnten. Wenn Sie diese Punkte hinreichend beachten, sind die grundsätzlichen Voraussetzungen für fehlerfreie Importe erfüllt.

Importfunktionen aufrufen

Sie rufen die Funktionen des Importierens von Artefakten über das Hauptmenü über **Transportieren • Importieren** auf. Dadurch gelangen Sie in das Bild, dessen Kopfbereich in Abbildung 10.13 gezeigt wird. In der Übersicht werden die einzelnen Transportpakete oder deren Ordner für die weitere Verwendung angezeigt. Im Suchfeld rechts oben können Sie die Inhalte durch entsprechende Begriffe suchen und damit die Anzeige einschränken, die sich jeweils automatisch aktualisiert. Im gezeigten Fall wurde nach dem Begriff »dwcb_demo« gesucht.

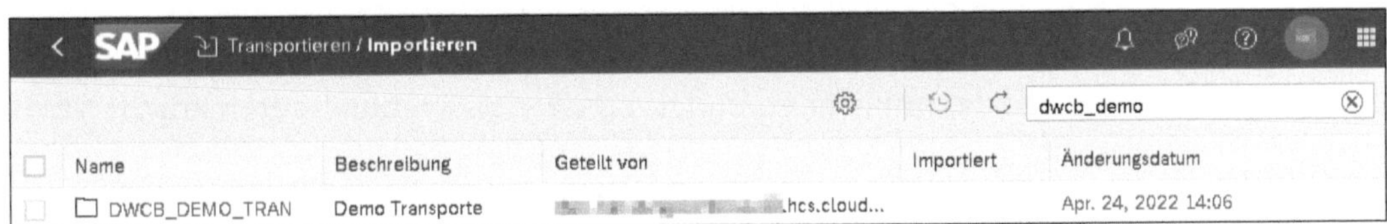

Abbildung 10.13 Einstiegsbild für den Import von Artefakten mit Filter

In der Spalte **Name** erscheint entweder ein Transportpaket, erkennbar am Symbol ▤, oder ein Ordner, erkennbar am Symbol ☐. Ordner können ein oder mehrere Transportpakete enthalten. Die Ordner und deren Beschreibung entsprechen den Ordnern, die beim Export aus dem Quell-Tenant erstellt wurden. Dadurch verwenden Sie automatisch die gleichen Ordnungselemente und behalten einen besseren Überblick über die ausgetauschten Artefakte.

Die Spalte **Beschreibung** bezeichnet jeweils den Ordner oder das Transportpaket. In der Spalte **Geteilt von** steht die Angabe des Quell-Tenants, aus dem das Transportpaket oder der Ordner stammt. Die letzte Spalte **Änderungsdatum** enthält Datum und Uhrzeit des Exports aus dem Quell-Tenant. Je nach Abwicklungsdauer des Transports entspricht dies auch hinreichend genau dem Bereitstellungszeitpunkt des Transportpakets im Importbereich, sodass Sie leicht eine chronologische Reihenfolge erkennen können.

Statusinformation

Die Spalte **Importiert** enthält eine Statusinformation. Solange diese für einen Eintrag noch leer ist, wurde ein Transportpaket noch nicht importiert, ist also noch offen für die Integration. Erst wenn der Importvorgang vollständig abgeschlossen ist, erscheint hier der Eintrag **Erfolgreich**.

Import durchführen

Wenn Sie nun ein Transportpaket importieren möchten, wählen Sie durch aktivieren der Checkbox ☑ einen Eintrag aus der Übersicht aus. Ein Ordner kann nicht markiert werden, sondern nur einzelne Einträge darin. Öffnen Sie dazu einen Ordner, und klicken Sie anschließend in der Spalte **Name** auf den gewünschten Eintrag, um die Details zu den Inhalten zu sehen und den Import durchführen zu können. Es erscheint ein Bild mit den technischen Angaben (siehe Abbildung 10.14).

Neben einer Beschreibung und den Herkunftsangaben im unteren Bildbereich ist hier die Importübersicht wichtig. Die Angaben fassen die Einstellungen in den Importoptionen zusammen. Wenn Objekte oder Daten nicht überschrieben werden sollen, ist die Anzahl im Feld **Betroffener Inhalt** null. Das heißt, dass dieser Import keine bestehenden Artefakte ändert, sondern nur neue Artefakte hinzufügt.

Importoptionen

Zum besseren Verständnis dieser Zusammenfassung finden Sie in der Leiste oben die Registerkarte **Importoptionen** (siehe Abbildung 10.14). Die Importoptionen bestimmen das Verhalten des Importvorgangs bezüglich schon vorhandener Objekte sowie die Auswahl von Teilen des Transportpakets und das Implementierungsverhalten als eventuell automatische Nacharbeit.

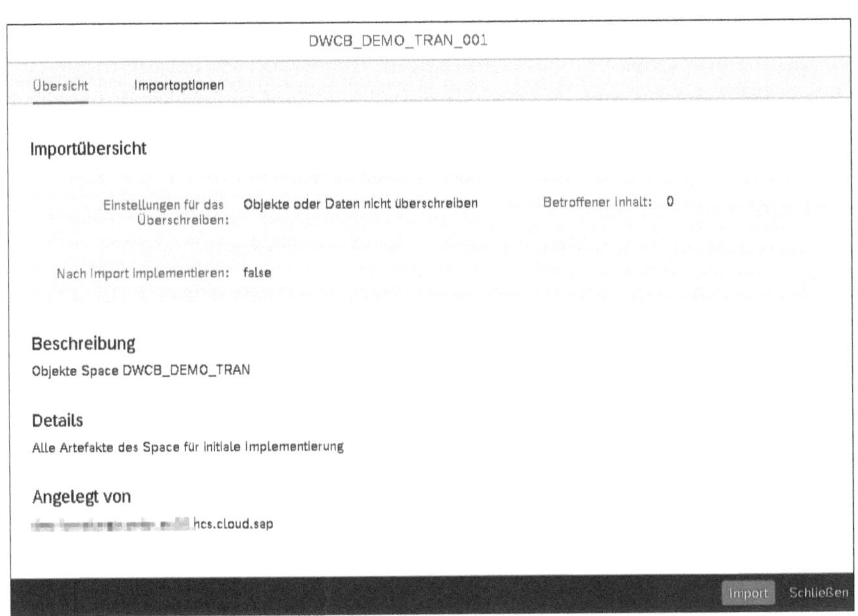

Abbildung 10.14 Importübersicht nach der Auswahl des Transportpakets

10

Einstellungen für das Überschreiben

Die Einstellungen für das Überschreiben in den Importoptionen sind erfreulicherweise ausführlich beschrieben, sodass sie fast selbsterklärend sind. In Tabelle 10.1 finden Sie einige zusätzliche Hintergründe zu den Einstellungen.

Einstellung für das Überschreiben	Hintergrund
Objekte oder Daten nicht überschreiben	Diese Standardeinstellung führt nur zu einer Ergänzung bestehender Inhalte.
Nur Daten überschreiben	Durch diese Option werden keine Anpassungen an bestehenden Artefakten und deren Aufbau vorgenommen, sondern nur die Daten aus dem Quell-Tenant übernommen. Dies betrifft in der Regel nur ganz wenige Datenbereiche wie z. B. Währungsinformationen aus zentralen Währungstabellen.
Objekte und Daten überschreiben	Mit dieser Einstellung werden alle Inhalte des Transportpakets übernommen und überschreiben dabei bestehende Strukturen und Inhalte.

Tabelle 10.1 Übersicht der Einstellungen für das Überschreiben beim Import

Einstellungen für die Implementierung

Im Bereich **Einstellungen für Implementierung** können Sie optional wählen, ob importierte Objekte direkt implementiert werden sollen. Bleibt die Option inaktiv, erfolgt nur die Übernahme und Sicherung von Strukturen aus dem Transportpaket (Aktualisierung des Entwurfszeitobjektes). Durch das Aktivieren der Auswahl **Nach Import implementieren** wird die Generierung der Laufzeitobjekte ausgeführt und damit die Objekte implementiert. Näheres dazu beschreiben wir in Abschnitt 10.1, »Überblick der Transporte«.

Im Bereich **Content** werden die Artefakte des Transportpakets mit ihrem technischen Namen in der Spalte **Name** sowie mit ihrer **Beschreibung** aufgelistet. Die Spalte **Daten einbinden** wirkt im Sinne der Optionen des Datenüberschreibens. Durch einen Mouseover auf ⓘ erhalten Sie weitere erläuternde Informationen. In der Spalte **Betroffener Inhalt** wird beim Aktivieren der Option **Objekte und Daten überschreiben** eine Warnmeldung mit den genauen technischen Angaben des jeweils betroffen Objekts angezeigt, das schon im Ziel-Tenant enthalten ist und somit überschrieben würde. Dort, wo keine Warnung erscheint, handelt es sich folglich um ein neues Objekt. Zur Kontrolle erscheint oberhalb der Content-Übersicht eine Angabe, wie viele Artefakte des Transportpakets davon betroffen sind, beispielsweise in der Form **Betroffener Inhalt (48/48)**. Darüber hinaus wird eine allgemeine Warnmeldung mit dem Symbol ⚠ im unteren Anzeigebereich des Bildes angezeigt, um den entsprechenden Verarbeitungsmodus anzuzeigen. Da dies aber vielfach genau das gewünschte Verhalten ist, kann die Warnung in diesen Fällen übergangen werden.

Transportprüfung abschließen und importieren

Wechseln Sie zurück auf die Registerkarte **Übersicht** (siehe Abbildung 10.14). Die ausgewählten Importoptionen werden nun durch veränderte Beschreibungen angezeigt. Wenn Sie zu diesem Zeitpunkt den Import doch nicht durchführen wollen, klicken Sie auf **Schließen**. Klicken Sie auf **Import**, wird der Importvorgang gestartet, und Sie erhalten eine Startmeldung. Die Anzeige kehrt dann automatisch in die Liste der Transportpakete zurück. Im Meldungsbereich im Bild rechts oben können Sie über einen Klick auf 🔔 (**Benachrichtigungen**) den Importverlauf verfolgen. Wurden alle Artefakte erfolgreich importiert, erhalten Sie in der Spalte **Importiert** die Statusanzeige **Erfolgreich**. Die Statusanzeige ist gleichzeitig auch ein Link, der Ihnen den Verlauf und eine Zusammenfassung des Imports anzeigt. Sie enthält neben den Zeitangaben auch einen Status zu jedem einzelnen Artefakt zur weiteren Prüfung. Diese Funktion ist auch erreichbar, wenn Sie das Transportpaket mit ☑ markieren und dann in der Funktionsleiste auf die Schaltfläche 🕒 (**Verlauf**) klicken.

Die bespielhaften Angaben zu den Meldungen sind in Abbildung 10.15 dargestellt.

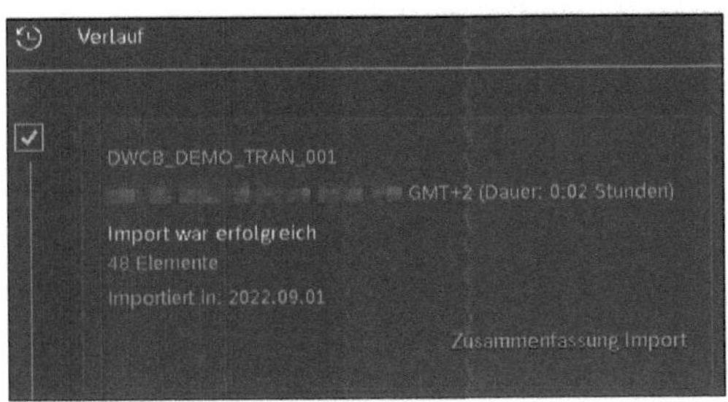

Abbildung 10.15 Verlaufsanzeige eines Imports

Klicken Sie auf **Zusammenfassung Import**, um weitere Details zu sehen (siehe Abbildung 10.16).

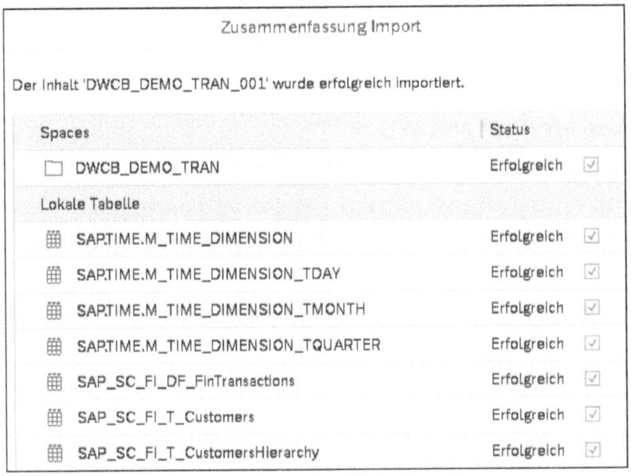

Zusammenfassung Import

Der Inhalt 'DWCB_DEMO_TRAN_001' wurde erfolgreich importiert.

Spaces	Status
DWCB_DEMO_TRAN	Erfolgreich
Lokale Tabelle	
SAP.TIME.M_TIME_DIMENSION	Erfolgreich
SAP.TIME.M_TIME_DIMENSION_TDAY	Erfolgreich
SAP.TIME.M_TIME_DIMENSION_TMONTH	Erfolgreich
SAP.TIME.M_TIME_DIMENSION_TQUARTER	Erfolgreich
SAP_SC_FI_DF_FinTransactions	Erfolgreich
SAP_SC_FI_T_Customers	Erfolgreich
SAP_SC_FI_T_CustomersHierarchy	Erfolgreich

Abbildung 10.16 Zusammenfassung des Imports

Artefakte im Repository Explorer prüfen

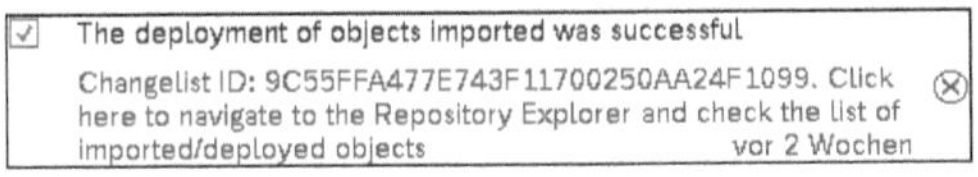

Jeder Importvorgang in SAP Data Warehouse Cloud erzeugt eine eindeutige *Changelist-ID*, mit der die importierten Artefakte zusammengefasst und im Repository Explorer dargestellt werden. Die Übersicht dazu ist in den Benachrichtigungen durch einen Klick auf die Schaltfläche 🔔 erreichbar. Abbildung 10.17 zeigt einen solchen Eintrag.

The deployment of objects imported was successful
Changelist ID: 9C55FFA477E743F11700250AA24F1099. Click here to navigate to the Repository Explorer and check the list of imported/deployed objects
vor 2 Wochen

Abbildung 10.17 Meldung zum Import unter Benachrichtigungen

Wenn Sie auf die Meldung zur Anzeige der Changelist-Inhalte klicken, öffnet sich der Repository Explorer in einem neuen Browserfenster. Weitere Details zur Handhabung des Repository Explorers finden Sie in Abschnitt 3.3, »Repository Explorer«.

Changelists anzeigen

Leider war es zum Zeitpunkt der Drucklegung des Buches nicht möglich, Changelists über eine rein chronologische Anzeige im Repository Explorer zu verfolgen. Der Aufruf einer Changelist gelingt nur über die Benachrichtigungsanzeige im Meldungsbereich. Da die Anzeige dort gelöscht werden kann, ist ein nachträglicher Aufruf eventuell nicht mehr möglich.

10.4 Zusammenfassung

Sie haben nun die Funktionen zum Transportieren von SAP-Data-Warehouse-Cloud-Artefakten zwischen verschiedenen Tenants kennengelernt und können so Ihre Entwicklungen optimal zwischen Entwicklung, Test und Produktion organisieren. Sie wissen, welche zentrale Einstellungen es gibt, um diese Abstufungen steuern zu können. Sie können Ihre verschiedenen Transportpakete beim Export durch Ordner organisieren und wissen, dass diese durch eine geeignete Dokumentation beschrieben werden sollten. Sie haben erfahren, wie Sie entwickelte Artefakte in einen Transport aufnehmen und lassen sich bei der Behandlung von Abhängigkeiten vom System unterstützen, um konsistente und anwendbare Transporte zu erstellen. Dazu kennen Sie die Prüfmöglichkeiten vor einem Export inklusive der bereitgestellten Protokolle.

Auf der Importseite finden Sie sich in der Ordnerstruktur zurecht und wissen, wie Sie durch Importoptionen das Ergänzen oder das Überschreiben von Objekten im Ziel-Tenant steuern. Dabei können Sie die Artefakte entweder automatisch aktivieren lassen oder dies anschließend manuell vornehmen. Ferner können Sie die entsprechenden Importprotokolle aufrufen und so kontrollieren, ob ein Import korrekt erfolgte oder gegebenenfalls Nacharbeiten notwendig sind.

Kapitel 11
Datenmodelle im Kontext von SAP BW und SAP BW Bridge

Data Warehouse ist nicht nur SAP Data Warehouse Cloud. Sie können die Vorteile verschiedener Data-Warehouse-Lösungen kombinieren. In diesem Kapitel erfahren Sie, welche Möglichkeiten Sie dabei haben.

Wie in Abschnitt 1.1, »Technologische und konzeptionelle Entwicklungen«, beschrieben, ist SAP Data Warehouse Cloud nicht die erste Data-Warehouse-Lösung von SAP. Klassisches SAP NetWeaver BW mit oder ohne SAP HANA, Embedded Analytics und SAP BW/4HANA werden von über 16.000 Unternehmen weltweit eingesetzt. In allen Fällen, in denen es nicht explizit auf die Lizenzlinie ankommt, fassen wir diese Produkte in diesem Kapitel unter dem generischen Term *SAP BW* zusammen.

Viele der Unternehmen, die SAP BW einsetzen, setzen zusätzlich die Lösung SAP Data Warehouse Cloud ein oder erwägen deren Einführung. Um sich am Markt zu behaupten, müssen weltweit tätige Unternehmen ihre Lieferketten und Finanzdaten global in Echtzeit über das Internet überwachen können. Zeitweise, z. B. im Weihnachtsgeschäft oder zum Geschäftsjahreswechsel, sind die Anforderungen an die Datenanalysen hoch, und zu anderen Zeiten werden weniger Speicher und Rechenleistung benötigt. Die Flexibilität, die SAP Data Warehouse Cloud bietet, ist ein wichtiger Grund, warum sich viele Unternehmen, die bislang SAP BW einsetzen, nun für SAP Data Warehouse Cloud interessieren. Aus Datenschutzgründen oder aufgrund gesetzlicher Anforderungen brauchen einige dieser Unternehmen allerdings weiterhin ein Data Warehouse, dessen Server on-premise installiert sind. In diesem Kapitel zeigen wir Ihnen die Möglichkeiten, die diese Kombination bietet, und besprechen auch die Voraussetzungen für ein erfolgreiches Zusammenspiel.

Anwendungsfälle

Wie sieht Ihr Anwendungsfall aus? Haben Sie bisher SAP ERP Central Component (SAP ECC) oder SAP S/4HANA im Einsatz, und setzen Sie nun auf SAP Data Warehouse Cloud, stellen aber fest, dass es für die Datenextraktion aus bestimmten Quellen ausgereifte SAP-BW-Ladeprozesse gibt? Oder haben Sie bereits mit der Modellierung in SAP Data Warehouse Cloud begonnen und wollen SAP BW/4HANA als Ergänzung für die Harmonisierung der Daten einsetzen? Haben Sie seit vielen Jahren Modelle für Ihr Berichtswesen mit SAP BW erstellt, und wollen Sie nun komplett auf SAP Data Warehouse Cloud umsteigen? Vermutlich fragen Sie sich in jedem Fall, ob Sie alles komplett neu entwickeln müssen oder ob Sie Ihre Modelle und Ihr Know-how weiter nutzen können.

Themen dieses Kapitels

In diesem Kapitel erfahren Sie zunächst in Abschnitt 11.1, »Konzepte und Begriffe der SAP-BW-Modellierung«, welche Vorteile Sie generell durch die BW-Modellierung gewinnen. In Abschnitt 11.2, »Mögliche Architekturoptionen«, erfahren Sie, durch welche Architekturkonzepte Sie die Vorteile in SAP Data Warehouse Cloud einbinden können. Anschließend gehen wir auf die Architekturen im Einzelnen ein: In Abschnitt 11.3, »Datenmigration und Konvertierung nach SAP BW/4HANA«, stellen wir Ihnen die Umstellung vom klassischen SAP-BW-System nach SAP BW/4HANA vor, und in Abschnitt 11.4, »SAP BW Bridge«, erfahren Sie alles Wesentliche über die Umstellung auf SAP BW Bridge. Abschließend lernen Sie in Abschnitt 11.5, »BW-Modellierung«, die konkrete Vorgehensweise der SAP-BW-Modellierung und in Abschnitt 11.6, »ABAP-Entwicklungswerkzeuge«, die ABAP-Modellierung kennen. Abschließend betrachten wir in Abschnitt 11.7, »Integriertes-SAP-BW-Cockpit«, die Steuerung der Ladeprozesse und die Monitoring-Funktion des webbasierten SAP-BW-Cockpits.

11.1 Konzepte und Begriffe der SAP-BW-Modellierung

Vorteile von SAP BW

Die in diesem Kapitel vorgestellten Konzepte haben den großen Vorteil, dass Sie Modellierungskonzepte des klassischen SAP BW mit der neuen cloudbasierten Funktionalität von SAP Data Warehouse Cloud kombinieren und bestehende Objekte weiterhin nutzen können. In diesem Abschnitt stellen wir Ihnen die Motivation für SAP BW vor. Wenn Sie bereits SAP BW nutzen, können Sie diesen Abschnitt überspringen.

SAP BW bietet im Standard eine komfortable Datenintegration, speziell aus SAP-Quellen. Sie können die Daten stufenweise laden, zusätzlich auf ABAP-Ebene transformieren und die Datenladeprozesse komfortabel einplanen. Die gleiche Technologie steht Ihnen in großen Teilen auch in der in Abschnitt 11.4 beschriebenen Lösung SAP BW Bridge zur Verfügung. Daher profitieren Sie nicht nur on-premise, sondern auch nach der Migration oder dem Neueinstieg in der Cloud von den Vorteilen der Standardfunktionen von SAP BW. Im Folgenden stellen wir Ihnen die wichtigsten Konzepte und Begriffe sowie ihre Vorteile vor.

Operational Data Provisioning

Operational Data Provisioning (ODP) ist der technische Rahmen, mit dem Sie bestehende oder neue Quellsysteme anbinden können, speziell SAP-Systeme, für die SAP HANA Smart Data Integration nicht die ideale Technologie ist. Mehr über SAP HANA Smart Data Integration finden Sie in Abschnitt 9.1, »Datenintegration«. ODP überträgt die Daten komprimiert an SAP BW und stellt sicher, dass die Datensätze genau einmal und in der richtigen Reihenfolge ankommen. Abbildung 11.1 zeigt, dass Sie im Quellsystem die Extraktion der Daten testen und überwachen und die Kompressionsrate sehen können.

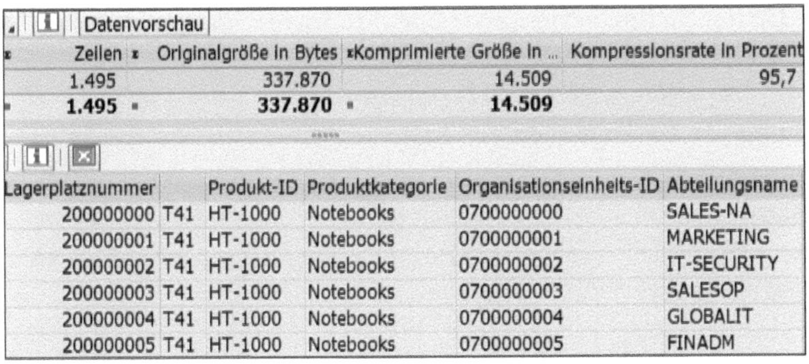

Datenvorschau

Zeilen	Originalgröße in Bytes	Komprimierte Größe in ...	Kompressionsrate in Prozent
1.495	337.870	14.509	95,7
1.495	**337.870**	**14.509**	

Lagerplatznummer		Produkt-ID	Produktkategorie	Organisationseinheits-ID	Abteilungsname
200000000	T41	HT-1000	Notebooks	0700000000	SALES-NA
200000001	T41	HT-1000	Notebooks	0700000001	MARKETING
200000002	T41	HT-1000	Notebooks	0700000002	IT-SECURITY
200000003	T41	HT-1000	Notebooks	0700000003	SALESOP
200000004	T41	HT-1000	Notebooks	0700000004	GLOBALIT
200000005	T41	HT-1000	Notebooks	0700000005	FINADM

Abbildung 11.1 Datenextraktion per ODP testen und überwachen

DataSource

Die technische Definition einer Datenquelle wird als *DataSource* bezeichnet. In einer DataSource wählen Sie die benötigten Felder und ihre Eigenschaften. Tabelle 11.1 zeigt die Quellen, die Sie besonders komfortabel über SAP BW für SAP Data Warehouse Cloud anbinden können, inklusive Hinweisen zu ihrer Definition.

Art der Datenquelle	Benutzeroberfläche	Kontext
ABAP-CDS-View, ein View auf SQL-Basis mit zusätzlicher semantischer Information	ABAP Development Tools in Eclipse	ODP-CDS
generische DataSource (von Ihnen als Kunde definiert): ▪ Tabelle oder View ▪ InfoSet-Query ▪ Funktionsbaustein	SAP GUI, Transaktion RSO2	ODP-SAP
themenspezifische (von SAP vordefinierte) Business-Content-DataSource	SAP GUI, Transaktion RSA5	ODP-SAP

Tabelle 11.1 Datenquellen und passende ODP-DataSources (Beispiele)

Art der Datenquelle	Benutzeroberfläche	Kontext
beliebige Tabelle, z. B. eine Cluster-Tabelle, deren Änderungen laufend durch den SAP Landscape Transformation Replication Server überwacht werden	SAP GUI, Transaktion LTRC auf dem SAP Landscape Transformation Replication Server	ODP-SLT
Datenmodelle aus einem SAP-BW-System (ab 7.4)	BW Modeling Tools in Eclipse	ODP-BW

Tabelle 11.1 Datenquellen und passende ODP-DataSources (Beispiele) (Forts.)

Anbindung von Datenquellen

Wir empfehlen Ihnen, die SAP-Quellen aus Tabelle 11.1 via ODP und SAP BW/4HANA anzubinden. Flache Dateien laden Sie über den Datei-Import. Für alle anderen Quellen verwenden Sie am besten Adapter von SAP HANA Smart Data Integration, z. B. anstelle des Adapters ODP-HANA.

SAP Business Content

SAP liefert unter der Bezeichnung *SAP Business Content* gebrauchsfertig vordefinierte Objekte, beispielsweise DataSources, die exakt auf den Datenstrukturen von SAP ECC oder SAP S/4HANA aufbauen. Die Felder entsprechen den Feldern der SAP-Quellsysteme. Abbildung 11.2 zeigt ein Beispiel für eine DataSource, die Felder der klassischen Controlling-Anwendung von SAP enthält. Wie Sie im unteren Teil von Abbildung 11.2 sehen, können Sie schon vor der Datenextraktion eine Datenvorschau aufrufen und die Datenformate prüfen.

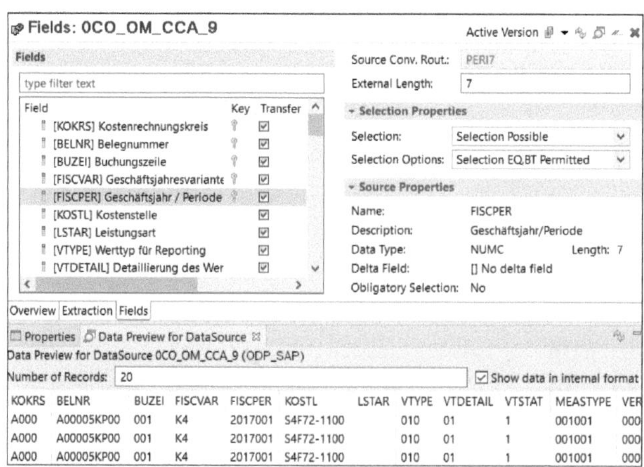

Abbildung 11.2 Business-Content-DataSource für Einzelposten mit Datenvorschau

Sie können diese Objekte an eigene Anforderungen anpassen, z. B. einzelne Felder nicht übernehmen, ohne die Version von SAP zu verlieren.

Objekttypen

Modelle in SAP BW sind strukturiert. Bewegungsdaten und Stammdaten werden in verschiedenen Objekten gespeichert und in getrennten Prozessen geladen, um Redundanzen zu verringern und das Datenvolumen klein zu halten. Jedes SAP-BW-Objekt besitzt den seiner Funktion entsprechenden *Objekttyp*, z. B. **DataSource für Fakten**. Wenn Sie ein Objekt sehen, erkennen Sie am Typ, wozu es dient.

InfoObjects

Ein *InfoObject* ist ein zentral für SAP BW/4HANA definiertes Objekt für möglicherweise zeitabhängige Stammdaten, Texte und Hierarchien. In übersichtlichen Dialogen legen Sie systemweite Eigenschaften fest, beispielsweise, welche Stammdaten zeitabhängig gespeichert werden sollen. Abbildung 11.3 zeigt, wie Sie im Dialog **Stammdaten pflegen** Attribute mit historischer Zuordnung anzeigen und editieren. Wenn Sie die InfoObjects mit den vordefinierten Eigenschaften für verschiedene Berichte nutzen und den gleichen Stichtag für zeitabhängige Daten wählen, sind Texte und Zuordnungen berichtsübergreifend einheitlich.

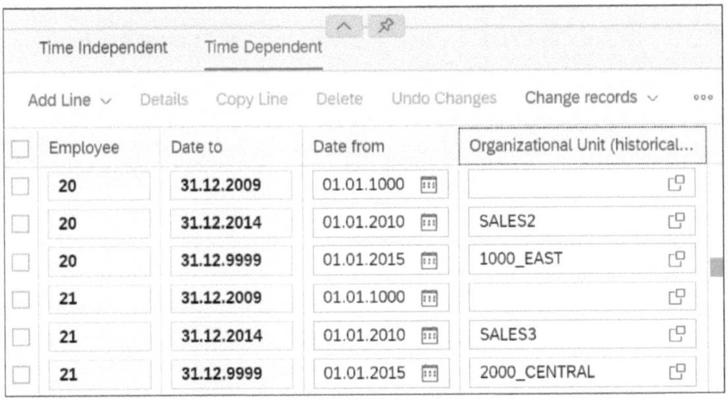

Time Independent | Time Dependent

Add Line | Details | Copy Line | Delete | Undo Changes | Change records

Employee	Date to	Date from	Organizational Unit (historical...
20	31.12.2009	01.01.1000	
20	31.12.2014	01.01.2010	SALES2
20	31.12.9999	01.01.2015	1000_EAST
21	31.12.2009	01.01.1000	
21	31.12.2014	01.01.2010	SALES3
21	31.12.9999	01.01.2015	2000_CENTRAL

Abbildung 11.3 Zeitabhängige Stammdaten

Datenfluss

In SAP BW/4HANA können Sie einfache oder komplexe Datenladeflüsse zu einem Ziel übersichtlich grafisch darstellen und weitere Objekte per Drag & Drop hinzufügen. Abbildung 11.4 zeigt das Einfügen einer *Open Hub Destination* in ein Datenflussobjekt für Attribute. Eine Open Hub Destination ist ein BW-Objekttyp, durch den Sie Daten in eine Datei oder in eine Datenbanktabelle schreiben.

Verlinkte Objekte

Sie können durch einen Doppelklick auf ein im Datenfluss dargestelltes Objekt oder über das Kontextmenü ❶ gezielt in den dazugehörigen Pflegedialog ❷ abspringen. Auch der Pflegeeditor enthält in vielen Fällen Links ❸ zu den damit assoziierten Objekten (siehe Abbildung 11.5).

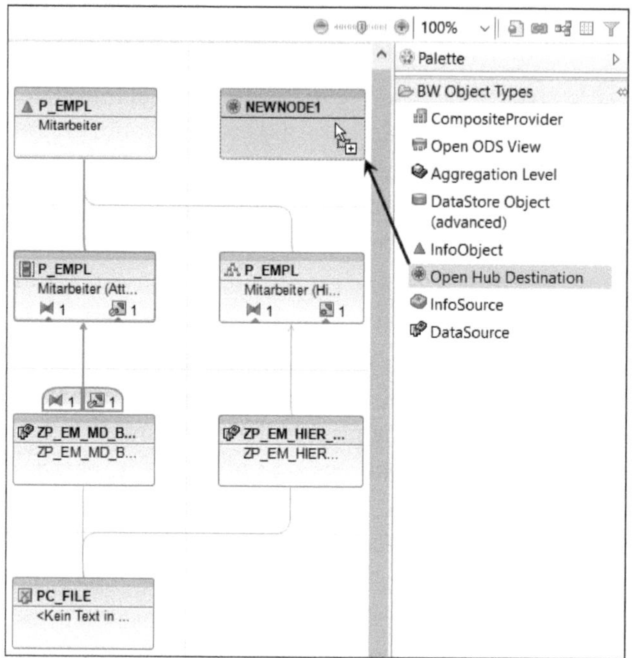

Abbildung 11.4 Beispiel für einen Datenfluss für Mitarbeiter-Stammdaten und das Hinzufügen eines weiteren Datenziels

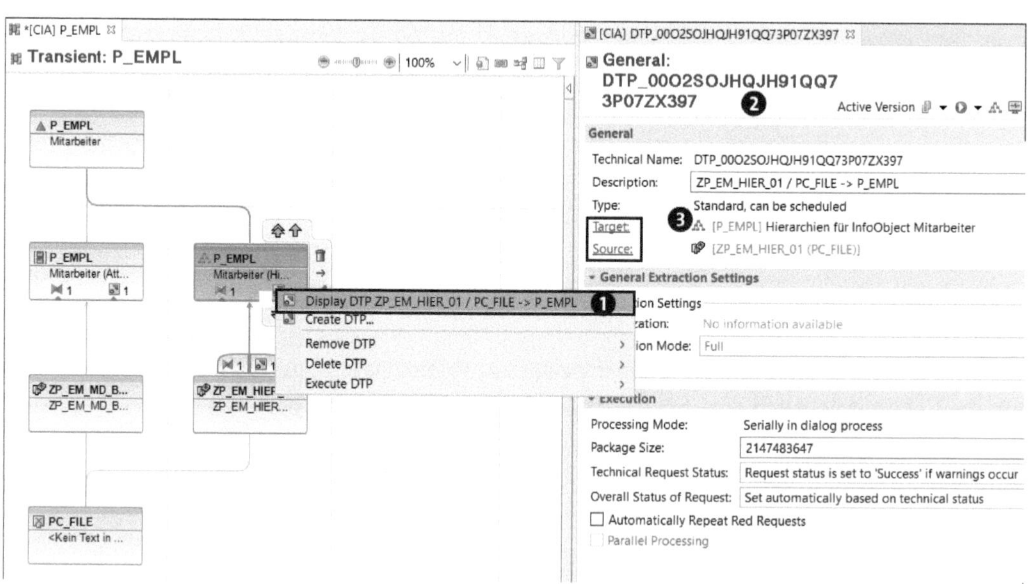

Abbildung 11.5 Von einem Datenfluss in einen Pflegedialog abspringen

Transformationen

In SAP BW/4HANA können Sie Inhalte komfortabel ändern. In einer *Transformation*, einem technischen Objekt, können Sie Routinen in ABAP oder

SQLScript definieren, um ganze Datenpakete auf einmal zu prozessieren. Sie können ein Zielfeld aus einem anders benannten Quellfeld übernehmen, beispielsweise wird in Abbildung 11.6 das Feld P_EMPL vom Feld EMPLOYEE_ID versorgt. Alternativ können Sie Werte für einzelne Datenfelder ableiten, indem Sie konstante Werte oder Formeln verwenden, Stamm- oder Bewegungsdaten nachlesen oder Zeit-, Währungs- oder Einheitenumrechnungen zentral in SAP BW/4HANA anlegen und auf einzelne Datenfelder anwenden.

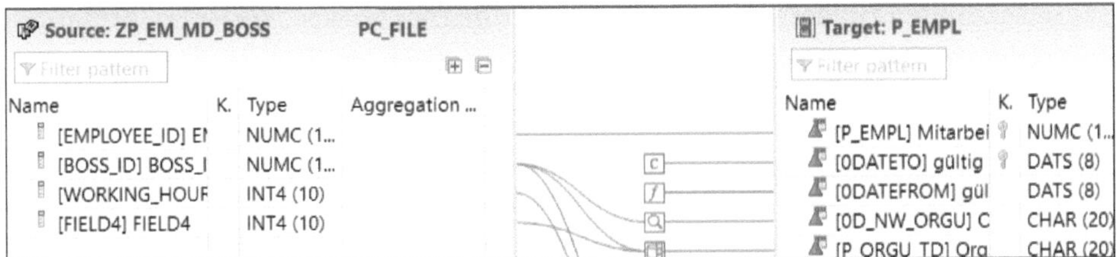

Abbildung 11.6 Transformationsregeln

Datentransferprozess, statische und dynamische Filter

Ein *Datentransferprozess* (DTP) ist die technische Definition eines Ladevorgangs von einer physischen Ebene zur nächsten Ebene, beispielsweise von einer DataSource für Hierarchien zu einer Hierarchietabelle (siehe Abbildung 11.5). Sie können in einem Datentransferprozess verschiedene Filter statisch als Festwert setzen oder als Variable durch ein Programm ermitteln (siehe Abbildung 11.7).

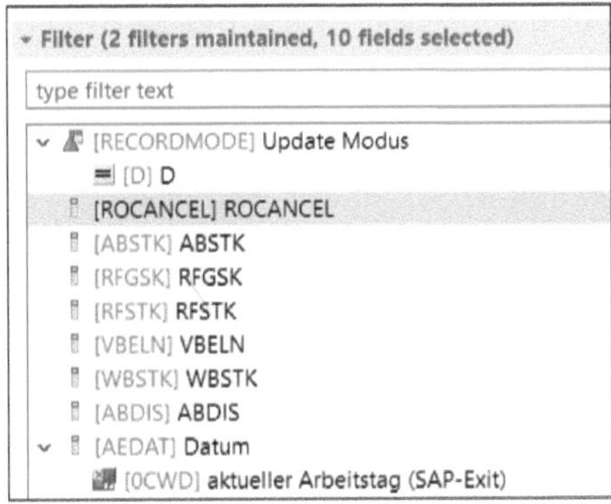

Abbildung 11.7 Statische und dynamische Filter in einem Datentransferprozess

Delta-Verfahren und Standard-ADSO

Je nach Definition der DataSource können Sie die Datenanforderung beim Laden auf die noch nicht geladene Information beschränken, was als Delta-Verfahren bezeichnet wird. Die DataSource sendet dann nur neue und geänderte Datensätze (oder die Differenz zum vorherigen Stand) und Kennzeichen für gelöschte Sätze. Wenn die DataSource keine solche Möglichkeit bietet, können Sie in SAP BW/4HANA ein *Standard-Advanced-DataStore-Objekt* (Standard-ADSO) anlegen. Dieses Objekt ist ein persistenter Zwischenspeicher, der die folgenden drei Tabellen umfasst:

1. **Neue Daten**
   Hier finden Sie frisch geladene Daten zur Qualitätskontrolle. Diese Daten sind nur in gewünschten Ausnahmefällen in Berichten sichtbar. Eine manuelle Korrektur dieser Daten ist zwar möglich, aber eine systematische Fehlerursache behandeln Sie besser folgendermaßen: Löschen Sie die neuen Daten, korrigieren Sie dann die Datenbasis oder Transformation, und fordern Sie anschließend die Daten neu an.
2. **Aktive Daten**
   Hier abgelegte Daten sind im Reporting verfügbar. Wenn die Datenqualität der neuen Daten stimmt und Sie sie nutzen wollen, übertragen Sie die Daten durch eine Datenaktivierung in diese Tabelle. Sie können in den Einstellungen festlegen, ob dabei Werte überschrieben oder aufaddiert werden.
3. **Change Log**
   Hier finden Sie die Historie der Änderungen der aktiven Daten. Das Change Log dient zwei Zwecken:
   - Solange die entsprechenden Änderungen im Change Log verfügbar sind, können Sie die letzten Ladevorgänge auch nach dem Aktivieren der Daten rückgängig machen, was als *Rollback* bezeichnet wird.
   - Wenn Sie die Daten des ADSO durch ein Delta-Verfahren in weitere Ziele fortschreiben und bereits Daten übertragen haben, werden nur die benötigten Änderungen aus dem Change-Log ausgelesen.

Abbildung 11.8 zeigt, wie die Tabellen eines ADSO genutzt werden:

❶ beim Einfügen eines neuen Satzes

❷ beim Aktivieren dieses Satzes und (optional) beim Füllen des Change Logs

❸ beim erstmaligen Weitergeben der Daten an andere Ziele mit der Verfahrenseinstellung **Delta** oder mit der Einstellung **Full**

❹ beim Laden einer Korrektur

❺ beim Aktivieren dieser Korrektur

❻ beim späteren Weitergeben der Daten an weitere Ziele mit der Verfahrenseinstellung **Delta**

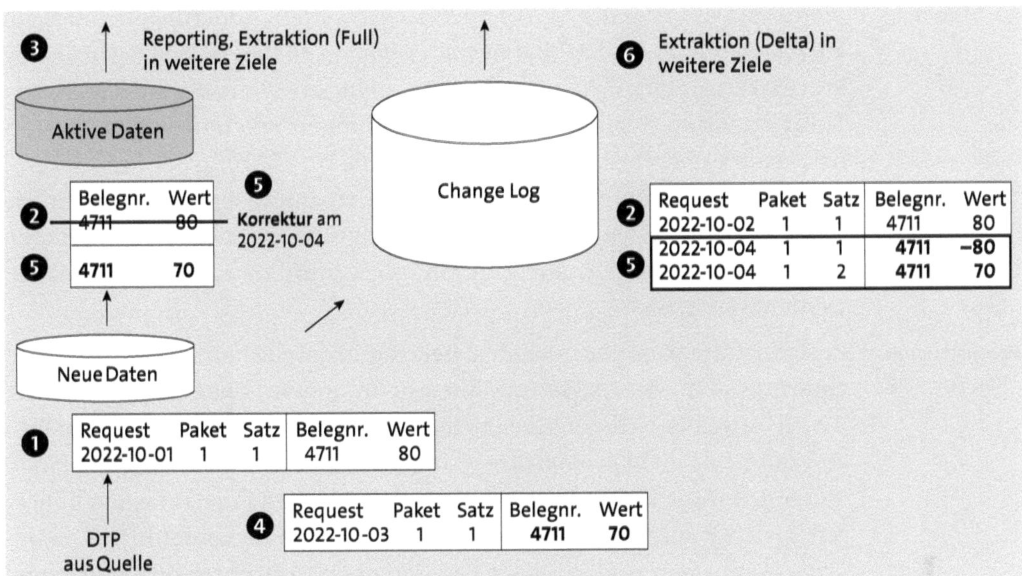

Abbildung 11.8 Tabellen des Standard-ADSO mit einem Beispiel für korrigierte Dateninhalte (die Belegnummer ist das Schlüsselfeld)

Prozessketten

Eine *Prozesskette* ist eine grafisch visualisierte Abfolge von Hintergrundprozessen, die zentral eingeplant und überwacht werden kann. Sie können festlegen, ob ein Folgeschritt nur bei erfolgreicher Ausführung des vorherigen Schritts starten oder im Fall eines Fehlers starten soll. Abbildung 11.9 zeigt ein Beispiel, in dem zwei Prozesse parallel eingeplant werden und am Ende unter einer kombinierten Bedingung zusammengefasst werden. Anschließend wird als letzter Schritt eine weitere Prozesskette gestartet.

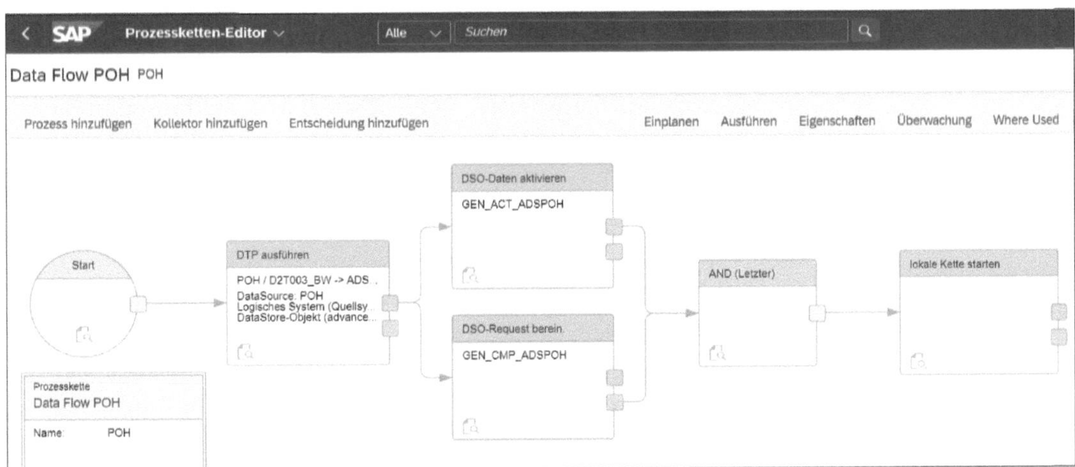

Abbildung 11.9 Prozesskette zum Füllen eines ADSO

Streaming

Wenn Sie Daten per ODP_SLT-Kontext laden, werden Änderungen innerhalb kürzester Zeit an das SAP-BW-System geliefert. In diesem Fall legen Sie die Prozesskette mit dem Kennzeichen **Streaming** an. Wenn der SAP Landscape Transformation Replication Server Änderungen erkannt und prozessiert hat, löst dies per Push-Verfahren sofort eine Ausführung der Prozesskette aus. In anderen Kontexten können Sie die Streaming-Eigenschaft ebenfalls einschalten. Dann wird jedoch ein Pull-Verfahren angewandt, das bedeutet, dass die Prozesskettensteuerung minütlich prüft, ob neue Daten geladen werden müssen.

Aufgabenlisten und Housekeeping

In einem Data Warehouse werden viele Daten gespeichert, deren Wert rasch abnimmt, z. B. die Änderungshistorie in einem Change Log. In SAP BW/4HANA gibt es besondere Prozesstypen, die Sie in einer regulären Prozesskette, also nicht in einer Streaming-Prozesskette, regelmäßig einplanen können, um solche Daten zu verdichten, zu löschen oder auf einen billigeren Speicher auszulagern. Alternativ können Sie eine vordefinierte *Aufgabenliste* anpassen, die Sie je nach Bedarf manuell ausführen oder einplanen.

Virtuelle Schichten

Ähnlich wie in einem Datenmodell aus dem Data Builder (siehe Kapitel 4, »Datenmodellierung mit dem Data Builder«) können Sie für jedes Thema entscheiden, ob Sie die Daten physisch laden oder virtuell ohne Speicher abbilden und bei Bedarf aus der Quelle nachlesen möchten. In SAP BW gibt es für virtuelle Modelle besondere Objekttypen.

Open-ODS-View

Wenn Sie Daten von außerhalb des SAP-BW/4HANA-Systems virtuell für Ihr Berichtswesen bereitstellen und mit virtuellen oder physisch geladenen Stammdaten anreichern wollen, definieren Sie einen *Open-ODS-View*. Im Open-ODS-View können Sie Felder aus der Quelle auswählen, anordnen und mit semantischen Informationen, beispielsweise einer Währung oder einer Einheit, anreichern.

CompositeProvider

Um bestehende Objekte in SAP BW virtuell zu kombinieren, verwenden Sie CompositeProvider. Sie können SAP-HANA-Views, Stamm- und Bewegungsdaten und Open-ODS-Views durch Join, Union, Projektion, Aggregation und Assoziation kombinieren. Zusätzlich können Sie Einschränkungen und Formeln mit SQL-Mitteln definieren, die in SAP HANA errechnet werden.

LSA++

Die bisher vorgestellten Objekttypen ermöglichen eine LSA++ (siehe Abschnitt 1.1.2. »Modellierungskonzepte«, und Abbildung 11.11), in der Sie in den meisten Fällen mit maximal einer physischen Schicht in SAP BW/4HANA auskommen.

Folgende zentrale Vorteile von SAP BW stehen Ihnen in SAP BW Bridge hingegen *nicht* zur Verfügung:

Als oberste Schicht definieren Sie in einer BW-Query eine themenspezifische Basis für einen Bericht, können aber bestimmte Änderungen ermöglichen. Darüber hinaus können Sie Sortierung, Schwellenwerte, semantische Formeln und Umrechnungen definieren sowie Stammdaten (Attribute, Texte und Hierarchien) einbinden. Diese Basis können Sie anstelle einer Perspektive (siehe Abschnitt 5.5. »Perspektiven«) als Grundlage von Modellen in SAP Analytics Cloud verwenden.

BW-Query

In SAP BW können Sie Objekte ohne Transportauftrag anlegen und später die benötigten Objekte im Entwicklungssystem sammeln, um sie in ein Qualitätssicherungs- oder in ein Produktivsystem zu transportieren. Alle Abhängigkeiten werden erkannt, und auf Wunsch wird der Datenfluss davor oder danach mit übernommen.

Transportwesen

11.2 Mögliche Architekturoptionen

Architekturentscheidungen

Wenn Sie sich generell für die hybride Modellierung, also eine Kombination von SAP-BW-Modellen und Datenmodellen in SAP Data Warehouse Cloud entschieden haben, stehen Sie vor vier Fragen:

1. Welche SAP-BW-Variante (SAP BW, SAP BW/4HANA oder SAP BW Bridge) setzen Sie ein?
2. Welche Daten aus Quellsystemen lassen sich leichter direkt in den Kern von SAP Data Warehouse Cloud integrieren und für welche Schnittstellen eignet sich eher die Anbindung an SAP BW?
3. Welche Harmonisierungsschritte bzw. Ebenen der LSA++ deckt das SAP-BW-Modell ab, und welche Anforderungen lassen sich besser in SAP Data Warehouse Cloud realisieren?
4. Welche Methode eignet sich am besten zur Integration der SAP-BW-Daten in den Kern von SAP Data Warehouse Cloud?

Betrachten Sie dabei alle vier Fragen auf einmal. Die Antwort auf die erste Frage hängt vermutlich von den Antworten auf die zweite bis vierte Frage und den Lizenzkosten ab. Auch wenn die Antwort auf die zweite Frage, für sich alleine betrachtet, ergibt, dass eine direkte Integration in SAP Data Warehouse Cloud problemlos möglich ist, kann es sinnvoller sein, sich für eine Übernahme in ein SAP-BW-Modell zu entscheiden, weil Sie bei der Betrachtung der dritten Frage erkannt haben, dass SAP BW bessere Transformationsoptionen bietet. Jede dieser vier Fragen diskutieren wir in einem der folgenden Abschnitte.

11.2.1 SAP-BW-Varianten

Die Entscheidung, welche SAP-BW-Variante Sie einsetzen wollen, hängt vor allem von zwei Faktoren ab:

- Was wollen Sie mit der SAP-BW-Variante machen?
- Wollen Sie eine cloudbasierte SAP-BW-Variante als SaaS-Lösung oder eine On-Premise-Variante einsetzen?

SAP BW Bridge

Die cloudbasierte Variante *SAP BW Bridge* ist eine funktionale Erweiterung von SAP Data Warehouse Cloud und dient speziell dazu, Daten aus Quellen entgegenzunehmen, zu harmonisieren und an SAP Data Warehouse Cloud weiterzugeben. Die Daten können teils durch Ladeprozesse aus ODP-Quellsystemen und teils durch eine Konvertierung aus einem Vorgänger-SAP-BW-System nach SAP BW Bridge gelangen. Mehr dazu finden Sie in Abschnitt 11.4.9, »Migration eines SAP-BW-Systems nach SAP BW Bridge«, und in Abschnitt 16.2, »Migration nach SAP BW Bridge«.

Grenzen von SAP BW Bridge

SAP BW Bridge ist keine vollständig eigenständige SAP-BW-Version. Reporting-, Planungs- und Data-Mining-Funktionen decken Sie beispielsweise nicht über SAP BW Bridge, sondern über die cloudbasierte *SAP Data Suite*, also SAP Data Intelligence, SAP Analytics Cloud und SAP Data Warehouse Cloud ab.

On-Premise-BW-Varianten

Wenn Sie die volle Funktionalität eines SAP-BW-Systems benötigen, um z. B. auf der Datenbankebene zu modellieren oder SAP Analytics Cloud direkt anbinden zu können, entscheiden Sie sich für eine On-Premise-SAP-BW-Variante wie SAP BW NetWeaver 7.5. on any DB, SAP BW NetWeaver 7.5, powered by SAP HANA oder SAP BW/4HANA. Wir raten an dieser Stelle zu SAP BW/4HANA, weil der Support bis 2040 zugesagt ist und die neuesten Features nur in SAP BW/4HANA verfügbar sind, beispielsweise die BW/4HANA-Modellübertragung (siehe Abschnitt 5.8, »SAP-BW/4HANA-Modellübertragung«).

Gradueller Übergang

Selbstverständlich können Sie SAP BW Bridge und SAP BW/4HANA übergangsweise auch parallel einsetzen. Typischerweise nutzen Sie SAP BW Bridge für den schrittweisen Übergang (daher der Name) der Modelle aus der On-Premise-Welt nach SAP Data Warehouse Cloud. In dem Maß, wie Sie bessere Modelle in SAP Data Warehouse Cloud gebaut haben, können Sie bestehende Querys aus SAP BW/4HANA ablösen. Der Anteil der Modelle, die Sie in SAP BW/4HANA pflegen, wird im Lauf der Zeit abnehmen, und SAP Data Warehouse Cloud wird zu Ihrer führenden Data-Warehouse-Lösung.

11.2.2 Anbindung von Quellen

Klassisches Verbindungskonzept

Die nächste Entscheidung, ob Sie bestimmte externe Daten direkt oder über eine SAP-BW-Variante integrieren, hängt von der Art der Datenquelle und von dem Übernahmeverfahren (Remote-Zugriff, Delta- oder Full-Extraktion) ab. Abbildung 11.10 und Tabelle 11.2 zeigen neben der Konvertierung drei Wege: die Integration über SAP BW Bridge, über SAP BW/4HANA oder direkt in SAP Data Warehouse Cloud.

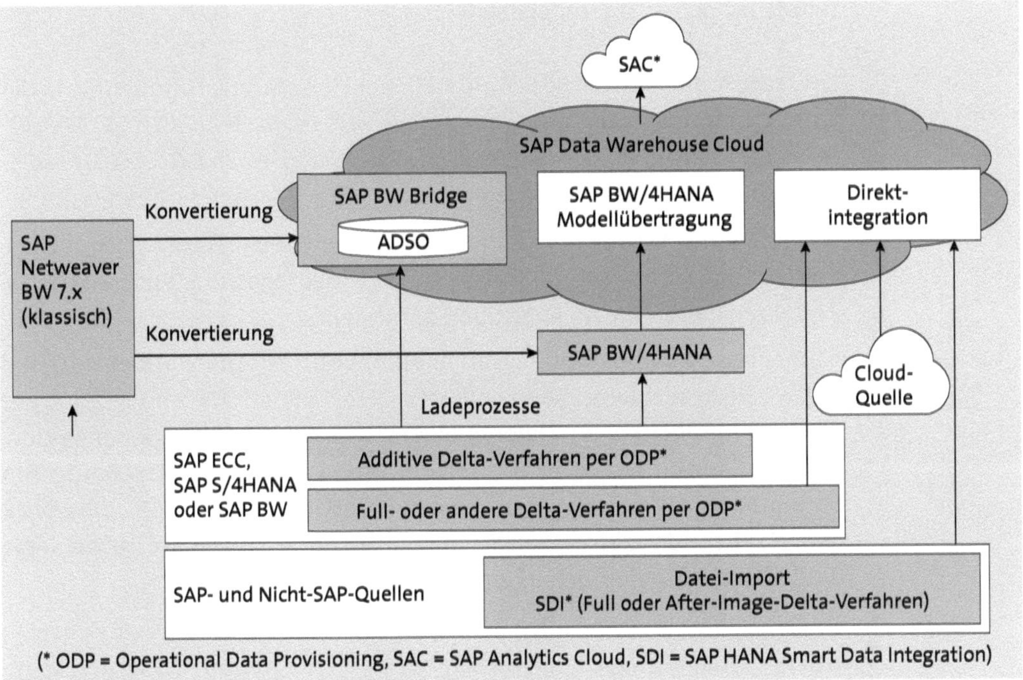

Abbildung 11.10 Optionen zur Integration von Daten

Art der Datenquelle	SAP BW Bridge	SAP BW oder SAP BW/4HANA	SAP Data Warehouse Cloud
CDS-DataSource	per ODP	per ODP	per ABAP-Adapter
SLT-DataSource	per ODP	per ODP	als Ziel der SLT-Verbindung
andere SAP-Quellen, z. B. SAP BW	empfohlen: per ODP	per ODP (oder ABAP-Adapter)	per ABAP-Adapter

Tabelle 11.2 Schnittstellenoptionen

Art der Datenquelle	SAP BW Bridge	SAP BW oder SAP BW/4HANA	SAP Data Warehouse Cloud
CSV-Datei direkt	nicht als Quellsystem verfügbar	per File-Data-Source	empfohlen: CSV-Import
Nicht-SAP-Quelle	nicht als Quellsystem verfügbar	per HANA_SDA	empfohlen: per SDI-Adapter

Tabelle 11.2 Schnittstellenoptionen (Forts.)

Zur Frage, wann Sie welche Schnittstellenoption einsetzen, finden Sie in der SAP-Hilfe unter *https://help.sap.com/docs/SAP_DATA_WAREHOUSE_CLOUD/be5967d099974c69b77f4549425ca4c0/eb85e157ab654152bd68a8714036e463.html* weitere Informationen.

Wenn mehrere Optionen existieren, überlegen Sie dabei zusätzlich, welche Anbindung welche Features unterstützt, speziell wenn die Quelle ein Delta-Verfahren liefert, wie im Folgenden dargestellt:

Quellsystemanbindung

In der klassischen Verbindungsarchitektur von SAP Data Warehouse Cloud nutzen Sie in aller Regel Adapter von SAP HANA Smart Data Integration zur direkten Anbindung von Datenquellen als Remote-Tabelle mit der Option, Daten zu replizieren. Mehr dazu finden Sie in Kapitel 3, »Verwaltung von Verbindungen, Dateien und Artefakten«, und in Abschnitt 16.1, »Überblick über das hybride Szenario«. Je nach Adapter unterstützt diese Technologie die Echtzeit-Datenverfügbarkeit.

Wenn Sie eine neue Anforderung umsetzen wollen, prüfen Sie zunächst, ob einer der Adapter von SAP HANA Smart Data Integration dies leisten kann. Für Dateien, cloudbasierte Quellen, Datenbanken einschließlich SAP HANA, Data Lakes oder sonstige Nicht-SAP-Quellen finden Sie in SAP Data Warehouse Cloud geeignete SAP-HANA-Smart-Data-Integration-Adapter. Einige diese Adapter unterstützen nur *Full-Extraction-Verfahren*, also Verfahren, die bei jedem Zugriff alle aktuell vorhandenen Datensätze liefern. Wenn Sie allerdings Daten per *After-Image-Delta-Verfahren* übernehmen wollen, das heißt, dass Sie nur die neuen oder die geänderten Datensätze und Löschkennzeichen für die gelöschten Sätze erwarten, kommt es auf den Adapter und die Quelle an, ob dies möglich ist. Einige Adapter von SAP HANA Smart Data Integration, z. B. Adapter für die Direktanbindung einer Datenbanktabelle oder für Twitter, unterstützen After-Image-Delta-Verfahren in Echtzeit.

Extraktion aus ABAP-CDS-Views

Es kommt aber nicht nur auf den Adapter, sondern auch auf die Quelle an. Wenn Sie z. B. Daten per Delta-Verfahren aus einer SAP-S/4HANA-Quelle extrahieren wollen, gibt es entscheidende Unterschiede zwischen den verschiedenen Schnittstellentechnologien. Für viele Tabellen haben Sie die Wahl zwischen klassischen SAP-BW-Extraktoren (*S-API-Schnittstelle*) und der Extraktion über die moderneren ABAP-CDS-Views. Der ABAP-Adapter unterstützt prinzipiell Delta-Verfahren, braucht dazu aber einen Primärschlüssel in der Quelle. Außerdem muss der CDS-View Annotationen aufweisen, die die Extraktion ermöglichen. Dies trifft z. B. auf die meisten als Extraktor definierten ABAP-CDS-Views zu. Wenn Sie auch die Harmonisierungsanforderungen in SAP Data Warehouse Cloud umsetzen wollen, extrahieren Sie diese Daten am einfachsten direkt aus einem CDS-View, also ohne Umweg über ein SAP-BW-Bridge- oder SAP-BW-System.

Wenn Sie nachfolgende Anforderungen aufgrund der Transformationslogik besser über SAP-BW-Transformationen harmonisieren können, kann eine Extraktion in ein SAP-BW-System dennoch sinnvoll sein. Allerdings müssen Sie für SAP BW Bridge als Ziel die Technologie ODP statt SAP HANA Smart Data Integration wählen. Bei SAP BW/4HANA als Ziel haben Sie die Wahl zwischen SAP HANA Smart Data Integration (aus historischen Gründen unter dem Quellsystemtyp HANA_SDA aufgeführt) und ODP-CDS.

Delta-Extraktion aus S-API-Extraktoren

Die schlüsselbasierten Delta-Verfahren der ABAP-CDS-Views senden im Fall einer Änderung den neuen Zustand für die betreffenden Datensätze. Wenn der Schlüssel in der Zieltabelle gröber ist als in der Quelle, z. B. nur die Kundennummer statt der Belegzeile enthält, reicht das nicht aus, weil sich aus dem Neuzustand einer Belegzeile und der vorhandenen Summe der Umsätze dieser Kundennummer nicht die neue Umsatzsumme ermitteln lässt. Für solche Fälle stellt SAP über vordefinierte S-API-Extraktoren ein besseres, sogenanntes *additives Delta-Verfahren* zur Verfügung. Die Extraktion liefert dann bei einer Wertänderung die Differenz pro Belegzeile. Diese Differenz kann einfach zu der alten Summe hinzuaddiert werden.

Das additive Delta-Verfahren betrifft zahlenmäßig nicht viele, aber dafür die wichtigsten SAP-Extraktoren, z. B. aus Controlling (0CO_OM_CCA_9), Finanzwesen (0FI_GL_11) und HR (0HR_PT_*). Diese Extraktoren sind in der ABAP-Dictionary-Tabelle ROOSOURCE im Quellsystem aufgeführt und weisen dort im Feld **Delta** den Eintrag **ADD** oder **ADDD** auf. SAP Data Warehouse Cloud bietet keinen Standard für diese Logik. Daher empfehlen wir für diese Quellen einen hybriden Modellierungsansatz, in dem SAP BW oder SAP BW Bridge benutzt wird. Als Schnittstellentechnologie verwenden Sie dann ODP-SAP für die Kommunikation mit dem Ziel-SAP-BW-System. Diese Schnittstelle basiert auf Remote Function Calls und hat, wie in Abschnitt 11.1, »Konzepte und Begriffe der SAP-BW-Modellierung«, beschrieben zudem den Vorteil, dass die Daten komprimiert und trotzdem in der richtigen Reihenfolge übertragen werden können.

Ähnlich verhält es sich mit einem SAP-BW-System als Quelle. Sie können zwar über den ABAP-Adapter Daten abgreifen, aber um die volle Logik des Delta-Verfahrens und die Datenkomprimierung zu nutzen, raten wir zur Extraktion aus dem Quell-SAP-BW-System in ein Ziel-SAP-BW-System oder mit ODP-BW als Schnittstelle nach SAP BW Bridge. Mehr dazu finden Sie in Abschnitt 16.1, »Überblick über das hybride Szenario«.

Vorteile hybrider Modelle

Kurz gesagt sprechen die folgenden Vorteile für eine hybride Modellierung unter Einbeziehung einer SAP-BW-Variante:

- Sie wollen Daten aus klassischen SAP-BW-Systemen nach SAP Data Warehouse Cloud migrieren und konvertieren.
- Sie wollen Daten aus ODP-Extraktoren extrahieren, speziell im Delta-Verfahren.
- Sie nutzen Transformationen mit ABAP-Routinen oder eine Standard-Datenkonvertierung des SAP-BW/4HANA-Systems.
- Sie nutzen fertige Modelle des SAP Business Contents.
- Sie haben bereits fertige Datenflüsse mit komplexer Logik erstellt und wollen weiter von dieser Investition profitieren.

11.2.3 Transformationen und Schichten

Sowohl für SAP BW als auch für SAP Data Warehouse Cloud empfehlen wir eine Schichtenarchitektur. Die vorangehende Schicht bildet dabei jeweils eine Datenbasis für die Transformation der nächsten Schicht. Wenn Sie sich für eine oder mehrere Integrationsoptionen entschieden haben, lautet die nächste Frage, bis zu welcher Ebene Sie innerhalb der SAP-BW-Umgebung modellieren und welche Teile in SAP Data Warehouse Cloud.

Ebenen

Je nachdem, was Sie bereits erstellt haben und wo Sie gewünschte Transformationen besser abbilden können, können Sie aus SAP BW eine der folgenden Ebenen bereitstellen (siehe Abbildung 11.11):

- **Rohdaten:**
  In aller Regel gehen beim Export von Daten zwischen verschiedenen Technologien semantische Informationen verloren. Dies trifft auch zu, wenn Sie SAP-BW-Modelle in SAP Data Warehouse Cloud nutzen. Sie müssen beispielsweise die Assoziation von Texten und Hierarchien in SAP Data Warehouse Cloud erneut definieren. Daher empfehlen wir für neue Szenarien, SAP BW (oder SAP BW Bridge) vor allem für die Anbindung der ODP-Quellen zu nutzen, schon die erste physische Ebene in SAP

Data Warehouse Cloud zu integrieren und dort semantische Informationen zu ergänzen.

- **Harmonisierte Daten**
  Für bestimmte Transformationen ist die Funktionalität von SAP BW jedoch besonders komfortabel. Beispielsweise können Sie mit den Standardzeitmerkmalen Ihre Monatswerte proportional auf Tages-, Wochen- oder Quartalsebene verteilen bzw. verdichten. Eine weitere Standardfunktion ist der *Temporale Lookup*. Damit können Sie z. B. zeitabhängige Produktkategorien zum jeweiligen Verkaufsdatum hinzulesen. Außerdem können Sie ABAP- oder SQLScript-Routinen in den Transformationen verwenden. Führen Sie solche Funktionen in SAP BW aus, und exponieren Sie die Daten danach.
- **Business-Modelle**
  Wenn Sie bereits viele Ebenen definiert oder verschiedene Szenarien kombiniert haben und dieses Investment weiternutzen möchten, können Sie CompositeProvider oder im Fall von SAP BW/4HANA auch Querys übertragen.

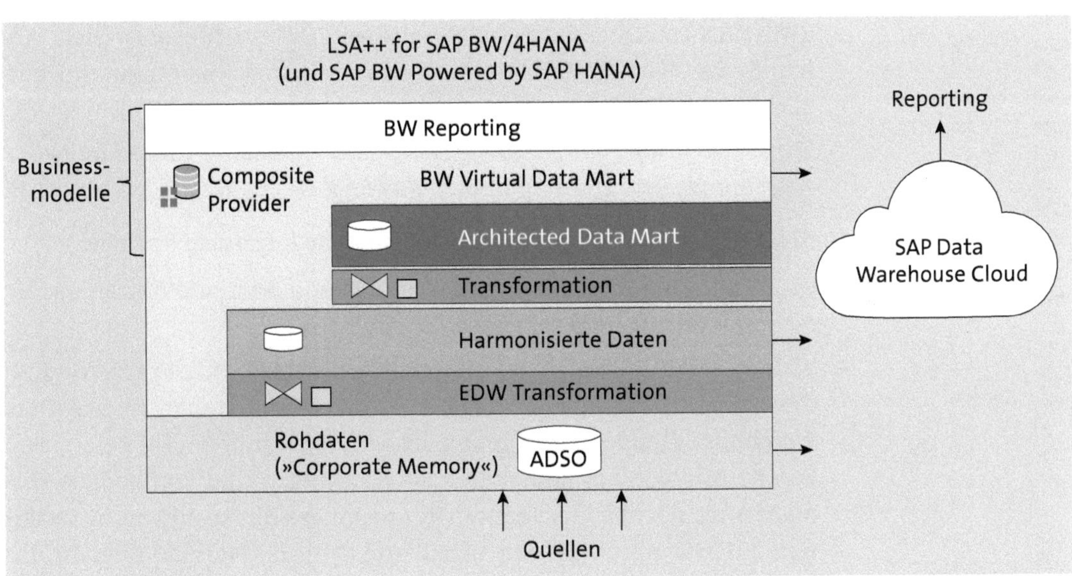

Abbildung 11.11 Ebenen für die Übernahme von Daten aus SAP BW/4HANA, vereinfacht nach SAP

11.2.4 Daten aus SAP BW bereitstellen

Generische Adapter

Wie können Sie nun Ihre SAP-BW-Daten in SAP Data Warehouse Cloud bereitstellen? Speziell für SAP-Quellen stehen Ihnen der ABAP-Adapter und datenbankspezifische Adapter für die Extraktion aus der darunterliegenden Datenbank zur Verfügung, beispielsweise der SAP-HANA-Adapter. Sie können diesen Weg analog für SAP-BW-Quellen nutzen, um die Daten über die Datenbank oder das ABAP Dictionary anzubinden.

BW-spezifische Datenbereitstellung

Abbildung 11.12 zeigt zusätzlich die folgenden drei Optionen zur Anbindung von Daten aus SAP-BW-Systemen:

- **SAP-BW-Verbindung**
  Hierbei handelt es sich um eine SAP-HANA-Smart-Data-Integration-basierte Extraktion von Daten aus SAP BW oder SAP BW/4HANA. Weitere Informationen finden Sie in diesem SAP-Blog-Beitrag:

  https://blogs.sap.com/2020/09/16/sap-data-warehouse-cloud-connecting-local-systems-like-sap-bw-4hana
- **SAP BW Bridge**
  Dies ist eine Option zur Integration klassischer BW-Systeme nach SAP Data Warehouse Cloud, siehe Abschnitt 11.4, »SAP BW Bridge«.
- **SAP-BW/4HANA-Modellübertragung**
  Dies ist eine Option zur Bereitstellung von Daten aus Querys von SAP BW/4HANA als Quelle, die ab SPS 7 (also seit 2020) verfügbar ist (siehe Abschnitt 5.8, »SAP-BW/4HANA-Modellübertragung«). Einen guten Überblick finden Sie in diesem SAP-Blog-Beitrag:

  https://blogs.sap.com/2020/11/30/sap-data-warehouse-cloud-sap-bw-4hana-model-transfer-step-by-step-guidance/

Vorteile der SAP-BW/4HANA-Modellübertragung

Die SAP-BW/4HANA-Modellübertragung hat die folgenden Vorteile:

- Die SAP-HANA-Engines von SAP Data Warehouse Cloud führen die Berechnungen mit einer sehr guten Laufzeit aus.
- Viele in SAP BW/4HANA definierte semantische Eigenschaften von BW-Querys und InfoProvidern bleiben erhalten und stehen in SAP Data Warehouse Cloud zur Verfügung. Insbesondere müssen Sie Referenzen von Kennzahlen auf Einheiten oder Währungen und vorhandene Formeln nicht nachbauen, sondern können diese direkt nutzen. SAP-Hinweis 2932647 gibt Ihnen eine detaillierte aktuelle Übersicht über die unterstützten Features.

ODP

In allen diesen Fällen können Sie außerdem weitere Daten in SAP BW laden und im SAP-BW-System weitere Quellen über ODP anbinden. Wie in Abbildung 11.12 dargestellt, stehen je nach Quelle verschiedene Kontexte zur Verfügung.

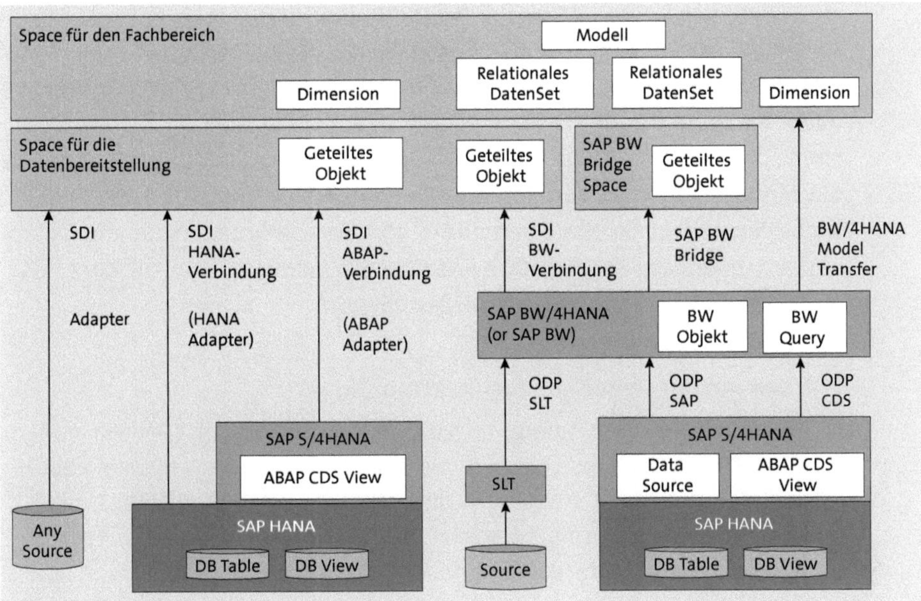

Abbildung 11.12 Mögliche Architekturoptionen

Wie verwenden Sie die Daten in SAP Data Warehouse Cloud? Das erläutern wir anhand eines konkreten Szenarios in Kapitel 16, »Szenario 2: Hybride Modellierung zur Erweiterung einer SAP-BW-Lösung«. Als Überblick mögen hier die schematische Darstellung aus Abbildung 11.13 und eine kurze Erklärung genügen.

Daten verwenden

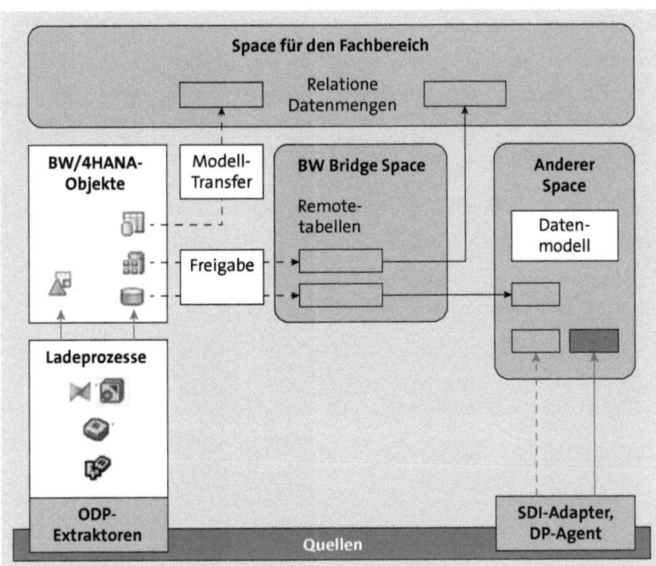

Abbildung 11.13 Ebenen der hybriden SAP-BW-Bridge-Architektur

Sie stellen die Daten von SAP BW Bridge über Remote-Tabellen in einem speziellen Space, dem SAP-BW-Bridge-Space (siehe Abschnitt 11.4.2, »Einrichten der Umgebung für SAP BW Bridge«) bereit. Diese Remote-Tabellen teilen Sie dann mit den Spaces, die die Daten konsumieren. Die Zwischenebene des SAP-BW-Bridge-Space entfällt bei der BW-Modellübertragung, da die Modelle direkt in den konsumierenden Space importiert werden. Ein wichtiger Aspekt ist die Übernahme von Berechtigungen für die Datenauswertungen aus SAP BW nach SAP Data Warehouse Cloud, die kurz in Kapitel 8, »Benutzer und Rollen«, vorgestellt wird.

[»]

Wann nutzen Sie welche Architekturoption?

Die Option **Direktanbindung** von Quellen und die komplette Modellierung in SAP Data Warehouse Cloud (ohne SAP-BW-Funktionen) nutzen Sie für Nicht-SAP-Quellen. Außerdem ist diese Option sinnvoll für Datenbanken, cloudbasierte Quellen und für solche SAP-Quellen, von denen Sie Snapshots oder schlüsselbasierte Delta-Verfahren verwenden, beispielsweise über CDS-Views.

Die Option **SAP-BW-Verbindung** ist die einfachste Option, wenn Sie schon ein gut integriertes SAP-BW-On-Premise-System mit physischen und virtuellen Ebenen haben. Sie können Daten nach SAP Data Warehouse Cloud replizieren oder virtuell über Remote-Tabellen zur Verfügung stellen.

SAP BW Bridge wurde für Kunden entwickelt, die ein klassisches SAP-BW-System verwenden, es in die Cloud überführen und die dort angelegten Modelle und Ladeprozesse weiter nutzen möchten. Außerdem können Sie SAP BW Bridge zur Anbindung neuer ODP-Quellen im Delta-Verfahren nutzen. Die geladenen Daten speichern Sie physisch in SAP BW Bridge, entweder direkt als Rohdaten oder nach einer BW-Transformation, um, darauf aufbauend, virtuelle Ebenen in klassischen Spaces von SAP Data Warehouse Cloud zu modellieren.

Die Option **SAP-BW/4HANA-Modellübertragung** bietet Vorteile für Business-Modelle, wenn Sie virtuelle Modelle auf der Basis einer Query in SAP BW/4HANA entwickelt haben und die Felder für die Verwendung in Analysen oder in einem Space für den Fachbereich nutzen wollen. Sie eignet sich nicht als Basis für die unteren Ebenen der Modellierung in SAP Data Warehouse Cloud.

11.3 Datenmigration und Konvertierung nach SAP BW/4HANA

Gründe für eine Konvertierung

Haben Sie sich aufgrund der Überlegungen von Abschnitt 11.2, »Mögliche Architekturoptionen«, für SAP BW/4HANA zur Integration nach SAP Data Warehouse Cloud entschieden? Wenn Sie bisher mit SAP NetWeaver BW arbeiten, müssen Sie dazu erst Ihre Daten auf die SAP-HANA-Datenbank migrieren und die SAP-BW-Objekte konvertieren. Danach können Sie den SAP-HANA-Adapter nutzen oder einzelne Querys für die SAP-BW/4HANA-Modellübertragung freigeben. In Abschnitt 11.3.1, »Optionen für die Konvertierung«, stellen wir die unterschiedlichen Ansätze im Vergleich vor. Anschließend finden Sie in Abschnitt 11.3.2, »Konvertierung von SAP NetWeaver BW nach SAP BW/4HANA«, eine Anleitung für die Inplace-Variante. Details für andere Varianten finden Sie in Abschnitt 16.2, »Migration nach SAP BW Bridge«.

11.3.1 Optionen für die Konvertierung

Für die Umstellung nach SAP BW/4HANA können Sie unter folgenden Ansätzen wählen (siehe Abbildung 11.14 und Abbildung 11.15). Bis auf die Inplace-Variante können Sie die Optionen auch für SAP BW Bridge nutzen:

- **Neuinstallation**

  Sie starten komplett neu in SAP BW/4HANA oder SAP BW Bridge mit der SAP-BW-Modellierung und mit der Datenextraktion. Dieser Ansatz wird auch als *Greenfield-Ansatz* bezeichnet.

- **Shell Conversion**

  Sie übernehmen die Definition der SAP-BW-Objekte aus einem bestehenden SAP-BW-System mit beliebiger Datenbank und Releaseversion, allerdings ohne die darin enthaltenen Daten zu übernehmen. Dieser Ansatz wird auch als *Accelerated-Greenfield-Ansatz* bezeichnet.

- **Remote Conversion**

  Sie übernehmen Objektdefinitionen, Daten und Datenflüsse aus einem bestehenden SAP-BW-System mit beliebiger Datenbank und Releaseversion. Dieser Ansatz wird auch als *Brownfield-Ansatz* bezeichnet.

- **Hybrid**

  Sie kombinieren verschiedene dieser Ansätze für verschiedene Datenflüsse oder nutzen die Remote Conversion für die unteren Schichten, um Delta-Verfahren fortzuführen, und die Shell Conversion oder die Neuerstellung für die darauf aufbauenden Modelle.

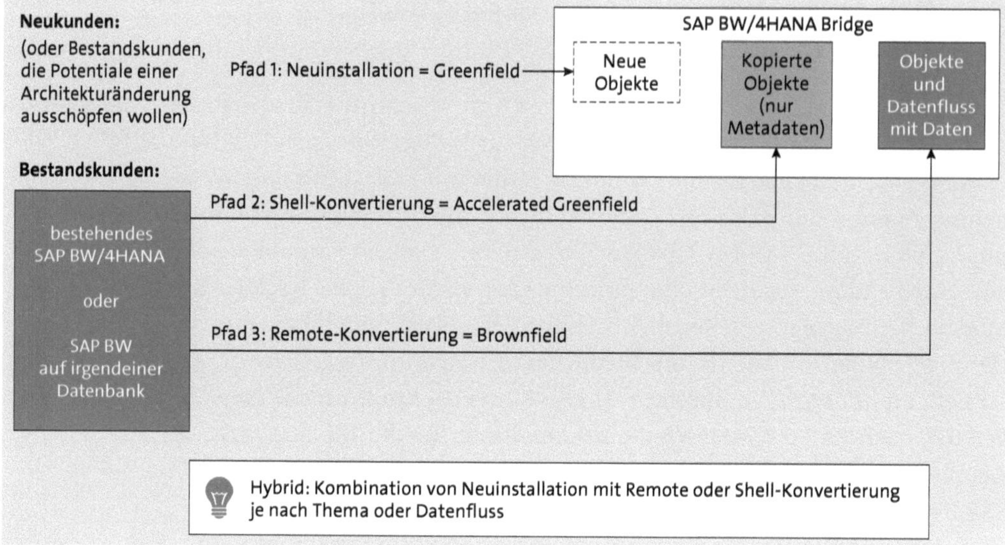

Abbildung 11.14 Optionen der Konvertierung

- **Inplace Conversion**
  Sie nutzen die gleiche System-ID weiter und konvertieren die Objekte in SAP-BW/4HANA-kompatible Objekte. Diese Option gibt es nicht für SAP BW Bridge.

Empfehlungen für die Konvertierung

Worauf müssen Sie bei der Wahl der Konvertierungsstrategie achten?

- Eine *Neuinstallation* (Greenfield-Ansatz) ist gut geeignet, wenn Sie bisher kein SAP-BW-System einsetzen, aber Daten aus SAP-Systemen in Ihre SAP Data Warehouse Cloud einbinden wollen, um dadurch von der komfortablen Datenintegration des SAP-BW/4HANA-Systems zu profitieren. Entwickeln Sie vor dem Anlegen von Objekten ein Konzept für schlanke, flexible Datenflüsse gemäß LSA++. Die Neuinstallation ist außerdem empfehlenswert, wenn Ihre bestehenden SAP-BW-Systeme über viele Jahre gewachsen sind und keine klar an LSA++ orientierte Struktur aufweisen. Eine Neuanlage ist dann einfacher als das Umbauen.
- Die *Remote Conversion* (Brownfield-Ansatz) ist empfehlenswert, wenn Sie gut etablierte stabile Ladeprozesse in einem bestehenden SAP-BW-System haben, alle Daten behalten wollen und hauptsächlich die Auswertungsebene (Consumption Layer) mit SAP Analytics Cloud erneuern wollen. Weil die Delta-Queue geklont wird (siehe Abbildung 11.15), können Sie sie parallel weiter in das bestehende SAP-BW-System laden und die Daten vergleichen.

- Die *Shell Conversion* (Accelerated Greenfield) ist gut geeignet, wenn Sie das Datenvolumen oder die Anzahl der physisch realisierten Schichten der LSA++ reduzieren wollen. Achten Sie darauf, keine Daten doppelt zu verbuchen, wenn Sie bestehende Daten einerseits aus dem bestehenden SAP-BW-System übernehmen und andererseits neue Ladeprozesse aus dem Quellsystem einrichten möchten (siehe Abbildung 11.15).
- *Hybride Ansätze* sind ideal, wenn Sie gezielt einzelne Szenarien, Ebenen oder Datenflüsse übernehmen wollen (auch *Carve-out-Szenario* genannt). Dies ist besonders interessant, wenn Sie bisher SEM-BCS oder andere Add-ons nutzen, die nicht für SAP Data Warehouse Cloud angeboten werden. Übernehmen Sie nur die Modelle, die Sie gut für SAP Data Warehouse Cloud nutzen können, und erstellen Sie die übrigen Modelle neu für SAP Data Warehouse Cloud. Beide Modelle können Sie dort z. B. im Space für den Fachbereich zusammenführen.
- *Die bisher erwähnten Ansätze* sind außerdem empfehlenswert, wenn Sie derzeit die On-Premise-Variante von SAP BW betreiben, schnell mit einzelnen Prozessen in SAP BW/4HANA oder in der Cloud starten und nach und nach mehr Prozesse in die Cloud verlagern wollen, um Schritt für Schritt alle Daten nach SAP Data Warehouse Cloud zu übernehmen.
- Die *Inplace-Konvertierung* ist empfehlenswert, wenn Sie ein gut aufgeräumtes SAP-BW-powered-by-SAP-HANA-System betreiben, für das Sie viele Ladeprozesse aus vorhandenen Systemen in SAP BW/4HANA fortführen wollen.

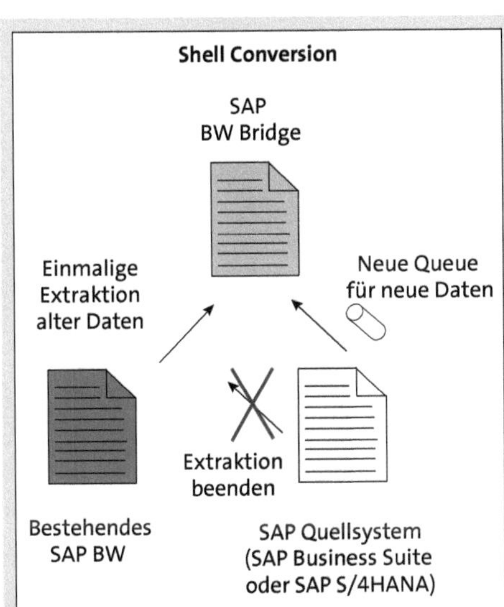

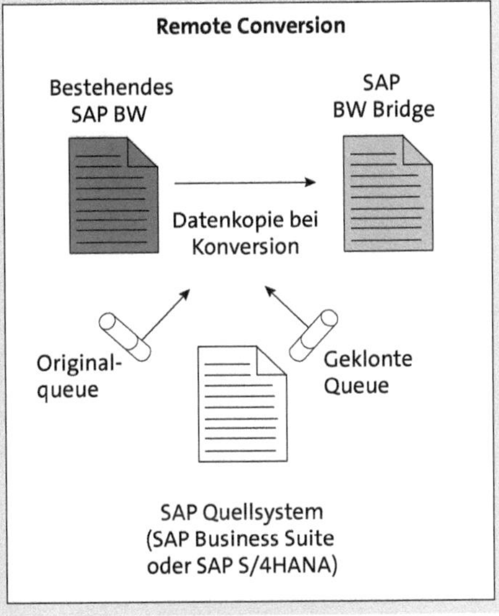

Abbildung 11.15 Vergleich der Datenübernahme (Quelle: SAP)

11.3.2 Konvertierung von SAP NetWeaver BW nach SAP BW/4HANA

Konvertierungsprojekt

Ein Konvertierungsprojekt erfordert gründliche Vorarbeit. Denken Sie daran, rechtzeitig das Umstellungsprojekt zu planen, alle Beteiligten zu informieren und sie von den Vorteilen zu überzeugen. Folgende Schritte zur Prüfung und Vorbereitung sorgen dafür, dass die Umstellung möglichst reibungslos abläuft.

1. Installieren Sie das Programm Note Analyzer (`Z_SAP_BW_NOTE_ANALYZER`, siehe SAP-Hinweis 2383530). Studieren Sie die SAP-Hinweise zur Konvertierung. Darüber hinaus können Sie das Readiness-Check-Programm `TMW_BW_RC_DOWNLOAD_ANALYS_DATA` installieren (siehe SAP-Hinweis 2575059), um einen besseren Überblick über die Systemlandschaft zu haben.
2. Prüfen Sie die SAP-BW-seitigen Systemvoraussetzungen. Sie müssen mindestens SAP NetWeaver 7.4 installiert haben, und alle Objekte müssen die 7.x-Technologie nutzen (DataSource 7.x, InfoSource 7.x, BW-Transformationen, DTP). Löschen Sie nicht mehr benötigte Objekte.
3. Stellen Sie sicher, dass Ihre Quellsysteme auf einem Stand sind, der ODP unterstützt. Geben Sie die benötigten DataSources für ODP frei.
4. Erwerben Sie die Lizenz für SAP BW/4HANA, und installieren Sie die Hardware.
5. Entfernen Sie SAP-BI-Java-Komponenten, da sie nicht mehr benötigt werden. Möglicherweise müssen Sie dazu einen *Dual Stack Split* durchführen, also die Aufteilung in Java-Stack und ABAP-Stack.
6. Reduzieren Sie die vorhandene Datenmenge. Bewahren Sie nur auf, was weiterhin benötigt wird. Löschen Sie insbesondere Daten aus Aggregate-Tabellen sowie BW-Statistiken aus dem BW-Trace-Tool und aus Datenladeprotokollen.
7. Installieren Sie den Software Update Manager (SUM) bzw. heben Sie ihn auf den neuesten Releasestand.
8. Nutzen Sie den Maintenance-Planer, um den Konvertierungspfad zu prüfen, und stellen Sie sicher, dass alle Funktionen und Add-ons kompatibel sind.
9. Deinstallieren Sie nicht kompatible Add-ons.
10. Richten Sie Berechtigungen für die Durchführung der Konvertierung ein.
11. Stellen Sie sicher, dass alle Pre-Checks des Note Analyzers erfolgreich sind.
12. Falls Sie von einer Nicht-SAP-HANA-Datenbank starten, nutzen Sie das Programm `RS_B4HANA_CODE_SCAN`, um sicherzustellen, dass jeder Codebestandteil SAP-HANA-fähig ist.

13. Führen Sie den Cleanup-Report `RSOOBIXREF` aus, oder arbeiten Sie in Transaktion STC01 die Aufgabenliste `RS_BW4_CHK_CLEANUP` ab. Diese Schritte beheben die letzten Inkonsistenzen.

Schritte während der Konvertierung

Die eigentliche Inplace-Konvertierung besteht aus den folgenden Schritten, von denen Sie die meisten analog für eine andere Konvertierungsvariante noch einmal ausführlich mit Screenshots in Abschnitt 16.2.2, »Durchführen einer Shell-Konvertierung«, finden:

1. Installieren Sie das *Starter Add-on*. Starten Sie im Kompatibilitätsmodus, in dem Sie die bestehenden Objekte bearbeiten können.
2. Nutzen Sie den Note Analyzer für einen Update der Transferwerkzeuge.
3. Führen Sie in Transaktion STC01 die bereitgestellte Aufgabenliste `SAP_BW4_TRANSFER_CHECK_INPLACE` aus. Diese Schritte konvertieren alle Datenflussobjekte in SAP-BW/4HANA-Objekte, beispielsweise InfoCubes in Datamart-Advanced-Data-Store-Objekte (Datamart-ADSOs).
4. Setzen Sie die veralteten CMOD-Customer-Exits in Enhancement Spots um.
5. Wenn Sie Analyseprozesse haben, versuchen Sie, diese mit Transaktion RSB4HAPD in SAP-HANA-Analyseprozesse zu konvertieren. Dies ist nicht in allen Fällen möglich, dann können Sie sie nur löschen und als SAP-HANA-Analyseprozess neu anlegen.
6. In Transaktion RSB4HCONV konvertieren Sie die Standardberechtigungen.
7. Löschen Sie alle nicht migrierbaren Objekte.
8. Wechseln Sie in den *B4H-Modus* des Starter Add-ons, und führen Sie die Aufgabenliste `RS_COMPATIBILITY_TO_BW4H` aus. In dieser Phase können Sie noch produktiv arbeiten. Denn das System simuliert das Verhalten von SAP BW/4HANA nur. Nutzen Sie diese Phase, um zu testen, ob Sie problemlos arbeiten können. Sollten Probleme auftauchen, können Sie in den Kompatibilitätsmodus zurückwechseln und Objekte anpassen oder ersetzen.
9. Wechseln sie in den `ReadyforConversion`-Modus, und führen Sie die Aufgabenliste `RS_BW4H_TO_READYFORCONVERSION` aus.
10. Fahren Sie das System herunter.
11. Direkt danach nutzen Sie den Maintenance Planner und den Software Update Manager (SUM), um die Software zu installieren.
12. Starten Sie das System neu.
13. Führen Sie die Aufgabenliste `SAP_BW4_AFTER_CONVERSION` aus.

14. Installieren Sie SAP-Hinweis 2541557, um SAP Analytics Cloud anbinden zu können.
15. Aktivieren Sie Objekte, z. B. die DTPs, die inaktiv geworden sind.
16. Prüfen Sie die Objekte, und machen Sie sich mit den neuen Werkzeugen vertraut.

Anschließend können Sie neue CompositeProvider und BW-Querys anlegen, wenn Sie Ihre Anforderungen so am besten abbilden können, und die BW/4HANA-Modellübertragung einrichten.

11.4 SAP BW Bridge

Weite Teile der SAP-Community evaluieren derzeit, inwieweit Sie die Cloud-Strategie für sich nutzen können. Bis Herbst 2021 gab es bei der Nutzung von SAP BW oder SAP BW/4HANA ein Dilemma: Da diese klassischen SAP-Data-Warehouse-Lösungen keine Cloud-Produkte sind, können Sie nicht ohne einen radikalen Neuanfang von den Vorteilen der Cloud profitieren. Wenn Sie als Alternative jedoch direkt SAP Data Warehouse Cloud als zentrales Data Warehouse neu etablieren, verlieren Sie langjährige Investitionen in die Harmonisierung von Daten und in die Automatisierung von Ladeprozessen.

SAP bietet nun einen Übergang in die Cloud an: SAP BW Bridge. Wir besprechen die Vorteile und Grenzen dieser Technologie und zeigen Ihnen in den folgenden Abschnitten die Architektur und die Vorgehensweise zum Einrichten dieser Lösung.

11.4.1 Was ist SAP BW Bridge?

Angebot und Releasezyklen

Unter dem offiziellen Namen *SAP Data Warehouse Cloud, SAP BW Bridge* (im Folgenden zu SAP BW Bridge abgekürzt) wurde SAP Data Warehouse Cloud um ein weiteres Software-as-a-Service-Angebot (SaaS-Angebot) erweitert. Sie können SAP BW Bridge als Feature mit SAP Data Warehouse Cloud buchen. SAP BW Bridge steht seit Dezember 2021 zur Verfügung, und SAP liefert quartalsweise ein neues Release. Inhaltlich ist es eine funktional reduzierte SAP-BW/4HANA-2021-Version in SAP Data Warehouse Cloud. In SAP BW Bridge geladene Daten liegen also physisch in den gleichen zentralen Datenzentren, auf Wunsch auch in Deutschland.

Technologische Grundlage

Die technologische Grundlage für SAP BW Bridge sind der mittlerweile in SAP HANA Cloud verfügbare ABAP-Server (auch unter dem Namen Steampunk bekannt) und Node.js. Die Bereitstellung der SAP-BW-Bridge-Modelle für SAP Data Warehouse Cloud erfolgt über einen speziellen Space, den SAP-BW-Bridge-Space, dessen Namen Sie frei wählen können. Wir empfehlen Ihnen, den technischen Namen `BWBRIDGESPACE` und die Beschreibung **SAP BW Bridge**. Details zur Bereitstellung finden Sie in Abschnitt 11.4.2, »Einrichten der Umgebung für SAP BW Bridge«, Abschnitt 11.4.10, »Übernahme von Objekten aus SAP BW Bridge in andere Spaces«, und Abschnitt 16.1, »Überblick über das hybride Szenario«.

Vorteile und Zielgruppen

Was sind die Vorteile von SAP BW Bridge? SAP hatte bei der Konzeption grundsätzlich die folgenden Zielgruppen im Blick:

- **Unternehmen mit bestehendem SAP-BW-Investment und Cloud-First-Strategie**
  Wenn Sie seit Jahren SAP NetWeaver BW oder SAP BW/4HANA einsetzen, können Sie mit SAP BW Bridge bestehende Datenflüsse leicht nach SAP Data Warehouse Cloud migrieren.
- **Unternehmen mit bestehendem SAP-Data-Warehouse-Cloud-Investment und SAP-Quellsystemen**
  Wenn Sie bislang nur SAP Data Warehouse Cloud einsetzen, erhalten Sie mit SAP BW Bridge eine neue Modellierungsoption für komplexe Datenladeflüsse und eine komfortable zusätzliche Option für SAP-Quellsysteme mit allen Vorteilen von SAP BW/4HANA (siehe Abbildung 11.16, für mehr Details siehe Abschnitt 11.1, »Konzepte und Begriffe der SAP-BW-Modellierung«). Insbesondere sind das die folgenden Optionen:
  - ABAP-basierte deltafähige ODP-Extraktoren mit semantischer Information
  - komplexe Transformationen (mit ABAP-Routinen, ABAP-Datentypen, Nachlesen von Stamm- und Bewegungsdaten)

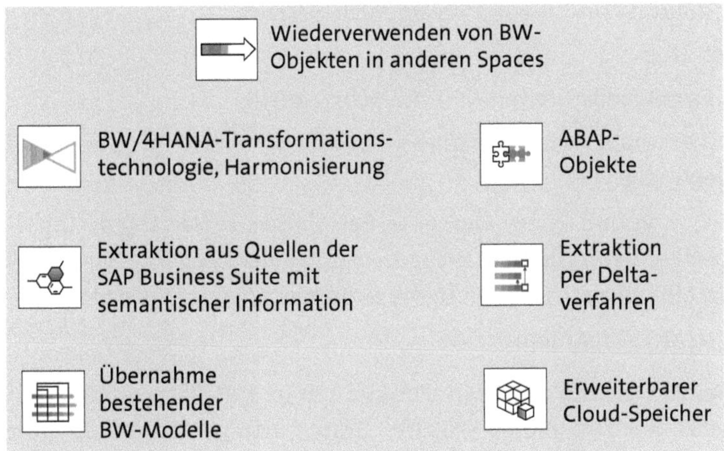

Abbildung 11.16 Vorteile von SAP BW Bridge (Quelle: SAP)

- **Unternehmen, die ein neues Data Warehouse einrichten**
  Wenn Sie bislang z. B. nur Embedded Analytics in SAP S/4HANA einsetzen und viele cloudbasierte Quellen haben, bringen Sie mithilfe von SAP BW Bridge beides mit SAP Data Warehouse Cloud zusammen. Auch in diesem Fall nutzen Sie SAP BW Bridge für SAP-Quellsysteme und darauf aufbauende Datenflüsse.

Positivliste

Unter anderem werden die folgenden Features unterstützt:

- alle ODP-Mechanismen einschließlich Delta-Mechanismen
- erweiterte Stammdatenpflege (manuelle Pflege, Laden, Hierarchien, referentielle Integrität bei Attributen, SID-Framework, InfoObjects mit hoher Kardinalität)
- Start- und Endroutinen in ABAP, Feldroutinen
- Währungsumwandlungs- und Einheitenumrechnungstypen
- APIs, um in ein aDSO der Eingangsschicht per Push-Mechanismen zu schreiben
- Datenschutz und Data Protection Workbench
- Data Tiering Optimization mit Warm Store (zum Zeitpunkt der Drucklegung noch ohne Cold Store)
- DTIS-Fehler-Stack, Zwischenspeicher

Negativliste

Zur Zeit der Drucklegung des Buches funktionierten die folgenden Punkte noch nicht:

- virtuelle InfoObjects
- Integration der nativen Modelle von SAP HANA über TransientProvider und/oder CompositeProvider
- Integration von Tabellen via Open-ODS-Views
- Open Hub
- Big-Data-Quellsystem (SAP-Vora-Schnittstelle)
- Native Storage Extension (diese Funktion ist allerdings in der Roadmap angekündigt)
- BW-Querys und Query-Elemente, beispielsweise Variablen, eingeschränkte Kennzahlen (Key Figures) und Calculated Key Figures (Hierzu steht eine Importfunktion in der Roadmap zur Verfügung.)
- SAP-HANA-Analyseprozesse

Hintergrund

Bei Themen, die durch andere Funktionen in SAP Data Warehouse Cloud abgedeckt werden, bietet SAP BW Bridge weniger Funktionalitäten als SAP BW/4HANA, beispielsweise steht der Analytic Manager, der in SAP

BW/4HANA integriert ist, nicht in SAP BW Bridge zur Verfügung und erst recht nicht die Vorgängertechnologie OLAP-Engine aus SAP NetWeaver BW. Daher können Sie keine BW-Querys ausführen, keine Bestandszahlrechnung und Binnenumsatzeliminierung anwenden, kein Data Mining und keine integrierte Planung nutzen. Nach einer Umstellung auf SAP BW Bridge können Sie Ihre Planungs- und OLAP-Anforderungen stattdessen durch SAP Analytics Cloud mit der Datenbasis SAP Data Warehouse Cloud abbilden. Eine jeweils aktuelle Information zu den Grenzen finden Sie in SAP-Hinweis 3117800.

[«]

Speicherung von Daten der integrierten Planung

Zum Zeitpunkt der Drucklegung des Buches konnten Planungsdaten nur in der SAP-HANA-Datenbank von SAP Analytics Cloud gespeichert und nach SAP Data Warehouse Cloud repliziert werden. Das direkte Schreiben in die Datenbank von SAP Data Warehouse Cloud ist geplant.

Es war zum Zeitpunkt der Drucklegung des Buches nicht möglich, aber geplant, Daten aus SAP Data Warehouse Cloud in SAP BW Bridge verfügbar zu machen.

Die übrigen Funktionen, z. B. die Zugriffskontrolle und das Caching, werden durch SAP Data Warehouse Cloud ausgeführt. Hierarchien zur Darstellung legen Sie ebenfalls dort an. Ebenso werden nur ODP- und Dateiquellsysteme unterstützt. SAP-HANA-Smart-Data-Integration-Datenquellen können Sie direkt in SAP Data Warehouse Cloud anbinden.

11.4.2 Einrichten der Umgebung für SAP BW Bridge

Die Architektur von SAP BW Bridge

Die Architektur von SAP BW Bridge besteht im Wesentlichen aus den folgenden Komponenten, die alle in der Public Cloud bereitgestellt werden:

- In einem lokal eingerichteten SAP-BW-Bridge-Projekt modellieren Sie die BW-Objekte. Die BW-Modellierungswerkzeuge (**BW-Modeling** und **ABAP-Development-Tool**) setzen auf der frei zugänglichen Entwicklungsplattform Eclipse auf und werden von SAP als Add-on unter dem Namen *SAP HANA Studio* bereitgestellt (siehe Abbildung 11.17).
- ABAP-Objekte betrachten und modellieren Sie in einem ABAP-Cloud-Projekt in der gleichen Entwicklungsumgebung (siehe Abbildung 11.17).

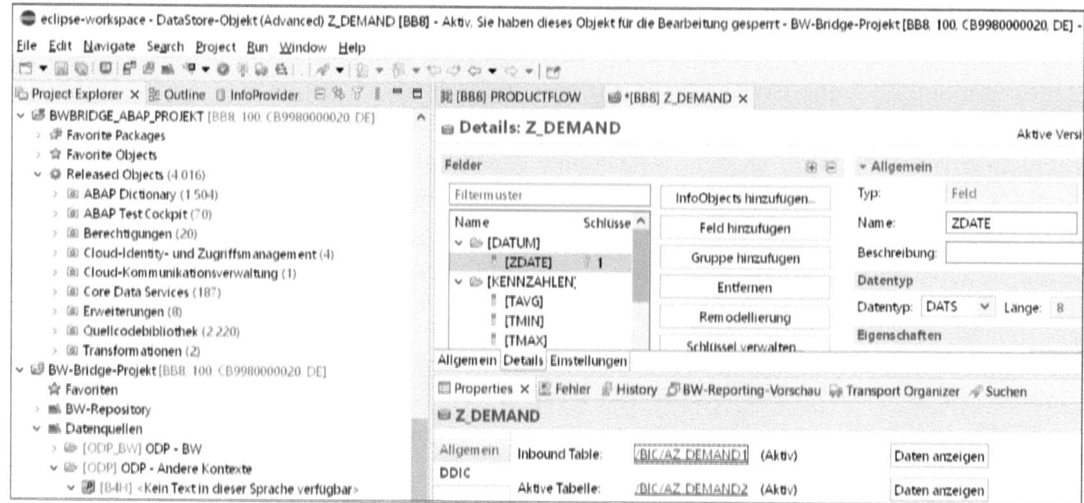

Abbildung 11.17 Modellierungswerkzeuge für ABAP-Cloud-Projekt und SAP-BW-Bridge-Projekt am Beispiel der ADSO-Modellierung

- Im SAP-Fiori-basierten SAP-BW-Bridge-Cockpit steuern und überwachen Sie die Datenladeprozesse. Außerdem finden Sie hier Werkzeuge für administrative Aufgaben (siehe Abbildung 11.18).

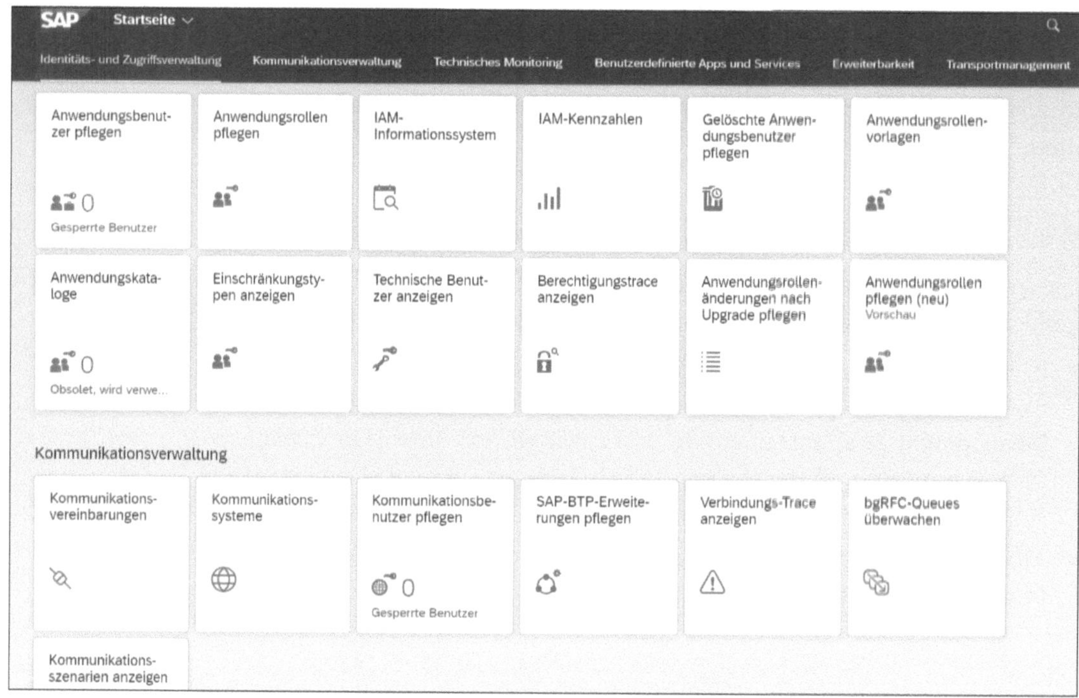

Abbildung 11.18 Startseite des SAP-BW-Bridge-Cockpits

- Der in SAP Data Warehouse Cloud bereitgestellte SAP-BW-Bridge-Space, z. B. `BWBRIDGESPACE`, über den Sie anderen Spaces Ihre SAP-BW-Modelle zur Verfügung stellen können, enthält die SAP-BW-Bridge-Verbindung, z. B. `BWBRIDGE` (siehe Abbildung 11.19). Sie erreichen den SAP-BW-Bridge-Space über Ihre SAP-Data-Warehouse-Cloud-Webanbindung.

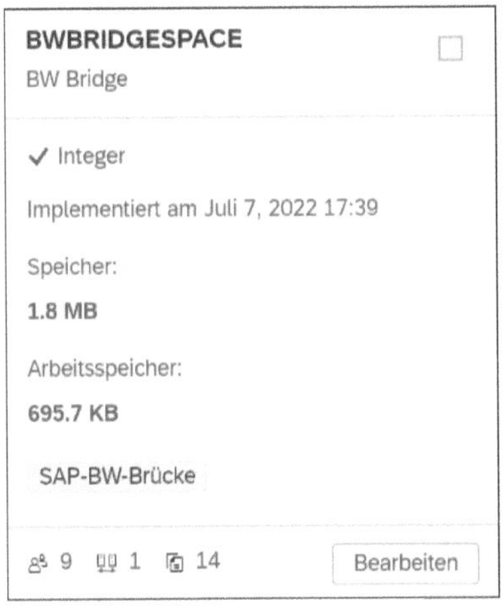

BWBRIDGESPACE
BW Bridge
✓ Integer
Implementiert am Juli 7, 2022 17:39
Speicher:
1.8 MB
Arbeitsspeicher:
695.7 KB
SAP-BW-Brücke
9 1 14 Bearbeiten

Abbildung 11.19 Der SAP-BW-Bridge-Space »SAP-BW-Brücke«

Um von einer On-Premise-Anwendung oder von Ihrem Datenzentrum aus über das Internet Zugang zu diesen Komponenten zu erhalten, benötigen Sie den Cloud Connector. Abbildung 11.20 zeigt die generelle Architektur.

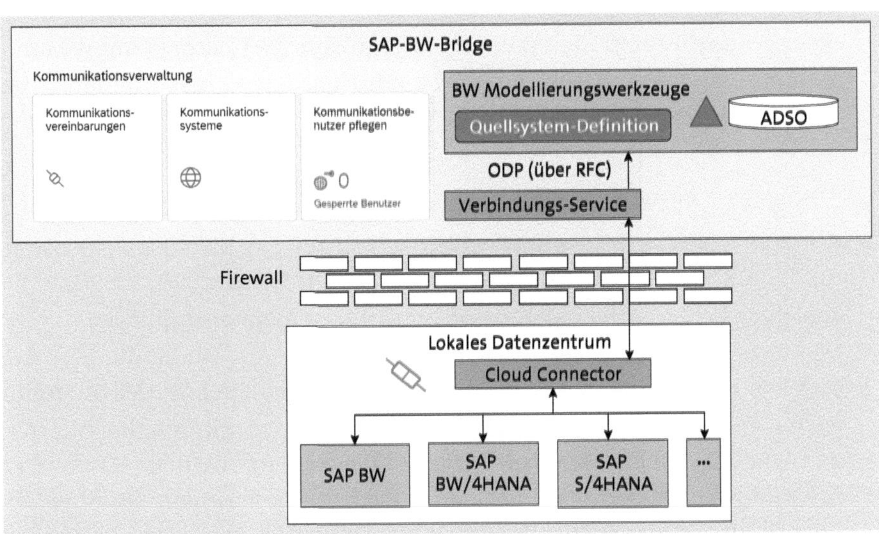

Abbildung 11.20 Cloud-Connector-basierte Anbindung von On-Premise-Quellen (angelehnt an SAP, https://help.sap.com/docs/SAP_DATA_WAREHOUSE_CLOUD/ecce5bb08ae24ed089497fc00c2320d8/18d69431efb34a71b1939eb5a071db08.html)

Abbildung 11.21 zeigt, wie Sie zwischen diesen Komponenten wechseln.

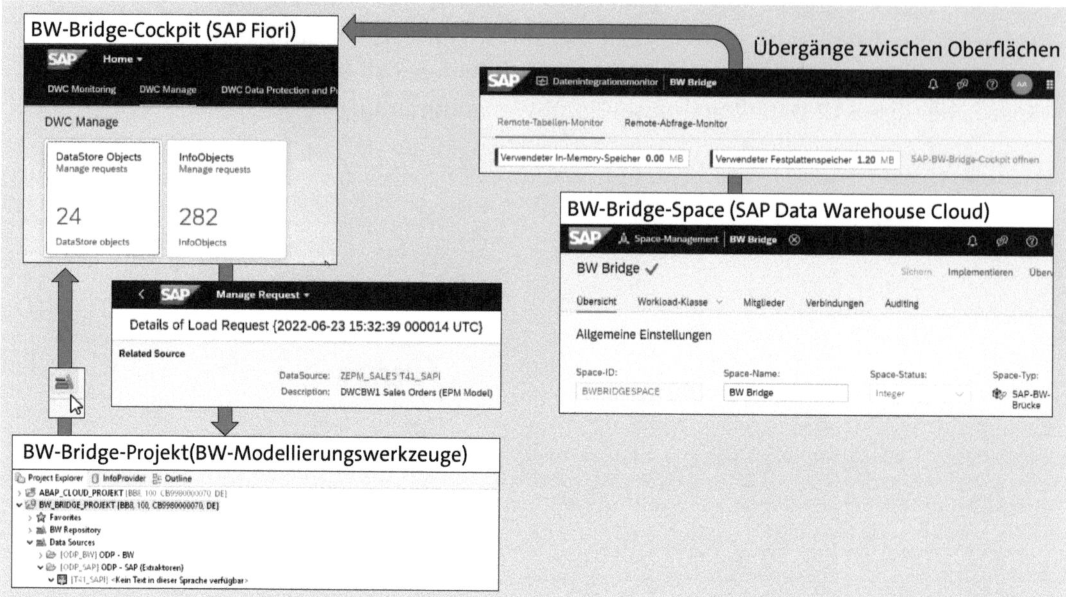

Abbildung 11.21 Übergänge zwischen den Komponenten von SAP BW Bridge

Übergänge

Wenn Sie von Ihrem SAP-BW-Bridge-Projekt in das SAP-BW-Bridge-Cockpit abspringen wollen, wählen Sie die Schaltfläche (**BW/4 Cockpit öffnen**). Sie können im SAP-BW-Bridge-Cockpit über (**Suchen**) rechts nach Anwendungen suchen. Spezielle Links zur Abkürzung existieren z. B. für den Absprung vom Editor für den Datentransferprozess (DTP) zum Request-Monitor und über die Schaltfläche (**Monitor anzeigen**), insbesondere zum letzten Ladevorgang (siehe Abbildung 11.22).

Abbildung 11.22 Von der DTP-Anzeige zum Request-Monitor abspringen

Und wie kommen Sie zurück? In aller Regel haben Sie SAP HANA Studio noch geöffnet und können einfach den Webbrowser minimieren. Alternativ suchen Sie einen Datenladevorgang (Request), mit dem Sie Daten über das SAP-BW-Bridge-Projekt geladen haben. Dann springen Sie über die Schaltflächen **DataSource** oder **DTP** in die Modellierung zurück.

Auch von der SAP-Data-Warehouse-Cloud-Webseite gibt es einen Link zum SAP-BW-Bridge-Cockpit. Wählen Sie im Seitenmenü links den Eintrag **Da-**

tenintegrationsmonitor. Wählen Sie den SAP-BW-Bridge-Space und den Remote-Tabellen-Monitor aus. Dann finden Sie rechts die Schaltfläche **SAP-BW-Bridge-Cockpit öffnen**.

[+]

Lesezeichen im Browser

Es gibt zum Zeitpunkt der Drucklegung des Buches keine vordefinierte Verlinkung zu SAP Data Warehouse Cloud. Aber Sie können einfach alle benötigten Seiten als Lesezeichen in Ihrem Browser verwalten.

Ersatz für das SAP GUI

Wenn Sie aus SAP BW Bridge heraus versuchen, eine SAP-GUI-Oberfläche zu öffnen, erhalten Sie die Fehlermeldung »SAP GUI is not supported in project XYZ.«. Ähnliches geschieht, wenn Sie eine Funktion ausführen, die nur im SAP GUI funktioniert, z. B. Daten im Simulationsmodus laden. Sie haben dennoch nichts falsch installiert, denn Sie brauchen für SAP BW Bridge keine SAP-GUI-Installation.

Doch wie können Sie dann die Inhalte der SAP-BW-Tabellen sehen, Business Content aktivieren oder Transporte freigeben? Dazu gibt es spezielle Sichten in SAP HANA Studio, nämlich den Projektexplorer in einem ABAP-Projekt, den Content Explorer und den Transport Organizer. Systemmeldungen finden Sie in der Sicht **Feed Reader**.

Benutzer anlegen

Benutzer und Verbindungen legen Sie im SAP-BW-Bridge-Cockpit an. Einige Beispiele finden Sie in Abbildung 11.18, in Tabelle 11.3 und in Abschnitt 11.7, »Integriertes-SAP-BW-Cockpit«.

Aufgabe, SAP-GUI-Transaktion	Komponente	Eclipse-View oder Applikation
SU01 Benutzerpflege	SAP-BW-Bridge-Cockpit	**Anwendungsbenutzer pflegen** und **Mitarbeiter pflegen**
PFCG Rollenpflege	SAP-BW-Bridge-Cockpit	**Anwendungsrollen pflegen**
SM50 Prozessübersicht	SAP-BW-Bridge-Cockpit	**Workprozessanalyse**
DB02, ST04	SAP-BW-Bridge-Cockpit	**Datenbanksystem-Dashboard**
SM59 Verbindungen	SAP-BW-Bridge-Cockpit	Für den Cloud Connector: **Kommunikationssysteme**
BW-Content aktivieren	BW-Bridge-Projekt	**Content-Explorer**

Tabelle 11.3 SAP-GUI-Transaktionen ersetzen

Aufgabe, SAP-GUI-Transaktion	Komponente	Eclipse-View oder Applikation
SM21 Systemprotokoll	ABAP- oder SAP-BW-Bridge-Projekt	**Feed Reader**
SE10	ABAP- oder SAP-BW-Bridge-Projekt	**Transport Organizer**

Tabelle 11.3 SAP-GUI-Transaktionen ersetzen (Forts.)

Einige SAP-GUI-Funktionen stehen Ihnen möglicherweise tatsächlich nicht zur Verfügung. Der Aufruf von SAP-Transaktionen aus SAP BW Bridge ist dem SAP-Support für Analysezwecke vorbehalten. Es kommen immer wieder weitere Applikationen im SAP-BW-Bridge-Cockpit hinzu.

Aufgaben im Überblick

Um die Funktionen von SAP BW Bridge zu nutzen, empfehlen wir folgende Reihenfolge für die Installation:

1. Installieren Sie SAP HANA Studio (siehe Abschnitt 11.4.3, »Installation von SAP HANA Studio«).
2. Melden Sie sich in SAP Data Warehouse Cloud an, und konfigurieren Sie die Verbindung und den SAP-BW-Bridge-Space (siehe Abschnitt 7.1.5, »Daten aus SAP BW Bridge«).
3. Richten Sie ein SAP-BW-Bridge-Projekt und gleichzeitig das SAP-BW-Bridge-Cockpit ein (siehe Abschnitt 11.4.5, »Einrichten des SAP-BW-Bridge-Projekts«).
4. Richten Sie weitere Benutzer ein.
5. Erlauben Sie Transporte in SAP BW Bridge (siehe Abschnitt 11.4.6, »Systemlandschaft und Transportmanagement«).
6. Konfigurieren Sie den Cloud Connector (siehe Abschnitt 11.4.7, »Konfigurieren des Cloud Connectors«).
7. Erstellen Sie die Quellsysteme, und installieren oder überprüfen Sie gleichzeitig das Kommunikations-Framework zu den Quellen (siehe Abschnitt 11.4.8, »Anlegen von Quellsystemen«.
8. Je nach Ansatz stellen Sie die benötigten Objekte bereit:
   - Installieren Sie Objekte aus dem Business Content.
   - Konvertieren Sie Modelle aus dem Vorgänger-SAP-BW-System (siehe Abschnitt 16.2.2, »Durchführen einer Shell-Konvertierung«).
   - Legen Sie manuell Objekte an.

Die Vorgehensweise für einige dieser Punkte finden Sie in der SAP-Hilfe unter *https://help.sap.com/doc/240e0b75c06244759e15477adc774272/cloud/en-US/Welcome_to_DWC_SAP_DWC_SAP_BW_Bridge.pdf*

11.4.3 Installation von SAP HANA Studio

Eclipse-Installation

Als Voraussetzung für das SAP-BW-Bridge-Projekt müssen Sie SAP HANA Studio auf der Basis von Eclipse installieren. Sie können die Software hier herunterladen:

- *https://www.eclipse.org/downloads/packages/release* (die Standard-Download-Seite der Eclipse Foundation)
- *https://tools.hana.ondemand.com/#bw* (die zugehörige Anleitung von SAP)

Die Standardeinstellung ist, dass Eclipse Ihre Windows-Sprache verwendet, sofern sie installiert ist. Über einen Zusatzeintrag `-nl DE` unter `--launcher.appendVmargs` in der Datei **eclipse.ini** können Sie eine Anmeldung auf Deutsch erzwingen (siehe Abbildung 11.23).

```
openFile
--launcher.appendVmargs
-nl
DE
-vmargs
-Dosgi.requiredJavaVersion=11
-Dosgi.instance.area.default=@user.home/eclipse-workspace
```

Abbildung 11.23 Eintrag in eclipse.ini für die deutsche Sprachversion

Sprache ändern

Wie Sie Sprachen installieren und ändern können, ist z. B. auf den folgende Seiten dokumentiert:

- *https://praxistipps.chip.de/eclipse-auf-deutsch-umstellen-so-gehts_31114*
- *https://help.eclipse.org/2020-12/topic/org.eclipse.platform.doc.user/tasks/running_eclipse.htm?cp=0_3_0*

Wenn Sie Eclipse bereits installiert haben, können Sie über **Help • Install New Software** fehlende SAP-Add-ins installieren oder updaten.

11.4.4 Einrichten von Benutzern für SAP BW Bridge

Zuerst müssen Sie einen SAP-BW-Bridge-Tenant anfordern. Details dazu finden Sie in SAP-Hinweis 3134262 und in der SAP-Online-Hilfe unter dem Stichwort »SAP-BW-Bridge-Tenant bereitstellen« (siehe *https://help.sap.com/docs/SAP_DATA_WAREHOUSE_CLOUD/ecce5bb08ae24ed089497fc00c2320d8/c356f4ce55744aa09ac2d79a5235c300.html*)

Als Nächstes müssen Sie sich an SAP Data Warehouse Cloud anmelden und die SAP-BW-Bridge-Verbindung und den SAP-BW-Bridge-Space bereitstellen, wie in Abschnitt 7.1.5, »Daten aus SAP BW Bridge«, beschrieben.

Account-Aktivierung

Wenn SAP Ihnen einen neuen SAP-BW-Bridge-Tenant bereitstellt, erhalten Sie eine Willkommens-E-Mail. Darin finden Sie einen Link (**Activate Account**), über den Sie sich mit dem Server verbinden können, um für Ihren Benutzer das Passwort für SAP Data Warehouse Cloud zu setzen. Achtung! Merken Sie sich Ihren Benutzernamen. Es kann Ihre E-Mail-Adresse sein. Innerhalb von SAP Data Warehouse Cloud müssen Sie anschließend Folgendes tun:

1. Ändern Sie die Anzeigesprache über **Settings • Language • Display Language** in **Deutsch**.
2. Wählen Sie **Space Management** aus der Seitennavigation, und wählen Sie den SAP-BW-Bridge-Space aus, z. B. **SAP-BW-Bridge**.
3. Navigieren Sie zum Bereich **Mitglieder**, und fügen Sie Ihren Benutzer hinzu.

Benutzer anlegen

Um neue Benutzer anzulegen, melden Sie sich am SAP-BW-Bridge-Cockpit an. Wählen Sie dazu **Datenintegrationsmonitor**, und klicken Sie auf den Link **SAP-BW-Bridge-Cockpit öffnen**. Öffnen Sie die Applikation **Benutzerpflege**, um einen SAP-BW-Bridge-Benutzer einzurichten. Dieser muss zusätzlich zu Ihrem SAP-Data-Warehouse-Cloud-Benutzer angelegt sein, aber da SAP BW Bridge den Identity Provider von SAP Data Warehouse Cloud nutzt, haben beide Benutzer das gleiche Passwort, und Sie müssen sich nur einmal anmelden.

Rollen im SAP-BW-Bridge-Space

Darüber hinaus müssen Sie in der Pflege des SAP-BW-Bridge-Space unter **Elementzuordnung** Benutzer für SAP Data Warehouse Cloud einrichten und ihnen die benötigten Rollen zuweisen (siehe Tabelle 11.4).

Space-Rolle	Beschreibung
DW Integrator	Integration von Modellen
DW Viewer	Ansehen von Modellen

Tabelle 11.4 Rollen für den SAP-BW-Bridge-Space

11.4.5 Einrichten des SAP-BW-Bridge-Projekts

Zum Entwickeln und Modellieren benötigen Sie eine Möglichkeit, sich über SAP HANA Studio an SAP BW Bridge anzumelden. Eine lokal gespeicherte Anbindung eines Systems wird als *Projekt* bezeichnet.

Projekttypen

Im Kontext von SAP BW Bridge nutzen Sie zwei Projekttypen:

- Im SAP-BW-Bridge-Projekt pflegen Sie Quellsysteme, Datenflüsse und SAP-BW-Objekte.
- Im ABAP-Cloud-Projekt pflegen Sie Objekte aus dem ABAP-Kontext, z. B. Routinen oder CDS-Views.

[«]

Unterscheidung der Projekttypen

Sie erkennen den Projekttyp an der Farbe des Projektsymbols. Noch einfacher können Sie die Projekte unterscheiden, wenn Sie beim Anlegen an den vorgeschlagenen Projektnamen die Endung »_BWB« bzw. »_ABAP« anhängen. Den Namen können Sie nicht nachträglich ändern, aber Sie können die Projekte entfernen und neu anlegen. Dadurch gehen keine Objekte verloren.

11

SAP-BW-Bridge-Projekt installieren

In der folgenden Weise richten Sie ein SAP-BW-Bridge-Projekt ein:

1. Melden Sie sich an Ihrem SAP-Data-Warehouse-Cloud-Tenant an.
2. Öffnen Sie über den seitlichen Navigationsbereich links **Verbindungen**.
3. Suchen und öffnen Sie den SAP-BW-Bridge-Space aus, z. B. **SAP-BW-Bridge** (`BWBRIDGESPACE`).
4. Klicken Sie auf den Space.
5. Markieren Sie unter **Lokale Verbindungen** die SAP-BW-Bridge-Verbindung, und wählen Sie den Link **Bearbeiten**.
6. Scrollen Sie bis **Zugriff auf Modellierungs-Tools von SAP-BW-Bridge**, und kopieren Sie den SAP-BW-Serviceschlüssel in die Zwischenablage (siehe Abbildung 11.24).
7. Öffnen Sie SAP HANA Studio.
8. Unter **Window • Perspective • Open Perspektive • Other** wählen Sie **BW Modeling**.
9. Unter **File • New** wählen Sie **BW-Bridge-Projekt** (nicht **BW-Projekt**, siehe Abbildung 11.25).

   Wählen Sie im Wizard **Use a Service Key**.

   Klicken Sie dann auf **Next**, bis Sie den Schlüssel des SAP-BW-Bridge-Space einfügen können. Der Teil, den Sie einfügen müssen, beginnt mit `{ "sap.cloud.service": "com.sap.cloud.abap"`, und endet mit `"preserve_host_header": true}`.

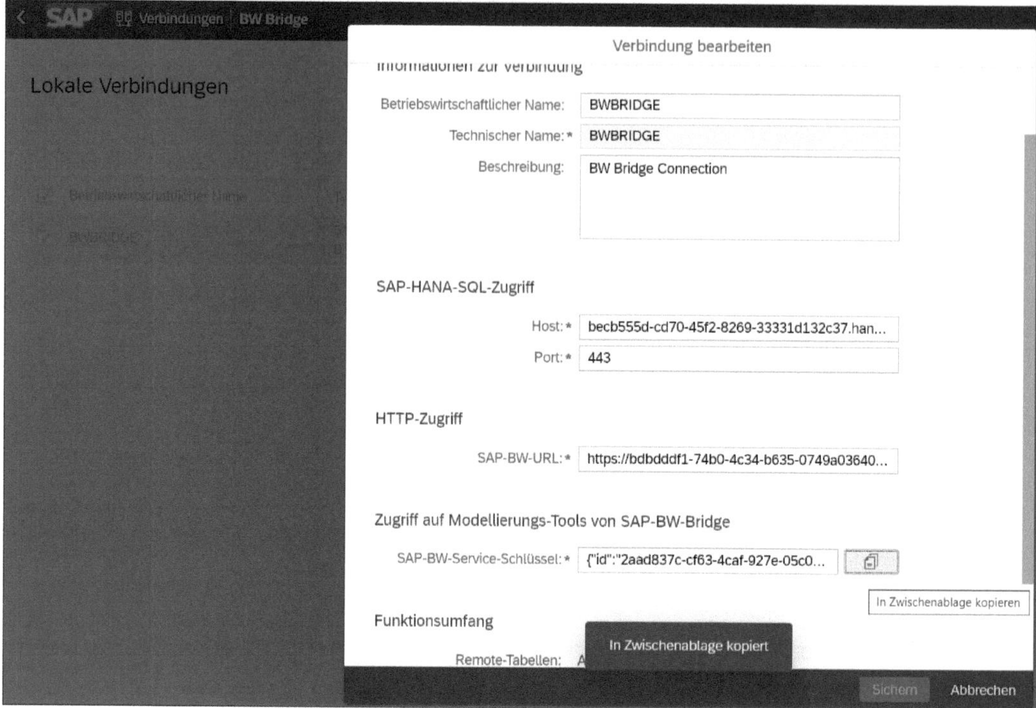

Abbildung 11.24 SAP-BW-Serviceschlüssel kopieren

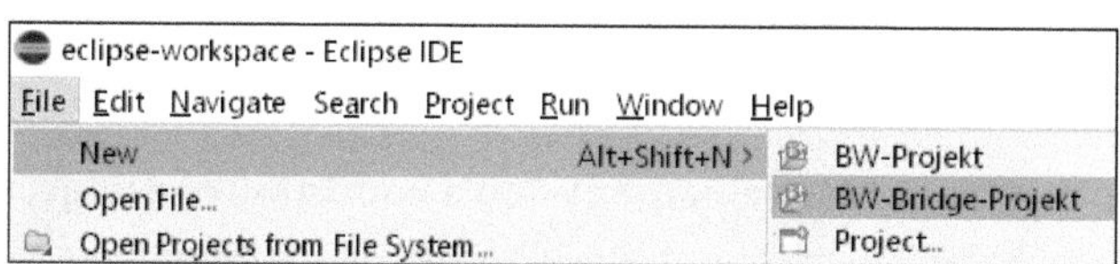

Abbildung 11.25 BW-Bridge-Projekt anlegen

10. Klicken Sie auf **Open Logon Page in Browser** (siehe Abbildung 11.26).

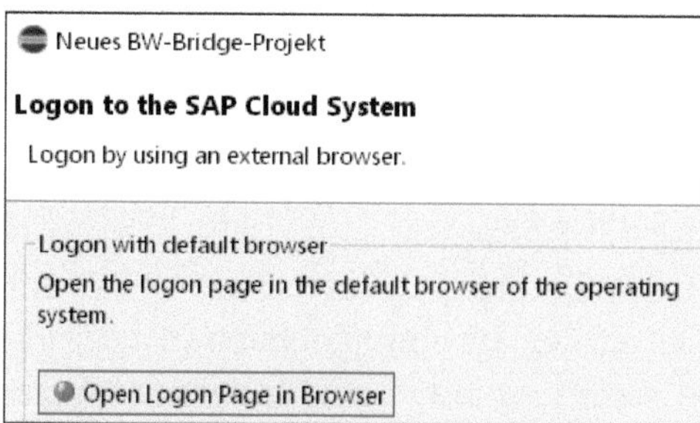

Abbildung 11.26 SAP-BW-Serviceschlüssel zum Logon anwenden

11. Geben Sie die Anmeldedaten für SAP Data Warehouse Cloud ein.

12. Kehren Sie zu SAP HANA Studio zurück, wählen Sie die Anmeldesprache, und klicken Sie auf **Weiter**.
13. Wählen Sie einen passenden Projektnamen, und bestätigen Sie mit **Finish**.

Unter **Window • Perspective • Open Perspective • Other** wählen Sie danach **ABAP** und erstellen analog zu den Schritten 9 bis 13 ein ABAP-Cloud-Projekt für die ABAP-Entwicklung. Eine Anleitung finden Sie (nur auf Englisch verfügbar) auch unter: *https://help.sap.com/viewer/841c96bc79644fcfb9fa7103-aad9c15b/2021.00/en-US* und *https://help.sap.com/doc/d6b6568bca0e417b-882c76cb05e0d230/2021.00/en-US/SAP_BW_Modeling_Tools_Installation_Guide.pdf* (ab Seite 6)

Weitere Informationen zur Installation finden Sie in den SAP-Hinweisen 1856565 und 3134262 (siehe *https://launchpad.support.sap.com/#/notes/3134262*).

11.4.6 Systemlandschaft und Transportmanagement

Nun möchten Sie sicherstellen, dass produktiv genutzte SAP-BW-Bridge-Modelle nicht ohne geregelten Prozess durch die (Weiter-)Entwicklung beeinflusst werden. Dazu brauchen Sie verschiedene Bereiche für die Entwicklungs- und Produktivumgebung und müssen die Objekte der Entwicklung kontrolliert in der richtigen Reihenfolge in die Produktivumgebung übernehmen.

Nur ein SAP-BW-Bridge-Space pro Tenant

In SAP Data Warehouse Cloud können Sie Bereiche durch Spaces trennen. Pro Tenant gibt es aber immer nur einen SAP-BW-Bridge-Space und genau ein SAP-BW-Bridge-System in der Cloud, das darüber angebunden ist. Sie können daher getrennte SAP-BW-Bridge-Bereiche nicht durch zwei Spaces des gleichen Tenants abbilden.

Empfohlene Systemlandschaft

Wir empfehlen daher den Betrieb mehrerer Tenants von SAP Data Warehouse Cloud, die jeweils einen SAP-BW-Bridge-Space enthalten, mindestens einen für die Entwicklung und einen für den Produktivbetrieb. Zusätzlich können Sie einen weiteren Tenant für das Qualitätsmanagement nutzen. Wir empfehlen Ihnen, SAP Data Warehouse Cloud dieser Tenants analog zu Ihren SAP-BW-Bridge-Spaces als Entwicklungs- und eventuell als Qualitätsmanagement- und Produktivumgebung zu betreiben.

Kostenbegrenzung

Da die Kosten im Wesentlichen nach Volumen und CPU berechnet werden, verdoppeln sich die Kosten durch den zweiten Tenant nicht. Sie können die Kosten gut kontrollieren, wenn Sie die Menge Ihrer Testdaten begrenzen.

Abweichende Konzepte

Aber was machen Sie, wenn Sie bereits ein anderes Konzept in SAP Data Warehouse Cloud umgesetzt haben? Stellen Sie fertig entwickelte Modelle über den Data Marketplace für die produktive Nutzung bereit? Haben Sie in SAP Data Warehouse Cloud verschiedene Spaces für Entwicklung und Produktivbetrieb im gleichen Tenant eingerichtet, und geben Sie die Modelle aus der Entwicklung frei, indem Sie diese mit einem Space für den Produktivbetrieb teilen?

In solchen Fällen müssen Sie eine individuelle Lösung entwickeln. Beispielsweise können Sie den bestehenden Tenant als produktive Umgebung für SAP BW Bridge verwenden und einen neuen Tenant für das SAP-BW-Bridge-Entwicklungssystem installieren. Entwickeln Sie in diesem Fall Ihre Data-Builder-Modelle auf der Basis der produktiven SAP-BW-Modelle. Im Entwicklungs-Space entwickelte funktionsfähige Modelle teilen Sie dann, wie gewohnt, mit dem produktiven Space. Wenn Sie SAP BW Bridge nur zur Datenextraktion nutzen und die Modelle dort nicht ändern, reicht möglicherweise ein SAP-BW-Bridge-Space aus.

Transportwesen

SAP installiert die gewünschten SAP-BW-Bridge-Tenants der Systemlandschaft, aber Sie müssen dafür sorgen, dass die Objekte, die Sie im Entwicklungs-Tenant anlegen oder ändern, in der richtigen Reihenfolge in die angebundenen Tenants gelangen. Im SAP-Umfeld hat sich für das Kopieren von Metadaten der beteiligten Objekte zwischen verschiedenen Systemen der Begriff *Transportieren* etabliert. Ein *Transportauftrag* ist eine Sammlung von Objekten, die gemeinsam transportiert werden sollen. Ein Transportauftrag gehört immer zu einer *Softwarekomponente*. Diese bestimmt, ähnlich zu einer Transportschicht im klassischen ABAP-Transportwesen, in welche Tenants der betreffende Auftrag transportiert wird. Sie können mehrere Softwarekomponenten pro SAP BW Bridge einrichten, z. B. eine für normale Transporte und eine für zeitkritische Reparaturtransporte. Innerhalb einer Softwarekomponente gewährleistet das System die korrekte Reihenfolge der Transportaufträge beim Übernehmen in den Ziel-Tenant.

Anders als in der On-Premise-Version von SAP BW/4HANA haben Sie nicht die Möglichkeit, Objekte vorläufig lokal mit dem Paket `$TMP`, also ohne Transportanbindung, anzulegen und sie später gemeinsam mit den benötigten Objekten für einen Transportauftrag zu sammeln. SAP zwingt Sie, für SAP BW Bridge alle Änderungen sofort auf Transportaufträge aufzuzeichnen, egal ob diese durch eine Konvertierung aus einem Vorgänger-SAP-BW-System, durch das Aktivieren von Business Content oder durch manuelle Änderungen erfolgen. Dadurch gehen keine Änderungen verloren. Wie bei klassischen ABAP-Systemen werden die Änderungen eines Transportauftrags nach Entwickler*in getrennt gesammelt; diese benutzerspezifische Sammlung wird *Aufgabe* genannt. Wenn alle Objekte eines Transportauftrags fertig entwickelt wurden und in ihrem aktuellen funktionsfähigen Zustand in die angeschlossenen Tenants transportiert werden sollen, geben Sie erst Ihre jeweiligen Aufgaben und dann den gesamten Transportauftrag frei.

Im Unterschied zu klassischen ABAP-Systemen erfolgen Transporte in SAP BW Bridge über das *git-basierte Change and Transport System* (gCTS). Git ist eine Software für das Versionsmanagement. Darin wird beim Freigeben eines Transportauftrags eine Version auf einem zentralen Repository eingerichtet, was als *Push* bezeichnet wird. Sie transportieren, indem Sie eine Version aus dem Repository im angeschlossenen Tenant klonen, also kopieren, was als *Pull* bezeichnet wird. Das muss nicht die neueste Version sein. gCTS vermerkt, welche Versionen bereits geklont sind. Wie bei einem Delta-Verfahren für Daten wird dabei immer die lückenlose Kette aller Vorgängerversionen der Softwarekomponente mitgeklont, sodass die Reihenfolge erhalten bleibt. Das bedeutet, das Sie einen einmal freigegebenen Auftrag weder versehentlich noch absichtlich ignorieren können. **gCTS**

So gehen Sie zum Einrichten des Transportwesens vor:

1. Erstellen Sie im SAP-BW-Bridge-Cockpit über die Applikation **Softwarekomponenten verwalten** mindestens eine Softwarekomponente.
2. Melden Sie sich in SAP HANA Studio an dem zur SAP BW Bridge zugehörigen ABAP-Cloud-Projekt an. Im Kontextmenü zum Ordner **Favorite Packages** wählen Sie **Add Package**. Wenn Sie den Namen der Softwarekomponente als Suchbegriff eingeben, finden Sie das dafür automatisch generierte ABAP-Paket.
3. Legen Sie zum automatisch generierten ABAP-Paket ein Unterpaket vom Paket-Typ **Entwicklung** an.
4. Öffnen Sie die Eclipse-Ansicht **Transport Organizer**.
5. Legen Sie einen oder mehrere Transportaufträge in Ihrem SAP-BW-System an, die Sie beim Anlegen von Objekten nutzen.
6. Melden Sie sich am SAP-BW-Bridge-Projekt an, und öffnen Sie die Eclipse-Ansicht **Project Explorer**.
7. Legen Sie im **BW-Repository** über eine wiederholte Auswahl des Kontextmenüeintrags **Neu • InfoArea** eine hierarchische Ordnerstruktur an. Ein Ordner heißt **InfoArea** und dient als Basis für ein Berechtigungskonzept in SAP BW Bridge. Wählen Sie beim Anlegen den Transportauftrag aus.

Vorbelegung von Transporteinstellungen

Sie können über **Window • Preferences • BW Modeling • Default Package** durch Klicken auf **Neu** pro SAP-BW-Bridge-Projekt ein Paket vorbelegen, sodass jedes neue SAP-BW-Objekt dort landet.

11.4.7 Konfigurieren des Cloud Connectors

Cloud Connector

Wenn Sie wissen, welche Quellsysteme Sie anschließen wollen, müssen Sie die Verbindung von einem On-Premise-System, z. B. einem SAP-S/4HANA-Quellsystem, nach SAP BW Bridge bzw. SAP Data Warehouse Cloud ermöglichen. Die Kommunikation ermöglicht die Anwendung Cloud Connector (siehe auch Kapitel 9, »Weitere Konfigurationen in SAP Data Warehouse Cloud«).

Für die Installation des Cloud Connectors ist die Durchführung einiger Vorarbeiten erforderlich, falls Sie diese nicht schon für die Installation von SAP Data Warehouse Cloud durchgeführt haben:

1. Laden Sie den Cloud Connector in der neuesten Version herunter (siehe *https://tools.hana.ondemand.com/#cloud*), und installieren Sie die Anwendung in Ihrem On-Premise-Netzwerk (siehe *https://blogs.sap.com/2021/09/05/installation-and-configuration-of-sap-cloud-connector/* und *https://help.sap.com/docs/CSI/b651ed9a533d41339f05b12549d8d706/fb8b4025b3f1449790a787df47633c2d.html?locale=en-US&q=Cloud%20Connector*)
2. Installieren Sie im Quellsystem die SAP-Hinweise 2703850, 3076927 und 3083347.
3. Melden Sie sich an der Maschine an, an der Sie den Cloud Connector installiert haben. Dann öffnen Sie unter **Cloud Connector Administration** den Cloud Connector über die Seitennavigation **Connector**.
4. Um sich mit SAP Data Warehouse Cloud verbinden zu können, richten Sie über **Define Subaccount** ein Unterkonto ein. Stimmen Sie die Details mit den Proxy-Einstellungen für Ihr Unternehmensinternet ab.
5. Konfigurieren Sie die benötigten Quellsysteme für das neue Unterkonto, indem Sie rechts oben unter **Cloud To On-Premise • +** eine neue Verbindung konfigurieren. Wenn Sie mehrere Unterkonten haben, achten Sie darauf, dass Sie das richtige auswählen. Bei dem **+** rechts unten neben **Ressources** machen Sie die benötigten Services verfügbar.

11.4.8 Anlegen von Quellsystemen

Kommunikationsvereinbarungen einrichten

Für die Einrichtung der Verbindung zu einem SAP-System sind im Wesentlichen die folgenden Schritte erforderlich; Einzelheiten finden Sie im Adminstrationsleitfaden der SAP-Hilfe unter *https://help.sap.com/docs/SAP_DATA_WAREHOUSE_CLOUD/ecce5bb08ae24ed089497fc00c2320d8/32b4861ce7d94ebd9f5abd854691582f.html*:

1. Richten Sie im Quellsystem den technischen Benutzer ein.
2. Melden Sie sich in SAP BW Bridge an die Anwendungen **Kommunikationsbenutzer pflegen** und **Kommunikationssysteme** an, und pflegen Sie

dort die Kommunikationsbenutzer und deren Verbindungsparameter, die zu SAP BW Bridge vordefiniert sind.

3. In der Applikation **Kommunikationsszenarien** richten Sie ein Kommunikationsszenario ein. Das ist eine Verbindung zwischen Quelle und Ziel.
4. Legen Sie das Quellsystem in den SAP BW Modeling Tools an. Sie können von hier aus in die Applikation **Kommunikationsszenarien** abspringen.

11.4.9 Migration eines SAP-BW-Systems nach SAP BW Bridge

Konvertierung für SAP-NetWeaver-BW-Kunden

Wenn Sie ein On-Premise-SAP-BW-System oder SAP BW/4HANA nutzen, können Sie Ihr vorhandenes System oder einzelne Datenflüsse durch ein klassisches Migrations-/Konvertierungsprojekt nach SAP BW Bridge überführen. Für die Migration und Konvertierung steht keine Inplace-Konvertierung zur Verfügung, weil SAP BW Bridge in der Public Cloud auf einem anderen Server installiert ist als Ihr SAP-NetWeaver-BW-System. Allerdings können Sie die Shell- und Remote-Konvertierung (siehe Abschnitt 11.3.1, »Optionen für die Konvertierung«) oder einen hybriden Ansatz ausführen. Bestehende klassische SAP-BW-Objekte werden beim Transport in die neue Umgebung automatisch konvertiert. Ein Beispiel für die Umsetzung finden Sie in Abschnitt 16.1, »Überblick über das hybride Szenario«.

11.4.10 Übernahme von Objekten aus SAP BW Bridge in andere Spaces

SAP-BW-Bridge-Objekte bereitstellen

Um Ihre SAP-BW-Objekte und deren Daten in anderen Bereichen von SAP Data Warehouse Cloud zu nutzen, gehen Sie in den SAP-BW-Bridge-Space und importieren SAP-BW-Objekte, auf deren Daten Sie zugreifen wollen, als Remote-Tabelle. Anschließend teilen Sie die Remote-Tabelle mit anderen Spaces von SAP Data Warehouse Cloud. In Abschnitt 16.3, »Übernahme der Modellkomponenten nach SAP Data Warehouse Cloud«, wird dieses Verfahren beschrieben, das auch in Abbildung 11.13 skizziert ist.

Nacharbeiten nach dem Modellimport

Denken Sie daran, bei der Nutzung der BW-Objekte in SAP Data Warehouse Cloud erneut semantische Eigenschaften in Ihren Modellen zu definieren: Definieren Sie Kennzahlen als Währungskennzahlen, um nicht Werte mit verschiedenen Währungen zu addieren. Definieren Sie Formate für die Darstellung der Datumsfelder. Überprüfen Sie auch den Datentyp, da der Standardwert, z. B. String (5.000 Zeichen), oft überdimensioniert ist.

11.5 BW-Modellierung

Nachdem Sie SAP BW/4HANA oder SAP BW Bridge konfiguriert haben, können Sie nun damit starten, die Objekte des Datenflusses und ihre Eigenschaften zu definieren. In Abschnitt 11.5.1 erfahren Sie die generelle Vorgehensweise, bevor wir uns in Abschnitt 11.5.2 Modellen mit eigenen physisch gespeicherten Daten und in Abschnitt 11.5.3 Modellen ohne eigene gespeicherte Daten zuwenden.

11.5.1 Vorgehensweise beim Anlegen von Objekten

Objekte anlegen

In der folgenden Weise legen Sie als Modellierer Objekte an:

1. Starten Sie in Eclipse die Perspektive **BW Modeling**, und melden Sie sich an Ihrem SAP-BW-Projekt oder SAP-BW-Bridge-Projekt an.
2. Legen Sie das benötigte Objekt über **File • New • (gewünschter Objekttyp)** an.
3. Geben Sie an, in welcher InfoArea (also in welchem Ordner) das Objekt liegen soll. Vergeben Sie einen systemweit eindeutigen technischen Namen und eine verständliche sprachabhängige Beschreibung. In vielen Fällen können Sie eine Objektvorlage oder direkt Eigenschaften angeben, bevor Sie auf **Finish** klicken.
4. Weitere Eigenschaften legen Sie in einem objektspezifischen Editor fest. Dies erlaubt es Ihnen beispielsweise, Schlüssel- und Feldeigenschaften festzulegen, die sich auf der Datenbank auswirken, außerdem semantische Eigenschaften, die eher für die direkte Nutzung im SAP-BW-System gedacht sind und in SAP Data Warehouse Cloud in darauf aufbauenden Modellen neu gesetzt werden. In Abschnitt 16.3, »Übernahme der Modellkomponenten nach SAP Data Warehouse Cloud«, sehen Sie im Detail, wie diese Modelle in SAP Data Warehouse Cloud verfügbar gemacht werden.
5. Speichern Sie das Objekt zwischendurch. Am Ende wählen Sie (**Aktivieren**), um das Objekt zu prüfen und zu generieren.

11.5.2 Objekte des Ladeflusses im Detail

Um Daten aus verschiedenen Quellen in SAP BW zusammenzuführen, legen Sie dazu zunächst zu jeder Quelle eine DataSource an, indem Sie zu einem Quellsystem einen Data Provider auswählen (siehe Abbildung 11.27).

Sie finden nur Quellen, für die mindestens die Snapshot-Extraktion möglich ist. Danach können Sie auf der Registerkarte **Extraktion** je nach Quelle ein Delta-Ladeverfahren oder einen Direktzugriff ohne Ladeprozess erlauben. Auf der Registerkarte **Details** können Sie Felder von der Übernahme ausschließen und für die übrigen Felder Eigenschaften festlegen, z. B. den Datentyp und ob das Feld als Filter dienen kann.

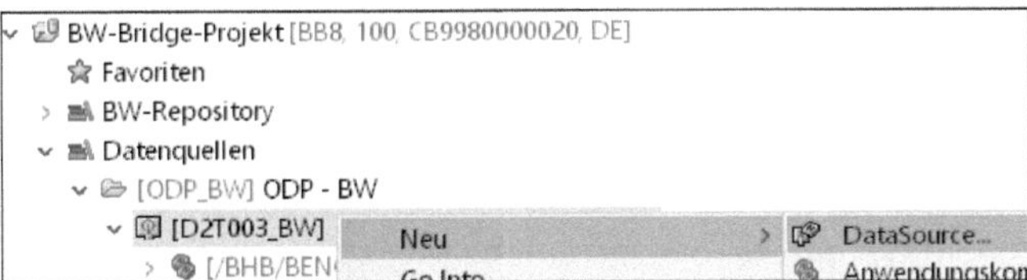

Abbildung 11.27 DataSource anlegen

InfoObject

Der Zweck des SAP-BW-Systems besteht darin, Inhalte aus verschiedenen Quellen zu harmonisieren und einheitlich abzubilden. Das zentrale BW-Objekt dafür heißt *InfoObject*. Ein InfoObject kann ähnlich einer ABAP-Domäne als vordefiniertes Feld in verschiedenen Kontexten verwendet werden und hat immer die gleichen systemweit definierten technischen und semantischen Eigenschaften. SAP liefert wichtige InfoObjects als Merkmale, Zeitmerkmale, Kennzahlen und Einheiten aus, z. B. Land (0COUNTRY), Werk (0PLANT), Kalendertag (0CALDAY), Kalendermonat (0CALMONTH), Geschäftsperiode (0FISCPER3), Geschäftsjahr (0FISCYEAR), Betrag (0AMOUNT), Menge (0QUANTITY), Währung (0CURRENCY) und Mengeneinheit (0UNIT), die Sie vor dem Einbau einmalig aktivieren müssen. Sie können ergänzend eigene InfoObjects anlegen.

Definieren Sie ein InfoObject vom Typ **Merkmal**, und füllen Sie es mit Stammdaten, um systemweit konsistente Texte, Attribute und Hierarchieebenen anzuzeigen. Ein Merkmal definiert technische und semantische Eigenschaften für eine Geschäftsentität, z. B. **Material**, **Materialklasse**, **Mitarbeiter**, **Kunde**, **Kostenstelle** oder **Land**. Als technische Eigenschaft definieren Sie einen systemweit eindeutigen technischen Namen, den Datentyp und den Schlüssel. Fremdschlüsselbeziehungen können Sie durch die Angabe eines weiteren Merkmals auf zwei Arten festlegen:

- Wenn der Schlüssel des anderen Merkmals Teil des eigenen Schlüssels werden soll, definieren Sie die Beziehung auf der Registerkarte **Allgemein** als **Klammerung**. Zum Beispiel können Sie festlegen, dass eine Materialnummer erst nach Angabe des Herstellers eindeutig ist.
- Wenn das Fremdmerkmal Teil des eigenen Datenteils werden soll, also der Wert neu geladen und überschrieben werden darf, listen Sie es auf der Registerkarte **Attribute** auf. Zum Beispiel können Sie einem Material eine Materialgruppe, eine Steuerklassifikation und eine Transportgruppe zuteilen.

Attribute

Unter **Attribute** können Sie auch Kennzahlen und Einheiten eintragen, die das Merkmal zusätzlich beschreiben, z. B. **Basismengeneinheit**, **Einkaufslistenpreis** oder **Gewicht**.

Auf der Registerkarte **Hierarchien** können Sie Hierarchien erlauben und deren Eigenschaften festlegen, z. B., ob Hierarchieknoten durch ein Intervall von aufeinanderfolgenden Nummern definiert werden können. Außerdem können Sie andere Merkmale zulassen, z. B. die Sparte als Teil der Hierarchie für das Basismerkmal **Material**. Sie müssen solche Merkmale dennoch nicht in einer Hierarchie benutzen.

Texte

Des Weiteren können Sie auf der Registerkarte **Stammdaten/Texte** festlegen, welche Texte Sie anlegen wollen. Sie können bis zu drei Texte anbieten:

- Kurztext (20 Zeichen)
- mittellanger Text (40 Zeichen)
- Langtext (Standardlänge 60 Zeichen, bei der Einstellung als extra langer Text 1333 Zeichen)

Texte können sprachabhängig sein. Zu den Hierarchien, zu den Texten und zu einzelnen Attributen können Sie jeweils definieren, ob sie zeitabhängig sind. Wenn Sie diese Funktion einschalten, können Sie den Anwender*innen beim Aufrufen des Berichts über die Angabe eines Stichtags ermöglichen, eine frühere Zuordnung darzustellen.

ADSO

Um Bewegungsdaten für ein bestimmtes Szenario physisch zu speichern, legen Sie ein *Advanced-DataStore-Objekt* (ADSO) an. In seiner Struktur können Sie Felder, deren Datentypen nur im ADSO definiert sind, und zentral definierte InfoObjects kombinieren.

In der Modellvariante Standard-DataStore-Objekt definieren Sie einen Schlüssel und abhängige Daten. Im Schlüssel können Sie bis zu 120 Merkmale, Einheiten oder Felder aufnehmen. Die Kennzahlen müssen dem Datenteil zugeordnet sein. Sie können pro Kennzahl die Verdichtungsart als zu überschreiben oder aggregieren (als Summe, Minimum oder Maximum) vorgeben. Wenn Sie die Daten laden, sind diese zunächst unverdichtet und satzweise serialisiert als Eingangs-Queue in einer Tabelle namens Inbound-Tabelle abgelegt. Dies hat zwei Vorteile:

- Daten aus verschiedenen Quellen werden automatisch nach dem Ladevorgang getrennt und innerhalb dessen sortiert.
- Die Inbound-Tabelle ermöglicht ein Qualitätsmanagement. Hier können Sie Inhalte manuell korrigieren, wir empfehlen aber eher, die Fehlerursache zu beheben, dann die Daten aus der Inbound-Tabelle zu löschen und sie schließlich neu zu laden.

ADSO-Eigenschaften

Wenn die Daten korrekt sind, starten Sie die Verdichtung durch die Funktion **Aktivieren**. Dazu können Sie auf der Registerkarte **Allgemein** weitere Eigenschaften vordefinieren:

- **Change Log schreiben** führt dazu, dass der Aktivierungsjob Änderungen als Stornosatz und Neuzustand in eine separate Tabelle schreibt, wenn beim Aktivieren ein neuer Wert für einen Schlüssel gebildet wird. Dadurch können Sie die Änderung rückgängig machen oder an ein weiteres Datenziel die Änderung als sogenanntes *Delta* weitergeben.
- **Snapshot-Unterstützung** führt dazu, dass der Aktivierungsjob für die Schlüssel, die die Quelle nicht erneut liefert, jeweils einen Stornosatz generiert. Dies ist nur sinnvoll, wenn Sie immer die gleiche Datenselektion anfordern.

Je nach Verwendungszweck setzen Sie andere Modellvarianten ein:

- Bei **Data-Mart-DataStore-Objekt** sind nur die Kennzahlen im Datenteil, alle Kennzahlen werden aggregiert, und der Schlüssel ist die Kombination der übrigen Felder und InfoObjects. Dies ist sinnvoll, wenn die Quelle das Change Log eines anderen ADSO ist oder eine Originalquelle bereits Differenzen liefert.
- Das **DataStore-Objekt mit direkter Fortschreibung** kann nicht nur durch Ladeprozesse, sondern auch per Funktionsbaustein befüllt werden, z. B. aus einer Planungsanwendung.
- Bei **Staging-DateStore-Objekt** gibt eine Variante, die nur aus der Inbound-Tabelle besteht und eine Variante, bei der Daten komprimiert werden können. Dabei sind Sätze nach Ladevorgang, Paket und Datensatznummer serialisiert. Daher müssen Sie keinen Schlüssel definieren. Diese Variante dient als Zwischenspeicher im mehrstufigen Ladeprozess.

Die Variante **Reporting-Enabled** gibt es in SAP BW Bridge nicht. In diesem Fall sind nur die komprimierten Daten im Reporting sichtbar, aber die unkomprimierte Version bleibt als Basis für weitere Ladeprozesse erhalten.

Daten laden

Aber wie laden Sie nun Daten in diese Ziele? Legen Sie getrennte Ladeprozesse für Texte, Attribute, Hierarchietabellen und Bewegungsdaten an. Wenn Sie eine übersichtliche grafische Oberfläche bevorzugen, legen Sie über **Neu • Datenflussobjekt** ein Datenflussobjekt an. Klicken Sie jeweils in die weiße Fläche, um dort die Quelle, z. B. eine DataSource, und das Ziel des Datenladeprozesses, z. B. ein InfoObject, aufzunehmen. Wenn Sie mit gedrückter linker Maustaste eine Verbindungslinie ziehen, erzeugen Sie beim ersten Mal ein Template für eine Transformation zwischen Quelle und Ziel, und beim nächsten Mal ein Template für einen Datentransferprozess (DTP). Alternativ können Sie Transformation und DTP durch das Kontextmenü beim Datenziel anlegen, auch aus dem Project Explorer oder aus der Liste der Suchergebnisse heraus. Sie müssen dann den technischen Namen der Quelle manuell eintragen, wobei Ihnen über [Strg] + Leertaste eine Hilfe angezeigt wird.

Im Editor für die Transformation legen Sie erst unter **Allgemein** fest, ob Sie die Änderungen direkt in SAP HANA prozessieren wollen oder in der ABAP-Laufzeit; die SAP-HANA-Laufzeit ist in aller Regel schneller. Außerdem können Sie hier Routinen anlegen (siehe Abschnitt 11.6.4, »Transformationen«).

Regeltypen

Auf der Registerkarte **Regeln** ordnen Sie die Quellfelder den Zielfeldern zu. Dabei gibt es die folgenden Regeltypen:

- **Keine Fortschreibung**: Das Zielfeld wird nicht geändert.
- **Konstante**: Sie geben einen für alle Zeilen einheitlichen Wert an.
- **Direkte Zuordnung**: Sie geben den Inhalt eines Quellfeldes weiter. Wenn Sie dabei Währungen oder Einheiten konvertieren wollen, müssen Sie zuerst auf der Registerkarte **Allgemein** die Eigenschaft **Währungs- und Einheitenumrechnung ermöglichen** ankreuzen und außerhalb der Transformation einen Umrechnungstyp anlegen.
- **Formel**: Sie definieren einen Ausdruck aus ausgewählten Quellfeldern, Systemfeldern und Funktionen, der pro Datensatz prozessiert wird.
- **Nachlesen**: Sie lesen pro Datensatz den zum gelieferten Schlüssel passenden Wert aus einem InfoObject-Attribut oder einem Datenfeld eines ADSO.
- **Routine**: Sie schreiben ein Programm, das den Wert zurückgibt (siehe Abschnitt 11.6.4, »Transformationen«).

InfoSource

Wenn Sie eine Zwischenebene benötigen, um eine Transformation in mehrere Teile aufzuteilen, z. B. wenn Sie erst pro Datensatz die Quellwährung ableiten und dann im zweiten Schritt den Betrag in eine einheitliche Zielwährung umrechnen wollen, haben Sie zwei alternative Möglichkeiten: Sie können entweder ein weiteres ADSO anlegen und füllen, um dessen Eigenschaften zu nutzen, und die Daten kurz nach dem Weitergeben wieder löschen, oder Sie benutzen eine InfoSource. Eine InfoSource ist eine Struktur, die Daten nicht dauerhaft speichert, die aber als Ziel einer ersten Transformation und als Quelle einer zweiten Transformation dienen kann.

SAP-HANA-Analyseprozess

Eine weitere Option für eine Zwischenebene ist ein SAP-HANA-Analyseprozess. Statt einer Transformation und einer InfoSource wählen Sie eine vorhandene Datenbankprozedur oder eine Bibliotheksroutine, z. B. für eine ABC-Analyse. Sie müssen je nach Prozedur einige Parameter mitgeben, z. B. welche Quelle und Felder sie auswerten und wie viel Prozent des Umsatzes die Kategorien A, B und C bilden sollen. Das Ergebnis können Sie als Quelle für den nächsten Analyseprozess für eine BW-Transformation verwenden oder als persistentes Ergebnis in eine Datenbanktabelle schreiben. Diese Option gibt es in SAP BW Bridge übrigens nicht.

Datentransferprozess

Nachdem Sie alle Transformationen angelegt haben, laden Sie die Daten. Dazu legen Sie einen Datentransferprozess an. Er holt die Daten aus einer physischen Ebene und schreibt die transformierten Ergebnisse in ein physisches Ziel. Bei einigen Quellen können Sie per **Delta** extrahieren, um bereits abgeholte Werte nicht erneut zu übertragen. Sie können die Daten beim Auslesen aus der Quelle filtern und gruppieren. Gruppieren bei der Extraktion bedeutet, dass Sie einen Schlüssel definieren und Felder, die den gleichen Schlüssel haben, im gleichen Datenpaket, also im gleichen Vorgang verarbeitet werden. Dieser Schlüssel orientiert sich in der Regel am Schlüssel der Zielstruktur, kann aber z. B. gröber als dieser sein. Er sollte jedoch nicht feiner sein, denn dann könnten zwei Datensätze, von denen einer im Ziel den anderen überschreibt, in verschiedenen Paketen landen. Somit könnte der später gelesene aktuellere Satz in seinem Paket schneller verarbeitet und durch den langsamer prozessierten veralteten Satz fälschlicherweise überschrieben werden. Dieses Problem können Sie auch vermeiden, indem Sie auf dem DTP die Parallelverarbeitung ausschalten.

Nach der Definition aktivieren Sie den DTP und führen ihn aus. Wie Sie das Ergebnis überwachen, erfahren Sie in Abschnitt 11.7, »Integriertes-SAP-BW-Cockpit«. Zuvor lernen Sie aber noch einige weitere Möglichkeiten kennen: virtuelle Modelle und ABAP-basierte Objekte.

11.5.3 Virtuelle Modelle

Virtuelle Modelle spielen nur in SAP BW/4HANA eine wichtige Rolle, weil Sie bei einem Ansatz mit SAP BW Bridge die virtuellen Ebenen in SAP Data Warehouse Cloud modellieren können (siehe Abschnitt 16.5, »Erstellen kombinierter Modelle«). Wenn Sie in einer DataSource die Eigenschaft **Direktzugriff zulässig** verwenden, können Sie einen Open-ODS-View anlegen, der die Daten der DataSource zur Verfügung stellt. Diesen können Sie als Basis einer BW-Query anlegen. Dadurch können Sie die Modelle aus verschiedenen DataSources ohne Ladeprozesse kombinieren.

Open-ODS-View auf der Basis einer Transformation

Wenn Sie einen Open-ODS-View auf der Basis einer Transformation anlegen, muss diese Transformation als Ziel eine InfoSource haben. Aus den InfoSource-Feldern können Sie den Open-ODS-View aufbauen. Vor der Anzeige durchlaufen die Daten die Transformation, wobei allerdings nicht jede Transformationsregel funktioniert. Wenn diese InfoSource zugleich das Ziel anderer Transformationen ist, sehen Sie dennoch im Open-ODS-View nur die Daten aus der Quelle der angegebenen Transformation, nicht aber die Daten benachbarter Quellen.

Verknüpfungen, die durch SAP-BW-Bridge-Objekte definiert sind, werden auch in der darunterliegenden SAP-HANA-Datenbank ausgeführt, sodass Sie eine gute Laufzeit erwarten können. Allerdings wird SAP neue Möglichkeiten in Zukunft eher zu SAP Data Warehouse Cloud entwickeln.

Strategie

Wir empfehlen Ihnen, sich auf die bereits importierten Objekte zu beschränken oder sie nur dort zu verwenden, wo das BW-Modell, beispielsweise zum Anbinden zeitabhängiger Stammdaten, einen Mehrwert bietet. Legen Sie die virtuellen Ebenen und Objektverknüpfungen stattdessen in SAP Data Warehouse Cloud an.

11.6 ABAP-Entwicklungswerkzeuge

Wenn Sie individuelle Möglichkeiten der Transformation benötigen, die Sie am besten über ein SQLScript-Programm implementieren, oder SAP-Funktionsbausteine auf ABAP-Basis nutzen wollen, gibt es für die kundenseitige Entwicklung in SAP NetWeaver und SAP S/4HANA ein spezielles Eclipse-Add-on, die ABAP-Entwicklungswerkzeuge (ABAP Development Tools, ADT).

Objekte des ADT

Im Kontext von SAP BW und SAP BW Bridge nutzen Sie ADT zum Ansehen und gegebenenfalls zum Bearbeiten folgender Objekte:

- Entwicklungspakete, Funktionsbausteine, Klassen und Programme von SAP BW (siehe Abschnitt 11.6.1, »ABAP-Transporte und -Objekte«).
- Inhalte von Tabellen des SAP-BW-Systems (siehe Abschnitt 11.6.2).
- Datendefinitionen (Data Definitions, DD), die eine Tabelle oder einen ABAP-CDS-View und Datenzugriffskontrollen (Data Access Controls, DAC) definieren, die regeln, welche Datenscheiben sichtbar sind (siehe Abschnitt 11.6.3, »Datendefinitionen für ABAP-CDS-Views«).
- Routinen in BW-Transformationen (Startroutine, Endroutine, Expertenroutine, Regeltyproutine), auch auf Basis von SQLScript (siehe Abschnitt 11.6.4, »Transformationen«).

- Proxy-Elemente für HANA-Prozeduren, die Sie beispielsweise in einem HANA-Analyseprozess aufrufen (siehe Abschnitt 11.6.5, »Proxy-Elemente für SAP-HANA-Prozeduren«).

Diese Themen schauen wir uns im Folgenden der Reihe nach an.

11.6.1 ABAP-Transporte und -Objekte

Wenn Sie etwas in der ABAP-Welt ändern wollen, brauchen Sie, wie in SAP BW Bridge, ein Entwicklungspaket.

ABAP-Projekt

Als Voraussetzung müssen Sie zuerst über **File • New • Project** ein **ABAP Projekt** für SAP BW oder ein **ABAP-Cloud-Projekt** für SAP BW Bridge anlegen, das Ihnen Zugang zum ABAP-System gibt. Als System, Server und Benutzer wählen Sie die Anmeldedaten Ihres SAP-BW-Systems bzw. von SAP BW Bridge.

Öffnen Sie den Eclipse-View **Transport Organizer**, wählen Sie einen Transportauftrag, und legen Sie dann mit der rechten Maustaste ein Entwicklungspaket an. In SAP BW, speziell in SAP BW/4HANA, können Sie eigenständig Klassen und Programme entwickeln; in SAP BW Bridge ist diese Option nicht intendiert.

11.6.2 Suche nach SAP-BW-Tabellen

Tabellen zu BW-Objekten

Wenn Sie BW-Objekte aktivieren, legt SAP BW bzw. SAP BW Bridge im Hintergrund entsprechende Tabellen und Views an. So finden Sie deren Namen und Struktur heraus und sehen sich den Inhalt an:

1. Starten Sie im BW-Projekt bzw. im SAP-BW-Bridge-Projekt den Objektzugriff über das Eclipse-Menü **Navigate • BW Objekt öffnen** oder über die Objektsuche per Eclipse-Menü **Search • BW Objekt Search**, und geben Sie einen Namensbestandteil ein.
2. Wenn Sie das Objekt gefunden haben, öffnen Sie die Bearbeitung.
3. Über das Eclipse-Menü **Window • Show View • Other • General • Properties** blenden Sie das Teilfenster mit den Objekteigenschaften ein.
4. Unter **DDIC** sind alle zugehörigen Tabellen und Views aufgelistet. Wählen Sie den Link für die Definition oder den Funktionsknopf daneben für die Daten.
5. Wählen Sie Ihr ABAP-Projekt bzw. ABAP-Cloud-Projekt aus.

Im ABAP-Katalog Suchen durchführen

Alternativ starten Sie, wenn Sie den Namen eines ABAP-Objekts kennen, im Eclipse-Menü über **Suchen • ABAP Objekt suchen**, wählen Ihr ABAP-Projekt bzw. **ABAP-Cloud-Projekt** aus und geben den Suchbegriff ein. Beim gefundenen Objekt können Sie über das Kontextmenü die Objektdefinition oder die Datenanzeige aufrufen.

11.6.3 Datendefinitionen für ABAP-CDS-Views

Objekt »Data Definition«

Wollen Sie aufbauend auf bestehenden SAP-BW-Tabellen Berechnungen, Filter und semantische Eigenschaften definieren, legen Sie, wie in SAP S/4HANA, in einem ABAP-Paket ein Objekt namens **Data Definition** an. Im Wesentlichen ist dies ein Name für ein SQL-Statement, das durch semantische Informationen ergänzt wird.

Elemente in CDS-Views

Es gibt zwei Arten von Ergänzungen:

- *Annotationen* sind Eigenschaften, die steuern, wie das nutzende Programm den CDS-View oder seine Elemente verwendet, z. B. welche Aggregation und Währung für eine Betragskennzahl benutzt wird oder ob der View als Extraktor für die Daten dienen kann.
- *Assoziationen* sind Verknüpfungen mit anderen Tabellen oder Views, um dem Haupt-View weitere Felder zur Verfügung zu stellen. Sie können in einer Assoziation eine Begrenzung festlegen, z. B., dass das Sprachenfeld den Eintrag **DE** enthält und maximal zwei Einträge gelesen werden.

CDS-Datenzugriffskontrolle

Durch die *Datenzugriffskontrolle* (Data Access Control) genannte und auf die Views bezogene Objekte, die Sie einer ABAP-Rolle in SAP BW zuordnen, können Sie regeln, welche Datenscheiben sichtbar sein sollen. Da die Nutzung eines solchen Berechtigungskonzepts in Kombination mit SAP Data Warehouse Cloud komplexe Anforderungen stellt, raten wir bei hybriden Szenarien dazu, die Zugriffskontrolle nicht in SAP BW zu regeln.

Externer Datenzugriff

Die CDS-Views können Sie zwar in SAP BW über eine DataSource oder einen Open-ODS-View in einen Datenfluss von SAP BW einbinden, aber im Kontext hybrider Szenarien ist es einfacher, wenn Sie eine Remote-Tabelle über eine ABAP-Verbindung in SAP Data Warehouse Cloud definieren, um die Daten direkt im Data Builder zu integrieren.

Begrenzung sichtbarer Tabellen in SAP BW Bridge

In SAP BW Bridge können Sie nur Daten von Tabellen und Views sehen, die zu BW-Objekten gehören, keine sonstigen SAP-Tabellen oder Metadatentabellen, z. B. auch nicht die Liste der DataSources, Tabelle RSDS. Dies betrifft sowohl den direkten Zugriff aus Abschnitt 11.6.2, »Suche nach SAP-BW-Tabellen«, als auch den Zugriff über CDS-Views. Sie können zwar CDS-Views aktiveren, aber die Daten nicht nutzen.

In anderen SAP-BW-Versionen gilt diese Einschränkung nicht. Dort finden Sie z. B. die Tabellen RSDDSTAT_OLAP (Zugriffsstatistik), RSPROCESSLOG (Prozesskettenmonitoring), RSZCOMPDIR (Liste der Query-Elemente,) oder RSZGLOBV (Liste der Variablen) und können, darauf aufbauend, CDS-Views anlegen.

11.6.4 Transformationen

ABAP-Routinen verwenden

Es kommt vor, dass Sie in den Daten komplexe Änderungen durchführen müssen, die Sie nicht über ein paar Formeln erreichen können. Zum Beispiel soll für jede Zeile eines Datenpakets die Abweichung vom Durchschnitt errechnet werden, oder Sie möchten einen Filter implementieren, der von den gelieferten Werten abhängt und z. B. »Ausreißer« ignoriert, die um mehr als eine Standardabweichung abweichen.

Legen Sie hierzu eine BW-Transformation an, und programmieren Sie Ihren Code als Routine. Eine Möglichkeit ist es, die gesamte Transformation als Expertenroutine anzulegen. Alternativ unterteilen Sie den Prozess in eine Startroutine auf den Originaldaten, einfache Feldzuordnungen, Nachlese-Operationen, Formeln oder Feldroutinen für jeweils ein Zielfeld und abschließend eine Endroutine auf der gesamten Ergebnismenge (siehe Tabelle 11.5). Start-, End- oder Expertenroutine können Sie auf der Registerkarte **Allgemein** und Feldroutinen im Eclipse-View **Eigenschaften** für das ausgewählte Zielfeld anlegen.

Art der Routine	Verfügbare Felder	Zu füllende Felder
Eine *Startroutine* wirkt vor den Feldzuordnungen, z. B. zum Sortieren des Datenpakets.	Felder der Ausgangsstruktur	komplette Ausgangsstruktur
Eine *Feldroutine* bezieht sich auf ein Feld der Zielstruktur und ordnet ihm einen Wert zu.	ausgewählte Felder der Ausgangsstruktur	einzelnes Feld der Zielstruktur
Eine *Endroutine* wirkt nach den Feldzuordnungen, z. B. als Filter auf den ermittelten Werten.	Felder der Zielstruktur	komplette Zielstruktur
Eine *Expertenroutine* transformiert das gesamte Datenpaket und ersetzt alle einzelnen Regeln.	Felder der Ausgangsstruktur	komplette Zielstruktur

Tabelle 11.5 Mögliche Routinen

Code-Editor Je nachdem, ob Sie auf der Registerkarte **Allgemein** die Einstellung **ABAP-Laufzeit** oder **SAP HANA-Laufzeit** wählen, öffnet sich eine neue Registerkarte mit einem Editor und einer Vorlage in ABAP oder in SQLScript, in der Sie manuell den gewünschten Code eingeben. Abbildung 11.28 zeigt die Unterstützung durch Codevervollständigung am Beispiel ABAP.

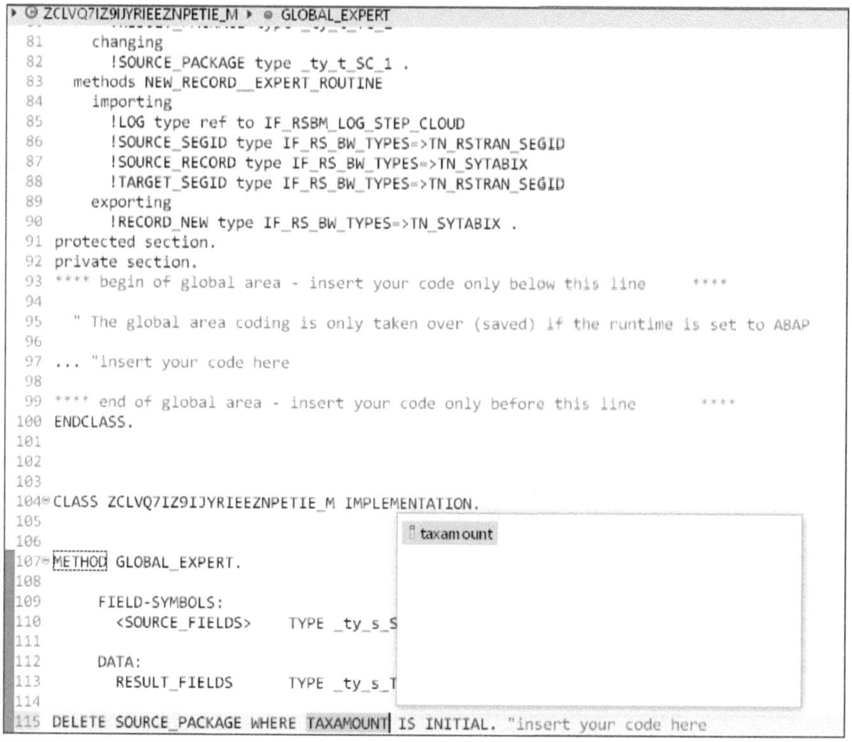

```
▸ ⊙ ZCLVQ7IZ9IJYRIEEZNPETIE_M ▸ ● GLOBAL_EXPERT
    changing
      !SOURCE_PACKAGE type _ty_t_SC_1 .
  methods NEW_RECORD__EXPERT_ROUTINE
    importing
      !LOG type ref to IF_RSBM_LOG_STEP_CLOUD
      !SOURCE_SEGID type IF_RS_BW_TYPES=>TN_RSTRAN_SEGID
      !SOURCE_RECORD type IF_RS_BW_TYPES=>TN_SYTABIX
      !TARGET_SEGID type IF_RS_BW_TYPES=>TN_RSTRAN_SEGID
    exporting
      !RECORD_NEW type IF_RS_BW_TYPES=>TN_SYTABIX .
protected section.
private section.
**** begin of global area - insert your code only below this line     ****

  " The global area coding is only taken over (saved) if the runtime is set to ABAP

... "insert your code here

**** end of global area - insert your code only before this line       ****
ENDCLASS.



CLASS ZCLVQ7IZ9IJYRIEEZNPETIE_M IMPLEMENTATION.
                                                    taxamount

METHOD GLOBAL_EXPERT.

    FIELD-SYMBOLS:
      <SOURCE_FIELDS>    TYPE _ty_s_S

    DATA:
      RESULT_FIELDS      TYPE _ty_s_T

DELETE SOURCE_PACKAGE WHERE TAXAMOUNT IS INITIAL. "insert your code here
```

Abbildung 11.28 Routine in einem ABAP-Editor erstellen

ABAP-Routine Wenn Sie die ABAP-Laufzeit wählen, müssen Sie den Standardrückgabeparameter (SOURCE_PACKAGE bei Startroutinen, RESULT_PACKAGE bei Endroutinen und Expertenroutinen) über ein ABAP-Statement versorgen. Bei Expertenroutinen können Sie auch auf die Rohdaten als SOURCE_PACKAGE zugreifen. Der Vorteil der ABAP-Laufzeit liegt darin, dass Sie ABAP-CDS-Views und die folgenden Code-Bestandteile wiederverwenden können:

- *Funktionsbausteine* können Eingabeparameter entgegennehmen, führen eine allgemein gehaltene Berechnung z. B. eine Währungs- oder Einheitenumrechnung aus und übergeben das Ergebnis als Rückgabeparameter an das aufrufende ABAP-Programm.
- *Includes* sind unter einem systemweit bekannten Namen gespeicherte Programmabschnitte, die nicht eigenständig lauffähig sein müssen.

AMDP

Wenn Sie die SAP-HANA-Laufzeit wählen, müssen Sie den Standard-Rückgabeparameter Out_tab über ein SQL-Statement versorgen. Das SQLScript wird technisch als Datenbankprozedur auf der SAP-HANA-Datenbank von SAP BW ausgeführt, über eine Methode in die ABAP-Klasse eingebettet und daher über die ABAP-Transporte transportiert. Dieses Konzept nennt sich *ABAP-Managed Database Procedure* (AMDP).

Sie können in SQLScript eine Serie von Einzelbefehlen durch ; separieren, Kontrollstrukturen (WHILE, FOR, IF ... THEN ... ELSE) nutzen und Funktionen und Prozeduren aufrufen, die in SAP HANA zur Verfügung stehen. Dies ist möglich, weil sie zum SAP-HANA-Standard oder zu einer Bibliothek gehören oder weil Sie sie bereits selbst definiert haben. Übergebene Parameter oder Zwischenergebnisse können Sie in SQLScript als Variablen speichern und später wieder auslesen. Zum Auslesen eines Parameters oder einer Variable setzen Sie ein : vor den Namen. Mehr zu SQLScript finden Sie in der nur auf Englisch verfügbaren Dokumentation unter *https://help.sap.com/doc/6254b3bb439c4f409a979dc407b49c9b/2.0.00/en-US/SAP_HANA_SQL_Script_Reference_en.pdf*

Für BW-Transformationen steht Ihnen das Datenpaket der Quelle in der Variable In_Tab zur Verfügung. So können Sie beispielsweise den Durchschnitt aus allen Werten eines gelieferten Feldes QUANTITY errechnen und dann nur den Teil weitergeben, der bezüglich QUANTITY innerhalb einer Standardabweichung um den Durchschnitt liegt (siehe Listing 11.1).

```
Avg = SELECT AVG(QUANTITY) FROM :In_Tab;
Stddev = SELECT STDDEV(QUANTITY) FROM :In_Tab;
IF :Stddev > 0 THEN
Out_Tab = SELECT * FROM :In_Tab WHERE ABS(QUANTITY- :Avg) <=
 :Stddev;
ELSE
Out_Tab = SELECT * FROM :In_Tab;
END IF;
```

Listing 11.1 Ermittlung von Zeilen, die bezüglich der Menge QUANTITY nah am Durchschnitt liegen

Fehlerbehandlung

Wenn Sie auf der Registerkarte **Allgemein** die Einstellung **Fehlerbehandlung für HANA-Routinen zulassen** ausgewählt haben, müssen Sie zudem den Parameter Error_tab versorgen. So können Sie Fehlermeldungen an den Prozessmonitor übergeben, die zum Abbruch des Ladeverfahrens führen:

```
Error_Tab = SELECT SOURCE_RECORD, 'Invalid Quantity ' AS ERROR_
MASSAGE FROM :In_Tab WHERE (QUANTITY < 0) OR (QUANTITY is NULL);
```

Prüfen und Aktivieren Sie den Code. Dann schließen Sie die Registerkarte mit dem Code und aktivieren die BW-Transformation. Abschließend legen Sie einen Datentransferprozess an und führen ihn aus.

Typische Fehler bei Transformationen vermeiden

Achten Sie darauf, dass bei jeder Ausführung des Codes ein Befehl erreicht wird, der die Rückgabestruktur füllt und analog bei entsprechender Einstellung die Fehlerstruktur, zumindest als leere Datenmenge. Dabei müssen Sie alle Felder der Struktur in der richtigen Reihenfolge mit dem richtigen Namen und Datentyp versorgen. Die Fehlerstruktur `S_OUT_ERROR` erfordert die immer gleiche vorgegebene Liste von Feldern. Die Felder der Ausgangsstruktur `S_IN_TAB` und der Rückgabestruktur `S_OUT_TAB` ergeben sich durch die Definition der BW-Objekte. Wenn Sie die BW-Objekte ändern, müssen Sie die Transformation anpassen und neu Transformationen aktivieren.

11.6.5 Proxy-Elemente für SAP-HANA-Prozeduren

Externer View und Prozedur-Proxy

Wenn Sie sowohl ABAP-Funktionsbausteine als auch SAP-HANA-Prozeduren oder -Funktionen in der gleichen SAP-BW-Transformation nutzen wollen, können Sie bei SAP BW/4HANA in einem ABAP-Projekt einen *externen View* als Alias-Namen zu einem HANA-Column-View oder einen Proxy-Namen für eine Prozedur definieren, der eine Referenz auf das SAP-HANA-Artefakt ist. Sie können den Proxy-Namen in einer ABAP-Routine der ABAP-Laufzeit verwenden, um aus der ABAP-Laufzeit heraus eine SAP-HANA-Funktion zu nutzen.

Laufzeitperformance

Nicht immer führt die gute Performance von SAP HANA in der aufgerufenen Funktion oder Prozedur zu einer insgesamt verbesserten Laufzeit. Je nach konkretem Fall ist die komplette Ausführung innerhalb der ABAP-Ebene schneller als das mehrfache Hin- und Hergeben der Daten. Am schnellsten wird die Transformation in der Regel ausgeführt, wenn Sie sie als SAP-HANA-Laufzeit komplett neu definieren.

11.7 Integriertes-SAP-BW-Cockpit

SAP bietet für das Einplanen und Überwachen von BW-Ladeprozessen eine webbasierte Oberfläche, das integrierte SAP-BW-Cockpit bzw. das *SAP-BW-*

Bridge-Cockpit (siehe Abbildung 11.29). Sie müssen dazu SAP Fiori installiert haben.

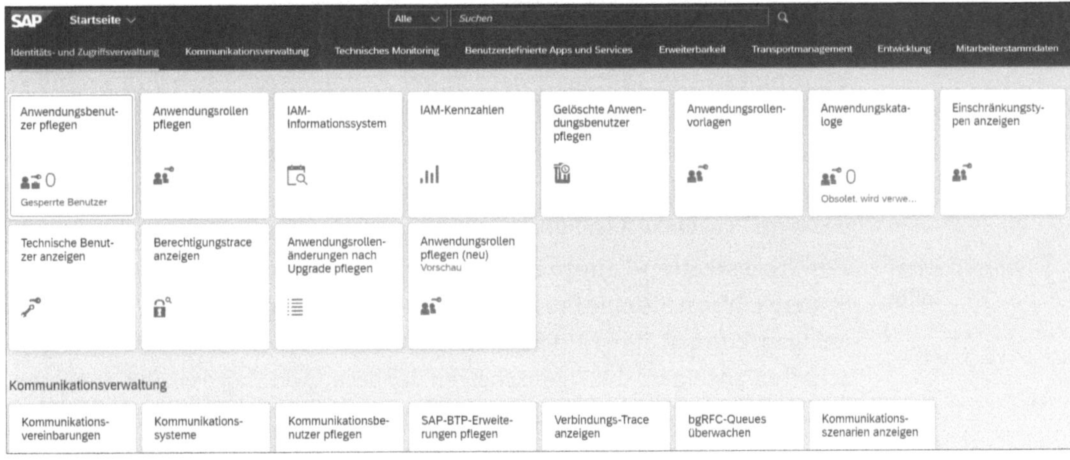

Abbildung 11.29 Embedded SAP-BW-Bridge-Cockpit

Personalisierung

Über die Schaltfläche neben Ihrem Benutzernamen oben rechts gelangen Sie zu den Einstellungen, in denen Sie beispielsweise Deutsch als Anzeigesprache auswählen können.

Eine Applikation können Sie über das Suchfenster oben rechts oder als Kachel finden. Die Applikationen, die dort sichtbar sind, hängen von den Rollen ab, die Ihrem Benutzer zugeordnet sind. Die Rolle `SAP_BW4_MODELER` liefert die folgenden, für SAP BW Bridge und SAP BW/4HANA benötigten Applikationen.

Grundprinzip

Die meisten Applikationen zeigen in einem Einstiegsbild eine Übersicht als Chart oder als Liste der verfügbaren Objekte, von der Sie durch Anklicken in Details abspringen können. Wenn Sie den Kopfbereich oberhalb einer Liste aufklappen, können Sie Filter für die Liste setzen. Unterhalb der Liste finden Sie in vielen Fällen Optionen zum Anlegen oder Löschen, und auch im Detailbild können Sie über die unten rechts aufrufbaren Funktionen, das Objekt oder ausgewählte Teile davon löschen, sichern oder aktivieren, also nutzbar machen. Oben rechts finden Sie Absprünge in andere Ansichten oder Aktionen.

Im Folgenden stellen wir Ihnen die wichtigsten Applikationen vor. Diese sind in Gruppen aufgeteilt. Sie können die Zuordnung zu den Gruppen individuell anpassen und neue Applikationen aufnehmen.

Der Bereich **Modellierung** dient vor allem der Pflege von Prozessketten. Mit Prozessketten automatisieren Sie Ladeprozesse, andere BW-Prozesse, Betriebssystemkommandos und die Ausführung beliebiger Programme in einer bestimmten Abfolge.

Pozessvarianten-Editor

Eine Variante ist ein vordefinierter Schritt für eine Prozesskette. So definieren Sie z. B., dass bis auf die letzten sieben Ladevorgänge alle Daten in einem bestimmten ADSO aktiviert werden. Die Variante ergibt sich durch den Typ der Aktion, z. B. **ADSO-Daten aktivieren**, das beteiligte BW-Objekt und je nach Typ aus weiteren Parametern. In der Applikation **Prozessvarianten-Editor** definieren Sie zuerst die benötigten Varianten. Kombinieren Sie sie dann im Prozessketten-Editor.

Prozessketten-Editor

Der Prozessketten-Editor zeigt auf seiner Startseite alle Prozessketten des Systems. Wenn Sie eine Prozesskette anklicken oder eine neue Prozesskette anlegen, können Sie in einem grafischen Editor unten links über (**Eigenschaften anzeigen**) die Eigenschaften der gesamten Prozesskette anpassen, z. B. Name, Ausführungsbenutzer und -Priorität. Es gibt immer einen Startprozess, der als Kreis zu sehen ist (siehe Abbildung 11.9). In den Details des Startprozesses definieren Sie den Startzeitpunkt, und wenn gewünscht, die Wiederholungsfrequenz. Alternativ kann ein Startprozess über eine API ausgelöst werden. Andere Prozesse sind als Rechteck dargestellt. Je nach Prozess finden Sie am rechten Rand eine oder mehrere Anschlusspunkte in unterschiedlichen Farben: Grün bzw. Rot steht für eine erfolgreiche bzw. fehlerhafte Beendigung. So können Sie je nach Ergebnis einen eigenen Teilprozess als Nachfolger festlegen. Wenn Sie mehrere Nachfolger am gleichen Anschlusspunkt anbinden, werden diese Prozesse parallel eingeplant. Durch Sammelprozesse führen Sie parallele Pfade wieder zusammen. Alle Prozessvorlagen finden Sie oben links. Nach dem Einfügen eines Prozessschritts pflegen Sie die Detaileigenschaften direkt, oder Sie nehmen eine existierende Variante auf. Sie müssen eine Prozesskette über die Funktionsknöpfe unten rechts sichern und aktivieren und dann oben rechts ins Monitoring abspringen, um sie einplanen zu können.

Prozessketten-Monitoring

Im Bereich **Monitoring** finden Sie mehrere Dashboards, von denen Sie in die Prozesskettenpflege bzw. in das Überwachen von Prozesskettenläufen springen können:

- **Prozessketten – Neuesten Status anzeigen** zeigt für jede Prozesskette, ob sie aktuell läuft, mit einem Fehler beendet wurde oder erfolgreich gelaufen ist.
- **Prozesskettenläufe** zeigt Statusinformationen aller Läufe, auch historische Läufe.
- **Prozesse** zeigt standardmäßig den Status aller Prozesse außer Streaming-Prozesse der letzten 24 Stunden, also die einzelnen Schritte der Prozessketten.

Fehlersuche

Zum Troubleshooting kann es hilfreich sein, wenn Sie die Liste auf ein betroffenes DataStore-Objekt und ein bestimmtes Zeitintervall einschränken. So können Sie z. B. Konflikte durch zeitgleich ausgeführte Prozesse finden. Auch können Sie jeweils in das Prozessketten-Monitoring abspringen, dort das Detailprotokoll einsehen und die Prozesskette reparieren, ausplanen oder neu einplanen.

Remodellierungsrequests

Wenn Sie bei einem DataStore-Objekt, das schon Daten enthält, die Struktur ändern, die Partitionierung ändern oder neue Speicherorte über Data Tiering ermöglichen, können Sie das Objekt nicht direkt aktivieren. Stattdessen entsteht ein Remodellierungs-Request, den Sie für später einplanen können. Er passt dann das Laufzeitobjekt und die Daten an. Über die Applikation **Remodellierungsrequests administrieren** finden Sie offene Requests, planen sie ein und überwachen sie. In der Detailansicht zu einem Request sehen Sie die Schritte, die der Reihe nach ausgeführt werden. Bereits erfolgreich ausgeführte Schritte sind grün, fehlerhafte Schritte sind rot und bisher nicht erreichte Schritte grau.

Statistiken

Um vorab einschätzen zu können, wie viele Daten involviert sind, wechseln Sie zur Applikation **Datenvolumenstatistik**. Sie zeigt eine Übersicht über den Speicherplatzverbrauch. In der Applikation **Datenauswahlstatistik** erhalten eine Übersicht darüber, welche Daten in Querys wie oft selektiert werden.

DataStore-Objekte verwalten

Im Bereich **Datenaministration** finden Sie weitere Applikationen. **DataStore-Objekte - Requests verwalten** zeigt alle DataStore-Objekte im Überblick und technische Informationen über ihren Inhalt. Im Detailbild zu einem DataStore-Objekt sehen Sie, welche Ladevorgänge (Requests) und Archivierungs-Requests bis zu welchem Stand gelangt sind. Über die Schaltfläche **Weitere Funktionen** oben rechts finden Sie eine Datenvorschau mit Möglichkeiten zur multidimensionalen Analyse. Sie können Ladevorgänge über den Datei-Import im Dialog generieren (auch in SAP BW Bridge) und neue Archivierungs-Requests anlegen. Zu einem ausgewählten Request können Sie sich Protokolle ansehen und je nach Typ des DataStore-Objekts einzelne oder alle Requests löschen.

InfoObjects verwalten

InfoObjects – Requests verwalten zeigt analog alle InfoObjects, die als InfoProvider dienen, und technische Informationen über ihren Inhalt. Im Detailbild zu einem InfoObject sehen Sie verschiedene Requests. Sie können einen Request aktivieren, löschen und sich Protokolle ansehen.

Datenschutz

In der Gruppe **Datenschutz** finden Sie die Applikation **Datenschutzbenachrichtigungen**. In dieser sehen Sie alle Datenschutzbenachrichtigungen aus den Quellsystemen (SAP Business Suite oder SAP S/4HANA), die dort z. B. beim Löschen von Daten aus Datenschutzgründen erstellt wurden, und Sie können Benachrichtigungen auswählen und zu einem Arbeitsvorrat zusammenfassen.

Über die Applikation **Datenschutzarbeitsvorräte** rufen Sie für den ausgewählten Arbeitsvorrat die Workbench auf, um die Daten in den relevanten DataStore-Objekten und InfoObjects zu löschen.

Je nach Rollen (vor allem mit der Rolle `SAP_BR_ADMINISTRATOR`) können Sie weitere Applikationen finden.

Darüber hinaus sind speziell für SAP BW Bridge einige Transaktionen, die im klassischen SAP-BW-System verfügbar sind, in das SAP-BW-Bridge Cockpit gewandert, z. B.:

- **Anwendungsbenutzer pflegen** statt Transaktion SU01 und **IAM-Dashboard** (grafisches Monitoring der Benutzer, siehe SQL-Standardabfrage-Abbildung 11.30)
- eine spezielle Applikation zur Pflege der technischen Benutzer
- **Anwendungsrollen pflegen** statt Transaktion PFCG
- **Berechtigungstrace** anzeigen

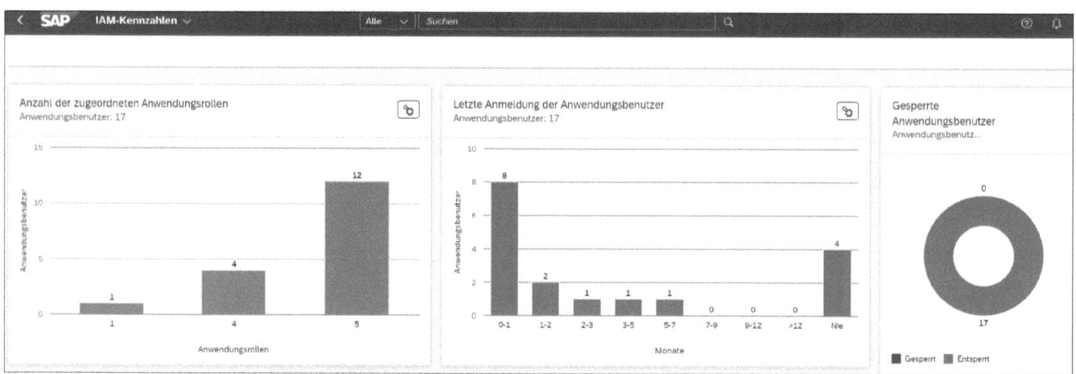

Abbildung 11.30 IAM-Dashboard

Einige Anwendungen dienen einer besseren Kontrolle, beispielsweise:

- **SAP-BTP-Erweiterungen pflegen**
- **Verbindungstrace anzeigen**
- **bgRFC-Queues überwachen**
- **IAM-Informationssystem**: zeigt Anwendungsrollen und die ihnen zugeordneten Benutzer
- **Kommunikationsszenarien anzeigen**: bidirektionale Verbindung von der Quelle zu SAP Data Warehouse Cloud mit einem Benutzer pro Richtung

Darüber hinaus bietet das SAP-BW-Bridge-Cockpit unter **Technical Monitoring** einige sehr schöne Dashboard-Funktionen zur Überwachung der Anwendung und der Datenbank (siehe Abbildung 11.31):

- Das Anwendungssystem-Dashboard zeigt Dashboards, z. B. über die Nutzung von Batch- oder Dialog-Workprozessen oder Speicherallokation. Sie können die Systemnutzungszeiten für CPU, HANA-Prozesse, Datenbanknetzwerk, Ladeprozesse und ABAP-Prozesse analysieren.
- Das Datenbank-Dashboard zeigt den allokierten und genutzten Speicher im Zeitverlauf. Sie können Tabellen nach Lesezugriffen, Schreibzugriffen und Wachstum analysieren.
- Die SQL-Anweisungsanalyse zeigt die wichtigsten SQL-Statements hinsichtlich Gesamtausführungszeit, durchschnittlicher Ausführungszeit, Ergebnismenge, Ausführungshäufigkeit und Wartezeiten bei Sperren.
- Die Tabellenanalyse zeigt Ihnen Eigenschaften von Tabellen, z. B. Speichergröße, Anzahl der Sätze oder Partitionierungseigenschaften.

Durch einen Klick auf die entsprechende Kachel gelangen Sie zu den Details.

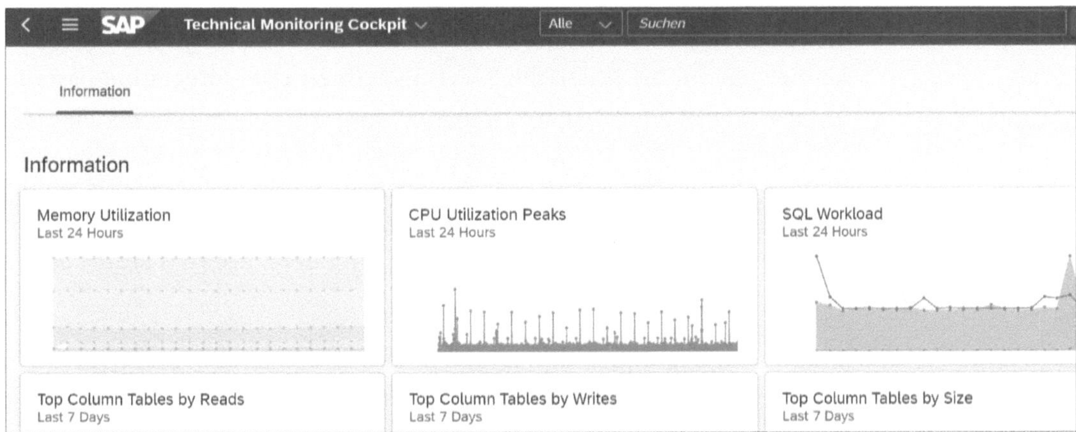

Abbildung 11.31 Technical Monitoring Cockpit

Im Bereich **Ausgabeverwaltung** finden Sie z. B. folgende hilfreiche Applikationen:

- **Druckwarteschlangen pflegen** zeigt den Status Ihrer Druckaufträge.
- **E-Mail-Übertragungen überwachen** zeigt Ihre E-Mails an.

11.8 Zusammenfassung

SAP bekennt sich klar zu einer Strategie Richtung Cloud. SAP setzt also den Entwicklungsfokus auf SAP Data Warehouse Cloud mit SAP BW Bridge als strategische Lösung.

Als SAP-Kunde entscheiden Sie, ob und wie Sie bestehende klassische Produktversionen mit SAP Data Warehouse Cloud kombinieren. Die verschiedenen Data-Warehouse-Lösungen sind keine isolierten Alternativen, sondern leicht kombinierbar. Schon 2014, als SAP BW powered by SAP HANA und die Entwicklung nativer Objekte mit SAP HANA Extended Services parallel zur Verfügung standen, hat SAP Ihnen die Kombination dieser Ansätze empfohlen. Analog werden Sie nun typischerweise einige Zeit lang SAP BW/4HANA und SAP Data Warehouse Cloud und vielleicht sogar SQL-basierte native Data-Warehouse-Ansätze parallel nutzen. In dem Maß, in dem SAP mehr Übergangstechnologien anbietet bzw. bestehende weiterentwickelt, empfehlen wir Ihnen, zuerst einfache und dann zunehmend komplexere Modelle zu übertragen, um einen möglichst reibungslosen Übergang zu gewährleisten.

Sie haben in diesem Kapitel drei Wege der Integration von BW-Modellen kennengelernt: die klassische SAP-HANA-Smart-Data-Integration-basierte SAP-BW-Verbindung, SAP BW/4HANA mit der Modellübertragung und SAP BW Bridge. Sie müssen sich nicht für einen dieser Wege entscheiden, sondern können noch bis 2040 das bestehende SAP-BW/4HANA-System nutzen und parallel neue Datenflüsse über SAP BW Bridge und SAP Data Warehouse Cloud aufbauen. So können Sie immer die jeweils beste Lösung für sich nutzen.

Kapitel 12
Content-Netzwerk

Beispiele und Vorlagen sind nützlich, um sich schnell in ein Thema einzuarbeiten und nicht alles komplett neu konzipieren und anlegen zu müssen. In diesem Kapitel stellen wir Ihnen den Business Content von SAP vor, in dem Sie zahlreiche Inhalte für Data Warehousing und Analytics finden.

Mit dem Konzept der applikationsgetriebenen Data-Warehouse-Lösungen, wie SAP Business Warehouse (SAP BW), hat SAP schon in der Vergangenheit vordefinierten und wiederverwendbaren Informationsmodellen hohen Stellenwert eingeräumt. Diese vorgefertigten Inhalte werden als *Business Content* bezeichnet. Wenn Sie bereits mit SAP Business Warehouse (SAP BW oder SAP BW/4HANA) oder mit SAP Analytics Cloud gearbeitet haben, ist Ihnen das Konzept wahrscheinlich vertraut. Der Business Content stellt für viele Kunden einen erheblichen Mehrwert dar. Einfache Inhalte, aber auch komplexe Branchenlösungen können auf diese Weise schnell verfügbar gemacht und an die individuellen Bedürfnisse der Kunden angepasst werden.

Bereitstellung von Business Content

In SAP Data Warehouse Cloud wird der Business Content über das *Content-Netzwerk* bereitgestellt. Es stehen sowohl SAP-Inhalte als auch Inhalte von Partnern zur Verfügung, die in einigen Fällen mit optionalen Beispieldaten geliefert werden. Durch die Offenheit und die stetige Verbesserung der Integrationsmöglichkeiten zu Drittanbietern und Nicht-SAP-Technologien ist ein breites Spektrum an Einsatzmöglichkeiten gegeben. Neben den Inhalten für SAP Data Warehouse Cloud werden in der Regel auch passende vordefinierte Analysen und Berichte für SAP Analytics Cloud mitgeliefert, um die Inhalte zu visualisieren.

In Abschnitt 12.1, »Inhalte aus dem Content-Netzwerk«, beschreiben wir zunächst die Inhalte des Beispiel- und Business Contents. In Abschnitt 12.2, »Voraussetzungen für die Nutzung des Content-Netzwerks«, erläutern wir die Voraussetzungen für die Nutzung, die erfüllt sein müssen, damit Sie wie in Abschnitt 1.3, »Die Zukunft: Data Warehousing in der Cloud«, erläutert, die Inhalte aus dem Netzwerk importieren können.

12.1 Inhalte aus dem Content-Netzwerk

In diesem Abschnitt verschaffen wir Ihnen einen Überblick zu den SAP-Vorlagen und vorgefertigten Inhalten, die Sie über Content-Pakete importieren können.

Importieren von Content-Paketen

Das Angebot an Content unterteilt sich in Beispiel-Content, Business Content und Drittanbieter-Business-Content (siehe Abbildung 12.1).

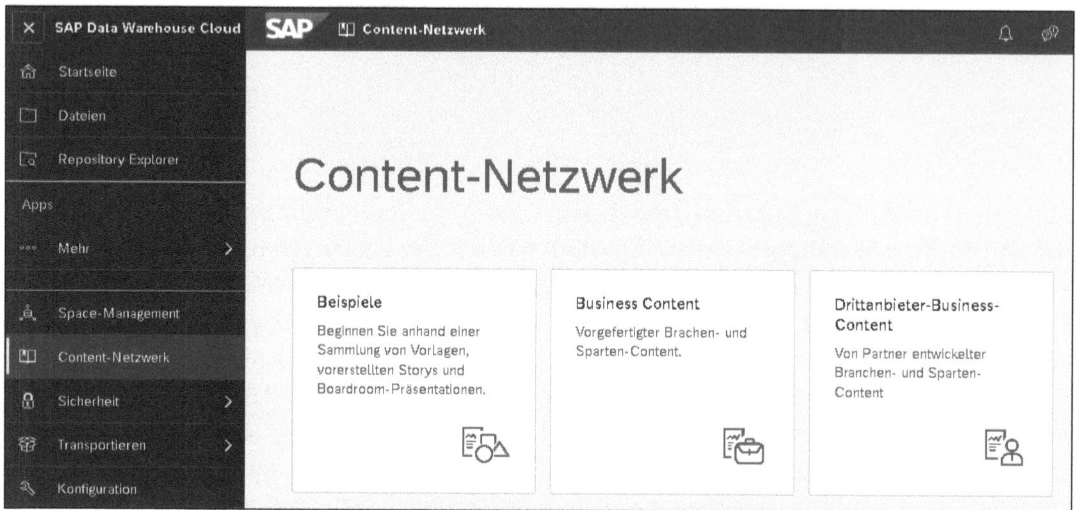

Abbildung 12.1 Content-Netzwerk

Zum vorgefertigten Content in SAP Data Warehouse Cloud gehören z. B. Objekte der Datenschicht und der Business-Schicht sowie Objekte aus dem Bereich der Sicherheit:

- Datenschicht: Tabellen, grafische Views, SQL-Views, Datenflüsse
- Business-Schicht: Dimensionen, analytische Datensets, Fakten- und Verbrauchsmodelle
- Sicherheit: Rollen

Systemspezifische Objekte und Einstellungen sind jedoch nicht im Content-Umfang enthalten. Dazu zählen etwa Spaces, Verbindungen, Benutzer sowie Konfigurationsinhalte und Systemeinstellungen.

Die Inhalte werden in Paketen bereitgestellt und können einfach importiert werden. Beim Import werden die Abhängigkeiten zwischen den Objekten automatisch berücksichtigt. Auch releasebedingte Abhängigkeiten vom Content-Netzwerk werden erkannt und miteinbezogen. So werden Inhalte nur als verfügbar angezeigt, wenn das Zielsystem dem gleichen oder einem höheren Release entspricht. Auch können Sie verschiedene Importoptionen nutzen, die es beispielsweise ermöglichen, nur neue Objekte zu importieren oder bereits vorhandene Objekte zu überschreiben. Statt des gesamten Paketinhalts können Sie auch einzelne bestimmte Objekte für den Import auswählen. Nach dem Import ist es erforderlich, die Objekte zu implementieren. Erst dadurch werden die definierten Artefakte auf der Datenbank angelegt und für die weitere Nutzung aktiviert.

Beispiele

Im *Beispiel-Content* finden Sie hilfreiche Vorlagen, um die verfügbaren Objekte und die Funktionen von SAP Data Warehouse Cloud zu erkunden. Sie eignen sich zum Lernen für Einsteiger*innen oder zur Demonstration von Funktionen an SAP-Data-Warehouse-Cloud-Objekten.

Der Content verwendet das Beispieldatenpaket **Best Run Bikes** von SAP mit Daten für Finance, Personalwesen und Vertrieb. SAP bietet dazu zahlreiche Schulungsmaterialien auf Basis dieses Beispiel-Contents an, die als Anleitung für erste Schritte in der Datenmodellierung in SAP Data Warehouse Cloud genutzt werden können.

Business Content

SAP stellt in Form des *Business Contents* Branchen- und anwendungsübergreifende Content-Pakete zur Verfügung, die insbesondere Informationen aus SAP S/4HANA, SAP SuccessFactors und SAP Ariba für Reporting und Analysen bereitstellen (siehe Abbildung 12.2).

SAP Content-Netzwerk / **Business Content**

Name	Beschrei...	Angelegt von	In	Änderungsdatum
Finance for SAP S/4HANA Cloud	Content ...	SAP SE		Sept. 23, 2021 21:38
Financial Analytics Dashboard for SAP Analytics Cloud	Content ...	SAP SE		Sept. 23, 2021 21:39
Outcome-Based Business Insights	Content ...	SAP SE		Nov. 13, 2021 13:49
Sales Analysis for SAP S/4HANA on-premise	Content ...	SAP SE		Apr. 8, 2022 14:49
SAP Ariba: Enterprise Analytics for Procurement	Content ...	SAP SE		Okt. 6, 2021 21:28
SAP Ariba: Spend Analysis	Content ...	SAP SE		Okt. 6, 2021 21:16
SAP Automotive: Responsive Supply Network, Sales and Inventory	Content ...	SAP SE		Sept. 23, 2021 21:42
SAP Consumer Products: Revenue Growth Management - Foundation	Content ...	SAP SE		Sept. 23, 2021 21:43
SAP Intelligent Real Estate	Content ...	SAP SE		Feb. 18, 2022 22:59
SAP Monitoring Content (Data Integration Tasks)	Content ...	SAP SE		Apr. 6, 2022 11:25
SAP Retail: POS Analytics	Content ...	SAP SE		Mai 20, 2021 17:28
SAP Supply Chain Management: Life Sciences Dashboard	Content ...	SAP SE		Sept. 23, 2021 21:44
SAP Sustainability Control Tower_2022.03	Content ...	SAP SE		März 22, 2022 18:56
SAP Telecommunication: Customer Value Management (CVM)	Content ...	SAP SE		Feb. 19, 2021 18:16
SAP Utilities: Meter to Cash	Content ...	SAP SE		Sept. 23, 2021 21:44
Statistical Process Control (SPC) Toolkit	Content ...	SAP SE		Apr. 14, 2021 19:03

Abbildung 12.2 Business Content

Für jedes Paket finden Sie eine Beschreibung mit einer Liste der Objekte, Kennzahlen, KPIs und Datenquellen.

So finden Sie im SAP Business Content beispielsweise Finanzberichte und KPIs für die Zielgruppe Management und Finanzexperten, deren Daten aus einem SAP S/4HANA Cloud herangezogen werden. Dazu gehören ein allgemeiner Finanzüberblick, die Gewinn- und Verlustrechnung (GuV) sowie Bilanzinformationen.

Ein anderes Beispiel ist das Paket für das Geschäftsszenario »SAP Sustainability Control Tower«, das bei der Automatisierung eines integrierten Nachhaltigkeitsreporting- und Performancemanagements für finanzielle, operative, Compliance-, Umwelt- und Sozialkennzahlen unterstützt.

Eine detaillierte Beschreibung des Contents in SAP Data Warehouse Cloud wird im SAP Help Portal auf der folgenden Seite zur Verfügung gestellt und regelmäßig aktualisiert:

https://help.sap.com/doc/4b618244ad5f4fbb8423d08996f8b891/cloud/en-US/SAP_Data_Warehouse_Cloud_Content.pdf

Drittanbieter-Business-Content

SAP-Partner haben die Möglichkeit, eigenen Business Content anzulegen, zu integrieren und diesen den Kunden über das Content-Netzwerk zur Verfügung zu stellen. Die Inhalte des Partnernetzwerks umfassen vor allem Modelle, die auf Nicht-SAP-Datenquellen basieren und ergänzen das auf Branchen oder bestimmte Geschäftsbereiche ausgerichtete Angebot. Dazu gehörten z. B.:

- Opportunity Performance Analysis
- Margin-optimized Sales Intelligence
- Financial Reporting for SAP Business One
- Sales Insight – One place, all your sales data
- HR Cockpit – Automatic Attendance Tracker
- E-Commerce Insights in SAP Data Warehouse Cloud
- Procurement Cockpit for SAP Data Warehouse Cloud
- EWM Insights on Data Warehouse Cloud
- Lyra Integrated Capacity Planning
- Marketing Analytics for SAP Data Warehouse Cloud
- Optimizing Order Fulfillment with Machine Learning

Im SAP Store erhalten Sie eine Übersicht der verfügbaren Partner-Content-Pakete mit Verweis auf den Anbieter, einer kurzen Beschreibung der Features sowie mit den jeweiligen Lizenzinformationen:

https://store.sap.com/dcp/en/search?query=:relevance:worksWith:SAP%20Data%20Warehouse%20Cloud

12.2 Voraussetzungen für die Nutzung des Content-Netzwerks

In diesem Abschnitt beschreiben wir die Voraussetzungen für die Nutzung der Content-Inhalte. Dadurch erhalten Sie gezielte Hinweise, um Ihr System optimal vorzubereiten und zu konfigurieren.

Importoptionen

Bevor Sie Content importieren und nutzen, sollten Sie sich unbedingt mit den Importoptionen auseinandersetzen. Generell wird empfohlen, die von SAP bereitgestellten Objekte in einen kundeneigenen Space zu kopieren, bevor Sie diese verändern oder erweitern. Aufgrund der Option zum Überschreiben beim Content-Import kann es bei Content-Änderungen sonst zu einem Verlust von Kundenerweiterungen und Kundendaten kommen. Neue Content-Versionen können bereits zuvor importierte Objekte enthalten. Sie können die Content-Version an der Beschreibung in der Übersicht des Import-Pakets erkennen (siehe Abbildung 12.3).

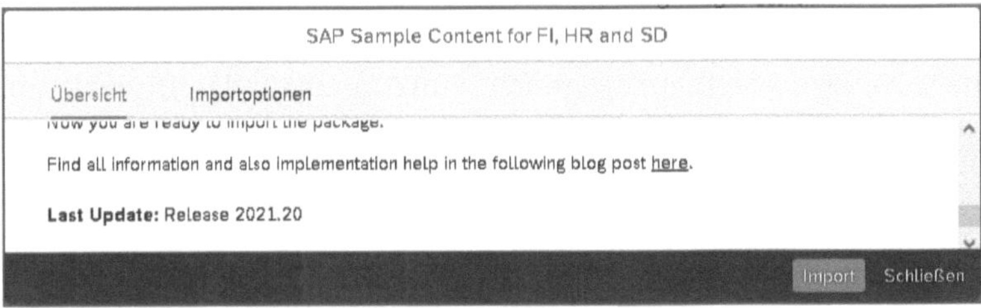

Abbildung 12.3 Content-Version (Release)

Wenn Sie die neue Version einspielen, können versehentlich vorhandene Objekte überschrieben werden.

Folgende Optionen stehen Ihnen beim Import zur Verfügung (siehe Abbildung 12.4):

1. Objekte oder Daten nicht überschreiben
2. nur Daten überschreiben
3. Objekte und Daten überschreiben

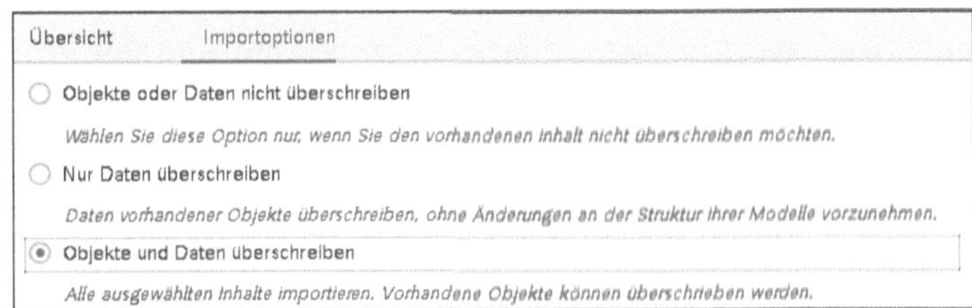

Abbildung 12.4 Importoptionen

Objekte beschreiben die Definitionen bzw. Metadaten. Ein Beispiel ist eine Tabellendefinition mit Angaben zu den enthaltenen Feldern mit Namen und Typisierungen mit einer Festlegung von Datentyp und Länge. Die dazugehörigen Daten sind die Inhalte der Tabelle, also die ausgeprägten Datensätze.

Wählen Sie also die erste Option, wenn Sie bereits vorhandene Objekte und Daten nicht überschreiben wollen. Die zweite Option ermöglicht nur das Überschreiben von Daten, aber nicht von Objekten. Wenn Sie die dritte Option wählen, werden sowohl die Objekte als auch die Daten überschrieben. Sie können auch anstatt des Gesamtpakets aus einer Liste der Importobjekte gezielt einzelne Importobjekte auswählen.

In komplexeren Systemlandschaften ist es empfehlenswert, einen zweiten SAP-Data-Warehouse-Cloud-Tenant für Entwicklungs- und Testzwecke anzulegen. Eine neue Content-Version kann dann vorab ins Entwicklungs- und Testsystem eingespielt und dort zunächst geprüft werden, bevor Sie sie in das produktive System einspielen.

Berechtigungen und Space Management

Das Content-Netzwerk stellt umfangreiche Funktionen für das Importieren, Exportieren und Freigeben von Inhalten zur Verfügung. Die Nutzer*innen tragen daher eine besondere Verantwortung im Umgang mit den umfangreichen Content-Objekten und sensiblen Daten. Daher benötigen sie Administrationsrechte, um auf die Funktionen des Content-Netzwerks zugreifen zu können. Die Administrationsrechte werden über die Rollen **DW Administrator** oder **DW Space Administrator** vergeben. Sobald sie diese Rollen innehaben, können die Nutzer*innen alle Pakete sehen.

Eine weitere Voraussetzung für den Import ist, dass Sie zwar nicht Eigentümer*in der Inhalte sein müssen, der Inhalt aber von der Content-Eigentümerin oder dem Content-Eigentümer für den Import freigegeben werden muss. Private Objekte können nicht verwendet werden. Außerdem müssen sie dem jeweiligen Space zugeordnet sein, in den Sie den Inhalt importieren möchten.

Releaseversion

Beim Import von Content sollte das Zielsystem auf dem gleichen oder einem neueren Releasestand sein. Die Inhalte von einer neueren Version können nicht in eine ältere Version transportiert werden. Aufgrund der synchronisierten Cloud-Update-Zyklen dürfte dies aber kein Problem sein. Allerdings gibt es auch Installationen für Partner, die nicht immer denselben Releasetakt wie Kundeninstallationen haben.

Content Space einrichten

Bevor Sie ein Content-Paket importieren, sollten Sie für genau diesen Zweck separate *Content Spaces* anlegen. Die importierten Inhalte dienen als Vorlage und können zur weiteren Verwendung in andere Spaces verteilt werden. Für den Beispiel-Content von SAP gibt es eine Vorgabe zur Benennung der Spaces.

Gehen Sie wie folgt vor, um einen Content Space anzulegen:

1. Legen Sie einen Space mit der ID SAP_CONTENT und der Beschreibung »SAP & Partner Content« an.
2. Gehen Sie in das Space-Management des neu angelegten Space SAP_CONTENT, und fügen Sie Ihren Benutzer diesem Space hinzu.
3. Es werden Zeittabellen benötigt, um die Inhalte vollständig importieren zu können. Um diese anzulegen, wählen Sie den Menüpunkt **Zeitdaten** (siehe Abbildung 12.5).

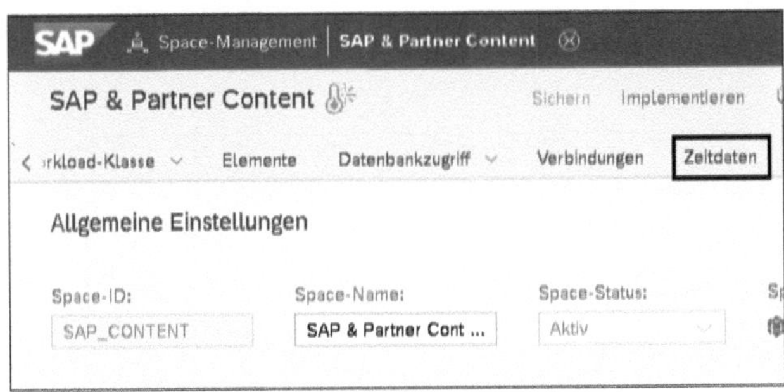

Abbildung 12.5 Zeitdaten im Space-Management auswählen

4. Wählen Sie die Option **Zeittabellen und -dimensionen anlegen** (siehe Abbildung 12.6).

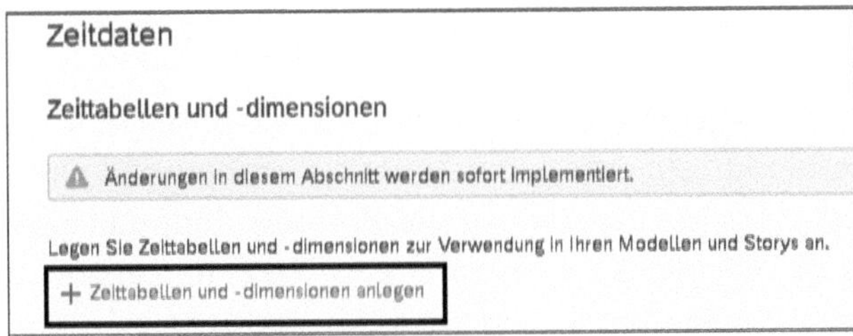

Abbildung 12.6 Option »Zeittabellen und -dimensionen anlegen« auswählen

5. Belassen Sie es bei der Vorauswahl in den Einstellungen zur Zeittabelle, und klicken Sie auf die Schaltfläche **Anlegen** (siehe Abbildung 12.7).
6. Die Zeittabellen und -dimensionen werden sofort implementiert und stehen im Space zur Verfügung (siehe Abbildung 12.8).

Abbildung 12.7 Zeittabelle anlegen

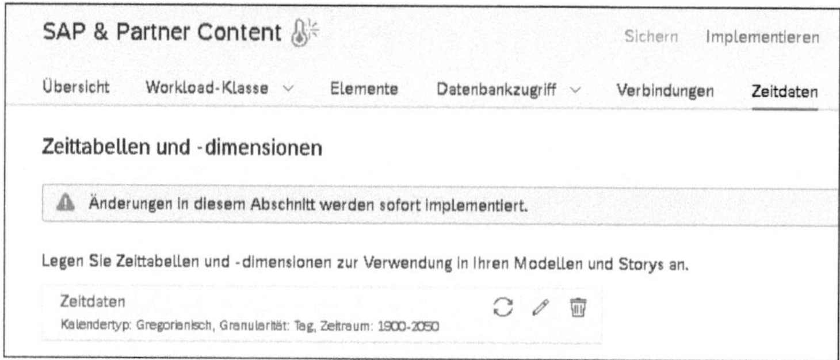

Abbildung 12.8 Implementierte Zeittabellen

Damit ist die grundlegende Einrichtung des Content Space abgeschlossen.

Verbindungen

Für Content-Pakete mit Objekten aus SAP Analytics Cloud müssen Sie vorab eine Live-Daten-Verbindungen zwischen SAP Data Warehouse Cloud und SAP Analytics Cloud einrichten. Der Inhalt des Business Contents besteht dann aus zwei Paketen, einem SAP-Data-Warehouse-Paket und einem SAP-Analytics-Cloud-Paket für die Visualisierungen. Das SAP-Analytics-Cloud-Paket finden Sie im Content-Netzwerk der SAP-Analytics-Cloud-Instanz. Installieren Sie beide Pakete, um den Inhalt vollständig zu nutzen.

Die einzelnen Konfigurationsschritte, um eine Live-Datenverbindung mit SAP Analytics Cloud einzurichten, sind in Kapitel 6, »Reporting mit SAP Analytics Cloud«, detailliert beschrieben. Je nachdem, welche Quellen in einem Business-Content-Paket verwendet werden, kann es auch erforderlich sein, andere Verbindungen vorab anzulegen. Die Details finden Sie in den jeweiligen Installationshinweisen zum Paket.

12.3 Importieren aus dem Content-Netzwerk

In diesem Abschnitt zeigen wir Ihnen anhand eines Beispiels Schritt für Schritt, wie Sie die Inhalte in Ihr System importieren.

SAP-Beispiel-Content importieren

Wir nutzen dafür den Beispiel-Content. Um diesen herunterzuladen, legen Sie vorab einen Space mit der ID SAP_CONTENT und der Beschreibung »SAP & Partner Content« an, wie im vorangehenden Abschnitt beschrieben. Fügen Sie dem Space Ihren Benutzer hinzu.

Navigieren Sie nun auf der linken Seite des Menüs zum Punkt (**Content-Netzwerk**), und wählen Sie den Bereich **Beispiele** aus (siehe Abbildung 12.9).

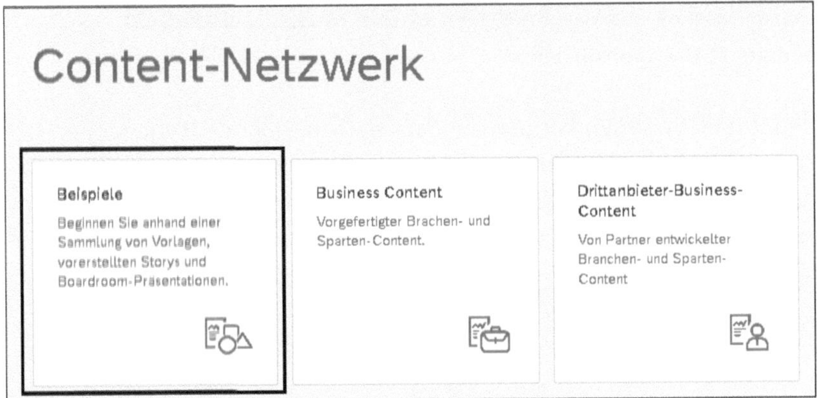

Abbildung 12.9 Content-Netzwerk: Beispiele

Klicken Sie auf **SAP Sample Content for FI, HR and SD**, den Namen des Content-Pakets (siehe Abbildung 12.10).

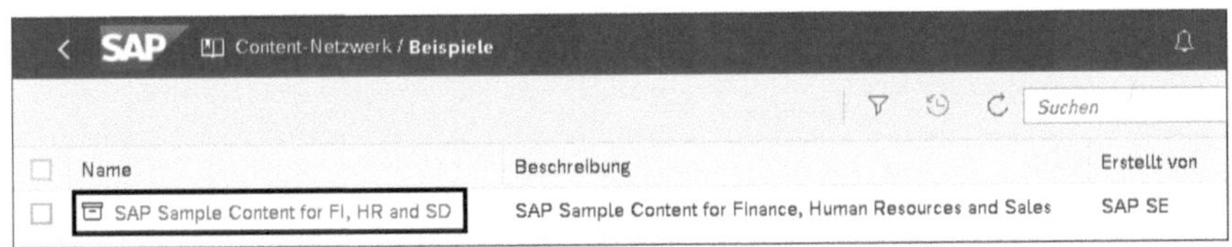

Abbildung 12.10 Paket »SAP Sample Content«

Importübersicht zum SAP-Content-Paket

Sie gelangen in die Importübersicht mit einer Beschreibung der Inhalte und weiteren Anweisungen für die Installation des Pakets. In der Installationsanweisung wird auf weiterführende Blogs verlinkt, über die Sie Zugriff auf die Quelldaten erhalten und in denen Sie eine ausführliche Beschreibung des Beispiel-Contents und dessen Nutzung einsehen können (siehe Abbildung 12.11).

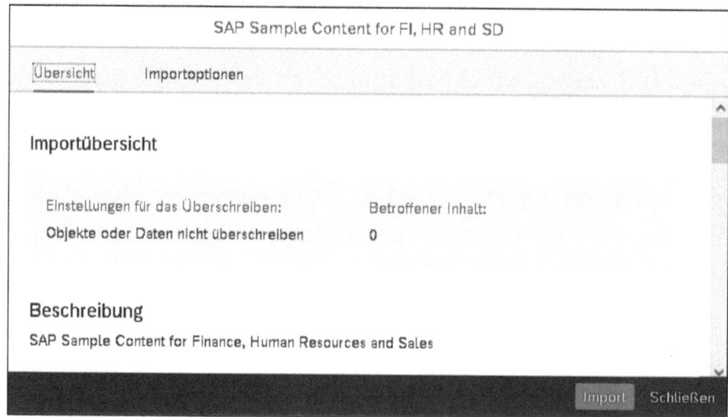

Abbildung 12.11 Importübersicht

Importoptionen für den SAP-Content

In den Importoptionen können Sie entscheiden, wie mit vorhandenen Objekten und Inhalten verfahren werden soll. Im Beispiel wurde die letzte Option **Objekte und Daten überschreiben** ausgewählt, um bei der Aktualisierung des SAP-Contents alle Änderungen einzuspielen (siehe Abbildung 12.12). Starten Sie den Import durch eine Klick auf die gleichnamige Schaltfläche.

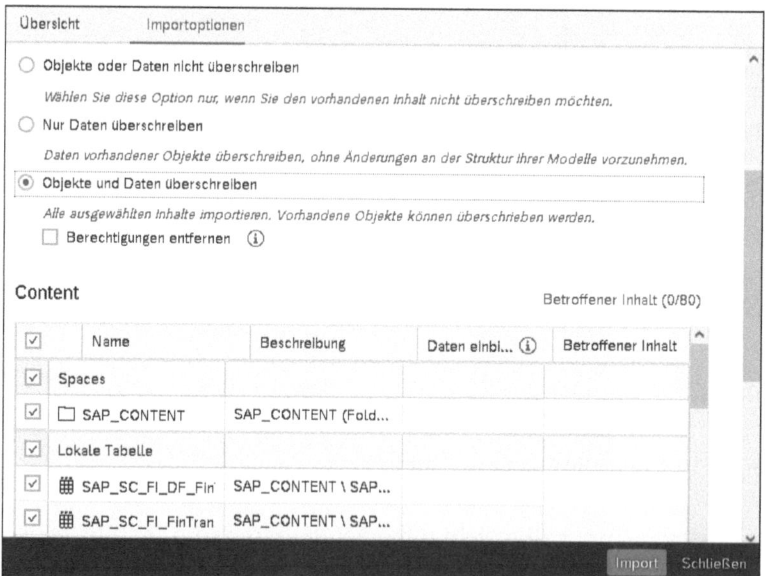

Abbildung 12.12 Importoptionen: Objekte und Daten Überschreiben

Überwachung des Imports

In den Benachrichtigungen können Sie den Verlauf des Imports überwachen (siehe Abbildung 12.13).

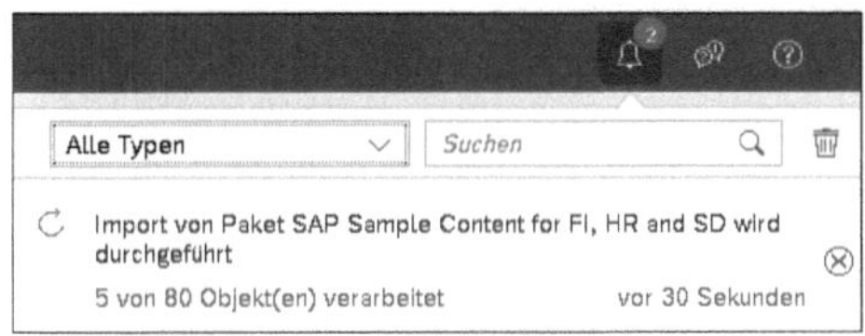

Abbildung 12.13 Benachrichtigung zum Importverlauf

Den Gesamtstatus sehen Sie in der Paketsicht (siehe Abbildung 12.14). Aktivieren Sie den Status **Erfolgreich**.

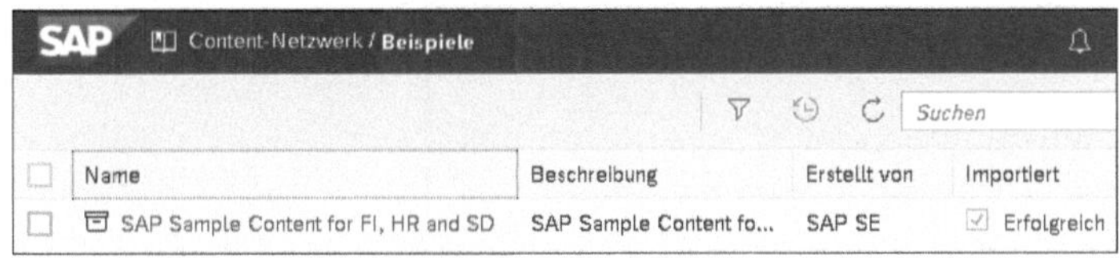

Abbildung 12.14 Importstatus

Übersicht des Importverlaufs

Sie gelangen in die Übersicht des Importverlaufs und können über den Aufruf **Zusammenfassung Import** alle Details einsehen (siehe Abbildung 12.15).

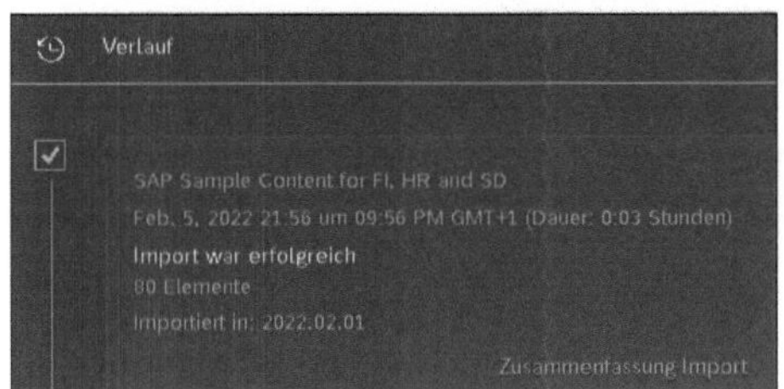

Abbildung 12.15 Importverlauf

In der Zusammenfassung erhalten Sie eine detaillierte Übersicht aller importierten Objekte mit den jeweiligen objektspezifischen Statusinformationen. Fehler können so schnell und gezielt bearbeitet werden (siehe Abbildung 12.16).

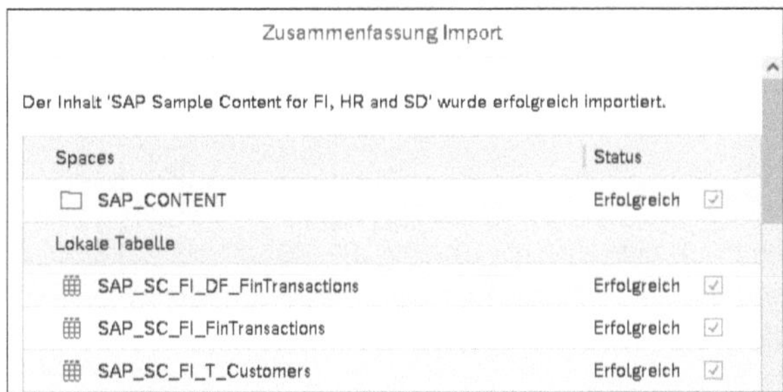

Abbildung 12.16 Zusammenfassung des Importverlaufs

Nach dem erfolgreichen Import finden Sie den Space SAP_CONTENT mit dem Beschreibungstext »SAP & Partner Content« im Bereich **Space Management** (; siehe Abbildung 12.17).

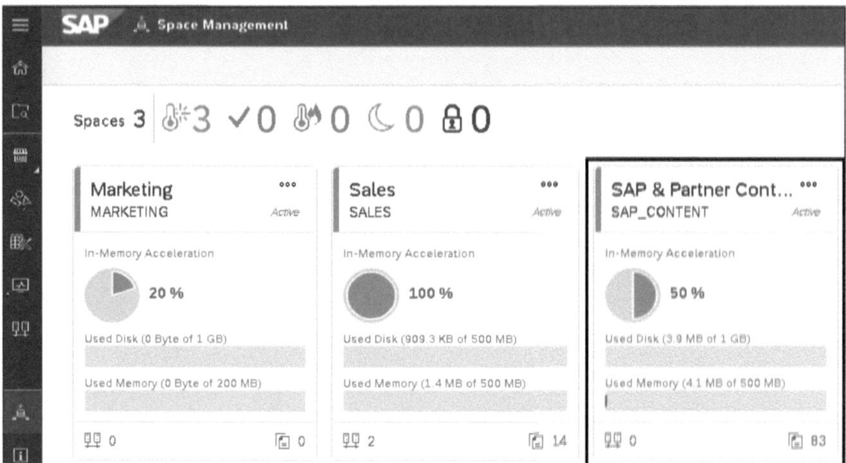

Abbildung 12.17 Space Management »SAP & Partner Content«

Klicken Sie auf den Space SAP_CONTENT, und öffnen Sie anschließend den Data Builder über die Schaltfläche (siehe Abbildung 12.18).

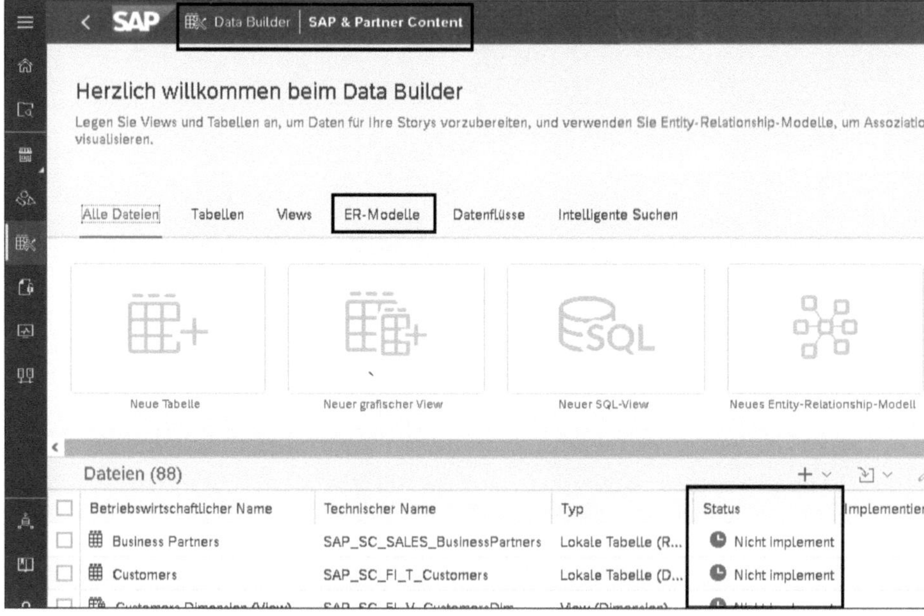

Abbildung 12.18 Data Builder »SAP & Partner Content«

Importierte Artefakte

Im Bereich **Dateien** sehen Sie alle importierten Artefakte in alphabetischer Reihenfolge. Aus der Spalte **Status** ist ersichtlich, dass die Artefakte importiert, aber noch nicht implementiert sind. Wie bereits erwähnt, können Sie die Objekte erst nutzen, wenn diese auch erfolgreich implementiert worden sind.

Massenänderung zum Implementieren mehrerer Objekte

In der von uns verwendeten Version von SAP Data Warehouse Cloud (2022.3.2) gibt es noch keine Funktion, mit der mehrere Artefakte ausgewählt und zusammen implementiert werden können. Nutzen Sie die alternative Möglichkeit, um Objekte und ihre Beziehungen zueinander über Entity-Relationship-Modelle (ER-Modell) zu beschreiben. Mit dem Implementieren des ER-Modells werden alle zugehörigen Artefakte ebenfalls implementiert. Eine Funktion für Massenänderungen wird in einer zukünftigen Version verfügbar sein.

Navigieren Sie zum Implementieren des ER-Modells zum Menüpunkt **ER-Modelle**. Im Beispiel-Content findet sich je fachlichem Bereich ein ER-Modell für Finance (FI), Personalwesen (HR) und Vertrieb (Sales), siehe Abbildung 12.19.

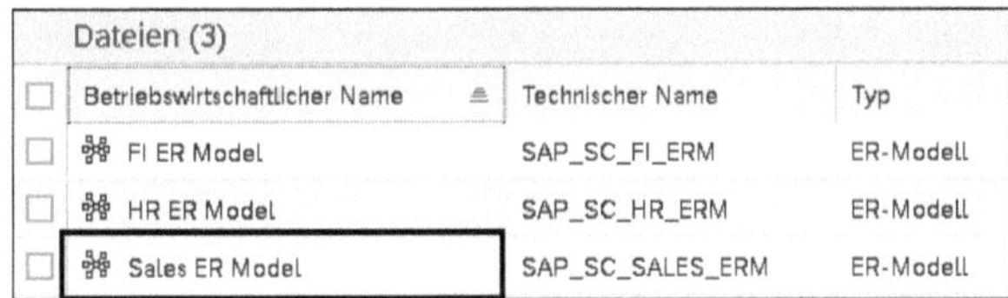

Dateien (3)

Betriebswirtschaftlicher Name	Technischer Name	Typ
FI ER Model	SAP_SC_FI_ERM	ER-Modell
HR ER Model	SAP_SC_HR_ERM	ER-Modell
Sales ER Model	SAP_SC_SALES_ERM	ER-Modell

Abbildung 12.19 SAP-Content: ER-Modelle

Klicken Sie auf das Sales-ER-Modell. Es werden eine grafische Übersicht der Sales-Tabellen und ihrer Beziehungen zueinander sowie die dazugehörigen Views angezeigt. Klicken Sie auf die Schaltfläche (**Implementieren**), um alle Sales-Artefakte zu generieren (siehe Abbildung 12.20).

Gehen Sie zurück in die Übersicht des Data Builders. Die zum Sales-Modell zugehörigen Artefakte werden nun im Status **Implementiert** angezeigt und sind damit einsatzbereit (siehe Abbildung 12.21).

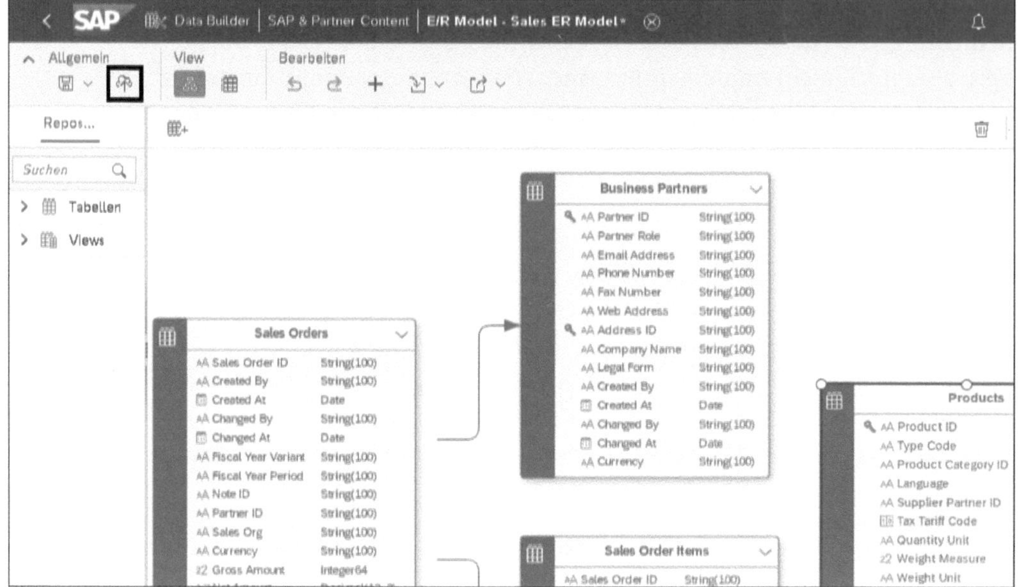

Abbildung 12.20 SAP-Content: Sales-ER-Modell

Betriebswirtschaftlicher Name	Technischer Name	Typ	Status
Sales Orders with Products (View)	SAP_SC_SALES_V_Sale...	View (Analytisches Datenset)	Implementiert
Fact Sales (View)	SAP_SC_SALES_V_Fact...	View (Analytisches Datenset)	Implementiert
Sales Orders	SAP_SC_SALES_SalesO...	Lokale Tabelle (Relationales Date...	Implementiert
Sales Order Items	SAP_SC_SALES_SalesO...	Lokale Tabelle (Relationales Date...	Implementiert
Sales ER Model	SAP_SC_SALES_ERM	ER-Modell	
Business Partners	SAP_SC_SALES_Busine...	Lokale Tabelle (Relationales Date...	Implementiert

Abbildung 12.21 Implementiertes SAP-Sales-ER-Modell

12.4 Zusammenfassung

Wir haben Ihnen in diesem Kapitel einen Überblick zum Konzept des SAP Business Contents gegeben und Ihnen bereits vorgefertigte Modelle und Auswertungen für verschiedene Szenarien vorgestellt. Es lohnt sich, vor neuen Projektinitiativen einen Blick auf diese Inhalte zu werfen und zu prüfen, ob diese möglicherweise schon all Ihre Anforderungen abdecken oder zum Teil adaptiert werden können. Sie haben gelernt, wie Sie die Content-Inhalte in die SAP Data Warehouse Cloud importieren und weiternutzen können. Die dafür benötigten Voraussetzungen und weiterführende Tipps wurden Ihnen vorgestellt, um alle notwendigen Schritte vorbereiten zu können.

Kapitel 13

Data Marketplace und Data Sharing Cockpit

Erfahren Sie, wie der Data Marketplace und das Data Sharing Cockpit sowohl die einfache und schnelle Integration von Drittanbieter-Daten als auch die Bereitstellung Ihrer eigenen Datenprodukte unterstützen.

Damit Sie Daten externer Anbieter in wenigen einfachen Schritten und ohne umfangreiche Projektarbeit in Ihrem eigenen Data Warehouse nutzen können, gibt es den *Data Marketplace*. Er erlaubt die Integration externer Daten auf Enterprise-Niveau sowohl innerhalb Ihres Tenants als auch – durch die Offenheit von SAP Data Warehouse Cloud – innerhalb Ihrer Organisation. Der Marketplace kann somit als zentrale Plattform für die schnelle und standardisierte Integration von Drittanbieter-Daten verwendet werden.

Datenprovider und Datenprodukte

Drittanbieter können über den Data Marketplace als Datenprovider analytische Daten in Form von Datenprodukten entweder kostenlos oder gegen den Kauf einer Lizenz anbieten. Sie können diese Datenprodukte dann in Ihren Tenant von SAP Data Warehouse Cloud in einen oder mehrere Spaces integrieren. Während einige Datenprodukte nur einmalig vom Datenprovider bereitgestellt werden (Einmalprodukte), werden andere, wie z. B. Wetterdaten, regelmäßig aktualisiert und können von Ihnen abgerufen werden.

Erstellt werden Datenprodukte mit dem ebenfalls in SAP Data Warehouse Cloud integrierten Data Sharing Cockpit. In dieser Applikation haben Sie die Möglichkeit, in Ihrem Space zur Verfügung stehende Daten für den Data Marketplace auszuwählen und dort anzubieten.

In Abschnitt 13.1, »Data Marketplace«, beschreiben wir zunächst, wie Sie Datenprodukte von mehr als 150 Anbietern im Data Marketplace finden und in Ihren Tenant laden können. Anschließend werden in Abschnitt 13.2, »Data Sharing Cockpit«, die wesentlichen Schritte skizziert, die Sie unternehmen müssen, um mithilfe des Data Sharing Cockpits selbst Datenprodukte zu definieren und diese über 440.000 SAP-Kunden weltweit anzubieten.

13.1 Data Marketplace

Der Data Marketplace versetzt Sie in die Lage, Daten von Drittanbietern direkt innerhalb von SAP Data Warehouse Cloud in Kombination mit Ihren anderen externen und internen Daten zu verwenden. Die vollständig in SAP Data Warehouse Cloud integrierte Lösung erlaubt Ihnen durch ihre Offenheit darüber hinaus, dass Daten innerhalb Ihres Unternehmens überall dort verwendet werden, wo sie einen Mehrwert darstellen.

In den nachfolgenden Abschnitten zum Data Marketplace erfahren Sie zunächst, wie Datenprodukte gefunden und aktiviert werden können. Anschließend wird beschrieben, welche Werkzeuge zur Verwaltung von aktivierten Datenprodukten und erworbenen Lizenzen zur Verfügung stehen.

13.1.1 Neue Datenprodukte für Ihren Tenant

Bevor Sie Datenprodukte unterschiedlicher Datenprovider in den Spaces von SAP Data Warehouse Cloud bereitstellen können, ist es notwendig, solche Produkte zu finden, die sowohl zu Ihren Geschäftsanforderungen als auch zu der bereits vorhandenen Datenbasis passen. Der Data Marketplace bietet hierzu zwei Einstiegsmöglichkeiten: zum einen die Landing Page mit Textsuche und Trends und zum anderen die Suche mit Filtermöglichkeiten für ein exploratives Vorgehen beim Finden von Inhalten.

Landing Page

Wenn Sie über die Seitennavigation **Data Marketplace • Landing Page** auswählen, gelangen Sie auf die Einstiegsseite des Data Marketplace. Sobald Sie mit der Texteingabe im Suchfeld begonnen haben, listet das System passende Treffer auf, die Sie direkt auswählen und über die Sie auf die Übersichtsseite des Datenprodukts oder des Datenproviders navigieren können. Die Icons zu Beginn jeder Zeile der Auflistung zeigen Ihnen bereits, ob es sich bei dem Treffer um ein Datenprodukt () oder um einen Datenprovider () handelt.

Auf den Übersichtsseiten erhalten Sie dann z. B. rechtliche Angaben zum Anbieter oder Produktdetails, wie die ungefähre Größenordnung des Produkts, die Häufigkeit der Datenaktualisierung oder eine Datenvorschau. So erhalten Sie bereits vor der Aktivierung eines Datenprodukts wertvolle Informationen, die Ihnen dabei helfen zu entscheiden, ob Datenprovider und -produkt zu Ihren Geschäftsanforderungen passen oder nicht.

Falls Sie die Suche nach einem Stichwort ausführen, ohne einen der vorgeschlagenen Treffer auszuwählen, werden Sie zum Bereich **Suchen** weitergeleitet, in dem Ihnen alle Treffer angezeigt werden und in dem Sie die Analyse, wie weiter unten beschrieben, durchführen können.

Im unteren Bereich der Landing Page werden, wie in Abbildung 13.1 gezeigt, die derzeit beliebtesten Datenprodukte und Datenprovider angezeigt, sodass Sie sehen können, was den Markt aktuell bewegt.

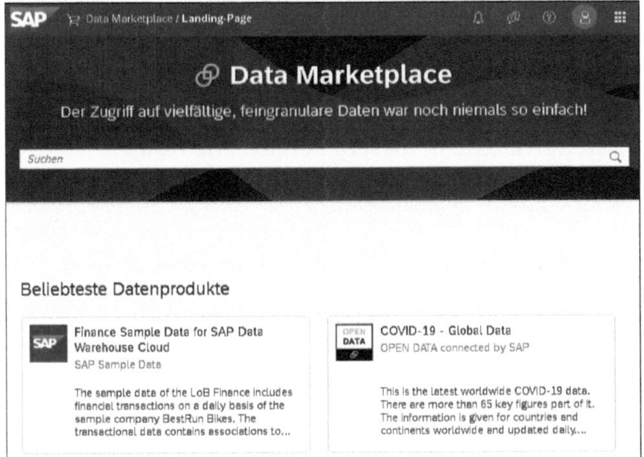

Abbildung 13.1 Data Marketplace: Landing Page

Suche

Alternativ zum Einstieg über die Landing Page können Sie über die Seitennavigation via **Data Marketplace • Suche** auch die Suchseite öffnen und Datenprovider sowie Datenprodukte für Ihr Unternehmen finden. Abbildung 13.2 zeigt die Ansicht zur Suche nach Inhalten. Im oberen Bereich können Sie eine Textsuche nach Datenprodukten oder Datenprovidern ausführen. Die Treffer zu Ihrem Suchbegriff werden Ihnen im Ergebnisbereich auf der rechten Seite angezeigt.

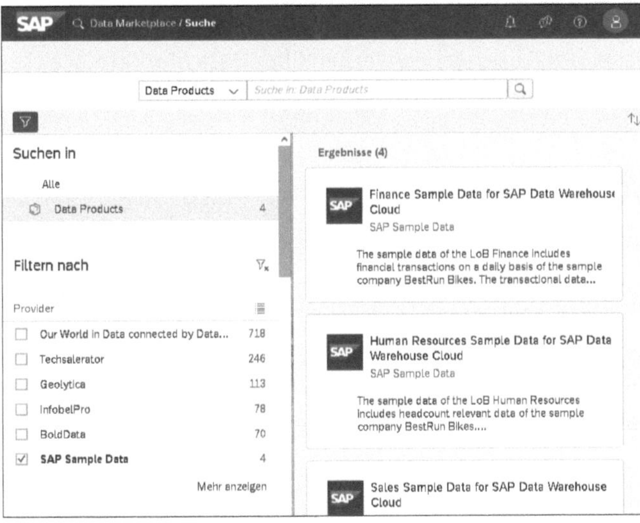

Abbildung 13.2 Data Marketplace: Suche

Im linken Bereich der Ansicht können Sie mit einem Klick auf ▽ (**Filter Einblenden**) verschiedene Filter sichtbar machen. Diese schränken die Suchergebnisse weiter ein oder erlauben ein exploratives Vorgehen bei der Suche nach geeigneten Datenprovidern oder Datenprodukten, wenn Sie zuvor keinen Suchbegriff eingegeben haben. So können Sie z. B. nach einem Provider filtern und schauen, welche Datenprodukte dieser zusätzlich anbietet, oder Sie legen beispielsweise einen Filter auf Deutschland und Bankenindustrie, um die verfügbaren Datenprodukte in diesem Bereich anzuzeigen.

Übersichtsseite zum Datenprodukt

Haben Sie ein Datenprodukt gefunden, das für Ihren Anwendungsfall infrage kommt, können Sie mit einem Klick auf das Produkt die Übersichtsseite öffnen, um weitere Informationen über Datenprovider und -produkt zu erhalten: Neben einer generellen Beschreibung können Provider auf der Übersichtsseite Beispieldaten hinterlegen und Informationen zu Produktdetails und Preisgestaltung angeben, sodass Sie vor einem Kauf bereits einen guten Eindruck vom Produkt erhalten. Bei auftretenden Fragen zum Produkt können Sie über ✉ (**Datenprovider kontaktieren**) eine E-Mail an den Anbieter schicken.

Haben Sie sich für ein nicht lizenziertes Datenprodukt entschieden, können Sie es mit einem Klick auf **Kostenlos laden** in der oberen rechten Ecke direkt in einem oder mehreren Spaces Ihres Tenants aktivieren. Bei lizenzpflichtigen Produkten müssen Sie vorab den Anbieter, wie oben beschrieben, per E-Mail kontaktieren und eine Lizenz erwerben, bevor Sie diese mit einem Klick auf **Mit Lizenzschlüssel laden** aktivieren.

Lesezeichen

Haben Sie Datenprovider oder Datenprodukte identifiziert, die Sie schnell wiederfinden möchten, können Sie diese in der oberen rechten Ecke der Detailansicht zu Provider oder Produkt mit einem Lesezeichen (🔖) versehen. Alle so von Ihnen gesetzten Lesezeichen werden über **Data Marketplace • Lesezeichen** angezeigt und können von dort aus geöffnet werden.

13.1.2 Datenprodukte und Lizenzen verwalten

SAP Data Warehouse Cloud unterstützt Sie bei der Verwaltung von aktiven Datenprodukten durch vorbereitete Ansichten, die notwendige Informationen übersichtlich zusammenfassen, den Absprung in Detailsichten zur weiteren Analyse erlauben und Schaltflächen für die Ausführung von Wartungsaufgaben enthalten. Rufen Sie über die Seitennavigation **Data Marketplace • Meine Datenprodukte** auf, um die entsprechenden Sichten anzuzeigen.

Meine Produkte

Auf der Registerkarte **Meine Produkte** werden zunächst die gesamte Zahl der aktivierten Datenprodukte und der aktuelle Trend der Aktivierungen als

Zeitreihe dargestellt (siehe Abbildung 13.3). In der Mitte sehen Sie die Top-Datenprovider, von denen Datenprodukte für Ihren Tenant geladen wurden. Auf der rechten Seite fasst das System die Anzahl der Lizenzen, die entweder sofort oder bald verlängert werden müssen, zusammen.

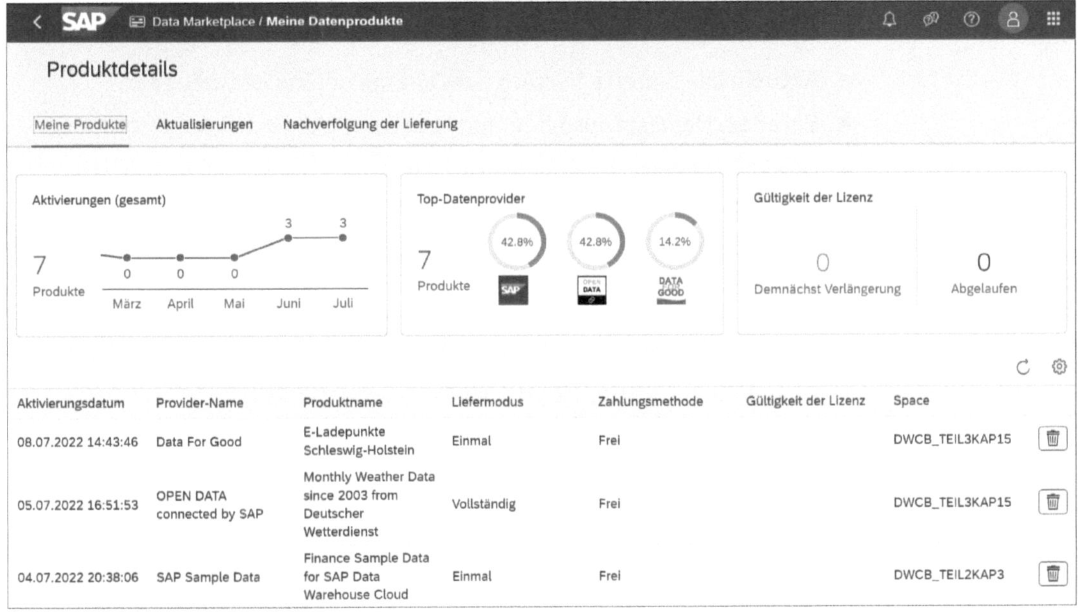

Abbildung 13.3 Data Marketplace: Meine Datenprodukte

Die tabellarische Darstellung im unteren Bereich der Ansicht enthält alle Datenprodukte, sortiert nach Aktivierungsdatum. Sollten Sie ein Datenprodukt in unterschiedlichen Spaces aktiviert haben, wird es in dieser Übersicht für jeden Space einmal angezeigt. In den Zeilen der einzelnen Datenprodukte können Sie mit einem Klick auf (**Deinstallieren**) das Datenprodukt aus dem angegebenen Space löschen.

Über die Schaltfläche (**Einstellungen**) können Sie Filter setzen, die Sortierreihenfolge ändern oder die sichtbaren Spalten auswählen.

> **Ausgeblendete Befehle**
>
> Im Tabellenlayout sind die Spalten **Details** und **Reinitialize** zunächst ausgeblendet. Sie enthalten weitere Befehle, die ähnlich wie der Befehl **Deinstallieren** direkt ausgeführt werden können. Diese Befehle sind in der Standardansicht weiterer tabellarischer Darstellungen auf den Registerkarten **Aktualisierungen** und **Nachverfolgung der Lieferung** für Ihre Datenprodukte direkt verfügbar, ohne dass Sie das Layout anpassen müssen.

Aktualisierungen

Während auf der Registerkarte **Meine Produkte** jedes installierte Produkt einmal aufgelistet wird, sehen Sie auf der Registerkarte **Aktualisierungen** ein Protokoll aller Aktualisierungen der aktivierten Datenprodukte, wie in Abbildung 13.4 gezeigt. Hier gibt Ihnen die Spalte **Status** Auskunft über den aktuellen Download-Status eines Datenprodukts. Es gibt die folgenden Statusoptionen:

- **Aktuell**: Die neueste Version des Datenprodukts ist verfügbar.
- **Veraltet**: Der Datenprovider hat eine neue Version bereitgestellt.
- **Fehlgeschlagen**: Downloads, die nach dem Verstreichen des Timeouts nicht erfolgreich beendet wurden, werden als fehlgeschlagen angezeigt. Starten Sie in solchen Fällen den Download neu, oder kontaktieren Sie den Datenprovider. Weitere Informationen zum Fehler können Sie gegebenenfalls auf der Registerkarte **Nachverfolgung der Lieferung** finden, wie weiter unten beschrieben.
- **Download wird ausgeführt**: Der Download der Daten läuft aktuell.
- **Wird gelöscht**: Die Löschung der Daten läuft aktuell.
- **Gelöscht**: Das Datenprodukt wurde aus dem Space gelöscht.

Abbildung 13.4 Data Marketplace: Aktualisierungen

Wie zuvor auf der Registerkarte **Meine Produkte** können Sie auch hier mit einem Klick auf (**Einstellungen**) die sichtbaren Spalten auswählen, bei Bedarf Filter setzen oder die Sortierreihenfolge ändern. So lässt sich z. B. der Installationstyp in die Übersicht mit aufnehmen.

Datenprodukte, die im vollständigen Modus ausgeliefert werden, können z. B. monatliche Aktualisierungen erhalten. In der Standarddarstellung der Tabelle werden rechts Schaltflächen angezeigt, mit denen Sie das Aktualisieren eines Produkts (⏩) starten können. Falls ein Datenprodukt gelöscht wurde, haben Sie hier auch die Option, die Installation über die Schaltfläche ⤓ erneut zu starten.

In der Tabelle aus Abbildung 13.4 ist bereits eine Anpassung des Aktualisierungsmodus für Produkte mit dem Liefermodus vollständig über eine Dropdown-Auswahl vorgesehen, sodass die Datenprodukte nicht mehr manuell aktualisiert werden müssen. Leider existieren derzeit keine Datenprodukte, mit denen eine automatische Aktualisierung getestet werden könnte. Denn für Einmalprodukte werden grundsätzlich keine Aktualisierungen angeboten. Aus diesem Grund ist der Aktualisierungsmodus in Zeilen, die Einmalprodukte enthalten, nicht änderbar.

Nachverfolgung der Lieferung

Auf der Registerkarte **Nachverfolgung der Lieferung** können Sie prüfen, ob die Installation oder Aktualisierung Ihrer Datenprodukte erfolgreich ausgeführt werden konnte oder fehlgeschlagen ist, wie in Abbildung 13.5 gezeigt.

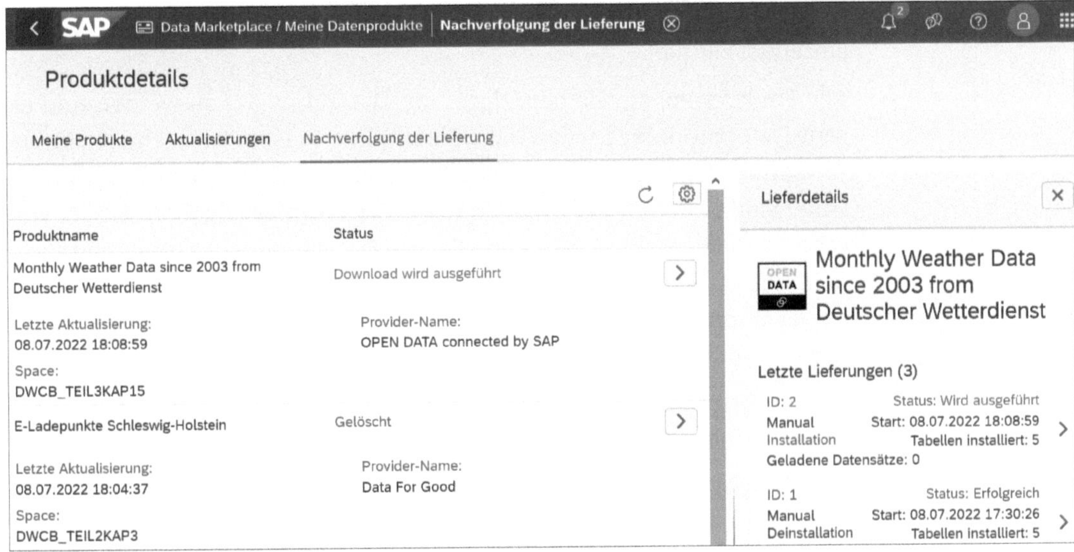

Abbildung 13.5 Data Marketplace: Nachverfolgung der Lieferung

Die tabellarische Darstellung zeigt auf der linken Seite die letzten Aktualisierungen der aktivierten Datenprodukte oder deren Löschung. In der Standard-Spaltenkonfiguration sehen Sie auf der rechten Seite die Schaltfläche ❯ (**Lieferdetails Anzeigen**). Mit einem Klick darauf können Sie so die Lieferdetails im rechten Bildbereich einblenden, wie in Abbildung 13.5 gezeigt, und den Status der letzten Lieferungen für ein Datenprodukt sehen. Wählen Sie in den Lieferdetails [>] (**Zu Lieferdetails navigieren**), um weitere Informationen, z. B. zu Abbrüchen, zu erhalten.

Meine Lizenzen

Die von Ihnen erworbenen Lizenzen für Datenprodukte verwalten Sie über **Data Marketplace • Meine Lizenzen**. Hier werden alle aktivierten Lizenzen angezeigt. Auch wenn ein Datenprodukt zunächst nur lizenziert, aber nicht aktiviert werden soll, können Sie den Lizenzaktivierungsschlüssel über einen Klick auf die Schaltfläche **Aktivierungsschlüssel eingeben** hier hinterlegen.

13.2 Data Sharing Cockpit

Mithilfe des Data Sharing Cockpits legen Sie als Datenprovider nützliche Datenprodukte in SAP Data Warehouse Cloud an und teilen diese direkt mit den über 440.000 SAP-Kunden. Ihre Kunden können diese Produkte im Data Marketplace finden und gegebenenfalls nach dem Erwerb einer Lizenz aktivieren. SAP hat so einen Weg geschaffen, wie Sie Ihr Angebot an analytischen Ressourcen auch außerhalb Ihres Unternehmens gewinnbringend einsetzen können.

Alle Funktionen, die Sie benötigen, um Datenprovider zu werden und eigene Datenprodukte für den Data Marketplace zu erstellen, stehen in Ihrem Tenant zur Verfügung. Haben Sie Ihr Produkt erfolgreich gelistet, unterstützt Sie SAP Data Warehouse Cloud bei Verwaltungsaufgaben, wie der Vergabe von Schlüsseln für Kunden, die Ihre Datenprodukte aktivieren möchten, der Administration des Produktlebenszyklus und dem Release Management. SAP gliedert die unterschiedlichen Aufgaben auf dem Weg zum Dataprovider in die folgenden Schritte:

1. **Profil pflegen**: Legen Sie Ihr Datenprovider-Profil an, oder aktivieren Sie ein bestehendes Profil.
2. **Listung vorbereiten**: Erstellen Sie Ihre Datenprodukte.
3. **Lebenszyklus verwalten**: Wählen Sie Datenprodukte aus, die Sie über den Data Marketplace anbieten oder auslisten möchten.
4. **Lizenzen verwalten**: Legen Sie Lizenzen mit Aktivierungsschlüsseln für Ihre Kunden an.
5. **Releases veröffentlichen**: Definieren Sie Releases für Ihre Datenprodukte für die Veröffentlichung.

[«]

Listung als Provider notwendig

Das Data Sharing Cockpit können Sie nur aus der Seitennavigation heraus aufrufen, wenn Ihr Tenant als Provider konfiguriert ist. In allen anderen Fällen wird das Data Sharing Cockpit nicht angezeigt. Kontaktieren Sie SAP, falls Sie eine Listung als Provider anstreben und das Data Sharing Cockpit nutzen möchten.

Datenprovider-Profil

Ein aussagekräftiges Datenprovider-Profil ist Ihr digitales Aushängeschild für Kunden im Data Marketplace. Diese Profilseite kann alle gesetzlich vorgeschriebenen sowie zusätzliche Informationen enthalten und ist der erste Schritt, den Sie in SAP Data Warehouse Cloud auf dem Weg zum Datenprovider beschreiten.

Sie hinterlegen hier Unternehmens- und Kontaktinformationen sowie allgemeine Informationen zu den von Ihnen angebotenen Daten, z. B. die Datenkategorien oder die SAP-Anwendungen, die zu Ihren Datenprodukten gehören, wie in Abbildung 13.6 am Beispiel von OPEN DATA ausschnittweise gezeigt. Zudem können Sie Kontaktdaten hinterlegen, über die Kunden Ihr Unternehmen erreichen, um z. B. einen Aktivierungsschlüssel für eine Lizenz anzufragen.

[«]

Content Aggregator

Parallel zu Datenprovidern können auch Content Aggregators Inhalte für den Data Marketplace anlegen. Ein Content Aggregator verwaltet mehrere Datenprovider-Profile und legt Datenprodukte für sie an. Kontaktieren Sie SAP, falls Sie einen entsprechenden Partnervertrag erhalten möchten.

Listung vorbereiten

Bevor Sie Ihre Daten potenziellen Kunden zur Verfügung stellen können, müssen Sie diese innerhalb von SAP Data Warehouse Cloud als Datenprodukt vorbereiten. Hierzu wählen Sie unter **Data Sharing Cockpit • Meine Datenprodukte** die Option **Datenprodukt anlegen** für jedes Datenset, das im Data Marketplace angeboten werden soll.

Für Ihre Kunden hinterlegen Sie in diesem Zuge Metadaten und zusätzliche Informationen, wie Beispieldaten zum Produkt. So kann Ihr Datenprodukt im Data Marketplace einfach gefunden werden, und Sie unterstützen Kunden bei der Einschätzung, ob das Datenprodukt für deren Anwendungsfall nützlich ist.

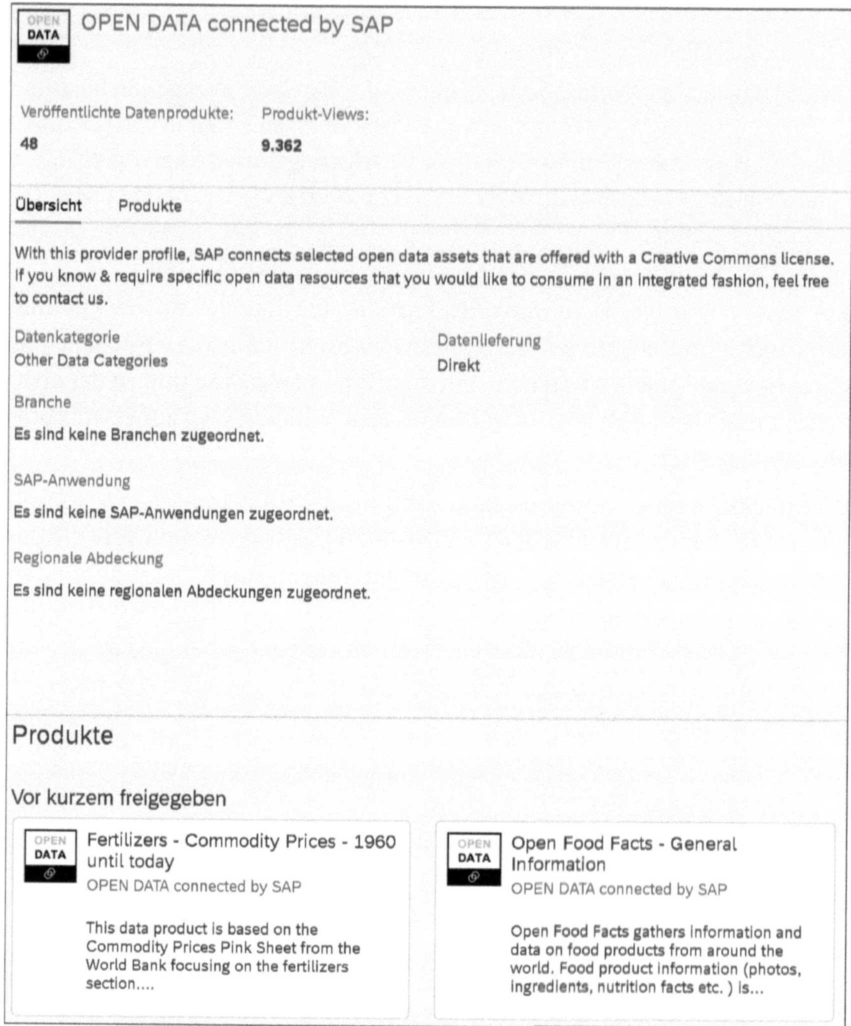

Abbildung 13.6 Data Sharing Cockpit: Beispiel für ein Datenprovider-Profil

Zur Vorbereitung der Listung Ihres Datenprodukts gehört zudem, dass Sie festlegen, ob es als Einmalprodukt angeboten werden oder ob es regelmäßige Aktualisierungen geben soll, und ob es, wie viele andere Produkte, kostenlos erhältlich oder ein kostenpflichtiges Angebot sein soll.

Lebenszyklus verwalten

Im Bereich **Meine Datenprodukte** können Sie ebenfalls den Lebenszyklusstatus Ihrer Datenprodukte pflegen. So wird festgelegt, ob diese für Kunden auf dem Data Marketplace sichtbar sein sollen. Hierzu müssen Sie das gewünschte Produkt auswählen und via **Status wechseln** einen neuen Status festlegen. Es stehen Ihnen die folgenden Status zur Auswahl:

- **Entwurf**: Das Datenprodukt wurde gerade angelegt.
- **Gelistet**: Das Datenprodukt wurde veröffentlicht und kann im Data Marketplace von Kunden gefunden werden.
- **Ausgelistet**: Das Datenprodukt ist für Kunden aktuell nicht im Data Marketplace verfügbar. Bestehende Kunden können es jedoch weiterhin verwenden, und Sie können neue Releases veröffentlichen.

Beachten Sie, dass wenn die Datenübertragung eines Datenprodukts **Direkt** und der Liefermodus **Vollständig** lautet, ein Release angelegt werden muss, bevor Sie das Datenprodukt listen können.

Lizenzen verwalten

Für Datenprodukte mit der Vertragsart **Lizenzschlüssel** und dem Datenübertragungstyp **Direkt** muss der Zugriff Ihrer Kunden über die Vergabe von Aktivierungsschlüssen erlaubt werden. Dies können Sie im Bereich **Data Sharing Cockpit • Lizenzverwaltung** vorbereiten. Dort werden Aktivierungsschlüssel für Ihre Kunden generiert, um Zugriff auf die Datenprodukte zu gewähren.

Zudem erhalten Sie hier eine Übersicht über Ihre Lizenzen. Sie können neue Lizenzen anlegen oder bestehende Lizenzen ändern und festlegen, welche Ihrer Datenprodukte im Lizenzumfang enthalten sein sollen.

Neue Releases veröffentlichen

Aktualisierungen an Ihren Datenprodukten werden in Form von Releases an die Kunden ausgeliefert. In der Veröffentlichungsverwaltung auf dem Data Marketplace können Sie neue Releases für Datenproduktaktualisierungen anlegen und so die Auslieferung an Ihre Kunden freigeben. Zudem erhalten Sie hier einen Überblick über alle Releases von Datenprodukten mit dem Liefermodus **Vollständig** und der Datenübertragung **Direkt**.

13.3 Zusammenfassung

In diesem Kapitel haben Sie Aufbau und Funktionsweise des Data Marketplace kennengelernt. Dabei wurde zum einen gezeigt, wie Sie Datenprodukte für Ihr Unternehmen finden und aktivieren sowie zum anderen, wie Sie den Überblick über Ihre Datenprodukte behalten und diese aktualisieren. Anschließend haben Sie einen Eindruck dazu erhalten, welche Schritte im Data Sharing Cockpit notwendig sind, um selbst Datenprovider zu werden und erfolgreich eigene Datenprodukte im Data Marketplace anzubieten.

Weitere Informationen erhalten Sie z. B. in der SAP-Hilfe von SAP Data Warehouse Cloud im Datenprovider-Leitfaden.

TEIL III

Einsatzszenarien für SAP Data Warehouse Cloud

Kapitel 14
Architekturen und Szenarien für den Einsatz von SAP Data Warehouse Cloud

Suchen Sie nach dem technischen Überblick in den vorangehenden Kapiteln nun nach geeigneten Geschäftsvorfällen für den Einsatz von SAP Data Warehouse Cloud in Ihrem eigenen Unternehmen? Teil III dieses Buches liefert Ihnen Szenarien aus der Praxis als Ideen für Ihre eigene Umsetzung und erklärt Ihnen Schritt für Schritt, wie Sie dabei vorgehen können.

Zu Beginn der Beschäftigung mit einer neuen Systemumgebung und mit den ersten Überlegungen zum potenziellen Nutzen für das eigene Unternehmen suchen und bewerten Sie verschiedene Einsatzzwecke für die neue Software – so auch hier bei der Verwendung von SAP Data Warehouse Cloud, von der Sie nun durch die vorangehenden Kapitel des Buches eine gute Einordnung der Architektur in das gesamte SAP-Portfolio kennengelernt haben. Nach den im Besonderen rein funktional orientierten Kapiteln in Teil II, »Funktionen von SAP Data Warehouse Cloud«, ist es daher hilfreich, Ihnen wesentliche Themen und technische Aspekte von SAP Data Warehouse Cloud in einem größeren Zusammenhang vorzustellen. Dabei verwenden wir verschiedene Szenarien aus der Praxis, um Ihnen die Einsatzmöglichkeiten von SAP Data Warehouse Cloud im Zusammenspiel mit anderen SAP-Cloud- und On-Premise-Anwendungen zu erklären. Die detaillierten Beschreibungen zeigen Ihnen, wie Sie Schritt für Schritt vorgehen und dabei Ihre eigenen Anwendungsfälle entwickeln können.

Self-Service in der Anwendung

Das erste Szenario zum Thema Self-Service greift eine lang gehegte Anforderung des Fachbereichs auf: die Realisierung einer Self-Service-Business-Intelligence-Architektur. Das Szenario erklärt, welche konzeptionellen und technologischen Aspekte zu berücksichtigen sind, um eine flexible und leistungsfähige Business-Intelligence-Architektur zu implementieren. In Abschnitt 14.1, »Szenario 1: Self-Service-Ansätze«, stellen wir Ihnen das Szenario der Self-Service-Ansätze grundlegend vor, das wir in Kapitel 15, »Szenario 1: Self-Service«, beispielhaft umsetzen.

Hybride Modellierung mit unterschiedlichen Systemen

In Abschnitt 14.2 »Szenario 2: Hybride Modellierung zur Erweiterung einer SAP-BW-Lösung«, widmen wir uns dem zweiten Szenario, das Sie genauer in Kapitel 16, »Szenario 2: Hybride Modellierung zur Erweiterung einer SAP-BW-Lösung«, kennenlernen. Hier wird ein hybrides Szenario vorgestellt, das SAP Data Warehouse Cloud und SAP BW zusammenführt. Funktionale Basis ist hier SAP BW Bridge, mit dessen Hilfe Daten und Datenmodelle bestehender SAP-BW-Systeme innerhalb bestimmter Rahmenbedingungen in die Public Cloud überführt und dort mit SAP Data Warehouse Cloud verbunden und erweitert werden.

Echtzeit-Datenanalyse mit SAP-Quellen

Im dritten Szenario (siehe Abschnitt 14.3 »Szenario 3: Echtzeit-Datenanalyse und Reporting«) werden die Echtzeit-Datenanalyse und das Reporting konzeptionell erarbeitet und eine technologische Umsetzungsmöglichkeit mit SAP Data Warehouse Cloud auf Basis des SAP-Standard-Contents *SAP S/4HANA Sales and Distribution* vorgestellt. Die Umsetzung dieses Szenarios erfolgt in Kapitel 17, »Szenario 3: Echtzeit-Datenanalyse und Reporting«.

14.1 Szenario 1: Self-Service-Ansätze

Intuitive Modellierungsumgebung für Fachbereiche

Mit SAP Data Warehouse Cloud erweitert SAP bestehende Data-Warehousing-Ansätze um neue Konzepte. Eines dieser neuen Konzepte ist der vollständig integrierte Business Layer, mit dem Fachbereiche eine eigene, intuitive Modellierungsumgebung erhalten. SAP bietet hiermit eine BI-Lösung, die im Vergleich zu früheren Analytics-Lösungen das Thema *Self-Service Business Intelligence* (SSBI) stärker in den Vordergrund stellt. Damit soll der zunehmende Bedarf der Fachbereiche, zeitnahe und datengetriebene Entscheidungen zu treffen, adressiert werden.

Durchgängiges Beispiel

In diesem Szenario wird mit Hinblick auf die zentralen Anforderungen der Fachbereiche und der IT bespielhaft beschrieben, wie SSBI in SAP Data Warehouse Cloud aufgebaut und verwendet werden kann. Dabei werden bekannte Best Practices berücksichtigt und wesentliche Modellierungsideen dargelegt, sodass Sie die Inhalte auf konkrete Anwendungsfälle in Ihrem Unternehmen übertragen können.

Frei verfügbare Datenbasis im Data Marketplace

Die in diesem Szenario zu Illustrationszwecken verwendeten Beispieldaten können Sie über den Data Marketplace kostenfrei beziehen. Die Fachbereiche und die IT Ihrer Organisation können so die einzelnen Schritte auf dem Weg zu einer SSBI-Anwendung in Ihrem Tenant von SAP Data Warehouse Cloud problemlos praktisch nachvollziehen. Dadurch können Sie erste Erfahrungen sammeln, die vorgeschlagenen Schnittstellen in der Arbeit zwischen beiden Bereichen ausprobieren und für Ihre Organisation so definieren, dass die Zusammenarbeit unter Berücksichtigung zentraler Anforderungen optimal funktioniert, bevor Sie die ersten eigenen Applikationen umsetzen.

14.2 Szenario 2: Hybride Modellierung zur Erweiterung einer SAP-BW-Lösung

Hybride Modellierung als Optimierung

Im zweiten Szenario liegt der Schwerpunkt auf der Verwendung von Daten aus SAP BW und deren Integration in SAP Data Warehouse Cloud. Die Bezeichnung *hybride Modellierung für das Szenario* hebt an dieser Stelle hervor, wie die beiden Systeme mit unterschiedlichen technischen Ansätzen in einer Gesamtarchitektur verwendet werden. Die Darstellung zeigt, wie Sie einen nahtlosen Übergang für die Integration von Abläufen und Daten der jeweiligen Systeme erreichen können, sodass Sie die vermeintlichen Unterschiede durch die Kombination der jeweiligen Stärken der Systeme für Ihr Unternehmen in eine vielversprechende Anwendung verwandeln.

Hintergrund ist ein Migrationsszenario, bei dem SAP-BW-Objekte nach SAP BW Bridge übertragen und dabei an die neuesten Standards der BW-Modellierung angepasst werden. Dabei wird eine Optimierung des Datenmodells in Kombination mit SAP Data Warehouse Cloud und gleichzeitig eine Verbesserung der damit verbundenen Geschäftsprozesse angestrebt. Diese Optimierung einer systemübergreifenden Modellierung ist sicher der ideale Ansatz, vor allem, wenn Fachbereiche als Zielgruppe der Anwendung das gesamte Verfahren zusammen mit der IT ausarbeiten und umsetzen.

Analyse des bisherigen Ansatzes

Im beschriebenen Szenario befindet sich die bestehende Architektur in einem zentralen SAP-BW/4HANA-System, in dem die IT Datenmodelle für die Berichtsentwicklung bereitgestellt hat. Im vorliegenden Fall sind die BW-Objekte bereits nach dem neusten Standard entwickelt, insbesondere die persistenten InfoProvider als ADSOs und die CompositeProvider für die Reporting-Integration. Dennoch ist der Fall auf die Vorgehensweise in älteren SAP-BW-Standards übertragbar, bei denen die Objektmigration als zusätzlicher Schritt in der Durchführung mit den entsprechenden Konvertierungs-Tools im Hintergrund vorgenommen wird.

In Ihrem bisherigen SAP-BW-System entwickeln Sie als Fachbereich häufig die gewünschten SAP-BW-Querys, können aber keine eigenen Gesamtmodellerweiterungen vornehmen oder selbständig Steuerungsdaten für die Berichtsgrundlage ergänzen. Im vorliegenden Szenario wird von der Annahme ausgegangen, dass sich Fachbereich und IT gemeinsam der Problemstellung bewusst sind und die bestehende und künftige Architektur im Hinblick auf eine Verbesserung integriert abstimmen. Das heißt, dass Sie die bisherigen Prozesse auf Schwachstellen hin untersuchen und gemeinsam eine Zielvorstellung in einer neuen Vorgehensweise festgelegen. Dazu bestimmen Sie Schritte im Ablauf, die Sie dezentral im Fachbereich eigenständig durchführen, und welche Implementierung seitens der IT dazu notwendig sind. Bei entsprechender Modellierung in SAP BW Bridge und SAP Data Warehouse Cloud erzielen Sie erhebliche Prozessoptimierungen, da Sie den bisherigen Ansatz in eine für Sie alltagstauglichere Lösung umwandeln.

Übergang zum hybriden Szenario

Um dies zu erreichen, beginnen Sie mit der bespielhaften Migration von SAP-BW-InfoProvidern und notwendigen Transformationen mithilfe der Shell-Migration. Damit übertragen Sie die Metadaten aus Ihrem bisherigen BW-System nach SAP BW Bridge und konvertieren gleichzeitig bisherige Objekte in den neusten SAP-BW/4HANA-Standard. Sie gehen dabei in einzelnen Schritten vor und übertragen sukzessive Ihre bisherige Applikation in die Public-Cloud-Umgebung von SAP BW Bridge. In diesem Fall laden Sie die Daten erneut in die Persistenzschicht. Wo dies jedoch nicht möglich oder sinnvoll ist, steht Ihnen die Remote-Migration zur Verfügung, die allerdings zum Zeitpunkt der Drucklegung dieses Buches im Rahmen der verfügbaren Systeme nicht gezeigt werden konnte. Die Funktionsweise des Metadatenübertragung entspricht dabei der Shell-Migration. Allerdings versorgt die Remote-Migration zusätzlich in getrennten Schritten die Datenmodelle in SAP BW Bridge mit den Daten aus Ihrem alten SAP-BW-System. Hierzu ist eine weitergehende Koordination der Datenladungen mit dem jeweiligen Quellsystem erforderlich, da gegebenenfalls für eine Übergangszeit eine parallele Datenversorgung von SAP BW Bridge und des bisherigen SAP-BW-Systems erforderlich ist, die nach Test und Freigabe Ihrer neuen Implementierung nur noch in SAP BW Bridge betrieben wird. Shell- und Remote-Migration sind bezüglich des Verfahrens mit dem letzten Schritt einer fortgesetzten Datenversorgung aus dem Quellsystemen gleich.

Modellerweiterung in SAP Data Warehouse Cloud

Das Szenario fährt mit der Integration der InfoProvider aus SAP BW Bridge in SAP Data Warehouse Cloud fort. Im ersten Schritt erstellen Sie einen Space als abgeschlossenen Arbeitsbereich und binden Ihre benötigten Datenquellen aus SAP BW Bridge als Remote-Tabellen ein. Als Nächstes integrieren Sie die zentralen Stammdaten aus Ihrem SAP-ERP-System mit den neuesten Datenverbindungsmöglichkeiten und ergänzen Ihr Datenmodell um Informationen aus Ihrem Fachbereich mittels CSV-Datei-Upload. Anschließend erstellen Sie grafische Views, mit denen Sie Daten filtern, Kennzahlen berechnen und aggregieren und Ihre verschiedene Quelldaten kombinieren. Zum Schluss bereiten Sie Ihre erstellten Datenmodelle für die Verbrauchsschicht im Reporting vor. Sie erstellen Dimensionen, Verbrauchsmodelle und darauf aufbauend Perspektiven, die Sie anschließend mit SAP Analytics Cloud im Reporting für Ihre Analysen nutzen können. Sie haben so, nach der Migration der Daten nach SAP BW Bridge und der Neumodellierung Ihrer Anwendung in SAP Data Warehouse Cloud, ein komplettes Ende-zu-Ende-Szenario implementiert, das Ihnen als Beispiel für ähnliche Fragestellungen und Lösungsansätze in Ihrem Unternehmen dient.

14.3 Szenario 3: Echtzeit-Datenanalyse und Reporting

Moderne Datenarchitekturen

Datenarchitekturen wurden in den letzten Jahren einem technologischen Wandel unterzogen, um den Anforderungen an Geschwindigkeit, Skalierbarkeit und Flexibilität weiterhin gerecht zu werden. Auch die Arbeitswelt und die Art und Weise, wie mit komplexen Sachverhalten umgegangen wird, hat sich verändert. Anstelle klassischer Vorgehensweisen haben sich zunehmend agile Methoden durchgesetzt, die mit eigenen Instrumenten und Werkzeugen arbeiten, um mit dem Wunsch nach Anpassung, Optimierungswünschen und Neuerungen besser umgehen zu können. Nur Plattformen, die diese agilen Ansätze unterstützen, die benötigten Ressourcen bedarfsgerecht justieren sowie Technologien für eine performante Verarbeitung und Auswertung bereitstellen, werden langfristig erfolgreich sein.

Analyse und Reporting in Echtzeit

In der Vergangenheit gab es bereits einen hohen Bedarf an Echtzeitauswertungen, die aber oft in speziellen Bereichen wie z. B. in der Betrugsprävention im Finanz- und Versicherungsumfeld eingesetzt wurden. Der für Echtzeitanalysen benötigte Einsatz an Technologien und Ressourcen konnte einer Kosten-/Nutzenbetrachtung oft nicht standhalten. Mit dem Wandel der Technologien hin zu In-Memory-Datenbanken und cloudbasierten Architekturen bieten sich mittlerweile deutlich mehr Möglichkeiten. Es stehen die technischen Kapazitäten für hohe Speichervolumen und eine hohe Verarbeitungsgeschwindigkeit zur Verfügung, um solche Analysen vorzunehmen, und auch der geringere Aufwand begünstigt das Kosten-Nutzen-Verhältnis. Diese Umstände ebnen heute den Weg für viele neue Szenarien, die die Auswertung von Informationen in Echtzeit ermöglichen. Bei SAP spielt *SAP HANA* als In-Memory-Datenbank eine zentrale Rolle sowie die Weiterentwicklung der SAP-Cloud-Produktpalette mit der *SAP Business Technology Platform* (SAP BTP) und den darauf basierenden Services und Softwarekomponenten. Mit den aktuellen Datentechnologien und der cloudbasierten SAP-Infrastruktur können auch komplexe Datenarchitekturen für Echtzeit- oder verzögerungsarme Reporting-Szenarien umgesetzt werden. Der Begriff Echtzeit oder auch Realtime ist dabei manchmal irreführend. Denn gemeint ist damit die Fähigkeit eines Systems, innerhalb einer vorbestimmten Zeitspanne Ergebnisse zu liefern – und nicht sofort mit dem Eintritt eines Ereignisses. Demnach werden auch minuten- oder stundengenaue Ergebnislieferungen als Echtzeit bezeichnet. Verarbeitungen mit geringen Verzögerungen werden auch als Fast-Echtzeit oder Neartime bezeichnet.

Die Möglichkeiten von Echtzeitauswertungen erläutern wir Ihnen beispielhaft anhand des SAP-Contents für Sales. In Kapitel 17, »Szenario 3: Echtzeit-Datenanalyse und Reporting«, aktivieren Sie Teile des SAP-Contents und nutzen diese für eigene Weiterentwicklungen. Dabei lernen Sie die Objekte für die Echtzeit-Replikation kennen und erfahren, wie Sie diese analysieren und optimieren.

Kapitel 15
Szenario 1: Self-Service

Starten Sie unmittelbar mit der Implementierung Ihres eigenen Self-Service-Szenarios. IT und Fachbereich erfahren in diesem Kapitel, wie sie zusammen ein einfaches Modell erstellen und welche Best Practices sie dabei berücksichtigen können. So entsteht Hands-on, ein gemeinsames Verständnis für nachhaltige Self-Service-Szenarios in Ihrem System.

Mit SAP Data Warehouse Cloud erweitert SAP bestehende Data-Warehousing-Ansätze um neue Konzepte. Eines dieser neuen Konzepte ist der vollständig integrierte Business Layer, mit dem Fachbereiche eine eigene, intuitive Modellierungsumgebung erhalten. SAP bietet hiermit eine BI-Lösung, die im Vergleich zu vorherigen Analytics-Lösungen das Thema *Self-Service Business Intelligence* (SSBI) stärker betont. Damit soll der zunehmende Bedarf der Fachbereiche, zeitnahe, datengetriebene Entscheidungen zu treffen, adressiert werden.

Self-Service Business Intelligence...

Kommt man im Gespräch mit den Fachbereichen und der IT auf SSBI, gehen alle Gesprächspartner grundlegend davon aus, dass sich hierdurch Flexibilität und Entscheidungsgeschwindigkeit verbessern. Gleichzeitig sollen entsprechende Ansätze die IT entlasten. Im Kern geht es demnach darum, »Alltagsnutzer*innen zu befähigen, Standard- und Individualanalysen auf Grundlage multidimensionaler Daten durchzuführen und hieraus konkret verwertbare Informationen abzuleiten, ohne die Einbindung von Business-Intelligence-Spezialist*innen« (Alpar & Schulz, 2016, S. 151).

... in der Praxis

In der Praxis hat sich bisher gezeigt, dass die Fachbereiche SSBI dauerhaft weiterverfolgen, wenn zum einen die Hygienefaktoren wie z. B. Datenqualität, Systemverfügbarkeit und Systemperformance stimmen und zum anderen die bereitgestellten Werkzeuge schnell und sicher bedient werden können, sodass tatsächlich eine Zeitersparnis bei zugleich hoher inhaltlicher Qualität in einem bedarfsgerechten Berichtswesen entsteht.

Für die Organisations-IT ist es wichtig, dass die erhoffte Entlastung durch eine Konzentration auf IT-Kernthemen spürbar ist und dauerhaft erhalten bleibt. Auf technischer Seite ist hierzu vor allem eine wartbare analytische Self-Service-Landschaft notwendig. Auf der Organisationsseite sollten gut ausgebildete Key User aus den Fachbereichen SSBI nicht nur selbst erfolgreich umsetzen können, sondern auch als Ansprechpartner*innen für ihre direkten Kolleg*innen zur Verfügung stehen. Sie müssen darüber hinaus einen guten Überblick über ihren Teil der Berichtslandschaft haben, um sowohl ein konsistentes und konsolidiertes Berichtswesen zu gewährleisten als auch die Berichtsergebnisse jederzeit verifizieren zu können, sodass sie in der Lage sind, die angewendete Geschäftslogik innerhalb ihrer Organisation zu erläutern oder mit anderen Fachbereichen abzustimmen.

Sales Sample Data

In den folgenden Abschnitten beschreiben wir beispielhaft, wie Sie diese Praxiserfahrungen in Konzeption und Modellierung eines SSBI-Szenarios mit SAP Data Warehouse Cloud einfließen lassen können. Die verwendete Datenbasis bildet dabei frei verfügbare Beispieldaten aus dem Data Marketplace, sodass Sie die nachfolgend verwendeten »Sales Sample Data for SAP Data Warehouse Cloud« ohne Lizenzkosten laden und einfach in Ihrem Tenant aktivieren können, um die beschriebenen Schritte nachzuvollziehen.

Best Practices

Zudem werden in jedem Abschnitt Best Practices und Erfahrungswerte, die die Konzeption und den Aufbau von SSBI in SAP Data Warehouse Cloud begleiten, zusammengefasst. Ziel ist es, Ihnen ein nachvollziehbares Beispiel für die ersten Schritte mit Self-Services in Data Warehouse Cloud zu geben und gleichzeitig Hintergründe für Modellierungsentscheidungen zu erläutern, sodass Sie ein für Ihre Organisation passendes Konzept entwerfen können, das die Fehler der ersten Stunde vermeidet.

Das vorgeschlagene Self-Service-Szenario wird insbesondere auf die Fachbereichstätigkeiten, wie CSV-Upload und die Arbeit mit Business und Data Builder eingehen. Tätigkeiten der IT, wie z. B. das Anlegen der notwendigen Spaces, die vorbereitende Modellierung im Data Builder und das Einrichten von Datenzugriffskontrollen werden vorrangig nur genannt, aber nicht detailliert beschrieben. Weitere Informationen zu diesen Themen erhalten Sie in Kapitel 3, »Verwaltung von Verbindungen, Dateien und Artefakten«, in Kapitel 5, »Datenaufbereitung mit dem Business Builder«, und in Kapitel 8, »Benutzer und Rollen«.

Das Szenario wird in drei Abschnitten beschrieben: In Abschnitt 15.1, »Space Management«, beschreiben wir das Anlegen der notwendigen Spaces und dabei berücksichtigte Modellierungsansätze. Hier ist typischerweise zunächst die IT tätig. In Abschnitt 15.2, »CSV-Datei-Upload mit dem Data Builder«, beginnt dann die Arbeit des Fachbereichs. Mit dem Data Builder wird eine CSV-Datei in eine neue Tabelle geladen. Abschließend werden in Abschnitt 15.3, »Business Builder«, die von der IT bereitgestellten Daten mit denen aus dem CSV-Upload in einem Verbrauchsmodell zusammengeführt und über eine Perspektive für die Verwendung in SAP Data Warehouse Cloud freigegeben.

Auf die weitere Verwendung der analytischen Ressourcen in SAP Analytics Cloud gehen wir in diesem Kapitel nicht ein.

15.1 Space Management

Für die Implementierung Ihres eigenen SSBI-Szenarios ist zu Beginn ausschließlich die IT tätig. Sie legt die in Abbildung 15.1 gezeigten Spaces an und installiert mit dem frei verfügbaren Datenprodukt »Sales Sample Data for SAP Data Warehouse Cloud« aus dem Data Marketplace die notwendigen Tabellen im Space **Sales Data**. Diese werden mit Demo-Daten ausgeliefert und bilden die Basis für alle nachfolgenden Schritte.

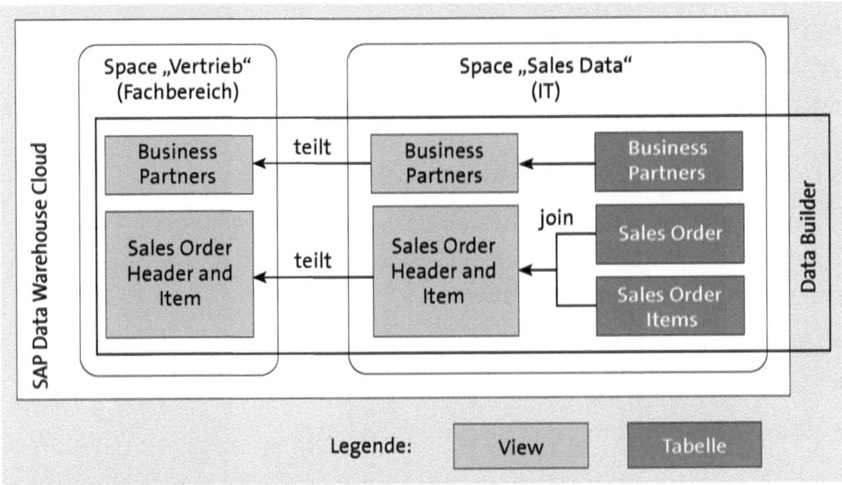

Abbildung 15.1 Space Management: Spaces und Inhalte

Darüber hinaus führt die IT Modellierungsaufgaben mit dem Data Builder im Space **Sales Data** durch, sodass die Dateninhalte im letzten Schritt mit dem Fachbereichs-Space **Vertrieb** geteilt werden können. Abbildung 15.1 illustriert die in diesem Schritt angelegten Objekte und ihre Beziehung zueinander.

15.1.1 Anlegen der Spaces

Die beiden neuen Spaces werden im Space Management wie folgt angelegt:

- **Sales Data** [DWCB_SALES_DATA] : Dieser Space dient im Folgenden als Beispiel für einen von der IT verwalteten Space.

- **Vertrieb** [DWCB_VERTRIEB] : Dieser Space ist der Arbeitsbereich des Fachbereichs Vertrieb.

Die Spaces können für das im Folgenden beschriebenen Szenario sehr klein dimensioniert werden: 100 MB In-Memory- und 200 MB Festplattenspeicher genügen und lassen genügend Speicher auf Ihrem Tenant für andere Implementierungen frei. Achten Sie darauf, dass dem Space **Vertrieb** ein Fachbereichsbenutzer mit Upload- und Modellierungsberechtigungen als Mitglied zugeordnet ist. Details zum Anlegen eines Space finden Sie in Kapitel 3, »Verwaltung von Verbindungen, Dateien und Artefakten«, und weitere Informationen zum Einrichten von Berechtigungen erhalten Sie in Kapitel 8, »Benutzer und Rollen«.

In der regulären Arbeit würde die IT nun im Space **Sales Data** Verbindungen einrichten und die Datenmodellierung durchführen. Die hierzu notwendigen Schritte sind jedoch für die Darstellung eines Self-Service-Szenarios nicht relevant. Daher bedient sich das beschriebene Szenario bei einer vorbereiteten Datenbasis aus dem Data Marketplace: Laden Sie das Datenprodukt »Sales Sample Data for SAP Data Warehouse Cloud« in den Space **Sales Data**. Weitere Informationen zur Arbeit mit Datenprodukten erhalten Sie in Kapitel 13, »Data Marketplace und Data Sharing Cockpit«.

Öffnen Sie im nächsten Schritt den Data Builder für den Space **Sales Data**. Nachdem das Datenprodukt installiert worden ist, sind dort drei neue Tabellen inklusive Daten verfügbar:

- Business Partners mit Stammdaten zu den Geschäftspartnern
- Sales Orders mit Auftragskopfdaten
- Sales Order Items mit Auftragspositionsdaten

View anlegen

Legen Sie nun einen neuen grafischen View vom Typ **Dimension** für die Geschäftspartner an, und verbinden Sie diesen mit der entsprechenden Tabelle. Anschließend teilen Sie diesen View mit dem Space **Vertrieb**, sodass er dort zur Modellierung verwendet werden kann. Weitere Informationen zur Arbeit im Data Builder erhalten Sie in Kapitel 4, »Datenmodellierung mit dem Data Builder«.

Tabellen nicht direkt teilen

Sie können die Tabelle **Business Partner** auch direkt mit dem Space **Vertrieb** teilen, ohne einen View anzulegen. Damit verzichten Sie jedoch auf die Möglichkeit, die Tabelle innerhalb des Space **Sales Data** zu einem späteren Zeitpunkt gegen eine neue Version auszutauschen, ohne dass Anpassungen im Space **Vertrieb** notwendig werden.

Im zweiten Schritt legen Sie einen View vom Typ **Analytisches Datenset** für die Auftragsdaten an. Er verknüpft die Tabellen **Sales Orders** und **Sales Order Item** über einen Join, sodass die Auftragskopfdaten und die Auftragspositionsdaten in einer gemeinsamen Sicht zur Verfügung stehen. Teilen Sie den View ebenfalls mit dem Space **Vertrieb**, sodass er dort zur Modellierung verwendet werden kann. Damit ist die Hauptarbeit der IT in diesem Beispielszenario getan: Die Datenbasis steht nun im Space **Vertrieb** für die Weiterverwendung durch den Fachbereich Vertrieb zur Verfügung. Beachten Sie, dass für produktive Entwicklungen die Implementierung von Datenzugriffskontrollen noch ein wichtiger, weiterer Schritt der IT-Arbeit ist. Weitere Informationen hierzu erhalten Sie in Kapitel 8, »Benutzer und Rollen«.

15.1.2 Best Practices

IT-Fokus auf technischen Kernthemen

Die durch das Space-Konzept von SAP Data Warehouse Cloud intuitiv entstehende Trennung von Fachbereichs- und IT-Spaces ist in diesem Beispiel so umgesetzt, dass zentrale Erfolgsfaktoren für SSBI berücksichtigt werden: Die IT erhält eine Arbeitsumgebung, die es ihr erlaubt, sich auf die technischen Kernthemen der performanten und hochverfügbaren Datenbereitstellung, Datenbereinigung und Datenharmonisierung zu konzentrieren. Dabei arbeitet sie innerhalb eines (oder in produktiven Implementierungen gegebenenfalls mehreren) in mehreren Spaces, indem sie ausschließlich Konfigurations- und Modellierungsaufgaben übernimmt. Auch unternehmensweit gültige Anreicherungen oder Kennzahlenberechnungen werden zentral von der IT implementiert. Ihre Ergebnisse kann die IT problemlos sowohl mit den Spaces der Fachbereiche teilen als auch für den Gebrauch in SAP Analytics Cloud verfügbar machen, wie in Abbildung 15.2 gezeigt. So erhalten die SSBI-Spaces der Fachbereiche und das zentrale Reporting in SAP Analytics Cloud eine gemeinsame, konsistente Datenbasis.

Den notwendigen Schutz vor unberechtigtem Zugriff auf Informationen Ihrer Organisation stellt die IT durch Datenzugriffskontrollen in den zentralen IT-Spaces sicher. So wird gewährleistet, dass auch in SSBI-Spaces bestehende Berechtigungskonzepte ihre Gültigkeit behalten und nicht ausgehebelt werden.

Schnelle und flexible Anpassungen durch die Fachbereiche

Fachbereiche können direkt auf die geteilten Artefakte zugreifen, neue Artefakte erstellen und diese im Data Builder sowie im Business Builder gemeinsam mit den geteilten Inhalten zu neuen Auswertungen verknüpfen und für den Verbrauch in SAP Analytics Cloud verfügbar machen. Dies ist mit minimaler IT-Unterstützung möglich, da die IT nur bestehende Artefakte teilt.

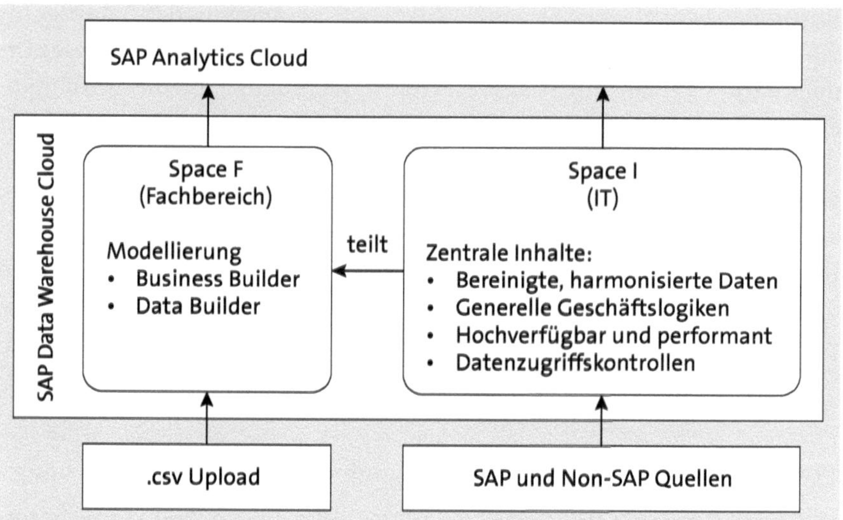

Abbildung 15.2 Space Management: Konzept für das vorgestellte Szenario (schematische Darstellung)

Die Ergebnisse zentraler, durch die IT entwickelter Geschäftslogiken können dabei in den Spaces der Fachbereiche wiederverwendet und z. B. durch eigene CSV-Uploads angereichert werden. So entsteht eine bedarfsgerechte Ergänzung des durch die IT bereitgestellten Standardberichtswesens, ohne dass auf die Unterstützung durch BI-Spezialisten gewartet werden muss. Die Qualitätssicherung der Berichtsergebnisse und die Verwaltung des Lebenszyklus aller Artefakte liegt hierbei in der Hand der Fachbereiche.

Speicherverbrauch von CSV-Uploads

Im Rahmen von SSBI-Szenarien können Fachbereiche die Berechtigung erhalten, eigene Daten z. B. aus CSV-Dateien in Ihren Tenant zu laden.

Bereits in den ersten Evaluierungsprojekten wurde deutlich, dass die mitunter mehrere 100 MB großen Uploads über die Zeit ein beachtliches Datenvolumen in SAP Data Warehouse Cloud belegen können. Achten Sie daher darauf, dass Fachbereichsdaten immer auch in den entsprechenden Spaces liegen. Die zuständigen Key User können in der Regel sehr schnell entscheiden, welche Daten nicht mehr benötigt werden und diese selbstständig löschen, falls der Speicherplatz knapp wird.

Innerhalb ihres Spaces agieren die Fachbereiche, wie beschrieben, eigenständig. Die IT übernimmt hier ausschließlich administrative Aufgaben im Space Management, wie z. B.:

- Speicherzuordnung
- Benutzerzuordnung
- Datenbankzugriff durch Datenbankbenutzer

Die umsichtige Ausgestaltung des Space-Konzepts in diesem ersten Schritt führt dazu, dass zentrale Faktoren für die dauerhaft erfolgreiche Etablierung von SSBI in Ihrer Organisation berücksichtigt werden.

15.2 CSV-Datei-Upload mit dem Data Builder

Daten in den Space »Vertrieb« laden

In dem hier beschriebenen Szenario wird der Fachbereich selbstständig Informationen aus einer .csv-Datei in den Space **Vertrieb** laden und die zentral bereitgestellten Daten mit eigenen Inhalten anreichern, ohne dass die Unterstützung der IT benötigt wird. Der CSV-Upload wird in einer eigenen, neuen Tabelle im Space **Vertrieb** abgelegt, wie in Abbildung 15.3 gezeigt.

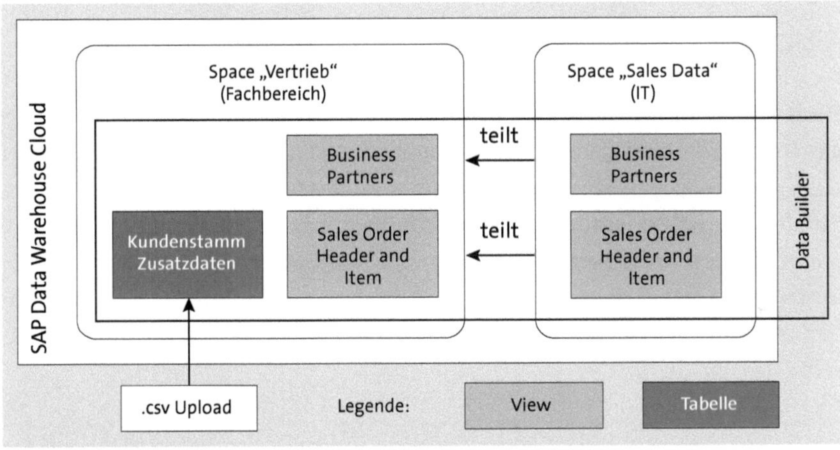

Abbildung 15.3 Self-Service mit dem Data Builder: CSV-Upload

Die nachfolgenden Abschnitte beschreiben Schritt für Schritt alle notwendigen Tätigkeiten des Fachbereichs in zwei Teilen: Zunächst wird der reine Datenimport in eine neue Tabelle erläutert, und anschließend stellen wir Best Practices dar, die die Wartungsaufwände reduzieren und die Nutzung der Tabelleninhalte durch alle Mitglieder des Space vereinfachen.

[«]

Größenbegrenzung beachten

Beachten Sie beim Entwurf eigener Szenarien, dass zurzeit nur Dateien mit der Erweiterung ***.csv** und weniger als 200 MB Größe importiert werden können.

15.2.1 Import der Daten in eine Tabelle

Nachdem Sie sich an Ihrem Data-Warehouse-Cloud-Tenant angemeldet haben, öffnen Sie den Data Builder über den seitlichen Navigationsbereich, wie in Abbildung 15.4 gezeigt.

Abbildung 15.4 Space auswählen

Im Data Builder arbeiten

Filtern Sie in der Ansicht auf den Space **Vertrieb**, in den die Informationen aus Ihrer CSV-Datei geladen werden sollen. Mit einem Klick auf die Kachel des Space gelangen Sie in die Übersicht aller Artefakte, die mit dem Data Builder bearbeitet werden können. Wie in Abbildung 15.5 gezeigt, ist diese zunächst leer. Diese Ansicht erhalten Sie auch, wenn Sie bereits den Space **Vertrieb** in einer anderen Sicht, wie z. B. im Business Builder, ausgewählt haben und über den seitlichen Navigationsbereich in den Data Builder wechseln.

Sie sehen nur Spaces, in denen Sie Mitglied sind

Beachten Sie, dass der Data Builder in der Einstiegssicht nur Spaces anzeigt, für die Sie als Mitglied hinterlegt sind. Falls Sie keinen Space sehen, wenden Sie sich an Ihre DW-Administration, oder Sie legen einen neuen Space an (siehe Kapitel 3, »Verwaltung von Verbindungen, Dateien und Artefakten«).

Liegt Ihre CSV-Datei bereit, können Sie mit einem Klick auf (**Importieren**) das zugehörige Menü für den Import öffnen. Wählen Sie hier **CSV-Datei importieren**, um den Dialog für das Hochladen von Dateien zu öffnen.

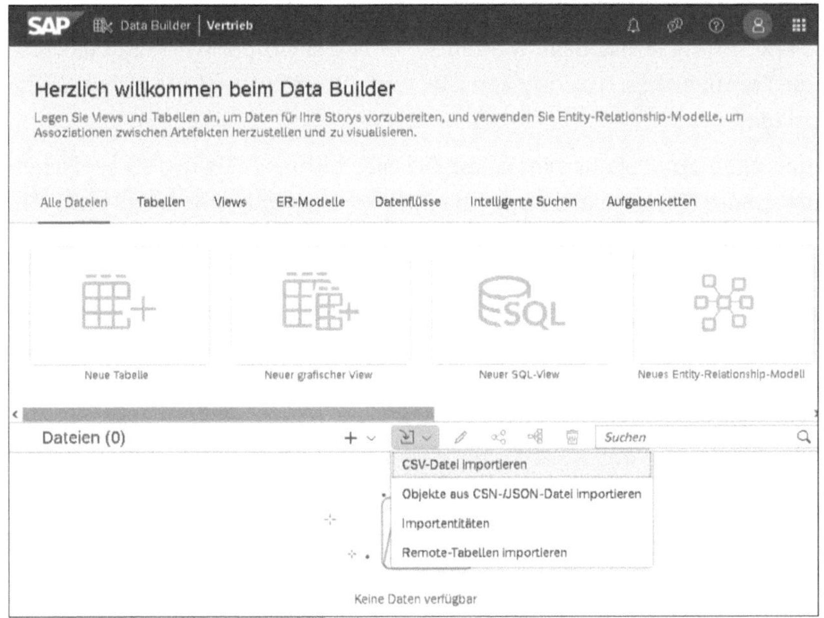

Abbildung 15.5 CSV-Datei importieren

Quelldatei auswählen

Nach einem Klick auf **Quelldatei auswählen** erscheint die Standard-Dialogbox zur Suche von Dateien, und Sie können zur gewünschten Datei navigieren. Ist diese ausgewählt, kehren Sie automatisch zum Dialog **Datei hochladen** zurück, der nun die Option zur Verwendung der ersten Zeile als Spaltenkopf und ein Dropdown-Menü zur Auswahl des CSV-Trennzeichens anbietet, wie in Abbildung 15.6 dargestellt. Wenn Sie dort ankreuzen, dass die erste Zeile Ihrer CSV-Datei Überschriften enthält, dienen diese Einträge als Vorschlag für die Spaltennamen; ansonsten erhalten die Spalten generische Namen, beginnend mit `column0`, `column1` usw.

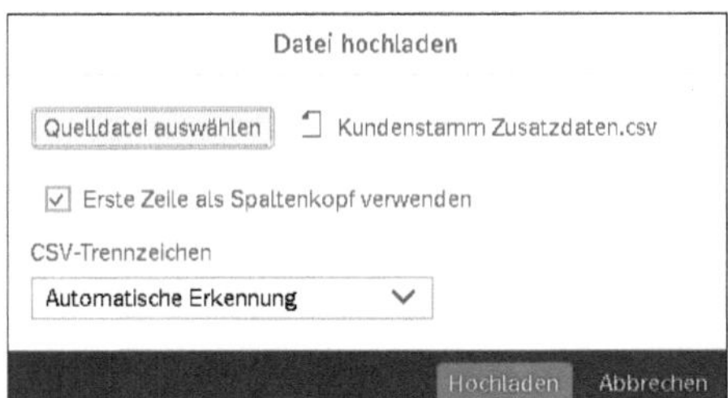

Abbildung 15.6 Datei hochladen

In der bisherigen Verwendung hat sich die automatische Erkennung des Trennzeichens zu 100 % bewährt: Das System interpretiert hierbei das häufigste Standardtrennzeichen der ersten Dateizeile als Trennzeichen. Falls

Ihre Datei ein ungewöhnliches Trennzeichen verwendet oder die automatische Erkennung fehlschlägt, wählen Sie über das Dropdown-Menü das passende Trennzeichen aus. Klicken Sie zum Abschluss auf die Schaltfläche **Hochladen**.

Tabellenvorschau Sie gelangen zur Tabellenvorschau. Sie bietet Ihnen Zugang zu typischen Schritten der Datenbearbeitung, die Sie vornehmen können und zum Teil auch sollten, bevor die Daten in eine neue Tabelle in SAP Data Warehouse Cloud gespeichert werden. Im linken Bildbereich sehen Sie zunächst eine Vorschau für die zu generierende Datenbanktabelle mit Daten, wie in Abbildung 15.7 gezeigt. Die Struktur, also die Abfolge der Spalten, ergibt sich durch das erkannte oder von Ihnen festgelegte Trennzeichen.

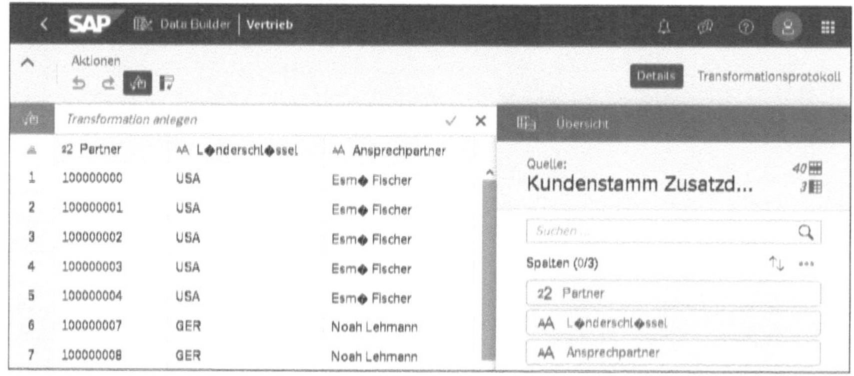

Abbildung 15.7 Daten nachbearbeiten

Arbeitsbereich Der Arbeitsbereich am rechten Bildrand bietet zwei Sichten: Ist wie in Abbildung 15.7 die Schaltfläche **Details** ausgewählt, sehen Sie eine Liste aller vom System erkannten Spalten in der Übersicht. Mit einem Klick auf die Schaltfläche **Transformationsprotokoll** zeigen Sie die auf die hochgeladene Tabelle bisher angewendeten Transformationen an. Hierzu erhalten Sie im Verlauf dieses Abschnitts weitere Informationen.

Spalten anpassen Wie Sie in Abbildung 15.7 erkennen können, wurden nicht alle Zeichen der zugrundeliegenden CSV-Datei beim Import erkannt. Die Spaltenüberschrift **Länderschlüssel** enthält in der Originaldatei zwei Umlaute, die derzeit nicht direkt importiert werden können. Zudem ist in der Spalte **Ansprechpartner** der Name Esmà ebenfalls nicht korrekt. Dies wird in beiden Fällen durch das Zeichen � gekennzeichnet. Zudem legt das System beim Import nicht automatisch einen Tabellenschlüssel an. Sie sollten vor dem Speichern der Daten also noch einige Anpassungen vornehmen. Wählen Sie aus der Liste der Spalten im Arbeitsbereich **Partner** aus. Es erscheinen zwei neue Icons, wie in Abbildung 15.8 gezeigt.

Abbildung 15.8 Tabellenschlüssel festlegen

Mit einem Klick auf (**Details**) navigieren Sie zu den Spaltendetails. Legen Sie dort die Spalte **Partner** als Schlüssel durch die Auswahl der entsprechenden Checkbox fest. Zur Korrektur der importierten Daten navigieren Sie im Anschluss zunächst in die Details der Spalte **L?nderschl?ssel** und ändern den Namen in »Länderschlüssel«. Wenn Sie zurück zur Übersicht gehen, sollte nun die Spalte **Partner** mit einem Schlüsselsymbol versehen und die Spalte **Länderschlüssel** richtig benannt sein, wie in Abbildung 15.9 gezeigt.

Abbildung 15.9 Alle Spalten

Daten anpassen

Durch Ihre Korrektur der Bezeichnung »Länderschlüssel« wird diese nun auch in der Tabellenvorschau auf der linken Seite richtig angezeigt. Bevor Sie die Tabelle auf der Datenbank speichern, sollte jedoch noch der Name für die Ansprechpartnerin Esmà Fischer korrigiert werden. Hierzu verwenden Sie eine Transformation, die alle Zeilen, in denen der Name genannt wird, gleichzeitig umstellt: Klicken Sie auf eine der Zellen, die den Namen **Esm� Fischer** zeigt. Rechts und unterhalb der ausgewählten Zelle erscheint ein Kontextmenü mit je zwei Auswahlmenüs für die Arbeit mit Transformationen und für die Arbeit auf der Strukturebene, wie Sie in Abbildung 15.10 sehen können. Wählen Sie (**Wert ersetzen durch**) aus dem unteren Kontextmenü (**Transformation**). Direkt über der Tabelle wird nun die Transformationszeile mit einer Anweisung zum Ersetzen von Werten in einer Spalte vorbelegt. Ändern Sie den Parameter **Wert** in den Zielwert »Esmà Fischer«, wie in Abbildung 15.10 gezeigt.

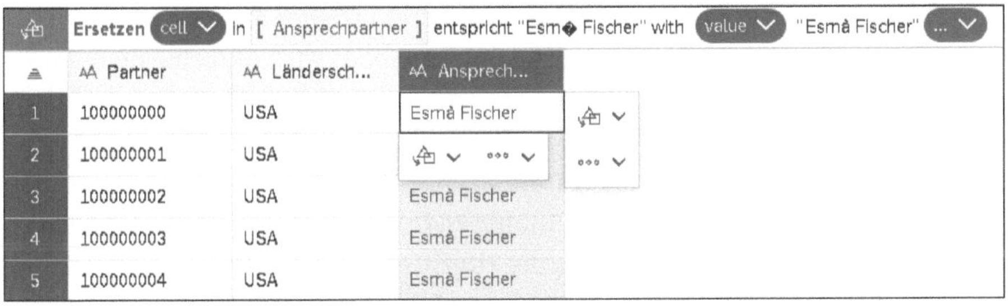

Ersetzen cell in [Ansprechpartner] entspricht "Esm� Fischer" with value "Esmà Fischer" ...

	Partner	Ländersch...	Ansprech...
1	100000000	USA	Esmà Fischer
2	100000001	USA	
3	100000002	USA	Esmà Fischer
4	100000003	USA	Esmà Fischer
5	100000004	USA	Esmà Fischer

Abbildung 15.10 Transformationen

Bestätigen Sie Ihre Eingabe mit einem Klick auf die Schaltfläche ☑ am rechten Ende der Transformationszeile, und die Transformation wird für die gesamte Spalte angewendet. Sollten Sie einmal eine Transformation rückgängig machen wollen, können Sie im Arbeitsbereich das Transformationsprotokoll öffnen und alle angewendeten Transformationen einsehen, wie in Abbildung 15.11 gezeigt. Wählen Sie hier einfach die Transformationen aus, die sie entfernen möchten, und klicken Sie auf die Schaltfläche ⊗.

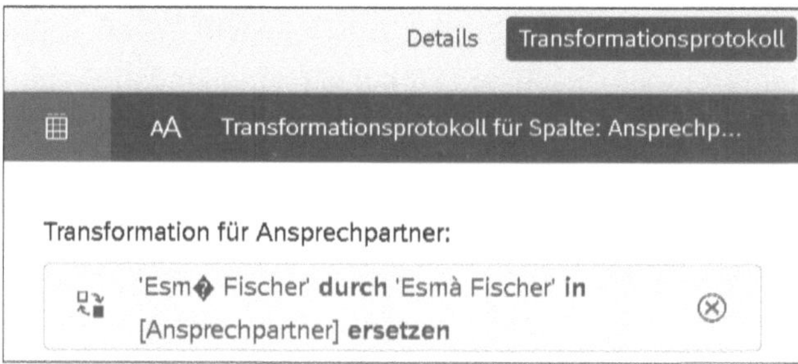

Abbildung 15.11 Transformationsprotokoll

Nach einem Klick auf die Schaltfläche **Anwenden** im rechten unteren Bereich öffnet sich der Dialog **Tabelle implementieren**. Wählen Sie hier »Kundenstamm Zusatzdaten« als betriebswirtschaftlichen und »Business_Partner_Add_Data_V1« als technischen Namen für die neue Tabelle. Sie erhalten eine Benachrichtigung, wenn die Tabelle mit den transformierten Daten erfolgreich implementiert worden ist und Sie die neue lokale Tabelle im Data Builder für die nachfolgenden Schritte öffnen können. Falls Sie sich dazu entschließen, den technischen Namen der Tabelle zu ändern, beachten Sie, dass das System nur eine gewisse Anzahl von Zeichen akzeptiert und Ihren Namen sonst als fehlerhaft anzeigt.

15.2.2 Best Practices

Nachdem Ihre neue Tabelle implementiert und mit den Daten aus Ihrer CSV-Datei gefüllt worden ist, zeigt das System wieder die Einstiegsseite des Data Builders. In der Liste der Dateien Ihres Space wird nun eine neue lokale Tabelle mit der semantischen Verwendung **Relationales Datenset** angezeigt. Wählen Sie diese Tabelle per Mausklick zum Bearbeiten aus, um Ihre Tabelle besser in SAP Data Warehouse Cloud zu integrieren, Kolleginnen und Kollegen das Finden und Einbinden Ihrer Tabelle in eigene Modelle zu erleichtern und gegebenenfalls die Zugriffsgeschwindigkeit auf die enthaltenen Daten zu verbessern.

Im ersten Schritt prüfen Sie im Bereich **Allgemein** die korrekte semantische Verwendung Ihrer Tabelle: **Allgemein**

- **Relationales Datenset**: Hierbei handelt es sich um eine Tabelle ohne spezifischen analytischen Zweck. Dies ist die Standardeinstellung.
- **Dimension**: Die Tabelle enthält Attribute, die zur Analyse und Kategorisierung von Kennzahlen verwendet werden können. Typische Dimensionen sind z. B. **Kunde, Artikel** oder **Organisation**.
- **Analytisches Datenset**: Die Tabelle enthält eine oder mehrere Kennzahlen und Attribute. Hierbei kann es sich um Aufträge, Lieferungen, Fakturen und vieles andere mehr handeln.
- **Text**: Die Tabelle enthält Texte in einer oder mehreren Sprachen.
- **Hierarchie**: Die Tabelle definiert eine Hierarchie aus über- und untergeordneten Elementen.

Abbildung 15.12 Tabelle nachbearbeiten: Bereich »Allgemein«

Im aktuellen Beispiel wurden Zusatzdaten zum Kundenstamm geladen. Daher ist in Abbildung 15.12 das Feld **Semantische Verwendung** auf den Wert **Dimension** gesetzt. Auf der Suche nach analytischen Ressourcen im Repository Explorer können Sie und Ihre Kolleginnen und Kollegen auf die semantische Verwendung filtern, wie in Kapitel 3, »Verwaltung von Verbindungen, Dateien und Artefakten«, beschrieben. Tabellen mit korrekt gepflegten Eigenschaften sind besser zu finden und schaffen zusätzliche Sicherheit bei der Weiterverwendung durch die Anwenderinnen und Anwender, die mit den Daten weniger vertraut sind.

Im zweiten Schritt überprüfen Sie die Attribute Ihrer Tabelle. Den Tabellenschlüssel und den betriebswirtschaftlichen Namen haben Sie im vorangegangenen Abschnitt festgelegt. Beide können hier aber noch nachträglich geändert werden. Beachten Sie, dass eine nachträgliche Verkleinerung des **Attribute**

Tabellenschlüssels nur möglich ist, wenn der verbleibende Schlüssel eindeutig für jeden Datensatz ist.

Der Datentyp jeder Spalte wird vom System beim Import automatisch erkannt. Beim Nachbearbeiten der Tabelle können Sie diesen bei Bedarf in kompatible Datentypen ändern und die Länge anpassen.

Im beschriebenen Beispiel wurde der Spalte **Partner** beim Import der Datentyp **Integer** zugewiesen. Im weiteren Verlauf wird diese Spalte mit den von der IT bereitgestellten Bewegungsdaten, in denen das Feld **Partner** den Typ **String(100)** verwendet, verknüpft. Ändern Sie daher den Datentyp des Feldes Partner in **String(100)**. So verhindern Sie, dass das System diese Konvertierung zur Laufzeit Ihrer Abfrage jedes Mal erneut ausführen muss und unnötig wertvolle Zeit und Rechenleistung verschwendet wird. Passen Sie auch die Länge der Felder **Partner**, **Länderschlüssel** und **Ansprechpartner** von initial 5.000 Zeichen auf 100, 3 und 60 an, wie in Abbildung 15.13 gezeigt.

Abbildung 15.13 Attribute der Tabelle nachbearbeiten

Datentypen ermitteln

Die Datentypen der von der IT bereitgestellten Bewegungsdaten können Sie ermitteln, wenn Sie im Data Builder einen neuen grafischen View anlegen und hier aus dem Bereich der geteilten Objekte den entsprechenden Bewegungsdaten-View in den Entwicklungsbereich ziehen. Im Arbeitsbereich auf der rechten Seite werden alle Spalten des Views angezeigt. Mit einem Klick auf **Info** erhalten Sie die Typbeschreibung.

In analytischen Datensets und Dimensionen können Sie darüber hinaus auch den semantischen Typ einer Spalte bestimmen und damit festlegen, dass es sich um einen Wert, eine Menge, ein Datum, um geografische oder textbasierte Informationen oder um eine andere Art von semantischen Informationen handelt. Semantiktypen werden von den Core Engines z. B. für eine Beschleunigung der Datenverarbeitung oder für die Durchführung von Analysen verwendet.

Geschäftszweck

Im Bereich **Geschäftszweck** können Sie zusätzliche Informationen hinterlegen, die die Tabelle, ihren Inhalt und Verwendungszweck sowie die Ansprechpartner beschreiben. So können Ihre Kolleginnen und Kollegen die Tabelle leichter finden und einen Eindruck der enthaltenen Daten bekommen.

Abbildung 15.14 Geschäftszweck festlegen

In der Regel genügt ein kurzer Eintrag in den Feldern **Beschreibung** und **Zweck**, wie in Abbildung 15.14 gezeigt, um anderen Anwenderinnen und Anwendern ausreichend Informationen zur Tabelle mitzugeben. Falls diese weitere Informationen benötigen, können sie diese vom hinterlegten Business-Ansprechpartner oder dem verantwortlichen Team erhalten. Im Eingabefeld **Tags** können Sie zusätzliche Schlagworte für die Suche hinterlegen. Alle eingegebenen Informationen werden bei der Suche nach analytischen Ressourcen im Repository Explorer durchsucht.

Tabellendienste

Im Bereich **Tabellendienste** haben Sie die Möglichkeit, Ihre Tabelle durch Aktivieren der Schaltfläche **In-Memory-Speicher** dauerhaft in den Hauptspeicher zu laden. Wählen Sie diese Option, wenn der Zugriff auf die Tabelleninhalte Ihre Auswertungen zu sehr verlangsamt. Der In-Memory-Speicher Ihres Space ist in der Regel begrenzt und sollte nur bei Bedarf belegt werden. Mit einem Klick auf (**Implementieren**) werden Ihre Änderungen gespeichert und implementiert, sodass sie für alle berechtigten Benutzer verfügbar sind.

Views für die Weiterverarbeitung

Im vorliegenden Beispiel wird in den folgenden Abschnitten direkt mit der Tabelle `Business_Partner_Add_Data_V1` gearbeitet. Wenn Sie sich mit dem Data Builder weiter vertraut gemacht haben, sollten Sie überlegen, einen grafischen View auf die Upload-Tabelle zu erstellen. Er gibt die Daten der Tabelle im ersten Schritt nur 1:1 weiter, erlaubt aber später den Austausch gegen neue Tabellen und die Verknüpfung verschiedener Tabellen mit den Kundenstammdaten in einer Sicht, ohne dass Sie Remodellierungen im Business Builder vornehmen müssen.

15.3 Business Builder

Das Konzept von SAP Data Warehouse Cloud sieht die Arbeit von Fachbereichen vorrangig im sogenannten Business Layer. Dieser ist technisch durch den Business Builder repräsentiert. Alle Aktivitäten, die notwendig sind, um das Self-Service-Szenario im Business Builder umzusetzen, sind nachfolgend beschrieben.

Als Basis dienen dabei sowohl die von der IT geteilten Views **Sales Order Header** und **Business Partners** als auch die im vorangehenden Bereich im Rahmen des CSV-Uploads angelegte Tabelle mit den Zusatzdaten zum Kundenstamm. Im Business Builder werden alle diese Quellobjekte als Datenentitäten bezeichnet, wie es aus Abbildung 15.15 ersichtlich ist.

Datenentitäten werden im Business Builder zunächst als Geschäftsentitäten angelegt. Dieser Schritt dient im Wesentlichen zur Auswahl der im Business Layer verfügbaren Kennzahlen und Attribute. Zudem werden die Beziehungen zwischen den Geschäftsentitäten definiert, sodass deutlich wird, wie diese miteinander in Verbindung stehen. Anschließend bereiten Sie auf dieser Grundlage die Kennzahlen und Attribute der Geschäftsentitäten in Verbrauchsmodell und Perspektive für die Nutzung in SAP Analytics Cloud auf.

Auf Faktenmodelle wird in diesem Szenario nicht zurückgegriffen. Sie können sinnvoll eingesetzt werden, wenn wiederholt verwendete analytische Datensets und Dimensionen sowie zentrale Berechnungen in mehreren Verbrauchsmodellen verwendet werden sollen. Dies würde für das vorliegende Beispiel jedoch zu weit führen.

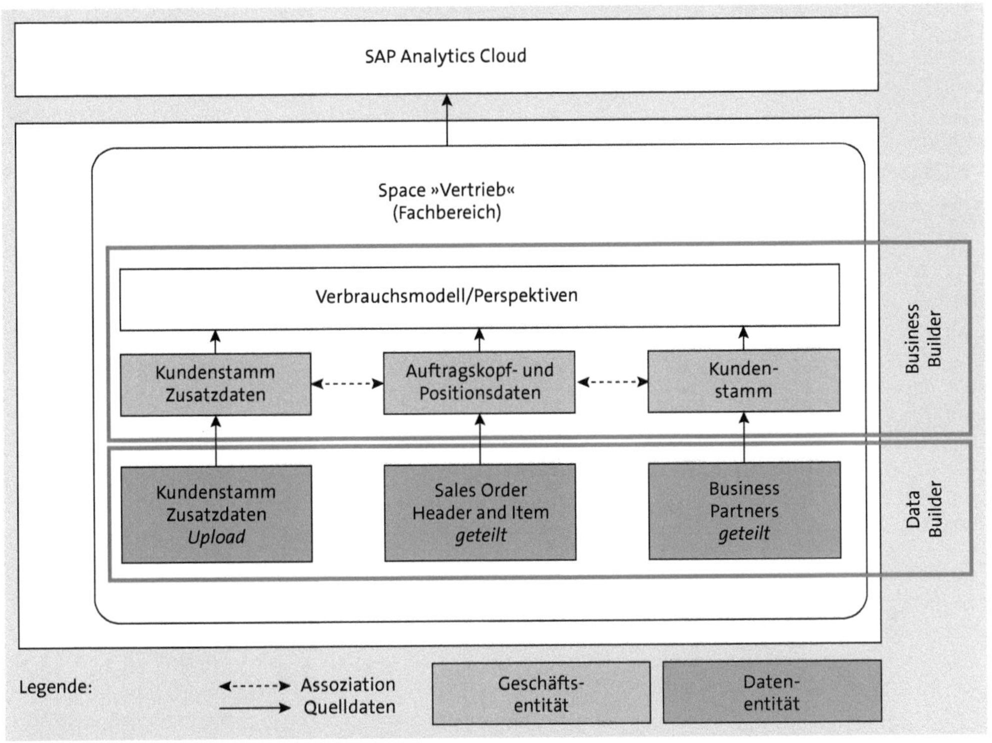

Abbildung 15.15 Business Builder (schematische Darstellung)

15.3.1 Geschäftsentitäten

Im ersten Schritt legen Sie die Geschäftsentitäten, die Sie später für Ihr Modell benötigen, im Business Layer bzw. im Business Builder an. In diesem Schritt können Sie bestimmen, welche der zur Verfügung stehenden Datenentitäten in welchem Umfang genutzt werden sollen. Zudem definieren Sie in diesem Schritt auch die Assoziationen zwischen analytischen Datensets und Dimensionen.

Öffnen Sie den Business Builder über die Seitennavigation, und wählen Sie den Space **Vertrieb** aus, wie in Abbildung 15.16 gezeigt.

Das System führt Sie automatisch zur Übersicht für den ausgewählten Space **Vertrieb** (siehe Abbildung 15.17).

In dieser Ansicht nehmen Sie alle folgenden Modellierungsschritte vor. Für das beschriebene Szenario werden zwei Dimensionen und ein analytisches Datenset benötigt. Beim Anlegen des analytischen Datensets werden die Dimensionen assoziiert. Dazu ist es notwendig, dass Letztere bereits zur Verfügung stehen.

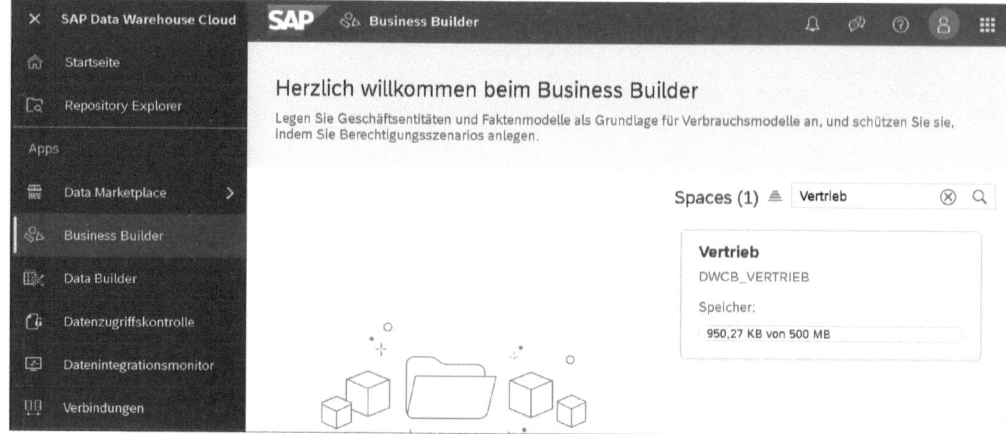

Abbildung 15.16 Space auswählen

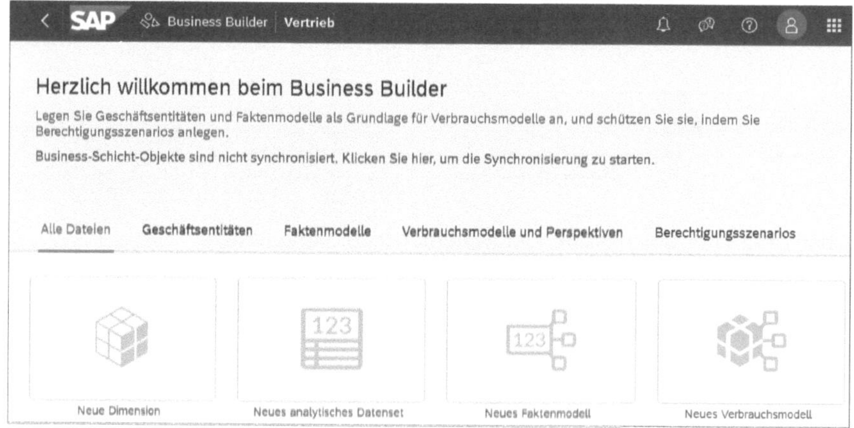

Abbildung 15.17 Startseite des Business Builders

Neue Dimensionen

Wählen Sie **Neue Dimension** in der Übersichtsseite des Business Builders, um eine neue Dimension für die von Ihnen hochgeladenen Zusatzdaten zum Kundenstamm anzulegen. Im Dialog **Neue Dimension anlegen** können Sie nach dem Begriff »Kundenstamm« suchen und die entsprechende Datenentität auswählen (siehe Abbildung 15.18). Vergeben Sie den betriebswirtschaftlichen Namen »Kundenstamm Zusatzdaten« und den technischen Namen »BE_D_Business_Partner_Add_Data«. BE steht in diesem Zusammenhang für Business Entity und D für Dimension.

Nachdem Sie auf **Anlegen** geklickt haben, öffnet sich der Dialog Wählen Sie die Eigenschaften aus, die Sie kopieren möchten. Bestätigen Sie hier den Systemvorschlag, dass alle Eigenschaften der Datenentität kopiert werden sollen.

Abbildung 15.18 Dimension »Kundenstamm«: Zusatzdaten anlegen

Sobald die neue Geschäftsentität vom System angelegt worden ist, öffnet sich die dazugehörige Übersichtsseite. Setzen Sie hier im rechten Bereich unter **Version** den Status **Einsatzbereit**, und klicken Sie auf **Sichern**. Ihre Arbeit ist gespeichert und steht für weitere Modellierungsschritte bereit. Legen Sie eine weitere Geschäftsentität **Kundenstamm** mit dem technischen Namen `BE_D_Business_Partners` auf der Basis der Datenentität **Business Partners** an. Gehen Sie dabei analog vor.

Neues analytisches Datenset

Sobald alle Dimensionen angelegt sind, können Sie damit fortfahren, ein neues analytisches Datenset anzulegen. Wählen Sie hierzu **Neues Analytisches Datenset** auf der Übersichtsseite des Business Builders (siehe Abbildung 15.17). Im Dialog **Neues analytisches Datenset anlegen** wählen Sie die von der IT bereitgestellte Datenentität **Sales Order Header and Item** und vergeben den betriebswirtschaftlichen Namen »Auftragskopf und -positionsdaten«, sowie den technischen Namen »BE_A_Sales_Order_Header_Item« (siehe Abbildung 15.19).

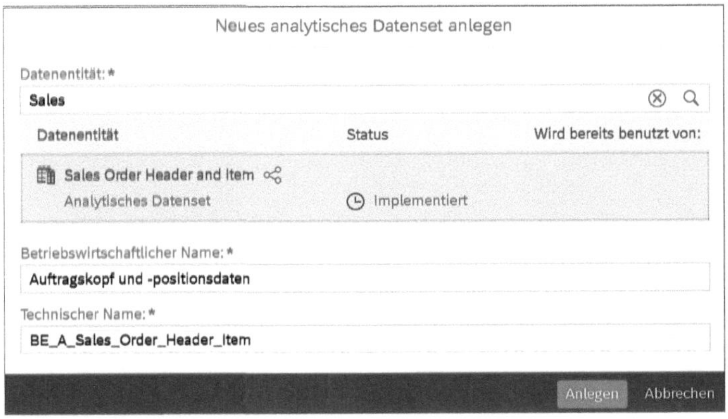

Abbildung 15.19 Analytisches Datenset anlegen

Nachdem Sie auf **Anlegen** geklickt haben, öffnet sich der Dialog **Wählen Sie die Eigenschaften aus, die Sie kopieren möchten**. Bestätigen Sie hier den Systemvorschlag, dass alle Eigenschaften der Datenentität kopiert werden sollen. Sobald die neue Geschäftsentität vom System angelegt worden ist, öffnet sich die zugehörige Übersichtsseite.

Assoziationen Im nächsten Schritt bestimmen Sie die Beziehung der angelegten Geschäftsentitäten untereinander. Navigieren Sie zur Registerkarte **Assoziation**, und klicken Sie auf [+] (**New**).

Wählen Sie zunächst als Zielquelle die Zielgeschäftsentität Kundenstamm aus, wie in Abbildung 15.20 gezeigt. Im Bereich **Zielschlüsselzuordnung** hinterlegen Sie im zweiten Schritt als Fremdschlüsselfeld die Partner-ID. Nach der automatischen Validierung des Schlüssels durch das System beschreiben Sie noch den Assoziationskontext: »Kundenstamm via Partner ID«. Mit einem Klick auf **Sichern** wurde die Assoziation erfolgreich angelegt.

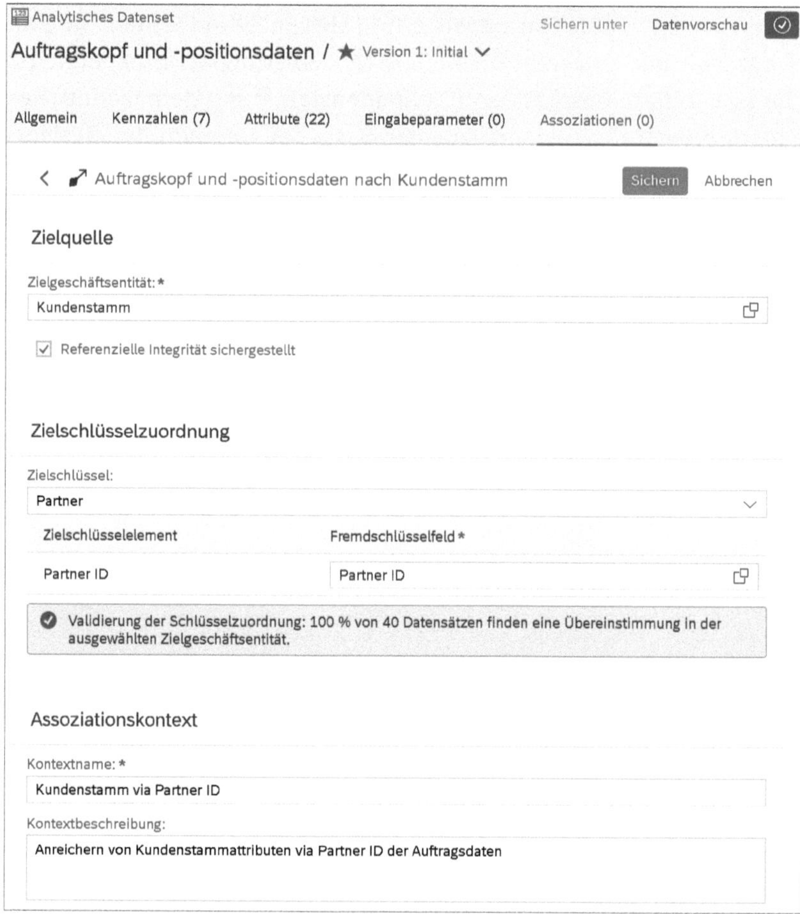

Abbildung 15.20 Assoziation »Kundenstamm«

Wiederholen Sie die beschriebenen Schritte für die Zusatzdaten zum Kundenstamm. Sobald beide Assoziationen angelegt sind, sollte die Übersicht wie in Abbildung 15.21 aussehen.

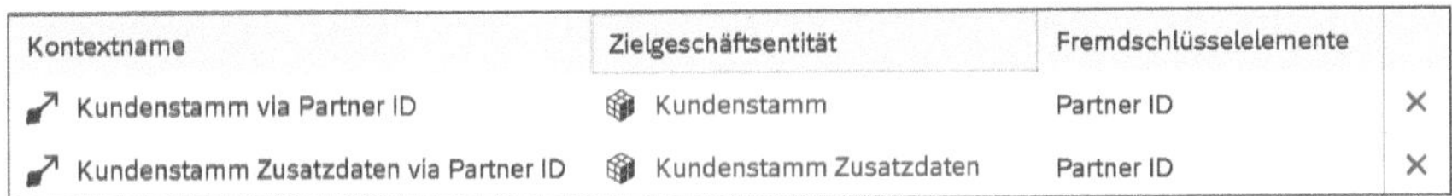

Kontextname	Zielgeschäftsentität	Fremdschlüsselelemente	
Kundenstamm via Partner ID	Kundenstamm	Partner ID	×
Kundenstamm Zusatzdaten via Partner ID	Kundenstamm Zusatzdaten	Partner ID	×

Abbildung 15.21 Assoziationen zu den Auftragsdaten

Setzen Sie für das analytische Datenset auf der Registerkarte **Allgemein** ebenfalls den Status **Einsatzbereit**, und speichern Sie Ihre Arbeit danach. In der Übersichtsseite des Business Builders sollten Sie nun die in Abbildung 15.22 gezeigten Dateien sehen.

DWCB_VERTRIEB (3)

Betriebswirtschaftlicher Name	Typ
Auftragskopf und -positionsdaten	Analytisches Datenset (Geschäftsentität)
Kundenstamm	Dimension (Geschäftsentität)
Kundenstamm Zusatzdaten	Dimension (Geschäftsentität)

Abbildung 15.22 Alle Geschäftsentitäten

Damit ist Ihre Arbeit an den Geschäftsentitäten abgeschlossen. Sie haben eine Entität für alle verwendeten Datenentitäten angelegt und ihre Verbindung zueinander mittels Assoziationen beschrieben.

15.3.2 Verbrauchsmodell und Perspektiven

Verbrauchsmodelle und die für sie definierten Perspektiven bilden die Basis, um Berichte in SAP Analytics Cloud zu erstellen und Daten abzurufen. Kern der Modellierung ist die Auswahl von Attributen und Kennzahlen aus den Geschäftsentitäten, die Sie im vorangegangenen Abschnitt erstellt haben. Ihre Auswahl wird dann über Perspektiven für die Verwendung in Berichten bereitgestellt. Weitere Informationen zu Verbrauchsmodellen erhalten Sie in Kapitel 5, »Datenaufbereitung mit dem Business Builder«.

Verbrauchsmodell anlegen

Klicken Sie zu Beginn aus der in Abbildung 15.17 gezeigten Übersichtsseite des Business Builders auf die Schaltfläche **Neues Verbrauchsmodell**. Im Dialog **Neues Verbrauchsmodell anlegen** geben Sie zunächst den betriebswirtschaftlichen Namen »Auftragsvolumen nach Regionen« ein. Dann wählen Sie das analytische **Datenset Auftragskopf und -positionsdaten** als initiale Faktenquelle. Das System schlägt Ihnen automatisch **Auftragskopf und -po-**

sitionsdaten als Alias vor. Bestätigen Sie diesen Vorschlag mit einem Klick auf **Anlegen**.

Nachdem das Verbrauchsmodell vom System generiert worden ist, öffnet es sich für die weitere Konfiguration mit der Registerkarte **Quellmodell**. Hier sehen Sie die ausgewählte Geschäftsentität **Auftragskopf und -positionsdaten** mit den von Ihnen angelegten Assoziationen zu den beiden Kundenstammdimensionen, wie in Abbildung 15.23 gezeigt.

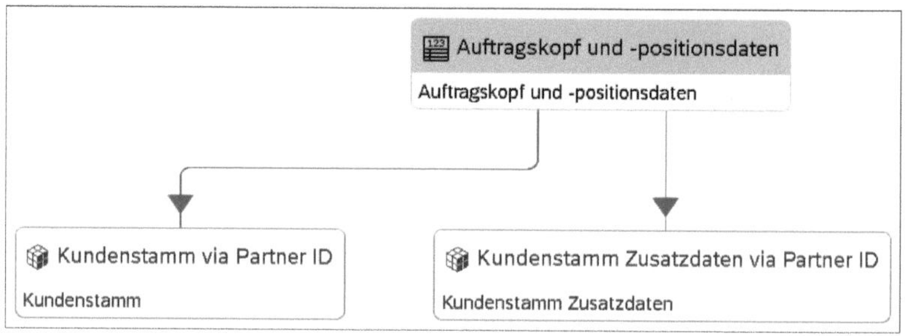

Abbildung 15.23 Quellmodell mit Geschäftsentität und Assoziationen

Berechtigungsszenario

Wechseln Sie nun zunächst auf die Registerkarte **Allgemein**, und aktivieren Sie die Checkbox **Öffentlichen Datenzugriff erlauben**. Sichern Sie Ihre Eingaben. Außerhalb dieses Beispielszenarios würden Sie an dieser Stelle ein Berechtigungsszenario für den Zugriff auf Ihr Verbrauchsmodell anlegen. Weitere Informationen hierzu erhalten Sie in Kapitel 5, »Datenaufbereitung mit dem Business Builder«.

Dimensionsquellen

Wie eingangs beschrieben, besteht eine der wesentlichen Aktivitäten beim Aufbau eines Verbrauchsmodells aus der Auswahl der benötigten Kennzahlen und Attribute. Während Kennzahlen und Attribute der von Ihnen ausgewählten initialen Faktenquelle bereits im Verbrauchsmodell für die weitere Verwendung ausgewählt werden können (hierzu im Folgenden mehr), müssen die Attribute der assoziierten Geschäftsentitäten **Kundenstamm** und **Kundenstamm Zusatzdaten** noch hinzugefügt werden. Klicken Sie hierzu in dem in Abbildung 15.23 gezeigten Quellmodell auf **Kundenstamm Zusatzdaten via Partner ID** und anschließend auf die Schaltfläche (**Quellkontext hinzufügen**). Übernehmen Sie im Dialog **Dimensionsquelle zu Quellmodell hinzufügen** den vorgeschlagenen Quell-Alias, und wählen Sie die Attribute **Ansprechpartner** und **Länderschlüssel** aus, wie in Abbildung 15.24 gezeigt. Danach bestätigen Sie Ihre Eingaben durch einen Klick auf **Anlegen**. Wiederholen Sie die Schritte für die Geschäftsentität **Kundenstamm**. Wählen Sie dort das Attribut **Company Name** aus.

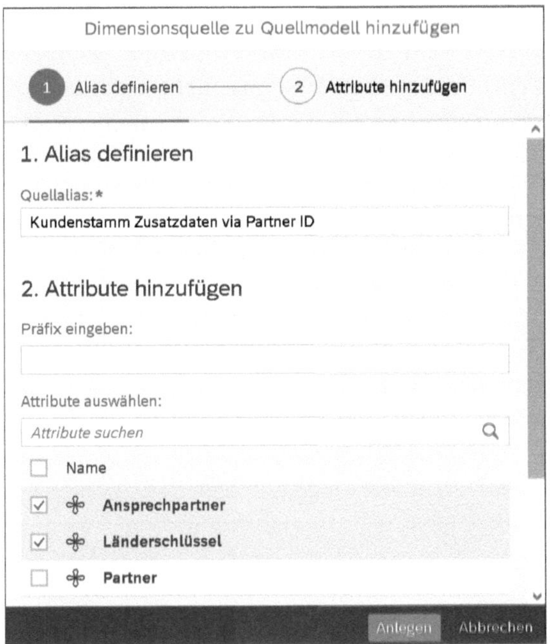

Abbildung 15.24 Dimensionsquelle zu Quellmodell hinzufügen

Kennzahlen

Nachdem die benötigten Attribute aus den assoziierten Stammdaten in Ihr Verbrauchsmodell eingebunden worden sind, fahren Sie mit der Auswahl der gewünschten Kennzahlen fort. Öffnen Sie hierzu die Registerkarte **Kennzahlen** Ihres Verbrauchsmodells, und klicken Sie auf die Schaltfläche (**Neue Kennzahl**). Legen Sie je eine Kennzahl **Auftragswert Netto** und **Auftragswert Brutto** an (siehe Abbildung 15.25).

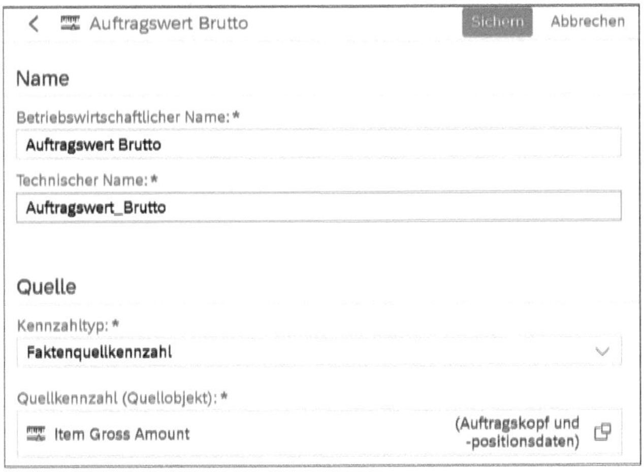

Auftragswert Brutto
Sichern
Abbrechen
Name
Betriebswirtschaftlicher Name: *
Auftragswert Brutto
Technischer Name: *
Auftragswert_Brutto
Quelle
Kennzahltyp: *
Faktenquellkennzahl
Quellkennzahl (Quellobjekt): *
Item Gross Amount
(Auftragskopf und -positionsdaten)

Abbildung 15.25 Brutto-Auftragswert

Attribute

Wechseln Sie für den nächsten Schritt auf die Registerkarte **Attribute** in Ihrem Verbrauchsmodell. Dort sind die Attribute **Ansprechpartner**, **Company Name** und **Länderschlüssel** bereits angelegt. Dies geschieht automatisch, wenn Sie Dimensionsquellen hinzufügen. Öffnen Sie nun **Company Name** per Mausklick, und ändern Sie den betriebswirtschaftlichen Namen in »Organisation des Kunden«. Klicken Sie danach auf die Schaltfläche [+] (**Neues Attribut**), und legen Sie das Faktenquellattribut **Verkaufsorganisation** an (siehe Abbildung 15.26). Im Unterschied zu den bereits angelegten Dimensionsquellattributen wird die Verkaufsorganisation nicht aus anderen Tabellen über eine Assoziation ermittelt, sondern bei der Berichtsausführung direkt aus dem analytischen Datenset gelesen.

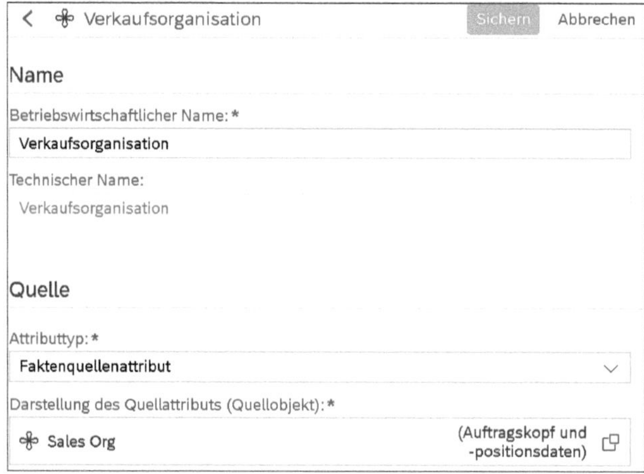

Abbildung 15.26 Faktenquellattribut

Perspektive anlegen

Nachdem Sie aus den Geschäftsentitäten alle notwendigen Kennzahlen und Attribute, wie oben beschrieben, ausgewählt haben, wechseln Sie auf die Registerkarte **Perspektive** und legen eine neue Perspektive mit dem betriebswirtschaftlichen Namen »Auftragsvolumen nach Regionen«, sowie dem vorgeschlagenen technischen Namen an. Ordnen Sie der Perspektive alle Kennzahlen und Attribute des Verbrauchsmodells zu. Mit einem Klick auf **Sichern** und einem weiteren Klick auf **Implementieren** haben Sie alle notwendigen Schritte abgeschlossen. Über die Schaltfläche **Datenvorschau** erreichen Sie die in Abbildung 15.27 gezeigte Ansicht, in der Sie sich das Ergebnis ansehen können.

Die Perspektive **Auftragsvolumen nach Regionen** können Sie nun in SAP Analytics Cloud öffnen und für die Berichtserstellung verwenden.

Abbildung 15.27 Datenvorschau mit Perspektiven

15.3.3 Best Practices

Verifizierte, abgenommene Fakten

Wenn Sie neue Geschäftsentitäten anlegen, kopieren Sie nur jene Eigenschaften, die Sie brauchen und die verifizierte, abgenommene Wahrheiten enthalten. So verhindern Sie eine Überladung Ihres Business Layers mit nicht benötigten Informationen und stellen sicher, dass die von Ihnen modellierten Informationen durchweg richtig sind. Dies ist wichtig, um das zu Beginn des Kapitels als Hygienefaktor beschriebene Berichtswesen mit hoher inhaltlicher Qualität zu erzielen.

Status der Geschäftsentitäten

Nutzen Sie darüber hinaus den in Abbildung 15.28 gezeigten Status der Geschäftsentitäten. Er informiert alle Beteiligten darüber, ob die von Ihnen erstellte Datenbasis derzeit belastbar verwendet werden kann.

Abbildung 15.28 Status der Geschäftsentität

Regelmäßiger Austausch in einer Community of Practice

Achten Sie auf einen regelmäßigen Austausch mit Kolleg*innen, die ebenfalls im Business Layer modellieren, und mit der IT. Indem Sie Ideen für den Aufbau von Berichtslandschaften teilen und Best Practices anderer Bereiche kennenlernen, können Sie nicht nur die eigenen Entwicklungen verbessern, sondern auch einen groben Überblick über die Berichtslandschaft behalten und damit auf ein konsistentes und konsolidiertes Berichtswesen hinwirken.

15.4 Zusammenfassung

In diesem Kapitel haben Sie mit Fokus auf die Tätigkeiten des Fachbereichs beispielhaft ein Self-Service-Szenario entwickelt. Dabei wurden die einzelnen, für die Erstellung des Szenarios erforderlichen Schritte so nacheinander dargestellt, dass Sie sie in Ihrem eigenen Tenant nachvollziehen können. Gleichzeitig haben Sie in jedem der drei Abschnitte Best Practices kennengelernt, die Sie in Ihre eigenen Modellierungsentscheidungen einfließen lassen können.

Kapitel 16

Szenario 2: Hybride Modellierung zur Erweiterung einer SAP-BW-Lösung

SAP BW Bridge ermöglicht Ihnen eine Kombination bisheriger SAP-BW-Modellierungsansätze mit den vielen offenen Integrationseigenschaften von SAP Data Warehouse Cloud als Ihre künftige Data-Warehouse-Plattform. In diesem Kapitel lernen Sie anhand eines Beispiels, wie Sie Objekte von SAP BW nach SAP BW Bridge migrieren und anschließend Ihr Datenmodell in SAP Data Warehouse Cloud ausbauen und optimieren.

Als Plattform zeichnet sich SAP Data Warehouse Cloud durch eine hohe Offenheit bei der Integration von verschiedenen Datenquellen, Systemen und Modellen aus. Sie bietet viele freie Gestaltungsmöglichkeiten, nicht zuletzt auch durch den Self-Service-Ansatz für die Fachbereiche. Ihre zentralen IT-Systeme verarbeiten hochstrukturierte Daten aus unterschiedlichen Unternehmensbereichen und unterliegen laufenden Veränderungen. Diese zentralen Systeme, und hier insbesondere bestehende SAP-BW-Systeme, umfassen bereits einen sehr hochwertigen Informationsfundus, den Sie mit den vielfältigen agilen Fachanforderungen sicher und konsistent kombinieren können.

Hybride Integration

Obwohl die gesamte SAP Data Warehouse Cloud mit sehr unterschiedlichen Quellen arbeitet, ist die innere Methodik der Datenmodellierung hinsichtlich der Oberfläche und der Implementierung sehr einheitlich aufgebaut. Ein SAP-BW-System benutzt eine mit anderen Tools und Techniken abgebildete Unternehmenslogik und Datenmodellierung, sodass wir wegen der Unterschiedlichkeit in der Aufbereitung und Integration mit *SAP BW Bridge* an dieser Stelle aus der Gesamtsicht von *hybrider Modellierung* sprechen. Man könnte durchaus alle unterschiedlichen Implementierungen in SAP Data Warehouse Cloud als hybrid bezeichnen, da sich natürlich sehr viele unterschiedliche Quellen verwenden lassen. SAP-Quellen stellen für Sie hier insofern eine Besonderheit dar, dass Systeme Ihres Unternehmens, und allen voran SAP-BW-Systeme, entwicklungsintensiv sind und Sie selbst für Datenumfang, -modell und -qualität sowie für das zugehörige Customizing zuständig sind. Daher kennen Sie bereits sehr unterschiedliche Entwicklungsansätze und -umgebungen. Dieser Umstand kann im weiteren Sinne für SAP Data Warehouse Cloud zusätzlich als hybrider Ansatz der Modellierung angeführt werden.

In diesem Kapitel beschreiben wir in Abschnitt 16.1, »Überblick über das hybride Szenario«, zunächst die Intention und die Schritte des hybriden Szenarios im Überblick. In den Folgeabschnitten gehen wir auf die Details der Umsetzung ein. In Abschnitt 16.2, »Migration nach SAP BW Bridge«, sehen Sie, wie Sie einen Datenfluss aus SAP BW/4HANA migrieren. Abschnitt 16.3, »Übernahme der Modellkomponenten nach SAP Data Warehouse Cloud«, und Abschnitt 16.4, »Vorbereitung externer Modelle«, beschreiben die erforderlichen Vorarbeiten, um die migrierten BW-Daten und vorhandene Modelle des Kerns von SAP Data Warehouse Cloud für die Kombination der Daten bereitzustellen, die wir in Abschnitt 16.5, »Erstellen kombinierter Modelle«, beschreiben. Abschnitt 16.6, »Zusammenfassung«, fasst die Schritte noch einmal zusammen.

Auch wenn SAP BW Bridge ein Teil von SAP Data Warehouse Cloud insgesamt ist, verstehen wir im Hinblick auf eine bessere Lesbarkeit unter SAP Data Warehouse Cloud im Folgenden immer den »klassischen« Tenant, der auch als *Data Warehouse Cloud Core* bezeichnet wird, also den Teil ohne SAP BW Bridge. Weitere Details der Gesamtarchitektur und die weitere Unterscheidung der Tenants finden Sie in Abschnitt 2.3.1, »Der Tenant von SAP Data Warehouse Cloud«.

16.1 Überblick über das hybride Szenario

Szenario

Im hybriden Szenario, das wir in diesem Kapitel beschreiben, gehen wir davon aus, dass Sie in Ihrem *SAP-BW/4HANA-System* breit genutzte Reporting-Applikationen entwickelt haben, die Sie nun für den nächsten Schritt in die Public Cloud weiterentwickeln wollen. Jedoch soll der Fachbereich Veränderungen im Reporting und die dazu notwendigen Daten in SAP Data Warehouse Cloud selbst verwalten, um Anpassungsprozesse effizienter zu gestalten. Dazu soll beispielhaft ein Datenmodell auf Basis von Rechnungsdaten, das bereits auf einem existierenden SAP-BW/4HANA-2021-System on-premise vorhanden ist, nach SAP BW Bridge migriert werden. Im weiteren Verlauf sollen die Rechnungsdaten dann in SAP Data Warehouse Cloud verwendet und dort um zusätzliche Fachbereichsdaten ergänzt werden.

Hintergrund für die weiteren Darstellungen

Für die Implementierung in SAP BW Bridge wird zunächst eine Migration der Objekte aus dem bestehenden SAP-BW/4HANA-System vorgenommen und anschließend manuell nachgearbeitet, um die gewünschte technische Optimierung zu erzielen. An der Stelle ist es wichtig zu erklären, dass Migrationen nicht selten von diversen Hürden, sowohl technischer als auch organisatorischer Art, begleitet sind, bis das vollständige Ziel der Ablösung der alten Anwendungen bis hin zum Abschalten ganzer Systeme erreicht ist. In Ihrem Unternehmen sind Sie die Expert*innen sowohl für die technische Umgebung als auch für die betriebswirtschaftlichen Prozesse. Aufgrund der Vielschichtigkeit der potenziellen Fragestellungen in einer Migration muss im vorliegenden exemplarischen Fall von einer Vereinfachung ausgegangen werden, um die wesentlichen Schritte übersichtlich zu halten. Dabei geht es um die methodischen Schritte, die in der Praxis weiterer Analysen und Ergänzungen bedürfen, deren Darstellung im Rahmen des Buches aufgrund des Textumfangs nicht möglich ist.

Als Annahmen für die weitere Darstellung gilt daher u. a. Folgendes:

- Es wird davon ausgegangen, dass das bestehende originale On-premise-BW-System und die darin abgebildete Applikation einen Stand aufweisen, der SAP BW Bridge als Ziel der Migration erlaubt. Diese Voraussetzungen erläutern wir in Abschnitt 16.2.1, »Einführung in die Migration«.
- Die Systemverbindungen des bestehenden SAP-BW-Systems für die Kommunikation mit SAP BW Bridge sowie mit den weiteren notwendigen SAP-Quellsystemen sind eingerichtet.
- Dies gilt auch für das operative SAP-Quellsystem, das eine *ODP-basierte Extraktion* ermöglich bzw. die erforderlichen *CDS-Extraktoren* enthält.

Voranalyse und Geschäftsszenario

In einem gemeinsamen Projekt von Fachbereich und IT werden in der Vorbereitung der Migration zunächst die Prozesse analysiert und das Potenzial für die Neuimplementierung erkannt und beschrieben. Aus IT-Sicht wird dabei die technische Implementierung verschlankt und nur noch absolut notwendige Informationen und Berechnungen in SAP BW Bridge abgelegt.

Gewünschte Berichtsinhalte

In unserem Beispiel gehen wir davon aus, dass Stammdaten und Rechnungsdaten bisher regelmäßig in SAP BW extrahiert und für eine Umsatzanalyse und das Abbilden eines Kundenrankings benutzt wurden, um ein regelmäßiges Monitoring der sich entwickelnden Kennzahlen im Reporting zu ermöglichen. Zukünftig soll das Kundenranking auf Basis des Verkaufsgewinns (Rechnungsbetrag abzüglich Auftragskosten) in SAP Data Warehouse Cloud errechnet werden. Schon früher bat der Fachbereich bei Bedarf um die Integration eigener Klassifizierungsdaten und Umsatzprovisionsfaktoren zu den gelisteten Kunden. In Zukunft soll er SAP Data Warehouse Cloud nutzen, um diese Daten autark im Self-Service-Verfahren hinzuzuladen. Im Ergebnis profitieren die verschiedenen Abteilungen erheblich von der Prozessverbesserung in Bezug auf die Geschwindigkeit der Anpassung und auf die notwendige Unabhängigkeit von zentralen Ressourcen.

Bisheriges Ist-Szenario Zur Verdeutlichung des bisherigen Szenarios im Vergleich zur künftigen Umsetzung betrachten wir zunächst schematisch den angenommenen Ist-Zustand vor der Migration, dargestellt in Abbildung 16.1.

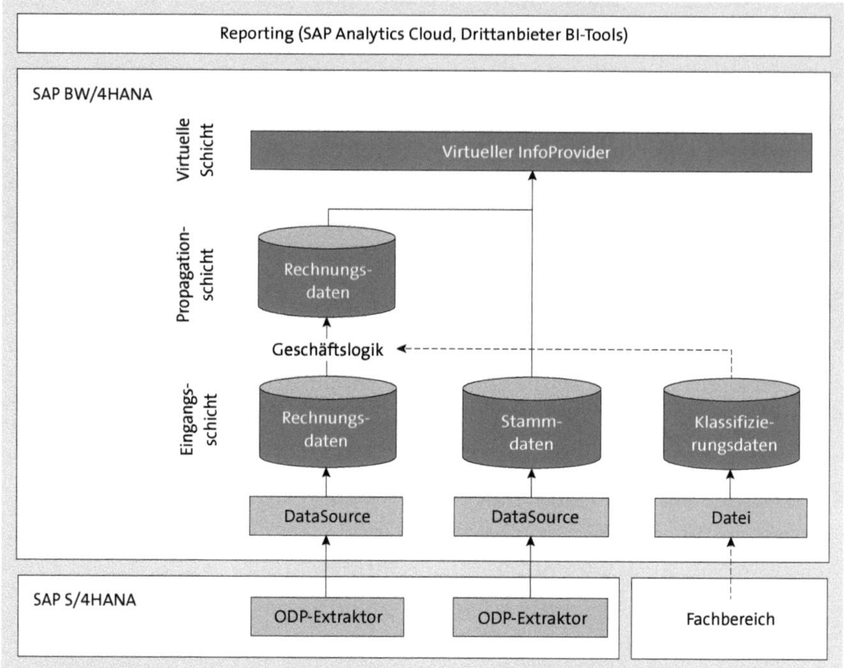

Abbildung 16.1 Ist-Zustand und Ausgangsszenario der Migration

Bislang wurden ODP-Extraktoren für die Datenextraktion aus dem *SAP-S/4HANA-System* verwendet, dessen Daten in einer Eingangsschicht persistiert wurden. Auf dem Weg in die Propagation-Schicht wird die Geschäftslogik bislang mit ABAP abgebildet. Dabei werden u. a. bestimmte Stammdaten zur Historisierung hinzugelesen und somit dauerhaft in einem Advanced-DataStore-Objekt namens `PSDIV001` abgebildet. Weitere Stammdaten werden täglich komplett neu geladen und mittels virtuellem InfoProvider für das Reporting bereitgestellt. Dieser tägliche Prozess muss bei Bedarf um die Klassifizierungsdaten des Fachbereichs über eine Dateischnittstelle ergänzt werden. Da hierbei Abhängigkeiten zu einem manuellen Prozess durch die zentrale IT entstanden sind, ist genau dieser Vorgang ein Engpass im Ablauf, der in der neuen Implementierung unbedingt verbessert werden sollte. Darüber hinaus sind Views zum Auffinden von Aufträgen zu den Rechnungen nur in SAP S/4HANA verfügbar.

Geplante Verbesserungen In der künftigen Implementierung sollen technische und prozessuale Verbesserungen vorgenommen werden. Die Zielarchitektur sieht daher nach der Umstellung auf das hybride Szenario so aus, wie in Abbildung 16.2 gezeigt.

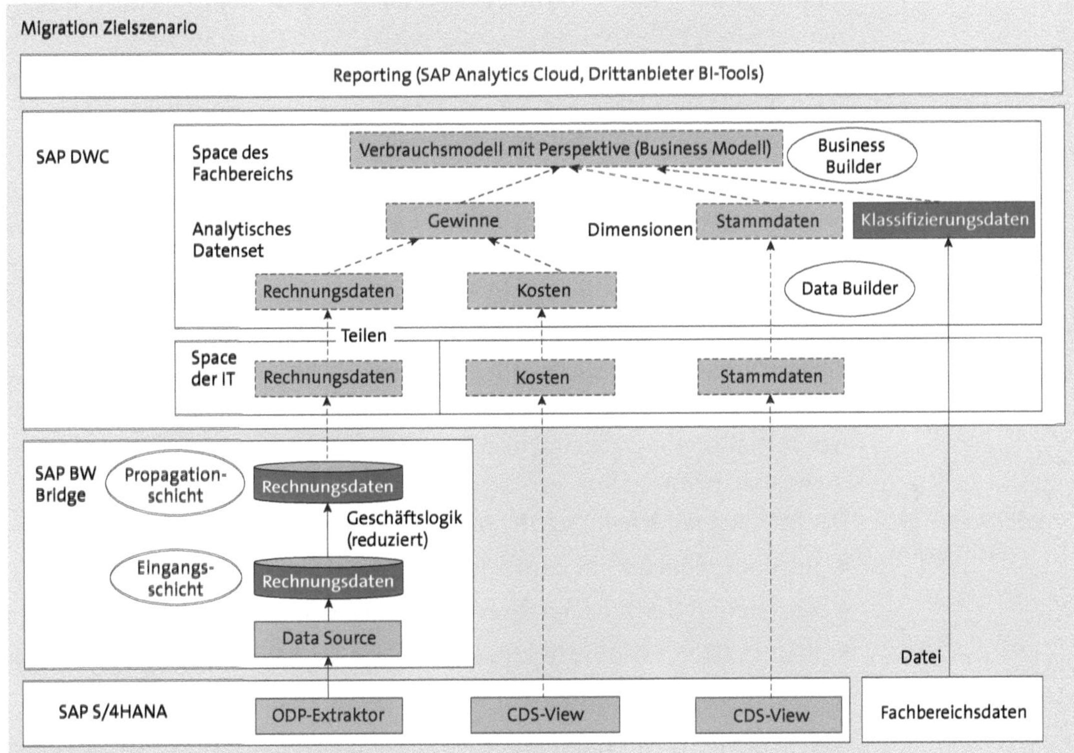

Abbildung 16.2 Architektur nach der Systemumstellung

Wie Sie in Abbildung 16.2 sehen, soll der Datenfluss aus SAP BW/4HANA durch die Migration in die Public Cloud verlagert werden. Dabei werden die Rechnungsdaten weiterhin über bestehende ODP-Extraktoren inklusive der vorhandenen Geschäftslogik aus SAP S/4HANA übertragen, jedoch nun nach SAP BW Bridge. Dort wird die Eingangsschicht beibehalten. Andererseits sollen Extraktion und Datenversorgung aus dem SAP-S/4HANA-Quellsystem, inklusive der bereits umgesetzten technischen Entwicklung, zunächst nicht verändert werden. Aus diesen Anforderungen folgt die Entscheidung für die fortgesetzte Abbildung mit SAP-BW-Mitteln in SAP BW Bridge in neuer Kombination mit SAP Data Warehouse Cloud. Die bisher erforderliche ABAP-Geschäftslogik auf dem Weg in die Propagation-Schicht wird auf die veränderten Anforderungen hin angepasst und im Funktionsumfang reduziert. Auf das in SAP BW Bridge persistierte Ergebnis wird dann aus SAP Data Warehouse Cloud zugegriffen, und zwar zunächst in einem von der IT verwalteten Space, dem *SAP-BW-Bridge-Space*.

Für das Datenmodell in SAP Data Warehouse Cloud zusätzlich erforderliche Stamm- und Bewegungsdaten werden direkt über verfügbare CDS-Extraktoren aus dem SAP-S/4HANA-On-Premise-System übertragen. In einem zentral von der IT verwalteten Space werden diese Daten aufbereitet und integriert. Dazu erstellt die IT auf Basis vorhandener Views ein vereinfachtes Modell, das die Auftragskosten und die Zuordnung von Verkaufsbelegen zur Rechnungstellung liefert.

Grund für die hybride Modellierung

Die unterschiedliche Behandlung verschiedener Quellen ergibt sich, weil unterschiedliche Extraktoren existieren: Für die Rechnungen wurde der deltafähige klassische LIS-Extraktor bereits individuell angepasst, sodass Rechnungen am besten über SAP BW Bridge übernommen werden. Dagegen wird für die Auftragsdaten der CDS View unverändert verwendet, der die direkte Integration in den IT-Space ermöglicht. Ein weiterer Grund für die unterschiedlichen Modelle ist, dass bei SAP BW Bridge Transformationen mit ABAP möglich sind und in SAP Data Warehouse Cloud sonst SQL-Views existieren.

Möglichkeiten des Fachbereichs

Der Fachbereich erhält Zugriff auf die folgenden vorhandenen Daten:

- Rechnungsdetails aus dem Advanced-DataStore-Objekt `PSDIV001`
- Kosten und Gewinne aus dem View der IT
- Stammdaten für die Merkmale, also hier das Material und die Kunden aus SAP BW Bridge und von SAP Data Warehouse Cloud

Abschließend sollen noch Daten vom Fachbereich selbst ergänzt werden, wofür SAP Data Warehouse Cloud durch das CSV-Upload ebenfalls Self-Service-Optionen bietet, sodass die Fachbereiche ihre eigenen Inhalte aktualisieren können. Auch die weitere Datenmodellierung im Data Builder und Business Builder erfolgt autark im Fachbereich und endet schließlich in der Reporting-Schicht mit SAP Analytics Cloud oder den Tools von Drittanbietern.

16.2 Migration nach SAP BW Bridge

In diesem Abschnitt erfahren Sie, wie die wesentlichen Schritte bei der Migration eines SAP-BW/4HANA-2021-Systems (im Folgenden SAP BW/4HANA genannt) bzw. die Teilimplementierung nach SAP BW Bridge konkret ablaufen. In diesem Zusammenhang wird der Begriff der Migration relativ weit gefasst, weshalb wir auch auf Arbeiten und Aktivitäten wie das Übertragen von Metadaten zwischen den verwendeten Systemen und das Konvertieren von BW-Objekten unterschiedlichen Typs in neue Formate usw. eingehen.

16.2.1 Einführung in die Migration

Vereinfachung der BW-Objekte

Wie in Kapitel 11, »Datenmodelle im Kontext von SAP BW und SAP BW Bridge«, bereits dargestellt, handelt es sich bei SAP BW Bridge im Kern um ein SAP-BW/4HANA-System. Das bedeutet, dass jede Migration nach SAP BW Bridge einer entsprechenden Migration in SAP BW/4HANA gleichkommt. Obwohl auch eine Migration aus einem on-premise-betriebenen SAP-BW/4HANA-System mit Releasestand 2021 nach SAP BW Bridge möglich ist, starten viele Migrationen möglicherweise mit älteren Systemständen. Dabei müssen bestehende BW-Objekte in die SAP-BW/4HANA-Objekte konvertiert werden. Abbildung 16.3 verdeutlicht, welche Objekte dabei umgesetzt werden, soweit dies für Ihren jeweiligen Quellsystemstand notwendig ist.

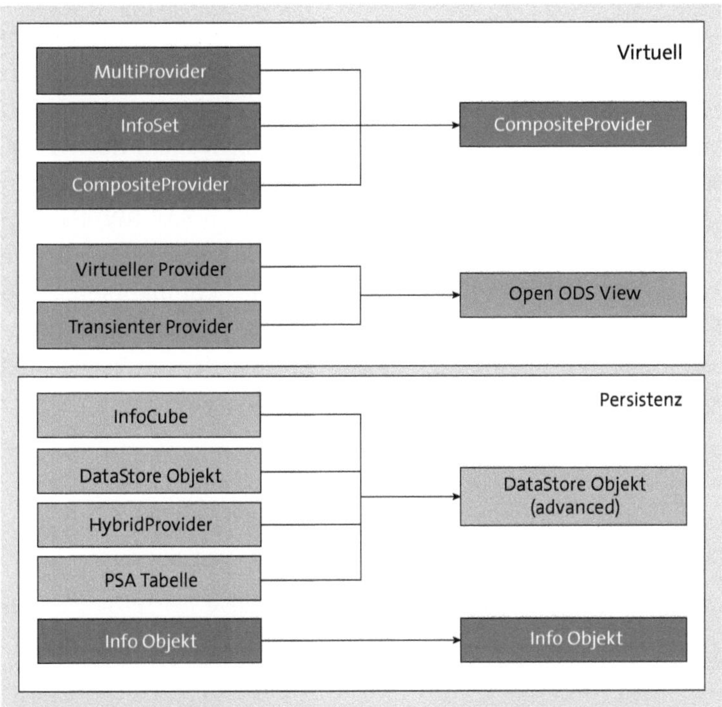

Abbildung 16.3 Umsetzung von SAP-BW-Objekten bei der Migration nach SAP BW Bridge (Quelle: SAP)

Die *Umsetzung der Objekte*, wie MultiProvider in CompositeProvider oder InfoCubes in Advanced-DataStore-Objekte, führt zu einer enormen Vereinfachung der bisherigen Objektvielfalt, stellt aber für sich genommen bereits eine gewisse Komplexität dar. Sie haben möglicherweise auch in Ihrer Implementierung aufwendige Transformationen oder auch ältere Fortschreibungsregeln erstellt. Auch wenn Sie insgesamt eine BW-methodische Gleichheit in den Implementierungen verwendet haben, können Sie daraus ersehen, dass jede Migration eine andere Ausgangssituation darstellt. Somit sind häufig eine individuelle Betrachtung und eine individuelle Lösungsfindung erforderlich. Das im weiteren Verlauf verwendete Beispielszenario stellt Ihnen daher die wesentlichen Schritte einer solchen Migration auf Basis eines SAP-BW/4HANA-Systems vor und zeigt durchaus einige Besonderheiten auf. Jedoch ist trotz der gewünschten Klarheit und des begrenzten Textumfangs insgesamt eine gewisse Vereinfachung erforderlich.

Ausgangssituation Ihrer BW-Systemstände

Sie können eine Migration nach SAP BW Bridge mit sehr unterschiedlichen SAP-BW-Systemständen beginnen. Da dies auch mit alten Releases bzw. Support Packages möglich ist, haben Sie vielfältige Möglichkeiten, um SAP BW Bridge auch mit älteren Systemversionen zu erschließen. Auch wenn Sie SAP BW/4HANA bereits einsetzen, ist die Migration nach SAP BW Bridge interessant, wenn auch dafür zum Zeitpunkt der Erstellung dieses Buches nur das neueste Release SAP BW/4HANA 2021 verwendet werden kann. Eine entsprechende Objektkonvertierung ist in diesem Fall nicht mehr notwendig, da die Objekte bereits den Zielbedingungen entsprechen. Dies gilt auch für die Verwendung von SAP BW on HANA, das bereits im SAP-BW/4HANA-kompatiblen Strict Mode implementiert ist. Dieser Modus beschränkt die verwendbaren SAP-BW-Objekte ebenfalls auf die kompatiblen SAP-BW/4HANA-Typen. Eine Migration nach SAP BW Bridge findet dann ebenfalls unter vereinfachten Bedingungen statt. Die Übersicht in Tabelle 16.1 gibt hierzu die notwendigen minimalen Systemstände wieder.

BW-Systemtyp	Minimaler Systemstand
SAP BW on any DB oder SAP on HANA	SAP BW 7.3x SP10 (ab 2013) SAP BW 7.40 SP12 (ab 2015) SAP BW 7.50 SP05 (ab 2016)
SAP BW/4HANA	SAP BW 2021 (ab 2021)

Tabelle 16.1 Übersicht der minimalen SAP-BW-Systemstände für die Migration

[!]

Verfügbare Systemstände für das Szenario

Die Remote-Konvertierung war zum Zeitpunkt der Kapitelerstellung nur für die Releases 7.3x bis 7.50 verfügbar und nicht für SAP BW/4HANA 2021.

Auch wenn es sich hierbei um die minimalen Systemstände handelt, ist es generell zu empfehlen, eine Migration vom jeweils möglichst aktuellen Patch-Stand, passend zu Ihrem Systemtyp, zu beginnen. Dadurch stellen Sie sicher, dass Ihnen immer der neueste Stand des Migrations-Tools und der Aktivitätenlisten zur Verfügung steht. Anderenfalls kann es zu aufwendigen Vorarbeiten für das Implementieren von SAP-Hinweisen kommen. Prüfen Sie Ihr SAP-BW-System gegebenenfalls durch Programme wie `Z_SAP_BW_NOTE_ANALYZER`. Näheres dazu finden Sie in SAP-Hinweis 3141688.

Für eine Migration wird generell in einem SAP-BW-System als Quellsystem der zu bearbeitenden Objekte die SAP-Standardtransaktion des *Aufgaben-Managers für technische Konfiguration* (STC01) verwendet. Diese Transaktion stellt Aufgabenlisten für verschiedene Systemaktivitäten bereit, u. a. auch die Aufgabenliste für die Migration nach SAP BW Bridge. Dabei werden zwei unterschiedliche Verfahren verfolgt:

- Shell-Migration
- Remote-Migration

Shell-Migration

Die Funktionsweise der *Shell-Migration* oder auch Shell-Konvertierung leitet sich aus ihrem Namen ab. Dabei bedeutet Shell (aus dem Englischen Shell, zu Deutsch Schale oder Hülle), dass nur der Rahmen der Objekte, also deren Metadaten, aus dem BW-Repository des Quellsystems nach SAP BW Bridge migriert werden. Dieses Verfahren ist z. B. dann sinnvoll, wenn Objekte zwar übertragen, aber in einem Folgeschritt manuell nachbearbeitet werden sollen, wobei erforderliche Daten anschließend neu geladen werden.

Remote-Konvertierung

Die *Remote-Migration* oder Remote-Konvertierung bedeutet, dass Inhalte von einem SAP-BW-System in ein anderes Remote-System (entferntes System) übertragen werden. Dies ist für SAP BW Bridge der eigentliche Anwendungsfall, aber der Ansatz unterscheidet sich von den sogenannten Inplace-Konvertierungen für SAP-BW-Systeme, deren Umstellung lokal on-premise stattfindet und in dem alle notwendigen Schritte für eine Migration innerhalb ein und desselben SAP-BW-Systems erfolgen. Dies ist für SAP BW Bridge nicht möglich, und alle Aktivitäten haben es zum Ziel, lokale Objekte des On-Premise-BW-Systems in die nur remote, also entfernt, in der Public Cloud verfügbare SAP BW Bridge zu migrieren. Dabei werden aber zusätzlich zu den Schritten der Shell-Migration auch die vorhandenen persistenten Daten übertragen. Dies gilt für alle persistenten Artefakte, also z. B. für InfoObjects und DataStore-Objekte.

Gemeinsamkeiten beider Verfahren

Beide Verfahren stellen sicher, dass alle Objekte inklusive der vorhandenen logischen Abhängigkeiten, egal auf welcher Auflösungstiefe, konsistent migriert und aktiviert werden und für die weitere Verwendung bereitstehen. Dies schließt Objektkonvertierungen möglicher klassischer BW-Objekte in neue vereinfachte SAP-BW/4HANA-Objekte ein, wie z. B. MultiProvider in CompositeProvider usw. (siehe hierzu die Einleitung in diesem Kapitel). Sie können dabei in mehreren Schritten vorgehen und die zu migrierenden Objekte entsprechend ihrem Einsatzgebiet gezielt auswählen. Es ist nicht erforderlich, das BW-System in einem großen Schritt als Ganzes zu migrieren. Im Gegenteil: Es soll Ihnen möglich sein, Ihren zeitlichen und inhaltlichen Ablauf frei zu gestalten und nur das zu übernehmen, was zu einem gegebenen Zeitpunkt gewünscht ist. Dieses selektive Vorgehen wird auch *Carve-out-Ansatz* genannt (aus dem Englischen Carve-out, zu Deutsch Abspaltung bzw. Ausgliederung).

[»]

Vorübergehender Parallelbetrieb der Applikation

Beachten Sie, dass sowohl SAP BW Bridge als auch Ihr bestehendes SAP-BW-System zunächst möglicherweise noch koexistieren und mit Datenladungen unabhängig weiterversorgt werden können. Den Übergang begleiten Sie mit entsprechenden Tests und bestimmen somit selbst, wann die weitere Verwendung je nach Zielapplikation stattfindet bzw. Bereiche des BW-Alt-Systems abgeschaltet werden sollen.

Abbildung 16.4 zeigt schematisch die Nutzung der Shell-Migration bzw. die Remote-Migration von verschiedenen SAP-BW-Originalsystemständen in SAP BW Bridge als Teil von SAP Data Warehouse Cloud. Beide Verfahren können auch miteinander kombiniert werden. Für SAP BW/4HANA 2021 stand zum Zeitpunkt der Kapitelerstellung nur die Shell-Migration zur Verfügung.

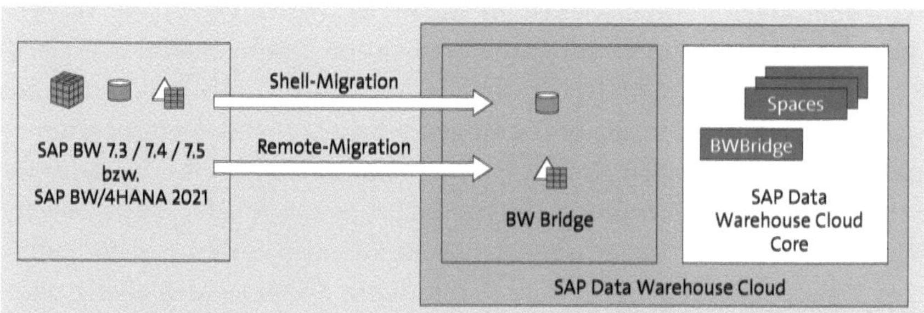

Abbildung 16.4 Schematische Shell- und Remote-Migration

Überblick über die Phasen einer Migration

Für beide Migrationsansätze gibt es seitens SAP empfohlene allgemeine Vorgehensweisen in Form von *Konvertierungsleitfäden*, die Sie sicher durch den gesamten Prozess leiten. Während viele Schritte darin durchaus in beiden Varianten der Migration gleichlautend sind, unterscheiden Sie sich bei der eigentlichen Übertragung, wie schon ausgeführt, ganz wesentlich und nicht zuletzt auch in der Anzahl der erforderlichen Schritte.

Unabhängig davon, welchen Ansatz Sie wählen, gibt es eine davor geschaltete Vorbereitungsphase der Migration. Diese umfasst im Groben folgenden Aktivitäten:

- Eine Prüfung der Systemvoraussetzungen Ihres bisherigen SAP-BW-Systems, bei dem dieses gegebenenfalls durch das Einspielen von Hinweisen über den *Note Analyzer* oder gar durch ein Update des neuesten Support Packages aktualisiert werden muss.
- Eine Überprüfung Ihrer Anwendungen hinsichtlich notwendiger Umsetzungen Ihrer bisherigen BW-Objekte in die künftigen SAP-BW/4HANA-Objekte und Empfehlungen für die Umsetzungen. Dies umfasst auch eine Kompatibilitätsanalyse Ihres Kunden-Codings für Ihre Geschäftslogik, z. B. der ABAP-Implementierungen in BW-Transformationen, mit der Sie im Vorfeld auf eventuell notwendige manuelle Eingriffe bei der Migration hingewiesen werden.

SAP stellt Ihnen zur Realisierung der Migration SAP BW Bridge als Teil der Public Cloud zur Verfügung. Sie richten daraufhin die Systemverbindungen zu Ihrem SAP-BW-Originalsystem ein, legen Benutzer in SAP BW Bridge an und nehmen die in Kapitel 11, »Datenmodelle im Kontext von SAP BW und SAP BW Bridge«, dargestellten notwendigen Grundeinstellungen für die *git-basierten Transporte* in SAP BW Bridge vor. Anschließend migrieren Sie Ihre SAP-BW-Objekte in SAP BW Bridge mittels Shell- oder Remote-Migration, führen gegebenenfalls notwendige Nacharbeiten durch und nehmen dann Ihre Anwendung entsprechend in Betrieb.

Weitere Details zu Vorgehen und den einzelnen Phasen finden Sie auch im Konvertierungsleitfaden für die Migration nach SAP Data Warehouse Cloud bzw. SAP BW Bridge unter *https://help.sap.com/doc/6467461ba122491da38f00c3e432fdf7/2205/en-US/SAP_DWC_BWbridge_Conversion_Guide_Shell.pdf*

Besonderheiten der Beispielmigration

Eine Besonderheit der hier bespielhaft beschriebenen Migration ist, dass der Prozess innerhalb von SAP BW Bridge künftig vereinfacht ablaufen soll. Das heißt, dass grundlegende Elemente der bisherigen Implementierung wiederverwendet werden, während bei anderen Elementen Anpassungen erfolgen.

Für das beschriebene Migrationsszenario wurde in SAP BW/4HANA der ODP-basierte Extraktor für die Faktura-Positionsdaten (`2LIS_13_VDITM`) verwendet, der auch weiterhin benutzt werden soll. Die entsprechende DataSource wird daher ohne Anpassung nach SAP BW Bridge übertragen. Sollten

Sie in einem solchen Fall bereits im Extraktor Geschäftslogik im Quellsystem verwendet haben, ist an dieser Stelle der Implementierung kein Eingriff erforderlich, da der Extraktor vollständig weiterverwendet wird. Das dazu passende Eingangs-DataStore-Objekt wird neben der dazugehörigen Transformation und dem Datentransferprozess ebenfalls ohne Änderung inklusive der erforderlichen Felder und Info-Objekte durch die Migration übernommen.

Auf dem Transformationsweg in die Propagation-Schicht des Szenarios lag bislang weitere Geschäftslogik. Die beabsichtigten Prozessoptimierungen lassen es zu, dass das dafür verwendete DataStore-Objekt künftig reduziert abgebildet wird. Es wird daher zunächst strukturell übernommen, aber anschließend an den neuen Bedarfsfall angepasst. Übernehmen Sie die erforderliche Transformation manuell aus dem Originalsystem, und überarbeiten Sie diese ebenfalls in SAP BW Bridge, um dabei künftig nicht länger benötigtes ABAP-Coding zu entfernen. Dabei wenden Sie die notwendigen Veränderungsschritte fein justiert an. Ein solches angenommenes gemischtes Vorgehen verdeutlicht, dass Ihnen eine derartige Migration für die Überarbeitung der Modellierung insgesamt helfen kann, bisherige Implementierungen zu optimieren und dabei auch unnötig gewordene Komponenten zu entfernen. Eine Prozessanpassung sowie eine technische Überarbeitung können somit gemeinsam für Verbesserungen sorgen und helfen, Kosten für künftige Wartungsarbeiten zu senken.

Übersicht der verwendeten Objekte

Für eine bessere Übersicht werden in Tabelle 16.2 die wesentlichen BW-Objekte im vorliegenden Szenario der Migration in SAP BW Bridge genannt. Dabei sind die BW-Objektnamen exemplarisch für eine Implementierung, die Sie beliebig durch Ihre eigenen Artefakte austauschen können.

BW-Objekt	Bezeichnung	Typ
2LIS_13_VDITM	Faktura-Positionsdaten	DataSource
ASDIV001	SD-IV – Faktura-Positionsdaten (Acquisition Layer)	Advanced-DataStore-Objekt
IS_SDIV_01	SD-IV – Faktura-Positionsdaten	InfoSource
PSDIV001	SD-IV Faktura-Positionsdaten (Propagation Layer)	Advanced-DataStore-Objekt

Tabelle 16.2 Übersicht der BW-Objekte der Migration nach SAP BW Bridge

Der dazugehörige Datenfluss im SAP-BW/4HANA-Quellsystem ist in Abbildung 16.5 dargestellt.

Abbildung 16.5 Datenfluss des Szenarios im SAP-BW/4HANA-Quellsystem

Für die gezeigten DataStore-Objekte sind jeweils zwei Datentransferprozesse vorhanden, einer für den täglichen Delta-Ladeprozess sowie ein zweiter für eventuelle Full-Ladeprozesse.

Die genannten Objekte werden mit der Shell-Konvertierung migriert. Im Fall des Propagation-Schicht-DataStore-Objekts PSDIV001 wird davon ausgegangen, dass die notwendigen strukturellen Anpassungen nach der Übertragung manuell vorgenommen werden. Ein solcher Schritt ist in der Regel wegen der Menge der Elemente und deren Substrukturen, z. B. InfoObjects mit Attributen, Texten usw. vorzuziehen, da die Abhängigkeiten vom System automatisch berücksichtigt werden. Die nachfolgende Transformation können Sie anschließend manuell einrichten, da die angenommene Optimierung des ABAP-Codes am besten Schritt für Schritt von Hand erfolgt.

Verwendeter SAP-BW-Systemstand

Wie Sie aus den Objekttypen wahrscheinlich schon erkannt haben, verwenden wir für unser Beispielszenario keine klassischen DataStore-Objekte, sondern die neuen Advanced-DataStore-Objekte der HANA-basierten Systemversionen; dies ist der vereinfachten Beschreibung geschuldet. In der Praxis ergeben sich in der Regel vielfältige Prüfungen der zu migrierenden Objekte und oftmals auch individuelle Lösungsansätze bis hin zu einer manuellen Übernahme. Das kann in Ihrem konkreten Szenario zum Teil zusätzlichen Aufwand in Vorbereitung und Durchführung erfordern, und die Vielartigkeit kann naturgemäß in einem solchen, hier beschriebenen Rahmen nicht dargestellt werden. Daher wurde der Übersichtlichkeit halber darauf verzichtet, die deutlich umfangreichere Konvertierung unter Berücksichtigung der Umsetzung der klassischen Objekttypen darzustellen. Gleiches gilt für die zahlreichen Schritte einer Remote-Konvertierung im Vergleich zur Shell-Konvertierung, die auch die Daten der Objekte übertragen würde, aber zusätzlich abzustimmende Aktivitäten im Quellsystem erfordert, die in diesem Kontext nicht erklärt werden können. Dazu wird hier nochmals auf die SAP-Konvertierungsleitfäden, u. a. unter der folgenden URL verwiesen: *https://help.sap.com/doc/6467461ba122491da38f00c3e432fdf7/2205/en-US/SAP_DWC_BWbridge_Conversion_Guide_Shell.pdf*

16.2.2 Durchführen einer Shell-Konvertierung

Um eine Shell-Konvertierung durchzuführen, melden Sie sich zunächst an Ihrem BW-Quellsystem an und starten die SAP-Standardtransaktion des *Aufgaben-Managers für technische Konfiguration* (STC01). Danach gelangen Sie in das in Abbildung 16.6 gezeigte Bild.

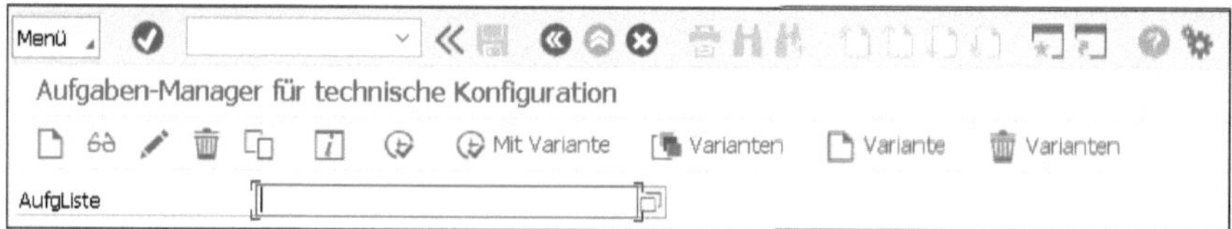

Abbildung 16.6 Transaktion STC01 starten

Hier sehen Sie in der Funktionsleiste einige bekannte Standardschaltflächen. Auf die Schaltfläche [Mit Variante] (**Aufgabenliste mit Variante generieren**) möchten wir hier aber besonders hinweisen, weil Sie damit einen im weiteren Verlauf erstellten und gesicherten *Aufgabenlistenlauf* mit allen bereits definierten Parametern erneut aufrufen und weiterbearbeiten können, wodurch Sie viel Zeit in der Abwicklung einsparen.

Aufgabenlistenlauf erstellen

Zum Erstellen eine Aufgabenlistenlaufs suchen Sie zunächst im Überblick die vorhanden Standardaufgabenlisten, indem Sie das Präfix »SAP_BW4_TRANSFER_CLOUD*« in das Feld **AufgListe** eingeben und auf die Schaltfläche [icon] (**F4-Auswahl**) klicken. Sie erhalten dann zunächst zwei Einträge, wie in Abbildung 16.7 gezeigt.

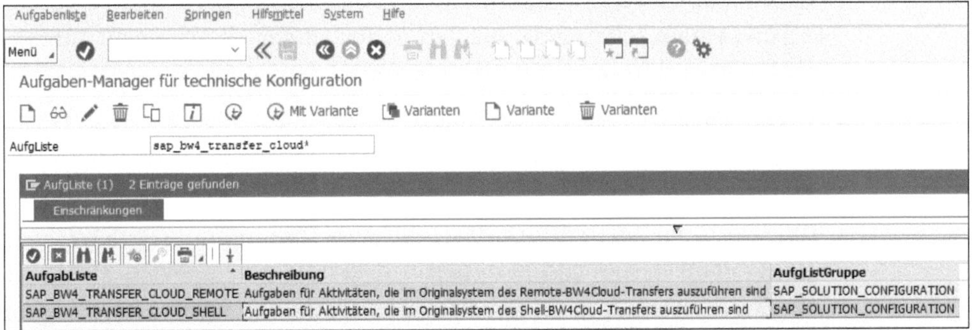

Abbildung 16.7 Aufgabenlisten in Transaktion STC01 suchen

Die erste Aufgabenliste `SAP_BW_TRANSFER_CLOUD_REMOTE` steht für die schon erwähnte Remote-Konvertierung, also inklusive Datenübertragung. Sie wird hier der Vollständigkeit halber erwähnt und ist auch in früheren Versionen des SAP-BW/4HANA-Systems vorhanden, aber zum Zeitpunkt der Erstellung dieses Buches in SAP BW/4HANA 2021 seitens SAP für die Konvertierung für SAP BW Bridge noch nicht freigegeben.

16

Der zweite Eintrag `SAP_BW_TRANSFER_CLOUD_SHELL` entspricht der Shell-Konvertierung, die im hier vorgestellten Szenario verwendet werden soll. Klicken Sie zur Auswahl der Aufgabenliste auf diesen Eintrag. Im Folgebild klicken Sie dann auf die Schaltfläche [icon] (**Aufgabenliste generieren (F8)**), um die Aufgabenliste zu starten. Sie gelangen anschließend in das Folgebild, wie in Abbildung 16.8 gezeigt.

Aufgabenlistenlauf Bearbeiten Springen Hilfsmittel System Hilfe

Menü

Aufgabenlistenlauf SAP_BW4_TRANSFER_CLOUD_SHELL_20220624061728150 pfle

Aufgabenliste SAP_BW4_TRANSFER_CLOUD_SHELL Aufgaben für Aktivitäten, die im Originalsystem des Shell-BW4Cloud-Transfers auszuführen sind

AufgListenlauf SAP_BW4_TRANSFER_CLOUD_SHELL_20220624061728150

A...	Prü	S...	P...	Phase	Komp.	Aufgabenbeschreibung	Hi...	P...	Parameterb...	Aufgabe	Komponente
☑	◷	◷		Scope-Definition	BW	Scope für Transfer sammeln				CL_RSB4H_PREPARE_SCOPE_COLLECT	BW-WHM-DBA
☑	◷	◷		Scope-Definition	BW	Objektzuordnung definieren und Objektliste speichern				CL_RSB4H_PREPARE_STORE_OBJECTS	BW-WHM-DBA
☑		◷		Vorbereiten	BW	Verwendung von betroffenen Objekten ermitteln				CL_RS_B4H_WHEREUSED_TASK	BW-WHM-DBA
☑	◷	◷		Vorbereiten	BW	Prüfliste für Verwendung von betroffenen Objekten				CL_RS_B4H_CHECKLIST_TASK	BW-WHM-DBA
☑	◷	◷		Finalisierung	BW	Metadaten ins Empfängersystem übertragen				CL_RSB4H_PREPARE_TRANSFER_XML	BW-WHM-DBA

Abbildung 16.8 Initiale Aufgabenliste der Shell-Konvertierung

Bei jedem Aufruf der Aufgabenliste, auch wenn Sie eine gespeicherte Ausführungsvariante verwenden, wird der Ausführungslauf mit einem Zeitstempel versehen, unter dem das Ausführungsprotokoll gespeichert wird. Der Zeitstempel ist im Feld **AufgListenlauf** und in der Titelzeile aufgeführt. Er besteht aus dem Namen der Aufgabenliste, hier SAP_BW4_TRANSFER_CLOUD_SHELL, und einem Zeitstempel aus Datum und Uhrzeit, bezogen auf die Zeitzone UTC+0 und ist somit für Ihre Folgeaktivitäten eindeutig.

Funktionsleiste Oberhalb der Einzelschritte sehen Sie in der Funktionsleiste zunächst einige Standardschaltflächen und dazu einige spezielle Funktionen, die wir hier im Überblick erklären:

- Über die Schaltfläche JOB (**Aufgabenliste im Hintergrund starten/erneut starten (F9)**) starten Sie die aktuell ausgewählte Aufgabenliste als Job im Hintergrund bzw. führen diese erneut aus. Diese Vorgehensweise eignet sich besonders für Aufgabenlisten, in denen Sie eine große Anzahl von Objekten für eine Konvertierung ausgewählt haben und deren Bearbeitung Ihren Dialog im Frontend nicht blockieren soll. Vor dem ersten Start müssen Sie allerdings erst die notwendigen Parameter pflegen. Wir erklären Ihnen dies in den nachfolgenden Abschnitten.
- Die Schaltfläche (**Online-Hilfe**) zeigt Ihnen detailliert die weitere Dokumentation der Aufgabenliste.
- Die Schaltfläche (**Liste aller Parameter**) zeigt Ihnen in einer Übersicht alle für den Aufgabenlauf zum aktuellen Zeitpunkt gesetzten Parameter. Dies hilft Ihnen, bei einer gegebenenfalls erneut aufgerufenen Aufgabenliste, das Umfeld der Ausführung zu prüfen.
- Die Schaltfläche (**Als Variante sichern**) ist für Sie besonders interessant, weil Sie den Zustand eines Laufs einer Aufgabenliste sichern und zu einem späteren Zeitpunkt wieder aufgreifen können. Anderenfalls müssten Sie alle Schritte wiederholen, was je nach Umfang Ihrer gewünschten Konvertierung recht aufwendig sein kann. Durch einen Klick auf die Schaltfläche öffnet sich ein Pop-up-Fenster, wie in Abbildung 16.9 gezeigt.

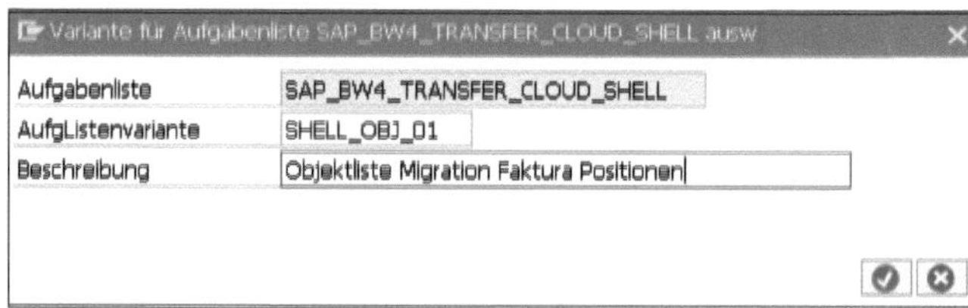

Abbildung 16.9 Variante für eine Aufgabenliste sichern

Vergeben Sie hier einen Namen für das Feld **AufgListenvariante** und eine aussagekräftige Beschreibung. Durch einen Klick auf die Schaltfläche wird die Variante gesichert. Das Sichern der entsprechenden Ausprägungen können Sie nach Belieben wiederholen und so Schritt für Schritt erweitern. Die Variante kann beim Start einer Aufgabenliste erneut aufgerufen werden. Sehen Sie hierzu auch die Schilderung zu Beginn des Abschnitts.

- Die Schaltfläche (**Vollständiges Protokoll anzeigen**) zeigt ein vollständiges Protokoll der ausgeführten Aktivitäten und Aufgabendetails.

Spalten der Aufgabenliste

Wie es Abbildung 16.8 zeigt, besteht die Aufgabenliste aus Einzelschritten, in diesem Fall aus fünf. Je nach Art der Aufgabenliste müssen Sie einige Schritte initial mit Parametern versorgen bzw. nach dem Ausführen gegebenenfalls zusätzlich ergänzen, damit der Lauf durchgeführt werden kann. Zunächst erklären wir die Spalten der Aufgabenliste und gehen dann auf die notwendigen Parameterangaben ein.

- In der erste Spalte **Ausführen** gibt es eine Checkbox für jede Zeile. Zum Start sind alle Schritte aktiviert und werden hintereinander ausgeführt. Durch Deaktivieren der Checkbox können Sie Teilschritte zunächst nicht ausführen, jedoch hängen die Folgeschritte in der Regel von der korrekten Ausführung der Vorgänger ab.
- Die Spalte **Prüfstatus** wechselt die angezeigte Ausprägung, wenn ein Aufgabenschritt formell für die Ausführung geprüft wird, z. B. bei einer Plausibilisierung einer Parametereingabe. Die Bedeutungen der anzeigten Icons werden durch Mouseover erläutert, z. B. »Prüfung wird zurzeit ausgeführt« oder »Prüfung war erfolgreich«.
- Die Spalte **Status** wird mit der Ausführung des Aufgabenlistenlaufs aktualisiert und wechselt z. B. von **Aufgabe wartet auf Ausführung** auf **Aufgabe wurde erfolgreich ausgeführt** bis hin zu eventuellen Fehlermeldungen, die dann im unteren Bildteil im Meldungsbereich detailliert erklärt werden.
- In der Spalte **Protokoll** werden Icons für die weitere Verlinkung mit Meldungen angezeigt. Beim Klicken auf die Einträge verzweigt die Anzeige direkt auf den entsprechenden Protokolleintrag im Meldungsbereich des Bildes.
- Die Spalten **Phase**, **Komponente** und **Aufgabenbeschreibung** dienen der Erklärung des Aufgabenschritts. Sie beschreiben also, was inhaltlich in diesem Teilbereich durch- oder ausgeführt wird. Beim Klicken auf die Schaltfläche (**Aufgabendokumentation anzeigen**) des jeweiligen Eintrags erhalten Sie entsprechend detaillierte Erklärungen dazu.
- Die Spalte **Parameter** hat eine besondere Bedeutung. Wenn in der jeweiligen Zeile das Symbol (**Parameter füllen**) erscheint, sind vor der Ausführung zusätzliche Angaben zu pflegen.

- Die Spalte **Parameterbeschreibung** erklärt in einer Kurzform die in der Zeile gegebenenfalls bereits erfassten Parameter, z. B. ausgewählte Objekte, mit deren Hilfe Sie schnell den Umfang der jeweiligen Aufgabe erkennen können.
- Die Spalten **Aufgabe** und **Komponente** verweisen dokumentarisch auf die technischen Namen der einzelnen Aufgaben und der Komponentenzuordnung, mit deren Hilfe Sie weiterführende Informationen zur Aufgabe einholen können oder auf die Sie bei eventuellen Support-Anfragen verweisen können. Die technischen Namen bleiben während der Ausführung unverändert.

Parameter füllen

Bevor Sie die Aufgabenliste ausführen können, müssen Sie zunächst Parameter versorgen bzw. befüllen. In diesem Fall gilt dies für den ersten Schritt **Scope für Transfer sammeln**. Wie in Abbildung 16.10 gezeigt, wird dazu in der Spalte **Parameter** das Symbol (**Parameter füllen**) angezeigt.

Abbildung 16.10 Parameter im Schritt »Scope für Transfer ermitteln« füllen

Klicken Sie auf die genannte Schaltfläche, um das Befüllen der Parameter aufzurufen. Im folgenden Bild stehen Ihnen umfangreiche Funktionen für die Auswahl der zu migrierenden Objekte Ihres BW-Quellsystems zur Verfügung, wie in Abbildung 16.11 gezeigt.

Abbildung 16.11 Startobjekte für die Konvertierung auswählen

Die Liste der Objekte für eine Konvertierung im unteren Teil ist zunächst leer. Durch verschiedene Funktionen in der Funktionsleiste können Sie diese Liste erstellen und bestimmen dabei auch das Zielsystem der Übertragung. Die Bedeutung der Elemente der Funktionsleiste ist wie folgt:

- Klicken Sie auf die Schaltfläche (**Neues Objekt hinzufügen**), um Objekte über die allgemeine Suche in der Data Warehousing Workbench zu suchen und in die Liste zu übernehmen.
- Über die Schaltfläche (**Objekt entfernen**) können Sie Objekte aus dem Listenbereich löschen, wenn Sie diese nicht benötigen.

- Über die Schaltfläche (**Objekt manuell eintragen**) können Sie einzelne Objekte direkt in die Liste übernehmen. Dazu müssen Sie allerdings den Objekttyp und den technischen Objektnamen kennen oder entsprechend suchen.
- Die Funktion der Schaltfläche (**Viele Objekte eintragen**) arbeitet gleichlautend, ermöglicht Ihnen aber eine Massenübernahme aus einer Liste.
- Über die Schaltfläche (**Alle Data Warehouse Objekte hinzufügen**) können Sie alle in Ihrem System vorhandenen Objekte in einem Schritt in die Objektliste übernehmen. Bei dieser Funktion ist gewisse Vorsicht geboten, da sie einer Komplettkonvertierung Ihres Systems gleichkommt und überdies eine sehr lange Laufzeit bei der Ausführung erzeugt. Kürzen Sie die erzeugte Objekteliste gegebenenfalls in einem Folgeschritt.
- Die Schaltfläche (**Alle Topl. P.ketten hinzufügen**) klingt etwas kryptisch. Die Bezeichnung bedeutet, dass Sie alle Top-Layer-Prozessketten Ihres Systems übernehmen können. Das System löst bei einer Übertragung die Abhängigkeiten zu Subketten entsprechend auf und fügt diese hinzu. Beachten Sie, dass das Übernehmen aller Prozessketten voraussetzt, dass die darin enthaltenen Objekte im Zielsystem vorhanden sein müssen, da es ansonsten zu Fehlermeldungen kommt.
- Über die Schaltfläche (**Alle Queries hinzufügen**) fügen Sie in einem Schritt alle Querys Ihres BW-Systems in die Objektliste ein.
- Über die Schaltfläche (**Aus dem Remote-System kopieren**) können Sie bereits übertragene Objekte aus dem Zielsystem nochmals in eine neue Objektliste übernehmen, wenn Sie diese in einem gegebenenfalls aktualisiertem Zustand aus dem BW-Quellsystem erneut übertragen wollen.
- Über die Schaltfläche (**Zielsystem Shell-Übertragung**) wählen Sie, welche vorkonfigurierte RFC-Verbindung Sie für Ihr SAP-BW-Bridge-Zielsystem verwenden möchten. Die Konfiguration des Eintrags haben Sie entweder im Rahmen der Verbindungseinstellungen mit Transaktion SM59 (Konfiguration der RFC-Verbindungen) in Ihrem BW-Quellsystem vorgenommen, oder Sie müssen dies nun entsprechend nachholen. Wählen Sie einen entsprechenden Eintrag aus der angezeigten Liste aus.
- Die Schaltfläche Minimaler Scope funktioniert wie ein Ein- und Ausschalter. Schalten Sie den Schalter mit einem Klick auf die Schaltfläche ein, woraufhin sie blau hinterlegt wird. Damit beschränken Sie die Prüfung der Objektabhängigkeiten und das Hinzufügen von gegebenenfalls weiteren Objekten als Vorgänger und Nachfolger auf die absolut notwendigen Elemente. So werden z. B. bei einem DataStore-Objekt nur die darin enthal-

16

tenen InfoObjects aus der direkten Abhängigkeit in die Objektliste mitbehandelt. Ausgeschaltet ist die Schaltfläche grau hinterlegt, und die entsprechenden Abhängigkeiten der Vorgänger und Nachfolgeobjekte werden berücksichtigt.

- Auch die Schaltfläche Queries sammeln funktioniert wie ein Ein- und Ausschalter. Klicken Sie auf diese Schaltfläche, um den Schalter einzuschalten, woraufhin die Schaltfläche blau hinterlegt wird. Damit sammeln Sie entsprechende Querys von entsprechenden InfoProvidern. Ausgeschaltet ist die Schaltfläche grau hinterlegt (Queries sammeln), und Querys werden nicht berücksichtigt.

[»]

Verwendung der Auswahlschalter für Scope und Querys

Wenn Sie die Schaltfläche **Minimaler Scope** verwenden, wird zunächst die Schaltfläche **Queries sammeln** deaktiviert, weil **Minimaler Scope** die abhängigen Objekte nicht berücksichtigen soll. Sie können die Funktion **Queries sammeln** aber erneut anklicken, um die Funktion wieder zu aktivieren.

- Die Schaltfläche (**HCPR nur bei Bedarf anlegen**) ist ebenfalls ein Ein- und Ausschalter. Klicken Sie darauf, um diesen einzuschalten; dabei wird er blau hinterlegt. In diesem Zustand werden CompositeProvider im Zielsystem nur dann angelegt, wenn sie für den Übertrag der Query-Metadaten unbedingt erforderlich sind. Ausgeschaltet ist die Schaltfläche grau hinterlegt (), und alle CompositeProvider der Objektliste werden im Zielsystem angelegt.

Erste Konvertierung

Für eine erste Konvertierung soll das DataStore-Objekt ASDIV001 aus Tabelle 16.2 nach SAP BW Bridge übertragen werden. Klicken Sie dazu auf die Schaltfläche Minimaler Scope, sodass diese blau hinterlegt ist. Damit werden zunächst nur die notwendigen Objekte gesucht. Anschließend klicken Sie auf die Schaltfläche (**Neues Objekt hinzufügen**), um über die Suche der Data Warehousing Workbench Objekte zu suchen. Im Folgebild geben Sie den Namen des DataStore-Objekts, hier »ASDIV001«, in das Suchfeld ein und aktivieren die Checkbox für **DataStore-Objekt (advanced)**, wie in Abbildung 16.12 gezeigt.

Klicken Sie auf die Schaltfläche Suchen. Gibt es wie in diesem Fall nur ein einzelnes Objekt, wird es direkt in die Startobjektliste übernommen. Werden bei einer andersartigen Suche mehrere Objekte angezeigt, wählen Sie die entsprechenden Objekte aus und bestätigen deren Übernahme. Die aktuelle Objekteliste entspricht nun der Darstellung in Abbildung 16.13.

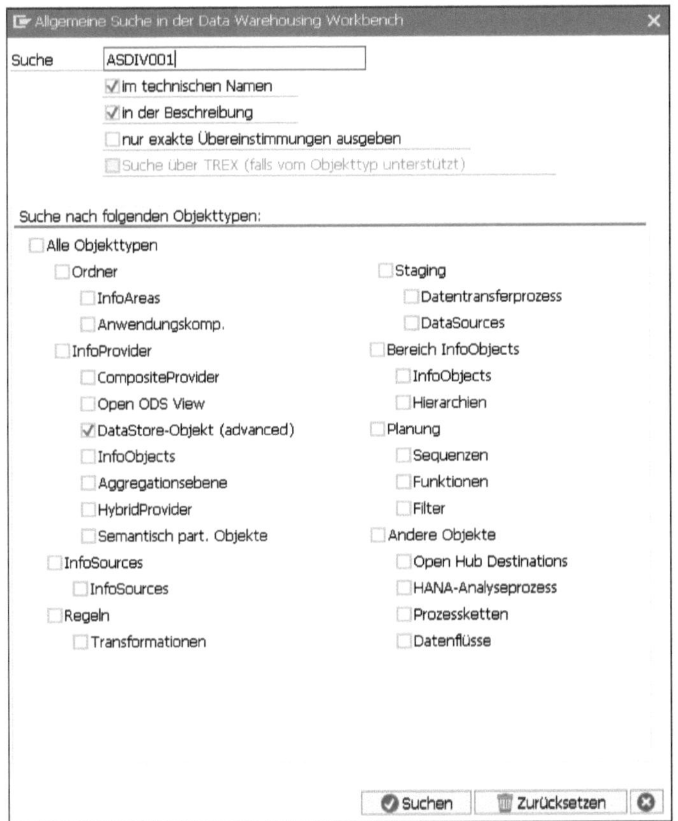

Abbildung 16.12 Objektsuche in der Data Warehousing Workbench

Abbildung 16.13 Ausgewählte Startobjekte

Für den ersten Migrationsschritt reicht die angezeigte Objektliste aus. Nun müssen Sie noch das Zielsystem der Übertragung auswählen. Klicken Sie dazu auf die Schaltfläche [Symbol] (**Zielsystem Shell-Übertragung**). Tragen Sie anschließend den technischen Namen der Destination ein, wie in Abbildung 16.14 gezeigt, oder suchen Sie diesen über die Suchhilfe. Im Beispielfall ist dies die Destination MIG_BRIDGE.

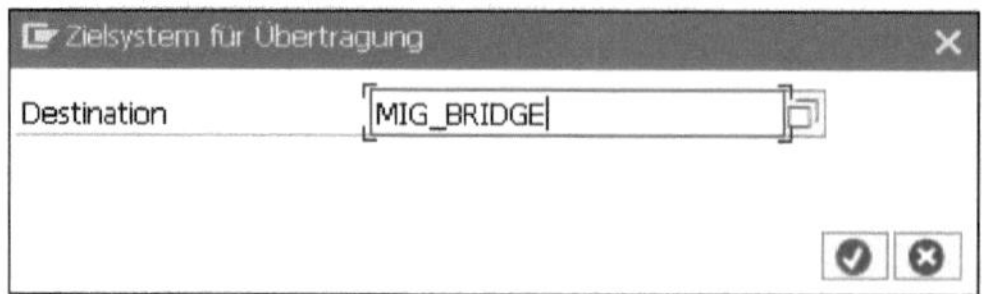

Abbildung 16.14 Destination für die Übertragung bestimmen

Klicken Sie auf die Schaltfläche [Icon], um die Auswahl abzuschließen. Die Eingabe kehrt zurück zur Startobjektliste. Sichern Sie nun die Einstellungen durch einen Klick auf die Schaltfläche [Icon] (**Sichern**). Damit ist der Schritt der Parametererfassung für die Aufgabe **Scope für Transfer sammeln** abgeschlossen, und die Parameterauswahl wird in der Spalte **Parameterbeschreibung** aufgeführt (siehe Abbildung 16.15).

A...	Prü	S...	P...	Phase	Komp.	Aufgabenbeschreibung	Hi...	P...	Parameterbeschreibung
				Scope-Definition	BW	Scope für Transfer sammeln			ADSO:ASDIV001

Abbildung 16.15 Scope für den Transfer mit Parametern anzeigen

Aufgabenliste starten

Klicken Sie nun auf die Schaltfläche [Icon] (**Aufgabenliste im Dialog starten (F8)**), um die Aufgabenliste erstmalig zu starten. Interessanterweise resultiert die erste Ausführung in einer Fehlermeldung, und die Fortsetzung wird gestoppt, wie in Abbildung 16.16 gezeigt. Dies ist insofern aber korrekt, da Angaben fehlen, die erst nach der ersten Ausführung ermittelt werden konnten.

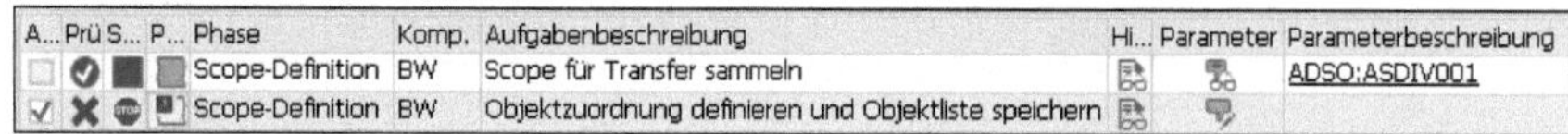

A...	Prü	S...	P...	Phase	Komp.	Aufgabenbeschreibung	Hi...	Parameter	Parameterbeschreibung
				Scope-Definition	BW	Scope für Transfer sammeln			ADSO:ASDIV001
				Scope-Definition	BW	Objektzuordnung definieren und Objektliste speichern			

Abbildung 16.16 Fehleranzeige für die Objektzuordnung nach dem ersten Starten der Aufgabenliste

Zunächst fällt auf, dass in der unteren Zeile in der Spalte **Prüfstatus** das Symbol [Icon] (**Prüfung fehlgeschlagen**) und in der Spalte **Status** das Symbol [Icon] (**Ausführung wurde verhindert**) angezeigt wird. Außerdem enthält die Spalte **Protokoll** das Symbol [Icon] (**AufgProt. mit Fehlern anzeigen**). Der eigentliche Fehler ist im Meldungsteil im unteren Bildbereich textlich erklärt (siehe Abbildung 16.17).

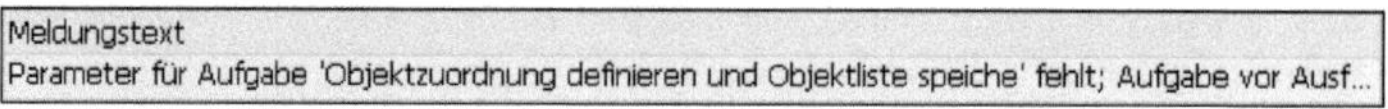

Abbildung 16.17 Fehlertext zum Ausführungsfehler

Diese Meldung verweist darauf, dass nun zusätzliche Parameter zu pflegen sind. Klicken Sie zur Ergänzung der Angaben auf die Schaltfläche [Icon] (**Para-**

meter füllen) in der Spalte **Parameter**. In dem folgenden Bild erscheint eine sehr detaillierte Liste aller Objekte, die durch die bisherigen Schritte gefunden wurden. Abbildung 16.18 zeigt diese Liste auszugsweise.

Objektliste pflegen

Andere Objekte ausblenden | InfoObjekte ausblenden | Query-Elemente ausblenden | 38 / 38 Ausgewählte Objekte

Original-...	Entf...	Originaler Objektname	Beschreibung	Neues ...	Neuer Objektname	Objekt übertragen	Spezialoptionen	Notwendige Objekte	Metadaten übe...	Da...	Re...
AREA	5	ZBC		AREA	ZBC	✓			✓	☐	☐
AREA	3	0SAP	SAP-Anwendungen - InfoObjects	AREA	0SAP	✓			✓	☐	☐
AREA	2	0SD	Vertriebsanalysen - SAP R/3 SD	AREA	0SD	✓		AREA:0SAP	✓	☐	☐
ADSO	0	ASDIV001	SD-IV Faktura Positionsdaten	ADSO	ASDIV001	✓		AREA:SD_A / IOBJ:0BILL_ITEM /...	☐	☐	☐

Abbildung 16.18 Objektliste zur Fehlerprüfung anzeigen

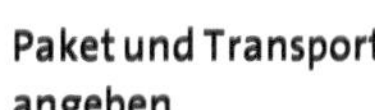

Paket und Transport angeben

Tatsächlich besteht wahrscheinlich kein Fehler, aber es fehlt die Angabe eines Transports und eines Pakets in SAP BW Bridge, in dem die Objekte gesammelt werden können. Klicken Sie dazu auf die Schaltfläche (**Paket und Trans. des Empfängers zuordnen**). Daraufhin erscheint ein Pop-up-Fenster, wie in Abbildung 16.19 beispielhaft gezeigt, in das Sie Ihr Entwicklungspaket und die Nummer des entsprechenden Transports aus SAP BW Bridge eintragen. Diese Angaben haben Sie vorab bei der Einrichtung von SAP BW Bridge in Eclipse einmalig festgelegt. Näheres dazu finden Sie in Kapitel 11, »Datenmodelle im Kontext von SAP BW und SAP BW Bridge«.

Abbildung 16.19 Paket und Transport aus SAP BW Bridge eintragen

Bestätigen Sie die Angaben anschließend über die Schaltfläche , und kehren Sie dadurch zur Objektliste zurück.

Unterschiede zwischen Standard-CTS und gCTS

Anders als das Standard-Transportverfahren (Change and Transport System, CTS) über den ABAP-Stack arbeitet SAP BW Bridge mit dem git-basierten Transportverfahren (gCTS). Dabei werden alle BW-Objekte in SAP BW Bridge auf einem Transport gesammelt und durch das gCTS-Verfahren verwaltet. Der Transport und auch das Paket müssen vorab in SAP BW Bridge angelegt worden sein. Vergleichen Sie hierzu auch Kapitel 11, »Datenmodelle im Kontext von SAP BW und SAP BW Bridge«. Weiterführende Informationen zur Konfiguration und die FAQs mit Verweisen auf die SAP-Hinweise finden Sie in den folgenden Blogs:

https://blogs.sap.com/2022/05/06/gcts-configuration-and-integration-with-github/

https://blogs.sap.com/2020/12/16/some-answers-for-the-gcts-community-call/

Objektliste verändern

Die angezeigte Objektliste lässt sich zusätzlich nachträglich verändern, indem Sie die Checkbox in der Spalte **Objekt übertragen** deaktivieren. Dies führt zum Ausschluss des jeweiligen Eintrags von der Übertragung. Dabei werden allerdings auch gegebenenfalls abhängige Objekte deaktiviert. Zum Beispiel ist es nicht möglich, den Eintrag einer Top-InfoArea zu löschen, ohne dass auch die darunterliegenden Einträge entfernt werden. Dies kann zu ungewollten Effekten führen. Falls die so veränderte Liste nicht mehr Ihren Wünschen entspricht, verlassen Sie die Pflege der Liste ungesichert und rufen diese aus der Aufgabenliste heraus erneut auf. Gegebenenfalls müssen Sie die Angaben zu Paket und Transport erneut vornehmen.

Zum Sichern der gemachten Angaben klicken Sie auf die Schaltfläche (**Sichern**). Die Anpassungen werden übernommen, und Sie kehren damit zur Aufgabenliste zurück. Klicken Sie auf (**Aufgabenliste im Dialog starten/erneut ausführen**), um die Ausführung fortzusetzen. Dabei werden bereits erfolgreich ausgeführte Schritte nicht wiederholt, sondern die Bearbeitung mit der aktuellen Aufgabe fortgesetzt. Sichern Sie die Einstellungen bei Bedarf über die Schaltfläche (**Als Variante sichern**).

Weitere Prüfung des Aufgabenlistenlaufs

Die nun ausgeführte Liste kann in der Regel den dritten Schritt **Verwendung von betroffenen Objekten ermitteln** ohne Fehler durchführen. Der vierte Schritt **Prüfliste für Verwendung von betroffenen Objekten** erwartet hingegen normalerweise eine Prüfung von Angaben in der Parameterliste. Der aktuelle Zustand des Aufgabenlistenlaufs entspricht aktuell etwa dem in Abbildung 16.20 gezeigten Bild, in dem der genannte Schritt zunächst einen Fehler zeigt.

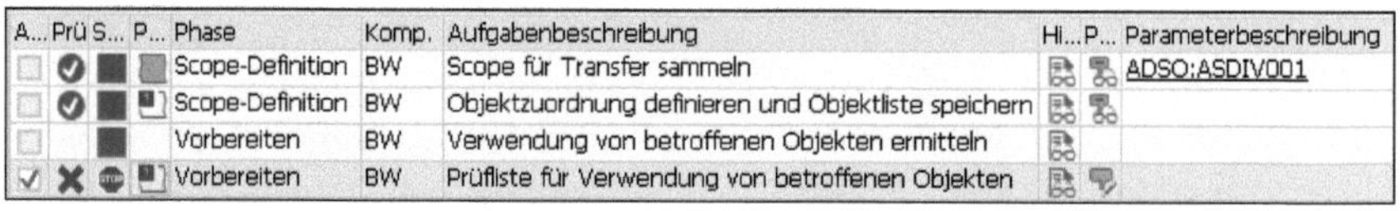

A...	Prü	S...	P...	Phase	Komp.	Aufgabenbeschreibung	Hi...	P...	Parameterbeschreibung
				Scope-Definition	BW	Scope für Transfer sammeln			ADSO:ASDIV001
				Scope-Definition	BW	Objektzuordnung definieren und Objektliste speichern			
				Vorbereiten	BW	Verwendung von betroffenen Objekten ermitteln			
				Vorbereiten	BW	Prüfliste für Verwendung von betroffenen Objekten			

Abbildung 16.20 Fehlermeldungen in der Aufgabenliste (Schritt 4)

Die Meldung im Protokollbereich gleicht der Fehlermeldung aus Schritt zwei. Klicken Sie wiederum auf die Schaltfläche (**Parameter füllen**) in der Spalte **Parameter**, um die notwendigen Angaben zu prüfen. Das daraufhin erscheinende Bild enthält zwei Angaben, wie in Abbildung 16.21 gezeigt.

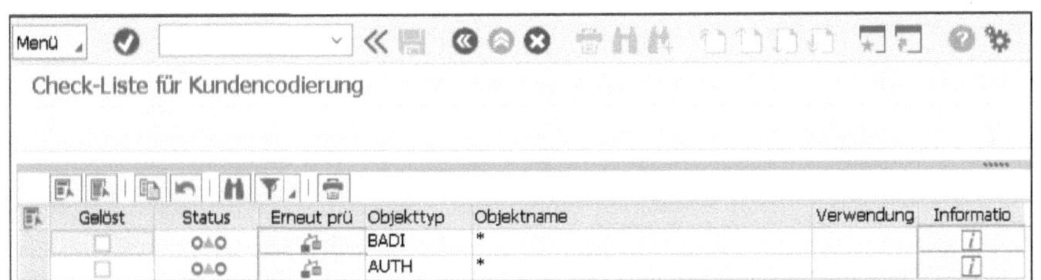

Abbildung 16.21 Checkliste der Parameter für die Aufgabenliste (Schritt 4)

Wie die Überschrift in diesem Bild schon andeutet, handelt es sich hier um eine Checkliste. Die aufgeführten Einträge beziehen sich auf Business-Add-in- und Berechtigungsimplementierungen, die Sie gegebenenfalls in Ihrem SAP-BW-System vorgenommen haben. Diese sind von zentraler Bedeutung und müssen gegebenenfalls vor allen weiteren Migrationen in SAP BW Bridge verfügbar sein. Sie müssen diese daher als Erstes, gegebenenfalls getrennt, migrieren. Klicken Sie auf die Schaltfläche in der Spalte **Information**, um die Details anzuzeigen. Prüfen Sie die Vollständigkeit Ihrer zu übertragenden Implementierungen entsprechend, um Fehler in weiteren Konvertierungen in den Aufgabenlistenläufen zu vermeiden. Aktivieren Sie nun die Checkboxen der beiden Einträge als gelöst, da im vorliegenden Fall keine Kundenerweiterungen genutzt wurden, und kehren Sie anschließend durch einen Klick auf die Schaltfläche (**Zurück**) zur Aufgabenliste zurück. Klicken Sie anschließend auf die Schaltfläche (**Aufgabenliste im Dialog starten/erneut ausführen**), um den Aufgabenlistenlauf fortzusetzen.

Übertragung abschließen

Da nun alle notwendigen Parameter gepflegt und die Vorgängerschritte erfolgreich durchlaufen worden sind, kann abschließend der fünfte Schritt **Metadaten ins Empfängersystem übertragen** in der Phase Finalisierung ausgeführt werden. Dieser Schritt kopiert alle gesammelten Objekte in Ihren Metadaten von Ihrem SAP-BW-Originalsystem nach SAP BW Bridge, sodass sie in beiden Systemen gleichlautend vorhanden sind. Dies gilt für das im Szenario verwendete DataStore-Objekt `ASDIV001` und für die notwendigen InfoObjects und deren Sub-InfoObjects.

Prüfen Sie nun die Konsistenz der übertragenen Artefakte auf Vollständigkeit und auf die korrekte Aktivierung hin. Solange Sie allerdings keine weitere Fehlermeldung mit Bezug zum letzten Schritt der Aufgabenliste erhalten, konnten alle Elemente korrekt übertragen und aktiviert werden. Die Ansicht der Aufgabenliste zur Shell-Konvertierung sieht für die durchgeführten Schritte daher final so aus, wie in Abbildung 16.22 gezeigt.

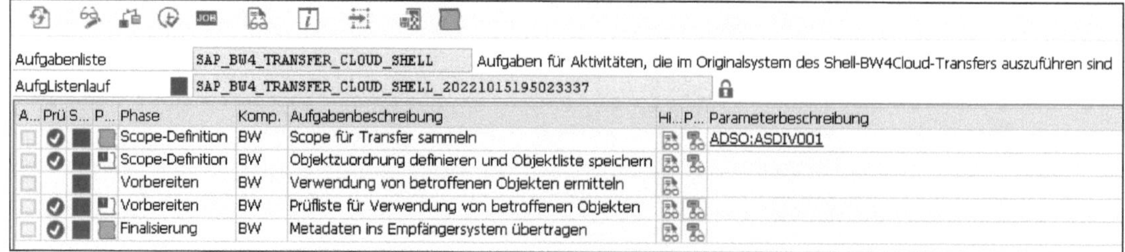

Abbildung 16.22 Abschluss der Aufgabenliste zur Shell-Konvertierung

Die Schaltfläche (**Parameter füllen**) in der Spalte **Parameter** hat an der Stelle nur noch informativen Charakter zu den Angaben des Pakets und des Transports. Hier ist keine weitere Eingabe nötig. Beachten Sie im Kopf des Bildes zum Feld **AufgListenlauf** die Symbole (**Erfolgreich beendet**) und (**Abgeschlossen**), die bestätigen, dass der Lauf ohne Fehler beendet worden und nun abgeschlossen ist.

Weitere Shell-Konvertierungen

Um den gesamten Datenfluss der Faktura-Positionen vom Extraktor bis hin zum finalen DataStore-Objekt PSDIV001 vorzunehmen, wiederholen Sie die Aufgabenliste der Shell-Konvertierung entsprechend. Sie können die Abhängigkeiten der Objekte ausnutzen, um gezielt einen Datenfluss zu komplettieren oder Objekte in einem größeren Rahmen zu übertragen.

Aufteilung der Migration

Nach dem Prinzip »Think big – start small« können Sie erste Schritte einer Konvertierung in einzelnen überschaubaren Einheiten durchführen. Wenn Sie mit der Handhabung vertrauter sind und sich die Übertragung Ihrer Szenarien als stabil in der Abwicklung erwiesen hat, gehen Sie sukzessive zu immer größeren Einheiten über, bis schließlich alle gewünschten Szenarien bearbeitet sind.

Weitere Aktivitäten des Szenarios

Nach der Übertragung der erforderlichen Objekte des Datenflusses war als Annahme des zu migrierenden Szenarios gesagt, dass das DataStore-Objekt PSDIV001 (siehe Abbildung 16.2) strukturell nachbearbeitet und dazu auch die erforderliche Transformation optimiert wird. Da sich SAP BW Bridge diesbezüglich in der Handhabung nicht von einem SAP-BW/4HANA-System und auch in weiten Teilen nicht von einem SAP-BW-on-HANA-System unterscheidet, wird hier auf eine ausführliche Darstellung verzichtet.

Es sei jedoch angemerkt, dass sich bei einem rein manuellen Übertrag der Transformation, bei dem diese neu angelegt wird, auch die Notwendigkeit zum Erstellen eines neuen Datentransferprozesses ergibt, der anschließend auch zu einem Austausch in den Prozessketten führt. Als Lösung eines solchen Problems können Sie ABAP-Coding in der Quelltransformation zunächst auskommentieren und diese dann übertragen. Dabei bleibt der technische Name der Transformation erhalten, und der dazugehörige Datentransferprozess kann weiter verwendet werden. Erst in SAP BW Bridge aktivieren oder modifizieren Sie das Coding, wie benötigt. In der Folge benötigen Sie keine Änderung der Prozesskette, die ebenso wie die vorangehenden Objekte ohne Probleme nach SAP BW Bridge übertragen werden kann.

Die Darstellung einer solchen abgestuften Vorgehensweise soll hier keinesfalls das Szenario unnötig verkomplizieren, zumal die Aufgabenschritte in der Shell-Konvertierung dabei nicht generell abweichen. An dieser Stelle geben wir Ihnen jedoch noch einmal den Hinweis, dass Ihre Migration durchaus eine individuelle Betrachtung erfordert, für die es in der Regel aber Lösungswege gibt. Eine weitergehende Darstellung hier ist jedoch nicht möglich, wie bei der Einleitung des Szenarios schon erwähnt.

Abschluss der Migration nach SAP BW Bridge

Nachdem Sie alle erforderlichen SAP-BW-Objekte nach SAP BW Bridge migriert haben, versorgen Sie die persistenten Objekte aus einer Shell-Migration mit Daten aus dem Quellsystem. Bei einer Remote-Migration werden die Dateninhalte während des Verfahrens mitübertragen. In beiden Fällen benötigen Sie noch eine abschließende Delta-Initialisierung aus den Quellsystemen. Die Aufgabenliste der Remote-Migration unterstützt Sie beim korrekten Ablauf, konnte hier aber u. a. aus Umfangsgründen nicht gezeigt werden. Haben Sie alle Daten korrekt geladen und die fortlaufende Datenversorgung durch Prozessketten wieder aufgenommen, ist die Migration Ihrer bisherigen SAP-BW-Objekte nach SAP BW Bridge abgeschlossen. Fahren Sie nun mit der weiteren Anbindung der notwendigen Daten in SAP Data Warehouse Cloud fort, die Ihnen in den nächsten Abschnitten erläutert wird.

16.3 Übernahme der Modellkomponenten nach SAP Data Warehouse Cloud

Gründe für den Kern von SAP Data Warehouse Cloud

In diesem Abschnitt erfahren Sie, wie Sie SAP-BW-Bridge-Objekte auswählen, um, darauf aufbauend, in weiteren Schritten die Anforderungen des Fachbereichs in SAP Data Warehouse Cloud zu realisieren. Der klassische Tenant von SAP Data Warehouse Cloud ist aus mehreren Gründen die geeignete Umgebung für die weitere Integration. Erstens können wir in unserem Szenario davon ausgehen, dass SAP Data Warehouse Cloud bereits zur Integration von Daten aus verschiedenen Themengebieten genutzt wird und lediglich bestimmte Zusatzdaten aus SAP BW Bridge hinzugelesen werden sollen. Zweitens wird SAP in Zukunft immer mehr Szenarien per CDS View anbieten, aus denen die Daten ohne Probleme direkt nach SAP Data Warehouse Cloud extrahiert werden können. Drittens ist die technisch anspruchsvollste Aufgabe, die adäquate Datenakquise über eine deltabasierten Extraktionslogik, bereits erledigt, und die nächsten Schritte, nämlich die Durchführung von Verknüpfungen und Berechnungen, können auch von Power-Usern bewerkstelligt werden.

Weitere Aufgaben

Die weitere Harmonisierung und Integration der Modelle soll also in SAP Data Warehouse Cloud erfolgen, aber ein Teil der Daten ist bisher nur in SAP BW Bridge verfügbar. Daraus ergeben sich die nächsten Schritte:

1. Stellen Sie die Rechnungsdetails aus SAP BW Bridge im Kern von SAP Data Warehouse Cloud zur Verfügung. Dazu importieren Sie sie als Remote-Tabellen in den SAP-BW-Bridge-Space.
2. Bereiten Sie die vorhandenen externen Modelle gezielt als Grundlage für das hybride Modell auf. Dazu nutzen Sie einen SQL-View.
3. Ermöglichen Sie die Verwendung der Daten aus beiden Bereichen in einem gemeinsamen Space für Power-User. Dazu richten Sie einen Space `DWCB_S2` ein und teilen die Stammdaten und die Objekte aus den Punkten 1 und 2 mit diesem Space.
4. Modellieren Sie die gemeinsame Datenschicht für das hybride Szenario. Dazu nutzen Sie grafische Views.
5. Laden Sie ergänzende Klassifikationsdaten hinzu. Dazu nutzen Sie einen CSV-Upload.
6. Assoziieren Sie die Stammdaten mit den Bewegungsdaten.

In unserem Szenario gehen wir davon aus, dass wir nur die Daten zum Buchungskreis 1000 brauchen und keine gelöschten Belege. Es genügen die Informationen zu den Feldern **Rechnungsnummer**, **Rechnungsempfänger**, **Datum** und **Verkäufergruppe** samt den übergeordneten Ebenen **Werk** und **Material** sowie den Verkaufsmengen mit den Verkaufseinheiten und den Beträgen in Belegwährung. Mitarbeiter*innen sollen eigene Daten zur Klassifizierung laden und anbinden.

Space von SAP BW Bridge

Für das Übernehmen der Modelle nach SAP Data Warehouse Cloud melden Sie sich an SAP Data Warehouse Cloud an. Wie in Kapitel 11, »Datenmodelle im Kontext von SAP BW und SAP BW Bridge«, erklärt, ist der SAP-BW-Bridge-Space die Schnittstelle zwischen beiden Welten. Um hier arbeiten zu können, muss Ihre Administration zunächst Ihren Benutzer über die Schaltfläche (**Space Management**) dem SAP-BW-Bridge-Space hinzufügen.

Wenn dies eingerichtet ist, öffnen Sie über die Schaltfläche den Data Builder. Wie in Kapitel 4, »Datenmodellierung mit dem Data Builder«, erläutert, ist er das zentrale Werkzeug zur Integration von Daten und Modellen in SAP Data Warehouse Cloud. In dem Überblick der Startseite sehen Sie den SAP-BW-Bridge-Space. Nachdem Sie diesen ausgewählt haben, sehen Sie möglicherweise bereits eingebundene SAP-BW-Bridge-Objekte aus früheren Projekten.

SAP-BW-Objekte als Remote-Tabellen importieren

Zur Bereitstellung der neu aus der Konvertierung gewonnen Objekte (speziell des Advanced-DataStore-Objekts PSDIV001, in das Sie die gewünschten Bewegungsdaten geladen haben) wählen Sie die Schaltfläche und anschließend **Import Remote Tables**. Es öffnet sich der Dialog **Importassistent** zur Durchführung der folgenden Schritte (siehe Abbildung 16.23 bis Abbildung 16.25):

1. **Auswahl der Verbindung**
   Nachdem Sie auf die SAP-BW-Bridge-Verbindung geklickt haben, müssen Sie etwas Geduld haben, während der Importassistent die Verbindung aufbaut (siehe Abbildung 16.23).

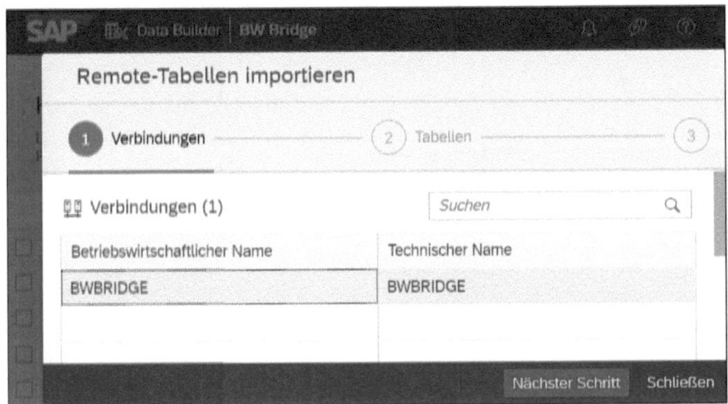

Abbildung 16.23 SAP-BW-Bridge-Objekte importieren (Schritt 1: Verbindungsauswahl)

2. **Objektauswahl**
   Nachdem Sie auf **Nächster Schritt** geklickt haben, sehen Sie unter der Verbindung die oberste Ebene der InfoAreas. Expandieren Sie die Hierarchie bis zum gewünschten Objekt. Dabei brauchen Sie erneut etwas Geduld. Wählen Sie nun das gewünschte Advanced-DataStore-Objekt PSDIV001-REPORTING aus (siehe Abbildung 16.24).

Suche

Die Lupe im Eingabefenster oben rechts funktioniert hier übrigens nicht wie eine Suche, sondern wie ein Filter. Das heißt, dass Sie bereits wissen müssen, an welcher Stelle der InfoArea-Hierarchie Sie das gewünschte Objekt finden. Dazu haben Sie parallel in SAP HANA Studio in Ihrem SAP-BW-Bridge-Projekt die Möglichkeit, das Objekt über die BW-Objekt-Suche zu finden und zu öffnen. Durch einen Klick auf **Editor verlinken** wird der dazugehörige Pfad im SAP-BW-Repository aufgeklappt, und Sie können ihn manuell im Importassistenten nachvollziehen.

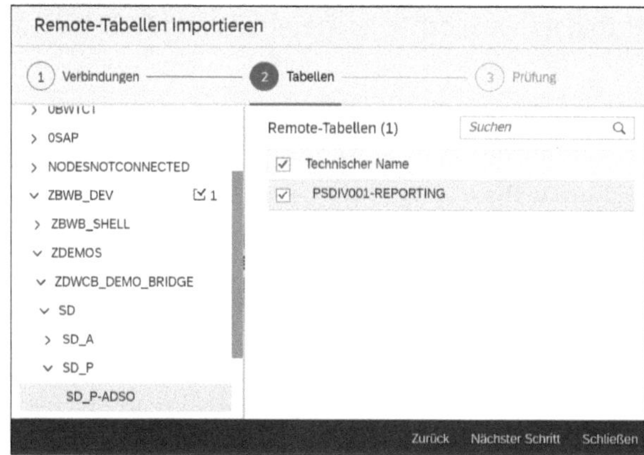

Abbildung 16.24 SAP-BW-Bridge-Objekte importieren (Schritt 2: Objektauswahl)

3. **Umbenennung**: Nachdem Sie auf **Nächster Schritt** geklickt haben, ändern Sie den betriebswirtschaftlichen und den technischen Namen gemäß der Namenskonvention. Den Business-Namen können Sie genauso wählen wie das zugehörige Advance-DataStore-Objekt (siehe Abbildung 16.25).

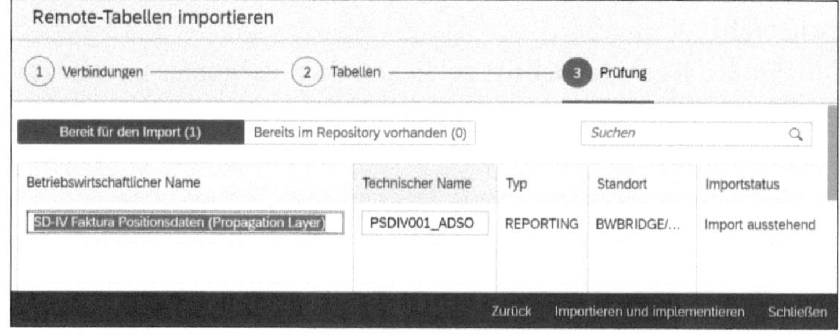

Abbildung 16.25 SAP-BW-Bridge-Objekte importieren (Schritt 3: Anpassung der Objektnamen)

4. **Prüfung**
   Vollenden Sie den Import über die Schaltfläche **Importieren und implementieren**. Haben Sie Geduld, während die Objekte generiert werden.
5. Wenn der Importstatus **Import erfolgreich** anzeigt, schließen Sie den Importassistenten.

Modelle teilen

Am einfachsten sortieren Sie die Objektübersicht absteigend nach Implementierungsdatum. Die Remote-Tabelle wird wie in Abbildung 16.26 in der Objektübersicht angezeigt.

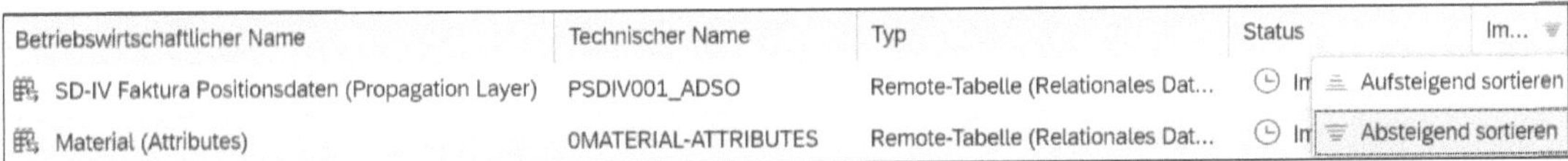

Betriebswirtschaftlicher Name	Technischer Name	Typ	Status	Im...
SD-IV Faktura Positionsdaten (Propagation Layer)	PSDIV001_ADSO	Remote-Tabelle (Relationales Dat...	Im	Aufsteigend sortieren
Material (Attributes)	0MATERIAL-ATTRIBUTES	Remote-Tabelle (Relationales Dat...	Im	Absteigend sortieren

Abbildung 16.26 Erfolgreich importierte Objekte

InfoObjects übernehmen

Optional generieren Sie weitere Remote-Tabellen für die Attribute der InfoObjects aus SAP BW Bridge, die Sie verwenden wollen. Öffnen Sie die Objekte, und testen Sie die Datenvorschau (siehe Abbildung 16.27).

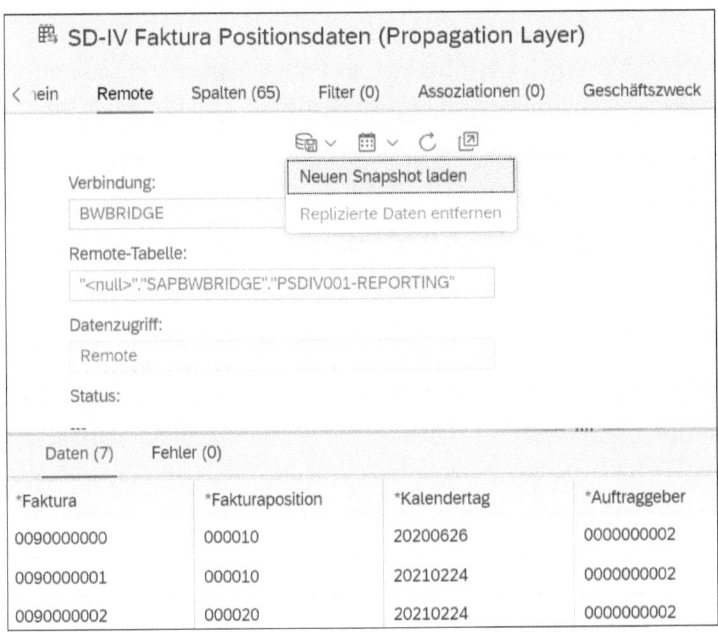

Abbildung 16.27 Datenvorschau einer Remote-Tabelle und Snapshot anlegen

Persistieren der Daten

Sie können die Daten, wie in Abbildung 16.27 zu sehen, als Snapshot laden. Dadurch werden die Zugriffszeiten kürzer, was sehr nützlich beim Anlegen der nächsten Ebenen ist. Um Speicherkosten zu sparen, können Sie den Snapshot jederzeit wieder löschen, ohne dass die Folgeobjekte beeinträchtigt würden.

Paralleles Arbeiten

Wenn es länger dauert, ein Objekt zu implementieren oder einen Space bzw. das angezeigte Objekt auszuwechseln, lassen Sie für jeden Space, in dem Sie arbeiten, ein oder zwei Browserregister parallel geöffnet. Auf diese Weise können Sie an mehreren verschiedenen Objekten zeitgleich arbeiten. Während in dem einen Register die Implementierung läuft, können Sie in dem anderen Register an einem Nachbarthema arbeiten.

Sie können sogar direkt die Webadresse kopieren, und hinter *...databuilder&/db/* setzen Sie den technischen Namen des Space, in dem Sie arbeiten möchten. Wenn Sie ein Objekt darin bearbeiten wollen, setzen Sie noch einen Schrägstich (/) und den Objektnamen dahinter. Um am nächsten Tag weiterarbeiten zu können, legen Sie sich ein Bookmark zu dem Objekt an.

16.4 Vorbereitung externer Modelle

Vorhandene Objekte in SAP Data Warehouse Cloud

Die beste Philosophie ist es, eine Aufgabe immer dort zu erledigen, wo sie bereits auf Bestehendem aufbauen können. Wir gehen in diesem Szenario davon aus, dass Sie in einem anderen Space von SAP Data Warehouse Cloud folgende Objekte aus früheren Projekten finden, die Sie mit den SAP-BW-Daten kombinieren wollen:

- Einen Bewegungsdaten-View `SAP_SD_IL_CDSBILDOCITMBDX2`, der die Verbindung zwischen Verkaufsauftrag und Rechnung darstellt.
- Einen Stammdaten-View `Customer` für Kundendaten.

Benötigte Anpassungen

In den Bewegungsdaten sind einige Felder enthalten, die Sie nicht benötigen. Außerdem nehmen wir an, dass die Größe des Bruttobetrags nicht immer korrekt ist, was aber korrigiert werden kann, indem Sie eine neue Berechnung anlegen, die die gelieferten Werte **Nettobetrag** und **Steuer** addiert. Überdies wollen Sie sichergehen, dass vorläufige Rechnungen nicht berücksichtigt werden. Diese Information finden Sie über ein korrekt gepflegtes View-Feld BILLINGDOCUMENTISTEMPORARY. Detaildaten zur Position werden nicht mehr benötigt und können aggregiert werden.

SQL-View

Im IT-Space sind diese Anpassungen durch ein zentrales Modellierungsteam in einem SQL-View in einer Stufe umsetzbar. Details zur Modellierung finden Sie in Abschnitt 4.5, »SQL-Views«. Abbildung 16.28 zeigt das SQL-Statement und die Datenvorschau.

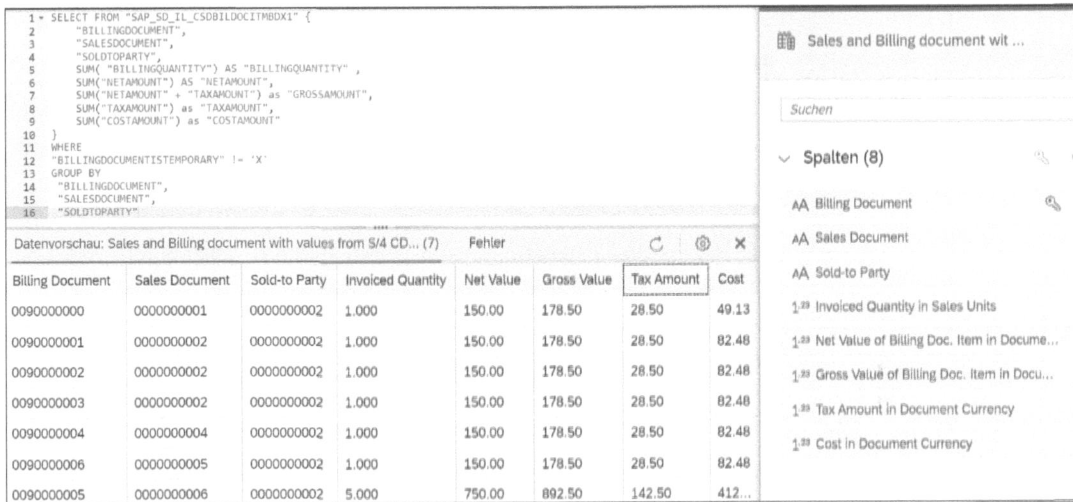

Abbildung 16.28 SQL-View

16.5 Erstellen kombinierter Modelle

Modelle kombinieren (Überblick)

Nach der physischen Bereitstellung der Datenbasis innerhalb der Public Cloud können Sie die übrigen Ebenen mit guter Performance virtuell modellieren. In diesem Abschnitt stellen wir Ihnen die wesentlichen Schritte vor: Sie lernen, wie Sie einen Space für hybride Modelle einrichten, Objekte teilen, Modelle im Data Builder kombinieren, Stammdaten bereitstellen und ein Verbrauchsmodell und eine Perspektive durch den Fachbereich erstellen.

16.5.1 Einrichten eines Space für hybride Modelle

Space für hybride Modelle

Da Sie im SAP-BW-Bridge-Space keine Views oder anderen Objekte anlegen dürfen, benötigen Sie einen weiteren Space, in dem Sie die Modelle zur Integration aufbauen. Lassen Sie sich diesen Space (in unserem Szenario den Space DWCB_S2 (Hybride Modellierung BW Bridge)) bereitstellen. Dieser Space ist zu Beginn leer.

Teilen Sie zunächst den neu erstellten SQL-View mit dem Space DWCB_S2 (siehe Abbildung 16.29).

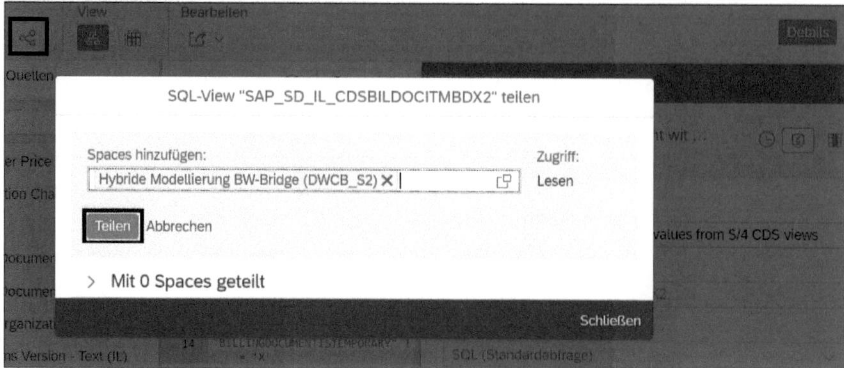

Abbildung 16.29 Den aktuellen View mit einem anderen Space teilen

Schließen Sie den aktuellen View. Um zur Übersicht der Objekte des Space zu gelangen, markieren Sie den benötigten Stammdaten-View für Kunden und klicken dann auf die Schaltfläche (**Teilen**). Anschließend wechseln Sie in den SAP-BW-Bridge-Space und wiederholen die Schritte für die Remote-Tabellen.

Wie es Abbildung 16.30 zeigt, bedeutet das Teilen nur lesenden Zugriff. Um zu überprüfen, mit welchen Spaces ein Objekt geteilt ist, klicken Sie erneut auf die Schaltfläche (**Teilen**).

Abbildung 16.30 Prüfen, mit welchen Spaces ein Objekt geteilt ist

Mit diesen Schritten haben Sie die Vorbereitung für den Fachbereich abgeschlossen.

16.5.2 Kombinieren von Daten

Stellen Sie sich vor, Sie arbeiten im Fachbereich, und Ihnen wurde die Bereitstellung von Views versprochen. Sie öffnen das Startbild des Data Builders und suchen die Objekte, um eine Anforderung umzusetzen. Vielleicht wundern Sie sich, dass, wie es in Abbildung 16.31 zu sehen ist, kein geteiltes Objekt im Ziel-Space in der Übersicht zu finden ist.

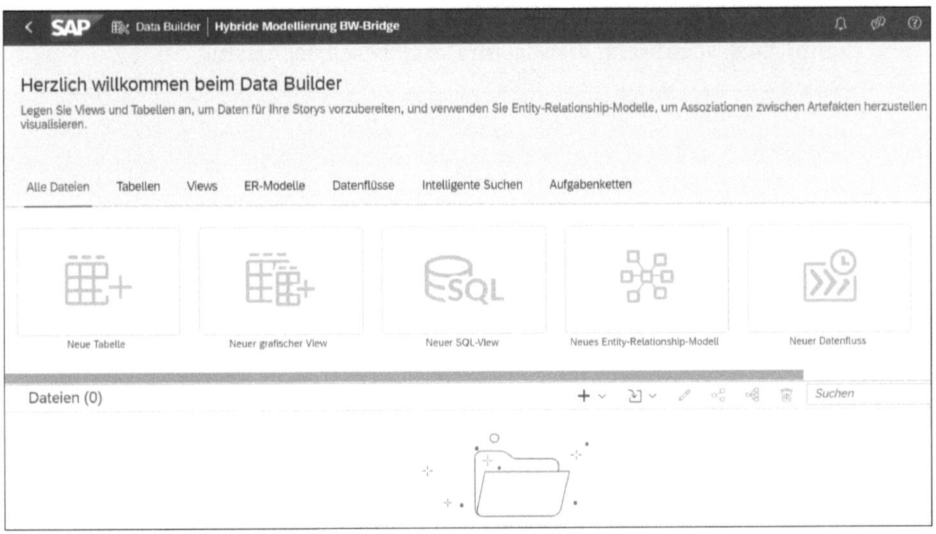

Abbildung 16.31 Leerer Space

16

> **Sichtbarkeit geteilter Objekte**
> Geteilte Objekte sehen Sie erst im Quellbrowser des Objekts, in dem Sie sie verwenden können, also z. B., wenn Sie einen neuen grafischen View anlegen.

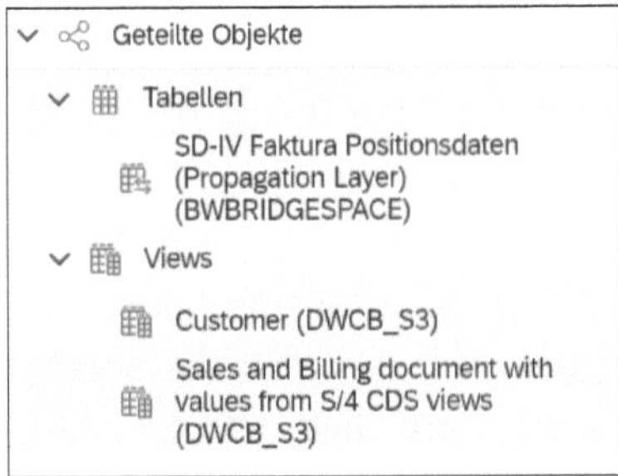

Abbildung 16.32 In den Fachbereich-Space hineingeteilte Views im Quellbrowser

Quellen auswählen

Als erste Ebene des hybriden Modells für den Fachbereich starten Sie mit einem grafischen View. Er soll nur die benötigten Informationen bereitstellen und die beiden Bewegungsdatenszenarien kombinieren. Im links sichtbaren Repository finden Sie die in Abbildung 16.32 gezeigten geteilten Objekte. Als Erstes ziehen Sie die beiden Bewegungsdatenobjekte, nämlich die Remote-Tabelle und den SQL-View, in den Grafikeditor in der Mitte. Bevor wir auf die einzelnen Schritte eingehen, werfen Sie einen Blick auf den

Überblick über die Transformationen (siehe Abbildung 16.33), die in Abschnitt 4.4, »Grafische Views«, im Detail beschrieben sind.

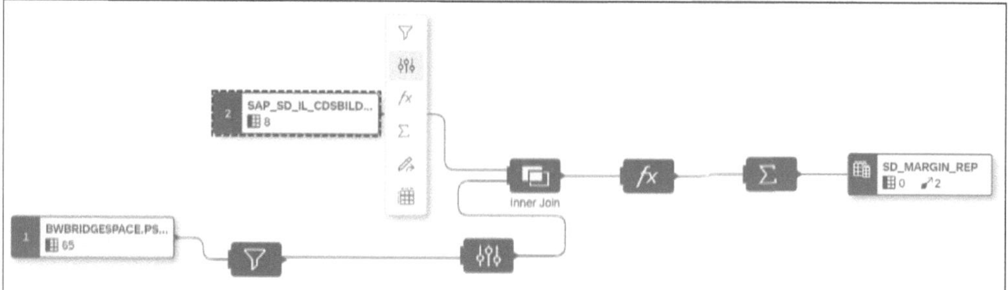

Abbildung 16.33 Überblick über die Transformationen im grafischen View für den Fachbereich

Im Kontextmenü sehen Sie die weiteren Möglichkeiten zur Anpassung:

- Filterknoten zur Einschränkung der Zeilen
- Projektionsknoten zur Reduktion der verfügbaren Spalten
- Aggregationsknoten zur Verdichtung der Daten

Zeilen durch einen Filter aussondern

Benötigt werden im dargestellten Beispielfall nur die nicht gelöschten Rechnungen zum Buchungskreis 1000. Diese Einschränkung können Sie als Filter in einem Filterknoten definieren:

```
"0COMP_CODE"='1000' AND "0ITEM_DEL" != 'X'
```

Diese Filter können Sie später flexibel anpassen, falls sich die Anforderungen ändern, denn die Details sind weiterhin in der Remote-Tabelle verfügbar. Darin zeigt sich ein großer Vorzug der agilen view-basierten Modellierungsphilosophie.

Spalten durch eine Projektion aussondern

Im nächsten Schritt beschränken Sie die sichtbaren Daten auf die benötigten Spalten. Die praktische Funktion der Mehrfachselektion im Bereich **Spalten** eines Projektionsknotens ermöglicht, dass dies, wie in Abbildung 16.34 zu sehen, in zwei Schritten umgesetzt wird.

1. Markieren Sie alle Felder (**Alle auswählen**), und wählen Sie **Ausgewählte Spalten ausschließen**.
2. Markieren Sie die wenigen benötigten Spalten, und stellen Sie mit einem Klick auf die untere Option die ausgewählten Spalten wieder her.

Sie verlieren keine Flexibilität, denn Sie können herausgenommene Felder jederzeit wieder einschalten, falls diese doch gebraucht werden.

Kennzahlen aggregieren

Um die Datenmenge vor dem Join weiter zu reduzieren, addieren Sie die Kennzahlen durch einen Aggregationsknoten.

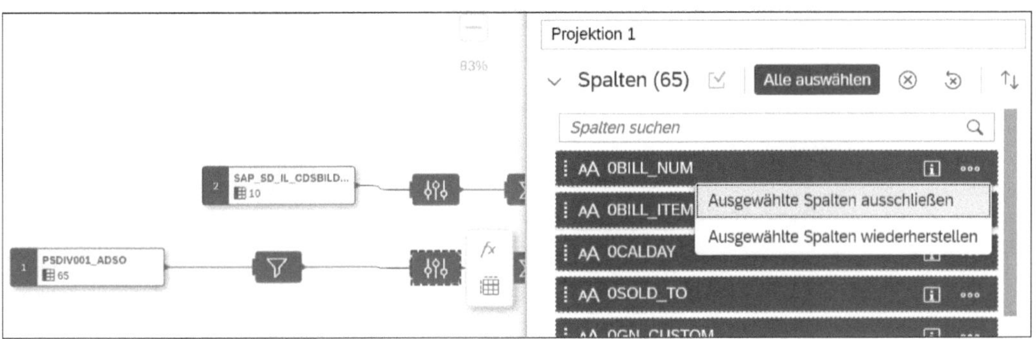

Abbildung 16.34 Aus-/Einblenden mehrerer Spalten auf einmal

Felder durch einen Join ergänzen

Um Informationen zu einer Rechnung aus den beiden Quellen in einer Zeile zusammenzuführen, benötigen Sie einen Join. Dazu ziehen Sie im grafischen Editor eine der Entitäten auf eine andere Entität. Im Detailbereich **Mappings** definieren Sie, wie in Abbildung 16.35 gezeigt, die einander entsprechenden Spalten für den Abgleich zusammenpassender Werte.

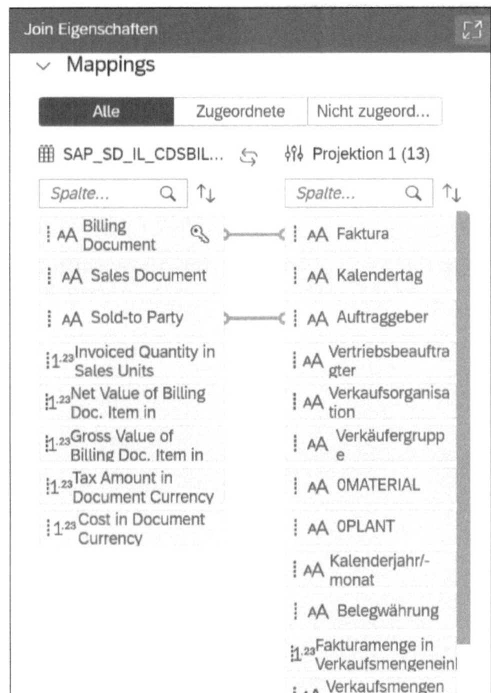

Abbildung 16.35 Join-Definition

Zwar würde in diesem Fall die Identifikation von `Billing Document` und `Faktura` ausreichen, aber durch einen Vergleich des Auftraggebers gewinnen Sie zusätzliche Sicherheit, dass es sich um den gleichen Vorgang handelt.

In der Ausgabe benennen Sie die Feldbezeichnung zum Zweck besserer Lesbarkeit in Deutsch um.

Nach dem Implementieren des Views überzeugen Sie sich durch die Datenvorschau davon, dass die Bewegungsdaten zur Verfügung stehen, wobei sie aus zwei verschiedenen Quellen stammen (siehe Abbildung 16.2, Abbildung 16.36 und Abbildung 16.37).

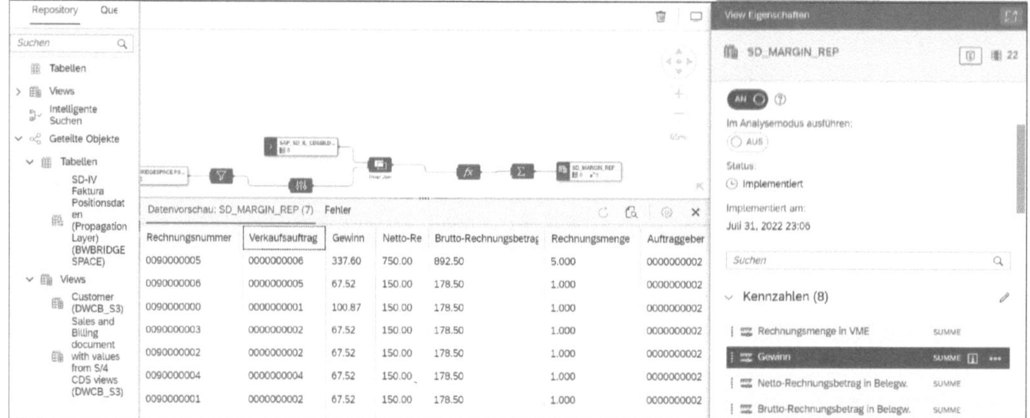

Abbildung 16.36 Kombinierter View der Bewegungsdaten

Gesamtkontext

Im Gesamtkontext ergibt sich die Zusammenführung aus klassischen SAP-BW-Daten und Daten aus CDS-Quellen in einem neuen Modell, die Ihnen wie in Abbildung 16.37 grafisch dargestellt werden, wenn Sie auf der Startseite des Data Builders auf die Schaltfläche [icon] (**Analyse der Auswirkungen und der Herkunft**) klicken.

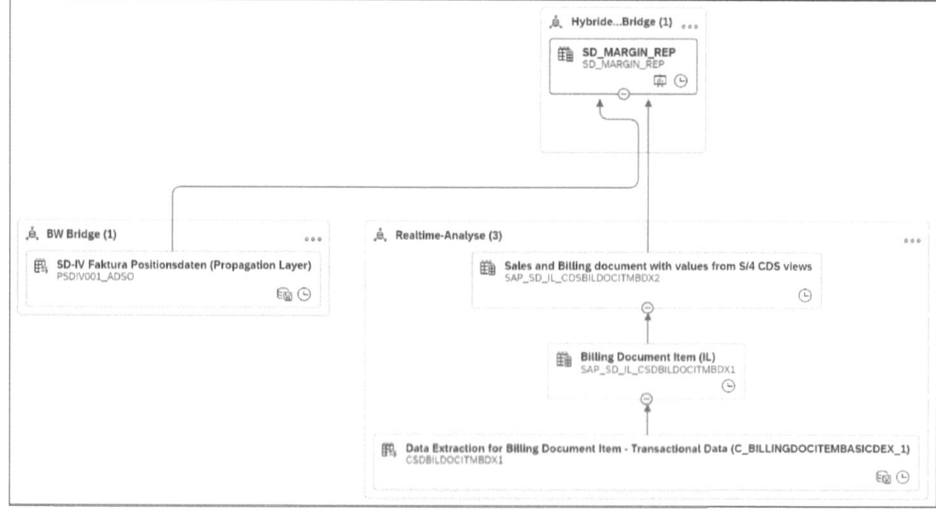

Abbildung 16.37 Herkunftsanalyse für das hybride Szenario

16.5.3 Zentral verfügbare Stammdaten

Kundendimension mit Hierarchie anlegen

Um eine Navigation vom Überblick zum Detail zu ermöglichen, besteht der nächste vorbereitende Schritt in der Anreicherung mit Stammdatenhierarchien. Dazu erstellen Sie einen neuen grafischen View und ziehen das geteilte Stammdatenobjekt `Customer` (`DWCB_S3`) auf die Fläche in der Mitte. Legen Sie den semantischen Typ als Dimension fest, um Texte und Hierarchien im gleichen View bereitzustellen.

Anhand der Datenvorschau (wobei Sie die Schaltfläche [⚙] und dann **Alle markieren** wählen) erkennen Sie, dass die Felder **City** and **Postal Code** gepflegt sind. Sie wollen nun diese Felder für eine Ebenenhierarchie verwenden. Da Sie das geteilte Objekt nicht ändern können, legen Sie einen neuen View zur Feldauswahl an, z. B. mit dem technischen Namen `SAP_SD_Customer_View`.

Der View für die Hierarchie muss ebenfalls vom semantischen Typ **Dimension** sein – was Sie im Detailbereich festlegen. Sie reduzieren die Feldliste auf die benötigten Ebenen der Hierarchie:

- Kunde (ID)
- Kundenname (Text)
- Postleitzahl
- Stadt

Wie es Abbildung 16.38 zeigt, können Sie mehrere Hierarchien anlegen.

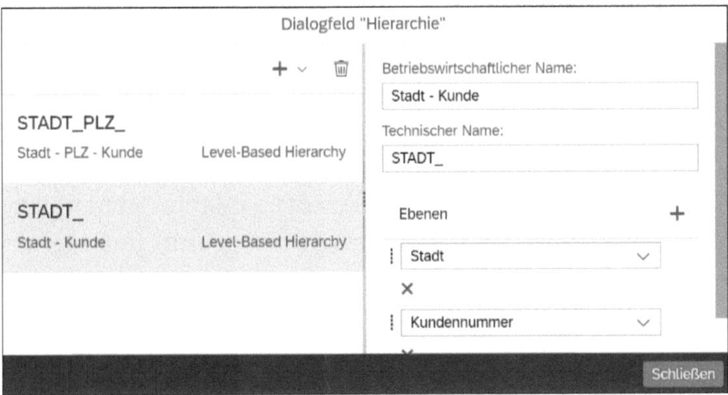

Abbildung 16.38 Zwei Kundenhierarchien

Die unterste Ebene ist der Schlüssel der Dimension, und bei den oberen Ebenen können Sie Ebenen aufnehmen oder entfernen.

Nach dem Implementieren sehen Sie oben übersichtlich die Kerneigenschaften der Dimension: Die Hierarchien, die Status von Implementierung und Validierung und die Anzahl der Ebenen (siehe Abbildung 16.39).

Abbildung 16.39 Überblick über die View-Elemente

Bewegungsdaten und Stammdaten verknüpfen

Der Idee eine Sternschemas folgend, verknüpfen Sie bei den Bewegungsdaten diese und weitere Hierarchien, z. B. Zeithierarchien, durch die Definition einer Assoziation (siehe Abschnitt 4.1.2, »Objekteigenschaften«).

Lokale oder zentrale Hierarchie

Sie können eine Hierarchie alternativ mit über- und untergeordneten Elementen über die Assoziation mit einer anderen Entität mit dem semantischem Typ **Hierarchie** anbinden. In solchen Situationen taucht bei einer Hierarchie die Frage auf, ob die Hierarchie vorzugsweise direkt bei der aktuellen Dimension definiert wird oder über das Assoziieren. Der Vorteil einer Assoziation liegt darin, dass die assoziierte Hierarchie nur einmal gepflegt und gegebenenfalls geändert werden muss und sich eine Änderung sofort an allen Stellen auswirkt, an der die Hierarchie assoziiert wird. Wenn sich diese zentrale Änderung nicht auswirken soll, legen Sie die Hierarchie direkt in der Dimension an. Analoges gilt für die Entscheidung, eine Textassoziation oder direkt ein Attribut der eigenen Dimension des semantischen Typs **Text** zu definieren.

16.5.4 Einfache Modelle des Fachbereichs

Daten aus dem Fachbereich

Die größte Schwierigkeit besteht darin, zu überblicken, welche Daten vorhanden sind, insbesondere dann, wenn verschiedene fremde Daten weitergereicht werden. Daher rührt der Ansatz, dass Business Units ihre eigenes Ad-Hoc-Reporting verantworten.

Der Fachbereich bringt seine eigenen CSV-Dateien zur Kundenklassifikation mit. Wie gelingt es nun, fachbereichsspezifische Daten zur Ergänzung hochzuladen? Dazu gibt es den CSV-Uplaod. Denn die CSV-Datei wird erkannt. Allerdings muss der Vorschlag angepasst werden, denn der Datentyp für die erste Spalte muss ein Zeichenkettenformat sein, weil ansonsten führende Nullen nicht übernommen werden (siehe Abbildung 16.40).

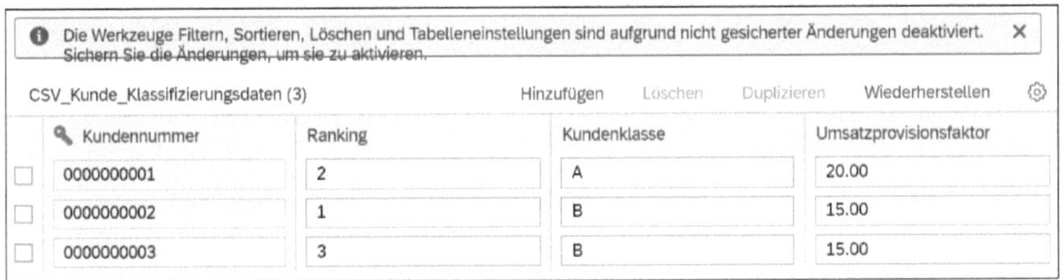

Abbildung 16.40 Daten aus dem CSV-Upload

Analytisches Datenset im Business Builder

Um die vorbereiteten Bewegungsdaten mit diesen hochgeladenen Stammdaten zu kombinieren, legt der Fachbereich über die Schaltfläche im Business Builder zusätzlich zur Dimension eine weitere Geschäftsentität an: ein analytisches Datenset (siehe Abbildung 16.41). Übernehmen Sie alle Kennzahlen und Attribute des vorbereiteten Modells.

Abbildung 16.41 Analytisches Datenset

Zusatzinformation assoziieren

Auch im Business Builder können Sie Dimensionen assoziieren, um Zusatzinformation einzulesen und dadurch die Kennzahlen besser einordnen zu können. Die nächste Aufgabe besteht in der Verknüpfung der Datenbasis mit der soeben generierten Dimension. Legen Sie fest, welches Attribut des analytischen Datensets welchem Schlüsselfeld der assoziierten Dimension entsprechen soll. Abbildung 16.42 zeigt die Details und Abbildung 16.43 die erfolgreiche Anbindung.

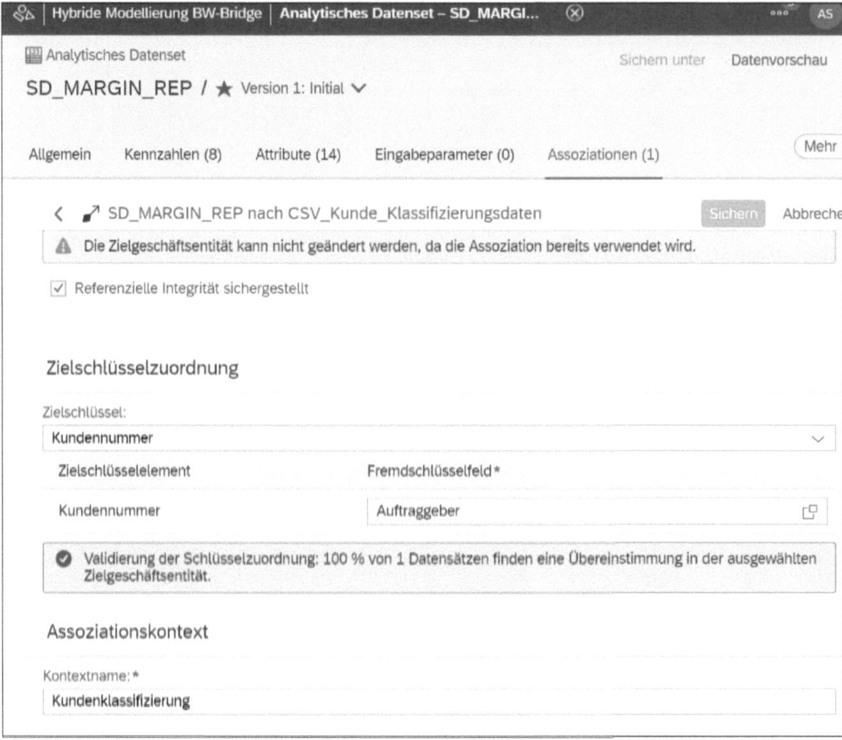

Abbildung 16.42 Details der Zielschlüsselzuordnung der Assoziation zu den Kundenklassifizierungsdaten

Eine Assoziation verhält sich wie ein Join, der nur bei Bedarf ausgeführt wird. Dies bedeutet, dass (ähnlich wie beim Anbinden eines InfoObjects in SAP BW) alle Felder der assoziierten Dimension grundsätzlich verwendbar sind, aber der Join nur in der Datenbank zu Performanceeinbußen führen kann, wenn die Information wirklich benötigt wird (siehe Abbildung 16.43).

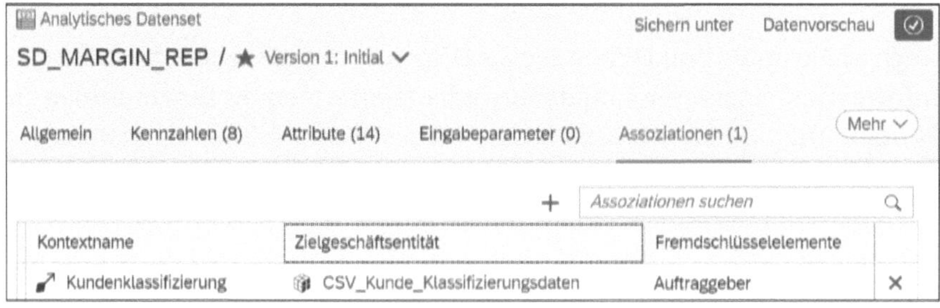

Abbildung 16.43 Assoziation der eigenen Kundenklassifizierungsdaten

Daten durch ein Verbrauchsmodell bereitstellen

Der Fachbereich möchte nun die Fakten, Dimensionen und deren Attribute in einer Form kombinieren, derer sich Benutzer im Reporting leicht bedienen können. Dazu legt er ein *Verbrauchsmodell* an (siehe Abbildung 16.44).

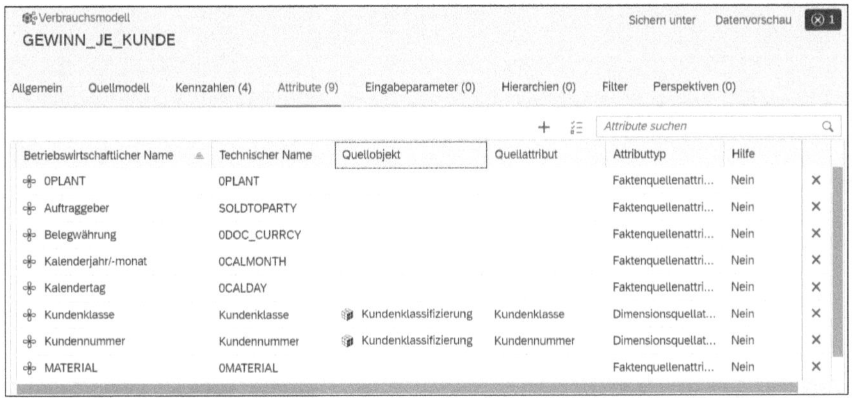

Betriebswirtschaftlicher Name	Technischer Name	Quellobjekt	Quellattribut	Attributtyp	Hilfe
0PLANT	0PLANT			Faktenquellenattri...	Nein
Auftraggeber	SOLDTOPARTY			Faktenquellenattri...	Nein
Belegwährung	0DOC_CURRCY			Faktenquellenattri...	Nein
Kalenderjahr/-monat	0CALMONTH			Faktenquellenattri...	Nein
Kalendertag	0CALDAY			Faktenquellenattri...	Nein
Kundenklasse	Kundenklasse	Kundenklassifizierung	Kundenklasse	Dimensionsquellat...	Nein
Kundennummer	Kundennummer	Kundenklassifizierung	Kundennummer	Dimensionsquellat...	Nein
MATERIAL	0MATERIAL			Faktenquellenattri...	Nein

Abbildung 16.44 Verbrauchsmodell

Dadurch ist der Fachbereich nun in der Lage, sich der Kennzahlen und Attribute aus dem vordefinierten Umfang zu bedienen.

Felder in einer Perspektive auswählen

Für unterschiedliche spezifische Fragestellungen möchte der Fachbereich jeweils eine passgenaue Antwort vorrätig haben. Dazu kann er, auf dem Verbrauchsmodell aufbauend, Perspektiven definieren (siehe Abbildung 16.45).

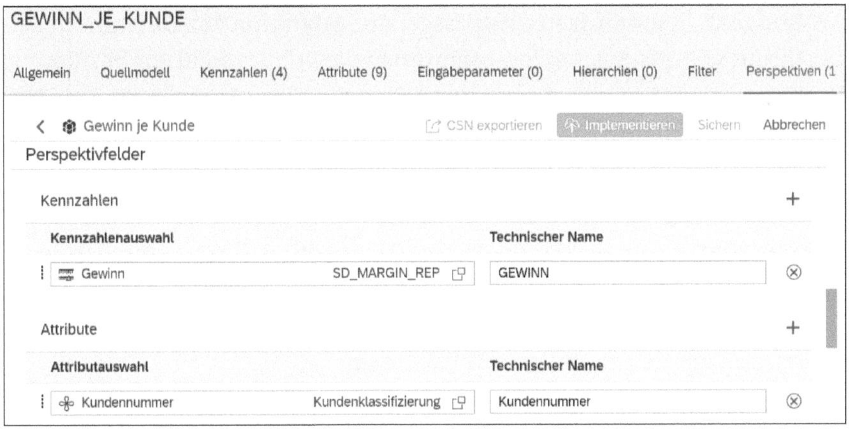

Abbildung 16.45 Perspektive definieren

Datenvorschau

Bevor Modelle in SAP Analytics Cloud gestaltet werden, lohnt sich ein Blick in die Vorschau (siehe Abbildung 16.46). Hier zeigt sich schnell, ob Funktionsumfang und Datenqualität den geforderten Standards genügen. In unserem Fall wurden nur wenige Beispielsdaten geladen. Wenn diese korrekt dargestellt werden, steht der Übernahme weiterer Daten nichts im Weg.

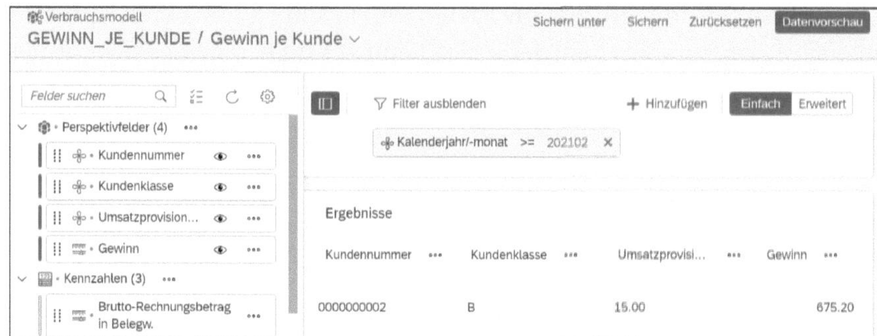

Abbildung 16.46 Vorschau einer Abfrage

16.6 Zusammenfassung

Zukunftssicherheit Ihrer Daten und Modelle

In diesem Kapitel haben Sie im Überblick gesehen, wie Sie das Potenzial Ihrer Daten beim Übergang von On-Premise-SAP-BW-Systemen in die Public Cloud zukunftssicher und stabil durch die Nutzung von SAP BW Bridge in Ihrer SAP-Data-Warehouse-Cloud-Systemlandschaft erschließen können.

Nutzen bestehender Investitionen

Der Ansatz geht davon aus, dass Sie in Ihrem SAP-BW-System breit genutzte Reporting-Applikationen entwickelt haben, die Sie nun für den nächsten Schritt in die Public Cloud als Ihre künftige Plattform weiterentwickeln wollen und damit Ihre bisherigen Investitionen wiederverwenden können. SAP BW Bridge stellt Ihnen dazu eine passgenaue Migration von Datenmodellen aus Ihrem SAP-BW-System (on-premise) in die Public Cloud zur Verfügung. Nach der Migration und Anpassung teilen Sie diese Modelle im SAP-BW-Bridge-Space mit dem Fachbereich.

Self-Service-Gedanke

In SAP Data Warehouse Cloud entwickeln die IT-Abteilung und, wann immer möglich, der Fachbereich hybride Reporting-Szenarien weiter und machen sie durch Verbrauchsmodelle für SAP Analytics Cloud verfügbar. So ermöglichen Sie den Fachbereichen durch eigene Modelle und eigenen Datei-Upload zusätzliche Freiheiten bei der Integration eigener Datenbestände, zusammen mit den zentralen Informationen.

Insgesamt haben Sie auf der Basis von SAP BW, anderen Extraktoren und vorhandenen Modellen ein Modell gebaut, mit dem der Fachbereich seine Fragen selbst beantworten kann – und vor allem ist er auch dazu in der Lage, Daten neu zu generieren, z. B., wenn sich die Kundenklasse ändert, um immer auf dem Laufenden zu sein. Hybride Modelle unterstützen Sie dabei.

Kapitel 17

Szenario 3: Echtzeit-Datenanalyse und Reporting

Die aktuelle Technologieplattform von SAP eröffnet viele neue Wege für Informationsverarbeitung, Reporting und Analyse. Auch Echtzeitszenarien sind einfacher und kostengünstiger umzusetzen als in der Vergangenheit. In diesem Kapitel beschreiben wir Schritt für Schritt die Umsetzung eines Echtzeit-Reportings auf der Basis von SAP Business Content.

In diesem Beispielszenario stellen wir Ihnen eine Schritt-für-Schritt-Umsetzung eines Echtzeit-Reportings vor, basierend auf dem SAP-Business-Content-Paket **Sales Analysis for SAP S/4HANA On-Premise**. Sie werden durch die Aktivierung des SAP Business Contents geführt und lernen, wie Sie den Content nutzen und die Ergebnisdaten auswerten. Zudem erhalten Sie detaillierte Einblicke in die Datenintegration und Prozessierung mit den Administrations- und Monitoring-Werkzeugen von SAP Data Warehouse Cloud und erfahren, wie Sie diese für Optimierungen nutzen können. Dabei wird insbesondere auf die *Change-Data-Capture-Technologie* (CDC-Technologie) im Zusammenspiel mit CDS-Views eingegangen.

In diesem Kapitel beschreiben wir in Abschnitt 17.1, »Übersicht zum Szenario«, das hier dargestellte Szenario, dessen Datenmodell anschließend in der von SAP ausgelieferten Grundform, wie in Abschnitt 17.2, »SAP Business Content für Sales Analysis aktivieren«, dargestellt, installiert wird. In Abschnitt 17.3, »Verwendung des SAP Business Contents für Sales Analysis«, und Abschnitt 17.4, »Modellierung und Auswertung in der Business-Schicht«, wird anschließend beschrieben, wie das Datenmodell mit dem Data Builder und dem Business Builder in ein individuelles Anwendungsszenario mit praxisnahen Zusatzfunktionalitäten ausgebaut wird. Die Schritte zur technischen Analyse sowie zur Optimierung durch Realtime-Datenreplikation zeigen wir in Abschnitt 17.5, »Datenintegration, Monitoring und Optimierung«, auf.

17.1 Übersicht zum Szenario

SAP Business Content für Sales Analysis

Im SAP-Business-Content-Paket **Sales Analysis for SAP S/4HANA On-Premise** werden Ihnen vordefinierte Inhalte für Teilbereiche aus dem Modul *Sales and Distribution* (SD) zur Verfügung gestellt:

- Sales Analysis
- Sales Quotations
- Sales Conditions

Die dafür benötigten Informationen stammen aus den Verkaufsbelegen, aus den Faktura- sowie aus den Angebots- und Konditionsdaten eines SAP-S/4HANA-On-Premise-Systems. Für die Integration der Stamm- und Bewegungsdaten in SAP Data Warehouse Cloud verwenden Sie CDS-Views.

In unserem Beispielszenario fokussieren wir uns auf den ersten Teilbereich Sales Analysis. Abbildung 17.1 zeigt einen Überblick der Gesamtarchitektur.

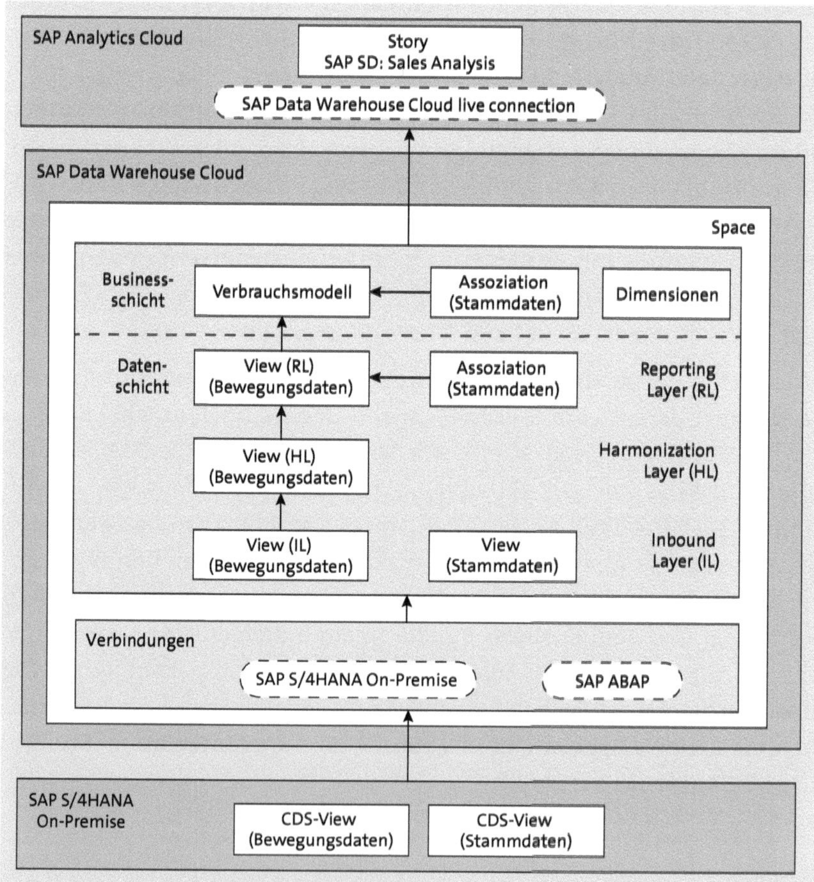

Abbildung 17.1 Architektur im Überblick

Story »SAP SD: Sales Analysis«

In SAP Analytics Cloud können die dazu passenden Storys aus dem SAP Business Content importiert werden. Die Story **SAP SD: Sales Analysis** beinhaltet ein Dashboard für die Darstellung von Verkaufsvolumen, Gewinnspanne und Auftragseingang. In diesem Beispielszenario gehen wir nicht weiter auf die Content-Bestandteile von SAP Analytics Cloud ein, sondern legen den Fokus auf SAP Data Warehouse Cloud.

Eine Übersicht der ausgelieferten Business-Content-Views für Sales Analysis wird in Abbildung 17.2 dargestellt.

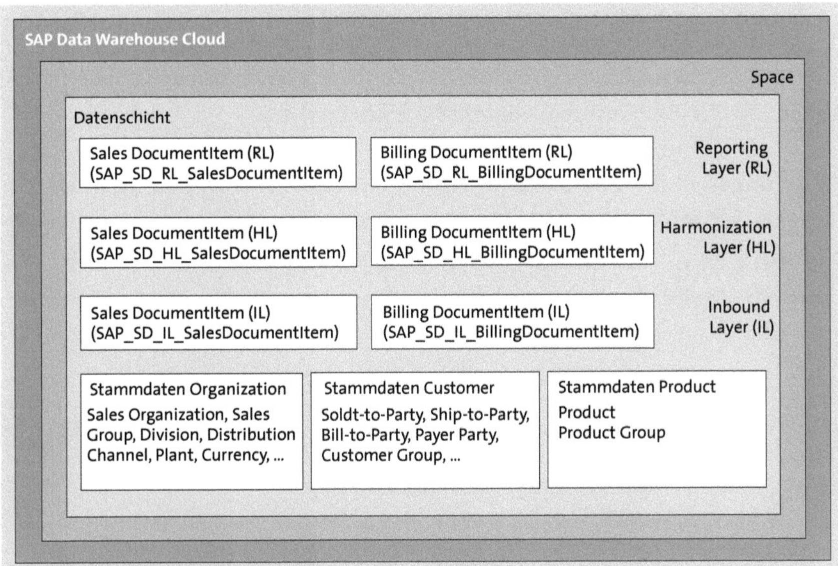

Abbildung 17.2 View-Übersicht zu Sales Analysis

Die Stammdaten werden über Views vom Typ **Dimension** angelegt und in den Views `SAP_SD_RL_SalesDocumentItem` und `SAP_SD_RL_BillingDocumentItem` vom Typ **Analytisches Dataset** im Reporting Layer genutzt.

17.2 SAP Business Content für Sales Analysis aktivieren

SAP Business Content für Sales Analysis aktivieren

Die Inhalte des SAP Business Contents sind im Content-Netzwerk verfügbar. Haben Sie bisher noch keinen SAP Business Content aktiviert, folgen Sie der Anleitung aus Abschnitt 12.1, »Inhalte aus dem Content-Netzwerk«, und Abschnitt 12.2, »Voraussetzungen für die Nutzung des Content-Netzwerks«, zum Einrichten des Space `SAP_CONTENT` mit den benötigten Zeittabellen. Weisen Sie den Benutzer mit der Rolle **DW Administrator**, der den Content importieren wird, dem Space zu. Nun können Sie die Inhalte des SAP Business Contents importieren.

Navigieren Sie im Hauptmenü über die Schaltfläche [icon] zum Content-Netzwerk, und klicken Sie auf die Kachel **Business Content**. Wählen Sie das Content-Paket **Sales Analysis for SAP S/4HANA On-Premise** aus (siehe Abbildung 17.3).

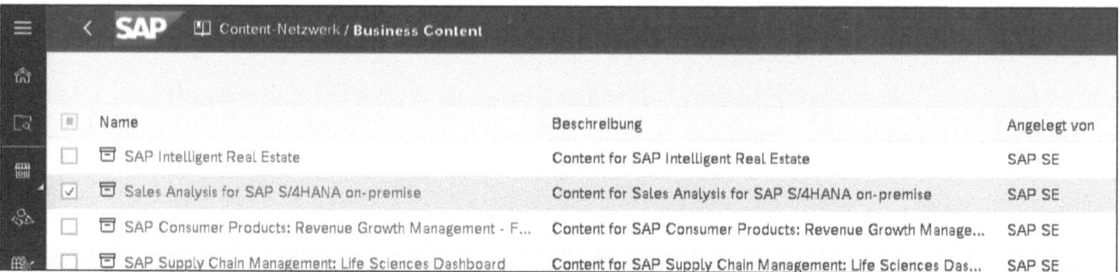

Abbildung 17.3 SAP Business Content für Sales Analysis

Voraussetzungen für den SAP Business Content für Sales Analysis

Sie gelangen in die **Übersicht** zum Content-Paket, in dem Sie eine Beschreibung zu den Inhalten und die Voraussetzungen einsehen können (siehe Abbildung 17.4).

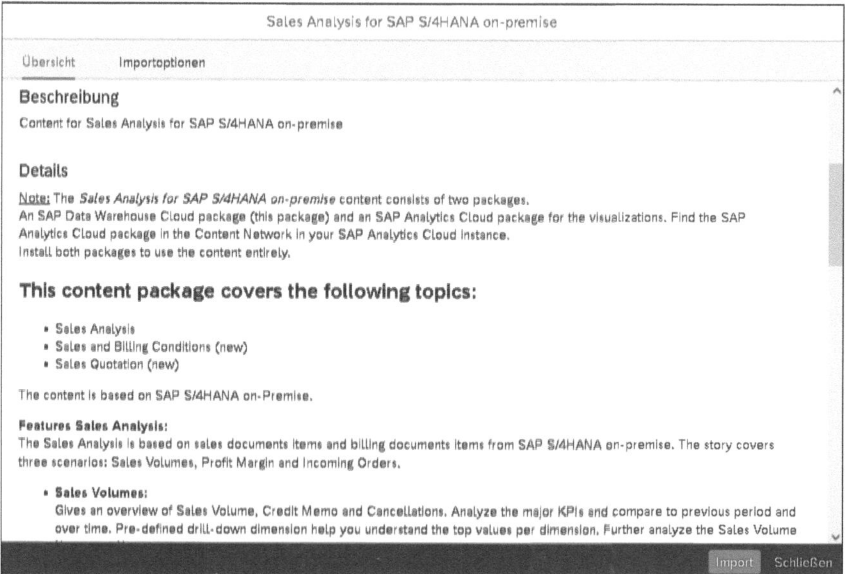

Abbildung 17.4 Übersicht zum Content-Paket

In der Beschreibung wird auch immer auf die SAP-Dokumentation verlinkt, da hier alle Details zu Paketumfang und Version sowie zu den Abhängigkeiten angegeben sind.

Wählen Sie in den Importoptionen die Einstellung **Objekte und Daten überschreiben**, und setzen Sie das Häkchen bei der Einstellung **Nach Import implementieren** (siehe Abbildung 17.5).

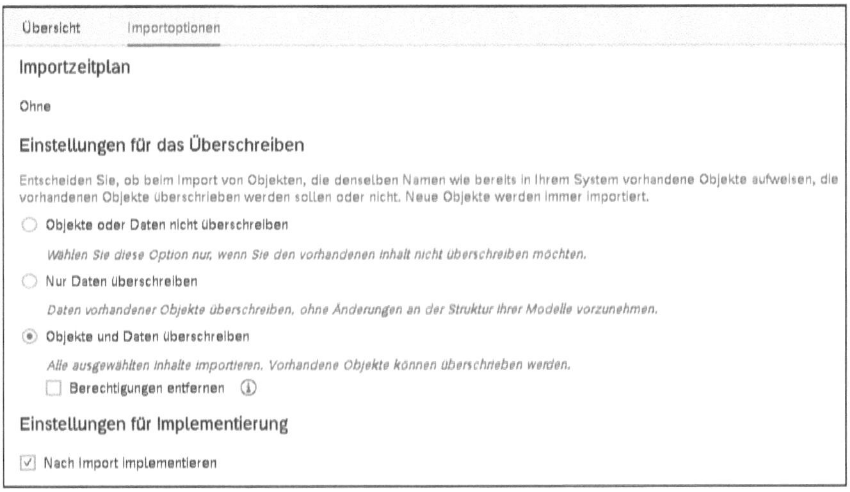

Übersicht | Importoptionen

Importzeitplan

Ohne

Einstellungen für das Überschreiben

Entscheiden Sie, ob beim Import von Objekten, die denselben Namen wie bereits in Ihrem System vorhandene Objekte aufweisen, die vorhandenen Objekte überschrieben werden sollen oder nicht. Neue Objekte werden immer importiert.

- ○ Objekte oder Daten nicht überschreiben
  Wählen Sie diese Option nur, wenn Sie den vorhandenen Inhalt nicht überschreiben möchten.
- ○ Nur Daten überschreiben
  Daten vorhandener Objekte überschreiben, ohne Änderungen an der Struktur Ihrer Modelle vorzunehmen.
- ◉ Objekte und Daten überschreiben
  Alle ausgewählten Inhalte importieren. Vorhandene Objekte können überschrieben werden.
  - ☐ Berechtigungen entfernen

Einstellungen für Implementierung

☑ Nach Import implementieren

Abbildung 17.5 Importoptionen zum Content-Paket

Damit wird sichergestellt, dass alle Objekte importiert und die neueste Version der Content-Objekte eingespielt wird. In diesem Beispiel übertragen Sie die Objekte anschließend in einen eigenen Space, um sie anzupassen und kundenindividuell zu erweitern. Daher ist die genutzte Überschreiben-Funktion im originären Space unkritisch und aktualisiert die Content-Objekte nur an dieser Stelle. Die Erweiterungen im eigenen Space bleiben davon unberührt. Klicken Sie anschließend auf die Schaltfläche **Import**.

Fehlermeldung beim Import

Es kann sein, dass Sie an dieser Stelle mit Aktivierungsfehlern konfrontiert werden (siehe Abbildung 17.6).

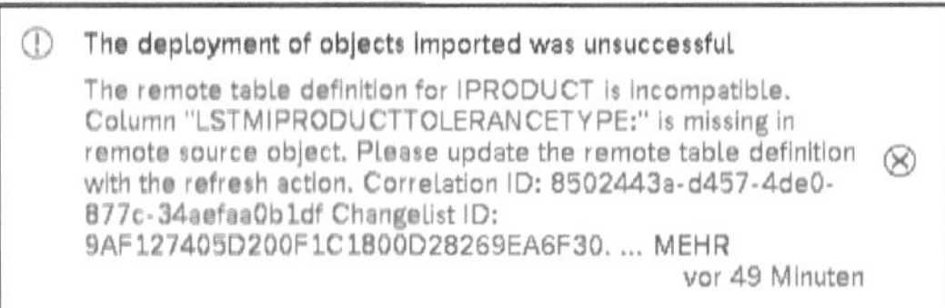

Abbildung 17.6 Aktivierungsfehler beim Import

Release-Informationen für den Sales Content

Die Inhalte des Content-Pakets wurden für das SAP-S/4HANA-On-Premise-Release 2021 entwickelt. Je nach Release Ihres SAP-S/4HANA-Systems sind unterschiedliche Implementierungsschritte erforderlich. Das SAP-S/4HANA-System muss mindestens einen Releasestand von 2020 aufweisen. Ältere Releases werden nicht unterstützt, da dies einen zu hohen manuellen Aufwand erfordern würde.

Der Aktivierungsfehler weist auf ein fehlendes Feld mit der Bezeichnung **Tolerance Type** (`LSTMIPRODUCTTOLERANCETYPE`) hin, das in der Tabellendefinition von **Product** (IPRODUCT) aufgeführt ist, aber nicht im Quell-CDS-View vorhanden ist. Das ist auf einen Releaseunterschied unseres SAP-S/4HANA-Systems zum SAP Business Content SAP S/4HANA zurückzuführen. Für eine Fehlerbehebung kann der zugrundeliegende CDS-View im kundeneigenen SAP-S/4HANA-System oder das darauf basierende Datenmodell in SAP Data Warehouse Cloud angepasst werden. Wir gehen hier den letzteren Weg.

SAP Business Content für Sales Analysis anpassen

Um das Datenmodell anzupassen, wechseln Sie über die Schaltfläche in den Data Builder und gehen wie folgt vor (siehe Abbildung 17.7):

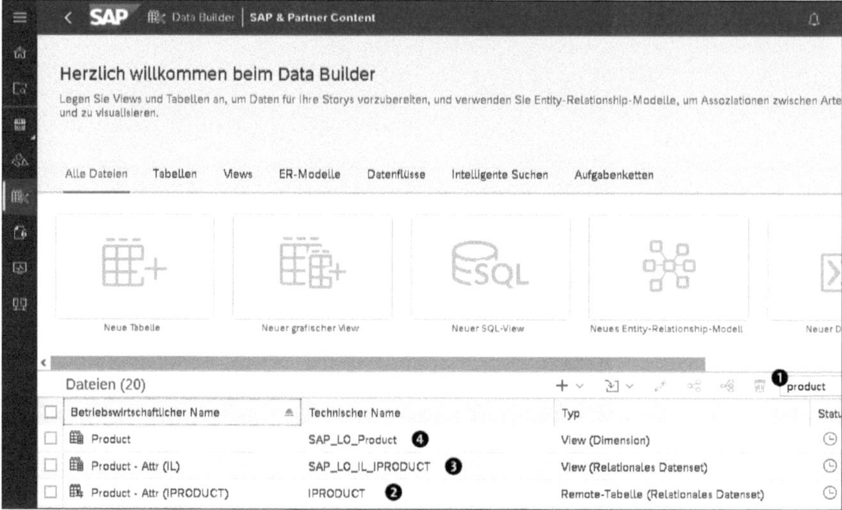

Abbildung 17.7 SAP Business Content im Data Builder anpassen

❶ Filtern Sie nach »product«, um die Ergebnismenge der verfügbaren Objekte zu reduzieren.

❷ Öffnen Sie die Remote-Tabelle **Product – Attr** (IPRODUCT), und löschen Sie über die Schaltfläche das Feld **Tolerance Type** aus der Spaltendefinition (siehe Abbildung 17.8).

Das System bemerkt beim Öffnen der abhängigen Views die Änderung der Quellstruktur (siehe Abbildung 17.9).

Bestätigen Sie die Meldung mit **OK**, und prüfen Sie die Änderungen in den nächsten Schritten.

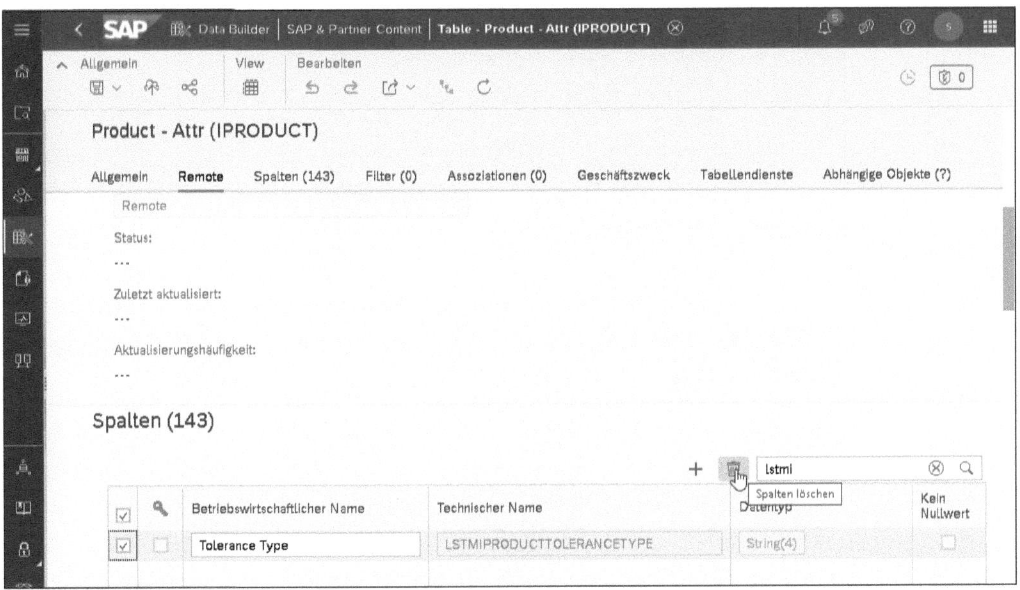

Abbildung 17.8 »Product – Attr« (IPRODUCT) bearbeiten

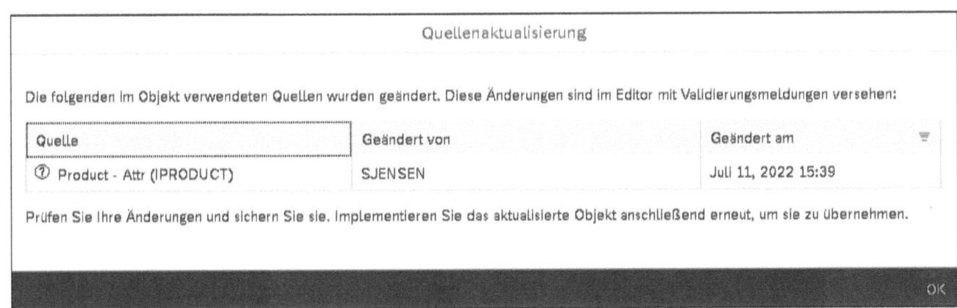

Abbildung 17.9 Quellenaktualisierung

❸ Gehen Sie in die Bearbeitung des weiterverarbeitenden Views **Product – Attr (IL)** (SAP_LO_IL_IPRODUCT). Es erscheinen Meldungen zu den Änderungen, die Sie nacheinander bearbeiten (siehe Abbildung 17.10).

Abbildung 17.10 Meldungen zur Quellenaktualisierung

Bestätigen Sie die Meldungen mit **OK**. Die Implementierung wird jetzt im Hintergrund durchgeführt.

Abbildung 17.11 Implementierung »Product – Attr (IL)«

❹ Gehen Sie in die Bearbeitung des weiterverarbeitenden Dimensions-Views **Product** (SAP_LO_Product), und bestätigen Sie hier ebenfalls die Änderungen.

Anschließend starten Sie erneut die Content-Aktivierung. An dieser Stelle müssen Sie bei den Importoptionen darauf achten, dass bereits vorhandene Objekte nicht überschrieben werden. Da Sie den SAP Business Content direkt verändert haben, um die versionsbedingten Inkompatibilitäten zu bereinigen, dürfen genau diese Objekte nicht noch einmal eingespielt werden (siehe Abbildung 17.12).

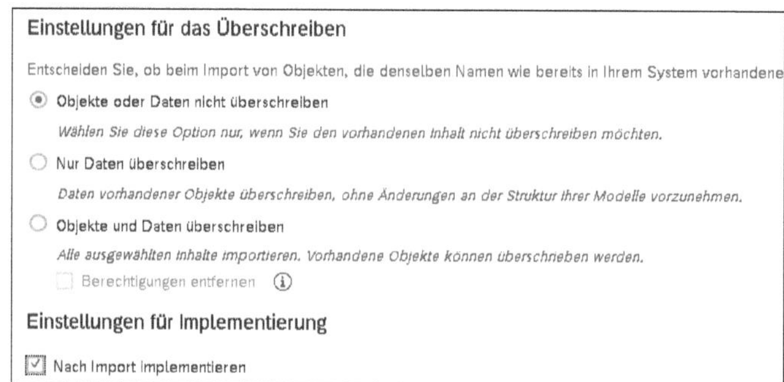

Abbildung 17.12 Importoptionen nach der Veränderung des SAP Business Contents

Die Fertigstellung des Imports (vorhandene Objekte werden übersprungen) und der Beginn des Schrittes **Implementierung** ist in Abbildung 17.13 zu sehen.

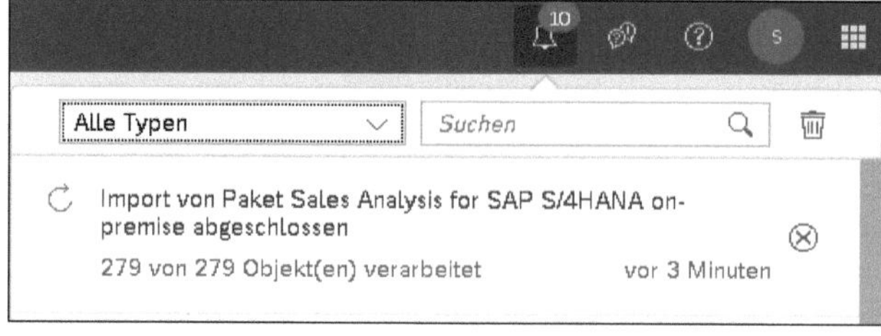

Abbildung 17.13 Meldung »Import fertiggestellt«

ER-Modelle im Sales Content

Nachdem Sie den Import abgeschlossen haben, finden Sie die generierten Objekte im Data Builder. Wählen Sie in der Ansicht die Objekte vom Typ **ER-Modelle** (siehe Abbildung 17.14).

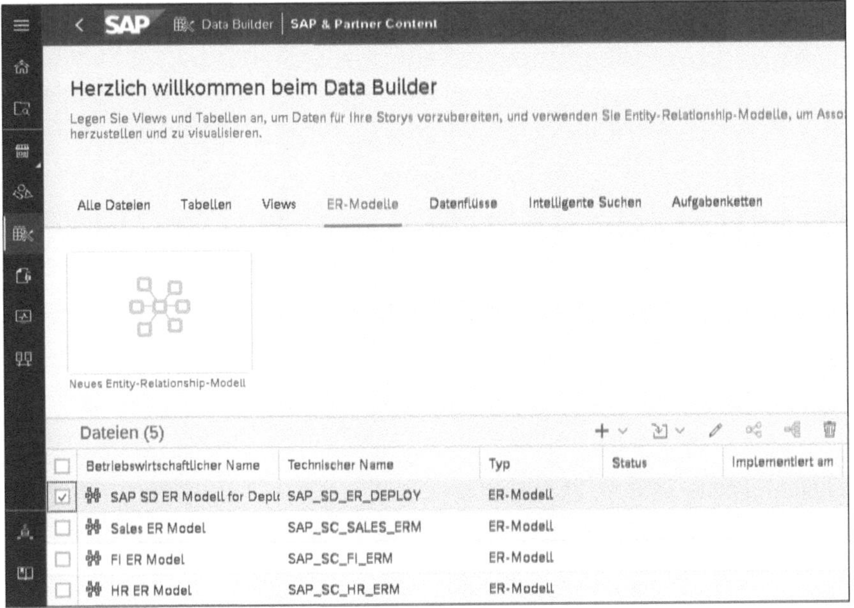

Abbildung 17.14 ER-Modelle im Data Builder auswählen

Öffnen Sie das Modell **SAP SD ER Modell for Deployment**, und Sie sehen die fünf Hauptentitäten (siehe Abbildung 17.15):

- Sales Quotations (Angebote)
- Expiring Sales Quotations Age Grid (Angebotsnachverfolgung)
- Sales Document Item (Verkaufsbelege)
- Billing Document Item (Fakturabelege)
- Sales and Billing Conditions (Konditionen)

Das Kürzel RL in Namen der Views deutet darauf hin, dass im ER-Modell nur die oberste Schicht, der Reporting Layer, sichtbar ist. Die Datenflüsse dahinter sowie die definierten Assoziationen sind Bestandteil des Gesamtmodells und in den Metadaten enthalten. Sie können dieses ER-Modell für eine Massenaktivierung aller zugehörigen Objekte nutzen, indem Sie die Implementierung über die Menüoption starten (siehe Abbildung 17.15).

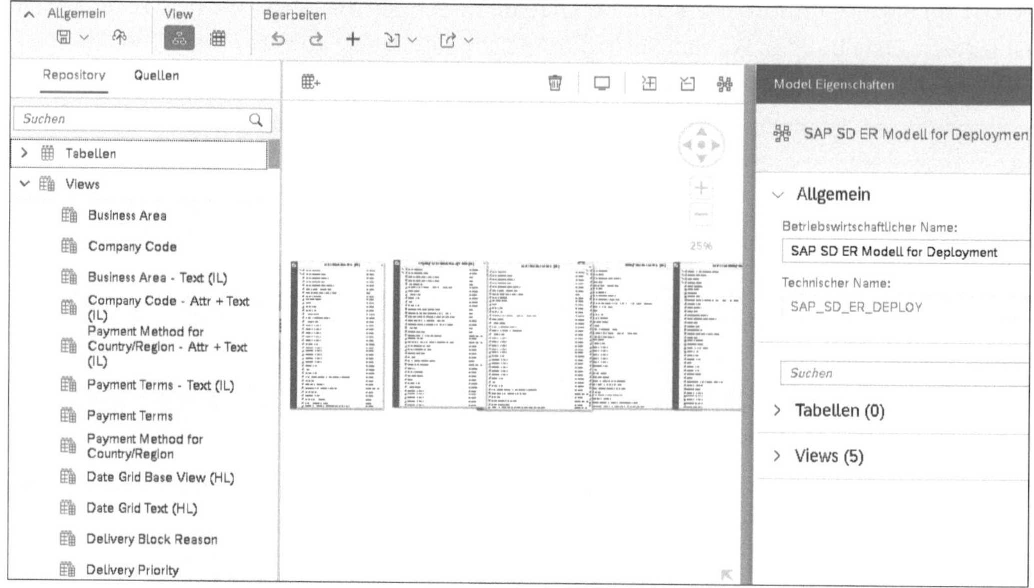

Abbildung 17.15 »SAP SD ER Modell for Deployment«: Detailansicht

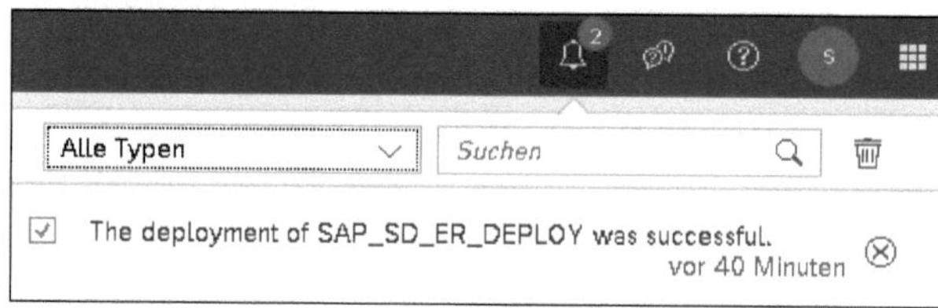

Abbildung 17.16 ER-Modell implementieren

Namenskonventionen und Schichtenarchitektur

Im SAP Business Content für Sales Analysis wurden für die Objekte spezifische Namenskonventionen eingehalten und eine, aus drei Schichten bestehende Architektur aufgebaut:

- *Inbound Layer* oder Eingangsschicht (SAP_SD_IL*) als Spiegelung der Quellobjekte bzw. als CDS-Views
- *Harmonization Layer* oder Harmonisierungsschicht (SAP_SD_HL*), die auf die Objekte des Inbound Layers aufsetzt und um Filter und allgemeingültige Logik angepasst und erweitert wird.
- *Reporting Layer* oder Reporting-Schicht (SAP_SD_RL*), die den Harmonization Layer nutzt und berechnete Kennzahlen und Stammdatenassoziationen für Attribute und Texte hinzufügt.

Die Objekte des Reporting Layers werden als Quelle für die Verbindung zu den SAP-Analytics-Cloud-Storys verwendet.

17.3 Verwendung des SAP Business Contents für Sales Analysis

Für die weitere Verwendung der aus dem SAP Business Content importierten Objekte empfehlen wir Ihnen, einen kundeneigenen Space anzulegen. In diesem können Sie nur ausgewählte Objekte eines Bereichs oder einer Domäne vereinen und diese individuell anpassen und erweitern. Es besteht auch nicht die Gefahr, versehentlich Objekte und Inhalte beim wiederholten Importieren von SAP-Business-Content-Paketen zu überschreiben.

Kundeneigenen Space anlegen

Legen Sie über die Schaltfläche im Space Management einen eigenen Space an. Als Beispiel für die nachfolgende Anleitung nutzen wir den Space **Realtime-Analyse** (DWCB_S3), wie es in Abbildung 17.17 zu sehen ist. Geben Sie dem Space den Namen »Realtime-Analyse« und die Space-ID DWCB_S3.

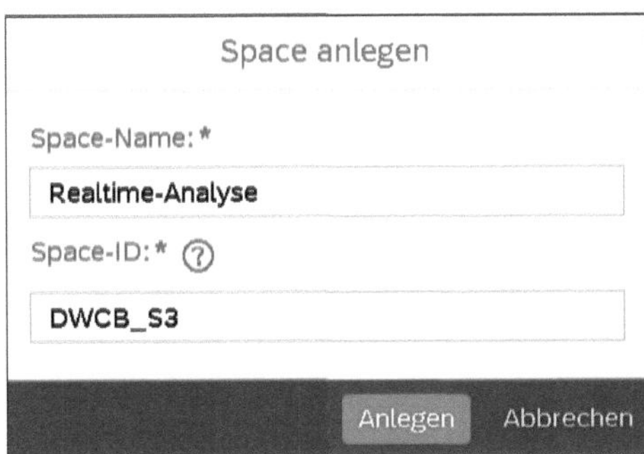

Abbildung 17.17 Space anlegen

Berechtigungen für die weitere Verwendung

Weisen Sie Benutzer und Berechtigungen für die Personen zu, die auf den kundenindividuellen Space Zugriff haben sollen. In unserem Beispiel hat der Benutzer die Rolle **DW Space Administrator**, um Spaces anlegen und verwalten zu können, sowie die Rollen **DW Administrator**, **DW Integrator** und **DW Modeler**, um Objekte importieren, Datenverbindungen anlegen und Objekte bearbeiten zu können.

Zeittabellen einrichten

Legen Sie im Space die Zeittabellen und -dimensionen an, wie in Abschnitt 12.2, »Voraussetzungen für die Nutzung des Content-Netzwerks«, beschrieben (siehe Abbildung 17.18).

Verbindungen für SAP S/4HANA und SAP ABAP anlegen

Wechseln Sie über die Schaltfläche in den Bereich **Verbindungen**, und legen Sie gemäß Ihrer Namenskonventionen und dem eingerichtetem Cloud Connector sowie unter der Angabe eines DP-Agents eine neue Verbindung zu Ihrem SAP-S/4HANA-On-Premise-System an (siehe Abbildung 17.19). Die genaue Vorgehensweise dazu wird in Kapitel 3, »Verwaltung von Verbindungen, Dateien und Artefakten«, beschrieben, an dem Sie sich orientieren können.

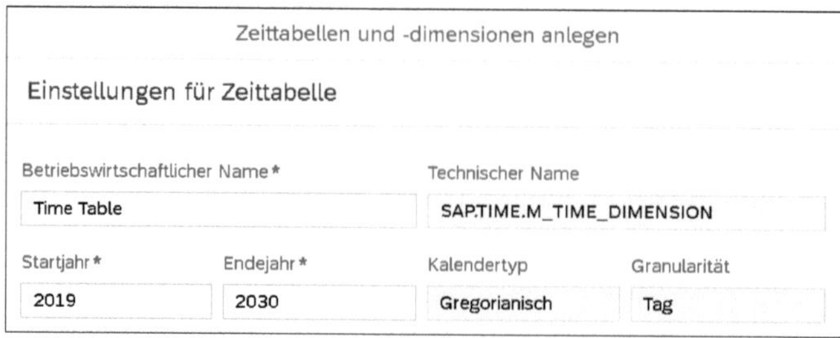

Abbildung 17.18 Zeittabellen und Zeitdimensionen anlegen

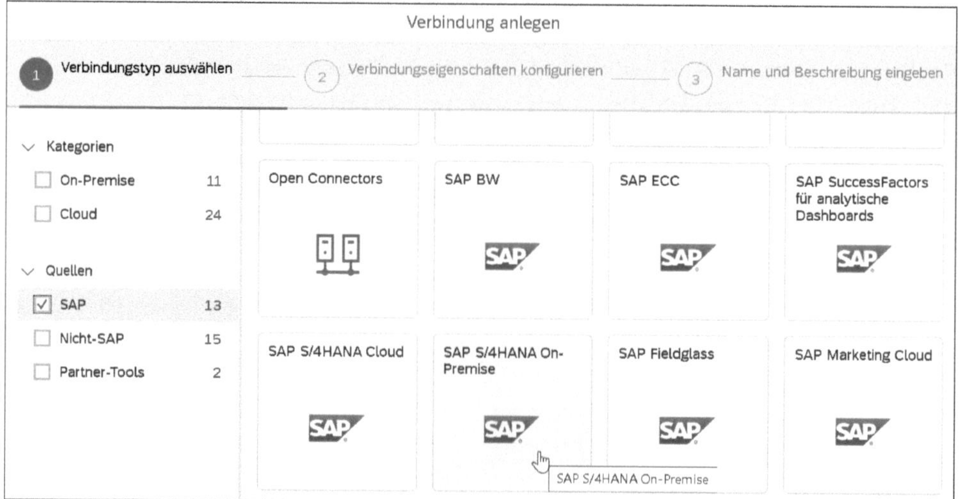

Abbildung 17.19 Verbindung »SAP S/4HANA On-Premise« anlegen

Wiederholen Sie diesen Schritt, diesmal jedoch mit der Anlage eines Quellsystems vom Typ **SAP ABAP**. Sie benötigen eine Verbindung dieses Typs, um die Replikation der Objekte für die Währungsumrechnung durchzuführen. Nach erfolgreichem Einrichten sehen Sie die neuen lokalen Verbindungen für Ihren Space (siehe Abbildung 17.20).

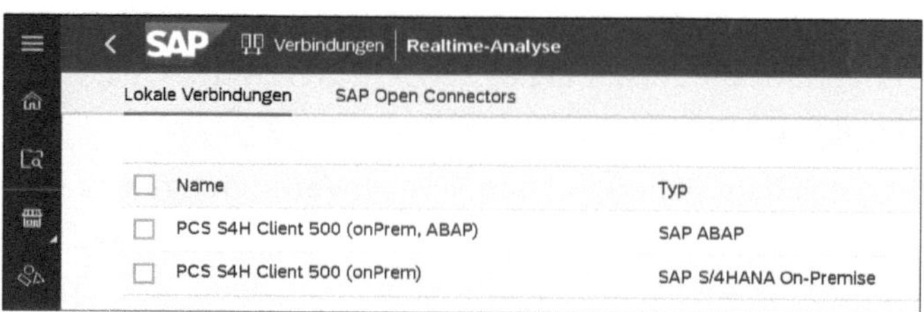

Abbildung 17.20 Lokale Verbindungen

Währungsumrechnung einrichten

Im letzten Schritt in der Vorbereitung Ihres eigenen Space richten Sie die Währungsumrechnung ein. Wechseln Sie über die Schaltfläche ▦ in den

Data Builder, klicken Sie im Menü auf ⊞ (**Neu**), und wählen Sie den Menüpunkt **Währungsumrechnungs-Views** (siehe Abbildung 17.21).

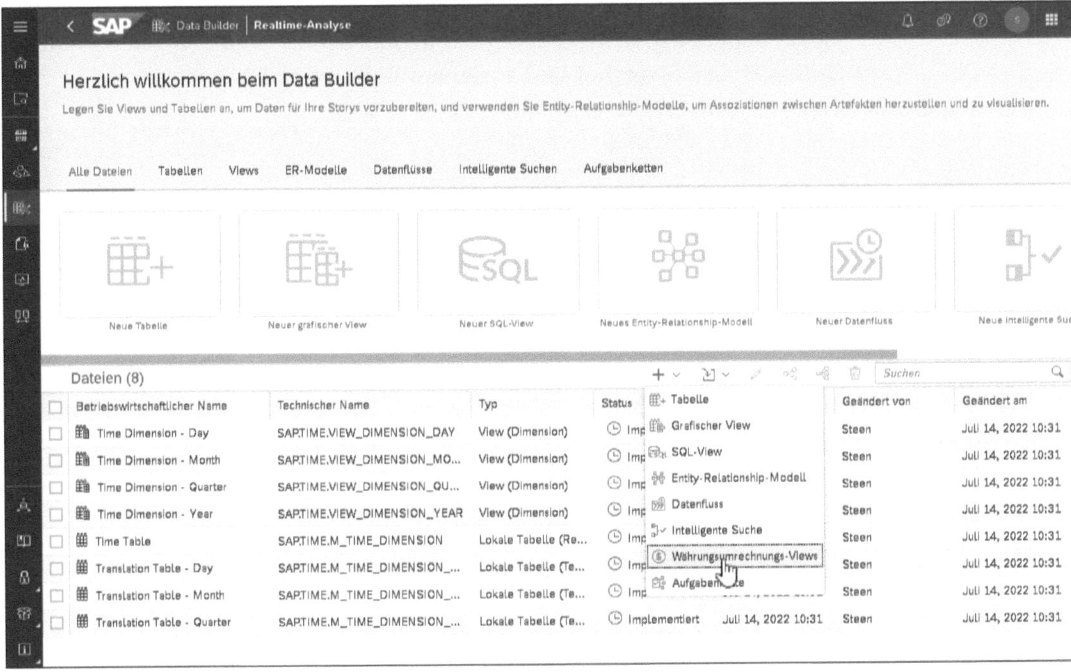

Abbildung 17.21 Währungsumrechnungs-Views anlegen

Geben Sie als Quelle für die Währungsumrechnungsdaten die Verbindung zum Quellsystem vom Typ **SAP ABAP** zu Ihrem SAP-S/4HANA-System an, und klicken Sie auf die Schaltfläche **Anlegen** (siehe Abbildung 17.22).

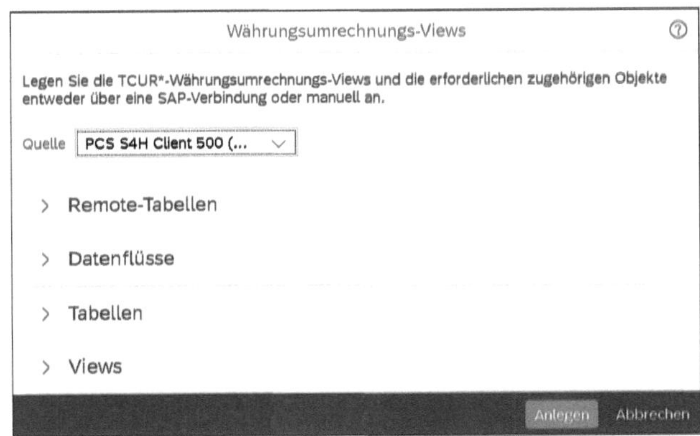

Abbildung 17.22 Quelle für Währungsumrechnung-Views

Im Hintergrund werden die Views und die dazugehörigen Objekte generiert und stehen im Data Builder zur Verfügung.

Tabellenreplikation für die Währungsumrechnung

Anschließend replizieren Sie die Daten erstmalig in die Remote-Tabellen, am einfachsten über die Schaltfläche (**Datenintegrationsmonitor**) auf der Registerkarte **Remote-Tabellen-Monitor**. Markieren Sie hierzu Zeile für Zeile die jeweilige Tabelle, und wählen Sie im Menüpunkt **Tabellenreplikation** die Option **Neuen Snapshot laden** (siehe Abbildung 17.23).

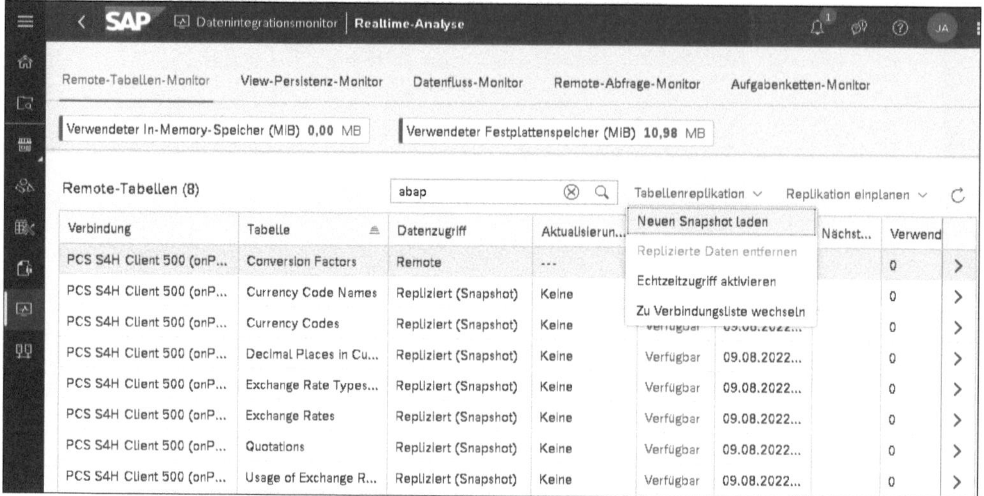

Abbildung 17.23 Währungsumrechnungs-Views replizieren

Hinweis zur Replikation

Der Schritt der Replikation der Remote-Tabellen ist optional und dient der Entkoppelung von Datentransfers aus dem Quellsystem und der späteren Weiterverarbeitung mit Datenflüssen. Bei kleineren Datenmengen kann der anschließende Datenfluss auch direkt gegen die Remote-Tabelle ausgeführt werden, ohne dass ein Snapshot angefertigt wird. Die Persistierung von Snapshots mit anschließender Ausführung des Datenflusses hat im Allgemeinen jedoch schnellere Gesamtlaufzeiten im Vergleich zur Ausführung des Datenflusses gegen die Remote-Tabelle.

Datenflüsse für Währungsumrechnungstabellen ausführen

Anschließend führen Sie, ebenfalls im Datenintegrationsmonitor auf der Registerkarte **Datenfluss-Monitor**, die Datenflüsse aus, die die Daten aus den Remote-Tabellen-Snapshots in die lokalen Tabellen weitertransportieren (siehe Abbildung 17.24).

Aufgabenkette für die Währungsumrechnung anlegen

Legen Sie im Data Builder eine Aufgabenkette an, die Sie später nutzen, um die Datenflüsse später automatisiert auszuführen. Diese Funktion wird in Abschnitt 4.9, »Aufgabenketten«, detailliert beschrieben. In diesem Beispiel wird die View-Persistierung einer Datenquelle mit der Ausführung des weiterführenden Datenflusses abwechselnd gesetzt (siehe Abbildung 17.25).

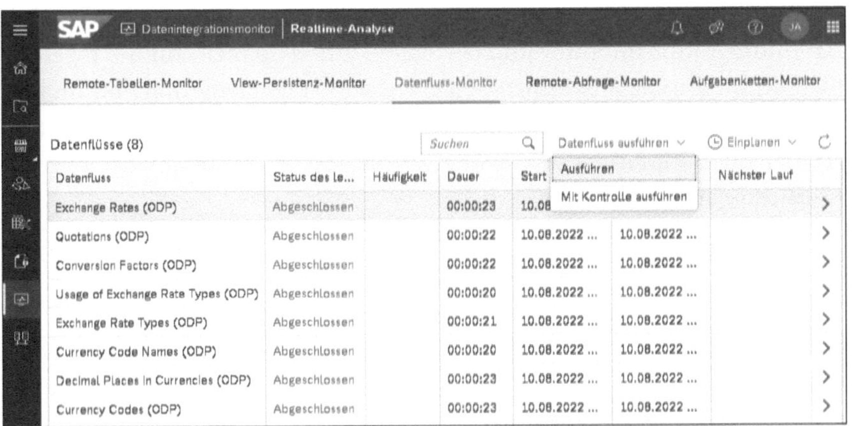

Abbildung 17.24 Datenflüsse für Währungsumrechnungstabellen

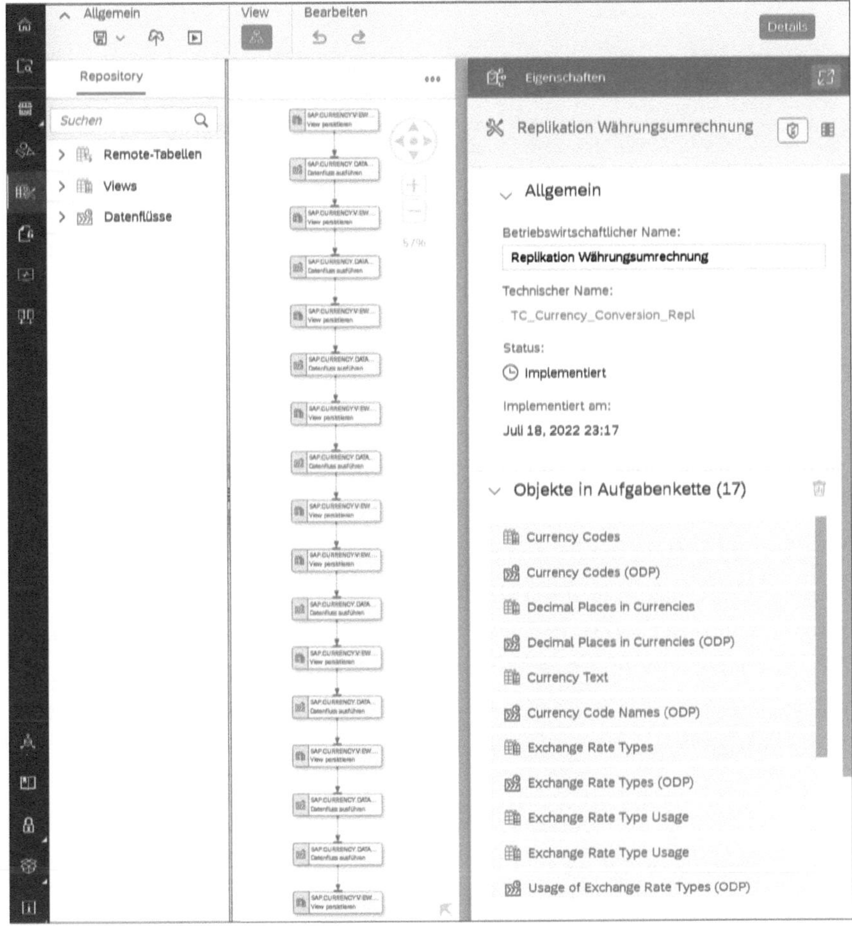

Abbildung 17.25 Aufgabenkette für die Währungsumrechnung

17

Zeitplan für die Währungsumrechnung anlegen

Führen Sie die Aufgabenkette aus. Anschließend wechseln Sie zurück in den Datenintegrationsmonitor und definieren einen Zeitplan für die regelmäßige, automatische Ausführung, beispielsweise täglich montags bis freitags um 04:00 UTC (siehe Abbildung 17.26). In Kapitel 7, »Verwalten und Überwachen der Datenintegration«, werden die Einplanungsmöglichkeiten ausführlich erläutert.

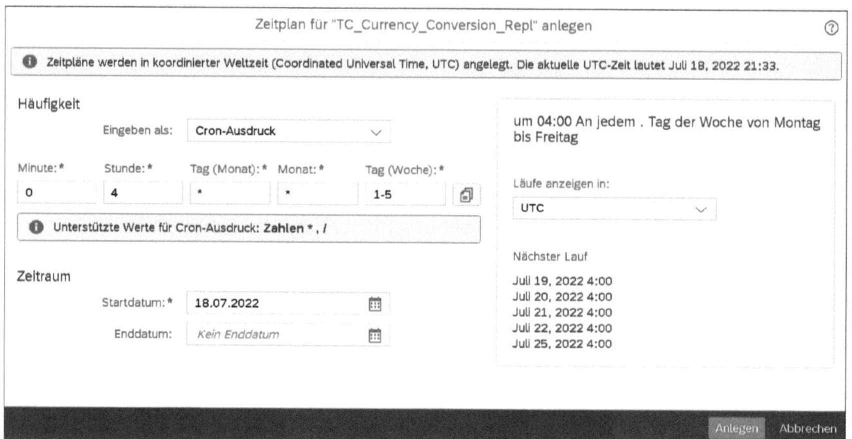

Abbildung 17.26 Zeitplan für die Währungsumrechnung

SAP Business Content exportieren

Nachdem Sie Ihren Space eingerichtet haben und da nun alle Voraussetzungen erfüllt sind, können Sie die Inhalte aus dem SAP-Business-Content-Space in Ihren eigenen Space übertragen. Es ist ein praktikabler Ansatz, ein eigenes ER-Modell anzulegen, um nur die benötigten Objekte bzw. die relevante Teilmenge zusammenzufassen und für die Übertragung zu nutzen. Gehen Sie dafür in den Space **SAP & Partner Content** (SAP_CONTENT), und öffnen Sie den Data Builder. Legen Sie ein neues ER-Modell an, und ziehen Sie nur den View **Billing Document Item (RL)** in das Modell (siehe Abbildung 17.27).

Speichern Sie das neue ER-Modell. Anschließend können Sie die Exportfunktionalität **In CSN/JSON-Datei exportieren** nutzen, um die Definitionen der Tabellen und Views zu speichern (siehe Abbildung 17.28).

Export in die CSN-/JSON-Datei

Das Ergebnis ist eine CSN-/JSON-Datei, die Sie mit einem beliebigen Texteditor öffnen können (siehe Abbildung 17.29).

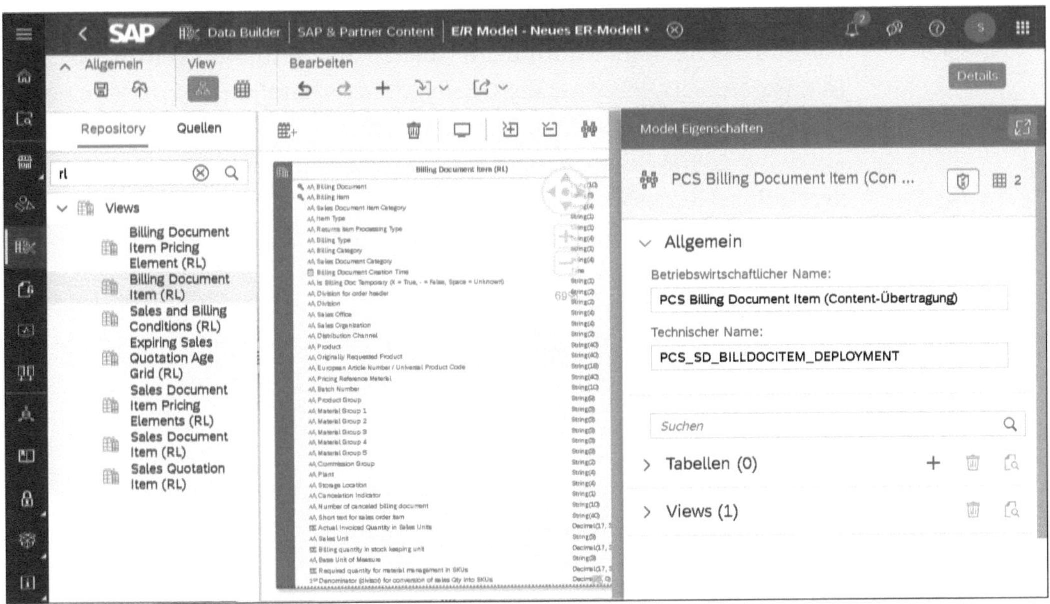

Abbildung 17.27 ER-Modell für den Export

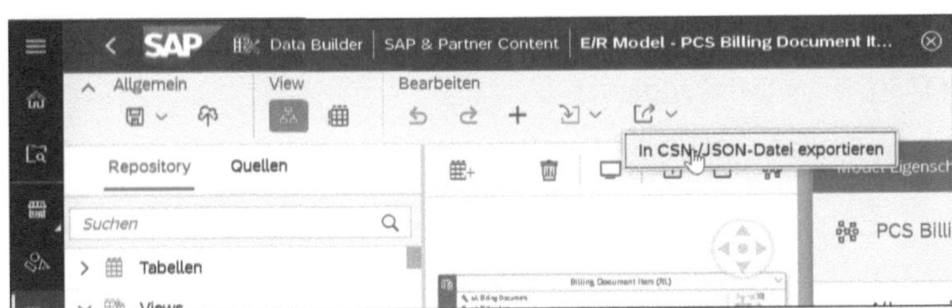

Abbildung 17.28 Tabellen- und View-Definitionen in eine JSON-Datei exportieren

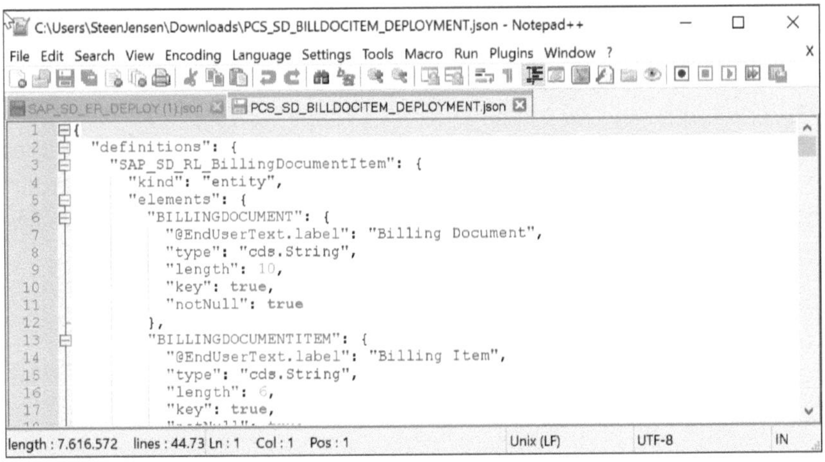

C:\Users\SteenJensen\Downloads\PCS_SD_BILLDOCITEM_DEPLOYMENT.json - Notepad++

File Edit Search View Encoding Language Settings Tools Macro Run Plugins Window ?

SAP_SD_ER_DEPLOY (1).json | PCS_SD_BILLDOCITEM_DEPLOYMENT.json


```
{
  "definitions": {
    "SAP_SD_RL_BillingDocumentItem": {
      "kind": "entity",
      "elements": {
        "BILLINGDOCUMENT": {
          "@EndUserText.label": "Billing Document",
          "type": "cds.String",
          "length": 10,
          "key": true,
          "notNull": true
        },
        "BILLINGDOCUMENTITEM": {
          "@EndUserText.label": "Billing Item",
          "type": "cds.String",
          "length": 6,
          "key": true,
```


length : 7.616.572 lines : 44.73 Ln : 1 Col : 1 Pos : 1 Unix (LF) UTF-8 IN

Abbildung 17.29 CSN-/JSON-Datei des ER-Modells

CSN-/JSON-Datei anpassen

In der CSN-/JSON-Datei können Sie Änderungen vornehmen, um die Inhalte an eigene Namensräume für Objekte und Verbindungen anzupassen. In unserem Beispiel lautet die Quellsystemverbindung im kundeneigenen Ziel-Space `PCS_S4HCLNT500_ONPREM`, und nicht wie im SAP-Business-Content-Space `SAP_CONTENT_SAP_S4H`. Daher können Sie den Namen der Quellsystemverbindung in der CSN-/JSON-Datei umbenennen, bevor Sie diese in den Ziel-Space importieren (siehe Abbildung 17.30).

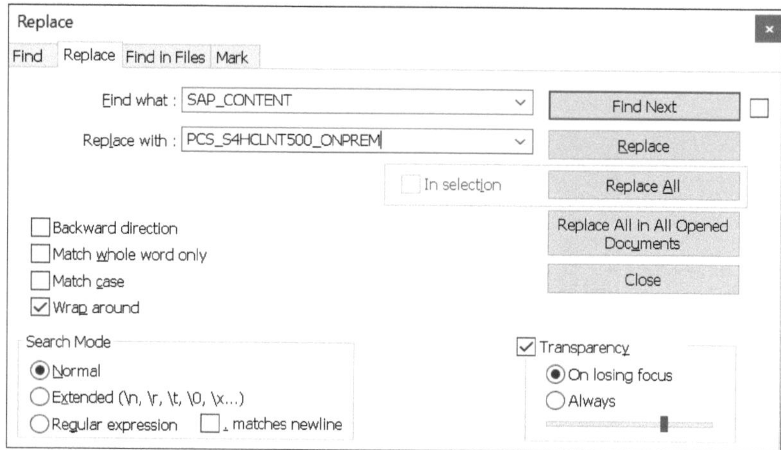

Abbildung 17.30 JSON-Datei anpassen

Im ausgelieferten View `SAP_SD_HL_BillingDocumentItem` sind zudem sechs Kennzahlen definiert, die die Währungsumrechnung von SAP Data Warehouse Cloud nutzen, um Kennzahlen von der Belegwährung in die Hauswährung umzurechnen. Der derzeit im SAP-Business-Content ausgelieferte View dockt an das ältere Konzept der schema-lokalen, manuell gepflegten Währungsumrechnungstabellen an. Sie haben jedoch in einem vorherigen Schritt den Space für die Nutzung des neuen Szenarios mit Kopplung an das zentrale SAP-Schema vorbereitet. Zudem ist der Content-View für die Nutzung von Kursen im ERP-Mandanten 000 eingerichtet. Die Kurse in unserem Beispiel sind jedoch im Mandanten 500 gepflegt. Daher ist vor dem Datenimport eine Anpassung in der CSN-/JSON-Datei erforderlich. Nehmen Sie dazu mit der Suchen-und-Ersetzen-Funktion folgende Änderungen nacheinander vor:

- `SAP_TCURV` in `SAP.CURRENCY.VIEW.TCURV`
- `SAP_TCURR` in `SAP.CURRENCY.VIEW.TCURR`
- `SAP_TCURF` in `SAP.CURRENCY.VIEW.TCURF`
- `SAP_TCURX` in `SAP.CURRENCY.VIEW.TCURX`
- `SAP_TCURN` in `SAP.CURRENCY.VIEW.TCURN`

- SAP_CONTENT in DWCB_S3, bzw. in Ihren Space-Namen
- "000" in "500" bzw. in Ihren S4-Mandanten
- '000' in '500' bzw. in Ihren S4-Mandanten
- \"000\" in \"500\" bzw. in Ihren S4-Mandanten

Die CSN-/JSON-Datei sollte jetzt für die sechs umgerechneten Kennzahlen die Syntax aus Listing 17.1 aufweisen (angepasste Stellen sind fett gedruckt).

```
{
  "as": "NETAMOUNT_CC_CURR",
  "func": "CONVERT_CURRENCY",
  "args": {
    "AMOUNT": {
      "ref": [
        "SAP_SD_IL_CSDBILDOCITMBDX1",
        "NETAMOUNT"
      ]
    },
[...]
    "CLIENT": {
      "val": "500"
    },
[...]
    "PRECISIONS_TABLE": {
      "val": "SAP.CURRENCY.VIEW.TCURX"
    },
    "CONFIGURATION_TABLE": {
      "val": "SAP.CURRENCY.VIEW.TCURV"
    },
    "PREFACTORS_TABLE": {
      "val": "SAP.CURRENCY.VIEW.TCURF"
    },
    "RATES_TABLE": {
      "val": "SAP.CURRENCY.VIEW.TCURR"
    },
    "NOTATIONS_TABLE": {
      "val": "SAP.CURRENCY.VIEW.TCURN"
    },
    "SCHEMA": {
      "val": "DWCB_S3"
    }
  }
```

Listing 17.1 Definition der Währungsumrechnung in JSON

Mit diesem Schritt haben Sie die Laufzeiteigenschaften des Views bearbeitet und geändert. Die angepasst CSN-/JSON-Datei ist nun für den Import in den Ziel-Space vorbereitet. Sie haben folgende Änderungen vorgenommen:

- Die Datenverbindung zum Quellsystem wurde angepasst.
- Die Währungsumrechnung wurde auf die Methode der neuen Währungsumrechnung (2022) umgestellt.
- Der Mandant für die Pflege der Wechselkurse wurde von 000 auf 500 bzw. auf Ihren S4-Mandanten umgestellt.

CSN-/JSON-Datei importieren

Im nächsten Schritt importieren Sie die Objekte, die in der CSN-/JSON-Datei enthalten sind, in Ihren Ziel-Space. Öffnen Sie den Data Builder im Ziel-Space, und gehen Sie in den Bereich **ER-Modelle**, in dem Sie die Importfunktion **Objekte aus CSN-/JSON-Datei importieren** auswählen (siehe Abbildung 17.31).

Abbildung 17.31 JSON-Datei importieren

Objekte für den Import auswählen

Markieren Sie alle Einträge mit Ausnahme der Time-Dimension, die bereits zuvor über das Space Management angelegt wurde, sowie der Währungsumrechnungstabellen und Währungsumrechnungs-Views, die zuvor im Space erzeugt wurden (siehe Abbildung 17.32).

Die Objekte des Contents können in einem Vorgang importiert werden. Sollten sich bei der manuellen Bearbeitung der JSON-Datei Fehler eingeschlichen haben, ist es jedoch zweckmäßig, in einzelnen Schritten vorzugehen, um diese besser lokalisieren zu können:

1. erster Importvorgang: nur Remote-Tabellen
2. zweiter Importvorgang: nur View, View (Text), View (Dimension)
3. dritter Importvorgang: nur View (analytisches Datenset)

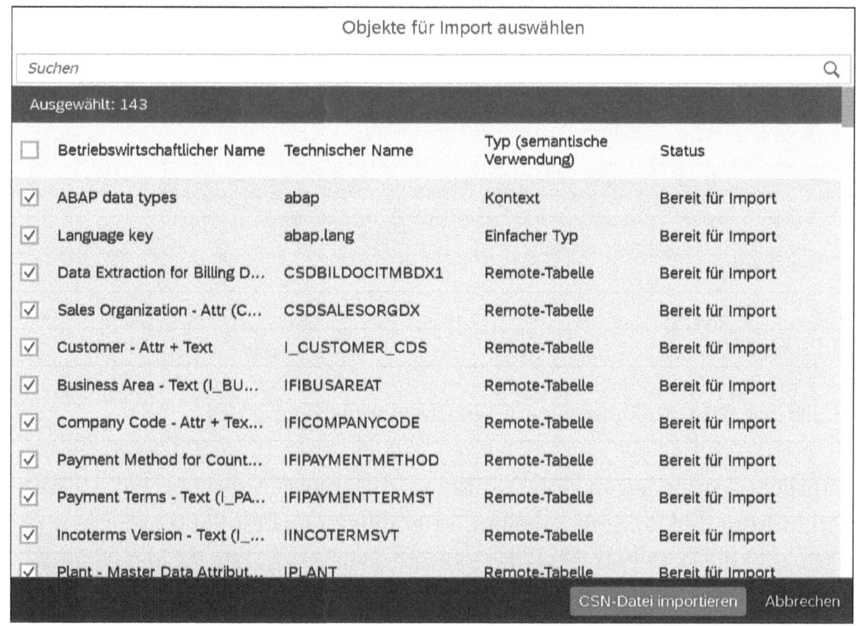

Abbildung 17.32 Objekte für den Import auswählen

Elemente vom Typ **Kontext**, **Einfacher Typ** sowie Elemente des Time Tables (SAP.TIME*) und der Währungsumrechnung (SAP_TCUR*, SAP_CURRENCY*, TCUR*) werden nicht übernommen, da diese bei der Einrichtung des Space bereits implementiert worden sind.

Nach dem Import stehen die Content-Objekte im Status **Nicht implementiert** in Ihrem Space zur Verfügung (siehe Abbildung 17.33).

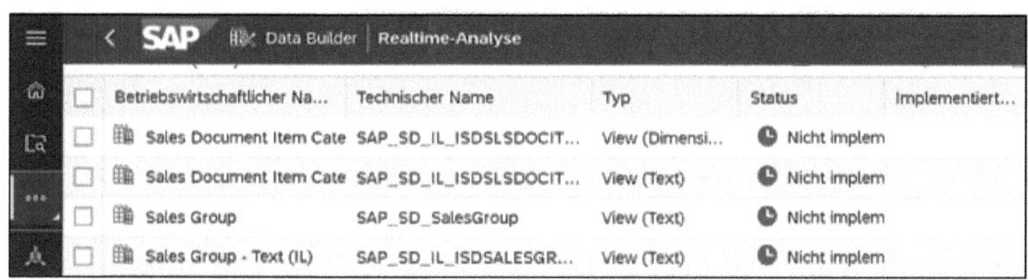

Abbildung 17.33 Content vor der Implementierung

Für die gesammelte Implementierung der Objekte nutzen Sie die Implementierungsfunktionalität des ER-Modells. Das ER-Modell wurde nicht aus der CSN-/JSON-Datei importiert. Daher legen Sie ein neues ER-Modell an. Der technische Name des ER-Modells kann ebenfalls PCS_SD_BILLDOCITEM_DEPLOYMENT lauten, da der Name lediglich innerhalb eines Space eindeutig sein muss. Suchen Sie den View **Billing Document Item (RL)**, ziehen Sie ihn auf das Modell, und speichern Sie das ER-Modell.

Für die Implementierung des Views sowie aller abhängigen Objekte klicken Sie im ER-Modell auf die Schaltfläche (**Implementieren**). Sie erhalten nach einiger Zeit vom System die Meldung, dass die Implementierung des Modells erfolgreich war (siehe Abbildung 17.34).

Abbildung 17.34 Meldung zur erfolgreichen Implementierung

Sämtliche importierten Objekte sind jetzt implementiert. Auch die Datenverbindung der Remote-Tabellen ist etabliert. Prüfen Sie diese exemplarisch über die Datenvorschau der Remote-Tabelle im Data Builder (siehe Abbildung 17.35).

Billing Document	Billing Item	Sales Document Item (	Item Type	Returns Item	Billing Type	Billi
0090000000	000010	TAN	-	-	F2	L
0090000001	000010	TAN	-	-	F2	L
0090000002	000020	TAN	-	-	F2	L
0090000003	000030	TAN	-	-	F2	L
0090000004	000010	TAN	-	-	F2	L
0090000005	000010	TAN	-	-	F2	L
0090000006	000010	TAN	-	-	F2	L

Abbildung 17.35 Datenvorschau für die Remote-Tabelle

Prüfen Sie ebenfalls die Datenvorschau des Views Billing Document Items (HL), um sicherzustellen, dass die Umstellung der Währungsumrechnung erfolgreich war (siehe Abbildung 17.36).

Stellen Sie dazu sicher, dass mindestens eine umgerechnete Spalte in der Datenvorschau angezeigt wird (siehe Abbildung 17.37).

Damit haben Sie den ausgewählten und auf Ihren Ziel-Space angepassten SAP Business Content importiert und auf seine Funktionsfähigkeit hin überprüft.

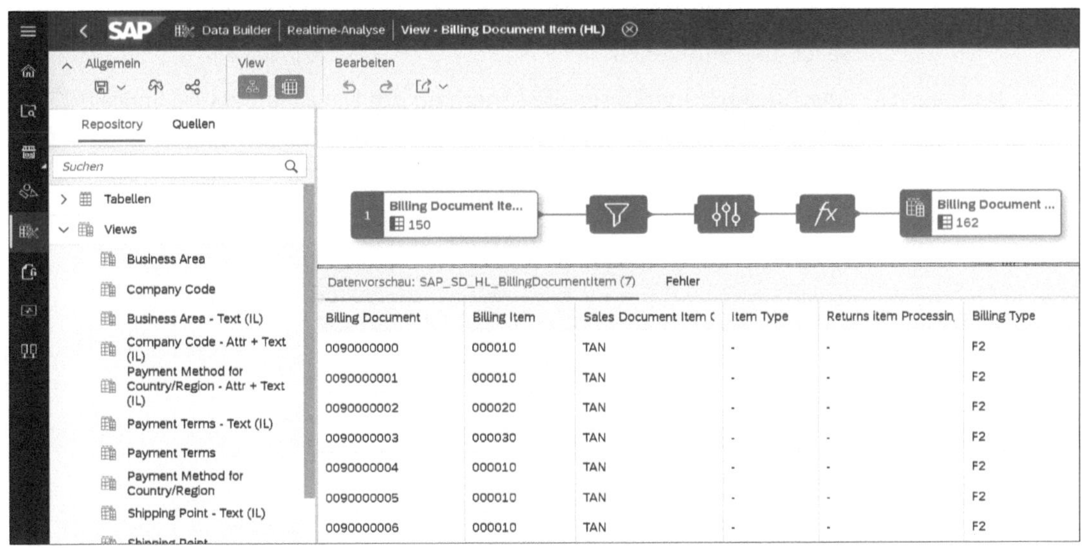

Abbildung 17.36 Datenvorschau für das View Billing Document Item (HL)

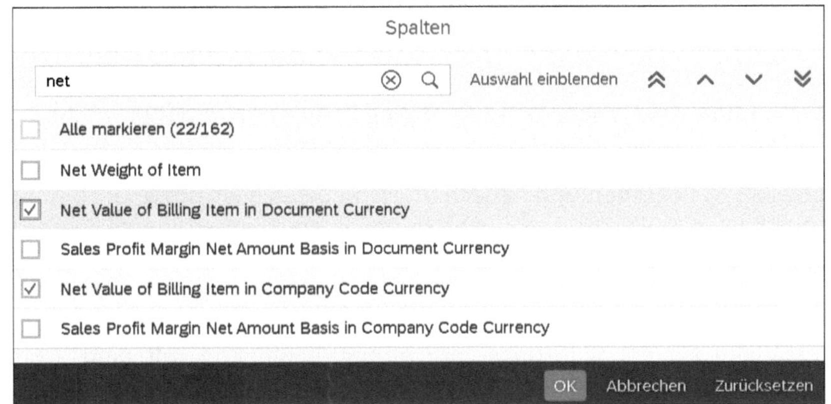

Abbildung 17.37 Spalten

Rollentrennung zwischen Dateningeneur und Fachanwender

Um die Rollentrennung zwischen Dateningenieur*innen und Fachanwender*innen darzustellen, soll die Modellierung der Business-Sicht mit dem Business Builder in einem separaten Space stattfinden, der den Fachanwender*innen vorbehalten ist.

Hierzu ist es notwendig, dass die relevanten Views mit dem Fachanwendungs-Space (`DWCB_S3BB`) geteilt werden. Legen Sie zunächst den weiteren Space `DWCB_S3BB` über das Space Management an.

Sie benötigen in diesem Space keine separate Zeitdimension und auch keine Währungsumrechnungs-Views, da diese aus dem Space `DWCB_S3` heraus geteilt werden. Ordnen Sie sich und weitere Fachanwender*innen dem Space als Benutzer zu.

Modelle mit anderen Spaces teilen

Anschließend markieren Sie innerhalb des Data Builders im Space DWCB_S3 im Bereich **Views** die zu teilenden Views und klicken anschließend auf die Schaltfläche (**Teilen**). Geben Sie im folgenden Dialog den Namen des Space DWCB_S3BB an, mit dem die Views geteilt werden sollen, und klicken Sie erneut auf **Teilen** (siehe Abbildung 17.38).

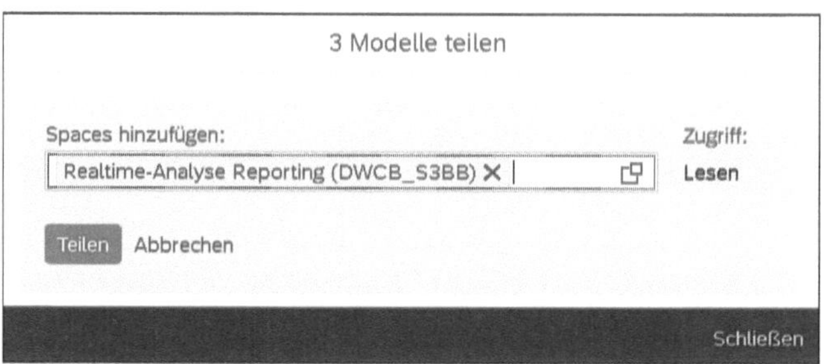

Abbildung 17.38 Modelle teilen

Teilen Sie nur die für das Reporting vorgesehenen Views; in diesem Content-Modell handelt es sich um die im Folgenden aufgelisteten Views:

- das zentrale Analytische Datenset Billing Document Item (RL)
- die Dimensions- und Text-Views, die mit SAP_FI, SAP_LE, SAP_LO, SAP_MM und SAP_SD beginnen und danach im Namen eine gemischte Groß- und Kleinschreibung haben (also nicht die Views, die IL oder HL im Namen haben)
- den Zeitdimension-View SAP.TIME.VIEW_DIMENSION_DAY
- die Views für die Währungsumrechnung, beginnend mit dem View SAP.CURRENCY.VIEW

Views freigeben

Die Views für die Währungsumrechnung müssen auch dann freigegeben werden, wenn im Ziel-Space keine erneute Währungsumrechnung definiert wird. Andernfalls würde die Ausführung von Berichtsszenarien im Ziel-Space einen SQL-Fehler bei der Währungsumrechnung ausgeben.

Alle Views, die seitens des Dateningenieurs für die fachliche Nutzung vorgesehen sind, sind mit dem Space für den Aufbau des Reporting-Modells freigegeben.

17.4 Modellierung und Auswertung in der Business-Schicht

Im nächsten Schritt wird der Business Builder genutzt, um die Reporting-Entitäten zu erstellen. Diese Entitäten können Sie direkt nutzen, um Auswertungen in Form von Listendarstellungen vorzunehmen. Die erstellten Business-Modelle dienen aber insbesondere als Datenbasis für die weiterführende Nutzung in Reporting- und Analyse-Tools, wie beispielsweise SAP Analytics Cloud, um umfangreiche Visualisierungsmöglichkeiten für Dashboards und analytische Applikationen einzusetzen.

In diesem Beispielszenario legen Sie exemplarisch einige Dimensionen, ein analytisches Datenmodell sowie ein Verbrauchsmodell, basierend auf dem SAP Business Content für Sales Analysis an.

Analytisches Datenset im Business Builder

Wechseln Sie über die Schaltfläche zum Business Builder im Space `DWCB_S3BB`, und legen Sie ein neues analytisches Datenset für den Durchgriff auf die Bewegungsdaten an (siehe Abbildung 17.39).

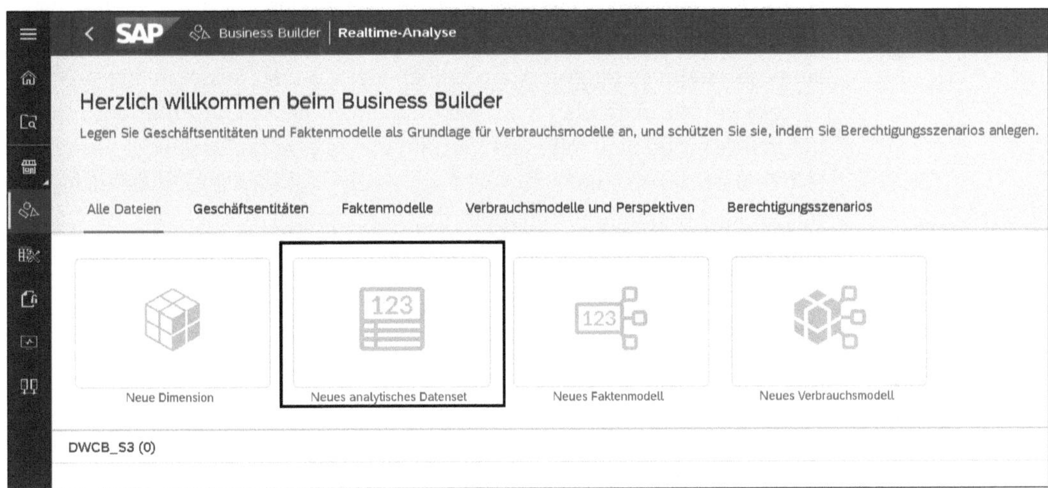

Abbildung 17.39 Analytisches Datenset im Business Builder anlegen

Wählen Sie als Datenquelle das zentrale analytische Datenset `Billing Document Item (RL)`, wie in Abbildung 17.40 gezeigt.

Im folgenden Dialog wird abgefragt, ob alle bestehenden Kennzahlen und Attribute aus der Datenquelle übernommen werden sollen. Dies soll nicht stattfinden, da für dieses Szenario lediglich fünf Attribute und acht Kennzahlen erforderlich sind.

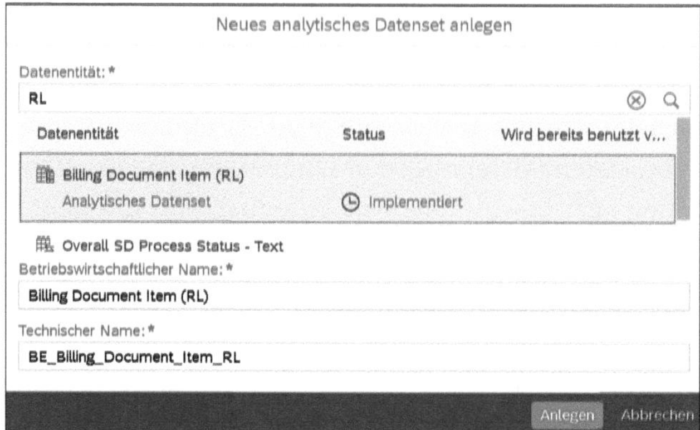

Abbildung 17.40 Zentrales analytisches Datenset als Datenquelle

Modellierung im Business Builder

Halten Sie Ihre Modelle schlank, und verwenden Sie nur die Elemente, die auch tatsächlich publiziert werden sollen. Der SAP Business Content liefert eine sehr breite Datengrundlage, jedoch werden viele Felder in Ihrem ERP-System unter Umständen nicht genutzt. Ein zu breites Informationsangebot in Ihren Modellen mit einer Vielzahl von relevanten und nicht relevanten Feldern führt aus Nutzersicht zu Unübersichtlichkeit, aber auch zu trägen Reaktionszeiten innerhalb der Benutzeroberfläche von SAP Data Warehouse Cloud.

Übernehmen Sie aus der Datenentität zunächst nur die Schlüsseldefinition (siehe Abbildung 17.41).

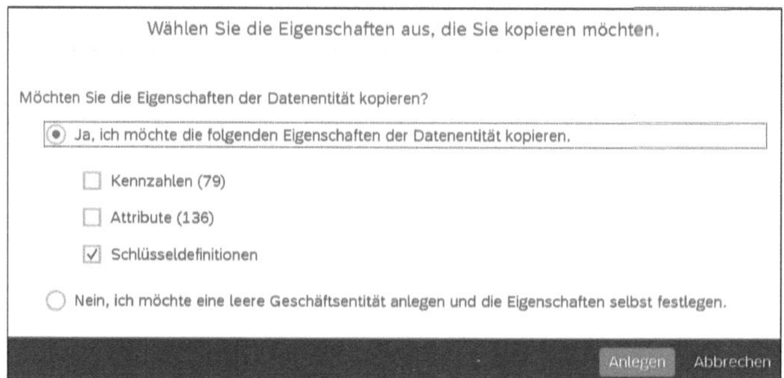

Abbildung 17.41 Schlüsseldefinition kopieren

Kennzahlen und Attribute

Fügen Sie im folgenden Bearbeitungsbild über die Schaltfläche (**Quellattribute hinzufügen**) die Attribute und Kennzahlen aus der Datenentität hinzu, die Sie tatsächlich auch verwenden möchten.

Wählen Sie die Attribute **Bill-to Party, Billing Date, Company Code, Sales Office** und **Sold-to Party** aus, wie in Abbildung 17.42 gezeigt.

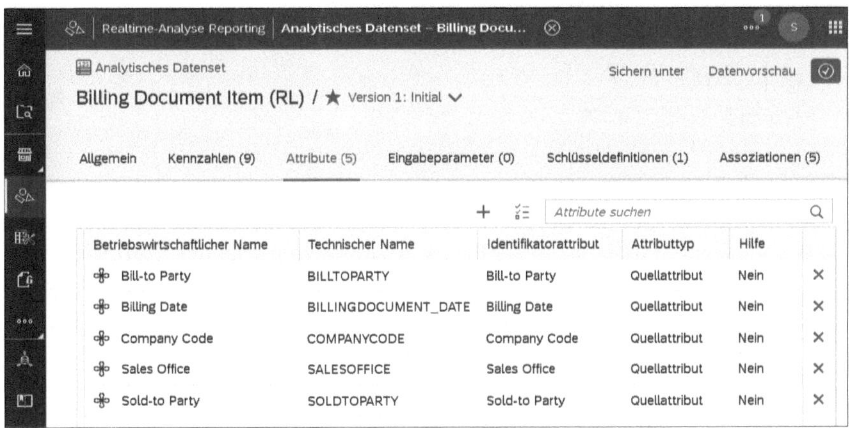

Abbildung 17.42 Quellattribute auswählen

Kennzahlen auswählen und definieren

Wechseln Sie in den Bereich **Kennzahlen**. Überprüfen Sie insbesondere bei den Kennzahlen, ob Sie die vorgegebene Kennzahlbezeichnung übernehmen wollen oder ob es Kennzahlbezeichnungen gibt, die für Ihr Unternehmen passender sind. Im Beispiel sehen Sie, dass zusätzlich zu den gelieferten Grundkennzahlen vom Kennzahltyp **Aggregation** eine weitere Kennzahl vom Typ **Berechnete Kennzahl** namens »Gross Margin %« definiert wurde (siehe Abbildung 17.43).

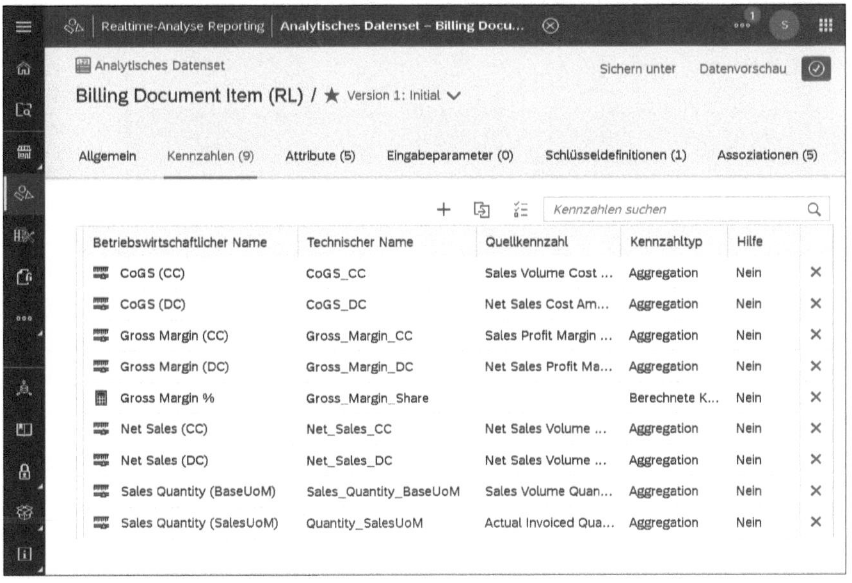

Abbildung 17.43 Kennzahlen definieren

Diese steht Ihnen hier und für weiterführende Verbrauchsmodelle und Perspektiven zur Verfügung. Die Formel für diese Kennzahl sehen Sie in Abbildung 17.44.

Abbildung 17.44 Formel der Kennzahl »Gross Margin %«

Dimensionen im Business Builder anlegen

Im nächsten Schritt legen Sie die Dimensionen an. Diese sollen in einem späteren Arbeitsschritt mit den zuvor ausgewählten Attributen verknüpft werden. Legen Sie über das Einstiegsmenü im Business Builder die Dimension für den Produktstamm an (siehe Abbildung 17.45).

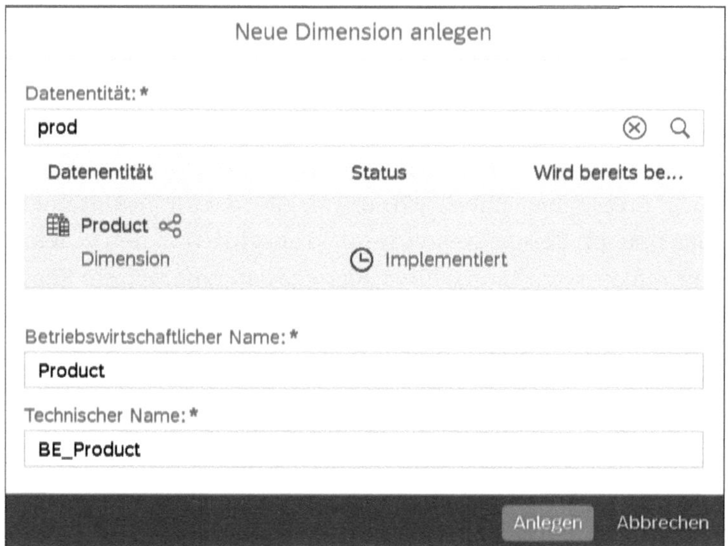

Abbildung 17.45 Neue Dimension »Product« anlegen

Diesmal übernehmen Sie im folgenden Dialog sämtliche Attribute, wie in Abbildung 17.46 dargestellt. Im weiteren Verlauf des Beispiels wird aufgeführt, dass die für die Anwenderinnen und Anwender angebotenen Attribute auch bei der Erstellung eines Verbrauchsmodells noch reduziert werden können.

Speichern Sie die Dimension direkt im Status **Einsatzbereit** (siehe Abbildung 17.47).

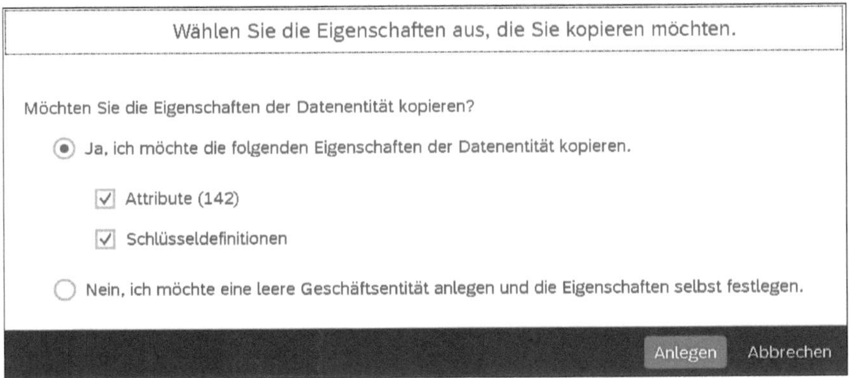

Abbildung 17.46 Alle Attribute kopieren

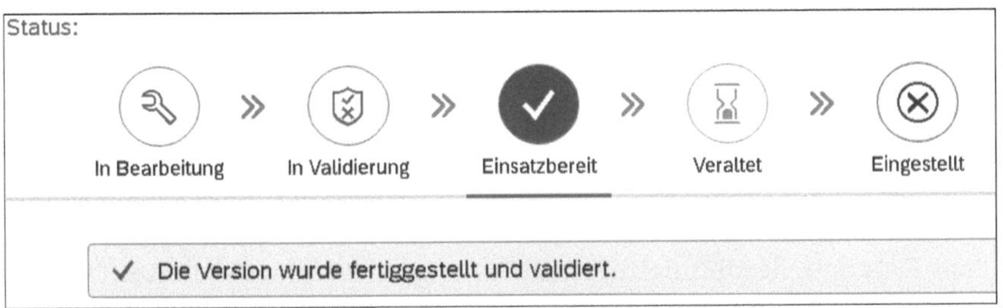

Abbildung 17.47 Dimension »Product« im Status Einsatzbereit

Verfahren Sie analog für die folgenden Dimensionen:

- Company Code (referenziert auf `SAP_FI_Company_Code`)
- Customer (referenziert auf `SAP_LO_Customer`)
- Date (referenziert auf `SAP.TIME.VIEW_DIMENSION_DAY`)

Geschäftsentitäten im Business Builder

Als Ergebnis sehen Sie die angelegten Objekte im Bereich **Geschäftsentitäten** im Business Builder (siehe Abbildung 17.48).

Assoziationen im analytischen Datenset

Die Dimensionen, die im folgenden Schritt mit dem analytischen Datenset verknüpft werden sollen, sind nun angelegt. Nun assoziieren Sie die Dimensionen mit dem analytischen Datenset **Billing Document Item (RL)**. Hierdurch wird eine semantische Verbindung zwischen den beiden Entitätstypen hergestellt, die später zum Ausführungszeitpunkt einer Abfrage in einen `LEFT OUTER TO ONE`-Join umgesetzt wird.

Über die Join-Funktionalität können die Einträge zweier Datenquellen verknüpft werden. Die Assoziation zwischen einem analytischen Datenset und einer Dimension verwendet die Join-Funktionalität unter der zusätzlichen Angabe der Kardinalität.

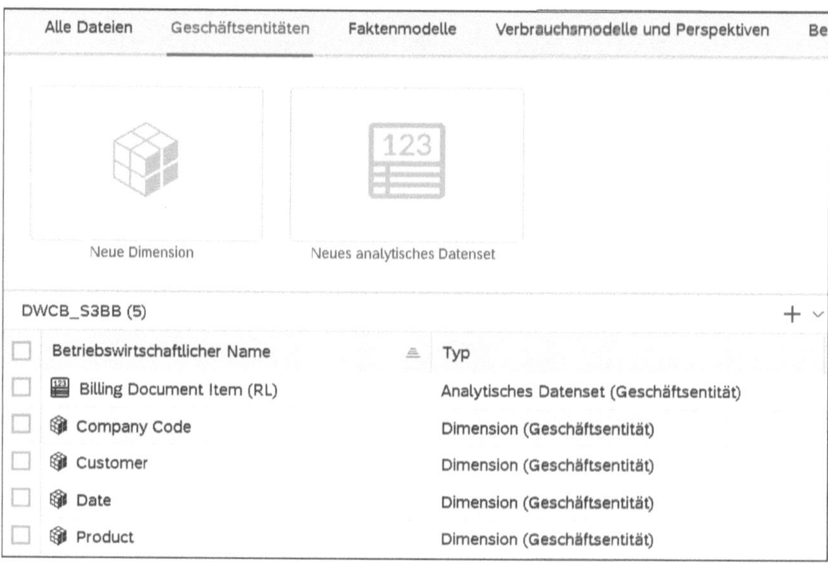

Abbildung 17.48 Geschäftsentitäten im Business Builder

Die Datenbank geht dann davon aus, dass die durch den linken äußeren Join (erste Datenquelle) definierte Ergebnismenge dieser Kardinalität entspricht und der SQL-Optimizer versucht, unnötige Joins zu unterdrücken.

Wechseln Sie in die Bearbeitung des analytischen Datensets, und gehen Sie in den Bereich **Assoziationen**. Klicken Sie auf ⊞ (**Neu**), und assoziieren Sie die Dimension **Product** wie folgt (siehe Abbildung 17.49):

- Wählen Sie die Dimension **Product** als Zielgeschäftsentität aus.
- Hinterlegen Sie die verbindenden, gleichartigen Felder **Product number** (Dimension) und **Product** (Fakten) als Zielschlüssel und Fremdschlüsselfeld.
- Geben Sie den Kontextnamen »Product« ein.

Der Assoziationskontext definiert die Bezeichnung, unter der die assoziierte Dimension im Verbrauchsdatenmodell sichtbar wird.

Verfahren Sie analog für die Dimensionen **Company Code** und **Date**.

Semantischer Kontext von Assoziationen

Die Dimension **Customer** beinhaltet alle Kundennummern, unabhängig davon, ob die Kundennummer in der Rolle **Sold-to Party** (Auftraggeber) oder **Ship-to Party** (Warenempfänger) verwendet wird. Da beide Felder im analytischen Datenset vorhanden sind und auch mit Attributen ausgewertet werden sollen, ist die Dimension **Customer** zweimal zu assoziieren:

- mit dem Feld **Sold-to Party** und dem Assoziationskontext »Sold-to«
- mit dem Feld **Ship-to Party** und dem Assoziationskontext »Ship-to«

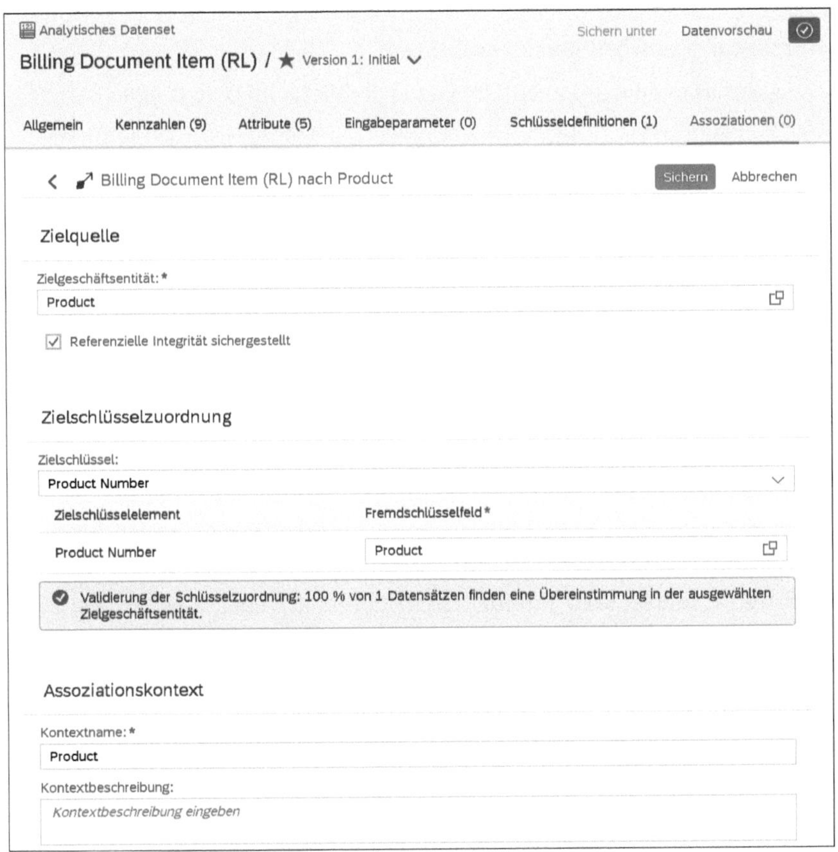

Abbildung 17.49 Assoziation zur Dimension Product anlegen

Sie haben die für dieses Szenario relevanten Verbindungen zwischen dem analytischen Datenset und den Dimensionen hergestellt und sehen nun die Assoziationen, wie in Abbildung 17.50 dargestellt.

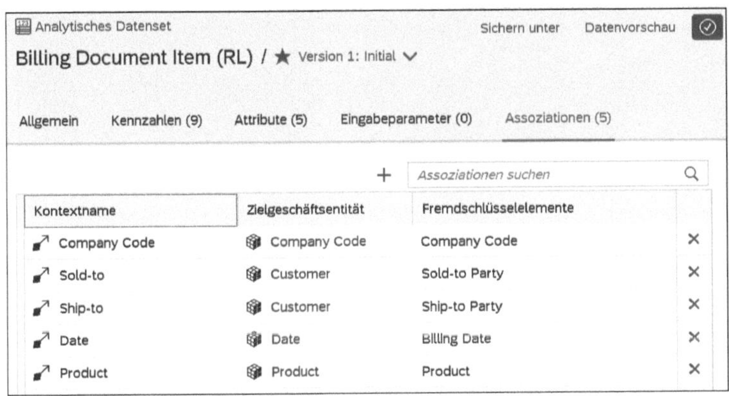

Abbildung 17.50 Assoziationen zu den relevanten Dimensionen

Anmerkung zum SAP Business Content

Die Assoziationen wurden auf der Ebene der Views im Data Builder bereits durch SAP definiert ausgeliefert. Sie können sich dort also orientieren, welche Assoziationen im Content vorgedacht wurden. Es ist jedoch im Releasestand, der diesem Beispiel zugrunde liegt, noch nicht vorgesehen, die im Data Builder bereits festgelegten Assoziationen in die Business-Builder-Modelle zu kopieren.

Analyseberechtigungen anlegen

Im letzten Schritt definieren Sie ein Berechtigungsszenario und ordnen es dem analytischen Datenset zu. Der hier vorgestellte Weg demonstriert ein Konzept, bei dem der Modellierer im Fachbereichs-Space `DWCB_S3BB` eine Tabelle anlegt, in der der Zusammenhang zwischen User-ID und berechtigtem Company Code hinterlegt werden kann. Beachten Sie, dass dieses stark vereinfachte Konzept in der Praxis nur für unkritische Daten Verwendung finden darf, da es einerseits durch eine direkte Fachbereichskontrolle über die Berechtigungsdaten sehr flexibel ist, andererseits aber nicht in die typischerweise vorhandenen, auditierungsfähigen Unternehmensprozesse eingebunden ist.

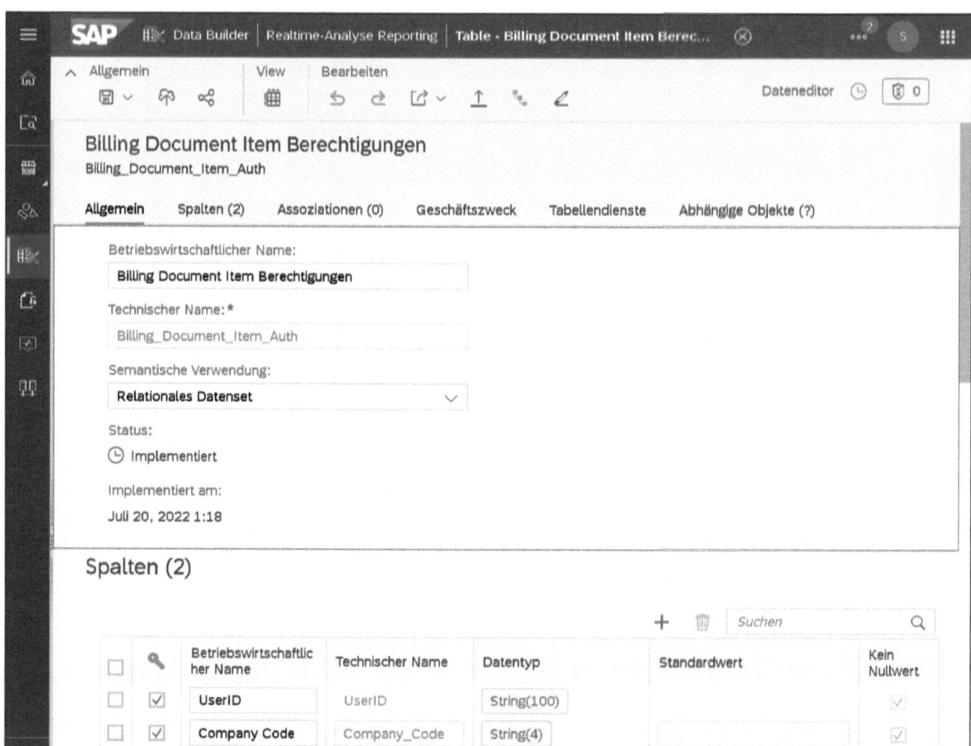

Abbildung 17.51 Tabelle für die Berechtigungen für den Company Code

Wechseln Sie nun im Space `DWCB_S3BB` in den Data Builder, legen Sie eine Tabelle mit den beiden Spalten **UserID** (String-Länge 100) und **Company Code** (String-Länge 4) an, und definieren Sie beide Felder als Schlüsselbestandteil (siehe Abbildung 17.51).

Wechseln Sie in den Dateneditor, und legen Sie dort die Einträge mit den jeweiligen berechtigten Company Codes an (siehe Abbildung 17.52).

Abbildung 17.52 Berechtigungseinträge im Dateneditor

Berücksichtigen Sie auch Ihre User-ID, da Sie sonst später nicht in der Lage sind, beim Anlegen des Verbrauchsmodells Daten zu sehen.

Datenzugriffskontrolle anlegen

Wechseln Sie anschließend im gleichen Space auf den Hauptmenüpunkt über die Schaltfläche zur Datenzugriffskontrolle, und legen Sie eine Datenzugriffskontrolle an (siehe Abbildung 17.53).

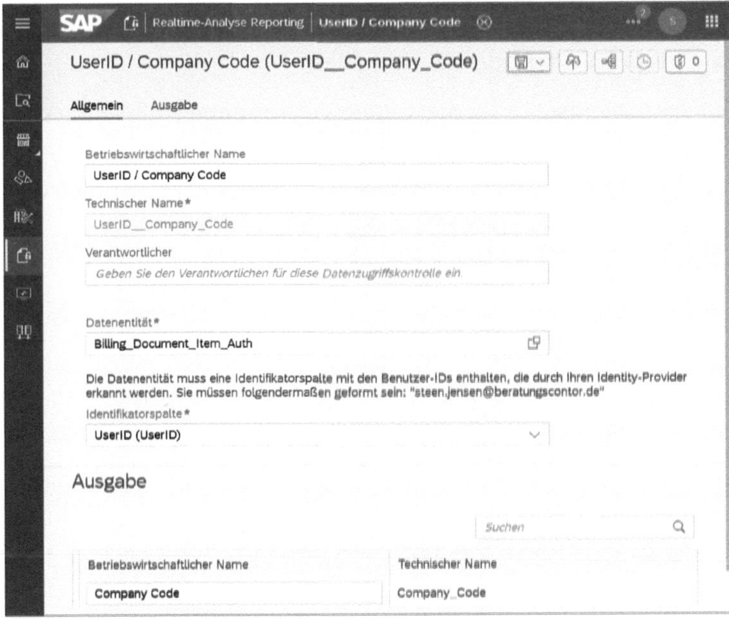

Abbildung 17.53 Datenzugriffskontrolle anlegen

Die Identifikatorspalte beinhaltet die User-ID aus der definierten Berechtigungstabelle und wird zur Laufzeit verwendet, um mit dem Anmeldebenutzer die berechtigten Company Codes (hier als Ausgabe definiert) zurückzuliefern. Diese Company Codes werden dann zur Laufzeit dem ausgeführten SQL-Statement der Abfrage automatisch als einschränkende Bedingung hinzugefügt.

Datenzugriffskontrolle zuordnen

Anschließend wechseln Sie wieder in den Business Builder. Gehen Sie in die Bearbeitung des analytischen Datensets auf der Registerkarte **Berechtigungsszenarios**, und ordnen Sie die soeben erstellte Datenzugriffskontrolle zu (siehe Abbildung 17.54).

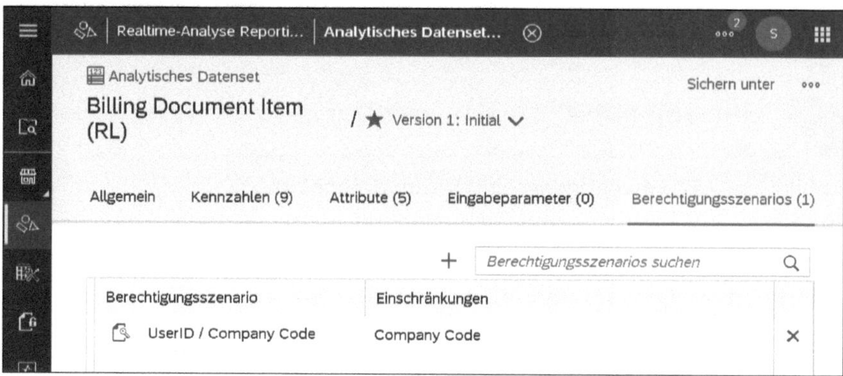

Abbildung 17.54 Berechtigungsszenario zuordnen

Das Ergebnis der bisherigen Modellierung im Business Builder für die fachliche Sicht auf die Daten stellt sich wie folgt dar:

- Das analytische Datenset ist für die weitere Verwendung vollständig konfiguriert.
- Die gewünschten Kennzahlen und Attribute sind definiert, und eine weitere berechnete Kennzahl erstellt.
- Für die Hauptattribute wurden Dimensionen erstellt.
- Die Dimensionen sind über Assoziationen mit den Attributen des analytischen Datensets verbunden.
- Ein stark vereinfachtes Berechtigungskonzept wurde umgesetzt und mit dem Attribut **Company Code** des analytischen Datensets verbunden.

Verbrauchsmodell erstellen

Im nächsten Schritt erstellen Sie ein Verbrauchsmodell sowie darauf basierend eine Perspektive. Die Perspektive kann genutzt werden, um mit BI-Clients, z. B. SAP Analytics Cloud, Daten aus SAP Data Warehouse Cloud abzufragen.

Hierzu legen Sie im Business Builder im Space DWCB_S3BB ein neues Verbrauchsmodell an. Ein Assistent führt Sie durch die Erstellung:

- **Betriebswirtschaftlicher Name**: Geben Sie hier »Billing Document Item Analysis« ein.
- **Initiale Faktenquelle**: Wählen Sie hier **Billing Document Item (RL)** bzw. Ihr zuvor konfiguriertes analytisches Datenset aus.
- **Quell-Alias**: Geben Sie hier »Faktura Istdaten« ein.

Als Ergebnis erhalten Sie ein Verbrauchsmodell, das mit dem analytischen Datenset verbunden ist und zusätzlich die dort definierten Assoziationen visualisiert, jedoch weder Kennzahlen noch Attribute beinhaltet (siehe Abbildung 17.55).

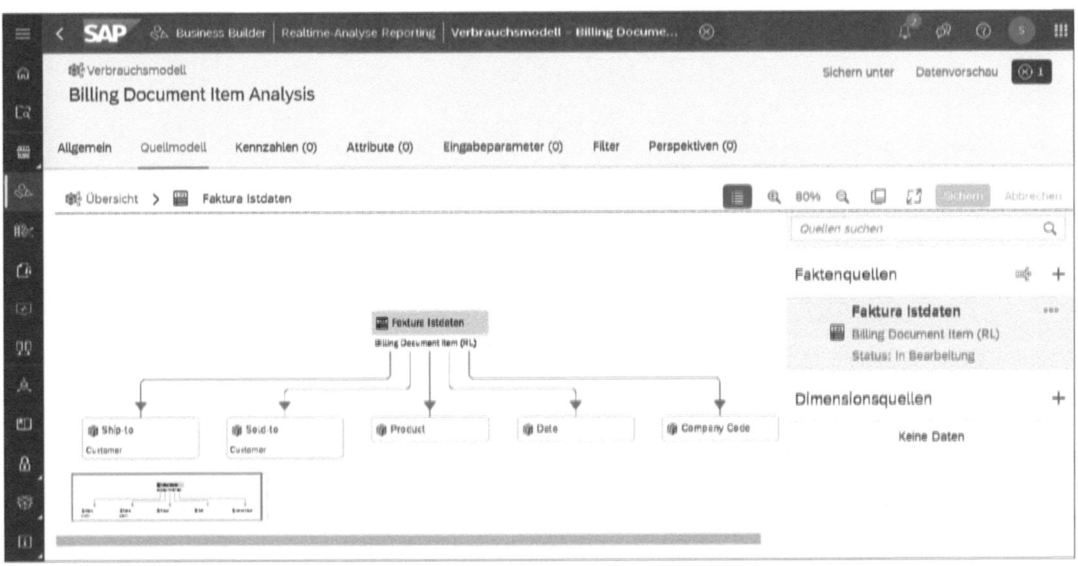

Abbildung 17.55 Verbrauchsmodell anlegen

Faktenquellkennzahlen im Verbrauchsmodell

Zunächst wechseln Sie auf die Registerkarte **Kennzahlen**, klicken dort auf die Schaltfläche (**Faktenquellkennzahlen hinzufügen**) und wählen die Kennzahlen aus, die Sie in das Verbrauchsmodell übernehmen möchten (siehe Abbildung 17.56).

Quellattribute im Verbrauchsmodell

Genauso verfahren Sie mit den Attributen auf der Registerkarte **Attribute**, die Sie übernehmen möchten (siehe Abbildung 17.57).

Abbildung 17.56 Faktenquellkennzahlen hinzufügen

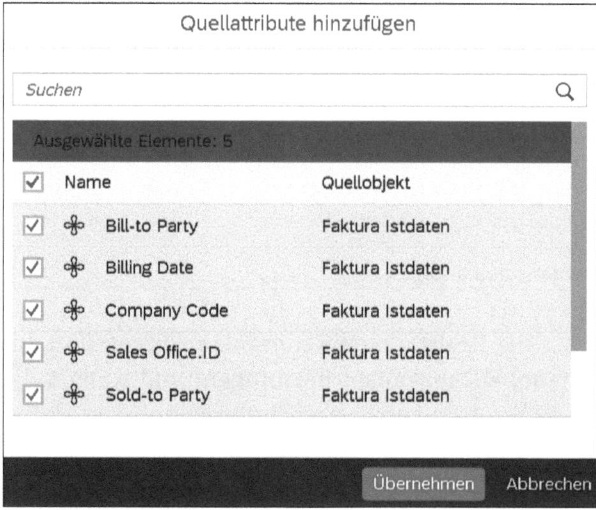

Abbildung 17.57 Quellattribute im Verbrauchsmodell hinzufügen

Die Attribute der zugeordneten Dimensionen wurden bislang nicht zur Übernahme angeboten. Dafür ist die Nutzung der Assoziation in diesem Verbrauchsmodell zunächst zu bestätigen. Wechseln Sie hierzu wieder auf die Registerkarte **Quellmodell**, und klicken Sie auf die visualisierte Assoziation **Product**. An der Assoziation wird nun ein Kontextmenü dargestellt (siehe Abbildung 17.58).

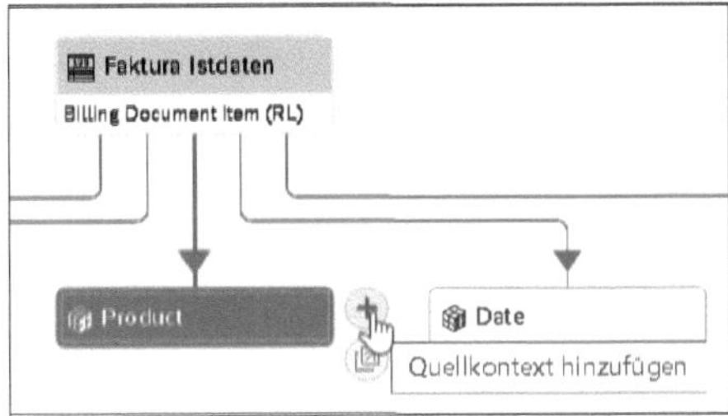

Abbildung 17.58 Kontextmenü der Produktdimension

Klicken Sie auf das Plus-Zeichen ⊞, und Sie werden wieder durch einen Assistenten unterstützt.

Dimensionsquelle zum Quellmodell hinzufügen

In Schritt 1 belassen Sie den Quell-Alias bei **Product**. In Schritt 2 erhalten Sie die Liste aller Attribute, die in der Dimension verfügbar sind. Beim Anlegen der Dimension hatten Sie ja bewusst alle angebotenen Attribute in die Dimension übernommen. An dieser Stelle können Sie jetzt den relevanten Teilausschnitt auswählen (siehe Abbildung 17.59).

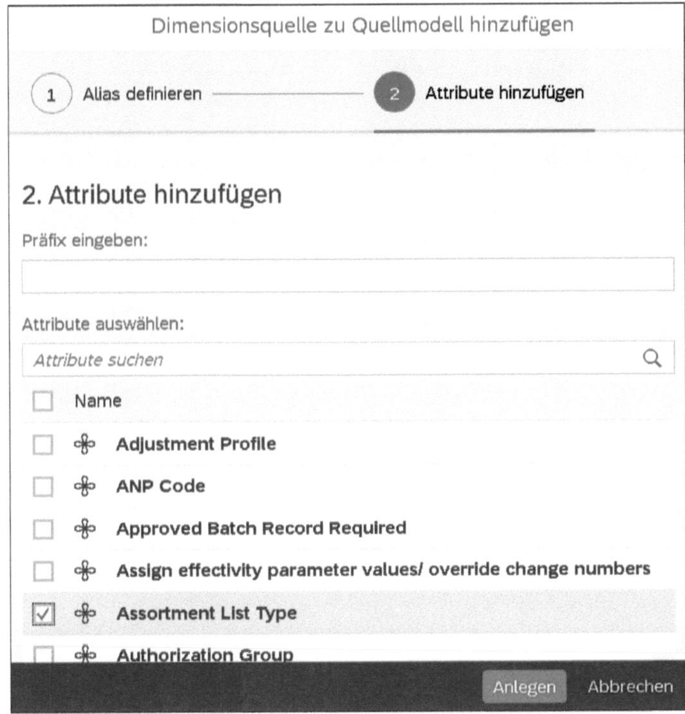

Abbildung 17.59 Dimensionsquelle zum Quellmodell hinzufügen

Verfahren Sie analog für die weiteren Assoziationen bzw. Dimensionen. Hierbei können Sie auch berücksichtigen, dass Sold-to und Ship-to zwar auf die gleiche Dimension **Customer** verweisen, bei Sold-to aber in der Regel kaufmännische Attribute und bei Ship-to Adress- oder geografische Attribute relevant sind. Im Ergebnis haben Sie alle Attribute aus dem analytischen Datenset sowie aus den beteiligten Dimensionen deklariert, die Sie in dem Verbrauchsmodell zur Verfügung stellen möchten (siehe Abbildung 17.60).

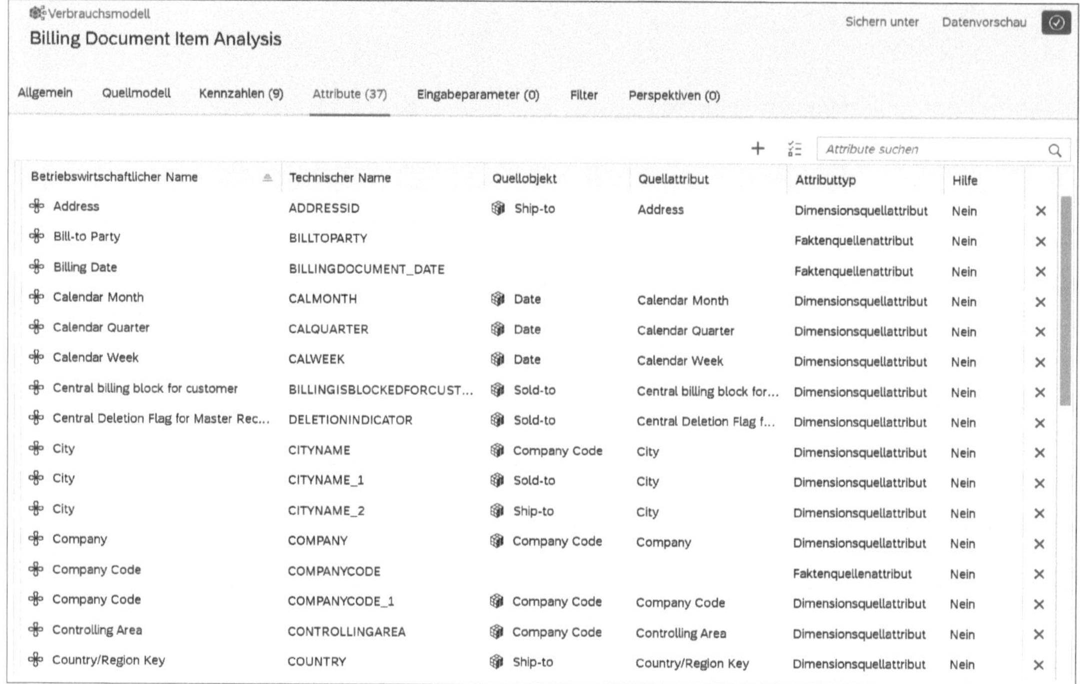

Betriebswirtschaftlicher Name	Technischer Name	Quellobjekt	Quellattribut	Attributtyp	Hilfe
Address	ADDRESSID	Ship-to	Address	Dimensionsquellattribut	Nein
Bill-to Party	BILLTOPARTY			Faktenquellenattribut	Nein
Billing Date	BILLINGDOCUMENT_DATE			Faktenquellenattribut	Nein
Calendar Month	CALMONTH	Date	Calendar Month	Dimensionsquellattribut	Nein
Calendar Quarter	CALQUARTER	Date	Calendar Quarter	Dimensionsquellattribut	Nein
Calendar Week	CALWEEK	Date	Calendar Week	Dimensionsquellattribut	Nein
Central billing block for customer	BILLINGISBLOCKEDFORCUST...	Sold-to	Central billing block for...	Dimensionsquellattribut	Nein
Central Deletion Flag for Master Rec...	DELETIONINDICATOR	Sold-to	Central Deletion Flag f...	Dimensionsquellattribut	Nein
City	CITYNAME	Company Code	City	Dimensionsquellattribut	Nein
City	CITYNAME_1	Sold-to	City	Dimensionsquellattribut	Nein
City	CITYNAME_2	Ship-to	City	Dimensionsquellattribut	Nein
Company	COMPANY	Company Code	Company	Dimensionsquellattribut	Nein
Company Code	COMPANYCODE			Faktenquellenattribut	Nein
Company Code	COMPANYCODE_1	Company Code	Company Code	Dimensionsquellattribut	Nein
Controlling Area	CONTROLLINGAREA	Company Code	Controlling Area	Dimensionsquellattribut	Nein
Country/Region Key	COUNTRY	Ship-to	Country/Region Key	Dimensionsquellattribut	Nein

Abbildung 17.60 Deklarierte Attribute im Verbrauchsmodell

Navigation in der Datenvorschau im Verbrauchsmodell

Klicken Sie auf **Datenvorschau**. Sie können nun innerhalb des Verbrauchsmodells navigieren. Fügen Sie die Elemente hinzu, die Sie in Ihre erste Perspektive inkludieren möchten (siehe Abbildung 17.61).

Perspektiven erstellen

Die Perspektive speichern Sie mit einem Klick auf **Neue Version sichern**. Im folgenden Dialog legen Sie dann einen betriebswirtschaftlichen Namen sowie einen technischen Namen fest (siehe Abbildung 17.62).

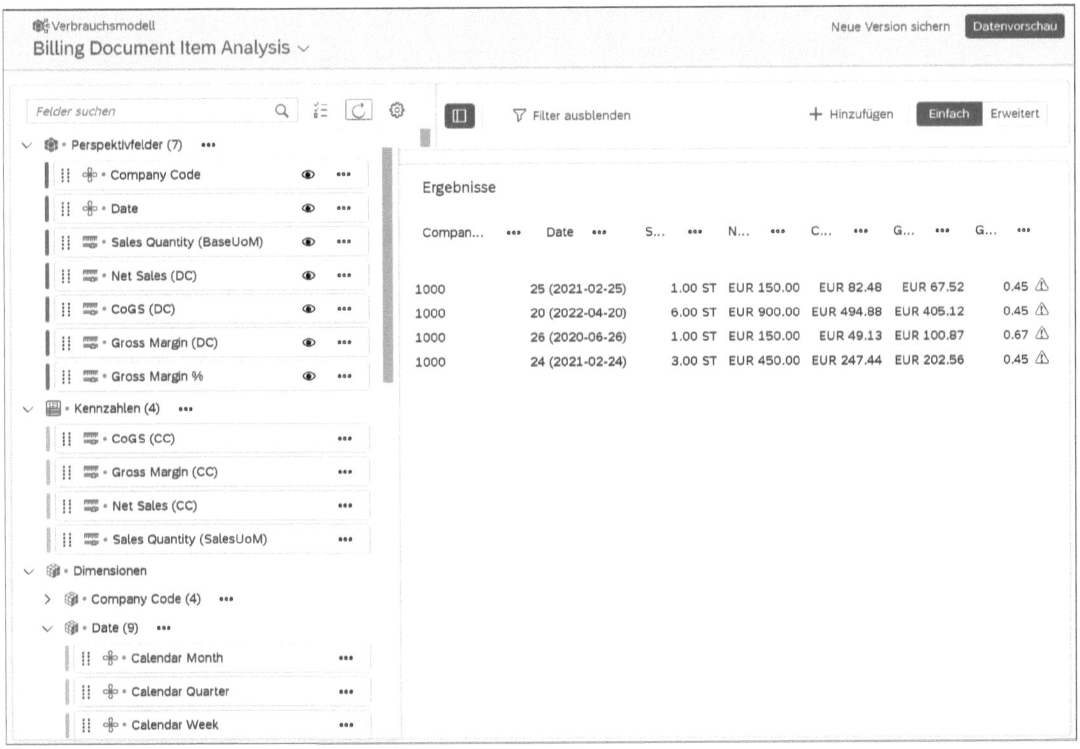

Verbrauchsmodell
Billing Document Item Analysis

Neue Version sichern | Datenvorschau

Felder suchen

Perspektivfelder (7)
- Company Code
- Date
- Sales Quantity (BaseUoM)
- Net Sales (DC)
- CoGS (DC)
- Gross Margin (DC)
- Gross Margin %

Kennzahlen (4)
- CoGS (CC)
- Gross Margin (CC)
- Net Sales (CC)
- Sales Quantity (SalesUoM)

Dimensionen
- Company Code (4)
- Date (9)
  - Calendar Month
  - Calendar Quarter
  - Calendar Week

Filter ausblenden | Hinzufügen | Einfach | Erweitert

Ergebnisse

Compan...	Date	S...	N...	C...	G...	G...
1000	25 (2021-02-25)	1.00 ST	EUR 150.00	EUR 82.48	EUR 67.52	0.45
1000	20 (2022-04-20)	6.00 ST	EUR 900.00	EUR 494.88	EUR 405.12	0.45
1000	26 (2020-06-26)	1.00 ST	EUR 150.00	EUR 49.13	EUR 100.87	0.67
1000	24 (2021-02-24)	3.00 ST	EUR 450.00	EUR 247.44	EUR 202.56	0.45

Abbildung 17.61 Navigation der Datenvorschau

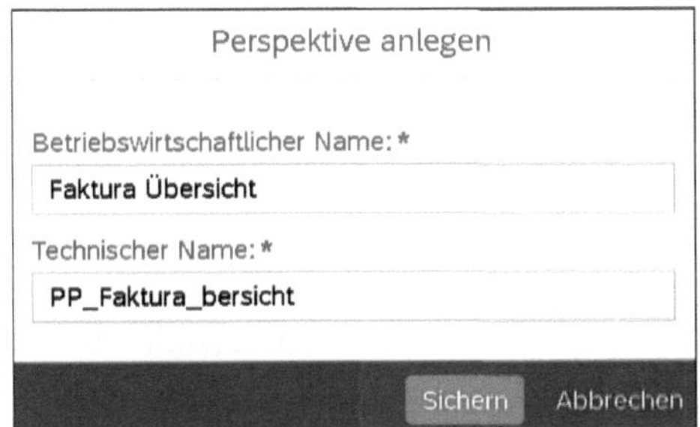

Abbildung 17.62 Perspektive sichern

[+]

Einstellungen in der Datenvorschau

Nutzen Sie in der Datenvorschau auch die Einstellungen, die Sie über die Schaltfläche ⚙ erreichen. Insbesondere können Sie hier die automatische Aktualisierung nach jedem Navigationsschritt deaktivieren und die Darstellung des generierten SQL-Statements anpassen.

Sie haben nun Ihr Verbrauchsmodell und Ihre erste Perspektive erstellt und können, darauf basierend, mit BI-Anwendungen bzw. Frontend-Tools wie SAP Analytics Cloud Berichte erstellen. Die Modellierung ist abgeschlossen, und Sie können Ihr Modell in Betrieb nehmen.

17.5 Datenintegration, Monitoring und Optimierung

SQL-Statements analysieren

In diesem Abschnitt untersuchen Sie, was die Durchführung einer Abfrage aus einer Perspektive in der Integration mit dem SAP-S/4HANA-Quellsystem auslöst, und lernen Wege kennen, um die Lastverteilung zwischen den Systemen sowie die allgemeine Abfrageperformance zu optimieren.

In der Datenvorschau des Verbrauchsmodells wurde eine Abfrage abgesetzt, die Attribute aus unterschiedlichen Tabellen beinhaltet (siehe Abbildung 17.63).

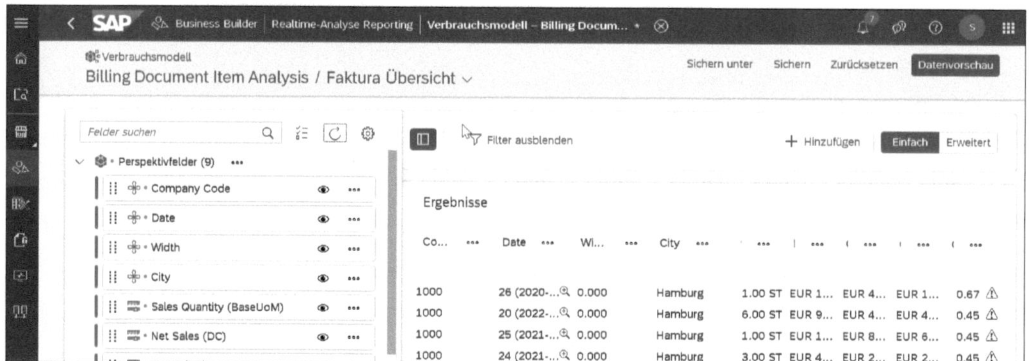

Abbildung 17.63 Analysemöglichkeiten im Verbrauchsmodell

SQL-Statement im Verbrauchsmodell anzeigen

Das generierte SQL-Statement können Sie über die Schaltfläche in den Einstellungen über die Option **SQL anzeigen** sichtbar machen (siehe Abbildung 17.64).

Das SQL-Statement beinhaltet im Kern den Inhalt von Listing 17.2.

```
SELECT...
FROM "DWCB_S3"."SAP_SD_RL_BillingDocumentItem" AS "Faktura_
Istdaten" ) AS "Aggregate_Faktura_Istdaten"
INNER MANY TO ONE JOIN "#RESPONSIBILITY" AS "UserID_Company_
Code" ON "Aggregate_Faktura_Istdaten"."COMPANYCODE" = "UserID_
Company_Code"."Company_Code"
LEFT MANY TO ONE JOIN "DWCB_S3"."SAP_FI_Company_Code" AS "Company_
Code" ON "Aggregate_Faktura_Istdaten"."COMPANYCODE_1" = "Company_
Code"."COMPANYCODE"
```

```
LEFT MANY TO ONE JOIN "DWCB_S3"."SAP_LO_Customer" AS "Sold_
to" ON "Aggregate_Faktura_Istdaten"."SOLDTOPARTY" = "Sold_
to"."CUSTOMER"
LEFT MANY TO ONE JOIN "DWCB_S3"."SAP.TIME.VIEW_DIMENSION_
DAY" AS "Date" ON "Aggregate_Faktura_Istdaten"."BILLINGDOCUMENT_
DATE" = "Date"."DATE_SQL"
LEFT MANY TO ONE JOIN "DWCB_S3"."SAP_LO_
Product" AS "Product" ON "Aggregate_Faktura_Istdaten"."MATERIAL" =
 "Product"."PRODUCT" ) AS "Aggregate_Product"
GROUP BY...
```

Listing 17.2 Generierte SQL-Abfrage

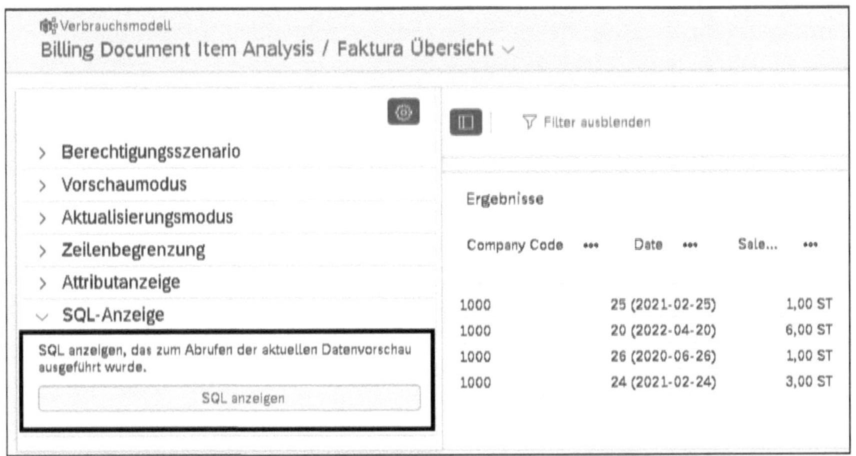

Abbildung 17.64 SQL-Statement anzeigen

Es werden im Wesentlichen verschiedene Views aus dem Space DWCB_S3 abgefragt und per Join-Operation zusammengeführt. Hinter diesen Views liegen derzeit die ausgelieferten Remote-Tabellen des SAP Business Contents, die wiederum mit CDS-Views im SAP-S/4HANA-System verbunden sind.

SQL-Anweisungen im Remote-Abfrage-Monitor

Wechseln Sie im Space DWCB_S3 in den Datenintegrationsmonitor und dort auf die Registerkarte **Remote-Abfrage-Monitor**. Dort sehen Sie, welche Einzelabfragen über den Data Provisioning Agent in das SAP-S/4HANA-System abgesetzt werden (siehe Abbildung 17.65).

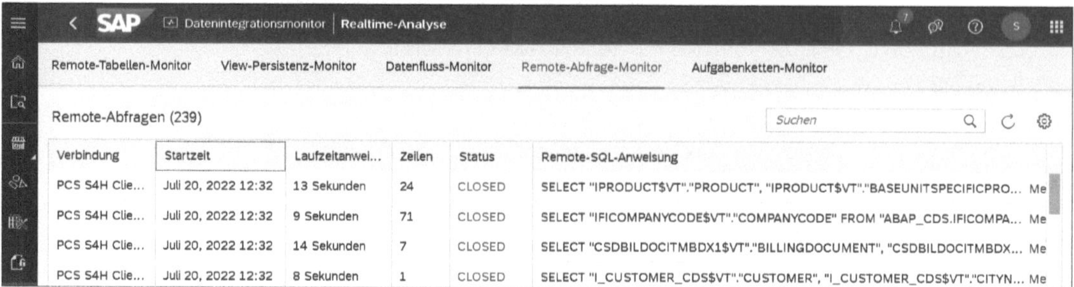

Abbildung 17.65 SQL-Anweisungen im Remote-Abfrage-Monitor

Es wird also jeder der beteiligten CDS-Views separat abgefragt und die rückgelieferten Teilergebnisse innerhalb von SAP Data Warehouse Cloud zum Abfrageergebnis zusammengeführt. Dies hat folgende Implikationen:

- Es handelt sich um ein buchstäbliches Echtzeitszenario, da (mit Ausnahme der Wechselkurse) keine Persistierung innerhalb von SAP Data Warehouse Cloud stattfindet. Jede Abfrage zeigt den Datenstand, der zum Zeitpunkt des Absetzens der Abfrage aktuell ist.
- Es werden nur die Felder abgefragt, die in der Abfrage tatsächlich angefordert und nach Möglichkeit bereits im Quellsystem aggregiert worden sind (GROUP BY wird auf der Datenbankebene ausgeführt). Jedoch wird die Join-Operation nicht schon in der Quellsystem-HANA-Datenbank durchgeführt, wodurch die in SAP Data Warehouse Cloud zurückgegebenen Ergebnismengen größer ausfallen als unbedingt erforderlich.
- Dies liegt in der Notwendigkeit begründet, alle Felder für die Durchführung des nachgelagerten Joins mit abzufragen, auch wenn diese für die Ausgabe nicht erforderlich sind.
- Das Quellsystem wird mit jeder Abfrage mit mehreren Teilabfragen belastet – und zwar nicht nur mit Abfragen gegen Daten, die sich fortwährend ändern (Bewegungsdaten), sondern auch mit Abfragen gegen Daten, die sich weniger häufig oder eher selten ändern (Stammdaten). Dabei kommt es bei den Stammdaten häufig zu Komplettabfragen, da Einschränkungen im abgefragten Datenraum meist auf der Basis von Bewegungsdaten-Attributen stattfinden.

Optimierungsmöglichkeiten der Abfragen

Sie haben die Möglichkeit, den Einsatz von Remote-Tabellen so zu optimieren, dass Abfragen einerseits das SAP-S/4HANA-Quellsystem nicht mehr belasten und andererseits der Echtzeitcharakter der Abfragen (fast) erhalten bleibt. Hierzu ist es erforderlich, die Daten aus dem SAP-S/4HANA-Quellsystem unabhängig von Abfragen in die HANA-Datenbank von SAP Data Warehouse Cloud zu laden. Nachdem dies geschehen ist, werden die Abfragen nicht mehr gegen das SAP-S/4HANA-System abgesetzt, sondern gegen die SAP-HANA-Datenbank von SAP Data Warehouse Cloud, in der auch Joins optimiert durchgeführt werden können.

Snapshots für unkritische Remote-Tabellen einrichten

Dazu gehen Sie wie folgt vor und richten im ersten Schritt für die Remote-Tabellen (tagesaktuelle) Snapshots ein:

- Klassifizieren Sie die Remote-Tabellen nach benötigter Datenaktualität und nach Auswirkung, wenn ein frisch erfasster Datensatz nur tagesaktuell zur Verfügung steht.
- Erstellen Sie für unkritische Remote-Tabellen einen Snapshot. Beispiele für unkritische Remote-Tabellen sind:
  - Customizing-ähnliche Stammdaten, beispielsweise Texte zu Auftragsarten oder Positionstypen
  - Stammdaten, bei denen es äußerst unwahrscheinlich ist, dass am Tag ihrer Entstehung zugleich Bewegungsdaten gebucht werden, beispielsweise Stammdaten zu Buchungskreisen, zu Werken oder Verkaufsorganisationen

  Beispiele für möglicherweise kritische Stammdaten sind:
  - *Produktstammdaten*: In der Regel liegt für die meisten Branchen die Zeitspanne zwischen der Neuanlage eines Produkts und dessen erstmaligem Verkauf bei Tagen oder Wochen. In handelsähnlichen Geschäftsmodellen kann es aber auch sein, dass ein neues Produkt unverzüglich verkauft wird.
  - *Kundenstammdaten*: Auch hier liegen zwischen Anlage und Nutzung häufig Tage. Jedoch gibt es auch kritische Attribute, wie z. B. eine gesetzte Kreditsperre, die je nach Reporting-Szenario aktuell sein muss.

Stellen Sie danach die unkritischen Stammdaten auf Snapshots um. Wechseln Sie im Space `DWCB_S3` in den Datenintegrationsmonitor. Markieren Sie dort die unkritische Remote-Tabelle, und wählen Sie im Menüpunkt **Tabellenreplikation** die Option **Neuen Snapshot laden** (siehe Abbildung 17.66).

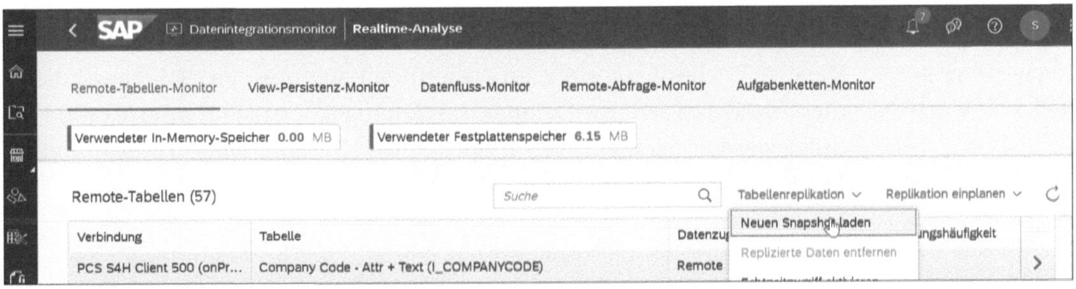

Abbildung 17.66 Neuen Snapshot laden

Snapshot-Replikation einplanen

Anschließend rufen Sie den Menüpunkt **Replikation einplanen** auf und wählen die Option **Snapshot-Zeitplan anlegen**, um zukünftig automatisch Snapshots aufzubauen, beispielsweise täglich (siehe Abbildung 17.67).

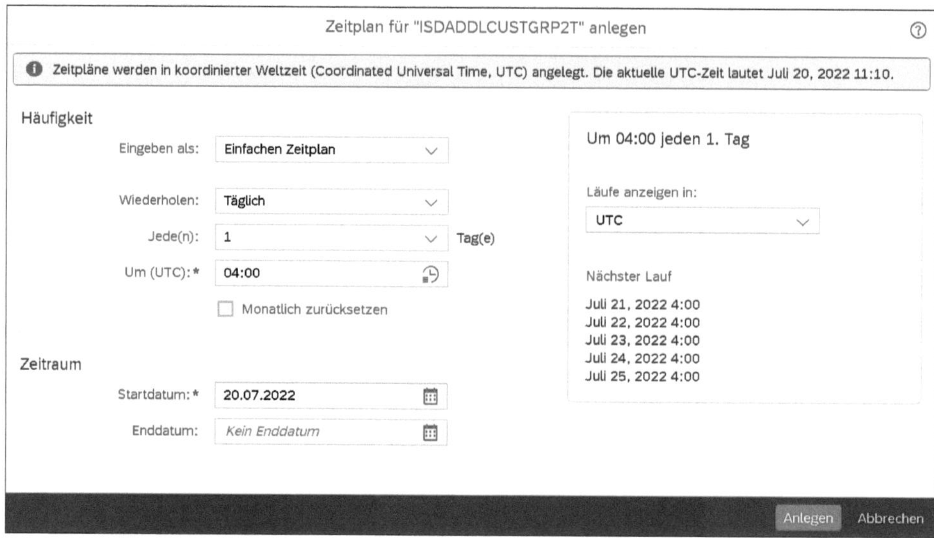

Abbildung 17.67 Snapshot-Zeitplan anlegen

Wiederholen Sie diesen Schritt für alle Stammdaten, die Sie als unkritisch eingeschätzt haben. Im Ergebnis werden für diese Remote-Tabellen jetzt keine Anwenderabfragen mehr an das SAP-S/4HANA-System abgesetzt, sondern eine tägliche einmalige Abfrage mit Speicherung der Daten in der SAP-HANA-Datenbank in SAP Data Warehouse Cloud.

Datenentitäten bewerten und Extraktionsverfahren prüfen

Im zweiten Schritt richten Sie für kritische Stammdaten eine Echtzeitreplikation durch die Nutzung der CDC-Technologie ein. Bewegungsdaten und möglicherweise kritische Stammdaten sollen im Echtzeitszenario einerseits aktuell sein, andererseits sollen der Datenverkehr und die Abfrageintensität in der Schnittstelle zwischen SAP S/4HANA und SAP Data Warehouse Cloud minimal gehalten und technischen Prozessen vorbehalten sein. Diesen Zielkonflikt löst SAP mit der Bereitstellung der CDC-Technologie weitestgehend auf.

Zusammenspiel von CDC und CDS-Views

Die CDC-Technologie steht im Zusammenhang mit den CDS-Views, die in diesem Szenario für die Datenextraktion in SAP Data Warehouse Cloud genutzt werden. Sie hat ihren Ursprung im *SAP Landscape Transformation Replication Server* und ist Bestandteil von SAP-S/4HANA-Systemen.

Kurz skizziert ist der Ablauf der CDC-Nutzung wie folgt:

- Ein CDS-View, der CDC-fähig ist, wird aus einem weiterführenden System (hier SAP Data Warehouse Cloud) erstmalig im Modus der Echtzeitreplikation angesprochen.
- Hierdurch wird SAP Data Warehouse Cloud in SAP S/4HANA als aktiver Datenempfänger für Delta-Informationen registriert. Die Registrierung findet im ODP-Framework statt.
- Im Coding des CDS-Views ist in den Kopfannotationen hinterlegt, welche Tabellenveränderungen dazu führen, dass durch den CDS-View ein veränderter Datensatz an den Datenempfänger übermittelt werden soll.
- Für diese dort hinterlegten Tabellen werden ab dann Datenbank-Trigger in der HANA-Datenbank gesetzt. Somit ist die Information vorgemerkt, dass eine Datenübermittlung zeitnah stattfinden muss.
- Der CDS-View wird für die geänderten Datensätze ausgeführt und stellt eine Delta-Information bereit, die typischerweise innerhalb von 15 Sekunden an SAP Data Warehouse Cloud als Datenempfänger übermittelt wird.

Es handelt sich also um ein Echtzeit-Datenübertragungsszenario, aber nicht im wörtlichen Sinne: Geänderte Daten werden datensatzweise sehr zeitnah und verzögerungsarm von SAP Data Warehouse Cloud empfangen.

Fallstudie zur Extraktion der Billing Document Items

Hierzu möchten wir Ihnen eine Fallstudie anhand des von Ihnen genutzten Extraktionsweges für Billing Document Items vorstellen. Der technische Name der Remote-Tabelle lautet `CSDBILDOCITMBDX1`. Dies entspricht einem Data Dictionary View (DDIC-View), den Sie über den Transaktionscode SE11 in SAP S/4HANA oder über die Entwicklungsumgebung Eclipse einsehen können. Ebenfalls sehen Sie in Transaktion SE11 die dahinterliegende Datendefinition, also einen CDS-View mit dem Namen `C_BILLINGDOCITEMBASICDEX_1`. Durch Vorwärtsnavigation gelangen Sie in den Quellcode des CDS-Views.

Kopfannotation im CDS-View für das CDC-Verfahren

In Listing 17.3 sehen Sie einen Teil der Kopfannotation, der für die Steuerung des CDC-Verfahrens relevant ist.

```
@Analytics: {
    dataCategory: #FACT,
    dataExtraction: {
        enabled: true,
        delta.changeDataCapture: {
            mapping:[
                {
                    table: 'vbrp', role: #MAIN,
```

```
                        viewElement: [
 'BillingDocument', 'BillingDocumentItem'],
                        tableElement: ['vbeln', 'posnr']
                    },
                    {
                        table: 'vbrk', role: #LEFT_OUTER_TO_ONE_JOIN,
                        viewElement: ['BillingDocument'],
                        tableElement: ['vbeln'] }
                ]
            }
        }
 }
```

Listing 17.3 Kopfannotation für CDC-Funktionalität

Es können die folgenden Erkenntnisse gezogen werden:

- Durch das Vorhandensein der Kopfannotation `@Analytics. dataExtraction.delta.changeDataCapture` ist dieser CDS-View grundsätzlich zur Echtzeitreplikation in SAP Data Warehouse Cloud fähig.
- Änderungen der genannten Tabellen `'vbrp'` und `'vbrk'` führen dazu, dass die geänderten Datensätze, und nur diese, sehr zeitnah an SAP Data Warehouse Cloud übertragen werden.

Auffinden CDC-fähiger CDS-Views

Für das einfache Auffinden von extraktions- und CDC-fähigen CDS-Views stellt SAP den CDS-View `I_DataExtractionEnabledView` bereit, den Sie in der Datenvorschau in Eclipse oder alternativ über das SAP GUI mit Transaktionscode SE16 aufrufen und unter ihrem DDIC-Namen `IXTRCTNENBLDVW` abfragen können (siehe Abbildung 17.68).

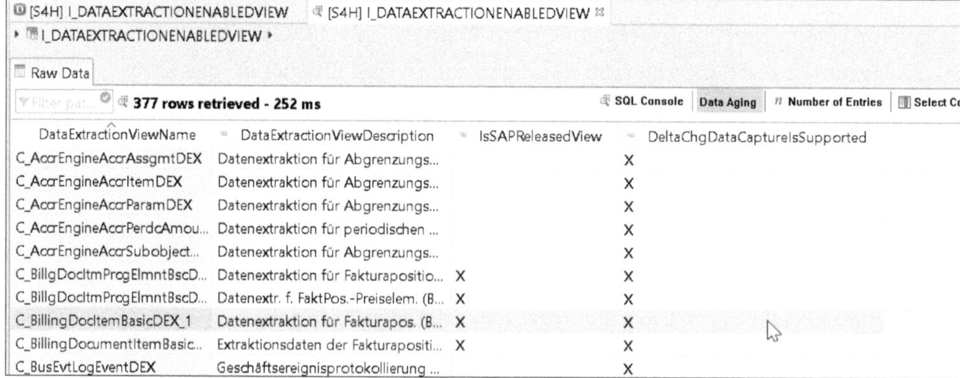

DataExtractionViewName	DataExtractionViewDescription	IsSAPReleasedView	DeltaChgDataCaptureIsSupported
C_AccrEngineAccrAssgmtDEX	Datenextraktion für Abgrenzungs...		X
C_AccrEngineAccrItemDEX	Datenextraktion für Abgrenzungs...		X
C_AccrEngineAccrParamDEX	Datenextraktion für Abgrenzungs...		X
C_AccrEngineAccrPerdcAmou...	Datenextraktion für periodischen ...		X
C_AccrEngineAccrSubobject...	Datenextraktion für Abgrenzungs...		X
C_BillgDocItmPrcgElmntBscD...	Datenextraktion für Fakturapositio...	X	X
C_BillgDocItmPrcgElmntBscD...	Datenextr. f. FaktPos.-Preiselem. (B...	X	X
C_BillingDocItemBasicDEX_1	Datenextraktion für Fakturapos. (B...	X	X
C_BillingDocumentItemBasic...	Extraktionsdaten der Fakturapositi...	X	X
C_BusEvtLogEventDEX	Geschäftsereignisprotokollierung ...		X

Abbildung 17.68 CDS-View I_DataExtractionEnabledView

Auf die Echtzeitreplikation umstellen

Zur Umstellung einer Remote-Tabelle auf das Echtzeit-Replikationsverfahren gehen Sie wie nachfolgend beschrieben vor: Wechseln Sie im Data Builder des Space `DWCB_S3` in den Remote-Tabellen-Monitor. Dort markieren Sie die Remote-Tabelle, die auf einen CDC-fähigen CDS-View verweist, also zunächst die Remote-Tabelle mit den Billing-Document-Item-Bewegungsdaten. Wählen Sie im Menüpunkt **Tabellenreplikation** die Option **Echtzeitzugriff aktivieren** (siehe Abbildung 17.69).

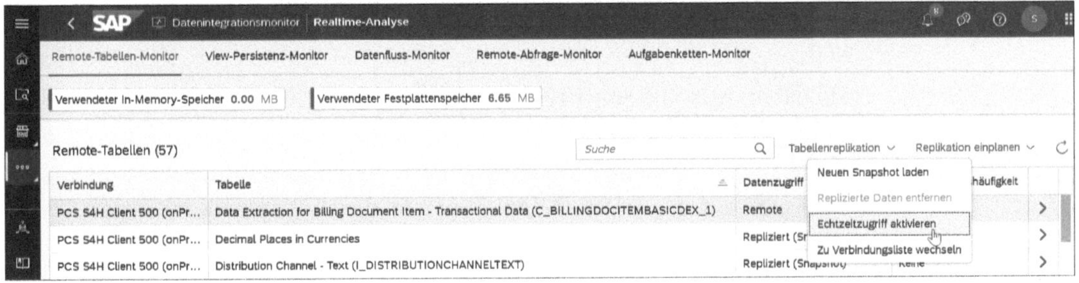

Abbildung 17.69 Echtzeitzugriff aktivieren

Die Aktualisierungshäufigkeit wird auf **Echtzeit** geändert, und der Status auf **Wird initialisiert**. In dieser Phase wird die Delta-Queue mit dem SAP-S/4HANA-System aufgebaut. Nach kurzer Zeit wechselt der Status auf **Aktiv**, und der Datenzugriff der vorangehenden Remote-Tabelle wurde in **Repliziert (Echtzeit)** geändert (siehe Abbildung 17.70).

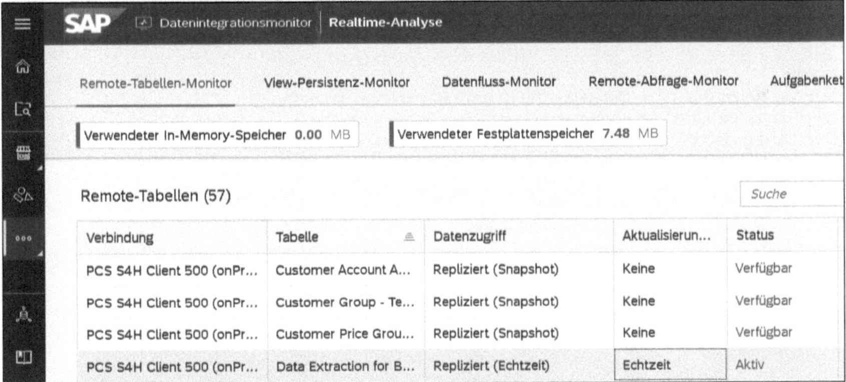

Abbildung 17.70 Von Remote auf Echtzeit umstellen

Wiederholen Sie diesen Schritt für Stammdaten, die Sie einerseits als möglicherweise kritisch erkannt haben und die andererseits über einen CDC-fähigen CDS-View als Datenextraktor verfügen. Für dieses Szenario ist es ebenfalls möglich, den Kunden- und Produktstamm auf Echtzeitreplikation umzustellen.

Wenn Sie versuchen, die Echtzeitreplikation für eine Remote-Tabelle zu aktivieren, deren CDS-View nicht CDC-fähig ist, erhalten Sie innerhalb von SAP Data Warehouse Cloud die Fehlermeldung, dass das Verfahren nicht unterstützt wird. Wählen Sie dann die periodische Einplanung eines Snapshots.

Den Grenzfall der möglicherweise kritischen Stammdaten, für die kein CDC-fähiger CDS-View angeboten wird, decken Sie über eine periodische Einplanung mit häufigem Intervall ab. Das kürzeste mögliche Intervall ist stündlich.

Sie haben nun alle Schritte abgeschlossen und einige der Remote-Tabellen umgestellt. Die Daten werden nun entweder periodisch als Snapshot oder mittels Echtzeitreplikation an SAP Data Warehouse Cloud übertragen. Ein Rückgriff auf das SAP-S/4HANA-System durch Anwenderabfragen findet nicht mehr statt.

Delta-Queues und CDC-Monitoring überwachen

Der Status der Delta-Queues ist auch im SAP-S/4HANA-System über das SAP GUI mithilfe der Transaktionen ODQMON und DHCDCMON einsehbar (siehe Abbildung 17.71 und Abbildung 17.72).

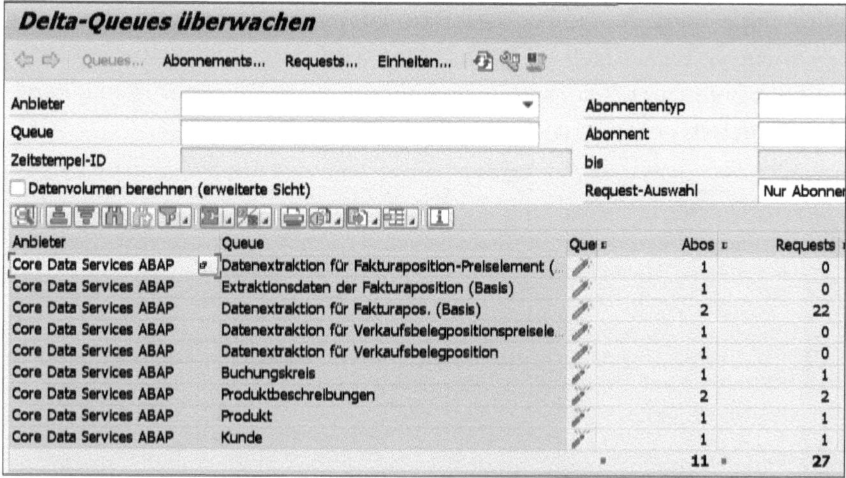

Abbildung 17.71 Delta-Queues im SAP GUI überwachen

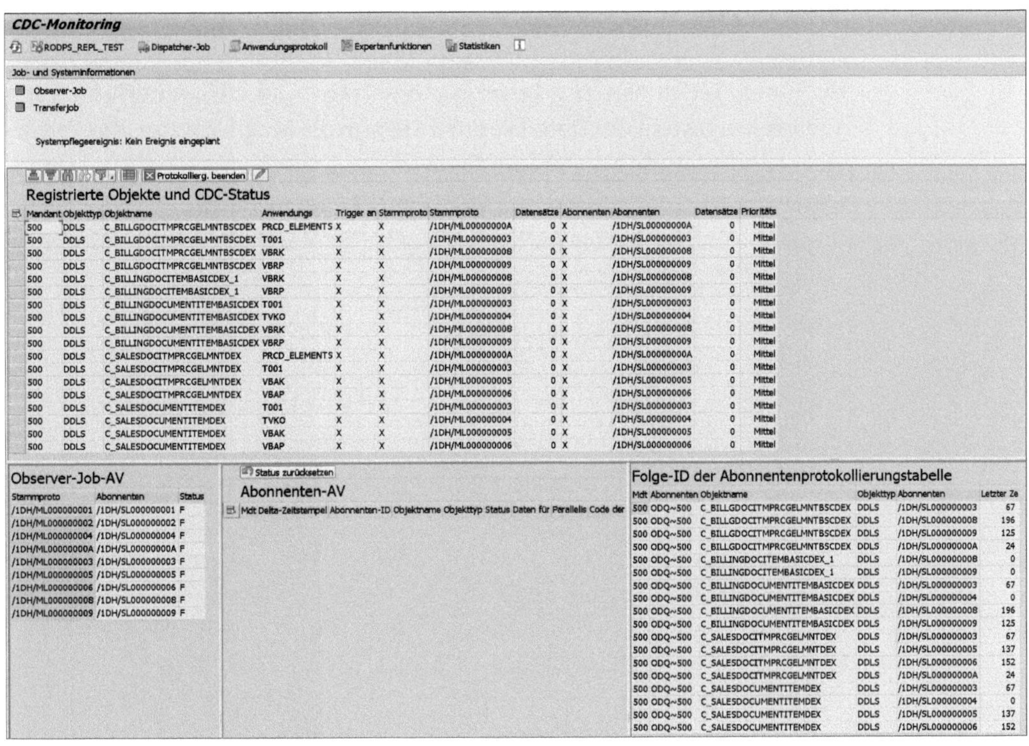

Abbildung 17.72 CDC-Monitoring

17.6 Zusammenfassung

Sie haben sich in diesem Szenario mit dem SAP-Business-Content-Paket **Sales Analysis for SAP S/4HANA On-Premise** auseinandergesetzt. Dabei haben Sie Einblicke gewonnen, wie der Content verwendet und auch weiterentwickelt werden kann. Sie haben Tipps für das Management von Content-Inhalten in kundeneigenen Spaces erhalten sowie Hinweise auf Lücken durch abweichende Versionsstände und einen möglichen Umgang damit. Nach der Aktivierung und dem Einrichten der Content-Objekte haben Sie diese für die weitere Modellierung von fachlichen Sichten genutzt und das Zusammenspiel von analytischen Datensets, Stammdatendimensionen und Verbrauchsmodellen kennengelernt. Des Weiteren haben Sie ein einfaches Berechtigungsszenario eingerichtet und dieses für die Einschränkung des Reportings von Dateninhalten verwendet.

Ihnen wurden Möglichkeiten aufgezeigt, die Datenintegration und Datenabfrage zu überwachen und bei Bedarf auch zu optimieren. Hierzu haben wir Ihnen Techniken zur Performanceabfrage und zur weiterführenden Analyse vorgestellt. Im Detail kennen Sie nun die Möglichkeiten der Performanceoptimierung mit Echtzeitcharakter und haben dabei das Zusammenspiel von CDC-Technologie und CDS-Views kennengelernt.

Kapitel 18
Ausblick

Und wie geht es jetzt weiter? Gemäß dem Bonmot, dass Prognosen immer besonders schwierig seien, wenn sie sich auf die Zukunft bezögen, können wir hier nur in groben Linien skizzieren, wie es mit SAP Data Warehouse Cloud weitergehen könnte, basierend auf den Informationen des SAP-Produktmanagements aus dem Herbst 2022.

Abschließend wollen wir noch einen Blick in die Zukunft wagen. Daher gehen wir zunächst auf die derzeitigen Trends und die zukünftige Entwicklung der Rahmenbedingungen ein und erläutern die Konsequenzen für die Nutzung von SAP Data Warehouse Cloud, bevor wir einige konkret geplante Beispiele skizzieren. Da es wenig Sinn ergibt, Details aufzuschreiben, die zu dem Zeitpunkt überholt sind, wenn Sie das Kapitel lesen, zeigen wir Ihnen die großen »Linien« auf.

18.1 Ausblick auf die zukünftige Entwicklung der Rahmenbedingungen

Trend zu Agilität

Mit SAP Data Warehouse Cloud hat SAP auf eine Entwicklung reagiert, die von der Philosophie der Agilität stark geprägt ist. Dieser Trend ist schon seit Jahren im Bereich der Unternehmenssoftware zu beobachten, und wir vermuten, dass diese Entwicklung auf absehbare Zeit eine wichtige Rolle spielen wird. Das heißt allerdings nicht, dass ein in traditioneller Weise zentral erstelltes Data Warehouse und Workflows keine Rolle mehr spielen werden, sondern vielmehr ist es absehbar, dass die Welt auch in der technischen Infrastruktur immer komplexer wird und je nach Anforderungsprofil verschiedene Softwarelösungen nebeneinander bestehen bleiben werden.

Was meinen wir mit der Philosophie der Agilität?

- **Software-as-a-Service (SaaS)**
  Die Cloud spielt eine immer größere Rolle. Denn eine On-Premise-Lösung bedingt einen hohen Aufwand, um die Technik aktuell zu halten, z. B. um die Datenspeicher zu erweitern oder um die Entwicklungssoftware zu aktualisieren. Unternehmen wollen Administrationsaufgaben

auslagern und dadurch ihre personellen Ressourcen besser nutzen. So können sie sich auf die Umsetzung fachlicher Anforderungen konzentrieren. Durch die übersichtlichen grafischen Oberflächen von SAP Data Warehouse Cloud können neue Wünsche schnell umgesetzt werden. Ein großer Vorteil liegt bereits heute im Space-Konzept, das es Ihnen ermöglicht, sehr einfach ausgewählten Benutzergruppen bestimmte Modelle zur Verfügung zu stellen und genauso einfach wieder zu entziehen. Test-Spaces können Sie einfach mit allen enthaltenen Objekten löschen.

- **Kurzfristige Innovationszyklen**
  In der herkömmlichen Philosophie wird vom Hersteller z. B. jedes Jahr ein neues Softwarerelease publiziert. Das bedeutet, dass Sie ein Jahr lang auf eine gewünschte Verbesserung warten müssen, während Sie die Software nutzen. Mit SAP Data Warehouse Cloud stellt SAP alle zwei Wochen neue Features zur Verfügung und kann daher kurzfristig die Rückmeldungen aus der produktiven Nutzung in der nächsten Entwicklungsrunde berücksichtigen. Andererseits erleben Sie dadurch auch Disruptionen. Bei anderen SAP-Cloud-Produkten haben Sie daher schon jetzt die Wahl zwischen einer kurzfristigen zweiwöchigen und einer quartalsweisen Auslieferung. Es bleibt abzuwarten, ob der Wunsch einer solchen Wahl für SAP Data Warehouse Cloud an SAP herangetragen wird.
- **Vielfalt der Werkzeuge**
  Die Vielfalt der Systeme wächst. Dennoch sollen Daten aus verschiedenen Systemen sofort zur Verfügung stehen. Die Anforderung, über das Internet Daten zu modellieren, gewinnt an Bedeutung. Daher setzen zunehmend mehr Unternehmen SAP Data Warehouse Cloud als zusätzliches Datenaufbereitungswerkzeug auf der Datenbasis von SAP S/4HANA und den SAP-Cloud-Produkten ein. Je nach Datenschutzanforderungen dient daneben SAP BW/4HANA als System für sensible und strategische Datenanalysen. Die Bedeutung von SAP Data Warehouse Cloud als Persistenzebene für die Plandaten nimmt zu. Diese Lösungen sollen noch besser verzahnt werden.
- **Automatisierung der Datenanalyse und Planung**
  Mit der SAP BTP bietet SAP bereits eine einheitliche technologische Basis in der Cloud für die SAP-HANA-Datenbank, SAP Data Warehouse Cloud, SAP Analytics Cloud und Data Intelligence. Die Funktionalitäten dieser Technologien sollen zunehmend stärker zusammenwachsen, wofür SAP Data Warehouse Cloud die zentrale »Scharnierfunktion« übernimmt.
- **Flexibler Umstieg in die Cloud**
  Einige Unternehmen haben historisch stark in ihre On-Premise-Landschaft investiert, andere haben ein starkes Portfolio an Cloud-Produkten

lizenziert, z. B. Ariba oder SuccessFactors. SAP ermöglicht Unternehmen den Übergang in die Cloud in ihrer eigenen Geschwindigkeit. Dazu dienen SAP Data Intelligence, die SAP BTP, hybride Architekturen (also die Kombination von Cloud- und On-Premise-Version), Migrationspfade oder RISE with SAP als Unterstützung auf dem Weg in die Cloud.

- **Virtualisierung**
  Traditionell wurden Daten regelmäßig von Quellsystemen extrahiert, und es wurde eine zusätzliche Persistenz geschaffen. SAP Data Warehouse Cloud bietet heute bereits alternativ die Möglichkeit, die Daten per virtuellem Zugriff sofort verfügbar zu haben. Immer neue Wünsche werden an die Funktionalität der Views gestellt, u. a. im Bereich der Transformationsmöglichkeiten in den entsprechenden Datenzugriffen.
- **Kombination von gewachsenen Datensilos**
  Unternehmen verteilen derzeit ihre Daten je nach themenspezifischen Performance- und Kostenanforderungen auf verschiedene Big-Data-Lösungen. Diese Daten können in Berichten in Dashboards kombiniert dargestellt werden. Statt einer rein optischen Zusammenführung von Kennzahlen im Bericht (sogenanntes *Blending*) streben die Unternehmen verstärkt eine Datenintegration für eine *einheitliche Datenanalyse* (auch Unified Data Analysis genannt) an. SAP Data Warehouse Cloud bietet dazu technologische Ansätze für die Bereitstellung einer harmonisierten Datenschicht.
- **Datengetriebene Entscheidungen**
  Früher wurden Entscheidungen nur von Menschen gefällt. Dies erfordert manuelle Schritte und Abstimmungsprozesse. Ein Trend besteht darin, Aktionen direkt durch die Datenlage zu initiieren. Ein Beispiel ist das On-Demand-Warehouse: Moderne Lagerhäuser können auf der Basis ihrer Daten freie Flächen in Echtzeit erkennen und ohne langfristige Verträge direkt online vermarkten. Die Preisgestaltung kann datenbasiert auf Basis der Nachfrage und Verfügbarkeit angepasst werden. Auch Bestellprozesse sollen zunehmend (halb)automatisch auf Basis der Bestandslage starten.
- **Adaptivität und Nachhaltigkeit**
  Durch das Bewusstsein für den globalen Ressourcenverbrauch steigt der Wunsch nach einer Nachhaltigkeitsstrategie und ihrer technischen Umsetzung. Ein wichtiger Beitrag zur Ressourcenschonung sind Systeme, die Ressourcen adaptiv je nach Nutzung anpassen, beispielsweise die Temperatur herunterregeln, wenn niemand im Raum ist. Während die Hauptaufgabe hier in der Verfahrenstechnik liegt, spielt eine unterstützende Datenanalyse eine wichtige Rolle bei der Weiterentwicklung.

- **Kooperation**
  Schon länger pflegen Unternehmen ein Netzwerk an Beziehungen zu anderen Unternehmen und möchten diesen Kooperationspartnern als Self-Service anbieten, relevante Informationen selbständig abzurufen. Zunehmend möchten sie nicht nur Daten freigeben, sondern auch gemeinsam mit den an den Daten interessierten Partner-Unternehmen an der Weiterentwicklung der Analysemodelle arbeiten.
- **Einbeziehung der Fachbereiche**
  Traditionell erstellt eine zentrale IT-Abteilung einheitliche Unternehmensberichte, um die Datenqualität sicherzustellen, speziell wenn diese durch regulatorische Gesetze oder Compliance-Richtlinien notwendig ist. Inzwischen fordert der Fachbereich zunehmend, kurzfristig selbst Daten für eigene Auswertungen bereitstellen zu können, um schnell auf sich ergebende Chancen reagieren zu können. Daher löst sich die Trennung in IT-getriebene und fachbereichsgetriebene Entwicklung zunehmend auf. SAP Data Warehouse Cloud spielt hier eine wichtige Rolle durch neue, einfacher vom Fachbereich zu erstellende analytische Modelle.

Welche Rolle wird SAP Data Warehouse Cloud nun in der Zukunft in diesem Umfeld spielen? Der Blick auf die Produkt-Roadmap zeigt insbesondere, dass SAP bei der Weiterentwicklung von SAP Data Warehouse Cloud die beschriebenen Grundsätze weiterverfolgt und mehr Flexibilität bei der Administration, Integration und Automatisierung über APIs ermöglicht. Die Anbindung von Hyperscaler-Daten (beispielsweise Google Cloud Platform und Microsoft Azure) liegt ebenfalls im Fokus. SAP plant, neue Datencenter in Kooperation mit Google Cloud Platform anzubieten. Der Data Marketplace soll als nützliche Plattform innerhalb von SAP Data Warehouse Cloud ausgebaut werden. In der Business-Modellierung werden regelmäßig neue Funktionen hinzukommen, die die Wiederverwendbarkeit vereinfachen und dem Fachbereich die Modellierung erleichtern.

Wie wird sich das auf die Nutzung auswirken? Hier kommen wir in den Bereich der Spekulation:

Aktuelle Situation

SAP Data Warehouse Cloud ist ein vergleichsweise junges Produkt. Noch ist es bei vielen Unternehmen ein Produkt für spezielle Themen, z. B. für die Steuerung von weltweiten Lieferketten über das Internet oder die Integration von Business-to-Business-Daten aus anderen Cloud-Systemen. Bei der Realisierung bestimmter Anforderungen, z. B. bei der Auswertung von Bestandszahlen durch Zu- und Abgänge, ist der Aufwand vergleichsweise hoch, und es gibt andere Produkte, z. B. SAP BW/4HANA, in denen diese Funktionen bereits existieren.

Strategie von SAP

Allerdings ist SAP Data Warehouse Cloud für SAP ein strategisches Produkt, das heißt, dass viel Energie in die Entwicklung gesteckt wird. Daher können Sie mit Spannung erwarten, dass Standardfunktionen anderer Produkte, die Sie heute vielleicht vermissen, z. B. die parallele Einplanung mehrerer Hintergrundprozesse, in Zukunft zum Standard gehören. Wenn Sie Data-Warehouse-Optionen aus dem Hause SAP nutzen wollen, können Sie langfristig ein großes Potenzial für eine agile Modellierung durch den Weg in die Cloud erwarten.

Manche Unternehmen dürfen die Cloud dennoch aus gesetzlichen Gründen (noch) nicht nutzen. Daher unterstützt SAP, wie in Abschnitt 11.2.1, »SAP-BW-Varianten«, beschrieben, das Data-Warehouse-Produkt SAP BW/4HANA bis mindestens 2040. SAP S/4HANA bleibt die strategische Lösung für operative Vorgänge und Embedded Analytics mit den beiden Optionen: On-Premise- und Cloud-Version. SAP unterstützt den graduellen Übergang.

Von der Nische in die Breite

Die Erfahrung aus anderen SAP-Produkten, z. B. SAP HANA oder SAP Analytics Cloud, zeigt, dass ein neues Produkt sehr gut angenommen wird, sobald es eine bestimmte Marktreife erlangt, also ausreichend Funktionen verfügbar sind. Auch SAP HANA war zunächst ein Zusatzprodukt für bestimmte Anwendungsfälle, beispielsweise für performancekritische Datenzugriffe und Berechnungen. Klassische Datenbanken und die neue Datenbank SAP HANA wurden um das Jahr 2012 oftmals parallel betrieben. Auch SAP Analytics Cloud wurde zunächst begrenzt für bestimmte Dashboards parallel zu anderen Analysewerkzeugen eingesetzt. Sowohl die SAP-HANA-Plattform als auch SAP Analytics Cloud haben sich in ihren ersten Einsätzen bewährt und sich spätestens dann breit durchgesetzt, als sie die wichtigsten Features der Konkurrenzprodukte und zusätzlich neue Möglichkeiten geboten haben.

Potenzial von SAP Data Warehouse Cloud

Vieles spricht dafür, dass das junge Produkt SAP Data Warehouse Cloud eine ähnliche Entwicklung nehmen wird wie SAP HANA und SAP Analytics Cloud. Es verfügt über ein Alleinstellungsmerkmal: SAP Data Warehouse Cloud ist ein integratives Data Warehouse in der Public Cloud und ideal für die Integration von SAP-Systemen geeignet. Die weiteren Stärken liegen schon jetzt in der einfachen Art und Weise, das verfügbare Datenvolumen hoch- und herunterzuregeln, neue Quellen mit wenigen Klicks anzubinden, Spaces einzurichten, Modelle zu teilen, zwischen Views und Persistenz zu wechseln und Datenflüsse einzuplanen.

Diese Vorteile werden sich umgekehrt auf die Art und Weise auswirken, wie Sie Datenmodelle bauen, wie folgendes Beispiel zeigt:

Neue Herangehensweise bei Datenmodellen

Durch SAP Data Warehouse Cloud kann sich die Trennung in virtuelle und persistente Datenmodelle weiter auflösen. Sie können zunächst ein Modell erzeugen, das virtuell Daten zusammenliest und diese Daten dann später persistieren. Sie können dann durch eine einfache Einstellung zwischen preiswerteren Speicherorten und in-Memory-Speicher wechseln. Sie müssen sich also nicht vor dem Beginn der Modellierung die Fragen der Datenpersistenz überlegen.

Hybride Modelle mit der SAP-HANA-Plattform

Durch SAP Data Warehouse Cloud reduziert sich die Notwendigkeit, direkt auf der SAP-HANA-Plattform bzw. in der entsprechenden Applikationsebene (SAP HANA Extended Services Advanced) Datenmodelle zu erstellen. Dennoch gibt es Anforderungen, die noch nicht in SAP Data Warehouse Cloud abbildbar sind, sodass Sie Modelle aus der SAP-HANA-Plattform und SAP Data Warehouse Cloud kombinieren wollen. Allerdings soll zunehmend mehr Funktionalität der SAP-HANA-Plattform auch im Kern von SAP Data Warehouse Cloud verfügbar gemacht werden. Beispielsweise ist die Datenanonymisierung und Datenmaskierung als Data-Builder-Funktion für 2023 in der Roadmap angekündigt. In Zukunft müssen Sie dabei entscheiden, welches das führende System und welches das zusätzliche System für besondere Fälle sein wird. In dem Maß, wie sich die Möglichkeiten von SAP Data Warehouse Cloud ausweiten, wird SAP Data Warehouse Cloud häufiger das zentrale Modellierungswerkzeug sein können.

Hybride Modelle mit SAP BW/4HANA

SAP Data Warehouse Cloud hat das Potenzial, in vielen Bereichen Funktionen von SAP BW/4HANA zu übernehmen, beispielsweise die Extraktion von Daten aus ABAP-CDS-Views, die Bereitstellung von flachen Dateien als Basis für das Berichtswesen oder die Erstellung von Hierarchien. Laut Roadmap soll es bereits Ende 2022 möglich sein, Hierarchien aus SAP S/4HANA, SAP BW/4HANA und externen Quellen freizuschalten oder zu laden. Ab 2023 sollen zentral definierte semantische Business-Modelle möglich sein, also vordefinierte Geschäftsentitäten und Kennzahlen, die in verschiedenen Kontexten vom Fachbereich verwendet werden können. Die Idee erinnert an die InfoObjects von SAP BW. Sie können dann beim hybriden Ansatz pro Anwendungsfall entscheiden, ob Sie Ihre Lösung in SAP BW/4HANA, in SAP S/4HANA oder in SAP Data Warehouse Cloud entwickeln. Sie können beispielsweise bestehende Modelle in SAP BW/4HANA (oder nach einer Migration nach SAP BW Bridge) weiterentwickeln, aber neue Modelle tendenziell im Kern von SAP Data Warehouse Cloud erstellen. Einige Kunden bauen bestehende Modelle 1:1 im Data Builder nach, um für eine Übergangsperiode zu vergleichen, ob die Daten identisch zum bisherigen Modell sind. Sie können also in nächster Zeit zunächst parallel starten und eines Tages, wenn die meisten Modelle neu entwickelt sind, komplett auf SAP Data Warehouse Cloud umsteigen.

Im Bereich der Verzahnung ist geplant, dass Aufgaben in SAP Data Warehouse Cloud über BW-Bridge-Prozessketten gestartet werden können, z. B. das Ausführen eines Datenflusses oder die Replikation der Tabellendaten.

Weitere geplante Verbesserungen

Die SAP-Entwicklung legt großen Wert darauf, die Laufzeit und die Usability zu verbessern. Beispielsweise ist geplant, den Caching-Mechanismus so zu automatisieren, dass die Daten von typischen nächsten Navigationsschritten bereits in den Cache geladen werden, bevor die Anwender*innen die Navigation starten. Viele Verbesserungen des Jahres 2022 betreffen das einheitliche Repository, in das mehr Informationen aufgenommen werden, wie der Verwendungsnachweis und Suchdialoge, z. B. die Personalisierung der Suche. Weitere Wünsche, denen SAP nachkommen möchte, betreffen die Möglichkeit, Querys zu importieren und dabei möglichst viele Features mitzunehmen. Allerdings sind durch Unterschiede in der technologischen Basis technische Grenzen gesetzt. Des Weiteren wäre es eine große Vereinfachung beim Erstellen eines SQL-Views oder Datenflusses, wenn Sie die grundlegende Logik des Modells zuerst als grafischen Datenfluss anlegen und diesen dann umwandeln und weiter ausbauen könnten. Es wäre sehr zu begrüßen, wenn diese oder auch andere funktionale und innovative Erweiterungen in der Zukunft Bestandteil von SAP Data Warehouse Cloud würden.

Sofern SAP in der Zukunft den vielversprechenden ganzheitlichen Ansatz von SAP Data Warehouse Cloud konsequent und schlüssig weiterentwickelt, scheint eine neue Ära des Data Warehousing anzubrechen. Wichtig ist aus unserer Sicht insbesondere eine inhaltlich schlüssige Weiterentwicklung der einzelnen Softwarekomponenten. Im Vergleich zu Wettbewerbsprodukten oder auch im direkten Angesicht des sehr ausgereiften SAP-BW/4HANA-Systems gibt es noch viele zu schließende Lücken.

Wenn ein substanzieller Teil der Funktionen, die aus anderen SAP- und Konkurrenzprodukten bekannt sind, in SAP Data Warehouse Cloud Einzug finden, hat SAP Data Warehouse Cloud großes Potenzial. Mit neuen Funktionen kommen sicherlich automatisch auch Erfolgsberichte von Kunden als Lohn einer nachhaltigen Produktstrategie. Insbesondere das Vertrauen von Leser*innen und Kunden in diese Strategie wird mit hoher Wahrscheinlichkeit die eine oder andere Investitionsentscheidung maßgeblich beeinflussen.

18.2 Strategische Investitionsfelder von SAP

Was können aber Kunden konkret in der Zukunft an neuen Funktionalitäten erwarten? Zunächst einmal stellt die beste Informationsquelle die Produkt-Roadmap für SAP Data Warehouse Cloud dar (siehe *https://roadmaps.sap.com/board?PRODUCT=73555000100800002141*). Hier gibt es immer aktuelle Informationen zu den für die Zukunft geplanten Funktionen. In der Praxis hat sich der Blick nach vorn seitens SAP zumeist als belastbar dargestellt, insbesondere bei innovativen Produkten wie SAP Data Warehouse Cloud.

Nutzung der Raodmap

Das SAP-Produktmanagement steht in engem Kontakt zu Unternehmen, die SAP Data Warehouse Cloud einsetzen und erweitert diese Roadmap und die Software kontinuierlich gemäß den gemeldeten Wünschen und einer Machbarkeitseinschätzung. Bevor Sie beginnen, sich eine aufwendige wartungsintensive generische Lösung aufzubauen, beispielsweise einen SQL-basierten View, schauen Sie in die Produkt-Roadmap – vielleicht können Sie es bald einfacher haben.

Starten Sie am besten mit den einfachen Fällen, und arbeiten Sie sich parallel zur Erweiterung des Produktumfangs in komplexere Themen vor. Wir wünschen Ihnen zunehmend positive Erfahrungen mit diesem dynamischen Produkt!

Ein konkreter Ausblick auf zukünftige Funktionalitäten ist bei einem cloudbasierten Produkt natürlich nur schwerlich möglich – genauso wenig wie die konkrete Ankündigung geplanter neuer Funktionalitäten.

Strategische Innovationsfelder

Im Schulterschluss mit SAP wollen wir aber gemeinsam mit Ihnen einen Blick auf die strategischen Innovationsfelder von SAP werfen. In Abbildung 18.1 werden diese durch SAP zunächst in drei Bereiche unterteilt:

- datenquellenübergreifende Integration
- Ausbau von Kollaboration und Zusammenarbeit der Benutzergruppen
- zusätzliche, leicht zu integrierende neue Datenprodukte

Mit dem nach vorn gerichteten Blick erscheint zunächst einmal der Ausbau bzw. die Weiterentwicklung der integrativen Ansätze von SAP Data Warehouse Cloud als vielsprechend sowie zugleich auch als notwendig. Viele Architekturen, Systeme und Data-Warehouse-Konzepte treten seit Jahren für eine leistungsfähige Integration unterschiedlicher Datenquellen gegeneinander an. SAP Data Warehouse Cloud wird hier in Zukunft weitere Schritte im Bereich der Vor- und Aufbereitung von Daten gehen. Zu erwarten ist neben einer starken Integration von hauseigenen SAP-Daten auch die übergreifende Zusammenführung unterschiedlicher Datenquellen.

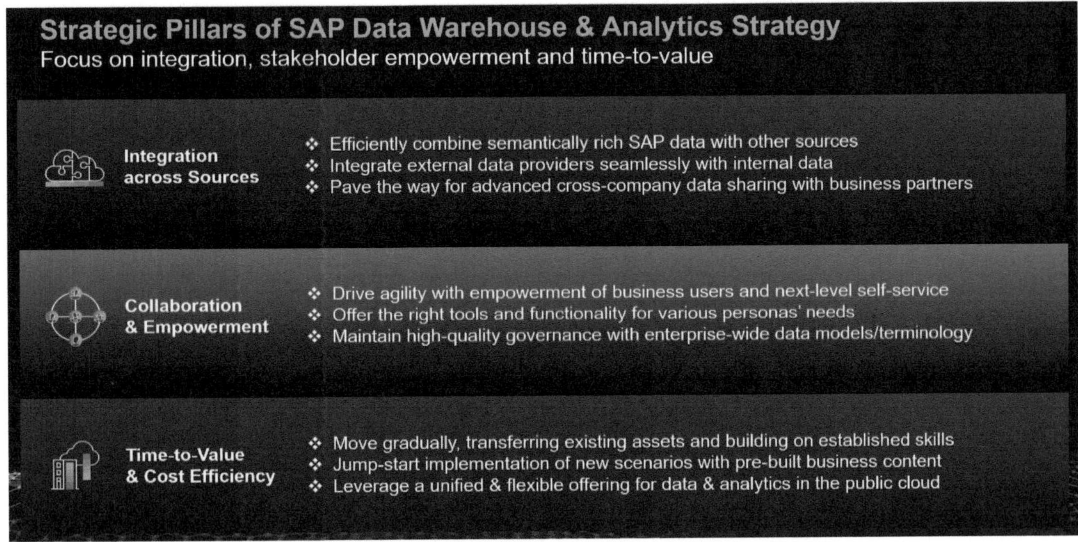

Abbildung 18.1 Strategische Investitionsfelder von SAP (Quelle: SAP)

Für Sie als potenzielle zukünftige Anwender*innen von SAP Data Warehouse Cloud werden sich aber sicherlich unmittelbar potenzielle Weiterentwicklungen im Bereich der Kollaboration zwischen den einzelnen Anwendergruppen auswirken. Ein engeres funktionales und technisches Zusammenspiel ist hier sehr erstrebenswert und wird die Adaption von SAP Data Warehouse Cloud insbesondere für Fachbereiche noch attraktiver machen.

Im Zusammenhang mit SAP BW haben vordefinierte Datenmodelle (z. B. der SAP Business Content) eher eine flankierende Rolle eingenommen. Zumeist fehlte die konkrete Einsetzbarkeit aufgrund individuell modellierter Geschäftsprozesse bei den Unternehmen. Für SAP Data Warehouse Cloud erscheint z. B. der Data Marketplace als ein vielsprechendes Anwendungsfeld für den schnellen und einfachen Austausch von Datenprodukten zwischen und innerhalb von Unternehmen.

Die vorstehenden Investitionsfelder sind aus unserer Sicht ein vielversprechender Anfang, um zum einen die bestehenden Funktionalitäten zu erweitern und zum anderen insbesondere den zukünftigen Rahmenbedingungen für SAP Business Intelligence zu begegnen. Lassen Sie sich überraschen – wir sind auch schon sehr gespannt auf die anstehenden Releases von SAP Data Warehouse Cloud!

Anhang A
Literaturverzeichnis

Alpar, Paul; Schulz, Michael (2016): Self-Service Business Intelligence. Springer Verlag.

Fetzer, Jan (2021): Intelligent Lookup FAQ: *https://blogs.sap.com/2021/12/21/intelligent-lookup-faq/#HowDoesIntelligentLookupSolveTheDataHarmonizationProblem* [11.10.2022].

Hilgefort, Ingo (2020): SAP Data Warehouse Cloud & SAP BW/4HANA Model Transfer – Step by Step Guidance: *https://blogs.sap.com/2020/11/30/sap-data-warehouse-cloud-sap-bw-4hana-model-transfer-step-by-step-guidance/* [11.10.2022].

Kästner et. al (2021): SAP Data Intelligence – Das umfassende Handbuch. 1. Auflage, Rheinwerk Verlag.

SAP SE (2022): Conversion Guide for SAP Data Warehouse Cloud, SAP BW Bridge (Shell Conversion): *https://help.sap.com/doc/6467461ba122491da38f-00c3e432fdf7/2205/en-US/SAP_DWC_BWbridge_Conversion_Guide_Shell.pdf* [11.10.2022].

SAP SE (2022): Help Portal: Importieren, Vorbereiten und Modellieren von Daten mit SAP Data Warehouse Cloud: *https://help.sap.com/docs/SAP_DATA_WAREHOUSE_CLOUD/c8a54ee704e94e15926551293243fd1d/92c0a5ee5e-b24865b60f1b070c6c14e0.html* [21.09.2022].

SAP SE (2022): Help Portal: Integration von Daten und Verwaltung von Spaces in SAP Data Warehouse Cloud: *https://help.sap.com/docs/SAP_DATA_WAREHOUSE_CLOUD/be5967d099974c69b77f4549425ca4c0/e84545bd205b-4f9f9c1731144c7d3075.html* [11.10.2022].

SAP SE (2022): Help Portal: SAP HANA Cloud, SAP HANA Database: *https://help.sap.com/docs/HANA_CLOUD_DATABASE?locale=en-US* [11.10.2022].

SAP SE (2022): Help Portal: Verwaltung von SAP Data Warehouse Cloud: *https://help.sap.com/docs/SAP_DATA_WAREHOUSE_CLOUD/9f804b8efa8-043539289f42f372c4862/3740dacbc2794f33bb5d8d42216cc3bc.html* [11.10.2022].

SAP SE (2021): Installation and Configuration Guide for SAP HANA Smart Data Integration and SAP HANA Smart Data Quality: *https://help.sap.com/doc/dd356918159e4ba1a32927b0b917b78c/2.0_SPS05/en-US/SAP_HANA_EIM_Installation_and_Configuration_Guide_en.pdf* [21.09.2022].

SAP SE (2022): Neuerungen in SAP Data Warehouse Cloud: *https://help.sap.com/doc/37d99a90eeb9469ba23212f5586766fb/cloud/de-DE/DWC_Whats_New.pdf* [21.09.2022].

SAP SE (2022): Note: 2932647 – Supported and unsupported features with SAP BW/4HANA Model Transfer in SAP Data Warehouse Cloud: *https://launchpad.support.sap.com/#/notes/2932647* [21.09.2022].

SAP SE (2022): Note: 2984828 – SAP Data Warehouse Cloud Release & Delivery Schedule: *https://launchpad.support.sap.com/#/notes/2984828* [21.09.2022].

SAP SE (2022): SAP Data Warehouse Cloud: *http://help.sap.com/dwc* [11.10.2022].

SAP SE (2022): SAP Data Warehouse Cloud Content: *https://help.sap.com/doc/4b618244ad5f4fbb8423d08996f8b891/cloud/en-US/SAP_Data_Warehouse_Cloud_Content.pdf* [11.10.2022].

SAP SE (2022): SAP-First-Guidance-Dokument zu Entwicklungsrichtlinien und Namenskonventionen: *https://www.sap.com/documents/2021/09/8a-0fc7ca-f67d-0010-bca6-c68f7e60039b.html* [21.09.2022].

SAP SE (2022): SAP Road Maps: *https://www.sap.com/products/roadmaps.html* [11.10.2022].

Tia Xu (2021): SAP Data Warehouse Cloud: End-to-End Data & Analytics Scenarios: *https://blogs.sap.com/2021/11/26/sap-data-warehouse-cloud-end-to-end-data-analytics-scenarios/* [11.10.2022].

Das Autorenteam

Jana Aßmann berät Unternehmen auf Basis ihrer langjährigen Erfahrung in fachlichen, technischen, organisatorischen und strategischen Fragen zu Information Management & Data Analytics Solutions. Sie begleitet insbesondere komplexe Transformationsprojekte im SAP-Umfeld mit Schwerpunkt Data-Warehousing-Architekturen auf Basis der SAP-HANA-Technologie-Plattform. Frau Aßmann wurde 2022 in den Vorstand des beratungscontors berufen und zeichnet sich verantwortlich für People Operations, Business Development und Delivery der Bereiche Enterprise Data Management, Advanced Analytics und Planung.

Andreas Dietz verfügt über langjährige Erfahrung in nationalen und internationalen Projekten, in denen er umfangreiche SAP-BI-Lösungen in den Bereichen Finanzen, Vertrieb und Logistik fachlich analysiert, konzipiert und implementiert hat. Als Projektleiter begleitet er Entwicklungs-, Migrations- und Optimierungsprojekte in komplexen Data-Warehouse-Architekturen auf Basis der SAP-HANA-Technologie-Plattform. Herr Dietz ist Bereichsleiter für Enterprise Data Management beim beratungscontor mit einem ganzheitlichen Ansatz für Architektur und Governance.

Steen Jensen verantwortet seit vielen Jahren die Konzeption und Umsetzung von Greenfield-BI-Gesamtarchitekturen in den Bereichen Finanzen, Vertrieb, Produktion und Supply Chain. Als Projekt- und Programm-Manager sowie Systemarchitekt entwirft er Gesamtsysteme mit Schwerpunkt auf Backend-Architekturen, berät seine Kunden hinsichtlich wesentlicher Weichenstellungen für die Organisation und Governance von BI im Unternehmen, und setzt diese mit Entwicklungsteams national und international um. Er ist Mitbegründer des beratungscontors.

Tonio Japing ist Senior Consultant im Bereich Business Intelligence beim beratungscontor mit Projekterfahrungen sowohl im Backend (SAP BW) als auch im Frontend (SAP Analysis für Microsoft Office sowie SAP Analytics Cloud). Vor diesem Hintergrund konzipiert und steuert Herr Japing Eigenentwicklungen im Standardreporting ebenso wie individuelle Applikationsentwicklungen. Sein besonderes Interesse gilt Self-Service-Business-Intelligence, das er bedarfsorientiert mittels klassischem oder agilem Projektmanagement begleitet.

Björn Rose ist als Managing Consultant beim beratungscontor in den Bereichen Strategieberatung, BI-Governance, Programm- und Projektmanagement tätig. Darüber hinaus unterstützt er seit vielen Jahren Migrationsprojekte und Neuentwicklungen von SAP-BI-Lösungen mit Fokus auf Extraktion, Datenmodellierung und Programmierung in nationalen und internationalen Teams. 2018 hat Herr Rose zudem Aufgaben im Key Account Management übernommen und begleitet seitdem Retail-Großkunden bei strategischen Initiativen im Bereich SAP Business Intelligence.

Alexander Scivos arbeitet seit vielen Jahren bei SAP, verfasst dort im Bereich SAP Learning Data-Warehouse-Schulungsmaterialien und gibt sein Wissen als Trainer für SAP Data Warehouse Cloud weiter. Sein Hintergrund besteht aus mehr als 20 Jahren an praktischer Erfahrung aus der SAP-Beratung und Education in den Bereichen Data Warehouse, Data Architecture und Analytics. Ein besonderer Schwerpunkt sind hybride Architekturen, die es ermöglichen, native SAP-HANA-Modelle und anwendungsorientierte Modelle auf Applikationsebene zu kombinieren.

Alexander Kästner verfügt über langjährige Expertise in der Führung von komplexen Projektorganisationen und Implementierungen im SAP-Business-Intelligence-Umfeld. Nach Tätigkeiten bei namhaften Beratungshäusern wurde er 2015 in den Vorstand des beratungscontors berufen. Seine fachlichen Schwerpunkte liegen im Bereich Strategieberatung sowie der Entwicklung von ganzheitlichen Analytics-Architekturen. Neben der Projektarbeit – idealerweise im Bereich der Visualisierung von Geschäftsinformationen – ist Herr Kästner zudem Referent auf Fachkongressen und langjähriger Autor von SAP PRESS.

Index

C

D

E

F

S

T

U

V

W

Z